Benter, Dr. E., Lehrer an der Königl. Provinzial-Gewerbeschule zu Erfurt, Untersuchungen über Tangentialkegel und die Curven zweiten Grades. Mit 2 autographirten Figurentafeln. [IV u. 44 S.] 4. 1871. geh.   n. *M.* 2.—

Clebsch, Dr. A., Prof. an der polytechnischen Schule zu Carlsruhe [† als Professor in Göttingen], Vorlesungen über Geometrie. Bearbeitet und herausgegeben von Dr. Ferdinand Lindemann. Mit einem Vorwort von Felix Klein. Erster Band. [XII u. 1050 S.] gr. 8. 1875. geh.   n. *M.* 24.—

    Auch in zwei Teilen:
      I. Teil [S. 1—496]. n. *M.* 11.20. [Vergriffen.]
      II. — [S. I—XII u. 497—1050]. n. *M.* 12.80.

Dingeldey, Dr. **Friedrich**, Privatdocent an der technischen Hochschule zu Darmstadt, topologische Studien über die aus ringförmig geschlossenen Bändern durch gewisse Schnitte erzeugbaren Gebilde. Mit 37 Figuren im Texte und 5 lithographirten Tafeln. [VIII u. 54 S.] gr. 8. 1890. geh.   n. *M.* 2.40.

———— über die Erzeugung von Curven vierter Ordnung durch Bewegungsmechanismen. Inaugural-Dissertation. Mit 6 lithograph. Tafeln. [VIII u. 61 S.] gr. 8. 1885. geh. n. *M.* 2.—

Durège, Dr. H., ordentlicher Professor an der Universität zu Prag, die ebenen Curven dritter Ordnung. Eine Zusammenstellung ihrer bekannteren Eigenschaften. Mit 44 Figuren in Holzschnitt. [XII u. 343 S.] gr. 8. 1871. geh.   n. *M.* 7.20.

Escherich, Dr. **Gustav von**, Professor an der Universität Czernowitz, Einleitung in die analytische Geometrie des Raumes. [VIII u. 282 S.] gr. 8. 1881. geh.   n. *M.* 5.20.

Fiedler, Dr. **Wilhelm**, Professor am Polytechnikum zu Zürich, die Elemente der neueren Geometrie und der Algebra der binären Formen. Ein Beitrag zur Einführung in die Algebra der linearen Transformationen. [VI u. 235 S.] gr. 8. 1862. geh. n. *M.* 4.40. [Vergriffen.]

Fort, O., und O. **Schlömilch,** Lehrbuch der analytischen Geometrie. Zwei Teile. Mit in den Text gedruckten Holzschnitten. gr. 8. geh.   n. *M.* 9.—

    Einzeln:
    I. Teil. Analytische Geometrie der Ebene von O. Fort, weil. Professor am Königl. Sächs. Polytechnikum zu Dresden. 5. Aufl. von R. Heger in Dresden. 1883. [VIII u. 260 S.] n. *M.* 4.—
    II. — Analytische Geometrie des Raumes von Dr. O. Schlömilch, K. S. Geheimer Rat a. D. 5. Aufl. 1886. [VIII u. 304 S.]   n. *M.* 5.—

Ganter, Dr. H., Professor an der Kantonsschule zu Aarau, und Dr. F. **Rudio,** Professor am Polytechnikum in Zürich, die Elemente der analytischen Geometrie der Ebene. Zum Gebrauch an höheren Lehranstalten sowie zum Selbststudium dargestellt und mit zahlreichen Übungsbeispielen versehen. [VIII u. 166 S.] 1888. gr. 8. geh.   n. *M.* 2.40.

VORLESUNGEN ÜBER GEOMETRIE

UNTER

BESONDERER BENUTZUNG DER VORTRÄGE

VON

ALFRED CLEBSCH

BEARBEITET

VON

Dr. FERDINAND LINDEMANN,

ORDENTL. PROFESSOR AN DER UNIVERSITÄT ZU KÖNIGSBERG IN PR.

ZWEITEN BANDES ERSTER THEIL.

DIE FLÄCHEN ERSTER UND ZWEITER ORDNUNG ODER KLASSE UND DER LINEARE COMPLEX.

Springer Fachmedien Wiesbaden GmbH
1891

ISBN 978-3-663-15207-1   ISBN 978-3-663-15770-0 (eBook)
DOI 10.1007/978-3-663-15770-0
Softcover reprint of the hardcover 1st edition 1891

Vorwort.

Länger als ursprünglich beabsichtigt war, hat sich die Fortsetzung des Werkes verzögert, von dessen zweitem Bande nunmehr ein erster Theil der Oeffentlichkeit übergeben wird. Mannigfache eigene Untersuchungen und eine umfangreiche amtliche Thätigkeit nahmen mich lange Zeit zu sehr in Anspruch. Ueberdies war mir die Freude an der Arbeit wesentlich beeinträchtigt, theils durch mehrfach ungünstige Urtheile über die Art und Weise, wie ich im ersten Bande über den ursprünglichen Inhalt von Clebsch's Vorlesungen durch Bearbeitung neuerer Untersuchungen hinausgegangen war, theils durch das Bewusstsein, in der That nicht immer das vorgesteckte Ziel erreicht zu haben. Gleichwohl konnte kein Zweifel darüber entstehen, dass eine Fortsetzung des Werkes nur unter denselben Gesichtspunkten geschehen könne, welche für die Geometrie der Ebene (in Uebereinstimmung mit mehreren Freunden Clebsch's) massgebend gewesen waren; doch glaubte ich dem thatsächlichen Verhältnisse mehr als beim ersten Bande im Titel des Werkes Rechnung tragen zu sollen. Bei der Fülle des Stoffes waren allerdings für den Raum die zu überwindenden Schwierigkeiten ausserordentlich viel grössere; hoffentlich ist es mir gelungen, ein ziemlich vollständiges Bild von den Eigenschaften (besonders den projectivischen) der Flächen zweiter Ordnung und des linearen Complexes zu geben. Manche Einzelheiten in den algebraischen Aufgaben werden sich erst in einer späteren Abtheilung (über quaternäre Formen) vollständig behandeln lassen; wenn schon im vorliegenden Werke gelegentlich von den symbolischen Methoden Gebrauch gemacht wird, so geschieht dies (p. 142) in voller Uebereinstimmung mit dem Inhalte von Clebsch's Vorlesung vom Winter 1871/72. Für letztere standen mir meine eigenen Aufzeichnungen zu Gebote, ausserdem ein nur fünf Folioseiten umfassendes Manuscript von Clebsch, welches sich augenscheinlich auf die genannte oder eine ähnliche frühere Vorlesung bezieht, und zwar auf die vorbereitenden Aufgaben und auf die projectivische Erzeugungsweise der Flächen zweiter Ordnung und Klasse. Ein zweites umfangreicheres Manuscript von Clebsch enthält Notizen zur allgemeinen Theorie der algebraischen Raumcurven und zur Abbildung der Flächen, welche wahrscheinlich für eine im Winter 1868/69 gehaltene Vorlesung niedergeschrieben sind; dasselbe kommt erst für die weitere Fortsetzung des vorliegenden Werkes in Betracht und konnte für den gegenwärtigen Band nur bei Behandlung der Abbildung einer Fläche zweiter Ordnung (insbesondere derjenigen eines Kegels, vgl. p. 431) benutzt werden.

Was den Inhalt im Einzelnen angeht, so sind die ersten 103 Seiten genau im Anschlusse an die Vorlesung vom Winter 1871/72 ausgearbeitet. Von mir hinzugefügt sind: Aufgabe 4, p. 7, Aufgabe 8, p. 12 und Aufgabe ·12, p. 16. Die besondere Stellung der Kegel und abwickelbaren Flächen wurde in jener Vorlesung viel kürzer behandelt, als es hier geschieht (p. 21—26). Hinzugefügt ist ferner die Erörterung auf p. 40 f. In der Theorie der linearen Complexe habe ich die Besprechung der von den Axen einer linearen Schaar gebildeten Fläche eingeschaltet, sowie die Behandlung der involutorischen Lage (p. 66 f.), ferner die Parameterdarstellung der Ebene (p. 99) und die Beziehungen der unendlich fernen Ebene zum linearen Complexe (p. 103). Die Theorie der imaginären Elemente (p. 104—130) hat Clebsch in seinen Vorlesungen nicht erwähnt; nur gelegentlich hob er hervor, dass man die Congruenz mit zwei conjugirt imaginären Leitlinien zur Definition imaginärer Geraden im Raume benutzen könne. Zur Bearbeitung der Theorie an dieser Stelle war für mich (abgesehen von ihrer grossen principiellen Wichtigkeit) hauptsächlich folgender Umstand massgebend. Unter den von Clebsch hinterlassenen Manuscripten befindet sich ein Folioblatt mit den Anfängen einer Disposition für ein Lehrbuch der analytischen Geometrie, dessen Plan ihn in der letzten Zeit seines Lebens vielfach beschäftigte*). An den Rand des Blattes sind die Worte „Imaginäre Elemente!", in grossen Buchstaben geschrieben, nachträglich hinzugefügt. Die Darstellung der v. Staudt'schen Theorie liegt demnach offenbar in Clebsch's Sinne.

In der Theorie der Flächen zweiter Ordnung sind hinzugefügt: die Erörterungen auf p. 131 f., die auf p. 145 f. gegebene Bestimmung der durch einen Punkt der Fläche gehenden Erzeugenden, p. 158—163

---

*) Bemerkenswerth ist, dass in dem Lehrbuche die Geometrie der Ebene von derjenigen des Raumes nicht gesondert behandelt werden sollte; auch waren „Andeutungen für n Dimensionen" beabsichtigt. Die Eintheilung des Stoffes ist dieselbe wie in den ersten Abschnitten der Vorlesungen.

die analytischen, vom Coordinatensysteme unabhängigen Merkmale
für die verschiedenen Klassen von Flächen zweiter Ordnung, p. 176 ff.
die genauere Durchführung der Transformation der Paraboloide und
Cylinder auf die Normalform, p. 184—187 die zweite Behandlung
des Hauptaxenproblems, p. 188 f. die analytischen Formeln für die
Bestimmung der Kreisschnitte (deren Existenz Clebsch nur kurz
mit Hülfe des Kugelkreises nachwies), p. 191—196 die allgemeine
Definition des Winkels durch ein Doppelverhältniss (Clebsch zeigte
nur die Identität zwischen harmonischer Lage und Rechtwinkligkeit)
und die metrischen Sätze über gewisse Hyperboloide; p. 199—206
die genauere (von Clebsch sehr kurz gehaltene) Besprechung der
Flächen zweiter Klasse. Ausserdem ging bei Clebsch die Classifi-
cirung der Flächen nach ihren Beziehungen zur unendlich fernen
Ebene (p. 154—157) der (hier ausführlicher behandelten) Theorie
der Flächen mit verschwindender Determinante (p. 147 ff.) voran;
dann folgte die Bestimmung des Mittelpunktes (p. 160), die Theorie
der conjugirten Durchmesser (p. 164 f.) und die Transformation auf
die Axen. Die besonderen Lagen zweier Flächen zweiter Ordnung
charakterisirte Clebsch (nach eingehender Erledigung des allgemeinen
Transformationsproblems) kurz geometrisch, aber ohne auf die hier
beigefügte analytische Behandlung (abgesehen von Nr. 2) näher einzugehen. Bei den Curven dritter Ordnung habe ich die Beziehungen
zur unendlich fernen Ebene angefügt (p. 250—252). Der Abschnitt
über die Beziehungen zwischen zwei Flächen zweiter Klasse (p. 252
—260) ist ganz hinzugefügt; Clebsch gab daraus nur soviel, wie
zur Behandlung der confocalen Flächen (p. 267—289) unbedingt
nöthig ist. Die auf letztere folgenden, im Inhaltsverzeichnisse näher
bezeichneten Theorien (p. 289—414) sind von mir selbstständig ausgearbeitet worden*). Die Behandlung der ebenen Abbildung einer
Fläche zweiter Ordnung schliesst sich dagegen wieder genau an
Clebsch's Vorlesung an; nur die analytischen Formeln für die stereographische Projection der Kugel habe ich beigefügt.

---

*) Für die Theorie der Transformation eines linearen Complexes in sich
konnte ich dabei ein Manuscript von Frahm benutzen (vgl. p. 391). [Derselbe
(damals Privatdocent in Tübingen) kam im Frühjahre 1875 nach längerem Auf-
enthalte in Italien nach München; schon vorher vielfach leidend, ward er im
August vom Typhus befallen; durch einen im Fieberdelirium ausgeführten Sprung
aus dem Fenster des Krankenhauses ward sein Ende beschleunigt.] Das erwähnte Manuscript sollte den ersten (rein geometrischen) Theil einer Arbeit
bilden, dessen zweiter Theil die zugehörigen algebraischen Entwickelungen enthalten sollten. Ueber diesen beabsichtigten zweiten Theil habe ich keine weiteren Notizen in Frahm's Nachlasse gefunden.

Die in der dritten Abtheilung (p. 433 ff.) gegebene Darstellung der nicht-Euclidischen Geometrie sollte ursprünglich nur einen kurzen Anhang zur Theorie der Flächen zweiter Ordnung bilden; die Ausdehnung der Abbildung auf mehrdimensionale quadratische Mannigfaltigkeiten und die damit zusammenhängende Transformation von Plücker's Linien- in Lie's Kugel-Geometrie sollte den Schluss bilden. Bei der Ausarbeitung ergab sich indessen die Nothwendigkeit, für die nicht-Euclidische Geometrie, welcher eine so grosse principielle Bedeutung zukommt, einen grösseren Raum in Anspruch zu nehmen; die Behandlung der Kugelgeometrie musste für einen späteren Theil des Werkes vorbehalten bleiben. Ich habe mich dieser Nothwendigkeit um so lieber gefügt, als ich aus Unterhaltungen mit Clebsch in der letzten Zeit seines Lebens weiss, dass er den neueren, in dieser Richtung liegenden Untersuchungen (besonders denen von Klein) lebhaftes Interesse schenkte, und als sich in der Theorie der Transformationsgruppen Gelegenheit bot, auf Clebsch's schöne Untersuchungen über Gleichungen fünften Grades näher einzugehen, was in der Geometrie der Ebene nicht möglich gewesen war; in der That wird diese Theorie wegen ihrer engen Beziehungen zu gewissen Punktsystemen auf der Kugel besser in der Raumgeometrie behandelt werden müssen. Durch die genauere Besprechung der Grundlagen von Euclid's Elementen hoffe ich, zum Studium dieses in seiner Art einzig dastehenden Werkes erneute Anregung zu bieten.

Die umfangreichere Gestaltung der dritten Abtheilung hat das Erscheinen des Werkes um ein Jahr verzögert. Für das mir trotzdem durch die Verlagshandlung von B. G. Teubner stets bewiesene Entgegenkommen fühle ich mich derselben zu lebhaftem Danke verpflichtet.

In den Anmerkungen habe ich mich bemüht, genauere Litteraturnachweise und historische Notizen beizufügen. Dabei sind mir die Werke von Baltzer (Theorie der Determinanten und Analytische Geometrie), Fiedler (Bearbeituug von Salmon's Raumgeometrie und Lehrbuch der darstellenden Geometrie) und d'Ovidio (Le proprietà fondamentali delle superficie di second' ordine) vielfach von Nutzen gewesen.

Berchtesgaden, den 8. October 1890.

F. Lindemann.

Inhalt.

Erste Abtheilung.

Punkt, Ebene und Gerade.

I. Vorbereitende Aufgaben.

Das Studium der Geometrie des Raumes erscheint gegenüber demjenigen der ebenen Geometrie dadurch erschwert, dass es nicht möglich ist, die betrachteten Figuren durch Zeichnung unmittelbar zu veranschaulichen. Will man räumliche Gegenstände in einer ebenen Fläche bildlich darstellen, so muss man sich einer bestimmten Projectionsmethode bedienen. Die in der Geometrie angewandte Methode ist wesentlich verschieden von der Darstellungsart, welche der Malerei zu Grunde liegt. Bei letzterer nämlich wird der Gegenstand auf eine Ebene projicirt, welche zwischen ihm selbst und dem Auge des Beobachters liegt; in der Geometrie dagegen denkt man sich das Auge des Beobachters unendlich entfernt. Die Folge hiervon ist, dass parallele Linien im Raume auch in der Zeichnung durch parallele Linien dargestellt werden, während der Maler ein System von Linien, welche im Raume parallel verlaufen, im Bilde durch einen Bündel von Linien ersetzt, d. h. durch ein System von Linien, die sich sämmtlich in einem gewissen Punkte schneiden. Diese Bemerkungen werden genügen, um die im Folgenden vorkommenden Zeichnungen verständlich zu machen. Die in der Kunst und Technik angewandten Projectionsmethoden werden in der sogenannten „darstellenden Geometrie"*) eingehend behandelt; die wissenschaftliche Grundlage für letztere wird von der sogenannten „neueren synthetischen Geometrie" geliefert, auf welche einzugehen auch wir Gelegenheit finden werden.

---

*) Diese Disciplin der Geometrie ist von Monge begründet in seinem Traité de géométrie descriptive; vergl. Chasles, Aperçu historique sur l'origine et le développement des méthodes en géométrie, Paris 1837, Chap. V und Note XXIII. Von neueren Werken mögen erwähnt werden: de La Gournerie, Traité de géométrie descriptive, Paris 1880—85; Mannheim, Cours de géométrie descriptive, Paris 1886; Fiedler, Die darstellende Geometrie, 2. Aufl. Leipzig 1883—88; Wiener, Lehrbuch der darstellenden Geometrie, ib. 1884—87.

In der analytischen Geometrie wird ein Punkt des Raumes bestimmt durch drei Grössen, seine *Coordinaten;* es sind dies die Abstände des Punktes von drei zu einander rechtwinkligen Ebenen, den *Coordinaten-Ebenen.* Letztere theilen den ganzen Raum in 8 Octanten (vergl. Fig. 1); sind also die 3 Abstände nur ihrer absoluten Länge nach gegeben, so gibt es 8 Punkte, welche ihnen zugehören; der Punkt

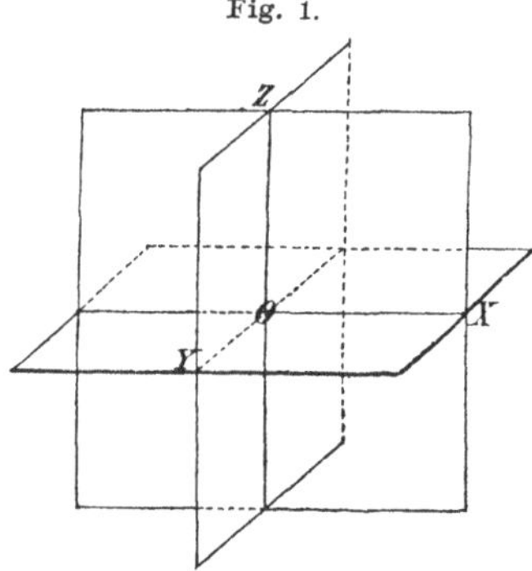

Fig. 1.

ist indessen eindeutig durch seine Coordinaten bestimmt, wenn man bei Messung jedes Abstandes eine positive und eine negative Richtung unterscheidet. Combinirt man die drei möglichen Vorzeichen der Abstände auf alle Weisen, so erhält man die erwähnten 8 Punkte, von denen in jedem Octanten einer liegt.

Die Coordinaten eines beweglichen Punktes werden gewöhnlich mit x, y, z bezeichnet. Die drei Coordinaten-Ebenen sind bez. dargestellt durch die Bedingungen $x = 0$, $y = 0$ und $z = 0$. Man bezeichnet die Ebene

$$x = 0 \text{ als die } Y\text{-}Z\text{-Ebene,}$$
$$y = 0 \quad \text{„} \quad \text{„} \quad Z\text{-}X\text{-Ebene,}$$
$$z = 0 \quad \text{„} \quad \text{„} \quad X\text{-}Y\text{-Ebene.}$$

Die drei zu einander rechtwinkligen geraden Linien, in welchen sich die Coordinaten-Ebenen zu je zweien schneiden, heissen die *Coordinaten-Axen.* Für jede derselben müssen gleichzeitig die Gleichungen der beiden Coordinaten-Ebenen erfüllt sein, welche sich in ihr schneiden. Die Gleichungen

$$y = 0 \text{ und } z = 0 \text{ geben die } X\text{-Axe } (O\text{-}X),$$
$$z = 0 \quad \text{„} \quad x = 0 \quad \text{„} \quad \text{„} \quad Y\text{-Axe } (O\text{-}Y),$$
$$x = y \quad \text{„} \quad y = 0 \quad \text{„} \quad \text{„} \quad Z\text{-Axe } (O\text{-}Z).$$

Die drei Axen schneiden sich in dem Schnittpunkte der drei Ebenen, *dem Anfangspunkte der Coordinaten;* für ihn bestehen gleichzeitig die drei Gleichungen

$$x = 0, \, y = 0, \, z = 0.$$

Die im Folgenden behandelten Aufgaben werden geeignet sein, den Gebrauch der so definirten räumlichen Coordinaten näher zu beleuchten*).

---

*) Die Ausdehnung und vollständige Durcharbeitung der analytischen Methode von Descartes für den Raum verdankt man im Wesentlichen Euler:

1. *Es soll die Entfernung eines Punktes mit den Coordinaten x, y, z vom Anfangspunkte bestimmt werden.*

Durch die drei Coordinaten des Punktes (Lothe auf die Coordinaten-Ebenen) gehen drei zu einander rechtwinklige Ebenen, welche zusammen mit den Coordinaten-Ebenen ein rechtwinkliges Parallelopipedon begrenzen (vergl. Fig. 2). Die Kanten desselben sind gleich den Grössen x, y, z; die dem gegebenen Punkte gegenüberliegende Ecke ist der Anfangspunkt. Die Entfernung r beider Ecken findet man folglich, als Diagonale des Parallelopipedons, gegeben durch

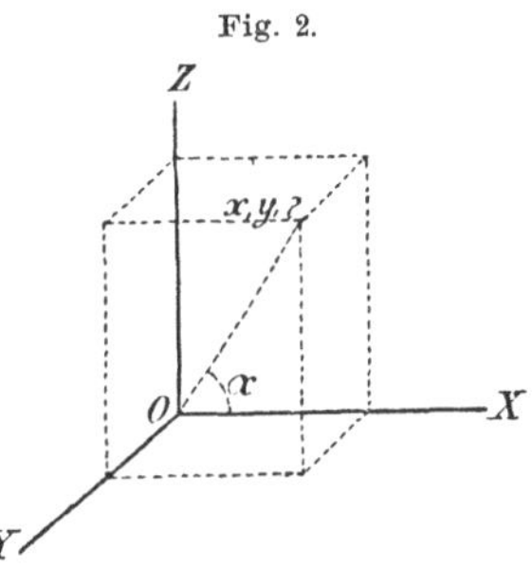

$$(1) \qquad r^2 = x^2 + y^2 + z^2.$$

Es ist von Interesse die Winkel zu bestimmen, welche diese Diagonale mit den Coordinaten-Axen bildet. Es sei α ihre Neigung gegen die X-Axe, β und γ mögen die entsprechende Bedeutung für die Y- und Z-Axe haben. Man erhält unmittelbar aus der Figur

$$(2) \qquad \begin{cases} x = r \cos \alpha, \\ y = r \cos \beta, \\ z = r \cos \gamma; \end{cases}$$

und hieraus durch Quadriren und Addiren wegen (1):

$$(3) \qquad \cos^2 \alpha + \cos^2 \beta + \cos^2 \gamma = 1.$$

Von den drei Winkeln ist hiernach einer durch die beiden anderen bestimmt. *Dieselbe Relation (3) besteht zwischen den „Richtungswinkeln" einer beliebigen Geraden.*

Als Richtungswinkel einer geraden Linie bezeichnet man nämlich die drei Winkel α, β, γ, welche sie bez. mit den drei Coordinaten-Axen bildet. Diese Winkel sind eben diejenigen, welche die Coordinaten-Axen mit einer Geraden bilden, die der gegebenen parallel ist und durch den Anfangspunkt geht; für eine solche Linie aber ist die Gleichung (3) bereits als gültig erkannt. Diese Relation zwischen

Introductio in analysin infinitorum, V, 1748. Nach Chasles' Angabe (Aperçu historique, p. 138) findet sich allerdings die Behandlung der Curven doppelter Krümmung schon von Descartes angedeutet, wurde eine Oberfläche zuerst von Parent (Essais et recherches de mathématiques et de physique, 2ième édition, 1713) durch eine Gleichung zwischen drei Variabeln dargestellt, und wurde die Lehre der Coordinaten auf Flächen und Curven doppelter Krümmung (diese Bezeichnung ist von Pitot 1724 eingeführt) zuerst methodisch angewandt von Clairaut in seinem Traité des courbes à double courbure, 1731.

den Richtungswinkeln ist von grosser Wichtigkeit und wird im Folgenden sehr häufig benutzt werden.

2. Es soll die Entfernung r eines beliebigen Punktes x_0, y_0, z_0 von einem andern beliebigen Punkte x_1, y_1, z_1 berechnet werden.

Die gesuchte Strecke ist wieder als Diagonale eines Parallelopipedons gegeben; dasselbe entsteht aus dem vorhin benutzten, wenn man den Punkt x, y, z durch x_1, y_1, z_1 und den Anfangspunkt durch x_0, y_0, z_0 ersetzt, seine Kanten sind den Coordinaten-Axen parallel und bez. von der Länge $x_1 - x_0$, $y_1 - y_0$, $z_1 - z_0$; es ist also:

$$(4) \qquad r^2 = (x_1 - x_0)^2 + (y_1 - y_0)^2 + (z_1 - z_0)^2.$$

Es mögen α, β, γ die Richtungswinkel der Verbindungslinie von x_0, y_0, z_0 mit x_1, y_1, z_1 sein, dann hat man unmittelbar, analog zu (2):

$$(5) \qquad \begin{cases} x_1 - x_0 = r \cos \alpha, \\ y_1 - y_0 = r \cos \beta, \\ z_1 - z_0 = r \cos \gamma. \end{cases}$$

Sind umgekehrt die Richtungswinkel α, β, γ einer beliebigen Geraden und die Coordinaten x_0, y_0, z_0 eines ihrer Punkte gegeben, so genügt jeder andere Punkt x, y, z der Geraden den Bedingungen

$$(6) \qquad \frac{x - x_0}{\cos \alpha} = \frac{y - y_0}{\cos \beta} = \frac{z - z_0}{\cos \gamma}.$$

Dies sind die „Gleichungen einer geraden Linie“, welche durch einen ihrer Punkte und ihre Richtung bestimmt ist.

Die aus (5) abzuleitenden Gleichungen

$$(7) \qquad \begin{cases} x = x_0 + r \cos \alpha, \\ y = y_0 + r \cos \beta, \\ z = z_0 + r \cos \gamma \end{cases}$$

geben dagegen *eine Parameter-Darstellung derselben Linie,* wenn α, β, γ als constant, r als veränderlich aufgefasst wird, indem die Coordinaten eines beliebigen Punktes der Geraden gegeben sind als Functionen eines Parameters r (und zwar seiner Entfernung von einem festen Punkte derselben Geraden).

Eliminirt man aus (7) die Grössen $\cos \alpha$, $\cos \beta$, $\cos \gamma$ durch Anwendung von (3), so wird man wieder auf die Gleichung (4) geführt, welcher alle Punkte x, y, z genügen, deren Entfernung von x_0, y_0, z_0 gleich r ist. *Es ist (4) die Gleichung einer Kugelfläche mit dem Radius r und dem Mittelpunkte x_0, y_0, z_0.*

Fasst man also r als constant, dagegen α, β, γ als veränderlich auf, so liefern die Gleichungen (7) *die Parameter-Darstellung einer*

Kugelfläche, falls die Bedingung (3) erfüllt ist. Die Coordinaten eines Punktes der Kugel sind als Functionen von *zwei* Parametern gegeben*) (denn γ ist durch α und β bestimmt), die Punkte einer Geraden hängen dagegen nur von einem Parameter ab; dies ist dem entsprechend, dass wir es mit einer *Fläche* (einer zweifach unendlichen Mannigfaltigkeit von Punkten), nicht mit einer *Curve* (einer einfach unendlichen Mannigfaltigkeit von Punkten) zu thun haben.

So sind im Raume allgemein zwei Arten von geometrischen Gebilden zu unterscheiden: *Flächen* und *Curven*. *Eine Fläche ist durch eine Bedingung zwischen x, y, z gegeben, eine Curve durch zwei solche Bedingungen.* In der That, vermöge einer Gleichung $f(x, y, z) = 0$ kann man für jeden Punkt der X-Y-Ebene, d. h. für jedes Werthepaar x, y eine (im Allgemeinen) endliche Zahl von Werthen z bestimmen und so die dargestellte Fläche über der X-Y-Ebene construiren. Sind dagegen zwei Gleichungen $f(x, y, z) = 0$ und $F(x, y, z) = 0$ gegeben, so kann man im Allgemeinen nur eine der drei Coordinaten, etwa x, willkürlich wählen; dadurch sind die beiden anderen bestimmt. Berechnet man zu jedem x zunächst y, so erhält man in der X-Y-Ebene eine Curve. Errichtet man in jedem Punkte derselben ein Loth von der Länge der zugehörigen z-Coordinate, so findet man als Ort der Endpunkte aller dieser Lothe diejenige *Curve*, welche durch die beiden gegebenen Gleichungen dargestellt wird; die zuerst in der X-Y-Ebene construirte Curve ist ihre Projection auf diese Ebene; alle Projectionsstrahlen laufen parallel der Z-Axe.

In anderer Weise kann man Flächen und Curven analytisch behandeln, indem man von der Parameter-Darstellung ausgeht. Die Gleichungen

$$x = \varphi(\varkappa, \lambda), \quad y = \psi(\varkappa, \lambda), \quad z = \chi(\varkappa, \lambda)$$

stellen im Allgemeinen eine Fläche dar, indem die Coordinaten eines Punktes derselben durch zwei Parameter $\varkappa$, λ ausgedrückt sind. Eliminirt man letztere aus den drei Gleichungen, so ergibt sich eine Relation zwischen x, y, z : die Gleichung der Fläche.

Dagegen geben drei Gleichungen von der Form

$$x = \varphi(\lambda), \quad y = \psi(\lambda), \quad z = \chi(\lambda)$$

die Parameter-Darstellung einer Curve. Eliminirt man λ aus je zweien

---

*) In den Anwendungen benutzt man meist eine andere Parameter-Darstellung der Kugel, indem ein Punkt derselben durch zwei Winkel bestimmt wird, wie ein Punkt der Erdkugel durch geographische Länge und Breite. Die Einführung dieser Winkel wird uns bei Betrachtung der Ausartungen der sogenannten elliptischen Coordinaten beschäftigen.

der drei Gleichungen, so erhält man die Gleichungen von drei Flächen der Form

$$\Phi(y, z) = 0, \quad \Psi(z, x) = 0, \quad \mathsf{X}(x, y) = 0.$$

Jede von ihnen enthält die dargestellte Curve; je zwei dieser Flächen können sich aber ausserdem noch in einer andern Curve schneiden. Nur wenn letzteres nicht eintritt, ist die dargestellte Curve umgekehrt als Schnittcurve irgend zweier der drei Flächen definirt. In der Gleichung $\Phi(y, z) = 0$ kommen nur die Veränderlichen y und z vor; hat man also einen Punkt der Fläche in der Y-Z-Ebene gefunden, so liegt auch jeder Punkt des in ihm auf dieser Ebene errichteten Lothes auf der Fläche $\Phi = 0$; d. h. letztere ist eine Cylinderfläche, deren Seitenlinien der X-Axe parallel sind, und deren Basis in der Y-Z-Ebene durch die Curve $\Phi(y, z) = 0$ bestimmt wird. Analoges gilt für die Flächen $\Psi = 0$ und $\mathsf{X} = 0$ bez. in Bezug auf die Z-X- und X-Y-Ebene.

3. *Es soll der Winkel zweier beliebig im Raume gegebenen geraden Linien berechnet werden.*

Als Winkel zweier sich nicht schneidenden Geraden definirt man den Winkel zweier Linien, welche, ihnen parallel, durch einen beliebigen Punkt des Raumes gezogen werden.

Die eine der gegebenen Geraden möge durch den Punkt x_0, y_0, z_0 gehen und durch die Richtungswinkel $\alpha_0, \beta_0, \gamma_0$ bestimmt sein; für die andere mögen die Grössen $x_1, y_1, z_1, \alpha_1, \beta_1, \gamma_1$ entsprechende Bedeutungen haben. Alsdann ist nach (5) ein Punkt x, y, z der einen Geraden gegeben durch:

$$(8) \quad x = x_0 + r_0 \cos \alpha_0, \quad y = y_0 + r_0 \cos \beta_0, \quad z = z_0 + r_0 \cos \gamma_0$$

und ein Punkt der andern Geraden durch:

$$(9) \quad x = x_1 + r_1 \cos \alpha_1, \quad y = y_1 + r_1 \cos \beta_1, \quad z = z_1 + r_1 \cos \gamma_1,$$

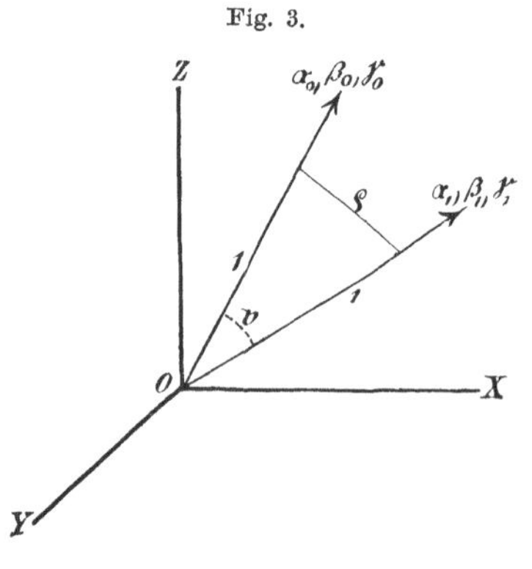

wo r_0 und r_1 zwei Parameter sind. Zu beiden Geraden ziehen wir Parallele durch den Anfangspunkt; dieselben haben ebenfalls die Richtungswinkel $\alpha_0, \beta_0, \gamma_0$ bez. $\alpha_1, \beta_1, \gamma_1$. Bestimmt man auf jeder einen Punkt in der Entfernung $+1$ vom Anfangspunkte (vgl. Fig. 3), so sind die Coordinaten dieser beiden Punkte:

$$\cos \alpha_0, \ \cos \beta_0, \ \cos \gamma_0$$
$$\text{und} \quad \cos \alpha_1, \ \cos \beta_1, \ \cos \gamma_1.$$

Ihre gegenseitige Entfernung ϱ ist also gegeben durch:

$$\varrho^2 = (\cos \alpha_0 - \cos \alpha_1)^2 + (\cos \beta_0 - \cos \beta_1)^2 + (\cos \gamma_0 - \cos \gamma_1)^2.$$

Wegen der Identitäten

$$(10) \quad \cos^2 \alpha_0 + \cos^2 \beta_0 + \cos^2 \gamma_0 = \cos^2 \alpha_1 + \cos^2 \beta_1 + \cos^2 \gamma_1 = 1$$

ist auch

$$\varrho^2 = 2 - 2 (\cos \alpha_0 \cos \alpha_1 + \cos \beta_0 \cos \beta_1 + \cos \gamma_0 \cos \gamma_1).$$

Bezeichnet man mit v den gesuchten Winkel der beiden durch den Anfangspunkt gelegten Geraden, so ist ϱ auch bestimmt als Seite eines Dreiecks, in dem der gegenüberliegende Winkel gleich v und jede der beiden anliegenden Seiten gleich 1 ist; so dass:

$$\varrho^2 = 1 + 1 - 2 \cos v = 2 (1 - \cos v).$$

Die beiden für ϱ^2 gefundenen Werthe müssen übereinstimmen; also:

Der Winkel v zweier Geraden, deren Richtungen bez. durch die Winkel α_0, β_0, γ_0 und α_1, β_1, γ_1 gegeben sind, ist bestimmt durch:

$$(11) \quad \cos v = \cos \alpha_0 \cos \alpha_1 + \cos \beta_0 \cos \beta_1 + \cos \gamma_0 \cos \gamma_1.$$

Sind die Linien parallel, so ist $\cos v = 1$, also wegen (10):

$$(\cos \alpha_0 - \cos \alpha_1)^2 + (\cos \beta_0 - \cos \beta_1)^2 + (\cos \gamma_0 - \cos \gamma_1)^2 = 0,$$

und folglich $\alpha_0 = \alpha_1$, $\beta_0 = \beta_1$, $\gamma_0 = \gamma_1$; in der That müssen ja die Richtungswinkel paralleler Linien übereinstimmen.

Sollen die Linien einen rechten Winkel einschliessen, so muss $\cos v = 0$ sein, oder:

$$(12) \quad 0 = \cos \alpha_0 \cos \alpha_1 + \cos \beta_0 \cos \beta_1 + \cos \gamma_0 \cos \gamma_1.$$

4. *Es soll der Abstand d eines Punktes ξ, η, ζ von einer gegebenen Geraden bestimmt werden.*

Letztere sei wieder durch einen Punkt x_0, y_0, z_0 und durch ihre Richtungswinkel α, β, γ definirt; so dass einer ihrer Punkte x, y, z mittelst eines Parameters r gegeben ist durch:

$$x = x_0 + r \cos \alpha, \quad y = y_0 + r \cos \beta, \quad z = z_0 + r \cos \gamma.$$

Analog hat man für einen Punkt des von ξ, η, ζ auf die Gerade gefällten Lothes, wenn λ, μ, ν die Richtungswinkel desselben sind:

$$x = \xi + r' \cos \lambda, \quad y = \eta + r' \cos \mu, \quad z = \zeta + r' \cos \nu.$$

Hier bedeutet r' die Entfernung des Punktes x, y, z von ξ, η, ζ; und es ist nach (12):

$$(13) \quad \cos \alpha \cos \lambda + \cos \beta \cos \mu + \cos \gamma \cos \nu = 0.$$

Ist nun x, y, z der Fusspunkt dieses Lothes, so wird $r' = d$, und es sind r, d, λ, μ, ν so zu bestimmen, dass:

$$(14) \quad \begin{cases} x_0 + r \cos \alpha = \xi + d \cos \lambda, \\ y_0 + r \cos \beta = \eta + d \cos \mu, \\ z_0 + r \cos \gamma = \zeta + d \cos \nu, \end{cases}$$

$$\cos^2 \lambda + \cos^2 \mu + \cos^2 \nu = 1,$$
$$\cos^2 \alpha + \cos^2 \beta + \cos^2 \gamma = 1.$$

Multiplicirt man die drei Gleichungen (14) bez. mit $\cos \alpha$, $\cos \beta$, $\cos \gamma$, so folgt wegen (13):

$$r = (\xi - x_0) \cos \alpha + (\eta - y_0) \cos \beta + (\zeta - z_0) \cos \gamma.$$

Bildet man andererseits die Quadrate von $\xi - x_0$, $\eta - y_0$, $\zeta - z_0$, so ergibt sich:

$$\begin{aligned} d^2 &= (\xi - x_0)^2 + (\eta - y_0)^2 + (\zeta - z_0)^2 - r^2 \\ &= (\xi - x_0)^2 \sin^2 \alpha + (\eta - y_0)^2 \sin^2 \beta + (\zeta - z_0)^2 \sin^2 \gamma \\ &\quad - 2(\xi - x_0)(\eta - y_0) \cos \alpha \cos \beta - 2(\eta - y_0)(\zeta - z_0) \cos \beta \cos \gamma \\ &\quad - 2(\zeta - z_0)(\xi - x_0) \cos \gamma \cos \alpha. \end{aligned}$$

Hierdurch sind r und d bestimmt. Durch Einsetzen dieser Werthe in (14) ergeben sich λ, μ, ν.

5. *Es soll die Bedingung dafür aufgestellt werden, dass sich zwei Gerade im Raume schneiden.*

Die beiden geraden Linien seien wieder durch (8) und (9) gegeben. Soll beiden ein Punkt x, y, z gemeinsam sein, so folgt:

$$x_0 + r_0 \cos \alpha_0 = x_1 + r_1 \cos \alpha_1,$$
$$y_0 + r_0 \cos \beta_0 = y_1 + r_1 \cos \beta_1,$$
$$z_0 + r_0 \cos \gamma_0 = z_1 + r_1 \cos \gamma_1,$$

und hieraus durch Elimination von r_0 und r_1:

$$(15) \quad \begin{vmatrix} x_0 - x_1 & \cos \alpha_0 & \cos \alpha_1 \\ y_0 - y_1 & \cos \beta_0 & \cos \beta_1 \\ z_0 - z_1 & \cos \gamma_0 & \cos \gamma_1 \end{vmatrix} = 0.$$

Dies ist die gesuchte Bedingung.

6. *Es soll der kürzeste Abstand K zweier sich nicht schneidenden Geraden berechnet werden.*

Die beiden Geraden seien durch (8) und (9) gegeben. Es gibt bekanntlich eine Gerade, welche gleichzeitig auf beiden senkrecht steht; ihre beiden Fusspunkte mögen bez. die Coordinaten ξ_0, η_0, ζ_0 und ξ_1, η_1, ζ_1 haben. Dann lassen sich zwei Werthe r_0' und r_1' so bestimmen (vgl. Fig. 4), dass:

$$(16) \quad \begin{aligned} \xi_0 &= x_0 + r_0' \cos \alpha_0, \quad \eta_0 = y_0 + r_0' \cos \beta_0, \quad \zeta_0 = z_0 + r_0' \cos \gamma_0, \\ \xi_1 &= x_1 + r_1' \cos \alpha_1, \quad \eta_1 = y_1 + r_1' \cos \beta_1, \quad \zeta_1 = z_1 + r_1' \cos \gamma_1. \end{aligned}$$

Sind ferner λ, μ, ν die Richtungswinkel des gemeinsamen Lothes, dessen Länge mit K bezeichnet war, so hat man:

$$(17) \quad \begin{cases} K \cos \lambda = \xi_0 - \xi_1, \\ K \cos \mu = \eta_0 - \eta_1, \\ K \cos \nu = \zeta_0 - \zeta_1, \end{cases}$$

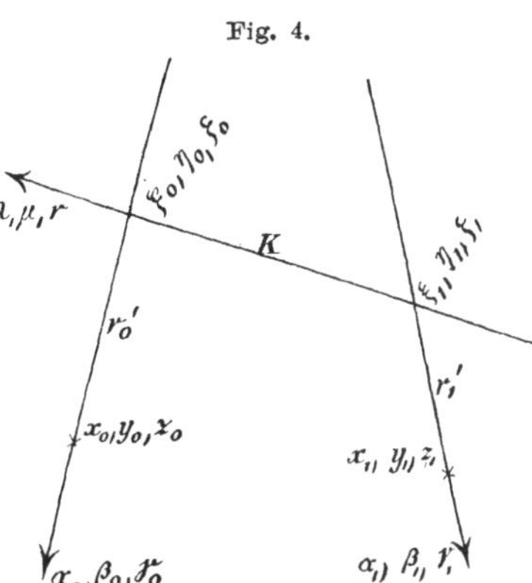

ferner nach (12):

$$(18) \quad \begin{cases} \cos \alpha_0 \cos \lambda + \cos \beta_0 \cos \mu \\ \qquad + \cos \gamma_0 \cos \nu = 0, \\ \cos \alpha_1 \cos \lambda + \cos \beta_1 \cos \mu \\ \qquad + \cos \gamma_1 \cos \nu = 0. \end{cases}$$

Durch Auflösung der beiden letzten Gleichungen ergibt sich:

$$(19) \quad \begin{aligned} m \cos \lambda &= \cos \beta_0 \cos \gamma_1 - \cos \gamma_0 \cos \beta_1, \\ m \cos \mu &= \cos \gamma_0 \cos \alpha_1 - \cos \alpha_0 \cos \gamma_1, \\ m \cos \nu &= \cos \alpha_0 \cos \beta_1 - \cos \beta_0 \cos \alpha_1. \end{aligned}$$

Der Proportionalitäts-Factor m ist bestimmt durch die Bedingung $\cos^2 \lambda + \cos^2 \mu + \cos^2 \nu = 1$. Man findet:

$$m^2 = (\cos^2 \alpha_0 + \cos^2 \beta_0 + \cos^2 \gamma_0)(\cos^2 \alpha_1 + \cos^2 \beta_1 + \cos^2 \gamma_1)$$
$$- (\cos \alpha_0 \cos \alpha_1 + \cos \beta_0 \cos \beta_1 + \cos \gamma_0 \cos \gamma_1)^2,$$

oder, nach (11), wenn v der Winkel der beiden Geraden ist:

$$(20) \quad m^2 = 1 - \cos^2 v = \sin^2 v.$$

Es sind somit λ, μ, ν bekannt. Um K zu finden, benutzen wir die Gleichungen (16) und (17); so haben wir:

$$K \cos \lambda - r_0' \cos \alpha_0 + r_1' \cos \alpha_1 = \xi_0 - \xi_1,$$
$$K \cos \mu - r_0' \cos \beta_0 + r_1' \cos \beta_1 = \eta_0 - \eta_1,$$
$$K \cos \nu - r_0' \cos \gamma_0 + r_1' \cos \gamma_1 = \zeta_0 - \zeta_1.$$

Diese Gleichungen multipliciren wir bez. mit $\cos \lambda$, $\cos \mu$, $\cos \nu$ und addiren; dadurch erhält man wegen (18):

$$K = (\xi_0 - \xi_1) \cos \lambda + (\eta_0 - \eta_1) \cos \mu + (\zeta_0 - \zeta_1) \cos \nu.$$

In Rücksicht auf (19) und (20) *wird also der kürzeste Abstand K gegeben durch:*

$$(21) \quad \pm K = \frac{\begin{vmatrix} \xi_0 - \xi_1 & \cos \alpha_0 & \cos \alpha_1 \\ \eta_0 - \eta_1 & \cos \beta_0 & \cos \beta_1 \\ \zeta_0 - \zeta_1 & \cos \gamma_0 & \cos \gamma_1 \end{vmatrix}}{\sin v}.$$

Nach (15) wird $K = 0$, wenn sich die beiden gegebenen Geraden schneiden, es sei denn, dass gleichzeitig $\sin v = 0$ ist; in letzterem Falle sind die Geraden parallel, ihr Schnittpunkt liegt unendlich entfernt, und K wird unbestimmt $\left(\text{nämlich von der Form } \frac{0}{0}\right)$.

6. *Es soll die Gleichung einer Ebene aufgestellt werden, wenn die Länge p des vom Anfangspunkte auf sie gefällten Lothes und die Richtungswinkel α, β, γ dieses Lothes gegeben sind.*

Das Loth möge die Ebene im Punkte ξ, η, ζ treffen; dann ist (vgl. Fig. 5):

$$(22) \qquad \xi = p \cos \alpha, \quad \eta = p \cos \beta, \quad \zeta = p \cos \gamma.$$

Die Ebene entsteht dadurch, dass man auf der gegebenen Linie in ξ, η, ζ ein Loth errichtet und den so gebildeten rechten Winkel um den einen Schenkel p rotiren lässt. Hat das in ξ, η, ζ errichtete Loth die Richtungswinkel α_1, β_1, γ_1, so ist

$$(23) \qquad \cos \alpha_1 \cos \alpha + \cos \beta_1 \cos \beta + \cos \gamma_1 \cos \gamma = 0,$$

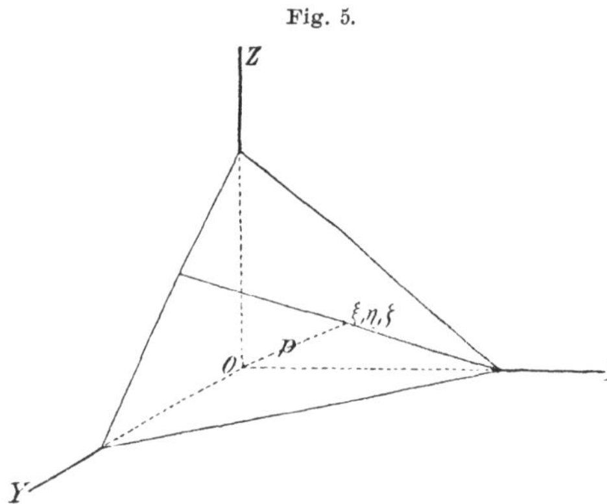

und ein Punkt x, y, z dieses Lothes (d. i. ein Punkt der darzustellenden Ebene) ist gegeben durch:

$$x = \xi + r \cos \alpha_1,$$
$$y = \eta + r \cos \beta_1,$$
$$z = \zeta + r \cos \gamma_1.$$

Hiermit ist ein Punkt der Ebene dargestellt durch zwei Parameter, nämlich r und einen der Winkel α_1, β_1, γ_1; die beiden anderen Winkel bestimmen sich dann durch (23) und durch die Gleichung

$$\cos^2 \alpha_1 + \cos^2 \beta_1 + \cos^2 \gamma_1 = 1.$$

Multiplicirt man die letzten drei Gleichungen bez. mit $\cos \alpha$, $\cos \beta$, $\cos \gamma$, so folgt wegen (23):

$$(24) \qquad (x - \xi) \cos \alpha + (y - \eta) \cos \beta + (z - \zeta) \cos \gamma = 0.$$

Dies ist *die Gleichung der Ebene*; sie erscheint gegeben durch die Richtungswinkel des vom Anfangspunkte auf sie gefällten Lothes und durch den Fusspunkt ξ, η, ζ dieses Lothes. Nun ist wegen (22)

$$p = \xi \cos \alpha + \eta \cos \beta + \zeta \cos \gamma.$$

In Folge dessen kann man (24) auch in folgender Form schreiben:

$$(25) \qquad x \cos \alpha + y \cos \beta + z \cos \gamma - p = 0.$$

Diese Gleichungsform bezeichnen wir im Folgenden (nach Hesse) als die *Normalform der Gleichung einer Ebene**). Letztere ist hier bestimmt durch *ihre Neigungswinkel*, d. h. durch die Neigungswinkel des vom Anfangspunkte auf sie gefällten Lothes und durch die Länge des Lothes. Mittelst der Gleichung (25) ist also die gestellte Aufgabe gelöst.

Die Länge p wird immer als positiv betrachtet; die Winkel α, β, γ variiren von 0 bis 360°. Die Neigungswinkel zweier Ebenen, welche einander parallel und vom Anfangspunkte gleich weit entfernt sind, unterscheiden sich von einander um je 180°.

Der Umstand, dass die Veränderlichen x, y, z in den Gleichungen (24) und (25) nur linear vorkommen, ist für die Ebenen-Gleichung charakteristisch. Es gilt nämlich auch umgekehrt der Satz:

Jede Gleichung, welche die Veränderlichen nur linear enthält, stellt eine Ebene dar.

In der That gehen wir von der allgemeinsten linearen Gleichung

$$(26) \qquad Ax + By + Cz + D = 0$$

aus. Wir wissen, jede Ebene kann in der Form (25) dargestellt werden; soll also (26) die Gleichung einer Ebene sein, so muss sich (26) durch Multiplication mit einem constanten Factor m auf die Normalform bringen lassen, indem:

$$mA = \cos\alpha, \quad mB = \cos\beta, \quad mC = \cos\gamma, \quad mD = -p,$$
$$\cos^2\alpha + \cos^2\beta + \cos^2\gamma = 1.$$

Aus der letzten Gleichung ergibt sich

$$m = \pm \frac{1}{\sqrt{A^2 + B^2 + C^2}};$$

folglich sind α, β, γ, p bestimmt durch:

$$(27) \qquad \begin{aligned} \cos\alpha &= \pm \frac{A}{\sqrt{A^2 + B^2 + C^2}}, \\[1ex] \cos\beta &= \pm \frac{B}{\sqrt{A^2 + B^2 + C^2}}, \\[1ex] \cos\gamma &= \pm \frac{C}{\sqrt{A^2 + B^2 + C^2}}, \\[1ex] p &= \mp \frac{D}{\sqrt{A^2 + B^2 + C^2}}. \end{aligned}$$

Das Vorzeichen der rechten Seiten muss so gewählt werden, dass p

---

*) Vgl. hier und für die nächst folgenden Aufgaben: Hesse, Vorlesungen über analytische Geometrie des Raumes, Leipzig 1861 (inzwischen sind mehrere neue Auflagen erschienen).

positiv wird. Die rechten Seiten der ersten drei Gleichungen sind kleiner wie 1; die Bestimmung der Grössen α, β, γ, p ist also immer möglich. Damit ist unsere Behauptung bewiesen.

Die Gleichungen (27) lehren, wie die Coëfficienten der Normalform gefunden werden, wenn die Gleichung einer Ebene in der allgemeinen Form (26) gegeben ist.

7. *Es soll die Entfernung P eines Punktes x_0, y_0, z_0 von einer gegebenen Ebene berechnet werden.* Dabei soll P in Richtung des vom Anfangspunkte auf die Ebene gefällten Lothes positiv und vom Fusspunkte dieses Lothes ab gerechnet werden; es ist also P negativ, wenn der Anfangspunkt und der Punkt x_0, y_0, z_0 auf derselben Seite der Ebene liegen, positiv im entgegengesetzten Falle.

Es sei zunächst die Gleichung der Ebene in der Normalform (25) gegeben. Dann ist

$$x \cos \alpha + y \cos \beta + z \cos \gamma - p - P = 0$$

die Gleichung einer Ebene, deren Entfernung vom Anfangspunkte gleich $p + P$ ist. Dieselbe geht durch den Punkt x_0, y_0, z_0, wenn P im angegebenen Sinne die Entfernung des letztern von (25) bedeutet; man muss also haben:

$$x_0 \cos \alpha + y_0 \cos \beta + z_0 \cos \gamma - p - P = 0.$$

Hieraus berechnet sich die gesuchte Grösse P:

$$(28) \qquad P = x_0 \cos \alpha + y_0 \cos \beta + z_0 \cos \gamma - p.$$

Die linke Seite der Normalform einer Ebenen-Gleichung ist also gleich der Entfernung des Punktes x, y, z von der Ebene.

Ist die Gleichung der Ebene in der allgemeinen Form (26) gegeben, so wird wegen (27)

$$(29) \qquad P = \pm \frac{A x_0 + B y_0 + C z_0 + D}{\sqrt{A^2 + B^2 + C^2}}.$$

8. *Man soll die Neigung u einer Geraden gegen eine Ebene berechnen.*

Es seien α, β, γ die Richtungswinkel der Ebene (d. h. ihres Lothes) und α', β', γ' diejenigen der Geraden. Letztere möge mit dem vom Anfangspunkte auf die Ebene gefällten Lothe den Winkel v bilden, dann ist nach (11)

$$\cos v = \cos \alpha \cos \alpha' + \cos \beta \cos \beta' + \cos \gamma \cos \gamma';$$

und der gesuchte Winkel u ist bestimmt durch die Gleichung $u + v = 90°$, so dass $\sin u = \cos v$. Ist also die Ebene durch die allgemeine Gleichung (26) gegeben, so wird nach (27)

$$(30) \qquad \sin u = \pm \frac{A \cos \alpha' + B \cos \beta' + C \cos \gamma'}{\sqrt{A^2 + B^2 + C^2}}.$$

Ist die Gerade nicht durch ihre Richtungswinkel, sondern durch die zwei Punkte x_0, y_0, z_0 und x_1, y_1, z_1 bestimmt, so hat man nach (4) und (5)

$$(31) \quad \sin u = \pm \frac{A(x_1 - x_0) + B(y_1 - y_0) + C(z_1 - z_0)}{\sqrt{A^2 + B^2 + C^2}\ \sqrt{(x_1 - x_0)^2 + (y_1 - y_0)^2 + (z_1 - z_0)^2}}.$$

Die Gerade steht also senkrecht zu der Ebene, wenn:

$$[A(x_1 - x_0) + B(y_1 - y_0) + C(z_1 - z_0)]^2$$
$$= (A^2 + B^2 + C^2)[(x_1 - x_0)^2 + (y_1 - y_0)^2 + (z_1 - z)^2]$$

oder:

$$[B(z_1 - z_0) - C(y_1 - y_0)]^2 + [C(x_1 - x_0) - A(z_1 - z_0)]^2$$
$$+ [A(y_1 - y_0) - B(x_1 - x_0)]^2 = 0,$$

d. h. wenn gleichzeitig:

$$(32) \quad \frac{B}{C} = \frac{y_1 - y_0}{z_1 - z_0}, \quad \frac{C}{A} = \frac{z_1 - z_0}{x_1 - x_0}, \quad \frac{A}{B} = \frac{x_1 - x_0}{y_1 - y_0}.$$

Die Gerade ist der Ebene parallel, wenn:

$$(33) \quad A(x_1 - x_0) + B(y_1 - y_0) + C(z_1 - z_0) = 0.$$

9. *Es soll die Gleichung einer Ebene aufgestellt werden, deren Schnittpunkte mit der X-, Y- und Z-Axe vom Anfangspunkte um die Grössen a, b, c entfernt sind.*

Haben p, α, β, γ wieder die früheren Bedeutungen, so ist

$$(34) \quad p = a \cos \alpha = b \cos \beta = c \cos \gamma.$$

Formt man mit Hülfe dieser Relationen die Gleichung (25) um, so ergibt sich als *Gleichung der gesuchten Ebene*:

$$(35) \quad \frac{x}{a} + \frac{y}{b} + \frac{z}{c} = 1.$$

Wird eine der Grössen a, b, c unendlich gross, so wird die Ebene der betreffenden Coordinaten-Axe parallel. Es ist also

$$\text{die Ebene } \frac{x}{a} + \frac{y}{b} = 1 \text{ parallel zur } Z\text{-Axe,}$$

$$\text{,, \quad ,, } \frac{x}{a} + \frac{z}{c} = 1 \quad \text{,, \quad ,, } Y\text{-Axe,}$$

$$\text{,, \quad ,, } \frac{y}{b} + \frac{z}{c} = 1 \quad \text{,, \quad ,, } X\text{-Axe.}$$

In der That ist in diesen Fällen auch die Gleichung (33) erfüllt; z. B. für eine Ebene, parallel zur Z-Axe, muss man setzen:

$$x_1 = 0, \quad y_1 = 0, \quad x_0 = 0, \quad y_0 = 0, \quad C = 0.$$

Werden gleichzeitig zwei der Abschnitte a, b, c unendlich gross, so wird die Ebene einer Coordinaten-Ebene parallel. Es ist so

$$\text{die Ebene } z = c \text{ parallel zur } X\text{-}Y\text{-Ebene,}$$
$$\text{„ \quad „ \quad } y = b \quad \text{„ \quad „ \quad } Z\text{-}X\text{-Ebene,}$$
$$\text{„ \quad „ \quad } x = a \quad \text{„ \quad „ \quad } Y\text{-}Z\text{-Ebene.}$$

Ist einer der drei Abschnitte gleich Null, so geht die Ebene durch den Anfangspunkt; es müssen also auch die beiden andern Abschnitte Null sein. Es stimmt dies mit den Gleichungen (34) überein, wo $p = 0$ zu setzen ist. Die aus (34) folgende Proportion

$$a : b : c = \frac{1}{\cos \alpha} : \frac{1}{\cos \beta} : \frac{1}{\cos \gamma}$$

bleibt aber bestehen. Setzt man nun in (25) $p = 0$, so wird die Gleichung einer Ebene durch den Anfangspunkt, welcher die Richtungswinkel α, β, γ zukommen:

$$x \cos \alpha + y \cos \beta + z \cos \gamma = 0.$$

Es ist also

$$(36) \qquad \frac{x}{a} + \frac{y}{b} + \frac{z}{c} = 0$$

die Gleichung derjenigen Ebene, welche zu (35) parallel ist und durch den Anfangspunkt geht.

Bezeichnet man mit m einen veränderlichen Parameter, so erhält man *alle* Ebenen, welche zu (35) parallel sind, aus der Gleichung

$$(37) \qquad \frac{x}{a} + \frac{y}{b} + \frac{z}{c} = m,$$

indem man für m alle möglichen Werthe einsetzt. Denn die Ebenen (37) geben auf den Coordinaten-Axen die Abschnitte ma, mb, mc, und diese sind proportional zu den Abschnitten der Ebene (35). Für $m = 0$ erhält man insbesondere wieder die Ebene (36), welche den Anfangspunkt enthält.

10. *Es soll die Gleichung einer Ebene aufgestellt werden, welche durch drei gegebene, nicht in gerader Linie liegende Punkte geht.* Die Coordinaten der drei Punkte seien bez. x_0, y_0, z_0; x_1, y_1, z_1; x_2, y_2, z_2. Die Gleichung der gesuchten Ebene muss von der Form sein:

$$Ax + By + Cz + D = 0.$$

Die Coëfficienten bestimmen sich durch die Bedingungen:

$$Ax_0 + By_0 + Cz_0 + D = 0,$$
$$Ax_1 + By_1 + Cz_1 + D = 0,$$
$$Ax_2 + By_2 + Cz_2 + D = 0.$$

Dies sind drei homogene lineare Gleichungen für die Verhältnisse $A : B : C : D$; statt letztere zu berechnen und in die erste Gleichung einzusetzen, kann man aus allen vier Gleichungen die Unbekannten A, B, C, D eliminiren. Dies gibt als *Gleichung der gesuchten Ebene:*

$$(38) \qquad \begin{vmatrix} x & y & z & 1 \\ x_0 & y_0 & z_0 & 1 \\ x_1 & y_1 & z_1 & 1 \\ x_2 & y_2 & z_2 & 1 \end{vmatrix} = 0,$$

oder nach x, y, z geordnet:

$$x \begin{vmatrix} y_0 & z_0 & 1 \\ y_1 & z_1 & 1 \\ y_2 & z_2 & 1 \end{vmatrix} - y \begin{vmatrix} x_0 & z_0 & 1 \\ x_1 & z_1 & 1 \\ x_2 & z_2 & 1 \end{vmatrix} + z \begin{vmatrix} x_0 & y_0 & 1 \\ x_1 & y_1 & 1 \\ x_2 & y_2 & 1 \end{vmatrix} - \begin{vmatrix} x_0 & y_0 & z_0 \\ x_1 & y_1 & z_1 \\ x_2 & y_2 & z_2 \end{vmatrix} = 0.$$

Hieraus kann man nachträglich die Werthe von A, B, C, D entnehmen; es ist

$$A : B : C : D$$

$$= \begin{vmatrix} y_0 & z_0 & 1 \\ y_1 & z_1 & 1 \\ y_2 & z_2 & 1 \end{vmatrix} : \begin{vmatrix} z_0 & x_0 & 1 \\ z_1 & x_1 & 1 \\ z_2 & x_2 & 1 \end{vmatrix} : \begin{vmatrix} x_0 & y_0 & 1 \\ x_1 & y_1 & 1 \\ x_2 & y_2 & 1 \end{vmatrix} : - \begin{vmatrix} x_0 & y_0 & z_0 \\ x_1 & y_1 & z_1 \\ x_2 & y_2 & z_2 \end{vmatrix}.$$

Wegen der Gleichung (5) sind diese vier Determinanten einzeln Null, wenn die drei Punkte auf einer Geraden liegen; dann ist die Lösung unbestimmt.

Die Determinante (38) selbst bedeutet den sechsfachen Inhalt des durch die vier Punkte

$$x, y, z; \quad x_0, y_0, z_0; \quad x_1, y_1, z_1; \quad x_2, y_2, z_2$$

als Ecken bestimmten Tetraëders.

Bezeichnet nämlich F den Inhalt des durch die Punkte (x_0, y_0, z_0), (x_1, y_1, z_1), (x_2, y_2, z_2) gebildeten Dreiecks, und bedeutet h die Entfernung des Punktes x, y, z von der Ebene dieses Dreiecks, so ist der Inhalt J des Tetraëders gegeben durch die Formel:

$$(39) \qquad J = \tfrac{1}{3} F \cdot h.$$

Setzt man die Determinante der linken Seite von (38) gleich Π, so ist $\Pi = 0$ die Gleichung der Ebene des Dreiecks F, und folglich nach (29):

$$(40) \qquad h = \pm \frac{\Pi}{\sqrt{A^2 + B^2 + \Gamma^2}},$$

wo zur Abkürzung:

$$A = \begin{vmatrix} y_0 & z_0 & 1 \\ y_1 & z_1 & 1 \\ y_2 & z_2 & 1 \end{vmatrix}, \quad B = \begin{vmatrix} z_0 & x_0 & 1 \\ z_1 & x_1 & 1 \\ z_2 & x_2 & 1 \end{vmatrix}, \quad \Gamma = \begin{vmatrix} x_0 & y_0 & 1 \\ x_1 & y_1 & 1 \\ x_2 & y_2 & 1 \end{vmatrix}$$

Sind ferner F_1, F_2, F_3 bez. die Flächen der Dreiecke, welche durch Projection von F auf die Y-Z-, Z-X- und X-Y-Ebene entstehen, so ist nach einer bekannten Formel der ebenen Geometrie (Bd. I, p. 25):

$$\mathsf{A} = \pm\, 2F_1, \quad \mathsf{B} = \pm\, 2F_2, \quad \Gamma = \pm\, 2F_3.$$

Andererseits hat man, wenn α, β, γ die Richtungswinkel des Lothes h bedeuten:

$$F_1 = F \cos \alpha, \quad F_2 = F \cos \beta, \quad F_3 = F \cos \gamma,$$

folglich:

$$F^2 = F_1^{\,2} + F_2^{\,2} + F_3^{\,2},$$

oder:

$$\mathsf{A}^2 + \mathsf{B}^2 + \Gamma^2 = 4 F^2.$$

Die Gleichungen (39) und (40) ergeben also in der That*):

$$\Pi = \pm\, 6J, \quad \text{q. e. d.}$$

11. *Man soll den von zwei Ebenen gebildeten Winkel u berechnen.*

Der Winkel zweier Ebenen ist gleich dem Winkel zweier auf ihnen errichteten Lothe. Seien also α, β, γ die Richtungswinkel der einen, und α', β', γ' die der andern Ebene, so ist

(41a) $\qquad \cos u = \cos \alpha \cos \alpha' + \cos \beta \cos \beta' + \cos \gamma \cos \gamma',$

oder, wenn die Ebenen durch die Gleichungen

$$Ax + By + Cz + D = 0,$$
$$A'x + B'y + C'z + D' = 0$$

gegeben sind, nach (27):

(41b) $\qquad \cos u = \pm\, \dfrac{AA' + BB' + CC'}{\sqrt{A^2 + B^2 + C^2}\,\sqrt{A'^2 + B'^2 + C'^2}}.$

Die Ebenen sind also auf einander senkrecht, wenn:

(42) $\qquad\qquad AA' + BB' + CC' = 0.$

Sie sind einander parallel, wenn:

$$(A^2 + B^2 + C^2)(A'^2 + B'^2 + C'^2) = (AA' + BB' + CC')^2$$

oder:

$$(AB' - BA')^2 + (BC' - CB')^2 + (CA' - AC')^2 = 0,$$

d. h. *wenn gleichzeitig:*

(43) $\quad AB' - BA' = 0, \quad BC' - CB' = 0, \quad CA' - AC' = 0.$

12. *Es sollen die Richtungswinkel der Schnittlinie zweier Ebenen berechnet werden.*

---

*) In Betreff der Litteratur über diese wichtige Formel vgl. B a l t z e r, Theorie der Determinanten § 15 und Crelle's Journal Bd. 73.

Es seien λ, μ, ν die gesuchten Winkel und α, β, γ bez. α', β', γ' die Richtungswinkel der beiden Ebenen. Die Schnittlinie der letzteren steht senkrecht auf jeder Linie, die zu einer der beiden Ebenen senkrecht ist; folglich hat man:

$$\cos \lambda \cos \alpha + \cos \mu \cos \beta + \cos \nu \cos \gamma = 0,$$
$$\cos \lambda \cos \alpha' + \cos \mu \cos \beta' + \cos \nu \cos \gamma' = 0.$$

Hieraus ergibt sich, wie bei Auflösung der Gleichungen (18):

$$m \cos \lambda = \cos \beta \cos \gamma' - \cos \gamma \cos \beta',$$
$$m \cos \mu = \cos \gamma \cos \alpha' - \cos \alpha \cos \gamma',$$
$$m \cos \nu = \cos \alpha \cos \beta' - \cos \beta \cos \alpha',$$

wo:

$$m^2 = 1 - (\cos \alpha \cos \alpha' + \cos \beta \cos \beta' + \cos \gamma \cos \gamma')^2.$$

Es ist also $m^2 = 1$, wenn die beiden gegebenen Ebenen auf einander rechtwinklig stehen. Sind ihre Gleichungen in der allgemeinen Form

$$Ax + By + Cz + D = 0, \quad A'x + B'y + C'z + D' = 0$$

gegeben, so findet man wegen (41a) und (41b):

$$m^2 = \frac{(AB' - BA')^2 + (BC' - CB')^2 + (CA' - AC')^2}{(A^2 + B^2 + C^2)(A'^2 + B'^2 + C'^2)}.$$

Es wird also nach (27)

$$\cos \lambda = \frac{\pm (BC' - CB')}{\sqrt{(AB' - BA')^2 + (BC' - CB')^2 + (CA' - AC')^2}},$$

$$(44) \quad \cos \mu = \frac{\pm (CA' - AC')}{\sqrt{(AB' - BA')^2 + (BC' - CB')^2 + (CA' - AC')^2}},$$

$$\cos \nu = \frac{\pm (AB' - BA')}{\sqrt{(AB' - BA')^2 + (BC' - CB')^2 + (CA' - AC')^2}}.$$

Nach (43) werden α, β, γ unbestimmt, wenn die beiden Ebenen einander parallel verlaufen.

Sind die Gleichungen der beiden Ebenen insbesondere in der Form

$$(45) \quad (x - x_0) \cos \beta = (z - z_0) \cos \alpha, \quad (x - x_0) \cos \gamma = (z - z_0) \cos \alpha$$

vorgelegt, wo $\cos^2 \alpha + \cos^2 \beta + \cos^2 \gamma = 1$, so hat man:

$$A = \cos \beta, \quad B = -\cos \alpha, \quad C = 0, \quad D = y_0 \cos \alpha - x_0 \cos \beta,$$
$$A' = \cos \gamma, \quad B' = 0, \quad C' = -\cos \alpha, \quad D' = z_0 \cos \alpha - x_0 \cos \gamma.$$

Folglich wird

$$\cos \lambda = \frac{\pm \cos^2 \alpha}{\sqrt{\cos^2 \alpha \cos^2 \gamma + \cos^4 \alpha + \cos^2 \alpha \cos^2 \beta}} = \pm \cos \alpha;$$

ebenso: $\cos \lambda = \pm \cos \beta$, $\cos \mu = \pm \cos \gamma$. In der That stimmen die Gleichungen (45) mit den Gleichungen (6) im Wesentlichen überein, denn sie ergeben durch Elimination von $x - x_0$ die dritte Gleichung:

$$(46) \qquad (y - y_0) \cos \gamma = (z - z_0) \cos \beta.$$

Auch in (6) ist aber die Gerade gegeben als Schnittlinie der beiden Ebenen (45); durch letztere geht die Ebene (46) ebenfalls hindurch.

II. Das Princip der Dualität.

In der Geometrie der Ebene wurde eine gerade Linie dargestellt durch eine *lineare* Gleichung in den Coordinaten x, y. Indem wir den letzteren feste Werthe beilegten, die Coëfficienten der linearen Gleichung aber als veränderlich betrachteten, gelangten wir zu der Auffassung des Punktes als Mittelpunkt eines Strahlbüschels und gleichzeitig zu dem Begriffe der Liniencoordinaten. Punkt und gerade Linie wurden durch Einführung der letzteren sich dualistisch gegenüber gestellt: das Princip der Dualität war damit begründet.

Im Raume stellt eine in x, y, z lineare Gleichung eine Ebene vor. Eine der früheren analoge Ueberlegung wird deshalb dazu führen, *dem Punkte die Ebene als dualistisch entsprechend gegenüber zu stellen,* indem die Coëfficienten der linearen Gleichung als Veränderliche (als *Ebenen-Coordinaten*) gedacht werden.

In der That, es sei die Ebene durch ihre Abschnitte a, b, c auf den Coordinaten-Axen gegeben; ihre Gleichung sei also nach (35):

$$\frac{x}{a} + \frac{y}{b} + \frac{z}{c} - 1 = 0.$$

Die negativen reciproken Werthe der Abschnitte a, b, c, d. h. die drei Grössen

$$u = -\frac{1}{a}, \quad v = -\frac{1}{b}, \quad w = -\frac{1}{c}$$

nennen wir die Coordinaten der Ebene; sie sind die Coëfficienten von x, y, z in ihrer Gleichung, wenn das constante Glied gleich $+1$ gemacht ist. Die Gleichung einer Ebene mit den Coordinaten u, v, w ist also

$$(1) \qquad ux + vy + wz + 1 = 0.$$

Diese Gleichung sagt aus, dass der Punkt x, y, z in der Ebene u, v, w liegt, oder dass die Ebene u, v, w den Punkt x, y, z enthält. Sind also u, v, w gegebene Grössen, so wird die Gleichung befriedigt von allen Punkten x, y, z der Ebene mit den Coordinaten u, v, w; sind umgekehrt die Coordinaten x, y, z gegeben und fasst man u, v, w als veränderliche Grössen auf, so wird die Gleichung befriedigt von den Coordinaten aller Ebenen, welche durch den Punkt x, y, z

gelegt werden können: es ist dann (1) *die Gleichung des Punktes x, y, z in Ebenen-Coordinaten**).

Die Gleichung (1), *die Bedingung der vereinigten Lage von Punkt und Ebene*, ist völlig symmetrisch in Bezug auf die beiden Arten von Coordinaten; darauf beruht das *Princip der Dualität im Raume*, vermöge dessen aus jedem Satze über Lagenverhältnisse von Punkten ein anderer über Lagenverhältnisse von Ebenen unmittelbar abgeleitet werden kann**). Die Erörterung dieses Principes in seinen wichtigsten Zügen soll uns zunächst beschäftigen; das Verständniss wird dadurch erleichtert werden, dass ein ganz analoges Dualitäts - Verhältniss zwischen den Punkten und geraden Linien einer Ebene besteht und als bekannt angenommen werden kann (vgl. Bd. I, p. 28); Beispiele für die Anwendung des Principes finden sich zahlreich in allen folgenden Untersuchungen.

Wir beginnen mit den einfachsten Aufgaben über Punkte und Ebenen und stellen die einander entsprechenden sogleich neben einander.

Die Gleichung der Ebene u_0, v_0, w_0 ist:

$$(2)\quad u_0 x + v_0 y + w_0 z + 1 = 0.$$

Die Gleichung

$$(3)\quad Ax + By + Cz + D = 0$$

stellt eine Ebene dar mit den Coordinaten:

$$(4)\quad \begin{cases} u = \dfrac{A}{D}, \\[2mm] v = \dfrac{B}{D}, \\[2mm] w = \dfrac{C}{D}. \end{cases}$$

Die Gleichung des Punktes x_0, y_0, z_0 ist:

$$ux_0 + vy_0 + wz_0 + 1 = 0.$$

Die Gleichung

$$Au + Bv + Cw + D = 0$$

stellt einen Punkt dar mit den Coordinaten:

$$(4)^*\quad \begin{cases} x = \dfrac{A}{D}, \\[2mm] y = \dfrac{B}{D}, \\[2mm] z = \dfrac{C}{D}. \end{cases}$$

---

*) Für eine Gleichung der Form $ua + vb + wc = 0$ ist die Betrachtung des Textes nicht unmittelbar anwendbar, da sie keinen eigentlichen Punkt darstellt; sie entsteht aus (1), indem man $x = r\cos\alpha$, $y = r\cos\beta$, $z = r\cos\gamma$ setzt (wobei $a : b : c = \cos\alpha : \cos\beta : \cos\gamma$) und r unendlich gross werden lässt. Sie wird also befriedigt von den Coordinaten aller Ebenen, die einer geraden Linie mit den Richtungswinkeln α, β, γ parallel sind, und stellt (wie wir später kurz sagen werden) einen unendlich fernen Punkt dar.

**) Durch Einführung der Ebenen-Coordinaten wurde das Princip begründet von Plücker, Crelle's Journal Bd. 5 (1830); näher ausgeführt in dessen System der Geometrie des Raumes, Düsseldorf 1846 (besonders Nr. 258); vgl. auch Magnus,

Die anderen Gleichungsformen der Ebene haben für die dualistische Betrachtung keine einfache Bedeutung; überhaupt können Relationen, in denen Winkel und Strecken vorkommen, nicht ohne Weiteres auf Ebenen-Coordinaten übertragen werden; es gelingt dies unmittelbar nur bei denjenigen Sätzen und Aufgaben, welche auf Anwendungen der fundamentalen Gleichung (1) beruhen. Hierfür noch einige Beispiele:

Die Gleichung der Ebene u, v, w, welche durch die drei Punkte

$$x_0, y_0, z_0; \quad x_1, y_1, z_1; \quad x_2, y_2, z_2$$

geht, ergiebt sich durch Elimination von u, v, w aus den vier Gleichungen

$$ux + vy + wz + 1 = 0,$$
$$ux_0 + vy_0 + wz_0 + 1 = 0,$$
$$ux_1 + vy_1 + wz_1 + 1 = 0,$$
$$ux_2 + vy_2 + wz_2 + 1 = 0$$

und ist daher (vgl. p. 15)

$$\begin{vmatrix} x & y & z & 1 \\ x_0 & y_0 & z_0 & 1 \\ x_1 & y_1 & z_1 & 1 \\ x_2 & y_2 & z_2 & 1 \end{vmatrix} = 0.$$

Die Coordinaten der Ebene sind die Coëfficienten von x, y, z in dieser Determinante, jeder dividirt durch die Determinante (vgl. p. 15)

$$- \begin{vmatrix} x_0 & y_0 & z_0 \\ x_1 & y_1 & z_1 \\ x_2 & y_2 & z_2 \end{vmatrix}.$$

Die Gleichung des Punktes, in welchem sich die drei Ebenen

$$u_0, v_0, w_0; \quad u_1, v_1, w_1; \quad u_2, v_2, w_2$$

schneiden, ergiebt sich durch Elimination von x, y, z aus den vier Gleichungen

$$ux + vy + wz + 1 = 0,$$
$$u_0 x + v_0 y + w_0 z + 1 = 0,$$
$$u_1 x + v_1 y + w_1 z + 1 = 0,$$
$$u_2 x + v_2 y + w_2 z + 1 = 0$$

und ist daher:

$$\begin{vmatrix} u & v & w & 1 \\ u_0 & v_0 & w_0 & 1 \\ u_1 & v_1 & w_1 & 1 \\ u_2 & v_2 & w_2 & 1 \end{vmatrix} = 0.$$

Die Coordinaten des Punktes sind die Coëfficienten von u, v, w in dieser Determinante, jeder dividirt durch die Determinante

$$- \begin{vmatrix} u_0 & v_0 & w_0 \\ u_1 & v_1 & w_1 \\ u_2 & v_2 & w_2 \end{vmatrix}.$$

Sammlung von Aufgaben und Lehrsätzen aus der Geometrie des Raumes, erste Abtheilung, Berlin 1837, § 25, sowie Chasles, Mémoire de géométrie sur deux principes généraux de la science: la dualité et l'homographie, als Anhang zu dem Aperçu historique, Bruxelles 1837. Das Princip der Dualität selbst war freilich schon 1827 von Möbius auch für den Raum ausgesprochen, wenngleich anders begründet; vgl. den Schluss von dessen „barycentrischem Calcul" (Gesammelte Werke, Bd. 1, p. 387). Vgl. ferner die Note in Bd. I, p. 28. Gergonne's Darstellung (1818) liess das Princip mehr als geheimnissvolles Axiom, denn als fest begründetes Gesetz erscheinen.

Man erkennt so, dass *dem Schnittpunkte dreier Ebenen die durch drei Punkte bestimmte Ebene dualistisch entspricht,* also wieder dem Punkte die Ebene.

Die beiden Gleichungen in Punktcoordinaten

$$u_0 x + v_0 y + w_0 z + 1 = 0,$$

$$u_1 x + v_1 y + w_1 z + 1 = 0$$

werden befriedigt von allen Punkten, welche gleichzeitig in den Ebenen u_0, v_0, w_0 und u_1, v_1, w_1 liegen, d. h. von allen Punkten auf der Schnittlinie beider Ebenen.

Die beiden Gleichungen in Ebenencoordinaten

$$u x_0 + v y_0 + w z_0 + 1 = 0,$$

$$u x_1 + v y_1 + w z_1 + 1 = 0$$

werden befriedigt von allen Ebenen, welche gleichzeitig die Punkte x_0, y_0, z_0 und x_1, y_1, z_1 enthalten, d. h. von allen Ebenen durch die Verbindungslinie beider Punkte.

Der Verbindungslinie zweier Punkte entspricht daher die Schnittlinie zweier Ebenen: *die gerade Linie ist zu sich selbst dualistisch;* sie kann entweder durch zwei lineare Gleichungen in Punktcoordinaten oder durch zwei lineare Gleichungen in Ebenencoordinaten dargestellt werden. Die gerade Linie nimmt somit eine ausgezeichnete Stellung in der Geometrie des Raumes ein; neben Punkt und Ebene kann sie als durchaus selbständiges Elementargebilde aufgefasst werden; in diesem Sinne werden wir sie später ausführlich behandeln.

Eine Gerade liegt in einer Ebene, wenn zwei ihrer Punkte in der Ebene liegen; sie geht durch einen Punkt, wenn zwei der durch sie zu legenden Ebenen den Punkt enthalten. Bei diesen elementaren Sätzen kommt es nur auf vereinigte Lage von Punkten und Ebenen an; man hätte daher auch den einen aus dem andern durch das Princip der Dualität ableiten können. Weiter folgt aber: *Den in einer Ebene gelegenen geraden Linien (einem Linienfelde) entsprechen die durch einen Punkt gehenden Geraden (ein Linienbündel).* Da nun den Punkten einer Ebene die durch einen Punkt gehenden Ebenen entsprechen, so *kann man, mittelst des Principes der Dualität, aus jedem Satze über Punkte und gerade Linien in einer Ebene (also aus jedem Satze der ebenen Geometrie) einen andern über Ebenen und gerade Linien durch einen Punkt ableiten.* Den Tangenten einer ebenen Curve C entsprechen dabei die Erzeugenden (d. h. Seitenlinien) eines gewissen Kegels K; denn eine einfach unendliche (d. h. von *einem* Parameter abhängende) Reihe von Geraden durch einen Punkt bildet eben einen Kegelmantel. Den Punkten der Curve C entsprechen dualistisch die Tangentenebenen des Kegels K. Ein Punkt der Curve C nämlich ist definirt als Schnittpunkt zweier benachbarten Tangenten; ihm entspricht daher die Ebene, welche durch zwei benachbarte*) Erzeugende des Kegels K gelegt werden kann, also in der That eine berührende Ebene von K. Die Theorie der Kegel kann sonach in gewissem Sinne abgeleitet werden aus der Theorie der ebenen Curven.

Durch eine Gleichung zwischen Punktcoordinaten war eine Fläche dargestellt; es soll jetzt untersucht werden, welches geometrische Gebilde durch eine Gleichung zwischen Ebenencoordinaten gewonnen wird. Die zu dem Zwecke nothwendigen Ueberlegungen führen wir gleichzeitig in beiderlei Coordinaten neben einander durch.

Durch einen beliebigen Punkt P der Fläche $f(x, y, z) = 0$ kann man unendlich viele Ebenen legen; jede derselben schneidet die Fläche in einer ebenen Curve. Jede dieser Curven hat im Punkte P im Allgemeinen *eine* bestimmte Tangente. *Alle so in P construirten Tangenten liegen in einer Ebene E*, bilden also einen ebenen Strahlbüschel. Andernfalls nämlich würden sie einen Kegel bilden. In jeder durch P gehenden Ebene würden also mehr als eine der betrachteten Tangenten liegen, was im Allgemeinen nicht möglich ist**). Die in P construirten Tangenten sind die Verbindungslinien von P mit den zu P unendlich benachbarten Punkten der Fläche $f = 0$.

Durch einen beliebigen Punkt einer Ebene E, welche einer Gleichung $F(u, v, w) = 0$ genügt, gehen unendlich viele Ebenen, welche derselben Gleichung genügen und als einfach unendliche Schaar einen Kegel umhüllen. *Eine Erzeugende eines jeden solchen Kegels liegt insbesondere in der Ebene E. Alle so in E construirten Erzeugenden gehen durch einen Punkt P*, bilden also einen ebenen Strahlbüschel. Andernfalls nämlich würden sie eine ebene Curve umhüllen. Durch jeden in E liegenden Punkt würden also mehr als eine der betrachteten Erzeugenden gehen, was im Allgemeinen nicht möglich ist**). Die in E konstruirten Erzeugenden sind die Schnittlinien von E mit den zu E unendlich benachbarten Ebenen, welche der Gleichung $F = 0$ genügen.

Denken wir uns in gleicher Weise die Tangentenebene E' eines zu P unendlich benachbarten

Denken wir uns einen Punkt P' construirt, welcher in gleicher Weise einer zu E benachbarten

---

*) Die hier zunächst folgenden allgemeinen Erörterungen stützen sich auf die Grundbegriffe der Differentialrechnung; letztere wird für die Theorie der Flächen zweiten Grades sonst nicht vorausgesetzt werden.

**) Dies würde nur in „singulären Punkten“ der Fläche (bez. in „singulären Ebenen“) eintreten, wie in der allgemeinen Theorie der Flächen näher gezeigt wird.

Punktes P' construirt; die Ebenen E und E' schneiden sich dann in derjenigen Tangente von P, welche P mit P' verbindet. Die Tangenten der Fläche $f(x, y, z) = 0$ sind also nicht nur Verbindungslinien benachbarter Punkte, sondern auch Schnittlinien der zugehörigen benachbarten Ebenen, welche die von dem Punkte gebildete Fläche $f = 0$ umhüllen.

Ebene E' zugeordnet ist; die Schnittlinie beider Ebenen ist dann gleichzeitig die Verbindungslinie von P mit P'. Die Geraden, welche so in den einer Gleichung $F(u, v, w) = 0$ genügenden Ebenen construirt wurden, sind also gleichzeitig Schnittlinien benachbarter Ebenen, und Verbindungslinien der zugehörigen benachbarten Punkte, welche eine von den Ebenen $F = 0$ umhüllte Fläche bilden.

Man erkennt hieraus Folgendes: Jeder Ebene, welche einer Gleichung $F(u, v, w) = 0$ genügt, ist ein in ihr liegender Punkt zugeordnet; die Beziehung zwischen ihm und der Ebene ist genau dieselbe, wie die Beziehung zwischen einem Punkte der Fläche $f(x, y, z) = 0$ und seiner Tangentenebene. *Eine Fläche kann also im Allgemeinen entweder durch eine Gleichung in Punktcoordinaten oder durch eine Gleichung in Ebenencoordinaten dargestellt werden;* im ersten Falle erscheint sie gegeben als Ort ihrer Punkte, im andern Falle als umhüllt von ihren Tangentenebenen*).

Dieser Satz erleidet indessen *Ausnahmen*. Es gibt Flächen, die nicht durch eine Gleichung in Ebenencoordinaten darstellbar sind. Ein Beispiel ist uns bereits in den Kegeln bekannt; ein solcher wird von zweifach unendlich vielen Punkten gebildet, besitzt aber nur einfach unendlich viele Tangentenebenen, indem allen Punkten einer Erzeugenden dieselbe Tangentenebene zukommt; durch *eine* Gleichung in Ebenencoordinaten, welche ja immer durch zweifach unendlich viele Ebenen befriedigt wird, kann daher ein Kegel nicht dargestellt werden. Das Entsprechende tritt ein bei einer ebenen Curve; dieselbe besteht aus einfach unendlich vielen Punkten, besitzt aber zweifach unendlich viele Tangentenebenen; denn den Punkten einer Erzeugenden eines Kegels entsprechen dualistisch die Ebenen, welche durch eine Tangente einer ebenen Curve hindurchgehen, da sich Tangente der Curve (als Verbindungslinie unendlich benachbarter Punkte) und Erzeugende des Kegels (als Schnittlinie unendlich benachbarter Tangentenebenen)

---

*) Andererseits steht einer Fläche $f(x, y, z) = 0$ eine andere, im Allgemeinen von ihr verschiedene Fläche $f(u, v, w) = 0$ dualistisch gegenüber. Diese Art des Entsprechens zweier Flächen wurde schon 1808 von Monge bemerkt, vgl. Chasles, Aperçu historique, Note XXX.

dualistisch gegenüberstehen. Eine ebene Curve kann daher nicht durch *eine* Gleichung in Punktcoordinaten, wohl aber durch *eine* Gleichung in Ebenencoordinaten dargestellt werden.

In ähnlicher Weise kommen überhaupt die Ausnahmefälle bei einer Fläche dadurch zu Stande, dass je unendlich viele Punkte der Fläche eine gemeinsame Tangentenebene haben, so dass es im Ganzen nur einfach unendlich viele Tangentenebenen der Fläche gibt. Alle Punkte von dieser Beschaffenheit müssen dann eine in der Tangentenebene liegende ebene Curve bilden, und zwar eine gerade Linie, denn diese Curve muss gleichzeitig in der unendlich benachbarten Tangentenebene liegen. Die Flächen, um welche es sich handelt, enthalten also einfach unendlich viele gerade Linien, sie bilden eine gewisse Klasse von „Linienflächen"; die sogenannten *abwickelbaren Flächen**). Dieselben sind vor anderen sogenannten windschiefen Linienflächen dadurch ausgezeichnet, dass je zwei unendlich benachbarte Linien derselben (als in derselben Tangentenebene liegend) sich schneiden (was z. B. bei den geradlinigen Flächen zweiten Grades nicht der Fall ist). Jeder Tangentenebene einer abwickelbaren Fläche ist hierdurch ein in ihr liegender Punkt zugeordnet, nämlich der Schnittpunkt der beiden in ihr liegenden (einander unendlich benachbarten) Erzeugenden der Fläche (vgl. Fig. 6). Alle diese einfach unendlich vielen Punkte bilden eine

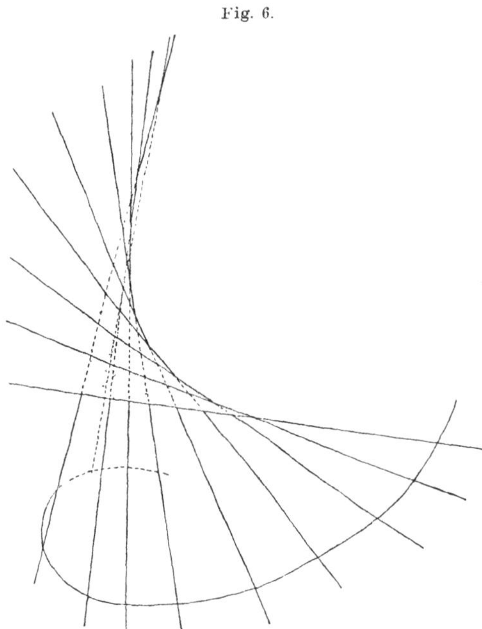

---

*) Der Name rührt daher, dass diese Flächen ohne Dehnung auf eine Ebene abgewickelt werden können; ihre Existenz wurde von Euler entdeckt (Nova Commentaria Petropolitana, t. 16, 1771; sie können nach Monge durch eine partielle Differentialgleichung charakterisirt werden (Mémoires présentés 1780, t. 9 und 10). Durch Ausschneiden eines nicht geschlossenen ebenen Polygons und Einkniffen des Papiers längs der Verlängerungen der Seiten verschafft man sich leicht eine Anschauung von der Gestalt der Fläche.

Curve, und die Erzeugenden der abwickelbaren Fläche sind (als Verbindungslinien unendlich benachbarter Punkte) die Tangenten der Curve.

Eine nicht ebene Curve ist zugleich dasjenige geometrische Gebilde, welches einer abwickelbaren Fläche dualistisch gegenübersteht. In der That entspricht einer einfach unendlichen Reihe von Ebenen eine einfach unendliche Reihe von Punkten, also eine Curve. Den Schnittlinien consecutiver Ebenen (Erzeugenden der abwickelbaren Fläche) entsprechen die Verbindungslinien consecutiver Punkte, also die Tangenten der Curve. Den Punkten der abwickelbaren Fläche (d. i. den Punkten ihrer Erzeugenden) entsprechen die Ebenen, welche durch die Tangenten der Curve gelegt werden können. Alle diese zweifach unendlich vielen Ebenen genügen einer Gleichung $F(u, v, w) = 0$. *Eine nicht ebene Curve kann daher durch eine Gleichung zwischen Ebenencoordinaten dargestellt werden.* Die so einer Curve dualistisch zugeordnete abwickelbare Fläche ist indessen im Allgemeinen nicht dieselbe, welche von den Tangenten der Curve gebildet wird; dies wird nur bei besonderen Curven möglich, wie spätere allgemeine Untersuchungen zeigen werden.

Aus der abwickelbaren Fläche entsteht insbesondere ein Kegel, wenn alle Erzeugende durch einen Punkt gehen; aus der Curve entsteht insbesondere eine ebene Curve, wenn alle Tangenten in einer Ebene liegen.

Diese allgemeinen Bemerkungen werden genügen, um das Princip der Dualität und seine Anwendung im Wesentlichen zu veranschaulichen. Die folgenden Untersuchungen werden von selbst zum vollständigeren Verständnisse des Vorstehenden beitragen. Ehe wir zu specielleren Fragen weiter gehen, geben wir eine Uebersicht über die gegenseitige Zuordnung, welche nach dem Principe der Dualität zwischen den geometrischen Gebilden des Raumes als bestehend erkannt wurde; dabei führen wir gleichzeitig einige *Bezeichnungen* ein. Es entsprechen sich:

Punkt.	*Ebene.*
Gerade Linie.	*Gerade Linie.*
Punktreihe (d. i. alle Punkte auf einer Geraden).	*Ebenenbüschel* (d. i. alle Ebenen durch eine Gerade).
Strahl (d. i. die Gerade als gebildet von Punkten, als *Träger der Punktreihe*).	*Axe* (d. i. die Gerade als umhüllt von Ebenen, als *Axe des Ebenenbüschels*).
Punktfeld (d. i. alle Punkte einer Ebene).	*Ebenenbündel* (d. i. alle Ebenen durch einen Punkt).

Strahlenbüschel (d. i. alle Geraden in einer Ebene und durch einen Punkt).	*Strahlenbüschel* (d. i. alle Geraden durch einen Punkt und in einer Ebene).
Strahlenbündel (d. i. alle Geraden durch einen Punkt).	*Strahlenfeld* (d. i. alle Geraden in einer Ebene).
Kegel.	*Ebene Curve.*
Erzeugende eines Kegels.	Tangente einer ebenen Curve.
Tangentenebene eines Kegels.	Punkt einer ebenen Curve.
Punkt eines Kegels.	Tangentenebene einer ebenen Curve (d. i. Ebene durch eine Tangente der Curve).
Fläche als Ort von Punkten.	*Fläche* als umhüllt von Ebenen.
Tangente der Fläche.	Tangente der Fläche.
Tangentenebene der Fläche.	Punkt der Fläche.
Raumcurve (d. i. nicht ebene Curve).	*Abwickelbare Fläche.*
Tangentenebene einer Raumcurve (d. i. Ebene durch eine Tangente derselben).	Punkt einer abwickelbaren Fläche (d. i. Punkt auf einer Erzeugenden derselben).
Tangente einer Raumcurve.	Erzeugende einer abwickelbaren Fläche.
Punkt einer Raumcurve.	Tangentenebene einer abwickelbaren Fläche.
Treffgerade einer Curve, d. i. Gerade durch einen Punkt derselben.	Tangente einer abwickelbaren Fläche, d. i. Gerade in einer Ebene derselben.

Die einzige krumme Fläche, deren Gleichung wir bereits kennen gelernt haben, ist die *Kugel*. Sind a, b, c die Coordinaten ihres Mittelpunktes und ist r ihr Radius, so war ihre Gleichung (vgl. p. 4):

$$(x - a)^2 + (y - b)^2 + (z - c)^2 = r^2.$$

Es ist leicht, die Gleichung der Kugel in Ebenencoordinaten aufzustellen. Alle Tangentenebenen derselben sind vom Mittelpunkte um die Strecke r entfernt; die Coordinaten u, v, w einer solchen Ebene genügen also nach Gleichung (29), p. 12, wenn man die Relationen (4) benutzt, der Bedingung:

$$r = \frac{ua + vb + wc + 1}{\sqrt{u^2 + v^2 + w^2}}.$$

Die Gleichung der Kugel in Ebenencoordinaten ist daher (vgl. Bd. I, p. 30 f.):

$$r^2 (u^2 + v^2 + w^2) = (ua + vb + wc + 1)^2.$$

Die Kugel ist also eine Fläche zweiter Ordnung und zweiter Klasse. Man versteht nämlich unter *Ordnung* einer Fläche den Grad ihrer Gleichung in Punktcoordinaten, unter *Klasse* derselben den Grad ihrer Gleichung in Ebenencoordinaten.

Liegt insbesondere der Mittelpunkt im Anfangspunkte, so hat man $a = b = c = 0$, also:

$$u^2 + v^2 + w^2 = \frac{1}{r^2}.$$

Alle Ebenen, welche die Kugel berühren und der Z-Axe parallel sind, genügen ausserdem der Gleichung $w = 0$. Es werden somit die Gleichungen

$$u^2 + v^2 = \frac{1}{r^2} \quad \text{und} \quad w = 0$$

befriedigt von allen Ebenen, welche die Kugel in ihrer Schnittcurve mit der X-Y-Ebene berühren und der Z-Axe parallel sind. Lässt man w beliebig, so ist folglich

$$u^2 + v^2 = \frac{1}{r^2}$$

die Gleichung eines Kreises in Ebenencoordinaten, welcher in der X-Y-Ebene liegt, dessen Mittelpunkt mit dem Anfangspunkte zusammenfällt und dessen Radius gleich r ist.

III. Projectivische Gebilde und deren Erzeugnisse.

Wie in der Ebene Punktreihe und Strahlbüschel, so stehen sich im Raume Punktreihe und Ebenenbüschel gegenüber. Für die Theorie der Punktreihen ist es gleichgültig, ob man dieselben in einer bestimmten Ebene denkt oder beliebig im Raume. Die analytische Behandlung derselben mit Hülfe der Ebenencoordinaten erfordert indessen eine kurze Auseinandersetzung. Auch die Behandlung der Ebenenbüschel im Raume ist derjenigen der ebenen Strahlbüschel durchaus analog; wir können uns deshalb auf das Wichtigste beschränken*).

---

*) Die zunächst folgenden Entwicklungen beruhen auf der Methode der sogenannten „abgekürzten Bezeichnung", wie sie von Bobillier und Plücker eingeführt (vgl. Bd. I, p. 35) und besonders von P. Serret (Géométrie de direction, Paris 1869) und Hesse (Vorlesungen über analytische Geometrie des Raumes, Leipzig 1861, 3. Auflage 1876) mit Erfolg ausgebildet wurde.

Es seien mit E und E' zwei lineare Ausdrücke in x, y, z bezeichnet, etwa

$$E = Ax + By + Cz + D,$$
$$E' = A'x + B'y + C'z + D',$$

so dass $E = 0$ und $E' = 0$ die Gleichungen zweier Ebenen sind. Durch die Schnittlinie beider Ebenen geht auch jede Ebene, deren Gleichung von der Form

(1) $\qquad E + \lambda E' = 0$

ist, wo λ einen Parameter bedeutet; denn für einen auf der Schnittlinie gelegenen Punkt ist gleichzeitig $E = 0$ und $E' = 0$.

Die Gleichung (1) *stellt aber auch alle Ebenen des durch die Schnittlinie von* $E = 0$ *und* $E' = 0$ *bestimmten Büschels dar.*

In der That, eine Ebene des Büschels ist bestimmt, wenn sie durch einen gegebenen Punkt gehen soll, welcher nicht auf der Axe des Büschels liegt. Ist x_0, y_0, z_0 ein solcher Punkt, und ist

$$E_0 = Ax_0 + By_0 + Cz_0 + D,$$
$$E_0' = A'x_0 + B'y_0 + C'z_0 + D',$$

so geht die Ebene (1) durch diesen Punkt, wenn λ aus der Gleichung

(2) $\qquad E_0 + \lambda E_0' = 0$

berechnet wird. Durch jeden Punkt des Raumes geht also eine Ebene der Schaar (1); und damit sind alle möglichen Ebenen des Büschels erschöpft.

Fällen wir von dem Punkte x_0, y_0, z_0 Lothe auf die Ebenen $E = 0$, $E' = 0$ und nennen ihre

Es seien mit P und P' zwei lineare Ausdrücke in u, v, w bezeichnet, etwa

$$P = Au + Bv + Cw + D,$$
$$P' = A'u + B'v + C'w + D',$$

so dass $P = 0$ und $P' = 0$ die Gleichungen zweier Punkte sind. Auf der Verbindungslinie beider Punkte liegt auch jeder Punkt, dessen Gleichung von der Form

(1)* $\qquad P + \lambda P' = 0$

ist, wo λ einen Parameter bedeutet; denn für eine durch die Verbindungslinie gelegte Ebene ist gleichzeitig $P = 0$ und $P' = 0$.

Die Gleichung (1)* *stellt aber auch alle Punkte der durch die Punkte* $P = 0$ *und* $P' = 0$ *bestimmten Reihe dar.*

In der That, ein Punkt der Reihe ist bestimmt, wenn er in einer gegebenen Ebene liegen soll, welche nicht durch den Träger der Reihe geht. Ist u_0, v_0, w_0 eine solche Ebene, und ist

$$P_0 = Au_0 + Bv_0 + Cw_0 + D,$$
$$P_0' = A'u_0 + B'v_0 + C'w_0 + D',$$

so liegt der Punkt (1)* in dieser Ebene, wenn λ aus der Gleichung

(2)* $\qquad P_0 + \lambda P_0' = 0$

berechnet wird. In jeder Ebene des Raumes giebt es also einen Punkt, welcher durch (1)* dargestellt wird; und damit sind alle möglichen Punkte der Reihe erschöpft.

Fällen wir von den Punkten $P = 0$, $P' = 0$ Lothe auf die Ebene u_0, v_0, w_0 und nennen ihre Längen

Längen bez. p und p'; dann ist nach Gleichung (29) p. 12 bei passender Wahl des Vorzeichens der Wurzel:

$$p = \frac{A x_0 + B y_0 + C z_0 + D}{\sqrt{A^2 + B^2 + C^2}},$$

$$p' = \frac{A' x_0 + B' y_0 + C' z_0 + D'}{\sqrt{A'^2 + B'^2 + C'^2}},$$

also nach (2):

$$\lambda = - \frac{E_0}{E_0'}$$

$$= - \frac{p}{p'} \cdot \frac{\sqrt{A^2 + B^2 + C^2}}{\sqrt{A'^2 + B'^2 + C'^2}},$$

oder, wenn m eine von x_0, y_0, z_0 unabhängige Constante bedeutet:

(3) $$\lambda = m \frac{p}{p'}.$$

Es ist also der in (1) auftretende Parameter λ gleich dem Producte einer Constanten in den

Fig. 7.

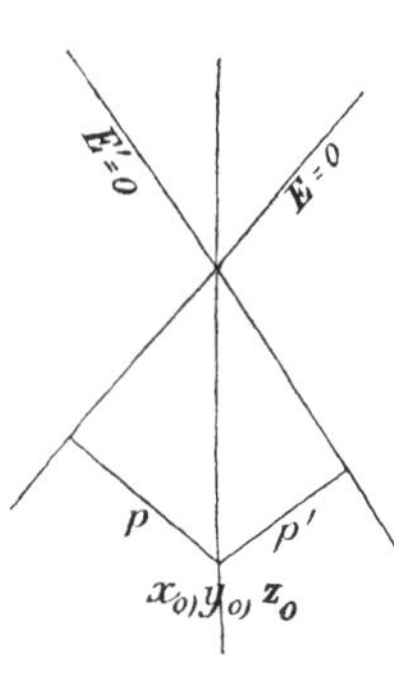

Quotienten der Abstände eines Punktes in der durch (1) dargestellten Ebene von den beiden Ebenen $E = 0$, $E' = 0$ (den *Grundebenen* des Büschels). Dieser Quotient ist unabhängig davon, wo der Punkt x_0, y_0, z_0 in der Ebene (1) gewählt wird, wie man geometrisch leicht bestätigt (Fig. 7);

bez. p und p'; dann ist nach Gleichung (29) p. 12 bei passender Wahl des Vorzeichens der Wurzel:

$$p = \frac{A u_0 + B v_0 + C w_0 + D}{D\sqrt{u_0^2 + v_0^2 + w_0^2}},$$

$$p' = \frac{A' u_0 + B' v_0 + C' w_0 + D'}{D'\sqrt{u_0^2 + v_0^2 + w_0^2}},$$

also nach (2)*:

$$\lambda = - \frac{P_0}{P_0'}$$

$$= - \frac{p}{p'} \cdot \frac{D}{D'},$$

oder, wenn m eine von u_0, v_0, w_0 unabhängige Constante bedeutet:

(3)* $$\lambda = m \frac{p}{p'}.$$

Es ist also der in (1)* auftretende Parameter λ gleich dem Producte einer Constanten in den Quotienten

Fig. 7 a.

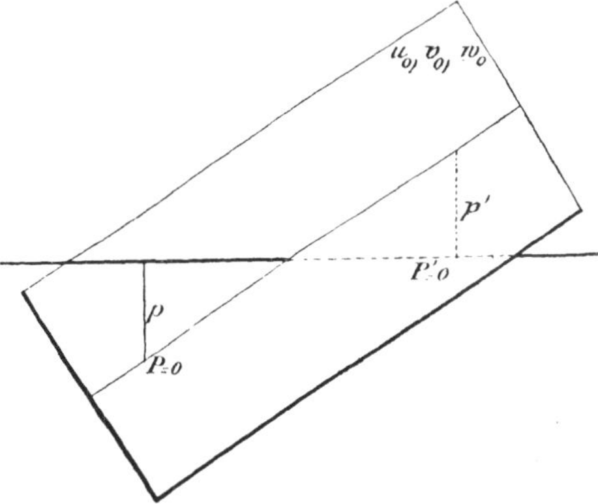

der Abstände einer durch den Punkt (1)* gehenden Ebene von den beiden Punkten $P = 0$, $P' = 0$ (den *Grundpunkten* der Reihe). Dieser Quotient ist unabhängig davon, wie die Ebene u_0, v_0, w_0 durch den Punkt (1)* gelegt wird, wovon ein Blick auf die Figur überzeugt (Fig. 7a); *er soll deshalb als* *er soll deshalb als Abstandsverhältniss der Ebene (1) von den beiden Grundebenen bezeichnet werden.*

Jedem Werthe des Abstandsverhältnisses oder des Parameters λ entspricht eine Ebene des Büschels. Insbesondere gibt $p = 0$ oder $\lambda = 0$ die Ebene $E = 0$, und $p' = 0$ oder $\lambda = \infty$ die Ebene $E' = 0$. Wächst λ von 0 bis $+\infty$, so überstreicht die Ebene den einen Winkelraum zwischen den beiden Grundebenen; variirt λ zwischen $-\infty$ und 0, so überstreicht sie den andern Winkelraum.

Die Coordinaten der durch (1) dargestellten Ebene sind nach (4) p. 19:

$$u = \frac{A + \lambda A'}{D + \lambda D'},$$

$$v = \frac{B + \lambda B'}{D + \lambda D'},$$

$$w = \frac{C + \lambda C'}{D + \lambda D'}.$$

Sind also u_1, v_1, w_1 die Coordinaten von $E = 0$ und u_2, v_2, w_2 diejenigen von $E' = 0$, so sind die Coordinaten der beweglichen Ebene (1):

$$(4) \quad \begin{cases} u = \dfrac{u_1 + \mu u_2}{1 + \mu}, \\[2mm] v = \dfrac{v_1 + \mu v_2}{1 + \mu}, \\[2mm] w = \dfrac{w_1 + \mu w_2}{1 + \mu}, \end{cases}$$

Abstandsverhältniss des Punktes (1) von den beiden Grundpunkten bezeichnet werden.*

Jedem Werthe des Abstandsverhältnisses oder des Parameters λ entspricht ein Punkt der Reihe. Insbesondere giebt $p = 0$, oder $\lambda = 0$ den Punkt $P = 0$, und $p' = 0$ oder $\lambda = \infty$ den Punkt $P' = 0$. Setzt man fest, dass die Abstände p und p' für einen zwischen P und P' gelegenen Punkt beide positiv genommen werden sollen*), so liegt der Punkt (1)* zwischen den beiden Grundpunkten, wenn λ positiv, ausserhalb derselben, wenn λ negativ ist.

Die Coordinaten des durch (1) dargestellten Punktes sind nach (4)* p. 19:*

$$x = \frac{A + \lambda A'}{D + \lambda D'},$$

$$y = \frac{B + \lambda B'}{D + \lambda D'},$$

$$z = \frac{C + \lambda C'}{D + \lambda D'}.$$

Sind also x_1, y_1, z_1 die Coordinaten von $P = 0$ und x_2, y_2, z_2 diejenigen von $P' = 0$, so sind die Coordinaten des beweglichen Punktes (1)*:

$$(4)^* \quad \begin{cases} x = \dfrac{x_1 + \mu x_2}{1 + \mu}, \\[2mm] y = \dfrac{y_1 + \mu y_2}{1 + \mu}, \\[2mm] z = \dfrac{z_1 + \mu z_2}{1 + \mu}, \end{cases}$$

---

*) Vgl. Bd. I, p. 33. Im Ebenenbüschel ist eine solche Festsetzung nicht nöthig, wenn man die Vorzeichen von p und p' durch die früheren Festsetzungen (p. 12) bestimmt sein lässt, wobei dann allerdings die Lage des Anfangspunktes der Coordinaten in Betracht kommt; vgl. Näheres hierüber bei Hesse a. a. O.

wo $\mu = \lambda \cdot \dfrac{D'}{D}$ einen neuen Parameter bedeutet; es ist wieder, wie in (3):

$$(5) \qquad \mu = m' \cdot \frac{p}{p'},$$

wenn m' eine Constante bezeichnet.

Die Gleichungen (4) *geben eine Parameterdarstellung des Ebenenbüschels,* d. h. der Coordinaten einer beliebigen Ebene des Büschels ausgedrückt durch einen Parameter (und durch die Coordinaten zweier festen Ebenen).

wo $\mu = \lambda \cdot \dfrac{D'}{D}$ einen neuen Parameter bedeutet; es ist wieder, wie in (3)*:

$$(5)^* \qquad \mu = m' \cdot \frac{p}{p'},$$

wenn m' eine Constante bezeichnet.

Die Gleichungen (4)* *geben eine Parameterdarstellung der Punktreihe.* Dieselbe ist hier durch zwei ihrer Punkte bestimmt, während sie in den Gleichungen (7) p. 4 durch einen Punkt und ihre Richtung gegeben war.

Der Parameter μ ist gleich einer rein geometrisch definirten Grösse (einem Abstandsverhältnisse), multiplicirt in einen Factor analytischen Charakters. Wir erhalten eine rein geometrische Grösse, wenn wir zu den drei Elementen

$$R = 0, \quad S = 0, \quad R + \mu S = 0,$$

seien es nun Punkte oder Ebenen, ein viertes Element $R + v S = 0$ hinzufügen und den Quotienten $\mu : v$ bilden, wo

$$v = m' \frac{q}{q'};$$

wenn m' die in (5) oder (5)* vorkommende Constante bedeutet, und wenn q, q' entsprechende Bedeutung haben wie p, p'. Der Quotient

$$\frac{\mu}{v} = \frac{p}{p'} \cdot \frac{q}{q'}$$

ist dann rein geometrisch durch Abstandsverhältnisse definirt; wir nennen ihn *das Doppelverhältniss der vier Elemente (Ebenen oder Punkte)*

$$R = 0, \quad S = 0, \quad R + \mu S = 0, \quad R + v S = 0.$$

Bei der hier gegebenen Bildung des Doppelverhältnisses sind die Grundelemente $R = 0$, $S = 0$ ausgezeichnet; als Quotient zweier Abstandsverhältnisse kann dasselbe aber auch für beliebige vier Elemente der Reihe $R + \lambda S = 0$ gebildet werden. Wir betrachten die vier Elemente

$$T_1 = R + \mu_1 S = 0, \qquad T_3 = R + \mu_3 S = 0,$$
$$T_2 = R + \mu_2 S = 0, \qquad T_4 = R + \mu_4 S = 0.$$

Aus den ersten beiden Gleichungen lassen sich R und S durch T_1 und T_2 berechnen; es wird:

$$R = \frac{\mu_2 T_1 - \mu_1 T_2}{\mu_2 - \mu_1}, \qquad S = \frac{T_2 - T_1}{\mu_2 - \mu_1};$$

und dann ergibt sich:

$$T_3 = \frac{(\mu_2 - \mu_3) T_1 - (\mu_1 - \mu_3) T_2}{\mu_2 - \mu_1},$$

$$T_4 = \frac{(\mu_2 - \mu_4) T_1 - (\mu_1 - \mu_4) T_2}{\mu_2 - \mu_1}.$$

Die vier Elemente, um welche es sich handelt, sind jetzt dargestellt durch die Gleichungen:

$$T_1 = 0, \qquad\qquad T_2 = 0,$$

$$T_1 - \frac{\mu_1 - \mu_3}{\mu_2 - \mu_3} T_2 = 0, \qquad T_1 - \frac{\mu_1 - \mu_4}{\mu_2 - \mu_4} T_2 = 0.$$

Es sind hiermit $T_1 = 0$ und $T_2 = 0$ an Stelle von $R = 0$ und $S = 0$ als neue Grundelemente eingeführt; in Bezug auf sie kommen den Elementen $T_3 = 0$, $T_4 = 0$ die Parameter

$$- \frac{\mu_1 - \mu_3}{\mu_2 - \mu_3} \quad \text{und} \quad - \frac{\mu_1 - \mu_4}{\mu_2 - \mu_4}$$

zu. *Das Doppelverhältniss der vier Elemente wird also:*

$$(6) \qquad\qquad \alpha = \frac{\mu_1 - \mu_3}{\mu_2 - \mu_3} \cdot \frac{\mu_2 - \mu_4}{\mu_1 - \mu_4}.$$

Der Werth desselben ist seiner Definition nach nicht eindeutig bestimmt, sondern kann ein anderer werden, wenn man bei seiner Bildung die vier Elemente in anderer Anordnung benutzt. Im Ganzen kann man nur sechs verschiedene Werthe erhalten, wie in der Geometrie der Ebene gezeigt ist (Bd. I, p. 38); dieselben sind, wenn α durch (6) definirt ist:

$$(7) \qquad\qquad \alpha, \ \frac{1}{\alpha}, \ 1 - \alpha, \ \frac{1}{1 - \alpha}, \ \frac{\alpha}{\alpha - 1}, \ \frac{\alpha - 1}{\alpha}.$$

Die Einführung des Doppelverhältnisses führt für den Raum überhaupt zu Betrachtungen, welche denen der ebenen Geometrie über einander projectivische Gebilde ganz analog sind, und welche mit den Grundlagen der neueren synthetischen Geometrie in Zusammenhang stehen.

Wir nennen zwei lineare Gebilde

$$R + \lambda S = 0 \quad \text{und} \quad R' + \lambda S' = 0$$

(Punktreihen oder Ebenenbüschel) *einander projectivisch*, wenn sie Element für Element einander so zugeordnet sind, dass je zwei Elemente mit gleichem Parameter λ als entsprechende betrachtet werden. Hieraus folgt unmittelbar:

Entsprechende Elemente projectivischer Gebilde haben dasselbe Doppelverhältniss.

Sind zwei Gebilde einem dritten projectivisch, so sind alle drei unter einander projectivisch.

Die gegebene Definition ist zunächst analytischer Natur. Es fragt sich, wie man geometrisch eine Zuordnung der verlangten Art beschaffen kann. Dies geschieht in folgender Weise.

Um zunächst die Zuordnung herzustellen, kann man die drei Elemente

$$R = 0, \quad S = 0, \quad R + kS = 0,$$

welche der Reihe $R + \lambda S = 0$ angehören, bez. den drei Elementen

$$R' = 0, \quad S' = 0, \quad R' + lS' = 0$$

der andern Reihe zuordnen; dann ist die projectivische Beziehung beider Reihen festgelegt. Ein beliebiges Element der letzteren Reihe ist nämlich durch die Gleichung $R' + m\lambda S' = 0$ dargestellt, wenn m eine willkürliche Constante bedeutet. Nun soll das Element $R + kS = 0$ dem Elemente $R' + lS' = 0$ entsprechen; es muss daher $m\,k = l$ sein. Setzt man also

$$S'' = mS' = \frac{l}{k}\,S',$$

so sind die Gleichungen der beiden Reihen

$$R + \lambda S = 0 \quad \text{und} \quad R' + \lambda S'' = 0$$

in der obigen Weise gewonnen.

Zwei Elementenreihen sind also projectivisch auf einander bezogen, sobald man dreien Elementen der einen Reihe drei beliebige Elemente der andern zugeordnet hat).*

Insbesondere können die beiden Elementenreihen auf demselben Träger liegen (vereinigt liegen); dann folgt der Satz:

Vereinigt gelegene projectivische Gebilde sind identisch, sobald drei einander entsprechende Elemente zusammenfallen.

---

*) Zeichnet man **nicht** die beiden Grundelemente der beiden Reihen dadurch aus, dass man sie einander zuordnet, so ist die projectivische Beziehung der Elementenreihen $R + \lambda S = 0$ und $R' + \mu S' = 0$ in allgemeinster Weise durch eine lineare Gleichung der Form

$$a\lambda\mu + b\lambda + c\mu + d = 0$$

vermittelt. Dieselbe entsteht z. B. direct durch die Forderung, dass die Doppelverhältnisse entsprechender Elemente (λ, λ_1, λ_2, λ_3 und μ, μ_1, μ_2, μ_3) einander gleich seien, d. h. dass

$$\frac{\lambda - \lambda_2}{\lambda_1 - \lambda_2} \cdot \frac{\lambda_1 - \lambda_3}{\lambda - \lambda_3} = \frac{\mu - \mu_2}{\mu_1 - \mu_2} \cdot \frac{\mu_1 - \mu_3}{\mu - \mu_3}.$$

Vgl. Bd. I, p. 198. In Uebereinstimmung mit dem Satze des Textes sind die Verhältnisse der Grössen a, b, c, d durch drei Bedingungen zu bestimmen.

Dies Resultat werden wir bei den folgenden geometrischen Untersuchungen wiederholt benutzen müssen. Es soll durch dieselben gezeigt werden, dass projectivische Gebilde immer dadurch erzeugt werden können, dass man sie aus der sogenannten perspectivischen Lage durch Verschiebung entstehen lässt.

Insbesondere heissen *eine Punktreihe und ein Ebenenbüschel perspectivisch*, wenn jeder Punkt der Reihe mit der ihm entsprechenden Ebene des Büschels vereinigt liegt. Die dadurch hergestellte Beziehung zwischen Punkten und Ebenen ist eine projectivische. In der That, es sei $E + \lambda E' = 0$ die Gleichung des Ebenenbüschels, und es sei eine beliebige Gerade als Schnitt der Ebenen $A = 0$ und $B = 0$ gegeben. Von ihr wird die Ebene $E + \lambda E' = 0$ in einem Punkte getroffen, dessen Gleichung sich durch Elimination von x, y, z aus den vier Gleichungen

$$E + \lambda E' = 0, \quad A = 0, \quad B = 0, \quad ux + vy + wz + 1 = 0$$

ergiebt. Man findet dadurch eine Gleichung von der Form $P + \lambda P' = 0$, wenn P und P' lineare (von λ unabhängige) ganze Functionen von u, v, w sind. Die projectivische Beziehung der beiden Elementenreihen auf einander ist nunmehr aus der Form ihrer Gleichungen einleuchtend. Es gilt daher auch der Satz:

Vier Punkte einer Reihe haben dasselbe Doppelverhältniss, wie vier bez. durch sie gehende Ebenen eines Ebenenbüschels.

Ist eine beliebige Punktreihe auf einen beliebigen Ebenenbüschel projectivisch bezogen, so kann man beide Gebilde im Raume so verschieben, dass sie sich in perspectivischer Lage befinden. Die Ebenen des Büschels bestimmen nämlich durch ihren Schnitt mit einer beliebigen nicht zu ihnen gehörigen Ebene einen ebenen Strahlbüschel, welcher durch Vermittlung des Ebenenbüschels projectivisch auf die gegebene Punktreihe bezogen ist; denn so gut man Punktreihen und Ebenenbüschel projectivisch auf einander bezieht, wird man dies auch mit Strahlbüschel und Ebenenbüschel thun können, indem der ebene Strahlbüschel nach den Regeln der ebenen Geometrie zunächst auf eine Punktreihe bezogen wird. Die gegebene Punktreihe verlegen wir nun zunächst in die Ebene des Strahlbüschels und bringen sie sodann mit ihm in perspectivische Lage, was nach den Sätzen der ebenen Geometrie möglich ist (Bd. I, p. 45). Damit liegt die Punktreihe von selbst auch zu dem Ebenenbüschel perspectivisch, was erreicht werden sollte.

Dass man zwei projectivische Punktreihen immer in perspectivische Lage bringen kann, ist aus der ebenen Geometrie bekannt, soll deshalb nicht mehr erörtert werden. *Dasselbe gilt auch für Ebenenbüschel,* wenn die perspectivische Lage solcher Büschel dahin definirt wird, dass ihre Axen sich schneiden, und dass die durch beide Axen gelegte Ebene sich selbst entspricht. Es mögen die Ebenen 1, 2, 3, 4 … des einen bez. den Ebenen I, II, III, IV … des andern Büchels entsprechen. Wir verschieben den zweiten Büschel so, dass die Ebene I mit 1 zusammenfällt, ohne dass die Axen beider Büschel zusammenfallen. Diese Axen schneiden sich dann in einem Punkte; durch letzteren geht auch die Schnittlinie der Ebenen 2 und II, sowie überhaupt die Schnittlinie je zweier entsprechender Ebenen. Alle diese Schnittlinien liegen in einer Ebene. In der That, durch die Linien 2-II und 3-III ist eine Ebene E bestimmt; in dieser erhalten wir durch ihren Schnitt mit den Ebenen der beiden Büschel zwei projectivische Strahlbüschel mit gemeinsamem Mittelpunkte; bezeichnen wir nun den Schnitt der Ebene E mit der Ebene 1 (die ja mit I identisch) durch 1-I, so entspricht in den vereinigt gelegenen Strahlbüscheln jeder der Strahlen 1-I, 2-II, 3-III sich selbst; die beiden Strahlbüschel fallen demnach vollständig zusammen; d. h. *die Schnittlinien entsprechender Ebenen der beiden Büschel liegen in einer Ebene.* Die Büschel sind also in perspectivische Lage gebracht. Die Ebene E heisst ihr *perspectivischer Durchschnitt.* — Allgemeiner können wir nun den Satz aussprechen:

Projectivische Gebilde lassen sich immer durch congruente Ortsveränderung in perspectivische Lage bringen.

Umgekehrt folgt hieraus:

Je zwei projectivische Gebilde erster Stufe (d. h. deren Elemente von einem Parameter abhängen) kann man sich aus der perspectivischen Lage entstanden denken.

Es liegt nahe, zu untersuchen, welche Gebilde durch projectivische Reihen und Büschel, die nicht perspectivisch liegen, erzeugt werden. In Betreff derselben gelten folgende Sätze:

Die Schnittlinien entsprechender Ebenen projectivischer (nicht perspectivischer) Büschel) sind die „Er-*	*Die Verbindungslinien entsprechender Punkte projectivischer (nicht perspectivischer) Punktreihen sind die*

---

*) Steiner nennt projectivische Ebenenbüschel, welche nicht perspectivisch sind, *schief liegend.* Die hier besprochene Erzeugungsweise der Flächen zweiter Ordnung und zweiter Klasse ist von Steiner entdeckt und zur Grundlage ihrer synthetischen Behandlung (vgl. Bd. I, p. 46) gemacht (Systematische Entwicklung der Abhängigkeit geometrischer Gestalten, Berlin 1832, §. 51; Gesammelte Abhandlungen, Bd. I). Vgl. auch Chasles, Aperçu historique, Note IX. Für die

zeugenden“ einer *Fläche zweiter Ord-nung*; d. h. die Punkte dieser Schnittlinien bilden in ihrer Gesammtheit eine Fläche, deren Gleichung in Punktcoordinaten vom zweiten Grade ist (vgl. Fig. 8).

Es ergiebt sich dies durch Elimination von λ aus den Gleichungen der projectivischen Büschel:

„*Erzeugenden*“ einer *Fläche zweiter Klasse*; d. h. jede Ebene, welche durch eine solche „Erzeugende“ hindurchgeht, berührt eine gewisse Fläche, deren Gleichung in Ebenencoordinaten von der zweiten Klasse ist.

Es ergiebt sich dies durch Elimination von λ aus den Gleichungen der projectivischen Reihen:

Fig. 8.

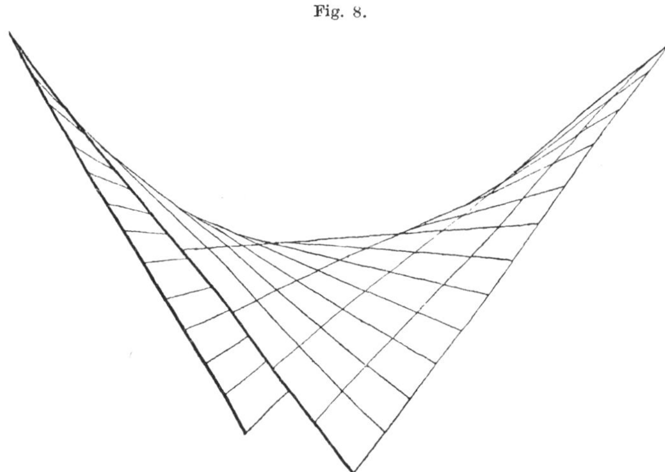

(8)
$$E + \lambda E' = 0,$$
$$F + \lambda F' = 0,$$

indem eine Gleichung zweiten Grades

(9)
$$EF' - FE' = 0$$
resultirt.

(8)*
$$P + \lambda P' = 0,$$
$$Q + \lambda Q' = 0,$$

indem eine Gleichung zweiten Grades

(9)*
$$PQ' - QP' = 0$$
resultirt.

Dieselbe Fläche (9) wird auch erzeugt durch die Schnitte entsprechender Ebenen aus den beiden Büscheln

Dieselbe Fläche (9)* wird auch erzeugt durch Verbindung entsprechender Punkte aus den beiden Reihen

rein geometrische Behandlung dieser Flächen vgl. von Staudt, Beiträge zur Geometrie der Lage, Nürnberg 1856; Reye, Die Geometrie der Lage, 2te Abtheilung, Hannover 1868; Cremona, Grundzüge einer allgemeinen Theorie der Oberflächen, deutsch von Curtze, Berlin 1870; Schröter, Theorie der Oberflächen zweiter Ordnung und der Raumcurven dritter Ordnung, Leipzig 1880.

$$(10) \qquad E + \mu F = 0,$$
$$E' + \mu F' = 0.$$

Auf jener Fläche gibt es daher zwei von einander verschiedene Schaaren von Erzeugenden (geraden Linien). Man sieht, dass die Axen der Büschel (8) unter den Erzeugenden der Schaar (10) enthalten sind (nämlich für $\lambda = 0$ und $\lambda = \infty$), und dass umgekehrt die Axen der Büschel (10) unter den Erzeugenden (8) vorkommen. Allgemein gilt der Satz:

Jede Erzeugende der einen Schaar wird von jeder Erzeugenden der andern Schaar geschnitten. Zwei Erzeugende derselben Schaar aber schneiden sich niemals.

Zum Beweise zeigen wir zunächst, dass je zwei beliebige Erzeugende der einen Schaar als Büschelaxen benutzt werden dürfen, um die Fläche als Ort der Erzeugenden der andern Schaar zu construiren.

Bedeuten μ_1 und μ_2 Constante, und ist ϱ ein variabler Parameter, so stellen die Gleichungen

$$(E + \mu_1 F) + \varrho(E' + \mu_1 F') = 0,$$
$$(E + \mu_2 F) + \varrho(E' + \mu_2 F') = 0$$

zwei projectivische Ebenenbüschel dar, deren Axen der zweiten Schaar von Erzeugenden angehören. Schreibt man dieselben in der Form

$$E + \varrho E' + \mu_1(F + \varrho F') = 0,$$
$$E + \varrho E' + \mu_2(F + \varrho F') = 0,$$

so erkennt man, dass für die Schnittlinien beider Ebenen auch die Gleichungen

$$(10)^* \qquad P + \mu Q = 0,$$
$$P' + \mu Q' = 0.$$

Auf jener Fläche gibt es daher zwei von einander verschiedene Schaaren von Erzeugenden (geraden Linien). Man sieht, dass die Träger der Reihen (8)* unter den Erzeugenden der Schaar (10)* enthalten sind (nämlich für $\lambda = 0$ und $\lambda = \infty$), und dass umgekehrt die Träger der Reihen (10)* unter den Erzeugenden (8)* vorkommen. Allgemein gilt der Satz:

Jede Erzeugende der einen Schaar wird von jeder Erzeugenden der andern Schaar geschnitten. Zwei Erzeugende derselben Schaar aber schneiden sich niemals.

Zum Beweise zeigen wir zunächst, dass je zwei beliebige Erzeugende der einen Schaar als Träger von Punktreihen benutzt werden dürfen, um die Fläche als Ort der Erzeugenden der andern Schaar zu construiren.

Bedeuten μ_1 und μ_2 Constante, und ist ϱ ein variabler Parameter, so stellen die Gleichungen

$$(P + \mu_1 Q) + \varrho(P' + \mu_1 Q') = 0,$$
$$(P + \mu_2 Q) + \varrho(P' + \mu_2 Q') = 0$$

zwei projectivische Punktreihen dar, deren Träger der zweiten Schaar von Erzeugenden angehören. Schreibt man dieselben in der Form

$$P + \varrho P' + \mu_1(Q + \varrho Q') = 0,$$
$$P + \varrho P' + \mu_2(Q + \varrho Q') = 0,$$

so erkennt man, dass für die Verbindungslinie beider Punkte auch die Gleichungen

$$E + \varrho E' = 0,$$
$$F + \varrho F' = 0$$

erfüllt sein müssen, da ja μ_1 von μ_2 verschieden ist. Die Elimination von ϱ aus den letzteren Gleichungen führt auf dieselbe Fläche (9), die sich aus (8) ergab, wie behauptet wurde*).

Da hiernach jede Erzeugende der ersten Schaar als Axe für erzeugende Ebenenbüschel benutzt werden kann, so muss auch jede mit jeder Erzeugenden der zweiten Schaar in einer Ebene liegen, w. z. b. w.

Dass zwei Erzeugende derselben Art sich nicht schneiden, folgt daraus, dass die Gleichungen

$$E + \lambda E' = 0, \quad F + \lambda F' = 0,$$
$$E + \lambda' E' = 0, \quad F + \lambda' F' = 0$$

nur zusammen bestehen können, wenn gleichzeitig

$$E = 0, E' = 0, F = 0, F' = 0;$$

dann aber müssten sich schon die Axen der ursprünglichen Ebenenbüschel schneiden.

Wie aus Vorstehendem erhellt, schneiden irgend zwei zur Erzeugung der Fläche benutzte Ebenenbüschel, deren Axen Erzeugende der ersten Art sind, auf irgend einer Erzeugenden der ersten Art ein und dieselbe Punktreihe aus;

$$P + \varrho P' = 0,$$
$$Q + \varrho Q' = 0$$

erfüllt sein müssen, da ja μ_1 von μ_2 verschieden ist. Die Elimination von ϱ aus den letzteren Gleichungen führt auf dieselbe Fläche (9)*, die sich aus (8)* ergab, wie behauptet wurde.

Da hiernach jede Erzeugende der ersten Schaar als Träger für erzeugende Punktreihen benutzt werden kann, so muss auch jede von jeder Erzeugenden der zweiten Art geschnitten werden, w. z. b. w.

Dass zwei Erzeugende derselben Art sich nicht schneiden, folgt daraus, dass die Gleichungen

$$P + \lambda P' = 0, \quad Q + \lambda Q' = 0,$$
$$P + \lambda' P' = 0, \quad Q + \lambda' Q' = 0$$

nur zusammen bestehen können, wenn gleichzeitig

$$P = 0, P' = 0, Q = 0, Q' = 0;$$

dann aber müssten schon die Träger der ursprünglichen Punktreihen in einer Ebene liegen.

Betrachten wir irgend zwei zur Erzeugung der Fläche benutzte Punktreihen, deren Träger zu den Erzeugenden erster Art gehören. Legt man durch einen Punkt der einen Reihe und eine beliebige Erzeugende der zweiten Art eine

---

*) Eliminirt man ϱ direct aus den Gleichungen

$$E + \mu_1 F + \varrho(E' + \mu_1 F') = 0$$

und

$$E + \mu_2 F + \varrho(E' + \mu_2 F') = 0,$$

so ergiebt sich:

$$\begin{vmatrix} E + \mu_1 F & E' + \mu_1 F' \\ E + \mu_2 F & E' + \mu_2 F' \end{vmatrix} = 0$$

oder:

$$(\mu_1 - \mu_2)(EF' - E'F) = 0.$$

denn in jedem Punkte der Reihe schneiden sich zwei Ebenen der benutzten Büschel, und durch ihn geht also eine Erzeugende zweiter Art. In gleicher Weise schneiden beide Büschel auf einer zweiten beliebigen Erzeugenden erster Art mittelst derselben Reihe von Erzeugenden zweiter Art eine Punktreihe aus. Diese Erzeugenden zweiter Art erscheinen also als Verbindungslinien entsprechender Punkte zweier projectivischer Reihen. Somit folgt:

Die Erzeugenden der einen Art werden von den Erzeugenden der andern Art in projectivischen Punktreihen geschnitten; durch jeden Punkt der Fläche geht eine Erzeugende jeder Art.

Und hieraus:

Die Fläche (9) kann auch erzeugt werden als Ort der Verbindungslinien entsprechender Punkte in zwei projectivischen Punktreihen.

Die von uns betrachteten Flächen zweiter Ordnung sind also auch von der zweiten Klasse.

Daraus geht ferner hervor, dass jede Ebene, welche durch irgend eine Erzeugende gelegt wird, eine Tangentenebene der Fläche ist. Ihr Berührungspunkt ist leicht anzugeben. Die Ebene muss nämlich die Fläche in einer ebenen Curve zweiter Ordnung schneiden, da sie aus den beiden Ebenenbüscheln zwei einander projectivische Strahlbüschel ausschneidet;

Ebene, so geht dieselbe nach dem Vorstehenden von selbst durch den entsprechenden Punkt der andern Reihe. Jede Erzeugende der zweiten Art kann man also als Axe eines Ebenenbüschels benutzen, welcher auf jede der beiden betrachteten Punktreihen projectivisch bezogen ist. Somit folgt:

Die Ebenenbüschel, welche gebildet werden von allen Ebenen, die irgend eine Erzeugende der einen Art und alle Erzeugenden der andern Art enthalten, sind unter einander projectivisch; in jeder Tangentenebene der Fläche liegt eine Erzeugende jeder Art.

Und hieraus:

Die Fläche (9) kann auch erzeugt werden als Ort der Schnittlinien entsprechender Ebenen aus zwei projectivischen Ebenenbüscheln.*

Die von uns betrachteten Flächen zweiter Klasse sind also auch von der zweiten Ordnung.

Man erkennt hieraus, dass jeder Punkt, welcher auf irgend einer Erzeugenden gewählt wird, ein Punkt der Fläche ist. Die zugehörige Tangetenebene findet man in folgender Weise. Alle Tangentenebenen der Fläche, welche durch den Punkt gehen, müssen in zwei Ebenenbüschel zerfallen, deren Axen sich schneiden; denn dies entspricht dualistisch dem Zerfallen

diese Curve besteht hier aus zwei sich schneidenden Geraden; die eine ist die gegebene Erzeugende; die andere muss also eine Erzeugende der andern Art sein. Ihr Schnittpunkt ist der Berührungspunkt; denn seine Tangentenebene ist ja durch irgend zwei von ihm ausgehende Linienelemente, die auf der Fläche liegen, bestimmt (p. 22), insbesondere also auch durch die beiden Erzeugenden.

eines Kegelschnittes in zwei Gerade. Die eine Axe ist die gegebene Erzeugende; die andere muss also eine Erzeugende der andern Art sein. Die durch beide Axen bestimmte Ebene ist die Tangentenebene; denn ihr Berührungspunkt ist ja definirt als Schnittpunkt irgend zweier Kanten der von ihren Punkten ausgehenden Tangentenkegeln; und als solche Kanten muss man die beiden Erzeugenden auffassen.

Der dualistische Charakter der durch projectivische Punktreihen bez. Ebenenbüschel erzeugten Flächen zweiter Ordnung und Klasse lässt sich analytisch auf folgende Art nachweisen.

Aus (8) und (10) erhält man:

$$E : F : E' : F' = \lambda\mu : -\lambda : -\mu : 1.$$

Diese Proportion repräsentirt drei lineare Gleichungen in x, y, z; aus ihnen kann man also die Coordinaten eines Punktes der Fläche als quadratische Functionen zweier Parameter berechnen. Die Gleichung des beweglichen Punktes der Fläche ergibt sich, wenn man aus den Gleichungen

$$\sigma E = \lambda\mu, \quad \sigma F = -\lambda, \quad \sigma E' = -\mu, \quad \sigma F' = 1,$$
$$ux + vy + wz + 1 = 0$$

die Grössen σ, x, y, z eliminirt; die so entstehende Gleichung hat die Form

$$(11) \qquad P + \lambda P' + \mu Q + \lambda\mu Q' = 0,$$

wo P, Q, P', Q' ganze lineare Functionen in u, v, w bedeuten. Daher sind

$$P + \lambda P' = 0, \quad Q + \lambda Q' = 0$$

oder

$$P + \mu Q = 0, \quad P' + \mu Q' = 0$$

Reihenpaare auf der Fläche, nämlich projectivische Punktreihen, deren Träger Erzeugende derselben Schaar sind. Die Fläche entsteht also auch als Ort der Verbindungslinien entsprechender Punkte dieser Reihenpaare, wie oben auf anderem Wege bereits erkannt wurde.

Die Tangentenebene des beweglichen Punktes, der durch die Parameter λ, μ bestimmt wird, geht sowohl durch die Schnittlinie der Ebenen (8) als durch die Schnittlinie der Ebenen (10); ihre Gleichung ist daher:

$$E + \lambda E' + \mu(F + \lambda F') = E + \mu F + \lambda(E' + \mu F') = 0$$

oder:

$$(11)^* \qquad E + \lambda E' + \mu F + \lambda \mu F' = 0.$$

Die Analogie dieser Gleichung mit (11) zeigt wiederum den dualen Charakter der Fläche; letztere wird offenbar ebenso erhalten, wenn man davon ausgeht, dass ihre Tangentenebenen diejenigen Büschel bilden, deren Axen als Verbindungslinien entsprechender Punkte der Reihen (8)* oder (10)* gegeben sind.

Es liegt nahe zu fragen, ob die allgemeinste Fläche zweiter Ordnung bez. Klasse durch die hier behandelten Erzeugungsweisen erhalten werden kann. Diese Frage wird im Laufe der weiterhin folgenden eingehenden Untersuchungen über jene Flächen beantwortet werden, und zwar im bejahenden Sinne.

Was den Ausnahmefall angeht, wo die Träger resp. Axen der benutzten Gebilde sich schneiden, so ist aus der ebenen Geometrie zu entnehmen, dass in derselben Ebene liegende Punktreihen eine ebene Curve zweiter Klasse erzeugen. Hieraus folgt nach dem Principe der Dualität, dass *zwei projectivische Ebenenbüschel, deren Axen sich schneiden, einen Kegel zweiter Ordnung erzeugen, dessen Spitze im Schnittpunkte der Axen liegt.* Dieser Kegel artet weiter bei perspectivischer Lage in ein Ebenenpaar aus, gerade wie sich die ebene Curve zweiter Klasse im entsprechenden Falle in ein Punktepaar auflöst.

IV. Die gerade Linie und der lineare Complex.

Wie schon mehrfach hervorgehoben, nimmt die gerade Linie im Raume gegenüber Punkt und Ebene eine ausgezeichnete Stellung ein, indem sie zu sich selbst dualistisch ist, und indem sie sich neben Punkt und Ebene stellt als gleichberechtigtes erzeugendes Element für geometrische Gestalten. In der That kann man z. B. eine Fläche auch auffassen als Umhüllungsgebilde ihrer sämmtlichen Tangenten; und dies gilt für alle Flächen, seien sie allgemeiner Natur, oder abwickelbar oder endlich Kegel. Eine allgemeine Fläche hat immer dreifach unendlich viele Tangenten, da in jeder Tangentenebene einfach unendlich viele liegen (einen ebenen Strahlbüschel bildend), und da es zweifach unendlich viele Tangentenebenen gibt. Eine abwickelbare Fläche oder ein Kegel hat allerdings nur einfach unendlich viele Tangentenebenen; aber jede berührt längs einer geraden Linie, also in einfach unendlich vielen Punkten; in jedem

Punkte gibt es einfach unendlich viele Tangenten, so dass in jeder Tangentenebene zweifach unendlich viele Tangenten liegen; das ergibt wieder im Ganzen dreifach unendlich viele Flächentangenten.

Hieraus folgt, nach dem Principe der Dualität, dass auch eine Curve (sei sie eben oder nicht) durch dreifach unendlich viele Gerade gebildet werden kann. Eine Tangente einer abwickelbaren Fläche ist definirt als Verbindungslinie zweier unendlich benachbarten Punkte, welche nicht auf derselben Erzeugenden liegen; die entsprechende Gerade für eine Curve ist also die Schnittlinie zweier unendlich benachbarter Tangentenebenen der Curve, welche nicht durch dieselbe Tangente der Curve hindurchgehen, d. h. als Schnittlinie irgend zweier Tangentenebenen zweier benachbarten Curvenpunkte. Diese Schnittlinie aber ist irgend eine Gerade, welche durch den betrachteten Curvenpunkt hindurchgeht. Durch jeden Punkt gehen doppelt unendlich viele Gerade, die Curve hat einfach unendlich viele Punkte: die Curve hat also dreifach unendlich viele *„Treffgerade“*. Diese entsprechen den Tangenten einer abwickelbaren Fläche und können als erzeugende Elemente der Curve angesehen werden.

Im Raume gibt es überhaupt vierfach unendlich viele Gerade, denn man erhält genau sämmtliche gerade Linien, wenn man jeden der zweifach unendlich vielen Punkte einer Ebene mit jedem der ebenfalls in doppelt unendlicher Zahl vorhandenen Punkte der andern Ebene verbindet. Um eine gerade Linie festzulegen hat man also *vier* Bestimmungsstücke nöthig, die als *Coordinaten der Geraden* angesehen werden können. *Eine* Bedingung zwischen denselben wird noch von dreifach unendlich vielen Geraden befriedigt; sowohl eine allgemeine Fläche, als eine abwickelbare Fläche oder eine Raumcurve kann deshalb durch *eine* Gleichung in Liniencoordinaten dargestellt werden. Aber nicht gibt jede solche Gleichung eines dieser drei bisher betrachteten Gebilde, sondern wir werden noch andere Systeme von dreifach unendlich vielen Geraden zu untersuchen haben, die sogenannten *Complexe*; Flächen und Curven werden als specielle Fälle derselben erscheinen. Wie man in der Raumgeometrie neben den Flächen die Curve, als Gesammtheit der gemeinsamen Punkte zweier Flächen, untersucht, so hat man auch neben dem Complexe die Gesammtheit der zweien Complexen gemeinsamen geraden Linien gesondert zu betrachten. Man sagt von solchen doppelt unendlich vielen Linien: sie bilden eine *Congruenz*. Drei Complexe haben im Allgemeinen nur noch eine einfach unendliche Schaar von Geraden gemeinsam, die sich in stetiger Folge an einander reihen, und so eine Oberfläche, eine sogenannte *Linienfläche*, erzeugen (die Schaar der Erzeugenden

einer Fläche zweiter Ordnung gibt ein Beispiel). Vier Complexe
endlich bestimmen, als ihnen allen gemeinsam, im Allgemeinen eine
endliche Anzahl discreter Linien. Wir gehen jetzt nicht weiter auf
diese allgemeinen Vorstellungen ein, indem wir uns vorbehalten, sie
an Beispielen zu erörtern, sobald sich Gelegenheit bietet.

Die vier zur Bestimmung einer geraden Linie nöthigen Grössen
kann man verschieden wählen. So ist die Linie z. B. eindeutig gegeben, wenn die Coordinaten ihrer Schnittpunkte mit zweien der
Coordinatenebenen bekannt sind. Bezeichnen wir mit x_1, y_1, z_1 und
x_2, y_2, z_2 die Coordinaten zweier gegebenen Punkte einer Geraden,
so sind die Coordinaten eines beliebigen Punktes derselben:

$$x = \frac{x_1 + \lambda x_2}{1 + \lambda}, \quad y = \frac{y_1 + \lambda y_2}{1 + \lambda}, \quad z = \frac{z_1 + \lambda z_2}{1 + \lambda}.$$

Für $x = 0$ und $y = 0$, d. h. für

$$\lambda = -\frac{x_1}{x_2} \quad \text{und} \quad \lambda = -\frac{y_1}{y_2}$$

ergeben sich bez. die Coordinaten der Schnittpunkte unserer Geraden
mit der Y-Z- und der Z-X-Ebene, nämlich:

$$0 \quad , \quad \frac{x_2 y_1 - x_1 y_2}{x_2 - x_1} \quad , \quad \frac{x_2 z_1 - x_1 z_2}{x_2 - x_1} \quad ,$$

$$\frac{y_2 x_1 - y_1 x_2}{y_2 - y_1} \quad , \quad 0 \quad , \quad \frac{y_2 z_1 - y_1 z_2}{y_2 - y_1} .$$

Der Symmetrie wegen wollen wir nicht diese vier Grössen als Liniencoordinaten einführen, sondern die Coordinaten des Schnittpunktes
mit der X-Y-Ebene hinzufügen; sie sind:

$$\frac{z_2 x_1 - z_1 x_2}{z_2 - z_1} , \quad \frac{z_2 y_1 - z_1 y_2}{z_2 - z_1} , \quad 0 .$$

Wir haben so sechs in gleicher Weise gebildete Grössen, von denen
je zwei durch die übrigen bestimmt sind. Sie sind nichts anderes
als die Verhältnisse der sechs Differenzen, genommen mit passen-
dem Vorzeichen:

$$(1) \quad \begin{cases} \mu p = x_2 - x_1, & \mu \pi = y_1 z_2 - y_2 z_1, \\ \mu q = y_2 - y_1, & \mu \varkappa = z_1 x_2 - z_2 x_1, \\ \mu r = z_2 - z_1, & \mu \varrho = x_1 y_2 - y_1 x_2, \end{cases}$$

wo μ Proportionalitätsfactor ist. *Diese sechs Grössen p, q, r, π, $\varkappa$, ϱ,
auf deren Verhältnisse es allein ankommt, führen wir als Coordinaten
der durch die Punkte x_1, y_1, z_1 und x_2, y_2, z_2 bestimmten Geraden ein*).*

---

*) Die Begründung der Liniengeometrie ist im Wesentlichen Plücker's
Werk, wenn auch die Liniencoordinaten sich vorher gelegentlich in Grassmann's

Letztere trifft die Coordinatenebenen $x = 0$, $y = 0$, $z = 0$ bez. in Punkten mit den Coordinaten

$$(2) \quad \begin{cases} 0, & -\dfrac{\varrho}{p}, & \dfrac{\varkappa}{p} \\[2mm] \dfrac{\varrho}{q}, & 0, & -\dfrac{\pi}{q} \\[2mm] -\dfrac{\varkappa}{r}, & \dfrac{\pi}{r}, & 0. \end{cases}$$

Zwischen den sechs Liniencoordinaten besteht die Identität

$$(3) \qquad p\pi + q\varkappa + r\varrho = 0.$$

In der That ist wegen (1) die linke Seite von (3) gleich der Determinante

$$\frac{1}{\mu^2} \begin{vmatrix} x_2 - x_1 & x_1 & z_1 \\ y_2 - y_1 & y_1 & z_2 \\ z_2 - z_1 & z_1 & z_3 \end{vmatrix},$$

d. h. identisch Null. Unsere sechs Liniencoordinaten stellen also nur vier von einander unabhängige absolute Grössen dar, wie es sein muss.

„Ausdehnungslehre" (1844, § 116 ff.) finden, wenn auch der Gedanke, eine Curve durch eine einzige Gleichung in Liniencoordinaten darzustellen, schon von Cayley verwirklicht war (1857, Quarterly Journal of mathematics, vol. 3). Plücker's erste Mittheilungen finden sich (nach einer vorläufigen Andeutung in Nr. 258 seines Systems der Geometrie des Raumes, 1846) in den Philosophical Transactions von 1865 und 1866; zusammenfassend wurden seine neuen Gedanken dargestellt in seiner „Neuen Geometrie des Raumes gegründet auf die Betrachtung der geraden Linie als Raumelement", Leipzig 1868 (die zweite Abtheilung, bearbeitet von Klein, erschien nach Plücker's Tode 1869). Der von Plücker aufgestellte Begriff des „Complexes" war ein vollständig neuer, wenn auch manche specielle Beispiele gelegentlich schon früher untersucht waren, so in Arbeiten von Möbius, Chasles, Cayley, Sylvester, Binet, Hamilton, Abel Transon, Poinsot, auf welche wir später theilweise aufmerksam machen. Vgl. darüber Clebsch, Zum Gedächtniss an Julius Plücker, Abhandlungen der Kgl. Gesellschaft der Wissenschaften zu Göttingen, 1872. Die von Plücker ursprünglich gebrauchten fünf Coordinaten einer Geraden (r, s, ϱ, σ, η) sind weniger symmetrisch gewählt, als die des Textes; sie ergeben sich aus letzteren mittelst der Formeln:

$$r = \frac{p}{r}, \quad s = \frac{q}{r}, \quad \varrho = -\frac{\varkappa}{r}, \quad \sigma = \frac{\pi}{r}, \quad \eta = -\frac{\varrho}{r};$$

zwischen ihnen besteht also die Identität $r\sigma - \varrho s = \eta$. Die folgenden Betrachtungen über gerade Linien und lineare Complexe findet man der Hauptsache nach in dem angeführten Werke Plücker's; vgl. auch Battaglini, Intorno ai sistemi di rette di primo ordine, Rendiconto della R. Accademia delle scienze fisiche e matematiche di Napoli, Giugno 1866 (auch Giornale di matematiche, 1868).

Umgekehrt: *Wenn irgend sechs Grössen p, q, r, π, $\varkappa$, ϱ der Gleichung (3) genügen, so können sie als Liniencoordinaten aufgefasst werden.* Alsdann nämlich kann man sieben Grössen μ, x_1, x_2, y_1, y_2, z_1, z_2 so bestimmen, dass die sechs Gleichungen (1) bestehen, aus welchen sich durch Elimination von μ fünf von einander unabhängige Gleichungen ergeben; von letzteren ist eine die Folge der übrigen wegen (4); man hat also vier Gleichungen für sechs Unbekannte, so dass von letzteren noch zwei willkürlich angenommen werden können. Dies stimmt damit überein, dass die Punkte x_1, y_1, z_1 und x_2, y_2, z_2 durch die Linie p, q, r, π, $\varkappa$, ϱ nicht bestimmt sind, vielmehr auf ihr beliebig liegen können.

In der That ist es leicht zu sehen, dass die Verhältnisse der sechs Liniencoordinaten nicht geändert werden, wenn man die Punkte x_1, y_1, z_1 und x_2, y_2, z_2 durch irgend zwei andere Punkte ihrer Verbindungslinie ersetzt, etwa durch ξ_1, η_1, ζ_1 und ξ_2, η_2, ζ_2, wo:

$$\xi_1 = \frac{x_1 + \sigma x_2}{1 + \sigma}, \qquad \xi_2 = \frac{x_1 + \tau x_2}{1 + \tau},$$

$$\eta_1 = \frac{y_1 + \sigma y_2}{1 + \sigma}, \qquad \eta_2 = \frac{y_1 + \tau y_2}{1 + \tau},$$

$$\zeta_1 = \frac{z_1 + \sigma z_2}{1 + \sigma}, \qquad \zeta_2 = \frac{z_1 + \tau z_2}{1 + \tau}.$$

Sei nun

$$v p' = \xi_2 - \xi_1, \qquad v \pi' = \eta_1 \zeta_2 - \eta_2 \zeta_1,$$
$$v q' = \eta_2 - \eta_1, \qquad v \varkappa' = \zeta_1 \xi_2 - \zeta_2 \xi_1,$$
$$v r' = \zeta_2 - \zeta_1, \qquad v \varrho' = \xi_1 \eta_2 - \xi_2 \eta_1,$$

so findet sich

$$v p' = \frac{(x_1 + \tau x_2)(1 + \sigma) - (x_1 + \sigma x_2)(1 + \tau)}{(1 + \sigma)(1 + \tau)}$$

$$= \frac{(\sigma - \tau)(x_1 - x_2)}{(1 + \sigma)(1 + \tau)} = \frac{(\tau - \sigma)\mu}{(1 + \sigma)(1 + \tau)} p,$$

$$v \pi' = \frac{\begin{vmatrix} y_1 + \sigma y_2 & y_1 + \tau y_2 \\ z_1 + \sigma z_2 & z_1 + \tau z_2 \end{vmatrix}}{(1 + \sigma)(1 + \tau)} = \frac{\begin{vmatrix} 1 & \sigma \\ 1 & \tau \end{vmatrix} \cdot \begin{vmatrix} y_1 & y_2 \\ z_1 & z_2 \end{vmatrix}}{(1 + \sigma)(1 + \tau)}$$

$$= \frac{(\tau - \sigma)\mu}{(1 + \sigma)(1 + \tau)} \cdot \pi.$$

Aehnliche Formeln bestehen für q', r', $\varkappa'$, ϱ', so dass

$$(4) \qquad p : q : r : \pi : \varkappa : \varrho = p' : q' : r' : \pi' : \varkappa' : \varrho',$$

wie behauptet wurde.

Die von uns eingeführten Coordinaten sind auch deshalb praktisch gewählt, weil sie aus den Coordinaten zweier die Gerade enthaltenden Ebenen in ganz analoger Weise berechnet werden können, wie aus den Coordinaten zweier auf ihr liegenden Punkte, was ja nach dem Principe der Dualität verlangt werden muss.

Es seien u_1, v_1, w_1 und u_2, v_2, w_2 zwei Ebenen, welche durch die Gerade hindurchgehen, so dass:

$$u_1 x_1 + v_1 y_1 + w_1 z_1 + 1 = 0,$$
$$u_2 x_1 + v_2 y_1 + w_2 z_1 + 1 = 0,$$
$$u_1 x_2 + v_1 y_2 + w_1 z_2 + 1 = 0,$$
$$u_2 x_2 + v_2 y_2 + w_2 z_2 + 1 = 0;$$

also auch:

$$u_1(x_2 - x_1) + v_1(y_2 - y_1) + w_1(z_2 - z_1) = 0,$$
$$u_2(x_2 - x_1) + v_2(y_2 - y_1) + w_2(z_2 - z_1) = 0.$$

Aus den letzten beiden Gleichungen ergibt sich:

$$\text{(5)} \qquad \begin{aligned} \mu \cdot (x_2 - x_1) &= (v_1 w_2 - v_2 w_1) = \nu \cdot p, \\ \mu \cdot (y_2 - y_1) &= (w_1 u_2 - w_2 u_1) = \nu \cdot q, \\ \mu \cdot (z_2 - z_1) &= (u_1 v_2 - u_2 v_1) = \nu \cdot r. \end{aligned}$$

Aus obigen vier Gleichungen erhält man ferner:

$$(u_1 v_2 - u_2 v_1)y_1 + (w_2 u_1 - w_1 u_2)z_1 + (u_1 - u_2) = 0,$$
$$(u_2 v_1 - u_1 v_2)x_1 \qquad\qquad + (w_2 v_1 - w_1 v_2)z_1 + (v_1 - v_2) = 0,$$
$$(u_2 w_1 - u_1 w_2)x_1 + (v_2 w_1 - v_1 w_2)y_1 \qquad\qquad + (w_1 - w_2) = 0,$$

oder wegen (5):

$$\mu(z_2 - z_1)y_1 - \mu(y_2 - y_1)z_1 + (u_1 - u_2) = 0,$$
$$- \mu(z_2 - z_1)x_1 \qquad\qquad + \mu(x_2 - x_1)z_1 + (v_1 - v_2) = 0,$$
$$\mu(y_2 - y_1)x_1 - \mu(x_2 - x_1)y_1 \qquad\qquad + (w_1 - w_2) = 0.$$

Hieraus endlich durch Auflösung der Klammern:

$$\text{(6)} \qquad \begin{aligned} \mu \cdot (y_1 z_2 - y_2 z_1) &= u_2 - u_1 = \nu \cdot \pi, \\ \mu \cdot (z_1 x_2 - z_2 x_1) &= v_2 - v_1 = \nu \cdot \varkappa, \\ \mu \cdot (x_1 y_2 - x_2 y_1) &= w_2 - w_1 = \nu \cdot \varrho. \end{aligned}$$

Beim Uebergange von Punktcoordinaten zu Ebenencoordinaten bleiben also die Grössen p, q, r, π, $\varkappa$, ϱ als Liniencoordinaten erhalten; es erscheinen nur p, q, r bez. mit π, $\varkappa$, ϱ vertauscht.

Für die Verhältnisse der sechs Coordinaten lässt sich eine geometrische Bedeutung leicht angeben. Ist eine Gerade durch einen Punkt x_1, y_1, z_1 und die Richtungswinkel α, β, γ bestimmt, eine andere durch einen Punkt x_1', y_1', z_1' und die Richtungswinkel α', β', γ', so hatten wir den Ausdruck

$$M = \begin{vmatrix} x_1 - x_1' & \cos \alpha & \cos \alpha' \\ y_1 - y_1' & \cos \beta & \cos \beta' \\ z_1 - z_1' & \cos \gamma & \cos \gamma' \end{vmatrix}$$

als das Moment der beiden Geraden bezeichnet. Dasselbe soll jetzt durch die Coordinaten der letzteren ausgedrückt werden.

Ist x_2, y_2, z_2 ein Punkt der ersten Geraden, m dessen Entfernung von x_1, y_1, z_1 und haben x_2', y_2', z_2', m' entsprechende Bedeutungen für die andere Gerade, so ist:

$$(7) \quad \begin{cases} \cos \alpha = \dfrac{x_2 - x_1}{m}, & \cos \beta = \dfrac{y_2 - y_1}{m}, & \cos \gamma = \dfrac{z_2 - z_1}{m}, \\[2ex] \cos \alpha' = \dfrac{x_2' - x_1'}{m'}, & \cos \beta' = \dfrac{y_2' - y_1'}{m'}, & \cos \gamma' = \dfrac{z_2' - z_1'}{m'}. \end{cases}$$

Es sind ferner die Coordinaten der beiden Geraden:

$$\begin{aligned} \mu p &= x_2 - x_1, & \mu' p' &= x_2' - x_1', \\ \mu q &= y_2 - y_1, & \mu' q' &= y_2' - y_1', \\ \mu r &= z_2 - z_1, & \mu' r' &= z_2' - z_1', \\ \mu \pi &= y_1 z_2 - y_2 z_1, & \mu' \pi' &= y_1' z_2' - y_2' z_1', \\ \mu \varkappa &= z_1 x_2 - z_2 x_1, & \mu' \varkappa' &= z_1' x_2' - z_2' x_1', \\ \mu \varrho &= x_1 y_2 - x_2 y_1, & \mu' \varrho' &= x_1' y_2' - x_2' y_1'. \end{aligned}$$

Man findet also

$$M = \frac{1}{m\,m'} \begin{vmatrix} x_1 - x_1' & x_2 - x_1 & x_2' - x_1' \\ y_1 - y_1' & y_2 - y_1 & y_2' - y_1' \\ z_1 - z_1' & z_2 - z_1 & z_2' - z_1' \end{vmatrix}$$

$$= \frac{1}{m\,m'} \left\{ \begin{vmatrix} x_1 & x_2 & x_2' - x_1' \\ y_1 & y_2 & y_2' - y_1' \\ z_1 & z_2 & z_2' - z_1' \end{vmatrix} - \begin{vmatrix} x_1' & x_2 - x_1 & x_2' \\ y_1' & y_2 - y_1 & y_2' \\ z_1' & z_2 - z_1 & z_2' \end{vmatrix} \right\}$$

$$= \frac{\mu\mu'}{m\,m'} \left(p'\pi + q'\varkappa + r'\varrho + p\pi' + q\varkappa' + r\varrho' \right).$$

Nun ist

$$(8) \quad \begin{cases} m = \sqrt{(x_2 - x_1)^2 + (y_2 - y_1)^2 + (z_2 - z_1)^2} = \mu \sqrt{p^2 + q^2 + r^2}, \\ m' = \sqrt{(x_2' - x_1')^2 + (y_2' - y_1')^2 + (z_2' - z_1')^2} = \mu' \sqrt{p'^2 + q'^2 + r'^2}, \end{cases}$$

also schliesslich

$$(9) \quad M = \frac{p'\pi + q'\varkappa + r'\varrho + p\pi' + q\varkappa' + r\varrho'}{\sqrt{p^2 + q^2 + r^2}\ \sqrt{p'^2 + q'^2 + r'^2}}.$$

In ähnlicher Weise lässt sich auch die Neigung v der Geraden gegen einander durch ihre Coordinaten berechnen. Man hat (p. 7):

$$\cos v = \cos \alpha \cos \alpha' + \cos \beta \cos \beta' + \cos \gamma \cos \gamma',$$

also wegen (7) und (8):

$$(10) \qquad \cos v = \frac{pp' + qq' + rr'}{\sqrt{p^2 + q^2 + r^2}\ \sqrt{p'^2 + q'^2 + r'^2}}.$$

Insbesondere sind die Coordinaten der X-Axe:

$$\mu' p' = x_2' - x_1', \quad q' = 0, \quad r' = 0, \quad \pi' = 0, \quad \varkappa' = 0, \quad \varrho' = 0.$$

Das Moment M_x der Linie p, q, r, π, $\varkappa$, ϱ in Bezug auf die X-Axe wird also nach (9):

$$M_x = \frac{p'\pi}{\sqrt{p^2 + q^2 + r^2}\ \sqrt{p'^2}} = \frac{\pi}{m},$$

ebenso:

$$M_y = \frac{q'\varkappa}{\sqrt{p^2 + q^2 + r^2}\ \sqrt{q'^2}} = \frac{\varkappa}{m},$$

$$M_z = \frac{r'\varrho}{\sqrt{p^2 + q^2 + r^2}\ \sqrt{r'^2}} = \frac{\varrho}{m}.$$

Berechnen wir ferner das Moment M_{yz} der gegebenen Geraden in Bezug auf die unendlich ferne Gerade (Bd. I, p. 67) der X-Y-Ebene. Die Coordinaten der Schnittpunkte der letztern mit der Y-Axe und der Z-Axe sind bez.

$$0, \quad 0, \quad a,$$
$$0, \quad b, \quad 0,$$

wenn $\lim a = \infty$ und $\lim b = \infty$ genommen wird. Wir machen (was allerdings eine willkürliche Festsetzung involvirt) $a = b$; dann wird:

$$\mu' p' = \quad 0, \quad \mu' \pi' = -a^2,$$
$$\mu' q' = \quad a, \quad \mu' \varkappa' = \quad 0,$$
$$\mu' r' = -a, \quad \mu' \varrho' = \quad 0,$$

und:

$$M_{yz} = \frac{-a^2 p}{\sqrt{p^2 + q^2 + r^2}\ \sqrt{2a^2}} = \frac{-ap}{m\sqrt{2}},$$

ebenso:

$$M_{zx} = \frac{-aq}{m\sqrt{2}}, \qquad M_{xy} = \frac{-ar}{m\sqrt{2}},$$

also:

$$M_{yz} : M_{zx} : M_{xy} = p : q : r.$$

Hiermit sind die Verhältnisse der Coordinaten geometrisch definirt:

Die Coordinaten p, q, r einer Geraden verhalten sich (wenn man den nothwendigen Grenzübergang passend ausführt) wie die ihrer Momente in Bezug auf die drei unendlich fernen Geraden der Coordinatenebenen, die Coordinaten π, $\varkappa$, ϱ wie ihre Momente in Bezug auf die drei Coordinatenaxen.

Die Gerade ist auch bestimmt, wenn die absoluten Werthe der fünf Grössen:

$$M_x, \quad M_y, \quad M_z, \quad \frac{M_{yz}}{M_{xy}}, \quad \frac{M_{zx}}{M_{xy}}$$

gegeben sind, zwischen denen die Relation

$$M_x \frac{M_{yz}}{M_{xy}} + M_y \frac{M_{zx}}{M_{xy}} + M_z = 0$$

bestehen muss.

Nach (9) ist die Bedingung dafür, dass die Geraden p, q, r, π, $\varkappa$, ϱ und p', q', r', π', $\varkappa'$, ϱ' sich schneiden (oder einander parallel sind), gegeben durch die Gleichung

$$(11) \qquad p'\pi + q'\varkappa + r'\varrho + p\pi' + q\varkappa' + r\varrho' = 0.$$

Sind p', q', r', π', $\varkappa'$, ϱ' Coordinaten einer gegebenen Geraden und p, q, r, π, $\varkappa$, ϱ veränderlich (aber so, dass sie immer der Bedingung (3) genügen), so ist dies *die Gleichung der gegebenen Geraden in Liniencoordinaten*, d. i. die Bedingung, welcher alle Treffgeraden derselben genügen müssen (vgl. p. 42). Insbesondere ist $\pi = 0$ die Gleichung der X-Axe, $p = 0$ die Gleichung der unendlich fernen Geraden der Y-Z-Ebene.

Aus (11) ergeben sich leicht die Bedingungen dafür, dass ein Punkt auf einer Geraden, oder dass eine Gerade in einer Ebene liegt. Es sei

$$p' : q' : r' : \pi' : \varkappa' : \varrho' = x' - x : y' - y : z' - z :$$
$$: yz' - y'z : zx' - z'x : xy' - x'y,$$

wo x, y, z die Coordinaten des Schnittpunktes beider Geraden sind, indem (11) erfüllt ist. Wir haben also:

$$(12) \quad (x' - x)\pi + (y' - y)\varkappa + (z' - z)\varrho$$
$$+ (yz' - y'z)p + (zx' - z'x)q + (xy' - x'y)r = 0;$$

und diese Gleichung muss für *alle* Werthe von x', y', z' erfüllt sein, denn die Verbindungslinie von x, y, z mit *jedem* Punkte x', y', z' schneidet die Linie p, q, r, π, $\varkappa$, ϱ (nämlich eben in x, y, z). Es müssen daher die Coëfficienten von x', y', z' in (12) einzeln Null sein, d. h. man hat

$$(13) \qquad \begin{aligned} \pi + zq - yr &= 0, \\ \varkappa + xr - zp &= 0, \\ \varrho + yp - zq &= 0, \\ \pi x + \varkappa y + \varrho z &= 0. \end{aligned}$$

Durch einen Punkt gehen zweifach unendlich viele Gerade; die gefundenen vier Gleichungen müssen also mit zweien äquivalent sein. In der That folgt die letzte aus den drei ersten, wenn letztere bez.

mit x, y, z multiplicirt und dann addirt werden; die dritte ergibt sich aus den beiden ersten vermöge der fundamentalen Identität (3). Also:

Die Gleichungen (13), von denen je zwei aus den beiden anderen folgen), sind die Bedingungen dafür, dass die Linie p, q, r, π, $\varkappa$, ϱ durch den Punkt x, y, z hindurchgeht.*

Ganz analog erledigt sich die dualistisch entsprechende Aufgabe. Es seien u, v, w die Coordinaten der Ebene, welche den beiden sich schneidenden Geraden gemeinsam ist, und u', v', w' die Coordinaten einer anderen Ebene, so dass nach (5)

$$p' : q' : r' : \pi' : \varkappa' : \varrho' = vw' - v'w : wu' - w'u : uv' - u'v :$$
$$: u' - u : v' - v : w' - w.$$

Dann folgt aus (11) für *alle* Werthe von u', v', w':

$$(12)^* \quad (vw' - v'w)\,\pi + (wu' - w'u)\,\varkappa + (uv' - u'v)\,\varrho$$
$$+ (u' - u)\,p + (v' - v)\,q + (w' - w)\,r = 0.$$

Also müssen die Gleichungen bestehen:

$$(13)^* \quad \begin{aligned} p + w\varkappa - v\varrho &= 0, \\ q + u\varrho - w\pi &= 0, \\ r + v\pi - u\varkappa &= 0, \\ pu + qv + rw &= 0. \end{aligned}$$

Diese Gleichungen, von denen im Allgemeinen je zwei aus den beiden anderen folgen, sind die Bedingungen dafür, dass die Linie p, q, r, π, $\varkappa$, ϱ in der Ebene u, v, w liegt.

Die vorstehenden Ueberlegungen lassen ferner erkennen:

Es ist (12) die Gleichung einer Ebene in Veränderlichen x, y, z, welche durch den Punkt x', y', z' und durch die Gerade p, q, r, π, $\varkappa$, ϱ gelegt wird.

Es ist $(12)^*$ die Gleichung des Punktes in Veränderlichen u, v, w, in welchem die Gerade p, q, r, π, $\varkappa$, ϱ von der Ebene u', v', w' geschnitten wird.

---

*) Wenn trotzdem alle vier Gleichungen beibehalten und nicht zwei von ihnen ausgewählt werden, so geschieht dies theils aus Gründen der Symmetrie, hauptsächlich aber deshalb, weil in besonderen Fällen die Auswahl nicht gleichgültig ist. Für $x = 0$, $y = 0$, $z = 0$ sind z. B. die ersten beiden Gleichungen und die letzte erfüllt, sobald nur $\pi = 0$ und $\varkappa = 0$; die Identität ergiebt, dass dann $r \cdot \varrho = 0$ sein muss; aber erst aus der dritten Gleichung würde man erkennen, dass die Lösung $\varrho = 0$ zu wählen ist. Vgl. über solche überzählige Gleichungen Bd. I, p. 280, 389 und 691.

Es war (9) die Gleichung einer geraden Linie in Liniencoordinaten. Wir können also schliessen:

Eine lineare homogene Gleichung in Liniencoordinaten:

$$(14) \qquad ap + bq + c\varrho + \alpha\pi + \beta\varkappa + \gamma\varrho = 0$$

ist die Gleichung einer geraden Linie, wenn die Coëfficienten der Bedingung

$$(15) \qquad a\alpha + b\beta + c\gamma = 0$$

genügen. In der That kann man dann ja die Coëfficienten als Coordinaten einer gegebenen Geraden p', q', r', π', $\varkappa'$, ϱ' betrachten, indem

$$a : b : c : \alpha : \beta : \gamma = \pi' : \varkappa' : \varrho' : p' : q' : r'.$$

Welches Gebilde aber wird durch die allgemeine*) lineare Gleichung (14) dargestellt, wenn die Bedingung (15) nicht erfüllt ist? Jedenfalls erhalten wir ein System von dreifach unendlich vielen Linien; *einen allgemeinen linearen Complex,* während, wenn (15) erfüllt ist, alle Treffgeraden der dargestellten Linie einen sogenannten „*speciellen*" *linearen Complex* bilden; die Linie selbst heisst die *Axe des speciellen Complexes.* Die Gruppirung der Linien eines Complexes im Raume beurtheilen wir hauptsächlich nach den Gebilden, welche erzeugt werden von allen Geraden des Complexes, die in einer Ebene liegen oder durch einen Punkt gehen. Für den speciellen linearen Complex gelten offenbar die Sätze:

Alle Linien, welche durch einen Punkt x', y', z' gehen, liegen in einer Ebene; letztere ist dargestellt durch Gleichung (12).

Alle Linien, welche in einer Ebene u', v', w' liegen, gehen durch einen Punkt; letzterer ist dargestellt durch Gleichung (12).*

Diese Sätze bleiben aber auch für den allgemeinen linearen Complex bestehen; denn alle Punkte x, y, z, deren Verbindungslinien mit einem festen Punkte x', y', z' dem Complexe angehören, genügen nach (14) der Gleichung:

$$(15) \quad a\,(x' - x) + b\,(y' - y) + c\,(z' - z) + \alpha\,(yz' - y'z)$$
$$+ \beta\,(zx' - z'x) + \gamma\,(xy' - x'y) = 0.$$

Dieselbe ist linear in x, y, z, stellt also in der That eine Ebene dar; diese geht natürlich durch den Punkt x', y', z' selbst hindurch.

---

*) Es ist dies die allgemeinste lineare Gleichung zwischen Liniencoordinaten; denn letztere sind nur Verhältnisszahlen, alle Gleichungen zwischen ihnen müssen also homogen sein; nicht homogene Gleichungen haben für die Geometrie keine Bedeutung (wohl aber für die Statik nach den Arbeiten von Möbius und Poinsot).

Der specielle Complex ist dadurch ausgezeichnet, dass alle Ebenen, welche den Punkten des Raumes so zugehören, einen Büschel bilden, indem jede Ebene des Büschels allen in ihr liegenden Punkten zugeordnet ist. Vermöge der allgemeinen linearen Gleichung (15) ist dagegen jedem Punkte eine besondere Ebene zugeordnet und umgekehrt. Die Coordinaten u', v', w' der Ebene (15) ergeben sich, indem man die linke Seite der Gleichung auf die Form $u'x + v'y + w'z + 1$ bringt; es ist daher:

$$(16) \quad \begin{aligned} \sigma u' &= \quad\ \ * \ + \gamma y' - \beta z' - a, \\ \sigma v' &= -\gamma x' + \quad * \ + \alpha z' - b, \\ \sigma w' &= +\beta x' - \alpha y' + \quad * \ - c, \\ \sigma &= \quad a x' + b y' + c z' + *. \end{aligned}$$

Die hierdurch festgelegte Beziehung zwischen den Punkten und Ebenen des Raumes ist ein besonderer Fall der sogenannten *dualistischen oder reciproken Verwandtschaft.* Die allgemeine Verwandtschaft[*]) dieser Art ist gegeben durch die allgemeinste lineare Beziehung zwischen Punkten und Ebenen, also durch vier Gleichungen der Form (vgl. Bd. I, p. 264):

$$\begin{aligned} \sigma u &= a_{11} x + a_{12} y + a_{13} z + a_{14}, \\ \sigma v &= a_{21} x + a_{22} y + a_{23} z + a_{24}, \\ \sigma w &= a_{31} x + a_{32} y + a_{33} z + a_{34}, \\ \sigma &= a_{41} x + a_{42} y + a_{43} z + a_{44}. \end{aligned}$$

Für den Fall, wo $a_{ik} = a_{ki}$, ist dies die Beziehung zwischen Pol und Polarebene in Bezug auf eine Fläche zweiter Ordnung, welche wir später studiren werden. Stellt man die Forderung, dass jeder Punkt in der zugehörigen Ebene liegt, dass also

---

[*]) Ausgehend von diesem Begriffe der Verwandtschaft sind die geometrischen Beziehungen, welche sich nach Plücker aus Betrachtung des linearen Complexes ergeben, schon früher im Anschlusse an die Gleichungen (16) studirt worden, so von Giorgini (Memoire della Società italiana della science, Bd. 20, 1827), Möbius (Crelle's Journal, Bd. 10, p. 317, 1833 und Lehrbuch der Statik, erster Theil, §. 84 ff, Leipzig 1837; Gesammelte Werke Bd. 1, p. 491 und Bd. 3, p. 118), Chasles (vgl. das auf p. 20 citirte Mémoire de géométrie, §. XXIV), Magnus (Aufgabensammlung, 2. Theil, 1837). Rein geometrisch wurde der lineare Complex definirt von Chasles (Liouville's Journal, t. 4, 1839), unter dem Namen „Nullsystem" von von Staudt (Beiträge zur Geometrie der Lage, Nürnberg 1856, p. 58), von Sylvester (Comptes rendus t. 52, 1861).

$$(ux + vy + wz + 1)\,\sigma = a_{11}x^2 + a_{22}y^2 + a_{33}z^2 + a_{44}$$
$$+ (a_{12} + a_{21})\,xy + (a_{13} + a_{31})\,xz + (a_{14} + a_{41})\,x$$
$$+ (a_{23} + a_{32})\,yz + (a_{24} + a_{42})\,y \; + (a_{34} + a_{43})\,z$$
$$= 0,$$

so folgt: $a_{11} = a_{22} = a_{33} = a_{44} = 0$, $a_{12} = -a_{21}$, $a_{13} = -a_{31}$, $a_{14} = -a_{41}$, $a_{23} = -a_{32}$, $a_{24} = -a_{42}$, $a_{34} = -a_{43}$.

Die durch den linearen Complex begründete reciproke Verwandtschaft ist also die allgemeinste, bei welcher jede Ebene den ihr entsprechenden Punkt enthält.

Für jede lineare reciproke Verwandtschaft gilt der Satz: *Einer Punktreihe entspricht ein ihr projectivischer Ebenenbüschel.* In der That, den Punkten der Reihe

$$x = \frac{x_1 + \lambda x_2}{1 + \lambda}, \qquad y = \frac{y_1 + \lambda y_2}{1 + \lambda}, \qquad z = \frac{z_1 + \lambda z_2}{1 + \lambda}$$

entsprechen die Ebenen

$$u = \frac{A_1 + \lambda A_2}{D_1 + \lambda D_2}, \qquad v = \frac{B_1 + \lambda B_2}{D_1 + \lambda D_2}, \qquad w = \frac{C_1 + \lambda C_2}{D_1 + \lambda D_2},$$

wo:

$$A_1 = a_{11}x_1 + a_{12}y_1 + a_{13}z_1 + a_{14}, \qquad B_1 = a_{21}x_1 + a_{22}y_1 + a_{23}z_1 + a_{24},$$
$$A_2 = a_{11}x_2 + a_{12}y_2 + a_{13}z_2 + a_{14}, \qquad B_2 = a_{21}x_2 + a_{22}y_2 + a_{23}z_2 + a_{24},$$
$$C_1 = a_{31}x_1 + a_{32}y_1 + a_{33}z_1 + a_{34}, \qquad D_1 = a_{41}x_1 + a_{42}y_1 + a_{43}z_1 + a_{44},$$
$$C_2 = a_{31}x_2 + a_{32}y_2 + a_{33}z_2 + a_{34}, \qquad D_2 = a_{41}x_2 + a_{42}y_2 + a_{43}z_2 + a_{44}.$$

In unserem Falle tritt die Besonderheit ein, dass *Punktreihe und zugehöriger Ebenenbüschel perspectivisch liegen.* Es ist so jeder Geraden eine andere zugeordnet, und diese Zuordnung ist „involutorisch" (d. h. wechselseitig, was für die allgemeine reciproke Verwandtschaft nicht gilt, wohl aber für die Polarverwandtschaft bei Flächen zweiten Grades). Die eine der beiden Geraden heisst die *conjugirte Polare der andern in Bezug auf den linearen Complex.* Dieser involutorische Charakter der Beziehung hört sofort auf, wenn die Determinante der linearen Gleichungen (16) verschwindet, d. h. wenn $(a\alpha + b\beta + c\gamma)^2 = 0$, also für den speciellen Complex; in dem Falle ist jeder beliebigen Geraden die Axe des Complexes als conjugirte Polare zugeordnet. Im Folgenden soll das Verschwinden dieser Determinante ausgeschlossen sein. — Mittelst der Gleichungen (16) beweist man noch leicht folgende Sätze:

Bewegt sich eine gerade Linie in einer Ebene, so dreht sich ihre conjugirte Polare um den der Ebene zugehörigen Punkt.

Jede Linie des Complexes ist ihre eigene reciproke Polare.

Jede Linie des Complexes, welche zwei einander conjugirte Polaren schneidet, gehört dem Complexe an.

Ebenso wie die Ebenen eines Büschels verhalten sich[*] alle Ebenen, die einer festen Ebene parallel sind: die ihnen entsprechenden Punkte bilden eine gerade Linie. Bedeutet nämlich λ einen Parameter, so sind bekanntlich alle Ebenen des Systems

$$(17) \qquad ux + vy + wz + \lambda = 0$$

unter einander parallel, und zwar parallel zu der Ebene $ux + vy + wz + 1 = 0$. Die Gleichungen (16) ergeben daher für die Coordinaten der den Ebenen (17) zugeordneten Punkte:

$$(18) \qquad
\begin{aligned}
x &= \frac{* \quad - cv + bw - \lambda\alpha}{\alpha u + \beta v + \gamma w + *}, \\[2mm]
y &= \frac{+ cu + * - aw - \lambda\beta}{\alpha u + \beta v + \gamma w + *}, \\[2mm]
z &= \frac{- bu + av + * - \lambda\gamma}{\alpha u + \beta v + \gamma w + *}.
\end{aligned}$$

Diese Gleichungen können in der Form

$$x = x_0 + d\cos\alpha', \quad y = y_0 + d\cos\beta', \quad z = z_0 + d\cos\gamma'$$

geschrieben werden, wenn d einen neuen, zu λ proportionalen Parameter bedeutet, nämlich:

$$d = \lambda\,\frac{\sqrt{\alpha^2 + \beta^2 + \gamma^2}}{\alpha u + \beta v + \gamma w},$$

und wenn:

$$x_0 = \frac{bw - cv}{\alpha u + \beta v + \gamma w}, \quad y_0 = \frac{cu - aw}{\alpha u + \beta v + \gamma w}, \quad z_0 = \frac{av - bu}{\alpha u + \beta v + \gamma w},$$

$$(19) \qquad
\begin{aligned}
\cos\alpha' &= \frac{-\alpha}{\sqrt{\alpha^2 + \beta^2 + \gamma^2}}, \quad \cos\beta' = \frac{-\beta}{\sqrt{\alpha^2 + \beta^2 + \gamma^2}}, \\[2mm]
\cos\gamma' &= \frac{-\gamma}{\sqrt{\alpha^2 + \beta^2 + \gamma^2}}.
\end{aligned}$$

Die hier eingeführten Grössen x_0, y_0, z_0, $\cos\alpha'$, $\cos\beta'$, $\cos\gamma'$ haben immer endliche angebbare und bestimmte Werthe, es sei denn, dass die Ebene u, v, w parallel der durch (19) bestimmten Richtung ist. Sollte nämlich der Nenner $\alpha^2 + \beta^2 + \gamma^2$ verschwinden, so müssten α, β, γ einzeln Null sein; es würde also auch $a\alpha + b\beta + c\gamma = 0$, d. h. wir hätten einen speciellen Complex, was wir ausgeschlossen haben (p. 53). Der Nenner $\alpha u + \beta v + \gamma w$ würde Null werden, wenn die Ebene u, v, w der Geraden mit den Richtungswinkeln α',

---

[*] Vgl. die erste Note zu p. 19. Man kann solche Ebenen auffassen als einen Büschel mit unendlich ferner Axe bildend.

β', γ' parallel wäre; dies ist also durch passende Wahl der Grössen u, v, w immer zu vermeiden. Jede Linie, welche in der angegebenen Weise einem Systeme von Parallelebenen entspricht, heisst ein *Durchmesser des linearen Complexes*. Aus (19) folgt:

Alle Durchmesser eines linearen Complexes sind unter einander parallel.

Unter ihnen ist einer dadurch ausgezeichnet, dass er senkrecht steht auf den Ebenen, welchen seine Punkte zugehören. Dieser Durchmesser heisst *die Axe des Complexes;* für die entsprechenden Ebenen muss man haben:

$$u : v : w = \cos \alpha' : \cos \beta' : \cos \gamma',$$

also wegen (19):

$$u : v : w = \alpha : \beta : \gamma.$$

Nach (18) sind demnach die Coordinaten eines Punktes der Axe:

$$(20) \qquad
\begin{aligned}
x &= \frac{-c\beta + b\gamma - \lambda'\alpha}{\alpha^2 + \beta^2 + \gamma^2}, \\[1ex]
y &= \frac{+c\alpha - a\gamma - \lambda'\beta}{\alpha^2 + \beta^2 + \gamma^2}, \\[1ex]
z &= \frac{-b\alpha + a\beta - \lambda'\gamma}{\alpha^2 + \beta^2 + \gamma^2},
\end{aligned}$$

wo λ' einen Parameter bezeichnet; bei einem allgemeinen linearen Complexe sind dies immer endliche bestimmte Grössen.

Die Gleichung des Complexes wird besonders einfach, wenn wir die soeben bestimmte Axe als Z-Axe des Coordinatensystems einführen. Es muss dann für alle Werthe von λ' $x = 0$ und $y = 0$ sein, also:

$$\alpha = 0, \quad \beta = 0, \quad b\gamma - c\beta = 0, \quad c\alpha - a\gamma = 0,$$

folglich, da γ nicht Null sein kann:

$$a = 0 \quad \text{und} \quad b = 0.$$

Die Gleichung des Complexes, bezogen auf ein Coordinatensystem, dessen Z-Axe mit der Axe des Complexes zusammenfällt, ist somit

$$(21) \qquad \gamma\varrho + cr = 0.$$

Die Coordinaten eines Punktes seiner Axe sind

$$x = 0, \quad y = 0, \quad z = -\frac{\lambda'}{\gamma}.$$

Die Gleichungsform (21) kann auf unendlich viele Weisen hergestellt werden*), da nur die Z-Axe festgelegt ist, während X- und Y-Axe nebst dem Anfangspunkte noch unbestimmt bleiben.

Die Bedingung dafür, dass die Verbindungslinie zweier Punkte x, y, z und x', y', z' dem Complexe angehört, wird jetzt

$$(22) \qquad \gamma\,(xy' - x'y) + c\,(z' - z) = 0.$$

Diese Gleichung bleibt ungeändert, wenn man gleichzeitig z durch $z + l$ und z' durch $z' + l$ ersetzt. Also: *Gehört eine Linie L dem Complexe an, so gilt dies auch von jeder Linie, welche aus ihr durch Verschiebung in Richtung der Z-Axe entsteht*, d. h. durch eine Bewegung, bei welcher

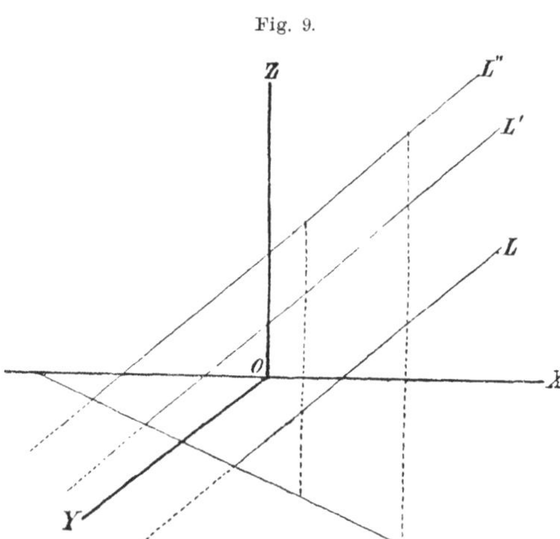

jeder Punkt von L auf einer Parallelen zur Z-Axe fortrückt, während L immer zu sich selbst parallel bleibt (so sind in Fig. 9 die Linien L', L'' aus L entstanden).

Der Ausdruck $xy' - x'y$ ist gleich dem doppelten Inhalte des Dreiecks, welches vom Anfangspunkte und den Projectionen der Punkte x, y, z und x', y', z' auf die X-Y-Ebene gebildet wird. (Bd. I, p. 12). Dieses Dreieck kann nicht geändert werden, wenn man beide Punkte sich auf Kreisen um die Z-Axe bewegen lässt, ohne ihre gegenseitige Entfernung und ihre Z-Coordinaten zu ändern. Alle Linien, welche dadurch aus L erhalten werden, genügen also auch der Gleichung (22): *Eine Linie des Complexes geht wieder in eine solche über, wenn man sie um die Z-Axe rotiren lässt.*

Um sich eine Vorstellung von der Anordnung der Complexlinien im Raume zu machen, genügt es hiernach, alle Linien des Complexes zu untersuchen, welche eine Gerade treffen, die zur Axe des Complexes senkrecht steht und dieselbe schneidet. Diese Gerade braucht man dann nur um die Z-Axe rotiren zu lassen und längs derselben zu verschieben, um *alle* Linien des Complexes zu erhalten**).

---

*) Auf die vollständige algebraische Erledigung dieser Transformation kommen wir in der Folge bei Untersuchung der Beziehungen zwischen einem linearen Complexe und einer Fläche (bez. Curve) zweiter Ordnung zurück.

**) Plücker construirt a. a. O. alle Complexlinien als Tangenten gewisser Schraubenlinien; auch hierauf gehen wir später ein.

Als solche Gerade wählen wir insbesondere die X-Axe. Einem Punkte x', 0, 0 derselben ist nach (22) die Ebene

$$\gamma x' y + cz = 0$$

zugeordnet, also eine Ebene, welche selbst durch die X-Axe hindurchgeht; folglich: *Jede Linie, welche zur Axe senkrecht steht und dieselbe schneidet, gehört dem Complexe an*).*

Bewegt sich der Punkt x', 0, 0 auf der X-Axe, so dreht sich die zugehörige Ebene um diese Axe. Ihre jedesmalige Neigung φ gegen die X-Y-Ebene ist bestimmt durch die Gleichung:

$$\operatorname{tang} \varphi = \frac{z}{y} = \frac{\gamma x'}{c}.$$

Fig. 10.

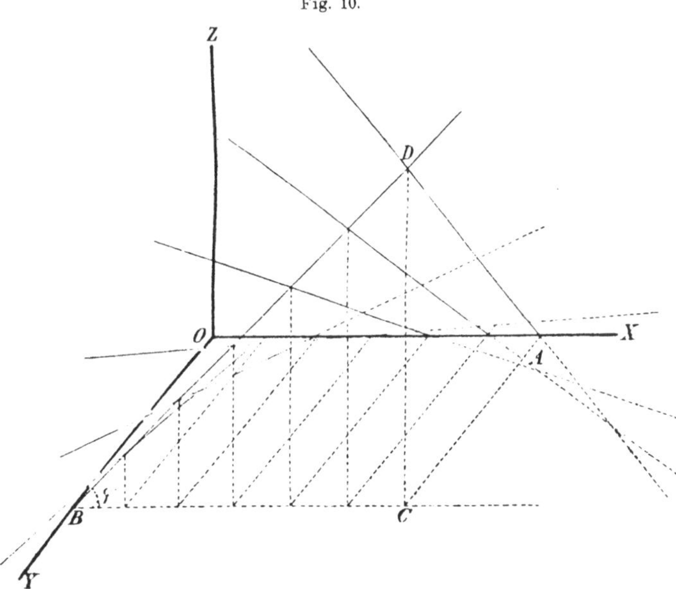

Dem Anfangspunkte ($x' = 0$) entspricht also die Ebene $z = 0$, wie es nach der Definition der Complexaxe sein muss; φ wächst mit wachsendem x'; dem unendlich fernen Punkte der X-Axe entspricht die X-Z-Ebene. Ist das Verhältniss $\gamma : c$ gegeben, etwa gleich δ, so kann man die zu x' gehörige Ebene leicht construiren (vgl. Fig. 10). Es sei $OA = x'$ und $OB = \delta$; man ziehe $BC \parallel OA$ und $CD = OA = x'$ senkrecht zur X-Y-Ebene; dann ist der Winkel DBC gleich

---

*) Es ergibt sich dies auch daraus, dass alle die erwähnten Linien auch die unendlich entfernte conjugirte Polare der Axe treffen; denn die zur Axe senkrechten, einander parallelen Ebenen verhalten sich analytisch wie ein Ebenenbüschel mit unendlich ferner Axe; vgl. die Note zu p. 54 und unten p. 88f.

φ, die gesuchte Ebene also durch die Linie AD und die X-Axe bestimmt. Alle Complexlinien, welche durch A gehen, liegen in der so construirten Ebene.

Führt man diese Construction für alle Punkte der X-Axe aus, so erhält man unendlich viele Linien AD, welche eine Fläche bilden. *Diese Fläche ist von der zweiten Ordnung.* In der That, die Punkte A der X-Axe sind perspectivisch durch einen Büschel von Parallelen auf die Punkte der Linie BC bezogen, die letzteren aber sind wieder perspectivisch zu den Punkten der Linie BD; also die Punktreihe OA ist projectivisch zu der Reihe BD; somit bilden die Verbindungslinien entsprechender Punkte eine Fläche zweiter Ordnung und Klasse*).

Diese Fläche muss man sich für jede zur Z-Axe senkrechte Treffgerade derselben construirt denken; dann kennt man alle Complexlinien.

V. Systeme von zwei und drei linearen Complexen.

Das einfachste Beispiel einer *Congruenz* (p. 42) liefern die Geraden, welche gleichzeitig zwei linearen Complexen $C=0$ und $C'=0$ oder

$$(1) \quad \begin{cases} C \equiv ap + bq + cr + \alpha\pi + \beta\varkappa + \gamma\varrho = 0, \\ C' \equiv a'p + b'q + c'r + \alpha'\pi + \beta'\varkappa + \gamma'\varrho = 0 \end{cases}$$

angehören. Sind beide Complexe specielle (p. 51), so hat man einfach die Gesammtheit der Geraden, welche zwei gegebene Gerade schneiden; aus einem solchen Systeme von zweifach unendlich vielen Geraden besteht aber auch die allgemeinste Congruenz, welche durch zwei lineare Complexe bestimmt werden kann.

Betrachten wir die von einem Parameter λ linear abhängende Schaar von Complexen

$$(2) \quad C + \lambda C' = 0,$$

denen allen die durch die Complexe (1) bestimmte Congruenz gemeinsam ist. Jeder Complex der Schaar ist durch einen Parameter λ bestimmt, dessen geometrische Deutung uns später beschäftigen wird. In dieser Schaar sind im Allgemeinen zwei specielle Complexe enthalten; die Parameter derselben sind die Wurzeln der quadratischen Gleichung

$$(a + \lambda a')(\alpha + \lambda \alpha') + (b + \lambda b')(\beta + \lambda \beta') + (c + \lambda c')(\gamma + \lambda \gamma') = 0$$

oder nach Potenzen von λ geordnet:

---

*) Und zwar hier ein sogenanntes hyperbolisches Paraboloid, wie man auf Grund der später zu gebenden Definition einer solchen Fläche leicht nachweist.

$$(3) \quad \begin{aligned} (a\alpha + b\beta + c\gamma) + \lambda\,(a\alpha' + b\beta' + c\gamma' + a'\alpha + b'\beta + c'\gamma) \\ + \lambda^2\,(a'\alpha' + b'\beta' + c'\gamma') = 0. \end{aligned}$$

Die Wurzeln dieser Gleichung werden im Allgemeinen von einander verschieden sein; sie seien λ' und λ'', so dass

$$\Gamma \equiv C + \lambda' C' = 0 \quad \text{und} \quad \Gamma' \equiv C + \lambda'' C' = 0$$

die Gleichungen der beiden speciellen Complexe darstellen. Nun gehört die den Complexen (2) gemeinsame Congruenz auch den Complexen $\Gamma = 0$ und $\Gamma' = 0$ an, und umgekehrt, denn die Gleichung (2) kann auch in der Form

$$(4) \quad \Gamma + \mu\,\Gamma' = 0, \quad \text{wo} \quad \mu = \frac{\lambda'' - \lambda}{\lambda - \lambda'},$$

dargestellt werden. *Die Congruenz besteht also aus allen gemeinsamen Treffgeraden der beiden Geraden, welche die in der Schaar (2) enthaltenen speciellen Complexe darstellen**). Diese Geraden heissen *Leitlinien* oder *Directricen der Congruenz;* dieselben werden sich im Allgemeinen nicht schneiden (vgl. unten). Offenbar gilt der Satz:

In jeder Ebene liegt eine und durch jeden Punkt geht eine Linie der Congruenz.

Erstere Gerade ist der Ort derjenigen Punkte, welche vermöge (2) der betrachteten Ebene zugeordnet sind; letztere ist gemeinsame Schnittlinie derjenigen Ebenen, welche mittels (2) dem Punkte entsprechen. Hieraus erhält man ferner den Satz:

Die beiden Directricen sind einander conjugirte Polaren in Bezug auf jeden Complex der Schaar (2).

Ausgenommen sind hier die Punkte der Leitlinien selbst; durch einen solchen Punkt gehen unendlich viele Gerade, sie bilden die durch ihn und die andere Leitlinie gelegte Ebene. Ebenso liegen in jeder durch eine Leitlinie gehenden Ebene unendlich viele Gerade der Congruenz; dieselben schneiden sich in einem Punkte der andern Leitlinie.

Untersuchen wir noch die Lagenverhältnisse der Durchmesser und Axen unserer Complexe (2). Zunächst führen wir ein ausgezeichnetes Coordinatensystem ein. Als Z-Axe wählen wir diejenige Gerade, welche auf beiden Directricen senkrecht steht; Anfangspunkt soll der Mittelpunkt des kürzesten Abstandes beider Linien sein;

---

*) Das Studium der Strahlensysteme (Systeme von zweifach unendlich vielen Geraden) wurde schon vor Plücker von Hamilton und Kummer (Crelle's Journal Bd. 57, 1859) in Angriff genommen. Das im Texte zu behandelnde Strahlensystem erster Ordnung und erster Klasse insbesondere ist schon von O. Hermes (Crelle's Journal Bd. 67) untersucht.

dieser Abstand mag mit $2l$ bezeichnet werden; die X- und Y-Axe sollen so liegen, dass sie die Winkel halbieren, welche von den Projectionen der beiden Directricen auf die X-Y-Ebene eingeschlossen werden. Ist $\Gamma = 0$ die Gleichung der Directrix, deren Projection die Winkel zwischen den positiven Richtungen der Coordinatenaxen halbirt, so genügen die Coordinaten irgend zweier ihrer Punkte den Bedingungen:

$$z_1 = z_2 = l, \quad \frac{y_1}{x_1} = \frac{y_2}{x_2} = \operatorname{tang} \frac{\vartheta}{2},$$

wenn ϑ die gegenseitige Neigung der beiden Directricen bezeichnet. Ihre Coordinaten sind also nach Gleichung (1), p. 43:

$$\frac{p}{q} = \operatorname{cotg} \frac{\vartheta}{2}, \quad r = 0, \quad \frac{\pi}{\varkappa} = -\operatorname{cotg} \frac{\vartheta}{2}, \quad \varrho = 0, \quad \pi = -lq, \quad \varkappa = lp,$$

und folglich wird ihre Gleichung:

$$\Gamma \equiv l\left(q \operatorname{cotg} \frac{\vartheta}{2} - p\right) + \varkappa + \pi \operatorname{cotg} \frac{\vartheta}{2} = 0.$$

Aendert man die Vorzeichen von l und ϑ, so ergiebt sich die Gleichung der zweiten Directrix:

$$\Gamma' \equiv l\left(q \operatorname{cotg} \frac{\vartheta}{2} + p\right) + \varkappa - \pi \operatorname{cotg} \frac{\vartheta}{2} = 0.$$

Die Congruenz erscheint jetzt nur noch von der einen Constanten l abhängig, dem *Parameter der Congruenz;* er ist gleich der halben kürzesten Entfernung beider Leitlinien.

Die Richtungscosinus der Axe des Complexes $\Gamma + \mu'\Gamma' = 0$ werden jetzt nach (19) p. 54:

$$\cos \alpha' = \frac{(\mu - 1) \cos \frac{\vartheta}{2}}{\sqrt{1 - 2\mu \cos \vartheta + \mu^2}},$$

$$\cos \beta' = \frac{-(\mu + 1) \sin \frac{\vartheta}{2}}{\sqrt{1 - 2\mu \cos \vartheta + \mu^2}}, \quad \cos \gamma' = 0.$$

Also: *Die Axen aller Complexe der linearen Schaar* (2) *sind einer festen Ebene parallel;* dieselbe steht senkrecht auf der kürzesten Entfernung beider Leitlinien. Da nun in jedem Complexe alle Durchmesser der Axe parallel sind (p. 55), so folgt auch: *Die Durchmesser aller Complexe einer linearen Schaar sind einer festen Ebene parallel.*

Einen Punkt der Axe des Complexes $\Gamma + \mu\Gamma' = 0$ erhält man nach (20) p. 55 mittelst der Gleichungen:

$$(5)\quad x = \frac{\lambda'\,(\mu - 1)\sin\frac{\vartheta}{2}\cos\frac{\vartheta}{2}}{1 - 2\,\mu\cos\vartheta + \mu^2},\quad y = \frac{-\,\lambda'\,(\mu + 1)\sin^2\frac{\vartheta}{2}}{1 - 2\,\mu\cos\vartheta + \mu^2},$$

$$z = \frac{l\,(\mu^2 - 1)}{1 - 2\,\mu\cos\vartheta + \mu^2}.$$

Da z von λ' unabhängig ist, so folgt wieder, dass alle Axen der Ebene $z = 0$ parallel sind. Die Gleichung der von den einfach unendlich vielen Axen gebildeten Fläche ergibt sich durch Elimination von λ' und μ aus den drei Gleichungen für x, y, z. Man findet:

$$(6)\quad z\,(x^2 + y^2)\sin\vartheta - 2\,lxy = 0.$$

Die Axen der Complexe einer linearen Schaar bilden eine Fläche dritter Ordnung.

Auf dieser Fläche liegt auch die Z-Axe; sie wird von allen Axen der Schaar getroffen, denn nach (5) wird gleichzeitig $x = 0$ und $y = 0$ für $\lambda' = 0$. Unter den Linien der Fläche sind auch die Directricen der Congruenz enthalten, deren Punkte sich aus (5) für $\mu = 0$ und $\mu = \infty$ ergeben, nämlich:

$$x = -\tfrac{1}{2}\lambda'\sin\vartheta,\quad y = -\lambda'\sin^2\tfrac{1}{2}\vartheta,\quad z = -l,$$

und:

$$x = +\tfrac{1}{2}\lambda''\sin\vartheta,\quad y = -\lambda''\sin^2\tfrac{1}{2}\vartheta,\quad z = +l,$$

wo $\lambda' = \lambda''\mu$. Aus der Gleichung für z geht ferner hervor, dass z für keinen Punkt der Fläche unendlich werden kann. Alle anderen Linien der Fläche liegen zwischen diesen beiden Leitlinien, so dass sich die Fläche nicht über letztere hinaus von der X-Y-Ebene entfernt; es nimmt nämlich z den grössten Werth $+ l$ für $\mu = \infty$ und den kleinsten Werth $- l$ für $\mu = 0$ an. In jeder Parallelebene zur X-Y-Ebene liegen zwei Linien der Fläche, denn aus der Gleichung $z = $ Const. ergeben sich zwei Werthe von μ, welche, in die Gleichung $(1 + \mu)\,x = (1 - \mu)\,y$ eingesetzt, zu den Gleichungen jener beiden Geraden führen; Fig. 11 (p. 62) giebt ein Bild von der Gestalt der Fläche*).

---

*) Zur Erklärung von Fig. 11 sei noch Folgendes bemerkt. Dieselbe bezieht sich nicht eigentlich auf Gleichung (6), sondern auf die Gleichung, welche entsteht, wenn sich das Coordinatensystem um die Grösse $+ l$ nach unten verschiebt und um 45^0 dreht, d. h. wenn man z durch $z - l$ ersetzt; x durch $\dfrac{x + y}{\sqrt{2}}$, y durch $\dfrac{x - y}{\sqrt{2}}$. Man erhält dann (wenn noch $\vartheta = \dfrac{\pi}{2}$ genommen wird):

$$z\,(x^2 + y^2) - 2\,lx^2 = 0.$$

Von der Ebene $z = 0$ wird die Fläche längs der Y-Axe berührt (indem $x^2 = 0$, ausserdem in der unendlich fernen Geraden geschnitten); von der Ebene $z = 2\,l$ wird

Insbesondere kann es eintreten, dass die eine Leitlinie unendlich weit liegt, wo dann alle Linien der Congruenz eine feste Gerade schneiden (die im Endlichen gelegene zweite Directrix) und einer

Fig. 11.

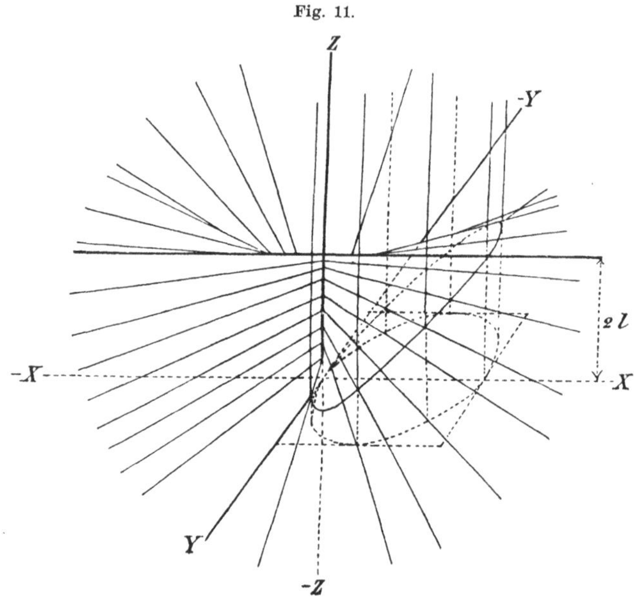

festen Ebene parallel sind. Dieser Fall der sogenannten *parabolischen Congruenz* erledigt sich einfach mittelst der später einzuführenden homogenen Coordinaten.

---

sie ebenso in einer Parallelen zur X-Axe berührt. Zwischen beiden Ebenen liegen alle geraden Linien der Fläche, nur die Z-Axe selbst erstreckt sich nach beiden Seiten darüber hinaus; durch jeden Punkt derselben (zwischen $z = 0$ und $z = 2l$) gehen zwei Linien der Fläche. Die Ebene $z = x$ schneidet die Fläche in der Y-Axe und ausserdem in einem Kegelschnitte, welcher auf dem geraden Cylinder $x^2 + y^2 - 2lx = 0$ liegt. Die kreisförmige Basis des letztern ist in Fig. 11 in die X-Y-Ebene eingezeichnet, und darüber ist der Cylinder durch sieben verticale Seitenlinien angedeutet, welche so weit ausgezogen sind, als sie nicht durch die Fläche 3. Ordnung verdeckt erscheinen und als sie vor der X-Y-Ebene liegen. Auf dem Cylinder ist der erwähnte Kegelschnitt construirt. Von den Punkten des Kegelschnittes sind dann Lothe auf die Z-Axe gefällt, und damit die Erzeugenden der Fläche gefunden. Die in dem Quadranten — X, + Y, + Z liegenden Linien treffen den Kegelschnitt der Ebene $z = x$ hinterhalb der X-Z-Ebene (auf dem punktirten Theile), sind aber nicht so weit verlängert. Die Fläche wird auf Cayley's Vorschlag als Cylindroid bezeichnet (vgl. Ball, Transactions of the R. Irish Academy, vol. XXV, p. 157). Dabei ist aber zu beachten, dass dasselbe Wort in mannigfach verschiedenem Sinne gebraucht wurde. Wren nannte so das einschalige Rotationshyberboloid (Philosophical

Eine besondere Besprechung verlangt noch der Fall, wo die Wurzeln der quadratischen Gleichung (3) imaginär sind, denn dann verlieren die vorstehenden Betrachtungen ihren geometrischen Inhalt. Wir werden darauf erst eingehen, wenn wir die imaginären Geraden allgemein untersuchen.

Es bleiben uns jetzt noch die *Ausnahmefälle zu betrachten:*

1. *Die beiden Wurzeln der quadratischen Gleichung fallen zusammen*, indem:

$$(7) \qquad 4\,(a\alpha + b\beta + c\gamma)\,(a'\alpha' + b'\beta' + c'\gamma')$$
$$= (a\alpha' + b\beta' + c\gamma' + a'\alpha + b'\beta + c'\gamma)^2,$$

während die einzelnen Coëfficienten in (3) nicht Null sind. In diesem Falle sind die Directricen einander unendlich benachbart; die Congruenz hat *nur eine bestimmte Directrix*, die Axe des *einen* speciellen Complexes unserer Schaar.

Diese Axe führen wir wieder als Z-Axe ein, so dass

$$\Gamma \equiv \varrho \equiv xy' - x'y = 0$$

die Gleichung dieses speciellen Complexes wird. Nimmt man zunächst Γ' in der allgemeinen Form

$$a'p + b'q + c'r + \alpha'\pi + \beta'\varkappa + \gamma'\varrho$$

und bildet dann die quadratische Gleichung (3) für λ, so ergibt sich

$$\lambda c' + \lambda^2\,(a'\alpha' + b'\beta' + c'\gamma') = 0.$$

Da beide Wurzeln dieser Gleichung den speciellen Complex ergeben sollen, hier also beide gleich Null sein müssen, so hat man auch $c = 0$, so dass

$$(8) \qquad \Gamma + \lambda\Gamma' = \lambda\,(a'p + b'q + \alpha'\pi + \beta'\varkappa + \gamma'\varrho) + \varrho.$$

Ist $\lambda\mu = 1 + \gamma'\lambda$, so ist also die lineare Schaar in unserm Falle durch die Gleichung

Transactions 1669, p. 961), ebenso Parent (in dem p. 3 citirten Werke, t. II, p. 645 und t. III, p. 470). Auch eine aus zwei nicht parallelen Schnitten eines Cylinders, die gegen einander verdreht sind, durch Verbindung entsprechender Punkte entstehende Linienfläche wird Cylindroid genannt (vgl. Fiedler, Darstellende Geometrie, Bd. 2, p. 410, 3. Auflage). Eine sehr anschauliche Abbildung unserer Fläche findet man in Ball's Werke: The theory of screws, Dublin 1876. — In (6) haben wir nach der soeben angegebenen Constructionsmethode offenbar einen speciellen Fall einer allgemeineren Linienfläche, welche entsteht, wenn man einen Kegelschnitt und eine ihn treffende Gerade eindeutig (projectivisch) auf einander bezieht und dann entsprechende Punkte verbindet. Ein Gypsmodell einer solchen Fläche findet man in Serie VII, Nr. 21 der von L. Brill in Darmstadt herausgegebenen „Mathematischen Modelle".

$$(9) \qquad a'p + b'q + \alpha'\pi + \beta'\varkappa + \mu\varrho = 0$$

darstellbar. Nun sind die Coordinaten der Z-Axe:

$$p = 0, \quad q = 0, \quad \pi = 0, \quad \varkappa = 0, \quad \varrho = 0, \quad \text{während } r \gtrless 0;$$

durch dieselben ist (9) befriedigt unabhängig von dem Parameter μ, also:

Fallen in einer Congruenz die beiden Directricen in eine gerade Linie zusammen, so ist diese Linie selbst eine gemeinschaftliche Linie aller Complexe der linearen Schaar, d. h. eine Linie der Congruenz.

Hiernach erhält man eine Congruenz der hier betrachteten Art, indem man alle Geraden nimmt, welche einem gegebenen linearen Complexe angehören und eine Linie desselben Complexes treffen. Die Geraden der Congruenz ordnen sich folglich in unendlich viele ebene Strahlbüschel an; die Mittelpunkte derselben liegen auf der Directrix, die zugehörigen Ebenen gehen durch dieselbe und bilden einen Ebenenbüschel, welcher der von den Mittelpunkten gebildeten Punktreihe projectivisch ist. Wir haben also eine Punktreihe und einen ihr projectivischen Ebenenbüschel der Art, dass der Träger der Reihe zugleich Axe des Büschels ist: während der Punkt auf der Leitlinie fortrückt, dreht sich die zugehörige Ebene um die Leitlinie. Eine solche Congruenz haben wir schon früher in dem besonderen Falle construirt, wo die Leitlinie derselben die Axe eines linearen Complexes, dem sie und alle anderen Linien der Congruenz angehören, trifft und zu ihr senkrecht steht (vgl. p. 57, besonders Fig. 10).

Dasselbe erkennt man durch Aufstellung der Gleichung derjenigen Ebene, welche einem Punkte x', y', z' der Z-Axe in den Complexen der Schaar (9) zugehört. Für einen solchen Punkt ist $x' = 0$, $y' = 0$, und (9) geht über in

$$a'x + b'y - z'(\alpha'y - \beta'x) = 0;$$

in der That die Gleichung einer Ebene, welche durch die Z-Axe geht, und deren Coordinaten linear von z', dem Parameter der Punktreihe, abhängen, dagegen von μ unabhängig sind.

2. *Die Wurzeln der quadratischen Gleichung (3) sind unbestimmt,* indem gleichzeitig:

$$(10) \qquad \begin{cases} a\alpha + b\beta + c\gamma = 0, \\ a'\alpha' + b'\beta' + c'\gamma' = 0, \end{cases}$$

$$(11) \qquad a\alpha' + b\beta' + c\gamma' + a'\alpha + b'\beta + c'\gamma = 0.$$

Die Gleichungen (10) sagen aus, dass die beiden ursprünglichen Complexe $C = 0$ und $C' = 0$ specielle sind; wegen (11) schneiden sich die Axen derselben; dann ist aber jeder Complex der Schaar $C + \lambda C' = 0$ ein specieller, denn die Relation

$$(a + \lambda a')\,(\alpha + \lambda \alpha') + (b + \lambda b')\,(\beta + \lambda \beta') + (c + \lambda c')\,(\gamma + \lambda \gamma') = 0$$

ist für alle Werthe von λ identisch erfüllt.

Die Axen aller dieser speciellen Complexe bilden einen ebenen Strahl-büschel, gehen also durch den Schnittpunkt der Geraden $C = 0$, $C' = 0$ und liegen in der Ebene derselben. Seien nämlich ξ, η, ζ die Coordinaten des Schnittpunktes, so bestehen nach (13) p. 49 die Gleichungen:

$$a + \xi\beta - \eta\gamma = 0, \quad a' + \xi\beta' - \eta\gamma' = 0,$$
$$b + \xi\gamma - \zeta\alpha = 0, \quad b' + \xi\gamma' - \zeta\alpha' = 0,$$
$$c + \eta\alpha - \xi\beta = 0, \quad c' + \eta\alpha' - \xi\beta' = 0,$$
$$a\xi + b\eta + c\zeta = 0, \quad \xi a' + b'\eta + c'\zeta = 0.$$

Dann bestehen aber auch identisch die Gleichungen:

$$(a + \lambda a') + \xi\,(\beta + \lambda \beta') - \eta\,(\gamma + \lambda \gamma') = 0,$$
$$(b + \lambda b') + \xi\,(\gamma + \lambda \gamma') - \zeta\,(\alpha + \lambda \alpha') = 0,$$
$$(c + \lambda c') + \eta\,(\alpha + \lambda \alpha') - \xi\,(\beta + \lambda \beta') = 0,$$
$$\xi\,(a + \lambda a') + \eta\,(b + \lambda b') + \zeta\,(c + \lambda c') = 0,$$

d. h. die Axen der Complexe $C + \lambda C' = 0$ gehen sämmtlich durch den Punkt ξ, η, ζ. Ebenso ergibt sich mittelst der Gleichungen (13)* p. 50, dass diese Axen mit denen der Complexe $C = 0$ und $C' = 0$ in einer Ebene liegen; w. z. b. w. Beiläufig folgt hieraus der Satz:

Sind p, q, r, π, $\varkappa$, ϱ und p', q', r', π', $\varkappa'$, ϱ' die Coordinaten zweier sich schneidenden Geraden, so bilden die Geraden mit den Coor-dinaten

$$p + \lambda p', \quad q + \lambda q', \quad r + \lambda r', \quad \pi + \lambda \pi', \quad \varkappa + \lambda \varkappa', \quad \varrho + \lambda \varrho'$$

den durch jene beiden bestimmten ebenen Strahlbüschel.

Eine Gerade nun, die gleichzeitig den beiden Complexen $C = 0$, $C' = 0$ angehört, muss gleichzeitig die Axen beider treffen. Das ist aber nur möglich, wenn sie durch ihren Schnittpunkt geht, oder wenn sie mit beiden Axen in einer Ebene liegt.

Die Congruenz besteht daher in unserm Falle aus allen Linien, die durch den Schnittpunkt der Axen von $C = 0$ und $C' = 0$ gehen und aus allen, die in ihrer Ebene liegen.

Um die Gleichung der Complex-Schaar zu vereinfachen, liegt es nahe, hier den Mittelpunkt des ausgezeichneten Strahlbüschels zum Anfangspunkte zu wählen und seine Ebene zur X-Y-Ebene. Irgend eine Gerade, die durch den Anfangspunkt geht und durch einen Punkt a, b, 0 der X-Y-Ebene, hat dann die Coordinaten:

$$\mu p = a, \qquad \mu \pi = 0,$$
$$\mu q = b, \qquad \mu \varkappa = 0,$$
$$\mu r = c, \qquad \mu \varrho = 0.$$

Sie ist also dargestellt durch die Gleichung

(12) $$a\pi + b\varkappa = 0.$$

Ebenso ist

(13) $$a'\pi + b'\varkappa = 0$$

die Gleichung eines zweiten speciellen Complexes, dessen Axe durch den Anfangspunkt und einen Punkt a', b', 0 geht.

Soll eine Gerade gleichzeitig den beiden Gleichungen (12) und (13) genügen, so muss $\pi = 0$ und $\varkappa = 0$ sein, denn $ab' - ba'$ würde nur Null sein, wenn die beiden Geraden zusammenfielen. Dann folgt vermöge der fundamentalen Identität $p\pi + q\varkappa + r\varrho = 0$, dass auch $r \cdot \varrho = 0$, d. h.

$$r = 0 \quad \text{oder} \quad \varrho = 0.$$

Die Congruenz zerfällt also in zwei getrennte Systeme von je doppelt unendlich vielen Geraden; nämlich ihr gehören alle Linien mit den Coordinaten $\pi = 0$, $\varkappa = 0$, $r = 0$ an, d. h. alle Linien, welche die X- und Y-Axe und die unendlich ferne Gerade der X-Y-Ebene treffen (vgl. p. 49), welche also in letzterer Ebene liegen; und andererseits gehören ihr auch alle Geraden mit den Coordinaten $\pi = 0$, $\varkappa = 0$, $\varrho = 0$ an, d. h. alle Linien, welche die X-, Y- und Z-Axe treffen, welche also durch den Anfangspunkt gehen: dasselbe Resultat, welches bereits die obigen Ueberlegungen ergaben.

3. Besonders hervorzuheben ist auch der Fall, wo die beiden Complexe zwar der Gleichung (11), nicht aber den Gleichungen (10) genügen. Allerdings wird die Congruenz dadurch nicht beeinflusst, denn in einer linearen Schaar wird man zu jedem Complexe $C + \lambda' C'$ $= 0$ einen andern $C + \lambda'' C'' = 0$ so bestimmen können, dass beide durch die Bedingung (11) aneinander gebunden sind, d. h. dass:

$$(a + \lambda' a')(\alpha + \lambda'' \alpha') + (b + \lambda' b')(\beta + \lambda'' \beta')$$
$$+ (c + \lambda' c')(\gamma + \lambda'' \gamma') + (a + \lambda'' a')(\alpha + \lambda' \alpha')$$
$$+ (b + \lambda'' b')(\beta + \lambda' \beta') + (c + \lambda'' c')(\gamma + \lambda' \gamma') = 0.$$

Gleichwohl soll auch dieser Fall hier erwähnt werden, da er in späteren Anwendungen häufig vorkommt.

Die Bedeutung desselben ergibt sich leicht, wenn wir zuvor die geometrische Bedeutung des Parameters λ in der Gleichung $C + \lambda C' = 0$ festgestellt haben. Durch diese Gleichung ist nach (16) p. 52 einem Punkte x, y, z eine Ebene u, v, w so zugeordnet, dass:

$$u = \frac{(\gamma + \lambda\gamma')\,y - (\beta + \lambda\beta')\,z - (a + \lambda a')}{(a + \lambda a')\,x + (b + \lambda b')\,y + (c + \lambda c')\,z},$$

$$v = \frac{-(\gamma + \lambda\gamma')\,x + (\alpha + \lambda\alpha')\,z - (b + \lambda b')}{(a + \lambda a')\,x + (b + \lambda b')\,y + (c + \lambda c')\,z},$$

$$w = \frac{(\beta + \lambda\beta')\,x - (\alpha + \lambda\alpha)\,y - (c + \lambda c')}{(a + \lambda a')\,x + (b + \lambda b')\,y + (c + \lambda c')\,z}.$$

Diese Relationen kann man in der Form

$$u = \frac{u_0 + \mu u_1}{1 + \mu}, \quad v = \frac{v_0 + \mu v_1}{1 + \mu}, \quad w = \frac{w_0 + \mu w_1}{1 + \mu}$$

schreiben, wenn u_0, v_0, w_0 und u_1, v_1, w_1 bez. die dem Punkte x, y, z vermöge $C = 0$ und $C' = 0$ zugehörigen Ebenen bedeuten, und wenn

$$\mu = \lambda \cdot \frac{a'x + b'y + c'z}{ax + by + cz}.$$

Es ist daher μ das Abstandsverhältniss (p. 30) der Ebene, welche einem Punkte x, y, z vermöge $C + \lambda C' = 0$ zugeordnet ist, von den Ebenen, welche demselben Punkte vermöge $C = 0$ und $C' = 0$ zugehören; und λ ist diesem Abstandsverhältnisse proportional. Folglich ist

$$\frac{\mu}{\mu'} = \frac{\lambda}{\lambda'}$$

das Doppelverhältniss der vier Ebenen, welche dem Punkte x, y, z in den vier Complexen

$$C = 0, \quad C' = 0, \quad C + \lambda C' = 0, \quad C + \lambda' C' = 0$$

zugeordnet sind. Es ergiebt sich hierbei: *Dies Doppelverhältniss ist unabhängig von der Lage des Punktes x, y, z;* und ebenso dualistisch entsprechend: *Das Doppelverhältniss der vier Punkte, welche einer beliebigen Ebene in vier Complexen einer linearen Schaar zugehören, ist unabhängig von der Lage der Ebene.*

Sind nun λ', λ'' insbesondere die Wurzeln der quadratischen Gleichung (3), so sind $C + \lambda' C' = 0$ und $C + \lambda'' C' = 0$ die Gleichungen der beiden speciellen Complexe der linearen Schaar. Wenn (11) erfüllt ist, hat man einfach

$$\lambda' = \sqrt{\frac{a\alpha + b\beta + c\gamma}{a'\alpha' + b'\beta' + c'\gamma'}}, \quad \lambda'' = -\sqrt{\frac{a\alpha + b\beta + c\gamma}{a'\alpha' + b'\beta' + c'\gamma'}},$$

also $\lambda' : \lambda'' = -1$. Hieraus folgt:

Wenn zwei lineare Complexe der Bedingung (11) genügen, so ordnen sie einer beliebigen Ebene zwei Punkte zu, welche harmonisch liegen zu den Schnittpunkten ihrer Verbindungslinie mit den Directricen der durch die Complexe bestimmten Congruenz; und einem beliebigen Punkte ordnen sie zwei Ebenen zu, welche harmonisch liegen zu den Ebenen, die durch ihre Schnittlinie und jene beiden Leitlinien gelegt werden können.

Man sagt in diesem Falle: *Die beiden Complexe befinden sich in involutorischer Lage*).*

Wir gehen jetzt zur Untersuchung der *Linienfläche* über (vgl. p. 42), deren Erzeugende gleichzeitig drei gegebenen linearen Complexen $C = 0$, $C' = 0$, $C'' = 0$ angehören. Unter der Schaar

$$(14) \qquad\qquad C + \lambda C' + \mu C'' = 0,$$

wo λ und μ Parameter sind, werden im Allgemeinen einfach unendlich viele specielle Complexe vorkommen, denn dazu ist die Erfüllung *einer* Bedingung zwischen λ und μ erforderlich. Unter denselben wird man drei Complexe $\Gamma = 0$, $\Gamma' = 0$, $\Gamma'' = 0$ auswählen können, welche von einander linear unabhängig sind (d. h. zwischen denen keine Identität der Form $\alpha\Gamma + \beta\Gamma' + \gamma\Gamma'' \equiv 0$ besteht), so dass die Schaar (14) auch durch die Gleichung

$$(15) \qquad\qquad \Gamma + \lambda'\Gamma' + \lambda''\Gamma'' = 0$$

dargestellt wird, und dass alle gemeinsamen Linien der Complexe (14) auch den Complexen (15), insbesondere den speciellen Complexen $\Gamma = 0$, $\Gamma' = 0$, $\Gamma'' = 0$ angehören, und umgekehrt. Die zu untersuchende Linienfläche wird also gebildet von allen Linien, welche die Axen der drei speciellen Complexe $\Gamma = 0$, $\Gamma' = 0$, $\Gamma'' = 0$ treffen. Da nun die letzteren durch irgend drei andere aus der einfach unendlichen Schaar von speciellen Complexen des Systems (14) ersetzt werden können, so müssen die gemeinsamen Treffgeraden der Linien $\Gamma = 0$, $\Gamma' = 0$, $\Gamma'' = 0$ auch die Axen *aller* jener speciellen Complexe treffen. Dieselbe Linienfläche wird also gebildet werden einerseits von den gemeinsamen Geraden der Complexe (14), andererseits von den Axen sämmtlicher speciellen Complexe dieser Schaar. Wir haben so auf der Fläche zwei sich kreuzende Systeme von Erzeugenden, wie bei den Flächen zweiter Ordnung und Klasse.

Um die Natur der erzeugten Fläche zu erkennen, wählen wir auf $\Gamma = 0$ einen Punkt A und legen durch ihn die Gerade L, welche $\Gamma' = 0$ und $\Gamma'' = 0$ (bez. in den Punkten A' und A'') schneidet; von diesen beiden letzteren Linien wird zunächst angenommen, dass sie sich nicht schneiden. Durchläuft A die Gerade $\Gamma = 0$, so beschreibt L die betreffende Fläche. Es sei A_1 ein zweiter Punkt von $\Gamma = 0$ und L_1 die zugehörige Gerade, welche $\Gamma' = 0$ und $\Gamma'' = 0$ trifft. Die beiden Ebenenbüschel, deren Axen L und L_1 sind, beziehen wir projectivisch auf einander, indem wir diejenigen Ebenen derselben

---

einander zuordnen, welche sich bez. in den Linien $\Gamma = 0$, $\Gamma' = 0$, $\Gamma'' = 0$ schneiden (vgl. p. 33.) Die Schnittlinien je zweier zusammengehörigen Ebenen dieser Büschel bilden eine Fläche zweiter Ordnung und Klasse (p. 36 ff.); unter den zur Construction benutzten Erzeugenden sind insbesondere die Linien $\Gamma = 0$, $\Gamma' = 0$, $\Gamma'' = 0$ enthalten; letztere werden also geschnitten von allen Erzeugenden der andern Schaar, die es auf der Fläche gibt, und zu der insbesondere die Linien L und L_1 gehören. Die Erzeugenden der letzteren Schaar sind daher diejenigen Linien, welche drei gegebene Complexe gemein haben. Also:

Alle Linien, welche drei gegebene, sich gegenseitig nicht schneidende Linien treffen, d. h. alle Linien, welche gleichzeitig drei linearen Complexen angehören, bilden die eine Schaar von Erzeugenden einer Fläche zweiter Ordnung und Klasse). Die andere Erzeugenden-Schaar der Fläche wird gebildet von den Axen aller speciellen Complexe, welche in der durch die drei Complexe bestimmten zweifach unendlichen, linearen Schaar von Complexen vorkommen.*

Es bietet sich hier die Aufgabe, aus den Gleichungen der drei Complexe $C = 0$, $C' = 0$, $C'' = 0$ die Gleichung der zugehörigen Fläche zweiter Ordnung abzuleiten. Diese Aufgabe soll erst später gelöst werden. Die Besprechung der möglichen *Ausnahmefälle* erledigt sich sehr einfach. Schneiden sich z. B. die Geraden $\Gamma' = 0$ und $\Gamma'' = 0$, ohne von $\Gamma = 0$ getroffen zu werden, so zerfällt die Fläche zweiter Ordnung in zwei ebene Strahlbüschel. Der eine hat seinen Mittelpunkt im Schnittpunkte von $\Gamma' = 0$ und $\Gamma'' = 0$ und seine Ebene enthält die dritte Linie; der andere liegt in der von den ersteren beiden bestimmten Ebene und hat zum Scheitel den Punkt, in welchem diese Ebene von $\Gamma = 0$ getroffen wird.

Vier lineare Complexe bestimmen im Allgemeinen noch eine endliche Anzahl von Geraden als ihnen allen gemeinsam. Die sechs homogenen Coordinaten derselben berechnen sich aus den Gleichungen der Complexe $C = 0$, $C' = 0$, $C'' = 0$, $C''' = 0$ und aus der Identität $p\pi + q\varkappa + r\varrho = 0$, also aus vier linearen und einer quadratischen Gleichung. *Es gibt daher zwei Gerade, welche gleichzeitig vier linearen Complexen angehören.* Da man die Complexe auch durch irgend vier andere der Schaar

$$C + \lambda C' + \mu C'' + \nu C''' = 0$$

<hr>

*) Diesen Satz und damit umgekehrt die Existenz der geradlinigen Erzeugenden fanden Monge's Schüler; vgl. Journal de l'école polytechnique, cah. 1, p. 5, 1795, und Hachette, Traité des surfaces du second degré, Paris 1810, préface.

ersetzen kann, insbesondere also (und zwar auf zweifach unendlich viele Weisen) durch vier specielle Complexe, so kann man dies Resultat auch in dem Satze aussprechen:

Es gibt im Allgemeinen zwei gerade Linien, welche vier gegebene schneiden.

Dieselben erhält man geometrisch auf folgende Weise[*]). Drei der vier gegebenen Linien bestimmen nach Vorstehendem eine Fläche zweiter Ordnung mittelst der einen Schaar ihrer Erzeugenden; durch jeden Punkt der Fläche geht daher eine Linie, welche jene drei trifft. Die Fläche wird von der vierten gegebenen Geraden in zwei Punkten geschnitten; die hiernach durch letztere gehenden beiden Erzeugenden der Fläche aus der bevorzugten Schaar sind offenbar die beiden gemeinsamen Treffgeraden der vier gegebenen Linien.

Auch hier sind Ausnahmefälle möglich. So gibt es z. B. unendlich viele Linien, die vier gegebene treffen, wenn letztere Erzeugende ein und derselben Schaar einer Fläche zweiter Ordnung sind, nämlich alle Erzeugenden der andern Schaar. Alle anderen Ausnahmen lassen sich ebenfalls ohne Schwierigkeit übersehen.

VI. Das Coordinatensystem.

Im Folgenden wird uns häufig die Aufgabe begegnen, von einem Coordinatensysteme auf ein anderes überzugehen, d. h. ein System von Gleichungen, die ein geometrisches Gebilde in seiner Lage zu einem Coordinatensysteme darstellen, so umzuformen, dass die neuen Gleichungen dasselbe geometrische Gebilde in seiner Lage zu einem andern Coordinatensysteme definiren. Die verschiedenen hierbei zu unterscheidenden Fälle sollen im Folgenden zunächst behandelt werden.

Der einfachste Fall ist derjenige, wo das Coordinatensystem parallel zu sich selbst verschoben wird, d. h. wo die Axen $O'X'$, $O'Y'$, $O'Z'$ des neuen Coordinatensystems denen des alten (OX, OY, OZ) parallel und mit ihnen gleich gerichtet sind. Sind a, b, c die Coordinaten des Punktes O' in Bezug auf das alte System, so hat man offenbar die Formeln

$$(1) \qquad x = x' + a, \quad y = y' + b, \quad z = z' + c.$$

Hieraus ergeben sich leicht die Formeln für Transformation der Linien- und Ebenencoordinaten. Es seien p, q, r, π, $\varkappa$, ϱ die Coordinaten der Verbindungslinie zweier Punkte x, y, z und ξ, η, ζ;

---

[*]) Vgl. Möbius, Baryc. Calcul, §. 245 und Steiner, Crelle's Journal Bd. 2 (Ges. Werke, Bd. 1, p. 147).

und p', q', r', π', $\varkappa'$, ϱ' seien die Coordinaten derselben Verbindungslinie in Bezug auf das neue Axensystem. Dann ist nach (1), indem
auch $\xi = \xi' + a$, $\eta = \eta' + b$, $\zeta = \zeta' + c$:

$$\mu p = \xi - x = \xi' - x',$$
$$\mu q = \eta - y = \eta' - y',$$
$$\mu r = \zeta - z = \zeta' - z'.$$
$$\mu \pi = y\zeta - z\eta = y'\zeta' - z'\eta' + c(y' - \eta') + b(\zeta' - z'),$$
$$\mu \varkappa = z\xi - x\zeta = z'\xi' - x'\zeta' + a(z' - \zeta') + c(\xi' - x'),$$
$$\mu \varrho = x\eta - y\xi = x'\eta' - y'\xi' + b(x' - \xi') + a(\eta' - y').$$

Man erhält also die Formeln:

$$(2) \qquad \begin{aligned} \nu p &= p', & \nu \pi &= \pi' + * & - cq' + br', \\ \nu q &= q', & \nu \varkappa &= \varkappa' + cp' + * & - ar', \\ \nu r &= r', & \nu \varrho &= \varrho' - bp' + aq' + * \ . \end{aligned}$$

Die Bedingung für die vereinigte Lage von Punkt und Ebene

$$ux + vy + wz + 1 = 0$$

geht vermöge (1) über in:

$$ux' + vy' + wz' + (au + bv + cw + 1) = 0.$$

Die linke Seite dieser Gleichung muss bis auf einen Factor mit
$u'x' + v'y' + w'z' + 1$ übereinstimmen, wenn u', v', w' die Coordinaten der Ebene u, v, w im neuen Systeme sind; man hat folglich:

$$(3) \qquad \begin{aligned} u' &= \frac{u}{au + bv + cw + 1} \\[2mm] v' &= \frac{v}{au + bv + cw + 1} \\[2mm] w' &= \frac{w}{au + bv + cw + 1} . \end{aligned}$$

Umgekehrt ergibt die Auflösung der Gleichungen (1):

$$(1)^* \qquad x' = x - a, \quad y' = y - b, \quad z' = z - c.$$

Die Auflösung der Gleichungen (2) und (3) erhält man also einfach
durch Umkehrung der Vorzeichen von a, b, c unter gleichzeitiger
Vertauschung der alten und neuen Coordinaten; also:

$$(2)^* \qquad \begin{aligned} \nu'p' &= p, & \nu'\pi' &= \pi + * & + cq - br, \\ \nu'q' &= q, & \nu'\varkappa' &= \varkappa - cp + * & + ar, \\ \nu'r' &= r, & \nu'\varrho' &= \varrho + bp - aq + * \ ; \end{aligned}$$

und aus (3):

$$u = \frac{-u'}{a u' + b v' + c w' - 1}, \qquad v = \frac{-v'}{a u' + b v' + c w' - 1},$$

(3)*
$$w = \frac{-w'}{a u' + b v' + c w' - 1}.$$

Ein zweiter einfacher Fall ist derjenige, wo das neue Coordinaten-system mit dem alten den Anfangspunkt gemein hat und nur um diesen gedreht erscheint. Mit den alten Coordinatenaxen OX, OY, OZ möge

die X'-Axe bez. die Winkel α, β, γ bilden,

„ Y'- „   „   „   „ α_1, β_1, γ_1 „

„ Z' „   „   „   „ α_2, β_2, γ_2 „

Es bestehen dann folgende Gleichungen:

(4)
$$\cos^2 \alpha + \cos^2 \beta + \cos^2 \gamma = 1,$$
$$\cos^2 \alpha_1 + \cos^2 \beta_1 + \cos^2 \gamma_1 = 1,$$
$$\cos^2 \alpha_2 + \cos^2 \beta_2 + \cos^2 \gamma_2 = 1,$$

ferner, da die neuen Axen auf einander rechtwinklig stehen, nach (12) p. 7:

(5)
$$\cos \alpha_1 \cos \alpha_2 + \cos \beta_1 \cos \beta_2 + \cos \gamma_1 \cos \gamma_2 = 0,$$
$$\cos \alpha_2 \cos \alpha + \cos \beta_2 \cos \beta + \cos \gamma_2 \cos \gamma = 0,$$
$$\cos \alpha \cos \alpha_1 + \cos \beta \cos \beta_1 + \cos \gamma \cos \gamma_1 = 0.$$

Zwischen den neun Richtungswinkeln bestehen also sechs Gleichungen, so dass nur drei von einander unabhängig sind. In der That kann man eine Axe willkürlich durch den Anfangspunkt O legen, wodurch über zwei von einander unabhängige Richtungswinkel verfügt ist; dadurch ist auch die Ebene der beiden anderen festgelegt; in ihr kann noch die eine willkürlich durch den Anfangspunkt gehend an-genommen werden; die dritte ist dann bestimmt. Aus den Glei-chungen (4) und (5) müssen sich deshalb durch irgend drei Richtungs-cosinus die übrigen berechnen lassen*).

Die Gleichungen der Ebenen $x' = 0$, $y' = 0$, $z' = 0$, welche durch den Anfangspunkt gehen, und für deren Normalen wir die Richtungswinkel kennen, sind bez. in der Normalform:

---

*) Allgemeiner kann man verlangen, alle neun Cosinus in ihrer Abhängig-keit von drei willkürlichen Parametern darzustellen. Die Lösung dieser Auf-gabe wird sich uns später bei Untersuchung der linearen Transformationen einer Fläche oder Curve zweiter Ordnung in sich von selbst ergeben. Auch die um-fangreiche Litteratur über orthogonale Substitutionen soll dann besprochen werden.

$$x \cos \alpha \; + y \cos \beta \; + z \cos \gamma \; = 0,$$
$$x \cos \alpha_1 + y \cos \beta_1 + z \cos \gamma_1 = 0,$$
$$x \cos \alpha_2 + y \cos \beta_2 + z \cos \gamma_2 = 0.$$

Es bedeuten x', y', z' die Entfernungen des Punktes x, y, z von diesen Ebenen; man hat daher (p. 12):

$$x' = x \cos \alpha \; + y \cos \beta \; + z \cos \gamma \;,$$
$$(6) \qquad y' = x \cos \alpha_1 + y \cos \beta_1 + z \cos \gamma_1,$$
$$z' = x \cos \alpha_2 + y \cos \beta_2 + z \cos \gamma_2.$$

Um diese Gleichungen aufzulösen, stellen wir zunächst ein Formelsystem auf, das den Gleichungen (4) und (5) analog gebildet und aus ihnen ableitbar ist. Die erste der Gleichungen (4) und die beiden letzten der Gleichungen (5), nämlich:

$$\cos \alpha \; \cos \alpha + \cos \beta \; \cos \beta + \cos \gamma \; \cos \gamma = 1,$$
$$\cos \alpha_1 \cos \alpha + \cos \beta_1 \cos \beta + \cos \gamma_1 \cos \gamma = 0,$$
$$\cos \alpha_2 \cos \alpha + \cos \beta_2 \cos \beta + \cos \gamma_2 \cos \gamma = 0$$

geben drei lineare Gleichungen zur Berechnung von $\cos \alpha$, $\cos \beta$, $\cos \gamma$. Bezeichnet $\varDelta$ ihre Determinante:

$$\varDelta = \begin{vmatrix} \cos \alpha & \cos \beta & \cos \gamma \\ \cos \alpha_1 & \cos \beta_1 & \cos \gamma_1 \\ \cos \alpha_2 & \cos \beta_2 & \cos \gamma_2 \end{vmatrix},$$

so wird:

$$\varDelta \cdot \cos \alpha = \frac{\partial \varDelta}{\partial \cos \alpha} = \cos \beta_1 \cos \gamma_2 - \cos \beta_2 \cos \gamma_1,$$
$$(7) \qquad \varDelta \cdot \cos \beta = \frac{\partial \varDelta}{\partial \cos \beta} = \cos \gamma_1 \cos \alpha_2 - \cos \gamma_2 \cos \alpha_1,$$
$$\varDelta \cdot \cos \gamma = \frac{\partial \varDelta}{\partial \cos \gamma} = \cos \alpha_1 \cos \beta_2 - \cos \alpha_2 \cos \beta_1.$$

In entsprechender Weise kann man zwei andere Systeme von je drei Gleichungen ableiten, indem man $\cos \alpha_1$, $\cos \beta_1$, $\cos \gamma_1$ und $\cos \alpha_2$, $\cos \beta_2$, $\cos \gamma_2$ bez. durch die übrigen Richtungscosinus berechnet. Diese Systeme vereinfachen sich dadurch, dass $\varDelta^2 = 1$ ist. Bildet man nämlich die Quadrate der Gleichungen (7) und berücksichtigt die erste der Gleichungen (4), so ergibt sich mittelst einer früher mehrfach angewandten Umformung (vgl. p. 7):

$$\varDelta^2 = (\cos^2 \alpha_1 + \cos^2 \beta_1 + \cos^2 \gamma_1)(\cos^2 \alpha_2 + \cos^2 \beta_2 + \cos^2 \gamma_2)$$
$$- (\cos \alpha_1 \cos \alpha_2 + \cos \beta_1 \cos \beta_2 + \cos \gamma_1 \cos \gamma_2)^2 = 1,$$

also $\varDelta = \pm 1$.

Je nach dem Vorzeichen der Substitutionsdeterminante zerfallen die jetzt betrachteten Transformationen in zwei wesentlich verschiedene Klassen.

Die Existenz zweier verschiedener Arten von Transformationen ist auch geometrisch evident. Unter allen Umständen nämlich kann man das neue Coordinatensystem um den Anfangspunkt so drehen, dass die Z'-Axe in Lage und Richtung mit der Z-Axe zusammenfällt. Die beiden anderen Axen des neuen Systems liegen dann in der X-Y-Ebene; und zwar entweder so, dass sie sich durch Drehung um den Anfangspunkt in Lage und Richtung mit den alten Axen zur Deckung bringen lassen, oder so, dass dies durch Drehung allein nicht erreicht werden kann, dass vielmehr, wenn z. B. die positive Richtung der X'-Axe mit der positiven Richtung der X-Axe zusammenfällt, die positive Richtung der Y'-Axe dieselbe ist wie die negative Richtung der Y-Axe. *Eine Transformation der erstern Art nennt man eine directe (oder eigentliche), eine Transformation der andern Art eine inverse (oder symmetrische oder uneigentliche).*

Nach dieser Definition ist klar, dass alle directen Transformationen aus einander durch Drehung des Coordinatensystems um den Anfangspunkt erzeugt werden können, ebenso alle inversen; aber nie kann eine inverse Transformation durch Drehung aus einer directen hervorgehen. Einer Drehung des Coordinatensystems entspricht eine stetige Aenderung der Richtungswinkel α, β, γ, α_1, β_1, γ_1, α_2, β_2, γ_2; und von letzteren hängt die Determinante $\varDelta$ in stetiger Weise ab. In Folge solcher Aenderungen kann also der Werth von $\varDelta$ niemals von $+1$ zu -1 springen. Nun ist die einfachste directe Transformation die identische, bei der:

$$x' = x, \quad y' = y, \quad z' = z,$$

so dass auch:

$$\varDelta = \begin{vmatrix} 1 & 0 & 0 \\ 0 & 1 & 0 \\ 0 & 0 & 1 \end{vmatrix} = +1.$$

Also muss $\varDelta$ für *alle* directen Transformationen gleich $+1$ sein. Die einfachste inverse Transformation ist diejenige, wo zwei Axen ungeändert bleiben, die dritte aber in umgekehrter Richtung genommen wird; etwa:

$$x' = x, \quad y' = -y, \quad z' = z,$$

so dass:

$$\varDelta = \begin{vmatrix} 1 & 0 & 0 \\ 0 & -1 & 0 \\ 0 & 0 & 1 \end{vmatrix} = -1.$$

Denselben Werth muss die Determinante nach Obigem bei *allen* inversen Transformationen haben. Folglich:

Die directen Transformationen sind dadurch gekennzeichnet, dass die Transformations-Determinante gleich $+ 1$ ist, die inversen dadurch, dass sie den Werth $- 1$ hat.

Setzen wir jetzt $\varDelta = \pm 1$, so gehen die Gleichungen (7) über in:

$$
\begin{aligned}
\cos \alpha &= \pm (\cos \beta_1 \cos \gamma_2 - \cos \beta_2 \cos \gamma_1), \\
(8) \qquad \cos \beta &= \pm (\cos \gamma_1 \cos \alpha_2 - \cos \gamma_2 \cos \alpha_1), \\
\cos \gamma &= \pm (\cos \alpha_1 \cos \beta_2 - \cos \alpha_2 \cos \beta_1);
\end{aligned}
$$

und in analoger Weise erhält man:

$$
\begin{aligned}
\cos \alpha_1 &= \pm (\cos \beta_2 \cos \gamma - \cos \beta \cos \gamma_2), \\
(9) \qquad \cos \beta_1 &= \pm (\cos \gamma_2 \cos \alpha - \cos \gamma \cos \alpha_2), \\
\cos \gamma_1 &= \pm (\cos \alpha_2 \cos \beta - \cos \alpha \cos \beta_2);
\end{aligned}
$$

$$
\begin{aligned}
\cos \alpha_2 &= \pm (\cos \beta \cos \gamma_1 - \cos \beta_1 \cos \gamma), \\
(10) \qquad \cos \beta_2 &= \pm (\cos \gamma \cos \alpha_1 - \cos \gamma_1 \cos \alpha), \\
\cos \gamma_2 &= \pm (\cos \alpha \cos \beta_1 - \cos \alpha_1 \cos \beta).
\end{aligned}
$$

Aus den aufgestellten neun Relationen ergibt sich leicht das erwähnte System von sechs Gleichungen, welches dem Systeme (4) und (5) analog gebildet ist. Multiplicirt man je die erste Gleichung der drei Systeme (8), (9), (10) mit $\cos \alpha$, $\cos \alpha_1$, $\cos \alpha_2$, addirt und verfährt analog mit den zweiten und dritten Gleichungen jener Systeme, welche bez. mit $\cos \beta$, $\cos \beta_1$, $\cos \beta_2$ und $\cos \gamma$, $\cos \gamma_1$, $\cos \gamma_2$ zu multipliciren sind, so folgt wegen $\varDelta = \pm 1$:

$$
\begin{aligned}
\cos^2 \alpha + \cos^2 \alpha_1 + \cos^2 \alpha_2 &= 1, \\
(4)^* \qquad \cos^2 \beta + \cos^2 \beta_1 + \cos^2 \beta_2 &= 1, \\
\cos^2 \gamma + \cos^2 \gamma_1 + \cos^2 \gamma_2 &= 1.
\end{aligned}
$$

Multiplicirt man dagegen die ersten drei Gleichungen jener drei Systeme beiderseits bez. mit $\cos \beta$, $\cos \beta_1$, $\cos \beta_2$, die zweiten Gleichungen bez. mit $\cos \gamma$, $\cos \gamma_1$, $\cos \gamma_2$, endlich die dritten bez. mit $\cos \alpha$, $\cos \alpha_1$, $\cos \alpha_2$ und addirt jedes Mal, so kommt:

$$
\begin{aligned}
\cos \alpha \cos \beta + \cos \alpha_1 \cos \beta_1 + \cos \alpha_2 \cos \beta_2 &= 0, \\
(5)^* \qquad \cos \beta \cos \gamma + \cos \beta_1 \cos \gamma_1 + \cos \beta_2 \cos \gamma_2 &= 0, \\
\cos \gamma \cos \alpha + \cos \gamma_1 \cos \alpha_1 + \cos \gamma_2 \cos \alpha_2 &= 0.
\end{aligned}
$$

Die Existenz dieser sechs Relationen war vorauszusehen. Es bedeuten nämlich α, α_1, α_2 die Winkel, welche die alte X-Axe mit den neuen Axen OX', OY', OZ' bildet, ebenso β, β_1, β_2 die Winkel der alten Y-Axe und γ, γ_1, γ_2 die der alten Z-Axe gegen die neuen betreffenden Coordinatenaxen. Geht man also umgekehrt vom neuen Systeme zum alten über, so hat man in Obigem

$$\text{die Winkel } \alpha, \beta, \gamma \text{ durch } \alpha, \alpha_1, \alpha_2$$
$$\text{„ „ } \alpha_1, \beta_1, \gamma_1 \text{ „ } \beta, \beta_1, \beta_2$$
$$\text{„ „ } \alpha_2, \beta_2, \gamma_2 \text{ „ } \gamma, \gamma_1, \gamma_2$$

zu ersetzen. Die Gleichungen (4)* sind also keine anderen als die Identitäten, welche immer zwischen den Richtungscosinus dreier Geraden bestehen; und die Gleichungen (5)* sagen aus, dass die alten Coordinatenaxen auf einander rechtwinklig stehen. Durch Auflösung des Systems (6) muss man daher erhalten:

$$(6)^* \quad \begin{aligned} x &= x' \cos \alpha + y' \cos \alpha_1 + z' \cos \alpha_2, \\ y &= x' \cos \beta + y' \cos \beta_1 + z' \cos \beta_2, \\ z &= x' \cos \gamma + y' \cos \gamma_1 + z' \cos \gamma_2. \end{aligned}$$

Es ist leicht, dies mittelst der Relationen (4)* und (5)* rechnend zu bestätigen.

In den Gleichungen (4) und (5) erscheint das eine, in den Gleichungen (4)* und (5)* das andere Coordinatensystem bevorzugt, während beide Systeme von je sechs Gleichungen dieselben geometrischen Beziehungen zum Ausdrucke bringen. *Es empfiehlt sich daher, statt derselben die neun Gleichungen* (8), (9), (10) *zu Grunde zu legen, welche symmetrisch in Bezug auf beide Coordinatensysteme sind,* und gleichzeitig durch die Wahl des Vorzeichens zu erkennen geben, ob man es mit einer directen oder inversen Transformation zu thun hat. In der That sind diese neun Relationen jedem jener beiden Systeme von sechs Gleichungen völlig äquivalent; denn ebenso wie die Gleichungen (4)* und (5)* soeben aus ihnen hergeleitet werden, kann man auch umgekehrt die Gleichungen (4) und (5) leicht aus (8), (9), (10) erhalten. Die Gleichungen (5) ergeben sich direct durch passende Multiplicationen und Additionen; aus (8) erhält man dann nach einer mehrfach benutzten Umformung:

$$\cos^2 \alpha + \cos^2 \beta + \cos^2 \gamma$$
$$= (\cos^2 \alpha_1 + \cos^2 \beta_1 + \cos^2 \gamma_1)(\cos^2 \alpha_2 + \cos^2 \beta_2 + \cos^2 \gamma_2)$$
$$- (\cos \alpha \cos \alpha_1 + \cos \beta \cos \beta_1 + \cos \gamma \cos \gamma_1)^2$$

oder wegen (5):

$$\cos^2 \alpha + \cos^2 \beta + \cos^2 \gamma$$
$$= \pm (\cos^2 \alpha_1 + \cos^2 \beta_1 + \cos^2 \gamma_1)(\cos^2 \alpha_2 + \cos^2 \beta_2 + \cos^2 \gamma_2),$$

und analog:

$$\cos^2 \alpha_1 + \cos^2 \beta_1 + \cos^2 \gamma_1$$
$$= \pm (\cos^2 \alpha_2 + \cos^2 \beta_2 + \cos^2 \gamma_2)(\cos^2 \alpha + \cos^2 \beta + \cos^2 \gamma),$$
$$\cos^2 \alpha_2 + \cos^2 \beta_2 + \cos^2 \gamma_2$$
$$= \pm (\cos^2 \alpha + \cos^2 \beta + \cos^2 \gamma)(\cos^2 \alpha_1 + \cos^2 \beta_1 + \cos^2 \gamma_1).$$

Hieraus folgt zunächst, dass die Quadrate der linken Seiten von (4) gleich ± 1 sind; da aber die Summe dreier Quadrate nur positiv sein kann, so ergeben sich die Relationen (4) selbst.

Aus (4) oder (4)* haben wir noch die Transformationsformeln für Linien- und Ebenencoordinaten abzuleiten. Sind wieder p, q, r, π, $\varkappa$, ϱ die Coordinaten der Verbindungslinie des Punktes x, y, z mit ξ, η, ζ, so findet man für die neuen Liniencoordinaten:

$$\mu' p' = \xi' - x' = (\xi - x) \cos \alpha + (\eta - y) \cos \beta + (\zeta - z) \cos \gamma$$
$$= \mu (p \cos \alpha + q \cos \beta + r \cos \gamma),$$

u. s. f., also:

$$v' p' = p \cos \alpha \ + q \cos \beta \ + r \cos \gamma \, ,$$
$$(11) \qquad v' q' = p \cos \alpha_1 + q \cos \beta_1 + r \cos \gamma_1,$$
$$v' r' = p \cos \alpha_2 + q \cos \beta_2 + r \cos \gamma_2.$$

Ferner:

$$\mu' \pi' = y' \zeta' - z' \eta'$$
$$= (\cos \alpha_1 \cos \beta_2 - \cos \alpha_2 \cos \beta_1)(x \eta - y \xi)$$
$$+ (\cos \beta_1 \cos \gamma_2 - \cos \beta_2 \cos \gamma_1)(y \zeta - z \eta)$$
$$+ (\cos \gamma_1 \cos \alpha_2 - \cos \gamma_2 \cos \alpha_1)(z \xi - x \zeta),$$

u. s. f., oder wegen (8), (9) und (10):

$$v' \pi' = \pm (\pi \cos \alpha \ + \varkappa \cos \beta \ + \varrho \cos \gamma \ ),$$
$$(12) \qquad v' \varkappa' = \pm (\pi \cos \alpha_1 + \varkappa \cos \beta_1 + \varrho \cos \gamma_1),$$
$$v' \varrho' = \pm (\pi \cos \alpha_2 + \varkappa \cos \beta_2 + \varrho \cos \gamma_2),$$

wo wieder das obere Vorzeichen für eine directe, das untere für eine inverse Transformation zu wählen ist.

Durch Auflösung von (11) und (12) oder direct aus (6)* erhält man die umgekehrten Formeln:

$$vp = \quad p' \cos \alpha + q' \cos \alpha_1 + r' \cos \alpha_2,$$
$$(11)^* \qquad vq = \quad p' \cos \beta + q' \cos \beta_1 + r' \cos \beta_2,$$
$$vr = \quad p' \cos \gamma + q' \cos \gamma_1 + r' \cos \gamma_2;$$
$$v\pi = \pm (\pi' \cos \alpha + \varkappa' \cos \alpha_1 + \varrho' \cos \alpha_2),$$
$$(12)^* \qquad v\varkappa = \pm (\pi' \cos \beta + \varkappa' \cos \beta_1 + \varrho' \cos \beta_2),$$
$$v\varrho = \pm (\pi' \cos \gamma + \varkappa' \cos \gamma_1 + \varrho' \cos \gamma_2).$$

Die Transformation der Ebenencoordinaten ergibt sich, wie vorhin, aus der durch (6) erhaltenen Relation:

$$ux + vy + wz + 1 = u(x'\cos\alpha + y'\cos\alpha_1 + z'\cos\alpha_2)$$
$$+ v(x'\cos\beta + y'\cos\beta_1 + z'\cos\beta_2)$$
$$+ w(x'\cos\gamma + y'\cos\gamma_1 + z'\cos\gamma_2) + 1$$
$$= u'x' + v'y' + w'z' + 1.$$

Also:

$$(13) \quad
\begin{aligned}
u' &= u\cos\alpha + v\cos\beta + w\cos\gamma, \\
v' &= u\cos\alpha_1 + v\cos\beta_1 + w\cos\gamma_1, \\
w' &= u\cos\alpha_2 + v\cos\beta_2 + w\cos\gamma_2;
\end{aligned}$$

und umgekehrt:

$$(13)^* \quad
\begin{aligned}
u &= u'\cos\alpha + v'\cos\alpha_1 + w'\cos\alpha_2, \\
v &= u'\cos\beta + v'\cos\beta_1 + w'\cos\beta_2, \\
w &= u'\cos\gamma + v'\cos\gamma_1 + w'\cos\gamma_2.
\end{aligned}$$

Die Gleichungen (6), (11), (12), (13) *und deren Auflösungen* (6)*, (11)*, (12)*, (13)* *dienen zur Transformation, wenn beide Coordinatensysteme den Anfangspunkt gemein haben.*

Aus den beiden behandelten Specialfällen kann man jede Transformation zusammensetzen, indem man Parallelverschiebung und Drehung (resp. symmetrische Spiegelung) nach einander anwendet. Wir geben nur die Schlussformeln an, wobei zur Abkürzung $A = \cos\alpha$, $B = \cos\beta$, $C = \cos\gamma$, $A_1 = \cos\alpha_1$, $B_1 = \cos\beta_1$, $C_1 = \cos\gamma_1$, $A_2 = \cos\alpha_2$, $B_2 = \cos\beta_2$, $C_2 = \cos\gamma_2$ gesetzt werden mag. Man findet für Punktcoordinaten aus (1) und (6), resp. (1)* und (6)*:

$$(14) \quad
\begin{aligned}
x &= Ax' + A_1y' + A_2z' + a, & x' &= Ax + By + Cz - D, \\
y &= Bx' + B_1y' + B_2z' + b, & y' &= A_1x + B_1y + C_1z - D_1, \\
z &= Cx' + C_1y' + C_2z' + c, & z' &= A_2x + B_2y + C_2z - D_2,
\end{aligned}$$

wo:

$$(15) \quad
\begin{aligned}
D &= aA + bB + cC, \\
D_1 &= aA_1 + bB_1 + cC_1, \\
D_2 &= aA_2 + bB_2 + cC_2;
\end{aligned}$$

für Ebenencoordinaten aus (3) und (13) resp. (3)* und (13)*:

$$(16) \quad
\begin{aligned}
u &= \frac{-(Au' + A_1v' + A_2w')}{Du' + D_1v' + D_2w' - 1}, & u' &= \frac{Au + Bv + Cw}{au + bv + cw + 1}, \\[2mm]
v &= \frac{-(Bu' + B_1v' + B_2w')}{Du' + D_1v' + D_2w' - 1}, & v' &= \frac{A_1u + B_1v + C_1w}{au + bv + cw + 1}, \\[2mm]
w &= \frac{-(Cu' + C_1v' + C_2w')}{Du' + D_1v' + D_2w' - 1}, & w' &= \frac{A_2u + B_2v + C_2w}{au + bv + cw + 1};
\end{aligned}$$

endlich für Liniencoordinaten aus (2), (11), (12), (2)*, (11)*, (12)*:

$$v\,p = \quad A\,p' + A_1\,q' + A_2\,r',$$
$$v\,q = \quad B\,p' + B_1\,q' + B_2\,r',$$
$$v\,r = \quad C\,p' + C_1\,q' + C_2\,r',$$
$$(17)\quad v\,\pi = -\,(b\,C - c\,B)p' - (b\,C_1 - c\,B_1)q' - (b\,C_2 - c\,B_2)r'$$
$$\pm\,(A\,\pi' + A_1\,\varkappa' + A_2\,\varrho'),$$
$$v\,\varkappa = -\,(c\,A - a\,C)p' - (c\,A_1 - a\,C_1)q' - (c\,A_2 - a\,C_2)r'$$
$$\pm\,(B\,\pi' + B_1\,\varkappa' + B_2\,\varrho'),$$
$$v\,\varrho = -\,(a\,B - b\,A)p' - (a\,B_1 - b\,A_1)q' - (a\,B_2 - b\,A_2)r'$$
$$\pm\,(C\,\pi' + C_1\,\varkappa' + C_2\,\varrho');$$

oder aufgelöst:

$$v'\,p' = \quad A\,p + B\,q + C\,r,$$
$$v'\,q' = \quad A_1\,p + B_1\,q + C_1\,r,$$
$$v'\,r' = \quad A_2\,p + B_2\,q + C_2\,r,$$
$$(17)^*\quad v'\,\pi' = +\,(b\,A_2 - c\,A_1)p + (b\,B_2 - c\,B_1)q + (b\,C_2 - c\,C_1)r$$
$$\pm\,(A\,\pi + B\,\varkappa + C\,\varrho),$$
$$v'\,\varkappa' = +\,(c\,A - a\,A_2)p + (c\,B - a\,B_2)q + (c\,C - a\,C_2)r$$
$$\pm\,(A_1\,\pi + B_1\,\varkappa + C_1\,\varrho),$$
$$v'\,\varrho' = +\,(a\,A_1 - b\,A)p + (a\,B_1 - b\,B)q + (a\,C_1 - b\,C)r$$
$$\pm\,(A_2\,\pi + B_2\,\varkappa + C_2\,\varrho).$$

Die Gleichungen (14), (16), (17), (17)* *dienen dazu, um von einem rechtwinkligen Coordinatensysteme mit den Axen OX, OY, OZ zu einem andern mit den Axen $O'X'$, $O'Y'$, $O'Z'$ überzugehen, und umgekehrt, wenn die Coordinaten von O' in Bezug auf ersteres gleich a, b, c sind und wenn*

A , B , C die Richtungscosinus von $O'X'$ gegen OX, OY, OZ,
A_1, B_1, C_1 „   „   „ $O'Y'$ „ OX, OY, OZ,
A_2, B_2, C_2 „   „   „ $O'Z'$ „ OX, OY, OZ

bedeuten. Von den doppelten Vorzeichen bezieht sich das obere auf eine directe, das untere auf eine inverse Transformation.

Vergleicht man die Gleichungen (1) mit (3) oder (14) mit (16), so erscheint das Princip der Dualität verletzt, indem bei Ebenencoordinaten in den Transformationsformeln ein gemeinsamer Nenner auftritt, sobald der Anfangspunkt des Coordinatensystems durch die Transformation verlegt wird, während bei den Punktcoordinaten ein solcher Nenner nicht vorkommt. Diesem scheinbaren Uebelstande kann durch Einführung eines allgemeineren Coordinatensystems abgeholfen werden, nämlich, analog wie in der ebenen Geometrie (Bd. I,

p. 62 ff.), durch Benutzung der sogenannten *homogenen* oder *Tetraëder-Coordinaten.* Wir definiren dieselben in folgender Weise.

Die Coordinaten x_1, x_2, x_3, x_4 eines Punktes x im Raume sind vier Zahlen, welche sich zu einander verhalten, wie die Abstände des Punktes von den vier Seitenflächen eines Tetraëders („Coordinatentetraëders"), bez. multiplicirt mit vier beliebig gewählten Constanten.

Bedeuten also s_1, s_2, s_3, s_4 die vier Abstände, und k_1, k_2, k_3, k_4 die beliebigen Constanten, so ist

$$(18) \qquad x_1 : x_2 : x_3 : x_4 = k_1 s_1 : k_2 s_2 : k_3 s_3 : k_4 s_4,$$

wo s_1, s_2, s_3, s_4 von der Lage des Punktes abhängen, k_1, k_2, k_3, k_4 dagegen für alle Punkte dieselben Werthe haben.

Die Coordinaten u_1, u_2, u_3, u_4 einer Ebene u sind vier Zahlen, welche sich zu einander verhalten, wie die Abstände der Ebene von den vier Ecken des Coordinatentetraëders, bez. multiplicirt mit gewissen Constanten.

Man hat also, wenn $s_1{}'$, $s_2{}'$, $s_3{}'$, $s_4{}'$ die vier Abstände der Ebene u von den Ecken und l_1, l_2, l_3, l_4 Constante bedeuten:

$$(19) \qquad u_1 : u_2 : u_3 : u_4 = l_1 s_1{}' : l_2 s_2{}' : l_3 s_3{}' : l_4 s_4{}'.$$

Die Constanten l_1, l_2, l_3, l_4 hängen von k_1, k_2, k_3, k_4 ab; man bestimmt sie nämlich so, dass die Bedingung der vereinigten Lage der Ebene u und des Punktes x in der Form

$$(20) \qquad u_1 x_1 + u_2 x_2 + u_3 x_3 + u_4 x_4 = 0$$

erscheint.

Die Coordinaten p_{12}, p_{13}, p_{14}, p_{23}, p_{34}, p_{42} einer Geraden p sind sechs Zahlen, welche sich verhalten wie die Momente der Geraden in Bezug auf die sechs Kanten des Coordinatentetraëders, bez. multiplicirt mit gewissen Constanten, die so gewählt werden sollen, dass die zwischen den sechs Momenten bestehende Identität in möglichst einfacher Form erscheint.

Sehen wir, wie diese neuen Coordinaten algebraisch mit den rechtwinkligen x, y, z zusammenhängen. Die Gleichungen der vier Seitenflächen des Tetraëders seien

$$
\begin{aligned}
a_1 x + b_1 y + c_1 z + d_1 &= 0,\\
a_2 x + b_2 y + c_2 z + d_2 &= 0,\\
a_3 x + b_3 y + c_3 z + d_3 &= 0,\\
a_4 x + b_4 y + c_4 z + d_4 &= 0;
\end{aligned}
$$

dieselben sollen in der einen Gleichung

$$(21) \qquad a_i x + b_i y + c_i z + d_i = 0,$$

welche für $i = 1, 2, 3, 4$ besteht, zusammengefasst werden. Wir setzen voraus, dass die vier Ebenen ein wirkliches Tetraëder einschliessen, also nicht durch einen Punkt gehen*), d. h. dass die Determinante

$$(22) \qquad \varDelta = \begin{vmatrix} a_1 & b_1 & c_1 & d_1 \\ a_2 & b_2 & c_2 & d_2 \\ a_3 & b_3 & c_3 & d_3 \\ a_4 & b_4 & c_4 & d_4 \end{vmatrix}$$

von Null verschieden sei.

Die Entfernung eines Punktes x, y, z von der i^{ten} Tetraëderfläche, d. h. die Grösse s_i, ist dann (p. 12)

$$s_i = \frac{a_i x + b_i y + c_i z + d_i}{\sqrt{a_i^2 + b_i^2 + c_i^2}}.$$

Es wird also, wenn μ einen unbestimmt bleibenden Proportionalitätsfactor bedeutet, nach (18):

$$\mu x_i = k_i \frac{a_i x + b_i y + c_i z + d_i}{\sqrt{a_i^2 + b_i^2 + c_i^2}}.$$

Hier ist k_i willkürlich; man kann daher

$$k_i = k_i' \sqrt{a_i^2 + b_i^2 + c_i^2}$$

setzen, wo k_i' eine neue willkürliche Constante bedeutet. Durch (21) sind aber die Coëfficienten a_i, b_i, c_i nur bis auf einen gemeinsamen Factor bestimmt; man darf deshalb unbeschadet der Allgemeinheit $k_i' = 1$ setzen oder, was auf dasselbe hinauskommt, die Werthe $k_i' a_i, k_i' b_i, k_i' c_i, k_i' d_i$ wieder mit a_i, b_i, c_i, d_i bezeichnen. So wird schliesslich:

$$(23) \qquad \mu x_i = a_i x + b_i y + c_i z + d_i, \quad \text{für } i = 1, 2, 3, 4;$$

d. h. *die tetraëdrischen Punktcoordinaten verhalten sich wie vier ganze lineare Functionen der rechtwinkligen Coordinaten, deren Coëfficienten eine von Null verschiedene Determinante bilden**).*

Bezeichnen A_i, B_i, C_i, D_i die Unterdeterminanten der Determinante (22), indem:

---

*) Das Tetraëder kann aber unendlich gross werden, indem z. B. drei seiner sechs Kanten einander parallel verlaufen, ohne dass die Gültigkeit des Folgenden wesentlich beeinflusst würde.

**) Die Benutzung homogener Coordinaten ist hiernach nichts anderes als eine consequentere Durchführung der Methode der abgekürzten Bezeichnung. Die Einführung der homogenen Coordinaten verdankt man Möbius und Plücker (vgl. Bd. I, p. 67); für die allgemeine Anwendung derselben waren Hesse's erfolgreiche Arbeiten entscheidend.

$$(24) \quad \varDelta = a_i A_i + b_i B_i + c_i C_i + d_i D_i, \quad \text{für } i = 1, 2, 3, 4,$$

und setzt man $\varDelta = \mu \cdot v$, so erhält man durch Auflösung des Systems (22):

$$v x = A_1 x_1 + A_2 x_2 + A_3 x_3 + A_4 x_4,$$
$$v y = B_1 x_1 + B_2 x_2 + B_3 x_3 + B_4 x_4,$$
$$v z = C_1 x_1 + C_2 x_2 + C_3 x_3 + C_4 x_4,$$
$$v = D_1 x_1 + D_2 x_2 + D_3 x_3 + D_4 x_4,$$

oder in abgekürzter Schreibweise:

$$(23)^* \qquad x = \frac{\Sigma A_i x_i}{\Sigma D_i x_i}, \qquad y = \frac{\Sigma B_i x_i}{\Sigma D_i x_i}, \qquad z = \frac{\Sigma C_i x_i}{\Sigma D_i x_i},$$

wo die Summen über den Index i von $i = 1$ bis $i = 4$ auszudehnen sind.

Die Gleichungen der vier Ecken des Tetraëders, d. i. der Schnittpunkte der Ebenen (21) zu je dreien, in rechtwinkligen Ebenencoordinaten sind, wenn A_i, B_i, C_i, D_i obige Bedeutungen haben:

$$(25) \qquad A_i u + B_i v + C_i w + D_i = 0, \quad \text{für } i = 1, 2, 3, 4;$$

und zwar ist hier die Gleichung derjenigen Ecke ausgeschrieben, durch welche die i^{te} Ebene (21) nicht hindurchgeht.

Der Abstand einer Ebene u, v, w von der Ecke (25) ist nun (p. 12):

$$s_i{}' = \frac{A_i u + B_i v + C_i w + D_i}{D_i \sqrt{u^2 + v^2 + w^2}}.$$

Die Quadratwurzel des Nenners ist unabhängig vom Index i, kann also in der Proportion (19) fortgelassen werden, so dass, wenn μ' ein unbestimmter Factor ist:

$$\mu' u_i = \frac{l_i}{D_i} (A_i u + B_i v + C_i w + D_i),$$

und durch Auflösung, wenn $D_i = l_i l_i'$:

$$v' u = l_1' a_1 u_1 + l_2' a_2 u_2 + l_3' a_3 u_3 + l_4' a_4 u_4,$$
$$v' v = l_1' b_1 u_1 + l_2' b_2 u_2 + l_3' b_3 u_3 + l_4' b_4 u_4,$$
$$v' w = l_1' c_1 u_1 + l_2' c_2 u_2 + l_3' c_3 u_3 + l_4' c_4 u_4,$$
$$v' = l_1' d_1 u_1 + l_2' d_2 u_2 + l_3' d_3 u_3 + l_4' d_4 u_4.$$

Die Coëfficienten l_i (bez. l_i') sollten so bestimmt werden, dass die Bedingung für die vereinigte Lage von Punkt und Ebene durch Gleichung (20) gegeben wird. Diese Bedingung war in rechtwinkligen Coordinaten:

$$u x + v y + w z + 1 = 0;$$

sie wird also jetzt:

$$\Sigma l_i' a_i u_i \Sigma A_i x_i + \Sigma l_i' b_i u_i \Sigma B_i x_i + \Sigma l_i' c_i u_i \Sigma C_i x_i$$
$$+ \Sigma l_i' d_i x_i \Sigma D_i x_i = 0.$$

Zwischen den Grössen a_i, b_i, c_i, d_i, A_i, B_i, C_i, D_i bestehen nach bekannten Determinantensätzen neben (24) die Relationen:

$$a_i A_k + b_i B_k + c_i C_k + d_i D_k = 0 \quad \text{für } i \gtrless k.$$

Durch Ausmultipliciren geht daher die linke Seite unserer Bedingung über in:

$$\varDelta \cdot (l_1' u_1 x_1 + l_2' u_2 x_2 + l_3' u_3 x_3 + l_4' u_4 x_4) = 0.$$

Soll also obige Forderung erfüllt werden, so muss $l_i' = 1$, d. h. $l_i = D_i$ genommen werden. *Der Uebergang von rechtwinkligen zu homogenen Ebenencoordinaten wird daher vermittelt durch die Gleichungen:*

$$(26) \qquad \mu' u_i = A_i u + B_i v + C_i w + D_i,$$

und deren Auflösungen:

$$(26)^* \qquad u = \frac{\Sigma a_i u_i}{\Sigma d_i u_i}, \quad v = \frac{\Sigma b_i u_i}{\Sigma d_i u_i}, \quad w = \frac{\Sigma c_i u_i}{\Sigma d_i u_i}.$$

Um die tetraëdrischen *Liniencoordinaten* darzustellen, gehen wir aus von den Coordinaten der vier durch (21) gegebenen Tetraëderebenen, nämlich

$$\frac{a_i}{d_i}, \quad \frac{b_i}{d_i}, \quad \frac{c_i}{d_i} \quad \text{für } i = 1, 2, 3, 4.$$

Die Coordinaten der Tetraëderkante, in welcher sich die i^{te} und k^{te} Ebene schneiden, sind also nach (5) und (6), p. 46:

$$(27) \quad \begin{aligned} & \mu P_{ik} = \frac{b_i c_k - b_k c_i}{d_i d_k}, \qquad \mu \Pi_{ik} = \frac{d_i a_k - d_k a_i}{d_i d_k}, \\[2mm] & \mu Q_{ik} = \frac{c_i a_k - c_k a_i}{d_i d_k}, \qquad \mu \mathsf{K}_{ik} = \frac{d_i b_k - d_k b_i}{d_i d_k}, \\[2mm] & \mu R_{ik} = \frac{a_i b_k - a_k b_i}{d_i d_k}, \qquad \mu \mathsf{P}_{ik} = \frac{d_i c_k - d_k c_i}{d_i d_k}, \end{aligned}$$

und das Moment einer beliebigen Geraden in Bezug auf die betrachtete Kante wird nach (9), p. 46:

$$(28) \qquad M_{ik} = \frac{p \Pi_{ik} + q \mathsf{K}_{ik} + r \mathsf{P}_{ik} + \pi P_{ik} + \varkappa Q_{ik} + \varrho R_{ik}}{\sqrt{p^2 + q^2 + r^2}\, \sqrt{P_{ik}^2 + Q_{ik}^2 + R_{ik}^2}}.$$

Bezeichnet man andererseits mit p_{12}, p_{13}, p_{14}, p_{23}, p_{34}, p_{42} die einzuführenden homogenen Liniencoordinaten, so sollten wir haben

$$\nu p_{ik} = C_{ik} \cdot M_{ik},$$

wo die C_{ik} passend zu wählende Constante bedeuten. Man erkennt bereits, dass nach (28) die p_{ik} lineare homogene ganze Functionen der p, q, r, π, $\varkappa$, ϱ werden. Zunächst ist wegen (27):

$$(29) \quad \tau p_{ik} = C_{ik}{}' \Big[(b_i c_k - c_i b_k)\pi + (c_i a_k - a_i c_k)\varkappa + (a_i b_k - b_i a_k)\varrho$$
$$(d_i a_k - a_i d_k)p + (d_i b_k - b_i d_k)q + (d_i c_k - c_i d_k)r \Big],$$

wo:

$$\tau = \nu\mu\sqrt{p^2 + q^2 + r^2},$$
$$C_{ik} = C_{ik}{}'\sqrt{(d_i a_k - a_i d_k)^2 + (d_i b_k - b_i d_k)^2 + (d_i c_k - c_i d_k)^2}.$$

Der gefundene Werth von p_{ik} kann, wenn wir statt p, q, r, π, $\varkappa$, ϱ die Coordinaten zweier Punkte x, y, z und ξ, η, ζ einführen, in folgender Form geschrieben werden:

$$\tau' p_{ik} = C_{ik}{}' \Big[(a_i x + b_i y + c_i z + d_i)(a_k \xi + b_k \eta + c_k \zeta + d_k)$$
$$- (a_k x + b_k y + c_k z + d_k)(a_i \xi + b_i \eta + c_i \zeta + d_i) \Big],$$

oder nach (23), wenn $\tau' = \sigma\mu$:

$$(30) \qquad\qquad \sigma p_{ik} = (x_i y_k - y_i x_k) C_{ik}{}',$$

vorausgesetzt, dass x_1, x_2, x_3, x_4 und y_1, y_2, y_3, y_4 die homogenen Coordinaten derjenigen Punkte sind, deren rechtwinklige Coordinaten bez. mit x, y, z und ξ, η, ζ bezeichnet waren. Nun besteht zwischen den sechs Differenzen $x_i y_k - y_i x_k$ die identische Gleichung:

$$\begin{vmatrix} x_1 & x_2 \\ y_1 & y_2 \end{vmatrix} \cdot \begin{vmatrix} x_3 & x_4 \\ y_3 & y_4 \end{vmatrix} + \begin{vmatrix} x_1 & x_3 \\ y_1 & y_3 \end{vmatrix} \cdot \begin{vmatrix} x_4 & x_2 \\ y_4 & y_2 \end{vmatrix} + \begin{vmatrix} x_1 & x_4 \\ y_1 & y_4 \end{vmatrix} \cdot \begin{vmatrix} x_2 & x_3 \\ y_2 & y_3 \end{vmatrix} = 0,$$

denn das Doppelte der linken Seite ist gleich der identisch verschwindenden Determinante (vgl. p. 44)

$$\begin{vmatrix} x_1 & x_2 & x_3 & x_4 \\ y_1 & y_2 & y_3 & y_4 \\ x_1 & x_2 & x_3 & x_4 \\ y_1 & y_2 & y_3 & y_4 \end{vmatrix}.$$

Also die Grössen p_{ik} genügen der Identität

$$\frac{p_{12}}{C_{12}{}'} \cdot \frac{p_{34}}{C_{34}{}'} + \frac{p_{13}}{C_{13}{}'} \cdot \frac{p_{42}}{C_{42}{}'} + \frac{p_{14}}{C_{14}{}'} \cdot \frac{p_{23}}{C_{23}{}'} = 0.$$

Um die linke Seite möglichst einfach zu gestalten, setzen wir fest, dass

$$(31) \qquad\qquad C_{12}{}' \cdot C_{34}{}' = C_{13}{}' \cdot C_{42}{}' = C_{14}{}' \cdot C_{23}{}'$$

sein soll; sind also drei der Grössen $C_{ik}{}'$ beliebig angenommen, so sind alle sechs bis auf einen gemeinsamen Factor bestimmt. Im Folgenden soll einfach

$$C_{12}{}' = C_{34}{}' = C_{13}{}' = C_{42}{}' = C_{14}{}' = C_{23}{}' = 1$$

gesetzt werden. Es hat das, wie sich später ergeben wird, zur Folge, dass auch die Bedingungen für die vereinigte Lage eines Punktes und einer Geraden (p. 49 f.) in besonders einfacher und symmetrischer Gestalt erscheinen.

Nach (30) *werden also die tetraëdrischen Coordinaten der Verbindungslinie zweier Punkte x und y:*

$$(32) \quad \begin{aligned} \sigma p_{12} &= x_1 y_2 - y_1 x_2, & \sigma p_{34} &= x_3 y_4 - y_3 x_4, \\ \sigma p_{13} &= x_1 y_3 - y_1 x_3, & \sigma p_{42} &= x_4 y_2 - y_4 x_2, \\ \sigma p_{14} &= x_1 y_4 - y_1 x_4, & \sigma p_{23} &= x_2 y_3 - y_2 x_3; \end{aligned}$$

und zwischen ihnen besteht die Identität[*]):

$$(33) \qquad p_{12}p_{34} + p_{13}p_{42} + p_{14}p_{23} = 0,$$

und sie genügen den Relationen: $p_{ik} = - p_{ki}$. *Die Gleichungen* (29), *welche den Zusammenhang mit den rechtwinkligen Coordinaten vermitteln, werden:*

$$(34) \quad \begin{aligned} \tau p_{ik} &= (bc)_{ik}\pi + (ca)_{ik}\varkappa + (ab)_{ik}\varrho \\ &\quad + (da)_{ik}p + (db)_{ik}q + (dc)_{ik}r, \end{aligned}$$

wo $(bc)_{ik} = b_i c_k - b_k c_i$ etc. und wo die Grössen a_i, b_i, c_i, d_i die in (23) vorkommenden Substitutionscoëfficienten bedeuten. Ist ferner, wie oben, M_{ik} das Moment der Geraden p in Bezug auf die Schnittlinie der i^{ten} und k^{ten} Tetraëderfläche, so wird:

$$(35) \qquad \nu p_{ik} = \sqrt{(da)_{ik}{}^2 + (db)_{ik}{}^2 + (dc)_{ik}{}^2} \cdot M_{ik}.$$

Um die Gleichungen (34) aufzulösen, beachten wir, dass $\varDelta =$

$$(36) \quad \begin{aligned} &(ab)_{12}(cd)_{34} + (ab)_{13}(cd)_{42} + (ab)_{14}(cd)_{23} \\ &+ (ab)_{34}(cd)_{12} + (ab)_{42}(cd)_{13} + (ab)_{23}(cd)_{14} \end{aligned} = \begin{vmatrix} a_1 & a_2 & a_3 & a_4 \\ b_1 & b_2 & b_3 & b_4 \\ c_1 & c_2 & c_3 & c_4 \\ d_1 & d_2 & d_3 & d_4 \end{vmatrix},$$

dass folglich die linke Seite gleich Null wird, wenn man irgend einen der Buchstaben a, b, c, d durch einen andern unter ihnen ersetzt. Man wird also z. B. π durch die p_{ik} berechnen, indem man τp_{ik} mit $(da)_{lm}$ multiplicirt, wo l und m von i und k verschieden sind; und analog für $\varkappa$, ϱ, p, q, r. Man findet, wenn $\tau . \tau' = - \varDelta$:

---

[*]) Für die Einführung homogener Liniencoordinaten vgl. Cayley, on the six coordinates of a line, Transactions of the Cambridge philosophical Society, vol. 11, 2, 1867; Battaglini, Atti delle R. Accademia di Napoli, vol. 3, 1866. Klein: Ueber die Transformation der allgemeinen Gleichung zweiten Grades, etc. Inauguraldissertation, Bonn 1868 und Math. Annalen, Bd. 23.

$$\tau'\pi = (da)_{34}\,p_{12} + (da)_{42}\,p_{13} + (da)_{23}\,p_{14}$$
$$+ (da)_{12}\,p_{34} + (da)_{13}\,p_{42} + (da)_{14}\,p_{23},$$

also, wenn die rechte Seite zur Abkürzung mit $\Sigma(da)_{ik}p_{lm}$ bezeichnet wird:

$$(34)^* \quad \begin{aligned} &\tau'\pi = \Sigma(da)_{ik}p_{lm}, \quad \tau'\varkappa = \Sigma(db)_{ik}p_{lm}, \quad \tau'\varrho = \Sigma(dc)_{ik}p_{lm}, \\ &\tau'p = \Sigma(bc)_{ik}p_{lm}, \quad \tau'q = \Sigma(ca)_{ik}p_{lm}, \quad \tau'r = \Sigma(ab)_{ik}p_{lm}. \end{aligned}$$

Nun ist bekanntlich $(AB)_{ik} = \varDelta.(cd)_{lm}$, wenn die grossen Buchstaben wieder die Unterdeterminanten von $\varDelta$ bedeuten; die Gleichungen $(34)^*$ lassen sich also, wenn $\tau'.\varDelta = \tau''$, auch so schreiben:

$$(34)^{**} \quad \begin{aligned} &\tau''\pi = \Sigma(BC)_{ik}p_{ik}, \quad \tau''p = \Sigma(DA)_{ik}p_{ik}, \\ &\tau''\varkappa = \Sigma(CA)_{ik}p_{ik}, \quad \tau''q = \Sigma(DB)_{ik}p_{ik}, \\ &\tau''\varrho = \Sigma(AB)_{ik}p_{ik}, \quad \tau''r = \Sigma(DC)_{ik}p_{ik}. \end{aligned}$$

Diese Auflösungen entstehen also aus $(23)^*$ in analoger Weise, wie die Gleichungen (34) selbst aus (23).

Es bleibt uns übrig zu zeigen, wie die eigenthümliche Stellung der Geraden gegenüber dem Principe der Dualität bei Anwendung tetraëdrischer Coordinaten zur Geltung kommt. Analog zu (32) muss man die gerade Linie auch durch zwei Ebenen u, v und sechs Coordinaten q_{ik} bestimmen können, wenn

$$(37) \qquad\qquad \sigma'q_{ik} = u_i v_k - v_i u_k .$$

Diese sechs Grössen werden sich, wie bei den rechtwinkligen Coordinaten, auf die p_{ik} zurückführen lassen. Um dies direct nachzuweisen, gehen wir von den Bedingungen aus, welche aussagen, dass die Punkte x und y auf der Schnittlinie der Ebenen u und v liegen, nämlich:

$$u_1 x_1 + u_2 x_2 + u_3 x_3 + u_4 x_4 = 0,$$
$$u_1 y_1 + u_2 y_2 + u_3 y_3 + u_4 y_4 = 0,$$
$$v_1 x_1 + v_2 x_2 + v_3 x_3 + v_4 x_4 = 0,$$
$$v_1 y_1 + v_2 y_2 + v_3 y_3 + v_4 y_4 = 0.$$

Multiplicirt man die erste Gleichung mit y_4, die zweite mit $- x_4$ und addirt, so folgt:

$$u_1 p_{14} + u_2 p_{24} + u_3 p_{34} = 0,$$

ebenso aus der dritten und vierten Gleichung:

$$v_1 p_{14} + v_2 p_{24} + v_3 p_{34} = 0,$$

also:

$$\mu p_{14} = u_2 v_3 - v_2 u_3 = \sigma' q_{23},$$
$$\mu p_{24} = u_3 v_1 - v_3 u_1 = \sigma' q_{31},$$
$$\mu p_{34} = u_1 v_2 - v_1 u_2 = \sigma' q_{12}.$$

In analoger Weise bildet man die Gleichungen:

$$u_2 p_{21} + u_3 p_{31} + u_4 p_{41} = 0,$$
$$v_2 p_{21} + v_3 p_{31} + v_4 p_{41} = 0$$

und erhält aus ihnen, da $p_{41} = - p_{14}$:

$$\mu p_{14} = u_2 v_3 - v_2 u_3 = \sigma' q_{23},$$
$$\mu p_{13} = u_4 v_2 - v_4 u_2 = \sigma' q_{42},$$
$$\mu p_{12} = u_3 v_4 - v_3 u_4 = \sigma' q_{34}.$$

Aus einem dritten Paare von Gleichungen endlich würde hervorgehen:

$$\mu p_{23} = u_1 v_4 - v_1 u_4 = \sigma' q_{14}.$$

Zwischen den durch (37) *definirten Grössen* q_{ik} *und den durch* (32) *definirten Grössen* p_{ik} *bestehen daher die Relationen*

$$\sigma'' p_{12} = q_{34}, \quad \sigma'' p_{13} = q_{42}, \quad \sigma'' p_{14} = q_{23},$$
$$\sigma'' p_{34} = q_{12}, \quad \sigma'' p_{42} = q_{13}, \quad \sigma'' p_{23} = q_{14},$$

oder, wenn

$$\sigma''^2 P = (p_{12} p_{34} + p_{13} p_{42} + p_{14} p_{23}) \, \sigma''^2$$
$$= q_{12} q_{34} + q_{13} q_{42} + q_{14} q_{23} = Q$$

gesetzt wird:

$$(38) \qquad \sigma'' p_{ik} = \frac{\partial Q}{\partial q_{ik}}, \quad q_{ik} = \sigma'' \frac{\partial P}{\partial p_{ik}},$$

wo σ'' *ein unbestimmter Proportionalitätsfactor ist.*

Der Vollständigkeit halber möge noch darauf hingewiesen werden, dass die linke Seite der Identität (33), d. i. der Ausdruck P (bez. Q), vermöge der Substitution (34) oder (34)** bis auf einen Factor in den Ausdruck $p\pi + q\varkappa + r\varrho$ übergeht. Man bestätigt dies leicht mit Hülfe von (34) unter Anwendung von (36); es ergibt sich so durch Ausrechnung:

$$(39) \quad \tau^2 \, (p_{12} p_{34} + p_{13} p_{42} + p_{14} p_{23}) = - \varDelta \, (p\pi + q\varkappa + r\varrho).$$

Man erkennt aus den vorstehenden Formeln, dass zwischen rechtwinkligen und tetraëdrischen Liniencoordinaten kein wesentlicher Unterschied besteht; in der That waren ja auch erstere als Verhältnisszahlen definirt. Auch die Formeln, welche für Liniencoordinaten den Uebergang von einem rechtwinkligen zu einem andern rechtwinkligen Coordinatensysteme vermitteln, sind nicht wesentlich verschieden von den Formeln, die von einem rechtwinkligen zu einem tetraëdrischen Systeme führen. Anders ist es für Punkt- und Ebenencoordinaten. Es wurde schon hervorgehoben, dass die Gleichungen (14) und (16) nicht einander analog gebildet sind, wie es das Princip der Dualität erfordern würde; die Gleichungen (23)* und (26)* dagegen, welche von rechtwinkligen zu homogenen Coordinaten führen, sind diesem Principe gemäss gebildet, in beiden tritt rechts ein gemeinsamer Nenner auf. Verschwindet der Nenner in (26)*, so werden die Grössen u, v, w unendlich; es stellt daher die Gleichung

$$d_1 u_1 + d_2 u_2 + d_3 u_3 + d_4 u_4 = 0$$

den Anfangspunkt des rechtwinkligen Systems dar (vgl. p. 18), während

$$\Sigma a_i u_i = 0, \quad \Sigma b_i u_i = 0, \quad \Sigma c_i u_i = 0$$

bez. die Gleichungen der unendlich fernen Punkte der X-, Y- und Z-Axe in homogenen Ebenencoordinaten sind. Ebenso folgt aus (23), dass die Gleichungen der Y-Z-, der Z-X- und der X-Y-Ebene, bezogen auf das tetraëdrische System, bez. durch

$$\Sigma A_i x_i = 0, \quad \Sigma B_i x_i = 0, \quad \Sigma C_i x_i = 0$$

gegeben werden. Wenn dagegen der Nenner verschwindet, wenn also

$$(40) \qquad D_1 x_1 + D_2 x_2 + D_3 x_3 + D_4 x_4 = 0$$

ist, so werden x, y, z gleichzeitig unendlich gross. Umgekehrt, lässt man einen Punkt x, y, z sich in bestimmter Richtung in's Unendliche entfernen, wo dann die Verhältnisse $x : y : z$ endliche Werthe behalten, so ergeben sich aus (23) auch endliche Werthe für die Verhältnisse $x_1 : x_2 : x_3 : x_4$; es werden also x, y, z auch nur unendlich, wenn die Gleichung (40) befriedigt ist.

Da nun eine lineare homogene Gleichung im Allgemeinen eine Ebene darstellt, so *verhalten sich die unendlich fernen Punkte des Raumes wie die Punkte einer Ebene*; d. h., wenn man untersuchen will, wie sich irgend ein Gebilde (Fläche oder Curve) in's Unendliche erstreckt, so hat man algebraisch dasselbe Problem zu lösen, als wenn man den Schnitt des Gebildes mit einer Ebene untersuchen will; man braucht nicht Grenzübergänge zu machen, indem man alle Gleichungen in solche zwischen den endlich bleibenden Verhältnissen $x : y : z$ verwandelt, sondern man braucht nur homogene Coordinaten einzuführen, und dann den Schnitt der Fläche mit der Ebene (40) zu untersuchen. Letzteres geschieht am Einfachsten, indem man statt der allgemeinen Substitution (23) die besonders einfache

$$(41) \qquad x = \frac{x_1}{x_4}, \quad y = \frac{x_2}{x_4}, \quad z = \frac{x_3}{x_4}$$

anwendet, bei welcher $x_4 = 0$ die Gleichung derjenigen Ebene ist, welche man an Stelle der unendlich fernen Punkte betrachten darf. *Man spricht daher von einer unendlich fernen Ebene des Raumes* und operirt mit ihr wie mit jeder andern Ebene. Beispiele dafür werden sich bei Untersuchung der Flächen zweiter Ordnung und Klasse in grosser Zahl darbieten. Wir erinnern hier nur daran, dass alle unendlich fernen Punkte einer Ebene behandelt werden dürfen wie Punkte einer Geraden (Bd. I, p. 67); dieser Satz erscheint jetzt als Folge des allgemeineren, dass sich zwei Ebenen in einer Geraden schneiden; man braucht nur als eine Ebene die unendlich ferne zu wählen. Ebenso folgt das bekannte Resultat, dass einer geraden Linie nur ein unendlich ferner Punkt zugeschrieben werden darf, aus dem Satze, dass eine Ebene von einer Geraden, die nicht in ihr liegt, in nur einem Punkte getroffen werden kann.

Benutzt man die Substitution (41), so fallen drei Coordinatenebenen des tetraëdrischen Systems mit den dreien des rechtwinkligen zusammen, und die vierte Ebene des ersteren ist die unendlich ferne. In der That kann man die gewöhnlichen rechtwinkligen Coordinaten aus den tetraëdrischen durch einen Grenzübergang ableiten, indem man eine Ebene des Tetraëders sich in's Unendliche entfernen lässt.

Nehmen wir zunächst drei Ebenen des Coordinatentetraëders auf einander rechtwinklig an und bezeichnen mit x, y, z die Entfernung eines Punktes x von ihnen. Dann ist in (18) $s_1 = x$, $s_2 = y$, $s_3 = z$; also kann man setzen:

$$\mu x_1 = x, \quad \mu x_2 = y, \quad \mu x_3 = z,$$

$$\mu x_4 = \frac{x \cos \alpha + y \cos \beta + z \cos \gamma - d}{-d},$$

wenn α, β, γ die Richtungswinkel der vierten Tetraëderebene gegen die drei andern bedeuten und p deren Entfernung von der gegenüberliegenden Ecke ist; man hat dabei $k_1 = k_2 = k_3 = 1$, $k_4 \cdot d = -1$ gesetzt. Lassen wir jetzt d unendlich gross werden, so wird $\mu x_4 = 1$, und wir haben, wenn etwa $x_4 = 1$ gewählt wird, ein rechtwinkliges Coordinatensystem. *Bei letzterem wird also das Coordinatentetraëder durch die drei Ebenen $x = 0$, $y = 0$, $z = 0$ und durch die unendlich ferne Ebene gebildet.*

Bei diesem Grenzübergange gehen gleichzeitig die homogenen Ebenencoordinaten u_1, u_2, u_3, u_4 in die rechtwinkligen u, v, w über. Die drei Tetraëderecken, welche sich in der Ebene $x_4 = 0$ befinden, haben bez. die rechtwinkligen Coordinaten

$$\frac{d}{\cos \alpha}, 0, 0; \quad 0, \frac{d}{\cos \beta}, 0; \quad 0, 0, \frac{d}{\cos \gamma}.$$

Es wird also in (19) nach (29) p. 12:

$$s_1' = \frac{u\,d}{\cos\alpha\,\sqrt{u^2+v^2+w^2}}, \qquad s_2' = \frac{v\,d}{\cos\beta\,\sqrt{u^2+v^2+w^2}},$$

$$s_3' = \frac{w\,d}{\cos\gamma\,\sqrt{u^2+v^2+w^2}}, \qquad s_4' = \frac{1}{\sqrt{u^2+v^2+w^2}};$$

und in obigen Formeln ist

$$D_1 = \frac{\cos\alpha}{d}, \quad D_2 = \frac{\cos\beta}{d}, \quad D_3 = \frac{\cos\gamma}{d}, \quad D_4 = -1$$

zu nehmen. Da nun $l_i = D_i$ gefunden wurde (p. 83), so folgt aus (19):

$$u_1 : u_2 : u_3 : u_4 = u : v : w : 1,$$

eine Proportion, in welcher sich d fortgehoben hat, welche also auch für $d = \infty$ bestehen bleibt. Dasselbe ergibt sich aus den Gleichungen (26) oder (26)*.

Für Liniencoordinaten endlich muss man folgende Ueberlegungen anstellen. Die rechtwinkligen Coordinaten einer Geraden p in Bezug auf die drei zu einander rechtwinkligen Kanten des Tetraëders seien p, q, r, π, $\varkappa$, ϱ. Dann sind die Momente von p in Bezug auf diese drei Kanten (vgl. p. 48), wenn allgemein mit M_{ik} ihr Moment in Bezug auf die Schnittlinie von $x_i = 0$ bezeichnet wird:

$$M_{12} = \frac{\varrho}{\sqrt{p^2+q^2+r^2}}, \quad M_{23} = \frac{\pi}{\sqrt{p^2+q^2+r^2}}, \quad M_{31} = \frac{\varkappa}{\sqrt{p^2+q^2+r^2}}.$$

Die Schnittlinie der Ebene $x_4 = 0$ mit der Ebene $x_1 = 0$ hat als Verbindungslinie der Punkte

$$0, \frac{d}{\cos\beta}, 0 \quad \text{und} \quad 0, 0, \frac{d}{\cos\gamma}$$

die Coordinaten:

$$\mu p = 0, \qquad \mu\pi = -\frac{d^2}{\cos\beta\,\cos\gamma}$$

$$\mu q = \frac{d}{\cos\beta}, \qquad \mu\varkappa = 0,$$

$$\mu r = -\frac{d}{\cos\gamma}, \qquad \mu\varrho = 0.$$

Es wird daher (p. 47):

$$M_{14} = \frac{-p\,d + \varkappa\cos\gamma - \varrho\cos\beta}{\sqrt{p^2+q^2+r^2}\,\sqrt{\cos^2\beta+\cos^2\gamma}},$$

und ebenso:

$$M_{24} = \frac{-q\,d + \varrho\cos\alpha - \pi\cos\gamma}{\sqrt{p^2+q^2+r^2}\,\sqrt{\cos^2\gamma+\cos^2\alpha}},$$

$$M_{34} = \frac{-r\,d + \pi\cos\beta - \varkappa\cos\alpha}{\sqrt{p^2+q^2+r^2}\,\sqrt{\cos^2\alpha+\cos^2\beta}}.$$

Setzt man wieder

$$r\,p_{ik} = C_{ik} \cdot M_{ik},$$

und $C_{ik} = C_{ik}' \cdot \sqrt{p^2 + q^2 + r^2}$, so müssen die Grössen C_{ik}' den Gleichungen (31) genügen. Man darf sie aber nicht sämmtlich gleich der Einheit annehmen; dies ist nur für C_{12}', C_{23}', C_{31}' erlaubt, dagegen muss man

$$C_{14}' = C_{24}' = C_{34}' = \frac{1}{d}$$

setzen, damit die Producte $C_{ik} \cdot M_{ik}$ auch für $d = \infty$ endliche Werthe behalten. Rückt die Ebene $x_4 = 0$ ins Unendliche, so wird also

$$(42) \qquad p : q : r : \pi : \varkappa : \varrho = - p_{14} : - p_{24} : - p_{34} : p_{23} : p_{31} : p_{12} ,$$

so dass $p\pi + q\varkappa + r\varrho$ zu $- (p_{12}p_{34} + p_{13}p_{42} + p_{14}p_{23})$ proportional ist, was mit (39) übereinstimmt. Durch den Grenzübergang werden p, q, r die Momente in Bezug auf die unendlich fernen Geraden der drei Coordinatenebenen, wie es nach Früherem sein soll (p. 48). Die Proportion (42) folgt auch direct aus (34).

Nach (23) und (24) geschieht der Uebergang von einem beliebigen rechtwinkligen zu einem beliebigen homogenen Coordinatensysteme mittelst der allgemeinsten linearen Gleichungen, welche man zwischen vier homogenen und drei absoluten Veränderlichen aufstellen kann. Der Uebergang von einem Tetraëdersysteme (x_1, x_2, x_3, x_4) zu einem andern (ξ_1, ξ_2, ξ_3, ξ_4) kann dadurch bewerkstelligt werden, dass man beide zunächst auf ein rechtwinkliges System bezieht. Man hat dann nach (23) und (23)*:

$$\begin{aligned} \sigma x_i &= a_i x + b_i y + c_i z + d_i , \\ \sigma' \xi_i &= a_i' x + b_i' y + c_i' z + d_i' , \end{aligned} \qquad i = 1, 2, 3, 4;$$

$$x = \frac{\Sigma A_i x_i}{\Sigma D_i x_i} = \frac{\Sigma A_i' \xi_i}{\Sigma D_i' \xi_i}, \qquad y = \frac{\Sigma B_i x_i}{\Sigma D_i x_i} = \frac{\Sigma B_i' \xi_i}{\Sigma D_i' \xi_i},$$

$$z = \frac{\Sigma C_i x_i}{\Sigma D_i x_i} = \frac{\Sigma C_i' \xi_i}{\Sigma D_i' \xi_i};$$

also auch:

$$\sigma x_j = a_j \frac{\Sigma A_i' \xi_i}{\Sigma D_i' \xi_i} + b_j \frac{\Sigma B_i' \xi_i}{\Sigma D_i' \xi_i} + c_j \frac{\Sigma C_i' \xi_i}{\Sigma D_i' \xi_i} + d_j$$

oder, wenn $\sigma \cdot \Sigma D_i' \xi_i = \mu$ gesetzt wird:

$$\mu x_j = a_j \Sigma A_i' \xi_i + b_j \Sigma B_i' \xi_i + c_j \Sigma C_i' \xi_i + d_j \Sigma D_i' \xi_i$$

$$\text{für } j = 1, 2, 3, 4,$$

oder wenn

$$(43) \qquad a_j A_i' + b_j B_i' + c_j C_i' + d_j D_i' = a_{ji}$$

gesetzt wird:

$$(44) \qquad \mu x_j = a_{j1} \xi_1 + a_{j2} \xi_2 + a_{j3} \xi_3 + a_{j4} \xi_4 .$$

Vermöge (43) sind die 16 Coëfficienten a_{i1} durch die 16 willkürlichen

Grössen a_i, b_i, c_i, d_i und die 16 ebenfalls willkürlichen Grössen $a_i{'}$, $b_i{'}$, $c_i{'}$, $d_i{'}$ ausgedrückt; jedenfalls sind also die a_{ik} im Allgemeinen von einander unabhängig: *Der Uebergang von einem Tetraëdersysteme zu einem andern geschieht für Punkt- (und also auch für Ebenen-) Coordinaten mittelst der allgemeinen linearen Gleichungen von der Form (44), deren Determinante nicht verschwindet.* Man hat also, wenn A_{ik} den Coëfficienten von a_{ik} in der Determinante $\Sigma \pm a_{11}a_{22}a_{33}a_{44}$ bedeutet:

$$
\begin{aligned}
\mu x_1 &= a_{11}\xi_1 + a_{12}\xi_2 + a_{13}\xi_3 + a_{14}\xi_4, & \nu\xi_1 &= A_{11}x_1 + A_{21}x_2 + A_{31}x_3 + A_{41}x_4, \\
\mu x_2 &= a_{21}\xi_1 + a_{22}\xi_2 + a_{23}\xi_3 + a_{24}\xi_4, & \nu\xi_2 &= A_{12}x_1 + A_{22}x_2 + A_{32}x_3 + A_{42}x_4, \\
\mu x_3 &= a_{31}\xi_1 + a_{32}\xi_2 + a_{33}\xi_3 + a_{34}\xi_4, & \nu\xi_3 &= A_{13}x_1 + A_{23}x_2 + A_{33}x_3 + A_{43}x_4, \\
\mu x_4 &= a_{41}\xi_1 + a_{42}\xi_2 + a_{43}\xi_3 + a_{44}\xi_4, & \nu\xi_4 &= A_{14}x_1 + A_{24}x_2 + A_{34}x_3 + A_{44}x_4.
\end{aligned}
\tag{45}
$$

Die entsprechenden Formeln für Ebenencoordinaten (u_i und ω_i) ergeben sich, wenn man beachtet, dass die Gleichung der Ebene $\Sigma u_k x_k = 0$, oder wegen (45)

$$
\sum_k \sum_i a_{ki} u_k \xi_i = 0,
$$

von der Form $\Sigma \omega_k \xi_k = 0$ sein muss; also analog zu (26) und (26)*:

$$
\begin{aligned}
\mu' u_1 &= A_{11}\omega_1 + A_{12}\omega_2 + A_{13}\omega_3 + A_{14}\omega_4, \\
\mu' u_2 &= A_{21}\omega_1 + A_{22}\omega_2 + A_{23}\omega_3 + A_{24}\omega_4, \\
\mu' u_3 &= A_{31}\omega_1 + A_{32}\omega_2 + A_{33}\omega_3 + A_{34}\omega_4, \\
\mu' u_4 &= A_{41}\omega_1 + A_{42}\omega_2 + A_{43}\omega_3 + A_{44}\omega_4; \\
\nu' \omega_1 &= a_{11}u_1 + a_{21}u_2 + a_{31}u_3 + a_{41}u_4, \\
\nu' \omega_2 &= a_{12}u_1 + a_{22}u_2 + a_{32}u_3 + a_{42}u_4, \\
\nu' \omega_3 &= a_{13}u_1 + a_{23}u_2 + a_{33}u_3 + a_{43}u_4, \\
\nu' \omega_4 &= a_{14}u_1 + a_{24}u_2 + a_{34}u_3 + a_{44}u_4.
\end{aligned}
\tag{46}
$$

Für Liniencoordinaten folgt aus (45), wenn p die Verbindungslinie der Punkte x und y ist:

$$
\begin{aligned}
\sigma p_{ik} &= x_i y_k - y_i x_k \\
&= (a_{i1}\xi_1 + a_{i2}\xi_2 + a_{i3}\xi_3 + a_{i4}\xi_4)(a_{k1}\eta_1 + a_{k2}\eta_2 + a_{k3}\eta_3 + a_{k4}\eta_4) \\
&\quad - (a_{i1}\eta_1 + a_{i2}\eta_2 + a_{i3}\eta_3 + a_{i4}\eta_4)(a_{k1}\xi_1 + a_{k2}\xi_2 + a_{k3}\xi_3 + a_{k4}\xi_4) \\
&= (a_{i1}a_{k2} - a_{k1}a_{i2})(\xi_1\eta_2 - \eta_1\xi_2) + (a_{i1}a_{k3} - a_{k1}a_{i3})(\xi_1\eta_3 - \eta_1\xi_3) \\
&\quad + (a_{i1}a_{k4} - a_{k1}a_{i4})(\xi_1\eta_4 - \eta_1\xi_4) + (a_{i2}a_{k3} - a_{k2}a_{i3})(\xi_2\eta_3 - \eta_2\xi_3) \\
&\quad + (a_{i2}a_{k4} - a_{k2}a_{i4})(\xi_2\eta_4 - \eta_2\xi_4) + (a_{i3}a_{k4} - a_{k3}a_{i4})(\xi_3\eta_4 - \eta_3\xi_4),
\end{aligned}
$$

oder wenn π_{ik} die Coordinaten der Linie p im andern Systeme bedeuten:

$$(47) \quad \tau\, p_{ik} = \mathsf{A}_{ik}^{(12)}\, \pi_{12} + \mathsf{A}_{ik}^{(13)}\, \pi_{13} + \mathsf{A}_{ik}^{(14)}\, \pi_{14}$$
$$+ \mathsf{A}_{ik}^{(34)}\, \pi_{34} + \mathsf{A}_{ik}^{(24)}\, \pi_{24} + \mathsf{A}_{ik}^{(23)}\, \pi_{23},$$

wo zur Abkürzung:

$$(48) \qquad \mathsf{A}_{ik}^{(lm)} = a_{il}a_{km} - a_{im}a_{kl},$$

so dass:

$$\mathsf{A}_{ik}^{(lm)} = -\,\mathsf{A}_{ik}^{(ml)} = -\,\mathsf{A}_{ki}^{(lm)} = \mathsf{A}_{ki}^{(ml)}.$$

Ebenso kann man die Auflösungen von (47) aus den in (45) rechts stehenden Gleichungen ableiten, man hat nur die a_{ik} durch die A_{ki} zu ersetzen. Nun ist nach bekannten Determinantensätzen:

$$A_{1i}A_{2k} - A_{2i}A_{1k} = \varDelta\,(a_{3i}a_{4k} - a_{4i}a_{3k}) = \varDelta \cdot \mathsf{A}_{34}^{(ik)}$$
$$A_{1i}A_{3k} - A_{3i}A_{1k} = \varDelta\,(a_{4i}a_{2k} - a_{2i}a_{4k}) = \varDelta \cdot \mathsf{A}_{42}^{(ik)}$$
$$A_{1i}A_{4k} - A_{4i}A_{1k} = \varDelta\,(a_{2i}a_{3k} - a_{3i}a_{2k}) = \varDelta \cdot \mathsf{A}_{23}^{(ik)}, \text{ u. s. f.}$$

wo $\varDelta = \Sigma \pm\, a_{11}a_{22}a_{33}a_{44}$; also wird:

$$(47)^* \quad \tau'\, \pi_{ik} = \mathsf{A}_{34}^{(ik)}\, p_{12} + \mathsf{A}_{42}^{(ik)}\, p_{13} + \mathsf{A}_{23}^{(ik)}\, p_{14}$$
$$+ \mathsf{A}_{12}^{(ik)}\, p_{34} + \mathsf{A}_{13}^{(ik)}\, p_{42} + \mathsf{A}_{14}^{(ik)}\, p_{23}.$$

Die geometrische Bedeutung der in (45) auftretenden Substitutionscoëfficienten ist leicht zu erkennen. *Es sind nämlich die Coordinaten der Tetraëder-Flächen*

des x-Systems in Bezug auf das Tetraëder des ξ-Systems bez.:	*des ξ-Systems in Bezug auf das Tetraëder des x-Systems bez.:*
$a_{11},\ a_{12},\ a_{13},\ a_{14},$	$A_{11},\ A_{21},\ A_{31},\ A_{41},$
$a_{21},\ a_{22},\ a_{23},\ a_{24},$	$A_{12},\ A_{22},\ A_{32},\ A_{42},$
$a_{31},\ a_{32},\ a_{33},\ a_{34},$	$A_{13},\ A_{23},\ A_{33},\ A_{43},$
$a_{41},\ a_{42},\ a_{43},\ \alpha_{44};$	$A_{14},\ A_{24},\ A_{34},\ A_{44};$

(49)

und es sind die Coordinaten der Tetraëder-Ecken

des x-Systems in Bezug auf das Tetraëder des ξ-Systems	*des ξ-Systems in Bezug auf das Tetraëder des x-Systems*
$A_{11},\ A_{12},\ A_{13},\ A_{14},$	$a_{11},\ a_{21},\ a_{31},\ a_{41},$
$A_{21},\ A_{22},\ A_{23},\ A_{24},$	$a_{12},\ a_{22},\ a_{32},\ a_{42},$
$A_{31},\ A_{32},\ A_{33},\ A_{34},$	$a_{13},\ a_{23},\ a_{33},\ a_{43},$
$A_{41},\ A_{42},\ A_{43},\ A_{44}.$	$a_{14},\ a_{24},\ a_{84},\ a_{44}.$

(50)

Endlich sind wegen (47) *die Coordinaten der Tetraëderkante des x-Systems in Bezug auf das Tetraëder des ξ-Systems*, und zwar der

Schnittlinie von $x_i = 0$ mit $x_k = 0$ (oder der Verbindungslinie von $u_l = 0$ mit $u_m = 0$):

$$
(51) \quad
\begin{aligned}
&\tau p_{12} = a_{i3}a_{k4} - a_{i4}a_{k3}, \quad && \tau p_{34} = a_{i1}a_{k2} - a_{i2}a_{k1}, \\
&\tau p_{13} = a_{i4}a_{k2} - a_{i2}a_{k4}, \quad && \tau p_{42} = a_{i1}a_{k3} - a_{i3}a_{k1}, \\
&\tau p_{14} = a_{i2}a_{k3} - a_{i3}a_{k2}, \quad && \tau p_{23} = a_{i1}a_{k4} - a_{i4}a_{k1};
\end{aligned}
$$

und wegen (47)* *die Coordinaten der Tetraëderkanten des ξ-Systems in Bezug auf das Tetraëder des x-Systems*, und zwar der Schnittlinie von $\xi_i = 0$ mit $\xi_k = 0$:

$$
(52) \quad
\begin{aligned}
&\tau' \pi_{12} = a_{1i}a_{2k} - a_{1k}a_{2i}, \quad && \tau' \pi_{34} = a_{3i}a_{4k} - a_{3k}a_{4i}, \\
&\tau' \pi_{13} = a_{1i}a_{3k} - a_{1k}a_{3i}, \quad && \tau' \pi_{42} = a_{4i}a_{2k} - a_{4k}a_{2i}, \\
&\tau' \pi_{14} = a_{1i}a_{4k} - a_{1k}a_{4i}, \quad && \tau' \pi_{23} = a_{2i}a_{3k} - a_{2k}a_{3i}.
\end{aligned}
$$

Die Transformation von einem Tetraëder auf ein anderes umfasst als speciellen Fall die orthogonalen Substitutionen, von denen wir ausgingen. Man erhält sie, indem man x_4 zu ξ_4 proportional setzt, unter $x_4 = 0$ die unendlich ferne Ebene versteht und die anderen drei Tetraëderebenen auf einander rechtwinklig wählt. Lässt man letztere Bedingung fallen, so erhält man das sogenannte *schiefwinklige Coordinatensystem*. In ihm sind die Coordinaten eines Punktes definirt als Kanten eines schiefwinkligen Parallelopipedons, dessen Seitenflächen einerseits durch die drei zu einander beliebig geneigten festen „Coordinatenebenen", andererseits durch drei hierzu parallele Ebenen gegeben sind, welche durch den betrachteten Punkt gehen. Ein solches System wendet man gelegentlich an; es möge daher noch kurz aus dem allgemeinen abgeleitet werden.

Wir gehen von einem Tetraëder aus, in welchem die Kante $x_1 = 0$, $x_2 = 0$ mit $x_1 = 0$, $x_3 = 0$ den Winkel α, die Kante $x_2 = 0$, $x_3 = 0$ mit $x_2 = 0$, $x_1 = 0$ den Winkel β, die Kante $x_3 = 0$, $x_1 = 0$ mit $x_3 = 0$, $x_2 = 0$ den Winkel γ bildet. Wir nennen x, y, z die Längen der drei Linien, welche man durch den Punkt x parallel zu den genannten drei Tetraëderkanten ziehen kann, gemessen von dem Punkte x aus bis zu ihren Schnittpunkten mit den drei Flächen. Sind dann wieder s_1, s_2, s_3 die Abstände des Punktes x von den Ebenen $x_1 = 0$, $x_2 = 0$, $x_3 = 0$, so ist offenbar:

$$
s_1 = x \sin \alpha, \quad s_2 = y \sin \beta, \quad s_3 = z \sin \gamma.
$$

Die Entfernung s_4 des Punktes x von der vierten Ebene $x_4 = 0$ lässt sich durch s_1, s_2, s_3 ausdrücken. Bezeichnet man nämlich mit $\varDelta_i$ den Inhalt des ebenen Dreiecks, welches auf der Ebene $x_i = 0$ durch die drei anderen Ebenen ausgeschnitten wird, so ist $\frac{1}{3} s_i \varDelta_i$ gleich dem

Inhalte des Tetraëders, welches durch die Ecken des genannten Dreiecks und durch den Punkt x gebildet wird; also offenbar:

$$(53) \qquad \varDelta_1 s_1 + \varDelta_2 s_2 + \varDelta_3 s_3 + \varDelta_4 s_4 = 3\varDelta,$$

wenn $\varDelta$ dem Inhalte des ganzen Coordinatentetraëders gleich ist. Setzt man nun

$$k_1 = \frac{1}{\sin \alpha}, \quad k_2 = \frac{1}{\sin \beta}, \quad k_3 = \frac{1}{\sin \gamma}, \quad k_4 = \frac{\varDelta_4}{3\varDelta},$$

so wird nach (18):

$$\varrho x_1 = x, \quad \varrho x_2 = y, \quad \varrho x_3 = z,$$

$$\varrho x_4 = k_4 s_4 = \frac{3\varDelta - \varDelta_1 s_1 - \varDelta_2 s_2 - \varDelta_3 s_3}{3\varDelta}.$$

Jetzt lassen wir die Ebene $x_4 = 0$ sich in's Unendliche entfernen; dann werden die Grössen $\varDelta$, $\varDelta_1$, $\varDelta_2$, $\varDelta_3$ unendlich gross, aber so, dass

$$\lim \frac{\varDelta_1}{\varDelta} = 0, \quad \lim \frac{\varDelta_2}{\varDelta} = 0, \quad \lim \frac{\varDelta_3}{\varDelta} = 0,$$

denn es ist:

$$\frac{\varDelta_1}{\varDelta} = \frac{1}{3h_1}, \quad \frac{\varDelta_2}{\varDelta} = \frac{1}{3h_2}, \quad \frac{\varDelta_3}{\varDelta} = \frac{1}{3h_3},$$

wenn h_1, h_2, h_3 die drei Höhen des Tetraëders bezeichnen, und letztere werden gleichzeitig mit $\varDelta$ unendlich gross. Man erhält also die Proportion:

$$x_1 : x_2 : x_3 : x_4 = x : y : z : 1,$$

welche mit (41) identisch ist. *Letztere gilt also für den Uebergang von Tetraëder-Coordinaten sowohl zu rechtwinkligen als zu schiefwinkligen Coordinaten.*

Die Gleichung (53) zeigt, dass zwischen den Coordinaten x_1, x_2, x_3, x_4 eine lineare Identität von der Form

$$(54) \qquad k_1 x_1 + k_2 x_2 + k_3 x_3 + k_4 x_4 = 1$$

besteht, sobald man ihnen absolute Werthe beilegt (d. h. dem willkürlichen Proportionalitätsfactor einen bestimmten Werth gibt, ihn z. B. gleich 1 setzt). Letzteres zu thun empfiehlt sich besonders, wenn man bei Benutzung der homogenen Coordinaten sich gleichzeitig der Principien der Differentialrechnung bedient, wie es weiterhin in der Theorie der Flächen wiederholt geschehen soll; dann hat man zu beachten, dass die Differentiale dx_i nicht von einander unabhängig sind, sondern der aus (54) hervorgehenden Relation

$$(55) \qquad k_1 dx_1 + k_2 dx_2 + k_3 dx_3 + k_4 dx_4 = 0$$

zu genügen haben. In der That gibt es von einem Punkte aus nur doppelt unendlich viele Fortschreitungsrichtungen, so dass die Verhältnisse von drei Differentialen $\left(\text{z. B. } \dfrac{dx_1}{dx_3} \text{ und } \dfrac{dx_2}{dx_3}\right)$ eine solche Richtung schon vollständig bestimmen.

VII. Punkt, Ebene und Gerade in homogenen Coordinaten.

Die neu eingeführten homogenen oder tetraëdrischen Coordinaten benutzen wir zunächst, um Punkt, Ebene und Gerade mit Hülfe derselben zu behandeln und so eine kurze Uebersicht über die früher mittelst rechtwinkliger Coordinaten erhaltenen Resultate zu geben. Wir beschränken uns dabei auf solche Fragen und Sätze, welche *darauf beruhen, dass Punkte in Ebenen oder Geraden liegen, Ebenen durch Punkte oder Gerade gehen, Gerade sich schneiden oder in Ebenen liegen oder durch Punkte gehen sollen,* also bei welchen metrische Relationen nicht vorkommen. Allerdings würde man auch Aufgaben metrischen Charakters mittelst der neuen Coordinaten behandeln können, wenn man ihnen absolute Werthe beilegt und berücksichtigt, dass dann zwischen ihnen eine Identität der Form (54) besteht. Aber es bietet dies keine wesentlichen Vortheile, da bei metrischen Relationen, wie wir sehen werden, die unendlich ferne Ebene immer besonders ausgezeichnet ist, was dann eben den Gebrauch rechtwinkliger Coordinaten naturgemäss erscheinen lässt. Nach unseren bisherigen Untersuchungen könnte man geneigt sein, auch alle Doppelverhältniss-Relationen zu den metrischen zu rechnen; dies ist aber nicht richtig, wie schon in der ebenen Geometrie gezeigt wurde. Das Doppelverhältniss wurde zwar als Quotient von Abstandsverhältnissen, also metrisch, definirt; gleichwohl sind alle Aufgaben und Sätze, die sich auf dasselbe beziehen, besonders zur Behandlung mittelst homogener Coordinaten geeignet, wie sich aus der Unveränderlichkeit des Doppelverhältnisses bei beliebigen collinearen Umformungen ergab (Bd. I, p. 117).

Nach Obigem (p. 83) ist die vereinigte Lage einer Ebene u mit einem Punkte x durch die Gleichung

$$(1) \qquad u_1 x_1 + u_2 x_2 + u_3 x_3 + u_4 x_4 = 0$$

(oder $\Sigma u_i x_i = 0$) angezeigt. Hieraus folgt:

Die Gleichung einer Ebene, welche durch drei nicht in einer Geraden gelegene Punkte y, z, t bestimmt wird, ist:	Die Gleichung eines Punktes, welcher in drei Ebenen v, w, r liegt, die nicht einem Büschel angehören, ist:

$$(2)\quad \begin{vmatrix} x_1 & x_2 & x_3 & x_4 \\ y_1 & y_2 & y_3 & y_4 \\ z_1 & z_2 & z_3 & z_4 \\ t_1 & t_2 & t_3 & t_4 \end{vmatrix} = 0;\qquad \begin{vmatrix} u_1 & u_2 & u_3 & u_4 \\ v_1 & v_2 & v_3 & v_4 \\ w_1 & w_2 & w_3 & w_4 \\ r_1 & r_2 & r_3 & r_4 \end{vmatrix} = 0;$$

Dieselbe ergibt sich durch Elimination der u_i aus (1) und aus den Gleichungen $\Sigma u_i y_i = 0$, $\Sigma u_i z_i = 0$, $\Sigma u_i t_i = 0$.

Dieselbe ergibt sich durch Elimination der x_i aus (1) und aus den Gleichungen $\Sigma v_i x_i = 0$, $\Sigma w_i x_i = 0$, $\Sigma r_i x_i = 0$.

Die Coordinaten der durch drei Punkte y, z, t bestimmten Ebene u sind also die aus der „Matrix"

Die Coordinaten des durch die Ebenen v, w, r bestimmten Punktes x sind also die aus der „Matrix"

$$\left\| \begin{matrix} y_1 & y_2 & y_3 & y_4 \\ z_1 & z_2 & z_3 & z_4 \\ t_1 & t_2 & t_3 & t_4 \end{matrix} \right\| \qquad \left\| \begin{matrix} v_1 & v_2 & v_3 & v_4 \\ w_1 & w_2 & w_3 & w_4 \\ r_1 & r_2 & r_3 & r_4 \end{matrix} \right\|$$

zu bildenden dreigliedrigen Determinanten, und zwar:

zu bildenden dreigliedrigen Determinanten, und zwar:

$$\varrho u_1 = \begin{vmatrix} y_2 & y_3 & y_4 \\ z_2 & z_3 & z_4 \\ t_2 & t_3 & t_4 \end{vmatrix},\qquad \varrho x_1 = \begin{vmatrix} v_2 & v_3 & v_4 \\ w_2 & w_3 & w_4 \\ r_2 & r_3 & r_4 \end{vmatrix},$$

$$\varrho u_2 = -\begin{vmatrix} y_1 & y_3 & y_4 \\ z_1 & z_3 & z_4 \\ t_1 & t_3 & t_4 \end{vmatrix},\qquad \varrho x_2 = -\begin{vmatrix} v_1 & v_3 & v_4 \\ w_1 & w_3 & w_4 \\ r_1 & r_3 & r_4 \end{vmatrix},$$

$$(2)^*$$

$$\varrho u_3 = \begin{vmatrix} y_1 & y_2 & y_4 \\ z_1 & z_2 & z_4 \\ t_1 & t_2 & t_4 \end{vmatrix},\qquad \varrho x_3 = \begin{vmatrix} v_1 & v_2 & v_4 \\ w_1 & w_2 & w_4 \\ r_1 & r_2 & r_4 \end{vmatrix},$$

$$\varrho u_4 = -\begin{vmatrix} y_1 & y_2 & y_3 \\ z_1 & z_2 & z_3 \\ t_1 & t_2 & t_3 \end{vmatrix}.\qquad \varrho x_4 = -\begin{vmatrix} v_1 & v_2 & v_3 \\ w_1 & w_2 & w_3 \\ r_1 & r_2 & r_3 \end{vmatrix}.$$

Sind $E = 0$ und $E' = 0$ die Gleichungen zweier Ebenen v und w, indem etwa $E = \Sigma v_i x_i$, $E' = \Sigma w_i x_i$, so sind alle Ebenen des durch sie bestimmten Büschels in der Gleichung

Sind $P = 0$ und $P' = 0$ die Gleichungen zweier Punkte y und z, indem etwa $P = \Sigma u_i y_i$, $P' = \Sigma u_i z_i$, so sind alle Punkte der durch sie bestimmten Reihe in der Gleichung

$$(3)\qquad E + \lambda E' = 0 \qquad\qquad P + \lambda P' = 0$$

dargestellt, wenn λ ein Parameter ist. Die Coordinaten einer beweglichen Ebene u des Büschels (3) sind daher

dargestellt, wenn λ einen Parameter bedeutet. Die Coordinaten eines beweglichen Punktes der Reihe (3) sind daher

$$(4) \quad \begin{aligned} \varrho u_1 &= v_1 + \lambda w_1, \\ \varrho u_2 &= v_2 + \lambda w_2, \\ \varrho u_3 &= v_3 + \lambda w_3, \\ \varrho u_4 &= v_4 + \lambda w_4. \end{aligned} \qquad\qquad \begin{aligned} \sigma x_1 &= y_1 + \lambda z_1, \\ \sigma x_2 &= y_2 + \lambda z_2, \\ \sigma x_3 &= y_3 + \lambda z_3, \\ \sigma x_4 &= y_4 + \lambda z_4. \end{aligned}$$

Der Parameter λ hat hier dieselbe geometrische Bedeutung wie bei den rechtwinkligen Coordinaten; mittelst (26)* p. 83 bez. (23)* p. 82 erhält man nämlich aus (4),

wenn die Ebenen u, v, w bez. die rechtwinkligen Coordinaten

$$\begin{aligned} u &: \quad u, \ v, \ w, \\ v &: \quad u_1, \ v_1, \ w_1, \\ w &: \quad u_2, \ v_2, \ w_2 \end{aligned}$$

haben:

wenn die Punkte x, y, z bez. die rechtwinkligen Coordinaten

$$\begin{aligned} x &: \quad x, \ y, \ z, \\ y &: \quad x_1, \ y_1, \ z_1, \\ z &: \quad x_2, \ y_2, \ z_2 \end{aligned}$$

haben:

$$u = \frac{\Sigma a_i v_i + \lambda \Sigma a_i w_i}{\Sigma d_i v_i + \lambda \Sigma d_i w_i}, \qquad\qquad x = \frac{\Sigma A_i y_i + \lambda \Sigma A_i z_i}{\Sigma D_i y_i + \lambda \Sigma D_i z_i},$$

$$v = \frac{\Sigma b_i v_i + \lambda \Sigma b_i w_i}{\Sigma d_i v_i + \lambda \Sigma d_i w_i}, \qquad\qquad y = \frac{\Sigma B_i y_i + \lambda \Sigma B_i z_i}{\Sigma D_i y_i + \lambda \Sigma D_i z_i},$$

$$w = \frac{\Sigma c_i v_i + \lambda \Sigma c_i w_i}{\Sigma d_i v_i + \lambda \Sigma d_i w_i}, \qquad\qquad z = \frac{\Sigma C_i y_i + \lambda \Sigma C_i z_i}{\Sigma D_i y_i + \lambda \Sigma D_i z_i},$$

oder wenn man

$$\mu = \lambda \frac{\Sigma d_i w_i}{\Sigma d_i v_i}$$

setzt:

oder wenn man

$$\mu = \lambda \frac{\Sigma D_i z_i}{\Sigma D_i y_i}$$

setzt:

$$u = \frac{u_1 + \mu u_2}{1 + \mu}, \qquad v = \frac{v_1 + \mu v_2}{1 + \mu}, \qquad\qquad x = \frac{x_1 + \mu x_2}{1 + \mu}, \qquad y = \frac{y_1 + \mu y_2}{1 + \mu},$$

$$w = \frac{w_1 + \mu w_2}{1 + \mu}. \qquad\qquad\qquad\qquad z = \frac{z_1 + \mu z_2}{1 + \mu}.$$

Es ist also μ, und folglich auch λ bis auf einen constanten Factor gleich dem Abstandsverhältnisse des beweglichen Elementes von den beiden festen Elementen. *Hieraus geht hervor, dass alle Sätze über Doppelverhältnisse und also auch über projectivische Beziehungen beim Gebrauche tetraëdrischer Coordinaten sich in genau analoger Weise erledigen lassen, wie bei Benutzung rechtwinkliger Coordinaten.* Die Formeln haben aber den Vorzug grösserer Symmetrie, indem kein gemeinsamer Nenner mehr auftritt, d. h. indem die unendlich fernen Elemente (welche durch Verschwinden desselben dargestellt werden) nicht mehr vor den übrigen ausgezeichnet sind.

Insbesondere erhält man auch hier eine Fläche zweiter Ordnung

$$EF' - E'F = 0$$

als Ort der Schnittlinien entsprechender Ebenen der beiden projectivischen Büschel

$$E + \lambda E' = 0, \qquad F + \lambda F' = 0$$

oder der beiden Büschel

$$E + \mu F = 0, \qquad E' + \mu F' = 0.$$

Aus dem Bestehen von (2) folgt noch, dass man drei Grössen $\varkappa_1$, $\varkappa_2$, $\varkappa_3$, auf deren Verhältnisse es allein ankommt, so bestimmen kann, dass

$$(5) \quad \varrho\, x_i = \varkappa_1 y_i + \varkappa_2 z_i + \varkappa_3 t_i,$$
$$\text{für } i = 1, 2, 3, 4.$$

Diese vier Gleichungen stellen die Coordinaten x_i der Punkte einer durch drei Punkte y, z, t gegebenen Ebene in ihrer Abhängigkeit von zwei Parametern (den Verhältnissen $\varkappa_1 : \varkappa_3$ und $\varkappa_2 : \varkappa_3$) dar.

Insbesondere erhält man auch hier eine Fläche zweiter Klasse

$$PQ' - P'Q = 0$$

als Ort der Verbindungslinien entsprechender Punkte der beiden projectivischen Reihen

$$P + \lambda P' = 0, \qquad Q + \lambda Q' = 0,$$

oder der beiden Reihen

$$P + \mu Q = 0, \qquad P' + \mu Q' = 0.$$

Aus dem Bestehen von (2) folgt noch, dass man drei Grössen λ_1, λ_2, λ_3, auf deren Verhältnisse es allein ankommt, so bestimmen kann, dass

$$\sigma\, u_i = \lambda_1 v_i + \lambda_2 w_i + \lambda_3 r_i,$$
$$\text{für } i = 1, 2, 3, 4.$$

Diese vier Gleichungen stellen die Coordinaten u_i der Ebenen eines durch den Schnittpunkt dreier Ebenen v, w, r bestimmten Ebenenbündels in ihrer Abhängigkeit von zwei Parametern ($\lambda_1 : \lambda_3$ und $\lambda_2 : \lambda_3$) dar.

Um die geometrische Bedeutung der Parameter zu erkennen, nehmen wir

einen vierten Punkt s zu Hülfe und betrachten die Gleichungen:

$$(5)^* \quad \varrho\, x_i = \varkappa_1 y_i + \varkappa_2 z_i + \varkappa_3 t_i + \varkappa_4 s_i.$$

Nach (50) p. 93 sind hier $\varkappa_1$, $\varkappa_2$, $\varkappa_3$, $\varkappa_4$ die homogenen Coordinaten des Punktes x, bezogen auf das von den Punkten y, z, t, s gebildete Tetraëder. Man erhält insbesondere einen Punkt der durch y, z, t gehenden Coordinatenebene, also einen Punkt der Ebene (2)

eine vierte Ebene q zu Hülfe und betrachten die Gleichungen

$$\sigma\, u_i = \lambda_1 v_i + \lambda_2 w_i + \lambda_3 r_i + \lambda_4 q_i.$$

Nach (49) sind hier λ_1, λ_2, λ_3, λ_4 die homogenen Coordinaten der Ebene u, bezogen auf das von den Ebenen v, w, r, q gebildete Tetraëder. Man erhält insbesondere eine Ebene, welche durch den Schnittpunkt der Ebenen v, w, r hindurchgeht, also eine Ebene des

oder (5), wenn $\varkappa_4 = 0$. In (5) sind somit $\varkappa_1$, $\varkappa_2$, $\varkappa_3$ die ebenen Dreieckscoordinaten*) des Punktes x in Bezug auf das von den Punkten y, z, t gebildete Dreieck. *Kennt man umgekehrt die ebenen Dreieckscoordinaten eines Punktes, so kann man mittelst (5) seine räumlichen Coordinaten durch diejenigen der Dreiecksecken ausdrücken.*

Bündels (5), wenn $\lambda_4 = 0$. In (5) sind somit λ_1, λ_2, λ_3 das dualistische Gegenbild für die ebenen Dreieckscoordinaten der Schnittlinie von u mit der Ebene q in Bezug auf das von den Ebenen v, w, r in q ausgeschnittene Dreieck. *Kennt man umgekehrt die Coordinaten einer Ebene innerhalb eines Bündels, dem sie angehört, so kann man mittelst (5) ihre räumlichen Coordinaten durch diejenigen der im Bündel benutzten Fundamentalebenen ausdrücken.*

Setzt man $x_1 = x$, $x_2 = y$, $x_3 = z$, $x_4 = 1$, so erhält man aus (5) die Parameterdarstellung des durch die Punkte x', y', z'; x'', y'', z''; x''', y''', z''' bestimmten Punktfeldes:

Setzt man $u_1 = u$, $u_2 = v$, $u_3 = w$, $u_4 = 1$, so erhält man aus (5) die Parameterdarstellung der durch die Ebenen u', v', w'; u'', v'', w''; u''', v''', w''' bestimmten Ebenenbündels:

$$(6) \quad \begin{aligned} x &= \frac{\varkappa_1 x' + \varkappa_2 x'' + \varkappa_3 x'''}{\varkappa_1 + \varkappa_2 + \varkappa_3}, \\[1ex] y &= \frac{\varkappa_1 y' + \varkappa_2 y'' + \varkappa_3 y'''}{\varkappa_1 + \varkappa_2 + \varkappa_3}, \\[1ex] z &= \frac{\varkappa_1 z' + \varkappa_2 z'' + \varkappa_3 z'''}{\varkappa_1 + \varkappa_2 + \varkappa_3}. \end{aligned}$$

$$\begin{aligned} u &= \frac{\lambda_1 u' + \lambda_2 u'' + \lambda_3 u'''}{\lambda_1 + \lambda_2 + \lambda_3}, \\[1ex] v &= \frac{\lambda_1 v' + \lambda_2 v'' + \lambda_3 v'''}{\lambda_1 + \lambda_2 + \lambda_3}, \\[1ex] w &= \frac{\lambda_1 w' + \lambda_2 w'' + \lambda_3 w'''}{\lambda_1 + \lambda_2 + \lambda_3}. \end{aligned}$$

Die geometrische Bedeutung der Parameter ist dieselbe wie oben.

Für die homogenen Liniencoordinaten bietet sich die Aufgabe, *die Bedingung für das Schneiden zweier Geraden p und p' aufzustellen.* Es sei x ihr Schnittpunkt; dann kann man setzen nach (32), p. 85:

$$\varrho p_{ik} = x_i y_k - y_i x_k, \qquad \varrho' p_{ik}' = x_i z_k - z_i x_k.$$

Nun ist identisch:

---

*) Zunächst sind sie gleich den Abständen des Punktes x von den drei Ebenen, multiplicirt mit Constanten; die Abstände von den Ebenen unterscheiden sich aber nur um constante Factoren von den Lothen, die man von x auf die Schnittlinien der drei Ebenen mit der vierten fällen kann.

$$\begin{vmatrix} x_1 & x_2 & x_3 & x_4 \\ y_1 & y_2 & y_3 & y_4 \\ x_1 & x_2 & x_3 & x_4 \\ z_1 & z_2 & z_3 & z_4 \end{vmatrix} = 0,$$

oder, wenn man nach den zweireihigen Unterdeterminanten entwickelt:

$$(7) \qquad p_{12}p_{34}' + p_{13}p_{42}' + p_{14}p_{23}' + p_{34}p_{12}' + p_{42}p_{13}' + p_{23}p_{14}' = 0.$$

Dies ist die gesuchte Bedingung. Man kann sie auch in der Form:

$$\Sigma \frac{\partial P}{\partial p_{ik}} p_{ik}' = 0 \quad \text{oder} \quad \Sigma \frac{\partial Q}{\partial q_{ik}} q_{ik}' = 0$$

schreiben, wenn P und Q die frühere Bedeutung haben. Dieselbe Bedingung erscheint wegen (38), p. 87 auch in den Formen:

$$(8) \qquad \Sigma p_{ik}q_{ik}' = 0 \quad \text{oder} \quad \Sigma p_{ik}'q_{ik} = 0.$$

In letzterer tritt der dualistische Charakter der Aufgabe hervor, d. h. der Umstand, dass zwei Gerade, die einen Punkt gemein haben, auch immer in einer und derselben Ebene liegen.

Die Gleichung (7) ist in ihrer äusseren Gestalt von der entsprechenden in rechtwinkligen Coordinaten (p. 49) nicht wesentlich verschieden; das Gleiche gilt von den Bedingungen dafür, dass eine Linie p durch einen Punkt x gehen oder in einer Ebene u liegen soll.

Im ersteren Falle muss die zweite der Gleichungen (8) unabhängig von z bestehen, wenn man darin $\varrho' p_{ik}' = x_i z_k - z_i x_k$ setzt (vgl. p. 49); dies gibt, da $q_{ik} = -q_{ki}$, die vier Relationen:

$$(9) \qquad \begin{aligned} 0 &= \quad * \quad + q_{12}x_2 + q_{13}x_3 + q_{14}x_4, \\ 0 &= q_{21}x_1 + \quad * \quad + q_{23}x_3 + q_{24}x_4, \\ 0 &= q_{31}x_1 + q_{32}x_2 + \quad * \quad + q_{34}x_4, \\ 0 &= q_{41}x_1 + q_{42}x_2 + q_{43}x_3 + \quad * \quad . \end{aligned}$$

Von diesen sind nur zwei von einander unabhängig. Zunächst nämlich verschwindet die Determinante der Coëfficienten, denn es ist:

$$\begin{vmatrix} 0 & q_{12} & q_{13} & q_{14} \\ q_{21} & 0 & q_{23} & q_{24} \\ q_{31} & q_{32} & 0 & q_{34} \\ q_{41} & q_{42} & q_{43} & 0 \end{vmatrix} = (q_{12}q_{34} + q_{13}q_{42} + q_{14}q_{23})^2 = 0.$$

Aber auch die dritte Gleichung folgt schon aus den beiden ersten, sobald q_{12} von Null verschieden ist. Multiplicirt man nämlich die erste mit q_{23}, die zweite mit q_{13} und subtrahirt, so kommt:

$$q_{21}q_{13}x_1 - q_{12}q_{23}x_2 + (q_{13}q_{24} - q_{14}q_{23})x_4 = 0.$$

Wegen $Q = 0$ ist die linke Seite gleich

$$q_{12}(q_{31}x_1 + q_{32}x_2 + q_{34}x_4).$$

Nur wenn also $q_{12} \gtrless 0$, so folgt in der That die dritte Gleichung. In den Fällen, wo eine der Coordinaten q_{ik} verschwindet, darf man daher nicht zwei beliebige der Gleichungen (9) auswählen, um alle vier zu ersetzen. Es empfiehlt sich deshalb, überhaupt alle vier Gleichungen beizubehalten (vgl. p. 50).

Die dualistisch entsprechende Aufgabe führt zu den vier Relationen:

$$(9)^* \quad \begin{aligned} 0 &= \quad * \quad + p_{12}u_2 + p_{13}u_3 + p_{14}u_4, \\ 0 &= p_{21}u_1 + \quad * \quad + p_{23}u_3 + p_{24}u_4, \\ 0 &= p_{31}u_1 + p_{32}u_2 + \quad * \quad + p_{34}u_4, \\ 0 &= p_{41}u_1 + p_{42}u_2 + p_{43}u_3 + \quad * \quad . \end{aligned}$$

Dieselben sagen aus, dass die Gerade p in der Ebene u liegt. Je zwei von ihnen sind im Allgemeinen eine Folge der beiden anderen.

Hat man eine lineare Gleichung in Liniencoordinaten:

$$(10) \quad a_{12}p_{12} + a_{13}p_{13} + a_{14}p_{14} + a_{34}p_{34} + a_{42}p_{42} + a_{23}p_{23} = 0,$$

so stellt sie einen linearen Complex dar. Ist insbesondere

$$(11) \quad a_{12}a_{34} + a_{13}a_{42} + a_{14}a_{23} = 0,$$

so hat man einen speciellen Complex; der Axe p' desselben kommen die Coordinaten zu:

$$\mu p_{34}' = a_{12}, \quad \mu p_{42}' = a_{13}, \quad \mu p_{23}' = a_{14},$$
$$\mu p_{12}' = a_{34}, \quad \mu p_{13}' = a_{42}, \quad \mu p_{14}' = a_{23}.$$

Ist (11) nicht erfüllt, so begründet die Gleichung (10) die oben behandelte lineare reciproke Verwandtschaft. Sie ist jetzt analytisch durch die Formeln

$$(12) \quad \begin{aligned} \varrho u_1 &= \quad * \quad + a_{12}x_2 + a_{13}x_3 + a_{14}x_4, \\ \varrho u_2 &= a_{21}x_1 + \quad * \quad + a_{23}x_3 + a_{24}x_4, \\ \varrho u_3 &= a_{31}x_1 + a_{32}x_2 + \quad * \quad + a_{34}x_4, \\ \varrho u_4 &= a_{41}x_1 + a_{42}x_2 + a_{43}x_3 + \quad * \end{aligned}$$

dargestellt, vorausgesetzt, dass $a_{ik} = - a_{ki}$ gesetzt ist. Hieraus leitet man leicht alle früheren Sätze ab (p. 51 ff.), soweit sie sich nicht auf metrische Relationen beziehen. Den Ebenen eines Büschels entsprechen die Punkte einer Reihe, die zum Büschel perspectivisch liegt. Jeder Geraden entspricht so eine andere: ihre conjugirte Polare; und diese Beziehung ist eine wechselseitige. Sie lässt sich analytisch darstellen, wenn man mittelst der Gleichungen (12) und

$$\sigma v_i = a_{i1}y_1 + a_{i2}y_2 + a_{i3}y_3 + a_{i4}y_4$$

(wo $a_{ii} = 0$, $a_{ik} = -a_{ki}$) die Coordinaten $q_{ik}' = u_i v_k - v_i u_k$ der Schnittlinie von u und v durch die Coordinaten $p_{ik} = x_i y_k - y_i x_k$ der Verbindungslinie von x und y berechnet. Man findet

$$\mu q_{12} = a_{12}(a_{12} p_{12} + a_{13} p_{13} + a_{14} p_{14} + a_{23} p_{23} + a_{24} p_{24})$$
$$+ (a_{13} a_{24} - a_{14} a_{23}) p_{34}, \quad \text{u. s. f.}$$

Die Gleichung des Complexes wird besonders einfach, wenn man das Coordinatentetraëder so wählt, dass zwei einander gegenüberliegende Kanten conjugirte Polaren sind. Es möge dies z. B. mit den Kanten $x_1 = 0$, $x_2 = 0$ und $x_3 = 0$, $x_4 = 0$ der Fall sein. Jede Gerade, welche beide Kanten trifft, für die also $p_{12} = 0$ und $p_{34} = 0$ ist, gehört jetzt dem Complexe an. Die Gleichung des letztern erscheint also in der Form:

$$(13) \qquad\qquad a_{12} p_{12} + a_{34} p_{34} = 0.$$

Dieselbe kann auf sechsfach unendlich viele Weisen erhalten werden, denn eine Kante und zwei durch sie gehende Ebenen des Tetraëders sind willkürlich wählbar.

Werfen wir noch einen kurzen Blick auf die Beziehungen des linearen Complexes zur unendlich fernen Ebene. Auch ihr ist vermöge (12) ein bestimmter in ihr liegender Punkt zugeordnet. Nun wissen wir, dass für alle Geraden einer Ebene die conjugirten Polaren durch den ihr entsprechenden Pol gehen (p. 53). Betrachten wir also die unendlich fernen Geraden als Axen von Ebenenbüscheln (die dann Systeme von Parallelebenen sind), so gehen die zugehörigen Punktreihen alle durch denselben unendlich fernen Punkt, d. h. sie sind zu einander parallel. *Dies sind die Durchmesser des linearen Complexes.*

Die Axe des Complexes war derjenige Durchmesser, welcher auf der zugehörigen Schaar von Parallelebenen senkrecht steht. Nimmt man also als Kante $x_3 = 0$, $x_4 = 0$ die unendlich ferne Schnittlinie dieser Parallelebenen (so dass $x_4 = 0$ die unendlich ferne Ebene ist) und als Kante $x_1 = 0$, $x_2 = 0$ die Axe, so wird $x_1 : x_2 : x_3 : x_4 = x : y : z : 1$, wo x, y, z rechtwinklige Coordinaten sind, ferner $p_{12} = \varrho$, $p_{34} = -r$; die Gleichung (13) geht also in (21) p. 55 über. Letztere Gleichungsform bleibt auch bestehen, wenn man ein schiefwinkliges Coordinatensystem (p. 94) benutzt, dessen Z-Axe ein Durchmesser des Complexes ist, und als dessen X-Y-Ebene irgend eine Ebene der zugehörigen Schaar von Parallelebenen gewählt wird.

VIII. Imaginäre Elemente.

In unseren analytisch-geometrischen Untersuchungen haben wir schon frühe Veranlassung gefunden (vgl. Bd. I, p. 41), neben den ursprünglich allein als gegeben gedachten reellen Punkten, geraden Linien, Ebenen auch solche imaginäre Elemente einzuführen; die Lösung gestellter Aufgaben (z. B. die Bestimmung der Schnittpunkte einer Geraden mit einem Kegelschnitte, ebd. p. 75) führt eben oft bei analytischer Behandlung auf Gleichungen mit imaginären Wurzeln, und um die betreffenden Sätze (insbesondere über die Anzahl der möglichen Lösungen) dann allgemein aussprechen zu können, d. h. ohne jedes Mal eine grosse Anzahl von Ausnahmefällen hinzuzufügen, entschlossen wir uns, diese imaginären Elemente durchgehends als den reellen gleichberechtigt zu berücksichtigen; in jedem einzelnen Falle blieb es dann der näheren Untersuchung überlassen, zu entscheiden, wie viele der betreffenden Elemente reell, wie viele imaginär sein können. Begründet war dies Verfahren aber durchaus nur durch den Gang der Rechnung und durch die gleichmässige Anwendbarkeit der analytischen Operationen auf reelle und complexe Zahlen. Veranlasst durch später gewonnene Gesichtspunkte, können wir hinzufügen, dass es stets unser Bestreben war, in erster Linie solche Eigenschaften der Figuren zu betrachten, welche gegenüber beliebigen Collineationen invarianten Charakter zeigen (Bd. I, p. 168 u. 173), dass durch Collineationen mit imaginären Coëfficienten reelle Elemente in imaginäre übergeführt werden können, dass also für den Standpunkt der Invariantentheorie (d. i. für die projectivische Geometrie) die Realität der Elemente keine wesentliche Eigenschaft derselben ist; gleichzeitig müssen wir bemerken, dass solche imaginäre Collineationen auch nur algebraisch definirt sind, dass durch diese Betrachtung also ein wesentlicher Einblick in den geometrischen Sinn des Imaginären nicht gewonnen werden kann*). Einen solchen Einblick aber nach Möglichkeit zu geben, soll unsere nächste Aufgabe sein; wir stellen dieselbe erst jetzt, weil der Begriff einer Congruenz mit ihren Leitlinien dabei zu benutzen ist.

Handelt es sich nur um eine einzige Variable, d. h. um einen Parameter in der Punktreihe, im Strahlen- oder Ebenen-Büschel

---

*) Die unbedenkliche Zulassung imaginärer Elemente ist auf Monge zurückzuführen; vgl. Chasles' Aperçu historique, p. 198 ff. und Note XXVI; Chasles sieht eine strenge Begründung des Verfahrens ausschliesslich in der Algebra; die reine Geometrie könne die Einführung des Imaginären vorläufig als ein Princip (wie das sogenannte principe de continuité von Poncelet) zulassen, dessen nähere Begründung von der Zukunft zu erwarten sei.

(kurz im binären Gebiete), also für uns hauptsächlich um die Veranschaulichung complexer Wurzeln algebraischer Gleichungen, so leistet die bekannte Gauss'sche Darstellung der complexen Zahlen in der Ebene*) alles nur wünschenswerthe. Ein imaginärer Punkt der Ebene ist aber durch zwei complexe, d. h. durch vier reelle Zahlen bestimmt; man könnte etwa die eine complexe Coordinate in einer Ebene darstellen, die andere in einer anderen Ebene und die Verbindungslinie der beiden Punkte als reelles Substrat eines imaginären Punktes der ebenen Geometrie betrachten. Aber durch eine derartige Interpretation würde man sich gerade des Hauptvortheils berauben, welchen die Einführung imaginärer Elemente dem Geometer gewähren soll, der Möglichkeit, allen Resultaten ausnahmlose Gültigkeit zuzuerkennen; man würde zwar jedem Satze über imaginäre Elemente der Ebene einen anderen über reelle Constructionen im Raume an die Seite stellen; aber der Inhalt des letztern würde formal keinerlei Aehnlichkeit haben mit dem Inhalte des ursprünglich vorliegenden Theorems. Noch grössere Schwierigkeiten würde die Interpretation imaginärer Raumelemente bieten. Da es unser Ziel ist, Ausnahmen zu beseitigen, verschiedene Sätze unter gemeinsamem Gesichtspunkte zusammenzufassen, so ist die Permanenz der formalen Operationsgesetze das erste von der geometrischen Theorie des Imaginären zu verlangende Erforderniss, ganz wie diese Forderung in der reinen Arithmetik bei der successiven Einführung der negativen, der gebrochenen, der irrationalen, der imaginären und complexen Zahlen massgebend ist: *Für die Combination von imaginären Elementen (Punkten, Ebenen, geraden Linien) unter sich oder mit reellen Elementen müssen dieselben Gesetze gelten wie für die Combinationen der reellen Elemente unter sich;* z. B. müssen drei Ebenen einen Punkt bestimmen, drei Punkte eine Ebene u. s. w. Es ist v. Staudt's grosses Verdienst, eine dem entsprechende Interpretation des Imaginären gefunden und so einerseits die reine Geometrie wesentlich erweitert, andererseits aber auch für alle algebraischen Operationen in der analytischen Geometrie ein stets gültiges geometrisches Substrat geschaffen zu haben. In letzterem Sinne die v. Staudt'sche Theorie zu behandeln, kann für uns natürlich allein in Frage kommen.

---

*) Vgl. Bd. I, p. 173. Es ist zu bemerken, dass diese Darstellung schon vor Gauss (1831) von Lagrange beim Probleme der conformen Abbildung (Kartenprojection) benutzt (1779), auch von Argand 1806 entwickelt wurde; vgl. Hankel's Theorie der complexen Zahlensysteme, Leipzig 1867, p. 71 und 81, Holzmüller's Einführung in die Theorie der isogonalen Verwandtschaften, p. 3 und 100, Leipzig 1882 und Baltzer, Crelle's Journal Bd. 94.

Auf welchem Wege vorzugehen ist, können uns frühere Beispiele lehren. Schon bei der sogenannten „imaginären Ellipse" hoben wir hervor (Bd. I, p. 91), dass die durch sie begründete Polarverwandtschaft vollkommen reell ist, dass also für sie alle Sätze der Polarentheorie gültig bleiben; es heisst nur um einen Schritt weiter gehen, wenn wir *geradezu diese Polarverwandtschaft als geometrisches Substrat der imaginären Ellipse betrachten.* Allerdings müssten wir dann auch beim reellen Kegelschnitte alle Sätze nicht aus seiner Gleichung in Punkt- oder Linien-Coordinaten, sondern aus der Polarentheorie ableiten*), ihn also z. B. nicht geometrisch durch fünf seiner Punkte bestimmt denken, sondern durch fünf Paare conjugirter Pole (also auch durch fünf lineare Gleichungen für die Coëfficienten). Aber es bleibt immer die Frage: was entspricht dann den Schnittpunkten einer Geraden mit dem Kegelschnitte? was den Punkten der Ebene, die mit ihren Polaren vereinigt liegen? Die Bestimmung der Schnittpunkte geschieht durch eine quadratische Gleichung (Bd. I, p. 73) für einen Parameter oder für zwei homogene Variable; eine solche Gleichung aber bedingt auf den geraden Linien ebenfalls eine Polarverwandtschaft (ebd. 213f.): jedem Punkte derselben ist ein anderer zugeordnet, nämlich sein vierter harmonischer in Bezug auf die beiden Grundpunkte der betreffenden binären quadratischen Form (die Wurzeln der quadratischen Gleichung darstellend); alle diese Punktepaare bilden eine Involution, deren Doppelelemente eben die erwähnten Grundpunkte sind. Diese Polarverwandtschaft und die zugehörige Involution haben reelle Bedeutung unabhängig von der Realität der beiden Doppelemente; *wir werden daher zwei zu einander conjugirt imaginäre Punkte einer Geraden reell repräsentiren durch diejenige Involution, deren Doppelelemente sie sind;* in gleicher Weise kann man offenbar auch jedes reelle Punktepaar durch eine Involution ersetzen. *Statt daher die Schnittpunkte einer Geraden mit einem Kegelschnitte zu suchen, haben wir nunmehr auf der Geraden eine Involution zu construiren, deren (reelle oder imaginäre) Doppelelemente die gesuchten Schnittpunkte sind.* Beliebig viele Punktepaare der Involution findet man dadurch, dass man den Punkten (Polen) der Geraden die Schnittpunkte der letztern mit den zugehörigen Polaren zuordnet, wobei bekanntlich durch zwei solche Punktepaare alle übrigen bestimmt sind. *Die Gesammtheit der Involutionen, welche so auf den zweifach unendlich vielen Geraden der Ebene definirt werden,*

---

*) Vgl. Steiner's Vorlesungen über synthetische Geometrie, bearbeitet von Schröter (p. 411 der 2. Auflage, Leipzig 1876).

repräsentiren uns die Gesammtheit der Punkte eines (reellen oder imaginären) Kegelschnittes. Dualistisch entsprechend ist die Gesammtheit der Tangenten dargestellt durch die Involutionen, welche in analoger Weise in den sämmtlichen Strahlbüscheln der Ebene bestimmt werden[*]). Dass hierbei kein imaginärer Punkt des Kegelschnittes übergangen wird, folgt daraus, dass in der Ebene jeder imaginäre Punkt auf einer reellen Geraden liegt (seiner Verbindungslinie mit dem conjugirt imaginären Punkte) und ebenso jeder imaginäre Strahl einen reellen Punkt enthält (seinen Schnittpunkt mit dem conjugirt imaginären Strahle). Es ist dies eine einfache Folge davon, dass alle Punkte mit den Coordinaten $x_k + \lambda y_k$ auf der Verbindungslinie der Punkte x und y liegen, insbesondere also auch die Punkte $\lambda = i = \sqrt{-1}$ und $\lambda = -i$. Weiter fragt sich, wie die Thatsache zum Ausdrucke kommt, dass jeder Punkt der Curve mit seiner Tangente vereinigt liegt. Zwei conjugirt imaginäre Punkte des Kegelschnittes liegen bez. vereinigt mit den beiden durch den Pol ihres gemeinsamen Trägers gehenden Tangenten. Jedes Paar der auf dem Träger durch die Curve definirten Punktinvolution bestimmt durch seine Verbindungslinien mit dem Pole ein Strahlenpaar der in diesem Pole definirten Strahleninvolution. *Die fragliche vereinigte Lage findet also darin ihr reelles Substrat, dass jene Punktinvolution mit dieser Strahleninvolution vereinigt liegt.*

Wenn es so gelingt, Paare conjugirt imaginärer Punkte und Strahlen in einer Ebene durch reelle Gebilde zu ersetzen, und demgemäss auch die Theorie der Kegelschnitte, wie unser Beispiel zeigt, weiter aber auch die Theorie aller höheren Curven, soweit ihre Gleichungen von nur reellen Coëfficienten abhängen (wo dann immer conjugirte Elemente auch gleichzeitig auftreten), geometrisch vollständig auf reeller, anschaulicher Grundlage auszubauen, so muss doch auch verlangt werden, jedes der beiden einander conjugirten, imaginären Elemente geometrisch zu isoliren, es muss z. B. die Aufgabe lösbar sein, durch einen reellen Punkt eine gerade Linie zu ziehen, welche ausserdem einen bestimmten von zwei conjugirt imaginären Punkten enthält. Mit dieser Forderung macht sich erst jene Schwierigkeit der geometrischen Imaginärtheorie geltend, welche von·v. Staudt

---

*) Es mag hier daran erinnert werden, dass man nach Klein sich von den imaginären Tangenten (indem man ihnen ihre reellen Punkte zuordnet) in anderer Weise ein Bild durch Construction einer Art Riemann'scher Fläche machen kann; vgl. Bd. I, p. 611; die Construction einer solchen Fläche hängt mit der v. Staudt'schen Theorie enge zusammen, vgl. Klein, Math. Annalen Bd. 9, p. 479 f. und Sturm, ebd. p. 341 f.

so glücklich überwunden wurde*), und deren Darlegung wir im Auge hatten.

Da wir der Geraden nur einen unendlich fernen Punkt beilegen (p. 89), sie also behandeln wie eine im Unendlichen geschlossene Curve, so kann man auf zwei Wegen von einem Punkte P_1 derselben zu einem anderen P_3 gelangen, nämlich entweder direct oder durch Vermittlung des unendlich fernen Punktes P_∞, also entweder in dem Sinne $P_1 P_3 P_\infty$ oder in dem Sinne $P_1 P_\infty P_3$. Statt des Punktes P_∞ benutzen wir irgend einen andern Punkt P_2 zur Unterscheidung beider Wege; *die unmittelbare Aufeinanderfolge von drei Punkten P_1, P_2, P_3 bestimmt also eine und nur eine Richtung oder einen „Sinn" auf der Geraden.* Der Sinn $P_1 P_2 P_3$ stimmt mit dem Sinne $P_2 P_3 P_1$ oder $P_3 P_1 P_2$ überein, ist aber dem Sinne $P_1 P_3 P_2$ oder $P_2 P_1 P_3$ oder $P_3 P_2 P_1$ entgegengesetzt. Seien die drei Punkte auf der Geraden durch die Parameterwerthe λ_1, λ_2, λ_3 festgelegt (p. 98); bei jeder Permutation der Punkte, welche den durch letztere bestimmten „Sinn" ungeändert lässt, d. i. bei jeder cyklischen Permutation, bleibt dann auch der Ausdruck $(\lambda_2 - \lambda_3)(\lambda_3 - \lambda_1)(\lambda_1 - \lambda_2)$ ungeändert, und umgekehrt. Sind also drei andere Punkte Q_1, Q_2, Q_3 durch die Parameter μ_1, μ_2, μ_3 charakterisirt, so *stimmt der Sinn $P_1 P_2 P_3$ mit dem Sinne $Q_1 Q_2 Q_3$ überein oder nicht, je nachdem den denselben entsprechenden Producten*

$$(1) \quad (\lambda_2 - \lambda_3)(\lambda_3 - \lambda_1)(\lambda_1 - \lambda_2), \quad (\mu_2 - \mu_3)(\mu_3 - \mu_1)\cdot(\mu_1 - \mu_2)$$

gleiches oder entgegengesetztes Vorzeichen zukommt.

Machen wir nun eine projectivische Umformung auf Grund der Relation

$$(2) \qquad a\lambda\mu + b\lambda + c\mu + d = 0,$$

vermöge welcher die Punkte P_i bez. in Q_i übergeführt werden, so folgt:

$$(3) \quad (\lambda_2 - \lambda_3)(\lambda_3 - \lambda_1)(\lambda_1 - \lambda_2) = \frac{(ad - bc)^3 (\mu_2 - \mu_3)(\mu_3 - \mu_1)(\mu_1 - \mu_2)}{(a\mu_1 + b)^2 (a\mu_2 + b)^2 (a\mu_3 + b)^2}.$$

Ob der Sinn der Punktgruppe P_1, P_2, P_3 durch eine lineare Transformation geändert wird oder nicht, hängt also von dem Vorzeichen der Determinante der Transformation ab. Beziehen sich beide Para-

---

*) Beiträge zur Geometrie der Lage, Nürnberg 1856—60. Insbesondere findet man p. 182 ff. die Theorie der gemeinsamen Punkte und Tangenten von zwei Kegelschnitten und ihres gemeinsamen Polardreiecks im Sinne der Imaginärtheorie auseinandergesetzt (auch für die verschiedenen besonderen Lagen zweier Kegelschnitte gegen einander). Neu dargestellt und erweitert ist v. Staudt's Theorie von Lüroth (Math. Annalen Bd. 8, 1875 und Bd. 11, 1877), für die analytische Geometrie von Stolz (ebd. Bd. 4, 1871); an letztere Arbeit lehnen sich die Ueberlegungen, welche zunächst im Texte folgen, an.

meter λ, μ auf dieselben Grundpunkte, so sind durch (2) zwei vereinigt gelegene projectivische Punktreihen definirt, deren Doppelelemente durch die Gleichung

$$(4) \qquad a\lambda^2 + (b + c)\lambda + d = 0$$

definirt werden. Die Doppelelemente sind also reell, wenn

$$(b + c)^2 - 4ad > 0,$$

conjugirt imaginär, wenn $(b + c)^2 - 4ad < 0$; in letzterem Falle ist auch $4(ad - bc) > (b - c)^2$; *bei imaginären Doppelelementen wird also der Sinn niemals geändert.* Unsere früher benutzten Invarianten k und l sind hier bez. $b - c$ und $(b + c)^2 - 4ad$ (vgl. Bd. I, p. 200); über die Aenderung des Sinnes entscheidet daher allgemein das Vorzeichen der Invariante $k^2 - l$. Ist dieselbe positiv, so ist auch das Doppelverhältniss zweier entsprechenden Punkte und der beiden Doppelelemente, nämlich $\dfrac{k - \sqrt{l}}{k + \sqrt{l}}$ positiv, und der Sinn wird nicht geändert; ist $k^2 - l < 0$, so ist auch dieses Doppelverhältniss negativ, und der Sinn wird geändert.

Bei der Involution ist insbesondere $k = 0$, das Doppelverhältniss gleich -1, und wir haben den Satz:

In zwei involutorisch auf einander bezogenen Punktreihen haben entsprechende Punktgruppen gleichen Sinn, wenn die Doppelelemente imaginär sind, entgegengesetzten Sinn bei reellen Doppelelementen.

Hiernach hann man *einer Involution mit imaginären Doppelelementen einen bestimmten Sinn willkürlich beilegen,* indem man sich die reellen Punktepaare durchlaufen denkt, denn der durch irgend drei Punkte bestimmte Sinn ist ja derselbe, wie der durch die entsprechenden Punkte definirte Sinn. Dasselbe ist allerdings bei irgend welchen vereinigt gelegenen projectivischen Punktreihen möglich, deren sich selbst entsprechende Elemente imaginär sind; bei der Involution aber hat dies auch *nur* dann eine Bedeutung, wenn letztere Elemente durch eine Gleichung mit imaginären Wurzeln gefunden werden, für andere Verwandtschaften auch unter Umständen bei reellen Doppelementen. Der beigelegte Sinn kann ein zweifacher sein; den einen Sinn ordnen wir dem einen imaginären Doppelelemente willkürlich zu, den anderen Sinn dem conjugirt imaginären Doppelelemente; *als Repräsentanten eines imaginären Punktes erhalten wir so eine Punktinvolution auf dem „reellen Träger" des Punktes verbunden mit einem beigelegten Sinne.* Ist der Sinn durch die Punkte λ_1, λ_2, λ_3 festgelegt und ist $\lambda_1 > \lambda_2 > \lambda_3$, so kann man, um die Ideen zu fixiren, etwa diesem Sinne den Punkt $\lambda + \mu i$, dem entgegengesetzten den Punkt $\lambda - \mu i$ zuordnen, wenn $\mu > 0$, und wenn $\lambda^2 + \mu^2 = 0$ die Doppelelemente bestimmt*). Wie in der That durch Wahl des Sinnes eine Scheidung der beiden conjugirt imaginären Punkte veranlasst wird, tritt bei der Aufgabe hervor, einen Punkt $\varkappa$ zu suchen, welcher mit λ_1, λ_2, λ_3 ein äquianharmonisches Doppelverhältniss bestimmt, also der Gleichung

$$\frac{\lambda_2 - \lambda_3}{\lambda_2 - \lambda_1} \cdot \frac{\varkappa - \lambda_1}{\varkappa - \lambda_3} = \frac{1 + \sqrt{-3}}{2}$$

genügt. Vertauscht man hier zwei Werthe λ_i, so geht bekanntlich die rechte Seite in den conjugirt imaginären Werth über, und folglich $\varkappa$ gleichzeitig in den conjugirten Punkt. Diese beiden Punkte sind aber gerade die Doppelelemente derjenigen Involution, welche durch die drei Paare λ_i, μ_i gebildet wird, wobei z. B. μ_1 zu λ_1 in Bezug auf λ_2 und λ_3 harmonisch liegt, u. s. f. (vgl. die Theorie der binären cubischen Formen, Bd. I, p. 225); durch Vertauschung etwa von λ_1 mit λ_2 wird also gleichzeitig der Sinn der Involution geändert und der eine Doppelpunkt in den anderen übergeführt**). Ganz analog *definiren wir eine imaginäre gerade Linie durch eine Strahleninvolution, deren Mittelpunkt ihr reeller Punkt ist (d. h. ihr Schnittpunkt mit der conjugirt imaginären Linie, ihr „Träger") und einen der Involution beigelegten Sinn;* analytisch wird dann die so definirte Gerade als der eine Doppelstrahl der Involution gefunden. Um die Art zu kennzeichnen, wie man mit diesen Definitionen arbeitet, lösen wir einige einfache geometrische Aufgaben.

1. *Es soll die Verbindungslinie eines gegebenen reellen Punktes mit einem gegebenen imaginären Punkte construirt werden.* Letzterer ist auf seinem Träger durch drei Paare einer Involution und den zugehörigen Sinn gegeben; durch Verbindung der Punkte dieser drei Paare mit dem gegebenen reellen Punkte P erhält man offenbar im letzteren eine Strahleninvolution, welche die gesuchte imaginäre Linie definirt, wenn ihr der entsprechende (durch die Construction von selbst gegebene) Sinn beigelegt wird.

2. *Es soll die Verbindungslinie zweier imaginären Punkte con-*

---

*) Sind die Parameter gleich den Entfernungen der Punkte von einem festen Punkte, so würde also dem Punkte $\lambda + \mu i$ der Sinn $- \mu$, 0, $+ \mu$ beizulegen sein; vgl. Stolz a. a. O.

**) Die Doppelelemente der Involution sind hier zugleich Doppelemente eines cyklisch-projectivischen Systems (Bd. I, p. 201). Man kann so jedem cyklisch-projectivischen Systeme einen Sinn beilegen und dasselbe dann als Repräsentanten eines imaginären Punktes betrachten; vgl. Klein, Göttinger Nachrichten 1872 (od. Math. Annalen Bd. 22, p. 242) u. Lüroth ebd. Bd. 11 u. 13.

struirt werden, die durch zwei verschiedene Involutionen und denselben bez. beigelegte Sinne dargestellt sind (die also einander nicht conjugirt sind). Es handelt sich um die Aufsuchung des Centrums einer Strahleninvolution, welche zu den beiden gegebenen Punktinvolutionen nach Lage und Sinn perspectivisch ist.

Vorausgeschickt werde die Bemerkung, dass man die beiden Punktepaare, welche eine Involution definiren, stets zu einander harmonisch voraussetzen darf; zu jedem Paare der Involution nämlich kann man ein anderes derselben Involution angehöriges Paar finden, welches zu jenem harmonisch liegt; dasselbe muss auch zu den (imaginären) Doppelelementen harmonisch liegen und ist dadurch in bekannter Weise definirt*). Sind P, P_1 und Q, Q_1 zwei solche zu einander harmonische Paare der Involution, so sind die zugehörigen imaginären Elemente durch die in verschiedenem Sinne genommenen Anordnungen PQP_1Q_1 und PQ_1P_1Q dargestellt. Dieser „*harmonischen Darstellung*" der Involution, resp. ihrer imaginären Doppelelemente bedienen wir uns im Folgenden. Ueberträgt man die Punkte der Geraden auf einen Kegelschnitt, indem man die Punkte des letzteren von einem seiner Punkte aus (dessen Wahl für das Resultat ganz gleichgültig ist) auf die Gerade projicirt**), so geben die Paare einer Involution auf dem Kegelschnitte Punktepaare, deren Verbindungslinien einen Strahlbüschel bilden, wie man mittels der fundamentalen Sätze über Erzeugung von Kegelschnitten sehr leicht beweist; insbesondere liefern die beiden im Strahlbüschel vorkommenden Tangenten durch ihre Berührungspunkte die Doppelelemente der Involution. Mit Hülfe dieser Uebertragung auf einen Kegelschnitt (z. B. einen Kreis) construirt man am Einfachsten das zu PP_1 harmonische Paar QQ_1 der Involution; man braucht nämlich nur, wenn RR_1 ein weiteres gegebenes Paar der Involution ist, in dem durch

---

*) Vgl. Bd. I, p. 215 ff. Wir können hier die früheren analytischen Resultate ohne weiteres benutzen, da es uns nur darauf ankommt, die imaginären Elemente geometrisch zu interpretiren; will man, wie es v. Staudt thut, die imaginären Elemente rein geometrisch einführen, so muss man den Satz des Textes, in dem ein imaginäres Punktepaar benutzt ist, erst neu beweisen.

**) Vgl. die Anmerkung zu Bd. I, p. 243. — Da früher die Schnittpunkte einer Geraden g mit dem Kegelschnitte K gefunden wurden als Doppelpunkte der beiden projectivischen Punktreihen, welche die beiden zur Erzeugung von K benutzten Strahlbüschel auf g ausschneiden (Bd. I, p. 51), so lehrt der Text, dass die Construction dieser Doppelemente immer auf die Construction der Doppelelemente einer gewissen Involution zurückkommt. Wie letztere direct aus den beiden projectivischen Punktreihen abzuleiten ist, zeigte Hesse durch Interpretation des Pascal'schen Satzes, Crelle's Journal, Bd. 63 und 66.

RR_1 und PP_1 bestimmten Strahlbüschel die vierte harmonische Linie
zu PP_1 in Bezug auf die beiden Tangenten aufzusuchen (d. h. diejenige conjugirte Polare zu PP_1, welche durch den Mittelpunkt des
Strahlbüschels geht); dieselbe schneidet auf dem Kegelschnitte, wenn
die Tangenten imaginär sind, stets zwei reelle Punkte Q, Q_1 aus.

Es sei nun P der Schnittpunkt der Träger der beiden gegebenen
Involutionen (imaginären Punkte); in der einen Involution sei ihm P_1,
in der anderen P_1' zugeordnet. Es seien p, p_1 die nach P bez. P_1

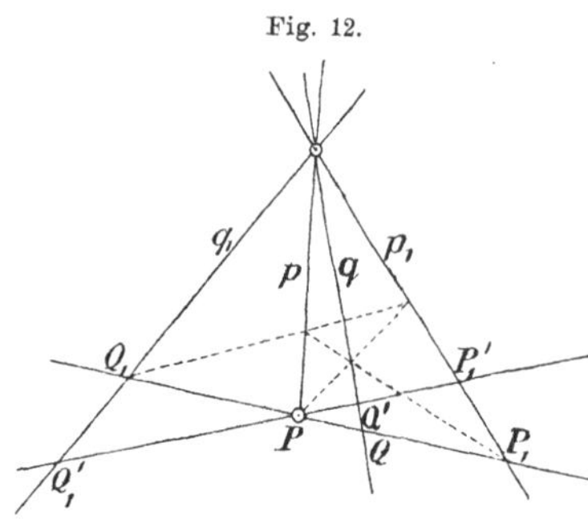

Fig. 12.

gehenden Strahlen des zu suchenden Büschels; dann muss p_1 auch
durch P_1' gehen (Fig. 12). Ist ferner
QPQ_1P_1 eine „harmonische Darstellung" des einen gegebenen imaginären Punktes A, so ist, wenn q, q_1
die nach Q, Q_1 gehenden Strahlen
des gesuchten Büschels bezeichnen,
qpq_1p_1 eine harmonische Darstellung
der Geraden, welche durch A geht.
Weil aber letztere auch den anderen
imaginären Punkt A' enthalten soll, müssen die Punkte Q', Q_1', in welchen
q, q_1 bez. die zweite Involution schneiden, in letzterer ein Paar bilden;
ferner muss der Sinn pqp_1 oder $PQ'P_1'$ mit dem Sinne der zweiten
Involution übereinstimmen, endlich $PQP_1Q_1 \,\barwedge\,$ (d. h. projectivisch zu)
$PQ'P_1'Q_1'$ sein, weil beide Involutionen zu pqp_1q_1 perspectivisch
liegen. Es kommt also darauf an, das Paar $Q'Q_1'$ so zu wählen,
dass die Bedingung $PQP_1Q_1 \,\barwedge\, PQ'P_1'Q_1'$ erfüllt wird; da nun
Q, Q_1 zu P, P_1 harmonisch war, so ist dieser Forderung genügt,
wenn die Folge $PQ'P_1'Q_1'$ auch eine „harmonische Darstellung" der
zweiten Involution liefert; das mag also jetzt angenommen werden.
Dann haben die projectivischen Reihen PQP_1Q_1 und $PQ'P_1'Q_1'$ den
Punkt P entsprechend gemein, sie liegen also perspectivisch und
folglich schneiden sich die Verbindungslinien von Q, P_1, Q_1 resp.
mit Q', P_1', Q_1' in einem Punkte, *dem gesuchten Centrum der Strahleninvolution* pqp_1q_1. Letztere ist in der That perspectivisch zu beiden
gegebenen Involutionen, und der Sinn pqp_1 ist identisch mit dem
Sinne PQP_1 und mit dem Sinne $PQ'P_1'$. Die Involution pqp_1q_1
ist also eine harmonische Darstellung der Verbindungslinie der beiden
imaginären Punkte A und A'.

3. *Es sollen die Schnittpunkte einer imaginären Geraden α mit
einem reellen Kegelschnitte construirt werden.* Wir schicken zwei Hülfs-
betrachtungen voraus.

Erstens: Wenn die Strahlen eines Büschels gleichzeitig durch zwei Involutionen zu Paaren geordnet sind, so kann man immer ein Strahlenpaar finden, das gleichzeitig beiden Involutionen angehört; dieses Paar ist reell, wenn mindestens eine der beiden Involutionen imaginäre Doppelelemente besitzt. Zum Beweise lege man einen beliebigen Kegelschnitt durch das Centrum des Büschels; auf demselben werden zwei Involutionen ausgeschnitten; die Verbindungslinien der Paare einer jeden bilden nach Obigem einen Strahlbüschel; von dem Centrum eines dieser Büschel gehen imaginäre Tangenten an den Kegelschnitt, wenn die Doppelelemente der entsprechenden Involution imaginär sein sollen. Die Verbindungslinie beider Centren schneidet den Kegelschnitt dann sicher in zwei reellen Punkten, welche gleichzeitig in beiden Involutionen ein Paar bilden, deren Verbindungslinien mit dem Centrum des gegebenen Büschels also das verlangte Paar liefern.

Zweitens: Es seien a, b zwei reelle Gerade, welche einander in Bezug auf einen vorgelegten Kegelschnitt nicht conjugirt sein mögen; jedem Punkte P von a ist dann ein Punkt Q von b zugeordnet dadurch, dass b in Q von der Polare des Punktes P geschnitten wird; diese Zuordnung ist eine wechselseitige: P und Q sind einander conjugirte Pole in Bezug auf den Kegelschnitt. Die Polaren aller Punkte P gehen durch den Pol von a, bilden also einen Strahlbüschel, welcher projectivisch zu der Punktreihe auf a, perspectivisch zu derjenigen auf b ist. Die Verbindungslinien $P\text{-}Q$ umhüllen folglich einen Kegelschnitt, der auch die beiden Geraden a, b berührt, und zwar in den Punkten, in welchen sie von der Polare ihres Schnittpunktes getroffen werden.

Kehren wir jetzt zu der gestellten Aufgabe zurück. Der Mittelpunkt M des zur Darstellung der imaginären Linie α dienenden Strahlbüschels möge nicht auf dem Kegelschnitte liegen. Es kommt dann darauf an, eine reelle Gerade g zu finden, auf welcher α eine Involution bestimmt, in der die Punkte eines jeden Paares zugleich conjugirte Pole in Bezug auf den Kegelschnitt sind; in der That repräsentirt diese Involution dann die beiden imaginären Schnittpunkte von g mit dem Kegelschnitte, von denen der eine mit α, der andere mit der zu α conjugirt imaginären Geraden vereinigt liegt. Ist $p\,q\,p_1\,q_1$ eine Darstellung von α, so müssen demnach die Schnittpunkte von g mit p, p_1 und q, q_1 conjugirte Pole sein. Man kann nun nach dem ersten Hülfssatze annehmen, dass p und p_1 conjugirte Polaren sind. Dann schneidet jede Linie, welche entweder durch den auf p_1 gelegenen Pol P von p oder durch den auf p gelegenen

Pol P_1 von p_1 hindurchgeht, die Strahlen p, p_1 in conjugirten Polen. Die Linie g geht also durch einen der beiden Punkte P, P_1, in welchen die Polare m von M bez. durch die Strahlen p_1, p geschnitten wird. Wenn nun q und q_1 nicht auch conjugirte Polaren sind, so muss g nach dem zweiten Hülfssatze gleichzeitig Tangente eines Kegelschnittes sein, welcher q und q_1 bez. in den Punkten S und S_1 berührt, in denen sie von m getroffen werden. Die Punkte P_1, P werden durch die Punkte S, S_1 getrennt; man kann also von einem der Punkte P_1, P (und auch nur von einem) zwei reelle Tangenten an den zuletzt erwähnten Kegelschnitt legen; *dies sind die beiden gesuchten Linien (g und g')*; auf jeder von ihnen bestimmt die Linie α nach Lage und Sinn eine Involution, welche einen Schnittpunkt von α mit dem gegebenen Kegelschnitte darstellt (vgl. unten Fig. 13).

Wenn aber die Geraden q, q_1 ebenfalls conjugirte Polaren sind, so sind alle Paare der α darstellenden Involution aus conjugirten Polaren gebildet; die Linie g muss dann sowohl durch einen der Punkte P_1, P als durch einen der Punkte S, S_1 gehen, d. h. sie muss

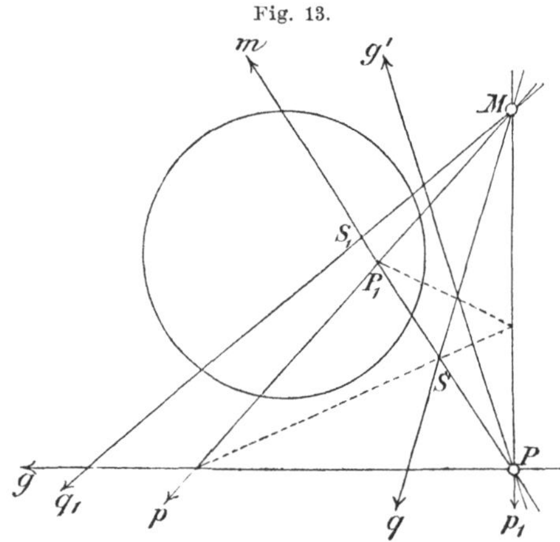

mit m und mit g' zusammenfallen. *Es ist also α eine imaginäre Tangente des Kegelschnittes*, und die auf m ausgeschnittene Involution liefert den imaginären Berührungspunkt.

Liegt endlich M auf dem Kegelschnitte, so schneidet die zur Definition von α dienende Strahleninvolution auf dem Kegelschnitte eine Punktinvolution aus, welche von M aus auf α projicirt diejenige Involution liefert, die bei entsprechender Wahl des Sinnes den gesuchten Schnittpunkt darstellt.

4. *Von den Schnittpunkten einer imaginären Geraden α mit dem Kegelschnitte ist einer durch seinen reellen Träger g und die zugehörige Involution gegeben, der andere soll gefunden werden.* Die Lösung ist in der vorhergehenden enthalten. Die Polare m von M muss die Linie g in demjenigen Punkte P treffen, dessen Verbindungslinie p_1 mit M in der α definirenden Involution zu einem Paare ergänzt wird von ihrer in Bezug auf den Kegelschnitt conjugirten Polare p (vgl.

Fig. 13). Durch denselben Punkt P muss die gesuchte Gerade g' gehen; sie muss ferner einen Hülfskegelschnitt K berühren, welcher die zusammengehörigen Involutionsstrahlen q, q_1 bez. in S und S_1 berührt und auch die Gerade g zur Tangente hat. Auch für K ist m die Polare (Berührungssehne) von M; P liegt auf m, also die Polare von P in Bezug auf K geht durch M, d. h. P und M sind conjugirte Pole in Bezug auf K, folglich m und p_1 conjugirte Polaren in Bezug auf K und somit harmonisch zu den beiden von ihrem Schnittpunkte P ausgehenden Tangenten g und g'. *Die Linie g' wird hiernach einfach als vierte harmonische von g in Bezug auf m und p_1 gefunden**). Die auf g' von den Strahlenpaaren p, p_1 und q, q_1 ausgeschnittene Involution ist in demselben Sinne zu nehmen, wie die gegebene Strahleninvolution, um den gesuchten zweiten Schnittpunkt der Linie a mit dem Kegelschnitte darzustellen.

Die behandelten Aufgaben lassen vollständig übersehen, wie alle imaginären Constructionen, bei denen nur das Verbinden von Punkten und das Schneiden von Geraden verlangt wird, sich in reell ausführbare Operationen umsetzen lassen. Noch nicht ist dieses mit den projectivischen Beziehungen zwischen Punktreihen und Strahlbüscheln möglich, jenen Beziehungen, welche in der Ebene auf die Kegelschnitte, im Raume auf die Flächen zweiter Ordnung führten (p. 35 ff.). Solche Beziehungen wurden hergestellt, indem drei Elemente dreien anderen entsprechend gesetzt wurden und dann ein viertes Element je mit diesen dreien dasselbe Doppelverhältniss liefern sollte. *Was ist aber unter dem Doppelverhältnisse von vier theilweise imaginären Punkten zu verstehen?* Diese fundamentale Frage werden wir beantworten, indem wir ein solches complexes Doppelverhältniss definiren durch reelle Doppelverhältnisse, die bestimmt sind durch je vier reelle Punkte, wobei letztere aus den gegebenen imaginären Punkten in eindeutiger Weise abzuleiten sind. Zu dem Zwecke erledigen wir einige weitere Aufgaben; in denselben denken wir uns die Punkte einer Geraden durch einen Parameter in bekannter Weise

---

*) Man kann dies Resultat auch so aussprechen: Jede imaginäre Gerade, deren reeller Träger nicht auf dem Kegelschnitte liegt, schneidet letzteren in zwei imaginären Punkten, deren reelle Träger durch den reellen Punkt (M) der gegebenen Geraden (a) und dessen Polare (m) harmonisch getrennt werden; vgl. v. Staudt, a. a. O. Nr. 165. Ebenda wird eine grosse Reihe von Sätzen für Kegelschnitte und für das System zweier Kegelschnitte unter Berücksichtigung der imaginären Elemente gegeben. Die Aufgaben 2 und 3 im Texte sind nach Lüroth behandelt (Math. Ann. Bd. 8, p. 181 f.).

ausgedrückt und bezeichnen sie kurz durch die zugehörigen Parameterwerthe.

5. *Es soll ein Punkt σ gefunden werden, welcher zusammen mit einem gegebenen Punkte λ_1 ein Paar einer Involution bildet, die bestimmt ist durch ein anderes Paar μ, ν und einen ihrer reellen Doppelpunkte (λ_2).* Um die Aufgabe zuerst analytisch zu behandeln, stellen wir uns die beiden Paare der Involution, von denen eines den unbekannten Punkt σ enthält, durch zwei quadratische Gleichungen dar:

$$x^2 - (\mu + \nu)x + \mu\nu = 0, \qquad x^2 - (\lambda_1 + \sigma)x + \lambda_1\sigma = 0;$$

die Doppelelemente werden dann bekanntlich (Bd. I, p. 216) als Nullpunkte der zugehören Functionaldeterminante gefunden; d. h. λ_2 genügt der Gleichung

$$\begin{vmatrix} -\lambda_2(\lambda_1 + \sigma) + 2\lambda_1\sigma & 2\lambda_2 - (\lambda_1 + \sigma) \\ -\lambda_2(\mu + \nu) + 2\mu\nu & 2\lambda_2 - (\mu + \nu) \end{vmatrix} = 0,$$

welche sich nach einigen einfachen Umformungen in der folgenden Gestalt schreiben lässt:

$$(5) \qquad \frac{\lambda_3 - \lambda_2}{\lambda_3 - \lambda_1} \cdot \frac{\sigma - \lambda_1}{\sigma - \lambda_2} = \frac{\lambda_3 - \lambda_2}{\lambda_3 - \lambda_1} \cdot \frac{\mu - \lambda_1}{\mu - \lambda_2} + \frac{\lambda_3 - \lambda_2}{\lambda_3 - \lambda_1} \cdot \frac{\nu - \lambda_1}{\nu - \lambda_2}.$$

Hiermit ist einerseits σ bestimmt, andererseits lehrt das gefundene Resultat, dass *der durch die gestellte Aufgabe definirte Punkt σ mit den beiden gegebenen Punkten λ_1, λ_2 und mit einem willkürlich hinzugefügten Punkte λ_3 (bei bestimmter Anordnung der vier Punkte) ein Doppelverhältniss bildet, welches gleich ist der Summe der beiden von den gegebenen Punkten μ, ν mit denselben drei Punkten λ_1, λ_2, λ_3 in gleicher Weise gebildeten Doppelverhältnissen.* In dieser Interpretation der Aufgabe liegt für unsere Zwecke das grosse und principielle Interesse derselben; sie lehrt uns, in dem angegebenen Sinne die *Summe* zweier gegebenen Doppelverhältnisse zu construiren. Die constructive Ausführung derselben bietet durchaus keine Schwierigkeiten; sie geschieht am Einfachsten durch Uebertragung der Punktreihe in obiger Weise auf einen Kegelschnitt; man ziehe (Fig. 14) die Tangente desselben in λ_2, suche deren Schnittpunkt M mit der Linie μ-ν, verbinde M mit λ_1; diese Linie schneidet den Kegelschnitt noch einmal im gesuchten Punkte σ. Die Umkehrung der angegebenen Construction liefert sofort diejenige der *Differenz zweier Doppelverhältnisse*.

Auf die Fälle, wo die gegebenen Punkte sämmtlich oder theilweise imaginär sind, lässt sich die Construction auf Grund der früheren Erörterungen ausdehnen, ohne dass sich principielle Schwierigkeiten böten. — Ist eines der gegebenen Doppelverhältnisse gleich Null, also z. B. $\mu = \lambda_1$, so wird natürlich $\sigma = \nu$.

Ohne Zuhülfenahme eines Kegelschnittes geschieht die Construction, wie leicht zu bestätigen, in folgender Weise (Fig. 15): Man verbinde λ_1, λ_2, μ, ν mit einem beliebigen Punkte M, ziehe

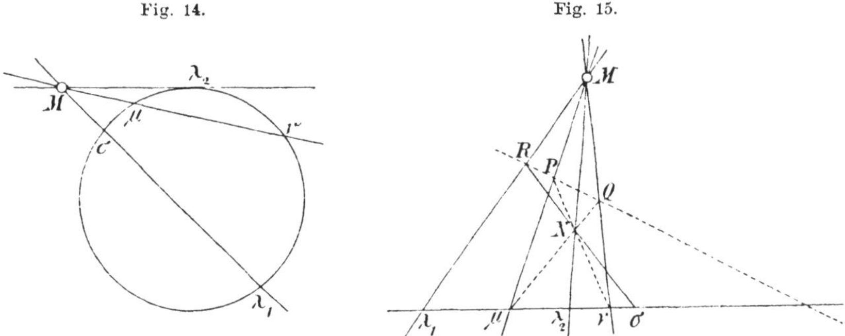

Fig. 14.　　　　　　　　　　　　　　Fig. 15.

durch ν eine beliebige Gerade, welche $M\text{-}\lambda_2$ in N, $M\text{-}\mu$ in P schneidet; die Verbindungslinie von μ mit N schneide $M\text{-}\nu$ in Q; die Linie $P\text{-}Q$ treffe $M\text{-}\lambda_1$ in R; dann schneidet $R\text{-}N$ auf der gegebenen Punktreihe den Punkt σ aus.

6. *Es soll ein Punkt π gefunden werden, welcher einen gegebenen Punkt λ_3 zu einem Paare einer Involution ergänzt, die durch zwei gegebene Paare μ, ν und λ_1, λ_2 definirt ist.* Letztere seien dargestellt durch die Gleichungen:

$$x^2 - (\mu + \nu)x + \mu\nu = 0, \quad x^2 - (\lambda_1 + \lambda_2)x + \lambda_1\lambda_2 = 0.$$

Soll das durch die Gleichung

$$x^2 - (\lambda_3 + \pi)x + \lambda_3\pi = 0$$

gegebene dritte Paar der durch die ersten beiden bestimmten Involution angehören, so ist (Bd. I, p. 520)

$$\begin{vmatrix} 1 & \mu + \nu & \mu\nu \\ 1 & \lambda_1 + \lambda_2 & \lambda_1\lambda_2 \\ 1 & \lambda_3 + \pi & \lambda_3\pi \end{vmatrix} = 0,$$

oder nach bekannten Determinantensätzen:

$$(6) \qquad \frac{\lambda_3 - \lambda_2}{\lambda_3 - \lambda_1} \cdot \frac{\mu - \lambda_1}{\mu - \lambda_2} \times \frac{\lambda_3 - \lambda_2}{\lambda_3 - \lambda_1} \cdot \frac{\nu - \lambda_1}{\nu - \lambda_2} = \frac{\lambda_3 - \lambda_2}{\lambda_3 - \lambda_1} \cdot \frac{\pi - \lambda_1}{\pi - \lambda_2}.$$

Wie die vorhergehende Aufgabe zur Addition führte, so gibt uns demnach die vorliegende Aufgabe eine Regel, *nach der man das Product zweier Doppelverhältnisse durch ein neues Doppelverhältniss ausdrücken kann*, wobei sich alle drei Doppelverhältnisse auf dieselben drei „Grundpunkte" beziehen und in derselben Weise gebildet sind.

Die geometrische Construction ist evident: man übertrage die Punkte λ_1, λ_2, λ_3, μ, ν auf einen Kegelschnitt (Fig. 16), bringe die Linie

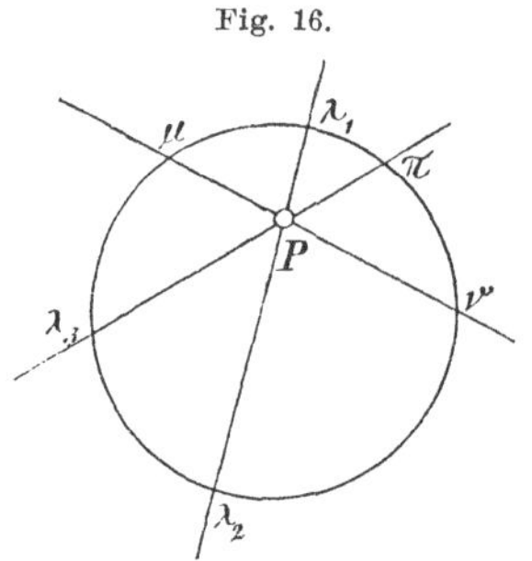

Fig. 16.

μ-ν in P zum Schnitte mit λ_1-λ_2; die Linie P-λ_3 schneidet dann auf dem Kegelschnitte den gesuchten Punkt π aus. Für $\nu = \lambda_3$ wird ein Factor gleich Eins und $\mu = \pi$. Ist $\mu = \nu$, so wird die Linie μ-ν zur Tangente, und man findet das *Quadrat* eines Doppelverhältnisses. Mittelst obiger Principien lässt sich die Construction auf imaginäre Punkte übertragen.

Die Umkehrung der Aufgabe führt zur Operation der *Division* und des *Quadratwurzelausziehens*. Soll z. B. ein Punkt μ so bestimmt werden, dass

$$(7) \qquad \left(\frac{\lambda_3 - \lambda_2}{\lambda_3 - \lambda_1} \cdot \frac{\mu - \lambda_1}{\mu - \lambda_2}\right)^2 = -1 = \frac{\lambda_3 - \lambda_2}{\lambda_3 - \lambda_1} \cdot \frac{\pi - \lambda_1}{\pi - \lambda_2}$$

wird, wobei λ_1, λ_2, λ_3, π gegebene reelle Punkte darstellen, so sind die Linien π-λ_3 und λ_1-λ_2 zwei zu einander conjugirte Polaren in Bezug auf den benutzten Kegelschnitt, welche sich in P schneiden; der Punkt μ ist dann einer der Berührungspunkte der beiden von P ausgehenden Tangenten. Sind die gegebenen Punkte reell, so sind diese Berührungspunkte nothwendig imaginär. Ihr gemeinschaftlicher reeller Träger ist die Polare von P, und sie sind auf dieser durch die Involution der Polepaare dargestellt*).

7. *Entsprechend der Gleichung* (5) *soll σ construirt werden, wenn μ und ν einander conjugirt imaginär sind.* Die Construction ist genau dieselbe, wie in Fig. 14; nur wird der Kegelschnitt von der auch hier reellen Linie μ-ν in imaginären Punkten getroffen. Sind λ_1, λ_2 reell, so ist auch σ reell.

8. *Im Sinne der Gleichung* (6) *soll die Multiplication eines gegebenen Doppelverhältnisses mit der imaginären Einheit durch Construction ausgeführt werden.* Gegeben sind wieder λ_1, λ_2, λ_3 als reelle

---

*) Vorstehende Aufgaben geben Beispiele für v. Staudt's Rechnen mit „Würfen" (a. a. O. Nr. 256 ff.). Ein Wurf ist eben im Wesentlichen ein Doppelverhältniss; der Unterschied zwischen beiden Begriffen ist der, dass der Wurf nicht als Quotient zweier Abstandsverhältnisse, überhaupt nicht als Zahl definirt wird; trotzdem lassen sich dann mit den Würfen Operationen ausführen, die dem Rechnen mit Zahlen genau analog sind, und darin liegt die principielle Wichtigkeit der im Texte behandelten Beispiele für solche Operationen (d. i. Constructionen). Wir kommen darauf bei einer späteren Untersuchung „über die Grundlagen der projectivischen Geometrie" zurück.

Punkte eines Kegelschnittes; μ sei ein complexer Punkt desselben; ν ist so zu bestimmen, dass der zweite Factor der linken Seite von (6) gleich $\sqrt{-1} = i$ wird, d. h. dass:

$$(8) \qquad \left(\frac{\lambda_3 - \lambda_2}{\lambda_3 - \lambda_1} \cdot \frac{\nu - \lambda_1}{\nu - \lambda_2}\right)^2 = -1 = \frac{\lambda_3 - \lambda_2}{\lambda_3 - \lambda_1} \cdot \frac{\tau - \lambda_1}{\tau - \lambda_2}.$$

Der hierdurch definirte Punkt τ ist nach Aufgabe (6) so gelegen, dass die Tangente von ν, die Linien λ_1-λ_2 und λ_3-τ sich in einem Punkte Q schneiden. Da ferner letztere beiden Linien einander in Bezug auf den Kegelschnitt conjugirt sein müssen, damit die rechte Seite von (8) gleich -1 werde, und da ν ein Berührungspunkt der von Q ausgehenden Tangente sein sollte, so stellt der zweite Berührungspunkt den conjugirt imaginären Punkt ν' dar, und ν-ν' ist

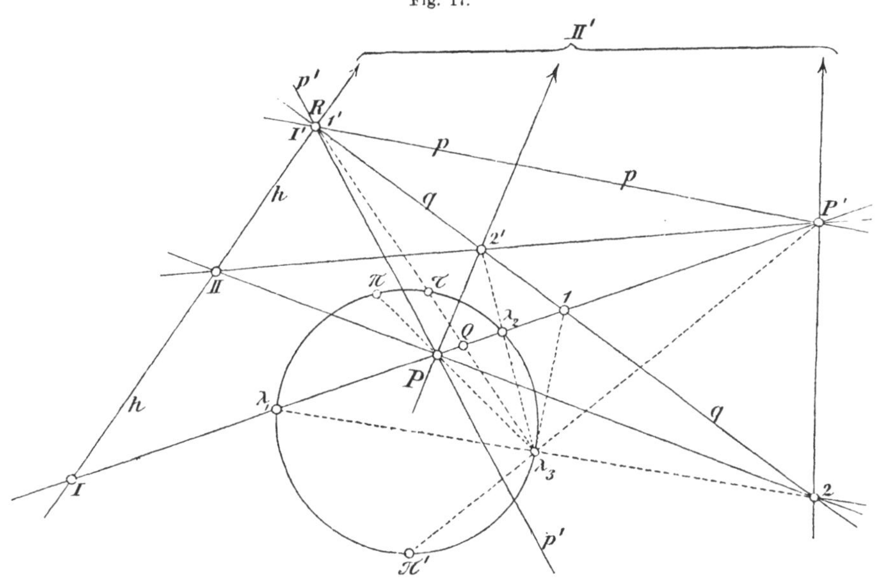

Fig. 17.

die Polare von Q (q in Fig. 17). Umgekehrt wird ν gefunden, indem man λ_3 mit dem Pole R von λ_1-λ_2 verbindet, dadurch Q erhält und dann die Polare q von Q construirt; letztere schneidet den Kegelschnitt in den beiden Punkten ν, ν', welche der Bedingung von (8) genügen. Man hat der betreffenden Involution denjenigen Sinn beizulegen, welcher das fragliche Doppelverhältniss gleich $+ i$ macht (p. 109 f.).

Dieser Sinn sei in Fig. 17 durch $1\,2'1'2$, gegeben; und zwar soll die Involution durch die Paare $1, 1'$ und $2, 2'$ harmonisch*) dargestellt werden (p. 111). Um π zu finden, haben wir die Involution $1\,2'\,1'\,2$ (d. h. den imaginären Punkt v) mit μ zu verbinden; dadurch bestimmt sich auf $\lambda_1 \text{-} \lambda_2$ eine Involution $P_1 P_2' P_1' P_2$; letztere ist mit λ_3 zu verbinden, und die so entstehende Strahleninvolution definirt eine imaginäre Gerade, deren zweiter (imaginärer) Schnittpunkt mit dem Kegelschnitte eben der gesuchte Punkt π ist. Ist auch μ imaginär, so wird die imaginäre Linie $\mu\text{-}v$ nach Aufgabe 2 construirt (wozu dann eine *harmonische* Darstellung von v gebraucht wird) und bestimmt ebenfalls auf $\lambda_1\text{-}\lambda_2$ eine Involution $P_1 P_2' P_1' P_2$. *Soll der Punkt π reell sein*, welcher Fall uns vorwiegend interessirt, so muss die Linie $\lambda_1\text{-}\lambda_2$ von $\mu\text{-}v$ in einem reellen Punkte getroffen werden, d. h. die Punkte P_1, P_2', P_1', P_2 müssen in einen Punkt P (das Centrum der μ mit v verbindenden Strahleninvolution) zusammenfallen. *Die Linie $\lambda_3\text{-}P$ schneidet dann auf dem Kegelschnitte den reellen Punkt π aus* (auf diesen Fall bezieht sich Fig. 17).

Hiermit ist auch die Frage beantwortet, wie der reelle Träger von μ liegen muss, damit π reell, d. h. damit *das im ersten Factor der linken Seite von* (6) *auftretende Doppelverhältniss rein imaginär werde*. Nehmen wir nämlich umgekehrt P auf $\lambda_1\text{-}\lambda_2$ beliebig an (und zwar im Innern des Kegelschnittes), so müssen die Strahlen $P\text{-}1$, $P\text{-}1'$ und $P\text{-}2$, $P\text{-}2'$ je zwei Polepaare auf dem Träger (h) von μ ausschneiden; nach dem zweiten Hülfssatze von Aufgabe 3 ist also h Tangente an einen Kegelschnitt, welcher $P\text{-}2$ und $P\text{-}2'$ in ihren Schnittpunkten S_1, S mit der Polare p berührt, und h geht durch den Pol R von $\lambda_1\text{-}\lambda_2$; die andere Tangente durch R ist die Linie $v\text{-}v'$. Nach Aufgabe 4 wird also h gefunden als vierte harmonische Gerade von q in Bezug auf p und die Linie $R\text{-}P$. *Diejenigen imaginären Punkte des Kegelschnittes, welche mit λ_1, λ_2 und einem beliebigen dritten Punkte λ_3 bei obiger Anordnung ein rein imaginäres Doppelverhältniss bestimmen, schicken hiernach ihre reellen Träger durch den Pol der Geraden $\lambda_1\text{-}\lambda_2$.*

Wird μ durch den conjugirt imaginären Punkt μ' ersetzt, so ist $2'$ zu verbinden mit dem Schnittpunkte II von $P\text{-}2$ und h, 2 zu verbinden mit dem Schnittpunkte II' von $P\text{-}2'$ und h. Beide Linien schneiden sich dann auf $1\text{-}\mathrm{I}$ (d. h. $\lambda_1\text{-}\lambda_2$) in P'. Die Punkte

---

*) Die Punkte der Geraden q sind in Fig. 17 durch Projection von λ_3 aus auf den Kegelschnitt übertragen; 1 ist in den Schnittpunkt der Tangente von λ_3 mit q verlegt; die Polare von 1 geht dann durch Q und bestimmt $1'$ $(= R)$; die Polare von $1'$ ist mit $\lambda_1\text{-}\lambda_2$ identisch; letztere beiden Punkte geben daher, von λ_3 aus auf q projicirt, das gesuchte Paar $2, 2'$.

R, P, P' bilden ein Polardreieck. In der That steht P' dann zu q und h in derselben Beziehung wie P; es ist nur gleichzeitig p durch p', die Polare von P', zu ersetzen. Ebenso würde P durch P', π durch π' zu ersetzen sein, wenn v mit v' vertauscht würde.

9. *Es soll die Differenz zweier Doppelverhältnisse durch Construction eines Punktes δ dargestellt werden, welcher der Gleichung*

$$(9) \qquad \frac{\lambda_3 - \lambda_2}{\lambda_3 - \lambda_1} \cdot \frac{\mu - \lambda_1}{\mu - \lambda_2} - \frac{\lambda_3 - \lambda_2}{\lambda_3 - \lambda_1} \cdot \frac{\mu' - \lambda_1}{\mu' - \lambda_2} = \frac{\lambda_3 - \lambda_2}{\lambda_3 - \lambda_1} \cdot \frac{\delta - \lambda_1}{\delta - \lambda_2}$$

genügt, wobei μ und μ' conjugirt imaginäre, λ_1, λ_2 und λ_3 reelle Zahlen bedeuten. Die Lösung folgt sofort durch Umkehrung der in Aufgabe 5 angegebenen Construction; letztere ist nur auf theilweise imaginäre Punkte auszudehnen. Nach Uebertragung der Punkte der Geraden auf einen Kegelschnitt (Fig. 18) ziehen wir an λ_2 die Tangente des

Fig. 18.

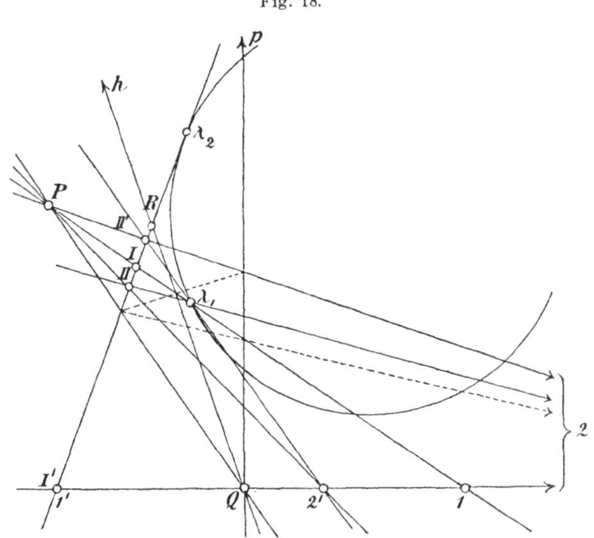

letzteren; auf der reellen Linie μ-μ' werde vom Kegelschnitte eine Involution bestimmt, welche durch 1, 1' und 2, 2' in harmonischer Darstellung gegeben sei. Um den Schnittpunkt M der Linie μ-λ_1 mit jener Tangente zu finden, übertragen wir diese Involution durch einen perspectivischen Strahlbüschel mit dem Centrum λ_1 auf die Tangente von λ_2 nach I, I' und II, II'. Gehört μ zu dem Sinne 1 2 1'2', so gehört M zu dem Sinne I II I'II'. Die Verbindungslinie von M mit μ' schneidet dann den Kegelschnitt im gesuchten Punkte δ. Diese Linie μ'-M wird repräsentirt durch einen Strahlbüschel, welcher von den Linien 2'-II und 2-II' bestimmt wird, durch deren Schnittpunkt P dann von selbst auch I-1 geht; und zwar ist diesem Strahlbüschel der Sinn 1 2'1'2 beizulegen. Die imaginäre Linie P-μ' schneidet den Kegelschnitt in dem bekannten Punkte μ' und in dem gesuchten δ; der letztere ist durch seinen reellen Träger zu definiren, und dieser wiederum wird nach Aufgabe 4 construirt als vierter harmonischer Strahl (h in Fig. 18) von μ-μ' in Bezug auf die Polare p von P und die Linie Q-P, wobei Q den Schnittpunkt von μ-μ' mit p bezeichnet. Da das Doppelverhältniss auf der rechten Seite von (9) rein imaginär ist, so geht diese Linie h nach den bei Gelegenheit der vorhergehenden Aufgabe angestellten Ueberlegungen durch den Pol R der Linie λ_1-λ_2.

Den Factor von $i = \sqrt{-1}$ auf der rechten Seite von (9) erhält man durch Multiplication mit $-i$, also durch Bestimmung eines Punktes π gemäss der Bedingung:

$$(10) \qquad \frac{\lambda_3 - \lambda_2}{\lambda_3 - \lambda_1} \cdot \frac{\pi - \lambda_1}{\pi - \lambda_2} = - \sqrt{-1} \; \frac{\lambda_3 - \lambda_2}{\lambda_3 - \lambda_1} \cdot \frac{\delta - \lambda_1}{\delta - \lambda_2}.$$

Die Construction von π kann nach Aufgabe 8 ausgeführt werden; es ist dort nur μ durch δ zu ersetzen, also in Fig. 17 der reelle Träger h von μ durch den reellen Träger von δ, der in Fig. 18 ebenfalls mit h bezeichnet wurde. Um π zu finden, hätte man dann auf h die durch den Kegelschnitt definirte Involution in bekannter Weise harmonisch darzustellen (wie es in Fig. 17 durch die Paare I, I' und II, II' geschieht), ebenso die entsprechende Involution auf der aus λ_1, λ_2, λ_3 zu construirenden Linie v-v' (1, 1' und 2, 2' in Fig. 17 auf q); die Linien 2-II und 2'-II' schneiden dann auf λ_1-λ_2 die Punkte P, P' aus, von denen einer durch seine Verbindung mit λ_3 den gesuchten Punkt π liefert*).

Nunmehr haben wir alle Hülfsmittel gewonnen, um ein complexes Doppelverhältniss zu definiren, indem dessen reeller und imaginärer Theil einzeln durch reelle Doppelverhältnisse dargestellt sind, zunächst unter der Annahme, dass es sich um drei reelle Punkte und einen imaginären Punkt handelt. *Wir sagen von vier Elementen λ_1,*

---

*) Es sei bemerkt, dass die Paare 1, I und P, P' in Fig. 17 von R aus, der Construction zufolge, durch vier harmonische Strahlen ausgeschnitten werden; da nun P, P' auch zu λ_1, λ_2 harmonisch liegen, *so sind P, P' die Doppelelemente der durch λ_1, λ_2 und 1, I bestimmten Involution* und wären sonach direct (ohne Hülfe der Punkte 2, 2', II, II') zu finden, vgl. Bd. I, p. 51. Umgekehrt kann die Steiner'sche Construction der Doppelelemente durch die des Textes ersetzt werden; man hat dabei durch ein Paar (λ_1-λ_2) einen willkürlichen Kegelschnitt zu legen.

λ_2, λ_3, $\mu = \varkappa + i\lambda$ *einer Reihe, dass ihnen dasselbe Doppelverhältniss zukommt, wie den vier Elementen* Λ_1, Λ_2, Λ_3, $M = K + i\Lambda$ *einer anderen Reihe (oder kurz, dass sie diesen letzteren Elementen projectivisch sind), wenn erstens die beiderseits mittelst der reellen Punkte* σ, *bez.* Σ *zu bildenden reellen Doppelverhältnisse*

$$\frac{\lambda_3 - \lambda_2}{\lambda_3 - \lambda_1} \cdot \frac{\sigma - \lambda_1}{\sigma - \lambda_2} = \frac{\lambda_3 - \lambda_2}{\lambda_3 - \lambda_1}\left(\frac{\mu - \lambda_1}{\mu - \lambda_2} + \frac{\mu' - \lambda_1}{\mu' - \lambda_2}\right), \; \textit{wo } \mu' = \varkappa - i\lambda,$$

und $\dfrac{\Lambda_3 - \Lambda_2}{\Lambda_3 - \Lambda_1} \cdot \dfrac{\Sigma - \Lambda_1}{\Sigma - \Lambda_2} = \dfrac{\Lambda_3 - \Lambda_2}{\Lambda_3 - \Lambda_1}\left(\dfrac{M - \lambda_1}{M - \lambda_2} + \dfrac{M' - \lambda_1}{M' - \lambda_2}\right), \; \textit{wo } M' = K - i\Lambda,$

einander gleich sind, und wenn zweitens auch die reellen und in obiger Weise nach (9) und (10) mittelst der construirbaren Punkte π, *bez.* Π *erhaltenen Doppelverhältnisse übereinstimmen.*

Soll auch einer der anderen Punkte, etwa λ_3, imaginär werden dürfen, so kann man dafür durch Fortsetzung des eingeschlagenen Verfahrens eine geometrische Deutung gewinnen. Wir setzen zur Abkürzung:

$$(\lambda_1, \lambda_2, \lambda_3, \lambda_4) = f(\lambda_3, \lambda_4) = \frac{\lambda_3 - \lambda_2}{\lambda_3 - \lambda_1} \cdot \frac{\lambda_4 - \lambda_1}{\lambda_4 - \lambda_2},$$

und es seien λ_3', λ_4' die zu λ_3, λ_4 conjugirt imaginären Werthe. Dann seien die Punkte σ und π zunächst wie oben aus den Relationen

$$(11) \quad \begin{aligned} f(\lambda_3, \lambda_4) + f(\lambda_3, \lambda_4') &= \quad f(\lambda_3, \sigma), \\ f(\lambda_3, \lambda_4) - f(\lambda_3, \lambda_4') &= -\, if(\lambda_3, \pi) \end{aligned}$$

gefunden. Aus der ersten Gleichung hebt sich, wie in (5), λ_3 beiderseits heraus; es ist also σ reell. Folglich auch:

$$f(\lambda_3', \lambda_4) + f(\lambda_3', \lambda_4') = f(\lambda_3', \sigma),$$

und hieraus:

$$f(\lambda_3', \lambda_4') + f(\lambda_3, \lambda_4) + f(\lambda_3', \lambda_4) + f(\lambda_3, \lambda_4') = f(\lambda_3, \sigma) + f(\lambda_3', \sigma)$$
$$(12) \hspace{6.5cm} = f(\mu, \sigma),$$

wo der reelle Punkt μ nach Aufgabe 7 zu construiren ist. Ebenso muss π reell sein, da auch in der zweiten Gleichung (11) λ_3 beiderseits herausfällt; also hat man analog zu (12):

$$f(\lambda_3', \lambda_4') + f(\lambda_3, \lambda_4) - f(\lambda_3, \lambda_4') - f(\lambda_3', \lambda_4) = -\, i\,[f(\lambda_3, \pi) - f(\lambda_3', \pi)]$$
$$(13) \hspace{6.5cm} = f(\nu, \pi),$$

wo ν ebenfalls reell und leicht construirbar ist. Aus (12) und (13) ergibt sich

$$(14) \qquad 2\,[f(\lambda_3, \lambda_4) + f(\lambda_3', \lambda_4')] = f(\mu, \sigma) + f(\nu, \pi);$$

d. h. *der vierfache reelle Theil des complexen Doppelverhältnisses* $(\lambda_1, \lambda_2, \lambda_3, \lambda_4)$ *ist als Summe von zwei Doppelverhältnissen aus je vier reellen Punkten dargestellt.* Ebenso findet man

$$f(\lambda_3, \lambda_4) - f(\lambda_3', \lambda_4') + f(\lambda_3, \lambda_4') - f(\lambda_3', \lambda_4) = f(\lambda_3, \sigma) - f(\lambda_3', \sigma)$$
$$= if(\nu, \sigma),$$
$$f(\lambda_3, \lambda_4) - f(\lambda_3', \lambda_4') - f(\lambda_3, \lambda_4') + f(\lambda_3', \lambda_4) = - if(\lambda_3, \pi) - if(\lambda_3', \pi)$$
$$= - if(\mu, \pi),$$

folglich durch Addition:

$$(15) \qquad - 2i\,[f(\lambda_3, \lambda_4) - f(\lambda_3', \lambda_4')] = f(\nu, \sigma) - f(\mu, \pi);$$

d. h. *der vierfache imaginäre Theil (Factor von* $+ \sqrt{-1}$*) des Doppelverhältnisses* $(\lambda_1, \lambda_2, \lambda_3, \lambda_4)$ *ist als Differenz von zwei Doppelverhältnissen aus je vier reellen Punkten dargestellt.* Vier Punkte einer Reihe mit den Parametern $\lambda_1, \lambda_2, \lambda_3, \lambda_4$ heissen hiernach zu vier Punkten $\Lambda_1, \Lambda_2, \Lambda_3, \Lambda_4$ einer anderen Reihe projectivisch, wenn für die aus ersteren construirten Punkte μ, ν, σ, π die aus Doppelverhältnissen zusammengesetzten Ausdrücke (14) und (15) dieselben Werthe besitzen, wie für die aus letzteren ebenso construirten Punkte M, N, Σ, Π; vorausgesetzt, dass die Parameter mit den Indices 3, 4 complex, die beiden anderen reell seien. Zu beachten ist dabei, dass die Hülfspunkte μ, ν nicht von λ_4, und σ, π nicht von λ_3 abhängen.

Auf den zuletzt betrachteten Fall lässt sich der allgemeinere, wo auch λ_1 oder λ_2 oder λ_1 und λ_2 complex sind, zurückführen. Die allgemeinste projectivische Zuordnung wird durch eine Gleichung der Form

$$(16) \qquad \lambda\Lambda + (\alpha + i\alpha')\,\Lambda + (\beta + i\beta')\,\lambda + (\gamma + i\gamma') = 0$$

vermittelt. Im Allgemeinen entspricht einem reellen Punkte λ ein imaginärer Punkt Λ, und umgekehrt. Sollen aber zwei reelle Punkte einander zugeordnet sein, so haben wir gleichzeitig

$$\lambda\Lambda + \alpha\Lambda + \beta\lambda + \gamma = 0, \quad \alpha'\Lambda + \beta'\lambda + \gamma' = 0,$$

oder:

$$(\alpha - \alpha')\,\lambda^2 + (\alpha\beta' - \beta\alpha' + \gamma - \gamma')\,\lambda + (\beta'\gamma - \beta\gamma') = 0.$$

Diese Gleichung hat zwei reelle Wurzeln, wenn der Ausdruck

$$(17) \qquad (\alpha\beta' - \beta\alpha' + \gamma - \gamma')^2 - 4(\alpha - \alpha')(\beta'\gamma - \beta\gamma')$$
$$= (\alpha'\beta - \alpha\beta' + \gamma - \gamma')^2 - 4(\beta - \beta')(\alpha'\gamma - \alpha\gamma')$$

positiv ist, also z. B. immer für $\alpha = 0, \alpha' = 0$ oder $\beta = 0, \beta' = 0$ oder $\gamma = 0, \gamma' = 0$ oder $\beta' = 0, \gamma' = 0$ oder $\alpha' = 0, \gamma' = 0$. Ist diese Bedingung erfüllt, so kann man eine entsprechende projectivische Verwandtschaft zweier reellen Geraden dadurch herstellen, dass man zwei reelle Punkte λ_1, λ_2 den reellen Punkten Λ_1, Λ_2 zuordnet, ausserdem einen imaginären λ_3 einem imaginären Λ_3. *Die Bedingung der Projectivität*

$$(18) \qquad (\lambda_1, \lambda_2, \lambda_3, \lambda_4) = (\Lambda_1, \Lambda_2, \Lambda_3, \Lambda_4)$$

ist dann nach Vorstehendem geometrisch gedeutet.

Ist der Ausdruck (17) negativ, so kann man durch Einschiebung einer Hülfstransformation diesen Fall auf den vorhergehenden reduciren. Es sei nämlich $\Lambda = Li$, so entsteht aus (16):

$$\lambda L + (\alpha + i\alpha')\, L + (\beta' - i\beta)\, \lambda + (\gamma' - i\gamma) = 0;$$

es ist also β mit β', γ mit γ' vertauscht; dann aber ändert der negative Term im ersten Ausdrucke (17) sein Zeichen; der Ausdruck selbst wird also positiv. Die Punktreihe λ ist auf die Punktreihe L hiernach so bezogen, dass gewissen zwei reellen Punkten λ auch zwei reelle Punkte L entsprechen, so dass die obige Definition der Relation (18) anwendbar bleibt; die Punktreihe L ist ebenso auf Λ bezogen, denn den reellen Punkten $L = 0$, $L = \infty$ sind bez. die reellen Punkte $\Lambda = 0$, $\Lambda = \infty$ entsprechend. *Durch Vermittlung der eingeschobenen Punktreihe ist auch hier die projectivische Beziehung gedeutet**). Dasselbe Verfahren bleibt anwendbar, wenn die Discriminante (17) gleich Null sein sollte.

Immer vorausgesetzt wurde hierbei, dass es sich überhaupt um eine reelle Gerade handelt; ist die Gerade selbst imaginär, so kann von den reellen Hülfspunkten nicht gesprochen werden. Alsdann beziehen wir die Punkte der imaginären Geraden perspectivisch auf die Strahlen eines reellen Strahlbüschels und durch diese auf die Punkte einer reellen Geraden. *Als Doppelverhältniss von vier Punkten einer imaginären Geraden sei das Doppelverhältniss von vier entsprechenden Punkten einer zu ihr perspectivischen reellen Geraden definirt*; damit gewinnt die projectivische Relation (18) wieder in jedem Falle eine reale Bedeutung**).

Dass vorstehende Betrachtungen auf Strahlbüschel sich ebenso anwenden lassen, wie auf Punktreihen, bedarf kaum der Erwähnung. Wir haben damit dann die nöthigen Hülfsmittel im Principe entwickelt, deren man bedarf, um alle Resultate der ebenen analytischen Geometrie, in denen imaginäre Elemente vorkommen, geometrisch reell zu deuten, falls diese Resultate projectivischen Charakters sind; insbesondere gilt dies für alle diejenigen Eigenschaften der Kegelschnitte

---

*) Ganz analog wurde auch die reelle Projectivität geometrisch durch die perspectivische Lage und eine *eingeschobene congruente Verwandtschaft* (d. i. eine Bewegung) definirt (Bd. I, p. 45).

**) Bei v. Staudt (und Lüroth a. a. O.) wird die Projectivität zweier Punktreihen derartig abstract definirt (Beiträge Nr. 215), dass sofort jeder Wurf gleich jedem zu ihm projectivischen Wurfe ist (Nr. 256). In Folge dessen genügt es, immer drei der vier Punkte als reell vorauszusetzen, und die vorstehenden Betrachtungen des Textes brauchen nicht durchgeführt zu werden.

und der höheren ebenen Curven, denen wir vorwiegend (in Bd. I) unser Interesse zuwandten*).

Auf den Raum lassen sich unsere Betrachtungen ohne Weiteres übertragen, insofern es sich um Punktreihen handelt, die in reellen Ebenen liegen, oder um Ebenenbüschel, deren Axen einen reellen Punkt enthalten; denn im Raume ist der Ebenenbüschel, nicht der Strahlbüschel als das dualistische Gegenbild der Punktreihe zu betrachten. Aber nicht jeder imaginären geraden Linie des Raumes kommt die Eigenschaft zu, durch einen reellen Punkt zu gehen oder in einer reellen Ebene zu liegen; hat sie aber diese Eigenschaft, so ist der reelle Punkt (als unabhängig vom Vorzeichen der imaginären Einheit) nothwendig ihr Schnittpunkt mit der conjugirt imaginären Geraden, ihre reelle Ebene gleichzeitig die durch beide einander conjugirte Geraden zu legende Ebene; *eine solche gerade Linie wird nach v. Staudt als imaginäre Gerade erster Art bezeichnet, zum Unterschiede von der imaginären Geraden zweiter Art, welche keinen reellen Punkt enthält und in keiner reellen Ebene liegt.*

Die Existenz der Geraden zweiter Art ergibt sich daraus, dass wir bisher nur Figuren in einer reellen Ebene betrachteten, während im Raume auch imaginäre Ebenen Berücksichtigung erfordern. Bringen wir zwei solche Ebenen $u + iv$ und $u' + iv'$ zum Schnitte, so sind die Coordinaten der Schnittlinie

$$
\begin{aligned}
\varrho\, q_{rs} &= (u_r + iv_r)(u_s' + iv_s') - (u_s + iv_s)(u_r' + iv_r') \\
&= u_r u_s' - u_s u_r' - v_r v_s' + v_s v_r' + i\,(u_r v_s' - u_s v_r' + v_r u_s' - v_s u_r') \\
&= q_{rs}^{(11)} - q_{rs}^{(22)} + i\left(q_{rs}^{(12)} + q_{rs}^{(21)}\right) \\
&= \alpha_{rs} + i\beta_{rs}.
\end{aligned}
\tag{19}
$$

---

*) Hervorgehoben sei, dass Lüroth (Math. Annalen, Bd. 8) einen rein geometrischen Beweis für den Fundamentalsatz der Algebra und für das Bézout'sche Theorem auf Grund des Rechnens mit v. Staudt's Würfen gibt, wodurch dann auch das Chasles'sche Correspondenzprincip (Bd. I, p. 210 und p. 425) eine rein geometrische Begründung erhält. — In besonderen Fragen kann es nützlich sein, höhere Involutionen (Bd. I, p. 207) zur gleichzeitigen Definition mehrerer imaginären Punkte einzuführen; so geschah es bei der oben erwähnten Benutzung cyklischer Punktsysteme (zweite Note zu p. 110), allgemeiner von B. Klein (Theorie der trilinear-symmetrischen Elementargebilde, Marburg 1881), H. Wiener (Rein geometrische Theorie der Darstellung binärer Formen durch Punktgruppen auf der Geraden, Darmstadt 1885) und E. Kötter (Abhandlungen der Berliner Akademie vom Jahre 1887). Letzterer gibt weitere Anwendungen der betreffenden Principien für die allgemeine Theorie der algebraischen Curven; man findet bei ihm auch nähere Litteraturangaben.

Auch hier ist die Bedingung $\Sigma q_{ik} q_{lm} = 0$ erfüllt; setzen wir also $\mathsf{A} = \alpha_{12}\alpha_{34} + \alpha_{13}\alpha_{42} + \alpha_{14}\alpha_{23}$, $\mathsf{B} = \beta_{12}\beta_{34} + \beta_{13}\beta_{42} + \beta_{14}\beta_{23}$, $\Gamma = \Sigma \dfrac{\partial \mathsf{A}}{\partial \alpha_{rs}} \beta_{rs}$ $= \Sigma \dfrac{\partial \mathsf{B}}{\partial \beta_{rs}} \alpha_{rs}$, so folgt $\mathsf{A} - \mathsf{B} + i\Gamma = 0$, also

$$(20) \qquad\qquad \mathsf{A} - \mathsf{B} = 0, \quad \Gamma = 0.$$

Die Coordinaten der conjugirt imaginären Geraden sind

$$\varrho' q_{rs}' = \alpha_{rs} - i\beta_{rs}.$$

Die Bedingung dafür, dass beide sich treffen, wird:

$$(21) \qquad\qquad \varrho\varrho' \Sigma q_{ik} q_{lm}' = 2\,(\mathsf{A} + \mathsf{B}) = 0;$$

sie ist in der That im Allgemeinen nicht erfüllt; sie ist es nur, wenn sowohl $\mathsf{A} = 0$ als $\mathsf{B} = 0$, d. h. wenn die beiden Complexe

$$(22) \qquad \varphi \equiv \Sigma \alpha_{rs} q_{rs} = 0 \quad \text{und} \quad \psi \equiv \Sigma \beta_{rs} q_{rs} = 0$$

gleichzeitig in specielle ausarten; dann aber schneiden sich die Axen der beiden Complexe wegen $\Gamma = 0$, der Büschel $\varphi + \mu\psi = 0$ besteht aus lauter speciellen Complexen (p. 65), deren Axen einen ebenen Strahlbüschel mit reellem Scheitel bilden, und letzterem Büschel gehören insbesondere die Axen q und q' an. *Eine imaginäre Gerade zweiter Art wird also von ihrer conjugirt imaginären nicht geschnitten.* Ist die Bedingung (21) nicht erfüllt, so können die reellen Complexe (22) zur Definition der Geraden q und q' dienen; letztere sind die Leitlinien der jenen beiden Complexen gemeinsamen Congruenz und werden von allen Linien der Congruenz getroffen. Umgekehrt gibt die Gesammtheit der Congruenzlinien das geometrische Substrat für den Begriff zweier conjugirt imaginären Linien zweiter Art, wie die Involution das geometrische Substrat für zwei conjugirt imaginäre Punkte lieferte. Es handelt sich weiter darum, die beiden Geraden von einander zu trennen. Dies geschieht, indem wir der Involution, welche durch die beiden zu einander (wegen $\Gamma = 0$) involutorischen Complexe (22) auf einer beliebigen Geraden g der Congruenz gegeben wird (p. 67), einen bestimmten „Sinn“ beilegen. Die Doppelpunkte dieser Involution nämlich sind die Schnittpunkte von g mit den Linien q und q'; eine Trennung der beiden Doppelpunkte durch Festsetzung des Sinnes der Involution bewirkt also auch eine Trennung der beiden Geraden. Welche Gerade g der Congruenz gewählt wird, ist gleichgültig, denn auf jeder muss die Involution in gleichem Sinne genommen werden, um eine und dieselbe Gerade q zu definiren; in der That könnte sich der Sinn bei stetiger Veränderung von g nur ändern, wenn dabei einmal zwei der vier zur Festlegung der Involution nöthigen Punkte zusammenfielen;

dies könnte aber nur beim Durchgange durch die Doppelpunkte stattfinden, ist also ausgeschlossen, da diese Doppelpunkte als imaginär
vorausgesetzt werden. Ebenso wie vom Sinne einer Involution kann
man daher auch vom *Sinne einer Congruenz mit imaginären Leitlinien*
sprechen. Statt der Punkte von g hätten wir auch die Ebenen des
durch g gehenden Büschels betrachten können. Jeder Strahl einer
Congruenz erster Ordnung und erster Klasse ist Träger einer Involution mit gewissem Sinne und Axe einer Ebeneninvolution mit gewissem Sinne; alle diese involutorischen Punktreihen sind zu allen
diesen involutorischen Ebenenbüscheln perspectivisch; oder jeder Strahl
der Congruenz ist Träger eines imaginären Punktes und „Axe"
einer imaginären Ebene; jeder dieser imaginären Punkte liegt in
jeder dieser imaginären Ebenen, *und dieses ganze Gebilde heisst eine
Gerade zweiter Art**).

Da nun eine solche als Schnitt zweier imaginären Ebenen oder
als Verbindungslinie zweier imaginären Punkte bestimmt werden kann,
muss auch die reelle Congruenz erster Ordnung und Klasse vollkommen bestimmt sein durch zwei ihrer Geraden (g und g') und
durch zwei auf letzteren nach Lage und Sinn gegebene Involutionen.
So entsteht die Aufgabe, die übrigen Linien der Congruenz zu construiren. Es seien 1, 1' und 2, 2' zwei Paare der Involution auf g,
ebenso I, I' und II, II' zwei solche Paare auf g'; erstere seien im
Sinne 1 2 1' 2', letztere im Sinne I II I' II' genommen (beide am Einfachsten sogleich in harmonischer Darstellung vorausgesetzt). Wir
beziehen dann die Geraden g und g' projectivisch auf einander, indem wir den Punkten 1, 1', 2 bez. die Punkte I, I', II zuordnen;
als vierte harmonische Punkte entsprechen sich dann auch 2' und
II'. Die Verbindungslinien entsprechender Punkte bestimmen eine
Fläche zweiter Ordnung und Klasse (p. 35 ff.), und zwar als deren
Erzeugende „erster Art"; dieselben sind durch die Punkte, die sie auf
g und g' ausschneiden, ebenfalls involutorisch gepaart (so dass z. B.
die Linien 1 - I, 1' - I' ein Paar bilden), und unter ihnen sind insbesondere die beiden imaginären Geraden zweiter Art enthalten,
welche durch die auf g und g' gegebenen Involutionen bestimmt
werden. Die derselben Fläche angehörigen Erzeugenden zweiter Art,
zu denen insbesondere g und g' gehören, sind folglich Linien der
gesuchten Congruenz. Nun war auf g' der Punkt I, welcher zu 1
homolog sein sollte, noch willkürlich wählbar; es können also
im Ganzen einfach unendlich viele verschiedene Flächen zweiter

---

*) Vgl. Lüroth, a. a. O. p. 160, v. Staudt a. a. O. Nr. 117 und für die
analytische Behandlung Stolz a. a. O.

Klasse in der eben besprochenen Weise construirt werden; jede enthält einfach unendlich viele Erzeugende zweiter Art, *und so findet
man die zweifach unendlich vielen Geraden der gesuchten Congruenz.*

Umgekehrt kann man natürlich auch die Gerade zweiter Art
dadurch definiren, dass man auf einer Fläche zweiter Ordnung die
reellen Erzeugenden der einen Art involutorisch zu Paaren ordnet
und ihnen (d. h. der von ihnen auf irgend einer Erzeugenden der
andern Art ausgeschnittenen Punktinvolution) einen bestimmten Sinn
beilegt*). Die imaginäre Gerade zweiter Art gehört dann jenem zuerst benutzten Erzeugenden-Systeme an. Da die Bestimmung einer
Involution von zwei reellen Parametern abhängt, so sieht man gleichzeitig, dass *jede geradlinige, nicht kegelförmige Fläche zweiter Ordnung
zweifach unendlich viele imaginäre Gerade zweiter Art zu Erzeugenden
hat* (und zwar je doppelt unendlich viele in jedem Systeme von Erzeugenden). Dagegen enthält sie keine imaginäre Gerade erster Art;
denn sonst müsste sie auch deren reellen Punkt enthalten, und durch
diesen gehen bekanntlich nur zwei, eben die betreffenden beiden
reellen Erzeugenden. Eine reelle Fläche dagegen, auf der es keine
geraden Linien gibt, enthält zwei Systeme von je einfach unendlich
vielen imaginären Geraden erster Art.

Es wird jetzt leicht sein, die elementaren, analytisch bereits ge-
lösten Aufgaben über Punkte, Ebenen und gerade Linien für die Geraden zweiter Art geometrisch zu deuten; hier mögen nur einige
Beispiele erwähnt werden. Soll ein imaginärer Punkt auf einer Geraden zweiter Art liegen, so heisst dies, dass sein reeller Träger
der betreffenden Congruenz angehört, und der zugehörige Sinn mit
dem Sinne der Congruenz übereinstimmt. — Wenn man sagt, dass
die Gerade zweiter Art mit einem imaginären, nicht auf ihr liegenden Punkte eine Ebene bestimmt, so soll damit Folgendes gemeint
sein: Zu dem Punkte gehört ein reeller Träger und auf ihm eine
Punktinvolution nebst gegebenem Sinne, zu der Ebene eine reelle
Axe nebst mit einem Sinne begabter Ebeneninvolution; beide Involutionen sollen nach Lage und Sinn perspectivisch sein; die Axe
der Ebeneninvolution soll ausserdem einer gegebenen Congruenz mit
imaginären Leitstrahlen angehören, und ihr Sinn soll mit dem Sinne
dieser Congruenz übereinstimmen. — Schneiden sich zwei imaginäre
Linien zweiter Art in einem Punkte, so schneiden sich natürlich die
conjugirt imaginären Linien in dem conjugirt imaginären Punkte;
der gemeinsame Träger g beider ist reell. Nun sind mit jeder der

---

*) So thut es ursprünglich v. Staudt a. a. O.

beiden Geraden zweiter Art zwei Complexe (22) gegeben; den vier Complexen sind im Allgemeinen zwei gerade Linien gemeinsam (p. 69 f.); diese sind also im vorliegenden Falle reell, und eine von ihnen ist eben g. Der analytische Satz, dass zwei sich schneidende Linien in einer Ebene liegen, gilt auch für Gerade zweiter Art; die zweite den vier genannten Complexen gemeinsame Gerade g' ist daher die reelle Schnittlinie der beiden conjugirt imaginären Ebenen, in denen die betrachteten Geraden und deren conjugirte sich befinden. Diese vier Geraden zweiter Art bilden also ein windschiefes Vierseit, welches durch die reellen Linien g und g' zu einem Tetraëder ergänzt wird. Das Schneiden zweier imaginärer Linien zweiter Art kommt hiernach dadurch zum Ausdrucke, dass die beiden Geraden g und g' reell sind, und dass auf ihnen durch beide Congruenzen dieselben Involutionen je mit demselben Sinne bestimmt werden.

Um schliesslich *das Doppelverhältniss von vier Punkten einer Geraden zweiter Art* zu definiren, legen wir durch eine beliebige reelle Gerade und jeden der vier Punkte eine (imaginäre) Ebene; das Doppelverhältniss dieser vier Ebenen, welches nach den Ergebnissen der Analysis von der Wahl ihrer gemeinsamen Axe nicht abhängt, ist gleich dem Doppelverhältnisse von vier zu ihnen perspectivischen Punkten einer beliebigen reellen Geraden; die projectivische Beziehung der Punkte einer imaginären Geraden zweiter Art zu irgend einer anderen Geraden kann also nach Obigem (p. 124) ausgeführt werden; und dadurch wird es möglich, auch alle früheren Untersuchungen über Punktreihen und Strahlbüschel, über die Erzeugung von Flächen zweiter Ordnung aus ihnen u. s. w. auf den Fall von Geraden zweiter Art auszudehnen. Besonders ausgezeichnet ist der Fall, wo die reellen Träger der vier Punkte einer solchen Geraden ein und derselben Fläche zweiter Ordnung und Klasse angehören; *dann nämlich ist das Doppelverhältniss der vier Punkte reell* und zwar gleich dem Doppelverhältnisse derjenigen vier reellen Punkte, in welchen die vier reellen Träger von irgend einer Erzeugenden der andern Art geschnitten werden.

Im Folgenden werden wir uns in der Regel damit begnügen, von imaginären Punkten, Ebenen und Geraden zu sprechen, wie sie gerade in der analytischen Behandlung sich darbieten; wir unterlassen es, in jedem Falle auf die betreffende oft complicirte reale Bedeutung zurückzugehen, wie sie sich nach v. Staudt ergeben würde. Es ist aber ein grosser Gewinn, die principielle Möglichkeit einer solchen realen Deutung (gemäss vorstehenden Entwicklungen) erkannt zu haben.

Zweite Abtheilung.

Die Flächen zweiter Ordnung und zweiter Klasse.

I. Polarentheorie.

Die allgemeinste Gleichung zweiten Grades in homogenen Punkt-coordinaten ist die folgende:

$$(1) \quad a_{11}x_1^2 + a_{22}x_2^2 + a_{33}x_3^2 + a_{44}x_4^2 + 2a_{12}x_1x_2 + 2a_{13}x_1x_3$$
$$+ 2a_{14}x_1x_4 + 2a_{34}x_3x_4 + 2a_{24}x_2x_4 + 2a_{23}x_2x_3 = 0,$$

oder, wie wir zur Abkürzung schreiben wollen:

$$\Sigma\Sigma a_{ik}x_ix_k = 0,$$

wobei $a_{ki} = a_{ik}$ angenommen wird. Sie enthält zehn Coëfficienten, welche homogen vorkommen, auf deren Verhältnisse es also allein ankommt. Man kann sie, und damit die Fläche, bestimmen, indem man ihnen neun lineare Bedingungen auferlegt, z. B. die neun Bedingungen, dass die dargestellte Fläche durch neun gegebene Punkte $x^{(1)}$, $x^{(2)} \dots x^{(9)}$ gehen solle. In dem Falle hat man die neun Gleichungen:

$$\Sigma\Sigma a_{ik}x_i^{(1)}x_k^{(1)} = 0, \quad \Sigma\Sigma a_{ik}x_i^{(2)}x_k^{(2)} = 0, \dots \Sigma\Sigma a_{ik}x_i^{(9)}x_k^{(9)} = 0.$$

Eine Fläche zweiter Ordnung ist daher im Allgemeinen durch neun Punkte bestimmt.

Es können aber Ausnahmen eintreten. Z. B. ist die Fläche unbestimmt, wenn sechs der neun Punkte auf einer ebenen Curve zweiter Ordnung liegen; denn die Fläche enthält diese Curve ganz, sobald sie fünf Punkte derselben enthält, da sie von einer Ebene immer in einer Curve zweiter Ordnung geschnitten wird, wie sogleich gezeigt werden soll; die sechste Bedingung ist also in diesem Falle eine Folge der fünf ersten, so dass nur acht von einander unabhängige Bedingungen übrig bleiben, was zur Bestimmung der neun Constanten nicht genügt. Solche Ausnahmefälle sollen in der allgemeinen Theorie der Flächen näher besprochen werden.

Wir untersuchen zuerst den Schnitt der Fläche (1) mit einer Ebene. Die letztere soll durch drei ihrer Punkte y, z, t (die nicht in gerader Linie liegen) gegeben sein. Ein beliebiger Punkt x der Ebene ist dann durch die Parameter $\varkappa_1$, $\varkappa_2$, $\varkappa_3$ festgelegt (p. 99 ff.), wenn

$$(2) \qquad \varrho x_i = \varkappa_1 y_i + \varkappa_2 z_i + \varkappa_3 t_i, \quad \text{für } i = 1, 2, 3, 4.$$

Mit Hülfe dieser Substitution geht (1) über in:

$$(3) \quad \varkappa_1^2 a_{yy} + \varkappa_2^2 a_{zz} + \varkappa_3^2 a_{tt} + 2\varkappa_1\varkappa_2 a_{yz} + 2\varkappa_1\varkappa_3 a_{yt} + 2\varkappa_2\varkappa_3 a_{zt} = 0,$$

wo:

$$a_{yy} = \Sigma\Sigma a_{ik} y_i y_k, \quad a_{yz} = a_{zy} = \frac{1}{2}\left(\frac{\partial a_{yy}}{\partial y_1} z_1 + \frac{\partial a_{yy}}{\partial y_2} z_2 + \frac{\partial a_{yy}}{\partial y_3} z_3\right), \text{ u. s. f.}$$

Hier ist (3) die Gleichung der Schnittcurve von (1) mit unserer Ebene in ebenen trimetrischen Punktcoordinaten; denn $\varkappa_1$, $\varkappa_2$, $\varkappa_3$ sind ja die Coordinaten des Punktes x, bezogen auf das von y, z, t gebildete Dreieck. *Die Schnittcurve ist also in der That von der zweiten Ordnung.*

Besonders ausgezeichnet sind diejenigen Ebenen, für welche die Determinante der Gleichung (3) verschwindet, d. h. für welche

$$(4) \qquad \begin{vmatrix} a_{yy} & a_{yz} & a_{yt} \\ a_{zy} & a_{zz} & a_{zt} \\ a_{ty} & a_{tz} & a_{tt} \end{vmatrix} = 0.$$

Genügen y, z, t dieser Bedingung, so schneidet ihre Ebene u die Fläche (1) in einem Paare von geraden Linien; *es gibt also auf einer allgemeinen Fläche solche Systeme von geraden Linien, wie wir sie früher studirten.* Die Ebene selbst ist dann Tangentenebene der Fläche (p. 39); der Doppelpunkt des Linienpaares ist der Berührungspunkt. Die Gleichung (4) muss also auch aus der Gleichung der Fläche in Ebenencoordinaten entstehen, wenn man in dieser u_i mittelst der Gleichungen (2)* p. 97 durch y_i, z_i, t_i ausdrückt. Diese Verhältnisse lassen sich einfacher behandeln, wenn man von der Aufgabe ausgeht, die Schnittpunkte einer Geraden mit der Fläche zu bestimmen.

Irgend ein Punkt x der Verbindungslinie von y mit z hat die Coordinaten

$$(5) \qquad \varrho x_i = y_i + \lambda z_i.$$

Um also die Schnittpunkte der Linie y-z mit der Fläche zu finden, haben wir in (1) die Substitution (5) zu machen. Dies ergibt für λ die quadratische Gleichung

$$(6) \qquad P + 2\lambda Q + \lambda^2 R = 0,$$

wo zur Abkürzung:

$$P = a_{yy} = \Sigma\Sigma a_{ik} y_i y_k,$$
$$R = a_{zz} = \Sigma\Sigma a_{ik} z_i z_k,$$

(7)
$$Q = a_{yz} = a_{zy} = \Sigma\Sigma a_{ik} z_i y_k = \Sigma\Sigma a_{ik} y_i z_k$$
$$= \frac{1}{2}\left(\frac{\partial P}{\partial y_1} z_1 + \frac{\partial P}{\partial y_2} z_2 + \frac{\partial P}{\partial y_3} z_3\right)$$
$$= \frac{1}{2}\left(\frac{\partial R}{\partial z_1} y_1 + \frac{\partial R}{\partial z_2} y_2 + \frac{\partial R}{\partial z_3} y_3\right)$$
$$= y_1(a_{11} z_1 + a_{12} z_2 + a_{13} z_3 + a_{14} z_4)$$
$$+ y_2(a_{21} z_1 + a_{22} z_2 + a_{23} z_3 + a_{24} z_4)$$
$$+ y_3(a_{31} z_1 + a_{32} z_2 + a_{33} z_3 + a_{34} z_4)$$
$$+ y_4(a_{41} z_1 + a_{42} z_2 + a_{43} z_3 + a_{44} z_4).$$

Wir heben hervor, dass das Bildungsgesetz der Ausdrücke P, Q, R, insbesondere die Symmetrie von Q in Bezug auf y und z sich am Einfachsten durch Benutzung einer symbolischen Bezeichnung übersehen lässt. Man schreibt nämlich das Product $a_i a_k$ an Stelle von a_{ik} mit der Festsetzung, dass nach Ausführung der vorkommenden Multiplicationen schliesslich wieder $a_{ik} = a_{ki}$ für $a_i a_k = a_k a_i$ eingesetzt werden soll. Dann ergibt sich, wie die Ausrechnung zeigt:

$$P = (a_1 y_1 + a_2 y_2 + a_3 y_3 + a_4 y_4)^2,$$
$$R = (a_1 z_1 + a_2 z_2 + a_3 z_3 + a_4 z_4)^2,$$
$$Q = (a_1 y_1 + a_2 y_2 + a_3 y_3 + a_4 y_4)(a_1 z_1 + a_2 z_2 + a_3 z_3 + a_4 z_4),$$

oder wenn noch zur Abkürzung

$$a_1 x_1 + a_2 x_2 + a_3 x_3 + a_4 x_4 = a_x$$

gesetzt wird:

(7)* $$P = a_y{}^2, \quad R = a_z{}^2, \quad Q = a_y a_z.$$

Dieser symbolischen Bezeichnungsweise werden wir uns im Folgenden noch mehrfach bedienen.

Die Gleichung (6) ist vom zweiten Grade. *Eine Fläche zweiter Ordnung wird also von einer Geraden in zwei Punkten geschnitten.*

Die Wurzeln λ, μ von (6) sind:

$$\lambda = \frac{-Q + \sqrt{Q^2 - PR}}{R}, \quad \mu = \frac{-Q - \sqrt{Q^2 - PR}}{R};$$

also hat man nach (5) für die Coordinaten der Schnittpunkte:

(8) $$\sigma x_i = R y_i - (Q \mp \sqrt{Q^2 - PR}) z_i,$$

wo $\varrho \cdot R = \sigma$ gesetzt ist. Diese Gleichungen sind nur scheinbar unsymmetrisch; multiplicirt man nämlich beide Seiten mit $Q \pm \sqrt{Q^2 - PR}$ und setzt das Product dieses Factors in σ gleich τR, so kommt:

$$(8)^* \qquad \tau x_i = (Q \pm \sqrt{Q^2 - PR})y_i - Rz_i.^*)$$

Die Schnittpunkte sind hiernach

$$\text{reell,} \qquad\qquad \text{wenn} \quad Q^2 - PR > 0,$$
$$\text{imaginär,} \qquad\qquad „ \quad Q^2 - PR < 0,^{**})$$
$$\text{zusammenfallend,} \qquad „ \quad Q^2 - PR = 0.$$

Die letztere Gleichung gibt die Bedingung dafür, dass die Linie y-z Tangente der Fläche (1) sei; sie muss sich also so umformen lassen, dass statt der Coordinaten y_i, z_i nur die Coordinaten $p_{ik} = y_i z_k - z_i y_k$ vorkommen, und sie ist dann die Gleichung der Fläche in Liniencoordinaten. Ist $P = 0$ und $R = 0$, so liegen die Punkte y, z selbst auf der Fläche; die Wurzeln von (6) sind $\lambda' = 0$, $\lambda'' = \infty$. Bestehen aber die drei Gleichungen $P = 0$, $Q = 0$, $R = 0$, so sind die Wurzeln von (6) unbestimmt; jeder Punkt der Geraden y, z liegt auf der Fläche. Es ergibt sich also wieder, dass auf einer Fläche zweiter Ordnung sich im Allgemeinen gerade Linien befinden (p. 132).

Weiter kann man verlangen, dass die beiden Schnittpunkte der Linie y-z mit der Fläche und die Punkte y, z selbst ein Punktquadrupel von gegebenem Doppelverhältnisse α bilden sollen. In unserem Falle hat man

$$\alpha = \frac{\lambda}{\mu} \quad \text{oder} \quad \alpha = \frac{\mu}{\lambda}.$$

Nun ist:

$$\frac{\lambda}{\mu} \cdot \frac{\mu}{\lambda} = 1, \qquad \frac{\lambda}{\mu} + \frac{\mu}{\lambda} = \frac{\lambda^2 + \mu^2}{\lambda \cdot \mu} = \frac{4Q^2 - 2PR}{PR}.$$

Es bestimmt sich also α aus der quadratischen Gleichung:

$$\alpha^2 - \frac{4Q^2 - 2PR}{PR}\,\alpha + 1 = 0,$$

oder:

$$(9) \qquad\qquad PR(\alpha + 1)^2 - 4Q^2\alpha = 0.$$

Ist y ein beweglicher und z ein fester, nicht auf der Fläche gelegener Punkt, *so ist dies die Gleichung einer Fläche zweiter Ordnung; auf ihr liegen alle Punkte y, deren Verbindungslinie mit z die Fläche (1) in zwei Punkten trifft, welche mit y und z ein Quadrupel vom Doppelverhältnisse α bilden.* Dasselbe gilt wenn z beweglich und y fest gewählt wird, denn (9) ist symmetrisch in Bezug auf beide Punkte.

Sollen die beiden Schnittpunkte $y + \lambda z$ und $y + \mu z$ zusammenfallen, so muss $\alpha = 1$ werden (Bd. 1, p. 40). Die Bedingung dafür,

---

*) Man vermeidet diese Unsymmetrie von vornherein, wenn man die Auflösung der quadratischen Gleichung in ihrer allgemeinsten Form zu Grunde legt; vgl. Clebsch: Theorie der binären algebraischen Formen, p. 112.

**) Ueber die Bedeutung imaginärer Lösungen vgl. oben p. 104 ff.

dass ein Punkt y auf einer von z aus an die Fläche (1) gezogenen Tangente liegt, ist daher:

$$(10) \qquad PR - Q^2 = 0;$$

es stimmt dies mit dem obigen Resultate (p. 134). Genügt der Gleichung (10) ein Punkt y, so genügt ihr auch jeder Punkt seiner Verbindungslinie mit z; diese Gleichung stellt daher einen Kegel dar, dessen Spitze in z liegt: *Es ist* (10) *die Gleichung des „Tangenten-kegels von z"*, d. i. des Ortes aller Tangenten, welche man von z aus an die Fläche (1) legen kann; *dieser Kegel ist von der zweiten Ordnung.*

Andere besondere Werthe sind $\alpha = 0$, $\alpha = \infty$ und $\alpha = -1$. In den ersten beiden Fällen vereinigen sich auch zwei der vier Punkte, aber nicht die beiden Schnittpunkte, sondern ein Schnittpunkt mit dem Punkte y, denn es wird $\lambda = 0$ oder $\mu = 0$. In der That folgt aus (9) für $\alpha = 0$ oder $\alpha = \infty$: $PR = 0$; und da z nicht auf der Fläche liegen soll, kann nur $P = 0$ sein. *Die Punkte y, welche zu einem Doppelverhältnisse $\alpha = 0$ oder $\alpha = \infty$ Veranlassung geben, bilden daher die gegebene Fläche zweiter Ordnung selbst.*

Von besonderer Wichtigkeit ist der Fall $\alpha = -1$, wo die betreffenden vier Punkte zu einander harmonisch liegen, und zwar der Art, dass die beiden Schnittpunkte zu y und z conjugirt sind. Die Gleichung (9) wird in diesem Falle $Q^2 = 0$, d. h. die betreffende Fläche zweiter Ordnung artet in die doppelt zählende Ebene $Q = 0$ aus. Die vierten harmonischen Punkte zu z und den Schnittpunkten der durch z gehenden Strahlen mit der Fläche zweiter Ordnung bilden daher eine Ebene, *„die Polarebene des Punktes z"*. Ihre Gleichung in Veränderlichen y ist nach (7) oder (7)*

$$(11) \qquad Q \equiv a_y a_z \equiv \Sigma \frac{\partial R}{\partial z_i} y_i \equiv \Sigma \frac{\partial P}{\partial y_i} z_i = 0.$$

Die Coordinaten u_i der Polarebene des Punktes z sind daher:

$$(12) \quad \begin{aligned} \varrho u_1 &= a_{11} x_1 + a_{12} x_2 + a_{13} x_3 + a_{14} x_4 = \frac{1}{2}\frac{\partial a_{xx}}{\partial x_1}\, a_x a_1, \\[1ex] \varrho u_2 &= a_{21} x_1 + a_{22} x_2 + a_{23} x_3 + a_{24} x_4 = \frac{1}{2}\frac{\partial a_{xx}}{\partial x_2}\, a_x a_2, \\[1ex] \varrho u_3 &= a_{31} x_1 + a_{32} x_2 + a_{33} x_3 + a_{34} x_4 = \frac{1}{2}\frac{\partial a_{xx}}{\partial x_3}\, a_x a_3, \\[1ex] \varrho u_4 &= a_{41} x_1 + a_{42} x_2 + a_{43} x_3 + a_{44} x_4 = \frac{1}{2}\frac{\partial a_{xx}}{\partial x_4}\, a_x a_4. \end{aligned}$$

Die Ebene $Q = 0$ steht zu allen Flächen des Systems (9) in ausgezeichneter Beziehung. Zunächst ist klar, dass sie alle durch die Schnittcurve der Flächen $P = 0$ und $Q = 0$ hindurchgehen; *über-*

dies aber haben sie längs dieser gemeinsamen ebenen Schnittcurve einen gemeinsamen Tangentenkegel, gegeben durch Gleichung (10). Bestimmen wir nämlich die Schnittpunkte eines Strahles y-z mit irgend einer Fläche dieser Schaar, setzen wir also $y + \lambda z$ in (10) an Stelle von y; es ist dann P zu ersetzen durch

$$P + 2\lambda Q + \lambda^2 R,$$

Q durch $Q + \lambda R$; R bleibt unverändert; für λ resultirt also die quadratische Gleichung:

$$R^2(\alpha - 1)^2 \lambda^2 + 2QR(\alpha - 1)^2 \lambda + PR(\alpha + 1)^2 - 4\alpha Q^2 = 0.$$

Dieselbe hat zwei zusammenfallende Wurzeln, wenn

$$R^2(\alpha^2 - 1)^2 (PR - Q^2) = 0.$$

Da die ersten beiden Factoren der linken Seite im Allgemeinen von Null verschieden sind, so ist unsere Behauptung in Betreff des Tangentenkegels $PR - Q^2 = 0$ bewiesen. Eine Ausnahme tritt scheinbar ein für $\alpha = \pm 1$, d. h. für den Tangentenkegel selbst und für die Doppelebene $Q = 0$; beide werden in der That von jeder durch z gehenden Geraden in zwei zusammenfallenden Punkten getroffen, so dass die behandelte Aufgabe unbestimmt wird[*]).

Vermöge (12) ist jedem Punkte x eine bestimmte Ebene u als Polarebene zugeordnet; das Umgekehrte gilt aber nur, wenn die Determinante A der Fläche, d. i. der Ausdruck:

$$A = \begin{vmatrix} a_{11} & a_{12} & a_{13} & a_{14} \\ a_{21} & a_{22} & a_{23} & a_{24} \\ a_{31} & a_{32} & a_{33} & a_{34} \\ a_{41} & a_{42} & a_{43} & a_{44} \end{vmatrix}$$

von Null verschieden ist. *Letzteres soll im Folgenden zunächst vorausgesetzt werden.* Die Beziehung zwischen Pol und Polarebene ist also ein Specialfall der allgemeinen linearen Verwandtschaft zwischen Punkten und Ebenen[**]), von welcher wir beim Studium des linearen Complexes einen anderen besonderen Fall kennen lernten (p. 54 und 102). Damals lag jeder Punkt in der ihm zugeordneten Ebene; das ist hier im Allgemeinen nicht der Fall. Multiplicirt man nämlich die Gleichungen (12) bez. mit x_1, x_2, x_3, x_4 und addirt, so ergibt sich

$$(13) \qquad \varrho u_x = \varrho \Sigma u_i x_i = \Sigma \Sigma a_{ik} x_i x_k = a_{xx} = a_x^2.$$

---

[*]) Auf solche Flächensysteme, die sich längs einer ebenen Curve berühren, kommen wir bei Untersuchung des Systems von zwei Flächen zurück.

[**]) Diese allgemeinen Verwandtschaften werden wir in einem späteren Abschnitte des vorliegenden Bandes studiren.

Also: *Die Pole, welche mit ihren Polarebenen vereinigt liegen, bilden die gegebene Fläche zweiter Ordnung;* und jeder Punkt dieser Fläche ist ein solcher Pol.

Mit jener früheren Verwandtschaft hat die in (12) gegebene die Eigenschaft völliger Symmetrie gemein[*]. Da Q sich durch Vertauschung von y mit z nicht ändert ($a_y a_z = a_z a_y$), so gilt der Satz:

Liegt y auf der Polarebene von z, so liegt z auf der Polarebene von y.

Auch nachstehende Sätze sind einfache Folgen der Symmetrie:

Durchläuft der Pol eine Punktreihe, so bilden die entsprechenden Ebenen einen dazu projectivischen Ebenenbüschel (der beim Nullsysteme perspectivisch war).

Jeder Geraden ist so eine andere zugeordnet, und diese Zuordnung ist vertauschbar; die eine heisst die *conjugirte Polare* der andern.

Da A von Null verschieden vorausgesetzt wurde, lassen sich die Gleichungen (12) auflösen; ist $\sigma \cdot \varrho = A$, und sind A_{ik} die Unterdeterminanten der Determinante A, so findet man:

$$
\begin{aligned}
\sigma x_1 &= A_{11} u_1 + A_{12} u_2 + A_{13} u_3 + A_{14} u_4, \\
\sigma x_2 &= A_{21} u_1 + A_{22} u_2 + A_{23} u_3 + A_{24} u_4, \\
\sigma x_3 &= A_{31} u_1 + A_{32} u_2 + A_{33} u_3 + A_{34} u_4, \\
\sigma x_4 &= A_{41} u_1 + A_{42} u_2 + A_{43} u_3 + A_{44} u_4.
\end{aligned}
$$

(12)*

Wie aus (12) vermöge $u_x = 0$ in (13) die Gleichung der Fläche gefunden wurde, d. i. als Bedingung dafür, dass ein Punkt auf seiner Polarebene liege, so ergibt sich aus (12)* die Gleichung

(13)* $$\Sigma \Sigma A_{ik} u_i u_k = u_A{}^2 = 0$$

als Bedingung dafür, dass eine Ebene u durch ihren Pol x gehe, eine Gleichung, die also befriedigt wird durch die Polarebenen aller Punkte der gegebenen Fläche. Wir behaupten: *eine solche Polarebene ist Tangentenebene der Fläche, der zugehörige Pol ihr Berührungspunkt.* In der That, die Tangentenebene des Punktes x wird gebildet von allen Tangenten, die durch x gehen; dieselben erzeugen im Allgemeinen einen Kegel $PR - Q^2 = 0$, wie wir eben gesehen haben; für einen Punkt x der Fläche aber ist $P = 0$, der Tangentenkegel also artet aus in die Doppelebene $Q^2 = 0$, d. i. in die Polarebene von x, w. z. b. w.

---

[*] Einzelne Sätze der Polarentheorie sind von Monge, Livet und Brianchon gegeben, die allgemeinen Begriffe ausgebildet von Encontre, de Stainville, Servois, Gergonne, Poncelet; vgl. Chasles' Aperçu historique, p. 232ff. und Note XXVII.

Die Gleichung (13) stellt daher dieselbe Fläche in Ebenencoordinaten dar, welche durch (13) in Punktcoordinaten gegeben war.* In Uebereinstimmung mit Früherem (p. 39 ff.) sind beide Gleichungen vom zweiten Grade.

Die Gleichung (13)* erhält man in einer andern bemerkenswerthen Form, wenn man aus (12) und aus $u_x = 0$ die Grössen $\varrho, x_1, x_2, x_3, x_4$ eliminirt; so ergibt sich:

$$(13)^{**} \qquad \begin{vmatrix} a_{11} & a_{12} & a_{13} & a_{14} & u_1 \\ a_{21} & a_{22} & a_{23} & a_{24} & u_2 \\ a_{31} & a_{32} & a_{33} & a_{34} & u_3 \\ a_{41} & a_{42} & a_{43} & a_{44} & u_4 \\ u_1 & u_2 & u_3 & u_4 & 0 \end{vmatrix} = 0.^{*)}$$

Man überzeugt sich mittelst Ausrechnung, dass diese Determinante sich nur durch das Vorzeichen von der linken Seite der Gleichung (13)* unterscheidet.

Betrachten wir noch das Beispiel der Kugel. Ihre Gleichung ist (p. 4)

$$(x-a)^2 + (y-b)^2 + (z-c)^2 = r^2,$$

wenn a, b, c die Coordinaten ihres Mittelpunktes sind, und r die Länge ihres Radius angibt. Zu einem Pole x, y, z findet man nach (12) die Polarebene u, v, w mittelst der Gleichungen

$$\varrho u = x - a, \quad \varrho v = y - b, \quad \varrho w = z - c,$$
$$\varrho = -ax - by - cz + a^2 + b^2 + c^2 - r^2,$$

ferner:

$$A = \begin{vmatrix} 1 & 0 & 0 & -a \\ 0 & 1 & 0 & -b \\ 0 & 0 & 1 & -c \\ -a & -b & -c & a^2 + b^2 + c^2 - r^2 \end{vmatrix} = -r^2.$$

Die Determinante ist also jedenfalls von Null verschieden. Die Auflösung der linearen Gleichungen liefert:

$$x = \varrho u + a, \quad y = \varrho v + b, \quad z = \varrho w + c,$$
$$\varrho(1 + au + bv + cw) = -r^2,$$

oder:

$$x = \frac{aU - r^2 u}{U}, \quad y = \frac{bU - r^2 v}{U}, \quad z = \frac{cU - r^2 w}{U},$$

---

*) Diese Determinante muss mit der in (4) auftretenden bis auf einen Factor identisch sein, wenn man die Coordinaten der Ebene ersetzt durch die Coordinaten dreier in ihr liegenden Punkte y, z, t. Mit Hülfe der symbolischen Methoden lässt sich die betreffende Rechnung sehr einfach durchführen.

wenn $$U \equiv au + bv + cw + 1 = 0$$
die Gleichung des Mittelpunktes der Kugel ist. Die Gleichung der Kugel in Ebenencoordinaten wird durch Bildung der Bedingung $ux + vy + wz + 1 = 0$ erhalten, sie ist daher:
$$U^2 - r^2(u^2 + v^2 + w^2) = 0.$$
Dies Resultat stimmt mit Früherem überein (p. 26f.).

Wie das Polardreieck für die Kegelschnitte, so ist das sogenannte *Polartetraëder* für die Flächen zweiter Ordnung von besonderer Wichtigkeit. Ein solches wird gebildet von vier Punkten, welche die Eigenschaft haben, dass jeder von ihnen Pol der gegenüberliegenden (d. i. durch die drei anderen Punkte zu legenden) Ebene ist. Um ein Polartetraëder zu construiren, kann man eine Ecke, nennen wir sie A, willkürlich wählen; dadurch ist die gegenüberliegende Ebene A als Polarebene von A bestimmt; es darf aber A nicht auf der Fläche zweiter Ordnung liegen, denn sonst ginge A durch A hindurch, und es wäre kein eigentliches Tetraëder möglich. In A können wir eine zweite Ecke B willkürlich annehmen (aber ebenfalls nicht auf der Fläche); deren Polarebene B geht dann durch A. Letztere wird von A in einer Geraden geschnitten; auf ihr nehmen wir die dritte Ecke C beliebig an (aber nicht auf der Fläche); die Polarebene Γ derselben geht dann sowohl durch A als durch B und bestimmt durch ihren Schnittpunkt mit den beiden Ebenen A, B eine vierte Ecke D, von der leicht ersichtlich ist, dass ihre Polarebene Δ durch A, B und C gehen muss. Da die drei Coordinaten von A ganz willkürlich waren, B noch von zwei Parametern (als in einer gegebenen Ebene liegend), C noch von einem abhängt (als auf einer gegebenen Geraden liegend), so enthält das Tetraëder im Ganzen $3 + 2 + 1 = 6$ Parameter: *Es gibt in Bezug auf eine gegebene Fläche zweiter Ordnung sechsfach unendlich viele Polartetraëder.* Wie die Ecken und Seiten eines solchen sich mittelst der Verwandtschaft (12) entsprechen, so auch paarweise die sechs Kanten: *Jede Kante eines Polartetraëders ist die conjugirte Polare der ihr gegenüberliegenden Kante* (d. i. derjenigen, von welcher sie nicht getroffen wird).

Es empfiehlt sich nun, ein solches Polartetraëder als Coordinatentetraëder einzuführen, denn dadurch wird die Gleichung der Fläche besonders vereinfacht. Nach Obigem ist allgemein $a_y a_z = 0$, wenn y die Coordinaten von A, z die von B sind; werden diese Punkte als Ecken des Coordinatentetraëders gewählt, so kann man setzen:
$$y_1 = 1, \quad y_2 = 0, \quad y_3 = 0, \quad y_4 = 0,$$
$$z_1 = 0, \quad z_2 = 1, \quad z_3 = 0, \quad z_4 = 0;$$

es folgt also $a_{12} = 0$. Durch Benutzung von C und D weist man ebenso nach, dass $a_{13} = 0$, $a_{14} = 0$, $a_{23} = 0$, $a_{24} = 0$, $a_{34} = 0$ sein muss.

Die Gleichung der Fläche, bezogen auf ein Polartetraëder als Coordinatentetraëder, ist demnach von der Form:

$$(14) \qquad \alpha_1 x_1{}^2 + \alpha_2 x_2{}^2 + \alpha_3 x_3{}^2 + \alpha_4 x_4{}^2 = 0.\text{*})$$

Umgekehrt stellt jede solche Gleichung eine Fläche zweiter Ordnung vor, in Bezug auf welche das Coordinatentetraëder ein Polartetraëder ist. *Durch Variation der Constanten α_1, α_2, α_3, α_4 erhält man also alle Flächen zweiter Ordnung, die in dieser Weise zu einem gegebenen Tetraëder gehören;* es sind dreifach unendlich viele.

Zu beachten ist, dass keine der Grössen α für eine allgemeine Fläche gleich Null werden kann, denn andernfalls würde die Determinante $A (= \alpha_1 \alpha_2 \alpha_3 \alpha_4)$ verschwinden. Die Gleichungen (12) werden für die „*kanonische Form*" (14) der Flächengleichung:

$$\varrho u_1 = \alpha_1 x_1, \quad \varrho u_2 = \alpha_2 x_2, \quad \varrho u_3 = \alpha_3 x_3, \quad \varrho u_4 = \alpha_4 x_4.$$

Die Bedingung $u_x = 0$ lässt daher *die Ebenencoordinatengleichung der Fläche* (14) in der Form erscheinen:

$$(14)\text{*} \qquad \frac{u_1{}^2}{\alpha_1} + \frac{u_2{}^2}{\alpha_2} + \frac{u_3{}^2}{\alpha_3} + \frac{u_4{}^2}{\alpha_4} = 0.$$

Sie enthält ebenfalls nur die Quadrate der Variabeln, wie es der sich selbst duale Charakter des Polartetraëders erwarten liess.

II. Tangenten und Erzeugende der Fläche.

Wir haben schon hervorgehoben, in welcher Weise die geraden Linien des Raumes durch die Polarentheorie auf einander bezogen sind: bewegt sich der Pol auf einer von zwei conjugirten Polaren, so dreht sich seine Polarebene um die andere. Diese Beziehungen sind nun weiter zu verfolgen und mit Hülfe der Liniencoordinaten darzustellen.

Um die betreffenden Rechnungen übersichtlicher zu gestalten, ist es praktisch, sich der schon gelegentlich eingeführten symbolischen Bezeichungsweise zu bedienen. Setzt man, wie in (13),

$$f(x) = \Sigma\Sigma a_{ik} x_i x_k = (a_1 x_1 + a_2 x_2 + a_3 x_3 + a_4 x_4)^2 = a_x{}^2,$$

so gehen die Gleichungen (12) offenbar über in

$$(1) \qquad \varrho u_i = a_i a_x \quad \text{für } i = 1, 2, 3, 4.$$

---

*) Die Transformation einer quadratischen Form in eine Summe von Quadraten ist von Gauss angegeben (Disquisitiones arithmeticae, art. 271, Leipzig 1801, Werke Bd. 1), näher durchgeführt von Jacobi, Crelle's Journal Bd. 53.

In gleicher Weise ist einem Punkte y eine Ebene v zugeordnet mittelst der Beziehungen

(1)* $$\sigma v_i = a_i a_y \quad \text{für } i = 1, 2, 3, 4.$$

Es seien nun

$$\mu p_{ik} = x_i y_k - y_i x_k$$

die Coordinaten der Linie x-y und

$$\nu q_{ik}' = u_i v_k - v_i u_k$$

diejenigen der conjugirten Polaren (Schnittlinie der Ebenen u und v). Dann ist

$$\nu q_{ik}' = a_i a_x \cdot a_k a_y - a_k a_x \cdot a_i a_y.$$

In dieser Form haben die rechten Seiten aber keinen Sinn. Sucht man nämlich den Coëfficienten von $x_h y_l$, so wird derselbe

$$a_i a_h \cdot a_k a_l - a_k a_h \cdot a_i a_l;$$

man kann hier das Product $a_i a_h a_k a_l$ entweder durch $a_{ih} a_{kl}$ ersetzen oder durch $a_{ik} a_{hl}$ oder durch $a_{il} a_{kh}$; es ist also nicht möglich, denjenigen wirklichen Ausdruck ohne Weiteres anzugeben, welcher durch den symbolischen dargestellt werden soll. Gleichwohl wissen wir aus der Art der Entstehung, dass

$$a_{ih} a_{kl} - a_{kh} a_{il}$$

der einzig richtige Werth ist; es müssen nämlich diejenigen Symbole zusammengelassen werden, welche in einem der vier Factoren

$$a_i a_x, \quad a_k a_y, \quad a_k a_x, \quad a_i a_y$$

ursprünglich zusammen vorkommen. In diesem Falle und in allen analogen vermeidet man derartige Unbestimmtheiten, indem man die Symbole, welche nicht vereinigt werden dürfen, durch verschiedene Buchstaben unterscheidet, indem man also auf der rechten Seite von q_{ik} den Ausdruck $b_k b_y$ an Stelle von $a_k a_y$ und $b_k b_x$ an Stelle von $a_k a_x$ schreibt, mit der Festsetzung, dass auch

$$\Sigma\Sigma a_{ik} x_i x_k = (b_1 x_1 + b_2 x_2 + b_3 x_3 + b_4 x_4)^2 = b_x{}^2$$

sein soll*). So entsteht die Relation:

(2)
$$\nu q_{ik}' = a_i a_x b_k b_y - a_i a_y b_k b_x$$
$$= a_i b_k (a_x b_y - b_x a_y),$$

oder, wenn man die Producte ausrechnet und wieder zusammenzieht,

---

*) Vgl. Bd. I p. 188 ff.

$$vq_{ik}{}' = (a_{1i}a_{2k} - a_{1k}a_{2i})p_{12} + (a_{1i}a_{3k} - a_{1k}a_{3i})p_{13} + (a_{1i}a_{4k} - a_{1k}a_{4i})p_{14}$$

$$(2)^* \qquad + (a_{3i}a_{4k} - a_{3k}a_{4i})p_{34} + (a_{4i}a_{2k} - a_{4k}a_{2i})p_{42} + (a_{2i}a_{3k} - a_{2k}a_{3i})p_{23}$$

$$= \sum_{hl}(a_{hi}a_{lk} - a_{hk}a_{li})p_{hl} = \sum_{hl} A_{hl,\,ik} p_{hl}.$$

Diese Gleichungen entstehen aus (12) wie bei der Coordinatentransformation (p. 92 f.) die Gleichungen (47) aus (45); sie sind auch leicht in analoger Weise abzuleiten.

Aus den Gleichungen (2) oder (2)* ergibt sich die Gleichung unserer Fläche zweiter Ordnung in Liniencoordinaten p_{ik}, d. h. die Bedingung dafür, dass die Fläche von der Linie p berührt werde (p. 41), in ähnlicher Weise wie ihre Gleichung in Ebenencoordinaten aus (12) abgeleitet wurde. Zu dem Zwecke brauchen wir nur die Bedingung dafür aufzustellen, dass eine gerade Linie von ihrer conjugirten geschnitten wird. *Dies tritt in der That immer und nur ein, wenn die Gerade eine Tangente der Fläche ist.* Die Polarebene des gemeinsamen Punktes nämlich muss dann durch beide conjugirte Polaren, also durch den Pol hindurchgehen; sie ist somit im Pole Tangentenebene der Fläche. Die Umkehrung ist ebenso leicht zu beweisen.

Die Bedingung dafür, dass eine Linie p von ihrer conjugirten geschnitten werde, oder *die Gleichung unserer Fläche zweiter Ordnung in Liniencoordinaten* ist daher:

$$(3) \qquad v\,\Sigma\Sigma\, q_{ik}'\, p_{ik} \equiv \sum_{i,k}\sum_{h,l}(a_{hi}a_{lk} - a_{hk}a_{li})p_{hl}p_{ik} = 0.$$

In symbolischer Form findet man zunächst aus (2):

$$\Sigma\Sigma(x_i y_k - y_i x_k)(a_x b_y - b_x a_y)a_i b_k = 0.$$

Da aber die Symbole $a_i a_k$, $b_i b_k$ nur verschiedene Bezeichnungen der wirklichen Zahlen a_{ik} sind, so ist die linke Seite auch gleich

$$\Sigma\Sigma(x_i y_k - y_i x_k)(b_x a_y - a_x b_y)b_i a_k,$$

also auch gleich der halben Summe beider Ausdrücke:

$$(3)^* \quad \tfrac{1}{2}(a_x b_y - b_x a_y)\,\Sigma\Sigma(x_i y_k - y_i x_k)(a_i b_k - b_i a_k) = \tfrac{1}{2}(abxy)^2.$$

Eine dritte Form der Liniencoordinatengleichung ergibt sich, wenn man die Coordinaten der Tangente durch zwei Ebenen (u und v) bestimmt, deren Schnittlinie die Tangente ist. In dem Büschel $(\varkappa u + \lambda v)$ giebt es dann nämlich *eine* Ebene, welche Tangentenebene der Fläche ist, deren Coordinaten also, wenn x den Berührungspunkt bezeichnet, den Bedingungen genügen:

$$a_{i1}x_1 + a_{i2}x_2 + a_{i3}x_3 + a_{i4}x_4 = \varkappa u_i + \lambda v_i \quad \text{für} \quad i = 1, 2, 3, 4;$$

$$u_1 x_1 + u_2 x_2 + u_3 x_3 + u_4 x_4 = 0,$$

$$v_1 x_1 + v_2 x_2 + v_3 x_3 + v_4 x_4 = 0.$$

Durch Elimination der x_i ergibt sich die Bedingung dafür, dass sich zwei Ebenen u, v in einer Tangente der Fläche schneiden, in der Form:

$$(4) \quad \begin{vmatrix} a_{11} & a_{12} & a_{13} & a_{14} & u_1 & v_1 \\ a_{21} & a_{22} & a_{23} & a_{24} & u_2 & v_2 \\ a_{31} & a_{32} & a_{33} & a_{34} & u_3 & v_3 \\ a_{41} & a_{42} & a_{43} & a_{44} & u_4 & v_4 \\ u_1 & u_2 & u_3 & u_4 & 0 & 0 \\ v_1 & v_2 & v_3 & v_4 & 0 & 0 \end{vmatrix} = 0.$$

Setzt man $p_{ik} = u_l v_m - v_l u_m$ (vgl. p. 87), so ist die links stehende Determinante genau identisch mit der linken Seite von (3).

Auch die Liniencoordinatengleichung enthält nur die Quadrate der Variabeln, wenn man ein Polartetraëder zu Grunde legt. In der That ist dann

$$\alpha_1 x_1^2 + \alpha_2 x_2^2 + \alpha_3 x_3^2 + \alpha_4 x_4^2 = 0$$

die ursprüngliche Gleichung der Fläche; die Beziehungen zwischen Pol und Polarebene werden durch

$$\varrho u_i = \alpha_i x_i$$

gegeben. Die Gleichungen (2)* werden daher hier:

$$(5) \quad \nu q_{ik}' = \alpha_i \alpha_k p_{ik},$$

und die aus ihnen wie oben abgeleitete Flächengleichung wird:

$$(6) \quad \alpha_1 \alpha_2 p_{12}^2 + \alpha_1 \alpha_3 p_{13}^2 + \alpha_1 \alpha_4 p_{14}^2 + \alpha_3 \alpha_4 p_{34}^2 + \alpha_4 \alpha_2 p_{42}^2 + \alpha_2 \alpha_3 p_{23}^2 = 0.$$

In welcher Form man auch die Liniencoordinatengleichung benutzen möge, niemals ist sie formal vollkommen bestimmt; vielmehr kann man stets die linke Seite der Identität, d. h. den Ausdruck

$$P = p_{12} p_{34} + p_{13} p_{42} + p_{14} p_{23},$$

multiplicirt in eine willkürlich bleibende Constante, additiv hinzufügen, ohne die Bedeutung der Gleichung zu ändern: eine Bemerkung, welche man ebenso bei allen Complexen zweiten Grades wiederholen kann.

Die Gleichungen (5) ordnen einer jeden Geraden p ihre conjugirte Polare q' zu. Diese Zuordnung wurde als eine wechselseitige erkannt und ergibt sich als solche direct durch Auflösung der genannten Gleichungen. Macht man nämlich $\nu = \alpha_1 \alpha_2 \alpha_3 \alpha_4 \cdot \sigma$, so kommt:

$$\sigma \alpha_i \alpha_m q_{ik}' = p_{ik}$$

oder da p_{ik} zu q_{lm}, q_{ik}' zu p_{lm}' proportional ist,

$$(5)^* \qquad\qquad \mu q_{ik} = \alpha_i \alpha_k p_{ik}'.$$

Unter Benutzung eines solchen speciellen Coordinatensystems ist es auch leicht, *die Erzeugenden der Fläche analytisch zu bestimmen.* Eine Erzeugende hat die Eigenschaft, vermöge der Gleichungen (5) sich selbst zugeordnet zu sein, denn in jeder Tangentenebene bestimmten sich die beiden Erzeugenden als Doppelstrahlen der Involution, welche durch je zwei einander conjugirte Tangenten gebildet wird (p. 142). Dass es in der That sich selbst entsprechende Gerade gibt, liegt an der besondern Natur der Gleichungen (5); die letzteren lauten, wenn die Linien p und p' zusammenfallen:

$$\varrho p_{34} = \alpha_1 \alpha_2 p_{12}, \qquad \varrho p_{12} = \alpha_3 \alpha_4 p_{34},$$
$$\varrho p_{42} = \alpha_1 \alpha_3 p_{13}, \qquad \varrho p_{13} = \alpha_4 \alpha_2 p_{42},$$
$$\varrho p_{23} = \alpha_1 \alpha_4 p_{14}, \qquad \varrho p_{14} = \alpha_2 \alpha_3 p_{23}.$$

Aus je zwei neben einander stehenden Gleichungen ergibt sich

$$\varrho^2 = \alpha_1 \alpha_2 \alpha_3 \alpha_4.$$

Nach Elimination von ϱ bleiben daher nur drei von einander unabhängige Gleichungen, etwa die folgenden:

$$\alpha_3 p_{34} p_{13} = \alpha_2 p_{12} p_{42},$$
$$\alpha_4 p_{34} p_{14} = \alpha_2 p_{12} p_{23},$$
$$\alpha_1 p_{12} p_{14} = \alpha_3 p_{23} p_{34};$$

sie stellen drei besondere Complexe zweiten Grades dar, denen die Erzeugenden der Fläche angehören, und deren interessante Eigenschaften wir später näher studiren werden[*].

Setzt man den gefundenen Werth $\varrho = \pm \sqrt{\alpha_1 \alpha_2 \alpha_3 \alpha_4}$ ein, so ergeben sich sechs lineare Complexe:

$$p_{34} \sqrt{\alpha_3 \alpha_4} = \pm p_{12} \sqrt{\alpha_1 \alpha_2},$$
$$(7) \qquad\qquad p_{42} \sqrt{\alpha_4 \alpha_2} = \pm p_{13} \sqrt{\alpha_1 \alpha_3},$$
$$p_{23} \sqrt{\alpha_2 \alpha_3} = \pm p_{14} \sqrt{\alpha_1 \alpha_4}.$$

Je zwei Complexe, deren Gleichungen sich nur durch das Vorzeichen unterscheiden, enthalten zusammen alle Erzeugenden der Fläche. *Der Wahl des Vorzeichens von ϱ entspricht also die Zerfällung der Erzeugenden in die beiden Schaaren, deren Vorhandensein uns*

---

[*] Vgl. unten den Abschnitt über allgemeine reciproke Verwandtschaften. Die dort näher definirte Singularitätenfläche zerfällt z. B. für den ersten Complex in die vier durch $x_1 x_4 (\alpha_2 x_2{}^2 + \alpha_3 x_3{}^2) = 0$ dargestellten Ebenen.

bereits bekannt ist. Man muss natürlich in allen drei Gleichungen gleichzeitig entweder das obere oder das untere Zeichen wählen; in jedem Falle erhält man drei lineare Complexe, deren gemeinsame Linien eben die Erzeugenden der einen oder der anderen Art sind. Dass in der That eine Fläche zweiten Grades durch drei lineare Complexe bestimmt wird, haben wir früher gesehen (p. 68).

In Folge der Gleichungen (7) hängt die Realität der Erzeugenden scheinbar von den Vorzeichen der Producte der reellen Zahlen α_1, α_2, α_3, α_4 zu je zweien ab; in Wirklichkeit kommt es aber nur auf die Realität von ϱ an. Auszuscheiden ist allein der Fall, wo alle α_i dasselbe Vorzeichen haben, denn dann ist zwar ϱ reell, die Fläche $\Sigma \alpha_i x_i^2 = 0$ besitzt aber überhaupt keinen reellen Punkt.

Die reellen Flächen zweiter Ordnung mit nicht verschwindender Determinante zerfallen daher in zwei Klassen:

1) *Flächen mit unendlich vielen reellen Erzeugenden*; zwei der Grössen α_i sind positiv, die beiden anderen sind negativ.

2) *Flächen mit imaginären Erzeugenden;* drei der Grössen α_i haben unter sich gleiches Zeichen, die vierte hat das entgegengesetzte Vorzeichen.

Die Realität der Erzeugenden muss unabhängig sein von der Wahl des zur Coordinatenbestimmung dienenden Polartetraëders; es ergibt sich hieraus das sogenannte „*Trägheitsgesetz der quadratischen Formen*", welches dahin lautet, dass die Anzahl der Zeichenwechsel in der Reihe der Coëfficienten α_i immer dieselbe ist, wie man auch die Transformation auf ein reelles Polartetraëder ausführen mag[*]).

Es soll noch die Aufgabe behandelt werden: *die beiden Erzeugenden zu finden, welche durch einen gegebenen Punkt y der Fläche gehen;* und zwar mögen zwei verschiedene Ansätze zur Lösung betrachtet werden.

Es bezeichne z einen beliebigen Punkt der Fläche zweiter Ordnung, welcher nicht in der Tangentenebene von y liegt; dann sind die Gleichungen der Tangentenebenen von y und z:

$$Q_{yx} \equiv \Sigma\Sigma a_{ik} y_i x_k = 0, \qquad Q_{zx} \equiv \Sigma\Sigma a_{ik} z_i x_k = 0,$$

und die unendlich vielen Flächen

$$(8) \qquad f(x) + \lambda Q_{yx} Q_{zx} = 0$$

schneiden sich sämmtlich in den vier Erzeugenden, welche paarweise durch die Punkte y und z hindurchgehen. Es ist auch leicht zu

---

[*]) Vgl. Sylvester: Philosophical Magazine 1852 und 1853, ferner Jacobi und Hermite, Crelle's Journal Bd. 53.

sehen, dass *alle* möglichen Flächen zweiter Ordnung, welche die genannten vier Geraden enthalten, durch die Gleichung (8) dargestellt werden, und dass durch jeden Punkt des Raumes nur eine Fläche des Systems hindurchgeht. Für einen besondern Werth von λ stellt daher (8) das Ebenenpaar dar, dessen Axe mit der Linie y-z zusammenfällt, und dessen einzelne Ebenen je zwei der vier Erzeugenden enthalten. Dass in der That ein solches Ebenenpaar existirt, ist klar, da durch jeden Punkt eine Erzeugende jeder Art geht, und somit die Erzeugende der einen Art, welche durch y geht, nothwendig die Erzeugende der andern Art trifft, welche durch z geht. *Die vier Erzeugenden können daher aufgefasst werden als Seiten eines windschiefen Vierecks oder als die vier Kanten eines Tetraëders, dessen beide fehlenden Kanten durch die Linie y-z und durch deren conjugirte Polare geliefert werden.*

Um dies Ebenenpaar zu finden, hat man λ so zu bestimmen, dass die Fläche (8) durch einen beliebigen Punkt t der Linie y-z hindurchgeht (wobei also $t_i = \mu y_i + \nu z_i$); die Gleichung des Ebenenpaares ist daher

$$Q_{yt}Q_{zt}f(x) - Q_{yx}Q_{zx}f(t) = 0.$$

Den links stehenden Ausdruck hat man noch in seine beiden linearen Factoren v_x und w_x zu zerfällen nach einer Methode, die im nächsten Abschnitte erörtert werden wird; die gesuchten beiden Erzeugenden ergeben sich schliesslich als Schnittlinien der Ebene $Q_{yx} = 0$ mit den beiden Ebenen $v_x = 0$ und $w_x = 0$.

Auf ein Problem der ebenen Geometrie wird die gestellte Aufgabe direct zurückgeführt, wenn man in folgender Weise verfährt. Es seien z, t zwei Punkte in der Ebene $Q_{yx} = 0$, und man setze

$$x_i = \varkappa y_i + \lambda z_i + \mu t_i;$$

dann ist ein Punkt x dieser Ebene bestimmt durch seine ebenen homogenen Punktcoordinaten $\varkappa$, λ, μ (vgl. p. 99 f.); die Gleichung $f(x) = 0$ geht über in

$$Q_{yy}\varkappa^2 + Q_{zz}\lambda^2 + Q_{tt}\mu^2 + 2Q_{yz}\varkappa\lambda + 2Q_{zt}\lambda\mu + 2Q_{ty}\mu\varkappa = 0,$$

d. h. in eine homogene Gleichung zweiten Grades in $\varkappa$, λ, μ, welche in der Ebene $Q_{yx} = 0$ die beiden gesuchten Erzeugenden darstellt. Es erübrigt nur noch, die linke Seite der Gleichung in ihre beiden linearen Factoren zu zerfällen, was in bekannter Weise geschehen kann (Bd. I, p. 104).

Durch die Gleichung (8) war uns ein System von Flächen dargestellt, deren gemeinsame Schnittcurve aus vier Kanten eines Tetraëders bestand. Legt man dieses Tetraëder einer Coordinatenbestimmung zu Grunde, so ist leicht zu sehen, dass sich alle Flächen (8) in die Form bringen lassen

$$(9) \qquad \lambda \xi_1 \xi_4 + \mu \xi_2 \xi_3 = 0,$$

von welcher wir noch wiederholt Gebrauch machen werden. Die gemeinsamen Erzeugenden sind bestimmt durch die Paare von Gleichungen:

$$\xi_1 = 0, \ \xi_2 = 0; \quad \xi_1 = 0, \ \xi_3 = 0; \quad \xi_4 = 0, \ \xi_2 = 0; \quad \xi_4 = 0, \ \xi_3 = 0,$$

während die Kanten $\xi_1 = 0$, $\xi_4 = 0$ und $\xi_2 = 0$, $\xi_3 = 0$ ein Paar von conjugirten Polaren liefern*). Man erkennt hieraus sofort die Richtigkeit der folgenden Sätze:

Wenn man die Schnittpunkte zweier conjugirten Polaren mit einer Fläche zweiter Ordnung unter einander verbindet, so entstehen vier Erzeugende der Fläche, welche auf ihr ein windschiefes Vierseit bilden.

Schneidet eine Gerade die Fläche in den Punkten A, B und wird die Fläche von der conjugirten Geraden in C, D getroffen, so ist ACD die Tangentenebene von A, BCD die von B, ABC die von C und ABD diejenige von D.

Auf einer Fläche mit reellen Erzeugenden ist hiernach die Construction der Geraden, welche zu einer gegebenen Geraden conjugirt ist, sehr leicht mit Hülfe der Erzeugenden auszuführen.

III. Die Flächen zweiter Ordnung mit verschwindender Determinante.

In unserer allgemeinen Polarentheorie mussten wir die mit A bezeichnete Determinante der Fläche als von Null verschieden voraussetzen (p. 136). *Wir nehmen nunmehr an, dass die Bedingung*

$$(1) \qquad A \equiv \begin{vmatrix} a_{11} & a_{12} & a_{13} & a_{14} \\ a_{21} & a_{22} & a_{23} & a_{24} \\ a_{31} & a_{32} & a_{33} & a_{34} \\ a_{41} & a_{42} & a_{43} & a_{44} \end{vmatrix} = 0$$

---

*) Die Gleichungsform (9) lässt sofort wieder die Erzeugung der Fläche als Ort der Schnittlinien entsprechender Ebenen in projectivischen Büscheln (p. 35 ff.) erkennen; sie ist auch zur Ableitung mancher anderen Sätze besonders brauchbar. Plücker gibt dafür zahlreiche Beispiele in seinem System der Geometrie des Raumes, p. 99 ff. (Düsseldorf 1846), insbesondere auch zur Ableitung einer Ausdehnung des Pascal'schen Satzes auf den Raum. Andere derartige Analoga zum Pascal'schen Satze sind von Steiner (Gergonne's Annales de mathématiques, tome 19, Ges. Werke, Bd. 1), Bobillier und Chasles gefunden (vgl. des letztern Aperçu historique, Note XXXII) und neuerdings von F. Klein (1873), vgl. Math. Annalen Bd. 22.

erfüllt sei, dass aber die ersten Unterdeterminanten von A nicht sämmtlich gleich Null seien. Die entsprechende Bedingung für die Kegelschnitte genügte, um die betreffende Curve in zwei gerade Linien zu zerspalten. Etwas Aehnliches wird im Raume noch nicht sofort möglich; die Fläche zweiter Ordnung ist jetzt nur mit einem singulären Punkte behaftet. In Folge der gemachten Voraussetzung gibt es vier Grössen ξ_i, welche den vier Gleichungen

$$(2) \quad a_{i1}\xi_1 + a_{i2}\xi_2 + a_{i3}\xi_3 + a_{i4}\xi_4 = 0 \quad \text{(für } i = 1,\ 2,\ 3,\ 4)$$

genügen. *Man findet so einen singulären Punkt ξ, dessen Polarebene vollkommen unbestimmt ist, und dessen Coordinaten den ersten Unterdeterminanten von A proportional sind.* Dieser Punkt liegt auf der Polarebene eines jeden beliebigen Punktes x, denn es ist nach (2) identisch:

$$(3) \quad Q_{\xi x} \equiv \Sigma\,(a_{i1}\xi_1 + a_{i2}\xi_2 + a_{i3}\xi_3 + a_{i4}\xi_4)\,x_i = 0;$$

er liegt auch auf der Fläche, denn die Multiplication von (2) mit ξ_i und die Summation über i ergeben $f(\xi) = 0$. Ist η ein beliebiger anderer Punkt der Fläche, so wird hiernach auch

$$f(\xi + \lambda\eta) \equiv f(\xi) + 2\lambda\,Q_{\xi\eta} + \lambda^2 f(\eta) = 0$$

für jeden Werth von λ; d. h. verbindet man ξ mit einem beliebigen Punkte der Fläche, so liegt diese ganze Verbindungslinie in der Fläche, oder:

Unsere Fläche zweiter Ordnung ist ein Kegel und der singuläre Punkt ξ ist die Spitze desselben.

Umgekehrt muss für jeden Kegel zweiter Ordnung mit der Spitze ξ die Gleichung (3) identisch erfüllt sein, da die Tangentenebene der Spitze vollständig unbestimmt ist; es bestehen also die Gleichungen (2), und *folglich verschwindet auch für jeden Kegel zweiter Ordnung die Determinante* (1).

Die allgemeine Polarentheorie erleidet hier dadurch Modificationen, dass nach (3) nur solche Ebenen als Polarebenen eines Raumpunktes aufgefasst werden können, welche durch den Punkt ξ gehen. Den dreifach unendlich vielen Polen entsprechen daher nur die zweifach unendlich vielen Polarebenen eines Bündels; jeder solchen Ebene sind umgekehrt unendlich viele Pole zugeordnet, und diese befinden sich auf einer durch die Spitze gehenden Geraden, *„der zur Ebene conjugirten Polaren"*, denn die Gleichung $Q_{xy} = 0$ wird nach (3) nicht geändert, wenn man y durch $y + \lambda\xi$ ersetzt.

Einer beliebigen geraden Linie entspricht hiernach als conjugirte Polare ein Strahl durch die Spitze. Den vierfach unendlich vielen Geraden entsprechen also nur zweifach unendlich viele Strahlen eines

Bündels; jedem Strahle des letzteren sind umgekehrt doppelt unendlich viele Polaren zugeordnet; diese bilden offenbar dasjenige Strahlenfeld, dessen Ebene die Spitze enthält, und zu welcher der betrachtete Strahl nach der soeben eingeführten Bezeichnung conjugirte Polare ist.

Nach den allgemeinen Gesetzen der Dualität stehen sich Kegel und Kegelschnitt dualistisch gegenüber (vgl. p. 21 u. 25); es ist daher nicht nöthig, die Eigenschaften des Kegels selbstständig zu entwickeln, man kann sie vielmehr aus der Kegelschnitttheorie entnehmen, wenn man nur den Kegelschnitt nicht nur in seiner Ebene, sondern auch in seiner Beziehung zum umgebenden Raume ins Auge fasst. Es wird genügen, hier einige solche Sätze einander gegenüberzustellen.

Sucht man in der Ebene auf jedem durch einen Punkt y gehenden Strahle den vierten harmonischen Punkt z zu y und zu seinen beiden Schnittpunkten mit dem Kegelschnitte, so bilden alle Punkte z eine gerade Punktreihe: die Polare des Poles y.

Bewegt sich ein Punkt in der Ebene des Kegelschnittes auf einer Geraden, so dreht sich seine Polare um den Pol dieser Geraden.

Die Polare eines Punktes des Kegelschnittes ist seine Tangente.

Es gibt in der Ebene des Kegelschnittes dreifach unendlich viele Polardreiecke, d. h. solche Dreiecke, bei denen jede Ecke der Pol der gegenüber liegenden Seite ist.

Die Gleichung des in der Ebene $x_4 = 0$ gelegenen Kegelschnittes, bezogen auf ein Tetraëder, von dem drei Kanten ein solches Polardreieck bilden, ist in Punktcoordinaten durch die *beiden* Gleichungen

Sucht man für jeden Strahl, welcher durch die Spitze des Kegels geht und in einer gegebenen Ebene v liegt, die vierte harmonische Ebene w zu v und den beiden Tangentenebenen des Kegels, welche den Strahl enthalten, so schneiden sich alle Ebenen w in einer Geraden: der Polaren von v.

Dreht sich eine Ebene um einen durch die Spitze gehenden Strahl, so beschreibt ihre Polare einen Strahlbüschel, dessen Ebene zu dem ersten Strahle conjugirt ist.

Die Polare einer Tangentenebene des Kegels ist die in ihr liegende Erzeugende.

Durch die Spitze des Kegels gehen dreifach unendlich viele Tripel von Strahlen (je eine dreiseitige Ecke bildend), von denen jeder die Polare der durch die beiden anderen bestimmten Ebene ist.

Die Gleichung eines Kegels, bezogen auf ein Tetraëder, von dem die drei durch die Spitze $u_4 = 0$ gehenden Kanten ein solches Tripel bilden, ist in Ebenencoordinaten durch die *beiden* Gleichungen

$\alpha_1 x_1{}^2 + \alpha_2 x_2{}^2 + \alpha_3 x_3{}^2 = 0, \quad x_4 = 0$
gegeben, in Ebenencoordinaten (p. 27) durch die *eine* Gleichung:

$\alpha_2 \alpha_3 u_1{}^2 + \alpha_3 \alpha_1 u_2{}^2 + \alpha_1 \alpha_2 u_3{}^2 = 0$,

in räumlichen Liniencoordinaten durch (p. 42 u. 143):

$\alpha_1 \alpha_2 p_{34}{}^2 + \alpha_2 \alpha_3 p_{14}{}^2 + \alpha_3 \alpha_1 p_{24}{}^2 = 0.$

$\beta_1 u_1{}^2 + \beta_2 u_2{}^2 + \beta_3 u_3{}^2 = 0, \quad u_4 = 0$
gegeben, in Punktcoordinaten durch die *eine* Gleichung:

$\beta_2 \beta_3 x_1{}^2 + \beta_3 \beta_1 x_2{}^2 + \beta_1 \beta_2 x_3{}^2 = 0,$

in räumlichen Liniencoordinaten durch:

$\beta_1 \beta_2 p_{12}{}^2 + \beta_2 \beta_3 p_{23}{}^2 + \beta_3 \beta_1 p_{31}{}^2 = 0.$

Soll der hier vorkommende Kegel auf dem in der Ebene $x_4 = 0$ angenommenen Kegelschnitte stehen, so hat man $\beta_1 = \alpha_2 \alpha_3$, $\beta_2 = \alpha_3 \alpha_1$, $\beta_3 = \alpha_1 \alpha_2$ zu setzen.

Jedem Punkte der Kegelschnittebene entsprechen alle Ebenen eines Büschels als Polarebenen; die Axe des Büschels ist die Polare des Punktes in Bezug auf den Kegelschnitt. Die Polarebene irgend eines andern Punktes ist mit der Kegelschnittebene identisch.

Jeder Ebene durch die Kegelspitze entsprechen alle Punkte einer geraden Linie als Pole; diese Gerade ist die Polare der Ebene in Bezug auf den Kegel. Der Pol irgend einer andern Ebene ist mit der Kegelspitze identisch.

Jeder Linie in der Ebene des Kegelschnittes entsprechen als conjugirte Polaren alle Strahlen eines Bündels, dessen Scheitel in dem Pole der gegebenen Linie liegt. Die conjugirte Polare irgend einer andern Geraden ist identisch mit der Polare des Punktes, in welchem sie die Kegelschnittebene durchstösst.

Jeder Linie durch die Spitze des Kegels entsprechen als conjugirte Polaren alle Strahlen einer Ebene, nämlich der Polarebene der gegebenen Linie. Die conjugirte Polare irgend einer andern Geraden findet man als Polare derjenigen Ebene, welche durch sie und die Kegelspitze hindurchgeht.

Schon aus den Bemerkungen, die soeben an ein specielles Coordinatensystem geknüpft wurden, ist ersichtlich, dass *die Liniencoordinatengleichung beim Kegel ihre volle Bedeutung behält*, dass dies aber nicht bei der Ebenencoordinatengleichung der Fall ist. In der That haben wir bereits gesehen (p. 148), dass

$$\xi_1 : \xi_2 : \xi_3 : \xi_4 = A_{11} : A_{12} : A_{13} : A_{14}$$
$$= A_{21} : A_{22} : A_{23} : A_{24}$$
$$= A_{31} : A_{32} : A_{33} : A_{34}$$
$$= A_{41} : A_{42} : A_{43} : A_{44}.$$

Man kann also setzen:

$$(4) \qquad \varrho\, \xi_i \xi_k = A_{ik},$$

und somit *wird die mit Ebenencoordinaten geränderte Determinante, „die adjungirte quadratische Form", gleich einem vollständigen Quadrate:*

$$(5) \qquad \Sigma \Sigma A_{ik} u_i u_k = \varrho\, (u_1 \xi_1 + u_2 \xi_2 + u_3 \xi_3 + u_4 \xi_4)^2.$$

In der That wird der Kegel auch von jeder Ebene berührt (d. h. in einem Linienpaare geschnitten), welche die Spitze ξ enthält; Berührung im eigentlichen Sinne tritt freilich nur bei einfach unendlich vielen dieser Ebenen ein, und dann sogleich in allen Punkten einer Erzeugenden.

Wir nehmen zweitens an, dass nicht nur die Determinante A verschwinde, sondern dass auch ihre ersten Unterdeterminanten (nicht aber die zweiten) sämmtlich gleich Null seien.

In diesem Falle werden die Gleichungen (2) von unendlich vielen Punkten ξ befriedigt; dieselben bilden eine Gerade, denn genügen ξ' und ξ'' jenen Gleichungen, so gibt $\xi' + \lambda \xi'$ wiederum eine Lösung derselben Gleichungen. Ist y irgend ein anderer Punkt der Fläche, so liegt (wie im vorher untersuchten Falle) auch jeder Punkt der Verbindungslinie y-ξ auf der Fläche; die von den Punkten y, ξ', ξ'' bestimmte Ebene bildet also einen Theil der vorgelegten Fläche zweiter Ordnung; letztere muss ausserdem eine andere Ebene enthalten, welche ebenfalls durch die Linie ξ'-ξ'' geht. *Unsere Fläche zerfällt also in zwei Ebenen.*

Um die beiden einzelnen Ebenen zu bestimmen, wird man die Fläche mit einer beliebigen Geraden in bekannter Weise (p. 133) zum Schnitte bringen; jeder Schnittpunkt gibt dann zusammen mit zwei Punkten ξ', ξ'', welche aus (2) direct gefunden werden, eine der beiden Ebenen.

Die sechs Coordinaten der Linie ξ'-ξ'' ergeben sich auch leicht direct, wenn man beachtet, dass *die linke Seite der Liniencoordinatengleichung jetzt das vollständige Quadrat eines linearen Ausdrucks ist, welch' letzterer, gleich Null gesetzt, eben die Gleichung der Linie ξ'-ξ'' in Liniencoordinaten gibt.* Sind nämlich u_i, v_i bez. die Coordinaten der beiden Ebenen, so bestehen die Gleichungen:

$$(6) \qquad \begin{aligned} a_{ii} &= u_i v_i, \\ 2\, a_{ik} &= u_i v_k + u_k v_i, \end{aligned}$$

und folglich:

$$a_{hi} a_{lk} - a_{hk} a_{li} = (u_i v_k - u_k v_i)(u_l v_h - u_h v_l)$$
$$= q_{ik}' q_{lh}',$$

wenn man mit q_{ik}' in bekannter Weise (p. 87) die Coordinaten der Schnittlinie der Ebenen u, v bezeichnet. Es wird somit

$$(7) \qquad \sum_{i,k} \sum_{h,l} (a_{hi}a_{lk} - a_{hk}a_{li})\, p_{hl}p_{ik} = - \left(\sum_{i,k} q_{ik}' p_{ik}\right)^2, \quad \text{q. e. d.}$$

In der That kann jetzt unsere Fläche nur dann von einer Geraden p in zwei zusammenfallenden Punkten geschnitten werden, wenn letztere zu den Treffgeraden der Linie q' gehört; und dieses wird durch das Verschwinden der rechten Seite ausgesagt (p. 101).

In einem Linienpaare wird das Ebenenpaar jetzt von *jeder* Ebene geschnitten; dem entsprechend verschwinden der Annahme nach alle Coëfficienten der Ebenencoordinatengleichung.

Wie sich die *Polarentheorie* für das Ebenenpaar specialisirt, ist leicht zu übersehen; wir stellen daher die betreffenden Sätze hier nur kurz zusammen.

Die Polarebene jedes beliebigen Punktes geht durch die Schnittlinie der beiden Ebenen des Paares, „die *Doppellinie* der Fläche", hindurch; sie ist die vierte harmonische zu den beiden Ebenen des Paares und der Ebene, welche durch den Pol und die Doppellinie bestimmt wird. Liegt der Pol in der Fläche, so fällt seine Polarebene mit der betreffenden Ebene des Paares zusammen; ein Punkt der Doppellinie kann als Pol jeder beliebigen Ebene aufgefasst werden.

Eine beliebige Ebene hat einfach unendlich viele Pole, nämlich alle Punkte der Doppellinie; eine Ebene aber, welche durch letztere gelegt ist, hat doppelt unendlich viele Punkte zu Polen, nämlich alle Punkte der zu ihr und dem Ebenenpaare vierten harmonischen Ebene.

Die conjugirte Polare einer beliebigen Geraden fällt mit der Doppellinie zusammen; einer Linie jedoch, welche von der Doppellinie getroffen wird, entsprechen ausserdem einfach unendlich viele conjugirte Polaren, nämlich alle Strahlen eines Büschels, dessen Centrum auf der betrachteten Geraden liegt und dessen Ebene die vierte harmonische ist zu dem Ebenenpaare und derjenigen Ebene, in welcher sich Gerade und Doppellinie befinden. Liegt die Gerade ganz in einer Ebene des Paares, so kommen ihr zweifach unendlich viele conjugirte Polaren zu, nämlich alle Linien, welche sich in derselben Ebene befinden.

Aus diesen Bemerkungen ergibt sich sofort, *dass die Gleichung des Ebenenpaares immer auf die Form*

$$\alpha_1 \xi_1^2 + \alpha_2 \xi_2^2 = 0$$

gebracht werden kann, wo dann die Ebenen $\xi_1 = 0$, $\xi_2 = 0$ sich in der Doppellinie schneiden und zu dem Paare harmonisch liegen.

Die Zerspaltung der Fläche in die beiden einzelnen Ebenen kann auch auf folgende Weise geschehen:

Die von uns aufzulösenden Gleichungen (6) werden identisch erfüllt, wenn man setzt

$$(8) \qquad \begin{aligned} u_i v_i &= a_{ii}, \\ u_i v_k &= a_{ik} - \varrho_{ik}, \\ u_k v_i &= a_{ik} + \varrho_{ik} = a_{ki} - \varrho_{ki}, \end{aligned}$$

wobei also $\varrho_{ki} = - \varrho_{ik}$; die Zahl der Gleichungen ist dadurch um sechs vermehrt, und es sind ebenso viele neue Unbekannte ϱ_{ik} eingeführt worden. Aus (8) folgt, indem man das Product $u_i v_k u_k v_i$ auf doppelte Weise bildet:

$$u_i v_i u_k v_k = a_{ii} a_{kk} = a_{ik}^2 - \varrho_{ik}^2,$$
$$(9) \qquad \varrho_{ik} = \sqrt{a_{ik}^2 - a_{ii} a_{kk}} = \sqrt{- A_{ik,\,ik}},$$

wobei $A_{hl,\,ik} = a_{hi} a_{kl} - a_{hk} a_{li}$ eine zweite Unterdeterminante von A bedeutet; nach (7) *sind also die ϱ_{ik} proportional zu den Coordinaten der Doppellinie;* und es tritt so die Analogie dieser Zerlegungsmethode mit der entsprechenden beim ebenen Linienpaare hervor (Bd. I, p. 104).

Die Berechnung der ϱ_{ik} erfordert nur das Ausziehen einer einzigen Quadratwurzel; denn ist z. B. ϱ_{hl} bekannt, so findet man alle anderen nach (7) mittelst der Relationen

$$- \varrho_{hl} \varrho_{ik} = a_{hi} a_{lk} - a_{hk} a_{li},$$
$$\varrho_{hl} = \sqrt{a_{hl}^2 - a_{hh} a_{ll}}.$$

Die hier einzuführende Irrationalität ist dieselbe, welche bei der zuerst angegebenen (p. 151) Zerlegungsart auftritt. Zur Bestimmung der Schnittpunkte einer Linie mit der Fläche dient nämlich nach p. 133 die Quadratwurzel aus dem Ausdrucke

$$Q^2 - PR = Q_{yz}^2 - Q_{yy} Q_{zz},$$

dessen Verschwinden aussagt, dass die Linie y-z Tangente der Fläche sei, welcher also identisch ist (bis auf einen Factor) mit der linken Seite der Flächengleichung in Liniencoordinaten $p_{ik} = y_i z_k - z_i y_k$. In der That ist identisch

$$Q_{yz}^2 - Q_{yy} Q_{zz} = \sum_{i,k} \sum_{h,l} A_{ik,hl} p_{ik} p_{hl}.$$

Die rechte Seite ist nach (7) ein vollständiges Quadrat, und somit wieder nur eine Wurzel auszuziehen, etwa $\sqrt{A_{ik,ik}}$, q. e. d.

Verschwinden auch sämmtliche zweiten Unterdeterminanten von A, so wird nach (8) und (9) $u_i = v_i$, d. h. die Fläche zweiter Ordnung besteht aus einer Doppelebene. Durch passende Wahl einer Coordinatenebene kann man ihre Gleichung offenbar in die Form $\xi_1^2 = 0$ bringen.

Damit die Grössen (9) gleich Null werden, genügt es zwar, dass die sechs Determinanten $A_{ik,\,rs}$ verschwinden, bei denen $i = r$, $k = s$ ist; schon dann ist eine Doppelebene vorhanden; bei einer solchen aber ist die Doppellinie unbestimmt, es muss also der Ausdruck (7) *identisch* verschwinden, d. h. es sind auch alle übrigen zweireihigen Unterdeterminanten Null. Solcher gibt es im Ganzen fünfzehn, und man kann im Allgemeinen sechs von ihnen beliebig auswählen, deren Verschwinden alsdann auch das Nullwerden der übrigen neun bedingt[*]), wie dies die Determinantentheorie lehrt. In besonderen Fällen kann es eintreten, dass sechs solche Gleichungen ein Werthsystem a_{ik} gestatten, welches den übrigen nicht genügt, und deshalb empfiehlt es sich, das Nullwerden sämmtlicher fünfzehn Unterdeterminanten als Bedingung für eine Doppelebene zu fordern. *Diese Forderung ist immer nur sechs von einander unabhängigen Bedingungen äquivalent.* In der That hängt eine allgemeine Fläche zweiter Ordnung von neun, eine Doppelebene nur von drei willkürlichen Constanten ab.

Ebenso ist das Verschwinden aller zehn ersten Unterdeterminanten nur mit drei von einander unabhängigen Bedingungen äquivalent; denn ein Ebenenpaar enthält sechs willkürliche Bestimmungsstücke. Aus denselben Gründen wie bei der Doppelebene verlangt man die Erfüllung von mehr Gleichungen, als im Allgemeinen nothwendig sind.

Es bliebe endlich der Fall zu erwähnen, *in welchem alle dritten Unterdeterminanten der Determinante A, d. h. alle Coëfficienten a_{ik} selbst, verschwinden.* Alsdann ist keine Fläche dargestellt; *jeder* Punkt des Raumes genügt der Gleichung $\Sigma\Sigma a_{ik} x_i x_k = 0$.

IV. Beziehungen zur unendlich fernen Ebene. — Conjugirte Durchmesser.

In der ebenen Geometrie dient die Lage der Kegelschnitte zur unendlich fernen Geraden dazu, sie nach ihrer Gestalt zu unterscheiden und in Ellipsen, Hyperbeln, Parabeln einzutheilen. Wenn dabei das unendlich ferne Punktepaar des Kegelschnittes bestimmend auftrat, so leistet Entsprechendes der unendlich ferne Kegelschnitt

---

[*]) Vgl. die Kronecker'schen Sätze in Baltzer's Determinantentheorie p. 42 der dritten Auflage; vgl. auch Bd. I, p. 389, 691, 695, 703.

(d. h. Schnitt der Fläche mit der unendlich fernen Ebene, vgl. p. 88)
für die Flächen zweiter Ordnung. Nur ist dieser Kegelschnitt nicht
allein für die Gestalt entscheidend; denn wir sahen, dass die reellen
Flächen zweiter Ordnung sich eintheilen in solche mit reellen und
solche mit imaginären Erzeugenden. Ein imaginärer unendlich ferner
Kegelschnitt zeigt entweder eine ganz imaginäre Fläche an oder
eine reelle, ganz im Endlichen gelegene Fläche ohne reelle Gerade
(entsprechend dem Vorkommnisse in der Ebene); ein reeller unendlich ferner Kegelschnitt lässt auf die Ausdehnung der Fläche ins
Unendliche schliessen, entscheidet aber noch nicht darüber, ob diese
Fläche geradlinig ist oder nicht.

Neben der Realität des Schnittes mit der unendlich fernen Ebene
ist zu berücksichtigen, ob dieser Schnitt ein wirklicher oder ein zerfallender Kegelschnitt ist. In letzterem Falle wird die Fläche von
der unendlich fernen Ebene in einem reellen Punkte berührt, und
man hat zu untersuchen, ob das nun auftretende Linienpaar reell
oder imaginär ist. Ersteres bedingt eine Fläche mit lauter reellen,
letzteres eine solche mit lauter imaginären Erzeugenden*).

Die Flächen mit verschwindender Determinante gestatten eine
analoge Betrachtung. Sie können reell oder imaginär sein (je nach
dem Vorzeichen der Coëfficienten in der Gleichung $\alpha_1 x_1^2 + \alpha_2 x_2^2$
$+ \alpha_3 x_3^2 = 0$); die Spitze ist immer reell. Ein reeller Kegel enthält
reelle Erzeugende, sein unendlich ferner Kegelschnitt ist also reell
und umgekehrt; derselbe zerfällt nur dann in ein Linienpaar, wenn die
Spitze selbst in der unendlich fernen Ebene liegt. Einen Kegel mit
unendlich weiter Spitze nennt man einen *Cylinder*. Der Schnitt eines
solchen mit der unendlich fernen Ebene kann ein reelles oder ein
imaginäres Linienpaar sein, oder endlich eine Doppellinie; denn
eine durch die Kegelspitze gelegte Ebene kann den Kegel entweder
in zwei reellen oder in zwei imaginären Erzeugenden schneiden, oder
sie berührt den Kegel längs einer Erzeugenden.

Bei einem reellen Ebenenpaare endlich besteht der Schnitt mit
der unendlich fernen Ebene aus einem reellen Linienpaare; insbesondere kann letzteres in eine Doppellinie ausarten, in welchem Falle
die beiden Ebenen des Paares einander parallel sind. Auch kann
die unendlich ferne Ebene ($t = 0$) selbst dem Paare angehören; die
Gleichung der Fläche in rechtwinkligen Coordinaten ist dann von
der Form

---

*) Die Eintheilung der Flächen 2. Grades nach ihren Beziehungen zur unend-
lich fernen Ebene gab Poncelet (1822, Traité des propriétés projectives,
Nr. 591 ff.).

$$t\,(ax + by + cz + dt) = 0\,,$$

sie ist also, da in der Regel $t = 1$ genommen wird, linear; dieser
Fall soll deshalb im Folgenden nicht weiter berücksichtigt werden.

Die Resultate unserer Ueberlegung stellen wir in folgender
Tabelle zusammen, und belegen die einzelnen reellen Flächen sogleich
mit den üblichen, sich meist von selbst erklärenden Namen.

I. Flächen mit nicht zerfallendem unendlich fernen Kegelschnitte.

A. *Flächen mit imaginärem unendlich fernen Kegelschnitte.*

1) *Imaginäre Fläche* (ohne irgend einen reellen Punkt).
2) *Ellipsoid*, reelle, ganz im Endlichen gelegene Fläche.
3) *Imaginärer Kegel* mit reeller, im Endlichen gelegener Spitze.

B. *Flächen mit reellem unendlich fernen Kegelschnitte.*

4) *Hyperboloid erster Art* (einschaliges Hyperboloid), reell und
   geradlinig.
5) *Hyperboloid zweiter Art* (zweischaliges Hyperboloid), reell
   und nicht geradlinig.
6) *Reeller Kegel* mit im Endlichen gelegener Spitze.

II. Flächen mit zerfallendem unendlich fernen Kegelschnitte.

A. *Flächen mit imaginärem unendlich fernen Linienpaare.*

7) *Elliptisches Paraboloid*, nicht geradlinig, von der unendlich
   fernen Ebene in einem reellen Punkte berührt.
8) *Elliptischer Cylinder* (insbesondere gerader Kreiscylinder).
9) *Imaginäres Ebenenpaar* mit reeller, im Endlichen gelegener
   Doppellinie.

B. *Flächen mit reellem unendlich fernen Linienpaare.*

10) *Hyperbolisches Parabaloid*, geradlinig, von der unendlich
    fernen Ebene berührt.
11) *Hyperbolischer Cylinder* (gebildet von allen einer bestimmten
    Richtung parallelen Geraden, welche eine gegebene ebene
    Hyperbel treffen).
12) *Reelles Ebenenpaar*, dessen Axe (Doppellinie) im Endlichen liegt.

C. *Flächen mit unendlich ferner Doppellinie.*

13) *Parabolischer Cylinder* (gebildet von allen einer Richtung
    parallelen Strahlen, welche eine ebene Parabel treffen).

14) *Zwei reelle, einander parallele Ebenen.*

15) *Zwei conjugirt imaginäre Ebenen,* deren reelle Schnittlinie unendlich weit liegt.

16) *Eine Doppelebene.*

Die den Flächen beigelegten Namen erinnern an die charakteristischen ebenen Schnitte, welche auf ihnen möglich sind. Jeder reelle ebene Schnitt des Ellipsoids ist eine Ellipse, da dasselbe keinen unendlich fernen Punkt besitzt; die Ellipse zieht sich auf einen Punkt zusammen (artet in ein Paar conjugirt imaginärer Geraden aus), falls die schneidende Ebene zu den Tangentenebenen gehört.

Bei den Hyperboloiden können alle drei Kegelschnitte vorkommen. Trifft die unendlich ferne Gerade der schneidenden Ebene den unendlich fernen Kegelschnitt der Fläche in zwei reellen Punkten, so ist die Schnittcurve eine Hyperbel; trifft jene unendlich ferne Gerade die Fläche in zwei imaginären Punkten, so entsteht als Schnittcurve eine Ellipse; berührt sie endlich den unendlich fernen Kegelschnitt der Fläche, so haben wir eine Parabel. Beim Hyperboloide erster Art endlich kann der ebene Schnitt auch in ein Linienpaar ausarten; dasselbe besteht insbesondere aus zwei parallelen Linien, wenn die Ebene durch eine Tangente des unendlich fernen Kegelschnittes der Fläche hindurchgeht; beim Hyperboloide zweiter Art gibt es solche Linienpaare nicht.

Ebenso treten bei dem unter 6) genannten Kegel die drei Arten von ebenen Schnitten auf, wie aus den Elementen bekannt ist, auch das Linienpaar, falls die Ebene durch die Spitze geht; letzteres artet in eine Doppellinie aus für eine Tangentenebene des Kegels.

Aus dem elliptischen Paraboloide kann man nur Ellipsen und Parabeln ausschneiden; letztere entstehen, wenn die Ebene durch den einen reellen unendlich fernen Punkt des Paraboloids gelegt wird; alle anderen ebenen Schnitte sind Ellipsen (bez. imaginäre Linienpaare).

Auch auf dem elliptischen Cylinder erhält man nur dann nicht eine Ellipse, wenn die Ebene den unendlich fernen Punkt des Cylinders enthält (d. h. einer Erzeugenden desselben parallel ist); in diesem Falle besteht der Schnitt aus zwei reellen oder imaginären parallelen Geraden oder aus einer doppelt zählenden Erzeugenden.

Auf dem hyperbolischen Paraboloide dagegen lässt sich keine Ellipse ziehen, denn jede Ebene trifft das unendlich ferne Linienpaar in zwei reellen Punkten. Im Allgemeinen ist also jeder ebene Schnitt eine Hyperbel; diese wird zur Parabel, wenn die Ebene den Scheitel des Linienpaares enthält. Alle Linien der einen Erzeugungsart treffen diejenige unendlich ferne Gerade, welche zu den Erzeugenden der anderen Art gehört, sind also ein und derselben Ebene parallel. Somit entsteht der Satz*):

Eine Gerade, welche sich so bewegt, dass sie stets zwei feste Gerade trifft und einer festen Ebene parallel bleibt, erzeugt ein hyperbolisches Paraboloid.

Beim hyperbolischen Cylinder arten die ebenen Schnitte, welche durch die unendlich ferne Spitze gelegt werden, in Paare paralleler Linien aus; alle anderen geben wiederum Hyperbeln.

Jeder ebene Schnitt des parabolischen Cylinders endlich berührt die unendlich ferne Ebene in einem Punkte der Doppellinie, ist also eine Parabel. Eine durch die Doppellinie gelegte variable (d. h. sich selbst parallel bleibende) Ebene schneidet die Erzeugenden des Cylinders aus.

Es wird unsere nächste Aufgabe sein, *unterscheidende analytische Merkmale für die verschiedenen Gestalten der Flächen zweiter Ordnung aufzustellen*, d. h. diejenigen Bedingungen zwischen den Coëfficienten der Gleichung aufzusuchen, durch welche die soeben aufgezählten Flächen analytisch definirt werden. Die Gleichung der Fläche in rechtwinkligen Punktcoordinaten sei

$$
(1) \quad \begin{aligned} f(x, y, z) &= a_{11}x^2 + a_{22}y^2 + a_{33}z^2 + 2a_{12}xy + 2a_{23}yz \\ &\quad + 2a_{31}zx + 2a_{14}x + 2a_{24}y + 2a_{34}z + a_{44} = 0; \end{aligned}
$$

dann ist die Gleichung der nämlichen Fläche in rechtwinkligen Ebenencoordinaten:

$$
(2) \quad \begin{aligned} A_{11}u^2 &+ A_{22}v^2 + A_{33}w^2 + 2A_{12}uv + 2A_{23}vw + 2A_{31}wu \\ &+ 2A_{41}u + 2A_{42}v + 2A_{43}w + A_{44} = 0. \end{aligned}
$$

Die Gleichung des unendlich fernen Kegelschnittes der Fläche in homogenen Coordinaten x, y, z (oder diejenige des auf diesem Kegelschnitte stehenden, vom Anfangspunkte ausgehenden Kegels in rechtwinkligen Coordinaten, eines Kegels, welcher dem vom Mittelpunkte ausgehenden Asymptotenkegel parallel läuft) wird gegeben durch:

$$
(3) \quad \varphi(x,y,z) = a_{11}x^2 + a_{22}y^2 + a_{33}z^2 + 2a_{12}xy + 2a_{23}yz + 2a_{31}zx = 0.
$$

Um zu entscheiden, ob diese Curve reell oder imaginär ist, wähle man in der unendlich fernen Ebene drei Punkte x_1, y_1, z_1;

---

*) Aus demselben geht insbesondere hervor, dass eine früher in der Theorie des linearen Complexes benutzte Fläche (p. 57) als ein hyberbolisches Paraboloid zu bezeichnen ist; vgl. auch Fig. 8, p. 36.

x_2, y_2, z_2; x_3, y_3, z_3 so, dass sie die Ecken eines Polardreiecks bilden, d. h. dass sie den drei Gleichungen

$$(4) \quad \frac{\partial \varphi(x_i, y_i, z_i)}{\partial x_i} x_k + \frac{\partial \varphi(x_i, y_i, z_i)}{\partial y_i} y_k + \frac{\partial \varphi(x_i, y_i, z_i)}{\partial z_i} z_k = 0, \quad i \gtrless k,$$

genügen. Es ist dies immer möglich, sobald die Determinante des Kegelschnittes (3), d. i. A_{44}, nicht verschwindet, was vorläufig angenommen werden mag. Ist der Kegelschnitt reell, so werden zwei Seiten des Polardreiecks von ihm geschnitten, d. h. einer der drei Ausdrücke $\varphi(x_i, y_i, z_i)$ hat ein anderes Vorzeichen, als die beiden anderen; während für eine imaginäre Curve (3) alle drei Ausdrücke gleiches Zeichen haben (da sie nicht durch Null gehen können).

Ist $A_{44} = 0$, so zerfällt (3) in ein Linienpaar, d. h. wir haben ein Paraboloid oder einen Cylinder vor uns; in der That wird alsdann die Gleichung (2) durch die Werthe $u = 0$, $v = 0$, $w = 0$, d. h. durch die Coordinaten der unendlich fernen Ebene, befriedigt. Ob das Linienpaar reell oder imaginär ist, entscheidet sich in derselben Weise wie vorhin; nur liegt jetzt eine Ecke des betreffenden Polardreiecks im Scheitel des Linienpaares, welcher sich in bekannter Weise bestimmt; und es kommt nur noch darauf an, ob die Function φ in den beiden anderen Punkten dasselbe Vorzeichen oder verschiedene Vorzeichen besitzt.

Verschwinden auch alle zweireihigen Unterdeterminanten von A_{44}, so fallen die beiden Linien des Paares in eine Doppellinie zusammen, welche immer reell ist; von einem Polardreiecke kann nicht mehr die Rede sein. Zusammenfassend finden wir das Resultat:

Kommt in der Reihe der drei Ausdrücke $\varphi(x_1, y_1, z_1)$, $\varphi(x_2, y_2, z_2)$, $\varphi(x_3, y_3, z_3)$ kein Zeichenwechsel vor, so ist durch (1) eine der unter 1), 2), 3), 7), 8), 9) *genannten Flächen dargestellt; im andern Falle eine der Flächen* 4), 5), 6), 10), 11), 12).

In analoger Weise entscheidet man, ob die vorgelegte Gleichung überhaupt eine reelle Fläche darstellt, und, wenn dieses der Fall ist, ob die Fläche reelle gerade Linien enthält. Man bezeichne mit ξ_i, η_i, ζ_i die Coordinaten der vier Ecken ($i = 1, 2, 3, 4$) eines beliebigen Polartetraëders; dieselben genügen also den sechs Gleichungen:

$$(5) \quad \frac{\partial f(\xi_i, \eta_i, \zeta_i)}{\partial \xi_i} \xi_k + \frac{\partial f(\xi_i, \eta_i, \zeta_i)}{\partial \eta_i} \eta_k + \frac{\partial f(\xi_i, \eta_i, \zeta_i)}{\partial \zeta_i} \zeta_k + \frac{\partial f(\xi_i, \eta_i, \zeta_i)}{\partial t} = 0,$$

wobei für den Augenblick t als vierte homogene Variable in f einzuführen ist. Eine imaginäre Fläche nun wird von keiner Kante des Polartetraëders reell durchsetzt; für sie haben also die vier Ausdrücke $f(\xi_i, \eta_i, \zeta_i)$ gleiches Vorzeichen.

Ist die Fläche reell und geradlinig, so wird sie von jeder Ebene in einem reellen Kegelschnitte geschnitten. In jeder Ebene des Polartetraëders bilden die drei Kanten ein Polardreieck in Bezug auf die in ihr liegende reelle Schnittcurve; von je drei solchen Kanten müssen daher zwei die Fläche in reellen Punkten treffen. Fasst man alle sechs Tetraëderkanten ins Auge, so sieht man leicht, dass dies nur möglich ist, indem zwei gegenüberliegende Kanten die Fläche in imaginären, die vier übrigen hingegen (welche ein windschiefes Viereck bilden) in reellen Punkten schneiden. Von den vier Functionen $f(\xi_i, \eta_i, \zeta_i)$ sind daher zwei positiv, die beiden anderen negativ.

Haben dagegen drei dieser vier Ausdrücke unter einander gleiches Vorzeichen, während dem vierten das entgegengesetzte zukommt, so haben wir es mit einem Ellipsoide oder einem Hyperboloide zweiter Art zu thun. Die Entscheidung hierüber wird durch Untersuchung des unendlich fernen Kegelschnittes in besprochener Weise getroffen.

Die Untersuchung des letztern kann man mit der Betrachtung des soeben benutzten Polartetraëders enger verbinden, indem man eine der Tetraëder-Ebenen mit der unendlich fernen Ebene zusammenfallen lässt. Jeder Strahl, welcher durch die gegenüberliegende Ecke geht, wird dann von der Fläche einerseits, von der Ecke und seinem unendlich fernen Punkte andererseits, harmonisch getheilt, d. h. *jede durch den Pol der unendlich fernen Ebene gelegte Sehne der Fläche wird von diesem Pole halbirt.* Der Pol der unendlich fernen Ebene heisst deshalb *der Mittelpunkt der Fläche*; eine durch ihn gelegte Sehne heisst *ein Durchmesser der Fläche*. Es ist leicht, seine Coordinaten anzugeben. Die Beziehung zwischen Pol und Polarebene wird für die Fläche (1) durch folgende Gleichungen vermittelt:

$$\varrho u = a_{11}x + a_{12}y + a_{13}z + a_{14}, \quad \sigma x = A_{11}u + A_{21}v + A_{31}w + A_{41},$$
$$\varrho v = a_{21}x + a_{22}y + a_{23}z + a_{24}, \quad \sigma y = A_{12}u + A_{22}v + A_{32}w + A_{42},$$
$$\varrho w = a_{31}x + a_{32}y + a_{33}z + a_{34}, \quad \sigma z = A_{13}u + A_{23}v + A_{33}w + A_{43},$$
$$\varrho \ = a_{41}x + a_{42}y + a_{43}z + a_{44}, \quad \sigma \ = A_{14}u + A_{24}v + A_{34}w + A_{44}.$$

Die unendlich ferne Ebene hat die Coordinaten $u = 0$, $v = 0$, $w = 0$; *die Coordinaten des Mittelpunktes sind daher:*

$$(6) \qquad \xi = \frac{A_{41}}{A_{44}}, \quad \eta = \frac{A_{42}}{A_{44}}, \quad \zeta = \frac{A_{43}}{A_{44}}.$$

Der Mittelpunkt existirt natürlich nur bei den Ellipsoiden, Hyperboloiden und Kegeln; er liegt unendlich weit bei den Paraboloiden und Cylindern; er ist unbestimmt beim Ebenenpaare und bei der Doppelebene.

In diesen Mittelpunkt legen wir also eine Ecke des Polartetraëders; die drei anderen liegen dann in der unendlich fernen Ebene und bilden daselbst ein Polardreieck in Bezug auf den unendlich fernen Kegelschnitt der Fläche. Will man die Coordinaten derselben in (1) einsetzen, so braucht man, da sie unendlich gross sind, nur die Glieder zweiter Dimension zu berücksichtigen, um das Vorzeichen der entstehenden Aggregate zu beurtheilen. *Statt der vier Ausdrücke $f(\xi_i, \eta_i, \zeta_i)$ hat man also nur den einen $f(\xi, \eta, \zeta)$ zu berechnen und ausserdem dieselben drei Ausdrücke $\varphi(x_i, y_i, z_i)$ zu benutzen, deren wir bereits bei Untersuchung des unendlich fernen Kegelschnittes der Fläche bedurften.*

Nun wird

$$A_{44} f(\xi, \eta, \zeta) = \xi(a_{11}A_{14} + a_{12}A_{24} + a_{13}A_{34} + a_{14}A_{44})$$
$$+ \eta(a_{21}A_{14} + a_{22}A_{24} + a_{23}A_{34} + a_{24}A_{44})$$
$$+ \zeta(a_{31}A_{14} + a_{32}A_{24} + a_{33}A_{34} + a_{34}A_{44})$$
$$+ (a_{41}A_{14} + a_{42}A_{24} + a_{43}A_{34} + a_{44}A_{44})$$
$$= A.$$

Das Vorzeichen von $f(\xi, \eta, \zeta)$ ist daher dasselbe, wie dasjenige des Productes $A \cdot A_{44}$.

Die Resultate dieser analytischen Untersuchungen fassen wir in der folgenden Tabelle zusammen, indem wir wieder obige sechszehn Flächen aufzählen, sie aber jetzt nach einem etwas anderen Principe eintheilen. *In dieser Tabelle bedeutet A die Determinante der Fläche, A_{ik} die zum Elemente a_{ik} gehörige Unterdeterminante; x_i, y_i, z_i sind (für $i = 1, 2, 3$) die Coordinaten dreier unendlich fernen Punkte, deren Verhältnisse den Gleichungen (4) genügen*); $\varphi(x_i, y_i, z_i) = \varphi_i$ ist durch (3) definirt.*

I. Flächen mit nicht verschwindender Determinante:
$$A \gtrless 0.$$

A) $A_{44} \gtrless 0$, *Flächen mit Mittelpunkt.*

1) Die vier Ausdrücke $A \cdot A_{44}, \varphi_1, \varphi_2, \varphi_3$ haben gleiches Zeichen: *Imaginäres Ellipsoid***).

---

*) Nach der sogleich zu erläuternden Bezeichnungsweise sind dies die Coordinaten der unendlich fernen Punkte von drei einander conjugirten Durchmessern.

**) Da sich A bei linearer Transformation der Coordinaten nur um das *Quadrat* der Substitutionsdeterminante ändert und bei Beziehung auf ein Polartetraëder gleich dem Producte der vier Coëfficienten wird, so folgt, dass die Determinante A in diesem Falle und im Falle 3) stets positiv ist. In der Ebene kann das Vorzeichen der Determinante eines Kegelschnittes nicht in analoger Weise bestimmenden Einfluss haben, da diese Determinante ihr Zeichen ändert, sobald die Zeichen aller Coëfficienten geändert werden.

2) Die Ausdrücke φ_1, φ_2, φ_3 haben unter sich gleiches Vorzeichen, das Product $A \cdot A_{44}$ hat das entgegengesetzte Zeichen: *Reelles Ellipsoid.*

3) Von den vier Ausdrücken $A \cdot A_{44}$, φ_1, φ_2, φ_3 sind zwei positiv, die beiden anderen negativ: *Einschaliges Hyperboloid (geradlinig).*

4) Zwei der Ausdrücke φ_i haben dasselbe Vorzeichen wie das Product $A \cdot A_{44}$, aber ein anderes wie der dritte Ausdruck φ: *Zweischaliges Hyperboloid.*

B) $A_{44} = 0$, *Paraboloide.*

Einer der Punkte x_i, y_i, z_i (sagen wir x_3, y_3, z_3) fällt in den unendlich weiten Mittelpunkt; und es kommt nur noch auf die beiden anderen an.

5) φ_1 und φ_2 haben gleiches Vorzeichen: *Elliptisches Paraboloid.*

6) φ_1 und φ_2 haben verschiedenes Vorzeichen: *Hyperbolisches Paraboloid (geradlinig).*

II. **Flächen mit verschwindender Determinante:** $A = 0$, während nicht alle ersten Unterdeterminanten Null sind.

A) $A_{44} \gtrless 0$, *eigentliche Kegel.*

7) φ_1, φ_2, φ_3 haben gleiches Vorzeichen: *Imaginärer Kegel.*

8) φ_1, φ_2, φ_3 haben nicht gleiches Vorzeichen: *Reeller Kegel.*

B) $A_{44} = 0$, *Cylinder.*

Der Punkt x_3, y_3, z_3 fällt in die unendlich ferne Spitze des Cylinders.

9) φ_1 und φ_2 haben gleiches Vorzeichen: *Elliptischer Cylinder.*

10) φ_1 und φ_2 haben entgegengesetzte Vorzeichen: *Hyperbolischer Cylinder.*

11) $\varphi_1 = 0$ und $\varphi_2 = 0$, d. h. es verschwinden alle Unterdeterminanten von A_{44}: *Parabolischer Cylinder.*

III. **Flächen, bei denen alle Unterdeterminanten ersten Grades, nicht aber diejenigen zweiten Grades verschwinden:** $A_{ik} = 0$.

12) φ_1 und φ_2 haben gleiches Vorzeichen: *Imaginäres Ebenenpaar.*

13) φ_1 und φ_2 haben entgegengesetzte Vorzeichen: *Reelles Ebenenpaar.*

14) $\varphi_1 = 0$, $\varphi_2 = 0$ (alle Unterdeterminanten von A_{44} sind Null): *Zwei parallele Ebenen.*

Dieselben sind *reell*, falls f_1 und f_2 verschiedene Vorzeichen haben, wobei $f_i = f(x_i, y_i, z_i)$ gesetzt, und der Punkt x_1, y_1, z_1 zu x_2, y_2, z_2 conjugirt ist.

15) Dieselben sind *conjugirt imaginär*, falls f_1 und f_2 gleiche Vorzeichen aufweisen.

IV. Flächen, bei denen alle Unterdeterminanten zweiten Grades verschwinden.

16) *Eine Doppelebene.*

Die Berechnung der charakteristischen Ausdrücke φ_1, φ_2, φ_3 kann man sich dadurch vereinfachen, dass man die Ecken des benutzten Polardreiecks zu dem Coordinatendreiecke in besondere Beziehung setzt. Sei z. B. $z_1 = 0$, $z_2 = 0$, so sind noch folgende aus (4) hervorgehende Gleichungen zu befriedigen:

$$(a_{11}x_3 + a_{12}y_3 + a_{13}z_3)x_2 + (a_{21}x_3 + a_{22}y_3 + a_{23}z_3)y_2 = 0,$$
$$(a_{11}x_3 + a_{12}y_3 + a_{13}z_3)x_1 + (a_{21}x_3 + a_{22}y_3 + a_{23}z_3)y_1 = 0,$$
$$(a_{11}x_1 + a_{12}y_1)x_2 + (a_{21}x_1 + a_{22}y_1)y_2 = 0,$$

und dieselben werden identisch erfüllt, wenn man setzt:

$$\varrho x_1 = \quad a_{22}, \quad \sigma x_2 = 0, \quad \tau x_3 = A_{13,\,44} = a_{12}a_{32} - a_{22}a_{13},$$
$$\varrho y_1 = -\,a_{12}, \quad \sigma y_2 = 1, \quad \tau y_3 = A_{23,\,44} = a_{12}a_{13} - a_{11}a_{23},$$
$$\varrho z_1 = \quad 0, \quad \sigma z_2 = 0, \quad \tau z_3 = A_{33,\,44} = a_{11}a_{22} - a_{12}^2.$$

Man kann daher die Ausdrücke φ_1, φ_2, φ_3 *bez. ersetzen durch*

$$a_{22}\big(a_{11}a_{22} - a_{12}^2\big), \quad a_{22}, \quad A_{44}\big(a_{11}a_{22} - a_{12}^2\big),$$

oder auch durch

$$a_{11}\big(a_{11}a_{22} - a_{12}^2\big), \quad a_{11}, \quad A_{44}\big(a_{11}a_{22} - a_{12}^2\big).$$

Diese und andere analoge Verbindungen der Coëfficienten entscheiden gleichzeitig darüber, ob eine gegebene Fläche (abgesehen von ihrer Beziehung zur unendlich fernen Ebene) geradlinig ist oder nicht, wie aus der Tabelle hervorgeht, nämlich: *Eine Fläche hat reelle Geraden, wenn von den vier Ausdrücken* $A \cdot A_{44}$, $\big(a_{11}a_{22} - a_{12}^2\big)A_{44}$, $\big(a_{11}a_{22} - a_{12}^2\big)a_{22}$, a_{22} *zwei positiv und zwei negativ sind, oder wenn (falls* $A_{44} = 0$ *ist)* a_{22} *und* $a_{11}a_{22} - a_{12}^2$ *entgegengesetzte Vorzeichen haben.* Verschwindet zufällig einer der beiden letzteren Ausdrücke, so sind die drei Hülfspunkte x_i, y_i, z_i anders zu wählen.

Hiermit ist eine früher nur in Bezug auf ein besonderes Coordinaten-Tetraéder beantwortete Frage (vgl. p. 145) allgemein erledigt. Allerdings muss hervorgehoben werden, dass unsere obige Ueberlegung auf das Engste mit der auf ein Polartetraéder bezogenen kanonischen Form zusammenhängt, denn es kamen eben die Werthe der Function $f(x, y, z)$ in den Ecken eines solchen Tetraëders in Betracht. Man könnte dies noch weiter durch wirkliche Durchführung der Transformation verfolgen*); doch unterlassen wir es, darauf einzugehen.

Im Vorstehenden benutzten wir ein Polartetraëder, dessen eine Ebene mit der unendlich fernen Ebene zusammenfällt, dessen eine Ecke also im Mittelpunkte der Fläche liegt. Die drei Kanten eines solchen Tetraëders, welche im Mittelpunkte zusammentreffen, nennt man *einander conjugirte Durchmesser;* vorausgesetzt wird natürlich, dass man es mit einer Mittelpunktsfläche zu thun hat. *Ein solches Tripel conjugirter Durchmesser hat demnach die Eigenschaft, dass die conjugirte Polare eines jeden die unendlich fernen Punkte der beiden anderen verbindet.*

Man sagt auch, dass der eine dieser drei Durchmesser conjugirt

---

*) Man findet die Classification der Flächen zweiten Grades im Anschlusse an dieses Transformationsproblem eingehend behandelt in Plücker's System der Geometrie des Raumes (1846), p. 54 ff. und 81. Die wirklich berechneten Coëfficienten der transformirten Form entscheiden durch ihre Vorzeichen über die Natur der Fläche. Die Berechnung dieser Coëfficienten gestaltet sich nach den von Jacobi (1856, Crelle's Journal Bd. 53), Weierstrass und Kronecker gegebenen Methoden eleganter und einfacher; vgl. Gundelfinger's Darstellung in den beiden ersten Supplementen zur dritten Auflage von Hesse's Vorlesungen über analytische Geometrie des Raumes. Jacobi's Untersuchung (die nach Borchardt's Zusatze, ib. p. 283, aus dem Jahre 1847 stammt) bezieht sich auf den allgemeineren Fall bilinearer Formen, stimmt aber für quadratische Formen von vier homogenen Variabeln im Resultate mit Plücker's früherer Untersuchung (für beliebig viele Variable a. a. O. p. 69 ff.) überein. Letztere enthält implicite das Sylvester'sche Trägheitsgesetz (vgl. oben p. 145). — Die verschiedenen Typen von allgemeinen Flächen zweiten Grades sind zuerst von Euler aufgestellt, Introductio in analysin infinitorum vol. II, appendix, cap. V, 1748; er bezeichnet die Fläche 2) unserer letzten Tabelle als Ellipsoid, 3) als elliptisch-hyperbolische, 4) als hyperbolisch-hyperbolische, 5) als elliptisch-parabolische, 6) als parabolisch-hyperbolische Fläche; die heute gebräuchlichen Namen sind von Monge's Schülern in der Ecole polytechnique eingeführt. — Die Rotationsflächen (sicher die Kegel und Cylinder) waren vielleicht schon von Euclid in dessen verloren gegangenen Schriften behandelt (vgl. Chasles' Aperçu historique, Note II und Heiberg, Litterargeschichtliche Studien über Euclid, Leipzig 1882, p. 79). — Die geraden Linien auf dem Rotationshyperboloide (damals hyperbolisches Cylindroid genannt) wurden von Wren (Philosophical Transactions 1669, p. 961) und Parent (1698, in der oben p. 3 citirten Schrift, t. II, p. 645 und t. III, p. 470) entdeckt, auf den allgemeinen geradlinigen Flächen von Monge's Schülern, besonders Chasles (vgl. a. a. O. p. 241 und oben die Note zu p. 69).

sei zu der Ebene der beiden anderen. *Der Pol einer Diametralebene ist also der unendlich ferne Punkt des ihr conjugirten Durchmessers.* Aus den Eigenschaften der harmonischen Theilung folgen sofort die Sätze:

Alle Sehnen der Fläche, welche zu demselben Durchmesser parallel laufen, werden von der zu diesem Durchmesser conjugirten Diametralebene halbirt.

Alle Sehnen, welche einer Diametralebene parallel sind und den ihr conjugirten Durchmesser treffen, werden durch letzteren halbirt.

Die unendlich ferne Gerade einer Diametralebene ist die conjugirte Polare des der Ebene conjugirten Durchmessers.

Die Tangentenebenen der Fläche in ihren Schnittpunkten mit einer Diametralebene umhüllen einen Cylinder, dessen Kanten zum conjugirten Durchmesser parallel laufen.

Benutzt man die conjugirten Durchmesser eines Tripels als Axen eines schiefwinkligen Coordinatensystems (p. 94), so können nach den Sätzen über Polartetraëder nur die Quadrate der Variabeln vorkommen; die Gleichung der Fläche*) wird also von der Form

$$a\xi^2 + b\eta^2 + c\zeta^2 + d = 0\,.$$

Es ist nun sehr wichtig, *dass man immer ein Tripel conjugirter Durchmesser bestimmen kann, welche auf einander senkrecht stehen,* welche also ein naturgemäss ausgezeichnetes rechtwinkliges Coordinatensystem an die Hand geben. Die Existenz dieses Systems nachzuweisen, und die Transformation auf dasselbe durchzuführen, soll unsere nächste Aufgabe sein.

Hat die vorgelegte Fläche keinen Mittelpunkt, so ist die eben erwähnte Transformation nicht möglich; man wird dann andere ausgezeichnete rechtwinklige Axensysteme aufsuchen, um eine besondere Gleichungsform für die Fläche herzustellen.

V. Transformation der Mittelpunktsflächen auf die Hauptaxen.

Im Folgenden wird das Nichtverschwinden von A_{44}, d. h. die Existenz eines Mittelpunktes, vorausgesetzt. Führen wir zunächst

---

*) Aus dieser Form lassen sich zahlreiche metrische Sätze über die Längen (p, q, r) der conjugirten Durchmesser ableiten; vgl. Livet (Journal de l'école polytechnique, cah. 13, 1806), Binet (ib. cah. 16, 1813), Chasles (Correspondance sur l'école polytechnique 3, 1814—16, und Mémoire de géométrie, Anhang zum Aperçu historique, p. 823 ff.); Plücker (System der Geometrie des Raumes, p. 160 ff.); vgl. Bd. I, p. 92 ff.

den letztern als Coordinaten-Anfangspunkt ein. Die ursprüngliche Gleichung der Fläche sei

$$(1) \quad a_{11}x'^2 + a_{22}y'^2 + a_{33}z'^2 + 2a_{12}x'y' + \ldots + 2a_{14}x' + \ldots + a_{44} = 0.$$

Wir setzen

$$x' = x + \xi,$$
$$y' = y + \eta,$$
$$z' = z + \zeta,$$

wobei ξ, η, ζ durch die Gleichungen (6), p. 160 als Coordinaten des Mittelpunktes definirt sind. Wir haben also:

$$a_{11}\xi + a_{12}\eta + a_{13}\zeta + a_{14} = 0,$$
$$a_{21}\xi + a_{22}\eta + a_{23}\zeta + a_{24} = 0,$$
$$a_{31}\xi + a_{32}\eta + a_{33}\zeta + a_{34} = 0,$$
$$a_{41}\xi + a_{42}\eta + a_{43}\zeta + a_{44} = \frac{A}{A_{44}};$$

und hieraus:

$$a_{11}x' + a_{12}y' + a_{13}z' + a_{14} = a_{11}x + a_{12}y + a_{13}z,$$
$$a_{21}x' + a_{22}y' + a_{23}z' + a_{24} = a_{21}x + a_{22}y + a_{23}z,$$
$$a_{31}x' + a_{32}y' + a_{33}z' + a_{34} = a_{31}x + a_{32}y + a_{33}z,$$
$$a_{41}x' + a_{42}y' + a_{43}z' + a_{44} = a_{41}x + a_{42}y + a_{43}z + \frac{A}{A_{44}}.$$

Multiplicirt man die linken Seiten dieser Gleichungen bez. mit x', y', z', 1 und die rechten Seiten bez. mit $x + \xi$, $y + \eta$, $z + \zeta$, 1, so entsteht nach Addition aller vier Gleichungen links der Ausdruck (1); die Gleichung der Fläche wird daher:

$$(2) \quad a_{11}x^2 + a_{22}y^2 + a_{33}z^2 + 2a_{12}xy + 2a_{23}yz + 2a_{31}zx + \frac{A}{A_{44}} = 0.$$

Die in x, y, z linearen Glieder sind also herausgefallen, was wir nach den Eigenschaften des Mittelpunktes hätten voraussehen können. Die Formel (2) gilt für die beiden Hyperboloide, das Ellipsoid, die imaginäre Fläche und den (reellen oder imaginären) Kegel; denn durch das Verschwinden von A wird unsere Ableitung nicht gestört.

Die vermöge (2) zu einem Punkte x, y, z gehörige Polarebene u, v, w ist gegeben durch

$$\varrho u = a_{11}x + a_{12}y + a_{13}z,$$
$$\varrho v = a_{21}x + a_{22}y + a_{23}z, \qquad \varrho = \frac{A}{A_{44}};$$
$$\varrho w = a_{31}x + a_{32}y + a_{33}z,$$

die Gleichung der Polarebene von x, y, z ist daher

$$(3) \qquad\qquad Xu + Yv + Zw + \frac{A}{A_{44}} = 0.$$

Wir stellen nun die Aufgabe, *die zu einem gegebenen Durchmesser „conjugirte Ebene" zu finden* (vgl. p. 164f.). Es seien λ, μ, ν die Richtungswinkel des Durchmessers; R bedeute die Entfernung des Punktes x, y, z vom Mittelpunkte, so dass

$$x = R \cos \lambda, \quad y = R \cos \mu, \quad z = R \cos \nu.$$

Diese Werthe setzen wir in (3) ein, dividiren mit R und lassen R ins Unendliche wachsen; denn die conjugirte Ebene ist ja die Polarebene des unendlich fernen Punktes der Linie λ, μ, ν. Die Gleichung der gesuchten Ebene wird daher:

$$\begin{aligned}
X(a_{11} \cos \lambda + a_{12} \cos \mu + a_{13} \cos \nu) & \\
+\, Y(a_{21} \cos \lambda + a_{22} \cos \mu + a_{23} \cos \nu) & \\
+\, Z(a_{31} \cos \lambda + a_{32} \cos \mu + a_{33} \cos \nu) &= 0.
\end{aligned}$$

Die Richtungswinkel α, β, γ ihrer Normalen findet man demnach durch die Gleichungen

$$(4) \quad \begin{aligned}
\varrho \cos \alpha &= a_{11} \cos \lambda + a_{12} \cos \mu + a_{13} \cos \nu, \\
\varrho \cos \beta &= a_{21} \cos \lambda + a_{22} \cos \mu + a_{23} \cos \nu, \\
\varrho \cos \gamma &= a_{31} \cos \lambda + a_{32} \cos \mu + a_{33} \cos \nu,
\end{aligned}$$

worin ϱ sich durch die Forderung $\cos^2 \alpha + \cos^2 \beta + \cos^2 \gamma = 1$ bestimmt.

Insbesondere kann es eintreten, dass die Winkel α, β, γ bez. mit den Winkeln λ, μ, ν zusammenfallen. *Ein Durchmesser, welcher so zu seiner conjugirten Ebene senkrecht steht, heisst eine Hauptaxe der Fläche.* Um eine solche zu finden, lassen wir in (4) die erwähnten Winkel zusammenfallen und erhalten

$$(5) \quad \begin{aligned}
(a_{11} - \varrho) \cos \alpha + \quad\quad a_{12} \cos \beta + \quad\quad a_{13} \cos \gamma &= 0, \\
a_{21} \cos \alpha + (a_{22} - \varrho) \cos \beta + \quad\quad a_{23} \cos \gamma &= 0, \\
a_{31} \cos \alpha + \quad\quad a_{32} \cos \beta + (a_{33} - \varrho) \cos \gamma &= 0,
\end{aligned}$$

und hieraus eine cubische Gleichung für ϱ:

$$(6) \quad \varDelta(\varrho) = \begin{vmatrix} a_{11} - \varrho & a_{12} & a_{13} \\ a_{21} & a_{22} - \varrho & a_{23} \\ a_{31} & a_{32} & a_{33} - \varrho \end{vmatrix} = 0$$

$$\begin{aligned}
&= A_{44} - \varrho \left[(a_{11}a_{22} - a_{12}{}^2) + (a_{22}a_{33} - a_{23}{}^2) + (a_{33}a_{11} - a_{13}{}^2)\right] \\
&\quad + \varrho^2 (a_{11} + a_{22} + a_{33}) - \varrho^3.
\end{aligned}$$

Es seien nun ϱ, ϱ' zwei von einander verschiedene Wurzeln dieser Gleichung; zu ϱ gehören vermöge (5) die Winkel α, β, γ, ebenso zu ϱ' die Winkel α', β', γ' vermöge der entsprechenden Gleichungen

$$\varrho' \cos \alpha' = a_{11} \cos \alpha' + a_{12} \cos \beta' + a_{13} \cos \gamma',$$

(5a) $\qquad \varrho' \cos \beta' = a_{21} \cos \alpha' + a_{22} \cos \beta' + a_{23} \cos \gamma',$

$$\varrho' \cos \gamma' = a_{31} \cos \alpha' + a_{32} \cos \beta' + a_{33} \cos \gamma'.$$

Die letzteren Gleichungen multipliciren wir mit $\cos \alpha$, $\cos \beta$, $\cos \gamma$ und addiren; dann entsteht rechts dieselbe Summe, welche man mittelst der analogen, aus (5) zu entnehmenden Gleichungen durch Multiplication mit $\cos \alpha'$, $\cos \beta'$, $\cos \gamma'$ und Addition auf der rechten Seite erhält. Es folgt somit

(7) $\qquad (\varrho - \varrho')\,(\cos \alpha \cos \alpha' + \cos \beta \cos \beta' + \cos \gamma \cos \gamma') = 0.$

Dieses Resultat lässt uns zunächst erkennen, dass die drei Wurzeln von (6) stets reell sind. Wäre nämlich

$$\cos \alpha = p + ip', \quad \cos \beta = q + iq', \quad \cos \gamma = r + ir',$$

so müsste es eine zweite Wurzel ϱ' geben, für welche

$$\cos \alpha' = p - ip', \quad \cos \beta' = q - iq', \quad \cos \gamma' = r - ir'$$

würde; dann aber würde aus (7) folgen:

$$p^2 + p'^2 + q^2 + q'^2 + r^2 + r'^2 = 0.$$

Die Wurzeln der Gleichung (6) *sind also immer reell*[*]).

---

*) Die Existenz der drei zu einander rechtwinkligen conjugirten Durchmesser wurde von Monge und Hachette gefunden (1803, Journal de l'Ecole polytechnique, cah. 11, p. 153 ff.). Auf Gleichung (6) wurde das Problem von Hachette und Poisson zurückgeführt und gleichzeitig die Realität der Lösungen gezeigt (ib. p. 170). Dieselbe Gleichung tritt auch in der Theorie der säcularen Störungen der Planeten auf (Laplace, Mémoires de l'académie de Paris, 1772, t. 2, p. 293 und 362), die Realität ihrer Wurzeln wurde von Lagrange zuerst bewiesen (Mémoires de l'académie de Berlin, 1773, p. 108), für entsprechende Determinanten mit n Reihen von Cauchy, Exercises de mathématiques, 1829, t. 4, p. 140, Jacobi (1812, Crelle's Journal Bd. 12) und Sylvester (1852, Philosophical Magazine vol. 2). Hiermit steht im Zusammenhange, dass sich die Discriminante der fraglichen Gleichungen als Summe von Quadraten darstellen lässt, wie Kummer (Crelle's Journal Bd. 26), Jacobi (ib. Bd. 30), Borchardt (Liouville's Journal, t. 12, und Crelle's Journal Bd. 30, 1846), Hesse (ib. Bd. 57 und „Vorlesungen"), Bauer (ib. Bd. 71), Geyser (ib. Bd. 82) und Sourander (Liouville's Journal 1879) gezeigt haben. — Der Satz über die Realität der Wurzeln bleibt bestehen, wenn man allgemeiner eine aus den n^2 Elementen $a_{ik} + \varrho c_{ik}$ zu bildende Determinante (wo $a_{ik} = a_{ki}$, $c_{ik} = c_{ki}$) gleich Null setzt, unter der Voraussetzung, dass die quadratische Form $\Sigma\Sigma c_{ik} x_i x_k$ eine *definite* sei, d. h. für alle reellen Werthe der n Variabeln nur positive Werthe annehme; vgl. besonders für mehrfache Wurzeln Weierstrass und Kronecker, Berliner Monatsberichte 1858 und 1868. Nach Clebsch (1862, Crelle's Journal Bd. 62) wird auch zugelassen, dass a_{ik} zu a_{ki} conjugirt complex sei. — Die Bestimmung der Hauptaxen bei Annahme schiefwinkliger Coordinaten (p. 94) ist von Plücker (a. a. O. p. 212 ff.) behandelt. Für das Hauptaxenproblem vgl. auch unten p. 184 f. und 255 ff.

Sind sie überdies von einander verschieden, so *gibt es drei Haupt-axen für eine Mittelpunktsfläche*; und in Folge von (7) *steht jede Haupt-axe auf den beiden anderen senkrecht.*

Hat man eine Wurzel ϱ von (6) berechnet, so findet man aus (5), wenn $\varDelta_{ik}$ die Unterdeterminanten von $\varDelta(\varrho)$ bedeuten,

$$\cos\alpha : \cos\beta : \cos\gamma = \varDelta_{11} : \varDelta_{12} : \varDelta_{13} = \cos^2\alpha \quad : \cos\alpha\cos\beta : \cos\alpha\cos\gamma,$$
$$= \varDelta_{21} : \varDelta_{22} : \varDelta_{23} = \cos\beta\cos\alpha : \cos^2\beta \quad : \cos\beta\cos\gamma,$$
$$= \varDelta_{31} : \varDelta_{32} : \varDelta_{33} = \cos\gamma\cos\alpha : \cos\gamma\cos\beta : \cos^2\gamma,$$

also:

$$(8) \quad \begin{aligned} m\cos^2\alpha &= \varDelta_{11}, & m\cos\beta\cos\gamma &= \varDelta_{23}, \\ m\cos^2\beta &= \varDelta_{22}, & m\cos\gamma\cos\alpha &= \varDelta_{31}, \\ m\cos^2\gamma &= \varDelta_{33}, & m\cos\alpha\cos\beta &= \varDelta_{12}, \end{aligned}$$

wobei m bestimmt ist durch die Gleichung

$$(9) \qquad m = \varDelta_{11} + \varDelta_{22} + \varDelta_{33} = -\frac{\partial\varDelta(\varrho)}{\partial\varrho}.$$

Für eine Doppelwurzel ϱ verschwinden sämmtliche Unterdetermi-nanten von $\varDelta(\varrho)$, denn wegen (9) ist dann $m = 0$, und folglich wegen (8) auch $\varDelta_{ik} = 0$. In diesem Falle gibt die einfache Wurzel der Gleichung noch eine völlig bestimmte Hauptaxe. Ist aber σ die Doppelwurzel, und setzt man in (5) $\varrho = \sigma$, so sind zwei der drei Gleichungen eine Folge der dritten; zu der Wurzel σ gehört daher kein bestimmtes System von Richtungswinkeln α, β, γ; vielmehr ist jetzt, wie wir sehen werden, jeder Durchmesser als Haupt-axe anzusehen, welcher zu dem zuerst gefundenen senkrecht steht. In der That müssen wegen $\varDelta_{ik}(\sigma) = 0$ die Coëfficienten der Glei-chungen (5) einander proportional sein, und man kann setzen:

$$\begin{aligned} a_{11} - \sigma &= \mu_1\varkappa_1, & a_{23} &= \mu_2\varkappa_3 = \mu_3\varkappa_2, \\ a_{22} - \sigma &= \mu_2\varkappa_2, & a_{31} &= \mu_3\varkappa_1 = \mu_1\varkappa_3, \\ a_{33} - \sigma &= \mu_3\varkappa_3, & a_{12} &= \mu_1\varkappa_2 = \mu_2\varkappa_1; \end{aligned}$$

die Zahlen μ_i verhalten sich also wie die $\varkappa_i$; lässt man noch einen hinzutretenden Proportionalitätsfactor in die Definition der Zahlen $\varkappa_i$ eingehen, so wird auch:

$$(10) \quad \begin{aligned} a_{11} &= \sigma + \varkappa_1{}^2, & a_{23} &= \varkappa_2\varkappa_3, \\ a_{22} &= \sigma + \varkappa_2{}^2, & a_{31} &= \varkappa_3\varkappa_1, \\ a_{33} &= \sigma + \varkappa_3{}^2, & a_{12} &= \varkappa_1\varkappa_2. \end{aligned}$$

Aus diesen Gleichungen hat man die Grössen $\varkappa_i$ zu bestimmen; die Einführung der letzteren in die Gleichung der Fläche ergibt sodann

$$(11) \qquad \sigma(x^2 + y^2 + z^2) + (\varkappa_1 x + \varkappa_2 y + \varkappa_3 z)^2 + \frac{A}{A_{44}} = 0.$$

Die hier ausgezeichnete Ebene $x_1 x + x_2 y + x_3 z = 0$ steht senkrecht zu der einen noch völlig bestimmten Hauptaxe; denn aus (5) und (10) folgt

$$\frac{\varrho - \sigma}{x_1 \cos \alpha + x_2 \cos \beta + x_3 \cos \gamma} = \frac{x_1}{\cos \alpha} = \frac{x_2}{\cos \beta} = \frac{x_3}{\cos \gamma}.$$

Von dieser Ebene wird unsere Fläche in einem Kreise geschnitten, demselben, welchen auf ihr die Kugel $\sigma A_{44}(x^2 + y^2 + z^2) = A$ ausschneidet; ebenso ist die Schnittcurve unserer Fläche mit irgend einer parallelen Ebene (für die also $x_1 x + x_2 y + x_3 z = \text{Const.}$) ein Kreis.

Hat also die Gleichung $\varDelta(\varrho) = 0$ eine Doppelwurzel, so ist die vorgelegte Fläche eine Rotationsfläche, deren Axe durch die noch vorhandene einfache Wurzel ϱ mittelst (5) bestimmt wird.

Vermöge einer orthogonalen Substitution, deren erste Gleichung lautet:

$$(11a) \qquad \sqrt{x_1^2 + x_2^2 + x_3^2}\, X = x_1 x + x_2 y + x_3 z,$$

während die beiden anderen nicht vollkommen bestimmt sein können, führt man leicht neue Variable X, Y, Z ein, und da

$$x^2 + y^2 + z^2 = X^2 + Y^2 + Z^2,$$

findet man

$$\sigma(X^2 + Y^2 + Z^2) + X^2 (x_1^2 + x_2^2 + x_3^2) + \frac{A}{A_{44}} = 0.$$

Nun ist aber nach (6) und (10)

$$\varrho + 2\sigma = a_{11} + a_{22} + a_{33},$$
$$x_1^2 + x_2^2 + x_3^2 + \sigma = a_{11} + a_{22} + a_{33} - 2\sigma = \varrho;$$

die Gleichung der Rotationsfläche wird daher:

$$(12) \qquad \frac{X^2}{-\dfrac{A}{\varrho A_{44}}} + \frac{Y^2 + Z^2}{-\dfrac{A}{\sigma A_{44}}} - 1 = 0.$$

Die angewandte Transformation wird unbrauchbar, falls $\varrho = \sigma$, d. h. *falls unsere Gleichung $\varDelta = 0$ drei zusammenfallende Wurzeln ergibt.* Dann folgt aus den soeben benutzten Gleichungen

$$x_1^2 + x_2^2 + x_3^2 = 0,$$

also

$$x_1 = 0, \quad x_2 = 0, \quad x_3 = 0,$$

folglich auch nach (10):

$$a_{11} = a_{22} = a_{33} = \sigma, \quad a_{23} = 0, \quad a_{31} = 0, \quad a_{12} = 0;$$

und (11) geht über in:

$$(13) \qquad \sigma(x^2 + y^2 + z^2) + \frac{A}{A_{44}} = 0.$$

Sind die drei Wurzeln der Gleichung $\varDelta(\varrho) = 0$ einander gleich, so hat man es also mit einer Kugel zu thun. Letztere ist reell oder imaginär, je nachdem den Ausdrücken σA_{44} und A entgegengesetztes oder gleiches Vorzeichen zukommt.

In dem allgemeinen Falle, wo die drei Wurzeln von $\varDelta(\varrho) = 0$ von einander verschieden sind, haben wir jetzt noch die orthogonale Substitution durchzuführen, vermöge deren die drei Hauptaxen als Coordinatenaxen eingeführt werden.

Die drei Wurzeln seien mit ϱ, ϱ', ϱ'' bezeichnet; zu jeder gehören vermöge (5) drei Winkel α, β, γ bez. α', β', γ' oder α'', β'', γ''. Die anzuwendende Coordinatentransformation lautet dann:

$$X = x\cos\alpha \ + y\cos\beta \ + z\cos\gamma \ , \quad x = X\cos\alpha + Y\cos\alpha' + Z\cos\alpha'',$$
$$Y = x\cos\alpha' + y\cos\beta' + z\cos\gamma', \quad y = X\cos\beta + Y\cos\beta' + Z\cos\beta'',$$
$$Z = x\cos\alpha'' + y\cos\beta'' + z\cos\gamma'', \quad z = X\cos\gamma + Y\cos\gamma' + Z\cos\gamma''.$$

Aus dem rechts stehenden Systeme folgt vermöge (5):

$$a_{11}x + a_{12}y + a_{13}z = X\varrho\cos\alpha + Y\varrho'\cos\alpha' + Z\varrho''\cos\alpha'',$$
$$a_{21}x + a_{22}y + a_{23}z = X\varrho\cos\beta + Y\varrho'\cos\beta' + Z\varrho''\cos\beta'',$$
$$a_{31}x + a_{32}y + a_{33}z = X\varrho\cos\gamma + Y\varrho'\cos\gamma' + Z\varrho''\cos\gamma''.$$

Multiplicirt man diese drei Gleichungen bez. mit x, y, z und addirt, so entsteht links die linke Seite von (1), welche mit $f(x', y', z')$ bezeichnet werde; die neue Gleichung der Fläche wird daher:

$$(14) \qquad f(x', y', z') \equiv \varrho X^2 + \varrho' Y^2 + \varrho'' Z^2 + \frac{A}{A_{44}} = 0.$$

Um die Gleichung der Fläche, bezogen auf ihre Hauptaxen, anzugeben, braucht man also nur die Gleichung $\varDelta(\varrho) = 0$ zu lösen; man braucht nicht die Coëfficienten der orthogonalen Substitution selbst erst zu berechnen.

Ist zunächst A von Null verschieden, so ergeben sich aus (14) die vier uns bekannten Mittelpunktsflächen, wenn man die Vorzeichen der reellen Wurzeln ϱ, ϱ', ϱ'' in Betracht zieht. Zu dem Zwecke schreiben wir die Gleichung (14) in der Form:

$$(15) \qquad \frac{X^2}{-\dfrac{A}{\varrho A_{44}}} + \frac{Y^2}{-\dfrac{A}{\varrho' A_{44}}} + \frac{Z^2}{-\dfrac{A}{\varrho'' A_{44}}} - 1 = 0,$$

aus welcher für $\varrho' = \varrho'' = \sigma$ wieder (13) hervorgeht. Im Folgenden sollen unter a, b, c reelle Zahlen verstanden werden der Art, dass bei richtiger Wahl des Vorzeichens

$$a^2 = \pm \frac{A}{\varrho A_{44}}, \quad b^2 = \pm \frac{A}{\varrho' A_{44}}, \quad c^2 = \pm \frac{A}{\varrho'' A_{44}};$$

auch können wir, ohne zu specialisiren, $a^2 > b^2 > c^2$ annehmen; dann sind folgende Fälle zu unterscheiden:

I. *Imaginäre Fläche*:

$$(16) \qquad \frac{X^2}{a^2} + \frac{Y^2}{b^2} + \frac{Z^2}{c^2} + 1 = 0.$$

II. *Ellipsoid*:

$$(17) \qquad \frac{X^2}{a^2} + \frac{Y^2}{b^2} + \frac{Z^2}{c^2} - 1 = 0.$$

III. *Einschaliges Hyperboloid*:

$$(18) \qquad \frac{X^2}{a^2} + \frac{Y^2}{b^2} - \frac{Z^2}{c^2} - 1 = 0.$$

IV. *Zweischaliges Hyperboloid*:

$$(19) \qquad \frac{X^2}{a^2} - \frac{Y^2}{b^2} - \frac{Z^2}{c^2} - 1 = 0.$$

Die hier gebrauchten Benennungen der Flächen sind mit den früher eingeführten vollkommen identisch (vgl. p. 156). In der That ist bei (16) und (17) die Schnittcurve mit der unendlich fernen Ebene dargestellt durch die Gleichung

$$\frac{X^2}{a^2} + \frac{Y^2}{b^2} + \frac{Z^2}{c^2} = 0,$$

also imaginär. Dass die Fläche (16) keinen reellen Punkt enthält, ist evident. Die Fläche (17) ist reell; sie wird von den Ebenen $X = 0$, $Y = 0$, $Z = 0$ bez. in den reellen Ellipsen (den sogenannten drei *Hauptschnitten des Ellipsoids*)

$$Y^2 c^2 + Z^2 b^2 - b^2 c^2 = 0,$$
$$Z^2 a^2 + X^2 c^2 - c^2 a^2 = 0,$$
$$X^2 b^2 + Y^2 a^2 - a^2 b^2 = 0$$

geschnitten. Die Zahlen $2a$, $2b$, $2c$ geben *die Längen der drei „Hauptaxen des Ellipsoids"*.

In (18) und (19) haben wir unsere früheren Hyperboloide wiedergefunden; denn ihre Schnittcurven mit der unendlich fernen Ebene:

$$\frac{X^2}{a^2} + \frac{Y^2}{b^2} - \frac{Z^2}{c^2} = 0$$

und

$$\frac{X^2}{a^2} - \frac{Y^2}{b^2} - \frac{Z^2}{c^2} = 0$$

sind reell. Die Fläche (18) enthält nach unserem allgemeinen Satze gerade Linien (vgl. p. 145 und p. 163), stellt also das *einschalige* Hyberboloid dar; auf (19) dagegen gibt es keine reellen Geraden.

Bei (18) sind alle drei „Hauptschnitte" reell (vgl. p. 160); der eine ist eine Ellipse (die sogenannte „*Kehlellipse*")

$$Z = 0, \quad X^2 b^2 + Y^2 a^2 - a^2 b^2 = 0,$$

die beiden anderen sind Hyperbeln, deren reelle Axen bez. mit der X- und Y-Axe zusammenfallen. Bei (19) ist der Hauptschnitt $X = 0$ imaginär; die beiden anderen sind reelle Hyperbeln.

Es ist leicht die geraden Linien des einschaligen Hyperboloids wirklich anzugeben, indem man die Fläche als aus zwei projectivischen Ebenenbüscheln erzeugt auffasst (vgl. p. 36 ff.). Es wird nämlich durch die beiden Büschel

$$\left(\frac{X}{a} + \frac{Z}{c}\right) - \lambda\left(1 + \frac{Y}{b}\right) = 0, \quad \left(1 - \frac{Y}{b}\right) - \lambda\left(\frac{X}{a} - \frac{Z}{c}\right) = 0$$

die eine Schaar von Erzeugenden gegeben; denn durch Elimination von λ folgt wieder (18); und die andere Schaar ist bestimmt durch:

$$\left(\frac{X}{a} + \frac{Z}{c}\right) - \mu\left(1 - \frac{Y}{b}\right) = 0, \quad \left(1 + \frac{Y}{b}\right) - \mu\left(\frac{X}{a} - \frac{Z}{c}\right) = 0.$$

Um sich eine deutliche *Vorstellung von der räumlichen Gestalt unserer drei reellen Flächen zu machen*, empfiehlt es sich, zunächst den Fall der Rotationsflächen in's Auge zu fassen, deren Gleichung in (12) bereits zusammenfassend angegeben war. Die Gestalt einer solchen Fläche ist bekannt, sobald man die Meridiancurve gezeichnet hat. Geringe Aenderungen in den Symmetrieverhältnissen geben sodann eine hinreichend getreue Anschauung der betreffenden allgemeinen Fläche; man braucht nur die Schaar der Parallelkreise durch eine Schaar paralleler Ellipsen ersetzt und die Schaar der Meridiancurven in entsprechender Weise verzerrt zu denken.

Das Ellipsoid gibt Veranlassung zu zwei verschiedenen Rotationsflächen, je nachdem (wenn $a > b > c$) $a = b$ oder $b = c$ wird, nämlich:

1) *Das abgeplattete Rotationsellipsoid oder Sphäroid.* Es entsteht, indem $a = b$ wird, hat also die Gleichungsform:

$$(17a) \qquad \frac{X^2 + Y^2}{a^2} + \frac{Z^2}{c^2} = 1.$$

2) *Das verlängerte Rotationsellipsoid* mit der Gleichung:

$$(17b) \qquad \frac{X^2}{a^2} + \frac{Y^2 + Z^2}{c^2} = 1.$$

Die erste Fläche wird erzeugt, indem eine Ellipse mit den halben Axen a und c um ihre kleinere, die andere Fläche, indem sie um ihre grössere Axe rotirt.

Aus (18) kann nur eine Rotationsfläche hervorgehen, nämlich für $a = b$ das *einschalige Rotationshyperboloid*:

$$(18\mathrm{a}) \qquad \frac{X^2 + Y^2}{a^2} - \frac{Z^2}{c^2} = 1.$$

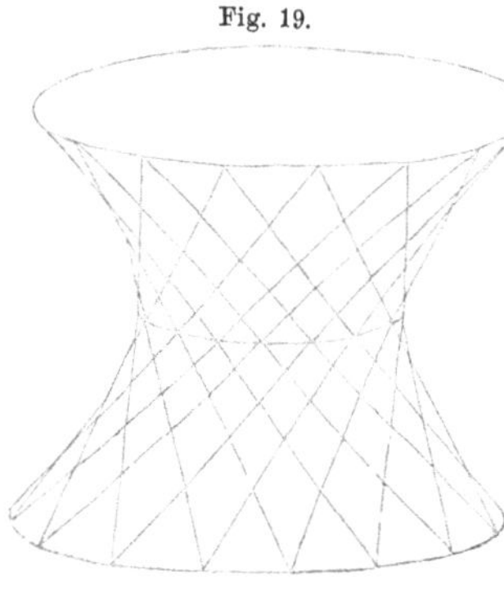

Fig. 19.

Es wird erzeugt, indem eine Hyperbel um die von ihr nicht geschnittene Axe rotirt; Fig. 19 zeigt die auf der Fläche liegenden Geraden.

Rotirt dieselbe Hyperbel um die reelle Axe, so entsteht das *zweischalige Rotationshyperboloid*:

$$(19\mathrm{a}) \qquad \frac{X^2}{a^2} - \frac{Y^2 + Z^2}{c^2} = 1;$$

dasselbe besteht aus zwei getrennten Schalen*).

Verschwindet die Determinante A unserer Fläche, so werden die vorstehenden Betrachtungen nicht wesentlich gestört. Man hat wiederum die Gleichung (6) zu lösen, um dann aus (5) die Richtungen *der drei Hauptaxen des Kegels* zu bestimmen. Nach der Transformation erscheint die Gleichung des Kegels in der Form:

$$\varrho X^2 + \varrho' Y^2 + \varrho'' Z^2 = 0;$$

er ist imaginär, wenn alle Wurzeln ϱ gleiches Vorzeichen haben, reell, wenn dieses nicht der Fall ist.

Eine Rotationsfläche entsteht, wenn zwei Wurzeln zusammenfallen; dieselbe ist identisch mit dem *geraden Kreiskegel* der Elementargeometrie.

VI. Die Flächen mit zerfallendem unendlich fernen Kegelschnitte.

Ist $A_{44} = 0$, so wird die Fläche $f = 0$ von der unendlich fernen Ebene berührt, und wir haben ein Paraboloid, einen Cylinder oder ein Ebenenpaar vor uns. Letzteres würde nur vorkommen, wenn gleichzeitig *alle* ersten Unterdeterminanten von A verschwinden, was wir

---

*) Diese Fläche, sowie die beiden Rotationsellipsoide wurden schon von Archimedes betrachtet (auch das Rotationsparaboloid); vgl. oben die Note zu p. 164. — Klarer als durch Zeichnung kann man sich durch Modelle die Gestalt der verschiedenen Flächen zweiter Ordnung vergegenwärtigen. Solche in Gyps oder (für die geradlinigen Flächen) in Seidenfäden ausgeführte Modelle sind von Ch. Delagrave (Librairie, Paris) zu beziehen oder von der Verlagshandlung von L. Brill in Darmstadt. — Für die Figuren 19 und 20 des Textes vgl. Schlömilch's Lehrbuch der analytischen Geometrie des Raumes (Leipzig 1863).

zunächst ausschliessen wollen. Ein Cylinder ergibt sich, wenn mit A_{44} zugleich A gleich Null ist.

Man kann beim Paraboloide nicht mehr von einem Mittelpunkte, also auch nicht von Durchmessern und Hauptaxen sprechen; doch behält die Gleichung $\varDelta(\varrho) = 0$ ihre Bedeutung für die daran geknüpfte orthogonale Substitution, und letztere bleibt ganz ebenso ausführbar. In Folge des Verschwindens von A_{44} sondert sich der Factor ϱ von $\varDelta(\varrho)$ ab (d. h. die eine Wurzel ϱ wird gleich Null), *und ϱ', ϱ'' sind bestimmt durch die quadratische Gleichung:*

$$(1) \quad \varrho^2 - \varrho(a_{11} + a_{22} + a_{33}) + (a_{11}a_{22} - a_{12}{}^2) + (a_{22}a_{33} - a_{23}{}^2)$$
$$+ (a_{33}a_{11} - a_{31}{}^2) = 0,$$

deren Wurzeln zunächst von einander verschieden sein mögen. Die Richtungen der neuen Coordinatenaxen bestimmen sich durch (5) für $\varrho = 0$, bez. durch (5a) für $\varrho = \varrho'$ und durch ein analoges System von Gleichungen für $\varrho = \varrho''$. Die neuen Coordinatenaxen werden jetzt eingeführt, ohne dass vorher eine Parallelverschiebung des Systems stattgefunden hätte, d. h. durch die Gleichungen:

$$x' = X' \cos \alpha \; + Y' \cos \beta \; + Z' \cos \gamma \; ,$$
$$(2) \quad y' = X' \cos \alpha' \; + Y' \cos \beta' + Z' \cos \gamma' ,$$
$$z' = X' \cos \alpha'' + Y' \cos \beta'' + Z' \cos \gamma''.$$

Auf dieselbe Weise, wie oben (14), ergibt sich jetzt (indem $\varrho = 0$):

$$f(x', y', z') = \varrho' Y'^2 + \varrho'' Z'^2 + 2b_1 X' + 2b_2 Y' + 2b_3 Z' + a_{44} = 0,$$

wenn zur Abkürzung gesetzt wird:

$$b_1 = a_{14} \cos \alpha \; + a_{24} \cos \beta \; + a_{34} \cos \gamma \; ,$$
$$b_2 = a_{14} \cos \alpha' \; + a_{24} \cos \beta' + a_{34} \cos \gamma' ,$$
$$b_3 = a_{14} \cos \alpha'' + a_{24} \cos \beta'' + a_{34} \cos \gamma''.$$

Zwei der linearen Glieder und das constante Glied kann man durch eine Parallelverschiebung des Coordinatensystems zu Null machen; zu dem Zwecke setzen wir

$$(3) \quad X' = X + \xi, \quad Y' = Y + \eta, \quad Z' = Z + \zeta$$

und bestimmen ξ, η, ζ durch die Bedingungen

$$\varrho' \eta + b_2 = 0, \quad \varrho'' \zeta + b_3 = 0,$$
$$\varrho' \eta^2 + \varrho'' \zeta^2 + 2(b_1 \xi + b_2 \eta + b_3 \zeta) + a_{44} = 0,$$

oder (wobei b_1 nicht gleich Null sein mag):

$$(4) \quad \eta = -\frac{b_2}{\varrho'}, \quad \zeta = -\frac{b_3}{\varrho''}, \quad \xi = \frac{b_2{}^2 \varrho'' + b_3{}^2 \varrho' - a_{44} \varrho' \varrho''}{2 b_1 \varrho' \varrho''}.$$

Die Gleichung des Paraboloids wird sodann:

$$(5) \quad f(x', y', z') = \varrho' Y^2 + \varrho'' Z^2 + 2b_1 X = 0.$$

Dasselbe ist ein elliptisches, wenn ϱ' und ϱ'' gleiches Zeichen haben (d. h. wenn das constante Glied in (1) positiv ist), es ist ein hyperbolisches im entgegengesetzten Falle.

Ist $b_1 = 0$, so kann wegen (4) die Transformation (3) nicht ausgeführt werden. *In diesem Falle artet die Fläche in einen Cylinder aus.* In der That hatten wir

$$
\begin{aligned}
a_{11}\cos\alpha + a_{12}\cos\beta + a_{13}\cos\gamma &= 0,\\
a_{21}\cos\alpha + a_{22}\cos\beta + a_{23}\cos\gamma &= 0,\\
a_{31}\cos\alpha + a_{32}\cos\beta + a_{33}\cos\gamma &= 0.
\end{aligned}
$$

(6)

Bezeichnen also B_{ik} die Unterdeterminanten der dreireihigen Determinante A_{44}, so ist (vgl. Bd. I, p. 102)

$$
\begin{aligned}
&\varkappa\cos^2\alpha = B_{11}, \quad \varkappa\cos\beta\cos\gamma = B_{23},\\
&\varkappa\cos^2\beta = B_{22}, \quad \varkappa\cos\gamma\cos\alpha = B_{31},\\
&\varkappa\cos^2\gamma = B_{33}, \quad \varkappa\cos\alpha\cos\beta = B_{12},\\
&\varkappa = B_{11} + B_{22} + B_{33}.
\end{aligned}
$$

(7)

Nun folgt aus $A_{44} = 0$:

$$
\begin{aligned}
A = a_{14}A_{14} + a_{24}A_{24} + a_{34}A_{34} &= a_{14}(a_{14}B_{11} + a_{24}B_{12} + a_{34}B_{13})\\
&+ a_{24}(a_{14}B_{21} + a_{24}B_{22} + a_{34}B_{23})\\
&+ a_{34}(a_{14}B_{31} + a_{24}B_{32} + a_{34}B_{33}),
\end{aligned}
$$

und andererseits wegen (7):

$$
\begin{aligned}
\varkappa b_1{}^2 = {}&a_{14}{}^2 B_{11} + a_{24}{}^2 B_{22} + a_{34}{}^2 B_{33}\\
&+ 2a_{24}a_{34}B_{23} + 2a_{34}a_{14}B_{31} + 2a_{14}a_{24}B_{12},
\end{aligned}
$$

also auch

(8) $$A = (B_{11} + B_{22} + B_{33})b_1{}^2;$$

d. h. wenn $b_1 = 0$, so ist auch $A = 0$, und unsere Fläche bildet einen Kegel. Aus $A = 0$ folgt umgekehrt nur dann $b_1 = 0$, wenn

$$B_{11} + B_{22} + B_{33},$$

d. i. das constante Glied in (1), von Null verschieden ist; verschwindet dasselbe, so fallen zwei Wurzeln der cubischen Gleichung $\varDelta(\varrho) = 0$ zusammen ($\varrho = \varrho' = 0$), und unsere orthogonale Transformation kann nicht ausgeführt werden; *auch dann ist die Fläche $f = 0$ ein Cylinder*, wie wir weiterhin sehen werden (p. 180).

Fragen wir jetzt nach der Bedeutung der von uns ausgeführten Coordinaten-Transformationen. Der Scheitel des unendlich fernen Linienpaares besitze in der unendlich fernen Ebene die homogenen Coordinaten $\xi_0,\ \eta_0,\ \zeta_0$; dann ist (vgl. Bd. I, p. 102):

$$\mu \xi_0{}^2 = B_{11}, \qquad \mu \eta_0 \zeta_0 = B_{23},$$
$$\mu \eta_0{}^2 = B_{22}, \qquad \mu \zeta_0 \xi_0 = B_{31},$$
$$\mu \zeta_0{}^2 = B_{33}, \qquad \mu \xi_0 \eta_0 = B_{12}.$$

Nach (7) *sind also* α, β, γ *die Richtungswinkel einer nach dem Scheitel des unendlich fernen Linienpaares gehenden Geraden.* Einer solchen Geraden ist die neue X'-Axe parallel, und die Ebenen $Y' = 0$, $Z' = 0$ halbiren den von den beiden Linien des unendlich fernen Paares eingeschlossenen Winkel, wodurch die Richtungen der beiden anderen Coordinatenaxen festgelegt sind.

Vermöge (3) ist sodann das Coordinatsystem so verschoben, dass der neue Anfangspunkt auf die Fläche fällt, und dass die Tangentenebene desselben senkrecht zur X-Axe steht; in der That ist die Gleichung dieser Ebene mit $X = 0$ identisch. *Der durch* (4) *bestimmte Punkt hat also die Eigenschaft, dass seine Tangentenebene senkrecht steht zur* „*Axe des Paraboloids*"; *er heisst der* „*Scheitel des Paraboloids*".

Da der Scheitel eindeutig bestimmt ist, müssen sich seine Coordinaten ξ', η', ζ' im ursprünglichen Systeme rational durch die Coëfficienten der Fläche darstellen lassen. Man kann dies auf folgendem Wege erreichen. Die Gleichung einer zur Axe des Paraboloids senkrechten Ebene ist

$$x' \cos \alpha + y' \cos \beta + z' \cos \gamma - p = 0.$$

Soll sie das Paraboloid berühren, so muss die Gleichung in Ebenencoordinaten erfüllt sein; daraus ergibt sich:

$$p = \frac{A_{11} \cos^2 \alpha + A_{22} \cos^2 \beta + A_{33} \cos^2 \gamma + 2 A_{12} \cos \alpha \cos \beta + \cdots}{2(A_{14} \cos \alpha + A_{24} \cos \beta + A_{34} \cos \gamma)},$$

oder nach (7):

$$p = \frac{\Sigma \Sigma A_{ik} B_{ik}}{2(B_{11} + B_{22} + B_{33})(A_{14} \cos \alpha + A_{24} \cos \beta + A_{34} \cos \gamma)}.$$

Der Punkt ξ', η', ζ' kann als Berührungspunkt unserer Tangentialebene definirt werden; man hat daher:

$$\mu \xi' = A_{11} \cos \alpha + A_{12} \cos \beta + A_{13} \cos \gamma - A_{14} p,$$
$$\mu \eta' = A_{21} \cos \alpha + A_{22} \cos \beta + A_{23} \cos \gamma - A_{24} p,$$
$$\mu \zeta' = A_{31} \cos \alpha + A_{32} \cos \beta + A_{33} \cos \gamma - A_{34} p,$$
$$\mu \;\; = A_{41} \cos \alpha + A_{42} \cos \beta + A_{43} \cos \gamma - A_{44} p.$$

Setzt man hierin den Werth von p ein und wendet die Sätze über Unterdeterminanten adjungirter Systeme an, sowie auch wieder die Gleichungen (7), so findet sich das einfache Resultat:

$$(9) \quad \begin{aligned} \nu \xi' &= A \, \Sigma \Sigma A_{44,ik} \, A_{14,ik}, \\ \nu \eta' &= A \, \Sigma \Sigma A_{44,ik} \, A_{24,ik}, \\ \nu \zeta' &= A \, \Sigma \Sigma A_{44,ik} \, A_{34,ik}, \\ \nu \ &= 2 \, \Sigma \Sigma A_{4i} \, A_{4k} \, A_{44,ik}, \end{aligned}$$

wobei $A_{lm,ik}$ den Coëfficienten von a_{ik} in A_{lm} bedeutet, so dass z. B. $A_{44,ik} = B_{ik}$.

Wir untersuchen weiter die *räumliche Gestalt unserer beiden Paraboloide.*

1) *Das elliptische Paraboloid;* ϱ' und ϱ'' haben gleiches Zeichen; das unendlich ferne Linienpaar $\varrho' Y^2 + \varrho'' Z^2 = 0$ ist imaginär. Hier kann insbesondere $\varrho' = \varrho''$ werden, und von diesem besonderen Falle schliesst man leicht auf die Gestalt der allgemeinen Fläche. Ist aber $\varrho' = \varrho''$, so wird unsere Transformation (2) unmöglich, und wir müssen das Frühere etwas modificiren.

Es werde $\varrho' = \varrho'' = \sigma$ gesetzt; dann gelten wieder die Gleichungen (10) p. 169; mittelst der dort benutzten orthogonalen Transformation erhält man also als Gleichung der transformirten Fläche:

$$\sigma(X'^2 + Y'^2 + Z'^2) + X'^2 (\varkappa_1{}^2 + \varkappa_2{}^2 + \varkappa_3{}^2)$$
$$+ 2b_1' X' + 2b_2' Y' + 2b_3' Z' + a_{44} = 0,$$

oder, da hier $\varrho = \varkappa_1{}^2 + \varkappa_2{}^2 + \varkappa_3{}^2 + \sigma = 0$ zu nehmen ist:

$$(10) \quad \sigma(Y'^2 + Z'^2) + 2b_1' X' + 2b_2' Y' + 2b_3' Z' + a_{44} = 0;$$

durch passende Einführung eines neuen Anfangspunktes entsteht hieraus (vgl. p. 175):

$$(10\,\mathrm{a}) \quad \sigma(Y^2 + Z^2) + 2b_1' X = 0,$$

also dasselbe Resultat, welches sich direct aus (5) ergeben haben würde; nur ist hier b_1' noch von einem willkürlichen Parameter abhängig, da das neue Coordinatensystem nicht vollkommen bestimmt war. *Die Fläche* (10a) *entsteht durch Rotation der Parabel* $\sigma Y^2 + 2b_1' X = 0$ *um die X-Axe;* aus ihr erhält man das allgemeine elliptische Paraboloid durch Variation der Constanten.

2) *Das hyperbolische Paraboloid;* ϱ' und ϱ'' haben verschiedenes Zeichen; das unendlich ferne Linienpaar ist reell. Die Gleichung der Fläche lässt sich so schreiben (wenn etwa $\varrho' > 0$):

$$(11) \quad (\sqrt{\varrho'}\, Y - \sqrt{-\varrho''}\, Z)(\sqrt{\varrho'}\, Y + \sqrt{-\varrho''}\, Z) + 2b_3' X = 0,$$

d. h. jede Ebene der beiden Schaaren

$$\sqrt{\varrho'}\, Y \pm \sqrt{-\varrho''}\, Z = \mathrm{Const.}$$

schneidet die Fläche in einer Erzeugenden; es folgt hieraus wieder, dass die Erzeugenden jeder Schaar einer gewissen Ebene parallel laufen (vgl. p. 158).

Sollte $\varrho' = \varrho''$ werden, so hätte $\Delta(\varrho) = 0$ drei zusammenfallende Wurzeln, was wir vorläufig ausschliessen; es gibt hier also *keine Rotationsfläche*. Man erhält am einfachsten eine Vorstellung von der Gestalt der Fläche, wenn man sie als Grenzfall eines einschaligen Hyperboloids auffasst. Die Gleichung eines solchen ist

$$\frac{X^2}{a^2} + \frac{Y^2}{b^2} - \frac{Z^2}{c^2} = 1.$$

Durch die Substitution $X = X' + a$ legen wir den Anfangspunkt auf die Fläche, deren Gleichung dann wird:

$$\frac{X'^2}{a} + 2X' + \frac{a}{b^2}Y^2 - \frac{a}{c^2}Z^2 = 0.$$

Wir lassen nun a, b, c ins Unendliche wachsen, aber so, dass $a:b^2$ und $a:c^2$ endlich bleiben, etwa gleich endlichen Zahlen α, β werden; dann entsteht

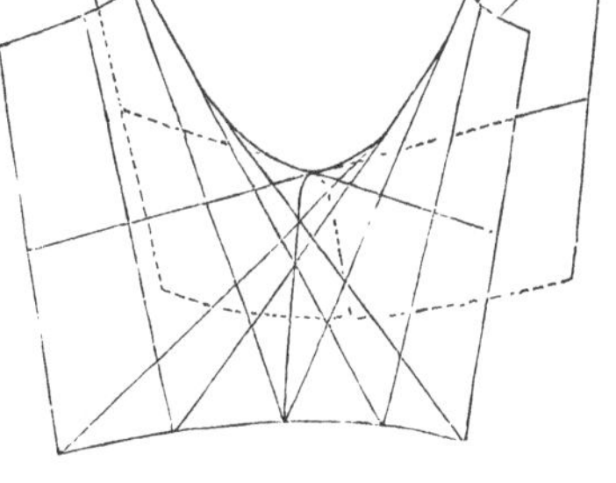

Fig. 20.

$$2X' + \alpha Y^2 - \beta Z^2 = 0,$$

in der That die Gleichung unseres hyperbolischen Paraboloids; dasselbe wird sonach eine sattelförmige Gestalt haben (vgl. Fig. 20).

Die letztere kann durch die ebenen Schnitte noch näher bestimmt werden. Die Ebene $X = 0$ berührt die Fläche im Anfangspunkte; sie schneidet in den beiden Geraden

$$(12) \quad \sqrt{\varrho'}\, Y - \sqrt{-\varrho''}\, Z = 0, \quad \sqrt{\varrho'}\, Y + \sqrt{-\varrho''}\, Z = 0.$$

Die Ebene $X = C$ schneidet in einer Hyperbel, deren Projection auf die Y-Z-Ebene, nämlich

$$\varrho'\, Y^2 + \varrho''\, Z^2 + 2b_3'\, C = 0,$$

diese beiden Geraden zu Asymptoten hat. Ist C positiv, so erfüllen die Hyperbeln den einen Winkelraum, ist C negativ, den anderen. Jeder ebene Schnitt, welcher durch die in Fig. 20 vertical stehende X-Axe (Axe des Paraboloids) gelegt wird, schneidet auf der Fläche eine Parabel aus, deren Scheitel im Anfangspunkte liegt. Es gibt zwei Lagen der Ebene, für welche die Parabel in je eine der Geraden (12) ausartet. Die Oeffnung der Parabel ist nach oben gekehrt für die Ebenen in dem einen hierdurch bestimmten Winkelraume; die Oeffnung liegt nach unten in dem anderen Winkelraume.

Wenn in Gleichung (2) b_1 verschwindet, so rückt nach (4) der Scheitel des Paraboloids ins Unendliche, und die Substitution (3) kann nicht mehr angewandt werden. Die Gleichung der Fläche

$$(13) \qquad \varrho' \, Y'^2 + \varrho'' Z'^2 + 2b_2 \, Y' + 2b_3 \, Z' + a_{44} = 0$$

ist von X' ganz unabhängig; *sie stellt also einen Cylinder dar, dessen Seitenlinien der X'-Axe parallel sind* (vgl. oben p. 176).

Die Substitution $Y' = Y - \dfrac{b_2}{\varrho'}$, $Z' = Z - \dfrac{b_3}{\varrho''}$ führt zu der einfacheren Gleichungsform

$$(13\,\mathrm{a}) \qquad \varrho' \, Y^2 + \varrho'' Z^2 + C = 0,$$

wo:

$$C = a_{44} - \frac{b_2{}^2}{\varrho'} - \frac{b_3{}^2}{\varrho''}.$$

Hiermit ist der Mittelpunkt des in der Y-Z-Ebene gelegenen ebenen Schnittes zum Anfangspunkte der Coordinaten gemacht.

Der Cylinder ist *imaginär*, falls ϱ', ϱ'' und C dasselbe Zeichen haben; er ist *elliptisch*, falls ϱ' und ϱ'' dasselbe, C aber entgegengesetztes Vorzeichen haben; er ist *hyperbolisch*, wenn die Vorzeichen von ϱ' und ϱ'' einander entgegengesetzt sind.

Ist $\varrho' = \varrho''$, so hat man insbesondere einen *Rotationscylinder* (geraden Kreiscylinder der Elementargeometrie); die einfachste Gleichungsform desselben wird aus (10) gewonnen.

Wenn C verschwindet, wird ein Ebenenpaar durch die Flächengleichung dargestellt; dasselbe ist reell, falls ϱ' und ϱ'' verschiedenes Vorzeichen haben, imaginär im anderen Falle; die Axe des Paares fällt in die X-Axe und ist stets reell. Die Bedingungen für das Ebenenpaar erscheinen also hier in der Form

$$A_{44} = 0, \quad b_1 = 0, \quad C = 0.$$

Dass aus den beiden ersten Gleichungen das Verschwinden der Determinante A folgt, ist schon durch (8) gezeigt worden. Nun ist die Determinante des in (13) gegebenen Kegelschnittes gleich

$$\varrho' \varrho'' a_{44} - \varrho'' b_2{}^2 - \varrho' b_3{}^2 = \varrho' \varrho'' C;$$

ihr Verschwinden sagt aus, dass unser Kegel, dessen Spitze unendlich weit liegt, von der Ebene $X = 0$ (die also nicht durch die Spitze geht) berührt wird; und dies eben wird durch das Zerfallen des Kegels ermöglicht.

Nur wenn ϱ' oder ϱ'' gleich Null ist, kann die besagte Determinante verschwinden, ohne dass $C = 0$ ist. In diesem Falle aber wird die orthogonale Substitution (2) überhaupt unmöglich, wie schon bei Gelegenheit der Relation.(8) hervorgehoben wurde. Nehmen wir an, es sei $\varrho = \varrho' = \sigma = 0$ eine Doppelwurzel von $\varDelta(\varrho) = 0$; dann haben wir die auf p. 178 besprochene (und nicht völlig fest bestimmte) orthogonale Substitution auf die *ursprüngliche* Gleichung anzuwenden und gewinnen das Resultat

$$(14) \quad f(x', y', z') \equiv (a_{11} + a_{22} + a_{33})\, X'^2 + 2b_1' X' + 2b_2' Y'$$
$$+ 2b_3' Z' + a_{44} = 0,$$

denn die übrig bleibende einfache Wurzel der cubischen Gleichung wird nun gleich $a_{11} + a_{22} + a_{33} = \varrho''$. Wir setzen

$$X' = X - \frac{b_1'}{\varrho''},$$

$$\frac{b_2' Y' + b_3' Z'}{\sqrt{b_2'^2 + b_3'^2}} = Y'', \quad \frac{-b_2' Y' + b_3' Z'}{\sqrt{b_2'^2 + b_3'^2}} = Z,$$

d. h. wir verschieben den Anfangspunkt auf der X-Axe und drehen das Coordinatensystem gleichzeitig um diese Axe; das gibt zunächst:

$$\varrho'' X^2 + 2\sqrt{b_2'^2 + b_3'^2}\, Y'' + a_{44} + \frac{b_1'^2}{\varrho''} = 0.$$

Die weitere Substitution

$$Y'' = Y - \frac{\varrho'' a_{44} + b_1'^2}{2\sqrt{b_2'^2 + b_3'^2}}$$

führt endlich zu der einfachen Gleichung:

$$(15) \qquad \varrho'' X^2 + 2\sqrt{b_2'^2 + b_3'^2}\, Y = 0,$$

der Gleichung eines parabolischen Cylinders: jeder ebene Schnitt parallel zur Y-X-Ebene ist eine Parabel (p. 158).

Die zuletzt benutzte Transformation wird unbrauchbar, wenn b_2' und b_3' gleichzeitig gleich Null sind; *dann stellt* (14) *zwei zur Ebene* $X' = 0$ *parallele Ebenen dar.* Letztere fallen insbesondere in eine einzige zusammen, wenn auch $b_1' = 0$ ist.

Hiermit sind alle die früher aufgezählten Flächen zweiter Ordnung (vgl. p. 156) *durch Discussion ihrer einfachsten Gleichungsformen wiedergefunden.*

Es kann auffallen, dass bei der Annahme $A_{44} = 0$ der Fall nicht besprochen ist, wo $\varDelta(\varrho) = 0$ drei zusammenfallende Wurzeln hat, welcher früher auf die Kugel führte (vgl. p. 170f). In der That kann wegen $A_{44} = 0$ diese dreifache Wurzel nur gleich Null sein; wir hätten also oben $\sigma = 0$ zu nehmen, so dass:

$$a_{11} = 0, \quad a_{22} = 0, \quad a_{33} = 0, \quad a_{12} = 0, \quad a_{23} = 0, \quad a_{31} = 0;$$

d. h. die vorgelegte Gleichung müsste lauten

$$2a_{14} x' + 2a_{24} y' + 2a_{34} z' + a_{44} = 0.$$

Sie stellt eine Ebene dar, welche durch die unendlich ferne Ebene selbst zu einer Fläche zweiten Grades ergänzt wird (vgl. p. 155 f).

VII. Kugel und Rotationsflächen. — Die Kreisschnitte der allgemeinen Flächen.

Es ist aus der ebenen Geometrie bekannt, wie man den Kreis, also den in metrischer Beziehung so hervorragend ausgezeichneten Kegelschnitt, definiren kann als eine Curve zweiter Ordnung, welche durch gewisse zwei feste imaginäre Punkte hindurchgeht, die sich auf der unendlich fernen Geraden befinden, und wie man im Anschlusse hieran auch Sätze über Winkelbeziehungen aus solchen über Doppelverhältnissrelationen herleitet, wie demnach der Begriff des Doppelverhältnisses erneute Wichtigkeit erlangt, da derselbe den für alle metrischen Relationen fundamentalen Begriff des Winkels formal umfasst*). Analoges gelingt für den Raum, wenn man den Schnitt einer Kugel, d. h. einer Fläche

$$(1) \qquad x^2 + y^2 + z^2 + 2Ax + 2By + 2Cz + D = 0$$

mit der unendlich fernen Ebene betrachtet. Die Gleichung des vom Anfangspunkte nach dieser Schnittcurve gehenden (imaginären) Kegels ist in rechtwinkligen Coordinaten:

$$(2) \qquad x^2 + y^2 + z^2 = 0 \, ;$$

d. h. dieses ist in der unendlich fernen Ebene die Gleichung jener Schnittcurve in homogenen Punktcoordinaten x, y, z.

Wir sehen, dass die Curve (2) völlig unabhängig ist von der Lage der Kugel (1) im Raume, d. h. von der Lage ihres Mittelpunktes und der Länge ihres Radius. *Alle Kugeln schneiden also die unendlich ferne Ebene in einem und demselben festen imaginären Kegelschnitte.* Man nennt daher letzteren den (unendlich fernen) *imaginären Kugelkreis.* Offenbar gilt auch umgekehrt der Satz: *Jede Fläche zweiter Ordnung, deren Determinante nicht verschwindet, und welche durch den unendlich fernen imaginären Kugelkreis hindurchgeht, ist eine Kugel.* Jeder ebene Schnitt der Kugel ist bekanntlich ein Kreis (dessen Radius für eine Tangentialebene unendlich klein wird); andererseits trifft jeder Kreis die unendlich ferne Gerade seiner Ebene in den beiden „imaginären Kreispunkten"; *die sogenannten Kreispunkte einer Ebene sind daher ihre Schnittpunkte mit dem imaginären Kugelkreise.*

Sämmtliche Tangentialebenen des Kugelkreises (Ebenen durch eine Tangente desselben, vgl. p. 23 ff.) sind imaginär; also nur für

---

*) Vgl. Bd. I, p. 145 ff.

imaginäre Ebenen können die beiden imaginären Kreispunkte zusammenfallen. Die Coordinaten der Tangentialebenen genügen einer Gleichung zweiten Grades, denn ein Kegelschnitt ist als Fläche zweiter Klasse aufzufassen. Sind nun u_1, u_2, u_3, u_4 die homogenen Coordinaten einer Ebene, so sind u_1, u_2, u_3 die ebenen Liniencoordinaten ihrer Schnittlinie mit der Ebene $x_4 = 0$ (vgl. p. 99 f.). Die Liniencoordinatengleichung des Kugelkreises in der unendlich fernen Ebene ist nach Sätzen der ebenen Geometrie

$$(3) \qquad u^2 + v^2 + w^2 = 0.$$

Dies ist also auch die Gleichung des imaginären Kugelkreises in räumlichen Ebenencoordinaten).* Dieselbe Curve kann endlich durch *eine* Gleichung in Plücker'schen Liniencoordinaten dargestellt werden, und zwar findet man (vgl. p. 150) als *Gleichung des imaginären Kugelkreises in räumlichen Liniencoordinaten*

$$(3\,\mathrm{a}) \qquad p^2 + q^2 + r^2 = 0.$$

Durch Vermittlung dieser imaginären Curve wird nun der Begriff des Winkels auf projectivische Vorstellungen in folgender Weise zurückgeführt.

Zwei gerade Linien sind rechtwinklig zu einander (Bd. I, p. 147 f.), wenn sie harmonisch liegen zu den beiden Geraden, die in ihrer Ebene von ihrem Schnittpunkte aus nach den unendlich fernen imaginären Kreispunkten der Ebene (Schnittpunkten der letzteren mit dem imaginären Kugelkreise) gezogen werden können. Alle Geraden, welche durch denselben Punkt der unendlich fernen Ebene gehen (zu einander parallel sind) schliessen der Definition nach mit einer beliebigen festen Geraden denselben Winkel ein; bei Betrachtung der Winkel zweier Geraden im Raume kommt es also nur auf die unendlich fernen Punkte der beiden Geraden an. Da nun zwei sich schneidende Gerade auf einander senkrecht waren, wenn sie die unendlich ferne Ebene in zwei Punkten treffen, die zu den Schnittpunkten ihrer Verbindungslinie mit dem Kugelkreise harmonisch liegen (d. h. die conjugirte Pole in Bezug auf den Kugelkreis sind), so gilt allgemein der Satz:

Zwei gerade Linien sind auf einander senkrecht, wenn ihre unendlich fernen Punkte ein Paar conjugirter Pole in Bezug auf den imaginären Kugelkreis bilden.

---

*) Dasselbe Resultat ergibt sich, wenn man mittelst Gleichung (4), p. 143 die Gleichung der Schnittlinie einer Ebene v mit der Fläche darstellt und die Fläche durch eine beliebige Kugel, die Ebene v durch die unendlich ferne Ebene ersetzt.

Eine gerade Linie steht auf einer Ebene senkrecht, wenn sie mit jeder Linie der Ebene, die durch ihren Fusspunkt gelegt wird, einen Winkel von 90° einschliesst, und umgekehrt; also folgt:

Eine gerade Linie bildet mit einer Ebene einen rechten Winkel, wenn die unendlich ferne Gerade der letzteren in Bezug auf den imaginären Kugelkreis die Polare des unendlich fernen Punktes der ersteren ist.

Schliessen die Normalen zweier Ebenen einen rechten Winkel ein, so thun die Ebenen selbst dasselbe; also:

Zwei Ebenen sind zu einander senkrecht, wenn ihre unendlich fernen Geraden ein Paar conjugirter Polaren in Bezug auf den imaginären Kugelkreis bilden.

Hieraus ist sofort klar, dass bei der Kugel jeder Durchmesser auf der conjugirten Diametralebene senkrecht steht; denn Ebene und Durchmesser hiessen conjugirt, wenn die unendlich ferne Gerade der einen Polare des unendlich fernen Punktes der anderen ist in Bezug auf den unendlich fernen Kegelschnitt der betrachteten Fläche zweiter Ordnung; und letzterer fällt ja bei der Kugel mit dem imaginären Kugelkreise zusammen. Aber auch das wichtige Problem der Hauptaxen erscheint nunmehr in neuem Lichte. Dasselbe bestand darin, ein Tripel von conjugirten Durchmessern zu suchen, welche zu einander rechtwinklig sind, deren unendlich ferne Punkte demnach ein Polardreieck in Bezug auf den imaginären Kugelkreis bilden; nun hiessen aber drei Durchmesser einander conjugirt, wenn ihre unendlich fernen Punkte ein Polardreieck in Bezug auf den unendlich fernen Kegelschnitt der vorgelegten Fläche zweiter Ordnung bilden. *Das Problem der Hauptaxen einer Fläche zweiter Ordnung ist also zurückgeführt auf das in der ebenen Geometrie behandelte Problem**), *das gemeinsame Polardreieck zweier Kegelschnitte zu finden.*

Die cubische Gleichung, von welcher letztere Aufgabe abhängt, erscheint hier nur in einfacherer Gestalt, weil der Kugelkreis bei Benutzung rechtwinkliger Coordinaten schon auf ein Polardreieck bezogen vorliegt. Sei nämlich

$$(4) \quad f \equiv a_{11}x^2 + a_{22}y^2 + a_{33}z^2 + 2a_{12}xy + 2a_{23}yz + 2a_{31}zx = 0$$

die Gleichung des unendlich fernen Kegelschnittes unserer Fläche, und werde $\varphi = x^2 + y^2 + z^2$ gesetzt, so hat man die cubische Gleichung

$$(5) \quad \Delta(\lambda) = \begin{vmatrix} a_{11} - \lambda & a_{12} & a_{13} \\ a_{21} & a_{22} - \lambda & a_{23} \\ a_{31} & a_{32} & a_{33} - \lambda \end{vmatrix} = 0$$

---

*) Vgl. Bd. I, p. 123 ff.; sowie unten Abschnitt XI. — Diese Auffassung des Hauptaxenproblems hebt Poncelet hervor (Traité des propriétés projectives,

aufzulösen, um die drei Linienpaare des Büschels $f - \lambda\varphi$ und damit die Ecken des gemeinsamen Polardreiecks zu bestimmen: in der That genau dieselbe Gleichung, welche oben für das Hauptaxenproblem fundamental war. Führt man ferner durch Drehung des Coordinatensystems um den Mittelpunkt die drei Hauptaxen als Coordinatenaxen ein, so macht man damit in der unendlich fernen Ebene eine lineare Transformation

$$(6) \qquad \begin{aligned} x &= \beta_1{}' X + \beta_1{}'' Y + \beta_1{}''' Z, \\ y &= \beta_2{}' X + \beta_2{}'' Y + \beta_2{}''' Z, \\ z &= \beta_3{}' X + \beta_3{}'' Y + \beta_3{}''' Z, \end{aligned}$$

vermöge deren das gemeinsame Polardreieck als neues Coordinatendreieck zu Grunde gelegt wird. Die Coëfficienten in (6) bestimmen sich also durch die Formeln (18) auf Seite 133, Bd. I; es ist hier nur $B = 1$ zu setzen, da B die Determinante von φ bezeichnete. Somit wird

$$(7) \qquad \beta_i^{(h)} \beta_k^{(h)} = \frac{\varDelta_{ik}(\lambda^{(h)})}{\mu^{(h)}},$$

wobei

$$\begin{aligned} \mu^{(1)} &= \mu' = (\lambda'' - \lambda')\ (\lambda''' - \lambda'), \\ \mu^{(2)} &= \mu'' = (\lambda''' - \lambda'')\ (\lambda' - \lambda''), \\ \mu^{(3)} &= \mu''' = (\lambda' - \lambda''')\ (\lambda'' - \lambda'''). \end{aligned}$$

Die Gleichungen (7) unterscheiden sich in der That nicht von den Gleichungen (8), p. 169, welche früher die Cosinus der Richtungswinkel der Hauptaxen lieferten; denn man hat z. B.:

$$(\lambda'' - \lambda')(\lambda''' - \lambda') = \left(\frac{\partial (\lambda - \lambda')(\lambda - \lambda'')(\lambda - \lambda''')}{\partial \lambda} \right)_{\lambda = \lambda'} = -\left(\frac{\partial \varDelta(\lambda)}{\partial \lambda} \right)_{\lambda = \lambda'}$$

$$= \varDelta_{11}(\lambda') + \varDelta_{22}(\lambda') + \varDelta_{33}(\lambda').$$

Die Ausführung dieser Transformation ist völlig unabhängig von der Lage des Anfangspunktes im Raume, denn sie ist ausschliesslich in der unendlich fernen Ebene durchgeführt; sie hat also ihre Bedeutung nicht nur für die Mittelpunktsflächen, sondern auch für die Paraboloide und Cylinder, was mit Obigem übereinstimmt (p. 175 und p. 180); nur wird bei letzteren Flächen eine Wurzel der Gleichung (5) gleich Null.

Die Bestimmung des gemeinsamen Polardreiecks wurde nur unmöglich oder unbestimmt, wenn zwei Wurzeln der cubischen Glei-

---

Nr. 624 f.); ihm verdankt man überhaupt die Einführung des imaginären Kugelkreises (ib. Nr. 619 ff.).

chung zusammenfallen, d. h. wenn sich die beiden Kegelschnitte berühren. Da der unendlich ferne Kugelkreis imaginär ist, so kann
eine solche Berührung hier auch nur in einem imaginären Punkte
stattfinden; da ferner der unendlich ferne Kegelschnitt unserer Fläche
entweder reell ist oder doch durch eine Gleichung mit reellen Coëfficienten dargestellt wird, so muss in dem conjugirt imaginären
Punkte gleichzeitig Berührung eintreten. Der Fall einer Berührung
zweiter Ordnung an einer Stelle ist aus demselben Grunde auszuschliessen, wie derjenige einer einzelnen Berührung. Es bleibt also
nur die Möglichkeit einer Berührung an zwei getrennten Stellen;
dieser einzige Ausnahmefall muss die Rotationsflächen liefern; und in
der That ist für ihn das gemeinsame Polardreieck nicht unmöglich
sondern *unbestimmt* geworden: Eine Ecke, der Pol der Berührungssehne, ist fest, die zweite Ecke kann auf dieser Sehne willkürlich
gewählt werden, wodurch dann die dritte bestimmt ist. Die erste
Ecke gibt den unendlich fernen Punkt der Rotationsaxe; die Unbestimmtheit der zweiten Ecke entspricht der willkürlichen Lage
der zweiten Hauptaxe bei den Rotationsflächen. Jede Ebene, deren
unendlich ferne Gerade mit der Berührungssehne zusammenfällt,
steht senkrecht zur Rotationsaxe (nach der eben gegebenen Definition, p. 184) und schneidet die Fläche in einem Kegelschnitte,
welcher durch die beiden auf dem Kugelkreise gelegenen Berührungspunkte hindurchgeht, d. h. in einem Kreise. Nur beim einschaligen
(geradlinigen) Hyperboloid ist dieser Kreis stets reell; bei den anderen
Rotationsflächen kann er imaginär sein, kann auch (wenn die Fläche
von der Ebene berührt wird) in ein imaginäres Linienpaar ausarten,
dessen reeller Scheitel dann einen unendlich kleinen Parallelkreis
repräsentirt. *Eine Rotationsfläche zweiter Ordnung ist hiernach dadurch charakterisirt, dass ihr unendlich ferner Kegelschnitt den imaginären Kugelkreis in zwei Punkten berührt.*
Man ersieht aus vorstehender Erörterung, dass man die Zahl
der verschiedenen Klassen von Flächen zweiter Ordnung noch um
zwei vermehren müsste, wenn man auch Flächengleichungen mit
imaginären Coëfficienten zulassen wollte; doch pflegt man dies zunächst nicht zu thun, da solche Gleichungen nicht direct geometrisch
verwendbar sind.
Wendet man bei den Rotationsflächen wieder die Gleichungen (6)
zur Transformation an, und soll die X-Axe zur Rotationsaxe werden,
so sind β_1', β_2', β_3' die Coordinaten der unendlich fernen Geraden
der Y-Z-Ebene, d. h. die Coordinaten der Berührungssehne, und man
kann dieselben aus den auf Seite 139 des ersten Bandes gegebenen

Gleichungen entnehmen. Ist λ' die einfache, λ'' die Doppelwurzel, so wird

$$(8)\quad \beta_1'^2 = \frac{\varDelta_{11}(\lambda')}{(\lambda'' - \lambda')^2}, \quad \beta_1'\beta_2' = \frac{\varDelta_{12}(\lambda')}{(\lambda'' - \lambda')^2}, \quad \beta_1'\beta_3' = \frac{\varDelta_{13}(\lambda')}{(\lambda'' - \lambda')^2}.$$

Diese Werthe stimmen mit den in (11a), p. 170 auftretenden Coëfficienten überein, indem

$$\beta_i' = \frac{\varkappa_i}{\sqrt{\varkappa_1^2 + \varkappa_2^2 + \varkappa_3^2}}.$$

In der That war $\varDelta_{ik}(\lambda'') = 0$; also kann man setzen:

$$\varDelta_{11}(\lambda) = (a_{22} - \lambda)(a_{33} - \lambda) - a_{23}^2 = B_{11} - \lambda(a_{22} + a_{33}) + \lambda^2$$
$$= (\lambda - \lambda'')(\lambda - \mu),$$
$$\varDelta_{12}(\lambda) = a_{23}a_{31} - a_{21}(a_{33} - \lambda) = B_{12} + \lambda a_{12} = a_{12}(\lambda - \lambda''),$$
$$\varDelta_{13}(\lambda) = B_{13} + \lambda a_{13} = a_{13}(\lambda - \lambda''),$$

worin B_{ik} die Unterdeterminanten der Determinante A_{44} bezeichnen. Es ist ferner

$$\lambda' + 2\lambda'' = a_{11} + a_{22} + a_{33}, \quad \mu + \lambda'' = a_{22} + a_{33},$$

also

$$\varDelta_{11}(\lambda') = (\lambda' - \lambda'')(\lambda' - \mu) = (\lambda' - \lambda'')(a_{11} - \lambda''),$$

und somit:

$$\beta_1'^2 = \frac{a_{11} - \lambda''}{\lambda' - \lambda''}, \quad \beta_1'\beta_2' = \frac{a_{12}}{\lambda' - \lambda''}, \quad \beta_1'\beta_3' = \frac{a_{13}}{\lambda' - \lambda''},$$

übereinstimmend mit den früheren Resultaten, da $\lambda'' = \sigma$, $\lambda' = \varrho$ zu setzen ist.

Schon das Beispiel der Rotationsflächen lässt in der eben besprochenen Weise erkennen, dass auf unserer Fläche zweiten Grades eine jede Ebene einen Kreis ausschneidet, welche den unendlich fernen Kegelschnitt der Fläche und den imaginären Kugelkreis in denselben beiden Punkten trifft, d. h. welche durch eine gemeinschaftliche Sehne beider Kegelschnitte hindurchgeht. Berühren sich letztere nicht, so gibt es sechs solche Sehnen, die sich in drei Paare anordnen (vgl. Bd. I, p. 122 ff.). *Es gibt also sechs Schaaren von Parallelebenen, welche eine Fläche zweiten Grades, die nicht Rotationsfläche ist, in Kreisen treffen.* Insbesondere kann eines dieser Sehnenpaare mit dem Kegelschnitte $f = 0$ identisch sein; dann schneiden die zugehörigen Ebenen die Fläche in je einer Schaar von Erzeugenden; *auf den Paraboloiden gibt es daher nur noch vier Schaaren von Kreisschnitten.*

Die vier Schnittpunkte der Kegelschnitte $f = 0$ und $\varphi = 0$ sind einander paarweise conjugirt imaginär, da $\varphi = 0$ selbst eine imaginäre

Curve darstellt. Nur eines der drei Sehnenpaare ist daher reell; *und auf dem Ellipsoide, den beiden Hyperboloiden und dem Kegel gibt es nur zwei Schaaren reeller Kreisschnitte, deren jede durch ein System von parallelen Ebenen bestimmt wird.* Die beiden Sehnen jedes Paares treffen sich in einer Ecke des gemeinsamen Polardreiecks; *also durch jede Hauptaxe gehen zwei Kreisschnitte hindurch; aber nur für eine Axe sind dieselben reell;* beim Kegel sind diese durch den Mittelpunkt gehenden Kreisschnitte natürlich in imaginäre Linienpaare ausgeartet. Dadurch ist eine Axe vor den beiden übrigen ausgezeichnet; wir haben dieselbe bei den einzelnen Flächen zu bestimmen.

Es seien

$$f \equiv \lambda' X^2 + \lambda'' Y^2 + \lambda''' Z^2 = 0,$$

$$\varphi \equiv X^2 + Y^2 + Z^2 = 0$$

die Gleichungen der beiden unendlich fernen Kegelschnitte; dann handelt es sich um die drei Sehnenpaare:

$$(\lambda'' - \lambda') Y^2 + (\lambda''' - \lambda') Z^2 = 0,$$

$$(\lambda''' - \lambda'') Z^2 + (\lambda' - \lambda'') X^2 = 0,$$

$$(\lambda' - \lambda''') X^2 + (\lambda'' - \lambda''') Y^2 = 0.$$

In allen Fällen sei $a > b > c$; dann ist beim Ellipsoide

$$\lambda' = a^{-2}, \quad \lambda'' = b^{-2}, \quad \lambda''' = c^{-2},$$

also das mittlere Paar reell. Für das einschalige Hyperboloid hat man

$$\lambda' = a^{-2}, \quad \lambda'' = b^{-2}, \quad \lambda''' = -c^{-2},$$

und das erste Paar ist reell. Beim zweischaligen Hyperboloide sei

$$\lambda' = a^{-2}, \quad \lambda'' = -b^{-2}, \quad \lambda''' = -c^{-2};$$

das mittlere Linienpaar ist reell.

Beim Ellipsoide kann man also zwei reelle Kreisschnittebenen durch die mittlere Hauptaxe legen, beim einschaligen Hyperboloide durch die grosse Axe der Kehlellipse (vgl. p. 173), beim zweischaligen Hyperboloide durch diejenige Axe, welche senkrecht steht zu der flacheren der beiden Hyperbeln, die von zweien der Hauptschnitte bestimmt werden.

Es ist noch hervorzuheben, dass bei letzterer Fläche die beiden Kreisschnittebenen zwar reell sind, nicht aber die betreffenden Kreise. Die dem Mittelpunkte zunächst liegenden Ebenen der beiden Parallelschaaren treffen das Hyperboloid nämlich nicht; je zwei Ebenen in jeder Schaar berühren sodann die Fläche, und erst die weiteren Ebenen schneiden wirklich reelle Kreise aus. In der That, legt man die Gleichung (19) p. 172 zu Grunde, so lassen sich die Gleichungen der beiden reellen Kreisschnittschaaren in der einen Gleichung

$$(9) \qquad \frac{\sqrt{a^2 + b^2}}{a} X \pm \frac{\sqrt{b^2 - c^2}}{c} Z + p = 0$$

zusammenfassen, wo p einen variabeln Parameter bedeutet. Die Pole dieser Ebenen bilden die zur gemeinsamen unendlich fernen Sehne conjugirte Polare; ihre Coordinaten sind

$$-\frac{a}{p}\sqrt{a^2 + b^2}, \quad 0, \quad \pm\frac{c}{p}\sqrt{b^2 - c^2};$$

die conjugirte Polare durchsetzt die Fläche in den beiden Punkten, in welchen ein Kreis sich auf einen Punkt zusammenzieht (d. h. Berührung einer Ebene stattfindet); man findet für diese Schnittpunkte, die sogenannten *„Kreispunkte"* oder *„Nabelpunkte"* des einschaligen *Hyperboloids*, die Coordinaten:

$$(10) \qquad X = \pm a \sqrt{\frac{a^2 + b^2}{a^2 + c^2}}, \quad Y = 0, \quad Z = \pm c \sqrt{\frac{b^2 - c^2}{a^2 + c^2}}.$$

Eine ganz ähnliche Ueberlegung gilt für das reelle Ellipsoid; die Schaaren reeller Kreisschnitte sind:

$$(11) \qquad \frac{\sqrt{a^2 - b^2}}{a} X \pm \frac{\sqrt{b^2 - c^2}}{c} Z + p = 0,$$

und die *Coordinaten der Nabelpunkte des Ellipsoids*:

$$(12) \qquad X = \pm a \sqrt{\frac{a^2 - b^2}{a^2 - c^2}}, \quad Y = 0, \quad Z = \pm c \sqrt{\frac{b^2 - c^2}{a^2 - c^2}}.$$

Hier liefern die dem Mittelpunkte zunächst liegenden Ebenen des Büschels (11) reelle Kreise, die über die Nabelpunkte hinaus entfernten dagegen treffen das Ellipsoid nicht.

Auf dem einschaligen Hyperboloide (18), p. 172 werden die Kreisschnitte durch die Ebenen

$$(13) \qquad \frac{\sqrt{a^2 - b^2}}{b} Y \pm \frac{\sqrt{a^2 + c^2}}{c} Z + p = 0$$

ausgeschnitten. *Das einschalige Hyperboloid besitzt keine reellen Kreispunkte;* alle Ebenen (13) treffen die Fläche in reellen Kreisen*).

---

*) Die Kreisschnitte auf dem Ellipsoide wurden von d'Alembert gefunden (Opuscules mathématiques, t. VII, Paris 1780, p. 163), auf den anderen Flächen von Monge und Hachette (1802, Journal de l'école polytechnique, cah. 11, p. 161 ff.), mit Hülfe des imaginären Kugelkreises von Poncelet (Traité des propriétés projectives, Nr. 621). Die auf dem allgemeinen Kegel gelegenen Kreise fand schon Apollonius von Pergae (Conica I, 5). — Die beiden Schaaren von Kreisschnitten kann man sehr gut zur Anschauung bringen, indem man eine Anzahl von Kreisen jeder Schaar aus Carton ausschneidet und dann in ge-

Dass beim reellen *Kegel* (schiefen Kreiskegel) ebenfalls zwei reelle Kreisschnittschaaren existiren, ist unmittelbar deutlich; die Nabelpunkte fallen in die Spitze zusammen.

Etwas anders gestalten sich diese Ueberlegungen bei den Paraboloiden. Ist das unendlich ferne Linienpaar imaginär, so erlauben seine Schnittpunkte mit dem imaginären Kugelkreise noch zwei reelle Verbindungslinien. *Das elliptische Paraboloid besitzt daher zwei reelle Kreisschnittschaaren; gleiches gilt für den elliptischen Cylinder.* Geht man von der Gleichung (5), p. 175 aus, so sind die Gleichungen der drei Linienpaare, um die es sich handelt,

$$\varrho' Y^2 + \varrho'' Z^2 = 0,$$
$$\varrho'' X^2 + (\varrho'' - \varrho') Y^2 = 0,$$
$$\varrho' X^2 + (\varrho' - \varrho'') Z^2 = 0.$$

Eines dieser Paare ist reell beim elliptischen Paraboloide; die betreffenden Kreisschaaren werden gegeben durch

$$(14) \qquad \sqrt{\varrho'}\, X \pm \sqrt{\varrho'' - \varrho'}\, Z + p = 0,$$

wenn etwa $\varrho'' > \varrho'$; es ergeben sich *zwei Nabelpunkte mit den Coordinaten:*

$$(15) \qquad X = - \frac{b_1}{2} \frac{\varrho'' - \varrho'}{\varrho'}, \quad Y = 0, \quad Z = b_1 \frac{\sqrt{\varrho'' - \varrho'}}{\sqrt{\varrho' \varrho''}}.$$

Ist das unendlich ferne Linienpaar der Fläche reell, so ist es mit dem ersten der drei angegebenen Paare identisch: *auf dem hyperbolischen Paraboloide und dem hyberbolischen Cylinder gibt es daher keine reellen Kreisschnitte und Nabelpunkte.*

Wird schliesslich die unendlich ferne Ebene von der Fläche längs einer geraden Linie berührt, so fallen zwei Sehnenpaare in diese eine Doppellinie zusammen, das dritte wird zu einem Paare imaginärer Tangenten des Kugelkreises; die durch sie bestimmten Ebenen liefern nicht Kreise, sondern imaginäre Parabeln; *auf dem parabolischen Cylinder gibt es folglich weder reelle noch imaginäre Kreisschnitte.*

---

wisser Weise mittels gemachter Einschnitte in einander steckt; man stellt sich so ein Modell der Fläche direct aus ihren Kreisschnitten her; durch Ausgiessen mit Gyps kann man dann weiter zu festen Gypsmodellen gelangen; beim hyperbolischen Paraboloide treten gerade Linien an Stelle der Kreise, man kann daher auch die zugehörigen Schaaren von parallelen Ebenen in analoger Weise benutzen; bei Rotationsflächen ist das Verfahren nicht anwendbar. Dasselbe ist angegeben von O. Henrici, on the construction of cardboard models of surfaces of the second order, professorial Dissertations for 1871—1872, University College, London. In dieser Weise (nach Angaben von A. Brill) hergestellte Cartonmodelle sind von der Verlagshandlung von L. Brill in Darmstadt zu beziehen.

Ganz dasselbe Zusammenfallen von zwei Sehnenpaaren tritt auch bei den *Rotationsflächen* ein, wie nach dem Obigen sofort klar ist; *auf denselben gibt es also ausser den Parallelkreisen weder reelle noch imaginäre Kreisschnitte.*

Die hier gegebene Behandlung metrischer Relationen mit Hülfe des imaginären Kugelkreises wird die Brauchbarkeit der Methode, insbesondere der Interpretation des rechten Winkels durch harmonische Theilung, hinreichend klar gelegt haben. Man kann aber weiter gehen und ähnliche Betrachtungen für beliebige Winkelrelationen anstellen.

Es war nämlich der Winkel zweier Ebenen u, v, w und u', v', w'

$$\varphi = \arccos \frac{uu' + vv' + ww'}{\sqrt{u^2 + v^2 + w^2}\,\sqrt{u'^2 + v'^2 + w'^2}} = \arccos \frac{H}{\sqrt{GL}}$$

$$(16) \qquad\qquad = \frac{i}{2} \log \frac{H - \sqrt{H^2 - GL}}{H + \sqrt{H^2 - GL}},$$

wo $i = \sqrt{-1}$ und

$$H = uu' + vv' + ww', \quad G = u^2 + v^2 + w^2, \quad L = u'^2 + v'^2 + w'^2.$$

Nun ist früher (p. 134) das Doppelverhältniss zweier beliebigen Punkte x, y und der beiden Schnittpunkte ihrer Verbindungslinie mit einer Fläche zweiter Ordnung berechnet. Nach dem Principe der Dualität bleibt dieselbe Formel gültig für das Doppelverhältniss zweier Ebenen v, w und der beiden Ebenen ihres Büschels, welche eine gegebene Fläche zweiter Klasse

$$(17) \qquad\qquad \Sigma\Sigma A_{ik} u_i u_k = 0$$

berühren; dasselbe ist also (vgl. unten p. 196):

$$(18) \qquad\qquad \alpha = \frac{H - \sqrt{H^2 - GL}}{H + \sqrt{H^2 - GL}},$$

wenn

$$G = \Sigma\Sigma A_{ik} v_i v_k, \quad L = \Sigma\Sigma A_{ik} w_i w_k,$$

$$H = \Sigma\Sigma A_{ik} v_i w_k.$$

Die frühere Formel für das Doppelverhältniss wird nicht gestört, wenn die Fläche insbesondere ein Kegel ist; so bleibt auch (18) gültig, wenn die Fläche zweiter Klasse (17) in einen Kegelschnitt ausartet (vgl. p. 23 ff.). Geht man nun von homogenen Coordinaten zu rechtwinkligen über, und nimmt die Gleichung des Kegelschnittes in der Form (2) an, so wird $\varphi = \frac{i}{2} \log \alpha$.

Der Winkel zweier Ebenen ist also gleich $\frac{i}{2}$ mal dem natürlichen

Logarithmus des Doppelverhältnisses, welches durch sie und durch diejenigen zwei Tangentenebenen des imaginären Kugelkreises bestimmt wird, die durch die Schnittlinie der gegebenen Ebenen hindurchgehen).*

Dieses Doppelverhältniss ist dasselbe, welches in der unendlich fernen Ebene bestimmt wird durch die beiden unendlich fernen Geraden unserer Ebene und die beiden Tangenten, welche der imaginäre Kugelkreis durch den Schnittpunkt beider Geraden hindurchschickt; man kann also in der That jede Ebene parallel zu sich verschieben, ohne den Winkel zu ändern. Dasselbe Doppelverhältniss wird auch durch die Schnittpunkte gedachter vier Geraden mit der Berührungssehne der beiden Tangenten (Polare des unendlich fernen Punktes der Axe beider Ebenen) bestimmt, also auch durch die Verbindungslinien dieser vier Punkte (von denen ja zwei auf dem Kugelkreise liegen) mit einem beliebigen Punkte des Raumes, z. B. mit einem Punkte der Axe; die Ebene der letzteren vier Linien steht aber senkrecht zur Axe der Ebenen und zwei von ihnen liegen in diesen Ebenen; also *ist der Winkel zweier Ebenen auch gleich dem Winkel ihrer beiden Schnittlinien mit einer zu beiden senkrechten Ebene*, wie aus den Elementen bekannt ist.

Der Sinus *des Winkels ψ einer Ebene und einer Geraden* ist gleich dem Cosinus des Winkels der Ebene gegen eine zur Geraden senkrechte Ebene; letzterer wird in genannter Weise gemessen durch das Doppelverhältniss der unendlich fernen Geraden der gegebenen Ebene, der Polaren des unendlich fernen Punktes der gegebenen Geraden und der beiden von ihrem Schnittpunkte ausgehenden Tangenten an den Kugelkreis; und dies Doppelverhältniss ist dasselbe wie das der Pole beider unendlich fernen Geraden in Bezug auf den Kugelkreis und der Schnittpunkte ihrer Verbindungslinie mit diesem Kreise. Sind nun x_0, y_0, z_0 und x_1, y_1, z_1 zwei Punkte der gegebenen Linie, so hat ein beliebiger Punkt derselben die Coordinaten

$$\frac{x_1 + \lambda x_0}{1 + \lambda}, \quad \frac{y_1 + \lambda y_0}{1 + \lambda}, \quad \frac{z_1 + \lambda z_0}{1 + \lambda};$$

die Coordinaten des unendlich fernen Punktes ($\lambda = -1$) verhalten sich also wie $x_1 - x_0 : y_1 - y_0 : z_1 - z_0$, d. h. wie die Plücker'schen Liniencoordinaten p, q, r der Geraden (p. 43). Somit ist in Uebereinstimmung mit (31), p. 13:

$$(19) \qquad \frac{\pi}{2} - \psi = \frac{i}{2} \log \frac{Q - \sqrt{Q^2 - PR}}{Q + \sqrt{Q^2 - PR}},$$

wo

---

*) Nach Laguerre, vgl. Bd. I, p. 148.

$$Q = up + vq + wr, \quad P = u^2 + v^2 + w^2, \quad R = p^2 + q^2 + r^2;$$

denn der Pol der unendlich fernen Geraden der Ebene u, v, w in Bezug auf den Kugelkreis hat eben wieder die Coordinaten u, v, w.

Der Winkel zweier Geraden ist derselbe, wie der zweier zu ihnen bez. parallel gezogenen und sich schneidenden Linien (p. 7), hängt also nur von den unendlich fernen Punkten der Geraden ab; er ist zu messen durch das Doppelverhältniss, welches durch sie und die Schnittpunkte ihrer Verbindungslinie mit dem Kugelkreise bestimmt wird, also gleich

$$(20) \qquad \frac{i}{2} \log \frac{Q - \sqrt{Q^2 - PR}}{Q + \sqrt{Q^2 - PR}},$$

wenn p, q, r, π, $\varkappa$, ϱ und p', q', r', π', $\varkappa'$, ϱ' die Plücker'schen Liniencoordinaten der beiden Geraden sind, und wenn:

$$Q = pp' + qq' + rr', \quad R = p^2 + q^2 + r^2, \quad P = p'^2 + q'^2 + r'^2.$$

Im Vorstehenden haben wir diejenigen Fälle eingehend besprochen, in denen der Kegelschnitt (4) eine solche specielle Lage gegen den imaginären Kugelkreis (3) einnimmt, dass dadurch die Transformation auf die Hauptaxen unbestimmt wird. Im Sinne der Invariantentheorie ist aber ebensowohl jeder Fall in Betracht zu ziehen, in dem zwischen den simultanen Invarianten der beiden unendlich fernen Kegelschnitte eine besondere Relation stattfindet. Diese simultanen Invarianten sind die Coëfficienten der Potenzen von λ in dem durch (5) gegebenen Ausdrucke $\varDelta(\lambda)$; sei also:

$$(21) \qquad \varDelta(\lambda) = \Delta_0 + 3\lambda\Delta_1 + 3\lambda^2\Delta_2 + \lambda^3\Delta_3,$$

so ist*):

$$\Delta_0 = A_{44}, \quad -3\Delta_1 = a_{11}a_{22} - a_{12}^2 + a_{22}a_{33} - a_{23}^2 + a_{33}a_{11} - a_{31}^2,$$

$$\Delta_3 = -1, \quad 3\Delta_2 = a_{11} + a_{22} + a_{33}.$$

Aus ihnen bildet man zwei absolute Invarianten:

$$(22) \qquad \mathsf{A}_1 = \frac{\Delta_1^2}{\Delta_0\Delta_2}, \quad \mathsf{A}_2 = \frac{\Delta_2^2}{\Delta_1\Delta_3}.$$

Durch diese absoluten Invarianten sind dann die Längen der Haupt-axen bis auf einen gemeinsamen Factor bestimmt; nach den invarianten-theoretischen Entwicklungen kann man sich dies etwa in folgender Weise vermittelt denken (Bd. I, p. 302). Es seien γ', γ'', γ''' die Wurzeln der Gleichung

---

*) Vgl. hier und im Folgenden Bd. I, p. 291 ff. Die Invarianten Δ_0, Δ_1, Δ_2, Δ_3 müssen mit 6 multiplicirt werden, um die dort benutzten Invarianten A_{111}, A_{112}, A_{122}, A_{222} zu geben.

$$\gamma^3 + 3\left(1 + 3\mathsf{A}_1\mathsf{A}_2\right)\gamma^2 + \frac{3}{16}\left[1 - 3\mathsf{A}_1\mathsf{A}_2\left(1 - 9\mathsf{A}_1 - 9\mathsf{A}_2\right)\right]\gamma$$
$$- \frac{1}{64}\left(1 - 9\mathsf{A}_1\mathsf{A}_2\right) = 0;$$

dann findet man aus den Gleichungen

$$\gamma' = \left(\frac{\alpha'+1}{\alpha'-1}\right)^2, \quad \gamma'' = \left(\frac{\alpha''+1}{\alpha''-1}\right)^2, \quad \gamma''' = \left(\frac{\alpha'''+1}{\alpha'''-1}\right)^2$$

die drei Doppelverhältnisse α', α'', α''' der drei Punktquadrupel, welche von den beiden Kegelschnitten auf den drei Seiten des gemeinsamen Polardreiecks ausgeschnitten werden. Durch diese Doppelverhältnisse werden aber die Winkel der drei Linienpaare gemessen, in denen der Asymptotenkegel unserer Fläche (dessen Spitze im Mittelpunkte liegt und der auf dem unendlich fernen Kegelschnitte der Fläche steht) die drei Hauptdiametralschnitte derselben durchsetzt. Diese drei Winkel sind also

$$\varphi' = \frac{i}{2}\log\gamma', \quad \varphi'' = \frac{i}{2}\log\gamma'', \quad \varphi''' = \frac{i}{2}\log\gamma'''.$$

So werden diese Winkel einmal durch die absoluten Invarianten bestimmt, das andere Mal durch die Wurzeln von $\varDelta(\lambda) = 0$, d. h. durch die Längen der Hauptaxen; denn es war auch:

$$\gamma' = \frac{(\lambda''+\lambda''')^2}{4\lambda''\lambda'''}, \quad \gamma'' = \frac{(\lambda'''+\lambda')^2}{4\lambda'''\lambda'}, \quad \gamma''' = \frac{(\lambda'+\lambda'')^2}{4\lambda'\lambda''}.$$

Verschwindet insbesondere die Invariante Δ_2, so kann man dem Kegelschnitte (4) unendlich viele Dreiecke einschreiben, welche Polardreiecke in Bezug auf den imaginären Kugelkreis sind. *Es ist daher* $\Delta_2 = 0$ *die Bedingung dafür, dass man auf dem Asymptotenkegel unendlich viele Tripel von einander rechtwinklig schneidenden Geraden bestimmen kann;* gleichzeitig gibt es dann in jedem Systeme von Erzeugenden der Fläche unendlich viele Tripel von zu einander rechtwinkligen Geraden.

Verschwindet die Invariante Δ_1, so kann man der Curve (4) unendlich viele Dreiecke umschreiben, welche Polardreiecke in Bezug auf (3) sind. $\Delta_1 = 0$ *ist folglich die Bedingung dafür, dass man an die gegebene Fläche unendlich viele Tripel von zu einander senkrechten Asymptotenebenen legen kann**). Das Hyperboloid heisst in diesem Falle *gleichseitig*.

Die Bedingungen $\Delta_1 = 0$, $\Delta_2 = 0$ können bei Gleichungen mit

---

*) Vgl. Plücker, System der Geometrie des Raumes p. 156 (Düsseldorf 1846), sowie für diesen und den vorhergehenden Satz: Salmon, Geometry of three dimensions, art. 201 (Dublin 1865); art. 211 in Bd. 1 der deutschen Bearbeitung von Fiedler (Leipzig 1874); vgl. auch H. Vogt, Crelle's Journal, Bd. 86.

reellen Coëfficienten nie gleichzeitig erfüllt sein, da sonst $\lambda' + \lambda''$ $+ \lambda''' = 0$ und $\lambda'^2 + \lambda''^2 + \lambda'''^2 = 0$ folgen würde.

Eine andere bemerkenswerthe Besonderheit entsteht, wenn der Pol einer der gemeinsamen Sehnen in Bezug auf den imaginären Kugelkreis selbst dem unendlich fernen Kegelschnitte (4) unserer Fläche angehört. Die Gleichung einer solchen Sehne ist

$$\sqrt{\lambda' - \lambda''}\, X + \sqrt{\lambda'' - \lambda'''}\, Z = 0,$$

die homogenen Coordinaten ihres Poles in Bezug auf (3) sind $\sqrt{\lambda' - \lambda''}$, 0, $\sqrt{\lambda'' - \lambda'''}$; soll der Pol auf $f = 0$ liegen, so folgt

$$\lambda'(\lambda' - \lambda'') + \lambda'''(\lambda'' - \lambda''') \equiv (\lambda' - \lambda''')(\lambda' - \lambda'' + \lambda''') = 0.$$

Soll diese Bedingung rational in den Coëfficienten ausgedrückt werden, so muss man das Product aller analogen Ausdrücke gleich Null setzen, um eine symmetrische Function zu erhalten; also:

$$(\lambda' - \lambda'' + \lambda''')(\lambda' - \lambda'' - \lambda''')(\lambda' + \lambda'' - \lambda''') = (\lambda' + \lambda'' + \lambda''')^3$$
$$- 4(\lambda' + \lambda'' + \lambda''')(\lambda'\lambda'' + \lambda''\lambda''' + \lambda'''\lambda') + 8\lambda'\lambda''\lambda''',$$

oder:

$$(23) \qquad 3^3\Delta_1{}^3 - 2^2 \cdot 3^2 \Delta_1\Delta_2\Delta_0 + 2^3 \cdot \Delta_3\Delta_0{}^2 = 0.$$

Wenn aber der Pol auf $f = 0$ liegt, so stehen die durch unsere Sehne zu legenden Kreisschnitte (vgl. p. 187) auf allen Linien senkrecht, die ihren unendlich fernen Punkt in dem Pole haben; folglich:

Wenn die Bedingung (23) *erfüllt ist, so gibt es auf der Fläche zwei Erzeugende, die zu einer der sechs Kreisschnittschaaren senkrecht stehen.*

Bei dem geradlinigen Hyperboloide kann dies für eine reelle Erzeugende und ein reelles Kreisschnittsystem vorkommen, nämlich, wenn in (18), p. 172:

$$\frac{1}{a^2} - \frac{1}{b^2} + \frac{1}{c^2} = 0.$$

*Das einschalige Hyperboloid heisst dann orthogonal**). Etwas ähn-

---

*) Nach Schröter: Crelle's Journal Bd. 85, 1878. Dasselbe Hyperboloid wird erzeugt von einem Punkte, dessen Abstände von zwei festen sich nicht schneidenden Geraden in constantem Verhältnisse stehen, wie Chasles gezeigt hat, Liouville's Journal, t. 1, 1836. Das orthogonale Hyperboloid wird auch erzeugt von einer Geraden, welche sich so bewegt, dass man durch sie immer zwei zu einander rechtwinklige Ebenen legen kann, die bez. durch zwei feste Gerade hindurchgehen; vgl. Steiner, Crelle's Journal Bd. 2, p. 292 (1827; gesammelte Werke, Bd. 1, p. 162). Synthetisch ist die Fläche von Schönfliess (Schlömilch's Zeitschrift, Bd. 23 und 24) behandelt, von Schröter a. a. O. und von Fiedler (Darstellende Geometrie Bd. 2, p. 287 f.). Das „gleichseitige" hyperbolische Paraboloid betrachtet Steiner in den „Systematischen Entwicklungen" (Ges. Werke, Bd. 1, p. 380 ff.).

liches kann natürlich beim *hyperbolischen Paraboloide* reell eintreten; wenn nämlich der Pol der einen unendlich fernen Geraden desselben in Bezug auf den Kugelkreis auf der anderen liegt; dann sind beide Gerade conjugirte Polaren, die durch sie gehenden Ebenen daher senkrecht auf einander: *jede Erzeugende der einen Art steht senkrecht zu jeder Erzeugenden der anderen Art.*

VIII. Dualistisches.

Gemäss dem Principe der Dualität hätten wir ebensowohl von einer Gleichung zweiter Klasse

$$(1) \qquad \Sigma\Sigma A_{ik} u_i u_k = 0 \quad \text{oder symbolisch} \quad (\Sigma A_i u_i)^2 = 0$$

ausgehen können, wie von einer solchen zweiter Ordnung; denn wir wissen, dass eine Fläche zweiter Ordnung (Kegel und Ebenenpaar ausgenommen) auch von der zweiten Klasse ist (p. 39 f. und 137 f.). Die Discussion dieser Gleichung hätte uns ebenfalls alle Eigenschaften der Flächen zweiten Grades liefern müssen, nur in anderer Reihenfolge und Gruppirung.

Statt die Schnittpunkte einer geraden Linie mit der Fläche zu suchen (vgl. p. 133), würden wir als erste Aufgabe *die Bestimmung der beiden durch eine gegebene Gerade zu legenden Tangentialebenen* zu behandeln haben.

Es sei die gegebene Gerade durch die Ebenen v und w bestimmt; wir setzen

$$\begin{aligned}
G &= \Sigma\Sigma A_{ik} v_i v_k = (\Sigma A_i v_i)^2, \\
L &= \Sigma\Sigma A_{ik} w_i w_k = (\Sigma A_i w_i)^2, \\
H &= \Sigma\Sigma A_{ik} v_i w_k = \Sigma A_i v_i \Sigma A_k w_k;
\end{aligned}$$

die Coordinaten der beiden gesuchten Ebenen sind daher

$$(2) \qquad\qquad \varrho\, u_i = v_i + \mu w_i,$$

wenn μ durch die Gleichung

$$(3) \qquad\qquad \mu^2 L + 2\mu H + G = 0$$

bestimmt wird. *Wie muss nun die Ebene w liegen, damit sie mit einer gegebenen Ebene v einerseits und den beiden Ebenen (2) andererseits ein bestimmtes Doppelverhältniss α bilde?*

Es ergibt sich, ganz wie früher, die Gleichung (vgl. p. 134)

$$(4) \qquad\qquad (\alpha + 1)^2 GL - 4\alpha H^2 = 0,$$

eine Fläche zweiter Klasse, die von den betreffenden Ebenen w umhüllt wird. Dieselbe artet in einen doppelt zählenden Punkt, $H^2 = 0$, den Pol der Ebene v, aus, wenn $\alpha = -1$, d. h. wenn das Doppelverhältniss harmonisch ist. Die Coordinaten des Poles von v sind die Coëfficienten der Gleichung $H = 0$, d. h.

$$(5) \qquad \sigma y_i = A_{i1}v_1 + A_{i2}v_2 + A_{i3}v_3 + A_{i4}v_4.$$

Für $\alpha = +1$ ergibt sich die Gesammtheit der Ebenen w, deren Schnittlinien mit v Tangenten der Fläche sind (p. 143), d. i. die *Gleichung der Schnittcurve unserer Fläche* (1) *mit der Ebene v in Ebenencoordinaten w, nämlich:*

$$GL - H^2 = 0;$$

diese Curve entspricht dualistisch dem in Gleichung (10), p. 135 aufgestellten Tangentenkegel. Man erkennt auch hier leicht, dass sich alle Flächen des Systems (1) in dieser ebenen Curve zweiter Ordnung berühren. Das System ist also mit dem früher betrachteten

$$(\alpha + 1)^2 PR - 4\alpha Q^2 = 0$$

vollkommen identisch, eine Identität, welche man in derselben Weise eingehender nachweisen kann, wie dies bei der analogen Aufgabe der ebenen Geometrie geschah (Bd. I, p. 116 ff.).

An die Gleichung $H = 0$ lässt sich wiederum die Polarentheorie anknüpfen, führt aber nicht zu neuen Resultaten. *Hervorgehoben sei nur die aus (5) abzuleitende Gleichung der Fläche* (1) *in Punktcoordinaten y*, als Bedingung der vereinigten Lage von Ebene v und Pol y, nämlich:

$$(6) \qquad \Sigma\Sigma \mathsf{A}_{ik}y_i y_k = 0,$$

wenn A_{ik} die ersten Unterdeterminanten der aus den A_{ik} zu bildenden Determinante A bedeuten. Dieselbe Gleichung kann in der Form

$$(6\mathrm{a}) \qquad \begin{vmatrix} A_{11} & A_{12} & A_{13} & A_{14} & y_1 \\ A_{21} & A_{22} & A_{23} & A_{24} & y_2 \\ A_{31} & A_{32} & A_{33} & A_{34} & y_3 \\ A_{41} & A_{42} & A_{43} & A_{44} & y_4 \\ y_1 & y_2 & y_3 & y_4 & 0 \end{vmatrix} = 0$$

geschrieben werden. Auch *die Gleichung unserer Fläche in Liniencoordinaten* lässt sich leicht aufstellen. Sind x, y zwei Punkte einer Tangente der Fläche, so hat man:

$$(7) \qquad \begin{vmatrix} A_{11} & A_{12} & A_{13} & A_{14} & x_1 & y_1 \\ A_{21} & A_{22} & A_{23} & A_{24} & x_2 & y_2 \\ A_{31} & A_{32} & A_{33} & A_{34} & x_3 & y_3 \\ A_{41} & A_{42} & A_{43} & A_{44} & x_4 & y_4 \\ x_1 & x_2 & x_3 & x_4 & 0 & 0 \\ y_1 & y_2 & y_3 & y_4 & 0 & 0 \end{vmatrix} = 0,$$

worin nach der Ausrechnung $x_i y_k - x_k y_i = p_{ik}$ zu setzen ist. Dieselbe Gleichung lässt sich auch in der Form

$$(7a) \qquad \sum_{i,k} \sum_{h,l} (A_{hi} A_{lk} - A_{hk} A_{li}) q_{hl} q_{ik} = 0$$

schreiben, oder symbolisch:

$$(7b) \qquad (A B x y)^2 = 0,$$

wenn $u_A^2 = u_B^2 = \sum \sum A_{ik} u_i u_k$, analog zu (3) bez. (3)* auf p. 142.

Von besonderem Interesse ist es, anzunehmen, dass die Coëfficienten A_{ik} in (1) bereits als Unterdeterminanten aus anderen a_{ik} gegeben seien, so dass (1) als die Ebenencoordinaten-Gleichung einer Fläche zweiter Ordnung $\sum \sum a_{ik} y_i y_k = 0$ betrachtet wird. Alsdann nämlich kehrt man mittelst (6) oder (6a) zu dieser ursprünglichen Punktcoordinaten-Gleichung zurück; denn nach den Sätzen über adjungirte Determinanten hat man

$$(8) \qquad \mathsf{A}_{ik} = A^2 \cdot a_{ik}.$$

Die Gleichung (7a) ferner ist dann von der Gleichung (3) p. 142 nicht wesentlich verschieden, denn es ist:

$$(9) \qquad A_{hi} A_{lk} - A_{hk} A_{li} = A \cdot (a_{hi} a_{lk} - a_{hk} a_{li}),$$

und q_{hl} ist proportional zu p_{ik}.

Etwas wesentlich Neues tritt uns entgegen bei der Annahme, dass die Determinante A der A_{ik} gleich Null sei; denn dann artet unsere Fläche zweiter Klasse in einen ebenen Kegelschnitt aus, wie er dem Kegel dualistisch entspricht (p. 23 ff.); und ein solcher kann nicht in Punktcoordinaten dargestellt werden, repräsentirt also eine Klasse von Flächen, die durch unsere bisherige Betrachtungsweise gänzlich ausgeschlossen war. Wir stellen die Eigenschaften der so gegebenen ebenen Curve kurz denen des Kegels gegenüber; für die geometrischen Beziehungen der Polarentheorie geschah dies schon früher (p. 149); wir beschränken uns daher auf die algebraische Behandlung.

Die Gleichung in Punktcoordinaten stellt die doppelt genommene Ebene ω des Kegelschnittes dar, indem:

$$(10) \qquad \varrho\, \omega_i \omega_k = \mathsf{A}_{ik}, \qquad \varrho (\textstyle\sum \omega_i y_i)^2 = \sum \sum \mathsf{A}_{ik} y_i y_k.$$

Die Gleichung (7a) behält ihre volle Bedeutung; sie wird von allen geraden Linien befriedigt, welche den ebenen Kegelschnitt treffen (vgl. das Beispiel auf p. 183). Aus dieser Liniencoordinatengleichung findet man insbesondere die Gleichung des von einem Punkte z ausgehenden Kegels, welcher auf unserem Kegelschnitte steht: man braucht nur q_{hl} gleich $x_i z_k - z_i x_k$ zu setzen. Die Gleichung eines solchen Kegels ist also:

$$(11) \qquad \Sigma\Sigma (A_{hi} A_{lk} - A_{hk} A_{li})(x_i z_k - x_k z_l)(x_h z_l - x_l z_h) = 0,$$

oder:

$$(11a) \qquad (ABxz)^2 = 0.$$

Man kann sich die Aufgabe stellen, die Schnittpunkte dieses Kegels mit einem durch zwei Ebenen v, w bestimmten Strahle zu finden. Die Gleichung der Schnittpunkte des Strahles mit einer beliebigen Fläche $a_x^2 = 0$ in Ebenencoordinaten u ist offenbar

$$(avwu)^2 = 0.$$

In (11a) sind also nur die x_i durch die dreireihigen Unterdeterminanten der Grössen u_i, v_i, w_i zu ersetzen. Dies gibt nach bekannten Determinantensätzen

$$\begin{vmatrix} u_A & u_B & u_z \\ v_A & v_B & v_z \\ w_A & w_B & w_z \end{vmatrix}^2 = 0,$$

oder

$$\left(u_A v_B w_z + u_B w_A v_z + u_z v_A w_B - u_A v_z w_B - u_B v_A w_z - u_z v_B w_A \right)^2 = 0.$$

Um von den symbolischen zu den wirklichen Ausdrücken zurückzukehren, hat man das Quadrat auszuführen und zu beachten, dass

$$u_A^2 = u_B^2 = \Sigma\Sigma A_{ik} u_i u_k, \qquad u_A v_A = u_B v_B = \Sigma\Sigma A_{ik} u_i v_k.$$

Wir setzen noch zur Abkürzung

$$\Omega_{uu} = \Sigma\Sigma A_{ik} u_i u_k, \qquad \Omega_{uv} = \Sigma\Sigma A_{ik} u_i v_k,$$

und finden *die Gleichung der Schnittpunkte des Kegels* (11) *mit dem Strahle v-w in der Form*

$$(12) \qquad \Omega_{uu}\Omega_{vv} w_z^2 + \Omega_{uu}\Omega_{ww} v_z^2 + \Omega_{vv}\Omega_{ww} u_z^2 + 2\Omega_{uv}\Omega_{uw} v_z w_z$$
$$+ 2\Omega_{vu}\Omega_{vw} u_z w_z + 2\Omega_{wu}\Omega_{wv} u_z v_z = 0,$$

indem sich alle anderen Glieder bei der Ausrechnung herausheben. Diese Gleichung stellt einen in ein Punktepaar zerfallenden Kegelschnitt dar; die einzelnen Punkte des Paares sind nach der sogleich zu erwähnenden Methode zu bestimmen.

Besonders bemerkenswerth ist der Fall, wo die Ebene w mit der Ebene unseres Kegelschnittes (d. h. mit ω) zusammenfällt, wo es sich also um die Schnittpunkte eines in dieser Ebene gelegenen Strahles mit der Curve handelt. Dann lässt sich von der linken Seite der Gleichung (12) ein Factor w_z^2 absondern, und die Gleichung reducirt sich auf

$$(13) \qquad \Omega_{uu}\Omega_{vv} - \Omega_{uv}^2 = 0.$$

Die betreffende Rechnung lässt sich am besten symbolisch machen; wir übergehen dieselbe hier, und begnügen uns daran zu erinnern, dass ja $GL - H^2 = 0$ in Veränderlicher v die Gleichung des Kegelschnittes war, in dem eine Fläche zweiter Klasse von der Ebene w geschnitten wird (p. 197), und dass in (13) ebendieselbe Gleichung in anderer Bezeichnungsweise vorliegt, dass endlich dieser Kegelschnitt im Falle $\mathsf{A} = 0$ sich in das von uns betrachtete Punktepaar zerspaltet. *Es ist also in der That* (13), *falls* $\mathsf{A} = 0$, *die Gleichung der beiden Punkte, in denen der dargestellte Kegelschnitt eine Ebene v durchstösst.*

Die letzte Aufgabe hat uns schon zu derjenigen weiteren Ausartung einer Fläche zweiter Klasse geführt, welche auftritt, wenn nicht nur die Determinante A gleich Null ist, sondern *schon alle ersten Unterdeterminanten* A_{ik} *derselben verschwinden.* Wie ein Kegel in ein Ebenenpaar zerfällt, wird sich unser Kegelschnitt in ein *Punktepaar* auflösen. Die Punktcoordinaten-Gleichung ist jetzt identisch befriedigt; die linke Seite der Liniencoordinaten-Gleichung wird ein vollständiges Quadrat und stellt die doppelt zählende Verbindungslinie beider Punkte dar.

Verschwinden dagegen schon alle zweireihigen Unterdeterminanten von A, so hat man es mit einem doppelt zu denkenden Punkte zu thun; auch die Liniencoordinatengleichung ist hier identisch erfüllt.

Sehen wir also von den Beziehungen zur unendlich fernen Ebene ab, so können wir schliesslich folgende Uebersicht über die verschiedenen Flächen aufstellen.

I. Flächen zweiter Ordnung und zweiter Klasse:

1) $A \gtrless 0$, $\;\mathsf{A} \gtrless 0$;   9 Constante.

II. Flächen zweiter Ordnung;	III. Flächen zweiter Klasse;
2) Kegel, $A = 0$, 8 Constante.	2) Kegelschnitt, $\mathsf{A} = 0$, 8 Constante.
3) Ebenenpaar, $A_{ik} = 0$, 6 Constante.	3) Punktepaar, $\mathsf{A}_{ik} = 0$, 6 Constante.
4) Doppelebene, $A_{ik,\,lm} = 0$, 3 Constante.	4) Doppelpunkt, $\mathsf{A}_{ik,\,lm} = 0$, 3 Constante.

Wir haben in dieser Tabelle jeder Fläche die Anzahl der für sie willkürlich wählbaren Constanten beigefügt; es ist auffällig, dass Flächen mit sieben, fünf oder vier Constanten nicht vorkommen, während doch alle Flächen aus einander durch stetige Variation der

Constanten entstehen müssen. Dies wird dadurch verständlich, dass in einem vorliegenden Systeme von Flächen, in welchem unsere Ausartungen auftreten, geometrisch jede Fläche sowohl als Punkt- wie als Ebenengebilde vorzustellen ist. Wenn nun eine Fläche ausartet, so werden ihre Tangentialebenen in der Grenze gleichzeitig eine gewisse ausgeartete Gruppirung zeigen, die allerdings der Betrachtung verloren gehen muss, wenn man nur eine Art von Coordinaten ins Auge fasst, während geometrisch die ausgeartete Fläche vollständig nur durch einheitliche Zusammenfassung der Grenzgebilde für Punkte und Ebenen angeschaut wird. Demgemäss können wir unserer Tabelle geometrisch noch folgende weitere Flächenausartungen anreihen*):

5) Ebenenpaar mit einem auf seiner Axe liegenden Punktepaare, ein zu sich selbst dualistisches Gebilde; 8 Constante.

6) Ebenenpaar mit einem auf seiner Axe liegenden Doppelpunkte**), bez. Punktepaar mit einer durch seinen Träger gehenden Doppelebene; 7 Constante.

7) Doppelebene mit einem in ihr liegenden Doppelpunkte und einer durch diesen gehenden, ebenfalls der Ebene angehörenden Doppellinie; zu sich selbst dualistisch; 6 Constante.

8) Doppelebene und Doppelpunkt in vereinigter Lage; 5 Constante.

9) Doppelebene (bez. Doppelpunkt) und Doppellinie in vereinigter Lage; 5 Constante.

10) Doppelebene und in ihr liegender Doppelpunkt, dessen Lage nicht völlig bestimmt ist, welcher vielmehr in jedem Punkte einer bestimmten Geraden gedacht werden kann (bez. Doppelpunkt mit nicht völlig bestimmter, durch ihn gehender Doppelebene); 4 Constante.

Die oben erwähnte doppelte analytische Darstellung ein und desselben Systems von zwei Flächen zweiten Grades in den Gleichungen

$$(\alpha + 1)^2 PR - 4\alpha Q^2 = 0 \quad \text{und} \quad (\alpha + 1)^2 GL - 4\alpha H^2 = 0$$

----

*) Vgl. Schubert, Kalkül der abzählenden Geometrie, Leipzig 1879, p. 102, sowie besonders verschiedene Arbeiten von Zeuthen und Halphen über entsprechende Verhältnisse in der Ebene; vgl. Bd. I, p. 390 ff. — Betrachtungen anderer Art über das Zählen der Constanten bei Flächen zweiten Grades findet man in der Note zu p. 332 von Plücker's System der Geometrie des Raumes.

**) Bei dieser Ausartung sind auch die beiden Schaaren von Erzeugenden der Fläche einzeln erhalten geblieben; als solche sind die beiden ebenen Strahlbüschel anzusehen, welche in dem Doppelpunkte ihren gemeinsamen Scheitel haben, und von denen einer in jeder Ebene des Paares liegt.

kann hier zeigen*), wie gewisse Ausartungen bei einseitiger Auffassung nicht zur Geltung kommen, wenn auch dieses System noch
keinen der zuletzt erwähnten Fälle umfasst.

Brauchbarer ist hier das schon früher betrachtete System (Gleichung (8), p. 147)

$$\lambda x_1 x_4 + \mu x_2 x_3 = 0;$$

die Ebenencoordinatengleichung desselben lautet:

$$\mu u_1 u_4 + \lambda u_2 u_3 = 0.$$

Die Fläche $\mu = 0$ zerfällt als Punktgebilde in die Ebenen $x_1 = 0$,
$x_4 = 0$; dieselbe Fläche aber als Ebenensystem in die Punkte $u_2 = 0$,
$u_3 = 0$, welche auf der Axe jenes Ebenenpaares liegen; wir haben
hier also die unter 5) erwähnte Ausartung.

Die Eintheilung der Flächen zweiter Klasse nach der Realität
ihrer Erzeugenden und nach ihren Beziehungen zur unendlich fernen
Ebene kann nicht zu etwas Neuem führen, in so weit sie mit den
Flächen zweiter Ordnung identisch sind; wir werden überdies auf
die entsprechenden Transformationen später in anderem Zusammenhange eingehen müssen**). Hier bleibt uns also wiederum nur der
Fall $A = 0$ zu behandeln, und es kommt darauf an, zu entscheiden,
ob unser Kegelschnitt eine Ellipse, Hyperbel oder Parabel sei, d. h.
ob der durch (1) gegebene Kegelschnitt die unendlich ferne Ebene
in zwei imaginären, reellen oder zusammenfallenden Punkten schneide.
Wir bedienen uns naturgemäss wieder rechtwinkliger Coordinaten
u, v, w, so dass (1) zu ersetzen ist durch

$$(1a) \quad A_{11} u^2 + A_{22} v^2 + A_{33} w^2 + A_{44} + 2 A_{12} uv + 2 A_{23} vw$$
$$+ 2 A_{31} wu + 2 A_{14} u + 2 A_{24} v + 2 A_{34} w = 0.$$

Die unendlich fernen Punkte, um welche es sich handelt, sind dann
durch (13) dargestellt, wenn man für die v_i die Coordinaten 0, 0, 0, 1
der unendlich fernen Ebene einführt, also durch

$$\Omega A_{44} - (A_{41} u + A_{42} v + A_{43} w + A_{44})^2 = 0,$$

wo Ω die linke Seite von (1a) bezeichnet, oder ausgerechnet:

$$(14) \quad u^2(A_{44} A_{11} - A_{14}{}^2) + v^2(A_{44} A_{22} - A_{24}{}^2) + w^2(A_{44} A_{33} - A_{34}{}^2)$$
$$+ 2 uv(A_{44} A_{12} - A_{14} A_{24})$$
$$+ 2 vw(A_{44} A_{23} - A_{24} A_{34})$$
$$+ 2 wu(A_{44} A_{31} - A_{34} A_{14}) = 0.$$

---

*) Vgl. Bd. I, p. 120, sowie den Schluss des unten folgenden Abschnittes XX
über reciproke Verwandtschaften.

**) Vgl. unten Abschnitt XII.

Ueber die Realität dieses Punktepaares wird in derselben Weise entschieden, wie früher über die Realität eines Linienpaares (p. 159). Man nimmt in der unendlich fernen Ebene zwei einander in Bezug auf (14) conjugirte Polaren und setzt ihre Coordinaten in (14) ein; haben beide so entstehenden Ausdrücke gleiches Vorzeichen, so ist das Punktepaar imaginär, im anderen Falle ist es reell. Wir nehmen etwa

$$u_1 = 0, \quad v_1 = 0, \quad w_1 = 1;$$

dann haben u_2, v_2, w_2 der Bedingung

$$u_2(A_{44}A_{31} - A_{34}A_{14}) + v_2(A_{44}A_{23} - A_{24}A_{34}) + w_2(A_{44}A_{33} - A_{34}{}^2) = 0$$

zu genügen, welche befriedigt ist durch:

$$u_2 = 0, \quad v_2 = -(A_{44}A_{33} - A_{34}{}^2), \quad w_2 = A_{44}A_{23} - A_{24}A_{34}.$$

Die linke Seite von (14) wird für diese beiden Geraden bez.

$$\varphi_1 = A_{44}A_{33} - A_{34}{}^2,$$
$$\varphi_2 = (A_{44}A_{33} - A_{34}{}^2)\{(A_{44}A_{22} - A_{24}{}^2)(A_{44}A_{33} - A_{34}{}^2) - (A_{44}A_{23} - A_{42}A_{43})^2\}.$$

Das Product $\varphi_1\varphi_2$ hat dasselbe Vorzeichen, wie der zweite Factor von φ_2; letzterer ist also allein entscheidend. Ist derselbe positiv, so haben wir eine Ellipse; ist er negativ, so haben wir eine Hyperbel. Im Falle der Ellipse hat man weiter zu untersuchen, ob dieselbe reell oder imaginär ist; es geschieht dies, indem man in der Ebene der Ellipse eine conjugirte Polare zur unendlich fernen Geraden aufsucht und deren Schnittpunkte mit der Curve in Bezug auf ihre Realität untersucht; man kann statt dessen auch einfach die früheren Kriterien für die Realität eines Kegels in's Dualistische übertragen, indem man φ_1, φ_2, φ_3 einführt und z. B. setzt (vgl. p. 163):

$$\varphi_1 = A_{11}(A_{11}A_{22} - A_{12}{}^2),$$
$$\varphi_2 = A_{11},$$
$$\varphi_3 = A_{44}(A_{11}A_{22} - A_{12}{}^2).$$

Bei dieser Ableitung sind wir unsymmetrisch verfahren. Statt der erwähnten Klammern hätte man irgend einen der drei Ausdrücke

$$\psi_{23} = (A_{44}A_{22} - A_{24}{}^2)(A_{44}A_{33} - A_{34}{}^2) - (A_{44}A_{23} - A_{42}A_{43})^2,$$
$$\psi_{31} = (A_{44}A_{33} - A_{34}{}^2)(A_{44}A_{11} - A_{14}{}^2) - (A_{44}A_{31} - A_{43}A_{41})^2,$$
$$\psi_{12} = (A_{44}A_{11} - A_{14}{}^2)(A_{44}A_{22} - A_{24}{}^2) - (A_{44}A_{12} - A_{41}A_{42})^3$$

benutzen können; die letzteren haben also auch immer dasselbe Vorzeichen. Gestört wird die Betrachtung, wenn zufällig $\varphi_1 = 0$, also auch $\varphi_2 = 0$ ist; dann muss man von einer anderen Seite des Coordinatendreiecks ausgehen; das Resultat wird aber nicht alterirt.

Liegt der Kegelschnitt insbesondere in einer Coordinatenebene, z. B. der Y-Z-Ebene, so ist (1a) durch die einfachere Gleichung

$$(1\mathrm{b}) \quad A_{22}v^2 + A_{33}w^2 + 2A_{23}vw + 2A_{24}v + 2A_{34}w + A_{44} = 0$$

zu ersetzen; die Gleichung derselben Curve in ebenen Punktcoordinaten wird

$$a_{22}y^2 + a_{33}z^2 + 2a_{23}yz + 2a_{24}y + 2a_{34}z + a_{44} = 0,$$

wenn

$$a_{22} = A_{33}A_{44} - A_{34}^2, \quad a_{23} = -A_{44}A_{23} + A_{42}A_{43}, \text{ etc.}$$

Nach den Regeln der ebenen Geometrie (Bd. I, p. 91) ist dieser Kegelschnitt eine Ellipse oder Hyperbel, je nachdem $a_{22}a_{33} - a_{23}^2$ positiv oder negativ ist. Dies stimmt mit Obigem überein; denn in diesem Falle wird

$$\psi_{23} = a_{22}a_{33} - a_{23}^2, \quad \psi_{31} = 0, \quad \psi_{12} = 0.$$

Jeder der drei Ausdrücke ψ enthält den Factor A_{44}; verschwindet also diese Grösse, so hat man eine *Parabel*. In der That ist ja $A_{44} = 0$ die Bedingung dafür, dass die unendlich ferne Ebene die Curve (1a) berühre.

Artet ferner unser Kegelschnitt in ein Punktepaar aus, so kann es vorkommen, dass ein Punkt auf der unendlich fernen Geraden liegt, so dass nur ein Punkt im Endlichen bleibt: es verschwinden alle Unterdeterminanten A_{ik} und ausserdem A_{44}; die Gleichung muss linear werden, da nur ein Punkt im Endlichen zu berücksichtigen ist; d. h. man hat

$$A_{11} = 0, \quad A_{12} = 0, \quad A_{13} = 0, \quad A_{22} = 0, \quad A_{23} = 0, \quad A_{33} = 0.$$

Lassen wir solche Fälle, wo die Gleichung nicht mehr quadratisch in den rechtwinkligen Ebenencoordinaten bleibt, bei Seite, und stellen uns die Aufgabe, alle Flächen *zweiter Klasse* zusammenzustellen, so haben wir in der obigen Tabelle (p. 162) nur die unter II. und III. aufgeführten Flächen mit verschwindender Determinante durch die folgenden zu ersetzen*):

II. **Flächen mit verschwindender Determinante** $\mathsf{A} = 0$, **während nicht alle ersten Unterdeterminanten Null sind.**

A) $A_{44} \gtrless 0$, *Eigentlicher Kegelschnitt mit Mittelpunkt.*

7) φ_1, φ_2, φ_3 haben gleiches Zeichen: *Imaginärer Kegelschnitt.*

8) φ_1, φ_2, φ_3 haben nicht gleiches Zeichen: *Reeller Kegelschnitt.*

    a) ψ_{23}, ψ_{31}, ψ_{12} sind positiv: *Ellipse.*

    b) ψ_{23}, ψ_{31}, ψ_{12} sind negativ: *Hyperbel.*

---

*) Auch Plücker gibt a. a. O. p. 195 unterscheidende analytische Merkmale für die verschiedenen ausgearteten Flächen zweiter Klasse.

B) $A_{44} = 0$, *Parabel.*

III. Flächen, bei denen alle Unterdeterminanten ersten Grades, nicht aber diejenigen zweiten Grades verschwinden.

    9) φ_1 und φ_2 haben gleiches Zeichen: *Imaginäres Punktepaar.*

    10) φ_1 und φ_2 haben nicht gleiches Zeichen: *Reelles Punktepaar.*

IV. Flächen, bei denen alle Unterdeterminanten zweiten Grades verschwinden.

    11) *Ein Doppelpunkt.*

Endlich können wir noch besondere Lagen zum imaginären Kugelkreise (p. 182) in Betracht ziehen. Derselbe bestimmt in der Ebene unserer Curve die imaginären Kreispunkte; die Hyperbel ist gleichseitig, wenn ihre unendlich fernen Punkte durch diese Kreispunkte harmonisch getrennt werden; die Ellipse ist ein Kreis, wenn sie diese Kreispunkte enthält. Die Gleichung der letzteren ergibt sich, wenn man in (13)

$$\Omega_{uu} = u^2 + v^2 + w^2$$

macht und die Ebene v durch die Ebene unseres Kegelschnittes ersetzt, deren Coordinaten u', v' w' bestimmt sind durch:

$$u'^2 = \frac{A_{11}}{A_{44}}, \quad v'^2 = \frac{A_{22}}{A_{44}}, \quad w'^2 = \frac{A_{33}}{A_{44}}, \quad u'v' = \frac{A_{12}}{A_{44}}, \quad v'w' = \frac{A_{23}}{A_{44}},$$

$$w'u' = \frac{A_{13}}{A_{44}}, \quad u' = \frac{A_{14}}{A_{44}}, \quad v' = \frac{A_{24}}{A_{44}}, \quad w' = \frac{A_{34}}{A_{44}}.$$

Die Kreispunkte dieser Ebene werden also gegeben durch:

$$(15) \quad u^2(A_{22} + A_{33}) + v^2(A_{33} + A_{11}) + w^2(A_{11} + A_{22}) - 2uvA_{12}$$
$$- 2vwA_{23} - 2wuA_{31} = 0.$$

Dieses Paar soll mit (14) harmonisch liegen. Um die Bedingung dafür zu finden, stellen wir die Gleichung zweier Strahlen auf, die von einem Punkte der unendlich fernen Ebene (etwa $x' = 0$, $y' = 0$, $z' = 1$) nach dem Paare (15) hingehen, d. h. wir setzen in (15)

$$u = yz' - zy' = y, \quad v = zx' - xz' = -x, \quad w = 0$$

und finden:

$$(16) \quad (A_{22} + A_{33})y^2 + (A_{11} + A_{33})x^2 - 2A_{12}xy = 0.$$

Dieses Linienpaar ist zu dem aus (14) in analoger Weise ableitbaren Linienpaare und und folglich zum Punktepaare (14) harmonisch, wenn die lineo-lineare simultane Invariante beider Linienpaare verschwindet*), d. h. wenn

---

*) Vgl. Bd. I, p. 295 und 521.

$$(17) \quad (A_{11}A_{44} - A_{14}{}^2)(\mathsf{A}_{11} + \mathsf{A}_{33}) + (A_{22}A_{44} - A_{24}{}^2)(\mathsf{A}_{22} + \mathsf{A}_{33})$$
$$- 2(A_{44}A_{12} - A_{14}A_{24})\mathsf{A}_{12} = 0$$

ist. *Dieses ist die hinzutretende Bedingung für eine gleichseitige Hyperbel.*

Die analoge Bedingung für einen *Kreis* ist durch die Forderung gegeben, dass die beiden Gleichungen (14) und (15) ein und dasselbe Punktepaar darstellen. Im Allgemeinen wird dieses eintreten, wenn die Coëfficienten von (16) zu denjenigen der in entsprechender Weise aus (14) abgeleiteten Gleichung proportional sind, d. h. wenn

$$\mu(A_{11}A_{44} - A_{14}{}^2) = \mathsf{A}_{22} + \mathsf{A}_{33}, \quad \mu(A_{22}A_{44} - A_{24}{}^2) = \mathsf{A}_{11} + \mathsf{A}_{33},$$
$$\mu(A_{44}A_{12} - A_{14}A_{24}) = \mathsf{A}_{12}.$$

Für den Kreis $u^2 + v^2 - \varrho^2 = 0$ sind diese Bedingungen in der That erfüllt.

Sollte der Punkt $x' = 0$, $y' = 0$, $z' = 1$ gerade auf der gemeinsamen Axe der Paare (14) und (15) sich befinden, so wird die linke Seite von (16) ein vollständiges Quadrat und die Bedingung (17) unbrauchbar; alsdann hat man eine andere Ecke des unendlich fernen Coordinatendreiecks zu benutzen; ebenso eventuell beim Kreise.

IX. Beziehungen zwischen zwei Flächen zweiter Ordnung.

Zwei algebraische Flächen haben mit einander einfach unendlich viele (reelle oder imaginäre) Punkte gemein, welche in ihrer Gesammtheit die *Durchdringungs-* oder *Durchschnittscurve* beider Flächen bilden. Eine so erzeugte algebraische Curve wird im Allgemeinen nicht in einer Ebene liegen, sondern ein specifisches räumliches Gebilde darstellen[*], von dem uns ja schon einige allgemeine Eigenschaften von früheren Ueberlegungen her bekannt sind (p. 24 ff.). Die betreffende Curve definirt man meist am Einfachsten durch zwei Flächen, die sich in ihr schneiden; doch ist keineswegs umgekehrt jede algebraisch durch einen Parameter darstellbare einfach unendliche Reihe von Punkten (*algebraische Curve*) durch den Schnitt zweier Oberflächen zu erhalten; ein solcher Schnitt kann vielmehr in getrennte algebraische Gebilde zerfallen, welche einzeln für sich nicht immer als die gemeinsamen Punkte zweier algebraischen Flächen betrachtet werden können (vgl. p. 5 f.). Für dieses interessante Vorkommen wird sich ein ausführlicher zu betrachtendes Beispiel bald

---

[*] Die erste Curve doppelter Krümmung (Schnitt eines geraden Kreiscylinders mit einer Fläche vierter Ordnung) ist durch Archytas von Tarent (ca. 300 v. Chr.) benutzt worden, vgl. Cantor, Vorlesungen über Geschichte der Mathematik, Leipzig 1880, p. 196, oder Baltzer, Analytische Geometrie, ib. 1882, p. 131.

darbieten. *Als Ordnung einer algebraischen Curve* bezeichnet man die Anzahl der (reellen oder imaginären) Punkte, welche sie mit einer beliebigen Ebene gemein hat.

Sind insbesondere zwei Flächen zweiter Ordnung

$$(1) \qquad f \equiv \Sigma\Sigma a_{ik}x_i x_k = 0, \quad \varphi \equiv \Sigma\Sigma b_{ik}x_i x_k = 0$$

gegeben, so *ist ihre Schnittcurve von der vierten Ordnung.* In der That, nimmt man die Gleichung einer Ebene $E = 0$ (also eine lineare Gleichung in x_1, x_2, x_3, x_4) hinzu, so liegen in dieser Ebene zwei Kegelschnitte, ihre beiden Schnittcurven mit der Fläche; den Kegelschnitten sind im Allgemeinen vier Punkte gemeinsam, und diese gehören gleichzeitig der Schnittcurve unserer Flächen an, und es sind die einzigen gemeinsamen Punkte der letzteren, welche sich in $E = 0$ befinden können: durch ihre Anzahl ist die Ordnung in der obigen Weise bestimmt*).

Die beiden Flächen (1) sind umgekehrt durch ihre Schnittcurve nicht völlig bestimmt; offenbar geht vielmehr jede Fläche des „Büschels"

$$(2) \qquad f + \lambda\varphi = 0$$

durch alle gemeinsamen Punkte von $f = 0$ und $\varphi = 0$ hindurch. Dieser Flächenbüschel ist dem in der ebenen Geometrie betrachteten Kegelschnittbüschel genau analog; wie dort drei Linienpaare (d. i. Curven mit verschwindender Determinante) auftraten, so sind hier vier Kegel (d. i. Flächen mit verschwindender Determinante) ausgezeichnet. Die ihnen zukommenden Werthe von λ bestimmen sich durch die Gleichung

$$(3) \qquad \varDelta(\lambda) \equiv \begin{vmatrix} a_{11} + \lambda b_{11} & a_{12} + \lambda b_{12} & a_{13} + \lambda b_{13} & a_{14} + \lambda b_{14} \\ a_{21} + \lambda b_{21} & a_{22} + \lambda b_{22} & a_{23} + \lambda b_{23} & a_{24} + \lambda b_{24} \\ a_{31} + \lambda b_{31} & a_{32} + \lambda b_{32} & a_{33} + \lambda b_{33} & a_{34} + \lambda b_{34} \\ a_{41} + \lambda b_{41} & a_{42} + \lambda b_{42} & a_{43} + \lambda b_{43} & a_{44} + \lambda b_{44} \end{vmatrix} = 0,$$

welche in der That vom vierten Grade in λ ist.

Wir nehmen zunächst an, dass die vier Wurzeln der Gleichung $\varDelta(\lambda) = 0$ *von einander verschieden seien; sowie, dass sowohl die Determinante von f als diejenige von φ nicht gleich Null sei**).*

---

*) Die vorliegende Curve wird speciell als *Curve vierter Ordnung erster Species* bezeichnet; denn es gibt auch räumliche Curven derselben Ordnung, welche nicht als Durchschnittscurven zweier Flächen zweiter Ordnung erhalten werden können; diesen Curven zweiter Species begegnen wir später bei der ebenen Abbildung der Flächen zweiter Ordnung.

**) Eine wesentliche Störung würde allerdings nicht eintreten; es würden nur eine oder zwei Wurzeln der Gleichung gleich 0 oder ∞ werden. Unbedingt ausschliessen muss man hier jedoch den Fall, wo beide Flächen selbst Kegel sind,

Die vier Wurzeln seien mit λ_1, λ_2, λ_3, λ_4 bezeichnet und der Wurzel λ_i möge der Kegel $f + \lambda_i \varphi = 0$ in dem Büschel (1) zugehören, dessen Spitze wir die Coordinaten $x_1^{(i)}$, $x_2^{(i)}$, $x_3^{(i)}$, $x_4^{(i)}$ beilegen. Diese Kegelspitze genügt dann den vier Gleichungen (vgl. p. 148)

$$(4) \qquad \begin{aligned} \left(a_{k1} + \lambda_i b_{k1}\right) x_1^{(i)} + \left(a_{k2} + \lambda_i b_{k2}\right) x_2^{(i)} + \left(a_{k3} + \lambda_i b_{k3}\right) x_3^{(i)} + \\ \left(a_{k4} + \lambda_i b_{k4}\right) x_4^{(i)} = 0 \quad \text{für} \quad k = 1, 2, 3, 4. \end{aligned}$$

Dieselben können eben in Folge von (3) zugleich bestehen, und *aus ihnen findet man die Coordinaten der Kegelspitzen.*

Auf dieselben Gleichungen (4) führt die Forderung, dass die Polarebenen eines Punktes $x^{(i)}$ in Bezug auf die beiden Flächen (1) und folglich in Bezug auf *alle* Flächen des Büschels $f + \lambda \varphi = 0$ in eine Ebene zusammenfallen sollen; dann nämlich muss der Ausdruck

$$a_{k1} x_1^{(i)} + a_{k2} x_2^{(i)} + a_{k3} x_3^{(i)} + a_{k4} x_4^{(i)}$$

zu dem Ausdrucke

$$b_{k1} x_1^{(i)} + b_{k2} x_2^{(i)} + b_{k3} x_3^{(i)} + b_{k4} x_4^{(i)}$$

proportional sein; nennt man den Proportionalitätsfactor $-\lambda_i$, so hat man wieder die Gleichungen (4) und für λ_i die Gleichung (3).

Eine weitere Eigenschaft der Polarebene von $x^{(i)}$ ergibt sich, wenn man die Gleichungen (4) mit $x_k^{(j)}$ multiplicirt und addirt, wobei j einen von i verschiedenen Index der Reihe 1, 2, 3, 4 bezeichne. Es entsteht die Gleichung

$$Q + \lambda_i Q' = 0,$$

wenn

$$Q = \underset{k}{\Sigma} \underset{l}{\Sigma} a_{kl} x_k^{(j)} x_l^{(i)}, \quad Q' = \underset{k}{\Sigma} \underset{l}{\Sigma} b_{kl} x_k^{(j)} x_l^{(i)}.$$

Bildet man zuerst die Gleichungen (4) für den Index j, so entsteht in entsprechender Weise:

$$Q + \lambda_j Q' = 0,$$

also, da λ_i von λ_j der Annahme nach verschieden ist,

$$Q = 0 \quad \text{und} \quad Q' = 0;$$

d. h. $x^{(i)}$ und $x^{(j)}$ sind einander conjugirte Pole in Bezug auf beide Flächen, also auch in Bezug auf alle Flächen des Büschels, und jede

---

und die Spitze des einen Kegels auf dem andern liegt. — Ueber die Realität der Wurzeln von $\varDelta(\lambda) = 0$ vgl. die Note zu p. 168, ferner über die Realität der zugehörigen Kegel und der Schnittcurve Painvin, Nouvelles Annales de Mathématiques, 1868, p. 481.

unserer vier Kegelspitzen liegt in der Polarebene jeder anderen solchen Spitze.

Die Spitzen $x^{(i)}$ der vier in unserem Flächenbüschel (2) *enthaltenen Kegel bilden also die Ecken eines Tetraëders, in welchem jede Seitenebene Polarebene der gegenüberliegenden Ecke ist in Bezug auf alle Flächen des Büschels, in welchem folglich je zwei gegenüber liegende Kanten in Bezug auf alle diese Flächen conjugirte Polaren sind, welches also ein allen Flächen des Büschels gemeinsames Polartetraëder darstellt.*

Die Gleichung einer Fläche, bezogen auf ein solches Tetraëder, enthält bekanntlich nur die Quadrate der Variabeln. Es bietet sich demgemäss hier die Aufgabe, *durch eine lineare Substitution neue Variable X_1, X_2, X_3, X_4 der Art einzuführen, dass man hat*

$$(5) \quad \begin{aligned} f &\equiv \Sigma\Sigma a_{ik} x_i x_k = \alpha X_1^2 + \alpha' X_2^2 + \alpha'' X_3^2 + \alpha''' X_4^2, \\ \varphi &\equiv \Sigma\Sigma b_{ik} x_i x_k = \beta X_1^2 + \beta' X_2^2 + \beta'' X_3^2 + \beta''' X_4^2. \end{aligned}$$

Diese Aufgabe ist offenbar gelöst, sobald man die Coordinaten der Spitzen der Kegel aus (4) berechnet hat; denn nach p. 92 f. lautet alsdann die gesuchte Transformation:

$$(6) \quad \begin{aligned} v x_1 &= x_1^{(1)} X_1 + x_1^{(2)} X_2 + x_1^{(3)} X_3 + x_1^{(4)} X_4, \\ v x_2 &= x_2^{(1)} X_1 + x_2^{(2)} X_2 + x_2^{(3)} X_3 + x_2^{(4)} X_4, \\ v x_3 &= x_3^{(1)} X_1 + x_3^{(2)} X_2 + x_3^{(3)} X_3 + x_3^{(4)} X_4, \\ v x_4 &= x_4^{(1)} X_1 + x_4^{(2)} X_2 + x_4^{(3)} X_3 + x_4^{(4)} X_4. \end{aligned}$$

Sie ist demnach nicht völlig bestimmt, denn die Coordinaten jeder Spitze sind nur Verhältnisszahlen; die Coëfficienten jeder Verticalreihe können also um einen gemeinsamen Factor geändert werden, ohne das Wesen der Sache zu afficiren. Mit einer solchen Aenderung gleichwerthig ist eine Aenderung der X_i um willkürliche Factoren. *Wir machen daher die Aufgabe erst zu einer bestimmten, wenn wir etwa für die Grössen β in* (5) *willkürliche Werthe annehmen.* Auch dann werden allerdings die Substitutionscoëfficienten in (6) nicht eindeutig bestimmt sein; in (5) nämlich kommen nur die Quadrate der X_i vor, man kann also die Coëfficienten einer Verticalreihe noch um ein Vorzeichen ändern, was einer Vorzeichenänderung einer Grösse X_i äquivalent ist, ohne das verlangte Resultat zu beeinflussen; *diese Vorzeichen bleiben daher nothwendig unbestimmt.*

Der Einfachheit halber setzen wir alle β gleich Eins, und *verlangen also die Gleichungen*

$$(5\,\mathrm{a}) \qquad
\begin{aligned}
f &= \alpha X_1{}^2 + \alpha' X_2{}^2 + \alpha'' X_3{}^2 + \alpha''' X_4{}^2, \\
\varphi &= X_1{}^2 + X_2{}^2 + X_3{}^2 + X_4{}^2
\end{aligned}$$

zu befriedigen mittelst einer Transformation

$$(6\,\mathrm{a}) \qquad x_k = \beta_{k1} X_1 + \beta_{k2} X_2 + \beta_{k3} X_3 + \beta_{k4} X_4,$$

oder in Ebenencoordinaten:

$$(6\,\mathrm{b}) \qquad U_k = \beta_{1k} u_1 + \beta_{2k} u_2 + \beta_{3k} u_3 + \beta_{4k} u_4 \;{}^*).$$

Die links sonst beigefügten Proportionalitätsfactoren sind der Einfachheit halber gleich Eins gesetzt, so dass

$$u_1 x_1 + u_2 x_2 + u_3 x_3 + u_4 x_4 = U_1 X_1 + U_2 X_2 + U_3 X_3 + U_4 X_4.$$

In Folge von (5a) wird offenbar:

$$f + \lambda \varphi = (\alpha + \lambda) X_1{}^2 + (\alpha' + \lambda) X_2{}^2 + (\alpha'' + \lambda) X_3{}^2 + (\alpha''' + \lambda) X_4{}^2;$$

die in dem Büschel enthaltenen vier Kegel ergeben sich also für $\lambda = -\alpha, -\alpha', -\alpha'', -\alpha'''$, während ihnen nach Obigem die Parameterwerthe $\lambda_1, \lambda_2, \lambda_3, \lambda_4$ zukommen. Folglich können wir setzen

$$(7) \qquad \lambda_1 = -\alpha, \quad \lambda_2 = -\alpha', \quad \lambda_3 = -\alpha'', \quad \lambda_4 = -\alpha'''.$$

Wie bei allen ähnlichen Transformationsaufgaben, ist das Resultat der Substitution bekannt, ohne dass man nöthig hätte, diese selbst auszuführen. Letzteres aber verlangen wir für eine vollständige Erledigung des gestellten Problems.

In Folge von (7) wird

$$(8) \qquad \varDelta(\lambda) = B (\lambda - \lambda_1)(\lambda - \lambda_2)(\lambda - \lambda_3)(\lambda - \lambda_4),$$

wo

$$B = \begin{vmatrix} b_{11} & b_{12} & b_{13} & b_{14} \\ b_{21} & b_{22} & b_{23} & b_{24} \\ b_{31} & b_{32} & b_{33} & b_{34} \\ b_{41} & b_{42} & b_{43} & b_{44} \end{vmatrix}.$$

Die rechte Seite von (8) ist, abgesehen von dem Factor B, nichts anderes, als die Determinante von $f + \lambda \varphi$, gebildet für das neue Coordinatensystem, nämlich:

$$\varDelta_0(\lambda) = \begin{vmatrix} -\lambda_1 + \lambda & 0 & 0 & 0 \\ 0 & -\lambda_2 + \lambda & 0 & 0 \\ 0 & 0 & -\lambda_3 + \lambda & 0 \\ 0 & 0 & 0 & -\lambda_4 + \lambda \end{vmatrix}.$$

---

*) Cauchy (Exercices de math. 4, p. 140) und Jacobi (1834, Crelle's Journal Bd. 12) behandelten diese Transformation zuerst. — Die im Folgenden angewandte Methode ist von Aronhold (zunächst für die Ebene) angegeben; vgl. Bd. I, p. 130. — Die Existenz der vier Kegel und des gemeinsamen Polartetraëders erkannte zuerst Poncelet (Traité des propriétés projectives, Nr. 614 ff., 1822).

Die ursprüngliche Determinante $\Delta(\lambda)$ unterscheidet sich also von der Determinante der transformirten Fläche nur um einen Factor B.

Dieses sehr wichtige Resultat hätten wir direct erkennen können mit Hülfe einer Schlussweise, die darauf beruht, dass die Bedingung $\Delta(\lambda) = 0$ unabhängig sein muss von der Lage des Coordinatensystems, und die in ganz derselben Weise bei der entsprechenden Aufgabe der ebenen Geometrie vorkam (vgl. Bd. I, p. 130). Man würde so erhalten

$$(9) \qquad \Delta_0(\lambda) = R^2 \Delta(\lambda),$$

unter R die Substitutionsdeterminante verstanden:

$$R = \begin{vmatrix} \beta_{11} & \beta_{12} & \beta_{13} & \beta_{14} \\ \beta_{21} & \beta_{22} & \beta_{23} & \beta_{24} \\ \beta_{31} & \beta_{32} & \beta_{33} & \beta_{34} \\ \beta_{41} & \beta_{42} & \beta_{43} & \beta_{44} \end{vmatrix} .$$

Der Vergleich mit (8) ergibt dann weiter

$$(10) \qquad R^2 = \frac{1}{B},$$

so dass *das Quadrat der Substitutionsdeterminante von vornherein bekannt ist.*

Auch die Bedingung, dass die Fläche $f + \lambda\varphi = 0$ von einer Ebene u berührt werde, muss unabhängig von der Lage des Coordinatentetraëders erfüllt sein oder nicht erfüllt sein; auch auf sie ist daher obige Schlussweise anwendbar und führt zu dem Resultate

$$(11) \qquad \Phi_0(\lambda) = R^2 \Phi(\lambda),$$

wenn Φ die linke Seite der Ebenencoordinaten-Gleichung in der alten Form, Φ_0 die entsprechende Bildung in der neuen Form bezeichnet, so dass:

$$(12) \qquad \Phi = \Phi(\lambda) = \Sigma\Sigma \Delta_{ik}(\lambda) u_i u_k,$$

unter $\Delta_{ik}(\lambda)$ die ersten Unterdeterminanten von $\Delta(\lambda)$ verstanden, und

$$(13) \quad \begin{aligned} \Phi_0 &= (\lambda - \lambda_2)(\lambda - \lambda_3)(\lambda - \lambda_4) U_1^2 + (\lambda - \lambda_3)(\lambda - \lambda_4)(\lambda - \lambda_1) U_2^2 \\ &+ (\lambda - \lambda_4)(\lambda - \lambda_1)(\lambda - \lambda_2) U_3^2 + (\lambda - \lambda_1)(\lambda - \lambda_2)(\lambda - \lambda_3) U_4^2 \end{aligned}$$

gesetzt. Eine ganz analoge Formel liesse sich endlich für die Flächengleichung in Plücker'schen Liniencoordinaten aufstellen.

Die Wichtigkeit der angegebenen Formeln rechtfertigt es wohl, wenn wir einen auf directer Rechnung beruhenden Beweis und damit eine nachträgliche algebraische Verification einschalten; dieselbe beruht auf wiederholter Anwendung des Determinanten-Multiplicationssatzes; es genügt, die Formel (11) so zu verificiren. Wir bilden zunächst das Product:

$$\Phi \cdot R = \begin{vmatrix} a_{11} & a_{12} & a_{13} & a_{14} & u_1 \\ a_{21} & a_{22} & a_{23} & a_{24} & u_2 \\ a_{31} & a_{32} & a_{33} & a_{34} & u_3 \\ a_{41} & a_{42} & a_{43} & a_{44} & u_4 \\ u_1 & u_2 & u_3 & u_4 & 0 \end{vmatrix} \times \begin{vmatrix} \beta_{11} & \beta_{12} & \beta_{13} & \beta_{14} & 0 \\ \beta_{21} & \beta_{22} & \beta_{23} & \beta_{24} & 0 \\ \beta_{31} & \beta_{32} & \beta_{33} & \beta_{34} & 0 \\ \beta_{41} & \beta_{42} & \beta_{43} & \beta_{44} & 0 \\ 0 & 0 & 0 & 0 & 1 \end{vmatrix},$$

indem wir die erste Verticalreihe der ersten Determinante successive mit den Verticalreihen der zweiten Determinante R multipliciren und so die erste Verticalreihe der resultirenden Determinante erhalten. Unter Benutzung von (6b) wird letztere gleich

$$\begin{vmatrix} c_{11} & c_{12} & c_{13} & c_{14} & U_1 \\ c_{21} & c_{22} & c_{23} & c_{24} & U_2 \\ c_{31} & c_{32} & c_{33} & c_{34} & U_3 \\ c_{41} & c_{42} & c_{43} & c_{44} & U_4 \\ u_1 & u_2 & u_3 & u_4 & 0 \end{vmatrix},$$

wo zur Abkürzung:

$$c_{rs} = a_{1s}\beta_{1r} + a_{2s}\beta_{2r} + a_{3s}\beta_{3r} + a_{4s}\beta_{4r}.$$

Die neue Determinante multipliciren wir wieder mit

$$R = \begin{vmatrix} \beta_{11} & \beta_{21} & \beta_{31} & \beta_{41} & 0 \\ \beta_{12} & \beta_{22} & \beta_{32} & \beta_{42} & 0 \\ \beta_{13} & \beta_{23} & \beta_{33} & \beta_{43} & 0 \\ \beta_{14} & \beta_{24} & \beta_{34} & \beta_{44} & 0 \\ 0 & 0 & 0 & 0 & 1 \end{vmatrix}$$

und bilden die erste Verticalreihe des Resultats, in dem wir successive die verschiedenen Horizontalreihen derselben mit der ersten Horizontalreihe von R multipliciren. Setzen wir noch

$$\alpha_{st} = c_{s1}\beta_{1t} + c_{s2}\beta_{2t} + c_{s3}\beta_{3t} + c_{s4}\beta_{4t},$$

so ergibt sich:

$$\Phi \cdot R^2 = \begin{vmatrix} \alpha_{11} & \alpha_{12} & \alpha_{13} & \alpha_{14} & U_1 \\ \alpha_{21} & \alpha_{22} & \alpha_{23} & \alpha_{24} & U_2 \\ \alpha_{31} & \alpha_{32} & \alpha_{33} & \alpha_{34} & U_3 \\ \alpha_{41} & \alpha_{42} & \alpha_{43} & \alpha_{44} & U_4 \\ U_1 & U_2 & U_3 & U_4 & 0 \end{vmatrix}.$$

Dies ist im Wesentlichen die zu beweisende Formel (11); es sind nur die Coëfficienten $a_{ik} + \lambda b_{ik}$ einfach durch a_{ik} ersetzt, so dass hier $\Phi = \Phi(0)$; die Coëfficienten α_{ik} auf der rechten Seite aber sind nichts anderes, als die Coëfficienten von f in der neuen (durch Einführung der X_i mittelst (6a) gewonnenen) Gestalt, denn es wird:

$$\Sigma\Sigma a_{ik}x_i x_k = \Sigma\Sigma \alpha_{ik} X_i X_k.$$

Um dies nachzuweisen, rechnet man in folgender Weise; es ist

$$\Sigma\Sigma a_{ik}x_i x_k = \Sigma x_i(\Sigma a_{ik}x_k) = \Sigma\Sigma c_{sr} X_s x_r$$
$$= \Sigma\Sigma c_{sr} X_s(\Sigma \beta_{rt} X_t) = \Sigma\Sigma \alpha_{st} X_s X_t. —$$

Mit Hülfe der Gleichungen (11) und (13) ist unsere Aufgabe schnell erledigt; wir haben nur successive $\lambda = \lambda_1, \lambda_2, \lambda_3, \lambda_4$ zu setzen; es entstehen so die Relationen

$$\Sigma\Sigma \varDelta_{ik}(\lambda_1) u_i u_k = (\lambda_1 - \lambda_2)(\lambda_1 - \lambda_3)(\lambda_1 - \lambda_4) U_1^2 B,$$
$$\Sigma\Sigma \varDelta_{ik}(\lambda_2) u_i u_k = (\lambda_2 - \lambda_3)(\lambda_2 - \lambda_4)(\lambda_2 - \lambda_1) U_2^2 B,$$
$$\Sigma\Sigma \varDelta_{ik}(\lambda_3) u_i u_k = (\lambda_3 - \lambda_4)(\lambda_3 - \lambda_1)(\lambda_3 - \lambda_2) U_3^2 B,$$
$$\Sigma\Sigma \varDelta_{ik}(\lambda_4) u_i u_k = (\lambda_4 - \lambda_1)(\lambda_4 - \lambda_2)(\lambda_4 - \lambda_3) U_4^2 B,$$

oder vermöge (6b) durch Vergleichung der einzelnen Coëfficienten von $u_i u_k$ beiderseits:

$$
(14)\quad
\begin{aligned}
B(\lambda_1 - \lambda_2)(\lambda_1 - \lambda_3)(\lambda_1 - \lambda_4)\,\beta_{i1}\beta_{k1} &= \varDelta_{ik}(\lambda_1),\\
B(\lambda_2 - \lambda_3)(\lambda_2 - \lambda_4)(\lambda_2 - \lambda_1)\,\beta_{i2}\beta_{k2} &= \varDelta_{ik}(\lambda_2),\\
B(\lambda_3 - \lambda_4)(\lambda_3 - \lambda_1)(\lambda_3 - \lambda_2)\,\beta_{i3}\beta_{k3} &= \varDelta_{ik}(\lambda_3),\\
B(\lambda_4 - \lambda_1)(\lambda_4 - \lambda_2)(\lambda_4 - \lambda_3)\,\beta_{i4}\beta_{k4} &= \varDelta_{ik}(\lambda_4).
\end{aligned}
$$

Diese Gleichungen sind natürlich nicht von einander unabhängig, denn ihre Anzahl ist grösser, wie die der Unbekannten. Zum Zwecke der Rechnung geht man etwa von der Formel

$$(15)\qquad \beta_{11} = \pm \sqrt{\frac{\varDelta_{11}(\lambda_1)}{B(\lambda_1 - \lambda_2)(\lambda_1 - \lambda_3)(\lambda_1 - \lambda_4)}}$$

aus und findet dann weiter für $k = 2, 3, 4$:

$$(15a)\quad \beta_{k1} = \frac{\varDelta_{1k}(\lambda_1)}{B(\lambda_1 - \lambda_2)(\lambda_1 - \lambda_3)(\lambda_1 - \lambda_4)\beta_{11}} = \pm\frac{\varDelta_{1k}(\lambda_1)}{\sqrt{\varDelta_{11}(\lambda_1)\cdot B\cdot(\lambda_1 - \lambda_2)(\lambda_1 - \lambda_3)(\lambda_1 - \lambda_4)}}.$$

Damit sind die Coëfficienten der ersten Verticalreihe bis auf das unbestimmt bleibende Vorzeichen (p. 209) gefunden. Die Formeln (15a) werden unbrauchbar:

1) wenn $\varDelta_{11}(\lambda_1) = 0$ ist,

2) wenn $B = 0$ ist.

Im ersten Falle liegt die Spitze des Kegels $f + \lambda_1 \varphi = 0$ in der Ebene $x_1 = 0$; nach (4), p. 151 verschwinden folglich auch alle vier Unterdeterminanten $\varDelta_{1k}(\lambda_1)$ und die Grössen β_{k1} erscheinen in unbestimmter Form; man entnimmt dann etwa β_{21} aus der Gleichung

$$B(\lambda_1 - \lambda_3)(\lambda_1 - \lambda_4)(\lambda_1 - \lambda_2)\,\beta_{21}^2 = \varDelta_{22}(\lambda_1);$$

sollte auch $\beta_{21} = 0$ gefunden werden, so wird β_{31} aus der entsprechenden Gleichung für β_{31}^2 berechnet; sollte endlich auch $\varDelta_{33}(\lambda_1)$

verschwinden, so geht man von $\varDelta_{44}(\lambda_1)$ aus, um β_{41} zu berechnen. Diese Grösse kann nicht auch gleich Null sein, denn es können nicht alle vier Ebenen eines Tetraëders von einem und demselben Kegel berührt werden, es sei denn, dass dieser in ein Ebenenpaar ausartet, in welchem Falle *alle* Unterdeterminanten $\varDelta_{ik}(\lambda_1)$ verschwinden müssten (vgl. p. 151); dann aber würde λ_1 eine Doppelwurzel der Gleichung $\varDelta(\lambda) = 0$ sein, da ja

$$(16) \qquad \frac{\partial \varDelta(\lambda)}{\partial \lambda} = \varSigma\varSigma b_{ki}\varDelta_{ki}(\lambda).$$

Das Auftreten einer solchen Doppelwurzel haben wir indessen vorläufig ausgeschlossen.

Verschwindet die Determinante B, so werden die Formeln (14) nur formal ungültig; denn man braucht nur f mit φ zu vertauschen, um die Rechnung ganz entsprechend durchzuführen; man hat dann $\varphi + \varkappa f$ statt $f + \lambda\varphi$ zu untersuchen. Nun ist

$$(17) \qquad \varDelta(\lambda) = A + 4A_1\lambda + 6C\lambda^2 + 4B_1\lambda^3 + B\lambda^4;$$

für $B = 0$ wird also eine Wurzel λ unendlich gross, d. h. eine der Wurzeln $\varkappa$ wird gleich Null. Dies Verfahren kann aber nur eingeschlagen werden, wenn nicht gleichzeitig $A = 0$ ist; deshalb wurde oben das Verschwinden beider Determinanten ausgeschlossen (p. 207). Tritt dieser Fall ein, so ist es weder erlaubt, alle Grössen β in (5) gleich Eins zu nehmen, noch mit den α so zu verfahren, wie wir es thaten, denn die Kegelgleichungen $f = 0$, $\varphi = 0$ können nur drei Quadrate enthalten. Statt (5a) und (17) hat man also

$$f = \qquad \alpha' X_2{}^2 + \alpha'' X_3{}^2 + \alpha''' X_4{}^2,$$
$$\varphi = X_1{}^2 + \quad X_2{}^2 + \quad X_3{}^2,$$
$$f + \lambda\varphi = \lambda X_1{}^2 + (\alpha' + \lambda) X_2{}^2 + (\alpha'' + \lambda) X_3{}^2 + \alpha''' X_4{}^2,$$
$$\varDelta(\lambda) = \lambda(4A_1 + 6C\lambda + 4B_1\lambda^2) = 4B_1\lambda(\lambda - \lambda_2)(\lambda - \lambda_3),$$

wenn oben λ_1 die verschwindende, λ_4 die unendlich gross werdende Wurzel bedeutet. Es folgt wieder

$$\alpha' = -\lambda_2, \quad \alpha'' = -\lambda_3,$$

ferner aus (9):

$$R^2\varDelta(\lambda) = \varDelta_0(\lambda) = \lambda(\alpha' + \lambda)(\alpha'' + \lambda)\alpha''',$$

also statt (10):

$$R^2 B_1 = \alpha'''.$$

Dieser Parameter α''' bleibt willkürlich, denn in Folge von $\varphi = X_1{}^2 + X_2{}^2 + X_3{}^2$ haben wir nur über drei Parameter verfügt, während unsere Aufgabe vier Parameter (willkürliche Factoren der X_i) zur

Verfügung stellt. Die weitere Berechnung der Coëfficienten β_{ik} geschieht mittelst der Formel (11) ebenso wie oben.

Der von uns bei dem vorgelegten Probleme eingeschlagene Weg ist wesentlich dadurch charakterisirt, dass die zu suchenden Coëfficienten einer linearen Transformation durch Vergleichung invarianter Bildungen gefunden wurden. Diese Methode hat uns schon in der ebenen Geometrie oft zum Ziele geführt und wird auch bei allen analogen Aufgaben im Auge zu behalten sein.

Für den Schnitt des Büschels mit einer Ebene oder einer Geraden heben wir noch einige, später wichtige Sätze hervor. Auf einer beliebigen Ebene schneiden die Flächen $f + \lambda\varphi = 0$ einen Kegelschnittbüschel aus, dessen vier Basispunkte die Schnittpunkte der Ebene mit der Curve vierter Ordnung sind; diesem Kegelschnittbüschel kommt ein gemeinsames Polardreieck zu, dessen drei Ecken die Scheitel der drei im Kegelschnittbüschel enthaltenen Linienpaare liefern; *in diesen drei Ecken wird also die Ebene von Flächen des Büschels berührt;* damit ist Anzahl und Lage solcher berührenden Flächen bestimmt; in der That ist ja auch die Ebenencoordinaten-Gleichung vom dritten Grade in λ.

Um die Flächen zu finden, welche eine gegebene Gerade berühren, legen wir durch diese Gerade eine beliebige Ebene und brauchen dann nur diejenigen Flächen zu suchen, deren ebene Schnitte mit der Hülfsebene unsere gerade Linie zur Tangente haben. Ein bekanntes Resultat der ebenen Geometrie (Bd. I, p. 135) liefert sofort den Satz:

Die Flächen eines Büschels schneiden eine beliebige Gerade in Punktepaaren einer Involution; in den Doppelpunkten derselben wird die Gerade von je einer Fläche des Büschels berührt.

X. Besondere Lagen zweier Flächen zweiter Ordnung gegen einander.

Wenn wir jetzt auf diejenigen Fälle näher eingehen, in denen die fragliche Transformation auf das gemeinsame Polartetraëder nicht mehr möglich ist, so wissen wir, dass dieselben nur durch das Zusammenfallen mehrerer Wurzeln der Gleichung $\Delta(\lambda) = 0$ bedingt sein können und haben dabei (wie sich bei fortschreitender Untersuchung zeigen wird) auf zwei Momente besonders zu achten:

erstens, wievielfach eine Wurzel der Gleichung ist, und

zweitens, ob für eine vielfache Wurzel etwa ausser $\Delta(\lambda)$ auch die ersten oder zweiten Unterdeterminanten von $\Delta(\lambda)$ verschwinden,

d. h. ob der entsprechende mehrfach zählende Kegel etwa in ein Ebenenpaar oder in eine Doppelebene ausartet.

Setzen wir wieder voraus, dass die Determinanten A und B der Flächen $f = 0$ und $\varphi = 0$ nicht verschwinden, so haben wir dreizehn wesentlich verschiedene Fälle der Reihe nach durchzusprechen; wir bezeichnen sie mit vorgesetzten Nummern und geben zum Schlusse eine tabellarische Uebersicht. Vorausgeschickt mag noch die Bemerkung werden, dass in Folge der Gleichung (16) *das Verschwinden sämmtlicher ersten Unterdeterminanten stets eine Doppelwurzel, und ebenso das Verschwinden sämmtlicher zweiten Unterdeterminanten stets eine dreifache Wurzel bedingt.*

Als **Nr. 1** zählen wir den bereits erledigten allgemeinen Fall.

Nr. 2. *Es fallen zwei Wurzeln zusammen, ohne dass alle zugehörigen ersten Unterdeterminanten verschwinden.* Die Doppelwurzel sei mit λ_3 bezeichnet, die einfachen Wurzeln seien λ_1 und λ_2; $x^{(i)}$ sei wieder die Spitze des zu λ_i gehörigen Kegels, dann ist nach Gleichung (4) p. 151

$$\varrho_3 x_i^{(3)} x_k^{(3)} = \varDelta_{ik}(\lambda_3),$$

also

$$\varrho_3 \varphi(x^{(3)}) = \varSigma \varSigma b_{ik} \varDelta_{ik}(\lambda_3) = \varDelta'(\lambda_3) = 0,$$

ferner $f + \lambda_3 \varphi = 0$, folglich auch $f = 0$; d. h. *die Spitze des doppelt zählenden Kegels ist allen Flächen des Büschels gemeinsam;* sie ist ein Punkt der Schnittcurve vierter Ordnung. Ihre Polarebene ist dieselbe für alle Flächen $f + \lambda \varphi = 0$ (p. 208), d. h. sie ist gemeinsame Tangentenebene derselben: *die Flächen des Büschels berühren sich in dem Punkte $x^{(3)}$.* In der unmittelbaren Nähe des letzteren kann jede Fläche durch diese Tangentialebene ersetzt werden; letztere enthält also die Tangente unserer Curve vierter Ordnung in $x^{(3)}$; andererseits liegt die Curve ganz auf dem Kegel $f + \lambda_3 \varphi = 0$ und ihre Tangente in $x^{(3)}$ ist eine Erzeugende des Kegels; solcher Erzeugenden, Schnittlinien des Kegels und der Tangentialebene, gibt es aber zwei, d. h. *die Curve vierter Ordnung hat in $x^{(3)}$ einen Doppelpunkt.* Die beiden Zweige des Doppelpunktes bestimmen sich in folgender Weise.

Wir machen $x^{(3)}$ zur Ecke $X_1 = 0$, $X_2 = 0$, $X_3 = 0$ eines neuen Coordinatensystems und $X_3 = 0$ zur Tangentialebene, dann wird offenbar

$$(18) \qquad \begin{aligned} f &= 2\alpha X_3 X_4 + f_2(X_1, X_2, X_3), \\ \varphi &= 2\beta X_3 X_4 + \varphi_2(X_1, X_2, X_3), \end{aligned}$$

wo f_2 und φ_2 homogene Functionen zweiten Grades ihrer Argumente bedeuten, deren Coëfficienten wir α_{ik} bez. β_{ik} nennen. Die Gleichung des doppelt zählenden Kegels ist dann offenbar

$$\beta f - \alpha \varphi = \beta f_2 - \alpha \varphi_2 = 0;$$

und die von der Ebene $X_3 = 0$ auf ihm ausgeschnittenen Erzeugenden sind:

$$(19)\quad (\beta \alpha_{11} - \alpha \beta_{11}) X_1^2 + 2(\beta \alpha_{12} - \alpha \beta_{12}) X_1 X_2 + (\beta \alpha_{22} - \alpha \beta_{22}) X_2^2 = 0.$$

*Diese quadratische Gleichung bestimmt die Richtung der beiden Tangenten
der Schnittcurve in ihrem Doppelpunkte.* Die Gleichung kann nur
dann gleiche Wurzeln haben, wenn λ_3 eine dreifache Wurzel von
$\varDelta(\lambda) = 0$ wird. In der That, die Discriminante von (19) ist

$$(\beta \alpha_{22} - \alpha \beta_{22}) (\beta \alpha_{11} - \alpha \beta_{11}) - (\beta \alpha_{12} - \alpha \beta_{12})^2.$$

Bedeutet ferner R die Determinante derjenigen Substitution, welche
von den x_i zu den X_i hinführt, so hat man nach (9) und (18):

$$(20)\quad R^2 \varDelta(\lambda) = \begin{vmatrix} \alpha_{11} + \lambda \beta_{11} & \alpha_{12} + \lambda \beta_{12} & \alpha_{13} + \lambda \beta_{13} & 0 \\ \alpha_{21} + \lambda \beta_{21} & \alpha_{22} + \lambda \beta_{22} & \alpha_{23} + \lambda \beta_{23} & 0 \\ \alpha_{31} + \lambda \beta_{31} & \alpha_{32} + \lambda \beta_{32} & \alpha_{33} + \lambda \beta_{33} & \alpha + \lambda \beta \\ 0 & 0 & \alpha + \lambda \beta & 0 \end{vmatrix}$$

$$= - (\alpha + \lambda \beta)^2 [(\alpha_{11} + \lambda \beta_{11}) (\alpha_{22} + \lambda \beta_{22}) - (\alpha_{12} + \lambda \beta_{12})^2].$$

Man sieht, dass $\lambda = - \dfrac{\alpha}{\beta}$ hier die Doppelwurzel vorstellt, und

dass dieselbe nur dann den zweiten Factor rechts zum Verschwinden
bringen würde, wenn obige Discriminante gleich Null wäre.

Da zwei Ecken unseres Polartetraëders sich in dem Berührungspunkte der Flächen vereinigt haben, kann von einem eigentlichen
gemeinsamen Polartetraëder nicht mehr die Rede sein. Um aber
hier die Gleichungen $f = 0$, $\varphi = 0$ auf eine möglichst einfache Form
zu bringen, kann man zunächst die Ebene $X_4 = 0$ so legen, dass
ihr Schnitt mit $X_3 = 0$ eine Seite des gemeinsamen Polardreiecks
der beiden von $X_4 = 0$ ausgeschnittenen Kegelschnitte wird (was die
Erfüllung von zwei Bedingungen erfordert); führt man sodann dieses
Polardreieck in der Ebene $X_4 = 0$ als Coordinatendreieck ein, so
werden dadurch die beiden Ausdrücke φ_2, f_2 gleichzeitig in die Summe
von je drei Quadraten nach den Regeln der ebenen Geometrie transformirt und es entsteht die Gleichungsform:

$$f = 2\alpha X_3 X_4 + \alpha_1 X_1^2 + \alpha_2 X_2^2 + \alpha_3 X_3^2,$$
$$\varphi = 2\beta X_3 X_4 + \beta_1 X_1^2 + \beta_2 X_2^2 + \beta_3 X_3^2.$$

Setzt man noch $X_4 + \mu X_3$ an Stelle von X_4 und macht $2\beta\mu + \beta_3 = 0$*),
so wird einfacher

---

*) Dies ist immer möglich, da $\varphi = 0$ ein Kegel sein müsste, wenn β ver-
schwinden sollte.

$$\varphi = 2\beta' X_3 X_4 + \beta_1 X_1{}^2 + \beta_2 X_2{}^2;$$

d. h. $X_4 = 0$ ist zur Tangentenebene der Fläche $\varphi = 0$ gemacht worden. Damit $f + \lambda_i \varphi = 0$ unsere drei Kegel liefert, muss man haben $\alpha + \lambda_3 \beta' = 0$, $\alpha_1 + \lambda_1 \beta_1 = 0$, $\alpha_2 + \lambda_2 \beta_2 = 0$. Vier Constante endlich, etwa α_3, β', β_1, β_2, kann man gleich Eins wählen; und somit wird:

$$(21) \qquad \begin{aligned} f &= -\lambda_1 X_1{}^2 - \lambda_2 X_2{}^2 - 2\lambda_3 X_3 X_4 + X_3{}^2, \\ \varphi &= X_1{}^2 + X_2{}^2 + 2X_3 X_4. \end{aligned}$$

Diese Normalform ist in unserem Falle immer herzustellen; und die betreffende lineare Transformation bestimmt sich durch folgende Rechnungen.

Die Gleichung (20) wird

$$(22) \quad R^2 \varDelta(\lambda) = R^2 [A + 4A_1 \lambda + 6C\lambda^2 + 4B_1 \lambda^3 + B\lambda^4]$$

$$= -(\lambda - \lambda_3)^2 (\lambda - \lambda_1)(\lambda - \lambda_2) = \begin{vmatrix} \lambda - \lambda_1 & 0 & 0 & 0 \\ 0 & \lambda - \lambda_2 & 0 & 0 \\ 0 & 0 & 1 & \lambda - \lambda_3 \\ 0 & 0 & \lambda - \lambda_3 & 0 \end{vmatrix},$$

und (11) gibt:

$$(23) \quad R^2 \Sigma \Sigma \varDelta_{ik}(\lambda) u_i u_k = -(\lambda - \lambda_3)^2 \left[(\lambda - \lambda_2) U_1{}^2 + (\lambda - \lambda_1) U_2{}^2 \right]$$
$$+ (\lambda - \lambda_1)(\lambda - \lambda_2) \left[U_4{}^2 - 2(\lambda - \lambda_3) U_3 U_4 \right].$$

Aus (22) erhält man R^2, nämlich:

$$(24) \qquad\qquad R^2 \cdot B = -1,$$

und aus (23) die Substitutionscoëfficienten für $\lambda = \lambda_1$, λ_2, λ_3, ∞:

$$(25) \quad \begin{aligned} R^2 \Sigma \Sigma \varDelta_{ik}(\lambda_1) u_i u_k &= -(\lambda_1 - \lambda_3)^2 (\lambda_1 - \lambda_2) U_1{}^2, \\ R^2 \Sigma \Sigma \varDelta_{ik}(\lambda_2) u_i u_k &= -(\lambda_2 - \lambda_3)^2 (\lambda_2 - \lambda_1) U_2{}^2, \\ R^2 \Sigma \Sigma \varDelta_{ik}(\lambda_3) u_i u_k &= (\lambda_3 - \lambda_1)(\lambda_3 - \lambda_2) U_4{}^2, \\ R^2 \Sigma \Sigma B_{ik} u_i u_k &= -U_1{}^2 - U_2{}^2 - 2U_3 U_4, \end{aligned}$$

wobei B_{ik} die von Null verschiedenen Unterdeterminanten von B bezeichnen. Die Lösung der Gleichungen (25) wird nur unmöglich, wenn für eine der Wurzeln λ_i alle $\varDelta_{ik}$ verschwinden, was unseren Annahmen widerspricht.

Es ist leicht, in den ursprünglichen Coëfficienten a_{ik} und b_{ik} die Bedingung für die einfache Berührung der Flächen $f = 0$ und $\varphi = 0$ anzugeben; man hat nur die Forderung zu stellen, dass $\varDelta(\lambda) = 0$ zwei gleiche Wurzeln habe, dass also gleichzeitig $\varDelta(\lambda) = 0$ und $\varDelta'(\lambda) = \dfrac{\partial \varDelta(\lambda)}{\partial \lambda} = 0$ sei, oder:

$$A_1 + 3C\lambda + 3B_1\lambda^2 + B\lambda^3 = 0,$$
$$A + 3A_1\lambda + 3C\lambda^2 + B_1\lambda^3 = 0.$$

Die Elimination von λ geschieht nach dem Verfahren von Bézout (Bd. I, p. 180) und ergibt die Bedingung:

$$\begin{vmatrix} A & 3A_1 & 3C & B_1 & 0 & 0 \\ 0 & A & 3A_1 & 3C & B_1 & 0 \\ 0 & 0 & A & 3A_1 & 3C & B_1 \\ A_1 & 3C & 3B_1 & B & 0 & 0 \\ 0 & A_1 & 3C & 3B_1 & B & 0 \\ 0 & 0 & A_1 & 3C & 3B_1 & B \end{vmatrix} = 0.$$

Die Theorie der binären biquadratischen Formen (Bd. I, p. 239) lehrt, dass dieselbe Gleichung auch in der Form

$$(AB - 4A_1B_1 + 3C^2)^3 - 27(ACB + 2A_1CB_1 - C^3 - AB_1^2 - A_1^2B)^2 = 0$$

geschrieben werden kann. *Die Bedingung der Berührung zweier Flächen zweiter Ordnung ist also vom zwölften Grade in den Coëfficienten jeder Fläche.*

Nr. 3. *Es ist eine dreifache Wurzel λ_2 und eine einfache λ_1 vorhanden, ohne dass alle ersten Unterdeterminanten $\varDelta_{ik}(\lambda_2)$ verschwinden.*

Aus (20) erkennt man, indem $\lambda_2 = \lambda_3$ wird, dass hier die beiden durch (19) bestimmten Tangenten zusammenfallen. *Die Schnittcurve vierter Ordnung erhält also einen „Rückkehrpunkt“, eine Spitze*);* man sagt: *die Flächen berühren sich stationär.*

Als gemeinsame Tangentialebene nehmen wir $X_2 = 0$ (nicht $X_3 = 0$, im Gegensatze zu Nr. 2, aus Gründen, die später hervortreten werden). Die Spitze des dreifach zählenden Kegels liege in der Ecke $X_1 = 0$, $X_2 = 0$, $X_3 = 0$; er berühre die Ebene $X_2 = 0$ in ihrem Schnitte mit $X_1 = 0$; die Ebenen $X_3 = 0$, $X_1 = 0$ kann man dann so legen, dass

$$f + \lambda_2\varphi = aX_1^2 + 2\alpha X_2 X_3.$$

Die Spitze des zweiten Kegels befindet sich auch in $X_2 = 0$, und die Linie $X_2 = 0$, $X_3 = 0$ möge doppelt zählend diesem Kegel angehören, dessen Spitze in $X_2 = 0$, $X_3 = 0$, $X_4 = 0$ liege; dann wird

$$f + \lambda_1\varphi = 2\beta X_2 X_4 + b_2 X_2^2 + b_3 X_3^2 + 2b_4 X_2 X_3.$$

Da β nothwendig von Null verschieden ist, kann man X_4 durch $X_4 + \mu X_2$ ersetzen und $\beta\mu + b_2$ gleich Null machen, so dass

$$f + \lambda_1\varphi = 2\beta X_2 X_4 + b_3 X_3^2 + 2b_4 X_2 X_3;$$

---

*) Vgl. Bd. I, p. 322.

also:

$$(\lambda_1 - \lambda_2)\, f = a\lambda_1 X_1^2 - b_3\lambda_2 X_3^2 + 2(a\lambda_1 - b_4\lambda_2)X_2 X_3 - 2\beta\lambda_2 X_2 X_4,$$

$$(\lambda_1 - \lambda_2)\, \varphi = -\, a X_1^2 + b_3 X_3^2 + 2(b_4 - a)X_2 X_3 + 2\beta X_2 X_4,$$

$$R^2 \varDelta(\lambda) = \begin{vmatrix} a(\lambda_1-\lambda) & 0 & 0 & 0 \\ 0 & 0 & b_4(\lambda-\lambda_2)-a(\lambda-\lambda_1) & \beta(\lambda-\lambda_2) \\ 0 & b_4(\lambda-\lambda_2)-a(\lambda-\lambda_1) & b_3(\lambda-\lambda_2) & 0 \\ 0 & \beta(\lambda-\lambda_2) & 0 & 0 \end{vmatrix}$$

Durch Aenderung der X_i um passende constante Factoren können wir erreichen, dass:

$$-\, a = b_3 = a\lambda_1 - b_4\lambda_2 = \beta = \lambda_1 - \lambda_2;$$

ferner ersetzen wir X_4 durch $X_4 + \nu X_3$ und bestimmen ν durch die Bedingung

$$\beta\nu + b_4 - a = 0,$$

welche immer lösbar ist. *So kommt endlich die kanonische Form:*

$$(21\mathrm{a}) \qquad f = -\, \lambda_1 X_1^2 - \lambda_2(X_3^2 + 2X_2 X_4) + 2X_2 X_3,$$

$$\varphi = \qquad X_1^2 + \qquad X_3^2 + 2X_2 X_4.$$

Die zur Herstellung der Transformation dienenden Formeln sind kurz folgende:

$$(22\mathrm{a}) \quad R^2 \varDelta(\lambda) = \begin{vmatrix} \lambda - \lambda_1 & 0 & 0 & 0 \\ 0 & 0 & 1 & \lambda - \lambda_2 \\ 0 & 1 & \lambda - \lambda_2 & 0 \\ 0 & \lambda - \lambda_2 & 0 & 0 \end{vmatrix} = -\,(\lambda - \lambda_1)(\lambda - \lambda_2)^3,$$

$$R^2 = -\,\frac{1}{B};$$

$$(23\mathrm{a}) \quad R^2 \Sigma\Sigma \varDelta_{ik}(\lambda)u_i u_k = -\,(\lambda - \lambda_2)^3 U_1^2 - (\lambda - \lambda_1)(\lambda - \lambda_2)^2 U_3^2$$

$$-\,(\lambda - \lambda_1)U_4^2 - 2(\lambda - \lambda_1)(\lambda - \lambda_2)^2 U_2 U_4$$

$$-\,2(\lambda - \lambda_1)(\lambda - \lambda_2) U_3 U_4;$$

$$R^2 \Sigma\Sigma \varDelta_{ik}(\lambda_1)u_i u_k = -\,(\lambda_1 - \lambda_2)^3 U_1^2,$$

$$(25\mathrm{a}) \quad R^2 \Sigma\Sigma \varDelta_{ik}(\lambda_2)u_i u_k = (\lambda_1 - \lambda_2) U_4^2,$$

$$R^2 \Sigma\Sigma \varDelta_{ik}'(\lambda_2)u_i u_k = -\, U_4^2 - 2(\lambda_2 - \lambda_1)U_3 U_4,$$

$$R^2 \Sigma\Sigma \varDelta_{ik}''(\lambda_2)u_i u_k = -\,2(\lambda_2 - \lambda_1)(U_3^2 + 2U_2 U_4) - 4U_3 U_4,$$

wobei die Differentialquotienten von $\varDelta_{ik}$ nach λ durch obere Striche bezeichnet sind. Die Lösung wird wieder nur unmöglich, wenn alle $\varDelta_{ik}(\lambda_1)$ oder $\varDelta_{ik}(\lambda_2)$ verschwinden, oder wenn $\lambda_1 = \lambda_2$, welche Möglichkeiten ausgeschlossen wurden. Die Grössen $\varDelta_{ik}(\lambda_2)$ können nicht sämmtlich Null sein, weil sonst auch $\varDelta''(\lambda_2)$ verschwinden müsste, λ_2 also eine dreifache Wurzel wäre. Es ist nämlich:

$$\varDelta'(\lambda) = \Sigma\Sigma \varDelta_{ik}(\lambda) b_{ik},$$
$$\varDelta''(\lambda) = \Sigma\Sigma \varDelta_{ik}'(\lambda) b_{ik}.$$

Aehnliche Ueberlegungen in Betreff der eventuellen Unmöglichkeit der Transformation gelten für jeden der folgenden Fälle.

Nr. 4. *Es sind zwei Doppelwurzeln, λ_1 und λ_2, vorhanden, und für keine von ihnen verschwinden alle ersten Unterdeterminanten von $\varDelta(\lambda)$.*

Von den vier Kegeln sind noch zwei getrennte, je doppelt zählende übrig geblieben; was für einen solchen Kegel und dessen Spitze in Nr. 3 nachgewiesen wurde, gilt hier für jeden von beiden. Alle Flächen $f + \lambda\varphi = 0$ berühren sich also zweimal, und zwar in den beiden Spitzen der Kegel; die Curve vierter Ordnung hat in jeder derselben einen Doppelpunkt. Da nun jede Spitze auf allen Flächen des Büschels liegt, geht auch jeder der beiden Kegel durch die Spitze des anderen hindurch; d. h. beide Kegel schneiden sich in der Verbindungslinie ihrer Spitzen. *Die Schnittcurve vierter Ordnung zerfällt also hier in eine gerade Linie (eben jene Verbindungslinie), und in eine Raumcurve dritter Ordnung.*

Die Spitze des Kegels $f + \lambda_1\varphi = 0$ liege in der Ecke $X_1 = 0$, $X_3 = 0$, $X_4 = 0$, und $X_1 = 0$ sei in ihr die gemeinsame Tangentenebene der Flächen des Büschels. Die andere Spitze liege in der Ecke $X_1 = 0$, $X_2 = 0$, $X_3 = 0$, und $X_3 = 0$ sei ihre Tangentialebene, so dass $X_1 = 0$, $X_3 = 0$ die Gleichungen der allen Flächen gemeinsamen Erzeugenden sind. Dann ist

$$f + \lambda_1\varphi = \alpha_1 X_1^2 + \alpha_3 X_3^3 + 2\alpha_{13} X_1 X_3 + 2\alpha_{14} X_1 X_4 + 2\alpha_{34} X_3 X_4;$$

ferner kann man sicher $\varphi = 2 X_1 X_2 + 2 X_3 X_4$ machen, so dass

$$f = \alpha_1 X_1^2 + \alpha_3 X_3^2 + 2\alpha_{13} X_1 X_3 + 2\alpha_{14} X_1 X_4$$
$$+ 2(\alpha_{34} - \lambda_1) X_3 X_4 - 2\lambda_1 X_1 X_2,$$
$$f + \lambda_2\varphi = \alpha_1 X_1^2 + \alpha_3 X_3^2 + 2\alpha_{13} X_1 X_3 + 2\alpha_{14} X_1 X_4$$
$$+ 2(\alpha_{34} + \lambda_2 - \lambda_1) X_3 X_4 + 2(\lambda_2 - \lambda_1) X_1 X_2.$$

In letzterem Ausdrucke darf X_4 nicht vorkommen; es muss also

$$\alpha_{14} = 0, \quad \alpha_{34} = \lambda_1 - \lambda_2$$

sein. Ohne die Form von φ zu ändern, können wir noch $X_4 + \mu X_1$ statt X_4 und $X_2 - \mu X_3$ statt X_3 setzen; machen wir endlich

$$\alpha_{13} + (\lambda_1 - \lambda_2)\mu = 0, \quad \alpha_1 = \alpha_3 = 1,$$

was immer möglich ist, so erhalten wir die kanonische Form:

$$(21\mathrm{b}) \qquad \begin{aligned} f &= -2\lambda_1 X_1 X_2 - 2\lambda_2 X_3 X_4 + X_1^2 + X_3^2, \\ \varphi &= 2 \quad\; X_1 X_2 + 2 X_3 X_4. \end{aligned}$$

Die Lösung des zugehörigen Transformationsproblems wird durch folgende Formeln geliefert:

$$(22\text{b}) \quad R^2 \varDelta(\lambda) = \begin{vmatrix} 1 & \lambda-\lambda_1 & 0 & 0 \\ \lambda-\lambda_1 & 0 & 0 & 0 \\ 0 & 0 & 1 & \lambda-\lambda_2 \\ 0 & 0 & \lambda-\lambda_2 & 0 \end{vmatrix} = (\lambda-\lambda_1)^2(\lambda-\lambda_2)^2,$$

$$R^2 B = 1;$$

$$(23\text{b}) \quad R^2 \Sigma\Sigma\varDelta_{ik}(\lambda)u_i u_k = -(\lambda_2-\lambda)^2 U_2{}^2 - (\lambda_1-\lambda)^2 U_4{}^2$$
$$- 2(\lambda_1-\lambda)(\lambda_2-\lambda)^2 U_1 U_2$$
$$- 2(\lambda_2-\lambda)(\lambda_1-\lambda)^2 U_3 U_4;$$

$$R^2 \Sigma\Sigma\varDelta_{ik}(\lambda_1)u_i u_k = -(\lambda_2-\lambda_1)^2 U_2{}^2,$$

$$(25\text{b}) \quad R^2 \Sigma\Sigma\varDelta'_{ik}(\lambda_1)u_i u_k = -2(\lambda_1-\lambda_2)U_2{}^2 + 2(\lambda_2-\lambda_1)^2 U_1 U_2,$$

$$R^2 \Sigma\Sigma\varDelta_{ik}(\lambda_2)u_i u_k = -(\lambda_1-\lambda_2)^2 U_4{}^2,$$

$$R^2 \Sigma\Sigma\varDelta'_{ik}(\lambda_2)u_i u_k = -2(\lambda_2-\lambda_1)U_4{}^2 + 2(\lambda_1-\lambda_2)^2 U_3 U_4.$$

Man sieht, dass die U_i in der Ebenencoordinaten-Gleichung in gleicher Weise vorkommen, wie die X_i in der Punktcoordinaten-Gleichung; es sind nur die Indices 2, 4 bez. mit 1, 3 vertauscht.

Nr. 5. *Es ist λ_1 eine vierfache Wurzel von $\varDelta(\lambda)=0$, und die $\varDelta_{ik}(\lambda_1)$ sind nicht sämmtlich gleich Null.*

Dieser Fall entsteht aus dem vorigen, indem die beiden Kegel unendlich nahe an einander rücken, d. h. indem die Schnittpunkte der von der Curve vierter Ordnung abgesonderten Geraden (die Spitzen der beiden Kegel) auf der übrigbleibenden Curve dritter Ordnung zusammenfallen: *die Schnittcurve der Flächen $f=0$ und $\varphi=0$ besteht aus einer geraden Linie und einer dieselbe berührenden Raumcurve dritter Ordnung.* Der Berührungspunkt tritt an Stelle des in Nr. 3 auftretenden Rückkehrpunktes der Curve vierter Ordnung, denn auch aus Nr. 3 kann der jetzt vorliegende Fall offenbar durch Grenzübergang abgeleitet werden.

Die gemeinsame Erzeugende der Flächen sei durch $X_1=0$, $X_2=0$ gegeben, und $X_1=0$ sei die gemeinsame Tangentialebene im Punkte $X_1=0$, $X_2=0$, $X_3=0$, d. i. in der Spitze des einen noch vorhandenen Kegels. Dann kann man es so einrichten, dass

$$f = 2\alpha_{14}X_1 X_4 + \alpha_{11}X_1{}^2 + \alpha_{22}X_2{}^2 + 2\alpha_{12}X_1 X_2 + 2\alpha_{13}X_1 X_3$$
$$+ 2\alpha_{23}X_2 X_3,$$
$$\varphi = 2X_1 X_4 + 2X_2 X_3,$$

wobei α_{14} von Null verschieden ist. Es wird

$$R^2 \Delta(\lambda) = \begin{vmatrix} \alpha_{11} & \alpha_{12} & \alpha_{13} & \alpha_{14} + \lambda \\ \alpha_{21} & \alpha_{22} & \alpha_{23} + \lambda & 0 \\ \alpha_{31} & \alpha_{32} + \lambda & 0 & 0 \\ \alpha_{41} + \lambda & 0 & 0 & 0 \end{vmatrix};$$

also muss $\alpha_{14} = \alpha_{23}$ sein. Hierbei ist die Linie $X_3 = 0$, $X_4 = 0$ eine noch unbestimmte Erzeugende von $\varphi = 0$, welche unsere Curve dritter Ordnung in zwei Punkten trifft, die sich aus der Gleichung

$$\alpha_{11} X_1^2 + \alpha_{22} X_2^2 + 2\alpha_{12} X_1 X_2 = 0$$

berechnen lassen; unter den unendlich vielen Erzeugenden dieser Art wird man eine so auswählen können, dass beide Schnittpunkte zusammenfallen, dass sie also Tangente der Curve wird; d. h. wir können voraussetzen, es sei $\alpha_{11} \alpha_{22} - \alpha_{12}^2 = 0$. Ersetzen wir sodann X_2 durch $X_2 + \mu X_1$ und X_4 durch $X_4 - \mu X_3$, wobei φ ungeändert bleibt, so wird

$$f = 2\alpha_{14} X_1 X_4 + \alpha_{11}' X_1^2 + \alpha_{22} X_2^2 + 2\alpha_{12}' X_1 X_2 + 2\alpha_{13}' X_1 X_3$$
$$+ 2\alpha_{23} X_2 X_3,$$
$$\alpha_{11}' = \alpha_{11} + 2\mu\alpha_{12} + \mu^2 \alpha_{22},$$
$$\alpha_{12}' = \alpha_{12} + \mu\alpha_{22}, \quad \alpha_{13}' = \alpha_{13} - \mu\alpha_{14} + \mu\alpha_{23} = \alpha_{13}.$$

In Folge unserer Bestimmung über die Linie $X_3 = 0$, $X_4 = 0$ kann man α_{11}' und α_{12}' gleichzeitig zu Null machen durch passende Wahl von μ; und es bleibt, da $\alpha_{14} = \alpha_{23} = -\lambda_1$ war:

$$(21\text{c}) \qquad f = -2\lambda_1(X_1 X_4 + X_2 X_3) + X_2^2 + 2X_1 X_3,$$
$$\varphi = 2X_1 X_4 + 2X_2 X_3.$$

Zur Ausführung der Transformation dienen folgende Formeln:

$$(22\text{c}) \quad R^2 \Delta(\lambda) = \begin{vmatrix} 0 & 0 & 1 & \lambda - \lambda_1 \\ 0 & 1 & \lambda - \lambda_1 & 0 \\ 1 & \lambda - \lambda_1 & 0 & 0 \\ \lambda - \lambda_1 & 0 & 0 & 0 \end{vmatrix} = (\lambda - \lambda_1)^4,$$

$$R^2 B = 1;$$

$$(23\text{c}) \quad R^2 \Sigma\Sigma \Delta_{ik}(\lambda) u_i u_k = -U_4^2 - (\lambda - \lambda_1)^2 U_3^2 + 2(\lambda - \lambda_1)^3 U_1 U_4$$
$$+ 2(\lambda - \lambda_1)^3 U_2 U_3$$
$$+ 2(\lambda - \lambda_1)^2 U_2 U_4 + 2(\lambda - \lambda_1) U_3 U_4;$$

$$R^2 \Sigma\Sigma \Delta_{ik}(\lambda_1) u_i u_k = -U_4^2,$$

$$(25\text{c}) \quad \begin{aligned} R^2 \Sigma\Sigma \Delta_{ik}'(\lambda_1) u_i u_k &= 2U_3 U_4, \\ R^2 \Sigma\Sigma \Delta_{ik}''(\lambda_1) u_i u_k &= -2U_3^2 + 4U_2 U_4, \\ R^2 \Sigma\Sigma \Delta_{ik}'''(\lambda_1) u_i u_k &= 12(U_1 U_4 + U_2 U_3) = R^2 6 \Sigma\Sigma B_{ik} u_i u_k, \end{aligned}$$

während $\Sigma\Sigma\Delta_{ik}'(\lambda_1)u_iu_k$ gleich Null wird. Die beiden ersten Gleichungen geben $U_4 = 0$, die Spitze des Kegels, und $U_3 = 0$, also als Verbindungslinie beider Punkte die gemeinsame Erzeugende $X_1 = 0$, $X_2 = 0$; die dritte liefert die Ecke $U_2 = 0$, und aus der letzten findet man den Punkt $U_1 = 0$. Zur Bestimmung der Ebenen $X_3 = 0$, $X_4 = 0$ kann man sich auch der folgenden Relationen bedienen:

$$f + \lambda_1\varphi - X_2^2 = 2X_1X_3,$$
$$\varphi - 2X_2X_3 = 2X_1X_4.$$

Nr. 6. *Die Wurzeln von $\Delta(\lambda) = 0$ vertheilen sich wie in Nr. 2; es verschwinden aber alle $\Delta_{ik}(\lambda_3)$, während die zweiten Unterdeterminanten nicht sämmtlich gleich Null sind.*

Der Kegel $f + \lambda_3\varphi = 0$ zerspaltet sich in zwei Ebenen; *die Schnittcurve zerfällt folglich in zwei ebene Kegelschnitte, welche sich auf der Axe des Ebenenpaares in zwei Punkten begegnen* (da diese Axe von den Flächen zweiter Ordnung nur in zwei Punkten getroffen werden kann). Durch die Axe gehen dann die Polarebenen der Spitzen der Kegel $f + \lambda_1\varphi = 0$ und $f + \lambda_2\varphi = 0$ hindurch, welche dieselben sind für alle Flächen des Büschels, also auch für $f + \lambda_3\varphi = 0$. Die erwähnten Spitzen sollen als Ecken $U_1 = 0$, $U_2 = 0$ des neuen Tetraëders benutzt werden, und ihre Polarebenen mögen bez. $X_1 = 0$, $X_2 = 0$ sein. Auf der Schnittlinie der letzteren wählen wir die Ecken $U_3 = 0$, $U_4 = 0$ so, dass sie harmonisch liegen zu den beiden Durchstossungspunkten der Linie mit den Flächen $f + \lambda\varphi = 0$; wie man dieser Forderung auch genügen mag, die so gewählten vier Ecken bilden immer ein Polartetraëder in Bezug auf alle Flächen $f + \lambda\varphi = 0$; *das gemeinsame Polartetraëder wird also hier nicht unmöglich, sondern unbestimmt.* In den neuen Gleichungen können wieder nur die Quadrate vorkommen, d. h. wir haben

$$(21\mathrm{d}) \qquad f = -\lambda_1 X_1^2 - \lambda_2 X_2^2 - \lambda_3(X_3^2 + X_4^2),$$
$$\varphi = X_1^2 + X_2^2 + X_3^2 + X_4^2,$$

und die Transformationsformeln werden:

$$(22\mathrm{d}) \quad R^2\Delta(\lambda) = \begin{vmatrix} \lambda-\lambda_1 & 0 & 0 & 0 \\ 0 & \lambda-\lambda_2 & 0 & 0 \\ 0 & 0 & \lambda-\lambda_3 & 0 \\ 0 & 0 & 0 & \lambda-\lambda_3 \end{vmatrix} = (\lambda-\lambda_1)(\lambda-\lambda_2)(\lambda-\lambda_3)^2,$$

$$R^2 B = 1;$$

$$(23\mathrm{d}) \quad R^2\Sigma\Sigma\Delta_{ik}(\lambda)u_iu_k = (\lambda - \lambda_3)^2\left[(\lambda - \lambda_2)U_1^2 + (\lambda - \lambda_1)U_2^2\right]$$
$$+ (\lambda - \lambda_1)(\lambda - \lambda_2)(\lambda - \lambda_3)\left[U_3^2 + U_4^2\right];$$

$$R^2 \Sigma\Sigma \varDelta_{ik}(\lambda_1) u_i u_k = (\lambda_1 - \lambda_2)(\lambda_1 - \lambda_3)^2 U_1^2,$$

$$(25\text{d}) \quad R^2 \Sigma\Sigma \varDelta_{ik}(\lambda_2) u_i u_k = (\lambda_2 - \lambda_1)(\lambda_2 - \lambda_3)^2 U_2^2,$$

$$R^2 \Sigma\Sigma \varDelta_{ik}'(\lambda_3) u_i u_k = (\lambda_3 - \lambda_1)(\lambda_3 - \lambda_2)[U_3^2 + U_4^2].$$

Diese *drei* Gleichungen genügen, da man die eine der Ecken $U_4 = 0$, $U_3 = 0$ auf der Schnittlinie der Polarebenen von $U_1 = 0$ und $U_2 = 0$ beliebig annehmen kann. Die Gleichungen der beiden Kegel sind:

$$f + \lambda_1 \varphi \equiv (\lambda_1 - \lambda_2)X_2^2 + (\lambda_1 - \lambda_3)(X_3^2 + X_4^2) = 0,$$

$$f + \lambda_2 \varphi \equiv (\lambda_2 - \lambda_1)X_1^2 + (\lambda_2 - \lambda_3)(X_3^2 + X_4^2) = 0,$$

und diejenige des Ebenenpaares:

$$f + \lambda_3 \varphi \equiv (\lambda_3 - \lambda_1)X_1^2 + (\lambda_3 - \lambda_2)X_2^2 = 0.$$

Der vorliegende Fall tritt immer ein, wenn man zwei Kugeln zum Schnitte bringt; denn alle Kugeln gehen durch den imaginären Kugelkreis hindurch (p. 182); dieser unendlich ferne Theil der Schnittcurve wird durch einen im Endlichen gelegenen Kreis zu der Curve vierter Ordnung ergänzt.

Die Flächen $f = 0$, $\varphi = 0$ berühren sich hier in den beiden Schnittpunkten mit der Linie $X_1 = 0$, $X_2 = 0$; denn ihre Schnittcurve hat daselbst Doppelpunkte; zwei Kugeln berühren sich also immer in zwei Punkten, die allerdings imaginär sind.

Nr. 7. *Die Gleichung $\varDelta(\lambda) = 0$ hat eine einfache Wurzel λ_1 und eine dreifache Wurzel λ_2; für letztere verschwinden alle ersten Unterdeterminanten $\varDelta_{ik}(\lambda_2)$.*

Dieser Fall entsteht aus Nr. 3, wenn der dort vorkommende dreifach zählende Kegel in ein Ebenenpaar ausartet. *Die Schnittcurve besteht also wieder aus zwei ebenen Kegelschnitten; die letzteren müssen sich berühren, damit die Berührung der Flächen stationär werde, wie in Nr. 3.* Auch aus dem vorhergehenden kann der jetzt vorliegende Fall durch Zusammenfallen der Schnittpunkte der beiden Kegelschnitte erzeugt werden.

Die gemeinsame Tangente der beiden ebenen Kegelschnitte in ihrem Berührungspunkte (gleichzeitig Axe des Ebenenpaares $f + \lambda_2\varphi = 0$) sei durch $X_1 = 0$, $X_3 = 0$ gegeben; sie berührt offenbar auch den Kegel $f + \lambda_1\varphi = 0$. Der letztere wird also längs der Verbindungslinie seiner Spitze mit jenem Berührungspunkte von einer Ebene berührt, die durch besagte Tangente hindurchgeht; diese Ebene sei $X_3 = 0$; sie möge in der genannten Verbindungslinie von der Ebene $X_2 = 0$ geschnitten werden; $X_1 = 0$ sei als die conjugirte Polarebene von $X_3 = 0$ in Bezug auf das Ebenenpaar $f + \lambda_2\varphi = 0$ definirt. Dann ist

$$f + \lambda_2 \varphi = a X_1{}^2 + b X_3{}^2,$$

$$f + \lambda_1 \varphi = \alpha_{22} X_2{}^2 + \alpha_{33} X_3{}^2 + 2\alpha_{23} X_2 X_3 + 2\alpha_{34} X_3 X_4,$$

also

$$(\lambda_1 - \lambda_2)f = a\lambda_1 X_1{}^2 - \alpha_{22}\lambda_2 X_2{}^2 + (b\lambda_1 - \alpha_{33}\lambda_2)X_3{}^2 - 2\alpha_{23}\lambda_2 X_2 X_3$$
$$- 2\alpha_{34}\lambda_2 X_3 X_4,$$

$$(\lambda_2 - \lambda_1)\varphi = a X_1{}^2 + (b - \alpha_{33})X_3{}^2 - \alpha_{22} X_2{}^2 - 2\alpha_{23} X_2 X_3 - 2\alpha_{34} X_3 X_4.$$

Wir setzen $X_4 + \mu X_2 + \nu X_3$ an Stelle von X_4 und bestimmen μ, ν durch die Bedingungen $\alpha_{23} + \mu\alpha_{34} = 0$, $\alpha_{33} - b + 2\nu\alpha_{34} = 0$; dies ist immer möglich, denn die Bedingung $\alpha_{34} = 0$ würde das Zerfallen des Kegels $f + \lambda_1\varphi = 0$ erfordern, was unseren Voraussetzungen widerspricht; dann entsteht bei passender Wahl der verfügbaren Constanten:

$$(21\mathrm{e}) \qquad \begin{aligned} f &= -\lambda_1 X_1{}^2 - \lambda_2(X_2{}^2 + 2 X_3 X_4) + X_3{}^2, \\ \varphi &= \quad X_1{}^2 + \quad X_2{}^2 + 2 X_3 X_4. \end{aligned}$$

Es ist zu bemerken, dass diese Ausdrücke im Wesentlichen ungeändert bleiben, falls man $X_2 = 0$ durch $X_2 + m X_3 = 0$, gleichzeitig $X_4 = 0$ durch $X_4 + p X_2 + q X_3 = 0$ ersetzt und m, p, q entsprechend bestimmt. Die Ebene $X_4 = 0$ bleibt dann immer Tangentenebene von $\varphi = 0$ im Punkte $U_3 = 0$; man kann also die Ecke $U_2 = 0$ auf $X_1 = 0$, $X_3 = 0$ willkürlich wählen, legt sodann von ihr aus die eine (ausser $X_3 = 0$ noch mögliche) Tangentialebene an $\varphi = 0$, wodurch $X_4 = 0$ bestimmt ist; der Berührungspunkt der letzteren liefert die Ecke $U_3 = 0$; durch sie und die schon festgelegte Kante $X_2 = 0$, $X_3 = 0$ geht die vierte noch fehlende Ebene des Coordinatentetraëders $X_2 = 0$. *Wie im vorigen Falle kann also auch hier die einfachste kanonische Form* (21e) *auf unendlich viele Weisen hergestellt werden.* Zur Durchführung der Transformation dienen folgende Formeln:

$$(22\mathrm{e}) \quad R^2 \varDelta(\lambda) = \begin{vmatrix} \lambda - \lambda_1 & 0 & 0 & 0 \\ 0 & \lambda - \lambda_2 & 0 & 0 \\ 0 & 0 & 1 & \lambda - \lambda_2 \\ 0 & 0 & \lambda - \lambda_2 & 0 \end{vmatrix} = -(\lambda - \lambda_1)(\lambda - \lambda_2)^3,$$

$$R^2 B = -1;$$

$$(23\mathrm{e}) \quad R^2 \Sigma\Sigma\varDelta_{ik}(\lambda)u_i u_k = -(\lambda - \lambda_2)^3 U_1{}^2 - (\lambda - \lambda_1)(\lambda - \lambda_2)^2 U_2{}^2$$
$$+ (\lambda - \lambda_1)(\lambda - \lambda_2) U_4{}^2$$
$$- 2(\lambda - \lambda_1)(\lambda - \lambda_2)^2 U_3 U_4;$$

$$R^2 \Sigma \Sigma \varDelta_{ik}\,(\lambda_1)u_iu_k = -\ (\lambda_1 - \lambda_2)^3\,U_1{}^2,$$
$$(25\,\mathrm{e}) \qquad R^2 \Sigma \Sigma \varDelta_{ik}{}'\,(\lambda_2)u_iu_k = -\ (\lambda_2 - \lambda_1)\,U_4{}^2,$$
$$R^2 \Sigma \Sigma \varDelta_{ik}{}''(\lambda_2)u_iu_k = -\ 2(\lambda_2 - \lambda_1)\,[U_2{}^2 + 2\,U_3\,U_4].$$

Die Ecke $U_2 = 0$ kann man in obiger Weise willkürlich wählen; dann sind die anderen Ecken hierdurch vollkommen bestimmt, so lange die Grössen $\varDelta_{ik}(\lambda_1)$, $\varDelta_{ik}{}'(\lambda_2)$, $\varDelta_{ik}{}''(\lambda_2)$ nicht sämmtlich gleich Null sind.

Nr. 8. *Es sind zwei Doppelwurzeln, λ_1 und λ_3, vorhanden; und für λ_1 verschwinden auch alle ersten Unterdeterminanten $\varDelta_{ik}(\lambda_1)$, nicht aber sämmtliche zweiten.*

Von den zwei Kegeln, welche in Nr. 4 auftraten, ist einer in ein Ebenenpaar ausgeartet; *die Schnittcurve zerfällt also in zwei ebene Kegelschnitte; von diesen aber degenerirt einer in ein Linienpaar;* denn nach Nr. 4 muss sich jedenfalls eine gerade Linie absondern lassen, folglich auch, da wir es mit Kegelschnitten zu thun haben, eine zweite; die letztere kann sich nicht von dem zweiten Kegelschnitte absondern, denn dann würde die Schnittcurve aus vier Geraden bestehen, es würden also beide Kegel in Ebenenpaare ausarten, was erst für den nächsten Fall charakteristisch ist. Der vorliegende Fall kann auch aus Nr. 6 durch Grenzübergang abgeleitet werden.

Das Linienpaar steht auf dem Kegelschnitte, d. h. jede Linie desselben trifft ihn in einem Punkte; die Linien sind selbst Erzeugende desjenigen Kegels, dessen Spitze im Scheitel des Paares liegt, und welcher auf dem Kegelschnitte steht.

Es sei $X_3 = 0$, $X_4 = 0$ die Axe des Ebenenpaares, $X_3 = 0$ diejenige Ebene, welche das Linienpaar enthält. Durch den Scheitel des letzteren legen wir die Ebenen $X_1 = 0$, $X_2 = 0$ so, dass sie zusammen mit $X_3 = 0$ in Bezug auf den Kegel $f + \lambda_3\varphi = 0$ ein Tripel conjugirter Ebenen bilden (p. 164); dann wird

$$f + \lambda_3\varphi = \alpha_1 X_1{}^2 + \alpha_2 X_2{}^2 + \alpha_3 X_3{}^2,$$
$$f + \lambda_1\varphi = X_3(\beta_3 X_3 + 2\beta_4 X_4),$$
$$(\lambda_1 - \lambda_3)f = \lambda_1\,\alpha_1 X_1{}^2 + \lambda_1\alpha_2 X_2{}^2 + (\lambda_1\alpha_3 - \lambda_3\beta_3)\,X_3{}^2 - 2\lambda_3\beta_4 X_3 X_4,$$
$$(\lambda_1 - \lambda_3)\varphi = -\,\alpha_1 X_1{}^2 - \ \alpha_2 X_2{}^2 + (\alpha_3 - \beta_3)\ X_3{}^2 + 2\beta_4 X_3 X_4.$$

Hierin kann man noch das Glied mit $X_3{}^2$ dadurch zum Verschwinden bringen, dass man $X_4 = 0$ zur Tangentenebene von $\varphi = 0$ macht, d. h. X_4 durch $X_4 + \mu X_3$ ersetzt und $\alpha_3 - \beta_3 + 2\mu\beta_4 = 0$ werden lässt. So entsteht:

$$(21\,\mathrm{f}) \qquad \begin{aligned} f &= -\ \lambda_1(X_1{}^2 + X_2{}^2) - 2\lambda_3 X_3 X_4 + X_3{}^2, \\ \varphi &= \qquad\quad X_1{}^2 + X_2{}^2 + 2 X_3 X_4, \end{aligned}$$

und ferner:

$$(22\,\mathrm{f}) \quad R^2\,\Delta(\lambda) = \begin{vmatrix} \lambda - \lambda_1 & 0 & 0 & 0 \\ 0 & \lambda - \lambda_1 & 0 & 0 \\ 0 & 0 & 1 & \lambda - \lambda_3 \\ 0 & 0 & \lambda - \lambda_3 & 0 \end{vmatrix} = -(\lambda - \lambda_1)^2(\lambda - \lambda_3)^2,$$

$$R^2 B = -1;$$

$$(23\,\mathrm{f}) \quad R^2 \Sigma\Sigma \Delta_{ik}(\lambda) u_i u_k = -(\lambda - \lambda_1)(\lambda - \lambda_3)\left[(\lambda - \lambda_3)(U_1{}^2 + U_2{}^2)\right.$$
$$\left. + 2(\lambda - \lambda_1) U_3 U_4\right] + (\lambda - \lambda_1)^2 U_4{}^2;$$

$$R^2 \Sigma\Sigma \Delta_{ik}(\lambda_3) u_i u_k = (\lambda_3 - \lambda_1)^2 U_4{}^2,$$

$$(25\,\mathrm{f}) \quad R^2 \Sigma\Sigma \Delta_{ik}'(\lambda_3) u_i u_k = -2(\lambda_3 - \lambda_1)^2 U_3 U_4 + 2(\lambda_3 - \lambda_1) U_4{}^2,$$

$$R^2 \Sigma\Sigma \Delta_{ik}'(\lambda_1) u_i u_k = -(\lambda_1 - \lambda_3)^2 [U_1{}^2 + U_2{}^2].$$

Dem entsprechend, dass man zur Bestimmung des obigen Tripels conjugirter Ebenen die Ecke $U_1 = 0$ auf der Kante $X_3 = 0$, $X_4 = 0$ noch willkürlich wählen darf, sind diese *drei* Gleichungen ausreichend; $U_4 = 0$ gibt den Scheitel des Linienpaares, $U_3 = 0$ den Berührungspunkt der Ebene $X_4 = 0$ mit der Fläche $\varphi = 0$.

Nr. 9. *Es sind zwei Doppelwurzeln, λ_1 und λ_3, vorhanden, und für **jede** von ihnen verschwinden alle ersten Unterdeterminanten von $\Delta(\lambda)$.*

Der im vorigen Falle noch vorhandene eigentliche Kegel, welcher auf dem dort vorkommenden Kegelschnitte stand, zerfällt in ein Ebenenpaar; auch jeder Kegelschnitt löst sich folglich in zwei einzelne Gerade auf. *Die Durchdringungscurve der Flächen $f + \lambda\varphi = 0$ besteht aus vier geraden Linien, die ein windschiefes Viereck bilden.* Jede Fläche des Büschels kann in der Form $a\xi_1\xi_2 + b\xi_3\xi_4 = 0$ dargestellt werden (vgl. p. 35ff. und 145); setzt man also $\xi_1 + i\xi_2 = X_1$, $\xi_1 - i\xi_2 = X_2$, $\xi_3 + i\xi_4 = X_3$, $\xi_3 - i\xi_4 = X_4$, so wird

$$(21\,\mathrm{g}) \quad \begin{aligned} f &= -\lambda_1(X_1{}^2 + X_2{}^2) - \lambda_3(X_3{}^2 + X_4{}^2), \\ \varphi &= \phantom{{}^\circ} X_1{}^2 + X_2{}^2 + X_3{}^2 + X_4{}^2. \end{aligned}$$

Die Linie $X_3 = 0$, $X_4 = 0$ ist die conjugirte Polare zu $X_1 = 0$, $X_2 = 0$ in Bezug auf alle Flächen des Büschels; *in den vier Schnittpunkten dieser Linien mit einer der Flächen berühren sie sich alle.* Auf jeder der beiden Geraden kann man ein Paar conjugirter Pole in Bezug auf alle Flächen aussuchen (wobei ein Punkt jedes Paares willkürlich bleibt); *vier solche Punkte bilden immer ein allen Flächen gemeinsames Polartetraëder.* Das letztere wird durch folgende Gleichungen eingeführt:

$$(22\,\mathrm{g}) \quad R^2 \varDelta(\lambda) = \begin{vmatrix} \lambda - \lambda_1 & 0 & 0 & 0 \\ 0 & \lambda - \lambda_1 & 0 & 0 \\ 0 & 0 & \lambda - \lambda_3 & 0 \\ 0 & 0 & 0 & \lambda - \lambda_3 \end{vmatrix} = (\lambda - \lambda_1)^2 (\lambda - \lambda_3)^2,$$

$$R^2 B = 1;$$

$$(23\,\mathrm{g}) \quad R^2 \Sigma\Sigma \varDelta_{ik}(\lambda) u_i u_k = (\lambda - \lambda_1)(\lambda - \lambda_3)\,[(\lambda - \lambda_3)(U_1^2 + U_2^2) \\ + (\lambda - \lambda_1)(U_3^2 + U_4^2)];$$

$$(25\,\mathrm{g}) \quad \begin{aligned} R^2 \Sigma\Sigma \varDelta_{ik}{}'(\lambda_1) u_i u_k &= (\lambda_1 - \lambda_3)^2 (U_1^2 + U_2^2), \\ R^2 \Sigma\Sigma \varDelta_{ik}{}'(\lambda_3) u_i u_k &= (\lambda_3 - \lambda_1)^2 (U_3^2 + U_4^2); \end{aligned}$$

hierbei sind $U_1 = 0$ und $U_3 = 0$ in obigem Sinne willkürlich.

Nr. 10. *Alle vier Wurzeln sind in λ_1 zusammengefallen, und alle $\varDelta_{ik}(\lambda)$ sind gleich Null für $\lambda = \lambda_1$, während die $\varDelta_{ik}{}'(\lambda_1)$ und die zweiten Unterdeterminanten nicht sämmtlich verschwinden.*

Die Schnittcurve besteht aus zwei ebenen Kegelschnitten; von denselben lässt sich nach **Nr. 8** einer in zwei gerade Linien zerfällen; nach **Nr. 7** müssen sich beide Kegelschnitte berühren; eine Berührung kann hier aber nur in uneigentlichem Sinne zu Stande kommen, indem der Scheitel des Linienpaares auf der Axe des Ebenenpaares (und also gleichzeitig auf dem anderen nicht zerfallenden Kegelschnitte) liegt. Der in **Nr. 8** auftretende Kegel fällt also derartig mit dem Ebenenpaare zusammen, dass sein Scheitel in die Axe des letzteren hineinrückt, während das auf ihm liegende ausgezeichnete Linienpaar seine Bedeutung als Theil der Durchdringungscurve behält. *Die letztere Curve besteht aus einem Kegelschnitte und zwei sich auf ihm treffenden geraden Linien.*

Es sei $X_2 = 0$ die Gleichung der Ebene des Linienpaares, $X_3 = 0$ die Gleichung derjenigen des Kegelschnittes, $U_4 = 0$ die Gleichung des Scheitels; dann ist

$$f + \lambda_1 \varphi = 2 X_2 X_3,$$

$$\varphi = \beta_1 X_1^2 + 2\beta_2 X_1 X_3 + \beta_3 X_3^2 + 2\beta_{21} X_1 X_2 \\ + 2\beta_{23} X_2 X_3 + 2\beta_{24} X_2 X_4.$$

Das Glied mit β_2 bringen wir zum Verschwinden, indem wir als Kante $X_1 = 0$, $X_2 = 0$ die vierte harmonische Gerade der Axe $X_2 = 0$, $X_3 = 0$ in Bezug auf unser Linienpaar wählen; durch diese Gerade legen wir die Ebene $X_1 = 0$ beliebig; sie schneidet den Kegelschnitt in einem weiteren Punkte, dessen Tangente wir zur Kante $X_3 = 0$, $X_4 = 0$ machen, welcher also selbst durch $U_2 = 0$ dargestellt wird; in Folge dessen wird auch $\beta_{21} = 0$; durch diese

Tangente legen wir die Ebene $X_4 = 0$ so hindurch, dass sie die Fläche $\varphi = 0$ in demselben Punkte $U_2 = 0$ berührt. Somit können wir setzen

$$(21\,\mathrm{h}) \quad \begin{aligned} f &= -\lambda_1(X_1{}^2 + X_3{}^2 + 2X_2X_4) + 2X_2X_3, \\ \varphi &= X_1{}^2 + X_3{}^2 + 2X_2X_4. \end{aligned}$$

Diese Formen sind wieder auf unendlich viele Weisen herstellbar, da auf der Axe $X_2 = 0$, $X_3 = 0$ der Punkt $U_2 = 0$ noch willkürlich blieb, wie sich dies auch in folgenden Formeln ausspricht:

$$(22\,\mathrm{h}) \quad R^2 \varDelta(\lambda) = \begin{vmatrix} \lambda - \lambda_1 & 0 & 0 & 0 \\ 0 & 0 & 1 & \lambda - \lambda_1 \\ 0 & 1 & \lambda - \lambda_1 & 0 \\ 0 & \lambda - \lambda_1 & 0 & 0 \end{vmatrix} = -(\lambda - \lambda_1)^4,$$

$$R_2 B = -1;$$

$$(23\,\mathrm{h}) \quad \begin{aligned} R^2 \varSigma\varSigma \varDelta_{ik}(\lambda)u_iu_k &= -(\lambda - \lambda_1)^3(U_1{}^2 + U_3{}^2 + 2U_2U_4) \\ &\quad - 2(\lambda - \lambda_1)^2 U_3U_4 - (\lambda - \lambda_1)U_4{}^2; \end{aligned}$$

$$R^2 \varSigma\varSigma \varDelta_{ik}{}'(\lambda_1)u_iu_k = -U_4{}^2,$$

$$(25\,\mathrm{h}) \quad R^2 \varSigma\varSigma \varDelta_{ik}{}''(\lambda_1)u_iu_k = -4U_3U_4,$$

$$R^2 \varSigma\varSigma \varDelta_{ik}{}'''(\lambda_1)u_iu_k = -6(U_1{}^2 + U_3{}^2 + 2U_2U_4).$$

Nr. 11. *Für die vierfache Wurzel λ_1 verschwinden nicht nur alle ersten Unterdeterminanten, sondern auch die Differentialquotienten derselben $\varDelta_{ik}{}'(\lambda_1)$, während die zweiten Unterdeterminanten nicht sämmtlich gleich Null werden.*

Die soeben für $U_4{}^2$ aufgestellte Gleichung zeigt uns, dass beim Zusammenrücken des Kegels und Ebenenpaares der Berührungspunkt der beiden ebenen Kegelschnitte unbestimmt wird. Da ferner dieser Fall aus dem in Nr. 9 behandelten hervorgeht, indem $\lambda_1 = \lambda_2$ wird, so besteht die Curve vierter Ordnung aus zwei Linienpaaren; damit sich dieselben berühren, muss also eine Gerade des einen Paares mit einer des zweiten Paares zusammenfallen. *Die Flächen des Büschels berühren sich also längs einer geraden Linie und schneiden sich ausserdem noch in zwei Geraden;* letztere treffen die Berührungslinie in zwei Punkten, den Scheiteln der beiden theilweise getrennten Paare; sie gehören folglich selbst auf jeder der Flächen derjenigen Art von Erzeugenden an, unter denen die Berührungslinie sich nicht befindet, d. h. *sie schneiden sich gegenseitig nicht.*

Es seien $X_1 = 0$, $X_3 = 0$ irgend zwei Ebenen, die sich in der Berührungslinie schneiden und zu den Ebenen des Paares $f + \lambda_1\varphi = 0$ harmonisch liegen; die Linie $X_2 = 0$, $X_4 = 0$ sei irgend eine Erzeugende von $\varphi = 0$, welche die Berührungslinie nicht schneidet; es mögen ferner die Ebenen $X_1 = 0$ bez. $X_4 = 0$ und andererseits $X_2 = 0$ bez. $X_3 = 0$ sich in Erzeugenden von $\varphi = 0$ durchsetzen. Dann wird

$$\varphi = 2a X_1 X_2 + 2b X_3 X_4, \quad f + \lambda_1 \varphi = \alpha X_1^2 + \beta X_3^2,$$

also:

$$(21\,\mathrm{i}) \quad \begin{aligned} f &= -2\lambda_1 (X_1 X_2 + X_3 X_4) + X_1^2 + X_3^2, \\ \varphi &= 2 X_1 X_2 + 2 X_3 X_4; \end{aligned}$$

$$(22\,\mathrm{i}) \quad R^2 \varDelta(\lambda) = \begin{vmatrix} 1 & \lambda - \lambda_1 & 0 & 0 \\ \lambda - \lambda_1 & 0 & 0 & 0 \\ 0 & 0 & 1 & \lambda - \lambda_1 \\ 0 & 0 & \lambda - \lambda_1 & 0 \end{vmatrix} = (\lambda - \lambda_1)^4,$$

$$R^2 B = 1;$$

$$(23\,\mathrm{i}) \quad \begin{aligned} R^2 \Sigma\Sigma \varDelta_{ik}(\lambda) u_i u_k =\ & -(\lambda_1 - \lambda)^3 [2 U_1 U_2 + 2 U_3 U_4] \\ & - (\lambda_1 - \lambda)^2 [U_2^2 + U_4^2]; \end{aligned}$$

$$(25\,\mathrm{i}) \quad \begin{aligned} R^2 \Sigma\Sigma \varDelta_{ik}''(\lambda_1) u_i u_k &= -2(U_2^2 + U_4^2), \\ R^2 \Sigma\Sigma \varDelta_{ik}'''(\lambda_1) u_i u_k &= 12(U_1 U_2 + U_3 U_4). \end{aligned}$$

Die Gleichung $U_2^2 + U_4^2 = 0$ stellt die Scheitel der beiden Linienpaare dar, welche auf der Berührungslinie harmonisch liegen zu den Ecken $U_2 = 0$, $U_4 = 0$; von letzteren kann eine, etwa $U_2 = 0$, willkürlich gewählt werden; auf der durch sie hindurchgehenden Erzeugenden $X_1 = 0$, $X_4 = 0$ kann man ferner $U_3 = 0$ beliebig annehmen; dann sind die beiden anderen Ecken durch unsere Relationen festgelegt.

Nr. 12. *Neben einer einfachen Wurzel λ_1 kommt eine dreifache Wurzel λ_2 vor, für welche alle zweiten Unterdeterminanten verschwinden.*

An Stelle des Ebenenpaares von **Nr. 7** erscheint eine Doppelebene; die beiden ebenen Kegelschnitte rücken also unendlich nahe an einander: *Die Flächen des Büschels berühren sich längs eines Kegelschnittes*).* Die Ebene des letzteren werde durch $X_1 = 0$ dargestellt; ihr gemeinsamer Pol in Bezug auf die Flächen $f + \lambda \varphi = 0$ liefere die Ecke $U_1 = 0$; irgend drei Punkte in $X_1 = 0$, welche ein Polardreieck in Bezug auf den Kegelschnitt bilden, können als Ecken $U_2 = 0$, $U_3 = 0$, $U_4 = 0$ benutzt werden, um zu ergeben:

---

*) Ein solches System von Flächen begegnete uns schon bei Beginn unserer Untersuchung (p. 135 f.). — Auf dasselbe wird man ferner durch Verallgemeinerung gewisser Sätze über Kugeln geführt; vgl. Poncelet, Traité des propriétés etc. Nr. 601 ff.; Chasles, Aperçu historique, Note XXVIII; Plücker, System etc., p. 327 f.

$$(21\,\mathrm{k}) \qquad \begin{aligned} f &= -\lambda_1 X_1^{\,2} - \lambda_2(X_2^{\,2} + X_3^{\,2} + X_4^{\,2}), \\ \varphi &= X_1^{\,2} + X_2^{\,2} + X_3^{\,2} + X_4^{\,2}; \end{aligned}$$

$$(22\,\mathrm{k}) \quad R^2 \varDelta(\lambda) = \begin{vmatrix} \lambda - \lambda_1 & 0 & 0 & 0 \\ 0 & \lambda - \lambda_2 & 0 & 0 \\ 0 & 0 & \lambda - \lambda_2 & 0 \\ 0 & 0 & 0 & \lambda - \lambda_2 \end{vmatrix} = (\lambda - \lambda_1)(\lambda - \lambda_2)^3,$$

$$R^2 B = 1;$$

$$(23\,\mathrm{k}) \quad \begin{aligned} R^2 \Sigma\Sigma \varDelta_{ik}(\lambda)u_i u_k &= (\lambda - \lambda_2)^3 U_1^{\,2} \\ &\quad + (\lambda - \lambda_2)^2(\lambda - \lambda_1)[U_2^{\,2} + U_3^{\,2} + U_4^{\,2}]; \end{aligned}$$

$$(25\,\mathrm{k}) \quad \begin{aligned} R^2 \Sigma\Sigma \varDelta_{ik}(\lambda_1)u_i u_k &= (\lambda_1 - \lambda_2)^3 U_1^{\,2}, \\ R^2 \Sigma\Sigma \varDelta_{ik}''(\lambda_2)u_i u_k &= 2(\lambda_2 - \lambda_1)(U_2^{\,2} + U_3^{\,2} + U_4^{\,2}). \end{aligned}$$

Nr. 13. *Die Gleichung $\varDelta(\lambda) = 0$ hat eine vierfache Wurzel, und für dieselbe verschwinden alle zweiten Unterdeterminanten.*

Das Ebenenpaar in Nr. 10 artet in eine Doppelebene aus; das Linienpaar rückt an den Kegelschnitt unendlich nahe heran, auch letzterer bricht folglich in zwei Linien auseinander. Auch aus Nr. 11 entsteht der jetzige Fall, indem die beiden dort durch $U_1^{\,2} + U_2^{\,2} = 0$ dargestellten Punkte sich einander unendlich nähern, und aus Nr. 12, in dem die Ebene $X_1 = 0$ zur gemeinsamen Tangentialebene wird. *Die Flächen des Büschels berühren sich längs zweier geraden Linien.*

Es soll $X_3^{\,2} = 0$ die Gleichung der Doppelebene sein; in ihr zieht man zwei zu den Linien des Paares harmonische Gerade, die durch $X_1 = 0$ und $X_2 = 0$ ausgeschnitten werden mögen. Die Schnittlinie der letzteren sonst beliebig gelassenen Ebenen trifft $\varphi = 0$ in einem weiteren Punkte, dessen Berührungsebene die Gleichung $X_4 = 0$ haben soll; dann wird $f + \lambda_1 \varphi = X_3^{\,2}$ und:

$$(21\,\mathrm{l}) \qquad \begin{aligned} f &= -\lambda_1(X_1^{\,2} + X_2^{\,2} + 2 X_3 X_4) + X_3^{\,2}, \\ \varphi &= X_1^{\,2} + X_2^{\,2} + 2 X_3 X_4; \end{aligned}$$

$$(22\,\mathrm{l}) \quad R^2 \varDelta(\lambda) = \begin{vmatrix} \lambda - \lambda_1 & 0 & 0 & 0 \\ 0 & \lambda - \lambda_1 & 0 & 0 \\ 0 & 0 & 1 & \lambda - \lambda_1 \\ 0 & 0 & \lambda - \lambda_1 & 0 \end{vmatrix} = -(\lambda - \lambda_1)^4,$$

$$R^2 B = -1;$$

$$(23\,\mathrm{l}) \quad R^2 \Sigma\Sigma \varDelta_{ik}(\lambda)u_i u_k = -(\lambda - \lambda_1)^3(U_1^{\,2} + U_2^{\,2} + 2 U_3 U_4) + (\lambda - \lambda_1)^2 U_4^{\,2};$$

$$(25\,\mathrm{l}) \quad \begin{aligned} R^2 \Sigma\Sigma \varDelta_{ik}''(\lambda_1)u_i u_k &= 2 U_4^{\,2}, \\ R^2 \Sigma\Sigma \varDelta_{ik}'''(\lambda_1)u_i u_k &= -6(U_1^{\,2} + U_2^{\,2} + 2 U_3 U_4). \end{aligned}$$

Mit den dreizehn hier behandelten Fällen ist die Zahl aller Möglichkeiten erschöpft, wenn man an der Bedingung festhält, dass die Determinanten A und B nicht gleich Null seien. Um dies vollständig einzusehen, müssen wir noch genauer nachweisen, dass jedes Mal, wenn die verlangte Transformation in einem Falle unbestimmt wird, dies durch einen Grenzprocess geschieht, welcher auf einen der anderen hier besprochenen Fälle führt. Insofern es hierbei auf das Zusammenfallen der Wurzeln ankommt, bedarf es keiner weiteren Bemerkung, da in dieser Beziehung alle Combinationen Erwähnung gefunden haben; es kommt also nur noch auf das Verschwinden der $\varDelta_{ik}$, $\varDelta_{ik}{}'$, $\varDelta_{ik}{}''$, $\varDelta_{ik}{}'''$ an.

Die zu Nr. 1 gehörige Transformation wurde nur unmöglich, wenn Nr. 2 oder einer der folgenden Fälle eintrat. Nr. 2 ward nur unmöglich, wenn mindestens Nr. 6 Anwendung fand. Nr. 6 erleidet Ausnahmen, wenn mindestens Nr. 7 brauchbar ist, aber auch, wenn sämmtliche Differentialquotienten $\varDelta_{ik}{}'(\lambda_2)$ oder $\varDelta_{ik}{}''(\lambda_2)$ verschwinden; und diese letztere Möglichkeit bedarf noch der Erörterung.

Es ist sofort ersichtlich, dass das Verschwinden sämmtlicher $\varDelta_{ik}{}'(\lambda_3)$ nur für eine dreifache, das Verschwinden aller $\varDelta_{ik}{}''(\lambda_3)$ nur für eine vierfache Wurzel λ_3 eintreten kann (vgl. oben den Schluss von Nr. 3). Ersteres bedeutet, dass in unserem Flächenbüschel zwei unendlich benachbarte Ebenenpaare vorkommen; in Nr. 7, wo zuerst eine dreifache Wurzel mit verschwindenden Unterdeterminanten vorkommt, vertritt aber das Ebenenpaar $f + \lambda_3 \varphi = 0$ drei unendlich benachbarte Kegel; das Verschwinden der $\varDelta_{ik}{}'$ kann also nicht eintreten. Zwei unendlich benachbarte Ebenenpaare können überhaupt nur bei den Ausartungen von Nr. 9 in Betracht kommen, da hier allein zwei getrennte Ebenenpaare vorhanden sind; nähern sich aber diese Ebenenpaare einander, so erscheint sofort eine vierfache Wurzel; und man wird auf Nr. 11 geführt, während Nr. 10 aus Nr. 7 und 8, nicht aber aus Nr. 9 durch Grenzübergang erzeugt wird. Alle $\varDelta_{ik}{}''$ können auch bei einer vierfachen Wurzel niemals gleichzeitig mit den $\varDelta_{ik}$ und $\varDelta_{ik}{}'$ verschwinden, denn dies würde drei unendlich benachbarte Ebenenpaare bedingen; da nun jedes Ebenenpaar zwei Kegel vertritt, so würde dies auf sechs Kegel führen, während in einem Büschel doch höchstens nur vier Kegel vorkommen können*).

---

*) Neben diesen Ueberlegungen wird man einen genaueren *algebraischen* Nachweis für die Vollständigkeit unserer Untersuchungen verlangen; auf einen solchen gehen wir hier nicht ein, verweisen vielmehr auf die von Sylvester und Weierstrass begründete Methode der sogenannten *Elementartheiler*. Ersterer gab eine vollständige Aufzählung der 13 verschiedenen Fälle, die im

Es ist ferner wünschenswerth, einen Weg anzugeben, wie *man sich die gefundenen kanonischen Formen in den dreizehn Fällen jederzeit aus dem Gedächtnisse wieder herstellen kann.* Zu einem solchen führt sehr einfach die Bemerkung, dass es zur Charakterisirung eines jeden Falles genügt, die zugehörige Determinante in der transformirten Form zu kennen. Die letztere aber gewinnt man in den ersten fünf Fällen (wo keine Unterdeterminanten verschwinden) leicht nach folgender Regel: Sind i Wurzeln von einander verschieden, so bilde man aus den Elementen der Diagonalreihe und den diesen benachbarten Reihen innerhalb des gewöhnlichen Coëfficientenschemas i verschiedene kleinere Determinanten, welche in $\varDelta(\lambda)$ so eingesetzt werden, dass ihre Diagonalglieder bez. mit den Diagonalgliedern von $\varDelta(\lambda)$ identisch sind. Jede dieser i Determinanten ist einer der i Wurzeln zugeordnet, und sie besteht aus j Reihen, wenn die betreffende Wurzel (λ_k) eine j-fache Wurzel von $\varDelta(\lambda) = 0$ ist. In dieser kleinen j-reihigen Determinante fülle man die j Glieder der von rechts oben nach links unten laufenden Diagonalreihe mit den Differenzen $\lambda - \lambda_k$ aus; die $j - 1$ Stellen links neben diesen Differenzen besetze man mit Einheiten; alle anderen Elemente aber nehme man gleich Null. So entstehen für die in Nr. 1 bis Nr. 5 besprochenen Fälle die dort angegebenen Werthe von $\varDelta(\lambda)$, welche hier noch einmal zusammengestellt werden mögen:

Texte besprochen wurden (Philosophical Magazine, 4. Series, vol. 1, 1851, p. 119); letzterer verallgemeinerte die Theorie für beliebig viele Variable (für welche Sylvester's Angaben nicht erschöpfend waren), vervollständigte die Beweise und gab ausser den kanonischen Formen auch Methoden zur Aufstellung der betreffenden Transformationen (Monatsberichte der Berliner Academie 1858 und 1868); seine Untersuchungen beziehen sich auf den allgemeineren Fall, dass zwei bilineare Formen gleichzeitig in kanonische Formen übergeführt werden sollen; auch die im Folgenden angegebenen Determinantenschemata findet man daselbst. Die Weierstrass'sche Methode ist von Killing zur Discussion der Schnittcurve zweier Flächen zweiter Ordnung verwandt (Der Flächenbüschel zweiter Ordnung, Inaugural-Dissertation, Berlin 1872); vgl. auch Gundelfinger's Darstellung derselben in der dritten Auflage von Hesse's Vorlesungen über analytische Geometrie des Raumes, 1872. — Lüroth's Behandlung des Problems (Schlömilch's Zeitschrift, Bd. 13, 1868) war nicht ganz vollständig. — Einzelne Fälle (z. B. diejenigen, in denen die Schnittcurve sich aus zwei ebenen Curven zusammensetzt oder metrische Specialisirungen des allgemeinen Falles (insbesondere auf der Kugel) waren schon früher von Hachette, Poncelet (a. a. O.), Quetelet betrachtet (vgl. Chasles' Aperçu historique, p. 248). — Die im Texte befolgte Methode zur Aufstellung der kanonischen Formen und der zugehörigen Transformationen ist dieselbe, welche in Bd. I, p. 136 ff. (im Anschlusse an ein Manuscript von Clebsch) beim Kegelschnittbüschel angewandt wurde.

$$
1)\begin{vmatrix} \lambda-\lambda_1 & 0 & 0 & 0 \\ 0 & \lambda-\lambda_2 & 0 & 0 \\ 0 & 0 & \lambda-\lambda_3 & 0 \\ 0 & 0 & 0 & \lambda-\lambda_4 \end{vmatrix},\quad
2)\begin{vmatrix} \lambda-\lambda_1 & 0 & 0 & 0 \\ 0 & \lambda-\lambda_2 & 0 & 0 \\ 0 & 0 & 1 & \lambda-\lambda_3 \\ 0 & 0 & \lambda-\lambda_3 & 0 \end{vmatrix},
$$

$$
3)\begin{vmatrix} \lambda-\lambda_1 & 0 & 0 & 0 \\ 0 & 0 & 1 & \lambda-\lambda_2 \\ 0 & 1 & \lambda-\lambda_2 & 0 \\ 0 & \lambda-\lambda_2 & 0 & 0 \end{vmatrix},\quad
4)\begin{vmatrix} 1 & \lambda-\lambda_1 & 0 & 0 \\ \lambda-\lambda_1 & 0 & 0 & 0 \\ 0 & 0 & 1 & \lambda-\lambda_2 \\ 0 & 0 & \lambda-\lambda_2 & 0 \end{vmatrix},
$$

$$
5)\begin{vmatrix} 0 & 0 & 1 & \lambda-\lambda_1 \\ 0 & 1 & \lambda-\lambda_1 & 0 \\ 1 & \lambda-\lambda_1 & 0 & 0 \\ \lambda-\lambda_1 & 0 & 0 & 0 \end{vmatrix}.
$$

Bei Festlegung der Ebenen $X_i = 0$ waren oben die Indices 1, 2, 3, 4 schon so gewählt, dass in diesen Determinanten das eben ausgesprochene einfache Gesetz deutlich hervortritt.

Für die übrigen sieben Fälle leitet man nun das Coëfficientenschema aus den angegebenen fünf Fällen durch Gleichsetzen verschiedener λ_i ab.

Gleichzeitig ist zu bemerken, dass das neue Coordinatentetraëder in Nr. 1 bis 5 eindeutig bestimmt war, während es bei den späteren Ausartungen auf unendlich viele Weisen gewählt werden konnte. Man erhält für Nr. 6 bis 13 in der That die zugehörigen und oben gefundenen Determinantenschemata, nämlich

$$\text{Nr. } 6 \text{ aus } 1) \text{ für } \lambda_4 = \lambda_3,$$
$$\text{Nr. } 7 \quad „ \quad 2) \quad „ \quad \lambda_3 = \lambda_2,$$
$$\text{Nr. } 8 \quad „ \quad 2) \quad „ \quad \lambda_2 = \lambda_1,$$
$$\text{Nr. } 9 \quad „ \quad 1) \quad „ \quad \lambda_2 = \lambda_1,\ \lambda_4 = \lambda_3,$$
$$\text{Nr. } 10 \quad „ \quad 3) \quad „ \quad \lambda_2 = \lambda_1,$$
$$\text{Nr. } 11 \quad „ \quad 4) \quad „ \quad \lambda_2 = \lambda_1,$$
$$\text{Nr. } 12 \quad „ \quad 1) \quad „ \quad \lambda_2 = \lambda_3 = \lambda_4,$$
$$\text{Nr. } 13 \quad „ \quad 2) \quad „ \quad \lambda_3 = \lambda_2 = \lambda_1.$$

Um ganz vollständig zu sein, müssen wir noch einige Worte über die Fälle hinzufügen, in denen die Determinanten A *und* B verschwinden. Wie bei der Besprechung von Nr. 1, überzeugt man sich sofort, dass wesentliche Ausnahmen nur dann bedingt werden, wenn gleichzeitig alle fünf Coëfficienten von $\varDelta(\lambda)$ gleich Null werden, d. h. *wenn alle Flächen des Büschels $f + \lambda\varphi = 0$ Kegel sind.*

Gehen wir nun von zwei Kegeln aus, so können sich dieselben entweder in einer Curve vierter Ordnung schneiden, wie in **Nr. 1, 2** und **3**, oder in einer Curve dritter Ordnung und einer Geraden (**Nr. 4** und **5**), oder in zwei ebenen Kegelschnitten (**Nr. 6**). Sollen sich mehr als eine Gerade von der Schnittcurve absondern, so müssen die Kegel offenbar eine gemeinsame Spitze haben, es sei denn, *dass sie sich längs einer geraden Linie berühren*); dieser Fall allein gibt uns etwas wesentlich Neues,* denn Kegel mit gemeinsamer Spitze sind nur das dualistische Gegenstück zu Kegelschnitten in einer und derselben Ebene, lassen sich also nach den Sätzen der ebenen Geometrie behandeln.

Wir machen $X_2 = 0$ zur gemeinsamen Tangentenebene beider Kegel, und $X_4 = 0$ sei diejenige Ebene, welche den restirenden Theil der Schnittcurve (d. i. einen ebenen Kegelschnitt) enthält; dann wird etwa

$$f = - \lambda_1 (X_1{}^2 + 2 X_2 X_3) + 2 X_2 X_4,$$
$$\varphi = \quad\ X_1{}^2 + 2 X_2 X_3,$$

so dass $f + \lambda_1 \varphi = 0$ das in dem Büschel enthaltene Ebenenpaar $X_2 X_4 = 0$ darstellt. *Hier ist in der That jede Fläche des Büschels $f + \lambda \varphi = 0$ ein Kegel,* denn man hat

$$R^2 \cdot \varDelta(\lambda) \equiv \begin{vmatrix} \lambda - \lambda_1 & 0 & 0 & 0 \\ 0 & 0 & \lambda - \lambda_1 & 1 \\ 0 & \lambda - \lambda_1 & 0 & 0 \\ 0 & 1 & 0 & 0 \end{vmatrix} = 0;$$

und in dem Büschel ist nur das eine Ebenenpaar $f + \lambda_1 \varphi = 0$ vorhanden, da

$$R^2 \varSigma \varSigma \varDelta_{ik}(\lambda) u_i u_k = - (\lambda - \lambda_1) U_3{}^2 - (\lambda - \lambda_1)^3 U_4{}^2 - 2(\lambda - \lambda_1)^2 U_3 U_4$$
$$= - (\lambda - \lambda_1)[U_3 + (\lambda - \lambda_1) U_4]^2.$$

Die Spitzen aller Kegel liegen also auf der gemeinsamen Berührungslinie $X_1 = 0$, $X_2 = 0$.

Hiermit wäre ein *vierzehnter* Fall der Lage zweier Flächen zweiter Ordnung gegeben; alle weiteren Lagen von Kegeln, Ebenenpaaren und Doppelebenen zu einander sind, wie gesagt, nach den Regeln der ebenen Geometrie zu behandeln, nachdem man mittelst einer Hülfstransformation eine der vier homogenen Variabeln herausgeschafft hat.

---

*) Vgl. Kronecker, Berliner Monatsberichte 1868 und Killing a. a. O.

XI. Die Raumcurven dritter Ordnung.

Bei Untersuchung der gegenseitigen Durchdringung zweier Flächen zweiter Ordnung sind uns zwei ganz neue geometrische Gebilde entgegengetreten: die Raumcurven dritter und vierter Ordnung. Die letzteren führen auf eine Parameterdarstellung mittelst elliptischer Functionen, stehen also mit den ebenen Curven dritter Ordnung in engster Beziehung; sie können erst später eingehender betrachtet werden. Die Raumcurven dritter Ordnung gestatten dagegen eine elementare Behandlung.

Eine solche Curve konnte nicht allein, sondern erst in Verbindung mit einer ihrer Sehnen oder Tangenten den vollständigen Durchschnitt zweier Flächen zweiter Ordnung abgeben; es ist unsere nächste Aufgabe, die Curve für sich isolirt algebraisch darzustellen.

Wie in Nr. 4 (p. 221) seien $X_1 = 0$, $X_3 = 0$ die Gleichungen der gemeinschaftlichen Erzeugenden, dann lassen sich die Gleichungen der beiden Flächen in der Form

$$A'X_1 + B'X_3 = 0, \quad C'X_1 + D'X_3 = 0$$

schreiben; dies stimmt mit dem Früheren überein, wenn man setzt:

$$A' = X_1 - 2\lambda_1 X_2, \quad B' = X_3 - 2\lambda_2 X_4, \quad C' = 2X_2, \quad D' = 2X_4.$$

Transformirt man auf ein anderes Coordinatentetraëder und bezeichnet mit A, B, C, D, E, F allgemeine lineare Ausdrücke, so werden die Gleichungen der beiden Flächen von der Form

$$(1) \qquad AF - BE = 0, \quad CF - DE = 0,$$

wobei nun die Ebenen $E = 0$ und $F = 0$ sich in der ausgezeichneten Sehne schneiden. Für einen Punkt der Curve dritter Ordnung kann man also setzen

$$\frac{E}{F} = \frac{A}{B} = \frac{C}{D} = -\lambda,$$

wenn $-\lambda$ den gemeinsamen Werth der drei Quotienten bezeichnet, oder

$$(2) \qquad A + \lambda B = 0, \quad C + \lambda D = 0, \quad E + \lambda F = 0.$$

Diese Gleichungen werden gleichzeitig ausschliesslich von den Punkten der Curve dritter Ordnung, nicht von denen der Geraden $E = 0$, $F = 0$ erfüllt; durch sie ist unser Zweck also bereits erreicht, und sie geben uns den Satz:

Der Ort des Schnittpunktes dreier entsprechenden Ebenen aus drei *einander projectivischen Ebenenbüscheln ist eine Raumcurve dritter Ordnung*).*

Die Schnittpunkte der bisher ausgezeichneten Sehne $E = 0$, $F = 0$ findet man aus den Gleichungen (2) als ihre Schnittpunkte mit der Fläche zweiter Ordnung $AD - BC = 0$. Die Frage, ob diese Sehne mit ihren Schnittpunkten in der That eine für die Curve ausgezeichnete Rolle spielt, wird schon dadurch verneint, dass die Sehnen $A = 0$, $B = 0$ und $C = 0$, $D = 0$ in ganz gleicher Weise benutzt werden können; und im Folgenden wird klar werden, dass diese drei Sehnen durch irgend welche andere Sehnen der Curve ersetzt werden dürfen.

Je zwei unserer drei Ebenenbüschel erzeugen eine Fläche zweiter Ordnung (p. 36), auf welcher sich alle Punkte unserer Curve befinden müssen. *Die Raumcurve dritter Ordnung liegt also gleichzeitig auf den drei Flächen:*

$$CF - DE = 0, \quad EB - FA = 0, \quad AD - BC = 0;$$

folglich gehen auch alle Flächen der zweifach unendlichen Schaar

$$\alpha(CF - DE) + \beta(EB - FA) + \gamma(AD - BC) = 0$$

durch dieselbe hindurch, einer Schaar, deren Gleichung auch in der sogleich zu verwerthenden Form

$$(3) \qquad \begin{vmatrix} A & B & \alpha \\ C & D & \beta \\ E & F & \gamma \end{vmatrix} = 0$$

geschrieben werden kann. Zwei beliebige Flächen der Schaar müssen sich ausserdem noch in einer geraden Linie schneiden. Sei eine zweite, von (3) verschiedene Fläche durch die Gleichung

---

*) Diese Erzeugungsweise gab Seydewitz (1847, Grunert's Archiv Bd. 10); eine Reihe allgemeiner Sätze über die Curven fand Chasles (Aperçu historique, Note XXXIII und Liouville's Journal, 2. Serie, Bd. 2) insbesondere eine Uebertragung der Maclaurin'schen Erzeugung von Kegelschnitten (Bd. I, p. 537) auf den Raum. Eine zusammenhängende rein geometrische Behandlung gab Schröter (Crelle's Journal, Bd. 56) und v. Staudt (Beiträge zur Geometrie der Lage, 3. Heft, 1860), eine analytische Darstellung Cremona (Crelle's Journal Bd. 58, 60, 63; Annali di matematica, 1. Serie, t. 1, 2, 5, Rendiconti dell' Istituto Lombardo, t. 2). An letztere schliesst sich die Schrift von Drach's an: Einleitung in die Theorie der cubischen Kegelschnitte, Leipzig 1867 (auch in Schlömilch's Zeitschrift). — In letztgenannter Arbeit findet man die folgenden Entwicklungen des Textes, abgesehen von den Anwendungen der Liniencoordinaten.

$$(4) \qquad \begin{vmatrix} A & B & \alpha' \\ C & D & \beta' \\ E & F & \gamma' \end{vmatrix} = 0$$

gegeben, so behaupten wir, die Gleichungen dieser Geraden seien:

$$(5) \qquad \begin{vmatrix} A & \alpha & \alpha' \\ C & \beta & \beta' \\ E & \gamma & \gamma' \end{vmatrix} = 0, \qquad \begin{vmatrix} B & \alpha & \alpha' \\ D & \beta & \beta' \\ F & \gamma & \gamma' \end{vmatrix} = 0.$$

In der That, diese Gleichungen sagen aus, dass man

$$A = \varrho\alpha + \varrho'\alpha', \qquad B = \sigma\alpha + \sigma'\alpha',$$
$$C = \varrho\beta + \varrho'\beta', \qquad D = \sigma\beta + \sigma'\beta',$$
$$E = \varrho\gamma + \varrho'\gamma', \qquad F = \sigma\gamma + \sigma'\gamma'$$

setzen kann; macht man aber diese Substitution in (3) oder (4), so ist jede der letzteren Gleichungen identisch erfüllt.

Wenn zur Abkürzung

$$p = \beta\gamma' - \gamma\beta', \qquad q = \gamma\alpha' - \alpha\gamma', \qquad r = \alpha\beta' - \beta\alpha'$$

gesetzt wird, so sind die Gleichungen (5):

$$(6) \qquad Ap + Cq + Er = 0, \qquad Bp + Dq + Fr = 0.$$

Man kann vermöge derselben p, q, r immer so bestimmen, dass die Ebenen (5) durch zwei beliebige Punkte unserer Raumcurve gehen; die Flächen (3) und (4) können folglich so gewählt werden, dass die zugehörige Gerade mit einer beliebigen Sehne (in der Grenze auch Tangente) der Raumcurve zusammenfällt; d. h. *die Raumcurve dritter Ordnung bildet mit **jeder** ihrer Sehnen zusammen die vollständige Durchdringungscurve zweier Flächen zweiter Ordnung.*

Unter den Sehnen waren insbesondere die Axen der drei projectivischen Büschel (2) enthalten. *Umgekehrt können drei beliebige Sehnen der Curve als Axen solcher Büschel zur Erzeugung der Curve benutzt werden, vorausgesetzt, dass dieselben nicht Erzeugende gleicher Art einer Fläche zweiter Ordnung aus dem Systeme (3) sind.* Wählen wir z. B. die durch (6) dargestellte Sehne zur Axe, so können wir etwa den Büschel $A + \lambda B = 0$ ersetzen durch

$$(pA + qC + rE) + \lambda(pB + qD + rF) = 0,$$

und ebenso die anderen beiden Büschel bez. durch

$$(p'A + q'C + r'E) + \lambda(p'B + q'D + r'F) = 0,$$
$$(p''A + q''C + r''E) + \lambda(p''B + q''D + r''F) = 0.$$

Diese drei Gleichungen aber sind immer eine Folge von (2), sie erzeugen also dieselbe Curve, w. z. b. w. Eine Ausnahme würde nur eintreten, wenn die Determinante $\Sigma \pm pq'r''$ gleich Null sein sollte;

dann wäre die dritte Gleichung eine identische Folge der beiden ersten; die drei Gleichungen erzeugen also nicht eine Curve, sondern eine Fläche zweiter Ordnung; die Axe des dritten Büschels gehört derselben Schaar von Erzeugenden an, wie die Axen der beiden ersten. Noch weniger dürfen die drei Sehnen in einer und derselben Ebene liegen.

Durch passende Auswahl dreier Sehnen können wir eine besonders einfache Darstellungsweise für die Curve erreichen. Wir wählen zwei Punkte, P und Q, auf derselben beliebig; die drei Axen der Büschel seien sodann: die Tangente von P, die Tangente von Q und die Verbindungslinie PQ. Diese drei Linien können sich nie in einer Ebene befinden, denn sonst würde letztere (weil sie zwei Tangenten enthielte) die Curve in vier Punkten (nämlich zwei Paaren unendlich naher Punkte) schneiden, müsste also alle Curvenpunkte enthalten, und wir hätten es mit einer ebenen Curve dritter Ordnung zu thun; eine solche tritt in der That (aber dann immer mit einem Doppel- oder Rückkehrpunkte versehen) als Grenzfall auf, wie wir später bemerken werden.

Es sei ferner $A = 0$ die Gleichung der *Schmiegungsebene* des Punktes P, d. h. die Gleichung derjenigen durch die Tangente gelegten Ebene, für welche sich alle drei Schnittpunkte mit der Curve in einen einzigen vereinigen, welche also zwei einander unendlich benachbarte Tangenten der Curve enthält (und somit eine Tangentenebene der zugehörigen abwickelbaren Fläche ist, vgl. p. 24); ebenso sei $D = 0$ die Schmiegungsebene von Q. Der Ebene $A = 0$ entspricht in dem Büschel mit der Axe PQ die durch die Tangente von P hindurchgehende Ebene $B = 0$, denn beide treffen sich auf der Curve in einem zu P unendlich benachbarten Punkte. Ebenso entspricht der Ebene $D = 0$ in dem Büschel mit der Axe PQ die Ebene $C = 0$, welche die Tangente von Q in sich enthält. Der Ebene $B = 0$, als Ebene dieses letzten Büschels, ist von den Ebenen, welche sich in der Tangente des Punktes Q schneiden, diejenige zugeordnet, welche durch P hindurchgeht, und dies ist wieder die Ebene $C = 0$; der letzteren, betrachtet als Ebene des durch P und Q bestimmten Büschels, entspricht ebenso im ersten Büschel wiederum die Ebene $B = 0$. *Somit wird unsere Curve dritter Ordnung durch die drei projectivischen Ebenenbüschel*

$$(7) \qquad A + \lambda B = 0, \quad B + \lambda C = 0, \quad C + \lambda D = 0$$

erzeugt; eine Darstellungsweise, die dadurch ausgezeichnet ist, dass nur vier Ebenen (darunter zwei Schmiegungsebenen) benutzt sind.

Nichts liegt näher, als diese vier Ebenen zu Seiten eines neuen Coordinatentetraëders zu machen. Die Gleichungen (7) lauten dann

$$(8) \qquad x_1 - \lambda x_2 = 0, \quad x_2 - \lambda x_3 = 0, \quad x_3 - \lambda x_4 = 0.$$

Man ersieht hieraus, dass sich durch Coordinatentransformation, wie beim ebenen Kegelschnitte und bei der Fläche zweiter Ordnung, alle Constanten aus den Gleichungen einer Raumcurve dritter Ordnung herausschaffen lassen, während dies bei höheren Gebilden, z. B. den ebenen Curven dritter Ordnung, nicht möglich ist. Bei der in (8) zu Grunde gelegten Coordinatenbestimmung sind nunmehr $x_1 = 0$ und $x_4 = 0$ Schmiegungsebenen der Curve bez. in den Punkten $u_4 = 0$ und $u_1 = 0$; die Ebenen $x_2 = 0$ und $x_3 = 0$ gehen bez. durch die Tangenten dieser Punkte und beide durch deren Verbindungslinie hindurch. *Die Gleichung der doppelt unendlichen Schaar von Flächen, denen die Cure gemeinsam ist, wird:*

$$(9) \quad \begin{vmatrix} x_1 & x_2 & \alpha \\ x_2 & x_3 & \beta \\ x_3 & x_4 & \gamma \end{vmatrix} = \alpha(x_2 x_4 - x_3^2) + \beta(x_2 x_3 - x_1 x_4) + \gamma(x_1 x_3 - x_2^2) = 0.$$

Aus den Gleichungen (8) lassen sich die Verhältnisse der x_i berechnen; man gewinnt dadurch eine *Parameterdarstellung für die Coordinaten der Punkte der Raumcurve dritter Ordnung*, nämlich:

$$(10) \qquad \varrho x_1 = \lambda^3, \quad \varrho x_2 = \lambda^2, \quad \varrho x_3 = \lambda, \quad \varrho x_4 = 1^*).$$

Die Schnittpunkte der Curve mit einer Ebene u bestimmen sich folglich aus der cubischen Gleichung:

$$(11) \qquad u_1 \lambda^3 + u_2 \lambda^2 + u_3 \lambda + u_4 = 0.$$

Dieselbe hat zwei gleiche Wurzeln, wenn die Curve von der Ebene berührt wird; alle drei Wurzeln fallen zusammen, wenn u_i die Coordinaten einer Schmiegungsebene sind. Hiernach ist es leicht, *die Gleichung der Curve in Ebenencoordinaten aufzustellen*, d. h. die Bedingung dafür zu suchen, dass eine Ebene u die Curve in zwei zusammenfallenden Punkten treffe (vgl. p. 25); man hat zu dem Zwecke nur die Bedingung für das Zusammenfallen zweier Wurzeln von (11) zu suchen, d. h. λ aus den Gleichungen

$$(12) \qquad \begin{aligned} 3u_1 \lambda^2 + 2u_2 \lambda + u_3 &= 0, \\ u_2 \lambda^2 + 2u_3 \lambda + 3u_4 &= 0 \end{aligned}$$

zu eliminiren, wovon die zweite vermöge (11) eine Folge der ersten ist.

---

*) Diese Parameterdarstellung findet sich schon bei Möbius (1827 baryc. Calcul § 132), und von ihm wurde wohl zuerst die Curve dritter Ordnung als theilweiser Schnitt von zwei Flächen zweiter Ordnung erkannt.

Beschäftigen wir uns aber zunächst mit diesen beiden Gleichungen selbst. Die Ebene u geht durch eine Tangente der Curve, wenn sie den Gleichungen (12) genügt; die Coëfficienten der letzteren sind also die Coordinaten zweier auf der Tangente gelegenen Punkte; *somit werden die Coordinaten der Tangente des durch den Parameter λ festgelegten Punktes $\varrho\, p_{ik} = x_i y_k - y_i x_k$ gegeben durch:*

$$(13) \qquad \begin{aligned} \varrho\, p_{12} &= \lambda^4, & \varrho\, p_{34} &= 1, \\ \varrho\, p_{13} &= 2\lambda^3, & \varrho\, p_{42} &= -2\lambda, \\ \varrho\, p_{14} &= 3\lambda^2, & \varrho\, p_{23} &= \lambda^2. \end{aligned}$$

Die zwischen den Plücker'schen Liniencoordinaten stets bestehende Identität ist durch diese Werthe in der That von selbst befriedigt:

$$p_{12} p_{34} + p_{13} p_{42} + p_{14} p_{23} = 0.$$

Es besteht aber auch eine lineare Gleichung zwischen diesen Tangentencoordinaten:

$$(14) \qquad p_{14} - 3 p_{23} = 0.$$

Die Tangenten einer Raumcurve dritter Ordnung gehören also einem linearen Complexe an. Die durch letzteren vermittelte dualistische lineare Verwandtschaft wird hier:

$$(15) \qquad \begin{aligned} \mu u_1 &= x_4, & \mu u_3 &= 3x_2, \\ \mu u_2 &= -3x_3, & \mu u_4 &= -x_1; \end{aligned}$$

auf ihre Bedeutung für die Curve kommen wir sogleich zurück.

Selbstverständlich kann man aus (13) auch höhere Gleichungen ableiten, welche von den Coordinaten aller Tangenten befriedigt werden; wir heben nur eine Gleichung zweiten Grades

$$(16) \qquad 4 p_{12} p_{34} + p_{13} p_{42} = 0$$

hervor, da wir uns mit dem durch sie dargestellten Complexe noch wiederholt werden beschäftigen müssen (vgl. p. 144 u. 288). Auch die Gleichung

$$4 p_{14} p_{23} + 3 p_{13} p_{42} = 0$$

folgt aus (13); sie sagt aber nichts anderes wie (16) aus, denn sie kann mittelst der Identität $p_{14} p_{23} = - p_{13} p_{42} - p_{14} p_{23}$ auf letztere Gleichung zurückgeführt werden.

Bewerkstelligen wir nun die Elimination von λ aus den Gleichungen (12), so ergibt sich

$$\begin{aligned} \sigma \cdot \lambda^2 &= 6 u_2 u_4 - 2 u_3{}^2, \\ \sigma \cdot \lambda &= u_3 u_2 - 9 u_1 u_4, \\ \sigma \cdot 1 &= 6 u_1 u_3 - 2 u_2{}^2, \end{aligned}$$

und hieraus die *Gleichung der Curve in Ebenencoordinaten:*

$$(17) \qquad 4(3u_2u_4 - u_3{}^2)(3u_1u_3 - u_2{}^2) - (u_2u_3 - 9u_1u_4)^2 = 0^*).$$

Sie ist vom vierten Grade in den u_i; *die Curve dritter Ordnung ist also aufzufassen als eine Fläche vierter Klasse*, d. h. sie schickt durch eine beliebige Gerade vier Tangentenebenen hindurch. Man findet die letzteren, indem man $v_i + \varkappa w_i$ an Stelle von u_i setzt und die entstehende Gleichung vierten Grades nach $\varkappa$ auflöst.

Gemäss unseren früheren allgemeinen Erörterungen kann endlich die Curve auch durch *eine* Gleichung in Liniencoordinaten dargestellt werden. Sämmtliche Treffgeraden einer Curve bilden einen Complex gewissen Grades von sehr speciellem Charakter, wie schon alle Treffgeraden einer geraden Linie einen speciellen linearen Complex bildeten (p. 51). Um zur Gleichung des Complexes für unsere Curve zu gelangen, gehen wir von den Gleichungen

$$\begin{aligned}
* \;\; + q_{12}x_2 + q_{13}x_3 + q_{14}x_4 &= 0, \\
q_{21}x_1 + \;\; * \;\; + q_{23}x_3 + q_{24}x_4 &= 0, \\
q_{31}x_1 + q_{32}x_2 + \;\; * \;\; + q_{34}x_4 &= 0, \\
q_{41}x_1 + q_{42}x_2 + q_{43}x_3 + \;\; * \;\; &= 0
\end{aligned}$$

aus, welche aussagen, dass ein Punkt x auf einer Linie q liegt, und von denen wir wissen, dass zwei derselben mittelst der zwischen den q_{ik} bestehenden Identität (p. 85 u. 87) eine Folge der beiden anderen sind. Bezeichnet nun x einen Punkt der Curve, so haben wir durch Benutzung von (10) den Parameter λ einzuführen:

$$\begin{aligned}
* \;\; + q_{12}\lambda^2 + q_{13}\lambda + q_{14} &= 0, \\
q_{21}\lambda^3 + \;\; * \;\; + q_{23}\lambda + q_{24} &= 0, \\
q_{31}\lambda^3 + q_{32}\lambda^2 + \;\; * \;\; + q_{34} &= 0, \\
q_{41}\lambda^3 + q_{42}\lambda^2 + q_{43}\lambda + \;\; * \;\; &= 0.
\end{aligned}$$

Zur Elimination von λ benutzen wir die erste und letzte Gleichung und finden

$$\begin{aligned}
\sigma \cdot \lambda^2 &= q_{13}q_{43} - q_{14}q_{42}, \\
\sigma \cdot \lambda &= q_{14}q_{41} - q_{12}q_{43}, \\
\sigma \cdot 1 &= q_{12}q_{42} - q_{13}q_{41},
\end{aligned}$$

also

$$(q_{13}q_{43} - q_{14}q_{42})(q_{12}q_{42} - q_{13}q_{41}) - (q_{14}q_{41} - q_{12}q_{43})^2 = 0.$$

In Folge davon, dass wir bei der Elimination nicht alle vier Gleichungen gleichmässig benutzten, darf es uns nicht auffällig erscheinen, wenn die linke Seite dieser Gleichung noch einen über-

---

*) Die linke Seite ist die Discriminante der cubischen Form (11); vgl. Bd. I, p. 219 f.

flüssigen Factor enthält, dessen Verschwinden nicht allen vier Gleichungen genügt, und der sich eben dadurch als unbrauchbar erweist. In der That ergibt sich durch Ausrechnen:

$$q_{12}q_{13}q_{42}q_{43} - q_{12}q_{14}q_{42}{}^2 - q_{41}q_{43}q_{13}{}^2 - q_{13}q_{42}q_{14}{}^2 - q_{12}{}^2q_{34}{}^2 - q_{14}{}^4$$
$$+ 2q_{14}{}^2q_{12}q_{34} = 0.$$

Addirt man hierzu die Identität

$$q_{12}q_{34}(q_{12}q_{34} + q_{13}q_{42} + q_{14}q_{23}) = 0,$$

wodurch nichts wesentliches geändert wird, so lässt sich von der Summe der Factor q_{14} als überflüssig absondern, und es bleibt *unsere Curve dritter Ordnung in Liniencoordinaten dargestellt durch den Complex dritten Grades*:

$$(18) \quad q_{12}q_{23}q_{34} - q_{12}q_{42}{}^2 - q_{34}q_{13}{}^2 - q_{13}q_{42}q_{14} - q_{14}{}^3 + 2q_{12}q_{14}q_{34} = 0.$$

Selbstverständlich ist der hier auftretende Complex dritten Grades von sehr specieller Natur. Wie wir am Beispiele des linearen Complexes gesehen haben, stellt eine Gleichung in Liniencoordinaten im Allgemeinen weder eine Fläche noch eine Curve dar, sondern eine gewisse Verwandtschaft. Bezeichnet $f(p_{ik})$ eine ganze homogene Function der sechs Grössen $p_{ik} = x_iy_k - y_ix_k$, so ist

$$(19) \quad f(p_{ik}) \equiv f(x_iy_k - y_ix_k) = 0$$

die allgemeine Gleichungsform der Complexe, wobei links noch der verschwindende Ausdruck $p_{12}p_{34} + p_{13}p_{42} + p_{14}p_{23}$, multiplicirt mit einem willkürlichen Factor, hinzugefügt werden kann. Durch (19) wird jedem Punkte y eine Fläche zugeordnet, deren Ordnung gleich dem Grade der ganzen Function f ist; genügt ihr ein Punkt x, so genügt derselben Gleichung auch jeder Punkt $x + \lambda y$ seiner Verbindungslinie mit y, d. h. die Fläche ist ein Kegel: *Die Geraden des Complexes n^{ten} Grades $f = 0$, welche durch einen gegebenen Punkt gehen, bilden einen Kegel n^{ter} Ordnung.* Für $n = 1$ findet man so die durch den Punkt y gehende Ebene der reciproken Verwandtschaft wieder. Statt der p_{ik} kann man aber auch die q_{lm} gebrauchen (vgl. p. 87), so dass die Gleichung

$$(20) \quad f(q_{lm}) \equiv f(u_lv_m - v_lu_m) = 0$$

denselben Complex n^{ten} Grades darstellt. Daraus folgt dualistisch entsprechend: *Die Geraden eines Complexes n^{ten} Grades, welche in einer gegebenen Ebene liegen, umhüllen eine ebene Curve n^{ter} Klasse.* In der That gingen beim linearen Complexe alle Geraden einer Ebene durch einen gewissen Punkt derselben hindurch.

Es ist aber durchaus nicht gesagt, dass alle diese ebenen Curven als Schnitte einer Fläche oder alle diese Kegel als Tangentenkegel einer Fläche aufgefasst werden können. Dies wird vielmehr nur in ganz speciellen Fällen eintreten, welche näher zu charakterisiren unsere Aufgabe in der allgemeinen Theorie der Complexe sein soll. So gibt auch für $n = 2$ die Gleichung einer allgemeinen Fläche zweiter Ordnung und Klasse in Liniencoordinaten (p. 142 f.) nur ein sehr specielles Beispiel für einen Complex zweiten Grades; noch mehr specialisirt wird dieses Beispiel, wenn die Fläche in einen Kegel oder in einen ebenen Kegelschnitt ausartet. Hat man es allgemein mit einem derartig speciellen Complexe, wie beim Kegelschnitte oder bei der Gleichung (18), zu thun, d. h. betrachtet man insbesondere die Complexe, welche von den sämmtlichen Treffgeraden einer räumlichen Curve gebildet werden, so ist es leicht, sich über die von den Geraden erzeugten Kegel (*Complexkegel*) und die von ihnen umhüllten ebenen Curven (*Complexcurven*) Rechenschaft zu geben. Die Complexkegel entstehen einfach, wenn man einen beliebigen Punkt des Raumes mit allen Punkten der Curve verbunden denkt; die Complexcurven bestehen aus allen Strahlen, welche in einer beliebigen Ebene durch die Schnittpunkte der Ebene mit der Curve hindurchgehen; die letzteren zerfallen also in n ebene Strahlbüschel, wenn n die Ordnung der Curve bezeichnet, und hieraus folgt allgemein der Satz:

Alle Treffgeraden einer Raumcurve bilden einen Complex, dessen Grad gleich der Ordnung der Raumcurve ist; und dieselbe Zahl gibt auch die Ordnung der aus den Treffgeraden zu bildenden Kegel an.

Insbesondere findet man also die Gleichung der Schnittpunkte einer Ebene v mit der durch (10) dargestellten Curve, indem man, analog zu (20), in (18) $q_{ik} = u_i v_k - v_i u_k$ einsetzt, und die Gleichung des von einem Punkte y ausgehenden und auf der Curve stehenden Kegels, analog zu (19), durch die Substitution $q_{ik} = x_i y_m - y_i x_m$.

Auf diese allgemeinen Erörterungen sind wir um so lieber eingegangen, als die hier am Beispiele der Raumcurven dritter Ordnung behandelten Aufgaben: ihre Parameterdarstellung in (10), die Bildung ihrer Gleichung in Ebenen- und Liniencoordinaten in (17) und (18), sich bei allen Curven in analoger Weise wiederholen; diese Aufgaben sind typisch für die allgemeine Theorie algebraischer Curven im Raume; sie geben gleichzeitig ein erstes complicirteres Beispiel für unsere allgemeinen geometrischen Ueberlegungen über Curven und abwickelbare Flächen (p. 24 f.), wie sich im Folgenden bei Anwendung des Dualitätsprincipes sofort noch mehr herausstellen wird.

Nächst den Tangenten nehmen die Schmiegungsebenen der Curve unsere Aufmerksamkeit in Anspruch. Für eine solche Ebene u müssen alle drei Wurzeln von (11) zusammenfallen, d. h. es müssen auch die Differentialquotienten der Ausdrücke (12) verschwinden, und dies gibt zusammen mit (11) die drei Bedingungen:

$$(21) \qquad 3u_1\lambda + u_2 = 0, \quad u_2\lambda + u_3 = 0, \quad u_3\lambda + 3u_4 = 0^*).$$

Hieraus erhält man

$$(22) \qquad \sigma u_1 = 1, \quad \sigma u_2 = -3\lambda, \quad \sigma u_3 = 3\lambda^2, \quad \sigma u_4 = -\lambda^3.$$

Die Schmiegungsebenen sind also ganz analog durch einen Parameter dargestellt, wie die Punkte der Curve; sie umhüllen bekanntlich die von den Tangenten gebildete abwickelbare Fläche: *die Gleichungen (22) liefern die Parameterdarstellung für die Berührungsebenen der abwickelbaren Fläche.*

Wir wissen, dass den Punkten der Curve nach dem Principe der Dualität die Schmiegungsebenen einer *anderen* Curve entsprechen (p. 25). Wenn hier ·in (22) das Princip der Dualität so vollkommen gewahrt bleibt, wie es der Vergleich mit (10) lehrt, so ist dies eine Besonderheit der Curven dritter Ordnung, die sich bei höheren Curven im Allgemeinen nicht wiederholt; eine Besonderheit, wie sie gleicher Weise in der ebenen Geometrie bei dem niedrigsten dort auftretenden krummen Gebilde, dem allgemeinen Kegelschnitte, uns begegnete. Wie ferner dort die dualistische Beziehung zwischen Punkten und Tangenten durch die zugehörige Polarverwandtschaft ihren analytischen Ausdruck fand, so wird hier die reciproke Beziehung zwischen Punkten und Schmiegungsebenen durch das Nullsystem des obigen linearen Complexes (14) algebraisch vermittelt. In der That gehen die Gleichungen (15) vermöge (10) sofort in (22) über: *Die Tangenten der Curve bestimmen einen linearen Complex, vermöge dessen den Curvenpunkten ihre Schmiegungsebenen zugeordnet werden.*

Von den Gleichungen (21) und (22) kann man ausgehen, um alle diejenigen Eigenschaften der abwickelbaren Fläche abzuleiten, welche den Eigenschaften der Curve dritter Ordnung zur Seite stehen. Zunächst haben wir in (21) *drei* einander projectivische Punktreihen; *legt man durch je drei entsprechende Punkte eine Ebene, so umhüllt diese Ebene eine abwickelbare Fläche dritter Klasse,* und zwar die von den Tangenten unserer Curve gebildete. Sie ist von der dritten Klasse, weil durch einen beliebigen Punkt x des Raumes drei ihrer umhüllenden Ebenen hindurchgehen, bestimmt durch die Gleichung:

$$(23) \qquad x_1 - 3\lambda x_2 + 3\lambda^2 x_3 - \lambda^3 x_4 = 0.$$

---

*) Vgl. Bd. I, p. 228.

Fallen zwei Wurzeln dieser Gleichung zusammen, so liegt x auf der Schnittlinie zweier unendlich benachbarten Schmiegungsebenen, d. h. auf einer Erzeugenden der abwickelbaren Fläche; die Gleichung der letzteren ergibt sich also, wenn man die Discriminante von (23) gleich Null setzt, oder durch Elimination aus den analog zu (12) gebildeten Gleichungen:

$$(24) \qquad \begin{aligned} x_2 - 2\lambda x_3 + \lambda^2 x_4 &= 0, \\ x_1 - 2\lambda x_2 + \lambda^2 x_3 &= 0. \end{aligned}$$

Die Gleichung der abwickelbaren Fläche der Tangenten ist also von der vierten Ordnung, dem Umstande entsprechend, dass die Curve dritter Ordnung von der vierten Klasse war; *ihre Gleichung in Punktcoordinaten ist, analog zu* (17):

$$(25) \qquad (x_2 x_4 - x_3^2)(x_1 x_3 - x_2^2) - (x_1 x_4 - x_2 x_3)^2 = 0.$$

In Ebenencoordinaten ist eine abwickelbare Fläche bekanntlich nicht durch eine Gleichung darstellbar; sie kann nur definirt werden als die gemeinsame Enveloppe der doppelt unendlichen Schaar von Flächen zweiter Klasse

$$(26) \quad \begin{vmatrix} 3u_1 & u_2 & k \\ u_2 & u_3 & l \\ u_3 & 3u_4 & m \end{vmatrix} = k(3u_2 u_4 - u_3^2) + l(u_2 u_3 - 9u_1 u_4) + m(3u_1 u_3 - u_2^2) = 0,$$

welche der Schaar (9) dualistisch gegenübersteht, mit ihr aber nicht identisch ist.

In (24) haben wir hier die Gleichungen zweier Ebenen, welche sich in einer Erzeugenden der abwickelbaren Fläche schneiden; berechnet man aus ihren Coordinaten diejenigen ihrer Schnittlinie, so ergeben sich genau wieder die Gleichungen (13), denn es ist $q_{ik} = p_{lm}$ zu nehmen.

Den Treffgeraden der Raumcurve entsprechen die Tangenten der abwickelbaren Fläche (p. 26), denn als solche sind hier *alle* in den Schmiegungsebenen gelegenen Geraden aufzufassen. Die Bedingungen dafür, dass die Linie p_{ik} in der Ebene u_i liege, werden vermöge (22):

$$\begin{aligned} * \quad - 3\lambda p_{12} + 3\lambda^2 p_{13} - \lambda^3 p_{14} &= 0, \\ p_{21} + \quad * \quad + 3\lambda^2 p_{23} - \lambda^3 p_{24} &= 0, \\ p_{31} - 3\lambda p_{32} + \quad * \quad - \lambda^3 p_{34} &= 0, \\ p_{41} - 3\lambda p_{42} + 3\lambda^2 p_{43} + \quad * \quad &= 0. \end{aligned}$$

Durch Elimination von λ aus der ersten und letzten Gleichung ergibt sich zunächst:

$$9(3 p_{13} p_{34} - p_{14} p_{24})(3 p_{12} p_{24} - p_{13} p_{14}) - (9 p_{12} p_{34} - p_{14}^2)^2 = 0.$$

Mit Hülfe der zwischen den Liniencoordinaten bestehenden Identität sondert man einen Factor p_{14} ab und erhält die zu (18) dualistische Gleichung dritten Grades

$$(27) \quad p_{14}^{3} - 18\,p_{14}\,p_{12}\,p_{34} - 81\,p_{12}\,p_{34}\,p_{23} + 27\,p_{13}^{2}\,p_{34} + 27\,p_{12}\,p_{24}^{2}$$
$$- 9\,p_{14}\,p_{13}\,p_{24} = 0$$

als Gleichung der abwickelbaren Fläche in Liniencoordinaten. Wie bei (18) die Complexcurven sich in drei ebene Strahlbüschel derselben Ebene auflösten, so zerfallen die durch (27) einem Punkte zugeordneten Complexkegel in drei ebene Strahlbüschel mit gemeinsamem Mittelpunkte; sie liefern die durch den Punkt gehenden drei Schmiegungsebenen unserer Raumcurve.

Sollen endlich alle drei Wurzeln von (23) zusammenfallen, so müssen, analog zu (21), die drei Gleichungen bestehen:

$$x_1 - \lambda x_2 = 0, \quad x_2 - \lambda x_3 = 0, \quad x_3 - \lambda x_4 = 0;$$

und damit sind wir zu unserer ursprünglichen Parameterdarstellung (10), also von den Schmiegungsebenen zu den Punkten der Curve, zurückgekehrt.

Die vollkommene Dualität, welche hiernach bei den Curven dritter Ordnung zu Tage tritt, wurde schon oben als ihnen gegenüber höheren Curven eigenthümlich hervorgehoben. In der That spielen unsere Curven für den Raum in mancher Beziehung dieselbe Rolle, wie die Kegelschnitte für die Ebene: Es gibt keine niedrigere (nicht zerfallende) Curve im Raume, die nicht in einer Ebene liegt, wie es in der Ebene keine niedrigere Curve als den Kegelschnitt gibt, die nicht in einer Geraden liegt (mit einer solchen zusammenfällt), denn jede Ebene, welche einen Kegelschnitt in drei Punkten trifft, muss denselben ganz enthalten, da eine Gleichung zweiten Grades entweder nur zwei oder unendlich viele Wurzeln haben kann (letzteres, wenn alle Coëfficienten einzeln Null sind); die Analogie trat ferner hervor bei der projectivischen Erzeugung und der Parameterdarstellung (10), welche den Formeln für einen Kegelschnitt

$$\varrho x_1 = \lambda^2, \quad \varrho x_2 = \lambda, \quad \varrho x_3 = 1$$

genau entspricht; sie würde sich noch klarer entwickeln lassen, wenn wir in die Beziehungen der Punktgruppen auf einer Curve dritter Ordnung zu der binären Invariantentheorie näher eingehen wollten*);

---

*) Vgl. d'Ovidio, Memorie della R. Accademia di Torino, Serie II, t. 32, 1879, sowie einen Aufsatz des Herausgebers in Bd. 23 der Math. Annalen, wo man auch andere verwandte Arbeiten erwähnt findet. — Geht man zu Systemen von mehr als vier homogenen Variabeln über, d. i. zur Geometrie in Mannigfaltig-

doch verschieben wir dies, bis wir im Zusammenhange die Invariantentheorie für den Raum besprechen. Wir erwähnen hier nur noch folgenden Satz, dem wir sein dualistisches Gegenbild sofort an die Seite stellen:

Eine bewegliche Tangente einer Raumcurve dritter Ordnung wird von vier festen Schmiegungsebenen derselben in Punkten von constantem Doppelverhältnisse getroffen.	Eine bewegliche Tangente einer Raumcurve dritter Ordnung schickt durch vier feste Punkte derselben vier Ebenen mit constantem Doppelverhältnisse.

Zum Beweise bezeichnen wir jeden Punkt der Curve durch den ihm nach (10) zugeordneten Parameter λ. Die Coordinaten eines beliebigen Punktes x der Tangente des Punktes λ lassen sich mittelst eines Parameters μ aus den Punkten (12) ableiten; sie sind also:

$$\varrho x_1 = 3\lambda^2, \quad \varrho x_2 = 2\lambda + \mu\lambda^2, \quad \varrho x_3 = 1 + 2\mu\lambda, \quad \varrho x_4 = 3\mu.$$

Setzt man nun für μ die vier Parameter μ_1, μ_2, μ_3, μ_4 von vier Schmiegungsebenen nach (22) ein, so ist das Doppelverhältniss ihrer Schnittpunkte mit der Tangente von λ gleich

$$\frac{\mu_1 - \mu_3}{\mu_1 - \mu_4} \cdot \frac{\mu_2 - \mu_4}{\mu_2 - \mu_3},$$

also unabhängig von λ, w. z. b. w.

Oben wurde hervorgehoben (p. 240), dass die ebene Curve dritter Ordnung mit Doppelpunkt als Ausartung unserer Raumcurve auftreten kann. Diese Bemerkung kann sich natürlich nicht auf unseren Ausgangspunkt, nicht auf die Entstehung unserer Curve als theilweisen Schnittes zweier Flächen zweiter Ordnung beziehen. Auf diesen Grenzfall wird man dagegen durch die Parameterdarstellung (10) geführt. Gibt man die specielle Lage des Coordinatentetraëders auf, welche früher benutzt war, so treten an Stelle von λ^3, λ^2, λ, 1 beliebige lineare Functionen dieser Grössen; d. h. *die x_i werden proportional zu beliebigen ganzen Functionen dritten Grades von λ:*

$$(28) \qquad \varrho x_i = a_{i1} + a_{i2}\lambda + a_{i3}\lambda^2 + a_{i4}\lambda^3 = f_i(\lambda).$$

Insbesondere kann man nun die Coëfficienten so variiren lassen, dass

---

keiten von mehr als drei Dimensionen (vgl. einen unten folgenden Abschnitt), so kommt bei n Dimensionen der allgemeinen rationalen Curve n^{ter} Ordnung eine analoge Rolle zu, wie den Kegelschnitten in der Ebene, den unebenen Curven dritter Ordnung im Raume; vgl. Fr. Meyer: Apolarität und rationale Curven, Tübingen 1883. — Diese Analogie dehnt sich auch auf gewisse metrische Eigenschaften aus (insbesondere bei der weiter unten definirten cubischen Parabel); vgl. Hurwitz und Schröter, Math. Annalen Bd. 25.

für besondere Werthe derselben zwischen den f_i eine lineare Identität $\Sigma \varkappa_i f_i(\lambda) = 0$ besteht; dann ist auch für alle Punkte der Curve $\Sigma \varkappa_i x_i$ gleich Null, d. h. dieselbe liegt in der Ebene mit den Coordinaten $\varkappa_i$. Gleichzeitig sind die Coordinaten ihrer Punkte rationale Functionen eines Parameters, dieselbe ist also eine *ebene Curve dritter Ordnung mit Doppel- oder Rückkehrpunkt**).

Unberücksichtigt liessen wir bisher die Gestalt der Curven dritter Ordnung oder „cubischen Kegelschnitte", wie man sie wegen der Verwandtschaft mit den Curven zweiter Ordnung auch nennt. Nach dem bei den letzteren und bei den Flächen zweiter Ordnung befolgten Principe ist es am Einfachsten, ihre Beziehungen zu der unendlich fernen Ebene der gestaltlichen Discussion zu Grunde zu legen. Von den drei unendlich fernen Punkten muss natürlich einer immer reell sein; die beiden anderen können auch conjugirt imaginäre Coordinaten haben; von den reellen Punkten ferner können zwei oder alle drei zusammenfallen. Jedem reellen unendlich fernen Punkte entspricht auch eine reelle Asymptote als dessen Tangente; dieselbe liegt natürlich auf dem Kegel (hier also Cylinder), dessen Erzeugende den betreffenden unendlich fernen Punkt mit den übrigen Curvenpunkten verbinden. Auf diesem Cylinder befinden sich dann auch die Verbindungslinien seiner Spitze mit den anderen unendlich fernen Punkten; man wird also je nach deren Lage und Realität in jedem Falle leicht erkennen, ob der Cylinder ein elliptischer, hyperbolischer oder parabolischer (p. 162) ist. In zweiter Linie ist auch die Lage der drei Punkte im Unendlichen zum imaginären Kugelkreise in Betracht zu ziehen. Wir haben demnach folgende Fälle zu unterscheiden**):

1) *Cubische Ellipse.* Dieselbe hat nur einen reellen unendlich fernen Punkt, also nur eine Asymptote; durch sie kann nur ein Cylinder, und zwar ein elliptischer, hindurchgelegt werden. Die Verbindungslinie der beiden imaginären unendlich fernen Punkte gibt die eine

---

*) Vgl. Bd. I, p. 899. — Eine ebensolche Curve wird (wie man mit Hülfe der Gleichungen (28) leicht nachweist) erhalten, wenn man die Raumcurve dritter Ordnung von einem beliebigen, nicht auf ihr liegenden Punkte aus in eine beliebige Ebene projicirt; vgl. Chasles, Aperçu historique, p. 251. Dies Resultat ist eine einfache Folge derjenigen Gesetze, welche Cayley als Verallgemeinerung der Plücker'schen Formeln für Raumcurven entwickelt hat.

**) Die Namen der verschiedenen Curvenarten sind von Seydewitz a. a. O. eingeführt. — Zeichnungen derselben findet man bei von Drach a. a. O.; Gypsmodelle der zugehörigen Cylinder mit aufgezeichneten Curven (construirt von Lange) liefert die Verlagshandlung von L. Brill in Darmstadt.

reelle unendlich ferne Sehne. Es gibt demnach *eine* Schaar von Parallelebenen, deren *jede* von der Curve in einem (reellen) Punkte getroffen wird. Diese Schaar steht insbesondere senkrecht zur Asymptote, wenn die Sehne dem reellen unendlich fernen Punkte der Curve in Bezug auf den Kugelkreis polar conjugirt ist. Liegen die beiden unendlich fernen imaginären Curvenpunkte auf dem Kugelkreise, so hat man statt des elliptischen einen geraden Kreiscylinder.

2) *Cubische Hyperbel.* Dieselbe hat drei unendlich ferne reelle Punkte, also auch drei unendlich ferne reelle Sehnen und drei reelle Asymptoten. Sie liegt gleichzeitig auf drei hyperbolischen Cylindern. Sind zwei der unendlich fernen Punkte conjugirte Pole in Bezug auf den Kugelkreis, so stehen die Axen der zugehörigen Cylinder (sowie die bez. Asymptoten) auf einander senkrecht. Ist die Verbindungslinie zweier Punkte die Polare des dritten in Bezug auf den Kugelkreis, so gibt es eine Schaar von Parallelebenen, welche zum dritten Cylinder senkrecht stehen, und deren jede die Curve nur noch in einem Punkte trifft. Sollen dann diese Parallelebenen auf dem dritten Cylinder nur gleichseitige Hyperbeln ausschneiden, so müssen seine beiden unendlich fernen Erzeugenden conjugirte Polaren, folglich die zugehörigen unendlich fernen Punkte der Curve conjugirte Pole in Bezug auf den Kugelkreis sein; d. h. die drei unendlich fernen Punkte bilden ein Polardreieck; jeder Cylinder ist senkrecht zu den beiden anderen, und die zur Axe senkrechten Schnitte eines jeden sind gleichseitige Hyperbeln.

3) *Cubische Parabel.* Die drei Punkte im Unendlichen sind zusammengefallen; die unendlich ferne Ebene ist also Schmiegungsebene der Curve; von ihrem Berührungspunkte geht ein Kegel aus, der von ihr in zwei zusammenfallenden Geraden geschnitten wird: die Curve liegt nur auf einem Cylinder, und zwar einem parabolischen. Es gibt keine Asymptoten; eine Tangente der Curve liegt unendlich weit und bestimmt eine Schaar paralleler Ebenen, welche die Curve nur in einem Punkte treffen und sie im Unendlichen alle berühren.

4) *Cubische hyperbolische Parabel.* Von den drei unendlich fernen Punkten sind zwei zusammengefallen, während der dritte getrennt davon liegt. Die Curve ist der Schnitt zweier Cylinder, denen ausserdem die Verbindungslinie der beiden unendlich fernen Punkte gemeinsam ist. Der eine Cylinder ist parabolisch, der andere hyperbolisch. Auf ersterem liegt die eine noch vorhandene Asymptote. Die Erzeugenden der Cylinder sind zu einander rechtwinklig, wenn beide Punkte ein conjugirtes Polepaar in Bezug auf den Kugelkreis bilden. Alle zur Axe des hyperbolischen Cylinders rechtwinkligen Schnitte

sind gleichseitige Hyperbeln, wenn die beiden unendlich fernen Erzeugenden des Cylinders (d. i. die Tangente der Curve in ihrem Berührungspunkte mit der unendlich fernen Ebene und die Verbindungslinie des Berührungspunktes mit dem einfachen unendlich fernen Punkte) durch ein Paar conjugirter Polaren in Bezug auf den Kugelkreis gebildet werden.

XII. Beziehungen zwischen zwei Flächen zweiter Klasse.

Unseren Betrachtungen über zwei Flächen zweiter Ordnung stellen wir kurz die entsprechenden über Flächen zweiter Klasse gegenüber. Da zwei solche Flächen im Allgemeinen auch von der zweiten Ordnung sind, so können ihre gegenseitigen Lagenbeziehungen uns hier nichts Neues lehren. Der Unterschied ist nur der, dass statt ihrer Durchdringungscurve jetzt die von ihren gemeinsamen Tangentialebenen gebildete abwickelbare Fläche besonders ins Auge zu fassen ist, dass ferner die aus zwei Flächen zweiter Klasse

$$(1) \qquad F \equiv \Sigma\Sigma A_{ik} u_i u_k = 0, \qquad \Phi \equiv \Sigma\Sigma B_{ik} u_i u_k = 0$$

zu bildende lineare „Schaar"

$$(2) \qquad\qquad\qquad F + \mu \Phi = 0$$

von dem Büschel im Allgemeinen wesentlich verschieden ist, indem die Schaar (2) jetzt nicht eine unendliche Reihe von Flächen mit denselben gemeinsamen Punkten, sondern eine solche mit denselben gemeinsamen Tangentialebenen darstellt: *Alle Flächen der Schaar sind einer und derselben developpabeln Fläche vierter Klasse eingeschrieben.* Unter diesen Flächen wird es einige geben, welche in eine ebene Curve ausarten, deren Determinante also verschwindet. Sie bestimmen sich durch die Gleichung

$$(3)\ D(\mu) = \begin{vmatrix} A_{11}+\mu B_{11} & A_{12}+\mu B_{12} & A_{13}+\mu B_{13} & A_{14}+\mu B_{14} \\ A_{21}+\mu B_{21} & A_{22}+\mu B_{22} & A_{23}+\mu B_{23} & A_{24}+\mu B_{24} \\ A_{31}+\mu B_{31} & A_{32}+\mu B_{32} & A_{33}+\mu B_{33} & A_{34}+\mu B_{34} \\ A_{41}+\mu B_{41} & A_{42}+\mu B_{42} & A_{43}+\mu B_{43} & A_{44}+\mu B_{44} \end{vmatrix} = 0.$$

Je nachdem sich die Wurzeln dieser Gleichung verhalten, werden wir wieder dreizehn Fälle zu unterscheiden haben, die wir hier kurz zusammenstellen; nur bei den später besonders wichtig werdenden verweilen wir länger. Die ohne Beweis ausgesprochenen Sätze sind nach dem Principe der Dualität selbstverständlich.

Nr. 1. *Die Wurzeln von $D(\mu) = 0$ sind von einander verschieden.* Es gibt ein den Flächen der Schaar (2) gemeinsames Polartetraëder;

die vier Kegelschnitte $F + \mu_i \Phi = 0$ des Systems liegen in den Ebenen des Tetraëders. Letzteres ist natürlich identisch mit dem beim Büschel (p. 209) auftretenden Polartetraëder; folglich muss sich auch die Lösung der Gleichung (3) auf die der Gleichung $\varDelta(\lambda) = 0$ reduciren lassen. Setzt man

$$(4) \qquad D(\mu) = \mathsf{A} + 4\mu\mathsf{A}_1 + 6\mu^2\Gamma + 4\mu^3\mathsf{B}_1 + \mu^4\mathsf{B}$$

und betrachtet die A_{ik}, B_{ik} als Unterdeterminanten der Coëfficienten a_{ik}, b_{ik} unserer früheren Gleichungen $f = 0$, $\varphi = 0$, so wird in der That:

$$\mathsf{A} = A^3, \qquad 4\mathsf{A}_1 = \Sigma\Sigma B_{ik}A_{ik} = A^2\Sigma\Sigma B_{ik}a_{ik} = 4A^2B_1,$$

$$6\Gamma = \Sigma\Sigma\Sigma\Sigma A_{ik,\,lm}B_{pq,\,rs} = AB\Sigma\Sigma\Sigma\Sigma A_{ik,\,lm}B_{pq,\,rs} = 6ABC,$$

$$4\mathsf{B}_1 = 4B^2A_1, \quad \mathsf{B} = B^3,$$

wobei A, B, C, A_1, B_1 dieselben Bedeutungen haben, wie früher in (22) p. 218. Hieraus folgt für die symmetrischen Functionen der Wurzeln:

$$\Sigma\mu_1 = -\frac{4A_1}{B} = \Sigma\lambda_1\lambda_2\lambda_3,$$

$$\Sigma\mu_1\mu_2 = \frac{6AC}{B^2} = \frac{A}{B}\Sigma\lambda_1\lambda_2$$

$$\Sigma\mu_1\mu_2\mu_3 = -\frac{4A^2B_1}{B^3} = \frac{A^2}{B^2}\Sigma\lambda_1,$$

$$\mu_1\mu_2\mu_3\mu_4 = \frac{A^3}{B^3} = (\lambda_1\lambda_2\lambda_3\lambda_4)^3.$$

Die Wurzeln von $D(\mu) = 0$ drücken sich also durch diejenigen von $\varDelta(\lambda) = 0$ aus mittelst der Formeln

$$(5) \qquad \mu_1 = \lambda_2\lambda_3\lambda_4, \quad \mu_2 = \lambda_3\lambda_4\lambda_1, \quad \mu_3 = \lambda_4\lambda_1\lambda_2, \quad \mu_4 = \lambda_1\lambda_2\lambda_3.$$

Dieses Resultat war vorauszusehen; denn, wenn $\Sigma\lambda_i X_i^2 = 0$ die Gleichung von $f = 0$ wird, so muss (bis auf einen constanten Factor) $\Sigma\mu_i U_i^2 = 0$ diejenige von $F = 0$ werden.

Die Transformation auf das Polardreieck geschieht genau wie oben; sie sei gegeben durch die Gleichungen

$$(6) \qquad X_k = \alpha_{1k}x_1 + \alpha_{2k}x_2 + \alpha_{3k}x_3 + \alpha_{4k}x_4 \qquad (k = 1, 2, 3, 4),$$

in denen die α_{ik} zu bestimmen sind. Dann wird das Quadrat der Substitutionsdeterminante:

$$(7) \qquad \mathsf{P}^2 = \frac{1}{\mathsf{B}} = \frac{1}{B^3},$$

und wenn $D_{ik}(\mu)$ die Unterdeterminanten von $D(\mu)$ bedeuten:

$$(8) \qquad \mathsf{P}^2\Sigma\Sigma D_{ik}(\mu_1)x_ix_k = (\mu_1 - \mu_2)(\mu_1 - \mu_3)(\mu_1 - \mu_4)X_1^2\mathsf{B}$$

$$= -\lambda_2^2\lambda_3^2\lambda_4^2(\lambda_1 - \lambda_2)(\lambda_1 - \lambda_3)(\lambda_1 - \lambda_4)X_1^2B^3,$$

analog für μ_2, μ_3, μ_4, und hieraus nach (6):

$$(9) \qquad B(\mu_1 - \mu_2)(\mu_1 - \mu_3)(\mu_1 - \mu_4)\alpha_{i1}\alpha_{k1} = D_{ik}(\mu_1), \quad \text{u. s. f.}$$

Sind die α_{ik} aus diesen letzten Gleichungen berechnet, so hat man in Folge von (6)

$$\begin{aligned}
F &\equiv \Sigma\Sigma A_{ik}u_i u_k = -\mu_1 U_1^2 - \mu_2 U_2^2 - \mu_3 U_3^2 - \mu_4 U_4^2 \\
(10) \qquad &= -\frac{A}{B}\left(\frac{U_1^2}{\lambda_1} + \frac{U_2^2}{\lambda_2} + \frac{U_3^2}{\lambda_3} + \frac{U_4^2}{\lambda_4}\right), \\
\Phi &\equiv \Sigma\Sigma B_{ik}u_i u_k = \qquad U_1^2 + U_2^2 + U_3^2 + U_4^2.
\end{aligned}$$

Unsere frühere Transformation dagegen, die durch die Gleichungen (p. 210)

$$(11) \qquad x_k = \beta_{k1}X_1 + \beta_{k2}X_2 + \beta_{k3}X_3 + \beta_{k4}X_4$$

gegeben war, transformirte dieselben Ausdrücke F und Φ gemäss den Relationen:

$$F R^2 = -\Sigma \mu_i U_i^2, \quad \Phi R^2 = \Sigma U_i^2.$$

Man hat also in den früheren Formeln U_i zu ersetzen durch $R U_i$, um auf die jetzigen zu kommen, oder man hat, was auf dasselbe herauskommt, in den aus (6) folgenden Relationen

$$u_k = \alpha_{k1}U_1 + \alpha_{k2}U_2 + \alpha_{k3}U_3 + \alpha_{k4}U_4$$

α_{ki} zu ersetzen durch $R^{-1}\alpha_{ki}$, wenn die Gleichungen (6) mit den Auflösungen von (11) übereinstimmen sollen. Die letzteren lauten, wenn R_{ik} die Unterdeterminanten von R bezeichnen,

$$R X_k = R_{1k}x_1 + R_{2k}x_2 + R_{3k}x_3 + R_{4k}x_4,$$

und somit ist in (6) *zu nehmen*

$$\alpha_{ik} = R_{ik}$$

und folglich:

$$P = \Sigma \pm \alpha_{11}\alpha_{22}\alpha_{33}\alpha_{44} = \Sigma \pm R_{11}R_{22}R_{33}R_{44} = R^3,$$

$$P^2 = \frac{1}{B} = \frac{1}{B^3} = R^6,$$

was mit dem Früheren übereinstimmt.

Wir haben diese Formeln nochmals zusammengestellt, um davon eine Anwendung für *die Transformation der Flächen zweiter Ordnung mit Mittelpunkt auf ihre Hauptaxen* zu machen.

Man kommt auf dieses Problem, wenn man insbesondere eine Fläche, etwa $\Phi = 0$, in einen Kegelschnitt zerfallen lässt (also $B = 0$ voraussetzt) und annimmt, dass dieser Kegelschnitt mit dem imaginären Kugelkreise zusammenfalle. In der That wird dann eine Ebene des gemeinsamen Polartetraëders durch die unendlich ferne Ebene gebildet; die drei anderen gehen durch den Pol derselben, d. h. durch den Mittelpunkt der Fläche und sind zu einander rechtwinklig, da sie einander in Bezug auf den Kugelkreis conjugirt sind. *Die Bestimmung der Hauptaxen einer Mittelpunktsfläche und die Einführung derselben als Coordinatenaxen kommt also darauf hinaus, das gemeinsame Polartetraëder der Fläche und des imaginären Kugelkreises als neues Coordinatentetraëder einzuführen.*

Die Annahme $\mathsf{B} = 0$ lässt wegen (7) die Anwendung der obigen Formeln nicht unmittelbar zu; man muss vielmehr nach einer früheren Bemerkung (p. 214) zuvor F und Φ mit einander vertauschen. Statt dessen kann man auch einen Parameter $\nu = \dfrac{1}{\mu}$ einführen, und sodann die Rechnungen wiederholen; wir betrachten also die Schaar $\nu F + \Phi = 0$ statt $F + \mu \Phi = 0$, wobei

$$\Phi = u_1{}^2 + u_2{}^2 + u_3{}^2, \quad F = \Sigma \Sigma A_{ik} u_i u_k.$$

Wir haben die Aufgabe, eine solche Transformation (6) zu finden, dass gleichzeitig:

$$(10\mathrm{a}) \qquad \begin{aligned} \Phi &= \quad U_1{}^2 + U_2{}^2 + U_3{}^2, \\ F &= -\frac{U_1{}^2}{\nu_1} - \frac{U_2{}^2}{\nu_2} - \frac{U_3{}^2}{\nu_3} + U_4{}^2, \end{aligned}$$

wobei dem letzten Gliede rechts statt der Einheit auch ein willkürlicher Coëfficient beigesetzt werden könnte, da durch die Form von Φ jetzt nur drei von den vier willkürlich bleibenden Factoren festgelegt sind (vgl. p. 209). Die den obigen entsprechenden Formeln lauten dann:

$$(3\mathrm{a}) \quad D(\nu) = \begin{vmatrix} \nu A_{11} + 1 & \nu A_{12} & \nu A_{13} & \nu A_{14} \\ \nu A_{21} & \nu A_{22} + 1 & \nu A_{23} & \nu A_{24} \\ \nu A_{31} & \nu A_{32} & \nu A_{33} + 1 & \nu A_{34} \\ \nu A_{41} & \nu A_{42} & \nu A_{43} & \nu A_{44} \end{vmatrix} = 0;$$

$$\begin{aligned} (4\mathrm{a}) \quad D(\nu) = \nu \big\{ &\nu^3 \mathsf{A} + \nu^2 (\mathsf{A}_{11} + \mathsf{A}_{22} + \mathsf{A}_{33}) \\ &+ \nu \big[A_{44}(A_{11} + A_{22} + A_{33}) - A_{14}{}^2 - A_{24}{}^2 - A_{34}{}^2 \big] \\ &+ A_{44} \big\}, \end{aligned}$$

$$- \mathsf{P}^2 D(\nu) = \nu \left(\frac{\nu}{\nu_1} - 1 \right) \left(\frac{\nu}{\nu_2} - 1 \right) \left(\frac{\nu}{\nu_3} - 1 \right);$$

$$(7\mathrm{a}) \qquad \mathsf{P}^2 \mathsf{A} = \frac{-1}{\nu_1 \nu_2 \nu_3} = \frac{\mathsf{A}}{A_{44}} *),$$

---

*) Es muss also A_{44} von Null verschieden sein, wodurch die Paraboloide ausgeschlossen sind; dieselben werden sogleich in Nr. 2 erledigt werden.

$$\mathsf{P}^2 \Sigma\Sigma D_{ik}(\nu)x_i x_k = \nu\left(\frac{\nu}{\nu_2}-1\right)\left(\frac{\nu}{\nu_3}-1\right)X_1{}^2 + \nu\left(\frac{\nu}{\nu_3}-1\right)\left(\frac{\nu}{\nu_1}-1\right)X_2{}^2$$

$$+ \nu\left(\frac{\nu}{\nu_1}-1\right)\left(\frac{\nu}{\nu_2}-1\right)X_3{}^2$$

$$- \left(\frac{\nu}{\nu_1}-1\right)\left(\frac{\nu}{\nu_2}-1\right)\left(\frac{\nu}{\nu_3}-1\right)X_4{}^2;$$

$$\mathsf{P}^2 \Sigma\Sigma D_{ik}(\nu_1)x_i x_k = \nu_1\left(\frac{\nu_1}{\nu_2}-1\right)\left(\frac{\nu_1}{\nu_3}-1\right)X_1{}^2,$$

$$(8\mathrm{a}) \qquad \mathsf{P}^2 \Sigma\Sigma D_{ik}(\nu_2)x_i x_k = \nu_2\left(\frac{\nu_2}{\nu_3}-1\right)\left(\frac{\nu_2}{\nu_1}-1\right)X_2{}^2,$$

$$\mathsf{P}^2 \Sigma\Sigma D_{ik}(\nu_3)x_i x_k = \nu_3\left(\frac{\nu_3}{\nu_1}-1\right)\left(\frac{\nu_3}{\nu_2}-1\right)X_3{}^2,$$

$$\mathsf{P}^2 \Sigma\Sigma D_{ik}(0)x_i x_k = \mathsf{P}^2 x_4{}^2 = X_4{}^2.$$

Hierin ist z. B.

$$D_{11}(\nu) = \mathsf{A}_{11}\nu^3 + \left[(A_{22}+A_{33})A_{44} - A_{24}{}^2 - A_{34}{}^2\right]\nu^2 + A_{44}\nu,$$

$$D_{12}(\nu) = \mathsf{A}_{12}\nu^3 + (A_{21}A_{44} - A_{24}A_{14})\nu^2.$$

Mit Hülfe von (7a) ergibt sich aus (8a):

$$\mathsf{A}\nu_1{}^2(\nu_1 - \nu_2)(\nu_1 - \nu_3)\alpha_{i1}\alpha_{k1} = -\,D_{ik}(\nu_1),$$

$$(9\mathrm{a}) \qquad \mathsf{A}\nu_2{}^2(\nu_2 - \nu_3)(\nu_2 - \nu_1)\alpha_{i2}\alpha_{k2} = -\,D_{ik}(\nu_2),$$

$$\mathsf{A}\nu_3{}^2(\nu_3 - \nu_1)(\nu_3 - \nu_2)\alpha_{i3}\alpha_{k3} = -\,D_{ik}(\nu_3),$$

$$\alpha_{i4}\alpha_{k4} = 0, \text{ wenn } i \text{ und } k \text{ nicht gleich 4 sind, aber}$$

$$(9\mathrm{a})^* \qquad A_{44}\alpha_{44}{}^2 = 1.$$

Dass die Coëfficienten α_{14}, α_{24}, α_{34} gleich Null werden, war vorauszusehen, da die unendlich ferne Ebene als Seitenfläche des gemeinsamen Polartetraëders nicht durch eine andere Ebene ersetzt zu
werden braucht. Führt man nun durch die Substitutionen

$$\frac{X_1}{X_4} = X, \quad \frac{X_2}{X_4} = Y, \quad \frac{X_3}{X_4} = Z; \quad \frac{U_1}{U_4} = U, \quad \frac{U_2}{U_4} = V, \quad \frac{U_3}{U_4} = W$$

rechtwinklige Coordinaten ein, so lauten die Transformationsformeln:

$$\alpha_{44}X = \alpha_{11}x + \alpha_{21}y + \alpha_{31}z + \alpha_{41},$$

$$(12) \qquad \alpha_{44}Y = \alpha_{12}x + \alpha_{22}y + \alpha_{32}z + \alpha_{42},$$

$$\alpha_{44}Z = \alpha_{13}x + \alpha_{23}y + \alpha_{33}z + \alpha_{43},$$

oder in Ebenencoordinaten:

$$Nu = \alpha_{11}U + \alpha_{12}V + \alpha_{13}W,$$

$$(13) \qquad Nv = \alpha_{21}U + \alpha_{22}V + \alpha_{23}W,$$

$$Nw = \alpha_{31}U + \alpha_{32}V + \alpha_{33}W,$$

$$N = \alpha_{41}U + \alpha_{42}V + \alpha_{43}W + \alpha_{44}.$$

Will man weiter die Gleichungen (10a) in rechtwinklige Coordinaten umsetzen, so hat man zu bedenken, dass dieselben vollkommen fest definirt sind, sobald das Axenkreuz gegeben ist, dass man also in ihre Definition willkürliche constante Factoren nicht mehr eingehen lassen darf. Allerdings bleibt die Gleichung des Kugelkreises immer in der Form $U^2 + V^2 + W^2 = 0$ erhalten; die vierte oben gleich Eins angenommene Constante ist aber jetzt als zu bestimmende Unbekannte k einzuführen. Dem entsprechend sind die Gleichungen (10a) zu ersetzen durch:

$$(10\mathrm{b}) \qquad \begin{aligned} N^2(u^2 + v^2 + w^2) &= U^2 + V^2 + W^2, \\ N^2 F &= -\frac{U^2}{\nu_1} - \frac{V^2}{\nu_2} - \frac{W^2}{\nu_3} + k. \end{aligned}$$

Gleichzeitig erleiden auch die Gleichungen (7a) und (8a) leichte Modificationen; sie werden bez., wenn man für den Augenblick $\xi_1 = x$, $\xi_2 = y$, $\xi_3 = z$, $\xi_4 = 1$ macht und die drei ersten Gleichungen (8a) durch die letzte dividirt:

$$(7\mathrm{b}) \qquad \mathsf{P}^2 = \alpha_{44}{}^2(\Sigma \pm \alpha_{11}\alpha_{22}\alpha_{33})^2 = -\frac{k}{\mathsf{A}\nu_1\nu_2\nu_3} = \frac{k}{A_{44}};$$

$$(8\mathrm{b}) \qquad \begin{aligned} A_{44}\Sigma\Sigma D_{ik}(\nu_1)\xi_i\xi_k &= -\nu_1{}^2(\nu_1 - \nu_2)(\nu_1 - \nu_3)k\mathsf{A}X^2, \\ A_{44}\Sigma\Sigma D_{ik}(\nu_2)\xi_i\xi_k &= -\nu_2{}^2(\nu_2 - \nu_3)(\nu_2 - \nu_1)k\mathsf{A}Y^2, \\ A_{44}\Sigma\Sigma D_{ik}(\nu_3)\xi_i\xi_k &= -\nu_3{}^2(\nu_3 - \nu_1)(\nu_3 - \nu_2)k\mathsf{A}Z^2. \end{aligned}$$

An Stelle von (9a)* ergibt sich direct aus (10b)

$$(9\mathrm{b})^* \qquad A_{44}\alpha_{44}{}^2 = k,$$

und somit folgen aus (8b) und (12) wieder genau die Gleichungen (9a). *Die Transformation auf die Hauptaxen ist nach dieser Bestimmung der α_{ik} jetzt mit einem Schlage gelöst**), während das frühere Verfahren erst die Transformation auf den Mittelpunkt und dann die Drehung des Coordinatensystems um den Mittelpunkt verlangte. Wenn man Werth darauf legt, auch ein ursprünglich metrisches Problem wie das der Hauptaxentransformation, unter allgemeinere Gesichtspunkte einzuordnen, so verdient der jetzt eingeschlagene Weg den Vorzug vor dem früher befolgten.

Die Transformation (12) charakterisirt sich dadurch als eine *orthogonale*, dass zwischen den Coëfficienten die bekannten sechs Relationen erfüllt sind (p. 72 ff.). In der That findet man z. B. aus der mittleren der Gleichungen (9a):

---

*) Auch Plücker leitet die Gleichung zur Bestimmung der Hauptaxen direct aus der Gleichung in Ebenencoordinaten ab (a. a. O. p. 201), behandelt aber nicht das Transformationsproblem. — Drittens könnte man auch von der Gleichung in Liniencoordinaten ausgehen; vgl. Voss, Math. Annalen Bd. 10.

$$(\alpha_{12}^{\,2} + \alpha_{22}^{\,2} + \alpha_{32}^{\,2}) \mathsf{A} \nu_2^{\,2} (\nu_2 - \nu_3)(\nu_2 - \nu_1)$$

$$= - \left[D_{11}(\nu_2) + D_{22}(\nu_2) + D_{33}(\nu_2) \right] = -(\mathsf{A}_{11} + \mathsf{A}_{22} + \mathsf{A}_{33}) \nu_3^{\,2}$$

$$-2 \left[A_{44}(A_{11} + A_{22} + A_{33}) - A_{14}^{\,2} - A_{24}^{\,2} - A_{34}^{\,2} \right] \nu_2^{\,2} - 3 A_{44} \nu_2.$$

Führt man in die rechte Seite, gemäss (4a), die symmetrischen Functionen der ν_i ein, so wird dieselbe genau gleich

$$\nu_2^{\,2}(\nu_2 - \nu_3)(\nu_2 - \nu_1)\mathsf{A};$$

also folgt:

$$\alpha_{12}^{\,2} + \alpha_{22}^{\,2} + \alpha_{32}^{\,2} = 1.$$

Dass auch die Gleichung

$$\alpha_{11}\alpha_{12} + \alpha_{21}\alpha_{22} + \alpha_{31}\alpha_{32} = 0$$

erfüllt ist, ergibt sich daraus, dass sich z. B. die Grössen α_{12}, α_{22}, α_{32} verhalten wie die Coordinaten der unendlich fernen Geraden der Ebene $Y = 0$ und α_{11}, α_{21}, α_{31} wie die der unendlich fernen Geraden von $X = 0$, und dass beide Gerade in Bezug auf den Kugelkreis einander conjugirte Polaren sind. Aus diesen Relationen folgt, dass

$$(\Sigma \pm \alpha_{11}\alpha_{22}\alpha_{33})^2 = 1$$

ist; die Theorie der orthogonalen Substitution verlangt aber, dass

$$(\Sigma \pm \alpha_{11}\alpha_{22}\alpha_{33})^2 = \alpha_{44}^{\,6}$$

sei, damit die Determinante der Substitution (12) gleich Eins werde. Wir haben also zu setzen

$$\alpha_{44} = \pm 1,$$

wo das obere oder untere Zeichen zu wählen ist, je nachdem

$$\Sigma \pm \alpha_{11}\alpha_{22}\alpha_{33} = +1 \quad \text{oder} = -1$$

wird. Aus (9b)* erhält man ferner

$$(14) \qquad\qquad\qquad k = A_{44},$$

womit auch die Nothwendigkeit, die Unbekannte k oben einzuführen, nochmals erhellt und gleichzeitig ihre Bestimmung gegeben wird.

    Um die vorstehenden Formeln mit den früheren in Uebereinstimmung zu bringen, müssen wir annehmen, es sei der Mittelpunkt bereits als neuer Anfangspunkt eingeführt, so dass (p. 166):

$$f = a_{11}x^2 + a_{22}y^2 + a_{33}z^2 + 2a_{12}xy + 2a_{23}yz + 2a_{31}zx + \frac{A}{A_{44}},$$

dann wird

$$F = \frac{A}{A_{44}} \Big[(a_{22}a_{33} - a_{23}^{\,2})u^2 + (a_{33}a_{11} - a_{31}^{\,2})v^2 + (a_{11}a_{22} - a_{12}^{\,2})w^2$$
$$+ 2(a_{31}a_{32} - a_{12}a_{33})uv + 2(a_{12}a_{13} - a_{23}a_{11})vw$$
$$+ 2(a_{21}a_{23} - a_{13}a_{22})uw \Big] + A_{44},$$

und folglich nach einigen leichten Umformungen:

$$D(v) = v\Big\{ \mu^3 + \mu^2(a_{11} + a_{22} + a_{33})$$
$$+ \mu\big[(a_{11}a_{22} - a_{12}{}^2) + (a_{22}a_{33} - a_{23}{}^2) + (a_{33}a_{11} - a_{13}{}^2)\big] + A_{44} \Big\},$$

wobei $\mu = vA$ gesetzt ist, ein Ausdruck, welcher mit dem früheren $\varDelta(\varrho)$ in (6) p. 167 bis auf einen Factor übereinstimmt, sobald noch $-\varrho$ statt μ geschrieben wird. Nach (10b) und (9b)* geht somit N^2F über in

$$-\frac{U^2}{v_1} - \frac{V^2}{v_2} - \frac{W^2}{v_3} + A_{44} = A\left(\frac{U^2}{\varrho} + \frac{V^2}{\varrho'} + \frac{W^2}{\varrho''} + \frac{A_{44}}{A}\right).$$

Hierin ist, wie oben, $\varrho = -v_1 A$, $\varrho' = -v_2 A$, $\varrho'' = -v_3 A$. Die Gleichung der Fläche $F = 0$ in Punktcoordinaten wird folglich von der Form

$$X^2\varrho + Y^2\varrho' + Z^2\varrho'' + \frac{A}{A_{44}} = 0,$$

womit wir genau die früheren Resultate wieder gefunden haben (p. 171). Die Berechnung der Coëfficienten α_{ik} aus (9a) liefert ebenfalls dieselben Werthe, die wir früher für $\cos\alpha$, $\cos\beta$, $\cos\gamma$, etc. aufgestellt hatten (p. 169).

Endlich ist daran zu erinnern, dass sich das behandelte Problem auch als ein solches der ebenen Geometrie auffassen lässt. Es kommt nämlich nur darauf an, die beiden ganzen Functionen $x^2 + y^2 + z^2$ und

$$f - \frac{A}{A_{44}} = a_{11}x^2 + a_{22}y^2 + a_{33}z^2 + 2a_{12}xy + 2a_{23}yz + 2a_{31}zx$$

gleichzeitig so zu transformiren, dass die erste ungeändert bleibt und die zweite auch nur die Quadrate der Variabeln enthält; wie schon früher näher ausgeführt wurde (p. 184f.).

Nr. 2. *Zwei Wurzeln von $D(v) = 0$ fallen zusammen, ohne dass für diese Doppelwurzel alle Unterdeterminanten verschwinden.* Die abwickelbare Fläche hat eine *Doppeltangentialebene,* von welcher sie längs zweier ihrer Erzeugenden berührt wird; diese Ebene ist gemeinsame Tangentenebene aller Flächen der Schaar, der Schnittpunkt der beiden Erzeugenden gleichzeitig gemeinsamer Punkt; *alle Flächen der Schaar $F + \mu\Phi = 0$ berühren sich also in einem Punkte,* sind aber deshalb natürlich nicht mit den früheren Flächen $f + \lambda\varphi = 0$ identisch. In der Schaar gibt es einen doppelt zählenden Kegelschnitt und zwei einfach zählende. Jeder der letzteren hat zu einer beliebigen Fläche der Schaar keine besondere Beziehung; der doppelt zählende Kegelschnitt dagegen liegt in der gemeinsamen Tangentialebene. Lässt man ihn daher mit dem imaginären Kugelkreise zusammenfallen, *so führt das zu vorliegendem Falle gehörige Trans-*

formationsproblem auf die früher behandelte Transformation der Paraboloide in die ihnen zukommenden Normalformen. Es wird nicht überflüssig sein, hierauf noch einmal einzugehen, da es wiederum nöthig ist, die Bezeichnungen etwas zu ändern.

Es sei $F = 0$ in rechtwinkligen Ebenencoordinaten die Gleichung eines Paraboloids, d. h. $A_{44} = 0$, und $\Phi = 0$ die Gleichung des Kugelkreises, also:

$$(15) \quad \begin{aligned} F &= A_{11}u^2 + A_{22}v^2 + A_{33}w^2 + 2A_{12}uv + 2A_{23}vw + 2A_{31}wu \\ &\quad + 2A_{14}u + 2A_{24}v + 2A_{34}w, \end{aligned}$$

$$\Phi = u^2 + v^2 + w^2.$$

Wir betrachten wieder die Schaar $\nu F + \Phi = 0$, deren Kegelschnitte sich aus der Gleichung ergeben:

$$(16) \quad D(\nu) = \nu^2 \begin{vmatrix} \nu A_{11} + 1 & \nu A_{12} & \nu A_{13} & A_{14} \\ \nu A_{21} & \nu A_{22} + 1 & \nu A_{23} & A_{24} \\ \nu A_{31} & \nu A_{32} & \nu A_{33} + 1 & A_{34} \\ A_{41} & A_{42} & A_{43} & 0 \end{vmatrix}$$

$$= \nu^2 \left[\nu^2 \mathsf{A} + \nu(\mathsf{A}_{11} + \mathsf{A}_{22} + \mathsf{A}_{33}) - (A_{14}{}^2 + A_{24}{}^2 + A_{34}{}^2) \right] = 0.$$

Es soll nun eine Transformation der Form (12) bez. (13) gefunden werden, vermöge deren man gemäss (21), p. 218 erhält

$$(17) \quad \begin{aligned} N^2 \Phi &= U^2 + V^2 + W^2, \\ N^2 F &= -\frac{U^2}{\nu_1} - \frac{V^2}{\nu_2} + 2k\,W, \end{aligned}$$

wobei die Constante k aus demselben Grunde, wie in Nr. 1, hinzugefügt ist. Die zur Transformation dienenden Gleichungen werden:

$$(18) \quad \mathsf{P}^2 D(\nu) = \begin{vmatrix} 1 - \dfrac{\nu}{\nu_1} & 0 & 0 & 0 \\ 0 & 1 - \dfrac{\nu}{\nu_2} & 0 & 0 \\ 0 & 0 & 1 & k\nu \\ 0 & 0 & k\nu & 0 \end{vmatrix} = -k^2 \nu^2 \left(\frac{\nu}{\nu_1} - 1\right)\left(\frac{\nu}{\nu_2} - 1\right);$$

$$\mathsf{P}^2(A_{14}{}^2 + A_{24}{}^2 + A_{34}{}^2) = k^2,$$

$$\mathsf{P}^2 \Sigma\Sigma D_{ik}(\nu_1)\xi_i\xi_k = k^2 \nu_1{}^2 \left(\frac{\nu_1}{\nu_2} - 1\right) X^2,$$

$$(19) \quad \mathsf{P}^2 \Sigma\Sigma D_{ik}(\nu_2)\xi_i\xi_k = k^2 \nu_2{}^2 \left(\frac{\nu_2}{\nu_1} - 1\right) Y^2,$$

$$\mathsf{P}^2 \Sigma\Sigma D_{ik}(0)\xi_i\xi_k = \mathsf{P}^2 = 1,$$

$$\mathsf{P}^2 \Sigma\Sigma D'_{ik}(0)\xi_i\xi_k = -2kZ - \frac{\nu_1 + \nu_2}{\nu_1 \nu_2};$$

also durch Einsetzen in (12), da nach (18) und (19) $k^2 = -\nu_1\nu_2\mathsf{A}$:

$$A v_1^3 (v_1 - v_2) \alpha_{i1} \alpha_{k1} = - \alpha_{44}^2 D_{ik}(v_1),$$
$$A v_2^3 (v_2 - v_1) \alpha_{i2} \alpha_{k2} = - \alpha_{44}^2 D_{ik}(v_2),$$

(20)
$$k \alpha_{i3} = \alpha_{44} A_{i4} \qquad \text{für } i = 1, 2, 3,$$
$$2 k \alpha_{43} = - \alpha_{44} \left(\frac{v_1 + v_2}{v_1 v_2} + A_{11} + A_{22} + A_{33} \right)$$
$$= - \alpha_{44} \frac{\Sigma \Sigma A_{ik} A_{i4} A_{k4}}{A_{14}^2 + A_{24}^2 + A_{34}^2}.$$

Hieraus folgt durch leichte Rechnung:
$$\alpha_{11}^2 + \alpha_{21}^2 + \alpha_{31}^2 = \alpha_{44}^2,$$
$$\alpha_{12}^2 + \alpha_{22}^2 + \alpha_{32}^2 = \alpha_{44}^2,$$
$$\alpha_{13}^2 + \alpha_{23}^2 + \alpha_{33}^2 = \alpha_{44}^2.$$

Diese Gleichungen befriedigen identisch die für eine orthogonale Substitution zu stellenden Forderungen; die Bedingungen
$$\alpha_{i1} \alpha_{k1} + \alpha_{i2} \alpha_{k2} + \alpha_{i3} \alpha_{k3} = 0$$
sind aus denselben Gründen, wie in Nr. 1, befriedigt. Es wird also
einerseits $\qquad (\Sigma \pm \alpha_{11} \alpha_{22} \alpha_{33})^2 = \alpha_{44}^6,$
andererseits war $\qquad P^2 = \alpha_{44}^2 (\Sigma \pm \alpha_{11} \alpha_{22} \alpha_{33})^2 = 1$
gefunden; also folgt
(21) $\qquad\qquad\qquad \alpha_{44}^8 = 1.$

Durch die Gleichungen (20) und (21) sind hier die unbekannten Coëfficienten vollständiger und symmetrischer berechnet, als es früher durch Anwendung der zweimaligen Transformation geschah; wieder ein Vorzug unserer jetzigen Methode.

Um die Uebereinstimmung herzustellen, haben wir anzunehmen $F = 0$ sei die Ebenencoordinatengleichung eines in Punktcoordinaten gegebenen Paraboloids $f = 0$. Die Gleichung (16) wird dann mit (1) p. 175 identisch, wenn man nur $\varrho = - v A$ setzt, wie es ähnlich schon in Nr. 1 vorkam. Die linke Seite der transformirten Punktcoordinatengleichung (d. i. der Factor von v^3 in $\Sigma \Sigma D_{ik}(v) \xi_i \xi_k$) lautet dann in der That:
$$- k v_1 X^2 - k v_2 Y^2 + 2 Z = \frac{k}{A} \left(\varrho' X^2 + \varrho'' Y^2 + 2 \frac{A}{k} Z \right).$$

Der Factor von $2Z$ rechts ist derselbe, welcher früher (vgl. p. 176) mit b_1 bezeichnet wurde, wie man aus folgender Identität erkennt:
$$k^2 = A_{14}^2 + A_{24}^2 + A_{34}^2 = A(B_{11} + B_{22} + B_{33}).$$

Nr. 3. *Das System $F + \mu \Phi = 0$ enthält einen dreifach zählenden Kegelschnitt.*

Die abwickelbare Fläche vierter Klasse enthält eine Doppeltangentialebene, von der sie längs zweier unendlich benachbarter

Erzeugenden berührt wird. Es liegt nahe, wieder den imaginären Kugelkreis als dreifach zählenden Kegelschnitt zu benutzen. Dann würde die Gleichung (16) eine dritte Wurzel $v = 0$ zulassen müssen, d. h. es müsste

$$A_{14}{}^2 + A_{24}{}^2 + A_{34}{}^2 = 0$$

sein. Für Gleichungen mit reellen Coëfficienten kann dies nur dann eintreten, wenn die drei Quadrate einzeln Null sind; und dann stellt $F = 0$ einen Kegelschnitt der unendlich fernen Ebene dar. Die Einführung des Kugelkreises ist daher hier ohne Bedeutung.

Nr. 4. *Im Systeme $F + \mu \Phi = 0$ kommen zwei je doppelt zählende Kegelschnitte vor.*

Die gemeinsame Developpable zerfällt in einen Ebenenbüschel, dessen Axe mit der Schnittlinie der Ebenen jener beiden Kegelschnitte zusammenfällt, und in eine abwickelbare Fläche dritter Klasse, die wir bereits näher studirt haben (p. 246 ff.). Die Axe des Ebenenbüschels wird von den beiden Kegelschnitten berührt, aber in verschiedenen Punkten; sie gehört zu denjenigen Linien, durch welche zwei Ebenen der abwickelbaren Fläche hindurchgehen, und sie ist allen Flächen der Schaar gemeinsam; dieselben berühren sich in den genannten beiden Punkten, ihre gemeinsamen Tangentialebenen in ihnen sind die Ebenen der beiden Kegelschnitte. Die Berührungspunkte sind entweder beide reell oder einander conjugirt imaginär; ist also der unendlich ferne Kugelkreis einer der Kegelschnitte, so sind sie imaginär: die Flächen der Schaar bestehen aus Paraboloiden mit lauter imaginären unendlich fernen Punkten, was nicht möglich ist. *Für reelle Flächen hat daher dieser Fall keine Bedeutung in Beziehung zu unseren früheren Transformationsaufgaben.*

Nr. 5. *In der Schaar gibt es einen vierfach zählenden Kegelschnitt.* Die Axe des abgesonderten Ebenenbüschels wird zur Erzeugenden der abwickelbaren Fläche dritter Klasse, welche mit ihm zusammen die gemeinsame Developpable bildet. Da dieser Fall aus den beiden vorhergehenden durch Grenzübergang entsteht, kann die Einführung des Kugelkreises nicht zu Resultaten von realer Bedeutung führen. Wir haben diese Einführung im Folgenden daher nur zu erwähnen, wenn es sich um Grenzfälle von Nr. 1 und Nr. 2 handelt.

Nr. 6. *In der Flächenschaar kommt ausser zwei einfach zählenden Kegelschnitten ein doppelt zählender, in ein Punktepaar zerfallender Kegelschnitt vor.* Die Developpable zerfällt in zwei Kegel, deren Spitzen auf der Verbindungslinie des Punktepaares liegen; durch letztere kann man zwei Ebenen legen, welche gleichzeitig beide Kegel berühren; wie der frühere Ausdruck $\Sigma\Sigma \varDelta_{ik}(\lambda) u_i u_k$ (p. 224) erkennen lässt, zerfällt gleichzeitig die Schnittcurve in zwei ebene Kegelschnitte. Man kann sich die Verhältnisse an zwei sich nicht berührenden Kugeln klar machen (p. 225); denn dieselben schneiden sich immer in zwei Kegelschnitten. Die Spitzen der Kegel liefern gleichzeitig das doppelt zählende Punktepaar; ihre Schnittcurve zerfällt in die beiden Kegelschnitte der Schaar. In dem Büschel $f + \lambda \varphi = 0$ berührten sich alle Flächen in zwei Punkten, sie berührten dort also auch die beiden im Büschel enthaltenen Kegel; folglich berühren auch alle Flächen der Schaar $F + \mu \Phi = 0$ die beiden Kegelschnitte in zwei Punkten. Wird statt des einen der imaginäre Kugelkreis gesetzt, so sind also alle Flächen der Schaar *Rotationsflächen* (vgl. p. 186). Das zugehörige unbestimmt werdende Transformationsproblem liefert somit hier das ebenfalls unbestimmte Hauptaxenproblem für Rotationsflächen. Definirt man wieder $D(v)$ durch (3a), so werden die betreffenden Formeln (p. 224 f.):

$$\mathsf{P}^2 D(v) = kv \left(\frac{v}{v_1} - 1\right)\left(\frac{v}{v_2} - 1\right)^2,$$

$$\mathsf{P}^2 A_{44} = -k,$$

$$N^2 \Phi = \quad U^2 + V^2 + W^2,$$

$$N^2 F = -\frac{U^2}{v_1} - \frac{V^2}{v_2} - \frac{W^2}{v_2} + k;$$

$$\mathsf{P}^2 \Sigma\Sigma D_{ik}(v)\xi_i\xi_k = \left(\frac{v}{v_2} - 1\right)^2 \left[kvX^2 + \left(1 - \frac{v}{v_1}\right)\right]$$
$$+ kv\left(\frac{v}{v_1} - 1\right)\left(\frac{v}{v_2} - 1\right)[Y^2 + Z^2];$$

$$\mathsf{P}^2 \Sigma\Sigma D_{ik}(v_1)\xi_i\xi_k = v_1\left(\frac{v_1}{v_2} - 1\right)^2 X^2 k,$$

$$\mathsf{P}^2 \Sigma\Sigma D_{ik}(0)\xi_i\xi_k = \mathsf{P}^2 = 1,$$

$$\mathsf{P}^2 \Sigma\Sigma D_{ik}'(v_2)\xi_i\xi_k = v_2\left(\frac{v_2}{v_1} - 1\right)[Y^2 + Z^2]k.$$

Also $k = -A_{44}$; und die linke Seite der transformirten Punktcoordinatengleichung wird als Factor von v^3 in $\Sigma\Sigma D_{ik}(v)\xi_i\xi_k$ gefunden; sie lautet:

$$\frac{X^2}{v_2} + \frac{Y^2 + Z^2}{v_1} + \frac{1}{v_1 v_2 A_{44}} = 0,$$

in Uebereinstimmung mit (12), p. 170, wenn $v_1 A = -\varrho$, $v_2 A = -\sigma$ gesetzt wird. Der zweite in unserer Schaar enthaltene Kegelschnitt liegt in der Ebene $X = 0$, welche senkrecht zur Rotationsaxe steht; und seine Gleichung in ihr ist*):

---

*) Für die Rotationsflächen behandelte Dupin die Theorie der Brennpunkte: Développements de géométrie, p. 280, Paris 1813.

$$\frac{v_2}{v_2 - v_1}(Y^2 + Z^2) + \frac{1}{v_1 A_{44}} = 0.$$

Für die Ellipsoide hat man $v_1 A_{44} = -a^{-2}$, $v_2 A_{44} = -b^{-2}$. *Beim abgeplatteten Rotationsellipsoide ist dieser Kegelschnitt also reell und ein Kreis, beim verlängerten imaginär.* Aehnlich ergibt sich, dass *der Kegelschnitt reell ist beim einschaligen, imaginär beim zweischaligen Rotationshyperboloide.*

Aus der Gleichung für X^2 findet man die Lage der Aequatorebene, deren Gleichung nach (12) durch

$$\alpha_{11} x + \alpha_{21} y + \alpha_{31} z + A_{41} = 0$$

gegeben ist; ihre Coordinaten bestimmen sich nämlich aus den Gleichungen:

$$A v_1^2 (v_1 - v_2)^2 \alpha_{i1} \alpha_{k1} = \alpha_{44}^2 D_{ik}(v_1).$$

Um auf die früheren Formeln zu kommen (p. 169), muss man wieder annehmen, es sei zuvor der Mittelpunkt als Anfangspunkt eingeführt.

Die Gleichung des doppelt zählenden Punktepaares ist

$$\left(1 - \frac{v_2}{v_1}\right) U^2 - v_2 A_{44} = 0;$$

die beiden Punkte liegen auf der X-Axe in gleicher Entfernung vom Mittelpunkte; es sind die allen Meridianschnitten gemeinsamen Brennpunkte; sie sind reell für das verlängerte Ellipsoid und das zweischalige Hyperboloid, imaginär für das Sphäroid und das einschalige Hyperboloid. Für letztere Flächen war obiger Kreis in der Ebene $X = 0$ reell; er ist eben der Ort der reellen Brennpunkte bei Rotation der betreffenden Meridiancurve um die X-Axe.

Nr. 7. *Ausser einem einfach zählenden Kegelschnitte kommt in der linearen Flächenschaar ein dreifach zählendes Punktepaar vor;* alle Flächen $F + \mu \Phi = 0$ berühren die Ebene des Kegelschnittes in einem und demselben Punkte und, wie in Nr. 6, den Kegelschnitt selbst in einem Punkte. Die gemeinsame Developpable besteht aus zwei Kegeln, welche sich längs einer Erzeugenden berühren. Ihre Spitzen liefern das dreifache Punktepaar; ihre Schnittcurve besteht aus der doppelt zählenden Erzeugenden und dem Kegelschnitte der Schaar $F + \mu \Phi = 0$ (vgl. auch p. 236).

Nr. 8. *In der Flächenschaar sind zwei je doppelt zählende Kegelschnitte enthalten, von denen einer in ein Punktepaar zerfällt.* Die gemeinsame Developpable zerfällt in einen Kegel und in ein Paar von Ebenenbüscheln, deren Axen sich treffen; in dieses Paar ist eben einer der Kegelschnitte von Nr. 6 aufgebrochen. Die beiden Axen berühren den Kegel und gleichzeitig den ebenen Kegelschnitt unserer

Schaar; denn letzterer bildet die Schnittcurve ihrer Ebene mit dem Kegel. Da ferner jede Ebene der beiden Büschel jede Fläche der Schaar berühren muss, so liegen ihre Axen auf allen diesen Flächen; die Schnittcurve der letzteren zerfällt in ein festes Linienpaar und einen mit μ beweglichen Kegelschnitt, was mit den früheren Formeln übereinstimmt.

Machen wir den Kegelschnitt zum imaginären Kugelkreise, so liegt also auch das Axenpaar unendlich weit und berührt den Kugelkreis: alle Flächen berühren im Scheitel des Axenpaares die unendlich ferne Ebene, sind somit Rotationsparaboloide (p. 184). Wir werden so auf die *Transformation der Gleichung eines Rotationsparaboloids in ihre Normalform* geführt. Es sind F und Φ wieder durch (15), $D(v)$ ist durch (16) gegeben; mittelst einer Transformation (12) soll man erhalten:

$$N^2 \Phi = U^2 + V^2 + W^2,$$

$$N^2 F = -\frac{U^2 + V^2}{v_1} + 2k\,W.$$

Die zur Transformation dienenden Formeln werden (p. 178 u. 228):

$$\mathsf{P}^2 D(v) = -k^2 v^2 \left(\frac{v}{v_1} - 1\right)^2,$$

$$\mathsf{P}^2 (A_{14}{}^2 + A_{24}{}^2 + A_{34}{}^2) = k^2,$$

$$\mathsf{P}^2 \Sigma\Sigma D_{ik}(v)\xi_i\xi_k = k^2 v^2 \left(1 - \frac{v}{v_1}\right)(X^2 + Y^2) - 2kv\left(1 - \frac{v}{v_1}\right)^2 Z$$
$$+ \left(1 - \frac{v}{v_1}\right)^2,$$

$$\mathsf{P}^2 \Sigma\Sigma D_{ik}{}'(v_1)\xi_i\xi_k = -k^2 v_1{}^2(X^2 + Y^2),$$

$$\mathsf{P}^2 \Sigma\Sigma D_{ik}(0)\xi_i\xi_k = \mathsf{P}^2 = 1,$$

$$\mathsf{P}^2 \Sigma\Sigma D_{ik}{}'(0)\xi_i\xi_k = A_{14}x + A_{24}y + A_{34}z + A_{11} + A_{22} + A_{33}$$
$$= -2kZ - \frac{2}{v_1}.$$

Hiermit ist die Ebene $Z = 0$, welche das Paraboloid in seinem Scheitel berührt, auf das Einfachste bestimmt; v_1 ist dabei als Doppelwurzel von $D(v) = 0$ rational bekannt.

Nr. 9. *Die Schaar $F + \mu\Phi = 0$ enthält zwei je doppelt zählende Punktepaare.* Die abwickelbare Fläche zerspaltet sich in vier Ebenenbüschel, deren Axen ein windschiefes Vierseit bilden. Diese vier Linien sind folglich allen Flächen der Schaar gemeinsam; die beiden einander sonst dualistisch gegenüber stehenden Gebilde, Schaar und Büschel, sind hier identisch.

Nr. 10. *In der Schaar gibt es ein vierfach zählendes Punktepaar.* Die gemeinsame abwickelbare Fläche wird gegeben durch einen **Kegel** und zwei Ebenenbüschel, deren Axen in einer Tangentialebene des Kegels liegen. Der Schnittpunkt der Axen und die Spitze des Kegels bilden zusammen das vierfache Punktepaar.

Nr. 11. *Die gemeinsame Developpable wird von einem doppelt zählenden Ebenenbüschel und zwei einfach zählenden Ebenenbüscheln gebildet.* Der Fall ist, wie Nr. 9, zu sich selbst dualistisch.

Nr. 12. *Die Schaar enthält einen einfach zählenden Kegelschnitt und einen dreifach zählenden Doppelpunkt.* Letzterer ist die Spitze eines von allen Flächen in dem genannten Kegelschnitte berührten Kegels. Auch dieser Fall ist also zu sich selbst dualistisch. — Man hat ein System concentrischer Kugeln, wenn der Kugelkreis an Stelle des Kegelschnittes tritt.

Nr. 13. *In der Schaar $F + \mu\Phi = 0$ kommt ein vierfach zählender Doppelpunkt vor.* Auch diese Schaar bildet zugleich einen Büschel, indem sich die Flächen längs zweier Geraden berühren.

Für diejenigen Flächen einer linearen Schaar, welche durch einen Punkt gehen oder eine gerade Linie berühren, gelten gewisse allgemeine Sätze, die wir noch aussprechen, da sie sogleich benutzt werden sollen, und deren Beweise sich nach dem Principe der Dualität aus früheren Sätzen für den Flächenbüschel ergeben (p. 215).

In einer Schaar $F + \mu\Phi = 0$ gibt es drei Flächen, welche durch einen gegebenen Punkt gehen. Die Tangentenebenen derselben in dem Punkte bilden ein Tripel von einander conjugirten Ebenen in Bezug auf alle Berührungskegel, welche von dem Punkte an Flächen der Schaar gelegt werden können.

Dieser Satz ist nicht nur für den allgemeinen Fall Nr. 1 gültig, sondern für alle folgenden, in denen sich aus dem Ausdrucke

$$\Sigma\Sigma D_{ik}(\mu)\, x_i x_k$$

kein von λ abhängiger Factor absondern lässt, also für Nr. 1, 2, 3, 4, 5.

Die Paare von Tangentialebenen der Schaar, welche ein beliebiger Ebenenbüschel enthält, bilden eine Involution. Die beiden Doppelebenen der letzteren werden von je einer Fläche der Schaar berührt, und zwar in einem Punkte der Axe des Büschels.

Wie der vorige Satz anwendbar blieb, so lange kein Punktepaar in der Schaar vorkam, bleibt dieser Satz brauchbar, so lange kein Doppelpunkt in der Schaar enthalten ist, d. h. in allen Fällen ausser Nr. 12 und 13.

XIII. Die confocalen Flächen zweiter Ordnung und Klasse.

In der ebenen Geometrie leiteten die Beziehungen zwischen einem Kegelschnitte und den imaginären Kreispunkten seiner Ebene unmittelbar zu den Brennpunkten des Kegelschnittes und den sie betreffenden Sätzen hinüber. Aehnlich ist es im Raume, wenn man eine Fläche zweiter Ordnung zu dem imaginären Kugelkreise in Beziehung setzt. Bei den Rotationsflächen haben wir dies schon hervorgehoben; im allgemeinen Falle treten allerdings nicht eigentliche „Brennpunkte" auf, sondern statt dessen sogenannte „Focalcurven", wie sich eine solche schon bei den Rotationsflächen ergab (p. 263 f.). Es sind dies gewisse Grenzflächen des Systems, eben die in Curven ausgearteten Flächen, welche in einer Schaar von Flächen zweiter Klasse vorkommen. Wir nehmen an, dass unsere gegebene allgemeine Mittelpunktsfläche schon auf ihre Hauptaxen transformirt sei; sie werde also durch die Gleichung

$$(1) \qquad F \equiv a^2 u^2 + b^2 v^2 + c^2 w^2 - 1 = 0$$

in Ebenencoordinaten dargestellt. Die Gleichung des Kugelkreises ist bekanntlich

$$(2) \qquad \Phi \equiv u^2 + v^2 + w^2 = 0.$$

Wir haben somit die Flächen der Schaar

$$(3) \quad F + \mu \Phi \equiv (a^2 + \mu) u^2 + (b^2 + \mu) v^2 + (c^2 + \mu) w^2 - 1 = 0$$

zu untersuchen. Sie haben alle denselben Mittelpunkt und dieselben Hauptaxen. Nach dem Früheren muss dies so sein, da das System der Hauptaxen eben das gemeinsame Polartetraëder repräsentirt für alle Flächen zweiter Klasse, welche der gemeinsamen Developpabeln einer beliebigen Mittelpunktsfläche und des Kugelkreises eingeschrieben sind (p. 255), d. h. für alle Flächen (3). Ausser dem Kugelkreise ($\mu = \infty$) enthält das System noch drei Kegelschnitte, „Focalcurven", nämlich

$$(4) \qquad \text{für } \mu = - a^2 : \quad (b^2 - a^2) v^2 + (c^2 - a^2) w^2 - 1 = 0,$$

$$(5) \qquad \text{„ } \mu = - b^2 : \quad (c^2 - b^2) w^2 + (a^2 - b^2) u^2 - 1 = 0,$$

$$(6) \qquad \text{„ } \mu = - c^2 : \quad (a^2 - c^2) u^2 + (b^2 - c^2) v^2 - 1 = 0.$$

Wenn wir als Fläche (1) ein Ellipsoid zu Grunde legen, so ist damit keine Specialisirung eingeführt, denn in dem Systeme (3) kommen alle drei Arten von Mittelpunktsflächen vor. Für $\mu = 0$ haben wir das Ellipsoid (1), und bei wachsendem μ bleibt die Fläche ellipsoidisch, nähert sich aber immer mehr der Kugelgestalt; für $\mu = \infty$ bleibt aus (3) nur der Kugelkreis übrig; die Fläche hat sich zugleich in eine **Kugel** mit unendlich grossem Radius verwandelt, d. h. in die unendlich **ferne** Ebene. Man erkennt dies analytisch aus der Punktcoordinatengleichung der Schaar (3):

$$(7) \qquad \frac{x^2}{a^2 + \mu} + \frac{y^2}{b^2 + \mu} + \frac{z^2}{c^2 + \mu} - 1 = 0.$$

Wollte man sie homogen machen durch Einführung einer vierten Variabeln t, so würde für $\mu = \infty$ nur $t^2 = 0$ stehen bleiben. Diese doppelt zählende Ebene kann in Ebenencoordinaten nicht dargestellt werden und kommt deshalb bei alleiniger Betrachtung von (3) nicht zur Geltung, während andererseits die Untersuchung von (7) wohl die doppelt zu nehmenden Coordinatenebenen als Grenzflächen liefert, die in ihnen liegenden Focalcurven aber leicht übersehen lässt.

Aus (7) ersieht man am besten, wie die beiden Hyperboloide und das Ellipsoid sich in die Schaar einordnen; nehmen wir

$$a^2 > b^2 > c^2,$$

so ist nämlich die Fläche (7) bez. (3)

für $\mu = \infty$ der Kugelkreis resp. die unendlich ferne Ebene

„ $\infty > \mu > - c^2$ ein Ellipsoid,

„ $\quad \mu = - c^2$ die *Focalellipse* (6) resp. die Ebene $z^2 = 0$,

„ $- c^2 > \mu > - b^2$ ein einschaliges Hyperboloid,

„ $\quad \mu = - b^2$ die *Focalhyperbel* (5), resp. die Ebene $y^2 = 0$,

„ $- b^2 > \mu > - a^2$ ein zweischaliges Hyperboloid,

„ $\quad \mu = - c^2$ die imaginäre Focalcurve (5), resp. die Ebene $x^2 = 0$,

„ $- c^2 > \mu > - \infty$ eine imaginäre Fläche.

Die beiden reellen Focalcurven können in Punktcoordinaten durch je zwei Gleichungen dargestellt werden und zwar

$$(5a) \qquad \frac{x^2}{a^2 - b^2} - \frac{z^2}{b^2 - c^2} - 1 = 0, \quad y = 0,$$

$$(6a) \qquad \frac{x^2}{a^2 - c^2} + \frac{y^2}{b^2 - c^2} - 1 = 0, \quad z = 0.$$

Jede dieser beiden Curven geht durch die Brennpunkte der anderen hindurch, und man sieht aus (7) leicht, dass die Schnittcurven jeder Coordinatenebene mit den Flächen der Schaar ein System confocaler Kegelschnitte bildet. In der Ebene $z = 0$ sind die gemeinsamen Brennpunkte ihre Schnittpunkte mit der Focalhyperbel, in der Ebene $y = 0$ sind es die Schnittpunkte mit der Focalellipse und ebenso in der Ebene $x = 0$.

Diese Beziehungen zur Theorie der Brennpunkte sowie die Analogie der Gleichungsform der Schaar haben dem Systeme (7) den Namen eines *Systems „confocaler" oder „homofocaler" Flächen* beilegen lassen*).

Nach unseren allgemeinen Sätzen (p. 266) gehen durch jeden Punkt des Raumes drei Flächen des Systems, jede Ebene wird von einer Fläche berührt; die Tangentenebenen der drei Flächen in dem betreffenden Punkte sind einander polar conjugirt in Bezug auf alle Berührungskegel, die von dem Punkte an die Flächen der Schaar gelegt werden können; unter diesen Kegeln befindet sich auch der auf dem imaginären Kugelkreise stehende: *Die drei Flächen, welche durch einen beliebigen Punkt gehen, stehen daher auf einander senkrecht**).* Die Richtigkeit dieses Satzes ist auch leicht direct nachzuweisen. Sind nämlich λ, μ, ν die drei Wurzeln der Gleichung

$$(8) \quad f(\lambda) = \left(\frac{x_0^2}{a^2 + \lambda} + \frac{y_0^2}{b^2 + \lambda} + \frac{z_0^2}{c^2 + \lambda} - 1 \right)(a^2 + \lambda)(b^2 + \lambda)(c^2 + \lambda) = 0,$$

so sind die Gleichungen der drei durch den Punkt x_0, y_0, z_0 gehenden Flächen

---

*) Dieses System ist ein besonderer Fall der sogenannten dreifach orthogonalen Flächensysteme Dupin's (Développements de géométrie, Paris 1813, p. 305 ff.), der auch die Focalkegelschnitte als Grenzcurven findet (ib. p. 280). Auf das System der confocalen Flächen zweiten Grades wurde Binet durch die Theorie der Trägheitsmomente geführt (1811, Journal de l'école polytechnique cah. 16 und Liouville's Journal, t. 2), gleichzeitig auch auf die Focalcurven. Die mannigfachen geometrischen Beziehungen der letzteren Curven zu den Flächen des Systems und dieser Flächen unter sich entwickelte zuerst Chasles und erkannte auch die Beziehung zum imaginären Kugelkreise (1837, Aperçu historique, Note XXXI, für einzelne Sätze und allgemein für Rotationsflächen vgl. die Nouveaux Mémoires de l'Académie de Bruxelles t. 5, 1829); gleichzeitig studirten die Focaleigenschaften der Flächen zweiten Grades unter anderem Gesichtspunkte Mac-Cullagh (1836, Proceedings of the R. Irish Academy, vol. II) und Lamé, der zunächst mannigfache physikalische Anwendungen im Auge hatte (1837, Liouville's Journal, t. 2). Die Focalcurven selbst und ihre Beziehungen zu einer einzelnen Fläche waren schon früher bekannt (vgl. unten). — Die Behandlung des confocalen Systems durch seine Gleichung in Ebenencoordinaten, die dann den Parameter *linear* enthält, rührt von Plücker her (1846, System der analytischen Geometrie des Raumes, p. 255, 325, 331 f.), scheint aber erst durch Hesse's elegante Darstellung allgemein bekannt geworden zu sein (Vorlesungen über analytische Geometrie des Raumes, 1861). — Jede Gleichung zwischen den elliptischen Coordinaten stellt natürlich eine Fläche dar; einige besondere Fälle sind untersucht durch W. Roberts (Comptes rendus 1861, t. 53; Crelle's Journal, Bd. 62; Annali di matematica, t. 4) und Staude (Ueber lineare Gleichungen zwischen elliptischen Coordinaten, Inauguraldissertation, Leipzig 1881).

**) Vgl. p. 184. Ebenso lassen sich auch andere allgemeine Sätze, die früher vorkamen, übertragen, worauf wir weiter unten zurückkommen.

$$\frac{x^2}{a^2+\lambda} + \frac{y^2}{b^2+\lambda} + \frac{z^2}{c^2+\lambda} - 1 = 0,$$

$$(9)\qquad \frac{x^2}{a^2+\mu} + \frac{y^2}{b^2+\mu} + \frac{z^2}{c^2+\mu} - 1 = 0,$$

$$\frac{x^2}{a^2+\nu} + \frac{y^2}{b^2+\nu} + \frac{z^2}{c^2+\nu} - 1 = 0.$$

Die Gleichungen der Tangentenebenen für die beiden ersten Flächen im Punkte $x_0,\ y_0,\ z_0$ sind

$$\frac{x_0 x}{a^2+\lambda} + \frac{y_0 y}{b^2+\lambda} + \frac{z_0 z}{c^2+\lambda} - 1 = 0,$$

$$\frac{x_0 x}{a^2+\mu} + \frac{y_0 y}{b^2+\mu} + \frac{z_0 z}{c^2+\mu} - 1 = 0.$$

Die Bedingung ihrer Rechtwinkligkeit:

$$\frac{x_0^{\,2}}{(a^2+\lambda)(a^2+\mu)} + \frac{y_0^{\,2}}{(b^2+\lambda)(b^2+\mu)} + \frac{z_0^{\,2}}{(c^2+\lambda)(c^2+\mu)} = 0$$

ist identisch erfüllt; denn ihre linke Seite, mit $\lambda - \mu$ multiplicirt, ist gleich der Differenz der linken Seiten der beiden ersten Gleichungen (8). Damit ist unser Satz analytisch bewiesen, denn die Differenz $\lambda - \mu$ ist immer von Null verschieden.

Letzteres geht aus der folgenden Betrachtung hervor, welche gleichzeitig zeigt, *dass unsere drei Wurzeln von (8) stets reell sind und dass von den Flächen (9) die erste ein Ellipsoid, die zweite ein einschaliges, die dritte ein zweischaliges Hyperboloid darstellt.* In der That ist nach (8)

$$f(\infty) < 0 \text{ wegen des Gliedes } - \lambda^3,$$
$$f(-c^2) = z_0^{\,2}\,(a^2 - c^2)\,(b^2 - c^2) > 0,$$
$$f(-b^2) = y_0^{\,2}\,(a^2 - b^2)\,(c^2 - b^2) < 0,$$
$$f(-a^2) = x_0^{\,2}\,(b^2 - a^2)\,(c^2 - a^2) > 0.$$

Die Wurzeln liegen also zwischen $-a^2$ und $-b^2$, $-b^2$ und $-c^2$, $-c^2$ und $+\infty$, und macht man

$$\infty > \lambda > -c^2,$$
$$(10)\qquad -c^2 > \mu > -b^2,$$
$$-b^2 > \nu > -a^2,$$

so sind durch (9) die angegebenen Flächen in der verlangten Reihenfolge dargestellt*). Im Grenzfalle rückt der Punkt auf eine der

---

*) Vorstehender Beweis für die Realität der drei Wurzeln lässt sich mit demjenigen für die Realität der drei Hauptaxen (oben p. 168) nach Cauchy in directe Verbindung bringen, indem die zur Bestimmung der Hauptaxen dienende Gleichung auf die Form (8) transformirt wird. Vgl. Plücker, a. a. O. p. 185 u. 332, und W. Thomson, Cambridge Math. Journ. 1845 (Ges. Abhdlg. Bd. 1, p. 55).

Coordinatenebenen, und dann artet eine der Flächen in diese doppelt zu denkende Ebene aus. So vermittelt die Ebene der Focalellipse den Uebergang von einem sehr platten Ellipsoide, welches das Innere der Ellipse doppelt überdeckt, zu einem sehr platten einschaligen Hyperboloide, dessen Erzeugende mit den Tangenten der Focalellipse nahe zusammenfallen, und analog die Ebene der Focalhyperbel den Uebergang von einem in anderer Richtung sehr platten einschaligen Hyperboloide zu einem zweischaligen Hyperboloide.

Mittelst (8) und (9) hatten wir die drei Flächen bestimmt, welche durch einen gegebenen Punkt gehen. Umgekehrt kann man mittelst (9) einen Punkt als Schnittpunkt der drei durch ihn gehenden Flächen definiren, eine Bestimmung, die dann allerdings achtdeutig ausführbar ist, da durch (9) nur die Quadrate der rechtwinkligen Coordinaten gegeben sind; wir berechnen diese Quadrate auf folgende Weise. Die linke Seite von (8) ist, wenn man t an Stelle von λ schreibt, gleich Null für $t = \lambda$, $t = \mu$, $t = \nu$; folglich ist für jeden Werth von t

$$f(t) = -(t - \lambda)(t - \mu)(t - \nu),$$

oder

$$\frac{x^2}{a^2 + t} + \frac{y^2}{b^2 + t} + \frac{z^2}{c^2 + t} - 1 = -\frac{(t - \lambda)(t - \mu)(t - \nu)}{(a^2 + t)(b^2 + t)(c^2 + t)}.$$

Multiplicirt man beiderseits mit den Nennern und setzt successive $t = -a^2, -b^2, -c^2$, so ergeben sich die Lösungen

$$
\begin{aligned}
x^2 &= \frac{(a^2 + \lambda)(a^2 + \mu)(a^2 + \nu)}{(a^2 - b^2)(a^2 - c^2)}, \\[2mm]
(11) \qquad y^2 &= \frac{(b^2 + \lambda)(b^2 + \mu)(b^2 + \nu)}{(b^2 - c^2)(b^2 - a^2)}, \\[2mm]
z^2 &= \frac{(c^2 + \lambda)(c^2 + \mu)(c^2 + \nu)}{(c^2 - a^2)(c^2 - b^2)}.
\end{aligned}
$$

Nach (10) sind die rechten Seiten alle positiv, so dass sich für x, y, z reelle Werthe berechnen lassen. *Je drei verschiedenartige Flächen des confocalen Systems schneiden sich daher in acht reellen Punkten,* und zwar nach den obigen Sätzen rechtwinklig. Von der gegenseitigen Lage je dreier solcher Flächen kann man sich nach dem Vorstehenden leicht ein Bild machen*); vgl. Fig. 21.

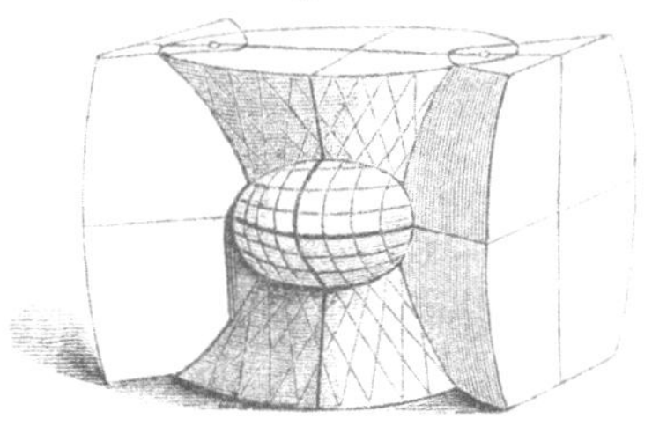

---

*) Die Verlagshandlung von L. Brill in Darmstadt liefert eine Reihe von Gypsmodellen, die zur Veranschaulichung dieser gegenseitigen Beziehungen

In der Nähe eines jeden Punktes verhalten sich die Flächen demnach so, wie die drei Ebenen, welche parallel den Coordinatenebenen durch ihn gelegt werden können. Benutzt man die Parameter λ, μ, ν zur Festlegung eines Punktes im Raume, so sind dadurch die confocalen Flächen in analoger Weise eingeführt, wie sonst die **drei** Systeme von Ebenen, parallel zu den Coordinatenebenen. Man bezeichnet daher diese Parameter ebenfalls als „*orthogonale Coordinaten*", speciell als *elliptische Coordinaten* wegen ihrer engen Beziehung zu den Ellipsoiden. Die Einführung dieser *krummlinigen Coordinaten**) ist für gewisse Probleme der mathematischen Physik von der höchsten Wichtigkeit; und in ähnlicher Weise sind andere orthogonale Coordinaten zu verwerthen, die durch die Parameter eines „dreifach orthogonalen Systems" geliefert werden. Einige Beispiele dafür werden wir im Folgenden kennen lernen.

Die eben angewandte Bezeichnung der elliptischen Coordinaten als „krummlinig" ist dadurch zu rechtfertigen, dass sich eine krumme räumliche Curve (und zwar der vierten Ordnung) ergibt, wenn man zwei der Parameter λ, μ, ν als constant, den dritten allein als variabel betrachtet, während man eine gerade Linie (parallel zu einer Axe) erhält, indem man zwei der rechtwinkligen Coordinaten gleich Constanten setzt. Ist z. B. $\mu = C$ und $\nu = C'$, so geben die Gleichungen (11) die Parameterdarstellung der Schnittcurve derjenigen beiden Hyperboloide, welche durch die Parameter $\mu = C$, $\nu = C'$ zufolge (9) bestimmt werden. Die Curve ist natürlich von der vierten Ordnung; man erkennt leicht, dass sie aus zwei getrennten Theilen besteht; auf jeder Fläche wird durch ihre Schnittlinien mit den Flächen der beiden anderen zu ihr confocalen Systeme ein zweifach orthogonales System von Curven vierter Ordnung ausgeschnitten, über dessen Gestalt man sich leicht Rechenschaft gibt**). Nimmt

dienen; Fig. 21 ist dem betr. Brill'schen Cataloge entnommen. Mit kleinen Kreisen sind in dieser Figur die beiden Punkte bezeichnet, in denen die obere horizontale Ebene von der Focalhyperbel durchstossen wird. Die auf dem Ellipsoide gezeichneten Curven stellen dessen Schnitte mit confocalen Hyperboloiden dar.

*) Dieselben sind von Lamé eingeführt; insbesondere die elliptischen Coordinaten in den Mémoires des Savants étrangers, t. 5, in den ersten sechs Bänden von Liouville's Journal (vgl. oben die Note zu p. 269) und ib. t. 8, zusammenfassend in dem Werke: Leçons sur les coordonnées curvilignes et leurs diverses applications, Paris 1859. Ueber die zahlreichen Anwendungen der elliptischen Coordinaten in der mathematischen Physik vgl. z. B. Heine's Handbuch der Kugelfunctionen, 2. Aufl. 1878—81 (besonders Bd. 2).

) In Fig. 21 sind diese Curven (je aus zwei getrennten in sich geschlossenen Zügen bestehend) auf das Ellipsoid aufgezeichnet. — Nach dem **sogenannten

man nun einen der drei Parameter constant, so hat man in (11) die Parameterdarstellung (p. 5) einer Fläche des confocalen Systems, z. B. des Ellipsoids

$$\frac{x^2}{a^2} + \frac{y^2}{b^2} + \frac{z^2}{c^2} - 1 = 0,$$

wenn $\lambda = 0$ gesetzt wird *).

Weitere allgemeine Sätze über unser Flächensystem werden sich durch Anwendung der folgenden specielleren Betrachtungen ergeben. Dieselben beziehen sich auf *die Fälle, wo die Axen a, b, c theilweise oder sämmtlich einander gleich werden*, und insbesondere auf die entsprechenden Ausartungen der zugehörigen elliptischen Coordinaten. Da wir $a > b > c$ annehmen, können hier nur drei solche Fälle in Betracht kommen, nämlich:

$$\text{I.} \quad a = b, \ b > c,$$
$$\text{II.} \quad a > b, \ b = c,$$
$$\text{III.} \quad a = b \quad = c.$$

Im Falle I gehen wir von einem abgeplatteten Rotationsellipsoide aus. Da v zwischen $-a^2$ und $-b^2$ lag, so wird auch $v = -a^2 = -b^2$, also

$$a^2 + v = 0, \quad b^2 + v = 0, \quad a^2 - b^2 = 0.$$

Es war aber $a^2 + v$ stets $< a^2 - b^2$, und die Summe $\dfrac{a^2 + v}{a^2 - b^2} + \dfrac{b^2 + v}{b^2 - a^2}$ stets gleich Eins; wir können folglich beim Grenzübergange setzen:

$$\frac{a^2 + v}{a^2 - b^2} = \cos^2 \varphi, \quad \frac{b^2 + v}{b^2 - a^2} = \sin^2 \varphi.$$

Machen wir noch

$$r^2 = \frac{(a^2 + \lambda)(a^2 + \mu)}{a^2 + b^2},$$

so gehen die Gleichungen (11) über in

$$(12) \qquad x = r \cos \varphi, \quad y = r \sin \varphi, \quad z^2 = \frac{(c^2 + \lambda)(c^2 + \mu)}{c^2 - a^2}.$$

In jeder Meridianebene $\varphi = $ const. sind hierdurch elliptische Coordi-

---

Dupin'schen Theorem bilden diese Curven die „Krümmungslinien" der betreffenden Fläche, wie wir später noch näher sehen werden.

*) Diese Parameterdarstellung gibt gleichzeitig eine „in den kleinsten Theilen ähnliche Abbildung" der Fläche auf die Ebene; vgl. Jacobi, Vorlesungen über Dynamik, herausgegeben von Clebsch, p. 216 ff. — Ueberdies geht aus den Gleichungen (11) hervor, dass sich die Coordinaten der Punkte einer Raumcurve vierter Ordnung erster Species als elliptische Functionen eines Parameters darstellen lassen.

naten λ, μ mittelst der für r^2 und z^2 angegebenen Werthe eingeführt. Die Gleichung der Flächenschaar wird:

$$(13) \qquad \frac{x^2 + y^2}{a^2 + \lambda} + \frac{z^2}{c^2 + \lambda} - 1 = 0.$$

Durch jeden Punkt des Raumes gehen zwei zu einander orthogonale Flächen der Schaar; ein abgeplattetes Rotationsellipsoid (für $\infty > \lambda > -c^2$) und ein einschaliges Rotationshyperboloid ($-c^2 > \lambda > -a^2$). Die Flächen der dritten, zu diesen beiden rechtwinkligen Schaar sind durch die Flächen $\varphi = $ const., also durch die Meridianebenen gegeben; in letztere arten die zweischaligen Hyperboloide aus.

In Ebenencoordinaten lautet die Gleichung (13):

$$a^2 (u^2 + v^2) + c^2 w^2 - 1 + \lambda (u^2 + v^2 + w^2) = 0.$$

Sie liefert für $\lambda = -c^2$ die in einen Kreis übergegangene Focalellipse der X-Y-Ebene, für $\lambda = -a^2$ ein imaginäres Punktepaar auf der Z-Axe, in welches die imaginäre Focalcurve zerfallen ist. Die Focalhyperbel hat sich auf die doppelt zu zählende Rotationsaxe zusammengezogen.

Man erkennt, dass dieser Fall mit demjenigen wesentlich identisch ist, welcher bei dem Systeme zweier Flächen zweiter Klasse unter Nr. 6 studirt wurde (p. 262 f.).

Im Falle II, der sich auch auf Nr. 6 reducirt, haben wir ebenso:

$$b^2 + \mu = 0, \quad b^2 - c^2 = 0, \quad c^2 + \mu = 0;$$

$$\frac{b^2 + \mu}{b^2 - c^2} = \cos^2 \varphi, \quad \frac{c^2 + \mu}{c^2 - b^2} = \sin^2 \varphi;$$

$$y = r \cos \varphi, \quad z = r \sin \varphi;$$

$$(14) \qquad r^2 = \frac{(b^2 + \lambda)(b^2 + \nu)}{b^2 - a^2}, \quad x^2 = \frac{(a^2 + \lambda)(a^2 + \nu)}{a^2 - b^2},$$

$$(15) \qquad \frac{x^2}{a^2 + \lambda} + \frac{y^2 + z^2}{b^2 + \lambda} - 1 = 0.$$

Diese Flächenschaar enthält *verlängerte Rotationsellipsoide* ($\infty > \lambda > -b^2$) und *zweischalige Rotationshyperboloide* ($-b^2 > \lambda > -a^2$); durch jeden Punkt des Raumes geht eine Fläche jeder Art; die Ebenen $\varphi = $ const. geben die dritte Schaar von Orthogonalflächen. Die Focalellipse ist in die zwei gemeinsamen reellen Brennpunkte der Meridianellipsen zerfallen; die Focalhyperbel ist auf dieselben beiden Punkte reducirt.

Im Falle III ist das Ausgangsellipsoid eine Kugel, indem $a^2 = b^2 = c^2$. Um den Grenzübergang verfolgen zu können, setzen wir

$$a^2 = \varkappa + \varepsilon\alpha, \quad b^2 = \varkappa + \varepsilon\beta, \quad c^2 = \varkappa + \varepsilon\gamma$$

und lassen ε unendlich klein werden.

Die Gleichung unserer Schaar

$$\frac{x^2}{\varepsilon\alpha+\lambda} + \frac{y^2}{\varepsilon\beta+\lambda} + \frac{z^2}{\varepsilon\gamma+\lambda} - 1 = 0,$$

worin kurz λ an Stelle von $\varkappa + \lambda$ geschrieben ist, liefert sodann die concentrischen Kugeln

$$(16) \qquad x^2 + y^2 + z^2 = \lambda.$$

Lassen wir aber λ unendlich klein werden, indem wir $\lambda = \varepsilon\mu$ annehmen, so resultirt die Gleichung:

$$(17) \qquad \frac{x^2}{\alpha+\mu} + \frac{y^2}{\beta+\mu} + \frac{z^2}{\gamma+\mu} = 0,$$

ein System von Kegeln mit gemeinsamer Spitze im Anfangspunkte darstellend. Während die Ellipsoïde des allgemeinen confocalen Systems in die Kugeln (16) übergehen, haben sich die beiden Schaaren von Hyperboloiden auf die Kegel (17) zusammengezogen. In der That gehen zwei reelle Kegel durch jeden Punkt; denn setzt man

$$f(\mu) = x^2(\beta+\mu)(\gamma+\mu) + y^2(\gamma+\mu)(\alpha+\mu) + z^2(\alpha+\mu)(\beta+\mu),$$

so ist

$$f(-\gamma) = z^2(\alpha-\gamma)(\beta-\gamma) > 0,$$
$$f(-\beta) = y^2(\gamma-\beta)(\alpha-\beta) < 0,$$
$$f(-\alpha) = x^2(\beta-\alpha)(\gamma-\alpha) > 0.$$

Im Folgenden sei stets

$$-\gamma > \mu > -\beta > \nu > -\alpha;$$

dann stellt die Gleichung

$$(18) \qquad \frac{x^2}{\alpha+\mu} + \frac{y^2}{\beta+\mu} + \frac{z^2}{\gamma+\mu} = 0$$

einen Kegel dar, welcher durch die Ebene $z = 0$ in einem imaginären Linienpaare geschnitten wird, welcher also die Z-Axe, aber keine der beiden anderen Axen umschliesst. Analog wird durch die Gleichung

$$(19) \qquad \frac{x^2}{\alpha+\nu} + \frac{y^2}{\beta+\nu} + \frac{z^2}{\gamma+\nu} = 0$$

ein Kegel gegeben, der in gleicher Weise die X-Axe umschliesst. Diese Kegel vertreten die Stelle der beiden Arten von Hyperboloiden im allgemeinen confocalen Systeme; es ist leicht zu sehen, dass in der That *jeder Kegel* (19) *von jedem Kegel* (18) *rechtwinklig geschnitten wird*, während zwei Kegel desselben Systems sich nicht reell schneiden. Was aber ist aus den Focalcurven geworden? Die Focalellipse hat sich offenbar auf den gemeinsamen Kugelmittelpunkt zusammengezogen. Die Gleichung in Ebenencoordinaten kann nicht zur Untersuchung der Kegel dienen, also auch nicht auf diese Grenzcurven führen, wohl aber die Gleichung der auf den Kegeln durch eine beliebige Ebene ausgeschnittenen Curven; in der unendlich fernen Ebene z. B. erhält man die Curven

$$(\alpha + \mu)\, u^2 + (\beta + \mu)\, v^2 + (\gamma + \mu)\, w^2 = 0,$$

also eine Schaar von Kegelschnitten mit vier gemeinsamen imaginären Tangenten, welche auch den Kugelkreis berühren. In der Schaar gibt es die drei Punktepaare

$$(20)\quad (\beta - \alpha)\, v^2 + (\gamma - \alpha)\, w^2 = 0, \quad (\alpha - \beta)\, u^2 + (\gamma - \beta)\, w^2 = 0,$$
$$(\alpha - \gamma)\, u^2 + (\beta - \gamma)\, v^2 = 0.$$

Dem entsprechend gibt es in unserer Kegelschaar drei ausgezeichnete Kegel, welche als Punktgebilde je in eine Doppelebene ausarten, als Enveloppen von Ebenen aber je in zwei Ebenenbüschel zerfallen. *Die Axen der letzteren sind die Verbindungslinien des gemeinsamen Scheitels mit den Punktepaaren* (20); *sie heissen die „Brennlinien" oder „Focallinien" des Systems.* Von den drei Linienpaaren ist nur eines, bestimmt durch

$$(21)\qquad\qquad y = 0, \quad \frac{x^2}{\alpha - \beta} + \frac{z^2}{\gamma - \beta} = 0,$$

reell, es ist durch den Grenzübergang aus der reellen Focalhyperbel entstanden; die anderen beiden repräsentiren die imaginäre Focalcurve und die Focalellipse, von der nur noch der Mittelpunkt reell ist.

Zu den Brennlinien stehen die „*Kegel eines confocalen Systems*", wie wir es hier vor uns haben, in ganz analogen Beziehungen, wie die confocalen Kegelschnitte zu ihren gemeinsamen Brennpunkten. Gestaltlich tritt dies schon dadurch hervor, dass die beiden reellen Brennlinien von den Kegeln des Systems (18) in dem einen, von den Kegeln (19) in dem anderen Sinne umschlossen werden und so den Uebergang von einem Systeme zum anderen vermitteln. Man macht sich am Einfachsten eine Vorstellung von ihrer gegenseitigen Lage, wenn man ihre Durchdringungscurven mit einer concentrischen Kugel, die sogenannten *sphärischen Kegelschnitte*, betrachtet. Letztere legen sich um ihre vier Brennpunkte (Schnittpunkte der Kugel mit den Brennlinien) ganz wie confocale Ellipsen oder Hyperbeln um ihre beiden Brennpunkte, oder wie die Krümmungslinien eines dreiaxigen Ellipsoids um die vier Nabelpunkte des letzteren (vgl. unten p. 285). Die Analogie dieser sphärischen Kegelschnitte mit den ebenen Curven findet ihren Ausdruck in folgendem Satze:

Für jeden Kegel des confocalen Systems ist die Summe der Winkel, welche eine Erzeugende desselben mit den beiden Brennlinien bildet, constant.

Zum Beweise stellen wir uns umgekehrt die Aufgabe, den Ort einer durch den Anfangspunkt gehenden Geraden zu finden, welche mit zwei festen Linien (21) Winkel u und u' bildet, deren Summe $u + u'$ constant gleich δ ist*). Es sei x, y, z ein Punkt des bewegten Strahles im Abstande r vom Anfangspunkte; dann sind $\frac{x}{r}$, $\frac{y}{r}$, $\frac{z}{r}$ die Cosinus seiner Richtungswinkel. Für die Brennlinien seien letztere

$$\cos \varphi, \quad 0, \quad \sin \varphi,$$
$$- \cos \varphi, \quad 0, \quad \sin \varphi.$$

Folglich wird

$$\cos u = \frac{x \cos \varphi + z \sin \varphi}{r}, \quad \cos u' = \frac{- x \cos \varphi + z \sin \varphi}{r},$$

oder, da $u + u' = \delta$:

$$(\cos u . \cos u' - \cos \delta)^2 = \sin^2 u . \sin^2 u' = (1 - \cos^2 u)(1 - \cos^2 u'),$$

und nach Auflösung der Klammern:

$$\sin^2 \delta = \cos^2 u + \cos^2 u' - 2 \cos u \cos u' \cos \delta,$$

endlich durch Einführung von x, y, z:

$$x^2 (1 + \cos \delta)(1 - \cos \delta - 2 \cos^2 \varphi) + y^2 (1 - \cos \delta)(1 + \cos \delta)$$
$$+ z^2 (1 - \cos \delta)(1 + \cos \delta - 2 \sin^2 \varphi) = 0.$$

Diese Gleichung lässt sich in der Form

$$\frac{x^2}{\cos \delta - 1} + \frac{y^2}{\cos \delta + \cos 2\varphi} + \frac{z^2}{1 + \cos \delta} = 0$$

schreiben und liefert daher unser System confocaler Kegel, sobald wir δ als Parameter auffassen. In der That wird

$$\varrho (\cos \delta - 1) \quad = \alpha + \mu,$$
$$\varrho (\cos \delta + \cos 2\varphi) = \beta + \mu,$$
$$\varrho (\cos \delta + 1) \quad = \gamma + \mu;$$

also:

$$- \varrho = \frac{\alpha - \gamma}{2}, \quad \sin^2 \frac{\delta}{2} = \frac{\alpha + \mu}{\alpha - \gamma}, \quad \cos^2 \frac{\delta}{2} = \frac{\gamma + \mu}{\alpha - \gamma}, \quad \cos^2 \varphi = \frac{\alpha - \beta}{\alpha - \gamma}.$$

Genau dieselbe Kegelschaar würde man durch die Forderung $u - u' = \mathrm{const.}$ erhalten; es würden nur die beiden Schaaren (18) und (19) mit einander vertauscht erscheinen.

Auch zu einer Art elliptischer Raumcoordinaten geben unsere Kegel Veranlassung; aus den Gleichungen (16), (18) und (19) ergibt sich

---

*) Da der Winkel durch den Logarithmus eines Doppelverhältnisses definirt werden kann (p. 193), so entspricht der constanten Summe zweier Winkel das constante Product zweier Doppelverhältnisse; in der unendlich fernen Ebene erhält man somit einen leicht zu formulirenden Satz über Doppelverhältnisse bei zwei Kegelschnitten.

$$x^2 = \lambda\,\frac{(\alpha+\mu)\,(\alpha+\nu)}{(\alpha-\beta)\,(\alpha-\gamma)},$$

(22)
$$y^2 = \lambda\,\frac{(\beta+\mu)\,(\beta+\nu)}{(\beta-\gamma)\,(\beta-\alpha)},$$

$$z^2 = \lambda\,\frac{(\gamma+\mu)\,(\gamma+\nu)}{(\gamma-\alpha)\,(\gamma-\beta)}.$$

Auf der Kugel mit dem Radius $\sqrt{\lambda}$ wird durch diese Gleichungen ein orthogonales krummliniges Coordinatensystem festgelegt; die Schaaren $\mu =$ const. und $\nu =$ const. werden von den erwähnten „confocalen sphärischen Kegelschnitten" gebildet, eben den Durchdringungscurven (vierter Ordnung) der Kugel mit unseren confocalen Kegeln*).

Hierbei macht sich *eine weitere Ausartung* geltend, wenn zwei der Grössen α, β, γ einander gleich werden. Es werde $\beta = \gamma$, also auch

$$-\gamma = \mu = -\beta;$$

und entsprechend dem obigen Verfahren:

(23)
$$\frac{\gamma+\mu}{\gamma-\beta} = \sin^2\varphi, \quad \frac{\beta+\mu}{\beta-\gamma} = \cos^2\varphi.$$

Die Kegel der Schaar (19) bleiben allein als solche erhalten und sind zu Rotationskegeln geworden; die Gleichung (18) dagegen gibt wegen $\beta+\mu = 0$, $\gamma+\mu = 0$ mit Rücksicht auf (23):

$$y^2\,\mathrm{tang}^2\,\varphi - z^2 = 0,$$

d. h. die Kegel (18) zerfallen in Ebenenpaare, und zwar in **Paare von Meridianebenen**. Macht man noch $\lambda = r^2$, so werden die Gleichungen (22):

$$x^2 = r^2\,\frac{\alpha+\nu}{\alpha-\beta}, \quad y^2 = r^2\,\frac{\beta+\nu}{\beta-\alpha}\cos^2\varphi, \quad z^2 = r^2\,\frac{\beta+\nu}{\beta-\alpha}\sin^2\varphi.$$

Die Parameter r, ν, φ geben ein krummliniges orthogonales Coordinatensystem im Raume: $r =$ const. stellt eine Kugel dar, $\varphi =$ const. eine Meridianebene, $\nu =$ const. einen Rotationskegel. Letzteren kann man auch durch den Winkel ψ definiren, den seine Erzeugenden mit der X-Axe machen (d. i. durch seine halbe Oeffnung), indem man setzt

$$\frac{\alpha+\nu}{\alpha-\beta} = \cos^2\psi, \quad \frac{\beta+\nu}{\beta-\alpha} = \sin^2\psi.$$

---

*) Die Focallinien eines Kegels entdeckte **Magnus** (1826, Gergonne's **Annalen** t. 16, Aufgabensammlung, Bd. 2, p. 170). — Für eingehendere Behandlung vgl. **Chasles**, Mémoire sur les propriétés générales des cônes du second degré, Nouveaux Mémoires de l'Académie de Bruxelles, t. 6, 1830 (übersetzt ins **Englische** von **Graves**, Dublin 1841), ferner **Plücker**, a. a. O. p. 301 ff., **Salmon's** Raumgeometrie, Kapitel X, und für den im Texte ausgeführten Grenzübergang **Hesse's** „Vorlesungen", 22. Vorlesung.

Dadurch entstehen die Formeln:

$$\begin{aligned}
x &= r \cos \psi,\\
(24)\qquad y &= r \sin \psi \cos \varphi,\\
z &= r \sin \psi \sin \varphi.
\end{aligned}$$

Es sind nun r, φ, ψ die sogenannten *räumlichen Polarcoordinaten*. Auf der Kugel $r = $ const. stellt $\varphi = $ const. einen Meridian dar, $\psi = $ const. einen dazu senkrechten Parallelkreis.

Das Studium der confocalen Kegel wird uns sogleich nützlich sein für gewisse Sätze über confocale Flächen zweiter Ordnung. Wir stellen uns die Aufgabe, von einem Punkte x_0, y_0, z_0 aus den Tangentenkegel an die allgemeine Fläche (7) eines confocalen Systems zu legen. Die Gleichung desselben ist nach unseren allgemeinen Regeln (p. 135):

$$\left(\frac{x^2}{a^2+\mu} + \frac{y^2}{b^2+\mu} + \frac{z^2}{c^2+\mu} - 1\right)\left(\frac{x_0{}^2}{a^2+\mu} + \frac{y_0{}^2}{b^2+\mu} + \frac{z_0{}^2}{c^2+\mu} - 1\right)$$
$$- \left(\frac{x x_0}{a^2+\mu} + \frac{y y_0}{b^2+\mu} + \frac{z z_0}{c^2+\mu} - 1\right)^2 = 0.$$

Die linke Seite wird eine ganze Function zweiten Grades von μ, wenn man mit dem Producte $(a^2 + \mu)(b^2 + \mu)(c^2 + \mu)$ multiplicirt, denn alle Glieder, welche ein Quadrat im Nenner enthalten, oder welche von μ unabhängig sind, heben sich in der Differenz heraus. Die Gleichung kann also in der Form

$$(25)\qquad \Phi(\mu) = P + Q\mu + R\mu^2 = 0$$

geschrieben werden; und wir haben P, Q, R als Functionen von x, y, z zu berechnen. Statt dies direct zu thun, berechnen wir Φ für drei specielle Werthe von μ und haben dann drei lineare Gleichungen zur Bestimmung von P, Q, R.

Durch den Punkt x_0, y_0, z_0 gehen drei Flächen der Schaar (7) hindurch; die an sie gelegten Tangentenkegel zerfallen folglich in die betreffenden drei, je doppelt zählenden Tangentenebenen. Bezeichnet man also mit l, m, n die Wurzeln der cubischen Gleichung

$$(26)\qquad \frac{x_0{}^2}{a^2+l} + \frac{y_0{}^2}{b^2+l} + \frac{z_0{}^2}{c^2+l} - 1 = 0,$$

und setzt man

$$\frac{x x_0}{a^2+l} + \frac{y y_0}{b^2+l} + \frac{z z_0}{c^2+l} - 1 = \xi\sqrt{\left(\frac{x_0}{a^2+l}\right)^2 + \left(\frac{y_0}{b^2+l}\right)^2 + \left(\frac{z_0}{c^2+l}\right)^2},$$

$$(27)\ \frac{x x_0}{a^2+m} + \frac{y y_0}{b^2+m} + \frac{z z_0}{c^2+m} - 1 = \eta\sqrt{\left(\frac{x_0}{a^2+m}\right)^2 + \left(\frac{y_0}{b^2+m}\right)^2 + \left(\frac{z_0}{c^2+m}\right)^2},$$

$$\frac{x x_0}{a^2+n} + \frac{y y_0}{b^2+n} + \frac{z z_0}{c^2+n} - 1 = \zeta\sqrt{\left(\frac{x_0}{a^2+n}\right)^2 + \left(\frac{y_0}{b^2+n}\right)^2 + \left(\frac{z_0}{c^2+n}\right)^2},$$

so können ξ, η, ζ als neue rechtwinklige Coordinaten aufgefasst werden, und wir haben:

$$\Phi(l) = -(a^2+l)(b^2+l)(c^2+l)\,\xi^2\left\{\frac{x_0{}^2}{(a^2+l)^2}+\frac{y_0{}^2}{(b^2+l)^2}+\frac{z_0{}^2}{(c^2+l)^2}\right\},$$

$$\Phi(m) = -(a^2+m)(b^2+m)(c^2+m)\,\eta^2\left\{\frac{x_0{}^2}{(a^2+m)^2}+\frac{y_0{}^2}{(b^2+m)^2}+\frac{z_0{}^2}{(c^2+m)^2}\right\},$$

$$\Phi(n) = -(a^2+n)(b^2+n)(c^2+n)\,\zeta^2\left\{\frac{x_0{}^2}{(a^2+n)^2}+\frac{y_0{}^2}{(b^2+n)^2}+\frac{z_0{}^2}{(c^2+n)^2}\right\}.$$

Nun ist nach den Formeln für elliptische Coordinaten:

$$x_0{}^2 = \frac{(a^2+l)(a^2+m)(a^2+n)}{(a^2-b^2)(a^2-c^2)}, \quad y_0{}^2 = \frac{(b^2+l)(b^2+m)(b^2+n)}{(b^2-c^2)(b^2-a^2)},$$

$$z_0{}^2 = \frac{(c^2+l)(c^2+m)(c^2+n)}{(c^2-a^2)(c^2-b^2)},$$

und nach der Theorie der Partialbruch-Zerlegung:

$$\frac{(a^2+m)(a^2+n)}{(a^2+l)(a^2-b^2)(a^2-c^2)} + \frac{(b^2+m)(b^2+n)}{(b^2+l)(b^2-c^2)(b^2-a^2)} + \frac{(c^2+m)(c^2+n)}{(c^2+l)(c^2-a^2)(c^2-b^2)}$$

$$= \frac{(l-m)(l-n)}{(a^2+l)(b^2+l)(c^2+l)}.$$

Die Einsetzung dieser Werthe und der entsprechenden ergibt:

$$\Phi(l) = -\xi^2(l-m)(l-n) = P + Ql + Rl^2,$$

$$\Phi(m) = -\eta^2(m-n)(m-l) = P + Qm + Rm^2,$$

$$\Phi(n) = -\zeta^2(n-l)(n-m) = P + Qn + Rn^2.$$

Die Elimination von P, Q, R aus diesen Gleichungen und aus (25) führt zu dem Resultate:

$$\begin{vmatrix} 1 & l & l^2 & \xi^2(l-m)(l-n) \\ 1 & m & m^2 & \eta^2(m-n)(m-l) \\ 1 & n & n^2 & \zeta^2(n-l)(n-m) \\ 1 & \mu & \mu^2 & -\Phi \end{vmatrix} = 0,$$

oder nach Abtrennung des links auftretenden Factors $(l-m)(m-n)(n-l)$:

$$\Phi = -\xi^2(\mu-m)(\mu-n) - \eta^2(\mu-n)(\mu-l) - \zeta^2(\mu-l)(\mu-m).$$

In den durch die orthogonale Substitution (27) eingeführten Coordinaten ξ, η, ζ ist folglich die Gleichung der vom Punkte x_0, y_0, z_0 aus an die Flächen (7) zu legenden Tangentenkegel:

$$(28) \qquad \frac{\xi^2}{l-\mu} + \frac{\eta^2}{m-\mu} + \frac{\zeta^2}{n-\mu} = 0.$$

Verfolgen wir insbesondere die Bedeutung der Brennlinien. Drei Kegel arten, als Punktgebilde betrachtet, in Doppelebenen aus; die Tangentialebenen dieser Kegel müssen dabei die Eigenschaft behalten, dass sie alle eine bestimmte Fläche der confocalen Schaar berühren;

die Doppelebenen sind die Tangentialebenen der drei Flächen, welche durch den Punkt gehen; jede schneidet also die von ihr berührte Fläche in einem Linienpaare; dann hat aber jede Ebene, welche durch eine Linie des Paares gelegt wird, die Eigenschaft, eben dieselbe Fläche zu berühren. Die drei ausgearteten Kegel zerfallen daher, betrachtet als Enveloppen von Ebenen, in die drei Paare von Ebenenbüscheln, deren Axen mit den Erzeugenden derjenigen Flächen identisch sind, welche durch unseren Punkt gehen; diese Axen sind gleichzeitig die Brennlinien des Systems (28). *Insbesondere sind die reellen Brennlinien der Kegelschaar (28) zwei Erzeugende des in der Schaar (7) enthaltenen einschaligen Hyperboloids, auf dessen Oberfläche die Spitze des Kegels liegt.* Wir können hiernach sofort folgende Sätze aussprechen:

Die reellen Erzeugenden aller einschaligen Hyperboloide unserer confocalen Schaar sind zugleich die reellen Brennlinien aller Tangentenkegel, die an die Flächen der Schaar gelegt werden können.

Durch die beiden reellen Focalcurven kann man von jedem Punkte des Raumes aus zwei einander confocale Kegel legen, deren reelle Brennlinien Erzeugende des durch den Punkt gehenden Hyperboloids sind. —

Wie wir von einem beliebigen Punkte aus Tangentenkegel an die Flächen der Schaar (7) gelegt haben, so können wir weiter von einem beliebigen anderen Punkte ξ_0, η_0, ζ_0 aus alle möglichen Tangentenebenen an die Kegel der Schaar (27) legen; diese Ebenen bilden dann einen Büschel, dessen Axe durch die gemeinsame Spitze der Kegel hindurchgeht. Das Paar von Tangentenebenen, welche der Kegel (28) durch den Punkt ξ_0, η_0, ζ schickt, wird als zerfallender Kegel durch die Gleichung

$$\left(\frac{\xi^2}{l-\mu} + \frac{\eta^2}{m-\mu} + \frac{\zeta^2}{n-\mu}\right)\left(\frac{\xi_0^{\,2}}{l-\mu} + \frac{\eta_0^{\,2}}{m-\mu} + \frac{\zeta_0^{\,2}}{n-\mu}\right)$$
$$- \left(\frac{\xi\xi_0}{l-\mu} + \frac{\eta\eta_0}{m-\mu} + \frac{\zeta\zeta_0}{n-\mu}\right)^2 = 0$$

dargestellt (p. 135). Multiplicirt man mit $(l-\mu)\,(m-\mu)\,(n-\mu)$, so bleibt ein in μ linearer Ausdruck, da sich alle höheren Glieder fortheben; das Product ist daher von der Form $P + \mu Q$. Nun wird der gegebene Ausdruck ein vollständiges Quadrat für die beiden Werthe μ_1, μ_2, deren entsprechende Kegel durch den Punkt ξ_0, η_0, ζ_0 selbst hindurch gehen; es ist daher

$$P + \mu_1 Q = -(l-\mu_1)(m-\mu_1)(n-\mu_1)\left(\frac{\xi\xi_0}{l-\mu_1} + \frac{\eta\eta_0}{m-\mu_1} + \frac{\zeta\zeta_0}{n-\mu_1}\right)^2 = E_1^{\,2},$$

$$P + \mu_2 Q = -(l-\mu_2)(m-\mu_2)(n-\mu_2)\left(\frac{\xi\xi_0}{l-\mu_2} + \frac{\eta\eta_0}{m-\mu_2} + \frac{\zeta\zeta_0}{n-\mu_2}\right)^2 = E_2^{\,2},$$

und folglich

$$P + \mu Q = \frac{E_1{}^2\,(\mu_2 - \mu) + E_2{}^2\,(\mu - \mu_1)}{\mu_2 - \mu_1}\,.$$

Die gesuchten Ebenenpaare bilden somit eine Involution, deren Doppelebenen die Tangentialebenen der beiden durch den Punkt ξ_0, η_0, ζ_0 selbst gehenden Kegel sind.

Unter diesen Paaren ist auch eines, welches den Kugelkreis berührt, denn einer von den Kegeln steht auf dem imaginären Kugelkreise; auch dieses Paar ist harmonisch zu $E_1 = 0$ und $E_2 = 0$. *Die beiden durch einen Punkt des Raumes gehenden Kegel schneiden sich daher rechtwinklig*, was uns auch sonst schon bekannt ist. Die Ebenen $E_1 = 0$, $E_2 = 0$ halbiren demnach die von den Ebenen irgend eines Paares eingeschlossenen Winkel; und es folgt: Legt man durch einen Punkt an zwei confocale Kegel die beiden Paare von Tangentenebenen, so bilden die Ebenen des einen Paares mit denen des anderen gleiche Winkel; *insbesondere bilden die Ebenen jeden Paares gleiche Winkel mit den durch die Brennlinien gelegten Ebenen.*

Diese Sätze lassen sich auf die Flächen des confocalen Systems (7) übertragen. Um an sie durch eine gegebene Gerade alle Tangentialebenen zu legen, construiren wir erst alle Berührungskegel, die von einem Punkte der Geraden ausgehen und suchen die Tangentenebenen, welche diese durch einen anderen Punkt der Geraden hindurchschicken. Zwei der Kegel gehen durch die Gerade selbst hindurch, sie berühren also zwei Flächen, welche ihrerseits von der Geraden (als Erzeugenden eines Tangentenkegels) berührt werden. So folgt wieder der bereits bekannte Satz: *Jede Gerade wird von zwei Flächen des confocalen Systems berührt, und die Tangentenebenen derselben in den Berührungspunkten stehen auf einander senkrecht;* und weiter: Die Paare von Tangentenebenen, welche zwei Flächen eines confocalen Systems durch eine beliebige Gerade schicken, bilden gegen einander gleiche Winkel, woraus wieder insbesondere folgt: *Die beiden Ebenen, welche durch eine beliebige Gerade gehen und eine Fläche zweiter Ordnung berühren, bilden gleiche Winkel mit den beiden Ebenen, welche durch dieselbe Gerade tangential an die Focalcurven der Fläche*) gelegt*

---

*) Man darf in der That von Focalcurven einer *einzelnen* Mittelpunktsfläche sprechen, da durch *eine* Fläche das confocale System vollkommen bestimmt ist. Ebenso bestimmt auch jede der drei Focalcurven die beiden anderen, insbesondere ist die Focalhyperbel durch die Focalellipse bestimmt und umgekehrt. In diesem Sinne kann man von einer Focalcurve eines im Raume gedachten Kegelschnittes sprechen; nach dem Folgenden ist die eine dann der Ort der Spitzen der Rotationskegel, welche man durch die andere legen kann, und wurde als

werden können. Wählt man eine Fläche aus, welche selbst von der betreffenden Geraden berührt wird, so fallen beide Tangentialebenen in eine zusammen, und es ergibt sich: *Jedes Paar von Tangentenebenen, das eine Fläche des confocalen Systems berührt, bildet gleiche Winkel mit der Tangentenebene jeder der beiden Flächen, welche die Gerade berühren;* es ist dies in Uebereinstimmung mit dem entsprechenden Satze bei confocalen Kegeln.

Wir fragen weiter nach den *Rotationskegeln,* die in dem Systeme (27) vorkommen.

Nehmen wir an, dass die Wurzeln l, m, n der Gleichung (26) der Grösse nach geordnet seien, so ist

$$l > - c^2 > m > - b^2 > n > - a^2.$$

Dieselben können also nur paarweise einander gleich werden, wenn

$$l = - c^2 = m,$$

oder wenn

$$m = - b^2 = n.$$

Es treten folglich Rotationskegel nur für solche Spitzen x_0, y_0, z_0 auf, für welche (26) eine Doppelwurzel hat, d. h. für Punkte der Focalcurven: *Nur für Punkte der Focalcurven, und für diese immer, besteht das System von Tangentialkegeln aus Rotationskegeln.*

Dass dies so sein muss, lässt sich auch geometrisch erkennen, wenn man beachtet, dass die Hauptaxen der Kegel (28), d. h. die Schnittlinien der Ebenen $\xi = 0$, $\eta = 0$, $\zeta = 0$, nichts anderes sind, als die Normalen der drei durch die Spitze gehenden Flächen (7), d. h. die Lothe, welche man auf den Tangentenebenen dieser Flächen in ihren Berührungspunkten errichten kann. Zieht sich nun die Fläche auf eine Curve (Focalellipse oder Focalhyperbel) zusammen, so werden die Normalen derselben unbestimmt, müssen jedoch senkrecht

solcher von Quetelet gefunden (1820, Nouveaux Mémoires de l'Académie de Bruxelles, t. 2 und Correspondance mathématique, t. 3), vgl. Morton, Transactions of the Cambridge philosophical Society, vol. 3 und Demonferrand, Bulletin de la Société philomatique, année 1825. Dupin untersuchte die Focalcurven in gleichem Sinne, ausserdem als Orte der Mittelpunkte derjenigen Kugeln, welche drei gegebene Kugeln berühren (Correspondance sur l'école polytechnique, t. 1 et 2; vgl. ferner Binet, a. a. O.). Steiner fand eine der beiden Focallinien als Ort der Spitzen der den confocalen Flächen umgeschriebenen Rotationskegel (1826, Crelle's Journal Bd. 1; Gesammelte Werke Bd. 1, p. 11) und erkannte ihre Beziehung zu den Nabelpunkten; Chasles entwickelte a. a. O. die Theorie vollständig, ebenso Plücker a. a. O.; vgl. auch Salmon's Raumgeometrie. — Obige Sätze über die durch einen Punkt gehenden berührenden Kegel gab Jacobi, Crelle's Journal Bd. 12, 1834.

zur Curve bleiben. Hieraus folgt gleichzeitig, dass die **Axe** der entstehenden Rotationsfläche mit der Tangente der betreffenden Focalcurve zusammenfallen muss. In der That ist z. B. für einen Punkt der Focalellipse

$$(29) \qquad \frac{x_0^{\,2}}{a^2 - c^2} + \frac{y_0^{\,2}}{b^2 - c^2} - 1 = 0, \quad z_0 = 0;$$

und die Gleichung der von ihm ausgehenden Berührungskegel ist nach (28):

$$(30) \qquad \frac{\xi^2 + \eta^2}{c^2 + \mu} + \frac{\zeta^2}{\mu - n} = 0,$$

wobei n sich leicht als rationale einfache Wurzel von (26) ergibt:

$$n = x_0^{\,2} + y_0^{\,2} - a^2 - b^2 + c^2.{}^*)$$

Allerdings ist zu bemerken, dass unsere Kegelgleichung zunächst keine Bedeutung mehr hat (wie dies bei den Rotationsflächen immer eintrat); denn für $l = m$ verliert unsere Transformation (27) ihren Sinn, indem $\xi = \eta$ wird. Zunächst ist also nur die Ebene $\zeta = 0$ festgelegt, nämlich nach (27):

$$\frac{x x_0}{a^2 + n} + \frac{y y_0}{b^2 + n} - 1 = 0;$$

diese Ebene steht senkrecht auf der Tangente der Focalellipse im Punkte x_0, y_0, 0; denn man hat identisch durch Subtraction von (27), worin $z_0 = 0$ zu nehmen und l durch n zu ersetzen ist, und (29):

$$\frac{x_0^{\,2}}{(a^2 + n)\,(a^2 - c^2)} + \frac{y_0^{\,2}}{(b^2 + n)\,(b^2 - c^2)} = 0.$$

In der Ebene $\zeta = 0$ wird man zwei beliebige, zu einander senkrechte Gerade als Linien $\xi = 0$ und $\eta = 0$ einführen müssen, um so in gültiger Weise wieder auf (30) zu kommen.

In die Rotationsaxe $\xi = 0$, $\eta = 0$ sind die beiden Brennlinien der Kegel zusammengefallen, und ebenso die beiden Erzeugenden des ausgearteten einschaligen Hyperboloids; denn beim Grenzübergange gehen die geraden Linien des letzteren über in die Tangenten der Focalellipse, die Fläche selbst überdeckt doppelt das Aeussere dieser Ellipse, so dass der Satz erhalten bleibt, nach welchem zwei reelle Erzeugende durch jeden Punkt des Hyperboloids gehen; letzteres ist als ein Hyperboloid mit Asymptotenkegel von sehr grosser Oeffnung zu denken, deren Winkel in der Grenze selbst gleich 180^0 wird. Die Punkte im Inneren der Ellipse dagegen sind nicht als zum Hyperboloide gehörig zu betrachten; sie stellen uns vielmehr, doppelt

---

*) Diese (dritte) einfache Wurzel bestimmt das durch den Punkt gehende zweischalige Hyperboloid.

zählend, das Ellipsoid grösster Abplattung in unserem confocalen Systeme dar. In analoger Weise vermittelt die Focalhyperbel den Uebergang vom einschaligen zum zweischaligen Hyperboloide (vgl. p. 270 f.).

Vorstehende Betrachtung erlaubt uns, *für jede gegebene Mittelpunktsfläche alle ihr umgeschriebenen Rotationskegel anzugeben.* Es gibt für jede Fläche drei Systeme von je einfach unendlich vielen solchen Kegeln, entsprechend den drei Focalcurven; eines dieser Systeme ist gleichzeitig mit der Focalcurve der Y-Z-Ebene sicher imaginär. Beim Ellipsoide liegt ferner die Focalellipse (29) ganz im Inneren; von ihr aus sind also keine reellen Tangentenkegel möglich. Die Focalhyperbel liegt theilweise innerhalb, theilweise ausserhalb der Fläche. Die vier Schnittpunkte der letzteren mit der Hyperbel bestimmen sich aus den drei Gleichungen

$$y = 0, \quad \frac{x^2}{a^2 - b^2} + \frac{z^2}{c^2 - b^2} - 1 = 0, \quad \frac{x^2}{a^2 + \lambda} + \frac{y^2}{b^2 + \lambda} + \frac{z^2}{c^2 + \lambda} - 1 = 0,$$

nämlich

$$x = \pm \sqrt{\frac{(a^2 + \lambda)(a^2 - b^2)}{a^2 - c^2}}, \quad z = \pm \sqrt{\frac{(c^2 + \lambda)(c^2 - b^2)}{c^2 - a^2}}.$$

Sie sind hiernach nur für das Ellipsoid reell und *identisch mit den Nabelpunkten* (p. 189). In einem solchen Punkte selbst artet der Kegel in die doppelt zu zählende Tangentenebene aus. Dieses Resultat war vorauszusehen, denn die Berührungscurve für jeden Kegel ist ein Kreis, d. h. einer der früher bestimmten Kreisschnitte der Fläche, wodurch der innige Zusammenhang zwischen dem Probleme der umgeschriebenen Rotationskegel und der Kreisschnitte klar gelegt wird (vgl. p. 187 ff.). Nun war die Ebene der Focalhyperbel als Grenzfläche eines einschaligen Hyperboloids aufzufassen, und zwar derjenige Theil der Ebene, welcher die reellen Tangenten der Focalhyperbel enthält. Alle einschaligen Hyperboloide des Systems umschliessen daher die Focalhyperbel, ihre Schnittcurven mit einem confocalen Ellipsoide legen sich folglich um die Nabelpunkte des letzteren herum, wie die confocalen Ellipsen der Ebene um ihre gemeinsamen Brennpunkte (vgl. Fig. 22).

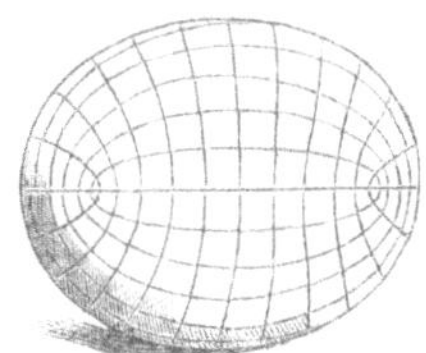

Fig. 22.

Beim Ellipsoide liegen hiernach die Spitzen der umgeschriebenen reellen Rotationskegel auf den ausserhalb des Ellipsoids sich erstreckenden Zweigen der Focalhyperbel und berühren die Fläche in den beiden reellen Schaaren von Kreisschnitten.

Bei dem einschaligen Hyperboloide liegt die Focalellipse ganz innerhalb desjenigen Raumtheiles, von dessen Punkten aus keine reellen Tangentenkegel möglich sind, während von *jedem* Punkte der Focalhyperbel ein solcher Kegel ausgeht. In der That wird die Fläche von der Hyperbel nirgends durchsetzt, sie hat keine reellen Nabelpunkte, so dass *der Umriss des geradlinigen Hyperboloids, gesehen von irgend einem Punkte der Focalhyperbel aus, sich als Kreis darstellt.*

Das zweischalige Hyperboloid hat die beiden reellen Nabelpunkte

$$(31) \quad x = \pm \sqrt{\frac{(a^2 + \nu)(a^2 - c^2)}{a^2 - b^2}}, \quad y = \pm \sqrt{\frac{(b^2 + \nu)(b^2 - c^2)}{b^2 - a^2}}, \quad z = 0,$$

in welchen die Focalellipse durch die Fläche hindurchgeht, während

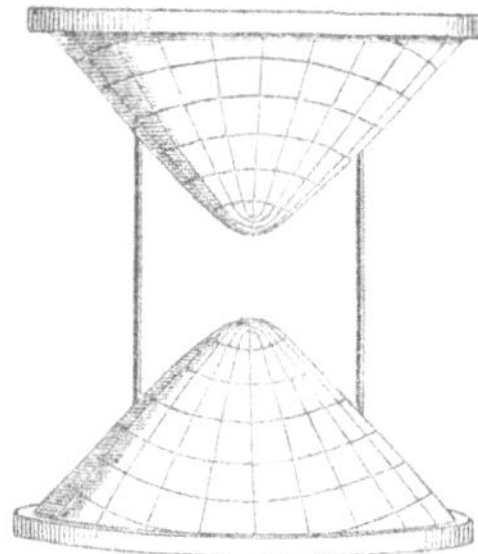

Fig. 23.

die Focalhyperbel ganz innerhalb der Fläche liegt. Um die beiden Nabelpunkte legen sich daher wieder die Schnittcurven des zweischaligen Hyperboloids mit den confocalen Ellipsoiden einerseits, mit den confocalen einschaligen Hyperboloiden andererseits herum; vgl. Fig. 23*). *Die Spitzen der reellen umgeschriebenen Rotationskegel liegen daher auf denjenigen beiden Abschnitten der Focalellipse, welche durch die Punkte (31) begrenzt und von der grossen Axe der Ellipse nicht getroffen werden;* von diesen Punkten aus gesehen, erscheint der Umriss der Oberfläche als Kreis.

Während alle Brennlinien der berührenden Kegelsysteme eine Congruenz bildeten, erfüllen die Normalen der confocalen Flächen zweiten Grades eine sehr viel höhere Mannigfaltigkeit: *Die Gesammtheit der Normalen, welche in jedem Punkte auf den drei durch ihn gehenden Flächen errichtet werden können, gehören einem besonders einfachen Complexe zweiten Grades an.*

Die Gleichung der Tangentialebene einer Fläche (7) im Punkte x, y, z ist nämlich

$$\frac{Xx}{a^2 + \mu} + \frac{Yy}{b^2 + \mu} + \frac{Zz}{c^2 + \mu} - 1 = 0.$$

Ein Punkt X, Y, Z der Normalen ist also in seiner Abhängigkeit von einem Parameter σ dargestellt durch die Gleichungen

---

*) Diese Figur stellt ein Modell aus der mehrfach erwähnten Brill'schen Sammlung dar (p. 271). Die beiden Schalen des Hyperboloids sind durch Stäbe mit einander verbunden.

$$X = x + \frac{\sigma x}{a^2 + \mu},$$

$$(32) \qquad Y = y + \frac{\sigma y}{b^2 + \mu},$$

$$Z = z + \frac{\sigma z}{c^2 + \mu}.$$

Hiernach sind die Plücker'schen Liniencoordinaten (vgl. p. 43) einer solchen Normalen leicht anzugeben, nämlich:

$$\tau p = X - x = \frac{x}{a^2 + \mu}, \qquad \tau \pi = yZ - zY = \frac{yz(b^2 - c^2)}{(b^2 + \mu)(c^2 + \mu)},$$

$$\tau q = Y - y = \frac{y}{b^2 + \mu}, \qquad \tau \varkappa = zX - xZ = \frac{zx(c^2 - a^2)}{(c^2 + \mu)(a^2 + \mu)},$$

$$\tau r = Z - z = \frac{z}{c^2 + \mu}, \qquad \tau \varrho = xY - yX = \frac{xy(a^2 - b^2)}{(a^2 + \mu)(b^2 + \mu)};$$

und hieraus ergibt sich:

$$\tau^2 p\pi = \frac{xyz(b^2 - c^2)}{(a^2 + \mu)(b^2 + \mu)(c^2 + \mu)},$$

$$\tau^2 q\varkappa = \frac{xyz(c^2 - a^2)}{(a^2 + \mu)(b^2 + \mu)(c^2 + \mu)},$$

$$\tau^2 r\varrho = \frac{xyz(a^2 - b^2)}{(a^2 + \mu)(b^2 + \mu)(c^2 + \mu)},$$

oder einfach:

$$p\pi : q\varkappa : r\varrho = b^2 - c^2 : c^2 - a^2 : a^2 - b^2.$$

Die zwischen den Coordinaten einer Normalen bestehende Relation kann demnach in den drei Formen

$$(33) \qquad \begin{aligned} q\varkappa(b^2 - c^2) &= p\pi(c^2 - a^2), \\ p\pi(a^2 - b^2) &= r\varrho(b^2 - c^2), \\ r\varrho(c^2 - a^2) &= q\varkappa(a^2 - b^2) \end{aligned}$$

geschrieben werden; und von diesen ist die dritte eine Folge der beiden ersten, die zweite ihrerseits vermöge der Identität

$$p\pi + q\varkappa + r\varrho = 0$$

eine Folge der ersten. *Die Gesammtheit der Normalen unseres confocalen Systems bilden daher einen Complex zweiten Grades, der durch irgend eine der Gleichungen (33) dargestellt wird.* Hiermit ist ausgesprochen, dass alle Normalen, welche durch einen gegebenen Punkt gehen, einen Kegel zweiter Ordnung bilden*), und dass alle Normalen, welche in einer gegebenen Ebene liegen, einen Kegelschnitt umhüllen.

---

*) Die Gleichung desselben wurde von Ampère aufgestellt: Mémoires de l'Académie des Sciences de Paris, t. 5, 1821—22. — Der Normalencomplex, dessen

Der so gefundene Complex kann durch eine andere Eigenschaft definirt werden, die von den confocalen Flächen ganz unabhängig ist. Suchen wir das Doppelverhältniss der drei Schnittpunkte einer Normalen mit den Coordinatenebenen und eines vierten beliebigen Punktes, der nach (32) durch den Parameter σ gegeben wird. Die drei Schnittpunkte sind durch die Werthe

$$\sigma_1 = -(a^2 + \mu), \quad \sigma_2 = -(b^2 + \mu), \quad \sigma_3 = -(c^2 + \mu)$$

charakterisirt; folglich ist das Doppelverhältniss gleich

$$\frac{\sigma_1 - \sigma_3}{\sigma_1 - \sigma} \cdot \frac{\sigma_2 - \sigma}{\sigma_2 - \sigma_3} = \frac{c^2 - a^2}{c^2 - b^2} \cdot \frac{b^2 + \mu + \sigma}{a^2 + \mu + \sigma}.$$

Lassen wir nun σ unendlich gross werden, d. h. den vierten Punkt ins Unendliche rücken, so wird dieser Werth ganz unabhängig von μ, und zwar constant

$$= \frac{c^2 - a^2}{c^2 - b^2}.$$

Das Doppelverhältniss der vier Punkte, in denen unsere Normalen die drei Hauptebenen und die unendlich ferne Ebene schneiden, ist also constant. Denken wir die unendlich ferne Ebene durch eine beliebige Ebene des Raumes ersetzt, so haben wir gleichzeitig den folgenden allgemeinen Satz bewiesen:

Die Gesammtheit der Geraden, welche die Ebenen eines Tetraëders nach constantem Doppelverhältnisse schneiden, bilden einen besonderen Complex zweiten Grades).*

Wegen dieser Beziehung zu einem Tetraëder wird der Complex (33) als *Tetraëdralcomplex* bezeichnet; da seine Eigenschaften zuerst von Reye rein geometrisch erforscht wurden, heisst er auch der *Reye'sche Complex*. Wir werden später Gelegenheit haben, uns näher mit demselben zu beschäftigen.

Bei Betrachtung der Normalen einer Fläche drängt sich naturgemäss die Frage auf, wie viele derselben durch einen Punkt gehen. Sind X, Y, Z die Coordinaten eines beliebig gegebenen Punktes, und x, y, z diejenigen des Fusspunktes der Normalen, so ist nach (32)

$$x = X \frac{a^2 + \mu}{a^2 + \sigma + \mu}, \quad y = Y \frac{b^2 + \mu}{b^2 + \sigma + \mu}, \quad z = Z \frac{c^2 + \mu}{c^2 + \sigma + \mu};$$

Eigenschaften im Wesentlichen schon von Binet und Chasles a. a. O. angegeben wurden, ist in projectivischem Sinne identisch mit demjenigen Complexe, welchen man durch die Verbindungslinien entsprechender Punkte in collinearen räumlichen Systemen erhält (Reye, Geometrie der Lage, 2. Abth. 1867), und dem wir noch wiederholt begegnen werden. — Einen speciellen Fall dieses Complexes hatten wir oben bei den Curven dritter Ordnung (p. 242).

*) Vgl. H. Müller, Math. Annalen, Bd. 1, 1869.

diese Werthe, in die Gleichung der Fläche mit dem Parameter μ eingesetzt, ergeben für σ eine Gleichung sechsten Grades:

$$\frac{(a^2 + \mu)X^2}{(a^2 + \sigma + \mu)^2} + \frac{(b^2 + \mu)Y^2}{(b^2 + \sigma + \mu)^2} + \frac{(c^2 + \mu)Z^2}{(c^2 + \sigma + \mu)^2} - 1 = 0.$$

Durch einen beliebig gegebenen Punkt gehen also sechs gerade Linien, welche auf einer gegebenen Mittelpunktsfläche zweiter Ordnung senkrecht stehen.

Diese sechs Linien liegen natürlich auf dem durch den gegebenen Punkt bestimmten Kegel unseres Normalencomplexes; ein Satz, der keineswegs selbstverständlich ist, da ein Kegel zweiter Ordnung schon durch fünf seiner Erzeugenden vollständig bestimmt wird. An das hiermit berührte Normalenproblem lassen sich eine Reihe weiterer Untersuchungen anknüpfen; doch sind für eine elegante Darstellung derselben die Methoden der Invariantentheorie erforderlich*); wir kommen daher erst später auf das Problem zurück.

XIV. Verallgemeinerung der elliptischen Coordinaten. — Krümmungscurven und geodätische Linien.

Schon beim Systeme confocaler Kegel, d. h. bei Benutzung von drei homogenen Coordinaten, haben wir eine Art von elliptischen Coordinaten kennen gelernt, die wesentlich symmetrischer eingeführt wurde, als es bei der dualistisch entsprechenden Aufgabe der ebenen Geometrie, d. h. bei den confocalen Kegelschnitten geschah. In ähnlicher Weise kann im Raume grössere Symmetrie erreicht werden, indem man sich von der speciellen Beziehung unserer confocalen Flächenschaar zum imaginären Kugelkreise frei macht und eine beliebige Schaar von Flächen zweiter Klasse mit gemeinsamer Developpablen betrachtet.

Wir legen das der Schaar gemeinsame Polartetraëder zu Grunde, d. h. wir nehmen ihre Gleichung in der Form

$$(1) \qquad F + \lambda \Phi = (\alpha_1 + \lambda)u_1^2 + (\alpha_2 + \lambda)u_2^2$$
$$+ (\alpha_3 + \lambda)u_3^2 + (\alpha_4 + \lambda)u_4^2 = 0$$

an, oder in Punktcoordinaten:

$$(2) \qquad \frac{x_1^2}{\alpha_1 + \lambda} + \frac{x_2^2}{\alpha_2 + \lambda} + \frac{x_3^2}{\alpha_3 + \lambda} + \frac{x_4^2}{\alpha_4 + \lambda} = 0.$$

---

*) Vgl. C l e b s c h, Ueber das Problem der Normalen bei Curven und Oberflächen der zweiten Ordnung, Crelle's Journal, Bd. 62, 1863, und J o a c h i m s · t h a l, Crelle's Journal, Bd. 26.

Den drei Flächen (1), welche durch den Punkt x gehen, mögen die Parameter λ_1, λ_2, λ_3 zukommen, so dass insbesondere:

$$(3) \quad
\begin{aligned}
\frac{x_1{}^2}{\alpha_1 + \lambda_1} + \frac{x_2{}^2}{\alpha_2 + \lambda_1} + \frac{x_3{}^2}{\alpha_3 + \lambda_1} + \frac{x_4{}^2}{\alpha_4 + \lambda_1} &= 0, \\[4pt]
\frac{x_1{}^2}{a_1 + \lambda_2} + \frac{x_2{}^2}{a_2 + \lambda_2} + \frac{x_3{}^2}{a_3 + \lambda_2} + \frac{x_4{}^2}{a_4 + \lambda_2} &= 0, \\[4pt]
\frac{x_1{}^2}{\alpha_1 + \lambda_3} + \frac{x_2{}^2}{\alpha_2 + \lambda_3} + \frac{x_3{}^2}{\alpha_3 + \lambda_3} + \frac{x_4{}^2}{\alpha_4 + \lambda_3} &= 0.
\end{aligned}$$

Aus diesen drei linearen Gleichungen ergeben sich die Verhältnisse der Grössen $x_i{}^2$ nach den Regeln der Determinantentheorie, wenn man nicht wieder die hier übersichtlichere Methode der Partialbruchzerlegung anwenden will, deren wir uns früher (p. 271) bedienten, und die bei den folgenden weniger symmetrischen Fällen wesentlich übersichtlicher ist. Wir finden:

$$(4) \quad
\begin{aligned}
\varrho\, x_1{}^2 &= (\alpha_2 - \alpha_3)(\alpha_3 - \alpha_4)(\alpha_4 - \alpha_2)(\alpha_1 + \lambda_1)(\alpha_1 + \lambda_2)(\alpha_1 + \lambda_3), \\[2pt]
\varrho\, x_2{}^2 &= -(\alpha_3 - \alpha_4)(\alpha_4 - \alpha_1)(\alpha_1 - \alpha_3)(\alpha_2 + \lambda_1)(\alpha_2 + \lambda_2)(\alpha_2 + \lambda_3), \\[2pt]
\varrho\, x_3{}^2 &= (\alpha_4 - \alpha_1)(\alpha_1 - \alpha_2)(\alpha_2 - \alpha_4)(\alpha_3 + \lambda_1)(\alpha_3 + \lambda_2)(\alpha_3 + \lambda_3), \\[2pt]
\varrho\, x_4{}^2 &= -(\alpha_1 - \alpha_2)(\alpha_2 - \alpha_3)(\alpha_3 - \alpha_1)(\alpha_4 + \lambda_1)(\alpha_4 + \lambda_2)(\alpha_4 + \lambda_3);
\end{aligned}$$

und hiermit sind unsere verallgemeinerten *„homogenen elliptischen Coordinaten"* eingeführt. Um zu den früheren Coordinaten dieser Art zurückzukehren, haben wir die Gleichung des imaginären Kugelkreises in der Form

$$\Psi \equiv F - \alpha_4 \Phi \equiv (\alpha_1 - \alpha_4)u_1{}^2 + (\alpha_2 - \alpha_4)u_2{}^2 + (\alpha_3 - \alpha_4)u_3{}^2 = 0$$

anzunehmen; es wird dann

$$\alpha_4(F + \lambda\Phi) = (\alpha_4 + \lambda)F - \lambda\Psi;$$

man hat also zu setzen:

$$\mu = -\frac{\lambda}{\alpha_4 + \lambda}, \quad \lambda = -\frac{\alpha_4\mu}{\mu + 1},$$

$$(5) \quad x = \frac{x_1\sqrt{\alpha_4}}{x_4\sqrt{\alpha_4 - \alpha_1}}, \quad y = \frac{x_2\sqrt{\alpha_4}}{x_4\sqrt{\alpha_4 - \alpha_2}}, \quad z = \frac{x_3\sqrt{\alpha_4}}{x_4\sqrt{\alpha_4 - \alpha_3}},$$

$$a^2 = \frac{\alpha_1}{\alpha_1 - \alpha_4}, \quad b^2 = \frac{\alpha_2}{\alpha_2 - \alpha_4}, \quad c^2 = \frac{\alpha_3}{\alpha_3 - \alpha_4},$$

um dann die Gleichung (2) in der früheren Form zu erhalten:

$$\frac{x^2}{a^2 + \mu} + \frac{y^2}{b^2 + \mu} + \frac{z^2}{c^2 + \mu} - 1 = 0;$$

in der That gehen auch die Gleichungen (4) in die betreffenden früheren über (p. 271), falls man noch mit λ, μ, ν diejenigen Werthe von μ bezeichnet, welche bez. den Werthen λ_1, λ_2, λ_3 von λ entsprechen.

Die elliptischen Coordinaten finden besonders dann Anwendung, wenn es sich um die Geometrie auf einer der Flächen des confocalen Systems handelt; da nämlich die Gleichung einer solchen von der Form $\lambda_i = $ Const. wird, so hat man bei derartigen Aufgaben nur noch mit *zwei* Variabeln zu operiren, was meistens eine wesentliche Vereinfachung bedingt. Ein derartiges Problem soll hier behandelt werden.

Zuvor beschäftigen wir uns mit einer anderen dabei zu benutzenden Differential-Aufgabe. Auf einer Fläche $f(x_1, x_2, x_3, x_4) = 0$ werde ein System von Curven durch folgende Forderung definirt. In zwei unendlich benachbarten Punkten einer Curve construire man die Tangentialebenen der Fläche $f = 0$; man suche ferner die (einander ebenfalls unendlich benachbarten) Pole dieser Ebenen in Bezug auf eine Fläche zweiter Klasse, etwa in Bezug auf obige Fläche $\Phi = 0$; mit diesen Polen verbinde man bez. die beiden betrachteten Curvenpunkte; es wird gefordert, dass diese beiden Verbindungslinien sich schneiden. Ersetzt man insbesondere $\Phi = 0$ durch den imaginären Kugelkreis $\Psi = 0$, so gehen die beiden Verbindungslinien in die Normalen der beiden Tangentialebenen über; die Curven des so definirten Systems sind dann bekanntlich die *Krümmungscurven*[*]) der Fläche $f = 0$. In dem allgemeinen Falle, wo unsere Fläche $\Phi = 0$ als „Fundamentalfläche" benutzt wird, wollen wir daher jene Verbindungslinien als *verallgemeinerte Normalen* und die entstehenden Curven als *verallgemeinerte Krümmungslinien* bezeichnen. Die letzteren sind somit auf $f = 0$ dadurch definirt, dass *die verallgemeinerten Normalen der Tangentialebenen ihrer Punkte eine abwickelbare Fläche bilden.* Ihre Differentialgleichung erhält man in folgender Weise. Um uns dabei nicht auf Flächen zweiten Grades beschränken zu müssen, nehmen wir für einen Augenblick als bekannt an, dass die Gleichung der Tangentenebene eines Punktes x von $f(x) = 0$, geschrieben in Variabeln X_i, durch

---

[*]) Die Krümmungslinien wurden so von Monge definirt (Application d'analyse à la géométrie, Paris 1795) und auf den Flächen zweiter Ordnung bestimmt. Dass sie durch die confocalen Flächen ausgeschnitten werden, folgt auch aus dem Dupin'schen Theoreme (vgl. oben die 2te Note zu p. 272). — Offenbar ist *eine* „verallgemeinerte" Krümmungslinie auf *jeder* Fläche sofort bekannt, nämlich die Curve, längs welcher die Fläche von der ihr und der Fläche $\Phi = 0$ gleichzeitig umgeschriebenen developpablen Fläche berührt wird; denn jede Erzeugende der letzteren ist hier zugleich verallgemeinerte Normale. — Artet $\Phi = 0$ in den Kugelkreis aus, so gibt auch der Schnitt der Fläche mit der unendlich fernen Ebene eine Krümmungslinie.

$$\frac{\partial f}{\partial x_1}X_1 + \frac{\partial f}{\partial x_2}X_2 + \frac{\partial f}{\partial x_3}X_3 + \frac{\partial f}{\partial x_4}X_4 = 0$$

gegeben wird, wie dies für Flächen zweiter Ordnung bereits abgeleitet ist. Setzen wir $f_i = \dfrac{\partial f}{\partial x_i}$ und bezeichnen mit df_i das totale Differential von f_i, so ist die Gleichung der Tangentenebene eines unendlich benachbarten Punktes:

$$X_1 df_1 + X_2 df_2 + X_3 df_3 + X_4 df_4 = 0.$$

Die Pole dieser beiden Ebenen in Bezug auf $\Phi = 0$ haben daher die Coordinaten

$$\varrho y_i = f_i(x) \quad \text{und} \quad \varrho(y_i + dy_i) = f_i(x) + df_i(x) - y_i d\varrho;$$

unsere Forderung besteht darin, dass diese beiden Punkte sich mit den Punkten x_i und $x_i + dx_i$ in einer Ebene befinden. *Die Differentialgleichung der verallgemeinerten Krümmungslinien auf der Fläche $f = 0$ ist daher:*

$$(6) \qquad \begin{vmatrix} f_1 & f_2 & f_3 & f_4 \\ df_1 & df_2 & df_3 & df_4 \\ x_1 & x_2 & x_3 & x_4 \\ dx_1 & dx_2 & dx_3 & dx_4 \end{vmatrix} = 0.$$

Im Falle einer Fläche zweiter Ordnung, die durch die Gleichung

$$(7) \qquad \frac{x_1{}^2}{\alpha_1 + \lambda_1} + \frac{x_2{}^2}{\alpha_2 + \lambda_1} + \frac{x_3{}^2}{\alpha_3 + \lambda_1} + \frac{x_4{}^2}{\alpha_4 + \lambda_1} = 0$$

gegeben sei, haben wir zu setzen:

$$(8) \qquad f_i = 2\,\frac{x_i}{\alpha_i + \lambda_1}, \quad df_i = 2\,\frac{dx_i}{u_i + \lambda_1}.$$

Die Differentialgleichung (6) geht daher über in

$$(9) \qquad \begin{vmatrix} \dfrac{x_1}{\alpha_1 + \lambda_1} & \dfrac{x_2}{\alpha_2 + \lambda_1} & \dfrac{x_3}{\alpha_3 + \lambda_1} & \dfrac{x_4}{\alpha_4 + \lambda_1} \\[2mm] \dfrac{dx_1}{\alpha_1 + \lambda_1} & \dfrac{dx_2}{\alpha_2 + \lambda_1} & \dfrac{dx_3}{\alpha_3 + \lambda_1} & \dfrac{dx_4}{\alpha_4 + \lambda_1} \\[2mm] x_1 & x_2 & x_3 & x_4 \\[1mm] dx_1 & dx_2 & dx_3 & dx_4 \end{vmatrix} = 0.$$

Neben (7) besteht noch die Gleichung

$$(10) \qquad \frac{x_1\,dx_1}{\alpha_1 + \lambda_1} + \frac{x_2\,dx_2}{\alpha_2 + \lambda_1} + \frac{x_3\,dx_3}{\alpha_3 + \lambda_1} + \frac{x_4\,dx_4}{\alpha_4 + \lambda_1} = 0.$$

Befindet sich der Punkt x auf der Schnittcurve der Fläche (7) mit einer anderen Fläche des confocalen Systems, etwa $\lambda = \lambda_2$, so bestehen ausserdem die vier Relationen:

$$\sum \frac{x_i^2}{\alpha_i + \lambda_2} = 0, \qquad \sum \frac{x_i^2}{(\alpha_i + \lambda_1)(\alpha_i + \lambda_2)} = 0,$$

$$\sum \frac{x_i\, d x_i}{\alpha_i + \lambda_2} = 0, \qquad \sum \frac{x_i\, d x_i}{(\alpha_i + \lambda_1)(\alpha_i + \lambda_2)} = 0.$$

Multipliciren wir also die i^{te} Verticalreihe der Determinante (9) mit $\dfrac{x_i}{\alpha_i + \lambda_2}$ und addiren nach der Multiplication alle diese Reihen zur letzten Reihe, so werden die Elemente dieser in Folge der eben angegebenen Relationen einzeln gleich Null. *Die verallgemeinerten Krümmungslinien einer Fläche zweiter Klasse $F = 0$ werden daher auf ihr ausgeschnitten durch diejenige Schaar von Flächen, welche der gemeinsamen Developpabeln der Fläche $F = 0$ und der zu Grunde gelegten Fundamentalfläche $\Phi = 0$ eingeschrieben werden können.* Vorausgesetzt ist hier nur, dass die Flächen $f = 0$ und $\Phi = 0$ ein gemeinsames Polartetraëder zulassen; es wird auch nicht verlangt, dass die α_i von einander verschieden seien, während z. B. eine Berührung der Flächen $f = 0$ und $\Phi = 0$ an einer einzelnen Stelle ausgeschlossen ist. Das gefundene Curvensystem bleibt dasselbe, wenn die Fläche $\Phi = 0$ durch irgend eine Fläche $F + \lambda \Phi = 0$ ersetzt wird, also auch, wenn letztere in einen der vier Kegelschnitte, z. B. in den imaginären Kugelkreis, ausartet. Hieraus folgt noch der Satz:

Ist die gewählte Fundamentalfläche $\Phi = 0$ zu einer gegebenen Mittelpunktsfläche confocal, so sind die Krümmungslinien der letzteren identisch mit ihren „verallgemeinerten Krümmungslinien".

Die von uns zu behandelnde Aufgabe bezieht sich nun auf diejenigen Curven, welche auf der Fläche (7) dadurch definirt werden, dass *in jedem Punkte derselben die Schmiegungsebene der Curve durch die verallgemeinerte Normale hindurchgeht**). Wir wollen sie *verallgemeinerte geodätische Linien* nennen, denn sie gehen in die gewöhnlichen geodätischen (kürzesten) Linien über, wenn man die Fundamentalfläche $\Phi = 0$ durch den imaginären Kugelkreis ersetzt.

Die betreffende Differentialgleichung erhalten wir für eine beliebige Fläche $f = 0$ in folgender Weise. Die Coordinaten des Poles der Tangentenebene von $f = 0$ in Bezug auf $\Phi = 0$ sind proportional den Grössen f_i; dieser Pol soll mit drei unendlich benachbarten

---

*) Vgl. im Folgenden, für den allgemeinen Fall Nr. 1, Lüroth: Verallgemeinerung des Problems der kürzesten Linie, Schlömilch's Zeitschrift, Bd. 13, 1868.

Punkten der Curve in einer Ebene liegen. *Die Differentialgleichung der geodätischen Linien ist daher:*

$$(11) \qquad \begin{vmatrix} f_1 & f_2 & f_3 & f_4 \\ x_1 & x_2 & x_3 & x_4 \\ dx_1 & dx_2 & dx_3 & dx_4 \\ d^2 x_1 & d^2 x_2 & d^2 x_3 & d^2 x_4 \end{vmatrix} = 0.$$

Die Determinante formen wir um durch Multiplication mit der Determinante (6), unter Benutzung der Relationen:

$$\Sigma f_i x_i = 0, \quad \Sigma f_i dx_i = 0, \quad \Sigma x_i df_i = 0, \quad \Sigma f_i d^2 x_i + \Sigma df_i dx_i = 0.$$

Auf diese Weise erhalten wir:

$$\begin{vmatrix} \Sigma f_i^2 & \Sigma f_i df_i & 0 & 0 \\ 0 & 0 & \Sigma x_i^2 & \Sigma x_i dx_i \\ 0 & -\Sigma f_i d^2 x_i & \Sigma x_i dx_i & \Sigma (dx_i)^2 \\ \Sigma f_i d^2 x_i & \Sigma df_i d^2 x_i & \Sigma x_i d^2 x_i & \Sigma dx_i d^2 x_i \end{vmatrix} = 0,$$

oder

$$\frac{\Sigma x_i d^2 x_i \, \Sigma x_i dx_i - \Sigma x_i^2 \, \Sigma dx_i d^2 x_i}{\Sigma x_i^2 \, \Sigma (dx_i)^2 - (\Sigma x_i dx_i)^2} + \frac{\Sigma df_i d^2 x_i}{\Sigma f_i d^2 x_i} + \frac{\Sigma f_i df_i}{\Sigma f_i^2} = 0.$$

Das erste und letzte Glied der linken Seite sind vollständige Differentiale; Gleiches gilt auch von dem mittleren Gliede, wenn sich das Differential von $\Sigma f_i d^2 x_i$ nur um einen constanten Factor von $\Sigma df_i d^2 x_i$ unterscheidet, und diese Bedingung ist für unsere Fläche (7) und überhaupt für jede Fläche zweiter Ordnung erfüllt. Drei unendlich benachbarte Punkte einer solchen genügen nämlich den Bedingungen

$$\Sigma\Sigma a_{ik} x_i x_k = 0, \quad \Sigma\Sigma a_{ik} x_i dx_k = 0,$$

$$\Sigma\Sigma a_{ik}(dx_i dx_k + x_i d^2 x_k) = 0, \quad \Sigma\Sigma a_{ik}(3 dx_i d^2 x_k + x_i d^3 x_k) = 0;$$

folglich ist auch

$$\tfrac{1}{2} d(\Sigma f_k d^2 x_k) = d \Sigma\Sigma a_{ik} x_i d^2 x_k = - d \Sigma\Sigma a_{ik} dx_i dx_k$$

$$= - \tfrac{1}{2} d(\Sigma df_k dx_k) = \Sigma\Sigma a_{ik}(dx_i d^2 x_k + x_i d^3 x_k)$$

$$= - 2 \Sigma\Sigma a_{ik} dx_i d^2 x_k = - \Sigma df_k d^2 x_k.$$

Im vorliegenden Falle erhalten wir also als erstes Integral von (11) die Gleichung:

$$(12) \qquad \frac{\Sigma df_i dx_i \cdot \Sigma f_i^2}{\Sigma x_i^2 \cdot \Sigma (dx_i)^2 - (\Sigma x_i dx_i)^2} = C,$$

wo C eine Integrationsconstante bedeutet. Das zweite Integral ergibt sich mit Hülfe der elliptischen Coordinaten.

Zum Zwecke der Einführung derselben müssen wir einige Hülfsformeln entwickeln. Aus den Gleichungen (4) erhält man, da die ersten vier Factoren der rechten Seiten sich als Unterdeterminanten einer bekannten Determinante darstellen lassen, leicht die Relation:

$$(13) \quad \varrho \, \Sigma x_i^2 = -\, \varDelta\,(\alpha_1, \alpha_2, \alpha_3, \alpha_4) = -\, \varDelta$$
$$= -\,(\alpha_1-\alpha_2)(\alpha_1-\alpha_3)(\alpha_1-\alpha_4)(\alpha_2-\alpha_3)(\alpha_2-\alpha_4)(\alpha_3-\alpha_4),$$

und hieraus durch Differentiation

$$(14) \quad d\varrho\,\Sigma x_i^2 + 2\varrho\,\Sigma x_i\,dx_i = 0.$$

Aus der ersten Gleichung (4) ergibt sich durch logarithmisches Differentiiren:

$$\frac{d\varrho}{\varrho} + 2\,\frac{dx_1}{x_1} = \frac{d\lambda_1}{\alpha_1+\lambda_1} + \frac{d\lambda_2}{\alpha_1+\lambda_2} + \frac{d\lambda_3}{\alpha_1+\lambda_3},$$

also nach Bildung der entsprechenden Ausdrücke, Quadrirung derselben und Addition:

$$(15) \quad \left(\frac{d\varrho}{\varrho}\right)^2 \sum x_i^2 + 4\,\frac{d\varrho}{\varrho} \sum x_i\,dx_i + 4 \sum (dx_i)^2$$
$$= \sum x_i^2 \left(\frac{d\lambda_1}{\alpha_i+\lambda_1} + \frac{d\lambda_2}{\alpha_i+\lambda_2} + \frac{d\lambda_3}{\alpha_i+\lambda_3}\right)^2,$$

oder, wenn man $d\varrho$ und ϱ vermöge (14) eliminirt:

$$(16) \quad 4\left[\Sigma x_i^2\,\Sigma(dx_i)^2 - (\Sigma x_i\,dx_i)^2\right]$$
$$= \sum x_i^2 \cdot \sum \sum \sum \frac{x_i^2\,d\lambda_h\,d\lambda_k}{(\alpha_i+\lambda_h)\,(\alpha_i+\lambda_k)}.$$

Dies ist die eine der zur Umformung von (6) dienenden Formeln; eine zweite ergibt sich in analoger Weise, wenn man die einzelnen Quadrate, aus denen (15) entstand, vor der Addition durch $(\alpha_i+\lambda)$ dividirt; es wird so:

$$(17) \quad \left(\frac{d\varrho}{\varrho}\right)^2 \sum \frac{x_i^2}{\alpha_i+\lambda} + 4\,\frac{d\varrho}{\varrho} \sum \frac{x_i\,dx_i}{\alpha_i+\lambda} + 4 \sum \frac{(dx_i)^2}{\alpha_i+\lambda}$$
$$= \sum \sum \sum \frac{x_i^2}{\alpha_i+\lambda}\,\frac{d\lambda_h\,d\lambda_k}{(\alpha_i+\lambda_h)\,(\alpha_i+\lambda_k)}.$$

Für unsere Fläche mit dem Parameter λ_1 bestehen die Gleichungen (7) und (10); es ist auf ihr $\lambda_1 = \text{Const.}$ und $d\lambda_1 = 0$.

Setzen wir also in (17) $\lambda = \lambda_1$, so ergibt sich:

$$(18) \quad 4 \sum \frac{(dx_i)^2}{\alpha_i+\lambda_1} = \sum \frac{x_i^2}{\alpha_i+\lambda_1} \left(\frac{d\lambda_2}{\alpha_i+\lambda_2} + \frac{d\lambda_3}{\alpha_i+\lambda_3}\right)^2.$$

Aus den Gleichungen (4) folgt, wenn h und k von einander und von 1 verschieden sind, durch eine einfache Determinanten-Umformung:

$$\sum_i \frac{x_i^2}{(\alpha_i + \lambda_h)(\alpha_i + \lambda_k)} = 0, \qquad \sum_i \frac{x_i^2}{(\alpha_i + \lambda_1)(\alpha_i + \lambda_h)(\alpha_i + \lambda_k)} = 0,$$

dagegen:

$$(19) \qquad \varrho \sum \frac{x_i^2}{(\alpha_i + \lambda_h)^2} = \varDelta(\alpha_1, \alpha_2, \alpha_3, \alpha_4)\, \frac{(\lambda_h - \lambda_k)(\lambda_h - \lambda_i)}{\Lambda_h},$$

$$\varrho \sum \frac{x_i^2}{(\alpha_i + \lambda_h)^2(\alpha_i + \lambda_1)} = \varDelta(\alpha_1, \alpha_2, \dot\alpha_3, \alpha_4)\, \frac{\lambda_h - \lambda_k}{\Lambda_h},$$

von welchen Gleichungen die erste auch für $h = 1$ gültig bleibt, und in denen $\Lambda_h = (\alpha_1 + \lambda_h)(\alpha_2 + \lambda_h)(\alpha_3 + \lambda_h)(\alpha_4 + \lambda_h)$ gesetzt ist. Somit gehen die Gleichungen (16) und (18) bez. über in:

$$(20) \qquad 4\varrho \left[\Sigma x_i^2 \cdot \Sigma(dx_i)^2 - (\Sigma x_i\, dx_i)^2 \right]$$

$$= \sum x_i^2 \cdot \varDelta \cdot (\lambda_2 - \lambda_3) \left(\frac{(\lambda_2 - \lambda_1)(d\lambda_2)^2}{\Lambda_2} - \frac{(\lambda_3 - \lambda_1)(d\lambda_3)^2}{\Lambda_3} \right),$$

$$(21) \qquad 4\varrho \sum \frac{(dx_i)^2}{\alpha_i + \lambda_1} = \varDelta \cdot \left(\frac{(d\lambda_2)^2}{\Lambda_2} - \frac{(d\lambda_3)^2}{\Lambda_3} \right) \cdot (\lambda_2 - \lambda_3).$$

Die linken Seiten von (19) und (21) geben in Rücksicht auf (8) den Zähler der linken Seite von (12), während der Nenner der letzteren Gleichung in (20) berechnet ist. Die Gleichung (12) verwandelt sich sonach in:

$$(\lambda_2 - \lambda_1)\frac{(d\lambda_2)^2}{\Lambda_2}\left\{ C + \frac{\lambda_1 - \lambda_3}{\Lambda_1} \right\} = (\lambda_3 - \lambda_1)\frac{(d\lambda_3)^2}{\Lambda_3}\left\{ C + \frac{\lambda_1 - \lambda_2}{\Lambda_1} \right\}.$$

Führt man endlich statt C eine neue Constante

$$A = C\Lambda_1 + \lambda_1$$

ein, so ergibt sich durch Integration *die Gleichung der verallgemeinerten geodätischen Linien in der Form:*

$$(22) \qquad \int \frac{\sqrt{\lambda_2 - \lambda_1}\, d\lambda_2}{\sqrt{(A - \lambda_2)\Lambda_2}} \pm \int \frac{\sqrt{\lambda_3 - \lambda_1}\, d\lambda_3}{\sqrt{(A - \lambda_3)\Lambda_3}} = \text{Const.}$$

Die hier vorkommenden Integrale sind hyperelliptische erster Gattung, wie bei der gewöhnlichen geodätischen Linie. Die Gleichung der letzteren findet man durch die oben angegebene Substitution (5) in der von Jacobi aufgestellten Form[*]:

$$(23) \qquad \int \frac{\sqrt{\lambda - \mu}\, d\mu}{\sqrt{(\mu + B)\, M}} \pm \int \frac{\sqrt{\lambda - \nu}\, d\nu}{\sqrt{(\nu + B)\, N}} = \text{Const.},$$

---

[*] Vgl. Jacobi's Vorlesungen über Dynamik, herausgegeben von Clebsch, Berlin, 1866, p 218 und Crelle's Journal, Bd. 19 (1839). — Jacobi hatte die Integration mit Hülfe der Hamilton'schen partiellen Differentialgleichung gewonnen; die directere, im Texte angewandte Methode rührt von Joachimsthal (Crelle's Journal, Bd. 26) und Gehring (vgl. Hesse's „Vorlesungen") her. Das

worin

$$\mathsf{M}=(a^2+\mu)(b^2+\mu)(c^2+\mu),\ \mathsf{N}=(a^2+\nu)(b^2+\nu)(c^2+\nu),\ B=\frac{A}{A+\alpha_4}.$$

Die gemachte Substitution lehrt, dass die Curven (23) in ihrer Gesammtheit mit den Curven (22) vollkommen identisch sind; denn μ ist eine Function von λ_2 allein und ν eine solche von λ_3 allein. Eine ganz analoge (ebenfalls lineare) Substitution wird erforderlich, wenn man statt der gegebenen Fundamentalfläche $\Phi = 0$ *irgend eine* Fläche der confocalen Schaar als „Fundamentalfläche" zu Grunde legen will. *Die Bestimmung der geodätischen Linien auf einer Mittelpunktsfläche ist also (ebenso wie diejenige der Krümmungslinien) unabhängig davon, welche Fläche der zugehörigen confocalen Schaar man als Fundamentalfläche benutzt; insbesondere sind die „verallgemeinerten" geodätischen Linien von den gewöhnlichen nicht verschieden*[*]).

Diese Bemerkung zusammen mit der von uns benutzten ersten Integralgleichung (12) führt zu einer wichtigen Eigenschaft unserer geodätischen Curven. Jene Gleichung ist nämlich erfüllt, sobald gleichzeitig C unendlich gross und

$$\Sigma x_i^2\ \Sigma\,(dx_i)^2 - (\Sigma x_i\,dx_i)^2 = 0,$$

also auch

$$(x\,dx)^2_{12}+(x\,dx)^2_{13}+(x\,dx)^2_{14}+(x\,dx)^2_{34}+(x\,dx)^2_{42}+(x\,dx)^2_{23}=0$$

angenommen wird, wobei $(x\,dx)_{ik} = x_i\,dx_k - x_k\,dx_i$. Diese Ausdrücke $(x\,dx)_{ik}$ sind nichts anderes als die Liniencoordinaten der Verbindungslinie des Punktes x mit dem unendlich benachbarten Punkte $x + dx$.

Jacobi'sche Umkehrproblem der hyperelliptischen Integrale (Bd. I, p. 830) führt dazu, die Coordinaten eines Punktes der geodätischen Linie als Functionen eines *Parameters* mittelst der Rosenhain'schen Θ-Functionen darzustellen, vgl. Weierstrass, Monatsberichte der Berliner Academie, 1861 und von Braumühl, Math. Annalen, Bd. 20. In letzterer Arbeit findet man nähere Litteraturangaben. — In bemerkenswerther Weise hat Staude (Math. Annalen, Bd. 20 u. 21) die Theorie der geodätischen Linien benutzt, um für das Ellipsoid eine „Fadenconstruction" aus den Focalcurven anzugeben, welche als naturgemässe Verallgemeinerung der elementaren Fadenconstruction der Ellipse aus ihren Brennpunkten zu betrachten ist, eine Verallgemeinerung, die lange vergeblich gesucht war (vgl. z. B. den Schluss von § 1 in der Note XXX zu Chasles' Aperçu historique).

[*]) Hierauf hat Darboux aufmerksam gemacht: Sur une classe remarquable de courbes et de surfaces algébriques, Paris 1873, p. 230 ff. Nach ihm bleibt der Satz auch richtig, wenn man den metrischen Begriff der *kürzesten* Linie durch Benutzung einer allgemeinen „Fundamentalfläche" zweiter Ordnung projectivisch so verallgemeinert (vgl. Bd. I, p. 150), wie wir es in einem späteren Abschnitte über die Einführung metrischer Relationen kennen lernen werden.

Unsere letzte Gleichung sagt also aus, dass diese Verbindungslinie, d. h. eine Tangente einer zum Werthe $C = \infty$ gehörenden geodätischen Linie, Tangente der Fundamentalfläche $\Phi = 0$ sei, deren Liniencoordinaten-Gleichung eben durch $\Sigma p_{ik}^2 = 0$ gegeben war (vgl. p. 143). Unter den geodätischen Linien (22) gibt es demnach eine einfach unendliche Schaar, dargestellt durch die Gleichung

$$\int \frac{\sqrt{\lambda_2 - \lambda_1}\, d\lambda_2}{\sqrt{\Lambda_2}} \pm \int \frac{\sqrt{\lambda_3 - \lambda_1}\, d\lambda_3}{\sqrt{\Lambda_3}} = C',$$

deren Tangenten die Fundamentalfläche berühren. Ebenso gibt es in der Schaar (23) unendlich viele Curven, dargestellt durch die Gleichung

$$(23)^* \qquad \int \frac{\sqrt{\lambda - \mu}}{\sqrt{\mu + 1}} \frac{d\mu}{\sqrt{\mathsf{M}}} \pm \int \frac{\sqrt{\lambda - \nu}}{\sqrt{\nu + 1}} \frac{d\nu}{\sqrt{\mathsf{N}}} = c',$$

deren Tangenten den imaginären Kugelkreis treffen*). Da wir aber die geodätischen Linien bereits als unabhängig von der Wahl der Fundamentalfläche im confocalen Systeme erkannten, so kommt eine analoge Eigenschaft allen Curven (23) oder (22) zu; und wir können den Satz aussprechen:

*Alle Tangenten längs der nämlichen geodätischen Linie auf einer Mittelpunktsfläche zweiter Ordnung und Klasse berühren eine confocale Fläche**).*

Hieraus ergibt sich unmittelbar, dass die betrachtete geodätische Linie in ihren Schnittpunkten mit der von ihren Tangenten umhüllten confocalen Fläche stets mit dieser letzteren zwei zusammenfallende Punkte gemein hat. *Jede Krümmungslinie der Fläche wird also von einfach unendlich vielen geodätischen Linien berührt***); und zwar hat, wie leicht zu sehen, für alle Linien dieser Schaar die Constante C in (12), oder A in (22) einen und denselben Werth. Insbesondere *wird jeder Focalkegelschnitt von den Tangenten aller der-*

---

*) Diese Curven, für welche das Bogenelement ds an jeder Stelle verschwindet, und welche man deshalb als *Curven von der Länge Null* bezeichnet, sind auch sonst von Wichtigkeit; vgl. z. B. Lie, Beiträge zur Theorie der Minimalflächen, Math. Annalen, Bd. 14 und 15, und Darboux, a. a. O. p. 9 ff.

**) Es ist leicht zu sehen, dass sie auf der letzteren ebenfalls eine geodätische Linie umhüllen.

***) Dieser Satz ist von Chasles, der auch die zuletzt vorher erwähnten Sätze in anderer Weise gewann, zu einer Fadenconstruction der Krümmungscurven benutzt (Liouville's Journal, 1. Série, t. 11, Comptes rendus, t. 22, 1846). Einen besonderen Fall dieser Construction hatte M. Roberts gegeben (Liouville's Journal, ib.) Vgl. darüber Staude, Math. Annalen, Bd. 20 und Salmon's Raumgeometrie (bearbeitet von Fiedler), Art. 133.

jenigen geodätischen Linien geschnitten, welche durch die auf ihm liegenden Nabelpunkte hindurchgehen. Es braucht kaum hervorgehoben zu werden, dass sich für jede solche Linie, die durch einen Nabelpunkt geht, die hyperelliptischen Integrale in (22) auf elliptische Integrale reduciren[*]).

Die zuletzt gemachten Ueberlegungen sind auch deshalb von principiellem Interesse, weil sie uns ein Beispiel dafür geben, wie die Linien einer Congruenz (und eine solche wird ja von den gemeinsamen Tangenten zweier Flächen gebildet) sich so gruppiren lassen, dass immer je unendlich viele eine abwickelbare Fläche bilden. Die Durchführung einer solchen Anordnung der Congruenzlinien erfordert jedesmal die Integration einer gewissen Differentialgleichung; und analogen Problemen werden wir noch wiederholt begegnen[**]).

Die vorstehenden Betrachtungen, insbesondere diejenigen über die verallgemeinerten elliptischen Coordinaten werden unbrauchbar, wenn sich die Flächen der Schaar $F + \lambda \Phi = 0$ in irgend einer Weise berühren. Je nach der Art dieser Berührung wird einer der obigen dreizehn Fälle (p. 252 bis 266) eintreten müssen; wenn wir letztere im Folgenden einzeln kurz durchsprechen, so verweilen wir doch besonders bei denjenigen, welche durch Einführung des imaginären Kugelkreises auf gewöhnliche Krümmungscurven und geodätische Curven führen. Als **Nr. 1** ist der allgemeine Fall bereits erledigt; wir gehen daher sofort über zu

Nr. 2, wo (vgl. p. 216 und 259):

$$(24) \quad F + \lambda \Phi = (\alpha_1 + \lambda)\, u_1{}^2 + (\alpha_2 + \lambda)\, u_2{}^2 + 2(\alpha_3 + \lambda)\, u_3 u_4 - u_3{}^2.$$

Durch einen Punkt x gehen drei Flächen der Schaar, dargestellt durch die Gleichungen

$$(25) \quad \frac{x_1{}^2}{\alpha_1 + \lambda_i} + \frac{x_2{}^2}{\alpha_2 + \lambda_i} + \frac{x_4{}^2}{(\alpha_3 + \lambda_i)^2} + \frac{2 x_3 x_4}{\alpha_3 + \lambda_i} = 0$$

für $i = 1, 2, 3$; dabei sind $\lambda_1, \lambda_2, \lambda_3$ die Wurzeln der in λ cubischen Gleichung, welche aus der linken Seite entsteht, wenn man λ_i durch λ ersetzt; folglich ist auch

$$(26) \quad \frac{x_1{}^2}{\alpha_1 + \lambda} + \frac{x_2{}^2}{\alpha_2 + \lambda} + \frac{x_4{}^2}{(\alpha_3 + \lambda)^2} + \frac{2 x_3 x_4}{\alpha_3 + \lambda} = \frac{(\lambda - \lambda_1)(\lambda - \lambda_2)(\lambda - \lambda_3)\,\varphi}{(\alpha_1 + \lambda)(\alpha_2 + \lambda)(\alpha_3 + \lambda)^2},$$

wo:

$$\varphi = x_1{}^2 + x_2{}^2 + 2 x_3 x_4.$$

---

[*]) Ueber andere Fälle, in denen sich die Integrale (durch nicht lineare Substitution) auf elliptische reduciren lassen, vgl. von Braumühl, Mathem. Annalen, Bd. 26.

[**]) Vgl. unten den Abschnitt XX. über reciproke lineare Verwandtschaften.

Nimmt man successive $\lambda = -\alpha_1, -\alpha_2, -\alpha_3$, differentiirt ausserdem beiderseits nach λ und setzt sodann wieder $\lambda = -\alpha_3$, macht endlich zur Abkürzung

$$(27) \qquad \varrho\varphi = \varrho\,(x_1^2 + x_2^2 + 2x_3x_4) = (\alpha_1 - \alpha_2)(\alpha_1 - \alpha_3)^2(\alpha_2 - \alpha_3)^2,$$

so ergeben sich die vier Gleichungen*)

$$(28) \qquad \varrho\,x_1^2 = \mathsf{A}_1, \quad \varrho\,x_2^2 = \mathsf{A}_2, \quad \varrho\,x_4^2 = \mathsf{A}_3, \quad 2\varrho\,x_3\,x_4 = \frac{\partial\,\mathsf{A}_3}{\partial\,\alpha_3},$$

in denen:

$$\mathsf{A}_i = (\alpha_i + \lambda_1)(\alpha_i + \lambda_2)(\alpha_i + \lambda_3)(\alpha_i - \alpha_3)^2 \quad \text{für } i = 1, 2,$$
$$\mathsf{A}_3 = -(\alpha_3 + \lambda_1)(\alpha_3 + \lambda_2)(\alpha_3 + \lambda_3)(\alpha_1 - \alpha_2)(\alpha_1 - \alpha_3)(\alpha_2 - \alpha_3).$$

Die Formeln (28) *dienen in unserem Falle zur Einführung der verallgemeinerten elliptischen Coordinaten* λ_1, λ_2, λ_3.

Für die Fläche $\lambda_1 = \text{Const.}$ erhält man aus (6) als Differential-gleichung der *verallgemeinerten Krümmungscurven*

$$(29) \qquad \begin{vmatrix} \dfrac{x_1}{\alpha_1 + \lambda_1} & \dfrac{x_2}{\alpha_2 + \lambda_1} & \dfrac{x_3}{\alpha_3 + \lambda_1} + \dfrac{x_4}{(\alpha_3 + \lambda_1)^2} & \dfrac{x_4}{\alpha_3 + \lambda_1} \\[3mm] \dfrac{dx_1}{\alpha_1 + \lambda_1} & \dfrac{dx_2}{\alpha_2 + \lambda_1} & \dfrac{dx_3}{\alpha_3 + \lambda_1} + \dfrac{dx_4}{(\alpha_3 + \lambda_1)^2} & \dfrac{dx_4}{\alpha_3 + \lambda_1} \\[3mm] x_1 & x_2 & x_3 & x_4 \\[2mm] dx_1 & dx_2 & dx_3 & dx_4 \end{vmatrix} = 0;$$

denn die Glieder der ersten Horizontalreihe sind jetzt die Coordinaten des Poles der Tangentebene der Fläche $\lambda_1 = \text{Const.}$ im Punkte x in Bezug auf die „Fundamentalfläche $\varphi = 0$". Multipliciren wir die Verticalreihen der Determinante bez. mit

$$\frac{x_1}{\alpha_1 + \lambda_2}, \quad \frac{x_2}{\alpha_2 + \lambda_2}, \quad \frac{x_4}{\alpha_3 + \lambda_2}, \quad \frac{x_3}{\alpha_3 + \lambda_2} + \frac{x_4}{(\alpha_3 + \lambda_2)^2}$$

und addiren die drei ersten Reihen zur letzten, so werden alle Elemente derselben einzeln verschwinden, falls man annimmt, dass die Punkte x und $x + dx$ sich gleichzeitig auf den beiden ersten Flächen (25) befinden; denn diese Annahme hat das Bestehen der Gleichung

$$(30) \qquad \frac{x_1^2}{(\alpha_1 + \lambda_1)(\alpha_1 + \lambda_2)} + \frac{x_2^2}{(\alpha_2 + \lambda_1)(\alpha_2 + \lambda_2)}$$
$$+ \frac{x_4^2}{(\alpha_3 + \lambda_1)(\alpha_3 + \lambda_2)}\left(\frac{1}{\alpha_3 + \lambda_1} + \frac{1}{\alpha_3 + \lambda_2}\right) + \frac{2x_3x_4}{(\alpha_3 + \lambda_1)(\alpha_3 + \lambda_2)} = 0$$

zur Folge, sowie der hieraus und aus der Gleichung (25) durch Differentiation entstehenden Gleichungen. *Die verallgemeinerten Krümmungslinien irgend einer Fläche* (24) *sind also wieder ihre Schnittcurven*

---

*) Dieselben sind offenbar auch direct aus der Theorie der Partialbruch-zerlegung zu entnehmen.

mit den übrigen Flächen der Schaar, demnach unabhängig davon, welche Fläche der letzteren man als Fundamentalfläche auszeichnet. Nimmt man als solche den in der Ebene $x_4 = 0$ gelegenen Kegelschnitt und betrachtet diesen als imaginären Kugelkreis, so kommt man zu den *gewöhnlichen Krümmungslinien der Paraboloide* (vgl. p. 260).

Die Differentialgleichung der verallgemeinerten geodätischen Linien schreiben wir hier in der Form

$$(31) \quad \begin{vmatrix} \dfrac{x_1}{\alpha_1 + \lambda_1} & \dfrac{x_2}{\alpha_2 + \lambda_1} & \dfrac{x_3}{\alpha_3 + \lambda_1} + \dfrac{x_4}{(\alpha_3 + \lambda_1)^2} & \dfrac{x_4}{\alpha_3 + \lambda_1} \\ x_1 & x_2 & x_3 & x_4 \\ dx_1 & dx_2 & dx_3 & dx_4 \\ d^2 x_1 & d^2 x_2 & d^2 x_3 & d^2 x_4 \end{vmatrix} = 0.$$

Ein erstes Integral wird wieder durch Multiplication mit der Determinante (29) gefunden. Setzt man

$$P(\lambda_1) = \left(\frac{x_1}{\alpha_1 + \lambda_1}\right)^2 + \left(\frac{x_2}{\alpha_2 + \lambda_1}\right)^2 + \frac{2 x_3 x_4}{(\alpha_3 + \lambda_1)^2} + \frac{2 x_4{}^2}{(\alpha_3 + \lambda_1)^3},$$

$$Q(x, y) = \frac{x_1 y_1}{\alpha_1 + \lambda_1} + \frac{x_2 y_2}{\alpha_2 + \lambda_1} + \frac{x_3 y_4 + x_4 y_3}{\alpha_3 + \lambda_1} + \frac{x_4 y_4}{(\alpha_3 + \lambda_1)^2},$$

$$S \varphi_i \psi_i = \varphi_1 \psi_1 + \varphi_2 \psi_2 + \varphi_3 \psi_4 + \varphi_4 \psi_3,$$

so entsteht die neue Gleichung:

$$\frac{S x_i d^2 x_i . S x_i d x_i - S x_i{}^2 . S d x_i d^2 x_i}{S x_i{}^2 S (d x_i)^2 - (S x_i d x_i)^2} + \frac{Q(dx, d^2 x)}{Q(dx, dx)} - \frac{1}{2} \frac{dP . Q(x, d^2 x)}{P . Q(dx, dx)} = 0;$$

nun ist aber

$$Q(dx, d^2 x) = \tfrac{1}{2} d[Q(dx, dx)], \quad Q(x, d^2 x) + Q(dx, dx) = 0,$$

also folgt durch Integration, wenn C eine Constante bedeutet:

$$(32) \quad \frac{Q(dx, dx) . P(\lambda_1)}{S x_i{}^2 S (d x_i)^2 - (S x_i d x_i)^2} = C.$$

Zur Berechnung des Nenners bilden wir aus (28) die Gleichungen:

$$(33) \quad \frac{d\varrho}{\varrho} + 2 \frac{dx_i}{x_i} = \frac{dA_i}{A_i} \quad \text{für } i = 1, 2,$$

$$\frac{d\varrho}{\varrho} + 2 \frac{dx_4}{x_4} = \frac{dA_3}{A_3}, \quad \frac{d\varrho}{\varrho} + \frac{x_3 dx_4 + x_4 dx_3}{x_3 x_4} = d \log \frac{\partial A_3}{\partial \alpha_3};$$

ferner erhält man durch Division der beiden letzten Gleichungen (28) und Differentiation

$$\frac{x_4 dx_3 - x_3 dx_4}{x_3 x_4} = d \log \frac{\partial \log A_3}{\partial \alpha_3} = d \log \frac{\partial A_3}{\partial \alpha_3} - d \log A_3,$$

also

$$(34) \qquad \begin{aligned} \frac{d\varrho}{\varrho} + 2\,\frac{dx_3}{x_3} &= 2\,d\log\frac{\partial \mathsf{A}_3}{\partial \alpha_3} - d\log \mathsf{A}_3, \\ \frac{d\varrho}{\varrho} + 2\,\frac{dx_4}{x_4} &= d\log \mathsf{A}_3. \end{aligned}$$

Die beiden Gleichungen (33) quadrirt, resp. mit $x_i{}^2$ multiplicirt und um das mit $2x_3\,x_4$ multiplicirte Product der Werthe (34) vermehrt, ergeben das Resultat:

$$(35) \quad \left(\frac{d\varrho}{\varrho}\right)^2 Sx_i{}^2 + 4\,\frac{d\varrho}{\varrho}\,Sx_i dx_i + 4\,S\,(dx_i)^2 = x_1{}^2\,(d\log \mathsf{A}_1)^2$$

$$+ x_2{}^2\,(d\log \mathsf{A}_2)^2 + 2\,x_3\,x_4\,d\log \mathsf{A}_3\left[2\,d\log\frac{\partial\log \mathsf{A}_3}{\partial\alpha_3} + d\log \mathsf{A}_3\right].$$

Auf der linken Seite schafft man ϱ mittelst der aus (27) fliessenden Relation

$$(36) \qquad d\varrho\,Sx_i{}^2 + 2\varrho\,Sx_i\,dx_i = 0$$

heraus. Zur Umformung der rechten Seite dient eine Formel, welche aus (26) durch Differentiation nach λ für $\lambda = \lambda_i$ erhalten wird, nämlich:

$$(37)\ \frac{x_1{}^2}{(\alpha_1+\lambda_i)^2} + \frac{x_2{}^2}{(\alpha_2+\lambda_i)^2} + \frac{2x_4{}^2}{(\alpha_3+\lambda_i)^3} + \frac{2x_3\,x_4}{(\alpha_3+\lambda_i)^2} = -\frac{(\lambda_i-\lambda_k)(\lambda_i-\lambda_h)\,\varphi}{(\alpha_1+\lambda_i)(\alpha_2+\lambda_i)(\alpha_3+\lambda_i)^2};$$

subtrahirt man hiervon die Relation (30), in der 1 durch i, 2 durch k zu ersetzen ist, und dividirt mit $\lambda_i - \lambda_k$, so ergibt sich eine analoge Formel, nämlich $(i \gtrless k)$:

$$(38)\ \frac{x_1{}^2}{(\alpha_1+\lambda_i)^2\,(\alpha_1+\lambda_k)} + \frac{x_2{}^2}{(\alpha_2+\lambda_i)^2\,(\alpha_2+\lambda_k)} + x_4{}^2\,\frac{3\,\alpha_3+2\lambda_k+\lambda_i}{(\alpha_3+\lambda_i)^3\,(\alpha_3+\lambda_k)^2}$$

$$+ \frac{2\,x_3\,x_4}{(\alpha_3+\lambda_i)^2\,(\alpha_3+\lambda_k)} = \frac{(\lambda_i-\lambda_h)\,\varphi}{(\alpha_1+\lambda_i)(\alpha_2+\lambda_i)(\alpha_3+\lambda_i)^2}.$$

Als Factor von $(d\lambda_i)^2$ findet man nun auf der rechten Seite von (35) genau den Ausdruck (37); statt des Gliedes mit $x_4{}^2$ tritt zunächst allerdings der Term

$$+ \frac{4x_3\,x_4}{(\alpha_3+\lambda_1)^3}\,\frac{1}{\dfrac{\partial\log \mathsf{A}_3}{\partial\alpha_3}}$$

auf, aber wegen (28) ist derselbe gerade gleich $\dfrac{2\,x_4{}^2}{(\alpha_3+\lambda_i)^3}$; ebenso wird

der Factor von $\lambda_i\lambda_k$ genau gleich der linken Seite von (30), also gleich Null. Wegen $\lambda_1 = \text{Const.}$ geht schliesslich (35) über in:

$$(39) \qquad 4\left[Sx_i{}^2 \,.\, S\,(dx_i)^2 - (Sx_i\,dx_i)^2\right]$$

$$= -\,(\lambda_2-\lambda_3)\,\varphi^2\,.\,\left(\frac{(\lambda_2-\lambda_1)\,d\lambda_2{}^2}{\Lambda_2}\,\frac{(\lambda_3-\lambda_1)\,d\lambda_3{}^2}{\Lambda_3}\right),$$

worin

$$\Lambda_i = (\alpha_1+\lambda_i)\,(\alpha_2+\lambda_i)\,(\alpha_3+\lambda_i)^2,\quad \varphi = Sx_i{}^2.$$

Da uns P bereits durch (37) gegeben wird, bedürfen wir zur Umformung von (32) nur noch des Ausdrucks $Q\,(dx, dx)$. Die zu ihm führende Rechnung ist der eben gemachten ganz analog und gibt:

$$\left(\frac{d\varrho}{\varrho}\right)^2 Q\,(x, x) + 4\,\frac{d\varrho}{\varrho}\,Q\,(x, dx) + 4\,Q\,(dx, dx)$$

$$= \frac{x_1{}^2}{\alpha_1 + \lambda_1}\,(d \log \mathsf{A}_1)^2 + \frac{x_2{}^2}{\alpha_2 + \lambda_1}\,(d \log \mathsf{A}_2)^2 + \frac{x_4{}^2}{(\alpha_3 + \lambda_1)^2}\,(d \log \mathsf{A}_3)^2$$

$$+ \frac{2\,x_3\,x_4}{\alpha_3 + \lambda_1}\left[2\,d \log \frac{\partial \log \mathsf{A}_3}{\partial \alpha_3} + d \log \mathsf{A}_3\right],$$

also nach einigen Umformungen:

$$(40) \qquad 4\,Q(dx, dx) = \varphi \cdot (\lambda_2 - \lambda_3)\left\{\frac{d\lambda_2{}^2}{\Lambda_2} - \frac{d\lambda_3{}^2}{\Lambda_3}\right\}.$$

Bei Aufstellung dieser letzten Relation hat man die bereits oben abgeleitete Gleichung (38) zu benutzen, sowie die folgende, welche sich aus (30) und der aus ihr durch Vertauschung von λ_2 mit λ_3 entstehenden Gleichung durch Subtraction ergibt:

$$(41) \qquad \frac{x_1{}^2}{\mathsf{A}_1} + \frac{x_2{}^2}{\mathsf{A}_2} + \frac{2\,x_3\,x_4}{\mathsf{A}_3} + \frac{x_4{}^2}{\mathsf{A}_3{}^2}\,\frac{\partial \mathsf{A}_3}{\partial \alpha_3} = 0.$$

In Folge von (37), (39), (40) geht (32) endlich über in

$$(\lambda_2 - \lambda_1)\,\frac{d\lambda_2{}^2}{\Lambda_2}\left(C - \frac{\lambda_1 - \lambda_3}{\Lambda_1}\right) = (\lambda_3 - \lambda_1)\,\frac{d\lambda_3{}^2}{\Lambda_3}\left(C - \frac{\lambda_1 - \lambda_2}{\Lambda_1}\right);$$

und *die Integration lässt uns die Gleichung der verallgemeinerten geodätischen Linien für unseren Fall in der Form*

$$(42) \qquad \int \frac{\sqrt{\lambda_2 - \lambda_1}\,d\lambda_2}{(\alpha_3 + \lambda_2)\sqrt{(A - \lambda_2)\,(\alpha_1 + \lambda_2)\,(\alpha_2 + \lambda_2)}}$$

$$\pm \int \frac{\sqrt{\lambda_3 - \lambda_1}\,d\lambda_3}{(\alpha_3 + \lambda_3)\sqrt{(A - \lambda_3)\,(\alpha_1 + \lambda_3)\,(\alpha_2 + \lambda_3)}} = \text{Const.}$$

gewinnen. Das Resultat ist also dasselbe, wie es sich aus (22) für $\alpha_4 = \alpha_3$ ergeben würde, eine Substitution, die aber wegen der ungültig werdenden Ableitung von (22) nicht ohne Weiteres erlaubt ist, wenngleich sie sich durch Grenzübergang rechtfertigen liesse. Die in (42) auftretenden Integrale sind elliptische und lassen sich durch solche von der zweiten und dritten Gattung ausdrücken.

Lässt man die Fläche $F - \alpha_3\,\Phi = 0$ mit dem imaginären Kugelkreise identisch werden, so liefert die Schaar $F + \mu\,\Phi = 0$ „*ein System von confocalen Paraboloiden*", das uns schon früher gelegentlich begegnete (p. 260), wenn wir dasselbe auch nicht als solches hervorhoben. Wir setzen

$$u = \sqrt{\alpha_3 - \alpha_1}\,\frac{u_1}{u_4}, \qquad x\,\sqrt{\alpha_3 - \alpha_1} = \frac{x_1}{x_4}, \qquad\qquad \frac{\mu}{k} = -\,\frac{1}{\alpha_3 + \lambda},$$

$$v = \sqrt{\alpha_3 - \alpha_2}\,\frac{u_2}{u_4}, \qquad y\,\sqrt{\alpha_3 - \alpha_2} = \frac{x_2}{x_4}, \qquad \alpha_3 - \alpha_1 = \frac{k}{a_1},$$

$$w = \frac{u_3}{u_4}, \qquad\qquad z \quad\; = \frac{x_3}{x_4}, \qquad \alpha_3 - \alpha_2 = \frac{k}{a_2},$$

ferner:

$$\Psi = u^2 + v^2 + w^2 = -\,\frac{1}{u_4{}^2}\,(F - \alpha_3\,\Phi),$$

$$F_0 = a_1\,u^2 + a_2\,v^2 + 2kw = \frac{k}{u_4{}^2}\,\Phi.$$

Dann ist die Schaar $\mu F_0 + \Psi = 0$ oder

$$(43) \qquad (a_1 + \mu)\,u^2 + (a_2 + \mu)\,v^2 + \mu w^2 + 2kw = 0 *)$$

mit der Schaar (24) identisch; und an Stelle von (25) tritt als Gleichung in Punktcoordinaten:

$$(44) \qquad \frac{kx^2}{a_1 + \mu} + \frac{ky^2}{a_2 + \mu} - \frac{\mu}{k} + 2z = 0,$$

offenbar ein System von Paraboloiden darstellend.

Es sei im Folgenden $a_1 > a_2$; dann haben wir

für $-\infty < \mu < -a_1$ ein elliptisches Paraboloid,

„ $\mu = -a_1$ die Focalparabel $k^2 y^2 + (2kz + a_1)(a_2 - a_1) = 0$,

„ $-a_1 < \mu < -a_2$ ein hyperbolisches Paraboloid,

„ $\mu = -a_2$ die Focalparabel $k^2 x^2 + (2kz + a_2)(a_1 - a_2) = 0$,

„ $-a_2 < \mu < +\infty$ ein elliptisches Paraboloid.

Die Z-Axe ist gemeinsame Axe aller Paraboloide; die eine Schaar von elliptischen Paraboloiden kehrt ihrer positiven Richtung die Oeffnung zu, die andere der negativen Richtung. Die Focalcurven vermitteln den Uebergang vom elliptischen zum hyperbolischen Paraboloide und umgekehrt; jede von ihnen geht durch den Brennpunkt der anderen. *Durch jeden Punkt des Raumes gehen drei Flächen der Schaar* (44) *und zwar ein Paraboloid aus jeder der drei genannten Schaaren von Paraboloiden;* denn die Wurzeln der in μ cubischen Gleichung (45) sind reell und liegen bez. zwischen den Grenzen $-\infty$ und $-a_1$, $-a_1$ und $-a_2$, $-a_2$ und $+\infty$. Auf Grund dieser drei Flächenschaaren erhält man ein System *„parabolischer Raumcoordinaten λ, μ, v"*, das sich aus (28) mittelst unserer Substitution

---

*) Auf Grund dieser Gleichung erörterte Plücker die Focaleigenschaften der Paraboloide, a. a. O. p. 271 und 284. — Für die parabolische Ausartung der elliptischen Coordinaten vgl. J. A. Serret, Cours de calcul différentiel et intégral, t. 1, art. 337, Paris 1868 und Böklen, Grunert's Archiv, Bd. 35.

ergibt, wenn man mit λ, μ, ν diejenigen Werthe von μ bezeichnet, die den Werthen λ_1, λ_2, λ_3 von λ entsprechen:

$$x^2 = -\frac{(a_1 + \lambda)(a_1 + \mu)(a_1 + \nu)\,a_2^{\ 2}}{k^2\,a_1^{\ 2}(a_1 - a_2)},$$

$$(45)\qquad y^2 = -\frac{(a_2 + \lambda)(a_2 + \mu)(a_2 + \nu)\,a_1^{\ 2}}{k^2\,a_2^{\ 2}(a_2 - a_1)},$$

$$2z = \frac{1}{k}(a_1 + a_2 - \lambda - \mu - \nu).$$

Aus (42) endlich erhält man *die Gleichung der gewöhnlichen geodätischen Linien auf den Paraboloiden in der Form:*

$$(46)\int \frac{\sqrt{\mu_2 - \mu_1}\ d\mu_2}{\sqrt{(\mu_2 + B)(\mu_2 + a_1)(\mu_2 + a_2)}} \pm \int \frac{\sqrt{\mu_3 - \mu_1}\ d\mu_3}{\sqrt{(\mu_3 + B)(\mu_3 + a_1)(\mu_3 + a_2)}} = C',$$

unter $B = \dfrac{k}{a_3 + A}$ und C' Integrationsconstanten verstanden.

Nr. 3. *Die Gleichung der Flächenschaar lautet* (vgl. p. 220):

$$(24\,\mathrm{a})\quad F + \lambda \Phi = (\alpha_1 + \lambda)\,u_1^{\ 2} + (\alpha_2 + \lambda)(u_3^{\ 2} + 2u_2 u_4) + 2u_2 u_3 = 0,$$

und in Punktcoordinaten:

$$(25\,\mathrm{a})\qquad \frac{x_1^{\ 2}}{\alpha_1 + \lambda} + \frac{x_4^{\ 2}}{(\alpha_2 + \lambda)^3} + \frac{2 x_3 x_4}{(\alpha_2 + \lambda)^2} + \frac{x_3^{\ 2} + 2 x_2 x_4}{\alpha_2 + \lambda} = 0.$$

Zur Abkürzung lassen wir die zum Ziele führenden Formeln in derselben Weise, wie in Nr. 2, ohne weitere Bemerkungen auf einander folgen:

$$(26\,\mathrm{a})\frac{x_1^{\ 2}}{\alpha_1 + \lambda} + \frac{x_4^{\ 2}}{(\alpha_2 + \lambda)^3} + \frac{2 x_3 x_4}{(\alpha_2 + \lambda)^2} + \frac{x_3^{\ 2} + 2 x_2 x_4}{\alpha_2 + \lambda} = \frac{(\lambda - \lambda_1)(\lambda - \lambda_2)(\lambda - \lambda_3)\varphi}{(\alpha_1 + \lambda)(\alpha_2 + \lambda)^3};$$

$$(27\,\mathrm{a})\qquad \varphi = x_1^{\ 2} + x_3^{\ 2} + 2 x_2 x_4, \quad \sigma\varphi = 1;$$

$$(28\,\mathrm{a})\quad \sigma x_1^{\ 2} = \mathsf{A}_1, \quad \sigma x_4^{\ 2} = \mathsf{A}_2, \quad 2\sigma x_3 x_4 = \mathsf{A}_3, \quad \sigma(x_3^{\ 2} + 2 x_2 x_4) = \mathsf{A}_4,$$

$$\mathsf{A}_1 = \frac{(\alpha_1 + \lambda_1)(\alpha_1 + \lambda_2)(\alpha_1 + \lambda_3)}{(\alpha_1 - \alpha_2)^3}, \quad \mathsf{A}_2 = \frac{(\alpha_2 + \lambda_1)(\alpha_2 + \lambda_2)(\alpha_2 + \lambda_3)}{\alpha_2 - \alpha_1},$$

$$\mathsf{A}_3 = -\,\mathsf{A}_2\left[\sum \frac{1}{\alpha_2 + \lambda_i} - \frac{1}{\alpha_2 - \alpha_1}\right],$$

$$\mathsf{A}_4 = \mathsf{A}_2\left[\frac{1}{(\alpha_1 - \alpha_2)^2} + \frac{1}{\alpha_1 - \alpha_2}\sum \frac{1}{\alpha_2 + \lambda_i} + \frac{1}{2}\sum\sum \frac{1}{(\alpha_2 + \lambda_i)(\alpha_2 + \lambda_k)}\right].$$

In (29) sind die beiden ersten Horizontalreihen zu ersetzen durch die Werthe

$$(29\,\mathrm{a})\ \frac{x_1}{\alpha_1 + \lambda_1},\ \frac{x_2}{\alpha_2 + \lambda_1} + \frac{x_3}{(\alpha_2 + \lambda_1)^2} + \frac{x_4}{(\alpha_2 + \lambda_1)^3},\ \frac{x_3}{\alpha_2 + \lambda_1} + \frac{x_4}{(\alpha_2 + \lambda_1)^2},\ \frac{x_4}{\alpha_2 + \lambda_1},$$

und durch deren Differentiale, um die Differentialgleichung der Krümmungscurven auf der Fläche $\lambda_1 = \mathrm{Const.}$ zu geben:

$$(30\,\mathrm{a}) \quad \frac{x_1{}^2}{(\alpha_1+\lambda_1)(\alpha_1+\lambda_2)} + \frac{x_3{}^2+2\,x_2\,x_4}{(\alpha_2+\lambda_1)(\alpha_2+\lambda_2)} + \frac{2\,x_3\,x_4}{(\alpha_2+\lambda_1)(\alpha_2+\lambda_2)}\left(\frac{1}{\alpha_2+\lambda_1}+\frac{1}{\alpha_2+\lambda_2}\right)$$

$$+\frac{x_4{}^2}{(\alpha_2+\lambda_1)(\alpha_2+\lambda_2)}\left(\frac{1}{(\alpha_2+\lambda_1)^2}+\frac{1}{(\alpha_2+\lambda_2)^2}+\frac{1}{(\alpha_2+\lambda_1)(\alpha_2+\lambda_2)}\right)=0^{*}).$$

Die Differentialgleichung (31 a) der verallgemeinerten geodätischen Linien ergibt sich aus (31), wenn man die Elemente (29 a) in die erste Horizontalreihe einführt. Ein erstes Integral derselben liefert wieder die Gleichung (32), wenn man setzt:

$$P(\lambda_1) = \left(\frac{x_1}{\alpha_1+\lambda_1}\right)^2 + 3\,\frac{x_4{}^2}{(\alpha_2+\lambda_1)^4} + 4\,\frac{x_3\,x_4}{(\alpha_2+\lambda_1)^3} + \frac{x_3{}^2+2\,x_2\,x_4}{(\alpha_2+\lambda_1)^2},$$

$$Q(x,y) = \frac{x_1\,y_1}{\alpha_1+\lambda_1} + \frac{x_4\,y_4}{(\alpha_2+\lambda_1)^3} + \frac{x_3\,y_4+x_4\,y_3}{(\alpha_2+\lambda_1)^2} + \frac{x_3\,y_3+x_2\,y_4+x_4\,y_2}{\alpha_2+\lambda_1},$$

$$S\,\varphi_i\,\psi_i = \varphi_1\,\psi_1 + \varphi_3\,\psi_3 + \varphi_2\,\psi_4 + \varphi_4\,\psi_2.$$

Die weitere Umformung von (32) geschieht mittelst der Formeln:

$$\frac{d\sigma}{\sigma} + 2\,\frac{dx_1}{x_1} = \frac{d\mathsf{A}_1}{\mathsf{A}_1}, \quad \frac{d\sigma}{\sigma} + 2\,\frac{dx_4}{x_4} = \frac{d\mathsf{A}_2}{\mathsf{A}_2},$$

$$\frac{d\sigma}{\sigma} + 2\,\frac{dx_3}{x_3} = 2\,\frac{d\mathsf{A}_3}{\mathsf{A}_3} - \frac{d\mathsf{A}_2}{\mathsf{A}_2},$$

$$\frac{d\sigma}{\sigma} + 2\,\frac{dx_2}{x_2} = 2\,\frac{d(4\,\mathsf{A}_2\,\mathsf{A}_4-\mathsf{A}_3{}^2)}{4\,\mathsf{A}_2\,\mathsf{A}_4-\mathsf{A}_3{}^2} - 3\,\frac{d\mathsf{A}_2}{\mathsf{A}_2}.$$

$$(35\,\mathrm{a}) \qquad \left(\frac{d\sigma}{\sigma}\right)^2 S x_i^2 + 4\,\frac{d\sigma}{\sigma}\,S x_i\,dx_i + 4 S(dx_i)^2$$

$$= x_1{}^2\left(\frac{d\mathsf{A}_1}{\mathsf{A}_1}\right)^2 + x_3{}^2\left(2\,\frac{d\mathsf{A}_3}{\mathsf{A}_3}-\frac{d\mathsf{A}_2}{\mathsf{A}_2}\right)^2 + 2\,x_2\,x_4\,\frac{d\mathsf{A}_2}{\mathsf{A}_2}\left(2\,\frac{d(4\,\mathsf{A}_2\,\mathsf{A}_4-\mathsf{A}_3{}^2)}{4\,\mathsf{A}_2\,\mathsf{A}_4-\mathsf{A}_3{}^2}-3\,\frac{d\mathsf{A}_2}{\mathsf{A}_2}\right);$$

$$(36\,\mathrm{a}) \qquad\qquad d\sigma\cdot S x_i^2 + 2\,\sigma S x_i\,dx_i = 0;$$

$$(37\,\mathrm{a}) \quad \frac{x_1{}^2}{(\alpha_1+\lambda_i)^2} + \frac{3\,x_4{}^2}{(\alpha_2+\lambda_i)^4} + \frac{4\,x_3\,x_4}{(\alpha_3+\lambda_i)^3} + \frac{x_3{}^2+2\,x_2\,x_4}{(\alpha_2+\lambda_i)^2} = -\frac{(\lambda_i-\lambda_k)(\lambda_i-\lambda_h)\,\varphi}{(\alpha_1+\lambda_i)(\alpha_2+\lambda_i)^3};$$

$$(38\,\mathrm{a}) \quad \frac{x_1{}^2}{(\alpha_1+\lambda_i)^2(\alpha_1+\lambda_k)} + x_4{}^2\,\frac{3(\alpha_2+\lambda_k)^2+2(\alpha_2+\lambda_k)(\alpha_2+\lambda_i)+(\alpha_2+\lambda_i)^2}{(\alpha_2+\lambda_i)^4(\alpha_2+\lambda_k)^3}$$

$$+ 2\,x_3\,x_4\,\frac{2(\alpha_2+\lambda_k)+\alpha_2+\lambda_i}{(\alpha_2+\lambda_i)^3(\alpha_2+\lambda_k)^2} + \frac{x_3{}^2+2\,x_2\,x_4}{(\alpha_2+\lambda_i)^2(\alpha_2+\lambda_k)} = \frac{(\lambda_i-\lambda_h)\,\varphi}{(\alpha_1+\lambda_i)(\alpha_2+\lambda_i)^3}{}^{**}).$$

In (35a) wird nun der Factor von $d\lambda_2{}^2$ auf der rechten Seite gleich dem Ausdrucke (37a) für $i=2$, wobei zu beachten ist, dass

---

*) Die beiden letzten Glieder der linken Seite sind auch gleich

$$-\,2\,x_3\,x_4\,\frac{\partial}{\partial\alpha_2}\left(\frac{1}{(\alpha_2+\lambda_1)(\alpha_2+\lambda_2)}\right) + \frac{1}{2}\,x_2{}^2\,\frac{\partial^2}{\partial\alpha_2{}^2}\left(\frac{1}{(\alpha_2+\lambda_1)(\alpha_2+\lambda_2)}\right).$$

**) Der zweite und dritte Term der linken Seite sind gleich

$$\frac{1}{2}\,x_4{}^2\,\frac{\partial^2}{\partial\alpha_2{}^2}\left(\frac{1}{(\alpha_2+\lambda_i)^2(\alpha_2+\lambda_k)}\right) - 2\,x_3\,x_4\,\frac{\partial}{\partial\alpha_2}\left(\frac{1}{(\alpha_2+\lambda_i)^2(\alpha_2+\lambda_k)}\right).$$

$$4x_3{}^2 \frac{\dfrac{1}{(\alpha_2+\lambda_2)^4}-\dfrac{1}{(\alpha_2+\lambda_2)^3}\left(\Sigma\dfrac{1}{\alpha_2+\lambda_i}+\dfrac{1}{\alpha_1-\alpha_2}\right)}{\left(\Sigma\dfrac{1}{\alpha_2+\lambda_i}+\dfrac{1}{\alpha_1-\alpha_2}\right)^2}$$

$$=\frac{x_4{}^2}{(\alpha_2+\lambda_2)^4}+\frac{2x_3x_4}{(\alpha_2+\lambda_2)^3},$$

$$\frac{x_4{}^2}{(\alpha_2+\lambda_2)^3}\left\{\frac{1}{\alpha_2-\alpha_1}+\frac{1}{\alpha_2+\lambda_2}-\frac{1}{\alpha_2+\lambda_1}-\frac{1}{\alpha_2+\lambda_3}\right\}$$

$$=\frac{2x_4{}^2}{(\alpha_2+\lambda_2)^4}+\frac{2x_3x_4}{(\alpha_2+\lambda_2)^3}.$$

Ebenso wird wegen (30a) der Factor von $d\lambda_2 d\lambda_3$ gleich Null, und man erhält für $\lambda_1 =$ Const., $d\lambda_1 = 0$:

$$(39a)\qquad 4\left[Sx_i{}^2 S(dx_i)^2 - (Sx_i dx_i)^2\right]$$

$$= -(\lambda_2-\lambda_3)\varphi^2\left[\frac{(\lambda_2-\lambda_1)d\lambda_2{}^2}{\Lambda_2}-\frac{(\lambda_3-\lambda_1)d\lambda_3{}^2}{\Lambda_3}\right],$$

$$\Lambda_i = (\alpha_1+\lambda_i)(\alpha_2+\lambda_i)^3,\qquad \varphi = Sx_i{}^2.$$

In analoger Weise ergibt sich

$$(40a)\qquad Q(dx,dx) = \varphi\cdot(\lambda_2-\lambda_3)\left\{\frac{d\lambda_2{}^2}{\Lambda_2}-\frac{d\lambda_3{}^2}{\Lambda_3}\right\};$$

$$(41a)\qquad \frac{x_1{}^2}{A_1}+\frac{x_3{}^2+2x_3x_4}{A_2}-2x_3x_4\frac{\partial A_2{}^{-1}}{\partial\alpha_2}+\frac{1}{2}\frac{x_4{}^2}{A_2{}^3}\frac{\partial^2 A_2{}^{-1}}{\partial\alpha_2{}^2}=0,$$

$$A_i = (\alpha_i+\lambda_1)(\alpha_i+\lambda_2)(\alpha_i+\lambda_3),$$

und schliesslich als *Gleichung der verallgemeinerten geodätischen Linien:*

$$(42a)\quad \int\frac{\sqrt{\lambda_2-\lambda_1}\,d\lambda_2}{\sqrt{(A-\lambda_2)(\alpha_1+\lambda_2)(\alpha_2+\lambda_2)^3}}+\int\frac{\sqrt{\lambda_3-\lambda_1}\,d\lambda_3}{\sqrt{(A-\lambda_3)(\alpha_1+\lambda_3)(\alpha_2+\lambda_3)^3}}=\text{Const.},$$

wieder eine Relation zwischen elliptischen Integralen.

Nr. 4. *Die Gleichungen der Flächenschaar in Ebenen- bez. Punkt-coordinaten sind* (p. 221 u. 262):

$$(24b)\quad F+\lambda\Phi = -u_1{}^2-u_3{}^2+2(\alpha_1+\lambda)u_1u_2+2(\alpha_2+\lambda)u_3u_4 = 0,$$

$$(25b)\quad \frac{x_2{}^2}{(\alpha_1+\lambda_1)^2}+\frac{x_4{}^2}{(\alpha_2+\lambda_1)^2}+\frac{2x_1x_2}{\alpha_1+\lambda_1}+\frac{2x_3x_4}{\alpha_2+\lambda_1}=0.$$

$$(26b)\quad \frac{x_2{}^2}{(\alpha_1+\lambda)^2}+\frac{x_4{}^2}{(\alpha_2+\lambda)^2}+\frac{2x_1x_2}{\alpha_1+\lambda}+\frac{2x_3x_4}{\alpha_2+\lambda}=\frac{(\lambda-\lambda_1)(\lambda-\lambda_2)(\lambda-\lambda_3)\varphi}{(\alpha_1-\lambda)^2(\alpha_2+\lambda)^2},$$

$$(27b)\qquad \varphi = 2x_1x_2+2x_3x_4,\qquad \sigma\varphi = 1.$$

$$(28b)\quad \sigma x_2{}^2 = A_1,\quad \sigma x_4{}^2 = A_2,\quad 2\sigma x_1x_2 = A_3,\quad 2\sigma x_3x_4 = A_4,$$

$$A_i = -\frac{(\alpha_i+\lambda_1)(\alpha_i+\lambda_2)(\alpha_i+\lambda_3)\varphi}{(\alpha_k-\alpha_i)^2}\quad\text{für } i = 1,2,$$

$$A_{i+1} = -A_i\left[\frac{1}{\alpha_i+\lambda_1}+\frac{1}{\alpha_i+\lambda_2}+\frac{1}{\alpha_i+\lambda_3}-\frac{2}{\alpha_i-\alpha_k}\right]$$

$$(29\mathrm{b}) \quad \frac{x_1}{\alpha_1 + \lambda_1} + \frac{x_2}{(\alpha_1 + \lambda_1)^2}, \quad \frac{x_2}{\alpha_1 + \lambda_1}, \quad \frac{x_3}{\alpha_2 + \lambda_1} + \frac{x_4}{(\alpha_2 + \lambda_1)^2}, \quad \frac{x_4}{\alpha_2 + \lambda_1}.$$

$$(30\mathrm{b}) \quad \frac{x_2{}^2}{(\alpha_1 + \lambda_1)(\alpha_1 + \lambda_2)}\left(\frac{1}{\alpha_1 + \lambda_1} + \frac{1}{\alpha_1 + \lambda_2}\right) + \frac{2 x_1 x_2}{(\alpha_1 + \lambda_1)(\alpha_1 + \lambda_2)}$$

$$+ \frac{2 x_3 x_4}{(\alpha_2 + \lambda_1)(\alpha_2 + \lambda_2)} + \frac{x_4{}^2}{(\alpha_2 + \lambda_1)(\alpha_2 + \lambda_2)}\left(\frac{1}{\alpha_2 + \lambda_1} + \frac{1}{\alpha_2 + \lambda_2}\right) = 0,$$

$$P(\lambda_1) = 2\frac{x_2{}^2}{(\alpha_1 + \lambda_1)^3} + 2\frac{x_4{}^2}{(\alpha_2 + \lambda_1)^3} + \frac{2 x_1 x_2}{(\alpha_1 + \lambda_1)^2} + \frac{2 x_3 x_4}{(\alpha_2 + \lambda_1)^2},$$

$$Q(x,y) = 2\frac{x_2 y_2}{(\alpha_1 + \lambda_1)^2} + \frac{x_4 y_4}{(\alpha_2 + \lambda_1)^2} + \frac{x_1 y_2 + x_2 y_1}{\alpha_1 + \lambda_1} + \frac{x_3 y_4 + x_4 y_3}{\alpha_2 + \lambda_1},$$

$$S\varphi_i \psi_i = \varphi_1 \psi_2 + \varphi_2 \psi_1 + \varphi_3 \psi_4 + \varphi_4 \psi_3,$$

$$\frac{d\sigma}{\sigma} + 2\frac{dx_2}{x_2} = \frac{d\mathsf{A}_1}{\mathsf{A}_1}, \quad \frac{d\sigma}{\sigma} + 2\frac{dx_1}{x_1} = 2\frac{d\mathsf{A}_3}{\mathsf{A}_3} - \frac{d\mathsf{A}_1}{\mathsf{A}_1},$$

$$\frac{d\sigma}{\sigma} + 2\frac{dx_4}{x_4} = \frac{d\mathsf{A}_2}{\mathsf{A}_2}, \quad \frac{d\sigma}{\sigma} + 2\frac{dx_3}{x_3} = 2\frac{d\mathsf{A}_4}{\mathsf{A}_4} - \frac{d\mathsf{A}_2}{\mathsf{A}_2}.$$

$$(35\mathrm{b}) \quad \left(\frac{d\sigma}{\sigma}\right)^2 Sx_i{}^2 + 4\frac{d\sigma}{\sigma} Sx_i dx_i + 4S(dx_i)^2 = 2x_1 x_2 \frac{d\mathsf{A}_1}{\mathsf{A}_1}\left(2\frac{d\mathsf{A}_3}{\mathsf{A}} - \frac{d\mathsf{A}_1}{\mathsf{A}_1}\right)$$

$$+ 2x_3 x_4 \frac{d\mathsf{A}_2}{\mathsf{A}_2}\left(2\frac{d\mathsf{A}_4}{\mathsf{A}_4} - \frac{d\mathsf{A}_2}{\mathsf{A}_2}\right),$$

$$(36\mathrm{b}) \quad d\sigma Sx_i{}^2 + 2\sigma Sx_i dx_i = 0,$$

$$(37\mathrm{b}) \quad P(\lambda_i) = -\frac{(\lambda_i - \lambda_k)(\lambda_i - \lambda_h)}{(\alpha_1 + \lambda_i)^2(\alpha_2 + \lambda_i)^2}, \quad i \gtrless k, h,$$

$$(38\mathrm{b}) \quad \frac{2 x_1 x_2}{(\alpha_1 + \lambda_i)^2(\alpha_1 + \lambda_k)} + 2x_2{}^2 \frac{2(\alpha_1 + \lambda_k) + \alpha_1 + \lambda_i}{(\alpha_1 + \lambda_i)^3(\alpha_1 + \lambda_k)^2}$$

$$+ \frac{2 x_3 x_4}{(\alpha_2 + \lambda_i)^2(\alpha_2 + \lambda_k)} + 2x_4{}^2 \frac{2(\alpha_2 + \lambda_k) + \alpha_1 + \lambda_i}{(\alpha_2 + \lambda_i)^3(\alpha_2 + \lambda_k)^2}$$

$$= \frac{(\lambda_i - \lambda_h)\varphi}{(\alpha_1 + \lambda_i)^2(\alpha_2 + \lambda_i)^2},$$

$$(39\mathrm{b}) \quad 4\left[Sx_i{}^2 S(dx_i)^2 - (Sx_i dx_i)^2\right]$$

$$= -(\lambda_2 - \lambda_3)\varphi^2\left[\frac{(\lambda_2 - \lambda_1)d\lambda_2{}^2}{\Lambda_2} - \frac{(\lambda_3 - \lambda_1)d\lambda_3{}^2}{\Lambda_3}\right],$$

$$\Lambda_i = (\alpha_1 + \lambda_i)^2(\alpha_2 + \lambda_i)^2;$$

$$(40\mathrm{b}) \quad Q(dx, dx) = \varphi(\lambda_2 - \lambda_3)\left\{\frac{d\lambda_2{}^2}{\Lambda_2} - \frac{d\lambda_3{}^2}{\Lambda_3}\right\},$$

$$(41\mathrm{b}) \quad \frac{2 x_1 x_2}{A_1} + \frac{x_2{}^2}{A_1{}^2}\frac{\partial A_1}{\partial \alpha_1} + \frac{2 x_3 x_4}{A_2} + \frac{x_4{}^2}{A_2{}^2}\frac{\partial A_2}{\partial \alpha_2} = 0,$$

$$A_i = (\alpha_i + \lambda_1)(\alpha_i + \lambda_2)(\alpha_i + \lambda_3);$$

$$(42\mathrm{b}) \quad \int \sqrt{\frac{\lambda_2 - \lambda_1}{A - \lambda_2}} \frac{d\lambda_2}{(\alpha_1 + \lambda_2)(\alpha_2 + \lambda_2)} + \int \sqrt{\frac{\lambda_3 - \lambda_1}{A - \lambda_3}} \frac{d\lambda_3}{(\alpha_1 + \lambda_3)(\alpha_2 + \lambda_3)} = \mathrm{Const.}$$

Diese Integrale geben *die Gleichung der verallgemeinerten geodätischen Linien;* sie lassen sich durch Logarithmen auswerthen, doch gehen wir darauf nicht ein.

Nr. 5. *Es handelt sich um die Flächenschaar* (p. 223 u. 262):

$$(24c) \quad F + \lambda \Phi \equiv u_2^2 + 2u_1 u_3 - 2(\alpha + \lambda)(u_1 u_4 + u_2 u_3) = 0,$$

$$(25c) \quad x_4^2 + (\alpha + \lambda_1)^2 (x_3^2 + 2x_2 x_4) + 2(\alpha + \lambda_1)^3 (x_1 x_4 + x_2 x_3)$$
$$+ 2(\alpha + \lambda_1) x_3 x_4 = 0.$$

$$(26c) \quad \frac{x_4^2}{(\alpha + \lambda)^4} + \frac{2x_3 x_4}{(\alpha + \lambda)^3} + \frac{x_3^2 + 2x_2 x_4}{(\alpha + \lambda)^2} + \frac{2x_1 x_4 + 2x_2 x_3}{\alpha + \lambda}$$
$$= \frac{(\lambda - \lambda_1)(\lambda - \lambda_2)(\lambda - \lambda_3)\varphi}{(\alpha + \lambda)^4},$$

$$(27c) \quad \varphi = 2x_1 x_4 + 2x_2 x_3 = \frac{1}{\sigma},$$

$$(28c) \quad \sigma x_4^2 = A_1, \quad 2\sigma x_3 x_4 = A_2, \quad \sigma(x_3^2 + 2x_2 x_4) = A_3,$$
$$2\sigma(x_1 x_4 + x_2 x_3) = 1,$$

$$A_1 = -(\alpha + \lambda_1)(\alpha + \lambda_2)(\alpha + \lambda_3), \quad A_3 = -3\alpha - \lambda_1 - \lambda_2 - \lambda_3,$$

$$A_2 = -A_1 \left(\frac{1}{\alpha + \lambda_1} + \frac{1}{\alpha + \lambda_2} + \frac{1}{\alpha + \lambda_3} \right).$$

$$(29c) \quad \frac{x_1}{\alpha + \lambda} + \frac{x_2}{(\alpha + \lambda)^2} + \frac{x_3}{(\alpha + \lambda)^3} + \frac{x_4}{(\alpha + \lambda)^4}, \quad \frac{x_2}{\alpha + \lambda} + \frac{x_3}{(\alpha + \lambda)^2} + \frac{x_4}{(\alpha + \lambda)^3},$$

$$\frac{x_3}{\alpha + \lambda} + \frac{x_4}{(\alpha + \lambda)^2}, \quad \frac{x_4}{\alpha + \lambda} \quad \text{für } \lambda = \lambda_1.$$

$$(30c) \quad \left\{ 2x_1 x_4 + 2x_2 x_3 + (x_3^2 + 2x_2 x_4) \left(\frac{1}{\alpha + \lambda_1} + \frac{1}{\alpha + \lambda_2} \right) \right.$$

$$+ 2x_3 x_4 \left(\frac{1}{(\alpha + \lambda_1)^2} + \frac{1}{(\alpha + \lambda_2)^2} + \frac{1}{(\alpha + \lambda_1)(\alpha + \lambda_2)} \right)$$

$$+ x_4^2 \left(\frac{1}{(\alpha + \lambda_1)^3} + \frac{1}{(\alpha + \lambda_2)^3} + \frac{1}{(\alpha + \lambda_1)^2 (\alpha + \lambda_2)} \right.$$

$$\left. \left. + \frac{1}{(\alpha + \lambda_1)(\alpha + \lambda_2)^2} \right) \right\} \frac{1}{(\alpha + \lambda_1)(\alpha + \lambda_2)} = 0^*).$$

$$P(\lambda) = 4 \frac{x_4^2}{(\alpha + \lambda)^5} + 3 \frac{2x_3 x_4}{(\alpha + \lambda)^4} + 2 \frac{x_3^2 + 2x_2 x_4}{(\alpha + \lambda)^3} + 2 \frac{x_1 x_4 + x_2 x_3}{(\alpha + \lambda)^2},$$

$$Q(x,y) = \frac{x_4 y_4}{(\alpha + \lambda_1)^4} + \frac{x_3 y_4 + x_4 y_3}{(\alpha + \lambda_1)^3} + \frac{x_3 y_3 + x_2 y_4 + x_4 y_3}{(\alpha + \lambda_1)^2} + \frac{S x_i y_i}{(\alpha + \lambda_1)},$$

$$S(\varphi_i \psi_i) = \varphi_1 \psi_4 + \varphi_4 \psi_1 + \varphi_2 \psi_3 + \varphi_3 \psi_2.$$

---

*) Macht man $A = (\alpha + \lambda_1)^{-1}(\alpha + \lambda_2)^{-1}$, so ist die linke Seite gleich

$$(2x_1 x_4 + 2x_2 x_3)A - (x_3^2 + 2x_2 x_4)\frac{\partial A}{\partial \alpha} + \frac{1}{2} 2x_3 x_4 \frac{\partial^2 A}{\partial \alpha^2} - \frac{1}{2 \cdot 3} x_4^2 \frac{\partial^3 A}{\partial \alpha^3}.$$

$$\frac{d\sigma}{\sigma} + 2\frac{dx_4}{x_4} = \frac{d\mathsf{A}_1}{\mathsf{A}_1}, \qquad \frac{d\sigma}{\sigma} + 2\frac{dx_3}{x_3} = 2\frac{d\mathsf{A}_2}{\mathsf{A}_2} - \frac{d\mathsf{A}_1}{\mathsf{A}_1}\, dB,$$

$$\frac{d\sigma}{\sigma} + 2\frac{dx_2}{x_2} = 2\frac{d(4\mathsf{A}_1\mathsf{A}_3 + \mathsf{A}_2{}^2)}{4\mathsf{A}_1\mathsf{A}_3 - \mathsf{A}_2{}^2} = 3\frac{d\mathsf{A}_1}{\mathsf{A}_1} = dC,$$

$$\frac{d\sigma}{\sigma} + 2\frac{dx_1}{x_1} = -\frac{d\mathsf{A}_1}{\mathsf{A}_1} - \frac{x_2 x_3}{x_1 x_4}(dB + dC),$$

$$P(\lambda_i) = -\frac{(\lambda_i - \lambda_k)(\lambda_i - \lambda_h)}{(\alpha + \lambda_i)^4}.$$

$$(38\mathrm{c}) \quad x_4{}^2\,\frac{4(\alpha + \lambda_k)^3 + 3(\alpha + \lambda_k)^2(\alpha + \lambda_i) + 2(\alpha + \lambda_k)(\alpha + \lambda_i)^2 + (\alpha + \lambda_i)^3}{(\alpha + \lambda_i)^5(\alpha + \lambda_k)^4}$$

$$+ 2x_3 x_4\,\frac{3(\alpha + \lambda_k)^2 + 2(\alpha + \lambda_k)(\alpha + \lambda_i) + (\alpha + \lambda_i)^2}{(\alpha + \lambda_i)^4(\alpha + \lambda_k)^3}$$

$$+ (x_3{}^2 + 2x_2 x_4)\,\frac{2(\alpha + \lambda_k) + \alpha + \lambda_i}{(\alpha + \lambda_i)^3(\alpha + \lambda_k)^2} + 2\,\frac{x_1 x_4 + x_2 x_3}{(\alpha + \lambda_i)^2(\alpha + \lambda_k)}$$

$$= \frac{(\lambda_i - \lambda_h)\varphi}{(\alpha + \lambda_i)^4}.$$

$$(39\mathrm{c}) \quad 4\big[Sx_i{}^2\,S(dx_i)^2 - (Sx_i\,dx_i)^2\big]$$

$$= -(\lambda_2 - \lambda_3)\cdot \varphi^2 \cdot \left[\frac{(\lambda_2 - \lambda_1)\,d\lambda_2{}^2}{(\alpha + \lambda_2)^4} - \frac{(\lambda_3 - \lambda_1)\,d\lambda_3{}^2}{(\alpha + \lambda_3)^4}\right],$$

$$(40\mathrm{c}) \quad Q(dx, dx) = \varphi \cdot (\lambda_2 - \lambda_3)\cdot \left\{\frac{d\lambda_2{}^2}{(\alpha + \lambda_2)^4} - \frac{d\lambda_3{}^2}{(\alpha + \lambda_3)^4}\right\}.$$

$$(41\mathrm{c}) \quad \frac{2x_1 x_4 + 2x_2 x_3}{A} - (x_3{}^2 + 2x_2 x_4)\frac{\partial A^{-1}}{\partial \alpha}$$

$$+ \frac{1}{2}(2x_3 x_4)\frac{\partial^2 A^{-1}}{\partial \alpha^2} - \frac{x_4{}^2}{2\cdot 3}\cdot\frac{\partial^3 A^{-1}}{\partial \alpha^3} = 0,$$

$$A = -\mathsf{A}_1 = (\alpha + \lambda_1)(\alpha + \lambda_2)(\alpha + \lambda_3).$$

Die Gleichung der „geodätischen Linien" erscheint schliesslich in der Form:

$$\int \sqrt{\frac{\lambda_2 - \lambda_1}{A - \lambda_2}}\,\frac{d\lambda_2}{(\alpha + \lambda_2)^2} \pm \int \sqrt{\frac{\lambda_3 - \lambda_1}{A - \lambda_3}}\,\frac{d\lambda_3}{(\alpha + \lambda_3)^2} = \mathrm{Const.}$$

Die vorkommenden Integrale lassen sich auf logarithmische und algebraische Functionen zurückführen.

Nr. 6. Um die Gleichung der Flächenschaar zu erhalten, haben wir in (2) nur $\alpha_1 = \alpha_2$ zu setzen (vgl. p. 224 und 263). Die linke Seite dieser Gleichung gibt dann

$$(47) \quad \frac{x_1{}^2 + x_2{}^2}{\alpha_1 + \lambda} + \frac{x_3{}^2}{\alpha_3 + \lambda} + \frac{x_4{}^2}{\alpha_4 + \lambda} = \frac{(\lambda - \lambda_1)(\lambda - \lambda_2)\varphi}{(\alpha_1 + \lambda)(\alpha_3 + \lambda)(\alpha_4 + \lambda)},$$

denn es gehen jetzt nur *zwei* Flächen der Schaar durch einen gegebenen Punkt x. Um krummlinige Coordinaten einführen zu können, muss man daher eine dritte Gleichung zu Hülfe nehmen. Wir setzen

$$(48) \qquad x_1 = \lambda_3 x_2,$$

d. h. wir wählen eine Ebene des hierdurch dargestellten Büschels als dritte durch x gehende Fläche; sie steht in „verallgemeinertem Sinne" orthogonal zu den beiden durch x gehenden Flächen $\lambda = \lambda_1$ und $\lambda = \lambda_2$. *Die zugehörigen elliptischen Coordinaten sind daher gegeben durch:*

$$(49) \qquad \sigma(x_1{}^2 + x_2{}^2) = \frac{(\alpha_1 + \lambda_1)(\alpha_1 + \lambda_2)}{(\alpha_3 - \alpha_1)(\alpha_4 - \alpha_1)}, \quad \sigma x_3{}^2 = \frac{(\alpha_3 + \lambda_1)(\alpha_3 + \lambda_2)}{(\alpha_1 - \alpha_3)(\alpha_4 - \alpha_3)},$$

$$\sigma x_4{}^2 = \frac{(\alpha_4 + \lambda_1)(\alpha_4 + \lambda_2)}{(\alpha_1 - \alpha_4)(\alpha_3 - \alpha_4)},$$

$$\varphi = \frac{1}{\sigma} = x_1{}^2 + x_2{}^2 + x_3{}^2 + x_4{}^2 = S x_i{}^2.$$

Durch Differentiation entstehen die Relationen:

$$(50) \qquad \begin{aligned}
\frac{d\sigma}{\sigma} + 2\frac{dx_3}{x_3} &= \frac{d\lambda_1}{\alpha_3 + \lambda_1} + \frac{d\lambda_2}{\alpha_3 + \lambda_2}, \\[1mm]
\frac{d\sigma}{\sigma} + 2\frac{dx_1}{x_1} &= \frac{d\lambda_1}{\alpha_1 + \lambda_1} + \frac{d\lambda_2}{\alpha_4 + \lambda_2} + 2\frac{d\lambda_3}{\lambda_3(1 + \lambda_3{}^2)}, \\[1mm]
\frac{d\sigma}{\sigma} + 2\frac{dx_4}{x_4} &= \frac{d\lambda_1}{\alpha_4 + \lambda_1} + \frac{d\lambda_2}{\alpha_4 + \lambda_2}, \\[1mm]
\frac{d\sigma}{\sigma} + 2\frac{dx_2}{x_2} &= \frac{d\lambda_1}{\alpha_1 + \lambda_1} + \frac{d\lambda_2}{\alpha_1 + \lambda_2} - 2\frac{\lambda_3 \, d\lambda_3}{1 + \lambda_3{}^2}.
\end{aligned}$$

Durch Quadriren und Addiren dieser Gleichungen wird auf der rechten Seite der Factor von $d\lambda_2{}^2$, wie sich aus (47) durch Differentiation ergibt, gleich

$$(51) \qquad \begin{aligned}
P(\lambda_2) &= \frac{x_1{}^2 + x_2{}^2}{(\alpha_1 + \lambda_2)^2} + \frac{x_3{}^2}{(\alpha_3 + \lambda_2)^2} + \frac{x_4{}^2}{(\alpha_4 + \lambda)^2} \\[1mm]
&= \frac{(\lambda_1 - \lambda_2)\varphi}{(\alpha_1 + \lambda_2)(\alpha_3 + \lambda_2)(\alpha_4 + \lambda_2)};
\end{aligned}$$

der Factor von $2 d\lambda_1 d\lambda_2$ wird gleich

$$(52) \qquad \frac{x_1{}^2 + x_2{}^2}{(\alpha_1 + \lambda_1)(\alpha_1 + \lambda_2)} + \frac{x_3{}^2}{(\alpha_3 + \lambda_1)(\alpha_3 + \lambda_2)} + \frac{x_4{}^2}{(\alpha_4 + \lambda_1)(\alpha_4 + \lambda_2)} = 0;$$

der Factor von $d\lambda_3 d\lambda_2$ fällt wegen (48) identisch fort und derjenige von $d\lambda_3{}^2$ wird

$$(53) \qquad \frac{4}{(1 + \lambda_3{}^2)^2}\left(\lambda_3{}^2 x_2{}^2 + \frac{x_1{}^2}{\lambda_3{}^2}\right) = 4\frac{x_1{}^2 + x_2{}^2}{(1 + \lambda_3{}^2)^2} = \frac{\varphi(\alpha_1 + \lambda_1)(\alpha_1 + \lambda_2)}{(\alpha_3 - \alpha_1)(\alpha_4 - \alpha_1)(1 + \lambda_3{}^2)^2}.$$

Drückt man noch σ durch $S x_i{}^2 = \varphi$ aus, so folgt:

$$(54) \qquad \begin{aligned}
&4\left[S(dx_i)^2 S x_i{}^2 - (S x_i dx_i)^2\right] \\[1mm]
&= \varphi^2\left[\frac{(\lambda_1 - \lambda_2) d\lambda_2{}^2}{\Lambda_2} + 4\frac{d\lambda_3{}^2(\alpha_1 + \lambda_1)(\alpha_1 + \lambda_2)}{(1 + \lambda_3{}^2)^2 (\alpha_3 - \alpha_1)(\alpha_4 - \alpha_1)}\right].
\end{aligned}$$

Die Differentialgleichung der verallgemeinerten geodätischen Linien wird wieder durch (11), ein erstes Integral derselben durch (12) gegeben, wenn wir dort $\alpha_1 = \alpha_2$ setzen. Zur Umformung dieser Integralgleichung benutzen wir ausser (54) noch eine Relation, welche sich durch Berechnung des Ausdrucks

$$\left(\frac{d\sigma}{\sigma}\right)^2 S\frac{x_i^2}{\alpha_i + \lambda_1} + 4\frac{d\sigma}{\sigma} S\frac{x_i\,dx_i}{\alpha_i + \lambda_1} + 4S\frac{(dx_i)^2}{\alpha_i + \lambda_1}$$

ergibt. Macht man $d\lambda_1 = 0$ und berücksichtigt die aus (51) und (52) folgende Gleichung

$$(55)\quad \frac{x_1^2 + x_2^2}{(\alpha_1 + \lambda_2)^2\,(\alpha_1 + \lambda_1)} + \frac{x_3^2}{(\alpha_3 + \lambda_9)^2\,(\alpha_3 + \lambda_1)} + \frac{x_4^2}{(\alpha_4 + \lambda_2)^2\,(\alpha_4 + \lambda_1)} = \frac{\varphi}{\Lambda_2},$$

$$\Lambda_2 = (\alpha_1 + \lambda_2)(\alpha_3 + \lambda_2)(\alpha_4 + \lambda_2),$$

so folgt:

$$(56)\quad 4S\frac{(dx_i)^2}{\alpha_i + \lambda_1} = 4Q = \varphi\left\{\frac{(d\lambda_2)^2}{\Lambda_2} + 4\frac{(d\lambda_3)^2(\alpha_1 + \lambda_2)}{(1 + \lambda_3^2)^2\,(\alpha_3 - \alpha_1)(\alpha_4 - \alpha_1)}\right\}.$$

Die Integralgleichung (12), d. h.

$$P(\lambda_1)Q = C[S(dx_i)^2\,Sx_i^2 - (Sx_i\,dx_i)^2]$$

gibt dann als zweites Integral *die Gleichung der verallgemeinerten geodätischen Linien in der Form:*

$$(57)\quad \sqrt{\frac{\alpha_1 + A}{\alpha_1 + \lambda_1}}\int\frac{\sqrt{\lambda_1 - \lambda_2}\,d\lambda_2}{(\alpha_1 + \lambda_2)\sqrt{(\lambda_2 + A)(\lambda_2 + \alpha_3)(\lambda_2 + \alpha_4)}}$$

$$\pm\frac{2}{\sqrt{(\alpha_3 - \alpha_1)(\alpha_4 - \alpha_1)}}\ \text{arctang}\ \lambda_3 = \text{Const.}$$

Man geht von hier zu *den gewöhnlichen geodätischen Linien der Rotationsfläche*

$$\frac{x^2 + y^2}{a^2 + \mu_1} + \frac{z^2}{c^2 + \mu_1} - 1 = 0$$

und zu rechtwinkligen Coordinaten in derselben Weise über, wie dies in Nr. 1 mittelst (5) geschah; man hat nur $\alpha_1 = \alpha_2$ zu nehmen. Es entsteht so die Gleichung:

$$\frac{\sqrt{(c^2 - a^2)(B - a^2)}}{2\sqrt{\mu_1 + a^2}}\int\frac{\sqrt{\mu_2 - \mu_1}\,d\mu_2}{(\mu_2 + a^2)\sqrt{(B + \mu_2)(c^2 + \mu_2)}} = \pm\,\varphi + \text{Const.}$$

wenn $\lambda_3 = \dfrac{x}{y} = \text{tang}\ \varphi$*).

---

*) Für jede Rotationsfläche kann die Bestimmung der geodätischen Linien auf Quadraturen zurückgeführt werden; die Einführung der elliptischen Coordinaten ist daher in diesem Falle nicht absolut nothwendig, hat aber für uns zur Illustration der Ausartungen principielles Interesse. Eine fundamentale Eigenschaft der kürzesten Linien auf Rotationsflächen fand schon Clairaut, Mémoires

Nr. 7. Um die Gleichung der Flächenschaar zu erhalten, hat man in Nr. 2 $\alpha_2 = \alpha_3$ zu setzen. Sie entsteht also durch Nullsetzen des Ausdrucks:

$$(47a) \qquad \frac{x_1{}^2}{\alpha_1 + \lambda} + \frac{x_2{}^2 + 2 x_3 x_4}{\alpha_2 + \lambda} + \frac{x_4{}^2}{(\alpha_2 + \lambda)^2} = \frac{(\lambda - \lambda_1)(\lambda - \lambda_2)\varphi}{(\alpha_1 + \lambda)(\alpha_2 + \lambda)^2}.$$

Zu den beiden Flächen, welche durch einen beliebigen Punkt gehen, steht die betreffende Ebene des Büschels

$$(48a) \qquad x_2 - \lambda_3 x_4 = 0$$

ebenfalls senkrecht. Mit Hülfe der so definirten elliptischen Coordinaten λ_1, λ_2, λ_3 gestalten sich die den Rechnungen von Nr. 6 analogen Entwicklungen in folgender Weise:

$$(49a) \qquad \begin{aligned} & \sigma x_1{}^2 = \mathsf{A}_1, \\[4pt] & \sigma(x_2{}^2 + 2 x_3 x_4) = -\mathsf{A}_2\left(\frac{1}{\alpha_2 + \lambda_1} + \frac{1}{\alpha_2 + \lambda_2} - \frac{1}{\alpha_2 - \alpha_1}\right) = \mathsf{A}_2 A, \\[4pt] & \sigma x_4{}^2 = \mathsf{A}_2, \quad \sigma^{-1} = \varphi = x_1{}^2 + x_2{}^2 + 2 x_3 x_4, \\[4pt] & (\alpha_2 - \alpha_1)^2 \mathsf{A}_1 = (\lambda_1 + \alpha_1)(\lambda_2 + \alpha_1), \quad (\alpha_1 - \alpha_2)\mathsf{A}_2 = (\lambda_1 + \alpha_2)(\lambda_2 + \alpha_2). \end{aligned}$$

$$(50a) \qquad \begin{aligned} & \frac{d\sigma}{\sigma} + 2\frac{dx_1}{x_1} = \frac{d\mathsf{A}_1}{\mathsf{A}_1}, \quad \frac{d\sigma}{\sigma} + 2\frac{dx_2}{x_2} = \frac{d\mathsf{A}_2}{\mathsf{A}_2} + 2\frac{d\lambda_3}{\lambda_3}; \\[4pt] & \frac{d\sigma}{\sigma} + 2\frac{dx_4}{x_4} = \frac{d\mathsf{A}_2}{\mathsf{A}_2}, \quad \frac{d\sigma}{\sigma} + 2\frac{dx_3}{x_3} = \frac{d\mathsf{A}_2}{\mathsf{A}_2} + 2\frac{dA - 2\lambda_3 d\lambda_3}{A - \lambda_3{}^2}. \end{aligned}$$

$$(51a) \qquad \begin{aligned} P(\lambda_2) &= \frac{x_1{}^2}{(\alpha_1 + \lambda_2)^2} + \frac{x_2{}^2 + 2 x_3 x_4}{(\alpha_2 + \lambda_2)^2} + 2\frac{x_4{}^2}{(\alpha_2 + \lambda_2)^2} \\[4pt] &= -\frac{(\lambda_2 - \lambda_1)\varphi}{(\alpha_1 + \lambda_2)(\alpha_2 + \lambda_2)^2}. \end{aligned}$$

$$(52a) \qquad \begin{aligned} &\frac{x_1{}^2}{(\alpha_1 + \lambda_1)(\alpha_1 + \lambda_2)} + \frac{x_2{}^2 + 2 x_3 x_4}{(\alpha_2 + \lambda_1)(\alpha_2 + \lambda_2)} \\[4pt] &\qquad + \frac{x_4{}^2}{(\alpha_2 + \lambda_1)(\alpha_2 + \lambda_2)}\left(\frac{1}{\alpha_2 + \lambda_1} + \frac{1}{\alpha_2 + \lambda_2}\right) = 0, \end{aligned}$$

$$(53a) \qquad \frac{4 x_2{}^2}{\lambda_3} = 4\varphi\mathsf{A}_2,$$

$$(54a) \qquad \begin{aligned} & 4\left[S(dx_i)^2 S x_i{}^2 - (S x_i dx_i)^2\right] \\[4pt] &= \varphi^2\left[\frac{(\lambda_1 - \lambda_2)d\lambda_2{}^2}{\Lambda_2} + 4\frac{d\lambda_3{}^2(\alpha_2 + \lambda_1)(\alpha_2 + \lambda_2)}{\alpha_1 - \alpha_2}\right]. \end{aligned}$$

$$(55a) \qquad \frac{x_1{}^2}{(\alpha_1 + \lambda_2)^2(\alpha_1 + \lambda_1)} + \frac{x_2{}^2 + 2 x_3 x_4}{(\alpha_2 + \lambda_2)^2(\alpha_2 + \lambda_1)} + 2 x_4{}^2\frac{2(\alpha_2 + \lambda_2) + \alpha_2 + \lambda_1}{(\alpha_2 + \lambda_2)^3(\alpha_2 + \lambda_1)^2} = \frac{\varphi}{\Lambda_2},$$

$$\Lambda_2 = (\alpha_1 + \lambda_2)(\alpha_2 + \lambda_2)^2.$$

de l'Académie des sciences, Paris 1733. — Unter den von L. Brill in Darmstadt herausgegebenen Gypsmodellen findet man Rotationsellipsoide mit aufgezeichneten geodätischen Linien, sowie ein dreiaxiges Ellipsoid mit geodätischer Linie durch einen Nabelpunkt.

$$(56\mathrm{a}) \qquad 4\,Q = \varphi\left\{\frac{d\lambda_2{}^2}{\Lambda_2} + 4\,\frac{\alpha_2 + \lambda_2}{\alpha_1 - \alpha_2}\,d\lambda_3{}^2\right\}.$$

Die Gleichung der verallgemeinerten geodätischen Linien wird, wenn B eine Integrationsconstante bedeutet:

$$(57\mathrm{a}) \quad \sqrt{\frac{\alpha_2 + B}{(\alpha_2 + \lambda_1)(\alpha_1 - \alpha_2)}} \int \frac{\sqrt{\lambda_1 - \lambda_2}\,d\lambda_2}{\sqrt{(\lambda_2 - B)(\lambda_2 + \alpha_1)(\lambda_2 + \alpha_2)^3}} \pm 2\,\lambda_3 = \text{Const.}$$

Nr. 8. Wie Nr. 6 zu den gewöhnlichen geodätischen Linien der Rotationsflächen mit Mittelpunkt führte, so liefert uns **Nr. 8** die entsprechenden Linien für das *Rotationsparaboloid* (p. 265). Die betreffenden Gleichungen stellen wir kurz zusammen.

$$(47\mathrm{b}) \qquad \frac{x_1{}^2 + x_2{}^2}{\alpha_1 + \lambda} + \frac{2\,x_3 x_4}{\alpha_2 + \lambda} + \frac{x_4{}^2}{(\alpha_2 + \lambda)^2} = \frac{(\lambda - \lambda_1)(\lambda - \lambda_2)\,\varphi}{(\alpha_1 + \lambda)(\alpha_2 + \lambda)^2}.$$

$$(48\mathrm{b}) \qquad\qquad x_1 = \lambda_3 x_2.$$

$$(49\mathrm{b}) \qquad \begin{aligned} &\sigma x_1{}^2 = \frac{\lambda_3{}^2 \mathsf{A}_1}{1 + \lambda_3{}^2}, \quad 2\,\sigma x_3 x_4 = \mathsf{A}_2 A, \\[2mm] &\sigma x_2{}^2 = \frac{\mathsf{A}_1}{1 + \lambda_3{}^2}, \quad \sigma^{-1} = \varphi = x_1{}^2 + x_2{}^2 + 2\,x_3 x_4, \end{aligned}$$

worin A_1, A_2, A wie in **Nr. 7** definirt sind.

$$(50\mathrm{b}) \quad \begin{aligned} &\frac{d\sigma}{\sigma} + 2\,\frac{d x_1}{x_1} = \frac{d\mathsf{A}_1}{\mathsf{A}_1} + 2\,\frac{d\lambda_3}{\lambda_3} - \frac{2\lambda_3\,d\lambda_3}{1 + \lambda_3{}^2}, \quad \frac{d\sigma}{\sigma} + 2\,\frac{d x_3}{x_3} = \frac{d\mathsf{A}_2}{\mathsf{A}_2} + 2\,\frac{dA}{A}, \\[2mm] &\frac{d\sigma}{\sigma} + 2\,\frac{d x_2}{x_2} = \frac{d\mathsf{A}_1}{\mathsf{A}_1} - \frac{2\lambda_3\,d\lambda_3}{1 + \lambda_3{}^2}, \quad \frac{d\sigma}{\sigma} + 2\,\frac{d x_4}{x_4} = \frac{d\mathsf{A}_2}{\mathsf{A}_2}. \end{aligned}$$

$$(51\mathrm{b}) \quad P(\lambda_2) = \frac{x_1{}^2 + x_2{}^2}{(\alpha_1 + \lambda)^2} + \frac{2\,x_3 x_4}{(\alpha_3 + \lambda)^2} + 2\,\frac{x_4{}^2}{(\alpha_2 + \lambda)^3} = -\frac{(\lambda_2 - \lambda_1)\,\varphi}{(\alpha_1 + \lambda_2)(\alpha_2 + \lambda_2)^2}.$$

$$(53\mathrm{b}) \qquad \frac{4\,x_2{}^2}{1 + \lambda_3{}^2} = \frac{4\,\varphi\,\mathsf{A}_1}{1 + \lambda_3{}^2}.$$

$$(54\mathrm{b}) \qquad \begin{aligned} &4\left[S x_i{}^2 \, S(d x_i)^2 - (S x_i d x_i)^2\right] \\[2mm] &= \varphi^2\left[\frac{(\lambda_1 - \lambda_2)\,d\lambda_2{}^2}{(\alpha_1 + \lambda_2)(\alpha_2 + \lambda_2)^2} + \frac{4\,d\lambda_3{}^2}{(1 + \lambda_3{}^2)^2}\,\frac{(\alpha_1 + \lambda_1)(\alpha_1 + \lambda_2)}{(\alpha_1 - \alpha_2)^2}\right]. \end{aligned}$$

$$(56\mathrm{b}) \qquad 4\,Q = \varphi\left[\frac{d\lambda_2{}^2}{(\alpha_1 + \lambda_2)(\alpha_2 + \lambda_2)^2} + \frac{4\,(\alpha_1 + \lambda_2)\,d\lambda_3{}^2}{(1 + \lambda_3{}^2)^2\,(\alpha_1 - \alpha_2)^2}\right].$$

$$(57\mathrm{b}) \qquad (\alpha_2 - \alpha_1)\sqrt{\frac{\alpha_1 + B}{\alpha_1 - \lambda_1}} \int \frac{\sqrt{\lambda_1 - \lambda_2}\,d\lambda_2}{(\alpha_1 + \lambda_2)(\alpha_2 + \lambda_2)\sqrt{\lambda_2 - B}}$$

$$\pm\, 2\ \text{arctang}\ \lambda_3 = \text{Const.}$$

Der Uebergang zu rechtwinkligen Coordinaten geschieht durch dieselben Formeln, wie der entsprechende in Nr. 2; es ist α_2 durch α_1 und α_3 durch α_2 zu ersetzen. Die Gleichung der Schaar confocaler Paraboloide wird dadurch

$$\frac{k}{a_1 + \mu}\,(x^2 + y^2) + 2z = \frac{\mu}{k}.$$

Da das Integral auf der linken Seite von (57b) aus dem entsprechenden von (42) durch die angegebenen Modificationen entsteht, so erhält man ebenso das neue Integral aus dem ersten Gliede von (46) für $a_1 = a_2$ und hat nur den constanten Factor von dem Integrale in (57b) umzurechnen. *Die Gleichung der gewöhnlichen geodätischen Linien auf dem Rotationsparaboloide* $\mu_1 = $ Const. *wird sonach*

$$\frac{1}{a_1}\sqrt{\frac{C(C-a_1)\mu_1}{a_1+\mu_1}}\int^\bullet\frac{\sqrt{\mu_1-\mu_2}\,d\mu_2}{(\mu_2+a_1)\sqrt{\mu_2+C}} + 2\,\mathrm{arctang}\,\lambda_3 = C',$$

wo $C(\alpha_2 + B) = k$.

Nr. 9. Wir haben in (47) $\alpha_3 = \alpha_4$ zu setzen (vgl. p. 228 u. 265) und erhalten also:

$$(47\mathrm{c}) \qquad \frac{x_1{}^2 + x_2{}^2}{\alpha_1 + \lambda} + \frac{x_3{}^2 + x_4{}^2}{\alpha_3 + \lambda} = \frac{(\lambda - \lambda_1)\varphi}{(\lambda + \alpha_1)(\lambda + \alpha_3)},$$

$$(48\mathrm{c}) \qquad x_1 = \lambda_2 x_2, \quad x_3 = \lambda_3 x_4.$$

$$(49\mathrm{c}) \quad
\begin{aligned}
\sigma x_1{}^2 &= -\frac{\lambda_1 + \alpha_1}{\alpha_3 - \alpha_1}\frac{\lambda_2{}^2}{1 + \lambda_2{}^2}, & \sigma x_3{}^2 &= -\frac{\lambda_1 + \alpha_3}{\alpha_1 - \alpha_3}\frac{\lambda_3{}^2}{1 + \lambda_3{}^2}, \\[1ex]
\sigma x_2{}^2 &= -\frac{\lambda_1 + \alpha_1}{\alpha_3 - \alpha_1}\frac{1}{1 + \lambda_2{}^2}, & \sigma x_4{}^2 &= -\frac{\lambda_1 + \alpha_3}{\alpha_1 - \alpha_3}\frac{1}{1 + \lambda_3{}^2};
\end{aligned}$$

$$(50\mathrm{c}) \quad
\begin{aligned}
\frac{d\sigma}{\sigma} + 2\frac{dx_2}{x_2} &= \frac{d\lambda_1}{\lambda_1 + \alpha_1} - \frac{2\lambda_2\,d\lambda_2}{1 + \lambda_2{}^2}, \\[1ex]
\frac{d\sigma}{\sigma} + 2\frac{dx_1}{x_1} &= \frac{d\lambda_1}{\lambda_1 + \alpha_1} + \frac{2\,d\lambda_2}{\lambda_2} - \frac{2\lambda_2\,d\lambda_2}{1 + \lambda_2{}^2}, \\[1ex]
\frac{d\sigma}{\sigma} + 2\frac{dx_4}{x_4} &= \frac{d\lambda_1}{\lambda_1 + \alpha_3} - \frac{2\lambda_3\,d\lambda_3}{1 + \lambda_3{}^2}, \\[1ex]
\frac{d\sigma}{\sigma} + 2\frac{dx_3}{x_3} &= \frac{d\lambda_1}{\lambda_1 + \alpha_3} + 2\frac{d\lambda_3}{\lambda_3} - \frac{2\lambda_3\,d\lambda_3{}^2}{1 + \lambda_3{}^2}.
\end{aligned}$$

$$(51\mathrm{c}) \quad P(\lambda_1) = \frac{x_1{}^2 + x_2{}^2}{(\lambda_1 + \alpha_1)^2} + \frac{x_3{}^2 + x_4{}^2}{(\lambda_1 + \alpha_3)^2} = -\frac{\varphi}{(\alpha_1 + \lambda_1)(\alpha_3 + \lambda_1)},$$

$$(54\mathrm{c}) \quad
\begin{aligned}
&\left[S x_i{}^2 S(dx_i)^2 - (S x_i\,dx_i)^2 \right] \\
&= -\varphi^2\left[\frac{\lambda_1 + \alpha_1}{\alpha_3 - \alpha_1}\frac{(d\lambda_2)^2}{(1 + \lambda_2{}^2)^2} + \frac{\lambda_1 + \alpha_3}{\alpha_1 - \alpha_3}\frac{(d\lambda_3)^2}{(1 + \lambda_3{}^2)^2} \right],
\end{aligned}$$

$$(56\mathrm{c}) \quad Q = S\frac{(dx_i)^2}{\alpha_i + \lambda_1} = -\varphi\left[\frac{1}{\alpha_3 - \alpha_1}\frac{(d\lambda_2)^2}{(1 + \lambda_2{}^2)^2} + \frac{1}{\alpha_1 - \alpha_3}\frac{(d\lambda_3)^2}{(1 + \lambda_3{}^2)^2} \right],$$

$$(57\mathrm{c}) \quad \sqrt{\frac{A + \alpha_1}{A + \alpha_3}}\int^\bullet\frac{d\lambda_2}{1 + \lambda_2{}^2} - \int^\bullet\frac{d\lambda_3}{1 + \lambda_3{}^2} = \mathrm{Const.},$$

$$A \cdot C \cdot (\alpha_1 + \lambda_1)(\alpha_2 + \lambda_1) = 1 + \lambda_1(\alpha_1 + \lambda_1)(\alpha_3 + \lambda_1)C.$$

Die Gleichung der verallgemeinerten geodätischen Linien wird also:

$$\sqrt{A + \alpha_1}\, \text{arctang}\, \lambda_2 - \sqrt{A + \alpha_3}\, \text{arctang}\, \lambda_3 = \text{Const.}$$

oder

$$(58) \qquad \left(\frac{1 + i\lambda_2}{1 - i\lambda_2}\right)^{\sqrt{A+\alpha_1}} \left(\frac{1 - i\lambda_3}{1 + i\lambda_3}\right)^{\sqrt{A+\alpha_3}} = \text{Const.}$$

Hier geht durch jeden Punkt des Raumes nur eine Fläche der Schaar; deshalb mussten in (48c) zwei Ebenenbüschel zu Hülfe genommen werden; letztere bilden mit der Flächenschaar wieder ein (in verallgemeinertem Sinne) dreifach orthogonales System.

Setzen wir

$$\eta_1 = x_2 + ix_1, \quad \eta_2 = x_2 - ix_1, \quad \eta_3 = x_4 + ix_3, \quad \eta_4 = x_4 - ix_3,$$

so geht (58) über in

$$\left(\frac{\eta_1}{\eta_2}\right)^{\sqrt{A+\alpha_1}} \left(\frac{\eta_4}{\eta_3}\right)^{\sqrt{A+\alpha_3}} = \text{Const.},$$

gibt also eine (im Allgemeinen transscendente) Fläche, die auf unserer Fläche zweiter Ordnung die geodätischen Linien ausschneidet. Führen wir durch die Gleichung $\eta_1 = \varkappa \eta_2$ einen Parameter $\varkappa$ ein, so folgt mit Hülfe der Gleichung der Fläche $\lambda = \lambda_1$:

$$\frac{\eta_2}{\eta_4} = \sqrt{-\frac{\alpha_1 + \lambda_1}{\alpha_3 + \lambda_1}}\, \varkappa^{c-1} b^{\frac{1}{2}}, \quad \frac{\eta_1}{\eta_4} = \sqrt{-\frac{\alpha_1 + \lambda_1}{\alpha_3 + \lambda_1}}\, \varkappa^{c} b^{\frac{1}{2}}, \quad \frac{\eta_3}{\eta_4} = b\,\varkappa^{2c-1},$$

wo $c = \frac{1}{2}\sqrt{\dfrac{A + \alpha_1}{A + \alpha_3}} + \frac{1}{2}$ und b Integrationsconstanten bedeuten. Diese Gleichungen erscheinen in mehr symmetrischer Gestalt, wenn wir neue Grössen γ_i und δ_i durch die Relationen

$$\gamma_1 : \gamma_2 : \gamma_3 : \gamma_4 = e^{c+1} : e^{c} : e^{2c} : e,$$

$$\delta_1 : \delta_2 : \delta_3 : \delta_4 = b^{\frac{1}{2}}\sqrt{-\alpha_1 - \lambda_1} : b^{\frac{1}{2}}\sqrt{-\alpha_1 - \lambda_1} : b\sqrt{\alpha_3 + \lambda_1} : \sqrt{\alpha_3 + \lambda_1}$$

einführen, wo dann die Identitäten

$$(59) \qquad \gamma_1\gamma_2 = \gamma_3\gamma_4, \quad \delta_1\delta_2(\alpha_3 + \lambda_1) + \delta_3\delta_4(\alpha_1 + \lambda_1) = 0$$

erfüllt sind, so dass δ_i die Coordinaten eines Punktes der Fläche $\lambda = \lambda_1$ bedeuten. Setzen wir endlich $\varkappa = e^{\mu}$, *so wird die Parameterdarstellung unserer geodätischen Linien:*

$$(60) \qquad \varrho\,\eta_i = \delta_i\gamma_i^{\mu}, \quad \text{für } i = 1, 2, 3, 4.$$

In Folge der Bedingungen (59) liegen dieselben in der That auf der Fläche $\lambda = \lambda_1$. Die gefundenen Gleichungen enthalten nur *zwei* willkürliche Constante; denn die drei Verhältnisse der δ_i reduciren sich wegen (59) auf zwei, und da man den Punkt δ durch jeden anderen

Punkt der Curve (60), etwa durch $\delta_i \gamma_i^{\nu}$ ersetzen kann, wenn man nur gleichzeitig $\mu + \nu$ durch μ ersetzt, so repräsentiren die δ_i nur eine Constante. Ebenso ist es mit den γ_i, denn sie sind an die erste Gleichung (59) gebunden, und man kann γ_i^{ν} statt γ_i schreiben, wenn man zugleich μ an Stelle von $\mu\nu$ setzt. Hieraus ist auch ersichtlich, dass die ursprünglich zwischen den γ_i bestehende zweite Identität $\gamma_1 = e\gamma_2$ nicht weiter berücksichtigt zu werden braucht. Dass wirklich jede Curve (60) eine geodätische Linie der Fläche

$$(61) \qquad \eta_1 \eta_2 (\alpha_3 + \lambda_1) + \eta_3 \eta_4 (\alpha_1 + \lambda_1) = 0$$

darstellt, bestätigt man nachträglich mittelst der Differentialgleichung dieser Curven, nämlich:

$$(62) \qquad \begin{vmatrix} \eta_1 & \eta_2 & A\eta_3 & A\eta_4 \\ \eta_1 & \eta_2 & \eta_3 & \eta_4 \\ d\eta_1 & d\eta_2 & d\eta_3 & d\eta_4 \\ d^2\eta_1 & d^2\eta_2 & d^2\eta_3 & d^2\eta_4 \end{vmatrix} = 0, \qquad A = \frac{\alpha_1 + \lambda_1}{\alpha_3 + \lambda_1}.$$

Diese Gleichung erweist sich als stets erfüllt, sobald $\gamma_1 \gamma_2 = \gamma_3 \gamma_4$; sie ist es auch unabhängig davon, wenn nur $\gamma_1 = \gamma_2$ oder $\gamma_3 = \gamma_4$ oder $A = 1$; dann aber liegen die Curven nicht mehr auf der vorgegebenen Fläche.

Die hier auftretenden Curven (60) verdienen auch aus anderen Gesichtspunkten besonderes Interesse und werden uns noch wiederholt begegnen; *sie haben nämlich die Eigenschaft, durch ein System von unendlich vielen linearen Transformationen in sich übergeführt zu werden.* Ordnet man jedem Punkte η durch die lineare Transformation, eine sogenannte „Collineation",

$$(63) \qquad \sigma\xi_i = \alpha_i \eta_i, \qquad \text{wo } \alpha_1 \alpha_2 = \alpha_3 \alpha_4,$$

einen Punkt ξ zu, so wird

$$\tau\xi_i = \alpha_i \delta_i \gamma_i^{\mu} = \delta_i' \gamma_i^{\mu},$$

wo die δ_i' wiederum der zweiten Gleichung (59) genügen; *jeder Punkt der Curve (60) geht also in einen anderen Punkt derselben Curve über;* gleichzeitig wird nicht nur die Fundamentalfläche, sondern auch jede Fläche des Büschels (61) in sich transformirt. Dasselbe gilt für alle Collineationen, welche durch Wiederholung von (63) entstehen. Eine n-malige Anwendung derselben Transformation führt zu den Formeln

$$(64) \qquad \sigma\xi_i = \alpha_i^n \eta_i.$$

Versteht man unter n nicht mehr eine ganze Zahl, sondern einen continuirlich veränderlichen Parameter, so *stellt* (64) *ein System von unendlich vielen continuirlich zusammenhängenden Transformationen dar*, deren jede zu den Flächen (61) und den Curven (60) dieselbe Beziehung hat, wie die Transformation (63).

Man kann sich umgekehrt die Aufgabe stellen, *alle Raumcurven anzugeben, welche durch ein solches System* (64) *in sich übergeführt werden*[*]), wobei von der Bedingung $\alpha_1 \alpha_2 = \alpha_3 \alpha_4$ zunächst abgesehen werden mag. Die Lösung der gestellten Aufgabe erfordert die Ausführung einer Differentiation und Integration. Da alle Punkte einer gesuchten Curve aus einem derselben durch Transformationen der Form (64) entstehen, so wird man insbesondere den zu einem Punkte η der Curve unendlich benachbarten Punkt erhalten, wenn man n unendlich wenig von dem Parameter des Punktes η verschieden annimmt und demnach mit $n + dn$ bezeichnet; schreibt man noch $\eta_i + d\eta_i$ an Stelle von $\sigma \xi_i$, so kommt

$$\eta_i + d\eta_i = \alpha_i^{n+dn} \eta_i \quad \text{oder} \quad d\eta_i = \eta_i \log \alpha_i \cdot dn,$$

also durch Integration

$$(65) \qquad\qquad \eta_i = \delta_i \alpha_i^{n}.$$

Dies ist die Parameterdarstellung der gesuchten Curven, wenn man unter den δ_i Integrationsconstanten versteht. Genügen letztere der zweiten Gleichung (59) und ist $\alpha_1 \alpha_2 = \alpha_3 \alpha_4$, so sind die Curven (65) mit den verallgemeinerten geodätischen Linien der Fläche (61) identisch.

Nr. 10. Dieser Fall entsteht aus Nr. 3 für $\alpha_1 = \alpha_2$ (vgl. p. 229 f.). Wir gehen also aus von der Relation

$$(47\text{d}) \qquad x_1{}^2 + x_3{}^2 + 2 x_2 x_4 + \frac{2 x_3 x_4}{\alpha + \lambda} + \frac{x_4{}^2}{(\alpha + \lambda)^2} = \frac{(\lambda - \lambda_1)(\lambda - \lambda_2)\varphi}{(\alpha + \lambda)^2}$$

und führen die folgenden Rechnungen (analog zu Nr. 6) durch:

$$(48\text{d}) \qquad\qquad x_1 = \lambda_3 x_4;$$

$$\sigma x_4{}^2 = (\alpha + \lambda_1)(\alpha + \lambda_2), \quad 2\sigma x_3 x_4 = -\lambda_1 - \lambda_2 - 2\alpha,$$

$$(49\text{d}) \qquad\qquad \sigma (x_1{}^2 + x_3{}^2 + 2 x_2 x_4) = 1,$$

$$2\sigma x_2 x_4 = 1 - \lambda_3{}^2 (\alpha + \lambda_1)(\alpha + \lambda_2) - \frac{(2\alpha + \lambda_1 + \lambda_2)^2}{4(\alpha + \lambda_1)(\alpha + \lambda_2)};$$

---

[*]) Von diesem Gesichtspunkte aus wurden Klein und Lie auf unsere Curven geführt: Comptes rendus, 6. und 13. Juni 1870. Verschiedene Eigenschaften der Curven (60) sowie der unten in Nr. 11 vorkommenden Curven sind vom Herausgeber entwickelt: Math. Annalen Bd. 7, p. 89 ff.; vergl. auch Weiler ib. p. 164, sowie das entsprechende Problem der Ebene in Bd. I, p. 996.

$$\frac{d\sigma}{\sigma} + 2\,\frac{dx_4}{x_4} = \frac{d\lambda_1}{\alpha + \lambda_1} + \frac{d\lambda_2}{\alpha + \lambda_2} = \frac{d\sigma}{\sigma} + 2\,\frac{dx_1}{x_1} - 2\,\frac{d\lambda_3}{\lambda_3},$$

$$(50\,\mathrm{d}) \quad \frac{d\sigma}{\sigma} + 2\,\frac{dx_3}{x_3} = -\frac{d\lambda_1}{\alpha + \lambda_1} - \frac{d\lambda_2}{\alpha + \lambda_2} + 2\,\frac{d\lambda_1 + d\lambda_2}{2\alpha + \lambda_1 + \lambda_2},$$

$$\frac{d\sigma}{\sigma} + 2\,\frac{dx_2}{x_2} = -\frac{d\lambda_1}{\alpha + \lambda_1} - \frac{d\lambda_2}{\alpha + \lambda_2}$$

$$-\frac{1}{x_2\,x_4}\left\{ x_1{}^2\left(\frac{d\sigma}{\sigma} + 2\,\frac{dx_1}{x_1}\right) + x_3{}^2\left(\frac{d\sigma}{\sigma} + 2\,\frac{dx_3}{x_3}\right)\right\};$$

$$(51\,\mathrm{d}) \quad P(\lambda_1) = \frac{x_1{}^2 + x_3{}^2 + 2x_2\,x_4}{(\alpha + \lambda_1)^2} + \frac{4x_3\,x_4}{(\alpha + \lambda_1)^3} + \frac{3x_4{}^2}{(\alpha + \lambda_1)^4} = \frac{(\lambda_1 - \lambda_2)\,\varphi}{(\alpha + \lambda_1)^4},$$

$$(54\,\mathrm{d}) \quad \begin{aligned} 4\left[Sx_i{}^2\, S(dx_i)^2 - (Sx_i\,dx_i)^2 \right] \\ = \varphi^2\left[\frac{(\lambda_1 - \lambda_2)\,d\lambda_2{}^2}{(\alpha + \lambda_2)^3} + 4d\lambda_3{}^2\,(\alpha + \lambda_1)\,(\alpha + \lambda_2)\right], \end{aligned}$$

$$(56\,\mathrm{d}) \quad \begin{aligned} 4Q = dx_1{}^2 + dx_3{}^2 + 2dx_2\,dx_4 + \frac{2\,dx_3\,dx_4}{\alpha + \lambda_1} + \frac{(dx_4)^2}{(\alpha + \lambda_1)^2} \\ = \varphi\left[\frac{\alpha + \lambda_1}{(\alpha + \lambda_2)^3}\,d\lambda_2{}^2 + 4d\lambda_3{}^2\,(\alpha + \lambda_1)\,(\alpha + \lambda_2)\right]; \end{aligned}$$

$$(57\,\mathrm{d}) \quad \sqrt{\frac{A+1}{\alpha + \lambda_1}}\ \int \frac{\sqrt{\lambda_1 - \lambda_2}\,d\lambda_2}{(\alpha + \lambda_2)^2\,\sqrt{\lambda_2 - \lambda_1 + A}} = 2\lambda_3 + C',\quad A = C(\alpha + \lambda_1)^4.$$

In dieser Form erscheint hier die Gleichung der verallgemeinerten geodätischen Linien. Für $A = 0$ ergeben sich *algebraische* Curven, und zwar von der vierten Ordnung.

Nr. 11. Es fallen von den vier 'Schnittlinien der Flächen unserer Schaar, wie sie in Nr. 9 auftraten, zwei Erzeugende gleicher Art zusammen; die vier Ebenen des dort benutzten Tetraëders arten also in zwei je doppelt zählende Ebenen aus. Legt man die Gleichung der Flächenschaar in der Form (p. 231 und 266) zu Grunde:

$$(66) \qquad 2x_1\,x_2 + 2x_3\,x_4 + \frac{x_2{}^2 + x_4{}^2}{\alpha + \lambda} = 0,$$

so sind die beiden Doppelebenen durch $x_2 + ix_4 = 0$ und $x_2 - ix_4 = 0$ gegeben; längs deren Schnittlinie berühren sich die beiden Flächen, und sie schneiden sich ausserdem noch in zwei Erzeugenden. Setzen wir

$$\begin{aligned} \xi_1 &= x_2 + ix_4, & \xi_2 &= x_1 + ix_3, \\ \xi_3 &= x_2 - ix_4, & \xi_4 &= x_1 - ix_3, \end{aligned} \qquad \Lambda = \frac{2}{\alpha + \lambda},$$

so geht (66) über in

$$(67) \qquad \xi_1\,\xi_4 + \xi_2\,\xi_3 + \Lambda\,\xi_1\,\xi_3 = 0.$$

Die verallgemeinerten geodätischen Linien werden sich im vorliegenden Falle durch Grenzübergang aus den in Nr. 10 gefundenen ergeben; sie werden also gebildet von denjenigen Curven, welche durch alle linearen Transformationen in sich übergehen, bei denen die beiden Doppelebenen $\xi_1 = 0$, $\xi_3 = 0$ und gleichzeitig alle Flächen der Schaar (67) fest bleiben. Die Ebene $\xi_2 = 0$ kann sich dabei nur um ihren Schnitt mit $\xi_1 = 0$, die Ebene $\xi_4 = 0$ nur um ihren Schnitt mit $\xi_3 = 0$ drehen. Die betreffenden Collineationen werden also, entsprechend zu (63), durch die Formeln

$$(68) \qquad \begin{aligned} \sigma\xi_1 &= \alpha_1\,\eta_1, & \sigma\xi_3 &= \alpha_2\,\eta_3, \\ \sigma\xi_2 &= \beta_1\,\xi_1 + \alpha_1\,\eta_2, & \sigma\xi_4 &= \beta_2\,\eta_3 + \alpha_2\,\eta_4 \end{aligned}$$

dargestellt. Damit auch jede Fläche (67) in sich übergeführt werde, muss die Bedingung

$$(69) \qquad \beta_2\,\alpha_1 + \beta_1\,\alpha_2 = 0$$

erfüllt sein. Eine n-malige Wiederholung der Transformation ergibt

$$(70) \qquad \begin{aligned} \sigma\xi_1 &= \alpha_1^n\,\eta_1, & \sigma\xi_3 &= \alpha_2^n\,\eta_3, \\ \sigma\xi_2 &= n\beta_1\,\alpha_1^{n-1}\,\eta_1 + \alpha_1^n\,\eta_2, & \sigma\xi_4 &= n\beta_2\,\alpha_1^{n-1}\,\eta_3 + \alpha_2^n\,\eta_4. \end{aligned}$$

Fasst man wieder n als stetig variabeln Parameter auf und verfährt wie in Nr. 9, so kommt

$$(71) \qquad \begin{aligned} d\eta_1 &= \eta_1 \log\alpha_1\, dn, & d\eta_3 &= \eta_3 \log\alpha_2\, dn, \\ d\eta_2 &= \beta_1'\,\eta_1\, dn + \log\alpha_1\,\eta_2\, dn, & d\eta_4 &= \beta_2'\,\eta_3\, dn + \log\alpha_2\,\eta_4\, dn, \end{aligned}$$

wo nun in Rücksicht auf (69):

$$(72) \qquad \alpha_1\,\beta_1' = \beta_1, \quad \alpha_2\,\beta_2' = \beta_2, \quad \beta_1' + \beta_2' = 0.$$

Die Integration der Differentialgleichungen (71) führt zu der *Parameterdarstellung der gesuchten Curven*, nämlich:

$$(73) \qquad \begin{aligned} \eta_1 &= \delta_1\,\alpha_1^n, & \eta_3 &= \delta_3\,\alpha_2^n, \\ \eta_2 &= (\delta_1\,\beta_1'\,n + \delta_2)\,\alpha_1^n, & \eta_4 &= (\delta_3\,\beta_2'\,n + \delta_4)\,\alpha_2^n. \end{aligned}$$

Damit diese Curven auf der Fläche (67) liegen, müssen die Integrationsconstanten δ_i der Bedingung

$$(74) \qquad \delta_1\,\delta_4 + \delta_2\,\delta_3 + \Lambda\,\delta_1\,\delta_3 = 0$$

unterworfen werden; man kann dieselben daher als Coordinaten eines willkürlichen (dem Werthe $n = 0$ entsprechenden) Punktes der Fläche (67) auffassen. *Dass den Curven (73) in der That die charakteristische Eigenschaft der verallgemeinerten geodätischen Linien zukommt*, wird schliesslich durch Einsetzen in die betreffende Differentialgleichung bestätigt*); man erhält letztere aus (62), wenn man die Elemente der ersten Horizontalreihe ersetzt durch

$$\eta_1, \quad \eta_2 + \Lambda\eta_1, \quad \eta_3, \quad \eta_4 + \Lambda\eta_3.$$

---

*) Die geodätischen Linien waren durch eine Eigenschaft definirt, welche durch lineare Transformation unzerstörbar ist. Liegen also die beiden Flächen (die gegebene und die hinzugenommene „Fundamentalfläche") so, dass beide durch

Wir haben hier einen anderen Weg eingeschlagen, da uns ein so einfaches Coordinatensystem auf der Fläche, wie wir es bisher benutzten, nicht zu Gebote steht. In allen früheren Fällen gaben uns nämlich auf der Fläche $\lambda = \lambda_1$ die Gleichungen $\lambda_2 = \text{Const.}$ und $\lambda_3 = \text{Const.}$ die beiden Systeme von „verallgemeinerten Krümmungslinien“, welche sich gegenseitig rechtwinklig durchschneiden. *In unserem Falle aber fallen diese beiden Systeme von Krümmungslinien zusammen in die Erzeugenden, welche durch die Ebenen $\eta_1 - \lambda\eta_3 = 0$ ausgeschnitten werden*, so dass durch jeden Punkt der Fläche nur noch *eine* Krümmungslinie hindurchgeht*). In der That, die Differentialgleichung der Krümmungscurven wird hier (vgl. p. 292):

$$\begin{vmatrix} \eta_1 & \eta_2 + \Lambda\eta_1 & \eta_3 & \eta_4 + \Lambda\eta_3 \\ d\eta_1 & d\eta_2 + \Lambda d\eta_1 & d\eta_3 & d\eta_4 + \Lambda d\eta_3 \\ \eta_1 & \eta_2 & \eta_3 & \eta_4 \\ d\eta_1 & d\eta_2 & d\eta_3 & d\eta_4 \end{vmatrix} = \Lambda^2(\eta_1\, d\eta_3 - \eta_3\, d\eta_1)^2 = 0,$$

sie reducirt sich also auf eine lineare Gleichung und erlaubt nur das eine angegebene Integral. Die Ebenen des Büschels $\xi_1 - \lambda\xi_3 = 0$ stehen auch hier senkrecht zur gegebenen Fläche; versucht man aber eine zweite Ebene durch den Punkt η senkrecht zur Fläche und senkrecht zur Ebene $\xi_1\eta_4 - \xi_4\eta_1 = 0$ zu legen, so führt dies zu keinem Resultate. Die Bedingung für das Senkrechtstehen (in verallgemeinertem Sinne) zweier Ebenen u, v ist hier nämlich

$$u_1 v_4 + u_4 v_1 + u_2 v_3 + u_3 v_2 = 0.$$

Es müsste also eine Ebene u durch die drei Gleichungen

$$u_1\eta_1 + u_2(\eta_2 + \Lambda\eta_1) + u_3\eta_3 + u_4(\eta_4 + \Lambda\eta_3) = 0,$$
$$- u_2\eta_1 \qquad\qquad + u_4\eta_3 \qquad\qquad = 0,$$
$$u_1\eta_1 + u_2\eta_2 \qquad\quad + u_3\eta_3 + u_4\eta_4 \qquad = 0$$

bestimmt werden; letztere aber führen wieder zu $u_2 = 0$, $u_4 = 0$, also zu der Ebene $\xi_1\eta_4 - \xi_4\eta_1 = 0$ zurück. *Jede Ebene dieses Büschels kann also als zu sich selbst senkrecht aufgefasst werden*; in der That

---

dieselbe Collineation je in sich übergeführt werden, so müssen auch die geodätischen Linien in sich übergehen. Durch diese Schlussweise (vgl. Bd. I, p. 997) würden wir auch in Nr. 9 direct auf die dort betrachteten Curven geführt worden sein.

*) Legt man den imaginären Kugelkreis als „Fundamentalfläche“ zu Grunde, so ist dies auf reellen Flächen nicht möglich, denn die Bedingung dafür, dass die linke Seite der Differentialgleichung der Krümmungslinien ein vollständiges Quadrat werde, lässt sich bekanntlich durch das Verschwinden einer Summe von Quadraten mit positiven Coëfficienten darstellen.

ist sie als Tangentenebene der Fundamentalfläche zu sich selbst polar conjugirt. Die hier besprochenen Verhältnisse machen die Einführung elliptischer Coordinaten unmöglich.

Nr. 12. Die Gleichung der Flächenschaar ist (p. 231 und 266):

$$(75) \qquad \frac{x_1{}^2 + x_2{}^2 + x_3{}^2}{\alpha_1 + \lambda} + \frac{x_4{}^2}{\alpha_2 + \lambda} = 0.$$

Das System ist sich selbst dualistisch; alle Flächen berühren sich in einem Kegelschnitte der Ebene $x_4 = 0$. Der Pol der letzteren liegt in der gegenüberliegenden Ecke; er spielt dieselbe Rolle in Bezug auf unsere Schaar, wie der gemeinsame Mittelpunkt bei einer Schaar von concentrischen Kugeln, welche sich ja alle im imaginären Kugelkreise berühren; wie bei diesen Kugeln gibt es auch hier dreifach unendlich viele gemeinsame Polartetraëder. Wir werden daher jede Fläche der Schaar als *„verallgemeinerte Kugelfläche"* bezeichnen; sie hat mit der gewöhnlichen Kugelfläche die Eigenschaft gemein, dass *ihre geodätischen Linien von den ebenen Schnitten durch den Mittelpunkt (grössten Kreisen) ausgeschnitten werden.* Es wird nämlich die Differentialgleichung der geodätischen Linien, wenn $\mathsf{A}_i = \alpha_i + \lambda$:

$$(76) \qquad \begin{vmatrix} x_1\,\mathsf{A}_2 & x_2\,\mathsf{A}_2 & x_3\,\mathsf{A}_2 & x_4\,\mathsf{A}_1 \\ x_1 & x_2 & x_3 & x_4 \\ dx_1 & dx_2 & dx_3 & dx_4 \\ d^2 x_1 & d^2 x_2 & d^2 x_3 & d^2 x_4 \end{vmatrix} = 0;$$

das allgemeine Integral ist also durch

$$c_1\,x_1 + c_2\,x_2 + c_3\,x_3 = 0$$

gegeben. Als Differentialgleichung der Krümmungscurven findet man:

$$\begin{vmatrix} x_1\,\mathsf{A}_2 & x_2\,\mathsf{A}_2 & x_3\,\mathsf{A}_2 & x_4\,\mathsf{A}_1 \\ dx_1\,\mathsf{A}_2 & dx_2\,\mathsf{A}_2 & dx_3\,\mathsf{A}_2 & dx_4\,\mathsf{A}_1 \\ x_1 & x_2 & x_3 & x_4 \\ dx_1 & dx_2 & dx_3 & dx_4 \end{vmatrix} = 0.$$

Die linke Seite ist identisch Null. *Auf der verallgemeinerten Kugel kann daher jede Curve als Krümmungscurve aufgefasst werden.* Die Normalen consecutiver Punkte schneiden sich nämlich immer im Mittelpunkte.

Nr. 13. Ein Grenzfall des vorhergehenden Falles; der Mittelpunkt rückt auf die Kugel; die Gleichung der Schaar ist (p. 232):

$$(\alpha + \lambda)\,(x_1{}^2 + x_2{}^2 + 2\,x_3\,x_4) + x_4{}^2 = 0.$$

Die Differentialgleichung der geodätischen Linien entsteht aus (76), indem man die erste Horizontalreihe ersetzt durch

$$(\alpha + \lambda)x_1, \qquad (\alpha + \lambda)x_2, \qquad (\alpha + \lambda)x_3 + x_4, \qquad (\alpha + \lambda)x_4.$$

Diese Curven sind also wieder ebene Schnitte durch einen festen Punkt:

$$c_1\, x_1 + c_2\, x_2 + c_4\, x_4 = 0.$$

Die Differentialgleichung der Krümmungslinien ist auch hier identisch erfüllt.

Für alle diejenigen Fälle, in denen wir durch Benutzung der ersten Integralgleichung (32) zur Aufstellung der Gleichung der geodätischen Linien gelangten, gelten selbstverständlich unsere bei Gelegenheit des ersten Falles an die Gleichung (12) geknüpften Betrachtungen (p. 297 f.): *Die Tangenten jeder geodätischen Linie berühren eine gewisse Fläche der in jedem Falle benutzten Schaar; und die Gesammtheit der geodätischen Linien auf einer Fläche ist unabhängig davon, welche Fläche dieser Schaar als Fundamentalfläche benutzt wird.*

XV. Krümmungscurven und geodätische Linien auf Kegeln und Cylindern zweiter Ordnung.

In den Flächensystemen, welche zur Definition der verschiedenen elliptischen Coordinaten dienten, kommen als Ausartungen zwar Kegelschnitte vor, aber keine Kegel. Während also für die betreffenden Grenzcurven unsere Formeln eine gewisse Bedeutung behalten, erfordert die Bestimmung der Krümmungslinien und geodätischen Linien auf Flächen mit verschwindender Determinante neue Rechnungen. Wir haben dabei die verschiedenen Lagen eines Kegels gegen eine allgemeine Fläche zweiter Ordnung, die wieder als „Fundamentalfläche“ benutzt werden soll, in Betracht zu ziehen. Die Auswahl der verschiedenen für diese Lage sich bietenden Möglichkeiten bestimmt sich nicht nur durch die Gestalt der Schnittcurve, sondern auch durch die Lage der Kegelspitze zu etwaigen ausgezeichneten Punkten der Schnittcurve.

Nr. 1. *Kegel und Fundamentalfläche berühren sich nicht.* Es gibt (nach p. 209) ein gemeinsames Polartetraëder, dessen eine Ecke in der Spitze des Kegels liegt. Die Gleichung der Fundamentalfläche, bezogen auf dieses Tetraëder, sei

$$(1) \qquad \Phi = u_1^2 + u_2^2 + u_3^2 + u_4^2 = 0.$$

Die Gleichung des Kegels mit der Spitze $u_4 = 0$ ist dann von der Form $\alpha_1\, x_1^2 + \alpha_2\, x_2^2 + \alpha_3\, x_3^2 = 0$. Wir betrachten sogleich das System von Kegeln

$$(2) \qquad \frac{x_1^2}{\alpha_1 + \lambda} + \frac{x_2^2}{\alpha_2 + \lambda} + \frac{x_3^2}{\alpha_3 + \lambda} = 0,$$

dessen wesentliche Eigenschaften uns bereits aus der Theorie der confocalen Kegel bekannt sind (p. 275 ff.): durch jeden Punkt des Raumes gehen zwei zu einander (auch in unserem verallgemeinerten Sinne) orthogonale Kegel des Systems und es treten drei Linienpaare als Grenzcurven auf.

Die Differentialgleichung *der verallgemeinerten Krümmungslinien auf dem Kegel* $\lambda = \lambda_1$ wird nach (6) p. 292:

$$(3) \qquad \begin{vmatrix} \dfrac{x_1}{\alpha_1 + \lambda_1} & \dfrac{x_2}{\alpha_2 + \lambda_1} & \dfrac{x_3}{\alpha_3 + \lambda_1} & 0 \\[2mm] \dfrac{dx_1}{\alpha_1 + \lambda_1} & \dfrac{dx_2}{\alpha_2 + \lambda_1} & \dfrac{dx_3}{\alpha_3 + \lambda_1} & 0 \\[2mm] x_1 & x_2 & x_3 & x_4 \\[2mm] dx_1 & dx_2 & dx_3 & dx_4 \end{vmatrix} = 0.$$

Wie früher, beweist man leicht, dass sie erfüllt ist, sobald die Punkte x und $x + dx$ gleichzeitig auf zwei verschiedenen Kegeln unseres Systems liegen. Sie ist aber auch befriedigt, wenn die Coordinaten x_i und $x_i + dx_i$ einer Gleichung von der Form

$$(4) \qquad \lambda_3 (x_1{}^2 + x_2{}^2 + x_3{}^2) - x_4{}^2 = 0$$

genügen. *Auf dem Kegel (2) ist also die eine Schaar von Krümmungslinien durch seine Erzeugenden, die andere Schaar durch seine Schnitte mit denjenigen Flächen zweiten Grades gegeben, welche die Fundamentalfläche längs ihrer Schnittlinie mit der Polarebene der Kegelspitze berühren.*

Die Differentialgleichung der *geodätischen Linien* wird nach (11) gebildet; durch Multiplication der linken Seite mit der Determinante (3) entsteht, ganz wie oben, eine integrable Gleichung; und diese führt zu dem ersten Integrale

$$(5) \quad \sideset{}{'}\sum \frac{x_i{}^2}{(\alpha_i + \lambda_1)^2} \; \sideset{}{'}\sum \frac{dx_i{}^2}{\alpha_i + \lambda_1} = C \left[\sum x_i{}^2 \sum (dx_i)^2 - \left(\sum x_i\, dx_i \right)^2 \right],$$

worin die mit einem Striche versehenen Summenzeichen nur auf die Indices $i = 1, 2, 3$ zu beziehen sind, während die Summen der rechten Seite je vier Glieder enthalten. Das zweite Integral wird durch *Einführung elliptischer Kegelcoordinaten* gewonnen. Wir setzen

$$(6) \quad \frac{x_1{}^2}{\alpha_1 + \lambda} + \frac{x_2{}^2}{\alpha_2 + \lambda} + \frac{x_3{}^2}{\alpha_3 + \lambda} = \frac{(\lambda - \lambda_1)(\lambda - \lambda_2)\,\varphi}{(\alpha_1 + \lambda)(\alpha_2 + \lambda)(\alpha_3 + \lambda)},$$

$$\varphi = x_1{}^2 + x_2{}^2 + x_3{}^2 = \frac{1}{\sigma}.$$

Macht man successive $\lambda = -\alpha_1, -\alpha_2, -\alpha_3$ und berücksichtigt (4), so entsteht die Parameterdarstellung

$$(7) \quad \begin{aligned} \sigma x_1{}^2 &= \frac{(\alpha_1 + \lambda_1)(\alpha_1 + \lambda_2)}{(\alpha_2 - \alpha_1)(\alpha_3 - \alpha_1)}, \quad &\sigma x_3{}^2 &= \frac{(\alpha_3 + \lambda_1)(\alpha_3 + \lambda_2)}{(\alpha_1 - \alpha_3)(\alpha_2 - \alpha_3)}, \\ \sigma x_2{}^2 &= \frac{(\alpha_2 + \lambda_1)(\alpha_2 + \lambda_2)}{(\alpha_1 - \alpha_2)(\alpha_3 - \alpha_2)}, \quad &\sigma x_4{}^2 &= \lambda_3. \end{aligned}$$

Statt σ führen wir eine neue Variable s ein, indem wir setzen:

$$(8) \quad \frac{1}{s} = \sum x_i{}^2 = x_1{}^2 + x_2{}^2 + x_3{}^2 + x_4{}^2 = \frac{1 + \sigma x_4{}^2}{\sigma} = \frac{\lambda_3 + 1}{\sigma}.$$

Durch Differentiation ergibt sich:

$$2\frac{dx_i}{x_i} + \frac{ds}{s} = \frac{d\lambda_1}{\alpha_i + \lambda_1} + \frac{d\lambda_2}{\alpha_i + \lambda_2} - \frac{d\lambda_3}{\lambda_3 + 1} \quad \text{für } i = 1, 2, 3,$$

$$2\frac{dx_4}{x_4} + \frac{ds}{s} = \frac{d\lambda_3}{\lambda_3} - \frac{d\lambda_3}{\lambda_3 + 1},$$

und hieraus, wenn $d\lambda_1 = 0$, in der früheren Weise

$$(9) \quad 4\left\{ \sum x_i{}^2 \sum (dx_i)^2 - \left(\sum x_i \, dx_i \right)^2 \right\} = \frac{1}{s^2}\left\{ \frac{d\lambda_3{}^2}{(\lambda_3 + 1)^2} - \frac{\lambda_2 - \lambda_1}{\Lambda_2} \frac{d\lambda_2{}^2}{\lambda_3 + 1} \right\},$$

wobei folgende Relationen zu berücksichtigen sind:

$$(10) \quad \sum{}' \frac{x_i{}^2}{\alpha_i + \lambda_2} = 0, \quad \sum{}' \frac{x_i{}^2}{(\alpha_i + \lambda_2)^2} = -\frac{\lambda_2 - \lambda_1}{\Lambda_2} \varphi,$$

$$\Lambda_k = (\alpha_1 + \lambda_k)(\alpha_2 + \lambda_k)(\alpha_3 + \lambda_k).$$

Die weiteren Indentitäten

$$(11) \quad \sum{}' \frac{x_i{}^2}{(\alpha_i + \lambda_1)(\alpha_i + \lambda_2)} = 0, \quad \sum{}' \frac{x_i{}^2}{(\alpha_i + \lambda_2)^2(\alpha_i + \lambda_1)} = \frac{\varphi}{\Lambda_2}$$

führen zu der Hülfsgleichung

$$(12) \quad 4\sum{}' \frac{dx_i{}^2}{\alpha_i + \lambda_1} = \frac{d\lambda_2{}^2 \cdot \varphi}{\Lambda_2}.$$

Die Differentialgleichung (5) geht also über in

$$\frac{(\lambda_2 - \lambda_1) \, d\lambda_2{}^2}{\sigma^2 \, \Lambda_1 \, \Lambda_2} = \frac{C}{s^2}\left\{ \frac{d\lambda_3{}^2}{(\lambda_3 + 1)^2} - \frac{\lambda_2 - \lambda_1}{\Lambda_2} \frac{d\lambda_2{}^2}{\lambda_3 + 1} \right\},$$

und *durch Integration erhält man die Gleichung der verallgemeinerten geodätischen Linien in der Form:*

$$(13) \quad \begin{aligned} \int \frac{\sqrt{\lambda_2 - \lambda_1} \, d\lambda_2}{\sqrt{\Lambda_2}} &= \sqrt{A} \int \frac{d\lambda_3}{\sqrt{1 + A\lambda_3 + A}}, \\ &= \frac{2}{\sqrt{A}} \sqrt{A + 1 + A\lambda_3} + \text{Const.}, \end{aligned}$$

worin $A = C\Lambda_1$ eine Integrationsconstante bedeutet. Links tritt ein elliptisches Integral auf. Bei Ausführung der Integration ist A als von Null verschieden angenommen; der Fall $A = 0$ ergibt $\lambda_2 = \text{Const.}$, führt also auf die Erzeugenden des Kegels.

Insbesondere liefern vorstehende Formeln die *gewöhnlichen Krümmungslinien und geodätischen Linien auf dem allgemeinen Kegel*. Wir setzen

$$\frac{x_1}{x_4} = x, \quad \frac{x_2}{x_4} = y, \quad \frac{x_3}{x_4} = z, \quad \lambda_3 = \frac{1}{r^2}.$$

Dann liefert (1) die Gleichung des Kegels, bezogen auf seine Haupt-axen; auf ihm werden die Krümmungslinien von dem durch (4) dargestellten Systeme concentrischer Kugeln ausgeschnitten, denn der Pol einer Tangentialebene des Kegels in Bezug auf die Fläche (1) ist derselbe, wie ihr Pol in Bezug auf den imaginären Kugelkreis $x^2 + y^2 + z^2 = 0$. Die Gleichungen (7) liefern in der That sofort unsere früheren elliptischen Kegelcoordinaten (p. 278). In (13) haben wir also die *Gleichung der gewöhnlichen geodätischen Linien des Kegels* vor uns.

An die Gleichung (5) lassen sich analoge Betrachtungen anknüpfen, wie diejenigen, zu denen uns bei den allgemeinen Flächen die entsprechende erste Integralgleichung Veranlassung gab (p. 297 und 323). Die Gleichung sagt nämlich aus, dass unter den Curven (13) insbesondere diejenigen enthalten sind, deren Tangenten die Fundamentalfläche berühren; sie ergeben sich für $C = \infty$, indem dann

$$\Sigma x_i{}^2 \, \Sigma dx_i{}^2 - (\Sigma x_i \, dx_i)^2 = \Sigma(x_1 \, dx_2 - x_2 \, dx_1)^2 = 0$$

wird. Für die Definition der verallgemeinerten Krümmungslinien und geodätischen Curven kommt aber nur der Schnitt der Fundamentalfläche mit der Ebene $x_4 = 0$ in Betracht, sowie der Umstand, dass die Kegelspitze im Pole dieser Ebene in Bezug auf die Fundamentalfläche liegt. Wir können daher diese Fläche durch irgend eine andere Fläche des Büschels (4) ersetzen, ohne dadurch die genannten Curvensysteme auf den Kegeln (2) zu modificiren. Somit ergibt sich der Satz: *Jedem Werthe von C in (5), oder A in (13), entsprechen unendlich viele geodätische Linien, deren Tangenten alle eine bestimmte Fläche des Büschels (4) berühren*. Und hieraus folgert man weiter: *Jede Curve (13) berührt eine bestimmte (nicht geradlinige) Krümmungscurve des Kegels $\lambda_1 = Const.$, so oft sie derselben begegnet*. Die auf den allgemeinen Flächen zweiter Ordnung gewonnene Eintheilung der geodätischen Curven in drei verschiedene Systeme fällt hier fort, da die Fundamentalfläche natürlich durch keinen der Kegel (2) ersetzt werden kann.

Wir fragen noch nach dem Verhalten der geodätischen Linien in der Kegelspitze. Derselben kommt nach (7) der Parameter $\lambda_3 = \infty$ zu; es müsste also auch die linke Seite von (13) unendlich gross werden, was nur für $\lambda_2 = \infty$ eintreten kann. Dann aber wird nach (7) $x_1^2 + x_2^2 + x_3^2 = 0$; dem Werthe $\lambda_2 = \infty$ entsprechen also die vier auf unserem Kegel liegenden Tangenten der Fundamentalfläche. *Diese vier ausgezeichneten Erzeugenden des Kegels werden sonach von den geodätischen Linien in der Spitze berührt.* Sind diese vier Erzeugenden imaginär, so gehen die Curven (13) nicht durch die Spitze hindurch; so ist es z. B. im Falle der gewöhnlichen geodätischen Linien. Für letztere gilt natürlich auch der obige Satz, dass jede solche Curve eine bestimmte Krümmungslinie berührt, so oft sie derselben begegnet.

Nr. 2. *Die Schnittcurve des Kegels mit der Fundamentalfläche hat einen Doppelpunkt, welcher nicht mit der Spitze des Kegels zusammenfällt.*

Nach Nr. 2, p. 216 kommt allen Kegeln des Systems

$$(14) \qquad \frac{x_2^2}{\alpha_2 + \lambda} + \frac{2 x_3 x_4}{\alpha_3 + \lambda} + \frac{x_3^2}{(\alpha_3 + \lambda)^2} = 0$$

wesentlich dieselbe Eigenschaft zu, wenn die Fundamentalfläche durch die Gleichung

$$(15) \qquad x_1^2 + x_2^2 + 2 x_3 x_4 = 0$$

gegeben wird. Alle Kegel (14) berühren die Ebene $x_3 = 0$ längs ihres Schnittes mit $x_2 = 0$. Die erste Horizontalreihe von (3) ist hier zu ersetzen durch

$$(16) \qquad 0, \quad \frac{x_2}{\alpha_2 + \lambda}, \quad \frac{x_3}{\alpha_3 + \lambda}, \quad \frac{x_4}{\alpha_3 + \lambda} + \frac{x_3}{(\alpha_3 + \lambda)^2};$$

in entsprechender Weise ist die zweite Reihe zu ändern. Die Krümmungscurven werden ausgeschnitten von den Flächen

$$(17) \qquad x_1^2 = \lambda_3 (x_2^2 + 2 x_3 x_4).$$

Wir setzen ferner die linke Seite von (14) gleich

$$\frac{(\lambda - \lambda_1)(\lambda - \lambda_2)\sigma}{(\alpha_2 + \lambda)(\alpha_3 + \lambda)^2}, \qquad \text{wo } \frac{1}{\sigma} = x_2^2 + 2 x_3 x_4 = \frac{1}{s(\lambda_3 + 1)}.$$

Die *elliptischen Kegelcoordinaten* werden dann eingeführt durch die Gleichungen

$$(18) \quad
\begin{aligned}
s\,x_2^2 &= \frac{(\alpha_2 + \lambda_1)(\alpha_2 + \lambda_2)}{(\alpha_3 - \alpha_2)^2 (\lambda_3 + 1)}, & s\,x_1^2 &= \frac{\lambda_3}{\lambda_3 + 1}, \\[2mm]
s\,x_3^2 &= \frac{(\alpha_3 + \lambda_1)(\alpha_3 + \lambda_2)}{(\alpha_2 - \alpha_3)(\lambda_3 + 1)} = \frac{\mathsf{A}_3}{\lambda_3 + 1}, & 2 s x_3 x_4 &= -\frac{1}{\lambda_3 + 1}\frac{\partial \mathsf{A}_3}{\partial \alpha_3}.
\end{aligned}$$

Eine Rechnung, welche den früheren genau analog ist, führt zu der Differentialgleichung:

$$(19) \qquad -\frac{(\lambda_1 - \lambda_2) d\lambda_2^2}{\Lambda_1 \Lambda_2} = C(\lambda_3 + 1)\left\{ \frac{(\lambda_1 - \lambda_2) d\lambda_2^2}{\Lambda_2} + \frac{d\lambda_3^2}{\lambda_3(\lambda_3 + 1)} \right\},$$

$$\Lambda_i = (\alpha_2 + \lambda_i)(\alpha_3 + \lambda_i)^2,$$

und durch Integration ergibt sich die Gleichung der verallgemeinerten geodätischen Linien auf der Fläche $\lambda = \lambda_1$:

$$(20) \quad \int \frac{d\lambda_2 \sqrt{\lambda_1 - \lambda_2}}{(\alpha_3 + \lambda_2)\sqrt{\alpha_2 + \lambda_2}} = \pm \int \frac{\sqrt{A}\, d\lambda_3}{\sqrt{\lambda_3 (1 - A - A\lambda_3)}} + \text{Const.}, \quad A = C\Lambda_1.$$

Nr. 3. *Kegel und Fundamentalfläche schneiden sich in einer Curve mit Doppelpunkt, und letzterer ist zugleich Spitze des Kegels.* Wir betrachten die Kegelschaar (vgl. Nr. 2, p. 216):

$$(14\text{a}) \quad 0 = \frac{x_1^2}{\alpha_1 + \lambda} + \frac{x_2^2}{\alpha_2 + \lambda} + x_3^2 = \frac{(\lambda - \lambda_1)(\lambda - \lambda_2)}{(\alpha_1 + \lambda)(\alpha_2 + \lambda)} x_3^2,$$

während die Fundamentalfläche wieder durch (15) gegeben ist. Die nicht geradlinigen Krümmungscurven werden durch die Flächen

$$(17\text{a}) \quad x_3^2 = \lambda_3 (x_1^2 + x_2^2 + 2x_3 x_4)$$

ausgeschnitten. Die Parameterdarstellung gibt

$$\sigma x_1^2 = \frac{(\alpha_1 + \lambda_1)(\alpha_1 + \lambda_2)}{\alpha_2 - \alpha_1}, \quad \sigma x_2^2 = \frac{(\alpha_2 + \lambda_1)(\alpha_2 + \lambda_2)}{\alpha_1 - \alpha_2},$$

$$\sigma x_3^2 = 1, \quad 2\sigma x_3 x_4 = 1 - \lambda_3 \sigma (x_1^2 + x_2^2) = 1 + \lambda_3 (\lambda_1 + \lambda_2 + \alpha_1 + \alpha_2).$$

Die weitere Rechnung gestaltet sich einfacher, wenn man σ beibehält und nicht, wie früher, $s^{-1} = x_1^2 + x_2^2 + 2x_3 x_4$ einführt. Denn es wird

$$\left(\frac{d\sigma}{\sigma}\right)^2 S x_i^2 + 4 \frac{d\sigma}{\sigma} S x_i dx_i = \left(\frac{ds}{s}\right)^2 S x_i^2 + 4 \frac{ds}{s} S x_i dx_i + \left(\frac{d\lambda_3}{\lambda_3}\right)^2 S dx_i^2,$$

wobei $S x_i^2 = x_1^2 + x_2^2 + 2x_3 x_4$, und folglich:

$$4\left[S x_i^2 S dx_i^2 - (S x_i dx_i)^2 \right] = \frac{1}{\lambda_3 \sigma^2} \left[\frac{(\lambda_1 - \lambda_2)\, d\lambda_2^2}{(\alpha_1 + \lambda_2)(\alpha_2 + \lambda_2)} - \frac{d\lambda_3^2}{\lambda_3^3} \right].$$

Die Gleichung der verallgemeinerten geodätischen Linien ist somit

$$(20\text{a}) \quad \int \frac{\sqrt{\lambda_1 - \lambda_2}\, d\lambda_2}{\sqrt{(\alpha_1 + \lambda_2)(\alpha_2 + \lambda_2)}} = \int \frac{\sqrt{A}\, d\lambda_3}{\lambda_3 \sqrt{\lambda_3 + A}} + \text{Const.}$$

Nr. 4. *Kegel und Fundamentalfläche berühren sich stationär, die Spitze des Kegels liegt nicht im Rückkehrpunkte der Schnittcurve.* Nach Nr. 3, p. 219 können die Gleichungen von Kegel und Fundamentalfläche bez. in der Form

$$x_3^2 + 2x_2 x_4 + 2\lambda x_2 x_3 = 0, \quad x_1^2 + x_3^2 + 2x_2 x_4 = 0$$

angenommen werden. Um aber die Rechnungen ganz wie früher ausführen zu können, um insbesondere ein erstes Integral der Differentialgleichung der geodätischen Linien durch Multiplication derselben mit der linken Seite der Differentialgleichung der Krümmungslinien ganz in der alten Form zu erhalten, ist es nothwendig, das Coordinatensystem etwas zu ändern. Wir führen in die Gleichung des Kegels auch ein Glied mit $x_2{}^2$ ein und betrachten das System von Kegeln:

$$(14\text{b}) \quad \begin{aligned} 0 &= \frac{x_3{}^2 + 2x_2x_4}{\alpha + \lambda} + \frac{2x_2x_3}{(\alpha + \lambda)^2} + \frac{x_2{}^2}{(\alpha + \lambda)^3} \\ &\equiv \frac{(\lambda - \lambda_1)(\lambda - \lambda_2)}{(\alpha + \lambda)^3}(x_3{}^2 + 2x_2x_4). \end{aligned}$$

Jeder solche Kegel schneidet in der That die Fundamentalfläche in einer Curve vierter Ordnung mit Spitze, da die betreffende Gleichung vierten Grades, was die Vielfachheit ihrer Wurzeln und das Verhalten der zugehörigen Unterdeterminanten angeht, ihren Charakter durch Hinzufügen des Gliedes mit $x_2{}^2$ nicht ändert. Die verallgemeinerten Krümmungslinien werden durch die Flächen

$$(17\text{b}) \qquad x_1{}^2 = \lambda_3(x_3{}^2 + 2x_2x_4)$$

auf den Kegeln (14b) ausgeschnitten. Die weiteren Rechnungen führen zu den folgenden Formeln:

$$(18\text{b}) \quad \begin{aligned} \sigma x_1{}^2 &= \lambda_3, & 2\sigma x_2 x_3 &= -(2\alpha + \lambda_1 + \lambda_2), \\ \sigma x_2{}^2 &= (\alpha + \lambda_1)(\alpha + \lambda_2), & 2\sigma x_2 x_4 &= -\frac{(\lambda_1 - \lambda_2)^2}{4(\alpha + \lambda_1)(\alpha + \lambda_2)}; \\ & & \frac{\sigma}{s} &= \sigma(x_1{}^2 + x_3{}^2 + 2x_2x_4) = \lambda_3 + 1; \end{aligned}$$

$$(19\text{b}) \quad -\frac{(\lambda_1 - \lambda_2)\,d\lambda_2{}^2}{(\alpha + \lambda_1)^3(\alpha + \lambda_2)^3} = C(\lambda_3 + 1)\left\{ \frac{\lambda_1 - \lambda_2}{(\alpha + \lambda_2)^3}\,d\lambda_2{}^2 + \frac{d\lambda_3{}^2}{\lambda_3(\lambda_3 + 1)} \right\};$$

$$(20\text{b}) \int \sqrt{\frac{\lambda_2 - \lambda_1}{(\alpha + \lambda_2)^3}}\,d\lambda_2 = \sqrt{C(\alpha + \lambda_1)^3} \int \frac{d\lambda_3}{\lambda_3\sqrt{1 + C(\lambda_3 + 1)(\alpha + \lambda_1)^3}} + \text{Const.}$$

Nr. 5. *Die Spitze des Kegels liegt im Rückkehrpunkte der Schnittcurve vierter Ordnung.* Die einfachsten Gleichungsformen der beiden Flächen sind nach **Nr. 3, p. 219:**

$$\lambda x_1{}^2 + 2x_2x_3 = 0 \quad \text{und} \quad x_1{}^2 + x_3{}^2 + 2x_2x_4 = 0.$$

Mit Hülfe derselben gelingt es auch hier nicht, die früheren Rechnungen zum Zwecke der Trennung der Variabeln λ_2 und λ_3 in analoger Weise durchzuführen. Wir ändern daher wieder die Lage des Coordinatensystems und kommen so zu den folgenden Gleichungen:

$$(14\text{c}) \qquad 0 = 2x_2x_3 + \frac{x_1{}^2}{\alpha + \lambda} - x_2{}^2(\alpha + \lambda) \equiv -\frac{(\lambda - \lambda_1)(\lambda - \lambda_2)}{\alpha + \lambda}x_2{}^2;$$

$$(15\text{c}) \qquad 0 = x_1{}^2 + x_3{}^2 + 2x_2x_4;$$

$$(16\text{c}) \qquad \frac{x_1}{\alpha + \lambda}, \quad 0, \quad x_2, \quad x_3 + \frac{x_1}{\alpha + \lambda} - x_2(\alpha + \lambda);$$

$$(17\text{c}) \qquad \frac{1}{s} \equiv x_1{}^2 + x_3{}^2 + 2x_2x_4 = \lambda_3 x_2{}^2;$$

$$\sigma x_1{}^2 = -(\alpha + \lambda_1)(\alpha + \lambda_2), \quad 2\sigma x_2 x_3 = 2\alpha + \lambda_1 + \lambda_2,$$

$$(18c) \qquad\qquad \sigma x_2{}^2 = 1,$$

$$2\sigma x_2 x_4 = \lambda_3 + 1 + \tfrac{1}{4}(2\alpha + \lambda_1 + \lambda_2)^2,$$

$$\sigma = s\lambda_3;$$

$$(19c) \qquad \frac{(\lambda_2 - \lambda_1)d\lambda_2{}^2}{(\alpha + \lambda_1)(\alpha + \lambda_2)} = C\lambda_3 \left(\frac{\lambda_2 - \lambda_1}{\alpha + \lambda_2} d\lambda_2{}^2 - \frac{d\lambda_3{}^2}{\lambda_3} \right);$$

$$(20c) \qquad \int \sqrt{\frac{\lambda_2 - \lambda_1}{\alpha + \lambda_2}}\, d\lambda_2 = \sqrt{C(\alpha + \lambda_1)} \int \frac{d\lambda_3}{\sqrt{C(\alpha + \lambda_1)\lambda_3 - 1}}$$

$$= 2\sqrt{\lambda_3 - \frac{1}{C(\alpha + \lambda_1)}} + \text{Const.}$$

Nr. 6. *Kegel und Fundamentalfläche schneiden sich in einer Curve dritter Ordnung und in einer Sehne derselben.* Die den früheren entsprechenden Gleichungen werden (vgl. Nr. 4, p. 221):

$$(14d) \qquad 0 = x_1{}^2 + \frac{2x_3 x_4}{\alpha + \lambda} + \frac{x_3{}^2}{(\alpha + \lambda)^2} \equiv \frac{(\lambda - \lambda_1)(\lambda - \lambda_2)}{(\alpha + \lambda)^2} x_1{}^2;$$

$$(15d) \qquad 0 = 2x_1 x_2 + 2x_3 x_4 \equiv \frac{1}{s};$$

$$(16d) \qquad 0, \quad x_1, \quad \frac{x_3}{\alpha + \lambda}, \quad \frac{x_3}{(\alpha + \lambda)^2} + \frac{x_4}{\alpha + \lambda};$$

$$(17d) \qquad 2x_1 x_2 + 2x_3 x_4 = \lambda_3 x_1{}^2,$$

$$\sigma x_1{}^2 = 1, \qquad\qquad 2\sigma x_3 x_4 = -(2\alpha + \lambda_1 + \lambda_2),$$

$$(18d) \quad \sigma x_3{}^2 = (\alpha + \lambda_1)(\alpha + \lambda_2), \quad 2\sigma x_1 x_2 = 2\alpha + \lambda_1 + \lambda_2 + \lambda_3,$$

$$\sigma = s\lambda_3.$$

$$(19d) \qquad \frac{(\lambda_2 - \lambda_1)d\lambda_2{}^2}{(\alpha + \lambda_1)^2(\alpha + \lambda_2)^2} = C\left\{ \frac{\lambda_1 - \lambda_2}{(\alpha + \lambda_2)^2} d\lambda_2{}^2 - \frac{d\lambda_3{}^2}{\lambda_3} \right\}\lambda_3;$$

$$(20d) \qquad \int \frac{\sqrt{\lambda_1 - \lambda_2}\, d\lambda_2}{\alpha + \lambda_2} = \frac{2}{(\alpha + \lambda_1)\sqrt{C}} \sqrt{1 + C(\alpha + \lambda_1)^2\lambda_3} + \text{Const.}$$

Nr. 7. *Die im vorigen Falle auftretende Sehne der Raumcurve dritter Ordnung wird zur Tangente.* Die einfachsten Gleichungsformen der betreffenden Flächen, wie sie sich aus Nr. 4, p. 221 ergeben, führen hier ebenso wenig zum Ziele, wie die entsprechenden Gleichungsformen in Nr. 4 und 5. Das Integral (5) wird dagegen wieder in der alten Weise erhalten, wenn die Gleichung des Kegelsystems, dessen einzelne Flächen zur Fundamentalfläche in der jetzt verlangten Beziehung stehen, in der Form

$$(14e) \quad 0 = x_2{}^2 + 2x_1 x_3 + 2\lambda x_1 x_2 + \lambda^2 x_1{}^2 \equiv (\lambda - \lambda_1)(\lambda - \lambda_2)x_1{}^2$$

angenommen wird. Die weiteren Rechnungen geschehen dann an der Hand folgender Relationen:

$$(15e) \qquad 0 = 2x_2 x_3 + 2x_1 x_4 \equiv \frac{1}{s},$$

$$(17e) \qquad \lambda_3 x_1^2 = 2x_2 x_3 + 2x_1 x_4.$$

Die verallgemeinerten Krümmungslinien sind also von der dritten Ordnung und berühren die Linie $x_1 = 0$, $x_2 = 0$ in der Spitze.

$$\sigma x_1^2 = 1, \qquad 2\sigma x_1 x_3 = -\tfrac{1}{4}(\lambda_1 - \lambda_2)^2,$$

$$(18e) \quad 2\sigma x_1 x_2 = -(\lambda_1 + \lambda_2), \quad 2\sigma x_1 x_4 = \lambda_3 - \tfrac{1}{8}(\lambda_1 - \lambda_2)^2(\lambda_1 + \lambda_2),$$

$$\sigma = s\lambda_3;$$

$$(19e) \qquad (\lambda_1 - \lambda_2)d\lambda_2^2 = C\left\{(\lambda_1 - \lambda_2)d\lambda_2^2 - \frac{d\lambda_3^2}{\lambda_3}\right\}\lambda_3;$$

$$(20e) \qquad -\tfrac{2}{3}(\lambda_1 - \lambda_2)^{\frac{3}{2}} = \sqrt{\lambda_3 - \frac{1}{C}} + \text{Const.}$$

Die verallgemeinerten geodätischen Linien der Kegel werden sonach im vorliegenden Falle durch *algebraische* Curven gegeben. Dieselben sind von der sechsten Ordnung, denn nach (18e) lassen sich die Coordinaten ihrer Punkte als rationale Functionen sechsten Grades von $\varrho = \sqrt{\lambda_1 - \lambda_2}$ darstellen.

Nr. 8. *Kegel und Fundamentalfläche schneiden sich in zwei sich nicht berührenden und nicht zerfallenden Kegelschnitten* (vgl. Nr. 6, p. 224).

$$(14f) \quad 0 = \frac{x_2^2}{\alpha_1 + \lambda} + \frac{x_3^2 + x_4^2}{\alpha_2 + \lambda} \equiv \frac{\lambda - \lambda_1}{(\alpha_1 + \lambda)(\alpha_2 + \lambda)}(x_2^2 + x_3^2 + x_4^2),$$

$$(15f) \quad 0 = x_1^2 + x_2^2 + x_3^2 + x_4^2 \equiv \frac{1}{s}.$$

Um ein (im verallgemeinerten Sinne) dreifach orthogonales Flächensystem zu erhalten, nehmen wir hier ausser der Flächenschaar

$$(17f) \qquad x_1^2 = \lambda_3(x_2^2 + x_3^2 + x_4^2)$$

noch den Ebenenbüschel $x_3 - \lambda_2 x_4 = 0$ zu Hülfe. Die von den Flächen (17f) ausgeschnittenen verallgemeinerten Krümmungslinien zerfallen je in zwei Kegelschnitte. Die weiteren Gleichungen werden:

$$\sigma x_1^2 = \lambda_3, \qquad \sigma x_3^2 = \frac{(\alpha_2 + \lambda_1)\lambda_2^2}{(\alpha_2 - \alpha_1)(1 + \lambda_2^2)},$$

$$(18f)$$

$$\sigma x_2^2 = \frac{\alpha_1 + \lambda_1}{\alpha_1 - \alpha_2}, \qquad \sigma x_4^2 = \frac{\alpha_2 + \lambda_1}{(\alpha_2 - \alpha_1)(1 + \lambda_2^2)},$$

$$\sigma = (1 + \lambda_3)s;$$

$$(19f)$$

$$-\frac{4\,d\lambda_2^2}{(\alpha_1 + \lambda_1)(\alpha_2 + \lambda_1)(\alpha_2 - \alpha_1)(1 + \lambda_2^2)^2}$$

$$= C\left(4\frac{(\alpha_2 + \lambda_1)d\lambda_2^2}{(\alpha_2 - \alpha_1)(1 + \lambda_2^2)^2}(1 + \lambda_3) + \frac{d\lambda_3^2}{\lambda_3}\right);$$

$$(20\mathrm{f}) \quad \frac{2}{\sqrt{\alpha_1 - \alpha_2}} \operatorname{arctg} \lambda_2 = \sqrt{A} \int \frac{d\lambda_3}{\sqrt{\lambda_3(1 + A + A\lambda_3)}} + \text{Const.};$$
$$A = C(\alpha_1 + \lambda_1)(\alpha_2 + \lambda_1).$$

Die Pole der Kegel (14f) in Bezug auf die Fundamentalfläche (15f) sind dieselben, wie ihre Pole in Bezug auf den Schnitt der letzteren Fläche mit der Ebene $x_1 = 0$. Setzt man daher

$$x_2 = z \cdot x_1, \quad x_3 = x \cdot x_1, \quad x_4 = y \cdot x_1,$$

so liefert (17f) ein System von Kugeln, welche auf den *Rotationskegeln*

$$\frac{z^2}{\alpha_1 + \lambda} + \frac{x^2 + y^2}{\alpha_2 + \lambda} = 0$$

die (ebenen) *Krümmungslinien* ausschneiden; und in (20f) haben **wir** *die Gleichung der gewöhnlichen geodätischen Linien dieser Rotationskegel vor uns.* Machen wir

$$\lambda_3 = \frac{1}{r^2}, \quad \frac{\alpha_1 + \lambda_1}{\alpha_1 - \alpha_2} = \cos^2 \psi, \quad \frac{\alpha_2 + \lambda_1}{\alpha_2 - \alpha_1} = \sin^2 \psi, \quad \lambda_2 = \operatorname{tg} \varphi,$$

so ergeben sich in der That die früheren räumlichen Polarcoordinaten (vgl. p. 279).

Nr. 9. *Die beiden Kegelschnitte von Nr. 8 berühren sich* (**vgl.** Nr. 7, p. 225).

$$(14\mathrm{g}) \quad 0 = \frac{x_2^2 + 2x_3 x_4}{\alpha + \lambda} + \frac{x_3^2}{(\alpha + \lambda)^2} \equiv \frac{\lambda - \lambda_1}{(\alpha + \lambda)^2}(x_2^2 + 2x_3 x_4),$$

$$(15\mathrm{g}) \quad 0 = x_1^2 + x_2^2 + 2x_3 x_4 \equiv \frac{1}{s},$$

$$(17\mathrm{g}) \quad x_1^2 = \lambda_3(x_2^2 + 2x_3 x_4), \quad x_2 = \lambda_2 x_3;$$
$$\sigma x_1^2 = \lambda_3, \qquad 2\sigma x_3 x_4 = 1 + (\alpha + \lambda_1)\lambda_2^2,$$

$$(18\mathrm{g}) \quad \sigma x_3^2 = -(\alpha + \lambda_1), \qquad \sigma x_2^2 = -(\alpha + \lambda_1)\lambda_2^2,$$
$$\sigma = s(1 + \lambda_3);$$

$$(19\mathrm{g}) \quad \frac{4 d\lambda_2^2}{(\alpha + \lambda_1)^2} = C\left(\frac{d\lambda_3^2}{\lambda_3(1 + \lambda_3)} - 4(\alpha + \lambda_1)d\lambda_2^2\right)(1 + \lambda_3);$$

$$(20\mathrm{g}) \quad 2\lambda_2 = (\alpha + \lambda_1)\sqrt{C} \int \frac{d\lambda_3}{\sqrt{\lambda_3(1 - A - A\lambda_3)}} + \text{Const.},$$
$$A = (\alpha + \lambda_1)^3 C.$$

Auch hier könnte man eine Anwendung auf die gewöhnliche Geometrie durch Vermittlung des imaginären Kugelkreises vornehmen, würde aber dadurch zu imaginären Kegeln geführt werden.

Nr. 10. *Einer der beiden Kegelschnitte von Nr. 8 artet in ein Linienpaar aus* (vgl. Nr. 8, p. 227).

$$(14\mathrm{h}) \quad 0 = x_3^2 + \frac{x_1^2 + x_2^2}{\alpha + \lambda} \equiv \frac{\lambda - \lambda_1}{\alpha + \lambda} x_3^2,$$

$$\text{(15h)} \qquad 0 = x_1{}^2 + x_2{}^2 + 2x_3x_4 \equiv \frac{1}{s},$$

$$\text{(17h)} \qquad 2x_3x_4 = \lambda_3(x_1{}^2 + x_2{}^2), \quad x_1 = \lambda_2 x_2;$$

$$\text{(18h)} \qquad
\begin{aligned}
&\sigma x_1{}^2 = -\frac{\lambda_2{}^2(\alpha+\lambda_1)}{1+\lambda_2{}^2}, \qquad &&\sigma x_2{}^2 = -\frac{\alpha+\lambda_1}{1+\lambda_2{}^2}, \\
&\sigma x_3{}^2 = 1, \qquad &&2\sigma x_3 x_4 = -\lambda_3(\alpha+\lambda_1), \\
&\sigma = -s(\alpha+\lambda_1)(1+\lambda_3);
\end{aligned}$$

$$\text{(19h)} \qquad \frac{4\,d\lambda_2{}^2}{(\alpha+\lambda_1)(1+\lambda_2{}^2)^2} = C\left\{ \frac{4(\alpha+\lambda_1)}{(1+\lambda_2{}^2)^2}\,d\lambda_2{}^2 - \frac{\alpha+\lambda_1}{1+\lambda_3}\,d\lambda_3{}^2 \right\}(1+\lambda_3)(\alpha+\lambda_1);$$

$$\text{(20h)} \qquad \operatorname{arctg} \lambda_2 = \sqrt{1+\lambda_3 - \frac{1}{C(\alpha+\lambda_1)^3}}.$$

Nr. 11. *Kegel und Fundamentalfläche berühren sich längs eines Kegelschnittes* (vgl. Nr. 12, p. 231). Die Gleichungen der beiden Flächen werden:

$$x_2{}^2 + x_3{}^2 + x_4{}^2 = 0 \quad \text{und} \quad x_1{}^2 + x_2{}^2 + x_3{}^2 + x_4{}^2 = 0.$$

Die Differentialgleichung der Krümmungslinien ist folglich identisch erfüllt, und diejenige der verallgemeinerten geodätischen Linien geht über in

$$x_1 \Sigma \pm x_2\,dx_3\,d^2x_4 = 0.$$

Eine Linie der letzteren Art wird also auch hier durch zwei Punkte bestimmt, zerfällt aber in die beiden durch diese Punkte gehenden Erzeugenden des Kegels. Die Uebertragung auf den imaginären Kugelkreis führt zu den diesen Kreis enthaltenden imaginären Kegeln (Kugeln vom Radius Null).

Wenn hiermit die möglichen Lagen eines Kegels (der nicht in ein Ebenenpaar ausartet) gegen eine Fläche zweiter Ordnung erschöpft sind, so bleibt doch noch die Möglichkeit einer Ausartung dieser Fläche zweiter Ordnung in Betracht zu ziehen, und dies um so mehr, als gerade sie zu den einfachsten Fällen der *gewöhnlichen geodätischen Linien auf Cylindern* führt. Letztere sind in der That im Vorstehenden ausgeschlossen, während die gewöhnlichen geodätischen Linien auf Kegeln in Nr. 1, Nr. 8, Nr. 9 und Nr. 11 Berücksichtigung fanden.

Nr. 12. *Die geodätischen Linien auf elliptischen oder hyperbolischen Cylindern.* Wir gehen aus von der Cylinderschaar

$$\text{(14i)} \qquad 0 = \frac{x_1{}^2}{\alpha_1+\lambda} + \frac{x_2{}^2}{\alpha_2+\lambda} - x_4{}^2 \equiv -\frac{(\lambda-\lambda_1)(\lambda-\lambda_2)}{(\alpha_1+\lambda)(\alpha_2+\lambda)}x_4{}^2,$$

wenn der imaginäre Kugelkreis durch die Gleichungen

$$(15\mathrm{i}) \qquad x_4 = 0, \quad x_1^2 + x_2^2 + x_3^2 = 0$$

dargestellt wird. Die Differentialgleichung der Krümmungslinien ist:

$$\begin{vmatrix} \dfrac{x_1}{\alpha_1 + \lambda} & \dfrac{x_2}{\alpha_2 + \lambda} & 0 & 0 \\[2ex] \dfrac{dx_1}{\alpha_1 + \lambda} & \dfrac{dx_2}{\alpha_2 + \lambda} & 0 & 0 \\[2ex] x_1 & x_2 & x_3 & x_4 \\[1ex] dx_1 & dx_2 & dx_3 & dx_4 \end{vmatrix} = \frac{(x_1\,dx_2 - x_2\,dx_1)(x_3\,dx_4 - x_4\,dx_3)}{(\alpha_1 + \lambda)(\alpha_2 + \lambda)} = 0.$$

Der erste Factor der linken Seite führt auf die Erzeugenden des Cylinders als Krümmungslinien, der andere auf die ebenen Schnitte senkrecht zur Axe. Für die Differentialgleichung der geodätischen Linien findet man

$$\begin{vmatrix} \dfrac{x_1}{\alpha_1 + \lambda} & \dfrac{x_2}{\alpha_2 + \lambda} & 0 & 0 \\[2ex] x_1 & x_2 & x_3 & x_4 \\[1ex] dx_1 & dx_2 & dx_3 & dx_4 \\[1ex] d^2x_1 & d^2x_2 & d^2x_3 & d^2x_4 \end{vmatrix} = 0.$$

Ein integrirender Factor wird hier nicht durch die obige Determinante gegeben, sondern durch die folgende:

$$\begin{vmatrix} \dfrac{x_1}{\alpha_1 + \lambda} & \dfrac{x_2}{\alpha_2 + \lambda} & 0 & -\,x_4 \\[2ex] \dfrac{dx_1}{\alpha_1 + \lambda} & \dfrac{dx_2}{\alpha_2 + \lambda} & 0 & -\,dx_4 \\[2ex] 0 & 0 & x_3 & x_4 \\[1ex] 0 & 0 & dx_3 & dx_4 \end{vmatrix},$$

welche sich allerdings bei der Ausrechnung als der obigen gleich ergibt. Die Integration der so entstehenden Gleichung führt (wenn $\lambda = \lambda_1 = $ Const.) zu der Relation

$$\left[\frac{x_1^2}{(\alpha_1 + \lambda_1)^2} + \frac{x_2^2}{(\alpha_2 + \lambda_1)^2}\right]\left[\frac{dx_1^2}{\alpha_1 + \lambda_1} + \frac{dx_2^2}{\alpha_2 + \lambda_1} - dx_4^2\right]$$
$$= C\left[(x_3^2 + x_4^2)(dx_3^2 + dx_4^2) - (x_3\,dx_3 + x_4\,dx_4)^2\right]$$
$$= C(x_3\,dx_4 - x_4\,dx_3)^2.$$

Die *elliptischen Cylindercoordinaten**) werden eingeführt durch die Gleichungen:

---

*) Dieselben sind, ebenso wie die allgemeinen elliptischen Coordinaten, für gewisse Probleme der mathematischen Physik von Wichtigkeit; vgl. H e i n e, Handbuch der Kugelfunctionen, 2. Aufl. Bd. 2, p. 202, Berlin 1881.

$$(18\,\mathrm{i}) \qquad \sigma x_1{}^2 = \frac{(\alpha_1 + \lambda_1)(\alpha_1 + \lambda_2)}{\alpha_1 - \alpha_2}, \qquad \sigma x_2{}^2 = \frac{(\alpha_2 + \lambda_1)(\alpha_2 + \lambda_2)}{\alpha_2 - \alpha_1},$$

$$\sigma x_3{}^2 = \lambda_3, \qquad\qquad\qquad \sigma x_4{}^2 = 1.$$

Wie in den früheren Fällen wird die weitere Rechnung am einfachsten durch logarithmische Differentiation ausgeführt, wobei die frühere Grösse s jetzt durch die Gleichung $s(x_3{}^2 + x_4{}^2) = 1$ zu definiren ist. Man erhält so aus (18i) die Differentialgleichung:

$$(19\,\mathrm{i}) \qquad \frac{(\lambda_1 - \lambda_2)\,d\lambda_2{}^2}{(\alpha_1 + \lambda_1)(\alpha_1 + \lambda_2)(\alpha_2 + \lambda_1)(\alpha_2 + \lambda_2)} = C\,\frac{d\lambda_3{}^2}{\lambda_3},$$

und durch Integration

$$(20\,\mathrm{i}) \qquad \int \frac{\sqrt{\lambda_1 - \lambda_2}\,d\lambda_2}{\sqrt{(\alpha_1 + \lambda_2)(\alpha_2 + \lambda_2)}} = 2\sqrt{\lambda_3}\ \sqrt{C(\alpha_1 + \lambda_1)(\alpha_2 + \lambda_1)} + \text{Const.}$$

Nr. 13. *Die eine unendlich ferne Erzeugende des Cylinders berührt den imaginären Kugelkreis.* Dieser Fall kann zwar bei reellen Flächen nicht vorkommen, muss aber der Vollständigkeit halber erwähnt werden. Die entsprechenden Gleichungen werden:

$$(14\,\mathrm{k}) \qquad 0 = \frac{x_1{}^2 + 2x_1 x_2}{\alpha + \lambda} + x_4{}^2 = \frac{\lambda - \lambda_1}{\alpha + \lambda}\,x_4{}^2,$$

$$(15\,\mathrm{k}) \qquad x_1{}^2 + x_3{}^2 + 2x_1 x_2 = 0, \quad x_4 = 0.$$

Die geodätischen Linien ergeben sich aus der Gleichung

$$\begin{vmatrix} \dfrac{x_1}{\alpha + \lambda_1} & 0 & \dfrac{x_1 + x_2}{\alpha + \lambda_1} & x_4 \\[2ex] \dfrac{dx_1}{\alpha + \lambda_1} & 0 & \dfrac{dx_1 + dx_2}{\alpha + \lambda_1} & dx_4 \\[2ex] 0 & x_3 & 0 & x_4 \\[1ex] 0 & dx_3 & 0 & dx_4 \end{vmatrix} \cdot \begin{vmatrix} \dfrac{x_2}{\alpha + \lambda_1} & 0 & \dfrac{x_1}{\alpha + \lambda_1} & 0 \\[2ex] x_2 & x_3 & x_1 & x_4 \\[1ex] dx_2 & dx_3 & dx_1 & dx_4 \\[1ex] d^2 x_2 & d^2 x_3 & d^2 x_1 & d^2 x_4 \end{vmatrix} = 0,$$

und das erste Integral ist:

$$\frac{x_1{}^2 + 2x_1 x_2}{(\alpha + \lambda_1)^2} \cdot \left[\frac{dx_1{}^2 + 2\,dx_1\,dx_2}{\alpha + \lambda_1} + dx_4{}^2 \right] = C(x_3\,dx_4 - x_4\,dx_3)^2.$$

$$(18\,\mathrm{k}) \quad \sigma x_1{}^2 = \lambda_2, \quad \sigma x_3{}^2 = \lambda_3, \quad \sigma x_4{}^2 = 1, \quad 2\sigma x_1 x_2 = -(\alpha + \lambda_1 + \lambda_2),$$

$$(20\,\mathrm{k}) \quad \sqrt{-1} \int \sqrt{\alpha + \lambda_1 + \lambda_2}\,\frac{d\lambda_2}{\lambda_2} = \sqrt{\lambda_3}\ \sqrt{C(\alpha + \lambda_1)} + \text{Const.}$$

Nr. 14. *Die Spitze des Kegels liegt auf dem imaginären Kugelkreise.*

$$0 = \frac{x_1{}^2 + x_2{}^2}{\alpha + \lambda} + x_4{}^2 = \frac{\lambda - \lambda_1}{\alpha + \lambda}\,x_4{}^2,$$

$$(15\,\mathrm{l}) \qquad x_4 = 0, \quad x_1{}^2 + x_2{}^2 + 2x_1 x_3 = 0.$$

Hier ist die bisher befolgte Methode nicht mehr vortheilhaft; **wir** nehmen kurz $x_4 = 1$, $dx_4 = 0$. Dann wird die Differentialgleichung der geodätischen Linien

$$\begin{vmatrix} x_1 & x_2 & 0 \\ dx_3 & dx_2 & dx_1 \\ d^2x_3 & d^2x_2 & d^2x_1 \end{vmatrix} = 0.$$

Mit Hülfe der Relation $x_1 dx_1 + x_2 dx_2 = 0$ reducirt sie sich auf

$$(2\,dx_1 dx_3 + dx_2{}^2)d^2x_1 = dx_1(dx_1 d^2x_3 + dx_3 d^2x_1 + dx_2 d^2x_2) = 0$$

und gibt das erste Integral

$$2\,dx_1 dx_3 + dx_2{}^2 = C\,dx_1{}^2.$$

Führen wir mittelst der Gleichungen $x_1{}^2 = \lambda_2 x_4{}^2$, $x_3{}^2 = \lambda_3 x_4{}^2$ neue Variable ein, so wird $x_2{}^2 = -(\alpha + \lambda_1 + \lambda_2)x_4{}^2$ und

$$2\frac{d\lambda_2 d\lambda_3}{\sqrt{\lambda_2 \lambda_3}} - \frac{d\lambda_2{}^2}{\sqrt{\alpha + \lambda_1 + \lambda_2}} = C\frac{d\lambda_2{}^2}{\lambda_2},$$

$$4\sqrt{\lambda_3} = \sqrt{C} \int \sqrt{\frac{\alpha + \lambda_1 + \lambda_2 + \lambda_2 C^{-1}}{\lambda_2(\alpha + \lambda_1 + \lambda_2)}}\, d\lambda_2.$$

Will man die frühere Methode anwenden, so hat man von der Kegelschaar

$$(141) \qquad 0 = \frac{(x_1 + x_4)^2}{\alpha_1 + \lambda} + \frac{(x_2 + x_4)^2}{\alpha_2 + \lambda} + x_4{}^2 = \frac{(\lambda - \lambda_1)(\lambda - \lambda_2)}{(\alpha_1 + \lambda)(\alpha_2 + \lambda)} x_4{}^2$$

auszugehen, und die in bekannter Weise zu bildende Differentialgleichung mit der Determinante

$$\begin{vmatrix} \dfrac{x_1 + x_4}{\alpha_1 + \lambda_1} & \dfrac{x_2 + x_4}{\alpha_2 + \lambda_1} & 0 & \dfrac{x_1}{\alpha_1 + \lambda_1} + \dfrac{x_2}{\alpha_2 + \lambda_1} + x_4 \\[2ex] \dfrac{dx_1 + dx_4}{\alpha_1 + \lambda_1} & \dfrac{dx_2 + dx_4}{\alpha_2 + \lambda_1} & 0 & \dfrac{dx_1}{\alpha_1 + \lambda_1} + \dfrac{dx_2}{\alpha_2 + \lambda_1} + dx_4 \\[2ex] 0 & 0 & x_3 & x_4 \\[1ex] 0 & 0 & dx_3 & dx_4 \end{vmatrix}$$

zu multipliciren. Ist wieder $x_3 = \lambda_3 x_4$, so ergibt sich die Endgleichung in der Form:

$$(201) \qquad \int \frac{\sqrt{\lambda_2 - \lambda_1}\, d\lambda_2}{\sqrt{(\alpha_1 + \lambda_2)(\alpha_2 + \lambda_2)}} = 2\sqrt{\lambda_3}\,\sqrt{C(\alpha_1 + \lambda_1)(\alpha_2 + \lambda_1)} + \text{Const.}$$

Nr. 15. *Die geodätischen Linien auf dem Rotationscylinder.* Jede der beiden unendlich fernen Geraden des Cylinders berührt den imaginären Kugelkreis. Die Rechnungen gestalten sich wie in Nr. 13:

$$(14\mathrm{m}) \qquad 0 = \frac{x_1{}^2 + x_2{}^2}{\alpha + \lambda} + x_4{}^2 = \frac{\lambda - \lambda_1}{\alpha + \lambda} x_4{}^2,$$

$$(15\mathrm{m}) \qquad x_4 = 0, \quad x_1{}^2 + x_2{}^2 + x_3{}^2 = 0.$$

$$\begin{vmatrix} \mu x_1 & \mu x_2 & 0 & x_4 \\ \mu dx_1 & \mu dx_2 & 0 & dx_4 \\ 0 & 0 & x_3 & x_4 \\ 0 & 0 & dx_3 & dx_4 \end{vmatrix} \cdot \begin{vmatrix} \mu x_1 & \mu x_2 & 0 & 0 \\ x_1 & x_2 & x_3 & x_4 \\ dx_1 & dx_2 & dx_3 & dx_4 \\ d^2 x_1 & d^2 x_2 & d^2 x_3 & d^2 x_4 \end{vmatrix} = 0,$$

worin $(\alpha + \lambda_1)^{-1} = \mu$ gesetzt ist. Hieraus durch Integration:

$$\frac{x_1^2 + x_2^2}{(\alpha + \lambda_1)^2} \left[\frac{dx_1^2 + dx_2^2}{\alpha + \lambda_1} + dx_4^2 \right]$$

$$= C\left[(x_3^2 + x_4^2)(dx_3^2 + dx_4^2) - (x_3 dx_3 + x_4 dx_4)^2 \right] \equiv C\left(x_3 dx_4 - x_4 dx_3 \right)^2 ;$$

$$(18\,\mathrm{m}) \quad \sigma x_1^2 = - \frac{\lambda_2^2 (\alpha + \lambda_1)}{1 + \lambda_2^2}, \quad \sigma x_2^2 = - \frac{\alpha + \lambda_1}{1 + \lambda_2^2}, \quad \sigma x_3^2 = \lambda_3^2, \quad \sigma x_4^2 = 1.$$

$$(20\,\mathrm{m}) \qquad \operatorname{arctg} \lambda_2 = \lambda_3 \sqrt{C} + \text{Const.} = a\lambda_3 + b.$$

Wir finden also die *gewöhnlichen Schraubenlinien*[*]); in der That ergeben sich aus (20 m), (18 m) und (14 m) die Gleichungen

$$\frac{x_1}{x_4} = \sqrt{-\alpha - \lambda_1} \cdot \sin\left(a\frac{x_3}{x_4} + b \right), \quad \frac{x_2}{x_4} = \sqrt{-\alpha - \lambda_1} \cdot \cos\left(a\frac{x_3}{x_4} + b \right).$$

Nr. 16. *Die geodätischen Linien des parabolischen Cylinders; die beiden unendlich fernen Erzeugenden fallen zusammen.*

$$(14\,\mathrm{n}) \qquad 0 = \frac{x_2^2}{\alpha_1 + \lambda} + \frac{4 x_1 x_4}{\alpha_2 + \lambda} + x_4^2 = \frac{(\lambda - \lambda_1)(\lambda - \lambda_2)}{(\alpha_1 + \lambda)(\alpha_2 + \lambda)} x_4^2 ,$$

$$(15\,\mathrm{n}) \qquad x_4 = 0, \quad x_1^2 + x_2^2 + x_3^2 = 0.$$

$$\begin{vmatrix} \dfrac{2x_4}{\alpha_2 + \lambda_1} & \dfrac{x_2}{\alpha_1 + \lambda_1} & 0 & \dfrac{2x_1}{\alpha_2 + \lambda_1} + x_4 \\[2mm] \dfrac{dx_4}{\alpha_2 + \lambda_1} & \dfrac{dx_2}{\alpha_1 + \lambda_1} & 0 & \dfrac{2 dx_1}{\alpha_2 + \lambda_1} + dx_4 \\[2mm] 0 & 0 & x_3 & x_4 \\[1mm] 0 & 0 & dx_3 & dx_4 \end{vmatrix} \cdot \begin{vmatrix} \dfrac{2x_1}{\alpha_2 + \lambda_1} & \dfrac{x^2}{\alpha_1 + \lambda_1} & 0 & 0 \\[2mm] x_1 & x_2 & x_3 & x_4 \\[1mm] dx_1 & dx_2 & dx_3 & dx_4 \\[1mm] d^2 x_1 & d^2 x_2 & d^2 x_3 & d^2 x_4 \end{vmatrix} = 0.$$

$$\left[\frac{x_2^2}{(\alpha_1 + \lambda_1)^2} + \frac{4 x_1 x_4}{(\alpha_2 + \lambda_1)^2} \right] \cdot \left[\frac{dx_2^2}{\alpha_1 + \lambda_1} + \frac{4 dx_1 dx_4}{\alpha_2 + \lambda_1} \right] = C(x_3 dx_4 - x_4 dx_3)^2 .$$

$$(18\,\mathrm{n}) \qquad \sigma x_2^2 = \frac{(\alpha_1 + \lambda_1)(\alpha_1 + \lambda_2)}{\alpha_2 - \alpha_1}, \quad 4\sigma x_1 x_4 = \frac{(\alpha_2 + \lambda_1)(\alpha_2 + \lambda_2)}{\alpha_1 - \alpha_2},$$

$$\sigma x_3^2 = \lambda_3, \qquad\qquad\qquad \sigma x_4^2 = 1.$$

$$(20\,\mathrm{n}) \quad \int \sqrt{\frac{\lambda_2 - \lambda_1}{\alpha_1 + \lambda_2}}\, d\lambda_2 = 2\sqrt{C(\alpha_1 + \lambda_1)(\alpha_2 + \lambda_1)(\alpha_2 - \alpha_1)}\ \sqrt{\lambda_3} + \text{Const.}$$

---

[*]) Dieselben sind schon von Pappus studirt worden: Lib. IV, propos. 28. Vgl. Chasles' Aperçu historique, p. 30. Wir begegnen den Schraubenlinien unten noch einmal in dem Abschnitte über lineare Transformationen eines Kegelschnittes in sich.

Nr. 17. *Die unendlich ferne Erzeugende des parabolischen Cylinders berührt den imaginären Kugelkreis.*

$$(14\,\mathrm{o})\qquad 0 = x_2{}^2 + 2x_1\,x_4 + (\alpha + \lambda)\,2x_2\,x_4 + (\alpha + \lambda)^2\,x_4{}^2$$

$$\equiv (\lambda - \lambda_1)\,(\lambda - \lambda_2)\,x_4{}^2,$$

$$(15\,\mathrm{o})\qquad x_4 = 0,\qquad x_3{}^2 + 2x_1\,x_2 = 0;$$

$$\begin{vmatrix} x_2 + \mu x_4 & x_4 & 0 & x_1 + \mu x_2 + \mu^2 x_4 \\ dx_2 + \mu\,dx_4 & dx_4 & 0 & dx_1 + \mu\,dx_2 + \mu^2\,dx_4 \\ 0 & 0 & x_3 & x_4 \\ 0 & 0 & dx_3 & dx_4 \end{vmatrix} \cdot \begin{vmatrix} x_4 & x_2 + \mu x_4 & 0 & 0 \\ x_2 & x_1 & x_3 & x_4 \\ dx_2 & dx_1 & dx_3 & dx_4 \\ d^2 x_2 & d^2 x_1 & d^2 x_3 & d^2 x_4 \end{vmatrix} = 0,$$

wo $\mu = \alpha + \lambda_1$;

$$\big[2x_2\,x_4 + 2\,(\alpha + \lambda_1)\,x_4{}^2\big]\big[dx_2{}^2 + 2\,dx_1\,dx_4 + (\alpha + \lambda_1)\,2\,dx_2\,dx_4 + (\alpha + \lambda_1)^2\,dx_4{}^2\big]$$

$$= C\,(x_3\,dx_4 - x_4\,dx_3)^2;$$

$$(18\,\mathrm{o})\qquad 2\,\sigma x_2\,x_4 = -(\lambda_1 + \lambda_2 + 2\,\alpha),\quad \sigma(x_2{}^2 + 2x_1\,x_4) = (\alpha + \lambda_1)(\alpha + \lambda_2),$$

$$\sigma x_4{}^2 = 1,\qquad\qquad\qquad\qquad \sigma x_3{}^2 = \lambda_3;$$

$$(20\,\mathrm{o})\qquad -\tfrac{1}{3}(\lambda_1 - \lambda_2)^{\frac{3}{2}} = \sqrt{C}\,\sqrt{\lambda_3} + \text{Const.}$$

Die geodätischen Linien werden also algebraische Curven (wie im Falle Nr. 7). Bezeichnen a, b neue Constante, so liefert die Einführung der x_i das Resultat:

$$\big[x_2 + (\alpha + \lambda_1)\,x_4\big]^3 = x_4\,(ax_4 + bx_3)^2.$$

Die Curven sind also, indem sich die Linie $x_2 = 0$, $x_4 = 0$ doppelt absondert, von der vierten Ordnung. Setzt man $\varrho = \sqrt{\lambda_1 - \lambda_2}$, so lassen sich die Coordinaten ihrer Punkte vermöge (18o) als rationale Functionen von ϱ darstellen.

Nr. 18. *Die Spitze des (imaginären) parabolischen Cylinders liegt auf dem unendlich fernen imaginären Kugelkreise.*

$$(14\,\mathrm{p})\qquad 0 = \frac{(x_1 + x_2)^2}{\alpha + \lambda} + 2x_1\,x_4 \equiv \frac{\lambda - \lambda_1}{\alpha + \lambda}\,2x_1\,x_4,$$

$$(15\,\mathrm{p})\qquad x_4 = 0,\quad x_2{}^2 + 2x_1\,x_3 = 0.$$

Auch hier kommt man durch die Annahme $x_4 = 1$, $dx_4 = 0$ schneller zum Ziele; gleichwohl ist es von Interesse, die allgemeine Methode zu verfolgen. Machen wir zur Abkürzung $\mu = \alpha + \lambda_1$, $\mu\xi = x_1 + x_2$, so ist die Differentialgleichung der geodätischen Linien, versehen mit ihrem Multiplicator:

$$\begin{vmatrix} 0 & \xi & \xi + x_4 & 0 \\ x_1 & x_2 & x_3 & x_4 \\ dx_1 & dx_2 & dx_3 & dx_4 \\ d^2x_1 & d^2x_2 & d^2x_3 & d^2x_4 \end{vmatrix} \cdot \begin{vmatrix} x_4 + \xi & \xi & 0 & x_1 \\ dx_4 + d\xi & d\xi & 0 & dx_1 \\ 2x_3 - x_2 & x_2 - x_1 & 2x_1 & 0 \\ 2dx_3 - dx_2 & dx_2 - dx_1 & 2dx_1 & 0 \end{vmatrix} = 0.$$

Die Ausführung der Multiplication beider Determinanten führt zu einer in der früheren Weise integrabeln Gleichung. Setzt man

$$P = \left(\frac{x_1 + x_2}{\alpha + \lambda_1}\right)^2, \quad Q = \frac{(dx_1 + dx_2)^2}{\alpha + \lambda_1} + 2\, dx_1\, dx_4,$$

$$X = x_2{}^2 - 2x_1 x_2 + 4x_1 x_3, \quad Y = dx_2{}^2 - 2\, dx_1\, dx_2 + 4\, dx_1\, dx_3,$$

so ergibt sich als erstes Integral die Relation:

$$(5\mathrm{p}) \qquad\begin{aligned} PQ &= C\left[XY - \left(\frac{dX}{2}\right)^2\right] \\ &= -C\Big[\{(x_2 + 2x_3)dx_1 - x_1(dx_2 + 2dx_3)\}^2 \\ &\quad - 4(x_2\, dx_1 - x_1\, dx_2)(x_2\, dx_3 - x_3\, dx_2)\Big]. \end{aligned}$$

Mittelst der Gleichungen

$$x_2 = \lambda_2 x_1, \quad x_2{}^2 + \lambda_3 x_1 (x_2 + 2x_3) = 0$$

führen wir neue Variable λ_2, λ_3 ein. Dann wird

$$(18\mathrm{p}) \qquad\begin{aligned} \sigma (x_1 + x_2)^2 &= -(\alpha + \lambda_1), & 2\sigma x_2 x_4 &= \lambda_2, \\ 2\sigma x_1 x_4 &= 1, & 2\sigma (x_2 + 2x_3) x_4 &= \frac{\lambda_2{}^2}{\lambda_3}, \end{aligned}$$

und weiter

$$\frac{d\sigma}{\sigma} + 2\frac{dx_4}{x_4} = \frac{2\, d\lambda_2}{1 + \lambda_2} = -\frac{d\sigma}{\sigma} - 2\frac{dx_1}{x_1},$$

$$P = -\frac{2x_1 x_4}{\alpha + \lambda_1}, \quad Q = -\frac{2x_1 x_4\, d\lambda_2{}^2}{(1 + \lambda_2)^2},$$

während die rechte Seite unserer ersten Integralgleichung übergeht in

$$-C\left[\frac{\lambda_2{}^2}{\lambda_3{}^2}\left(\frac{\lambda_2}{\lambda_3}\, d\lambda_3 + (\lambda_3 - 2)\, d\lambda_2\right)^2 - \lambda_2{}^2\, d\lambda_2{}^2\right].$$

Man findet so *die Gleichung der geodätischen Linien* in der Form:

$$(20\mathrm{p}) \quad \int\left[-\lambda_2\sqrt{-C} \pm \sqrt{\frac{(1 + \lambda_2)^2}{(\alpha + \lambda_1)^3} - C\lambda_2{}^2}\right] d\lambda_2 = -\sqrt{-C}\,\frac{\lambda_2{}^2}{\lambda_3} + \text{Const.}$$

Die Rechnung gestaltete sich hier etwas anders, als in den früheren Fällen, weil die Parameter λ_2, λ_3 auf dem Kegel nicht mehr ein orthogonales Curvensystem in dem früheren Sinne definiren. In der That liefert die Integration der Differentialgleichung der Krümmungslinien als Integrale die beiden Ebenenbüschel

$$x_1 - k x_4 = 0, \quad x_1 + x_2 - l x_4 = 0.$$

Die Axen beider Büschel gehen durch die Spitze des Kegels hindurch; ausser den Erzeugenden gibt es daher auf letzterem keine Curven, die als Krümmungslinien aufzufassen wären (vgl. oben Nr. 11, p. 321), wie übrigens auch aus unserer Definition der Krümmungscurven unmittelbar ersichtlich ist.

Nr. 19. *Die Bedingungen von Nr. 17 und Nr. 18 sind gleichzeitig erfüllt.*

$$(14q) \qquad 0 = \frac{x_2{}^2}{\alpha + \lambda} + 2x_1 x_4 - \lambda x_4{}^2 = -\frac{(\lambda - \lambda_1)(\lambda - \lambda_2)}{\alpha + \lambda} x_4{}^2,$$

$$(15q) \qquad x_4 = 0, \quad x_1{}^2 + 2x_2 x_3 = 0;$$

$$\begin{vmatrix} x_4 & \dfrac{x_2}{\alpha + \lambda_1} & 0 & 0 \\ x_1 & x_2 & x_3 & x_4 \\ dx_1 & dx_2 & dx_3 & dx_4 \\ d^2x_1 & d^2x_2 & d^2x_3 & d^2x_4 \end{vmatrix} \begin{vmatrix} x_4 & \dfrac{x_2}{\alpha + \lambda_1} & 0 & x_1 - \lambda_1 x_4 \\ dx_4 & \dfrac{dx_2}{\alpha + \lambda_1} & 0 & dx_1 - \lambda_1 dx_4 \\ 0 & 0 & x_3 & x_4 \\ 0 & 0 & dx_3 & dx_4 \end{vmatrix} = 0;$$

$$\left[\frac{x_2{}^2}{(\alpha + \lambda_1)^2} + x_4{}^2 \right] \left[\frac{dx_2{}^2}{\alpha + \lambda_1} + 2 dx_1 dx_4 - \lambda_1 dx_4{}^2 \right] = C (x_3 dx_4 - x_4 dx_3)^2.$$

Die Variabeln werden getrennt durch die Substitution:

$$(18q) \quad \begin{aligned} \sigma x_2{}^2 &= -(\alpha + \lambda_1)(\alpha + \lambda_2), & 2\sigma x_1 x_4 &= \lambda_1 + \lambda_2 + \alpha, \\ \sigma x_4{}^2 &= 1, & 2\sigma x_3 x_4 &= \lambda_3; \end{aligned}$$

und das zweite Integral erscheint in der Gestalt:

$$(20q) \qquad \int \sqrt{\frac{\lambda_2 - \lambda_1}{\alpha + \lambda_2}}\, d\lambda_2 = \lambda_3 \sqrt{2C(\alpha + \lambda_1)} + \text{Const.}$$

Die Form der Gleichung ist dieselbe wie in Nr. 16, die Bedeutung der Variabeln aber eine andere. Von Krümmungslinien im eigentlichen Sinne kann auch hier nicht die Rede sein.

Wie man bei der vorstehenden Discussion*) der Kegelsysteme in jedem Falle zur Aufstellung der ersten Gleichung, also (14a) bis (14q), gelangt, ist nicht erörtert worden. Man findet dieselbe durch die Forderung, dass die Multiplication der beiden Determinanten immer in derselben Weise ausführbar sei, und dass dabei insbesondere der erste Term der ersten Horizontalreihe in der neuen Determinante (bis auf das Vorzeichen) durch Differentiation der linken Seite der betreffenden Gleichung (14) gewonnen werde, während der dritte

---

*) Einen irrthümlicher Weise ausgelassenen Fall findet man am Schlusse des Bandes unter den Verbesserungen nachgetragen.

und vierte Term dieser Reihe, sowie der zweite und dritte Term der ersten Verticalreihe sich gleich Null ergeben müssen.

Besonders bemerkenswerth sind *diejenigen Fälle, in denen die geodätischen Linien algebraisch werden.* Abgesehen von dem Falle Nr. 11, in dem nur die Erzeugenden des Kegels als geodätische Linien betrachtet werden konnten, trat dies ein bei Nr. 7, wo Kegel und Fundamentalfläche sich in einer Curve dritter Ordnung und einer Sehne derselben schneiden, und in Nr. 17, wo es sich um einen parabolischen Cylinder handelt, dessen unendlich ferne Erzeugende den imaginären Kugelkreis berührt. Auf reellen Kegeln und Cylindern sind daher die gewöhnlichen geodätischen Linien niemals sämmtlich algebraisch. Bei Flächen mit nicht verschwindender Determinante können doppelt unendlich viele algebraische unebene Curven auftreten (Nr. 9 und 11, p. 318 ff.), aber es können niemals *alle* verallgemeinerten geodätischen Linien algebraisch werden.

Die allgemeinen Betrachtungen über die Beziehung der geodätischen zu den Krümmungs-Linien, welche durch die Gleichung (5) veranlasst wurden (p. 326), lassen sich selbstverständlich auf alle diejenigen Fälle übertragen, in denen ein zu (5) analoges erstes Integral und ein zu (4) analoger Flächenbüschel benutzt wurden; sie gelten also auch in den Fällen Nr. 2 bis 10, dagegen nicht für die geodätischen Linien auf den Cylindern. Bei diesen zeigt das Auftreten des Factors $(x_3\,dx_4 - x_4\,dx_3)^2$ an, dass unter den geodätischen Curven insbesondere auch die durch den Büschel $x_3 - kx_4 = 0$ bestimmten ebenen Schnitte enthalten sind. In Nr. 18 haben wir eine scheinbare Ausnahme. Die Tangenten aller geodätischen Linien, für welche C unendlich gross ist, berühren hier den Kegel

$$(21) \qquad X \equiv x_2^2 - 2x_1 x_2 + 4x_1 x_3 = 0.$$

Setzen wir aber in (20p) $C = \infty$, so kommt je nach Wahl des Verzeichens der Quadratwurzel

$$(22) \qquad x_2 + 2x_3 - ax_1 = 0$$

oder

$$(23) \qquad x_2^2 - x_1 x_2 - 2x_1 x_3 - bx_1^2 = 0,$$

wo a und b Integrationsconstanten bedeuten. Die Ebene (22) bestimmt auf dem gegebenen Cylinder einen Kegelschnitt, dessen Tangenten den Kegel $X = 0$ berühren sollen, der also selbst auf letzterem Kegel liegen muss. Der Kegelschnitt zerfällt somit in zwei Erzeugende von $X = 0$, und kann folglich nur gleichzeitig auf dem gegebenen Cylinder liegen, wenn er in die Doppelgerade $x_1 = 0$, $x_2 = 0$

ausartet, längs welcher sich beide Kegel berühren. Nur für $a = \infty$, d. i. $x_1 = 0$, gibt daher die Ebene (22) eine geodätische Linie auf unserer Fläche. Es wird dies dadurch erklärlich, dass die Gleichung (5p) nicht nur von den geodätischen Curven befriedigt wird, sondern auch von den Integralcurven derjenigen Differentialgleichung, welche durch das Verschwinden des benutzten Multiplicators dargestellt wird*). Um in der That. die Integralcurven der letzteren Gleichung zu finden, multipliciren wir die drei ersten Verticalreihen der Determinante bez. mit x_1, x_2, $2x_3 + cx_1$ und addiren die entstehenden Producte zu der mit x_4 multiplicirten letzten Reihe. Es ergibt sich so, dass die Gleichung

$$(24) \qquad 0 = 4x_1 x_3 - 2x_1 x_2 + x_2^2 + cx_1^2 \equiv 2X + cx_1^2$$

eine von der willkürlichen Constanten c abhängige Integralcurve darstellt. Die zweite Schaar von Integralcurven ist offenbar durch die Gleichung $x_1 - c'x_2 = 0$ gegeben. Für unendlich grosse Werthe von C darf man daher aus dem Verschwinden des Factors von C in (5p) nicht auf Eigenschaften der gesuchten geodätischen Linien schliessen; dieses Verschwinden tritt vielmehr nach (24) für ein particuläres Integral der zuletzt besprochenen Differentialgleichung ein. Analoge Ueberlegungen zeigen die Unbrauchbarkeit eines Integrals von der Form (23).

Man kann hiernach für den Fall $C = \infty$ aus (5p) nur schliessen, dass auch $\lambda_2 = \infty$ wird. Wir befreien uns von den unbrauchbaren Lösungen, indem wir statt $\sqrt{-C}\,\lambda_2$ und $\sqrt{-C}\,\lambda_3$ neue Parameter λ_2 und λ_3 einführen; dann geht (19p), wenn noch $\gamma\sqrt{-C} = 1$ gesetzt wird, über in:

$$\gamma \int \left[- \lambda_2 \pm \sqrt{\frac{(1 + \gamma\lambda_2)^2}{(\alpha + \lambda_1)^3} - \lambda_2^2} \right] d\lambda_2 = - \frac{\lambda_2^2}{\gamma\lambda_3} + \text{Const.},$$

und gleichzeitig sind die dritte und vierte Gleichung (18p) zu ersetzen durch:

$$2\sigma x_2 x_4 = \gamma\lambda_2, \quad 2\sigma(x_2 + 2x_3) x_4 = \frac{\lambda_2^2}{\lambda_3}.$$

Der Werth $C = \infty$ oder $\gamma = 0$ gibt dann in der That $\lambda_2 = \infty$, also $x_1 = 0$, $x_2 = 0$, d. h. die Erzeugende, längs welcher der gegebene Cylinder von dem Kegel $X = 0$ berührt wird, wie wir es oben fanden.

---

*) In den früheren Fällen bereitete der Multiplicator nicht solche Schwierigkeiten, da die durch sein Verschwinden definirten Curven eben die Krümmungscurven waren, und von diesen sofort zu übersehen ist, ob sie die betreffende Gleichung (5) für alle oder für gewisse Werthe von C befriedigen oder nicht. Vgl. übrigens für den Fall der dreiaxigen Flächen Hesse's Vorlesungen, a. a. O.

XVI. Lineare Complexe in Beziehung zu einer Fläche zweiter Ordnung.

Unsere letzten Untersuchungen knüpften an das Problem an, einen Büschel von Flächen zweiter Ordnung $f + \lambda\varphi = 0$ in eine kanonische Form zu transformiren. Jede solche Fläche repräsentirt uns eine reciproke Verwandtschaft im Raume (vgl. p. 136), d. h. ein System von vier linearen Gleichungen der Form

$$(1) \qquad \varrho\, u_i = a_{i1}x_1 + a_{i2}x_2 + a_{i3}x_3 + a_{i4}x_4,$$

wenn $a_{ik} = a_{ki}$. Lassen wir nun diese letzteren Bedingungen fallen, und setzen

$$(2) \qquad \begin{aligned} f &= \Sigma\Sigma a_{ik}y_ix_k = \varrho\,\Sigma\, u_iy_i, \\ \varphi &= \Sigma\Sigma \alpha_{ik}y_ix_k = \sigma\,\Sigma\, w_iy_i, \end{aligned}$$

so stellen die Gleichungen $f = 0$, $\varphi = 0$ zwei allgemeinere reciproke Verwandtschaften dar, und für alle Gleichungen $\varphi + \lambda f = 0$ gibt es ein in ähnlicher Weise ausgezeichnetes Tetraëder, durch dessen Einführung als Coordinatentetraëder die Gleichungen besonders einfach werden. Die Bestimmung desselben hängt wieder ab von den Wurzeln der biquadratischen Gleichung

$$(3) \quad \varDelta(\lambda) = \Sigma \pm (\alpha_{11} + \lambda a_{11})(\alpha_{22} + \lambda a_{22})(\alpha_{33} + \lambda a_{33})(\alpha_{44} + \lambda a_{44}) = 0.$$

Auf diese Gleichung wird man sofort durch die Frage nach solchen Punkten x geführt, denen vermöge $f = 0$ und $\varphi = 0$, also auch $\varphi + \lambda f = 0$, eine und dieselbe Ebene zugeordnet ist, so dass die u_i zu den w_i proportional werden. *Dass hierbei der Determinante $\varDelta(\lambda)$ die charakteristische Eigenschaft der Invarianten zukommt*, wird genau in derselben Weise bewiesen, wie in dem speciellen Falle der Flächen zweiter Ordnung. Natürlich lassen sich auch vier Ebenen bestimmen, denen in beiden Verwandtschaften je derselbe Punkt entspricht.

Einige besondere Fälle der hiermit gestellten Aufgaben sind für uns von hervorragendem Interesse[*]. Nehmen wir erstens sowohl $a_{ik} = a_{ki}$ als $\alpha_{ik} = \alpha_{ki}$, so stellen uns $f = 0$ und $\varphi = 0$ die Polarverwandtschaften in Bezug auf zwei Flächen zweiter Ordnung dar, und wir kommen zu dem Probleme des gemeinsamen Polartetraëders zurück. Ist dagegen $a_{ik} = -a_{ki}$, $\alpha_{ik} = -\alpha_{ki}$, $a_{ii} = 0$, $\alpha_{ii} = 0$, so haben wir zwei sogenannte *Nullsysteme* vor uns (vgl. p. 102),

---

[*] Die allgemeine Theorie der bilinearen Formen (insbesondere der aus zwei solchen Formen zusammengesetzten linearen Schaar) wird in einer späteren Abtheilung (über quaternäre Formen) des vorliegenden Werkes Berücksichtigung finden. Einige Literaturangaben findet man in den Noten zu p. 233 f. und 236.

d. h. zwei *lineare Complexe*. Es gibt dann unendlich viele Punkte, denen in jedem Complexe $\varphi + \lambda f = 0$ dieselbe Ebene zugeordnet ist, denn wir wissen, dass diese Eigenschaft jedem Punkte einer der beiden Directricen der betreffenden Congruenz zukommt, indem ihm die durch ihn und die andere Directrix zu legende Ebene entspricht (p. 59).

Nehmen wir endlich an, dass $a_{ik} = a_{ki}$ sei, aber $\alpha_{ik} = -\alpha_{ki}$, so geben die Gleichungen (1) die Beziehungen zwischen Pol und Polarebene in Bezug auf die Fläche $\Sigma\Sigma a_{ik} x_i x_k = 0$, und $\varphi = 0$ stellt den linearen Complex

$$(4) \qquad \Sigma \alpha_{ik} p_{ik} = \Sigma \alpha_{ik}(y_i x_k - x_i y_k) = 0$$

dar. Es liefert $\varphi = 0$ *immer* eine durch x gehende Ebene, also die Ebenen, welche den vier durch $\varDelta(\lambda) = 0$ bestimmten Punkten entsprechen, müssen bez. durch diese Punkte selbst hindurchgehen; *die vier Punkte liegen folglich auf der Fläche zweiter Ordnung und die ihnen entsprechenden Ebenen sind die betreffenden vier Tangentialebenen der Fläche.* Es sei $x^{(s)}$ der zur Wurzel λ_s von $\varDelta = 0$ gehörige Punkt, und $u^{(s)}$ die ihm entsprechende Ebene, so dass wir

$$u_i^{(s)} = \lambda_s \Sigma a_{ik} x_k^{(s)} = -\Sigma \alpha_{ik} x_k^{(s)}$$

setzen können; dann folgt:

$$\lambda_r \lambda_s \Sigma u_i^{(s)} x_i^{(r)} = -\lambda_r \Sigma\Sigma \alpha_{ik} x_i^{(r)} x_k^{(s)} = \lambda_r \Sigma\Sigma \alpha_{ki} x_i^{(r)} x_k^{(s)}$$

$$= -\lambda_r \Sigma u_k^{(r)} x_k^{(s)},$$

und andererseits ist derselbe Ausdruck

$$= \lambda_r \lambda_s \Sigma\Sigma a_{ik} x_i^{(r)} x_k^{(s)} = \lambda_r \lambda_s \Sigma\Sigma a_{ki} x_i^{(r)} x_k^{(s)} = \lambda_s \Sigma u_k^{(r)} x_k^{(s)}.$$

Entweder ist also $\lambda_r + \lambda_s = 0$ oder $\Sigma u_k^{(r)} x_k^{(s)} = 0$. Nun sieht man sofort ein, dass unter den gemachten Voraussetzungen ($\alpha_{ik} = -\alpha_{ki}$) $\varDelta(-\lambda) = \varDelta(\lambda)$ ist; die vier Wurzeln λ_i zerfallen somit in zwei Paare, etwa derart, dass $\lambda_2 = -\lambda_1$ und $\lambda_4 = -\lambda_3$. Die eben gemachte Ueberlegung sagt darum aus, dass die zu $x^{(1)}$ gehörige Ebene (Tangentialebene der Fläche) durch $x^{(3)}$ und $x^{(4)}$, aber nicht durch $x^{(2)}$ hindurchgeht; ebenso geht die $x^{(2)}$ entsprechende Ebene durch $x^{(3)}$ und $x^{(4)}$, die zu $x^{(3)}$ gehörige enthält $x^{(1)}$ und $x^{(2)}$, aber nicht $x^{(4)}$ und endlich die Tangentialebene von $x^{(4)}$ geht durch $x^{(1)}$ und $x^{(2)}$. *Die vier Fundamentalpunkte bilden also auf der Fläche zweiter Ordnung ein Tetraëder, von dessen Kanten vier (nämlich 1-3, 1-4, 2-3, 2-4) auf der Fläche liegen;* die beiden anderen sind einander in Bezug auf die Fläche und in Bezug auf den linearen Complex polar conjugirt. *Es gibt hiernach im Allgemeinen vier gerade Linien, welche gleichzeitig einem gegebenen linearen Complexe angehören und auf einer gegebenen*

Fläche zweiter Ordnung liegen. Ausnahmen resp. Grenzfälle treten auf, wenn die Gleichung $\varDelta = 0$ zweifache oder mehrfache Wurzeln hat; im Folgenden untersuchen wir der Reihe nach die verschiedenen Möglichkeiten.

Nr. 1. *Die vier Wurzeln von* $\varDelta(\lambda) = 0$ *sind von einander verschieden.* Wir setzen

$$(5) \qquad F = \Sigma\Sigma a_{ik}x_i x_k, \qquad \varphi = \Sigma\alpha_{ik}p_{ik}.$$

Machen wir die vier ausgezeichneten Linien des Complexes $\varphi = 0$ zu Kanten des Coordinatentetraëders, so wird in den neuen Coordinaten X_i, bez. P_{ik} (vgl. p. 147 und 103):

$$F = 2X_1 X_4 + 2X_2 X_3, \qquad \varphi = \alpha P_{14} + \beta P_{23}.$$

Dieses Resultat möge durch die Transformation

$$(6) \qquad x_i = \beta_{i1}X_1 + \beta_{i2}X_2 + \beta_{i3}X_3 + \beta_{i4}X_4$$

erreicht werden, deren Determinante mit R bezeichnet werde; dann ist

$$(7) \qquad R^2\varDelta(\lambda) = \begin{vmatrix} 0 & 0 & 0 & \lambda+\alpha \\ 0 & 0 & \lambda+\beta & 0 \\ 0 & \lambda-\beta & 0 & 0 \\ \lambda-\alpha & 0 & 0 & 0 \end{vmatrix} = (\lambda^2 - \beta^2)(\lambda^2 - \alpha^2),$$

wie sich leicht nach Analogie mit den auf p. 211f. angestellten Ueberlegungen, bez. Rechnungen nachweisen lässt. Es muss also $\alpha = \pm \lambda_1$, $\beta = \pm \lambda_3$ sein; das Vorzeichen bleibt noch willkürlich, da eine Vertauschung desselben nur eine Aenderung der Bezeichnung der Wurzeln bedingen würde. Wir haben also die kanonische Form*):

$$(8) \qquad F = 2X_1 X_4 + 2X_2 X_3, \qquad \varphi = \lambda_1 P_{14} + \lambda_3 P_{23}.$$

Es bietet sich weiter *die Aufgabe, die Transformationscoëfficienten* β_{ik} *wirklich zu bestimmen.* Zu dem Zwecke bemerken wir, dass in allen den unendlich vielen durch die Gleichung $\varphi + \lambda f = 0$ dargestellten reciproken Verwandtschaften diejenigen Punkte x, welche mit ihrer zugehörigen Ebene u vereinigt liegen, immer dieselbe Fläche $F = 0$ bilden, dass dagegen die entsprechenden Ebenen u eine mit λ variirende Fläche zweiter Klasse umhüllen, deren Gleichung offenbar durch Nullsetzen der mit den u_i geränderten Determinante $\varDelta(\lambda)$ gewonnen wird, d. h. in der Form

---

*) Die verschiedenen im Folgenden behandelten Fälle wurden vom Herausgeber in seiner Inauguraldissertation (Erlangen 1873) an ihren bez. kanonischen Formen genauer discutirt (vgl. Math. Annalen Bd. 7), einige derselben gleichzeitig von Frahm in seiner Habilitationsschrift: Ueber eine Klasse von linearen Transformationen, Tübingen 1873.

$$(9) \qquad \Sigma \Sigma \varDelta_{ik}(\lambda) u_i u_k = 0$$

geschrieben werden kann, wenn $\varDelta_{ik}(\lambda)$ die ersten Unterdeterminanten von $\varDelta(\lambda)$ bezeichnen. Dabei ist zu beachten, dass in (9) der von λ unabhängige Term verschwindet, die linke Seite also durch λ theilbar ist. Auch dieser linken Seite kommt natürlich die Invarianteneigenschaft zu; es wird also

$$(10) \quad R^2 \Sigma \Sigma \varDelta_{ik}(\lambda) u_i u_k = \lambda \left\{ (\lambda^2 - \lambda_3{}^2) 2\, U_1 U_4 + (\lambda^2 - \lambda_1{}^2) 2\, U_2 U_3 \right\}.$$

Da nach (7) $R^2 A = 1$ ist, wenn A wieder die Determinante von F bezeichnet, so ergibt sich hieraus:

$$(11) \quad \begin{aligned} 2\lambda_1(\lambda_1{}^2 - \lambda_3{}^2) A \cdot U_1 U_4 &= \Sigma \Sigma \varDelta_{ik}(\lambda_1) u_i u_k, \\ 2\lambda_3(\lambda_3{}^2 - \lambda_1{}^2) A \cdot U_2 U_3 &= \Sigma \Sigma \varDelta_{ik}(\lambda_3) u_i u_k. \end{aligned}$$

Durch Zerlegung der rechten Seiten dieser Gleichungen in lineare Factoren findet man unter Berücksichtigung der Formeln

$$(12) \qquad U_k = \beta_{1k} u_1 + \beta_{2k} u_2 + \beta_{3k} u_3 + \beta_{4k} u_4$$

die gesuchten Transformations-Coëfficienten.

Man kann die Lösung der gestellten Aufgabe auch auf ein früher behandeltes Problem zurückführen. Es gibt nämlich unendlich viele Flächen zweiter Ordnung, welche mit dem Complexe $\varphi = 0$ dieselben vier Erzeugenden gemein haben; sie bilden einen Büschel, dessen Gleichung nach (10) durch $\Sigma \Sigma \varDelta_{ik}(\lambda) u_i u_k = 0$ gegeben wird, denn die rechte Seite von (10) zeigt, dass diese Gleichung in der That kein Glied mit λ^2 enthält, also nach Division mit λ linear in λ^2 wird, und die directe Ausrechnung ergibt

$$(13) \quad \Sigma \Sigma \varDelta_{ik}(\lambda) u_i u_k = \lambda^3 \Sigma \Sigma A_{ik} u_i u_k + \lambda \Sigma \Sigma \Sigma \Sigma a_{ik} \frac{\partial \mathsf{A}}{\partial \alpha_{il}} \frac{\partial \mathsf{A}}{\partial \alpha_{km}} u_l u_m,$$

wenn A_{ik} die Unterdeterminanten von A bedeuten, und wenn

$$(14) \qquad \mathsf{A} = \alpha_{12} \alpha_{34} + \alpha_{13} \alpha_{42} + \alpha_{14} \alpha_{23}$$

gesetzt wird. Eine bestimmte Fläche dieses Büschels ist mit derjenigen identisch, welche der Fläche $F = 0$ durch die Verwandtschaft $\varphi = 0$ zugeordnet wird. In der That führt die Auflösung der Gleichungen

$$(15) \qquad u_i = \alpha_{i1} x_1 + \alpha_{i2} x_2 + \alpha_{i3} x_3 + \alpha_{i4} x_4$$

zu den Formeln (vgl. p. 52, 54 und 102):

$$(16) \qquad \mathsf{A} x_i = \frac{\partial \mathsf{A}}{\partial \alpha_{i1}} u_1 + \frac{\partial \mathsf{A}}{\partial \alpha_{i2}} u_2 + \frac{\partial \mathsf{A}}{\partial \alpha_{i3}} u_3 + \frac{\partial \mathsf{A}}{\partial \alpha_{i4}} u_4,$$

und somit wird:

$$(17) \qquad \Sigma\Sigma\Sigma\Sigma a_{ik}\frac{\partial A}{\partial \alpha_{il}}\frac{\partial A}{\partial \alpha_{km}}u_l u_m = A^2 \Sigma\Sigma a_{ik}x_i x_k$$

$$= u_1{}^2(a_{22}\alpha_{34}{}^2 + a_{33}\alpha_{42}{}^2 + a_{44}\alpha_{23}{}^2 - 2a_{23}\alpha_{34}\alpha_{24}$$

$$- 2a_{34}\alpha_{42}\alpha_{32} - 2a_{42}\alpha_{23}\alpha_{43})$$

$$- 2u_1 u_2[2a_{33}\alpha_{14}\alpha_{24} + 2a_{44}\alpha_{13}\alpha_{23}$$

$$+ 2\alpha_{34}(a_{12}\alpha_{34} + a_{13}\alpha_{42} + a_{14}\alpha_{23} + a_{42}\alpha_{13} + a_{23}\alpha_{14})$$

$$- a_{34}(\alpha_{24}\alpha_{13} + \alpha_{14}\alpha_{23})] + \dots.$$

Der Factor von λ in (13) stellt also, gleich Null gesetzt, die Fläche dar, welche der Fläche $F = 0$ durch den linearen Complex zugeordnet wird. Man kann zunächst die beiden Flächen zweiter Klasse, $\Sigma\Sigma A_{ik}u_i u_k = 0$ und die eben bestimmte Fläche, nach Früherem (p. 228 und 265) in die Form

$$V_1{}^2 + V_2{}^2 + V_3{}^2 + V_4{}^2 = 0,$$

$$- \nu_1(V_1{}^2 + V_2{}^2) - \nu_3(V_3{}^2 + V_4{}^2) = 0$$

transformiren und geht dann durch die Substitution

$$V_1 = U_2 + iU_3, \qquad V_2 = U_2 - iU_3,$$

$$V_3 = U_1 + iU_4, \qquad V_4 = U_1 - iU_4$$

zu unserem jetzigen Coordinatensysteme über; dabei ist $\nu_1 = \lambda_1{}^2$, $\nu_3 = \lambda_3{}^2$ zu setzen.

Andererseits gibt es im Allgemeinen unendlich viele lineare Complexe, welche mit $F = 0$ dieselben vier Erzeugenden, wie der Complex $\varphi = 0$, gemein haben. Einer von diesen, dessen Gleichung $\psi = 0$ sei, ist offenbar der zu $\varphi = 0$ vermöge $F = 0$ polar conjugirte Complex, und die anderen sind in der Form $\varphi + \mu\psi = 0$ gegeben; die Leitlinien der ihnen gemeinsamen Congruenz sind identisch mit den Kanten $X_1 = 0$, $X_4 = 0$ und $X_2 = 0$, $X_3 = 0$ des neu eingeführten Coordinatentetraëders. Die Gleichung $\psi = 0$ ist in folgender Weise zu bilden. Der Geraden p sei vermöge $F = 0$ die Linie p' (mit den Axencoordinaten q_{ik}') polar conjugirt; dann bestehen die Gleichungen (p. 142):

$$q_{ik}' = \frac{\partial \Phi_{pp}}{\partial p_{ik}},$$

wenn $\Phi_{pp} = \underset{i,k\ h,l}{\Sigma\Sigma}(a_{hi}a_{lk} - a_{hk}a_{li})p_{hl}p_{ik}$ gesetzt wird, also den in (3), p. 142 gefundenen Ausdruck bezeichnet. *Die Gleichung des zu $\varphi = 0$ vermöge (1) polar conjugirten Complexes ist folglich:*

$$(18) \qquad 0 = \Sigma p_{ik}' a_{ik} = \Sigma\frac{\partial \Phi_{pp}}{\partial p_{ik}}\frac{\partial A}{\partial \alpha_{ik}} = \Sigma\frac{\partial \Phi_{\alpha\alpha}}{\partial \alpha_{ik}}\frac{\partial P}{\partial p_{ik}},$$

wenn $\Phi_{\alpha\alpha}$ aus Φ_{pp} dadurch entsteht, dass man p_{ik} durch $\alpha_{lm} = \dfrac{\partial \mathsf{A}}{\partial \alpha_{ik}}$ ersetzt, und wenn wieder P den Ausdruck $p_{12}p_{34} + p_{13}p_{42} + p_{14}p_{23}$ bedeutet. Nun sind nach unserer Definition zwei Complexe $\Sigma \alpha_{ik} p_{ik} = 0$ und $\Sigma \beta_{ik} p_{ik} = 0$ in involutorischer Lage, sobald die Summe $\Sigma \alpha_{ik} \beta_{lm}$ verschwindet (p. 67 f.). *Das Verschwinden des Ausdruckes $\Phi_{\alpha\alpha}$ sagt also aus, dass der gegebene Complex mit dem ihm in Bezug auf $F = 0$ polar conjugirten Complexe in Involution liegt*).

Derselbe Ausdruck $\Phi_{\alpha\alpha}$ begegnete uns auch bereits auf der linken Seite von (3) oder (7). Die rechte Seite nämlich zeigt, dass der Factor von λ^3 identisch verschwindet, und die weitere Berechnung ergibt:

$$(19) \qquad \Delta(\lambda) = \lambda^4 A + \lambda^2 \Phi_{\alpha\alpha} + \mathsf{A}^2. **)$$

Artet die Fläche $F = 0$ in einen Kegelschnitt, insbesondere in den imaginären Kugelkreis aus, so geht die eine der beiden zuletzt erwähnten Directricen in die Hauptaxe des linearen Complexes $\varphi = 0$ über, die andere in die Polare des unendlich fernen Punktes der ersteren in Bezug auf den Kugelkreis. Die den Punkten der Axe im Complexe entsprechenden Ebenen stehen dann in der That senkrecht auf dieser Axe; und ebenso stehen im verallgemeinerten Sinne (p. 291) die Ebenen, welche den Punkten der einen unserer beiden Directricen durch den Complex $\varphi = 0$ zugeordnet sind, senkrecht auf der anderen Directrix. *Man kann diese beiden Directricen deshalb mit Recht als die „verallgemeinerten Hauptaxen" des Complexes $\varphi = 0$ bezeichnen.*

In analoger Weise können wir ein „verallgemeinertes Axenpaar" für jede Congruenz zweier linearen Complexe $\varphi = 0$ und $\chi = 0$ definiren. Die vier Linien der beiden Hauptaxenpaare von irgend zwei Complexen der linearen Schaar $\varphi + \mu\chi = 0$ bestimmen zwei gemeinsame Transversalen, welche einander in Bezug auf $F = 0$ polar conjugirt sind, da sie je zwei in dieser Beziehung zu einander stehende Gerade schneiden, und welche der Congruenz angehören, da eine jede zwei in Bezug auf den einen und zwei in Bezug auf den anderen Complex conjugirte Gerade trifft. Als Linien der Congruenz werden sie aber auch von den Directricen derselben geschnitten und als ein-

---

*) Vgl. Pasch: Crelle's Journal, Bd. 75, p. 144 f.

**) Auf diese Gleichung (19) führt auch die Bestimmung der beiden Directricen der durch $\lambda^2 \psi + \varphi \sqrt{\mathsf{A}} = 0$ bestimmten Congruenz (vgl. p. 59). Dieselben können auch definirt werden als diejenigen beiden Geraden, welche einander sowohl in Bezug auf die Fläche $F = 0$ als in Bezug auf den linearen Complex conjugirt sind.

ander vermöge $F = 0$ conjugirte Polaren auch von den conjugirten Polaren dieser Directricen. Diese beiden Transversalen bilden das *verallgemeinerte Axenpaar der Congruenz; die Linien des Paares werden von den Linien aller Hauptaxenpaare der Complexe* $\varphi + \mu \chi = 0$ *in verallgemeinertem Sinne orthogonal geschnitten.*

Die letzteren bilden eine Linienfläche, deren Gleichung aufzustellen unsere nächste Aufgabe sein soll*). Sind p_{ik}' und p_{ik}'' die Coordinaten der Directricen der Congruenz, so sind die Coëfficienten der Gleichung eines beliebigen Complexes der linearen Schaar von der Form $\varkappa p_{ik}' + \lambda p_{ik}''$; dieselben Coëfficienten können aber auch gleich $\mu p_{ik} + \nu \pi_{ik}$ gesetzt werden, wenn mit p_{ik} bez. π_{ik} die Coordinaten der verallgemeinerten Hauptaxen des betreffenden Complexes bezeichnet werden. Es ist also

$$\varkappa p_{ik}' + \lambda p_{ik}'' = \mu p_{ik} + \nu \pi_{ik}.$$

Als einander conjugirte Polaren können die Hauptaxen der Congruenz zu Kanten $X_1 = 0$, $X_4 = 0$ und $X_2 = 0$, $X_3 = 0$ eines neuen Coordinatensystems gewählt werden, in Bezug auf welches die Gleichung der Fundamentalfläche von der Form $2 X_1 X_4 + 2 X_2 X_3 = 0$ wird, wie in (8). Gebrauchen wir für dieses neue Tetraëder die den früheren entsprechenden grossen Buchstaben, so wird demnach:

$$\varkappa P_{ik}' + \lambda P_{ik}'' = \mu P_{ik} + \nu \Pi_{ik},$$
$$P_{14} = 0, \quad P_{23} = 0, \quad \Pi_{14} = 0, \quad \Pi_{23} = 0,$$
$$\varrho P_{23} = \Pi_{14}, \quad \varrho P_{13} = \Pi_{13}, \quad \varrho P_{42} = \Pi_{42}, \quad \varrho P_{12} = -\Pi_{12};$$

und die Elimination von $\varkappa$, λ, μ, ν, ϱ führt zu dem Resultate:

$$(20) \qquad \begin{vmatrix} P_{12} & 0 & P_{12}' & P_{12}'' \\ 0 & P_{13} & P_{13}' & P_{13}'' \\ 0 & P_{42} & P_{42}' & P_{42}'' \\ P_{34} & 0 & P_{34}' & P_{34}'' \end{vmatrix} = 0.$$

Diesem Complexe zweiten Grades und den beiden speciellen linearen Complexen $P_{14} = 0$, $P_{23} = 0$ gehören alle Hauptaxen der Complexschaar an und bilden eine Linienfläche. Die Gleichung der letztern ergibt sich, wenn man $P_{ik} = X_i Y_k - Y_i X_k$ setzt und beachtet, dass wegen $P_{14} = 0$, $P_{23} = 0$ hierbei X_1, X_4 bez. zu Y_1, Y_4 und X_2, X_3 bez. zu Y_2, Y_3 proportional sind. *Von den Hauptaxenpaaren einer linearen Complexschaar wird daher eine Linienfläche vierter Ordnung gebildet, dargestellt durch die Gleichung:*

---

*) Vgl. den erwähnten Aufsatz des Herausgebers.

$$(21) \qquad \begin{vmatrix} X_1 X_2 & 0 & P_{12}{}' & P_{12}{}'' \\ 0 & X_1 X_3 & P_{13}{}' & P_{13}{}'' \\ 0 & X_2 X_4 & P_{42}{}' & P_{42}{}'' \\ -X_3 X_4 & 0 & P_{34}{}' & P_{34}{}'' \end{vmatrix} = 0.$$

Eine weitere Discussion der Fläche müssen wir hier unterlassen. Artet die Fundamentalfläche in den imaginären Kugelkreis aus, so liefert die eine Linie des Axenpaares der Congruenz die früher eingeführte Congruenz-Axe, die andere liegt unendlich weit. Die Fläche (21) wird also ersetzt durch die früher aufgestellte (vgl. p. 61) Linienfläche dritter Ordnung (das Cylindroid) zusammen mit der unendlich fernen Ebene.

Nr. 2. *Es ist* $\lambda_1 = -\lambda_2 = \lambda_3 = -\lambda_4 (= \lambda')$, *ohne dass alle Unterdeterminanten* $\varDelta_{ik}(\lambda')$ *verschwinden.* Da dieser Fall als ein Grenzfall des vorhergehenden aufzufassen ist, und da zwei Ecken des dort benutzten Tetraëders (und ebenso zwei Seitenflächen desselben) zusammenfallen, so artet das System der vier ausgezeichneten Erzeugenden des Tetraëders in der Weise aus, dass zwei von ihnen zusammenfallen, die beiden anderen aber getrennt bleiben. Es sei im neuen Coordinatensysteme $X_1 = 0$, $X_4 = 0$ die doppelt zählende Erzeugende, und $X_1 = 0$, $X_2 = 0$ resp. $X_4 = 0$, $X_3 = 0$ seien die beiden einfach zählenden; dann wird bei passender Festlegung der Ebenen $X_2 = 0$, $X_3 = 0$ und passender Wahl willkürlich bleibender Constanten:

$$(8\,\mathrm{a}) \qquad \begin{aligned} F &= 2X_1 X_3 + 2X_2 X_4, \\ \varphi &= -\lambda'(P_{13} + P_{24}) + P_{14}. \end{aligned}$$

In der That folgt dann:

$$(7\,\mathrm{a}) \qquad R^2 \cdot \varDelta(\lambda) = \begin{vmatrix} 0 & 0 & \lambda-\lambda' & 1 \\ 0 & 0 & 0 & \lambda-\lambda' \\ \lambda+\lambda' & 0 & 0 & 0 \\ -1 & \lambda+\lambda' & 0 & 0 \end{vmatrix} = (\lambda^2 - \lambda'^2)^2;$$

$$(10\,\mathrm{a}) \quad R^2 \cdot \Sigma\Sigma\varDelta_{ik}(\lambda)u_i u_k = -\lambda\left[(\lambda^2 - \lambda'^2)(2U_1 U_3 + 2U_2 U_4)\right.$$
$$\left. + 4\lambda' U_2 U_3\right];$$

$$(11\,\mathrm{a}) \quad \begin{aligned} R^2 \cdot \Sigma\Sigma\varDelta_{ik}(\lambda')u_i u_k &= -4\lambda'^2 U_2 U_3, \\ R^2 \cdot \Sigma\Sigma\varDelta_{ik}{}'(\lambda')u_i u_k &= -2\lambda'^2(2U_1 U_3 + 2U_2 U_4 + 2U_2 U_3), \end{aligned}$$

wenn $\varDelta_{ik}{}'(\lambda)$ den Differentialquotienten von $\varDelta_{ik}$ bezeichnet. Die Determinante R^2 bestimmt sich genau wie in Nr. 1. Der Ausdruck (10a), gleich Null gesetzt, liefert wieder eine *lineare Schaar von Flächen zweiter Klasse, welche mit dem Complexe* $\varphi = 0$ *dieselben Er-*

zeugenden, wie die Fläche $F = 0$, *gemein haben.* Das vorliegende Transformationsproblem kann demnach auch auf ein früher behandeltes zurückgeführt werden (Nr. 11, p. 230).

Die verallgemeinerten Hauptaxen des Complexes $\varphi = 0$ sind in diesem Falle in die Gerade $X_1 = 0$, $X_4 = 0$ zusammengefallen. Dasselbe gilt für alle Complexe der linearen Schaar $\varphi + \mu\psi = 0$, wenn ψ den Ausdruck (18) bezeichnet.

Nr. 3. *Es wird* $\lambda_1 = -\lambda_2 = 0$, *während* λ_3 *von* λ_1 *verschieden ist, und nicht alle* $\Delta_{ik}(0)$ *verschwinden.*

Nach (19) ist auch A gleich Null, d. h. der vorgelegte Complex $\varphi = 0$ ist ein specieller. Die Axe desselben und ihre conjugirte Polare in Bezug auf $F = 0$ durchstossen die Flächen in vier Punkten, die als Ecken eines neuen Tetraëders eingeführt werden können, ganz wie in Nr. 1. Die Gleichungen (10) und (11) bleiben bestehen; man hat nur in der ersten Gleichung (11) zuerst mit λ_1 beiderseits zu dividiren und dann $\lambda_1 = 0$ werden zu lassen.

Nr. 4. *Es ist* $\lambda_1 = \lambda_3 = -\lambda_2 = -\lambda_4 = 0$; *die Ausdrücke* $\Delta_{ik}'(0)$ *sind nicht sämmtlich gleich Null*; alle Unterdeterminanten Δ_{ik} selbst dagegen verschwinden, weil sie nach (13) durch λ theilbar sind. Nach (19) ist sowohl A $= 0$ als auch $\Phi_{\alpha\alpha} = 0$, d. h. der Complex ist ein specieller und seine Axe berührt die Fläche $F = 0$. In den Berührungspunkt sind die vier Ecken des Tetraëders zusammengefallen; die vier Kanten desselben, welche in Nr. 1 als Erzeugende auftraten, haben sich paarweise in die beiden durch den Berührungspunkt gehenden Erzeugenden vereinigt. Sind letztere durch $X_1 = 0$, $X_2 = 0$ resp. $X_1 = 0$, $X_3 = 0$ gegeben, so kann man setzen:

$$(8\,\mathrm{b}) \qquad \begin{aligned} F &= 2X_1X_4 + 2X_2X_3, \\ \varphi &= P_{12} + P_{13}, \end{aligned}$$

und es wird weiter:

$$(7\,\mathrm{b}) \qquad R^2\Delta(\lambda) = \begin{vmatrix} 0 & 1 & 1 & \lambda \\ -1 & 0 & \lambda & 0 \\ -1 & \lambda & 0 & 0 \\ \lambda & 0 & 0 & 0 \end{vmatrix} = \lambda^4,$$

$$(10\,\mathrm{b}) \qquad R^2\Sigma\Sigma\Delta_{ik}(\lambda)u_iu_k = 2\lambda^3(U_1U_4 + U_2U_3) - 2\lambda U_4^2;$$

$$(11\,\mathrm{b}) \qquad \begin{aligned} R^2\Sigma\Sigma\Delta_{ik}'(0)u_iu_k &= -2U_4^2, \\ R^2\Sigma\Sigma\Delta_{ik}'''(0)u_iu_k &= 6R^2\Sigma\Sigma\Delta_{ik}u_iu_k = 12(U_1U_4 + U_2U_3). \end{aligned}$$

Alle Flächen des Büschels $F + \mu X_1^2 = 0$ berühren die Fläche $F = 0$ längs derselben beiden Erzeugenden; dementsprechend kann die Transformation auch auf Nr. 13, p. 232 zurückgeführt werden. Die vierte

harmonische Linie der Axe von $\varphi = 0$ und der beiden ausgezeichneten Erzeugenden stellt einen speciellen Complex $(P_{12} - P_{13} = 0)$
dar, welcher dem gegebenen in Bezug auf $F = 0$ polar conjugirt ist.

Nr. 5. *Die Wurzeln von $\varDelta(\lambda) = 0$ vertheilen sich wie in Nr. 2,
es verschwinden aber auch alle zugehörigen Unterdeterminanten.* Letzteres
tritt für die beiden Wurzeln λ_1 und $-\lambda_1$ gleichzeitig ein, da sich
$\varDelta_{ik}(\lambda) = -\varDelta_{ki}(-\lambda)$ ergibt. Die in (13) und (19) gegebenen Ausdrücke sollen für $\lambda = \pm \lambda'$ gleichzeitig verschwinden, und $\varDelta(\lambda)$ wird
gleich einem vollständigen Quadrate; hieraus folgt, dass der Aus-
druck (17) zu $\varSigma\varSigma A_{ik}u_i u_k$ proportional ist, d. h. dass die Fläche
zweiter Klasse, welche vermöge der Verwandtschaft $\varphi = 0$ der Fläche
$F = 0$ zugeordnet wird, mit der letzteren selbst zusammenfällt. *Jedem
Punkte von $F = 0$ entspricht also im linearen Complexe $\varphi = 0$ eine
durch ihn gehende Tangentenebene von $F = 0$, und folglich gehört die
eine Schaar von Erzeugenden der Fläche dem linearen Complexe an.*
Die Bedingungen hierfür sind nach Vorstehendem:

$$4A\mathsf{A}^2 - \Phi_{\alpha\alpha}{}^2 = 0, \quad 2A\varSigma\varSigma\varSigma\varSigma a_{ik}\frac{\partial\mathsf{A}}{\partial\alpha_{il}}\frac{\partial\mathsf{A}}{\partial\alpha_{km}}u_l u_m - \Phi_{\alpha\alpha}\varSigma\varSigma A_{ik}u_i u_k \equiv 0.$$

Gemäss unseren früheren Untersuchungen können wir

$$(8\,\mathrm{c}) \qquad \begin{aligned} F &= 2X_1 X_4 + 2X_2 X_3, \\ \varphi &= P_{14} + P_{23} \end{aligned}$$

machen; und zwar dürfen zwei Ecken des neuen Coordinatentetraëders
noch willkürlich auf der Fläche $F = 0$ gewählt werden. Die übrigen
Formeln werden:

$$(7\,\mathrm{c}) \qquad R^2\varDelta(\lambda) = \begin{vmatrix} 0 & 0 & 0 & 1+\lambda \\ 0 & 0 & 1+\lambda & 0 \\ 0 & 1-\lambda & 0 & 0 \\ 1-\lambda & 0 & 0 & 0 \end{vmatrix} = (1-\lambda^2)^2,$$

$$(10\,\mathrm{c}) \qquad R^2\varSigma\varSigma\varDelta_{ik}(\lambda) = -(1-\lambda^2)\{2U_1 U_4 + 2U_2 U_3\},$$

$$(11\,\mathrm{c}) \qquad R^2\varSigma\varSigma\varDelta_{ik}{}'(1) = 4U_1 U_4 + 4U_2 U_3.$$

Der lineare Complex, dessen Linien den Geraden von $\varphi = 0$ in Bezug
auf $F = 0$ polar conjugirt sind, fällt hier mit $\varphi = 0$ zusammen.

Nr. 6. *Die Wurzeln von $\varDelta(\lambda) = 0$ vertheilen sich, wie in Nr. 4,
und es verschwinden gleichzeitig alle $\varDelta_{ik}{}'(0)$.* Der Complex ist wieder
ein specieller, und seine Axe ist selbst eine Erzeugende der Fläche.
Die Bedingungen hierfür sind also

$$\mathsf{A} = 0, \quad \Phi_{\alpha\alpha} = 0, \quad \varSigma\varSigma\varSigma\varSigma a_{ik}\frac{\partial\mathsf{A}}{\partial\alpha_{il}}\frac{\partial\mathsf{A}}{\partial\alpha_{km}}u_l u_m \equiv 0.$$

Man erhält hier die kanonische Form:

$$(8\,\mathrm{d}) \qquad F = 2X_1X_4 + 2X_2X_3, \quad \varphi = P_{34};$$

und es wird

$$(7\,\mathrm{d}) \qquad R^2 \varDelta(\lambda) \equiv R^2\lambda^4 A = \begin{vmatrix} 0 & 0 & 0 & \lambda \\ 0 & 0 & \lambda & 0 \\ 0 & \lambda & 0 & 1 \\ \lambda & 0 & -1 & 0 \end{vmatrix} = \lambda^4,$$

$$(10\,\mathrm{d}) \qquad R^2 \Sigma\Sigma \varDelta_{ik}(\lambda)u_iu_k = -\lambda^3(2\,U_1U_4 + 2\,U_2U_3).$$

Die Ecken $U_2 = 0$, $U_3 = 0$ können auf der Axe des gegebenen speciellen Complexes willkürlich gewählt werden, die beiden anderen Ecken bestimmen sich dann aus (10 d). Statt dessen kann man auch zwei beliebige Ebenen, welche diese Axe enthalten, als Ebenen $X_1 = 0$, $X_4 = 0$ wählen und findet die beiden anderen Coordinatenebenen aus der ersten Gleichung (8 d).

Nr. 7. *Es ist $\lambda_1 = -\lambda_2$ unendlich gross, während $\lambda_3 = -\lambda_4$ endlich bleibt.*

Es wird $A = 0$, d. h. die Fläche artet in einen Kegel aus. Wir betrachten statt desselben einen Kegelschnitt, vertauschen also allenthalben Punkt- und Ebenen-Coordinaten, so dass jetzt

$$F = \Sigma\Sigma a_{ik}u_iu_k, \quad \varphi = \Sigma\alpha_{ik}q_{ik} = \Sigma\alpha_{ik}\frac{\partial P}{\partial p_{ik}} = \Sigma p_{ik}\frac{\partial \mathsf{A}}{\partial \alpha_{ik}}$$

zu setzen ist. Der Ebene des Kegelschnittes ($X_4 = 0$) ist vermöge $\varphi = 0$ ein in ihr liegender Punkt ($U_3 = 0$) zugeordnet, und letzterem entspricht umgekehrt die Ebene $X_4 = 0$ als Polarebene in Bezug auf $F = 0$. Durch diesen Punkt gehen zwei Linien, welche gleichzeitig Tangenten des Kegelschnittes (d. i. in der Grenze je doppelt zählende Erzeugende der Fläche) sind und dem Complexe angehören. Der Verbindungslinie ihrer Berührungspunkte ($U_1 = 0$ und $U_2 = 0$) ist vermöge des Nullsystems $\varphi = 0$ eine durch den Punkt $U_3 = 0$ gehende conjugirte Polare zugeordnet; diese sei als Axe $X_1 = 0$, $X_2 = 0$ gewählt; auf ihr kann die Ecke $U_4 = 0$ des Coordinatentetraëders noch beliebig angenommen werden. Dann kann man setzen:

$$(8\,\mathrm{e}) \qquad \begin{aligned} F &= 2\,U_1U_2 + U_3{}^2, \\ \varphi &= \lambda' Q_{12} + Q_{34}. \end{aligned}$$

Die weiteren Formeln werden, den früheren entsprechend:

$$(7\,\mathrm{e}) \qquad R^2 \varDelta(\lambda) = \begin{vmatrix} 0 & \lambda-\lambda' & 0 & 0 \\ \lambda+\lambda' & 0 & 0 & 0 \\ 0 & 0 & \lambda & -1 \\ 0 & 0 & 1 & 0 \end{vmatrix} = -(\lambda^2 - \lambda'^2),$$

$$(10\,\mathrm{e}) \qquad R^2 \Sigma\Sigma \varDelta_{ik}(\lambda)\,x_i x_k = -\,\lambda(\lambda^2 - \lambda'^2)X_4{}^2 - 2\lambda X_1 X_2,$$

$$(11\,\mathrm{e}) \qquad \begin{aligned} R^2 \Sigma\Sigma A_{ik}x_i x_k &= -\,X_4{}^2, \\ R^2 \Sigma\Sigma \varDelta_{ik}(\lambda')\,x_i x_k &= -\,2\lambda' X_1 X_2. \end{aligned}$$

Die Ebene $X_3 = 0$ bleibt insofern willkürlich, als sie nur gezwungen ist, durch die Ecken $U_1 = 0$, $U_2 = 0$ hindurchzugehen. Dies stimmt mit Früherem überein; denn lassen wir den Kegelschnitt mit dem imaginären Kugelkreise zusammenfallen, so haben wir das früher behandelte Problem der Transformation eines linearen Complexes in seine einfachste Form für den Fall rechtwinkliger Coordinaten vor uns; um durchaus reelle Resultate zu erhalten, hat man nur $2\,U_1 U_2$ noch in $U_1{}^2 + U_2{}^2$ zu transformiren. Die Linie $X_1 = 0$, $X_2 = 0$ wird dann zur „Hauptaxe" des linearen Complexes (vgl. p. 55 ff. und 103).

Auch die Gleichung des Cylindroids (der Linienfläche, welche von den Hauptaxen einer linearen Complex-Schaar gebildet wird) kann ganz in der Weise aufgestellt werden, wie die Gleichung der Fläche (21) im allgemeinen Falle. Die beiden Hauptaxen der Congruenz einer linearen Schaar $\varphi + \mu\chi = 0$ von Complexen stehen rechtwinklig zu allen Hauptaxen der einzelnen Complexe, insbesondere zu den Directricen; sie schneiden also sowohl diese Directricen als deren Polaren in Bezug auf den imaginären Kugelkreis, welch' letztere in der unendlich fernen Ebene liegen, d. h. die zweite Hauptaxe geht durch den unendlich fernen Schnittpunkt dieser Polaren hindurch, liegt selbst in der unendlich fernen Ebene und ist zugleich identisch mit der Polare des unendlich fernen Punktes der ersten (eigentlichen) Hauptaxe der Congruenz. Letztere werde zur Axe $X_1 = 0$, $X_2 = 0$ gewählt, die andere Hauptaxe zur Axe $X_3 = 0$, $X_4 = 0$; sind P_{ik} und Π_{ik} die Coordinaten der Hauptaxenpaare eines Complexes der linearen Schaar, so ist folglich
$$P_{12} = 0, \quad P_{34} = 0, \quad \Pi_{12} = 0, \quad \Pi_{34} = 0, \quad \Pi_{14} = 0, \quad \Pi_{24} = 0,$$
und es ist, wie oben:
$$\varkappa P_{ik}{}' + \lambda P_{ik}{}'' = \mu P_{ik} + \nu \Pi_{ik},$$
wenn wieder $P_{ik}{}'$, $P_{ik}{}''$ die Coordinaten der Directricen der Congruenz bedeuten. Die Gleichung des Kugelkreises ist: $P_{14}{}^2 + P_{24}{}^2 + P_{34}{}^2 = 0$, folglich hat man:
$$\varrho\,\Pi_{23} = P_{14}, \quad \varrho\,\Pi_{13} = P_{42}, \quad \varrho\,\Pi_{12} = P_{34};$$
die Elimination von $\varkappa$, λ, μ, ν führt also zu der Gleichung

$$\begin{vmatrix} P_{13} & P_{42} & P_{13}{}' & P_{13}{}'' \\ P_{14} & 0 & P_{14}{}' & P_{14}{}'' \\ P_{24} & 0 & P_{24}{}' & P_{24}{}'' \\ P_{23} & P_{14} & P_{23}{}' & P_{23}{}'' \end{vmatrix} = 0.$$

Wegen $P_{12} = 0$ und $P_{34} = 0$ kann in $P_{ik} = X_i Y_k - Y_i X_k$ das Verhältniss $Y_1 : Y_2$ durch $X_1 : X_2$ und $Y_3 : Y_4$ durch $X_3 : X_4$ ersetzt werden; ferner kann für Y gerade der Schnittpunkt der Linie P_{ik} mit der Axe $X_1 = 0$, $X_2 = 0$ gewählt werden, so dass $Y_1 = 0$, $Y_2 = 0$ wird. Die gefundene Gleichung verwandelt sich dann in:

$$X_1^2 X_3 [(P_{24}' - P_{14}') P_{23}'' - (P_{24}'' - P_{14}'') P_{23}']$$
$$+ X_2^2 X_3 [(P_{24}' - P_{14}') P_{13}'' - (P_{24}'' - P_{14}'') P_{13}']$$
$$+ 2 X_1 X_2 X_4 (P_{14}' P_{24}'' - P_{24}' P_{14}'') = 0.$$

Da auch $P_{12}' = 0$, $P_{12}'' = 0$, so verhält sich P_{23}' zu P_{23}'' ebenso wie P_{13}' zu P_{13}'', folglich werden die Coëfficienten der beiden ersten Glieder einander proportional, und wir erhalten die Gleichung des Cylindroids in der früheren Form (p. 61)

$$a(X_1^2 + X_2^2) X_3 + b X_1 X_2 X_4 = 0.$$

Nr. 8. *Die Wurzeln des vorhergehenden Falles fallen zusammen, so dass* $\lambda_3 = -\lambda_4 = 0$. Der Complex ist ein specieller, kann also in die Form $Q_{34} = 0$, d. h. $P_{12} = 0$, durch orthogonale Transformation übergeführt werden.

Nr. 9. *Alle vier Wurzeln von* $\varDelta(\lambda) = 0$ *sind unendlich gross.* Es ist nicht nur $A = 0$, sondern auch $\Phi_{\alpha\alpha} = 0$, wenn jetzt $\varphi = \Sigma \alpha_{ik} q_{ik}$ genommen wird. Sei $p_{14}^2 + p_{24}^2 + p_{34}^2 = 0$ die Gleichung des imaginären Kugelkreises in Liniencoordinaten, so ist $\Phi_{\alpha\alpha} = \alpha_{23}^2 + \alpha_{31}^2 + \alpha_{12}^2$; die Bedingung $\Phi_{\alpha\alpha} = 0$ sagt also aus, dass der Punkt, welcher vermöge $\varphi = 0$ der unendlich fernen Ebene zugeordnet ist, selbst auf dem Kugelkreise liegt. Um eine kanonische Form zu erhalten, kann man setzen

$$(8\,\mathrm{f}) \qquad F = 2\,U_1 U_2 + U_3^2,$$
$$\varphi = Q_{13} + Q_{42},$$

wobei die Ecke $X_1 = 0$, $X_3 = 0$, $X_4 = 0$ der unendlich fernen Ebene vermöge $\varphi = 0$ zugeordnet wird, und der Tangente des Kugelkreises im Punkte $X_2 = 0$, $X_3 = 0$, $X_4 = 0$ (d. i. der Linie $X_2 = 0$, $X_4 = 0$) vermöge des Complexes $\varphi = 0$ eine Gerade durch die Ecke $X_1 = 0$, $X_3 = 0$, $X_4 = 0$ conjugirt ist. Man hat weiter:

$$(7\,\mathrm{f}) \qquad R^2 \varDelta(\lambda) \equiv R^2 \mathsf{A}^2 = \begin{vmatrix} 0 & \lambda & 1 & 0 \\ \lambda & 0 & 0 & -1 \\ -1 & 0 & \lambda & 0 \\ 0 & 1 & 0 & 0 \end{vmatrix} = 1,$$

$$(10\,\mathrm{f}) \qquad R^2 \Sigma\Sigma \varDelta_{ik}(\lambda) x_i x_k = -\lambda^3 X_4^2 - 2\lambda X_1 X_2,$$

$$(11\,\mathrm{f}) \qquad R^2 \Sigma\Sigma A_{ik} x_i x_k = -X_4^2, \qquad R^2 \Sigma\Sigma \varDelta_{ik}'(0) x_i x_k = -2 X_1 X_2.$$

Nr. 10. *Die Coëfficienten der Gleichung $\Delta(\lambda) = 0$ sind einzeln gleich Null.* Der Complex ist ein specieller; seine Axe trifft den imaginären Kugelkreis. Geschieht letzteres in dem Punkte $X_1 = 0$, $X_3 = 0$, $X_4 = 0$, so kann man setzen:

$$(8\,\mathrm{g}) \qquad F = 2\,U_1 U_2 + U_3^2, \quad \varphi = Q_{42}.$$

Nr. 11. *Der Ausdruck $\Phi_{\alpha\alpha}$ verschwindet, indem gleichzeitig $\alpha_{23} = 0$, $\alpha_{31} = 0$, $\alpha_{12} = 0$.* Die Axe des speciellen Complexes liegt in der Ebene des imaginären Kugelkreises. Als einfachste Form ist zu nehmen:

$$(8\,\mathrm{h}) \qquad F = U_1^2 + U_2^2 + U_3^2, \quad \varphi = Q_{13}.$$

Nr. 12. *Die Axe des speciellen Complexes berührt den imaginären Kugelkreis,* etwa im Punkte $X_4 = 0$, $X_1 = 0$, $X_3 = 0$. Die kanonische Form wird:

$$(8\,\mathrm{i}) \qquad F = 2\,U_1 U_2 + U_3^2, \quad \varphi = Q_{23}.$$

XVII. Die linearen Transformationen einer Fläche zweiter Ordnung in sich.

Die entwickelten Beziehungen zwischen einem linearen Complexe und einer Fläche zweiter Ordnung oder Klasse stehen in engster Verbindung mit der Theorie der linearen Transformation einer solchen Fläche in sich, wie sie uns früher schon gelegentlich bei Untersuchung der verallgemeinerten geodätischen Linien begegnete (p. 317 und 320). Damals wurde die Gleichung der zu transformirenden Fläche in besonders einfacher Form vorausgesetzt; jetzt soll es sich darum handeln, *alle möglichen Transformationen der Fläche in sich aufzustellen, ohne über das Coordinatentetraëder eine specielle Annahme zu machen.* Ist also die Gleichung einer Fläche zweiter Ordnung in der Form

$$(1) \qquad f = \Sigma\Sigma a_{ik} x_i x_k = 0$$

gegeben, so sollen die Coëfficienten c_{ik} einer linearen Transformation

$$(2) \qquad \xi_i = c_{i1} x_1 + c_{i2} x_2 + c_{i3} x_3 + c_{i4} x_4$$

so bestimmt werden, dass die Identität besteht:

$$(3) \qquad \Sigma\Sigma a_{ik} x_i x_k = \Sigma\Sigma a_{ik} \xi_i \xi_k.$$

Mit t und τ mögen zwei einander in Bezug auf $f = 0$ conjugirte Pole bezeichnet werden, die auf der Verbindungslinie von x und ξ liegen, so dass

$$(4) \qquad x_i = \varkappa t_i + \lambda \tau_i, \quad \xi_i = \varkappa t_i - \lambda \tau_i.$$

Werden x und t gegeben, so sind damit ξ und τ bestimmt. Bestehen zwischen den t_i und τ_i lineare Gleichungen, so sind aus ihnen auch Gleichungen der Form (2) herzuleiten. Wir haben also die Aufgabe, die Coordinaten der Punkte t und τ durch solche lineare Gleichungen zu verbinden, dass die daraus folgenden Gleichungen (2) zu der Identität (3) führen. Statt des Punktes t führen wir seine Polarebene u ein, so dass

$$(5) \qquad t_i = A_{i1}u_i + A_{i2}u_2 + A_{i3}u_3 + A_{i4}u_4,$$

wenn mit den A_{ik} die Unterdeterminanten der a_{ik} bezeichnet werden. Der Punkt τ muss dann in der Ebene u liegen, und dies wird in einfachster Weise durch lineare Gleichungen erreicht, wenn wir die Ebene u und den Punkt τ mittelst der Verwandtschaft eines linearen Complexes zu einander in Beziehung setzen, etwa vermöge der Gleichungen:

$$(6) \qquad \tau_i = \alpha_{i1}u_1 + \alpha_{i2}u_2 + \alpha_{i3}u_3 + \alpha_{i4}u_4, \quad \alpha_{ik} = -\alpha_{ki}, \quad \alpha_{ii} = 0.$$

Da es ferner keine andere reciproke Verwandtschaft gibt, bei der *jeder* Punkt in der ihm entsprechenden Ebene liegt, *so findet man eine erste sehr allgemeine Klasse von linearen Transformationen der Fläche* $f = 0$ *in sich, wenn man aus den Gleichungen*

$$(7) \qquad \begin{aligned} x_i &= \varkappa \Sigma A_{ik}u_k + \lambda \Sigma \alpha_{ik}u_k, \\ \xi_i &= \varkappa \Sigma A_{ik}u_k - \lambda \Sigma \alpha_{ik}u_k \end{aligned}$$

durch Elimination der u_i *lineare Gleichungen zwischen den* x_i *und* ξ_i *herstellt.* Eine zweite Klasse von linearen Transformationen der Fläche $f = 0$ in sich wird später durch Zulassung von linearen Hilfstransformationen mit verschwindender Determinante gewonnen werden.

Das in (7) gegebene Resultat wird durch directe Rechnung leicht bestätigt. Es bedeute $\Delta(\varkappa, \lambda)$ die Determinante der Grössen

$$\varkappa A_{ik} + \lambda \alpha_{ik},$$

und die Unterdeterminanten von Δ seien mit $\Delta_{ik}(\varkappa, \lambda)$ bezeichnet. Zunächst folgt durch Auflösung der beiden Gleichungssysteme (7)

$$(8) \qquad \begin{aligned} \Delta(\varkappa, \lambda)u_i &= \underset{k}{\Sigma} \Delta_{ki}(\varkappa, \lambda)x_k, \\ \Delta(\varkappa, -\lambda)u_i &= \underset{k}{\Sigma} \Delta_{ki}(\varkappa, -\lambda)\xi_k, \end{aligned}$$

und hieraus:

$$\Delta(\varkappa, \lambda)\underset{i}{\Sigma} A_{li}u_i = \underset{k}{\Sigma}\underset{i}{\Sigma} \Delta_{ki}(\varkappa, \lambda)A_{li}x_k,$$

$$\Delta(\varkappa, -\lambda)\underset{i}{\Sigma} A_{li}u_i = \underset{k}{\Sigma}\underset{i}{\Sigma} \Delta_{ki}(\varkappa, -\lambda)A_{li}\xi_k,$$

andererseits durch Addition der Gleichungen (7):

$$(9) \qquad x_i + \xi_i = 2\varkappa \underset{i}{\Sigma} A_{ik}u_k,$$

also auch:

$$\Delta(\varkappa, \lambda)\xi_l = 2\varkappa \sum_k \sum_i \Delta_{ki}(\varkappa, \lambda) A_{li} x_k - \Delta(\varkappa, \lambda) x_l,$$

(10)

$$\Delta(\varkappa, -\lambda) x_l = 2\varkappa \sum_k \sum_i \Delta_{ki}(\varkappa, -\lambda) A_{li}\xi_k - \Delta(\varkappa, -\lambda)\xi_l.$$

Hiermit sind die Coëfficienten der Gleichungen (2) und die Auflösungen dieser Gleichungen gefunden. *Bedeuten nämlich α_{ik} willkürliche Grössen, die den Bedingungen $\alpha_{ik} = - \alpha_{ki}$ genügen, so wird:*

(11)

$$c_{lk} = \frac{2\varkappa \sum \Delta_{ki}(\varkappa, \lambda) A_{li}}{\Delta(\varkappa, \lambda)} \quad \text{für } k \gtrless l,$$

$$c_{ll} = \frac{2\varkappa \sum \Delta_{li}(\varkappa, \lambda) A_{li} - \Delta(\varkappa, \lambda)}{\Delta(\varkappa, \lambda)};$$

*und die Auflösung der Gleichungen (2) geschieht einfach, indem man
λ durch $- \lambda$ ersetzt.* Die Summenzeichen in den Zählern der rechten
Seiten von (11) beziehen sich auf den Index i.

Durch die gefundene Transformation geht jedenfalls jeder Punkt
der Fläche $f = 0$ wieder in einen Punkt dieser Fläche über (wegen
der harmonischen Beziehung zwischen x, t, ξ, τ); aber es könnte sein,
dass auf der rechten Seite von (3) noch ein constanter Factor hinzuzufügen ist. Die Entscheidung hierüber liefert folgende Rechnung.
Aus (10) ergibt sich:

$$\Delta(\varkappa, \lambda)\sum_l a_{lm}\xi_l = 2\varkappa \sum_l \sum_k \sum_i \Delta_{ki}(\varkappa, \lambda) A_{li} a_{lm} x_k - \Delta(\varkappa, \lambda)\sum_l a_{lm} x_l$$

$$= 2\varkappa A \sum_k \Delta_{km}(\varkappa, \lambda) x_k - \Delta(\varkappa, \lambda)\sum_l a_{lm} x_l,$$

oder wegen (8):

$$\sum_l a_{lm}\xi_l = 2\varkappa A u_m - \sum_l a_{lm} x_l$$

und durch Multiplication mit x_m, resp. ξ_m und Addition

(12)

$$2\varkappa A \sum_m u_m x_m = \sum_l \sum_m a_{lm} x_l x_m + \sum_l \sum_m a_{lm} x_m \xi_l,$$

$$2\varkappa A \sum_m u_m \xi_m = \sum_l \sum_m a_{lm} \xi_l \xi_m + \sum_l \sum_m a_{lm} \xi_m x_l.$$

Ferner ist nach (8)

$$\Delta(\varkappa, -\lambda)\sum u_m x_m = \sum \sum \Delta_{km}(\varkappa, -\lambda)\xi_k x_m,$$

$$\Delta(\varkappa, \lambda)\sum u_m \xi_m = \sum \sum \Delta_{km}(\varkappa, \lambda) x_k \xi_m.$$

Nun entsteht $\Delta(\varkappa, \lambda)$ aus dem Ausdrucke $\Delta(\lambda)$ der vorhergehenden
Betrachtungen (p. 343), wenn man nur a_{ik} durch A_{ik} ersetzt und
statt λ die homogenen Parameter $\varkappa$, λ einführt; also wird nach Gleichung (19) p. 348:

(13)

$$\Delta(\varkappa, \lambda) = \varkappa^4 A^3 + \varkappa^2 \lambda^2 \Phi + \lambda^4 \mathsf{A}^2,$$

wo Φ aus dem obigen $\Phi_{\alpha\alpha}$ entsteht, indem man die a_{ik} durch die A_{ik} ersetzt, so dass $\Phi = A\Phi_{\alpha\alpha}$ wird.

Hierin bedeutet A die Determinante der Fläche $f = 0$ und es ist wieder $A = \alpha_{12}\alpha_{34} + \alpha_{13}\alpha_{42} + \alpha_{14}\alpha_{23}$; ebenso haben wir nach Gleichung (13) p. 346:

$$(14) \qquad \Sigma\Sigma\, \Delta_{ik}(\varkappa, \lambda)\, x_i x_k = \varkappa^3 A^2 \Sigma\Sigma a_{ik} x_i x_k + \varkappa\lambda^2\Psi,$$

wo Ψ einen leicht zu berechnenden Ausdruck bedeutet. Folglich ist auch

$$\Delta(\varkappa, \lambda) = \Delta(\varkappa, -\lambda),$$
$$\Delta_{ik}(\varkappa, \lambda) + \Delta_{ki}(\varkappa, \lambda) = \Delta_{ik}(\varkappa, -\lambda) + \Delta_{ki}(\varkappa, -\lambda).$$

Durch directe Untersuchung der Unterdeterminanten findet man ausserdem:

$$\Delta_{ik}(\varkappa, \lambda) = \Delta_{ki}(\varkappa, -\lambda).$$

Die linken Seiten der beiden Gleichungen (12) werden also einander gleich, und durch Subtraction derselben von einander ergibt sich genau die Gleichung (3): *es tritt kein constanter Factor hinzu.*

Die rechten Seiten der Gleichungen (11) hängen von dem Parameter $\varkappa : \lambda$ ab. *Zu jedem linearen Complexe $\Sigma \alpha_{ik} q_{ik} = 0$ gehören daher unendlich viele Transformationen einer gegebenen Fläche $f = 0$ in sich.*

Bei jeder Collineation entsteht die Frage nach solchen Punkten, welche mit den ihnen zugeordneten zusammenfallen. Dieselben ergeben sich aus (2) für $\xi_i = \mu x_i$, werden also aus der Gleichung

$$(15) \qquad \Sigma \pm (c_{11} - \mu)(c_{22} - \mu)(c_{33} - \mu)(c_{44} - \mu) = 0$$

bestimmt, in welcher nur die Diagonalglieder der Determinante den Parameter μ enthalten. Multipliciren wir dieselbe mit Δ^4 (d. h. die Elemente jeder Reihe mit Δ), setzen die in (11) gefundenen Werthe ein und multipliciren nach dem Multiplicationstheoreme noch einmal mit der Determinante $\Delta(\varkappa, \lambda)$, wobei die Relationen:

$$2\varkappa \Sigma_k \Sigma_i \Delta_{ki} A_{li}(\varkappa A_{km} + \lambda \alpha_{km}) = 2\varkappa A_{lm} \cdot \Delta$$

zu berücksichtigen sind, so kann der Factor Δ^4 beiderseits wieder herausgehoben werden; und es bleibt

$$(16) \qquad \Delta(\varkappa, \lambda) \cdot \Sigma \pm (c_{11} - \mu)(c_{22} - \mu)(c_{33} - \mu)(c_{44} - \mu)$$
$$= \Delta(\varkappa(1 - \mu), -\lambda(1 + \mu)).$$

Ist also $\varkappa' : \lambda'$ eine Lösung der Gleichung $\Delta(\varkappa, \lambda) = 0$, so findet man durch die Substitution[*]:

---

[*] Vgl. F r a h m a. a. O., wo die entsprechende Rechnung für den Fall $f = \Sigma x_i^2$ durchgeführt wird; man findet daselbst die verschiedenen Möglich-

$$(16\mathrm{a}) \qquad \frac{\varkappa}{\lambda} \cdot \frac{1 - \mu}{1 + \mu} = - \frac{\varkappa'}{\lambda'} \quad \text{oder} \quad \mu = \frac{\varkappa\lambda' + \varkappa'\lambda}{\varkappa\lambda' - \varkappa'\lambda}$$

eine Lösung μ der Gleichung (15). Macht man $\mu = 0$, so folgt aus (16) der Werth der Substitutionsdeterminante der Gleichungen (2), nämlich:

$$(17) \qquad \Sigma \pm c_{11} c_{22} c_{33} c_{44} = 1.$$

Besonderes Interesse verdient die Annahme, dass ein Polartetraëder der gegebenen Fläche, deren Determinante nicht verschwinden möge, als Coordinatentetraëder zu Grunde gelegt wird. Dann kann man setzen:

$$(18) \qquad f = x_1^2 + x_2^2 + x_3^2 + x_4^2 = \xi_1^2 + \xi_2^2 + \xi_3^2 + \xi_4^2,$$

und aus (7) erhält man die berühmten Cayley'schen Gleichungen (in denen wieder $\alpha_{ik} = - \alpha_{ki}$)

$$(19) \qquad \begin{aligned} x_i &= \varkappa u_i + \lambda \Sigma \alpha_{ik} u_k, \\ \xi_i &= \varkappa u_i - \lambda \Sigma \alpha_{ik} u_k, \end{aligned}$$

und die Substitutionscoëfficienten selbst werden*):

$$(20) \qquad c_{lk} = \frac{2\varkappa \Delta_{kl}(\varkappa, \lambda)}{\Delta(\varkappa, \lambda)} \qquad c_{ll} = \frac{2\varkappa \Delta_{ll}(\varkappa, \lambda) - \Delta(\varkappa, \lambda)}{\Delta(\varkappa, \lambda)};$$

die Gleichung (13) endlich geht über in

$$(21) \qquad \Delta = \varkappa^4 + \varkappa^2 \lambda^2 (\alpha_{12}^2 + \alpha_{13}^2 + \alpha_{14}^2 + \alpha_{34}^2 + \alpha_{42}^2 + \alpha_{23}^2) + \mathrm{A}^2.$$

---

keiten der Transformation, je nach Lage des betreffenden linearen Complexes, besprochen und die zugehörigen kanonischen Formen aufgestellt; letztere, insbesondere die unendlich kleinen Transformationen, wurden vom Herausgeber a. a. O. ebenfalls aufgestellt und näher untersucht.

*) Cayley: Crelle's Journal Bd. 32 (1846) und Bd. 50, p. 288 und p. 307 (1854). — Ohne Benutzung eines speciellen Coordinatentetraëders hat Rosanes das Problem für n Variable eingehend behandelt (Crelle's Journal Bd. 80, 1874), ohne aber auf die Gewinnung expliciter Formeln des Typus (7) oder (11) Gewicht zu legen; in anderer Weise sind die fraglichen Transformationen, im Anschlusse an die kanonische Form Σx_i^2, von Voss studirt, Math. Annalen Bd. 13, p. 320 (1877); gleichfalls für die kanonische Form, aber unter wesentlich anderen Gesichtspunkten von Lipschitz: Untersuchungen über die Summen von Quadraten, Bonn 1886; rein geometrisch von Sturm, Math. Annalen Bd. 26, 1886. — In den genannten Arbeiten wird der lineare Complex und seine Beziehung zur gegebenen Fläche nicht der Betrachtung zu Grunde gelegt. — Die allgemeinen Formeln (11) sind in ganz anderer Weise von Frobenius zuerst gewonnen: Crelle's Journal Bd. 84, p. 37 ff. (1877), während für drei Variable die entsprechenden Gleichungen von Hermite schon 1853 aufgestellt wurden (ib. Bd. 47, p. 309). — Cayley erwähnt (ib. Bd. 50, p. 309) den Zusammenhang mit Poncelet's umgeschriebenen Polygonen; vgl. darüber Voss, Math. Annalen Bd. 25 und 26.

Die weitere Discussion hängt wesentlich von dem Verhalten der Wurzeln der Gleichung (15), also auch von dem Verhalten der Wurzeln von $\varDelta(\varkappa, \lambda) = 0$ ab. Die sich darbietenden Möglichkeiten sind uns schon aus der Theorie der Beziehungen der Fläche $f = 0$ zu dem linearen Complexe $\varphi = 0$ bekannt. Wir können demgemäss für jeden möglichen Fall die zugehörige kanonische Form sofort angeben und stellen die Resultate kurz zusammen; um die Uebereinstimmung vollständiger zu machen, sei dabei $\lambda = 1$ genommen und $\varkappa$ durch λ ersetzt.

Nr. 1. *Vier getrennte Erzeugende der Fläche gehören dem linearen Complexe an* (p. 345):

$$(22) \qquad f = 2X_1 X_4 + 2X_2 X_3, \quad \varphi = \lambda_1 Q_{14} + \lambda_3 Q_{23}.$$

Die Gleichungen (7a) ergeben*):

$$(23) \qquad \begin{aligned}
X_1 &= (\lambda + \lambda_1)U_4, & \Xi_1 &= (\lambda - \lambda_1)U_4, \\
X_2 &= (\lambda + \lambda_3)U_3, & \Xi_2 &= (\lambda - \lambda_3)U_3, \\
X_3 &= (\lambda - \lambda_3)U_2, & \Xi_3 &= (\lambda + \lambda_3)U_2, \\
X_4 &= (\lambda - \lambda_1)U_1, & \Xi_4 &= (\lambda + \lambda_1)U_1,
\end{aligned}$$

und hieraus:

$$(24) \qquad \begin{aligned}
X_1 &= \frac{\lambda + \lambda_1}{\lambda - \lambda_1}\,\Xi_1, & X_2 &= \frac{\lambda + \lambda_3}{\lambda - \lambda_3}\,\Xi_2, \\
X_3 &= \frac{\lambda - \lambda_3}{\lambda + \lambda_3}\,\Xi_3, & X_4 &= \frac{\lambda - \lambda_1}{\lambda + \lambda_1}\,\Xi_4.
\end{aligned}$$

Hiermit ist die bereits früher besprochene Transformation wiedergefunden; *sie führt nicht nur die gegebene Fläche, sondern jede Fläche des Büschels* $X_1 X_4 + \mu X_2 X_3 = 0$ *in sich über.* Ausser den gemeinsamen Erzeugenden dieser Flächen bleiben die „verallgemeinerten Hauptaxen" des linearen Complexes (p. 348) bei der Transformation fest. Wie man letztere aus unendlich kleinen Transformationen zusammensetzt**), ist schon erörtert worden (p. 318). Die Coëffi-

---

*) Die hier und im Folgenden auftretenden dualistischen Verwandtschaften werden unten bei Besprechung der Transformationen eines linearen Complexes in sich näher untersucht werden.

**) Setzt man $\lambda + \lambda_i = \alpha_i(\lambda - \lambda_i)$ und $a_i = \log \alpha_i$, so lautet die zugehörige unendlich kleine Transformation

$$dX_1 = a_1 X_1, \quad dX_2 = a_3 X_2, \quad dX_3 = -a_3 X_3, \quad dX_4 = -a_1 X_4.$$

Dieselbe entsteht, wenn man α_i durch α_i^{λ} ersetzt und sodann λ unendlich klein werden lässt. Die Gleichung des Complexes $\varphi = 0$ lässt sich in der Form

$$\frac{\alpha_1 - 1}{\alpha_1 + 1}\,Q_{14} + \frac{\alpha_3 - 1}{\alpha_3 + 1}\,Q_{23} = 0$$

cienten der rechten Seiten von (24) sind nach (16) die Wurzeln der Gleichung (15), wie man auch leicht direct bestätigt.

In den aufgestellten Gleichungen kann der Parameter λ alle möglichen Werthe annehmen, ausgenommen diejenigen, für welche die Determinante $\varDelta$ verschwindet; denn diese Werthe (d. i. $\pm \lambda_1$ und $\pm \lambda_3$) ergeben nach (11) bez. (24) Transformationen mit unendlich grossen Coëfficienten. Als *Grenzfälle**) behalten freilich auch diese Collineationen eine gewisse Bedeutung. Es bleibt nämlich die Relation

$$X_1 X_4 + X_2 X_3 = \Xi_1 \Xi_4 + \Xi_2 \Xi_3$$

auch für sie bestehen. Für $\lambda = \lambda_1$ z. B. folgt aus (23) $X_4 = 0$ und $\Xi_1 = 0$; die Transformation

$$X_2 = \frac{\lambda_1 + \lambda_3}{\lambda_1 - \lambda_3} \Xi_2, \quad X_3 = \frac{\lambda_1 - \lambda_3}{\lambda_1 + \lambda_3} \Xi_3$$

gibt also in der Ebene $X_4 = 0$ eine lineare Beziehung, bei welcher die beiden in dieser Ebene gelegenen Erzeugenden der Fläche ungeändert bleiben, und bei der X_1 gleich einer beliebigen linearen Function von Ξ_1, Ξ_2, Ξ_3 gesetzt werden darf. Aehnliche Bemerkungen gelten für die Grenzfälle aller im Folgenden aufzustellenden besonderen Transformationen einer gegebenen Fläche in sich.

Nr. 2. *Zwei der vier Erzeugenden fallen zusammen, die beiden anderen bleiben getrennt* (vgl. p. 350):

$$(22\mathrm{a}) \quad f = 2 X_1 X_3 + 2 X_2 X_4, \quad \varphi = -\lambda'(Q_{13} + Q_{24}) + Q_{14}.$$

$$(23\mathrm{a}) \quad
\begin{aligned}
X_1 &= (\lambda - \lambda') U_3 + U_4, & \Xi_1 &= (\lambda + \lambda') U_3 - U_4, \\
X_2 &= (\lambda - \lambda') U_4, & \Xi_2 &= (\lambda + \lambda') U_4, \\
X_3 &= (\lambda + \lambda') U_1, & \Xi_3 &= (\lambda - \lambda') U_1, \\
X_4 &= (\lambda + \lambda') U_2 - U_1, & \Xi_4 &= (\lambda - \lambda') U_2 + U_1;
\end{aligned}$$

---

schreiben; ersetzt man auch in ihr α_i durch $\alpha_i \lambda$ und lässt sodann ebenfalls λ in $d\lambda$ übergehen, so resultirt der lineare Complex

$$a_1 Q_{14} + a_3 Q_{23} = 0.$$

Derselbe spielt für die unendlich kleinen Transformationen einer Fläche zweiter Ordnung in sich ganz dieselbe Rolle, wie ein von Chasles und Möbius studirter linearer Complex bei den unendlich kleinen Bewegungen (Transformationen des imaginären Kugelkreises in sich, vgl. den folgenden Abschnitt). Dem Studium der geometrischen Beziehungen dieses Complexes zu den unendlich kleinen Transformationen ist der oben erwähnte Aufsatz des Herausgebers hauptsächlich gewidmet.

*) Auf solche Grenzfälle macht Frobenius (a. a. O. p. 43 ff.) aufmerksam.

$$(24\,\text{a})\quad \begin{aligned}
X_1 &= \frac{\lambda - \lambda'}{\lambda + \lambda'}\,\Xi_1 + \frac{2\lambda}{(\lambda+\lambda')^2}\,\Xi_2, & X_3 &= \frac{\lambda + \lambda'}{\lambda - \lambda'}\,\Xi_3,\\[1mm]
X_2 &= \frac{\lambda - \lambda'}{\lambda + \lambda'}\,\Xi_2, & X_4 &= \frac{\lambda + \lambda'}{\lambda - \lambda'}\,\Xi_4 - \frac{2\lambda}{(\lambda-\lambda')^2}\,\Xi_3.
\end{aligned}$$

Durch diese Transformation werden alle Flächen der Schaar

$$X_1 X_3 + X_2 X_4 + \mu X_2 X_3 = 0$$

in sich übergeführt, derselben Schaar, welche bei den früheren Untersuchungen über lineare Complexe auftrat. Die zugehörigen unendlich kleinen Transformationen sind schon behandelt worden (p. 320).

Nr. 3. *Der lineare Complex ist ein specieller, dessen Axe die Fläche $f = 0$ nicht berührt* (vgl. p. 351):

$$(22\,\text{b})\qquad f = 2 X_1 X_4 + 2 X_2 X_3, \quad \varphi = \lambda_3 Q_{23};$$

$$(24\,\text{b})\quad \begin{aligned}
X_1 &= \Xi_1, & X_4 &= \Xi_4,\\[1mm]
X_2 &= \frac{\lambda + \lambda_3}{\lambda - \lambda_3}\,\Xi_2, & X_3 &= \frac{\lambda - \lambda_3}{\lambda + \lambda_3}\,\Xi_3.
\end{aligned}$$

Jeder Punkt der Linie $X_2 = 0$, $X_3 = 0$ entspricht sich selbst, ebenso jede Ebene des Büschels $X_1 + \nu X_4 = 0$. Der Kegelschnitt, in welchem eine solche Ebene irgend eine Fläche des Büschels $X_1 X_4 + \mu X_2 X_3 = 0$ schneidet, wird durch die Transformation nicht geändert; d. h. jeder Punkt eines solchen Kegelschnittes geht in einen Punkt derselben Curve über. Die Transformation ist als Specialfall in Nr. 1 enthalten (nämlich für $\lambda_1 = 0$).

Nr. 4. *Die Fläche $f = 0$ wird von der Axe des speciellen Complexes berührt* (vgl. p. 351):

$$(22\,\text{c})\qquad f = 2 X_1 X_4 + 2 X_2 X_3, \quad \varphi = Q_{12} + Q_{13};$$

$$(23\,\text{c})\quad \begin{aligned}
X_1 &= \lambda U_4 + U_2 + U_3, & \Xi_1 &= \lambda U_4 - U_2 - U_3,\\
X_2 &= \lambda U_3 - U_1, & \Xi_2 &= \lambda U_3 + U_1,\\
X_3 &= \lambda U_2 - U_1, & \Xi_3 &= \lambda U_2 + U_1,\\
X_4 &= \lambda U_1, & \Xi_4 &= \lambda U_1;
\end{aligned}$$

$$(24\,\text{c})\quad \begin{aligned}
X_1 &= \Xi_1 + \Lambda(\Xi_2 + \Xi_3) - \Lambda^2 \Xi_4,\\
X_2 &= \Xi_2 - \Lambda\Xi_4, \quad X_3 = \Xi_3 - \Lambda\Xi_4, \quad X_4 = \Xi_4,
\end{aligned}$$

worin $2\lambda\Lambda = 1$. Alle Flächen des Systems $X_1 X_4 + X_2 X_3 + \mu X_4^2 = 0$ werden gleichzeitig in sich transformirt. Jeder Punkt der Schnittlinie von $X_2 + X_3 = 0$ und $X_4 = 0$ entspricht sich selbst, und ebenso jede Ebene des Büschels $X_2 - X_3 + \nu X_4 = 0$. Die Flächen der erwähnten Schaar werden von letzteren in Kegelschnitten geschnitten, welche im Punkte $X_4 = 0$, $X_2 = 0$, $X_3 = 0$ eine Berührung dritter Ordnung mit einander eingehen.

Nr. 5. *Der lineare Complex enthält alle Erzeugenden der einen Art* (vgl. p. 352):

$$(22\,\mathrm{d}) \qquad f = 2X_1X_4 + 2X_2X_3, \quad \varphi = Q_{14} + Q_{23};$$

$$(24\,\mathrm{d}) \qquad X_1 = \frac{\lambda+1}{\lambda-1}\,\Xi_1, \quad X_2 = \frac{\lambda+1}{\lambda-1}\,\Xi_2,$$
$$X_3 = \frac{\lambda-1}{\lambda+1}\,\Xi_3, \quad X_4 = \frac{\lambda-1}{\lambda+1}\,\Xi_4.$$

Jede Ebene des Büschels $X_1 + \nu X_2 = 0$ bleibt fest, ebenso jede Ebene des Büschels $X_3 + \nu X_4 = 0$, d. h. alle Erzeugenden der Fläche $f = 0$, welche dem Complexe $\varphi = 0$ nicht angehören, werden einzeln in sich transformirt; auf jeder derselben entsprechen ihre Schnittpunkte mit den Axen $X_1 = 0$, $X_2 = 0$ und $X_3 = 0$, $X_4 = 0$ sich selbst. Analoges gilt für alle Flächen $X_1X_4 + \mu X_2X_3 = 0$.

Nr. 6. *Der lineare Complex ist ein specieller, und seine Axe zugleich eine Erzeugende der Fläche* (vgl. p. 352):

$$(22\,\mathrm{e}) \qquad f = 2X_1X_4 + 2X_2X_3, \quad \varphi = Q_{12},$$

$$(23\,\mathrm{e}) \qquad
\begin{aligned}
X_1 &= \lambda U_4 + U_2, & \Xi_1 &= \lambda U_4 - U_2, \\
X_2 &= \lambda U_3 - U_1, & \Xi_2 &= \lambda U_3 + U_1, \\
X_3 &= \lambda U_2, & \Xi_3 &= \lambda U_2, \\
X_4 &= \lambda U_1, & \Xi_4 &= \lambda U_1;
\end{aligned}$$

$$(24\,\mathrm{e}) \qquad
\begin{aligned}
X_1 &= \Xi_1 + \Lambda \Xi_3, & X_3 &= \Xi_3, \\
X_2 &= \Xi_2 - \Lambda \Xi_4, & X_4 &= \Xi_4,
\end{aligned}$$

worin $2\Lambda\lambda = 1$. Jede Erzeugende, welche die Axe $X_3 = 0$, $X_4 = 0$ trifft, wird in sich transformirt. Auf ihr werden dadurch zwei vereinigt gelegene projectivische Punktreihen definirt, deren Doppelelemente in ihrem Schnittpunkte mit jener Linie zusammenfallen. Jede Fläche des Systems $f + \mu_1 X_3^2 + \mu_2 X_3 X_4 + \mu_3 X_4^2 = 0$ geht dabei in sich über.

Die vorstehenden Fälle umfassen alle in den allgemeinen Formeln (7) enthaltenen Collineationen, welche die vorgelegte Fläche in sich überführen. Aber es gibt noch andere Transformationen der Art, die von diesen Formeln nicht dargestellt werden. Bei Benutzung der Gleichungen (7), resp. (2) und (11) ward nämlich vorausgesetzt, dass die Determinante der linearen Gleichungen, mittelst deren die Punkte t und τ oben zu einander in Beziehung gesetzt werden, nicht verschwinde, so dass die verlangte lineare Beziehung als durch die Formeln (5) und (6) gegeben angenommen werden durfte. Das Ver-

schwinden der Determinante von (6) wurde auch in vorstehender
Aufzählung zugelassen. Die Determinante von (5) dagegen ist nothwendig von Null verschieden, wenn die Fläche nicht in einen Kegel
ausarten soll. Verlangen wir also an Stelle von (5) andere lineare
Relationen mit verschwindender Determinante, so müssen dieselben
auch in anderer Weise, d. h. durch einen neuen Ansatz, geometrisch
vermittelt werden. Dass in der That nicht alle Transformationen
erschöpft sind, ergibt sich übrigens aus Gleichung (16); denn in ihr
kann μ alle möglichen Werthe annehmen, den Werth $\mu = -1$ allein
ausgenommen, da letzterer $\lambda' = 0$ ergeben und folglich nach (13)
das Verschwinden von A erfordern würde. Und doch liegt keine
Veranlassung vor, einen einzelnen Werth von μ auszuschliessen, da
die Grössen c_{ik}, von denen μ stetig abhängt, so variabel gedacht
werden können, dass μ *alle* möglichen Werthe durchläuft.

Ist die Determinante eines Systems linearer Gleichungen von der
Form (5) gleich Null, so wird dasselbe nur auflösbar für solche t_i, die
einer gewissen homogenen linearen Gleichung genügen, d. h. für alle
Punkte t einer bestimmten Ebene. Während also früher über die
Hülfspunkte t nichts vorausgesetzt wurde, *müssen wir jetzt annehmen,
dass nur die Punkte einer gewissen Ebene v als Hülfspunkte t benutzt
werden.* Wir erhalten alle diese Punkte als Pole einer beliebigen
Ebene u in Bezug auf einen in der Ebene v gelegenen nicht zerfallen-
den Kegelschnitt, z. B. den Schnitt der Ebene v mit der vorgelegten
Fläche zweiter Ordnung. Die Gleichung dieser Schnittcurve in
Ebenencoordinaten u_i sei (p. 143):

$$(25) \qquad \Psi = \begin{vmatrix} a_{11} & a_{12} & a_{13} & a_{14} & u_1 & v_1 \\ a_{21} & a_{22} & a_{23} & a_{24} & u_2 & v_2 \\ a_{31} & a_{32} & a_{33} & a_{34} & u_3 & v_3 \\ a_{41} & a_{42} & a_{43} & a_{44} & u_4 & v_4 \\ u_1 & u_2 & u_3 & u_4 & 0 & 0 \\ v_1 & v_2 & v_3 & v_4 & 0 & 0 \end{vmatrix} = 0.$$

Die Punkte τ sind nach dem Obigen mit den Punkten t durch lineare
Gleichungen verbunden und liegen harmonisch zu t und den beiden
Schnittpunkten der Linie t-τ mit der Fläche; sie erfüllen daher
eine zu v in Bezug auf die Fläche conjugirte Ebene w, deren Coordinaten der Bedingung

$$(26) \qquad \Sigma\Sigma A_{ik} v_i w_k = 0$$

genügen. Die Ebene w wird im Allgemeinen nicht Tangentenebene
der Fläche sein. Zu einem bestimmten Punkte t gehört daher als

Punkt τ irgend ein Punkt der Schnittlinie von w mit der Polarebene von t, d. h. ein Punkt der Verbindungslinie des Poles η der Ebene w mit dem Schnittpunkte der Ebenen v, w und u, denn die Polarebene von t geht durch die Schnittlinie von v und u hindurch. Wir haben sonach zu setzen:

$$(27) \qquad t_i = \frac{1}{2}\frac{\partial \Psi}{\partial u_i}, \qquad \varrho\,\tau_i = \eta_i + \sigma(v\omega u)_i,$$

wo $\eta_i = \Sigma A_{ik}v_k$, $\Sigma\omega_i(vwu)_i = \Sigma \pm \omega_1 v_2 w_3 u_4$. *Die in den allgemeinen Formeln (7) nicht enthaltenen Transformationen der Fläche* $\Sigma\Sigma a_{ik}x_i x_k = 0$ *in sich werden daher durch die folgenden Gleichungen vermittelt:*

$$(28) \qquad \begin{aligned} x_i &= \varkappa\,\frac{1}{2}\frac{\partial \Psi}{\partial u_i} + \lambda(vwu)_i + \nu\,\eta_i, \\[2mm] \xi_i &= \varkappa\,\frac{1}{2}\frac{\partial \Psi}{\partial u_i} - \lambda(vwu)_i - \nu\,\eta_i, \end{aligned}$$

in denen v_i die Coordinaten einer beliebigen (die Fläche nicht berührenden) Ebene, η_i diejenigen ihres Poles, w_i die Coordinaten einer zu v conjugirten Ebene bedeuten.

Wie die Auflösung der Gleichungen (28), d. h. die Elimination der Grössen u_i und η_i zu geschehen hat, ist nicht unmittelbar ersichtlich, muss daher im Folgenden erörtert werden. Es seien ω_i', ω_i'' die Coordinaten der beiden Ebenen, welche die Fläche $f = 0$ in ihren Schnittpunkten mit der Schnittlinie der Ebenen v, w berühren, dann ist $\Sigma\omega_i'\eta_i = 0$ und $\Sigma\omega_i''\eta_i = 0$, da die Ebenen ω' und ω'' durch die conjugirte Polare der Schnittlinie von v und w hindurchgehen. Es wird also:

$$\begin{aligned} \Sigma\omega_i'x_i &= \varkappa\,\Sigma\omega_i'\Psi_i + \lambda\,\Sigma \pm v_1 w_2 u_3 \omega_4', \\[2mm] \Sigma\omega_i'\xi_i &= \varkappa\,\Sigma\omega_i'\Psi_i - \lambda\,\Sigma \pm v_1 w_2 u_3 \omega_4', \quad \text{wo } \Psi_i = \frac{1}{2}\frac{\partial \Psi}{\partial u_i}, \end{aligned}$$

und analoge Gleichungen bestehen für ω_i''. Nun ist $\Sigma\omega_i'\Psi_i = 0$ die Bedingung dafür, dass die Ebene u durch den Pol von ω' in Bezug auf den ebenen Schnitt $\Psi = 0$, d. h. durch den Berührungspunkt der Ebene ω' hindurchgehe; dieselbe Bedingung wird auch durch die Gleichung $\Sigma \pm v_1 w_2 u_3 \omega_4' = 0$ dargestellt; die Quotienten

$$\Omega' = \frac{\Sigma \pm v_1 w_2 u_3 \omega_4'}{\Sigma\omega_i'\Psi_i}, \qquad \Omega'' = \frac{\Sigma \pm v_1 w_2 u_3 \omega_4''}{\Sigma\omega_i''\Psi_i}$$

sind daher von den Variabeln u_i ganz unabhängig. Insbesondere kann man also in Ω' u durch ω'' und in Ω'' u durch ω' ersetzen, und so folgt:

$$\Omega' + \Omega'' = 0.$$

Die obigen Gleichungen und die analogen für ω'' werden demnach:

$$(29) \qquad \Sigma \omega_i' x_i = \frac{\varkappa + \lambda \Omega'}{\varkappa - \lambda \Omega'} \Sigma \omega_i' \xi_i, \quad \Sigma \omega_i'' x_i = \frac{\varkappa - \lambda \Omega'}{\varkappa + \lambda \Omega'} \Sigma \omega_i'' \xi_i;$$

ausserdem folgt aus (28):

$$(30) \qquad \Sigma v_i x_i = - \Sigma v_i \xi_i, \quad \Sigma w_i x_i = \Sigma w_i \xi_i.$$

Die Gleichungen (29) und (30) hat man nach den x_i oder ξ_i auf-zulösen, um das Resultat der Elimination der u_i und η_i aus den Glei-chungen (28) zu erhalten.

Wir sind sicher, dass die hiermit definirten Transformationen die gegebene Fläche in sich überführen, aber es fragt sich, ob der Ausdruck $\Sigma \Sigma a_{ik} x_i x_k$ direct gleich $\Sigma \Sigma a_{ik} \xi_i \xi_k$ wird oder nur bis auf einen hinzutretenden Factor. Dass ersteres der Fall ist, werden wir sofort an den aufzustellenden kanonischen Formen sehen. Um dasselbe allgemein nachzuweisen, bedienen wir uns am passendsten der schon früher angewandten symbolischen Methoden (p. 140 ff.). Werde also

$$\Sigma \Sigma a_{ik} x_i x_k = a_x{}^2 = b_x{}^2 = c_x{}^2$$

gesetzt, so wird nach Früherem $\Psi = \frac{1}{2} (abuv)^2$. Multipliciren wir die linken Seiten der Gleichungen (28) (d. h. x_i und ξ_i) mit willkür-lichen Grössen s_i und addiren, so erscheinen diese Gleichungen in der Form

$$(a) \qquad \begin{aligned} s_x &= \frac{1}{2} \varkappa (abvu)(abvs) + \lambda (vwus) + \nu s_\eta, \\ s_\xi &= \frac{1}{2} \varkappa (abvu)(abvs) - \lambda (vwus) - \nu s_\eta. \end{aligned}$$

Setzen wir hierin $s_i = c_i$ und multipliciren beiderseits mit c_x, so er-scheint auf der rechten Seite der Term $(abvu)(abvc)c_x$, in welchem a, b und c einander gleichwerthige Symbole bedeuten, die beliebig mit einander vertauscht werden dürfen, ohne dass dadurch der wahre Werth des Ausdrucks geändert würde; es ist also:

$$(b) \qquad \begin{aligned} (abcv)(abvu)c_x &= - (abcv)(acvu)b_x = - (abcv)(cbvu)a_x \\ &= \frac{1}{3} (abcv) \left[(abvu)c_x - (acvu)b_x + (bcvu)a_x \right]. \end{aligned}$$

Die Klammer der rechten Seite aber ist identisch gleich

$$(abcu) v_x - (abcv) u_x,$$

und somit folgt aus (a) in der angegebenen Weise:

$$(c) \qquad \begin{aligned} c_x{}^2 &= \frac{1}{6} \varkappa \left[(abcv)^2 u_x - (abcv)(abcu)v_x \right] + \lambda (vwuc) c_x + \nu c_\eta c_x, \\ c_x c_\xi &= \frac{1}{6} \varkappa \left[(abcv)^2 u_x - (abcv)(abcu)v_x \right] - \lambda (vwuc) c_x - \nu c_\eta c_x. \end{aligned}$$

Ebenso erhält man:

$$\text{(d)} \quad \begin{aligned} c_x c_\xi &= \tfrac{1}{6}\,\varkappa\,[(abcv)^2 u_\xi - (abcv)(abcu)v_\xi] + \lambda\,(vwuc)\,c_\xi + \nu\,c_\eta c_\xi, \\ c_\xi^2 &= \tfrac{1}{6}\,\varkappa\,[(abcv)^2 u_\xi - (abcv)(abcu)v_\xi] - \lambda\,(vwuc)\,c_\xi - \nu\,c_\eta c_\xi. \end{aligned}$$

Aus (b) und (c) ergibt sich weiter:

$$\text{(e)} \quad \begin{aligned} c_x^2 - c_x c_\xi &= 2\lambda\,(vwuc)\,c_x + 2\nu\,c_\eta c_x, \\ c_\xi^2 - c_x c_\xi &= -\,2\lambda\,(vwuc)\,c_\xi - 2\nu\,c_\eta c_\xi. \end{aligned}$$

Um die ersten Terme der rechten Seiten umzuformen, ersetzen wir in (a) die Grössen s_i wieder durch c_i und multipliciren mit $(vwuc)$. Wir finden so aus der ersten Gleichung (a) auf der rechten Seite einen Ausdruck, der sich aus (b) ergibt, wenn man c_x durch $(vwuc)$, also x_i durch die Unterdeterminante $(vwu)_i$ ersetzt. Dieser Ausdruck ist demnach identisch gleich

$$\tfrac{1}{3}\big[(abcu)\,(vwuv) - (abcv)\,(vwuu)\big],$$

d. h. identisch gleich Null. Verfährt man ebenso mit der zweiten Gleichung (a), so findet man:

$$\begin{aligned} (vwuc)\,c_x &= \lambda\,(vwuc)^2 + \nu\,(vwuc)\,c_\eta, \\ (vwuc)\,c_\xi &= -\,\lambda\,(vwuc)^2 - \nu\,(vwuc)\,c_\eta. \end{aligned}$$

Die beiden links stehenden Ausdrücke unterscheiden sich also nur um das Vorzeichen, die ersten Terme auf den rechten Seiten der Gleichungen (e) sind folglich einander gleich; dasselbe gilt nach (30) von den zweiten Termen dieser rechten Seiten; die linken Seiten der Gleichungen (e) sind also mit einander identisch, und es folgt $c_x^2 = c_\xi^2$ oder:

$$\Sigma\Sigma a_{ik} x_i x_k = \Sigma\Sigma a_{ik} \xi_i \xi_k, \quad \text{q. e. d.}$$

Ist nun ein System von Gleichungen der Form $\Sigma b_{ik} x_i = \Sigma \beta_{ik} \xi_i$ vorgelegt, und erhält man durch Auflösung $\xi_i = \Sigma c_{ik} x_k$, so ist offenbar die Determinante der c_{ik} gleich dem Quotienten der Determinante der b_{ik}, dividirt durch diejenige der β_{ik}. *Die Determinante der aus* (29) *und* (30) *fliessenden Substitution* (2) *ergibt sich hiernach gleich* — 1, *während oben der Determinante der Gleichungen* (11) *der Werth* + 1 *zukam.* Man unterscheidet demgemäss die zuletzt betrachteten Transformationen der Fläche $f = 0$ in sich als *uneigentliche,* gegenüber den in (11) gefundenen *eigentlichen Substitutionen*[*].

---

[*] Nach Cayley erhält man (Crelle's Journal Bd. 52) die uneigentlichen Transformationen einer Gleichung zweiten Grades im Raume von n Dimensionen durch Grenzübergang aus den eigentlichen eines Raumes von $n + 1$ Dimensionen. Geht man, wie es Voss a. a. O. thut, von den Formeln (2) aus, so ergeben sich alle neun möglichen Fälle aus (15) nach der Theorie der Elementartheiler. Allgemeine Formeln, wie sie in (28) zur Erzeugung uneigentlicher Substitutionen vorliegen, scheinen sonst nicht aufgestellt zu sein.

Wird die Fläche von der Ebene v berührt (wo dann die Schnittlinie der Ebenen v und w eine Tangente der Fläche ist), so fällt ω'' mit ω' zusammen, und es ergibt sich überhaupt keine Raumtransformation, da alle Punkte t mit dem Berührungspunkte von v, welcher hier mit η identisch ist, zusammenfallen. Es sind demnach nur folgende drei Fälle zu betrachten, von denen der zweite eigentlich im ersten enthalten ist.

Nr. 7. *Die Fläche $f = 0$ wird von der Schnittlinie der conjugirten Ebenen v und w nicht berührt.* Sind letztere Ebenen bez. mit $X_1 = 0$ und $X_4 = 0$ identisch, so kann man $f = X_1^2 + X_4^2 + 2X_2 X_3$ nehmen, und die Gleichungen (28) werden:

$$(28\,\mathrm{a}) \qquad \begin{aligned} X_1 &= v\,\mathsf{H}_4, & \Xi_1 &= -\,v\,\mathsf{H}_4, \\ X_2 &= \varkappa\,U_3 + \lambda\,U_3, & \Xi_2 &= \varkappa\,U_3 - \lambda\,U_3, \\ X_3 &= \varkappa\,U_2 - \lambda\,U_2, & \Xi_3 &= \varkappa\,U_2 + \lambda\,U_2, \\ X_4 &= \varkappa\,U_4, & \Xi_4 &= \varkappa\,U_4. \end{aligned}$$

Hieraus erhält man als Auflösung der Gleichungen (29) und (30):

$$(31\,\mathrm{a}) \qquad \begin{aligned} X_1 &= -\,\Xi_1, \quad X_4 = \Xi_4, \\ X_2 &= \frac{\varkappa + \lambda}{\varkappa - \lambda}\,\Xi_2, \quad X_3 = \frac{\varkappa - \lambda}{\varkappa + \lambda}\,\Xi_3. \end{aligned}$$

Die linke Seite der Gleichung (15) wird

$$\begin{vmatrix} \mu + 1 & 0 & 0 & 0 \\ 0 & \mu - \dfrac{\varkappa + \lambda}{\varkappa - \lambda} & 0 & 0 \\ 0 & 0 & \mu - \dfrac{\varkappa - \lambda}{\varkappa + \lambda} & 0 \\ 0 & 0 & 0 & \mu - 1 \end{vmatrix} = (\mu^2 - 1)\left(\mu^2 - 2\,\frac{\varkappa^2 + \lambda^2}{\varkappa^2 - \lambda^2}\,\mu + 1\right).$$

Die Wurzeln derselben sind von einander verschieden, und es tritt in der That die bei den eigentlichen Substitutionen (p. 365) ausgeschlossene Wurzel $\mu = -1$ auf. Alle Flächen der zweifach unendlichen Schaar $k X_1^2 + l X_4^2 + 2m X_2 X_3 = 0$ werden gleichzeitig in sich übergeführt.

Nr. 8. *Alle Hülfspunkte τ fallen mit dem Pole η der Ebene v zusammen;* d. h. es ist im vorigen Falle $\lambda = 0$ zu setzen. Die Transformation wird:

$$(31\,\mathrm{b}) \qquad X_1 = -\,\Xi_1, \quad X_2 = \Xi_2, \quad X_3 = \Xi_3, \quad X_4 = \Xi_4.$$

Jeder Punkt der Ebene $X_1 = 0$ entspricht sich selbst, ebenso jede Ebene, die den Punkt $X_2 = 0$, $X_3 = 0$, $X_4 = 0$ enthält. Die Transformation ist ein specieller Fall der sogenannten *Centralperspective* (Bd. I, p. 256 u. 999). Die Gleichung (15) hat eine einfache Wurzel

$- 1$ und eine dreifache Wurzel $+ 1$, für welche auch alle ersten und zweiten Unterdeterminanten verschwinden.

Nr. 9. *Die Schnittlinie der conjugirten Ebenen v und w ist eine Tangente von $f = 0$.* Sei jetzt $f = X_1^2 + X_2^2 + 2X_3 X_4$ und wieder v mit $X_1 = 0$, w mit $X_4 = 0$ identisch*); dann folgt $\Psi = U_2^2 + 2U_3 U_4$,

$$
(28\,\mathrm{c}) \quad
\begin{aligned}
X_1 &= v\,\mathsf{H}_1, & \Xi_1 &= -\,v\,\mathsf{H}_1, \\
X_2 &= \varkappa\,U_2 + \lambda\,U_3, & \Xi_2 &= \varkappa\,U_2 - \lambda\,U_3, \\
X_3 &= \varkappa\,U_4 - \lambda\,U_2, & \Xi_3 &= \varkappa\,U_4 + \lambda\,U_2, \\
X_4 &= \varkappa\,U_3, & \Xi_4 &= \varkappa\,U_3;
\end{aligned}
$$

$$
(31\,\mathrm{c}) \quad
\begin{aligned}
X_1 &= -\,\Xi_1, \quad X_2 = \Xi_2 + 2\frac{\lambda}{\varkappa}\Xi_4, \quad X_4 = \Xi_4, \\
X_3 &= \Xi_3 - 2\frac{\lambda}{\varkappa}\Xi_2 - 2\frac{\lambda^2}{\varkappa^2}\Xi_4.
\end{aligned}
$$

Die für die Transformation charakteristische Gleichung (15) ergibt, wenn $k = \dfrac{\lambda}{\varkappa}$:

$$
\begin{vmatrix}
1 + \mu & 0 & 0 & 0 \\
0 & 1 - \mu & 0 & -2k \\
0 & -2k & 1 - \mu & -2k^2 \\
0 & 0 & 0 & 1 - \mu
\end{vmatrix}
= (\mu + 1)(1 - \mu)^3 = 0.
$$

Es tritt also eine einfache Wurzel $- 1$ und eine dreifache Wurzel $+ 1$ auf, und für letztere verschwinden auch alle ersten Unterdeterminanten. Wollte man auch in (31c) λ verschwinden lassen, so würde man zum Falle Nr. 8 zurückgeführt werden. —

Die Gleichungen (28) hatten wir dadurch gewonnen, dass die Hülfspunkte t auf eine fest gegebene Ebene v beschränkt wurden. Wir können noch einen Schritt weiter gehen und diese Punkte t auf eine gegebene gerade Linie beschränken. Die conjugirten Pole τ erfüllen dann die conjugirte Polare; und *einem Punkte x der Fläche wird derjenige Punkt ξ derselben zugeordnet, dessen Verbindungslinie mit x die beiden gegebenen einander polar conjugirten Geraden schneidet.* Wird

$$
f = 2X_1 X_4 + 2X_2 X_3
$$

angenommen, so ist diese Transformation offenbar durch die Formeln

$$
X_1 = -\,\Xi_1, \quad X_2 = \Xi_2, \quad X_3 = \Xi_3, \quad X_4 = -\,\Xi_4
$$

dargestellt; ihre Determinante ist also gleich $+ 1$, und sie ist in

---

*) Versucht man die Ebenen $X_1 = 0$, $X_4 = 0$ in umgekehrter Weise zu benutzen, so ergibt sich keine Raumtransformation.

der That unter den in Nr. 3 angegebenen Collineationen enthalten; sie entsteht nämlich, wenn in (24b) $\lambda = 0$ gesetzt wird.

Die eigentlichen und uneigentlichen Substitutionen sind nicht nur durch den verschiedenen Werth ihrer Determinante oder die verschiedenen Formen ihrer algebraischen Darstellung von einander zu trennen, sondern beide Klassen unterscheiden sich auch von einander durch ein wesentliches geometrisches Merkmal. An den aufgestellten kanonischen Formen ersieht man nämlich sofort, dass *jede uneigentliche Transformation die beiden Schaaren von Erzeugenden der in sich zu transformirenden Fläche mit einander vertauscht, jede eigentliche Transformation eine jede Erzeugende stets wieder durch eine Erzeugende derselben Art ersetzt.* Oben wurde eine eigentliche Transformation bestimmt durch die sechs homogenen Coëfficienten der Gleichung eines linearen Complexes und das Verhältniss $\varkappa : \lambda$, eine uneigentliche Transformation in den Gleichungen (29) und (30) durch zwei einander polar conjugirte Ebenen (die also von fünf Constanten abhängen) und das Verhältniss $\varkappa : \lambda$. *Es gibt daher sowohl sechsfach unendlich viele eigentliche Transformationen, als auch sechsfach unendlich viele uneigentliche Transformationen**). Erstere können dadurch erzeugt werden, dass man die oben besprochenen unendlich kleinen Transformationen unendlich oft wiederholt, letztere nicht.

Von Interesse ist ferner die Frage nach der Zusammensetzung einer gegebenen Transformation aus anderen; es bietet sich so das Problem dar, zu einer gegebenen Transformation eine zweite so zu bestimmen, dass beide zusammen eine dritte gegebene Transformation liefern. Man wird dasselbe in jedem einzelnen Falle erledigen können mit Hülfe des Satzes, dass *jede eigentliche Transformation unserer Art zusammengesetzt werden kann aus zwei solchen Transformationen, von denen die eine alle Erzeugenden einer Art, die andere diejenigen der anderen Art einzeln fest lässt.* Die Richtigkeit des Satzes ist evident, denn jede Transformation lässt im Allgemeinen zwei Erzeugende jedes Systems fest. Man hat also nur eine solche specielle Transformation der Form Nr. 5 aufzusuchen, welche dieselben beiden Erzeugenden erster Art fest lässt und eine dritte Erzeugende derselben Art in die verlangte Lage überführt (was nach der Theorie projec-

---

*) Vgl. Klein: Math. Annalen Bd. 4, p. 412 und 622. — Mit den besonderen Transformationen, bei denen jede Erzeugende des einen Systems fest bleibt, und der Zusammensetzung aller anderen aus ihnen beschäftigt sich auch Clifford: Preliminary Sketch of Biquaternions, Proceedings of the London Mathematical Society, vol. 4, 1873 (oder Mathematical Papers, London 1882, p. 193).

tivischer Punktreihen möglich ist), und bei der dann jede Erzeugende zweiter Art in sich übergeht. Die ergänzende zweite Transformation lässt jede Erzeugende erster Art ungeändert und führt ebenso drei Erzeugende zweiter Art in drei andere derselben Art über.

Für die Zusammensetzung der hier betrachteten Transformationen wird ferner der Begriff der „Gruppe" von hervorragender Wichtigkeit. Unter *einer Gruppe von Transformationen versteht man ein solches System von Transformationen bestimmten Charakters, denen die Eigenschaft zukommt, dass die Zusammensetzung je zweier Transformationen des Systems wieder zu einer Transformation desselben Systems hinführt**). Da nun die eigentlichen und uneigentlichen Transformationen durch die Werthe $+1$, resp. -1 ihrer Determinante unterschieden werden, so folgt unmittelbar, dass nicht nur *alle* Transformationen einer Fläche zweiter Ordnung in sich, sondern auch *alle eigentlichen Transformationen für sich eine Gruppe bilden* (nicht aber die uneigentlichen für sich). Ebenso enthält diese letztere Gruppe zwei „Untergruppen", deren eine von denjenigen eigentlichen Transformationen gebildet wird, welche das eine System von Erzeugenden als solches nicht ändern, die andere von denjenigen, welche zu dem anderen Erzeugenden-Systeme in gleicher Beziehung stehen. Um den hier neu eingeführten Begriff zu erläutern, sei es erlaubt, an das Beispiel der Bewegungen zu erinnern. Jede Bewegung (aufgefasst als eine auf alle Punkte des Raumes ausgedehnte Operation) wird analytisch durch eine lineare Transformation desselben Charakters dargestellt, welcher für die Transformation des rechtwinkligen Coordinatensystems massgebend war (und dessen nähere Bestimmung Auf-

---

*) Begriff und Bezeichnung sind aus der Galois'schen Substitutionstheorie herübergenommen (vgl. Camille Jordan's Traité des substitutions, Paris 1870), indem das zu transformirende continuirliche Gebiet des Raumes an Stelle einer endlichen Anzahl discreter Grössen tritt. In die Geometrie ist der Gruppenbegriff besonders von Klein mit Erfolg eingeführt, vgl. dessen Abhandlungen Bd. 4 (p. 346) und Bd. 6 (p. 117 ff., 1872) der Mathematischen Annalen, sowie sein Programm: Vergleichende Betrachtungen über neuere geometrische Forschungen, Erlangen 1872 und die Schrift: Vorlesungen über das Ikosaëder, Leipzig 1884; vgl. ferner die in Bd. I, p. 996 citirten Aufsätze von Klein und Lie. Das dort bei Gelegenheit der Connextheorie untersuchte „geschlossene System von Collineationen" bildet eben auch eine Gruppe, gleichfalls das System der oben p. 317 u. 320 betrachteten Transformationen. — Die im Texte sogleich noch erwähnte Gruppe der Bewegungen ist schon von C. Jordan eingehend studirt (Annali di matematica, Serie II, tom. II, 1869); vgl. auch Schönfliess, Math. Annalen Bd. 28 und 29. — Auch für die Theorie der partiellen Differentialgleichungen ist der Gruppenbegriff nach Lie von wesentlichem Nutzen.

gabe der folgenden Untersuchung über Transformationen eines Kegelschnittes in sich sein wird); in der That ist es ja gleichgiltig, ob das Coordinatensystem im Raume als bewegt, der Raum selbst aber als fest gedacht wird, oder ob umgekehrt alle Punkte des Raumes ihre Lage gegen ein fest gedachtes Coordinatensystem verändern. *Die Gesammtheit der Bewegungen bildet somit eine Transformationsgruppe.* Eine in ihr enthaltene Untergruppe wird z. B. von den Rotationen um einen Punkt gebildet, und letztere wieder enthalten als Untergruppe die Drehungen um eine Axe. Eine Gruppe, welche umgekehrt diejenige der Bewegungen umfasst, wird durch die Gesammtheit der räumlichen Collineationen gegeben; dagegen bildet die Gesammtheit der dualistischen Umformungen (reciproken linearen Verwandtschaften) keine Gruppe, denn zwei dualistische Umformungen ergeben, nach einander ausgeführt, eine Collineation; wohl aber wird eine Gruppe erzeugt, wenn man die Gesammtheit der dualistischen mit der Gesammtheit der collinearen Transformation zusammennimmt.

Uebrigens ist es für den Begriff einer Gruppe nicht wesentlich, dass die sie constituirenden Transformationen an Zahl unendlich sind und sich in stetiger Folge aneinander schliessen, wie dies bei den angeführten Beispielen der Fall war; vielmehr bilden z. B. die in endlicher Anzahl vorhandenen Bewegungen, welche einen Würfel (oder überhaupt einen regulären Körper) mit sich selbst zur Deckung bringen, ebenfalls eine Gruppe. Gerade diese endlichen Gruppen sollen uns später noch beschäftigen.

XVIII. Lineare Transformationen des Raumes, welche einen Kegelschnitt in sich überführen.

Bei den bisher betrachteten Transformationen einer Fläche zweiter Ordnung in sich wurde das Nichtverschwinden ihrer Determinante vorausgesetzt. Indem wir diese Voraussetzung jetzt fallen lassen, gehen wir nicht von einem Kegel, sondern von einer Fläche zweiter Klasse, d. h. einem Kegelschnitte im Raume, aus, um denselben an geeigneten Stellen insbesondere durch den imaginären Kugelkreis zu ersetzen. Für eine solche Fläche verliert allerdings die oben gemachte Construction mittelst der Hülfspunkte t und τ ihre Bedeutung, doch würde es leicht sein, eine dualistisch entsprechende Construction mittelst zweier Hülfsebenen t und τ auszuführen, die auch für den Kegelschnitt nicht ungültig wird; man würde so zuerst die Transformationsformeln für Ebenencoordinaten finden und dann aus ihnen diejenigen für Punktcoordinaten ableiten (p. 92); man kann aber auch letztere direct aus den früheren allgemeinen Formeln erhalten, wenn man die Determinante verschwinden lässt, denn in ihnen kam nur die linke Seite der Gleichung in Ebenencoordinaten vor. Wenigstens gilt dies für alle eigentlichen Transformationen; die uneigentlichen werden in dieser Weise nicht gefunden, da die betreffenden Formeln nur für die Punkte einer bestimmten Ebene gültig bleiben würden, wovon man sich leicht überzeugt.

Wird insbesondere der imaginäre Kugelkreis eingeführt, so bilden entsprechende Paare von Ebenen vor und nach der Transformation dieselben Winkel; jeder Figur entspricht daher eine ihr ähnliche: die Transformation ist eine *Aehnlichkeits-Transformation*. Im Allgemeinen wird dabei der Ausdruck $x^2 + y^2 + z^2$ übergehen in $C[(\xi - a)^2 + (\eta - b)^2 + (\zeta - c)^2]$, wenn der Nullpunkt in den Punkt a, b, c übergeführt wird; insbesondere kann man es so einrichten, dass $C = 1$ wird, und dies tritt, wie wir sehen werden, immer ein, sobald die Substitutionsdeterminante der Punkttransformation gleich der Einheit ist: es bleiben dann nicht nur alle Winkel, sondern auch alle Entfernungen ungeändert: *Die Transformation stellt eine Bewegung des Raumes dar.* Beim Studium der Bewegungen, d. h. in der sogenannten *Kinematik**), kommen zwei verschiedene Gesichtspunkte in Betracht; entweder verfolgt man das bewegte Punktsystem (etwa einen starren Körper) in seinen successiven continuirlich auf einander folgenden Lagen, oder man fasst in erster Linie die Lage des bewegten Körpers gegenüber der verlassenen Anfangslage in's Auge, bestimmt alle möglichen gegenseitigen Lagen, die dabei denkbar sind, und fragt erst nachträglich, wie der Körper durch möglichst einfache Bewegungen von einer Lage in die andere gebracht werden kann (was in der Theorie der Zusammensetzung der Bewegungen gelehrt wird), und wie die neue Lage durch successive unendlich kleine Bewegungen aus der alten hervorgeht. Dieser letztere Gesichtspunkt ist bei unserer algebraischen Behandlung der Frage massgebend, da es sich zunächst um *endliche* lineare Transformationen handelt. Jede Bewegung kann ihrem Begriffe nach aus successiven unendlich kleinen Bewegungen zusammengesetzt werden; demgemäss sind für die Kinematik nur die eigentlichen Transformationen des imaginären Kugelkreises in sich von Bedeutung, denn die uneigentlichen bilden keine

---

*) Die durch d'Alembert und Euler begründete Theorie der Bewegungen findet naturgemäss in den Lehrbüchern der Mechanik eine Stelle, vgl. z. B. Schell, Theorie der Bewegung und der Kräfte, 2. Aufl. Bd. 1, 1879, oder Thomson und Tait, Handbuch der theoretischen Physik, Bd. 1 (deutsch von Helmholtz und Wertheim).

Gruppe (vgl. p. 372). Eine jede ist also bis auf einen willkürlich bleibenden Parameter durch einen linearen Complex definirt; und *wir finden alle möglichen Arten der Bewegung, indem wir alle möglichen Lagen eines solchen Complexes gegen den imaginären Kugelkreis berücksichtigen.* Die gestellte Aufgabe ist somit durch unsere Untersuchungen über lineare Complexe im Wesentlichen erledigt. Wir stellen die Resultate zusammen, indem wir für jeden Fall mittelst der Gleichungen (7) p. 357 die zugehörige Transformation bilden.

Nr. 1. *Allgemeine Lage des linearen Complexes gegen den Kegelschnitt* (vgl. Nr. 7, p. 353). Die Gleichungen der beiden Gebilde sind:

$$(1) \qquad F \equiv 2U_1 U_2 + U_3^2 = 0, \qquad \varphi \equiv \alpha Q_{12} + \beta Q_{34} = 0;$$

also haben wir:

$$(3) \qquad \begin{aligned} X_1 &= (\varkappa + \lambda\alpha)U_2, & \Xi_1 &= (\varkappa - \lambda\alpha)U_2, \\ X_2 &= (\varkappa - \lambda\alpha)U_1, & \Xi_2 &= (\varkappa + \lambda\alpha)U_1, \\ X_3 &= \varkappa U_3 + \lambda\beta U_4, & \Xi_3 &= \varkappa U_3 - \lambda\beta U_4, \\ X_4 &= -\lambda\beta U_3, & \Xi_4 &= \lambda\beta U_3; \end{aligned}$$

und hieraus:

$$(4) \qquad \begin{aligned} X_1 &= \frac{\varkappa + \lambda\alpha}{\varkappa - \lambda\alpha}\,\Xi_1, & X_2 &= \frac{\varkappa - \lambda\alpha}{\varkappa + \lambda\alpha}\,\Xi_2, \\ X_3 &= -\Xi_3 + \frac{2\varkappa}{\lambda\beta}\,\Xi_4, & X_4 &= -\Xi_4. \end{aligned}$$

Jeder Kegel der Schaar $2X_1 X_2 + \nu X_4^2 = 0$ geht in sich über, seine Schnittcurve mit $X_4 = 0$ berührt den Kegelschnitt $F = 0$ in zwei Punkten. Wird also letzterer zum imaginären Kugelkreise, so haben wir eine Schaar von Rotationscylindern, von denen jeder in sich übergeht: *die Bewegung besteht in einer Schraubenbewegung um die gemeinschaftliche Axe dieser Cylinder.* Es ergibt sich dies genauer durch Untersuchung der zugehörigen unendlich kleinen Transformation. Setzen wir zur Abkürzung $(\varkappa + \lambda\alpha) = a(\varkappa - \lambda\alpha)$, $2\varkappa = b\lambda\beta$, so erhält man nach n-maliger Wiederholung

$$(5) \qquad X_1 = a^n\Xi_1, \quad X_2 = a^{-n}\Xi_2,$$

$$X_3 = e^{n\pi i}\Xi_3 + nb e^{(n-1)\pi i}\Xi_4, \quad X_4 = e^{n\pi i}\Xi_4,$$

also für eine unendlich kleine Transformation (p. 318):

$$(6) \qquad \begin{aligned} dX_1 &= X_1 dn \cdot \log a, & dX_3 &= (-bX_4 + X_3\pi i)dn, \\ dX_2 &= -X_2 dn \cdot \log a, & dX_4 &= X_4 dn \cdot \pi i. \end{aligned}$$

Durch Integration erhält man diejenigen Curven (auf den Cylindern $2X_1 X_2 + \nu X_4^2 = 0$), *welche bei der Transformation (4) in sich übergehen,* nämlich:

$$(7) \quad \begin{aligned} X_1 &= c_1 a^n, & X_3 &= c_3 e^{n\pi i} - n c_4 b e^{(n-1)\pi i}, \\ X_2 &= c_2 a^{-n}, & X_4 &= c_4 e^{n\pi i}, \end{aligned}$$

worin n einen variabeln Parameter bedeutet, während die Integrations-constanten c_i die Coordinaten eines beliebigen Punktes der Curve angeben. Um zu rechtwinkligen Coordinaten überzugehen, setzen wir

$$(8) \quad \begin{aligned} \frac{X_1}{X_4} &= \frac{x+iy}{\sqrt{2}}, & \frac{X_2}{X_4} &= \frac{x-iy}{\sqrt{2}}, & \frac{X_3}{X_4} &= z, \\ \frac{c_1}{c_4} &= \frac{e+if}{\sqrt{2}}, & \frac{c_2}{c_4} &= \frac{e-if}{\sqrt{2}}, & \frac{c_3}{c_4} &= c \end{aligned}$$

und $\log a - \pi i = iu$; so geben die Gleichungen (7):

$$(9) \quad \begin{aligned} x &= e \cos un - f \sin un, \\ y &= e \sin un + f \cos un, \end{aligned} \qquad z = c - bn,$$

d. i. die Parameterdarstellung einer Schraubenlinie (p. 337). Diejenigen Curven, welche durch lineare Transformation des imaginären Kugelkreises in sich übergeführt werden, sind also zugleich die geodätischen Linien auf den Rotationscylindern, genau analog zu dem früheren Resultate, dass (p. 315 ff.) die Curven der Fläche $x_1 x_4 + x_2 x_3 = 0$, welche bei linearer Transformation des Büschels $x_1 x_4 + \mu x_2 x_3 = 0$ in sich ungeändert bleiben, zugleich die „verallgemeinerten" geodätischen Linien der Fläche liefern. — Für die Kinematik folgern wir aus dem Auftreten der Gleichungen (9) den wichtigen Satz[*]), dass *die allgemeinste Bewegung eines Körpers durch eine Schraubenbewegung ersetzt werden kann.* Insbesondere gilt dies auch für eine unendlich kleine Bewegung[**]).

---

[*]) Derselbe ist von Chasles gegeben: Bulletin universelle des sciences mathématiques par Férussac, Nov. 1830; Correspondance mathématique de Bruxelles, t. VII, p. 532, und Aperçu historique, Note 34 (Bruxelles 1837).

[**]) Einer solchen ist nach Obigem ebenfalls ein linearer Complex zugeordnet. Derselbe ergibt sich aus $\varphi = 0$, d. h. aus der Gleichung

$$(a - 1)b \, Q_{12} + 2(a + 1) Q_{34} = 0,$$

indem man entsprechend den Gleichungen (5) a ersetzt durch $a^n e^{-(n-1)\pi i}$, b ersetzt durch nb und dann n unendlich klein werden lässt. Seine Gleichung ist daher

$$b \, Q_{12} + \log(-a) \cdot Q_{34} = 0.$$

Er ordnet jedem Punkte diejenige durch ihn gehende Ebene zu, welche zu seiner durch (6) bestimmten Fortschreitungsrichtung senkrecht steht, eine Eigenschaft, die in verallgemeinertem Sinne auch dem in der Anmerkung zu S. 361 f. erwähnten linearen Complexe zukommt. — Die kinematische Bedeutung dieses linearen Complexes erkannten Möbius (Lehrbuch der Statik, Leipzig 1837 und Crelle's Journal Bd. 10), Grassmann (ib. Bd. 24 und 25, 1842 und 1843) und Chasles (Comptes rendus 1843, t. 16); vgl. auch de Jonquières, Mélanges

Lassen wir b unendlich klein werden, so bleibt der Punkt $U_4 = 0$ fest; *jede Bewegung eines Körpers um einen festen Punkt kann daher durch eine Drehung des Körpers um eine durch den festen Punkt gehende Axe ersetzt werden*; hieraus ergibt sich die Existenz der sogenannten *momentanen Drehungsaxe* bei einer unendlich kleinen Bewegung. Der specielle Fall $b = 0$ wird uns auch im Folgenden wieder begegnen, ebenso der Fall $\varkappa = 0$ (also $a = -1$), welchem eine Translation entspricht.

Die vorliegende Transformation kann man natürlich auch als Specialfall der früher behandelten durch das Verhalten der Wurzeln der zugehörigen Gleichung (15), p. 359, charakterisiren. Diese Gleichung, an der kanonischen Form (4) gebildet, lautet:

$$(10)\quad 0 = \begin{vmatrix} a-\mu & 0 & 0 & 0 \\ 0 & a^{-1}-\mu & 0 & 0 \\ 0 & 0 & -1-\mu & 0 \\ 0 & 0 & 0 & -1-\mu \end{vmatrix} = (a-\mu)\left(\frac{1}{a}-\mu\right)(1+\mu)^2;$$

sie hat also eine Doppelwurzel — 1, für welche nicht sämmtliche Unterdeterminanten verschwinden. Das Auftreten dieser Doppelwurzel ergiebt sich direct aus (16a), p. 360.

Für $\mu = 0$ wird der Werth der Determinante, d. i. der zu (4) gehörigen Substitutionsdeterminante, gleich $+1$; ersetzt man dagegen Ξ_1, Ξ_2, Ξ_3 durch $m\,\Xi_1$, $m\,\Xi_2$, $m\,\Xi_3$, ohne Ξ_4 zu ändern, so entsteht aus (4) eine Aehnlichkeitstransformation, und die Determinante derselben würde gleich m^3 gefunden werden.

Nr. 2. *Der lineare Complex ist ein specieller* (vgl. Nr. 8, p. 355). Im vorigen Falle ist $\alpha = 0$, $\beta = 1$, $\varphi = Q_{34}$ zu nehmen. Die Transformationsgleichungen lauten also:

$$X_1 = \Xi_1, \quad X_2 = \Xi_2, \quad X_3 = -\,\Xi_3 + \frac{2\varkappa}{\lambda}\,\Xi_4, \quad X_4 = -\,\Xi_4.$$

de géométrie pure, Paris 1856; Mannheim, Mémoires des Savants étrangers t. 20 (1868) und Journal de l'école polytechnique cah. 43 (1870). — Durch das Princip der virtuellen Geschwindigkeiten ist die Statik mit der Theorie der unendlich kleinen Bewegungen enge verknüpft; demgemäss wird der lineare Complex auch für die Theorie des Gleichgewichts und der Zusammensetzung der Kraftsysteme von Wichtigkeit, wie aus der Behandlung dieser Theorie nach Möbius und Poinsot hervorgeht. Vgl. F. Klein, Math. Annalen Bd. 4, p. 403; Ball, The theory of screws, a study in the dynamics of a rigid body, Dublin 1876, und Math. Annalen Bd. 9, ferner den erwähnten Aufsatz des Herausgebers (ib. Bd. 7) und Fiedler, Geometrie und Geomechanik, Vierteljahrsschrift der naturforschenden Gesellschaft zu Zürich Bd. 21. — Die auf p. 61 und 355 gefundene Linienfläche dritter Ordnung wird bei der a. a. O. gegebenen weiteren Ausbildung der Theorie von besonderer Wichtigkeit.

Führen wir mittelst (8) rechtwinklige Coordinaten x, y, z und entsprechend ξ, η, ζ ein, so ergiebt sich

$$x = -\xi, \quad y = -\eta, \quad z = \zeta - b.$$

Wir haben also eine Schraubenbewegung um die Z-Axe, welche sich aus einer Rotation um 180^0 und aus einer Verschiebung um $-b$ in Richtung der Z-Axe zusammensetzt. Die Gleichung (10) erhält, da $a = 1$ wird, neben der Doppelwurzel -1 auch die Doppelwurzel $+1$; und für die Wurzel -1 verschwinden alle ersten Unterdeterminanten.

Nr. 3. *Der unendlich fernen Ebene ist durch den linearen Complex ein Punkt des imaginären Kugelkreises zugeordnet.* Die hier anwendbaren Gleichungen (8f) p. 355 ergeben:

$$(11) \qquad F = 2U_1 U_2 + U_3{}^2, \quad \varphi = \alpha Q_{13} + \beta Q_{42},$$

worin α und β gleich Eins genommen werden dürfen, ferner:

$$X_1 = \varkappa U_2 + \lambda \alpha U_3, \quad X_2 = \varkappa U_1 - \lambda \beta U_4,$$
$$X_3 = \varkappa U_3 - \lambda \alpha U_1, \quad X_4 = \qquad \lambda \beta U_2,$$

woraus man die entsprechenden Werthe der Ξ_i durch Aenderung des Vorzeichens von λ erhält, um dann durch Auflösung die betreffende Transformation in der Form zu finden ($\varkappa = \lambda k$, $p = \alpha^{-1}$, $q = \beta^{-1}$ gesetzt):

$$(12) \quad \begin{aligned} X_1 &= - \Xi_1 && - 2kq\Xi_4, \\ X_2 &= 2k^2 p^2 \Xi_1 - \Xi_2 + 2kp\Xi_3 + 2k^3 p^2 q \Xi_4, \\ X_3 &= -2kp\Xi_1 - \Xi_3 - 2k^2 pq \Xi_4, \\ X_4 &= - \Xi_4. \end{aligned}$$

Die zugehörige Transformation in Ebenencoordinaten wird leicht durch Transposition der Coëfficienten erhalten und lässt erkennen, dass $2U_1 U_2 + U_3{}^2 = 2\Omega_1 \Omega_2 + \Omega_3{}^2$. Die zu (10) entsprechende Gleichung wird:

$$(13) \quad 0 = \begin{vmatrix} \mu + 1 & 0 & 0 & 2kq \\ -2k^2 p^2 & \mu + 1 & -2kp & -2k^3 p^2 q \\ 2kp & 0 & \mu + 1 & 2k^2 pq \\ 0 & 0 & 0 & \mu + 1 \end{vmatrix} = (\mu + 1)^4;$$

sie hat die vierfache Wurzel $\mu = -1$, und für letztere verschwinden nicht alle ersten Unterdeterminanten. Eine kinematische Bedeutung hat der vorliegende Fall nicht.

Nr. 4. *Die Axe des speciellen Complexes* $\varphi = 0$ *trifft den imaginären Kugelkreis.* Aus (8g), p. 356, folgt

$$X_1 = \varkappa U_2, \quad X_2 = \varkappa U_1 - \lambda U_4, \quad X_3 = \varkappa U_3, \quad X_4 = -\lambda U_2,$$

also $\lambda X_1 + \varkappa X_4 = 0$, d. h. nur für diese Ebene hat die Transformation eine Bedeutung: die Determinante der zugehörigen Raumtransformation verschwindet, wie es auch aus dem Verschwinden aller Coëfficienten der früheren Gleichung $\varDelta(\lambda) = 0$ hervorgeht. Gleichwohl ergibt sich eine für den ganzen Raum gültige Collineation, wenn man von Nr. 3 ausgeht und den dort vorkommenden Complex durch Nullwerden von α in einen speciellen ausarten lässt; man muss dann nur gleichzeitig $\lambda\alpha = 1$ (also $\lambda = \infty$, $pk = \varkappa$, $qk = 0$) werden lassen. Aus den Gleichungen (12) erhält man auf diese Weise

$$(14) \quad \begin{aligned} &X_1 = -\Xi_1, \quad X_2 = 2\varkappa^2\Xi_1 - \Xi_2 + 2\varkappa\Xi_3, \\ &X_3 = -2\varkappa\Xi_1 - \Xi_3, \quad X_4 = -\Xi_4. \end{aligned}$$

Die zugehörige Gleichung von der Form (13) hat wieder die vierfache Wurzel $\mu = -1$, und für dieselbe verschwinden alle ersten Unterdeterminanten, nicht aber die zweiten.

Nr. 5. *Die Axe des speciellen Complexes liegt in der unendlich fernen Ebene.* Die directe Anwendung der Formeln (8h), p. 356, würde $X_4 = 0$, $\Xi_4 = 0$ ergeben, also eine Transformation, die nur für Punkte der unendlich fernen Ebene anwendbar bleibt. Dieser Fall entsteht aber auch aus Nr. 1 für $\alpha = 1$, $\beta = 0$; damit wieder eine Collineation mit endlichen Coëfficienten resultirt, hat man gleichzeitig $\lambda = \infty$, also etwa $\beta\lambda = 1$ zu nehmen. Dann gehen die Gleichungen (4) über in:

$$(15) \quad X_1 = -\Xi_1, \quad X_2 = -\Xi_2, \quad X_3 = -\Xi_3 + 2\varkappa\Xi_4, \quad X_4 = -\Xi_4;$$

und führt man, wie in Nr. 2, rechtwinklige Coordinaten ein, so kommt:

$$(16) \qquad x = \xi, \quad y = \eta, \quad z = \zeta - 2\varkappa.$$

Diese Gleichungen stellen eine *Verschiebung des Raumes (Translation)* in Richtung der Z-Axe um $-2\varkappa$ dar. Da $a = -1$ wird, so lässt Gleichung (10) die Wurzel -1 vierfach zu; und es verschwinden für dieselbe auch alle zweiten Unterdeterminanten.

Nr. 6. *Die Axe des speciellen Complexes berührt den imaginären Kugelkreis.* Die Gleichungen (8i), p. 356, führen wieder zu keinem Resultate. Der Fall ergibt sich aber auch aus (11), wenn man $\beta = 0$, $\lambda = \infty$, $\beta\lambda = 1$ werden lässt (also $kp = 0$, $kq = \varkappa$); die Linie

$X_2 = 0$, $X_4 = 0$ ist dann Tangente des Kugelkreises; die Formeln (12) werden:

$$(17) \quad X_1 = -\Xi_1 - 2\varkappa\Xi_4, \quad X_2 = -\Xi_2, \quad X_3 = -\Xi_3, \quad X_4 = -\Xi_4.$$

Die charakteristische Determinante (13) verschwindet für $\mu = -1$ von der vierten Ordnung, ihre ersten Unterdeterminanten sind Null von der zweiten, ihre zweiten Unterdeterminanten von der ersten Ordnung.

Hiermit sind alle *eigentlichen* Transformationen des Raumes erledigt, die den imaginären Kugelkreis in sich überführen. *In gleicher Weise lassen sich die uneigentlichen Transformationen aufstellen,* wenn man von den allgemeinen Formeln (28), p. 366, ausgeht; es ist dann $\Psi = 0$ die Gleichung des Punktepaares, in welchem der imaginäre Kugelkreis von einer beliebigen Ebene v geschnitten wird, und w ist eine zu v conjugirte Ebene. Je nach der Lage dieses Ebenenpaares sind wieder verschiedene Fälle zu unterscheiden, die im Folgenden aufgezählt werden sollen.

Nr. 7. *Die Schnittlinie der Ebenen v und w ist nicht eine Treffgerade des in sich zu transformirenden Kegelschnittes.* Wir nehmen $v_1 = 1$, $v_2 = 0$, $v_3 = 0$, $v_4 = 0$; $w_1 = 0$, $w_2 = 1$, $w_3 = 0$, $w_4 = 0$; $F = U_1^2 + U_2^2 + U_3^2$, also $\mathsf{H}_1 = 1$, $\mathsf{H}_2 = 0$, $\mathsf{H}_3 = 0$, $\mathsf{H}_4 = 0$; $\Psi = U_2^2 + U_3^2$; dann folgt aus den erwähnten Gleichungen (28)

$$(18) \quad \begin{aligned} X_1 &= v\mathsf{H}_1, & X_2 &= \varkappa U_2, & X_3 &= \varkappa U_3 + \lambda U_4, & X_4 &= -\lambda U_3, \\ \Xi_1 &= -v\mathsf{H}_1, & \Xi_2 &= \varkappa U_2, & \Xi_3 &= \varkappa U_3 - \lambda U_4, & \Xi_4 &= \lambda U_3, \end{aligned}$$

also hieraus die uneigentliche Transformation:

$$(19) \quad X_1 = -\Xi_1, \quad X_2 = \Xi_2, \quad X_3 = \frac{2\varkappa}{\lambda}\Xi_4 - \Xi_3, \quad X_4 = -\Xi_4,$$

oder nach Einführung rechtwinkliger Coordinaten:

$$(20) \quad x = \xi, \quad y = -\eta, \quad z = \zeta - \frac{2\varkappa}{\lambda}.$$

Geometrisch entspricht also der Transformation eine Verschiebung des Raumes in Richtung der Z-Axe und eine *Spiegelung desselben an der Ebene* $y = 0$. Die zugehörige charakteristische Gleichung ist hier:

$$(21) \quad 0 = \begin{vmatrix} \mu+1 & 0 & 0 & 0 \\ 0 & \mu-1 & 0 & 0 \\ 0 & 0 & \mu+1 & -\dfrac{2\varkappa}{\lambda} \\ 0 & 0 & 0 & \mu+1 \end{vmatrix} = (\mu-1)(\mu+1)^3.$$

Für die dreifache Wurzel — 1 verschwinden auch alle ersten Unterdeterminanten.

Nr. 8. *Der Parameter λ des vorigen Falles wird gleich Null.* Aus (18) folgt $x_4 = 0$, $\xi_4 = 0$,

$$(22) \qquad X_1 = -\Xi_1, \quad X_2 = \Xi_2, \quad X_3 = \Xi_3.$$

Zunächst bezieht sich also die Transformation nur auf die unendlich ferne Ebene. Soll im Raume etwa auch der Punkt $x_1 = 0$, $x_2 = 0$, $x_3 = 0$ fest bleiben und werden rechtwinklige Coordinaten benutzt, so ist $x = -\xi$, $y = \eta$, $z = \zeta$; wir haben eine Spiegelung an der Ebene $x = 0$ ohne hinzutretende Verschiebung; die Transformation ist mit Nr. 8, p. 369, identisch. Lassen wir aber in (19) $\lambda = 0$ werden, so muss auch $\varkappa$ verschwinden, und wir erhalten keine neue Transformation, indem der Quotient $\varkappa : \lambda$ unbestimmt bleibt.

Nr. 9. *Die Schnittlinie beider Ebenen ist eine Treffgerade des imaginären Kugelkreises*; die eine Ebene berührt letzteren dann nothwendig; es ergibt sich keine Raumtransformation.

Nr. 10. *Die Ebene w fällt mit der unendlich fernen Ebene $X_4 = 0$ zusammen, die Ebene v kann willkürlich gewählt werden*; wir machen letztere zur Ebene $X_1 = 0$ und $F = U_1^2 + U_2^2 + U_3^2$, $\Psi = U_2^2 + U_3^2$, so dass

$$X_1 = v\,\mathsf{H}_1, \quad X_2 = \varkappa U_2 + \lambda U_3, \quad X_3 = \varkappa U_3 - \lambda U_2, \quad X_4 = 0,$$

woraus sich die Ξ_i ergeben, wenn man die Vorzeichen von λ und v ändert. Die Transformation bezieht sich zunächst nur auf die Punkte von $X_4 = 0$ und gibt:

$$(23) \qquad \begin{aligned} X_1 &= -\Xi_1, \quad X_2 = \Xi_2 \cos\varphi + \Xi_3 \sin\varphi, \\ X_3 &= -\Xi_2 \sin\varphi + \Xi_3 \cos\varphi, \end{aligned}$$

wenn $\cos\varphi = \dfrac{\varkappa^2 - \lambda^2}{\varkappa^2 + \lambda^2}$, $\sin\varphi = \dfrac{2\varkappa\lambda}{\varkappa^2 + \lambda^2}$ gesetzt wird. Die Transformation besteht in einer Drehung um die Axe $X_2 = 0$, $X_3 = 0$, verbunden mit einer Spiegelung an der Ebene $X_1 = 0$. Ohne die Punkte der unendlich fernen Ebene zu ändern, kann man noch eine Verschiebung längs der Axe $X_2 = 0$, $X_3 = 0$ hinzufügen, welche sich mit der erwähnten Drehung zu einer Schraubenbewegung zusammensetzt. *Die allgemeinste reelle uneigentliche Transformation wird daher erhalten durch Zusammensetzung einer beliebigen Bewegung mit einer Spiegelung an einer zur Axe der Bewegung senkrechten Ebene.* Diese Axe kann zur Definition einer Schraubenbewegung, einer Drehung oder einer Verschiebung dienen; die Spiegelung ist schon in Nr. 8 behandelt.

Nr. 11. *Die Ebene v des vorigen Falles berührt den imaginären Kugelkreis.* Es sei $F = 2U_1 U_2 + U_3^2$, $\Psi = U_2^2$; es wird $X_1 = 0$, $\Xi_1 = 0$, und es ergibt sich keine Raumtransformation.

Wenn wir im Vorstehenden die linearen Transformationen des imaginären Kugelkreises in sich durch Grenzübergang aus denjenigen einer allgemeinen Fläche zweiter Klasse erhielten, so ist andererseits klar und wird durch die bei Nr. 10 gemachte Erörterung bestätigt, dass sie sich direct aus dem Probleme der ebenen Geometrie ergeben müssen, welches *die Transformationen eines Kegelschnittes in sich aufzustellen* verlangt. Wir gehen auch auf dieses Problem noch ein, da seine Erledigung mit den uns zu Gebote stehenden Hülfsmitteln in einfachster Weise erfolgen kann. Wir haben auch hier eigentliche und uneigentliche Transformationen zu unterscheiden. Die *eigentlichen* werden ganz wie im Raume mittelst zweier Hülfspunkte t und τ gefunden, die einander in Bezug auf den Kegelschnitt $F = 0$ polar conjugirt sind (wo F in ebenen Liniencoordinaten u_1, u_2, u_3 gegeben sei). Einem Punkte τ ist mittelst der Gleichungen

$$(24) \qquad \tau_i = \alpha_{i1} u_1 + \alpha_{i2} u_2 + \alpha_{i3} u_3 \qquad (i = 1, 2, 3)$$

(wo $\alpha_{ii} = 0$, $\alpha_{ik} = - \alpha_{ki}$) eine durch ihn gehende Linie u zugeordnet, und letzterer mittelst der Gleichungen:

$$(25) \qquad t_i = \frac{1}{2} \frac{\partial F}{\partial u_i} = A_{i1} u_1 + A_{i2} u_2 + A_{i3} u_3$$

ihr Pol t. Wir setzen dann $x_i = \varkappa t_i + \lambda \tau_i$, $\xi_i = \varkappa t_i - \lambda \tau_i$, und finden durch Elimination der u_i die gesuchten Transformationen. Sei noch $\alpha_{23} = w_1$, $\alpha_{31} = w_2$, $\alpha_{12} = w_3$, so haben wir also

$$(26) \qquad \begin{aligned}
x_1 &= \varkappa \Sigma A_{1k} u_k + \lambda (w_3 u_2 - w_2 u_3), \\
x_2 &= \varkappa \Sigma A_{2k} u_k + \lambda (w_1 u_3 - w_3 u_1), \\
x_3 &= \varkappa \Sigma A_{3k} u_k + \lambda (w_2 u_1 - w_1 u_2),
\end{aligned}$$

woraus sich die ξ_i durch Aenderung des Vorzeichens von λ ergeben[*]).

---

[*]) Bedeutet t den Pol von u und ist $f = \Sigma\Sigma a_{ik} t_i t_k$, so wird

$$x_1 = \varkappa t_1 + \frac{1}{2} \lambda \left(w_3 \frac{\partial f}{\partial t_2} - w_2 \frac{\partial f}{\partial t_3} \right) \text{ u. s. f.}$$

Dieses sind die von Hermite aufgestellten Relationen (Crelle's Journal Bd. 47, p. 309, 1853), welche das Problem der eigentlichen Transformationen für den Kegelschnitt zuerst allgemein erledigten; betr. die uneigentlichen vgl. Bachmann, ib. Bd. 76, p. 331 und Hermite, Bd. 78, p. 325; ferner für zahlentheoretische Anwendungen: Selling, ib. Bd. 77, p. 170 ff. und p. 222 ff.

Die ausführliche Behandlung der Fälle von drei und vier homogenen Variabeln lässt vollständig übersehen, wie sich bei n Veränderlichen entsprechende

Die Elimination der u_i führt zu den Gleichungen

$$(27) \qquad \xi_i = c_{i1}x_1 + c_{i2}x_2 + c_{i3}x_3,$$

wo die c_{ik} sich genau durch die Formeln (11), p. 358, bestimmen, wenn nur jetzt $\varDelta(\varkappa, \lambda)$ gleich der Determinante der Gleichungen (26), d. h.

$$(28) \qquad \varDelta(\varkappa, \lambda) = \varkappa^3 A^2 + \varkappa\lambda^2 \Sigma\Sigma A_{ik}w_i w_k = \varkappa[\varkappa^2 A^2 + \lambda^2 F(w)]$$

gesetzt wird. Im Gegensatze zu der entsprechenden Gleichung (13), p. 358, hat hier die rechte Seite den Factor $\varkappa$; es liegt dies daran, dass die Determinante eines Systems von Gleichungen der Form (24) identisch Null ist, dass demgemäss in der Ebene kein dem linearen Complexe entsprechendes Gebilde existirt, dass folglich die Transformation (24) nur für die Punkte der durch die Gleichung

$$(29) \qquad w_1\tau_1 + w_2\tau_2 + w_3\tau_3 = 0$$

bestimmten geraden Linie in Anspruch genommen werden darf. Auch die Relationen (16a), p. 360, bestehen unverändert fort; das Auftreten des Factors $\varkappa$ in (28) bedingt daher, dass die charakteristische Gleichung, welche die sich selbst zugeordneten Punkte definirt, *stets* die Wurzel $\mu = 1$ zulässt, während dieser Wurzelwerth bei den Flächen nur ausnahmsweise auftrat[*]. Im Raume ferner lagen die fest bleibenden Punkte auf der zu transformirenden Fläche; in der Ebene dagegen gibt es einen ausserhalb des Kegelschnittes gelegenen festen Punkt, nämlich den Pol der Linie w, wie aus (26) für $u_i = w_i$ sofort hervorgeht. Ausserdem bleiben die Schnittpunkte der Linie w mit dem Kegelschnitte ungeändert, wie sich ergibt, wenn man in (26) für u_i die Coordinaten der Tangente eines dieser Schnittpunkte einsetzt[**].

Die Aufzählung aller möglichen Specialfälle ist hier mit Betrachtung der verschiedenen Lagen der Linie w gegen den Kegelschnitt erledigt. *Es sind also nur zwei Fälle möglich, indem der Kegelschnitt von der Linie (29) entweder in zwei getrennten oder in zwei zusammenfallenden Punkten getroffen wird.*

I. *Die Schnittpunkte sind verschieden.* Wir machen $w_1 = 0$, $w_2 = 0$, $w_3 = 1$, $F = 2U_1 U_2 + U_3^2$, also

---

Untersuchungen anstellen lassen, wie es insbesondere dabei einen wesentlichen Unterschied macht, ob n gerade oder ungerade ist.

[*] In Betreff der Verallgemeinerung für n Variable vgl. § 15 in der citirten Habilitationsschrift von Frahm, ferner Voss a. a. O.

[**] Dass zwei Punkte der Curve im Allgemeinen fest bleiben müssen, ergibt sich auch unabhängig von obiger allgemeinen Theorie durch eine einfache geometrische Ueberlegung, mittelst deren man die sogleich zu erwähnende kanonische Form der Transformation sofort findet; vgl. F. Klein, Math. Annalen Bd. 4, p. 600 ff., sowie Bd. I des vorliegenden Werkes, p. 994.

$$X_1 = (\varkappa + \lambda)U_2, \quad \Xi_1 = (\varkappa - \lambda)U_2,$$
$$X_2 = (\varkappa - \lambda)U_1, \quad \Xi_2 = (\varkappa + \lambda)U_1,$$
$$X_3 = \varkappa U_3, \qquad\quad \Xi_3 = \varkappa U_3;$$

$$(29) \qquad X_1 = \frac{\varkappa + \lambda}{\varkappa - \lambda}\Xi_1, \quad X_2 = \frac{\varkappa - \lambda}{\varkappa + \lambda}\Xi_2, \quad X_3 = \Xi_3;$$

die Coëfficienten der rechten Seiten sind gleichzeitig die Wurzeln der charakteristischen Gleichung von der Form (15), p. 359. Legen wir hingegen ein Polardreieck zu Grunde und machen

$$F = u_1{}^2 + u_2{}^2 + u_3{}^2,$$

so erhalten wir die Cayley'schen Formeln:

$$x_1 = \quad \varkappa u_1 \quad + \lambda w_3 u_2 - \lambda w_2 u_3, \quad \xi_1 = \quad \varkappa u_1 \quad - \lambda w_3 u_2 + \lambda w_2 u_3,$$
$$x_2 = - \lambda w_3 u_1 + \varkappa u_2 \quad + \lambda w_1 u_3, \quad \xi_2 = \quad \lambda w_3 u_1 + \varkappa u_2 \quad - \lambda w_1 u_3,$$
$$x_3 = \quad \lambda w_2 u_1 - \lambda w_1 u_2 + \varkappa u_3, \quad \xi_3 = - \lambda w_2 u_1 + \lambda w_1 u_2 + \varkappa u_3.$$

Die Elimination der u_i ergibt mittelst der Gleichungen (11), p. 358, das Resultat, dass *sich die Coëfficienten einer orthogonalen Substitution (27) durch drei Parameter w_1, w_2, w_3 rational ausdrücken lassen*; $\varkappa$ und λ können unbeschadet der Allgemeinheit gleich Eins genommen werden, und dann findet sich

$$\varDelta (\varkappa, \lambda) = \varkappa^3 + \varkappa \lambda^2 (w_1{}^2 + w_2{}^2 + w_3{}^2) = 1 + w_1{}^2 + w_2{}^2 + w_3{}^2,$$

$$c_{11} = \quad 1 + w_1{}^2, \quad c_{12} = \quad w_3 + w_1 w_2, \quad c_{13} = - w_2 + w_1 w_3,$$
$$(30) \quad c_{21} = - w_3 + w_1 w_2, \quad c_{22} = \quad 1 + w_2{}^2, \quad c_{23} = \quad w_1 + w_2 w_3,$$
$$c_{31} = \quad w_2 + w_3 w_1, \quad c_{32} = - w_1 + w_3 w_2, \quad c_{33} = \quad 1 + w_3{}^2.*)$$

Der hier besprochene Fall kam oben in Nr. 1, 2 und 5 vor, insofern man sich auf die unendlich ferne Ebene beschränkt.

---

*) Diese Formeln, auf welche oben in der Note zu p. 72 hingewiesen wurde, sind von Euler zuerst bemerkt (Nova Comm. Petrop. Bd. 20, p. 217), ebenso die entsprechenden für vier homogene Variable (ib. Bd. 15, p. 102); vgl. Cayley a. a. O. und Baltzer's Determinantentheorie. Die Einführung dieser drei Parameter ist nach Rodrigues (Liouville's Journal t. 5, p. 217) für das Problem der Bewegung eines starren Körpers um einen festen Punkt von Nutzen, vgl. neben Cayley und Frahm, a. a. O., auch eine Arbeit des Letzteren in Bd. 8 der Math. Annalen, p. 35, und Clifford: Proceedings of the London Math. Society, vol. 7, p. 67 (Mathematical Papers, p. 236). Hierbei kommen theilweise Verallgemeinerungen mechanischer Probleme in Betracht, indem man den imaginären Kugelkreis durch eine allgemeine Fläche zweiter Klasse ersetzt denkt (unter welchem Gesichtspunkte die verallgemeinerte Statik vom Herausgeber a. a. O. studirt wurde); vgl. darüber Heath, Philosophical Transactions, vol. 175, 1884 und Lipschitz, Crelle's Journal, Bd. 74.

II. *Die beiden Schnittpunkte fallen zusammen.* Es sei wieder $F = 2U_1U_2 + U_3^2$, aber nun $w_1 = 1$, $w_2 = 0$, $w_3 = 0$, also:

$$X_1 = \varkappa U_2, \quad X_2 = \varkappa U_1 + \lambda U_3, \quad X_3 = \varkappa U_3 - \lambda U_2,$$

$$(31) \quad \Xi_1 = \varkappa U_2, \quad \Xi_2 = \varkappa U_1 - \lambda U_3, \quad \Xi_3 = \varkappa U_3 + \lambda U_2;$$

$$X_1 = \Xi_1, \quad X_2 = -\frac{2\lambda^2}{\varkappa^2}\Xi_1 + \Xi_2 + \frac{2\lambda}{\varkappa}\Xi_3, \quad X_3 = \Xi_3 - \frac{2\lambda}{\varkappa}\Xi_1.$$

Dieselbe Transformation begegnete uns oben in Nr. 3 und 4 (vgl. auch Bd. I, p. 999 f.).

Um endlich auch die *uneigentlichen Transformationen* aufzustellen[*], verfahren wir ganz so, wie bei Aufstellung der Gleichungen (28), p. 366. Wir gehen von einer Linie v aus, deren Schnittpunkte mit $F = 0$ durch die Gleichung $\Psi = 0$ in Liniencoordinaten gegeben seien, w sei eine conjugirte Polare zu v; für den Hülfspunkt τ bleibt uns dann kein willkürlicher Parameter verfügbar, er fällt nothwendig mit dem Pole η von v zusammen. *Die uneigentlichen Transformationen sind also in den Gleichungen*

$$(32) \quad x_i = \varkappa \frac{1}{2}\frac{\partial \Psi}{\partial u_i} + \nu \eta_i, \quad \xi_i = \varkappa \frac{1}{2}\frac{\partial \Psi}{\partial u_i} - \nu \eta_i$$

enthalten. Ist $F = 2U_1U_2 + U_3^2$ und $\Psi = 2U_1U_2$, so folgt die kanonische Form:

$$X_1 = \varkappa U_2, \quad X_2 = \varkappa U_1, \quad X_3 = \quad \nu \mathsf{H}_3,$$

$$\Xi_1 = \varkappa U_2, \quad \Xi_2 = \varkappa U_1, \quad \Xi_3 = -\nu \mathsf{H}_3;$$

$$(32\,\mathrm{a}) \quad X_1 = \Xi_1, \quad X_2 = \Xi_2, \quad X_3 = -\Xi_3,$$

wie oben in Nr. 7 und Nr. 8 für $X_4 = 0$, $\Xi_4 = 0$. Hierbei werden die Schnittpunkte des Kegelschnittes mit den durch den Pol H gehenden Strahlen unter einander vertauscht.

Berührt die Linie v den Kegelschnitt, so fällt H mit dem Berührungspunkte zusammen. Ist also v mit $X_1 = 0$ identisch und $F = 2U_1U_2 + U_3^2$, $\Psi = U_2^2$, so wird

$$X_1 = \varkappa U_2, \quad X_2 = \nu \mathsf{H}_2, \quad X_3 = 0;$$

es ergibt sich keine Transformation der Ebene.

---

[*] Bei drei homogenen Variabeln kann man die uneigentlichen Substitutionen von den eigentlichen nicht nach dem Werthe -1 oder $+1$ der Substitutionsdeterminante unterscheiden, denn man braucht die Vorzeichen *aller* c_{ik} nur gleichzeitig zu ändern, um den Werth -1 in $+1$ überzuführen, während doch der Charakter der Substitution dadurch nicht geändert wird; vgl. unten Nr. 16.

Endlich kann man den Kegelschnitt in ein Punktepaar oder den Kegel in ein Ebenenpaar zerfallen lassen. Die Transformationen dieser Grenzflächen in sich sind zwar evident, mögen aber der Vollständigkeit halber auch noch methodisch abgeleitet werden. Wir gehen wieder von den allgemeinen Formeln (7), p. 357, aus.

Nr. 12. *Der Kegelschnitt zerfällt in ein Punktepaar, dessen Axe dem linearen Complexe nicht angehört.*

$$F = 2U_1 U_2, \quad \varphi = \alpha Q_{12} + \beta Q_{34};$$

$$X_1 = (\varkappa + \lambda\alpha)U_2, \quad X_2 = (\varkappa - \lambda\alpha)U_1, \quad X_3 = \lambda\beta U_4, \quad X_4 = -\lambda\beta U_3;$$

$$X_1 = \frac{\varkappa + \lambda\alpha}{\varkappa - \lambda\alpha}\Xi_1, \quad X_2 = \frac{\varkappa - \lambda\alpha}{\varkappa + \lambda\alpha}\Xi_2, \quad X_3 = -\Xi_3, \quad X_4 = -\Xi_4.$$

Diese Formeln entstehen aus (4) durch Grenzübergang für $\beta = \infty$, oder auch aus den Formeln (24b), p. 363, wenn man die Indices 1, 2, 3, 4 daselbst bez. ersetzt durch 3, 1, 2, 4 und vorher die Vorzeichen von Ξ_1 und Ξ_4 ändert.

Nr. 13. *Die Axe des Punktepaares gehört dem linearen Complexe an.*

$$F = 2U_1 U_2, \quad \varphi = \alpha Q_{14} + \beta Q_{23};$$

$$X_1 = \varkappa U_2 + \lambda\alpha U_4, \quad X_2 = \varkappa U_1 + \lambda\beta U_3, \quad X_3 = -\lambda\beta U_2,$$
$$X_4 = -\lambda\alpha U_1;$$

$$X_1 = -\Xi_1 + \frac{2\varkappa}{\lambda\beta}\Xi_3, \quad X_2 = -\Xi_2 + \frac{2\varkappa}{\lambda\alpha}\Xi_4,$$
$$X_3 = -\Xi_3, \quad X_4 = -\Xi_4.$$

Diese Formeln sind von den Gleichungen (24e), p. 364, nicht wesentlich verschieden; der Unterschied in der Ableitung wird dadurch bemerkbar, dass das dortige λ (hier $\varkappa : \lambda$) ersetzt ist durch $-\lambda^{-1}$.

Nr. 14. *Der Complex von Nr. 12 ist ein specieller.* Wir haben in Nr. 12 nur $\alpha = 0$ zu nehmen.

Nr. 15. *Die Axe des Punktepaares gehört dem speciellen Complexe an.* In Nr. 13 ist entweder α oder β gleich Null zu setzen. Wählt man z. B. $\alpha = 0$, so muss auch $\varkappa = 0$ sein, und es entstehen bis auf Aenderungen von Vorzeichen die Gleichungen von Nr. 2, p. 377.

Nr. 16. *Die Axe des Punktepaares ist zugleich Axe des speciellen Complexes.* In Nr. 12 ist $\beta = 0$, also $\lambda = \infty$ zu machen, und es resultirt die identische Transformation $X_i = -\Xi_i$; doch behalten auch die allgemeinen Formeln von Nr. 12 zwischen den X_i und Ξ_i für $\beta = 0$ ihre Gültigkeit. Diese Transformation führt jede beliebige Fläche zweiter Ordnung in sich über.

Nr. 17. *Das Punktepaar artet in einen Doppelpunkt aus;* der lineare Complex bleibt allgemein.

$$F = U_1^2, \quad \varphi = \alpha Q_{12} + \beta Q_{34};$$

$$X_1 = \varkappa U_1 + \lambda \alpha U_2, \quad X_2 = -\lambda \alpha U_1, \quad X_3 = \lambda \beta U_4, \quad X_4 = -\lambda \beta U_3,$$

$$= -\Xi_1 + \frac{2\varkappa}{\lambda\alpha}\Xi_2, \quad = -\Xi_2, \quad = -\Xi_3, \quad = -\Xi_4;$$

das Resultat ist von dem in **Nr. 15** gewonnenen nicht wesentlich verschieden.

Nr. 18. *Der lineare Complex in Nr.* 17 *ist ein specieller;* wir haben $\alpha = 0$ und folglich auch $\varkappa = 0$ zu nehmen, wodurch das Resultat nicht wesentlich beeinflusst wird.

Nr. 19. *Die Axe des speciellen linearen Complexes geht durch den Doppelpunkt.* In **Nr.** 17 wird $\beta = 0$, was wiederum im Resultate nichts ändert.

Die zuletzt behandelten Fälle bieten an sich wenig Interesse, da auch bei den früheren Collineationen schon fest bleibende Punktepaare und Doppelpunkte auftraten; sie sollten aber wegen späterer Anwendungen aufgezählt werden. Die *uneigentlichen Transformationen eines Punktepaares in sich* sind diejenigen, bei welchen sich die beiden Punkte des Paares unter einander vertauschen (was einer Vertauschung der Systeme von Erzeugenden entspricht); ihre Aufstellung bietet keine Schwierigkeiten. Sei nämlich $F = U_1^2 + U_2^2$, so ist jede Collineation brauchbar, welche die Punkte $U_1 = 0$, $U_2 = 0$ ungeändert lässt und U_1 in $-U_1$, U_2 in U_2 überführt. Transformationen dieser Art begegneten uns in **Nr.** 7 und **Nr.** 8, p 369, und in **Nr.** 2, **Nr.** 7, **Nr.** 8, **p.** 377 ff.

Zum Schlusse stellen wir die gewonnenen Resultate tabellarisch zusammen. Um aber nicht eine einfache Wiederholung derselben zu geben, soll uns dabei ein anderer Gesichtspunkt leiten, als bei dem oben eingeschlagenen Wege. In (16a) ist der Zusammenhang angegeben, in dem die Wurzeln der für uns fundamentalen Gleichung $\varDelta = 0$ mit den Wurzeln derjenigen Gleichung stehen, durch welche die bei der Transformation sich selbst entsprechenden Elemente für die eigentlichen Transformationen zu bestimmen sind, wobei dann von selbst die ausgezeichnete Rolle etwaiger Wurzeln $+ 1$ und $- 1$ für letztere Gleichung hervortrat. Das Verhalten der Wurzeln dieser Gleichung (15) kann nunmehr an den aufgestellten kanonischen Formen sowohl für eigentliche als für uneigentliche Transformationen leicht beurtheilt werden. Es kommt dabei auf die Vielfachheit der Wurzeln an, und ausserdem auf das Verhalten der Unterdeterminanten der in

(15) links stehenden Determinante zu diesen vielfachen Wurzeln, ganz wie für die Lage eines linearen Complexes zu einer Fläche zweiter Ordnung die Wurzeln von $\varDelta = 0$ und das Verhalten der Unterdeterminanten der Determinante $\varDelta$ bestimmend waren. Die Tabelle bezieht sich sowohl auf Flächen mit nicht verschwindender Determinante als auf solche mit verschwindender Determinante. Für erstere sind die betreffenden Nummern mit einem Sterne versehen. Durch die Zeichen Eigtl. und Ungtl. ist jede Transformation als eine eigentliche oder uneigentliche bezeichnet. Für mehrfache Wurzeln tritt das Verschwinden von Unterdeterminanten nur in den Fällen ein, wo es ausdrücklich erwähnt ist.

1) Vier verschiedene Wurzeln; Nr. 1*, p. 361. Eigtl.

2) Desgleichen, eine Wurzel $= + 1$, eine andere $= - 1$; Nr. 7*, p. 369. Ungtl.

3) Zwei einfache Wurzeln, eine Doppelwurzel $(= - 1)$; Nr. 1, p. 375. Eigtl.

4) Zwei Paare von Doppelwurzeln; Nr. 2*, p. 362. Eigtl.

*) Eine dreifache, eine einfache Wurzel; kommt nicht vor.

5) Eine vierfache Wurzel $(= - 1)$; Nr. 3, p. 378. Eigtl.

6) Zwei einfache Wurzeln und eine Doppelwurzel $(= + 1)$, für welche alle ersten Unterdeterminanten verschwinden; Nr. 3*, p. 363. Eigtl.

7) Ebenso; die einfachen Wurzeln sind bez. $+ 1$ und $- 1$, die Doppelwurzel hat einen anderen Werth; Nr. 10, p. 381. Ungtl.

8) Ebenso; die Doppelwurzel ist gleich $- 1$; Nr. 12, p. 386. Eigtl.

9) Zwei Paare von Doppelwurzeln $(+ 1$ und $- 1)$, für eine derselben $(- 1)$ verschwinden alle ersten Unterdeterminanten; Nr. 2, p. 377. Eigtl.

10) Zwei Doppelwurzeln, und für jede verschwinden alle ersten Unterdeterminanten; Nr. 5*, p. 364. Eigtl.

11) Ebenso; die Doppelwurzeln sind $+ 1$ und $- 1$; Nr. 14, p. 386. Eigtl.

12) Eine einfache Wurzel $(- 1)$ und eine dreifache $(+ 1)$, für welche alle ersten Unterdeterminanten Null sind; Nr. 9*, p. 370. Ungtl.

13) Eine einfache Wurzel $(+ 1)$ und eine dreifache $(- 1)$, für die alle ersten Unterdeterminanten verschwinden; Nr. 7, p. 380. Ungtl.

14) Eine vierfache Wurzel $+ 1$ mit verschwindenden ersten Unterdeterminanten; Nr. 4*, p. 363. Eigtl.

15) Ebenso für die vierfache Wurzel $- 1$; Nr. 4, p. 379. Eigtl.

16) Eine einfache Wurzel $(- 1)$ und eine dreifache $(+ 1)$, für

die alle zweiten Unterdeterminanten Null sind; Nr. 8*, p. 369, und Nr. 8, p. 381. Ungtl.

17) Eine vierfache Wurzel $+1$, für die alle ersten Unterdeterminanten gleich Null von der zweiten Ordnung werden; Nr. 6*, p. 364. Eigtl.

18) Ebenso für eine vierfache Wurzel -1; Nr. 13, p. 386. Eigtl.

19) Eine vierfache Wurzel -1 mit verschwindenden zweiten Unterdeterminanten; Nr. 5 und 6, p. 379. Eigtl.

20) Ebenso für eine vierfache Wurzel $+1$; Nr. 15, 17, 18, 19, p. 386 f. Eigtl.

21) Eine vierfache Wurzel -1, für welche alle einzelnen Elemente der Determinante verschwinden; Nr. 16, p. 386. Eigtl.

XIX. Die linearen Transformationen eines linearen Complexes in sich.

Die Analogie zwischen den Eigenschaften eines linearen Complexes und einer Fläche zweiter Ordnung ist wiederholt hervorgehoben; sie kommt auch bei den Transformationen der betreffenden Gebilde in sich wieder zur Geltung. Andererseits machen sich auch wesentliche Unterschiede bemerkbar; so zerfallen für den linearen Complex diese Transformationen in zwei Klassen, je nachdem man Collineationen oder dualistische Umformungen benutzt; denn die Wahl zwischen beiden Arten von Verwandtschaften steht noch frei, da es nur darauf ankommt jede Linie des Complexes wieder in eine solche Linie überzuführen, während bei den Flächen zweiter Ordnung ihre Gleichung entweder in Punkt- oder in Ebenen-Coordinaten gedacht wurde. Man braucht aber nur eine der beiden Klassen näher zu untersuchen; die andere Klasse wird sodann mittelst Anwendung der durch den Complex selbst gegebenen dualistischen Verwandtschaft gefunden. Ebenso kann man aus den Punkttransformationen einer Fläche zweiter Ordnung in sich die dualistischen Transformationen*) durch Anwendung der Polarverwandtschaft der Fläche ableiten, wobei dann jedem Punkte der Fläche eine Tangentenebene derselben, jeder Tangente aber wieder eine Tangente entspricht. Wir stellen zuerst alle möglichen Transformationen des linearen Complexes in sich auf und beschäftigen uns dann mit einigen Eigenschaften derselben.

Bei einer möglichst allgemeinen Collineation entsprechen bekanntlich vier Punkte und vier Ebenen je sich selbst (vgl. p. 359).

---

*) Dieselben sind von Voss und Sturm a. a. O. näher studirt; vgl. oben p. 360, sowie den nächstfolgenden Abschnitt XX.

Sie bilden ein Tetraëder, dessen Kanten folglich ebenfalls sich selbst zugeordnet sind (wenn auch nicht Punkt für Punkt). Gehört nun eine dieser Kanten nicht dem Complexe an und geht letzterer vermöge der betrachteten Collineation in sich über, so muss auch die conjugirte Polare der Kante sich selbst zugeordnet werden, d. h. sie muss die gegenüberliegende Kante des Tetraëders bilden. Da ferner alle gemeinschaftlichen Treffgeraden zweier conjugirten Polaren dem Complexe angehören, so sind die anderen vier Kanten des festen Tetraëders Linien des Complexes; *es bleiben also im Allgemeinen vier Gerade eines in sich transformirten linearen Complexes fest, und dieselben bilden ein windschiefes Vierseit.* Alle sechs Kanten des fest bleibenden Tetraëders können dem Complexe nicht angehören, weil die drei durch eine Ecke gehenden Kanten sonst in einer Ebene liegen müssten. Die Collineation kann daher auf die Form

$$(1) \qquad Y_1 = \alpha_1 X_1, \quad Y_2 = \alpha_2 X_2, \quad Y_3 = \alpha_3 X_3, \quad Y_4 = \alpha_4 X_4,$$

und die Gleichung des Complexes auf die Form

$$(2) \qquad\qquad a P_{14} + b P_{23} = 0$$

gebracht werden, wo dann die Bedingung $\alpha_1 \alpha_4 = \alpha_2 \alpha_3$ erfüllt sein muss. Durch dieselbe Transformation geht aber auch jede Fläche der Schaar $\varkappa X_1 X_4 + \lambda X_2 X_3 = 0$ in sich über. Durch jede Collineation, welche einen Complex in sich überführt, werden daher im Allgemeinen auch unendlich viele Flächen zweiter Ordnung je in sich transformirt. Hieraus folgt weiter der Satz:

Die allgemeine lineare Transformation eines linearen Complexes

$$(3) \qquad\qquad \Sigma \alpha_{ik} p_{ik} = 0$$

in sich wird durch dieselben Formeln (7) *und* (11) *p.* 357 f. *gegeben, welche zur eigentlichen Transformation einer Fläche* $\Sigma\Sigma a_{ik} x_i x_k = 0$ *in sich dienten; nur sind jetzt die* α_{ik} *als gegebene Grössen, die* a_{ik} *als unbestimmte Parameter aufzufassen*).*

Alle möglichen Specialfälle ergeben sich also wieder durch Betrachtung der verschiedenen Lagen einer Fläche zweiter Ordnung gegen den Complex; artet die Fläche in einen Kegel aus, so verlangt der sich selbst dualistische Charakter des Complexes, dass auch ein Kegelschnitt gleichzeitig in sich transformirt werde; es bleibt daher gleichgültig, ob wir die Fläche als von Ebenen umhüllt oder als von Punkten erfüllt auffassen. Wir lassen eine kurze Zusammenstellung aller Möglichkeiten folgen.

---

*) Vgl. Frobenius, Crelle's Journal Bd. 84, p. 38.

1) Die Transformation Nr. 1, p. 361; jeder Complex der Schaar $\varkappa Q_{14} + \lambda Q_{23} = 0$ geht in sich über.

2) Die Transformation Nr. 2, p. 362; jeder Complex der Schaar $\varkappa (Q_{13} + Q_{24}) + \lambda Q_{14} = 0$ geht in sich über.

3) Die Transformation Nr. 5, p. 364; jeder Complex der linearen Schaar $\varkappa Q_{14} + \lambda Q_{23} = 0$ bleibt fest.

4) Die Transformation Nr. 1, p. 375, wobei alle Complexe der Schaar $\varkappa Q_{12} + \lambda Q_{34} = 0$ ungeändert bleiben.

5) Die Transformation Nr. 3, p. 378; hier ist zu bemerken, dass neben dem zur Aufstellung der Transformation benutzten Complexe $p Q_{13} + q Q_{42} = 0$ auch der specielle Complex $Q_{23} = 0$ in sich übergeführt wird, ebenso alle Complexe der aus beiden zu bildenden linearen Schaar (für deren Congruenz die beiden Directricen mit der Linie $Q_{23} = 0$ zusammenfallen).

6) Die Transformation Nr. 12, p. 386, welche sich auf alle Complexe $\varkappa Q_{12} + \lambda Q_{34} = 0$ bezieht.

7) Die Transformation Nr. 13, p. 386, welche jeden Complex der Schaar $\alpha Q_{14} + \beta Q_{23} + \lambda Q_{34} = 0$ in sich überführt.

8) Die Transformation Nr. 17, p. 387, bei welcher jeder Complex der Schaar $\varkappa Q_{12} + \lambda Q_{34} = 0$ ungeändert bleibt.

Die Fälle, wo die Hülfsfläche zweiter Ordnung in ein Ebenenpaar oder in eine Doppelebene ausartet, sind in den bereits aufgezählten enthalten.

Ist der gegebene lineare Complex ein specieller, so ist seine Axe eine Kante des fest bleibenden Tetraëders; jede Transformation, welche diese Axe ungeändert lässt, führt auch den Complex in sich über. Lässt man das Tetraëder in jeder möglichen Weise ausarten, so erhält man alle möglichen Transformationen eines speciellen Complexes in sich. Man kann sich dabei auch der früher betrachteten Collineationen, in denen ein specieller Complex benutzt wurde, bedienen. —

Will man sich nicht mit der blossen Aufstellung der fraglichen Transformationen begnügen, so ist es zunächst von Interesse, diejenigen Linien des Complexes aufzusuchen, welche von den ihnen zugeordneten geschnitten werden*). Betrachten wir irgend einen Punkt X und den ihm vermöge (1) entsprechenden Y, ferner die Ebenen U bez. V, welche X und Y im Complexe (2) zugeordnet

---

*) Die zunächst folgenden geometrischen Betrachtungen (bis p. 395) sind im Wesentlichen einem unvollendeten Manuscripte aus dem Nachlasse von W. Frahm († 7. August 1875 in München) entnommen.

sind. In diesen Ebenen bilden die Complexlinien zwei Strahlbüschel mit den Centren X und Y, welche auf der Schnittlinie von U und V zwei projectivische Punktreihen bestimmen; da letztere im Allgemeinen zwei sich selbst entsprechende Punkte enthalten, so gehen durch X und Y je zwei Complexlinien der verlangten Art; ebenso liegen (dualistisch entsprechend) in einer beliebigen Ebene zwei derartige Complexlinien; d. h. *diejenigen Linien des in sich zu transformirenden Complexes* (1), *welche die ihnen entsprechenden schneiden, bilden ein Strahlensystem zweiter Ordnung und zweiter Klasse.*

Unter einem Strahlensysteme*) versteht man nämlich allgemein die Gesammtheit der durch zwei Bedingungen bestimmten Geraden. Die Ordnung des Strahlensystems gibt an, wie viele Linien durch einen beliebigen Punkt gehen, die Klasse, wie viele Linien in einer beliebigen Ebene liegen. Insbesondere kann ein Strahlensystem aus allen Geraden bestehen, welche zwei gegebenen Complexen gemeinsam sind. Ist der eine vom m^{ten}, der andere vom n^{ten} Grade, so gehen mn Linien der ihnen gemeinsamen „Congruenz“ durch jeden Punkt P (vgl. p. 42), denn in dem einen Complexe bilden die durch P gehenden Linien einen Kegel m^{ter}, in dem anderen einen Kegel n^{ter} Ordnung (p. 244f.), und beide haben mn gemeinsame Erzeugende. Ebenso liegen in jeder Ebene mn Strahlen der Congruenz; bei einem allgemeinen Strahlensysteme brauchen indessen Ordnung und Klasse nicht einander gleich zu sein. Für gewisse Punkte des Raumes können zwei (oder mehrere) der durch sie gehenden Strahlen des Systems zusammenfallen; diese Punkte bilden die sogenannte *Brennfläche des Strahlensystems;* dieselbe wird auch, wie hier vorläufig bemerkt werden mag, umhüllt von denjenigen Ebenen, für welche zwei der in ihnen liegenden Strahlen zusammenfallen. Für ein Strahlensystem zweiter Ordnung und Klasse ist diese Brennfläche von der vierten Ordnung und Klasse; für das uns vorliegende System wird sie sogleich bestimmt werden.

Dasselbe gehört nicht nur dem linearen Complexe (2), sondern auch einem gewissen Complexe zweiten Grades an. Die Coordinaten der Verbindungslinie der in (1) vorkommenden Punkte X und Y sind

$$(4) \qquad \varrho\, P_{ik} = X_i Y_k - Y_i X_k = X_i X_k (\alpha_k - \alpha_i);$$

sie genügen also der Gleichung

---

*) Die allgemeine Theorie der Strahlensysteme ist von W. R. Hamilton (Transactions of the R. Irish Academy, vol. 16) und Kummer (1859, Crelle's Journal, Bd. 57) begründet; vgl. auch Salmon's Raumgeometrie, bearbeitet von Fiedler, und in Betreff der Litteratur die auf p. 44 erwähnte Arbeit von Clebsch.

(5) $\qquad (\alpha_1 - \alpha_3)(\alpha_4 - \alpha_2) P_{12} P_{34} = (\alpha_1 - \alpha_2)(\alpha_3 - \alpha_4) P_{13} P_{42}$,

welche vermöge der zwischen den P_{ik} bestehenden Identität auch in einer der Formen

$$(\alpha_1 - \alpha_3)(\alpha_4 - \alpha_2) P_{14} P_{23} = (\alpha_1 - \alpha_4)(\alpha_2 - \alpha_3) P_{13} P_{42},$$

$$(\alpha_1 - \alpha_2)(\alpha_3 - \alpha_4) P_{14} P_{23} = (\alpha_1 - \alpha_4)(\alpha_2 - \alpha_3) P_{12} P_{34}$$

geschrieben werden kann. In (5) haben wir denselben Complex zweiten Grades vor uns, dem wir früher bei dem Normalenprobleme der Fläche zweiter Ordnung begegneten (p. 287), und von dem wir die wichtige Eigenschaft bemerkten, dass seine Linien die vier Seitenebenen des Coordinatentetraëders nach constantem Doppelverhältnisse schneiden. *Bei der allgemeinen räumlichen Collineation bilden demnach die Verbindungslinien entsprechender Punkte einen tetraëdralen Complex*).*

Schneiden sich nun zwei Linien L und L', welche dem in sich zu transformirenden linearen Complexe angehören, und welche sich vermöge der betreffenden Collineation zugeordnet sind, so liegen sie auch in einer Ebene, und die Verbindungslinien entsprechender Punkte auf ihnen umhüllen in der Ebene einen Kegelschnitt, der von L und L' selbst ebenfalls berührt wird; es ist dies derselbe Kegelschnitt, welcher von allen in dieser Ebene befindlichen Linien des Complexes (5) berührt wird (vgl. p. 244); auch die Linien L, L' gehören folglich dem letzteren Complexe an; *unser obiges Strahlensystem zweiter Ordnung und Klasse ist damit definirt als gebildet durch die Gesammtheit der den beiden Complexen (2) und (5) gemeinsamen Geraden.*

Zur Bestimmung der Brennfläche haben wir diejenigen Punkte Y zu suchen, für welche die beiden durch sie hindurchgehenden Linien der Congruenz zusammenfallen. Es genügt zu verlangen, dass ihre Schnittpunkte mit irgend einer Ebene (z. B. $X_4 = 0$), welche nicht durch Y geht, sich vereinigen, d. h. dass der Schnitt dieser Ebene $X_4 = 0$ mit dem zu Y gehörigen Complexkegel, nämlich der aus (5) abzuleitende Kegelschnitt

$$Y_1 X_2 X_3 (\alpha_1 - \alpha_4)(\alpha_2 - \alpha_3) + Y_2 X_3 X_1 (\alpha_2 - \alpha_4)(\alpha_3 - \alpha_1)$$
$$+ Y_3 X_1 X_2 (\alpha_3 - \alpha_4)(\alpha_1 - \alpha_2) = 0$$

berührt werde von der Schnittlinie derselben Ebene mit der im linearen Complexe (2) zu Y gehörigen Ebene, nämlich der Linie

---

*) Unter diesem Gesichtspunkte wird der Complex bei Reye a. a. O. gefunden und studirt. — Die Transformationen des Complexes in sich betrachtete Lie: Göttinger Nachrichten, 1870.

$$aX_1Y_4 + bX_2Y_3 - bX_3Y_2 = 0.$$

Als Bedingung der Berührung ergibt sich:

$$(6) \quad \begin{aligned} &(\alpha_1 - \alpha_4)(\alpha_2 - \alpha_3)(a^2 Y_1^2 Y_4^2 + b^2 Y_2^2 Y_3^2) \\ &- 2ab Y_1 Y_4 Y_2 Y_3 [(\alpha_2 - \alpha_4)(\alpha_3 - \alpha_1) + (\alpha_3 - \alpha_4)(\alpha_2 - \alpha_1)] = 0. \end{aligned}$$

Dieses ist die Gleichung einer Fläche vierter Ordnung, welche in zwei Flächen zweiter Ordnung zerfällt, deren Gleichungen von der Form sind:

$$(6a) \quad Y_1 Y_4 + C Y_2 Y_3 = 0 \quad \text{und} \quad Y_1 Y_4 + C' Y_2 Y_3 = 0.$$

Es ist leicht zu sehen, dass beide Flächen nur dann mit einander identisch sind, wenn $(\alpha_2 - \alpha_4)(\alpha_1 - \alpha_3) = 0$ oder $(\alpha_3 - \alpha_4)(\alpha_1 - \alpha_2) = 0$. Die dadurch ausgezeichneten Grenzfälle lassen sich unter Benutzung der ihnen zukommenden kanonischen Formen leicht erledigen. *Im Allgemeinen besteht hiernach die Brennfläche unseres Strahlensystems aus zwei Flächen zweiter Ordnung, welche sich in den vier fest bleibenden Geraden des linearen Complexes schneiden, und welche ebenfalls in sich transformirt werden.* Letzteres hätte auch schon daraus gefolgert werden können, dass das Strahlensystem (und folglich auch die Brennfläche desselben) seiner Definition nach nothwendig in sich transformirt werden muss. Aber auch der gefundene tetraëdrale Complex geht gleichzeitig in sich über, wie aus (1) und (5) sofort folgt; derselbe bleibt sogar bei jeder Transformation ungeändert, welche die Ebenen des Fundamentaltetraëders fest lässt; denn eine Gerade, welche diese vier Ebenen unter bestimmte Doppelverhältnisse schneidet, muss immer wieder in eine ebensolche Gerade übergehen.

Es kann vorkommen, dass *jeder* Strahl seinen entsprechenden schneidet, und dass somit die soeben studirte Congruenz keine Bedeutung hat. Dann liegt in jeder Ebene eine von den Schnittpunkten der in ihr enthaltenen Complexlinien mit den ihnen entsprechenden gebildete Gerade (Schnittlinie mit der entsprechenden Ebene), und man sieht, dass jeder Punkt dieser Geraden fest bleibt, dass somit alle diese Linien ein ebenes Strahlenfeld bilden müssen, dessen sämmtliche Punkte sich selbst entsprechen. Es tritt dies z. B. ein bei der Parallelverschiebung eines linearen Complexes längs seiner Hauptaxe (p. 56), wobei jeder Punkt der unendlich fernen Ebene ungeändert bleibt (p. 379); und dadurch ist der betrachtete Ausnahmefall zugleich allgemein veranschaulicht, denn wie die Schnittlinien entsprechender Ebenen eine Ebene ausfüllen, so müssen die Verbindungslinien entsprechender Punkte einen Strahlenbündel bilden, dessen

Centrum (unendlich ferner Punkt der Hauptaxe im Beispiele) dann in der festen Ebene liegt. Indem je unendlich viele Punkte dieselbe Verbindungslinie liefern, kann durch diese Linien überhaupt kein Complex mehr erzeugt werden.

Eine weniger starke Ausartung erleidet der Complex (5), wenn sowohl die durch einen beliebigen Punkt gehenden als auch die in einer beliebigen Ebene liegenden beiden Strahlen des Strahlensystems stets zusammenfallen, so dass dies System in Wirklichkeit nur von der ersten Ordnung und Klasse ist. Die Strahlen desselben entsprechen dann, wie leicht zu sehen, je sich selbst; und es bleiben somit nicht nur vier, sondern unendlich viele Linien des linearen Complexes fest; wir haben also den Fall (p. 364), wo auf den gleichzeitig in sich transformirten Flächen zweiter Ordnung jede Erzeugende der einen Schaar in sich übergeht. Alle diese Erzeugenden, und somit auch alle Strahlen unseres Systems, treffen dann zwei feste, einander in Bezug auf den linearen Complex conjugirte Gerade. Die Verbindungslinien entsprechender Punkte erzeugen daher wieder keinen Complex, sondern nur die eben erwähnte Congruenz erster Ordnung und Klasse. Dieser Fall tritt ein, wenn unter Voraussetzung einer Transformation von der Form (1) die beiden Flächen (6a) zusammenfallen. —

Insbesondere kann man *unendlich kleine Transformationen eines linearen Complexes in sich* betrachten; dieselben führen dann gleichzeitig gewisse Flächen zweiter Ordnung in sich über und sind uns also bekannt (p. 318 ff.). Erwähnt sei nur, dass auch für sie der Complex (5) seine Bedeutung behält; er wird gebildet von den Verbindungslinien der Punkte des Raumes mit den ihnen zugeordneten unendlich benachbarten Punkten, d. h. von den Tangenten aller der Curven, welche durch die betreffende unendlich kleine Transformation in sich übergeführt werden. In der That, sei nach Früherem eine solche Curve durch die Gleichungen

$$(7) \qquad X_i = \delta_i \alpha_i^\lambda,$$

wo $\alpha_1 \alpha_4 = \alpha_2 \alpha_3$, gegeben, so ist

$$(8) \qquad dX_i = X_i \cdot \log \alpha_i \cdot d\lambda;$$

die Coordinaten der Tangente sind also:

$$(9) \qquad P_{ik} = X_i dX_k - X_k dX_i = X_i X_k \cdot d\lambda \cdot \log \frac{\alpha_k}{\alpha_i}.$$

Wie sich aus (4) der Complex (5) ergab, so folgt hieraus:

$$(10) \qquad \begin{aligned} (\log \alpha_1 - \log \alpha_3)(\log \alpha_4 - \log \alpha_2) P_{12} P_{34} \\ = (\log \alpha_1 - \log \alpha_2)(\log \alpha_3 - \log \alpha_4) P_{13} P_{42}, \end{aligned}$$

also wieder ein tetraëdraler Complex. Durch die Transformation (8) geht jeder Complex der linearen Schaar (2) in sich über, ebenso wie durch jede Transformation (1); durch ihn und durch (10) wird eine Congruenz bestimmt, gebildet von denjenigen Linien des linearen Complexes, die von ihren zugehörigen geschnitten werden. Da nun diese zugehörigen Linien zugleich unendlich benachbart sind, so ordnen sich die doppelt unendlich vielen Linien der Congruenz in die je einfach unendlich vielen Erzeugenden-Systeme von einfach unendlich vielen abwickelbaren Flächen (vgl. p. 24). Diese letzteren werden gebildet von den Tangenten gewisser Curven des Systems (7); in der That genügen die Coordinaten (9) wegen (7) auch der Relation:

$$\delta_1 \delta_4 \log \frac{\alpha_4}{\alpha_1} P_{23} - \delta_2 \delta_3 \log \frac{\alpha_3}{\alpha_2} P_{14} = 0.$$

Die Congruenz der Complexe (2) *und* (10) *besteht daher aus den sämmtlichen Tangenten derjenigen Curven* (7), *welche auf der Fläche zweiter Ordnung*

$$(11) \qquad X_1 X_4 \cdot a \log \frac{\alpha_4}{\alpha_1} + X_2 X_3 \cdot b \log \frac{\alpha_3}{\alpha_2} = 0$$

gelegen sind[*]); denn es liegt die Curve (7) ganz auf derselben, sobald der Punkt δ (d. i. $\lambda = 0$) sich auf ihr befindet. So wird auf jeder Fläche des Büschels

$$(12) \qquad A X_1 X_4 + B X_2 X_3 = 0$$

ein System von einfach unendlich vielen Curven durch die Forderung bestimmt, dass ihre Tangenten einem linearen Complexe (2) angehören sollen[**]). Dadurch erscheinen alle Linien des letzteren in bestimmter Weise zu Developpabeln geordnet. Nach dem Obigen liefert die Fläche (11) zugleich den einen Theil der Brennfläche der durch (2) und (10) definirten Congruenz. Um den anderen Theil zu finden, stellen wir vermöge (6) die Gleichung dieser Brennfläche auf; wir haben dann nur in (6) α_i durch $\log \alpha_i$ zu ersetzen. Nun ist wegen $\alpha_1 \alpha_4 = \alpha_2 \alpha_3$

---

[*]) Dass alle Tangenten einer Curve (7), überhaupt einer jeden durch unendlich viele Collineationen in sich überführbaren Curve, einem linearen Complexe angehören, bemerken Klein und Lie a. a. O.

[**]) Ebenso wird auf jeder beliebigen Fläche eine Schaar von Curven durch die Forderung definirt, dass ihre Tangenten einem gegebenen linearen Complexe angehören; eine weitere Verallgemeinerung würde zu dem Probleme führen: Man soll die Umhüllungscurven einer durch zwei beliebige Complexe definirten Congruenz bestimmen; vgl. Kummer, Crelle's Journal Bd. **57**; Plücker, Neue Geometrie des Raumes, p. 61; Klein, Math. Annalen, Bd. **5**, p. 278 ff.

$$(\log \alpha_2 - \log \alpha_4)(\log \alpha_3 - \log \alpha_1) + (\log \alpha_3 - \log \alpha_4)(\log \alpha_2 - \log \alpha_1)$$
$$= - \left(\log \frac{\alpha_3}{\alpha_1}\right)^2 - \left(\log \frac{\alpha_2}{\alpha_1}\right)^2 ;$$

setzen wir also $a_1 = \log \alpha_1 - \log \alpha_3$, $a_2 = \log \alpha_1 - \log \alpha_2$, so zerfällt die gesuchte Brennfläche in die beiden Flächen zweiter Ordnung

$$a(a_1 - a_2) X_1 X_4 + b(a_1 + a_2) X_2 X_3 = 0,$$
$$a(a_1 + a_2) X_1 X_4 + b(a_1 - a_2) X_2 X_3 = 0,$$

von denen die zweite in der That mit (11) identisch ist.

Noch in anderer Weise lassen sich die Flächen des Büschels (12) zu den linearen Complexen (2) in Beziehung setzen. Man construire im Punkte x die Tangente der durch x gehenden Curve (7), zeichne die Fläche (12) als „Fundamentalfläche" im früheren Sinne (p. 291) aus und lege durch x und durch die conjugirte Polare der Tangente in Bezug auf die Fundamentalfläche eine Ebene u (d. h. man construire in x die „verallgemeinerte" Normalebene der Tangente); wie man leicht sieht, sind dann die Coordinaten der Ebene U:

$$\varrho U_1 = A X_4 (\log \alpha_1 - \log \alpha_4), \quad \varrho U_3 = B X_2 (\log \alpha_3 - \log \alpha_2),$$
$$\varrho U_2 = B X_3 (\log \alpha_2 - \log \alpha_3), \quad \varrho U_4 = A X_1 (\log \alpha_4 - \log \alpha_1).$$

Hier ist wegen $\alpha_1 \alpha_4 = \alpha_2 \alpha_3$ die Bedingung $\Sigma U_i X_i = 0$ erfüllt. *Die „verallgemeinerten" Normalen der sämmtlichen Curven des Systems (7), genommen unter Benutzung von (12) als Fundamentalfläche, bilden daher den linearen Complex:*

$$(13) \qquad A \log \frac{\alpha_1}{\alpha_4} P_{14} + B \log \frac{\alpha_2}{\alpha_3} P_{23} = 0. \; -$$

Die beiden letzten Bemerkungen über die Beziehung der Complexschaar (2) zu dem Flächenbüschel (12) bieten ein besonderes Interesse wegen der Folgerungen, die sich aus ihnen ergeben, wenn die gleichzeitig mit einem vorgelegten Complexe in sich zu transformirende Fläche in den imaginären Kugelkreis ausartet. Unser Curvensystem (7) geht dann über in die Gesammtheit der gewöhnlichen Schraubenlinien gleicher Ganghöhe, die man auf allen Rotationscylindern mit gemeinschaftlicher Axe construiren kann (vgl. p. 337 und 376). Ihre Gleichungen sind in rechtwinkligen Coordinaten:

$$(14) \qquad x = R \cos \left(\frac{z}{h} + k\right), \qquad y = R \sin \left(\frac{z}{h} + k\right).$$

Die Constante h ist allen Schraubenlinien des Systems gemeinsam (entsprechend den früheren Grössen α_i); die Constanten R und k legen eine einzelne Curve des Systems fest. Die rechtwinkligen Liniencoordinaten der Tangenten sind:

$$\mu p = -\frac{R}{h}\sin\zeta, \qquad \mu\pi = R\left(\sin\zeta - \frac{z}{h}\cos\zeta\right),$$

$$\mu q = \frac{R}{h}\cos\zeta, \qquad \mu\varkappa = -R\left(\frac{z}{h}\sin\zeta + \cos\zeta\right),$$

$$\mu r = 1, \qquad \mu\varrho = \frac{R^2}{h},$$

wo $\zeta = \frac{z}{h} + k$. Sie bilden also dann den Complex zweiten Grades:

$$(15) \qquad\qquad h\left(p^2 + q^2\right) - r\varrho = 0,$$

welcher als Ausartung des tetraëdralen Complexes zu betrachten ist. Derselbe bestimmt zusammen mit dem linearen Complexe

$$(16) \qquad\qquad \varrho - cr = 0$$

eine Congruenz, deren Brennfläche in obiger Weise aufgestellt werden kann; ihre Gleichung wird

$$(17) \qquad\qquad \left(x^2 + y^2\right) - ch = 0.$$

Sie ist also nur von der zweiten Ordnung; es hat sich die unendlich ferne Ebene, doppelt zählend, abgesondert. Dies erklärt sich dadurch, dass *jede* Gerade der unendlich fernen Ebene dem Complexe (15) angehört. *Die Congruenz der Complexe* (15) *und* (16) *besteht daher aus sämmtlichen Tangenten der Schraubenlinien* (14) *von der Ganghöhe* $2h\pi$, *welche auf dem Rotationscylinder* (17) *gelegen sind, wobei* $R^2 = ch$. So wird auf jedem Cylinder (17) ein System von einfach unendlich vielen (entsprechend der Unbestimmtheit des Parameter k) Schraubenlinien durch die Forderung festgelegt, dass ihre Tangenten dem linearen Complexe (16) angehören. Die Ganghöhe wächst mit wachsendem Radius, sie ist Null für $R = 0$, wo dann die Schraubenlinie sich auf einen Punkt (unendlich kleinen Kreis) zusammengezogen hat.

Nun muss man auf jedem geraden Kreiscylinder zwei wesentlich von einander verschiedene Arten von Schraubenlinien unterscheiden: die rechts und die links gewundenen. Wir nennen die Schraubenlinie und entsprechend mit Plücker auch den zugehörigen linearen Complex links gewunden, wenn h positiv ist, d. h. wenn sich die Projection eines ihrer Punkte bei wachsendem z von der positiven Seite der X-Axe zur positiven Seite der Y-Axe hinbewegt. Da nach (17) ch nothwendig positiv ist, so *ist der lineare Complex* (16) *links oder rechts gewunden, je nachdem die Constante c, der sogenannte „Parameter" des Complexes, positiv oder negativ ist.* Man wird aber verlangen über dieses gestaltlich wesentliche Merkmal eines gegebenen Complexes zu entscheiden, ohne ihn vorher in die kanonische Form

(16) transformirt zu haben. Dazu führt unsere frühere allgemeine Theorie der Transformation (p. 353) nach geringen Aenderungen. Statt der früheren Gleichungen (8 e) etc. haben wir

$$F = U_1^2 + U_2^2 + U_3^2, \quad \varphi = \lambda' Q_{12} + Q_{34} = \Sigma \alpha_{ik} p_{ik}$$

zu nehmen, also:

$$\Delta(\lambda) = \begin{vmatrix} \lambda & \alpha_{12} & \alpha_{13} & \alpha_{14} \\ \alpha_{21} & \lambda & \alpha_{23} & \alpha_{24} \\ \alpha_{31} & \alpha_{32} & \lambda & \alpha_{34} \\ \alpha_{41} & \alpha_{42} & \alpha_{43} & 0 \end{vmatrix} = \lambda^2(\alpha_{14}^2 + \alpha_{24}^2 + \alpha_{34}^2) + \mathsf{A}^2,$$

wo wieder $\mathsf{A} = \alpha_{12}\alpha_{34} + \alpha_{13}\alpha_{42} + \alpha_{14}\alpha_{23}$; bedeutet ferner P die Substitutionsdeterminante, so wird

$$\mathsf{P}^2 \cdot \Delta(\lambda) = \lambda^2 + \lambda'^2,$$

folglich:

$$\mathsf{P}^2 \mathsf{A}^2 = \lambda'^2, \quad \mathsf{P}^2(\alpha_{14}^2 + \alpha_{24}^2 + \alpha_{34}^2) = 1.$$

Gehen wir nun zu rechtwinkligen Coordinaten über, so ist $U_1 = u$, $U_2 = v$, $U_3 = w$, $Q_{14} = P_{34} = -r$, $Q_{34} = P_{12} = \varrho$, $\lambda' = c$ zu setzen; ferner muss die Determinante P^2 gleich Eins werden. Es muss also vor der Transformation jeder Coëfficient α_{ik} von φ ersetzt

werden durch $\dfrac{\alpha_{ik}}{\sqrt{\alpha_{14}^2 + \alpha_{24}^2 + \alpha_{34}^2}}$; geht man nachträglich zu den ur-

sprünglichen α_{ik} zurück, so ergibt sich als *Werth des Parameters des linearen Complexes**):

$$(18) \qquad \pm c = \frac{\alpha_{12}\alpha_{34} + \alpha_{13}\alpha_{42} + \alpha_{14}\alpha_{23}}{\alpha_{14}^2 + \alpha_{24}^2 + \alpha_{34}^2}.$$

Das Vorzeichen bleibt ebenso willkürlich wie dasjenige der Determinante P, da ja die Richtung der z-Axe noch beliebig bleibt. Soll aber $\mathsf{P} = +1$ sein, wie es einer directen Transformation (p. 74) entspricht, so muss für $\alpha_{12} = 1$, $\alpha_{13} = 0$, $\alpha_{14} = 0$, $\alpha_{24} = 0$, $\alpha_{23} = 0$ der Coëfficient $\alpha_{43} = -\alpha_{34}$ von $r = p_{43}$ vor der Transformation stetig übergehen in den Coëfficienten $-c$ von r nach der Transformation, d. h. *in* (18) *ist links das obere Zeichen zu wählen.*

Die zweite oben erwähnte Beziehung eines linearen Complexes zu den Curven (7) überträgt sich auf eine Beziehung des Complexes (16) zu den Schraubenlinien (14). Die Coordinaten der Normalebene einer solchen Curve sind

$$\mu u = -\frac{R}{h}\sin\zeta = -\frac{y}{h}, \quad \mu v = \frac{R}{h}\cos\zeta = \frac{x}{h},$$
$$\mu w = 1, \qquad\qquad \mu = -z.$$

Die Normalen sämmtlicher Schraubenlinien des Systems (14) *bilden also den allein von der gemeinschaftlichen Ganghöhe* $2\pi h$ *abhängigen linearen Complex:*

$$(19) \qquad\qquad \varrho + hr = 0.$$

Auch hiernach lassen sich die Complexe in rechts und links gewundene eintheilen, und man hat den Vortheil, dass die Ganghöhe unabhängig vom Radius der betreffenden Rotationscylinder bleibt. Auf der Existenz der Complexe (15) und (19) beruhen im Wesentlichen die berühmten Sätze von Chasles über unendlich kleine Bewegungen[*]).

Unter allgemeinerem Gesichtspunkte erscheint die Grösse c^2, das Quadrat des Parameters, als simultane „absolute Invariante" (vgl. Bd. I, p. 196) des gegebenen Complexes und des imaginären Kugelkreises. In ähnlicher Weise lässt sich auch eine *simultane absolute Invariante eines linearen Complexes und einer allgemeinen Fläche zweiter Ordnung oder Klasse aufstellen.*

.Wir haben früher ein Doppelverhältniss berechnet, welches durch zwei lineare Complexe bestimmt wird: das Doppelverhältniss α der vier Punkte, die einer beliebigen Ebene durch die beiden Complexe und die Directricen ihrer Congruenz zugeordnet werden (p. 67); dasselbe bestimmte sich aus der Gleichung

$$\sigma^2 \mathsf{A} + \sigma(\mathsf{A}, \mathsf{B}) + \mathsf{B} = 0,$$

wo A, B die Invarianten der beiden Complexe $\varphi \equiv \Sigma \alpha_{ik} p_{ik} = 0$ und $\psi \equiv \Sigma \beta_{ik} p_{ik} = 0$ in der bisherigen Weise bezeichnen, und wo

$$(\mathsf{A},\ \mathsf{B}) = \Sigma \frac{\partial \mathsf{A}}{\partial \alpha_{ik}} \beta_{ik} = \Sigma \frac{\partial \mathsf{B}}{\partial \beta_{ik}} \alpha_{ik}$$

die uns ebenfalls bekannte simultane Invariante gibt; und zwar war das Doppelverhältniss gleich dem Quotienten der beiden Wurzeln σ', σ'' der angegebenen Gleichung. Es ist also α eine Function der absoluten Invariante

$$J = \frac{(\mathsf{A}, \mathsf{B})^2}{4\mathsf{A}\cdot\mathsf{B}} = \frac{(\mathsf{A},\mathsf{B})^2}{(\mathsf{A},\mathsf{A})\,(\mathsf{B},\mathsf{B})} = \frac{1}{4}\left(\frac{1}{\sigma'} + \frac{1}{\sigma''}\right)^2 = \frac{1}{4}\left(\alpha + \frac{1}{\alpha} + 2\right).$$

Ist nun insbesondere $\psi = 0$ der zu $\varphi = 0$ in Bezug auf eine gegebene Fläche $\Sigma\Sigma a_{ik} x_i x_k = 0$ polar conjugirte Complex, so ist nach Gleichung (18) p. 347, unter Benutzung der früheren Bezeichnungsnungsweise

$$\psi = \frac{1}{2}\sum \frac{\partial \Phi_{\alpha\alpha}}{\partial \alpha_{ik}}\frac{\partial P}{\partial p_{ik}},$$

also auch

$$(A, B) = \frac{1}{2} \sum \sum {}' \frac{\partial \Phi}{\partial \alpha_{ik}} \alpha_{ik} = \Phi_{\alpha\alpha},$$

$$(B, B) = 2B = \frac{1}{4} \sum_{ik} \sum_{lm} {}' \frac{\partial \Phi}{\partial \alpha_{ik}} \frac{\partial \Phi}{\partial \alpha_{lm}}, \quad \text{wobei} \quad \alpha_{lm} = \frac{\partial A}{\partial \alpha_{ik}}.$$

Verschwindet B, so ist $\psi = 0$ ein specieller Complex; dann gilt aber dasselbe von $\varphi = 0$, ausgenommen den Fall, wo die Determinante der Fläche verschwindet; es ist folglich bis auf einen Zahlenfactor, den man leicht an einer kanonischen Form gleich Eins findet (etwa an der Summe der Quadrate), B gleich $A \cdot A$, unter A die Determinante der Fläche verstanden, und somit die *absolute Invariante*[*)]

$$(20) \qquad\qquad J = \frac{\Phi_{\alpha\alpha}{}^2}{4\,A^2 \cdot A}.$$

In dem mehrfach benutzten Sinne (p. 291 und p. 348) kann man sie als *den „verallgemeinerten" Parameter des linearen Complexes* bezeichnen. Insbesondere folgt hieraus wieder die früher angegebene Bedeutung der Bedingung $\Phi_{\alpha\alpha} = 0$ (p. 347 f.).

XX. Die dualistischen linearen Transformationen eines linearen Complexes in sich und die allgemeinen reciproken Verwandtschaften.

Nach einer obigen Bemerkung (p. 389) lassen sich die reciproken Umformungen eines linearen Complexes in sich nunmehr sofort angeben; es würde auch leicht sein, die verschiedenen möglichen kanonischen Formen demgemäss abzuleiten. Wir ziehen es indessen vor, die reciproken Transformationen direct zu behandeln, um sie bei dieser Gelegenheit auch von anderer Seite zu beleuchten. Bei einer collinearen Umformung des Raumes nämlich wird im Allgemeinen weder eine Fläche zweiter Ordnung noch ein linearer Complex in sich selbst transformirt; wenn dies aber der Fall ist, so gehen mindestens einfach unendlich viele solche Gebilde je in sich über. Anders bei den dualistischen Transformationen; durch eine solche werden, wie wir nachweisen wollen, im Allgemeinen zwei, aber nicht mehr als zwei, lineare Complexe je in sich selbst transformirt. *Das Studium der allgemeinsten linearen reciproken Verwandtschaft erledigt daher auch*

[*)] Vgl. bez. § 7 und § 5 in den auf p. 345 erwähnten Aufsätzen Frahm's und des Herausgebers, ferner H. Stahl: Ueber die Maassfunctionen der analytischen Geometrie, Programm des Luisenstädtischen Gymnasiums, Berlin 1873, p. 20. Sind Fläche und Complex bez. durch die Gleichungen (12) und (13) gegeben, so ist das Doppelverhältniss $\sigma' : \sigma''$ dasselbe, nach welchem die Linien des Complexes (10) das Fundamental-Tetraëder schneiden.

das uns vorliegende Problem der Transformation eines gegebenen linearen Complexes in sich.

Die allgemeine reciproke (dualistische) lineare Verwandtschaft oder „Correlation" wird durch die Gleichungen

$$(21) \qquad u_i = \beta_{i1} x_1 + \beta_{i2} x_2 + \beta_{i3} x_3 + \beta_{i4} x_4$$

vermittelt, in denen β_{ik} nicht gleich β_{ki} sei, und deren Determinante nicht verschwinden möge. Es hat sich schon früher ergeben (p. 52 f.), dass *diejenigen Punkte x, welche in den ihnen zugeordneten Ebenen u liegen, im Allgemeinen eine Fläche zweiter Ordnung erfüllen,* dargestellt durch

$$(22) \qquad f \equiv \Sigma\Sigma \beta_{ik} x_i x_k = 0\,.$$

Diese Fläche $f = 0$ ist in derselben Weise der zu (21) „conjugirten" Correlation

$$(23) \qquad u_i' = \beta_{1i} x_1 + \beta_{2i} x_2 + \beta_{3i} x_3 + \beta_{4i} x_4$$

zugeordnet. Die Auflösung von (21) und (23) ergibt resp.

$$(24) \qquad B x_i = \Sigma_k B_{ki} u_i = \Sigma_k B_{ik} u_i'\,.$$

Die Ebenen u resp. u', welche die ihnen zugeordneten Punkte enthalten, umhüllen daher die Fläche zweiter Klasse

$$(25) \qquad F \equiv \Sigma\Sigma B_{ik} u_i u_k = 0\,.$$

Letztere ist vermöge (21) oder (23) offenbar der Fläche $f = 0$ zugeordnet, wie man durch Rechnung leicht direct bestätigt. Die beiden Flächen $f = 0$ und $F = 0$ heissen die *Kernflächen der Correlation.* Setzen wir

$$(26) \quad 2 a_{ik} = 2 a_{ki} = \beta_{ik} + \beta_{ki}\,, \quad 2 \alpha_{ik} = -\,2 \alpha_{ki} = \beta_{ik} - \beta_{ki}\,,$$

so wird dem Punkte x ausser den Ebenen u, u' vermöge der Fläche

$$(22\,\mathrm{a}) \qquad f \equiv \Sigma a_{ik} x_i x_k = 0$$

seine Polarebene v in Bezug auf diese durch die Gleichungen

$$(27) \qquad v_i = \Sigma a_{ik} x_k$$

zugeordnet und eine vierte Ebene w durch den linearen Complex

$$(28) \qquad \varphi \equiv \Sigma \alpha_{ik} p_{ik} = 0\,,$$

d. i. durch die Gleichungen:

$$(29) \qquad w_i = \Sigma \alpha_{ik} x_k\,.$$

Umgekehrt ist dann $u_i = v_i + w_i$, $u_i' = v_i - w_i$, so dass durch die Fläche zweiter Ordnung $f = 0$ und den linearen Complex $\varphi = 0$ die vorgelegte Correlation vollständig definirt wird. *Es ist somit das Studium der allgemeinsten Correlation zurückgeführt auf das von uns bereits erledigte Studium der Beziehungen zwischen einem linearen Complexe und einer Fläche zweiter Ordnung.* Je nach den verschiedenen möglichen Lagenbeziehungen zwischen diesen beiden Gebilden erhalten wir durch lineare Combination der Gleichungen (27) und (29) verschiedene Fälle der Correlation, deren erschöpfende Aufzählung und Zurückführung auf einfachste „kanonische" Formen uns nach dem Früheren sofort möglich ist.

Nr. 1. *Der allgemeine Fall,* welcher in Nr. 1, p. 345 besprochen wurde. Die Verwandtschaft ist durch die Gleichungen (23), p. 361 gegeben, oder aufgelöst:

$$(30) \quad U_1 = \frac{X_4}{\lambda - \lambda_1}, \quad U_3 = \frac{X_2}{\lambda + \lambda_3},$$
$$U_2 = \frac{X_3}{\lambda - \lambda_3}, \quad U_4 = \frac{X_1}{\lambda + \lambda_1}.$$

Es wird somit (bis auf constante Factoren):

$$(31) \quad f = 2(\lambda^2 - \lambda_3{}^2) X_1 X_4 + 2(\lambda^2 - \lambda_1{}^2) X_2 X_3, \quad F = 2 U_1 U_4 + 2 U_2 U_3.$$

*Im Allgemeinen zerfällt daher die Schnittcurve der beiden Kernflächen der Correlation in vier gerade Linien**). Nennen wir $P_{ik}{}'$ die Coordinaten der Verbindungslinie zweier Punkte X, Y, und P_{ik} diejenigen der Schnittlinie der entsprechenden Ebenen U, V (z. B. $P_{12} = U_3 V_4 - V_3 U_4$), so folgt:

---

*) Die Correlationen wurden zuerst von Chasles (p. 639 ff. in dem oben erwähnten Mémoire de géométrie, 1837) untersucht, gleichzeitig analytisch von Magnus in der erwähnten Aufgabensammlung (derselbe erkannte die Existenz der beiden Kernflächen), ferner gleichfalls analytisch (indem die eine Kernfläche in die Summe von Quadraten transformirt gedacht wird) von Cayley (Crelle's Journal, Bd. 38, 1849), welcher die besondere Lage der beiden Kernflächen gegen einander bemerkte, rein geometrisch von Schröter, Crelle's Journal Bd. 77, 1874. — Cayley geht a. a. O. von der allgemeinen bilinearen Gleichung $\Sigma \Sigma \beta_{ik} x_i y_k = 0$ und von der dazu „conjugirten" $\Sigma \Sigma \beta_{ki} x_i y_k = 0$ aus; jede solche Gleichung stellt eine Correlation dar, indem sie einem Punkte y eine Ebene zuordnet. Die folgenden Darlegungen des Textes stehen daher im engsten Zusammenhange mit den Untersuchungen von Weierstrass, Christoffel, C. Jordan und Kronecker über Schaaren von bilinearen Formen und über die Zurückführung derselben auf kanonische Formen. Die letzteren ergeben sich nach Weierstrass aus dem directen Studium der Determinante zweier bilinearen Formen und der zugehörigen Elementartheiler (vgl. oben die Note zu p. 233), im Texte dagegen aus den vorhergegangenen geometrischen Betrachtungen. Ausgeschlossen sind vom Texte solche bilineare Formen, welche sich durch Coordinaten-Transformation auf Formen mit weniger Variabeln zurückführen lassen, und welche daher keine räumlichen Verwandtschaften darstellen. In einer späteren Abtheilung des vorliegenden Werkes (über die quaternären algebraischen Formen) werden die bilinearen Formen auch in anderer Beziehung eingehender besprochen werden.

$$P_{12}' = (\lambda + \lambda_1)(\lambda + \lambda_3) P_{21}, \qquad P_{34}' = (\lambda - \lambda_3)(\lambda - \lambda_1) P_{43},$$
$$(32) \quad P_{13}' = (\lambda + \lambda_1)(\lambda - \lambda_3) P_{13}, \qquad P_{42}' = (\lambda + \lambda_3)(\lambda - \lambda_1) P_{42},$$
$$P_{14}' = (\lambda^2 - \lambda_1^2) P_{32}, \qquad\qquad P_{23}' = (\lambda^2 - \lambda_3^2) P_{41}.$$

Man sieht hieraus, dass die vier Seiten des den beiden Flächen gemeinsamen Vierseits sich selbst entsprechen, die beiden anderen Kanten des Fundamentaltetraëders dagegen sich unter einander vertauschen. Ein linearer Complex $P_{14}' + \mu P_{23}' = 0$ geht über in $(\lambda^2 - \lambda_1^2) P_{23} + \mu(\lambda^2 - \lambda_3^2) P_{14} = 0$. Für $\mu^2(\lambda^2 - \lambda_3^2) = \lambda^2 - \lambda_1^2$ folgt daher insbesondere: *Durch eine allgemeine Correlation, wie sie in* (30) *vorliegt, geht jeder der beiden linearen Complexe*

$$(33) \quad \begin{aligned} \sqrt{\lambda^2 - \lambda_1^2}\, P_{23} + \sqrt{\lambda^2 - \lambda_3^2}\, P_{14} = 0 \quad und \\ \sqrt{\lambda^2 - \lambda_1^2}\, P_{23} - \sqrt{\lambda^2 - \lambda_3^2}\, P_{14} = 0 \end{aligned}$$

in sich über; diese beiden Complexe befinden sich offenbar zu einander in involutorischer Lage).* Dass auch kein anderer linearer Complex gleichzeitig in sich übergeführt werden kann, folgt daraus, dass ein solcher jedenfalls die fest bleibenden vier Seiten des den Kernflächen gemeinsamen Vierseits enthalten und folglich selbst in der Form $P_{14} + \mu P_{23}$ darstellbar sein muss.

Wie bei den Collineationen (p. 391 f.) kann man auch hier nach denjenigen Linien fragen, welche von den ihnen entsprechenden geschnitten werden. Sie werden aus (32) mittelst der Bedingung $\Sigma P_{ik}' P_{lm} = 0$ gefunden, *bilden also den Complex zweiten Grades:*

$$(34) \quad \lambda^2\left[P_{14}^2 + P_{23}^2 + 2 P_{12} P_{34} - 2 P_{13} P_{42} \right] - \left[\lambda_3 P_{14} + \lambda_1 P_{23} \right]^2 = 0.$$

Man erkennt leicht, dass auch *dieser Complex vermöge der vorliegenden Correlation in sich übergeführt wird.* Zu ihm gehört, wie zu jedem Complexe zweiten Grades, eine Fläche vierter Ordnung als Ort derjenigen Punkte, deren zugeordnete Complexkegel (p. 245) in ein Ebenenpaar zerfallen, die sogenannte *Singularitätenfläche* oder *singu-*

---

*) Die Existenz und gegenwärtige Lage dieser Complexe wird von Frahm in dem auf p. 491 erwähnten Manuscripte (1874) geometrisch bewiesen; inzwischen ist Voss durch liniengeometrische Betrachtungen zu demselben Resultate geführt (Math. Annalen Bd. 13, p. 355, 1877); die von letzterem erwähnten Complexe zweiten Grades (ib. p. 356) sind durch unsere Gleichung (34) gegeben. In dieser ist der Factor von λ^2 die linke Seite der Gleichung von $F = 0$ in Liniencoordinaten; dass die Gleichung des Complexes sich aus dieser linken Seite und dem Quadrate eines linearen Ausdrucks zusammensetzt, wird von Frahm a. a. O. ohne Beweis angemerkt. Der Complex (34) und dessen im Folgenden auftretende Ausartungen gehören zu derjenigen allgemeinen Klasse von Complexen zweiten Grades, welche Segre und Loria näher studirt haben, Mathematische Annalen Bd. 23, 1884.

*läre Fläche des Complexes**). Um sie in unserem Falle zu bestimmen, setzen wir $P_{ik} = X_i Y_k - Y_i X_k$ und schneiden den aus (34) erhaltenen Kegel zweiter Ordnung mit der Ebene $Y_4 = 0$; dieser Schnitt muss aus einem Linienpaare bestehen, sobald der Kegel in ein Ebenenpaar zerfällt. Durch Aufstellung der entsprechenden Bedingung erhält man die *Gleichung der Singularitätenfläche in der Form*:

$$(35) \quad \begin{aligned} X_1^2 X_4^2 (\lambda^2 - \lambda_3^2) + X_2^2 X_3^2 (\lambda^2 - \lambda_1^2) \\ + 2 X_1 X_2 X_3 X_4 (\lambda^2 - \lambda_1^2 - \lambda_3^2 + \lambda_1 \lambda_3) = 0; \end{aligned}$$

sie zerfällt also in zwei Flächen zweiter Ordnung des Büschels $X_1 X_4 + \mu X_2 X_3 = 0$, und zwar in zwei Flächen, welche einander vermöge (30) zugeordnet sind. Denn die angegebene allgemeine Fläche des Büschels geht über in $(\lambda^2 - \lambda_1^2) U_1 U_4 + \mu (\lambda^2 - \lambda_3^2) U_2 U_3 = 0$ oder $\mu (\lambda^2 - \lambda_3^2) X_1 X_4 + (\lambda^2 - \lambda_1^2) X_2 X_3 = 0$. Alle Flächen des Büschels ordnen sich also in solche einander wechselseitig (involutorisch) entsprechende Paare; *und es gibt unter ihnen zwei und nur zwei sich selbst entsprechende Flächen*, nämlich für $\mu^2 (\lambda^2 - \lambda_1^2) = \lambda^2 - \lambda_3^2$, d. h. die beiden Flächen

$$(36) \quad \sqrt{\lambda^2 - \lambda_3^2}\, X_2 X_3 \pm \sqrt{\lambda^2 - \lambda_1^2}\, X_1 X_4 = 0.$$

Man zeigt auch leicht, dass es keine andern Flächen zweiter Ordnung gibt, welche durch die vorgelegte dualistische Transformation in sich übergehen. — Auch die Fläche (35) geht hiernach bei der Correlation in sich über, sie ist also auch die Enveloppe derjenigen Ebenen, deren zugehöriger Complexkegelschnitt in ein Punktepaar ausartet, wodurch der allgemeine Satz der Complextheorie bestätigt wird, dass der Ort der „singulären" Punkte identisch ist mit der Enveloppe der „singulären" Ebenen.

Fragt man, wie wir es ursprünglich thaten, nach der Transformation eines linearen Complexes in sich, so sind unter den Linien des Complexes (34) insbesondere diejenigen ausgezeichnet, welche einem der beiden Complexe (33) angehören, also zwei Congruenzen erster Ordnung und zweiter Klasse bilden. Die Brennflächen der beiden Congruenzen werden dabei durch unsere Correlation je in sich übergeführt. Wir bilden allgemeiner die Brennfläche der durch (34) und durch den Complex $P_{14} + \mu P_{23} = 0$ gegebenen Congruenz und finden nach der früher angewandten Methode (p. 393):

---

*) Vgl. Plücker's Neue Geometrie, p. 307 ff. — Beim tetraëdralen Complexe (p. 393) zerfällt diese Fläche in die vier Ebenen des betreffenden Tetraëders und hat daher kein weiteres Interesse.

$$(37) \quad 2\lambda^2(Y_1^2 Y_4^2 - Y_2^2 Y_3^2 \mu^2) + Y_1 Y_2 Y_3 Y_4 \mu\left[\mu(\lambda^2 - \lambda_3^2) - 4\lambda_1\lambda_3\right] = 0,$$

also für die Complexe (33):

$$(38) \quad 2\lambda^2\left[(\lambda^2 - \lambda_3^2)Y_1^2 Y_4^2 + (\lambda^2 - \lambda_1^2)Y_2^2 Y_3^2\right] + Y_1 Y_2 Y_3 Y_4\left[(\lambda^2 - \lambda_1^2)(\lambda^2 - \lambda_3^2) \mp \lambda_1\lambda_3\sqrt{(\lambda^2 - \lambda_1^2)(\lambda^2 - \lambda_3^2)}\right] = 0.$$

Die Brennfläche besteht hiernach aus zwei Flächen zweiter Ordnung, die wiederum dem Büschel $Y_1 Y_4 + \nu Y_2 Y_3 = 0$ *angehören.* Auf ihnen umhüllen die Linien der Congruenz Curven, welche in der früheren Weise bestimmt werden können, und denen die Eigenschaft zukam, durch ein gewisses System von unendlich vielen Collineationen in sich überzugehen*).

Nr. 2. *Die Correlation ist durch die Gleichungen* (23a), p. 362 *gegeben,* oder aufgelöst:

$$(30a) \quad U_1 = \frac{X_3}{\lambda + \lambda'}, \quad U_2 = \frac{X_4}{\lambda + \lambda'} + \frac{X_3}{(\lambda + \lambda')^2},$$
$$U_4 = \frac{X_2}{\lambda - \lambda'}, \quad U_3 = \frac{X_1}{\lambda - \lambda'} - \frac{X_2}{(\lambda - \lambda')^2}.$$

Und hieraus ergeben sich die folgenden, den früheren entsprechenden Gleichungen:

$$(31a) \quad f = 2(\lambda^2 - \lambda'^2)(X_1 X_3 + X_2 X_4) + 4\lambda' X_2 X_3, \quad F = 2U_1 U_3 + 2U_2 U_4;$$

$$(32a) \quad \begin{aligned} P_{12}' &= (\lambda - \lambda')^2 P_{12}, & P_{13}' &= -(\lambda^2 - \lambda'^2)P_{42} - (\lambda + \lambda')P_{23}, \\ P_{23}' &= -(\lambda^2 - \lambda'^2)P_{23}, & P_{14}' &= -(\lambda^2 - \lambda'^2)P_{14} + (\lambda - \lambda')P_{42} \\ & & & \quad + (\lambda + \lambda')P_{13} + P_{23}, \\ P_{34}' &= (\lambda + \lambda')^2 P_{34}, & P_{42}' &= -(\lambda^2 - \lambda'^2)P_{13} - (\lambda - \lambda')P_{23}; \end{aligned}$$

$$(33a) \quad \lambda' P_{23} + (\lambda'^2 - \lambda^2)(P_{13} - P_{42}) = 0, \quad \text{und} \quad P_{23} = 0;$$

$$(34a) \quad \lambda^2(P_{13}^2 + P_{42}^2 + 2P_{14}P_{23} - 2P_{12}P_{34}) - \left[P_{23} + \lambda' P_{13} - \lambda' P_{42}\right]^2 = 0;$$

$$(35a) \quad 2(\lambda'^2 - \lambda^2)(X_1 X_3 + X_2 X_4)^2 + 4\lambda'(X_1 X_3 + X_2 X_4)X_2 X_3 + X_2^2 X_3^2 = 0.$$

Die beiden Kernflächen schneiden sich also in vier geraden Linien, von denen zwei in die Kante $X_2 = 0$, $X_3 = 0$ zusammengefallen sind. Ein beliebiger Complex der Schaar $P_{23} + \mu(P_{13} - P_{42}) = 0$ geht über in

$$P_{23}(\lambda^2 - \lambda'^2 + \mu\lambda') - \mu(\lambda^2 - \lambda'^2)(P_{13} - P_{42}) = 0;$$

er bleibt daher nur in den Fällen (33a) ungeändert, und *einer der beiden in sich transformirten linearen Complexe ist in einen speciellen*

---

*) Dass in der That je zwei solche Flächen unendlich viele „verallgemeinerte geodätische Linien" bestimmen, deren Tangenten beide Flächen berühren, ist früher hervorgehoben; vgl. den Schluss von Abschnitt XIV, p. 323.

Complex ausgeartet $(P_{23} = 0)$. Die Singularitätenfläche des Complexes (34a) zerfällt nach (35a) in zwei Flächen zweiter Ordnung, welche durch dasselbe ausgeartete windschiefe Vierseit hindurchgehen; sie gehören dem Büschel

$$X_1 X_3 + X_2 X_4 + \mu X_2 X_3 = 0$$

an. Eine beliebige Fläche des letzteren geht über in

$$(\lambda^2 - \lambda'^2)(U_1 U_3 + U_2 U_4) + \left[2\lambda' + \mu(\lambda^2 - \lambda'^2) \right] U_1 U_4 = 0$$

oder in Punktcoordinaten:

$$(\lambda^2 - \lambda'^2)(X_1 X_3 + X_2 X_4) - \left[2\lambda' + \mu(\lambda^2 - \lambda'^2) \right] X_2 X_3 = 0.$$

Für $2(\lambda^2 - \lambda'^2)\mu = -2\lambda' \pm \sqrt{2}\sqrt{\lambda^2 - \lambda'^2}$ erhält man die beiden Flächen (35a). *In sich wird hier nur eine Fläche des Büschels transformirt*, nämlich

$$(36\,\mathrm{a}) \qquad (\lambda^2 - \lambda'^2)(X_1 X_3 + X_2 X_4) - \lambda' X_2 X_3 = 0;$$

die sonst auftretende zweite Fläche ist in das Ebenenpaar $(\mu = \infty)$ $X_2 X_3 = 0$ ausgeartet, welches sich in das Punktepaar $U_1 U_4 = 0$ verwandelt. Ist $P_{23} = 0$, so gibt (34a)

$$\lambda^2 (P_{13} + P_{42})^2 - \lambda'^2 (P_{13} - P_{42})^2 = 0;$$

die betreffende Congruenz zerfällt in zwei Congruenzen erster Ordnung und erster Klasse, so dass von einer Brennfläche nicht gesprochen werden kann. Für die Congruenz des Complexes (34a) und des allgemeinen Complexes $P_{23} + \mu(P_{13} - P_{42}) = 0$ findet man als Gleichung der Brennfläche:

$$(37\,\mathrm{a}) \qquad \begin{aligned} 2\mu^2 \lambda^2 (X_2 X_4 + X_1 X_3)^2 &+ 4\mu\lambda^2 (X_1 X_4 + X_2 X_3) X_2 X_3 \\ &+ \left[(\mu - \lambda')^2 + \lambda^2 \right] X_2{}^2 X_3{}^2 = 0; \end{aligned}$$

dieselbe zerfällt wieder in zwei Flächen des oben erwähnten Büschels. Die auf ihr von den Linien der Congruenz umhüllten Curven sind uns von früher bekannt (p. 319).

Nr. 3. *Wir haben in den Formeln von Nr. 1 $\lambda_1 = 0$ zu nehmen,* um die nunmehr gültigen zu erhalten (vgl. p. 363). Die beiden in sich übergehenden linearen Complexe (33) sind jetzt dadurch ausgezeichnet, dass ihre mit dem Complexe (34) bestimmten Congruenzen zu einer und derselben Brennfläche (38) führen.

Nr. 4. *Es sind die Gleichungen* (23c), p. 363, *anzuwenden*; man findet somit:

$$(30\,\mathrm{b}) \qquad \begin{aligned} U_1 &= X_4 \lambda^{-1}, & U_3 &= X_2 \lambda^{-1} + X_4 \lambda^{-2}, \\ U_2 &= X_3 \lambda^{-1} + X_4 \lambda^{-2}, & U_4 &= X_1 \lambda^{-1} - X_3 \lambda^{-2} - X_2 \lambda^{-2} - 2 X_4 \lambda^{-3}; \end{aligned}$$

$$(31\mathrm{b}) \quad f \equiv 2\lambda^2(X_1 X_4 + X_2 X_3) - 2X_4^2, \quad F \equiv 2U_1 U_4 + 2U_2 U_3;$$

$$P_{12}' = \lambda^2 P_{21} + \lambda P_{23} + \lambda P_{14} + P_{34} + P_{42}, \quad P_{34}' = \lambda^2 P_{43},$$

$$(32\mathrm{b}) \quad P_{13}' = \lambda^2 P_{13} - \lambda P_{14} + \lambda P_{23} + P_{34} + P_{42}, \quad P_{42}' = \lambda^2 P_{42},$$

$$P_{14}' = \lambda^2 P_{32} + \lambda P_{43} + \lambda P_{24}, \quad P_{23}' = \lambda^2 P_{41} + \lambda^2 P_{43} + \lambda P_{42};$$

$$(34\mathrm{b}) \quad \lambda^2[P_{14}^2 + P_{23}^2 + 2P_{12}P_{34} - 2P_{13}P_{42}] - (P_{34} + P_{42})^2 = 0;$$

$$(35\mathrm{b}) \quad (X_1 X_4 + X_2 X_3)\,[\lambda^2(X_1 X_4 + X_2 X_3) - X_4^2] = 0.$$

Die Singularitätenfläche zerfällt also in die beiden Kernflächen; letztere berühren sich in den beiden fest bleibenden Linien $P_{34} = 0$, $P_{24} = 0$. Die gemeinsame Tangente $P_{34} + \mu P_{24} = 0$ geht in die conjugirte Tangente $P_{34} - \mu P_{24} = 0$ über. Ein allgemeiner linearer Complex wird nicht in sich transformirt. Jede Fläche des Büschels

$$2X_1 X_4 + 2X_2 X_3 + \mu X_4^2 = 0$$

geht über in eine Fläche desselben Büschels, nämlich:

$$2\lambda^2(X_1 X_4 + X_2 X_3) - (2 + \mu\lambda^2)X_4^2 = 0.$$

Für $\mu = -\lambda^{-2}$ *ergibt sich eine in sich transformirte Fläche;* die zweite artet in $X_4^2 = 0$ aus (d. i. $\mu = \infty$).

Nr. 5. *Der Fall entsteht aus Nr. 1, wenn* $\lambda_1 = \lambda_3 = 1$ *genommen wird* (vgl. p. 364). *Die beiden Kernflächen fallen in die eine*

$$X_1 X_4 + X_2 X_3 = 0$$

zusammen. Es bleiben hier aber nicht nur die beiden Complexe $P_{14} \pm P_{23} = 0$ ungeändert, sondern auch *jeder* Complex der Schaar $P_{14} + \mu P_{23} = 0$; die für $\mu = \pm 1$ entstehenden Complexe enthalten bez. die eine oder die andere Schaar von Erzeugenden der Kernfläche; auch jeder Complex der Schaar $P_{13} + \mu P_{42} = 0$ wird in sich transformirt, ausserdem die beiden speciellen Complexe $P_{12} = 0$ und $P_{34} = 0$; *allgemein geht jeder lineare Complex der Schaar*

$$(39) \qquad P_{13} + \mu(P_{14} - P_{23}) + \nu P_{42} = 0$$

in sich über. Macht man $\nu = \mu^2$, so ist derselbe ein specieller, und seine Axe eine Erzeugende der Kernfläche, bestimmt 'als Schnitt der Ebenen $X_3 + \mu X_4 = 0$, $X_1 - \mu X_2 = 0$; *jede Erzeugende der einen Schaar bleibt also fest.* Eine Erzeugende der anderen Schaar ist gegeben durch

$$(40) \qquad P_{12} + \mu(P_{14} + P_{23}) + \nu P_{34} = 0,$$

wenn $\nu = \mu^2$, und geht über in

$$P_{12} + \mu\,\frac{\lambda - 1}{\lambda + 1}\,(P_{14} + P_{23}) + \mu^2\left(\frac{\lambda - 1}{\lambda + 1}\right)^2 P_{34} = 0.$$

Die Singularitätenfläche (35) artet in die doppelt zu zählende Kernfläche aus. Jede Fläche des Büschels $X_1 X_4 + \mu X_2 X_3 = 0$ geht in sich über.

Nr. 6. *Es sind die Gleichungen* (23e), p. 364, *zu benutzen; die* weiteren Formeln werden:

$$(30\,\mathrm{c}) \qquad \begin{aligned} U_1 &= X_4 \lambda^{-1}, & U_3 &= X_2 \lambda^{-1} + X_4 \lambda^{-2}, \\ U_2 &= X_3 \lambda^{-1}, & U_4 &= X_1 \lambda^{-1} - X_3 \lambda^{-2}; \end{aligned}$$

$$(31\,\mathrm{c}) \qquad f \equiv 2 X_1 X_4 + 2 X_2 X_3, \quad F \equiv 2 U_1 U_4 + 2 U_2 U_3;$$

$$(32\,\mathrm{c}) \qquad \begin{aligned} P_{12}' &= \lambda^2 P_{21} + \lambda P_{14} + \lambda P_{23} + P_{34}, & P_{13}' &= \lambda^2 P_{13}, \\ P_{14}' &= \lambda^2 P_{32} + \lambda P_{43}, & P_{42}' &= \lambda^2 P_{42}, \\ P_{23}' &= \lambda^2 P_{41} + \lambda P_{43}, & P_{34}' &= \lambda^2 P_{43}; \end{aligned}$$

$$(34\,\mathrm{c}) \qquad \lambda^2 \left(P_{14}{}^2 + P_{23}{}^2 + 2 P_{12} P_{34} - 2 P_{13} P_{42} \right) - P_{34}{}^2 = 0;$$

$$(35\,\mathrm{c}) \qquad (X_1 X_4 + X_2 X_3)^2 = 0.$$

Die beiden Kernflächen fallen wieder zusammen. *In sich übergeführt wird jeder Complex* (39), *also auch jede Erzeugende der einen Art.* Eine durch (40) dargestellte Erzeugende der anderen Art mit dem Parameter ν geht über in die entsprechende Erzeugende mit dem Parameter $\nu - \lambda^{-1}$. — Die Singularitätenfläche besteht aus der doppelt zu nehmenden Kernfläche. — *In sich transformirt wird auch jede Fläche zweiter Ordnung der Schaar*

$$2 X_1 X_4 + 2 X_2 X_3 + \mu X_3{}^2 + \nu X_4{}^2 = 0.$$

Nr. 7. *Die Correlation ist identisch mit der Polar-Reciprocität in Bezug auf eine Fläche zweiter Ordnung,* welch' letztere zugleich in beiderlei Sinne als Kernfläche zu betrachten ist. Jede Erzeugende derselben geht in sich über, indem sich die Polarebene um die Erzeugende dreht, wenn der Pol auf ihr fortschreitet. Für $\lambda = \infty$ gibt jeder der vorhergehenden Fälle eine entsprechende kanonische Form; sowohl jeder Complex der Schaar (39), als jeder Complex der Schaar (40) bleibt ungeändert.

Soll eine Fläche zweiter Ordnung in sich übergeführt werden, so muss ihre Schnittcurve mit der Kernfläche eine sich selbst dualistische Figur sein, also aus vier Erzeugenden oder aus einem doppelt zählenden Kegelschnitte bestehen. Bilden die vier Erzeugenden ein eigentliches Vierseit, so kann man in Nr. 1 $\lambda = \infty$ nehmen; und ausser der Kernfläche geht nur die Fläche $X_1 X_4 - X_2 X_3 = 0$ in sich über. Fallen zwei Seiten des Vierseits zusammen, so artet die in sich transformirte Fläche nach Nr. 2 in das Ebenenpaar $X_2 X_3 = 0$ aus, und letzteres wieder im Falle Nr. 4 in die Doppelebene $X_4{}^2 = 0$. — Berühren sich beide Flächen in einem Kegelschnitte der Ebene $X_4 = 0$, so kann man die Gleichung der Kernfläche in der Form $X_1{}^2 + X_2{}^2 + X_3{}^2 + X_4{}^2 = 0$ annehmen; die der anderen ist dann $X_1{}^2 + X_2{}^2 + X_3{}^2 - X_4{}^2 = 0$, und man bestätigt leicht, dass durch die Correlation $U_i = X_i$ die Erzeugenden-Schaaren der letzteren Fläche sich gegenseitig vertauschen[*]).

Nr. 8. *Es sind die Gleichungen* (3), *Nr.* 1, *p.* 375, *anzuwenden. Die beiden Kernflächen arten in einen Kegel, bez. in einen Kegelschnitt aus; zwei Tangenten des letzteren sind zugleich Erzeugende des ersteren.* Wir haben:

$$(30\,\mathrm{d}) \quad \begin{aligned} U_1 &= (\varkappa - \lambda\alpha)^{-1} X_2, & U_3 &= -\lambda^{-1}\beta^{-1} X_4, \\ U_2 &= (\varkappa + \lambda\alpha)^{-1} X_1, & U_4 &= \lambda^{-1}\beta^{-1} X_3 + \varkappa\lambda^{-2}\beta^{-2} X_4; \end{aligned}$$

$$(31\,\mathrm{d}) \quad F \equiv 2U_1 U_2 + U_3{}^2, \quad f \equiv 2\lambda^2\beta^2 X_1 X_2 + (\varkappa^2 - \lambda^2\alpha^2) X_4{}^2;$$

$$P_{12}' = (\varkappa^2 - \lambda^2\alpha^2) P_{43}, \qquad\qquad P_{34}' = \lambda^2\beta^2 P_{12},$$

$$(32\,\mathrm{d}) \quad P_{13}' = \varkappa(\varkappa + \lambda\alpha) P_{14} + \lambda\beta(\varkappa + \lambda\alpha) P_{31}, \quad P_{42}' = \lambda\beta(\varkappa - \lambda\alpha) P_{42},$$

$$P_{23}' = \varkappa(\varkappa - \lambda\alpha) P_{42} + \lambda\beta(\varkappa - \lambda\alpha) P_{23}, \quad P_{14}' = \lambda\beta(\varkappa + \lambda\alpha) P_{41};$$

$$(34\,\mathrm{d}) \quad \varkappa^2 (P_{34}{}^2 + 2 P_{14} P_{24}) - \lambda^2 (\alpha P_{34} + \beta P_{12})^2 = 0.$$

Beachtenswerth ist das eigenthümliche Verhalten der Singularitätenfläche dieses Complexes. Als Ort der Punkte, deren Complexkegel in ein Ebenenpaar ausartet, findet man nämlich:

$$X_4{}^2 \big[(\varkappa^2 - \lambda^2\alpha^2) X_4{}^2 + 2\lambda^2\beta^2 X_1 X_2 \big] = 0,$$

dagegen als Enveloppe der Ebenen mit zerfallendem Complexkegelschnitte:

$$U_3{}^2 \big[2 U_1 U_2 + U_4{}^2 \big] = 0.$$

Die Singularitätenfläche zerfällt also einerseits in den Kegel $f = 0$ und die doppelte Ebene des Kegelschnittes $F = 0$, andererseits in letztere Curve und die doppelte Spitze jenes Kegels. Der lineare Complex $P_{12} + \mu P_{34} = 0$ verwandelt sich in

$$\lambda^2\beta^2\mu P_{12} - (\varkappa^2 - \lambda^2\alpha^2) P_{34} = 0;$$

in sich transformirt werden daher die beiden zu einander involutorischen Complexe:

$$(33\,\mathrm{d}) \qquad \lambda\beta P_{12} \pm \sqrt{\lambda^2\alpha^2 - \varkappa^2}\, P_{34} = 0.$$

Die Brennfläche der den Complexen $P_{12} + \mu P_{34} = 0$ und (34d) gemeinsamen Congruenz zeigt ein ähnliches Zerfallen, wie die Singularitätenfläche des letzteren Complexes; als Punktgebilde findet man:

$$X_4^2\{x^2\mu^2 X_4^2 + 2X_1 X_2[\lambda^2(\alpha - \beta\mu)^2 - x^2]\} = 0,$$

und als Umhüllungsgebilde von Ebenen:

$$U_3^2\{\lambda^2\beta^2 x^2\mu^2 U_3^2 + 2(x^2 - \lambda^2\alpha^2)U_1 U_2[\lambda^2(\alpha - \beta\mu)^2 - x^2]\} = 0.$$

In sich transformirte Flächen zweiter Ordnung kommen in diesem Falle nicht vor.

Nr. 9. *Im vorhergehenden Falle ist* $\alpha = 0$, $\beta = 1$ *zu setzen* (vgl. Nr. 2, p. 377). Man erkennt, dass den beiden Complexen (33d) eine und dieselbe Brennfläche zukommt.

Nr. 10. *Es sind die Formeln von Nr. 3, p. 378, anzuwenden.* Dieselben ergeben:

$$(30\,\mathrm{e})\quad U_1 = \frac{x X_1}{\lambda^2\alpha^2} - \frac{X_3}{\lambda\alpha} - \frac{x^2 X_4}{\lambda^3\alpha^2\beta}, \quad U_3 = \frac{X_1}{\lambda\alpha} - \frac{x X_4}{\lambda^2\alpha\beta},$$

$$U_2 = \frac{X_4}{\lambda\beta}, \qquad U_4 = \frac{x^2 X_1}{\lambda^3\alpha^2\beta} - \frac{X_2}{\lambda\beta} - \frac{x X_3}{\lambda^2\alpha\beta} - \frac{x^3 X_4}{\lambda^4\alpha^2\beta^2};$$

$$(31\,\mathrm{e})\quad F = 2U_1 U_2 + U_3^2, \quad f = x^2 X_4^2 + 2\lambda^2\alpha\beta X_3 X_4 - \lambda^2\beta^2 X_1^2.$$

Unbeschadet der Allgemeinheit kann $\alpha = \beta = 1$ genommen werden; dann kommt:

$$P_{12}' = x^2 P_{43} + x\lambda(P_{24} - P_{31}) - \lambda^2 P_{12}, \quad P_{14}' = \lambda^2 P_{41},$$

$$(32\,\mathrm{e})\quad P_{13}' = x^2 P_{14} + x\lambda P_{34} + \lambda^2 P_{42}, \qquad P_{42}' = x\lambda P_{43} + \lambda^2 P_{13},$$

$$P_{23}' = x^2 P_{42} + x\lambda P_{12} - \lambda^2 P_{23}, \qquad P_{34}' = x\lambda P_{41} - \lambda^2 P_{34};$$

$$(34\,\mathrm{e})\qquad x^2(2P_{14}P_{24} + P_{34}^2) - \lambda^2(P_{13} + P_{42})^2 = 0.$$

Die Singularitätenfläche dieses Complexes besteht als Ort von Punkten aus der Doppelebene $X_4^2 = 0$ und dem Kegel $f = 0$, als Enveloppe von Ebenen aus dem Doppelpunkte $U_2^2 = 0$ und dem Kegelschnitte $F = 0$. Die Ebene des letzteren berührt jetzt den Kegel, und die Spitze des Kegels liegt auf dem Kegelschnitte. Ausser dem speciellen Complexe $P_{14} = 0$ *wird hier der lineare Complex*

$$(33\,\mathrm{e})\qquad x^2 P_{14} + 2\lambda^2(P_{12} + P_{42}) = 0$$

in sich transformirt.

Die früheren Fälle Nr. 4, Nr. 5 und Nr. 6 führen nicht zu räumlichen Correlationen.

Nr. 11. *Der zu benutzende Kegelschnitt zerfällt in ein Punktepaar;* die betreffende Correlation ist in den Formeln von Nr. 12, p. 386, enthalten:

$$(30\,\mathrm{f})\quad U_1 = \frac{X_2}{x - \lambda\alpha}, \quad U_2 = \frac{X_1}{x + \lambda\alpha}, \quad U_3 = -\frac{X_4}{\lambda\beta}, \quad U_4 = \frac{X_3}{\lambda\beta};$$

$$(31\,\mathrm{f})\qquad F = 2U_1 U_2, \quad f = 2X_1 X_2;$$

$$P_{12}' = (\varkappa^2 - \lambda^2\alpha^2)P_{43}, \quad P_{34}' = \lambda^2\beta^2 P_{12},$$

$$(32\,\mathrm{f}) \quad P_{13}' = (\varkappa + \lambda\alpha)\lambda\beta P_{31}, \quad P_{42}' = (\varkappa - \lambda\alpha)\lambda\beta P_{42},$$

$$P_{14}' = (\varkappa + \lambda\alpha)\lambda\beta P_{41}, \quad P_{23}' = (\varkappa - \lambda\alpha)\lambda\beta P_{23};$$

$$(34\,\mathrm{f}) \qquad \varkappa^2 P^{\,2} - \lambda^2(\alpha P_{34} + \beta P_{12})^2 = 0.$$

Der Complex zweiten Grades zerfällt also in die beiden linearen Complexe

$$(\lambda\alpha \pm \varkappa)P_{34} + \lambda\beta P_{12} = 0,$$

welche sich vermöge der Correlation unter einander vertauschen. Ausser den ebenen Strahlbüscheln $P_{13} + \mu P_{14} = 0$ und $P_{23} + \mu P_{24} = 0$ *werden die beiden zu einander involutorischen Complexe*

$$(33\,\mathrm{f}) \qquad \lambda\beta P_{12} \pm \sqrt{\alpha^2\lambda^2 - \varkappa^2}\, P_{34} = 0$$

in sich transformirt. Ebenso gehen je in sich über die beiden Flächen:

$$\lambda\beta X_1 X_2 \pm \sqrt{\alpha^2\lambda^2 - \varkappa^2}\, X_3 X_4 = 0.$$

Nr. 12. *Die Axe des Punktepaares gehört dem linearen Complexe an.* Der Fall entsteht aus Nr. 13, p. 386.

$$(30\,\mathrm{g}) \quad U_1 = -\frac{X_4}{\alpha\lambda}, \quad U_2 = -\frac{X_3}{\beta\lambda}, \quad U_3 = \frac{X_2}{\beta\lambda} + \frac{\varkappa X_4}{\lambda^2\alpha\beta}, \quad U_4 = \frac{X_1}{\lambda\alpha} + \frac{\varkappa X_3}{\lambda^2\alpha\beta};$$

$$(31\,\mathrm{g}) \qquad F \equiv 2 U_1 U_2, \quad f \equiv 2 X_3 X_4;$$

$$P_{12}' = \varkappa^2 P_{43} + \varkappa\lambda(\beta P_{14} + \alpha P_{32}) + \lambda^2\alpha\beta P_{21},$$

$$(32\,\mathrm{g}) \quad P_{23}' = -\varkappa\lambda\beta P_{34} - \lambda^2\beta^2 P_{41}, \quad P_{13}' = -\alpha\beta\lambda^2 P_{13}, \quad P_{34}' = \alpha\beta\lambda^2 P_{43},$$

$$P_{14}' = -\varkappa\lambda\alpha P_{43} - \lambda^2\alpha^2 P_{32}, \quad P_{24}' = -\alpha\beta\lambda^2 P_{24};$$

$$(34\,\mathrm{g}) \qquad \varkappa^2 P_{34}^{\;2} - \lambda^2(\alpha P_{23} + \beta P_{14})^2 = 0;$$

wir haben wieder ein Zerfallen des Complexes zweiten Grades in zwei lineare Complexe. *Jeder Complex der zweifach unendlichen linearen Schaar*

$$P_{13} + \mu P_{42} + \nu(\alpha P_{23} - \beta P_{14}) = 0$$

geht in sich über.

Nr. 13. *Das Punktepaar artet in einen Doppelpunkt aus.* Der Fall ist in Nr. 17, p. 387 behandelt:

$$(30\,\mathrm{h}) \quad U_1 = -\frac{X_2}{\alpha\lambda}, \quad U_2 = -\frac{X_1}{\alpha\lambda} + \frac{\varkappa X_2}{\alpha^2\lambda^2}, \quad U_3 = -\frac{X_4}{\lambda\beta}, \quad U_4 = -\frac{X_3}{\lambda\beta};$$

$$(31\,\mathrm{h}) \qquad F \equiv U_1^2, \quad f \equiv X_2^2;$$

$$P_{12}' = \alpha^2\lambda^2 P_{34}, \qquad\qquad P_{34}' = \lambda^2\beta^2 P_{12},$$

$$(32\,\mathrm{h}) \quad P_{13}' = \varkappa\lambda\beta P_{23} - \lambda^2\alpha\beta P_{13}, \quad P_{42}' = -\lambda^2\alpha\beta P_{42},$$

$$P_{14}' = -\varkappa\lambda\beta P_{42} - \lambda^2\alpha\beta P_{14}, \quad P_{23}' = -\lambda^2\alpha\beta P_{23},$$

$$(34\,\mathrm{h}) \qquad (\alpha P_{34} + \beta P_{12})^2 = 0.$$

In sich werden transformirt die beiden linearen Complexe

$$\alpha P_{34} \pm \beta P_{12} = 0,$$

weiter aber auch jeder Complex der Schaar:

$$\alpha P_{34} - \beta P_{12} + \mu P_{23} + \nu P_{24} = 0.$$

Auch die früheren Fälle Nr. 14, 15, 16, 18, 19, p. 386 f., können in ähnlicher Weise benutzt werden, führen aber, wenn man die nothwendig werdenden und dort angedeuteten Grenzübergänge ausführt, nicht zu neuen Correlationen.

Unser ursprünglicher Zweck war, alle dualistischen linearen Verwandtschaften aufzustellen, welche einen gegebenen linearen Complex in sich überführen; statt dessen durften wir alle überhaupt möglichen Correlationen aufsuchen und für jede angeben, welche linearen Complexe dieselbe ungeändert lässt. Sehen wir von den speciellen Complexen ab, so erhalten wir aus dem Vorhergehenden die folgende tabellarische Zusammenstellung*):

1) zwei zu einander involutorische Complexe werden in sich transformirt in Nr. 1, 3, 8, 9, 11, 13;

2) von diesen artet einer in einen speciellen Complex aus in Nr. 2 und Nr. 10;

3) eine einfach unendliche Schaar von Complexen geht in sich über in Nr. 5, und gleichzeitig eine andere zweifach unendliche Schaar, welche mit der ersteren Schaar einen Complex gemein hat;

4) desgleichen eine zweifach unendliche lineare Schaar in Nr. 12;

5) desgleichen eine ebensolche Schaar und ausserdem ein zu allen Complexen dieser Schaar involutorisch liegender Complex.

Eine entsprechende Tabelle kann man leicht für die reciproken Transformationen der Flächen zweiter Ordnung in sich aus den vorstehenden Betrachtungen zusammenstellen; denn auch dieses früher nur flüchtig berührte (p. 389) Problem ist mit erledigt. Es werden in sich transformirt:

1) zwei discrete Flächen, die sich in einem Vierseite durchschneiden in Nr. 1, Nr. 3, Nr. 11;

2) eine einzelne Fläche (indem die andere in ein Ebenenpaar oder in eine Doppelebene ausgeartet ist) in Nr. 2 und Nr. 4;

3) ein Büschel von Flächen in Nr. 5;

4) eine zweifach unendliche lineare Schaar in Nr. 6;

5) bei der Polarreciprocität (Nr. 7) für jedes auf der Grundfläche mögliche Vierseit eine durch dasselbe hindurchgehende und

---

*) Einige der besonderen Fälle sind von Voss a. a. O. erwähnt.

für jeden auf ihr möglichen Kegelschnitt eine längs desselben berührende Fläche.

Ueberdies aber hatten wir willkommene Gelegenheit, eine Reihe
von hervorragend wichtigen Begriffen aus der Liniengeometrie, insbesondere aus der Theorie der Complexe zweiten Grades zu erörtern.
Auch die vorkommenden Ausartungen der Kernflächen verdienen
unsere nähere Beachtung wegen der dabei stets gewahrten Dualität.
Während man nämlich durch eine Gleichung in Punkt- oder Ebenen-
Coordinaten den Fall, wo eine gegebene Fläche als Punktgebilde in
einen Kegel oder ein Ebenenpaar ausartet, als Ebenengebilde gleichzeitig in eine ebene Curve oder ein Punktepaar degenerirt, nicht
mehr beherrscht (vgl. p. 147 ff.), ist man durch Einführung gewisser
Correlationen (p. 410 und 411) im Stande, beide Arten von Ausartungen gleichzeitig zu behandeln.

XXI. Die eindeutige Abbildung der Flächen zweiter Ordnung auf eine Ebene.

Wie man die Geometrie der Ebene (der Fläche erster Ordnung),
d. h. die Theorie der ebenen Curven und aller in der Ebene möglichen mathematischen Figuren (die sich immer aus Curven und
Punkten zusammensetzen) besonders behandelt, so kann man die
Geometrie auf einer jeden Fläche besonders ausbauen, d. h. die Theorie
der auf ihr möglichen Curven entwickeln, ohne dabei auf die Beziehungen dieser Curven zu ausserhalb der Fläche gelegenen Gebilden
Rücksicht zu nehmen. Eine solche „Geometrie auf der Fläche" soll
hier für Flächen zweiter Ordnung durchgeführt werden. Es gelingt
dies mit Hülfe der sogenannten *eindeutigen Abbildung* der Fläche auf
eine Ebene, d. h. durch Herstellung einer eindeutigen Beziehung, vermöge derer jedem Punkte der Fläche ein Punkt der Ebene und
jedem Punkte der Ebene ein Punkt der Fläche zugeordnet ist, wobei
allerdings in einzelnen „Fundamentalpunkten" die Eindeutigkeit gestört sein kann. Vermöge einer solchen Zuordnung ist dann die
Geometrie auf der Fläche zurückgeführt auf die ebene Geometrie;
und in der That werden wir sehen, wie sich die auf der Fläche gelegenen Raumcurven mittelst der einzuführenden Abbildung einfach
studiren lassen.

Diese Abbildung erhält man sehr leicht in folgender Weise. Es
sei A ein Punkt der Fläche zweiter Ordnung (die wir auch kurz
als F_2 bezeichnen werden). Eine beliebig durch A gelegte Gerade
schneidet die Fläche noch in *einem* weiteren, von A verschiedenen
Punkte P und trifft irgend eine als „Bildebene" beliebig angenommene

Ebene E noch in *einem* Punkte Q. *Den Punkt Q nennen wir dann das Bild des Punktes P.* So zeigt sich die ganze Fläche, Punkt für Punkt, auf die Ebene abgebildet; jedem Punkte P der F_2 entspricht ein Punkt Q der Ebene E, und umgekehrt. Eine Ausnahme tritt für den Punkt A selbst ein; denn die Linie A-P wird unbestimmt, wenn P mit A identisch ist; gleichwohl erhält man beim Grenzübergange auch hier eine bestimmte Linie, indem man den Punkt P allmählich an A heranrücken lässt. Dann aber ergeben sich unendlich viele Punkte der Bildebene, die als Bildpunkte von A angesehen werden dürfen: jede Tangente der Fläche im Punkte A ist als Verbindungslinie von A mit einem unendlich benachbarten Punkte P anzusehen, schneidet also die Bildebene in einem Punkte, welcher beim Grenzübergange als Bild von A erscheint. Diese unendlich vielen Bildpunkte von A erfüllen in der Bildebene E eine gerade Linie G, die Schnittlinie von E mit der Tangentialebene der F_2 in A. *Der Projectionspunkt A wird also nicht durch einen Punkt, sondern durch alle Punkte einer Geraden abgebildet;* er heisst deshalb ein Fundamentalpunkt der Abbildung.

Jede auf der F_2 gelegene Curve, welche durch A geht und in A eine bestimmte Tangente AP besitzt, hat zum Bilde eine ebene Curve in E, welche die Bildgerade G von A in demjenigen Punkte Q schneidet, in welchem sie von der Linie AP getroffen wird, denn dem zu A unendlich benachbarten Punkte P der Curve entspricht eben der erwähnte Punkt Q. Aber im Allgemeinen wird die Gerade G von der ebenen Bildcurve mehrmals getroffen werden. Entspricht auch umgekehrt jedem solchen Schnittpunkte eine Tangente der auf F_2 gegebenen Raumcurve im Punkte A? Das kann offenbar nicht der Fall sein, denn dann müsste jeder algebraischen Curve der Ebene E auf F_2 eine Curve mit mehrfachem Punkte in A entsprechen. Diese scheinbare Schwierigkeit löst sich, wenn man beachtet, dass zwei der Tangenten des Punktes A ganz in der Fläche liegen, nämlich die beiden durch A gehenden Erzeugenden der Fläche. Alle Punkte einer solchen Erzeugenden liefern eine und dieselbe Verbindungslinie mit A, eben wieder dieselbe Erzeugende; alle diese Punkte werden also durch einen und denselben Punkt der Ebene E abgebildet. Es ergeben sich so zwei ausgezeichnete Punkte, O und O', in E, welche auf der Geraden G liegen, und denen auf der F_2 je unendlich viele Punkte entsprechen, nämlich alle Punkte der beiden Erzeugenden (*Fundamentalgeraden*) AO und AO'. Umgekehrt nennt man O und O' *Fundamentalpunkte der Bildebene* und G wird in dieser Ebene als *Fundamentalgerade* bezeichnet: allen Punkten einer Fundamentalgeraden entspricht ein und derselbe Punkt, und jedem Fundamentalpunkte sind unendlich viele Punkte zugeordnet; auf der F_2 gibt es einen Fundamentalpunkt und zwei Fundamentalgeraden, im Bilde eine Fundamentalgerade und zwei Fundamentalpunkte*). Da hiernach die beiden Erzeugenden AO und AO' für die Abbildung von wesentlicher Bedeutung sind, so wird man bei der vorliegenden Untersuchung, insofern es auf die Realität der zu benutzenden Punkte und Linien ankommt, die geradlinigen Flächen von den nicht geradlinigen unterscheiden müssen. Wir denken bei unserer Darstellung zunächst an eine Fläche mit reellen Erzeugenden; die spätere Uebertragung auf Flächen mit imaginären Erzeugenden bietet keine Schwierigkeit, wie das Beispiel der Kugel zeigen wird.

Indem wir jetzt mit dem Studium der Curven auf unserer F_2 beginnen, fragen wir zuerst, wie sich die Erzeugenden der Fläche bei der Abbildung verhalten. Das System von Erzeugenden, zu welchem die Gerade $A\text{-}O$ gehört, bezeichnen wir als Erzeugendensystem erster Art; die anderen Erzeugenden, unter denen also $A\text{-}O'$ vorkommt, bilden dann das System zweiter Art. Eine Erzeugende erster Art wird abgebildet, indem wir durch sie und durch den Punkt A eine Ebene legen, und diese Ebene mit der Bildebene zum Schnitte bringen. Die entstehende Schnittlinie muss dann durch den Fundamentalpunkt O' gehen, denn jede Erzeugende erster Art schneidet die Erzeugende AO' in einem gewissen Punkte und *jeder* Punkt der letzteren wird durch denselben Punkt O' abgebildet. Dieses einfach unendliche System von Erzeugenden erster Art gibt also im Bilde die einfach unendlich vielen Strahlen des Büschels mit dem Centrum O'; ebenso sind die Bilder der Erzeugenden zweiter Art gegeben durch die Strahlen des Büschels mit dem Centrum O: *Das Netz der Erzeugenden unserer Fläche liefert im Bilde das Netz der Strahlen dieser beiden Büschel.*

Aus dieser Abbildung liest man umgekehrt die beiden fundamentalen Sätze ab, dass zwei Erzeugende gleicher Art sich nie, zwei Erzeugende verschiedener Art sich stets schneiden. Zwar schneiden sich in der Ebene E die Bilder aller Erzeugenden erster Art in O', aber jeder von O' ausgehenden Richtung entspricht ein bestimmter Punkt der Linie AO', ganz wie jeder Fortschreitungsrichtung, die auf der F_2 von A ausgeht, nach Obigem ein bestimmter Punkt der Linie G zugehört. Zwei Curven der Bildebene also, die sich in O' schneiden,

---

*) Diese Fundamentalgebilde treten in entsprechender Weise bei den Cremona'schen Transformationen der ebenen Geometrie auf; vgl. Bd. I, p. 476 ff.

sind aufzufassen als Bilder von Raumcurven, die auf der F_2 durch zwei *verschiedene* Punkte der Erzeugenden $A\,O'$ hindurchgehen, so dass dem Schnittpunkte O' in E auf der F_2 kein Schnittpunkt der betreffenden Raumcurven entspricht. Dass sich zwei Erzeugende gleicher Art nicht treffen, findet also in der Bild-Ebene seinen Ausdruck in dem Umstande, dass ihre Bilder sich nur in einem der Fundamentalpunkte (O oder O') begegnen. Die Bilder zweier Erzeugenden verschiedener Art dagegen gehen nicht durch denselben Fundamentalpunkt, schneiden sich vielmehr in einem anderen Punkte von E, der auch nicht auf G liegt. In jedem solchen Punkte ist die Eindeutigkeit der Abbildung nicht gestört, dem Schnittpunkte der Bildcurven entspricht daher auch ein Schnittpunkt der zugehörigen Raumcurven auf der F_2; insbesondere schneiden sich somit zwei Erzeugende verschiedener Art. Bei dieser Betrachtung ist der beiden Büschéln gemeinsame Strahl G nicht als Bild einer Erzeugenden in Anspruch zu nehmen, denn alle seine Punkte sind uns als Bilder des Projectionspunktes A schon bekannt. Schneiden demnach zwei ebene Curven die Gerade G in verschiedenen Punkten, so sind sie anzusehen als Bilder von Raumcurven, welche sich in A schneiden, aber in verschiedenenen Richtungen durch A hindurchgehen.

Um nun allgemein die Bilder der Raumcurven zu studiren, nehmen wir zunächst an, dass dieselben nicht durch den Projectionspunkt hindurchgehen. Unter dieser Voraussetzung gilt der Satz, dass *das Bild einer Raumcurve n^{ter} Ordnung gegeben wird durch eine ebene Curve n^{ter} Ordnung.* Die von A aus nach den Punkten der Raumcurve gezogenen Projectionsstrahlen bilden einen Kegel, der auf der Bildebene die entsprechende ebene Curve ausschneidet. Die Ordnung der Bildcurve ist gleich der Anzahl ihrer Schnittpunkte mit einer beliebigen Geraden g; legen wir nun durch g und A eine Ebene, so wird diese von der Raum-C_n der Definition nach in n Punkten getroffen; nach letzteren gehen von A aus n Projectionsstrahlen, welche auf g n Punkte der Bildcurve bestimmen. Letztere ist also auch von der n^{ten} Ordnung, w. z. b. w.

Für eine Curve auf der F_2 ist in erster Linie ihr Verhalten zu den beiden Erzeugenden-Schaaren charakteristisch. Durch irgend zwei Erzeugende verschiedener Art kann man eine Ebene legen; dieselbe muss von der Raum-C_n in n Punkten, welche gleichzeitig auf der F_2 liegen, getroffen werden. *Zwei Erzeugende verschiedener Art werden daher von einer auf der F_2 gelegenen Curve n^{ter} Ordnung zusammen immer in n Punkten geschnitten.* Daraus folgt sogleich weiter: alle Erzeugenden gleicher Art schneiden die Curven in gleich vielen Punkten.

Insbesondere werden auch die Erzeugenden AO und AO' von der Raum-C_n zusammen in n Punkten getroffen; folglich geht die zugehörige ebene Bildcurve zusammen n-mal durch die beiden Fundamentalpunkte O, O', so dass die Gerade G ihr nur in diesen Fundamentalpunkten begegnet. So erklärt es sich, dass die Gerade G von der ebenen C_n n-mal geschnitten werden kann, und dass die entsprechende C_n auf der F_2 doch nicht durch A geht.

Einer ebenen Curve, welche a-mal durch O und b-mal durch O' geht, wobei $a + b = n$, entspricht hiernach auf der F_2 eine unebene Curve, welche a-mal jede Erzeugende erster Art und b-mal jede Erzeugende zweiter Art trifft und nicht durch A geht. In der That gibt auch jede Erzeugende erster Art als Bild eine durch O' gehende Gerade, von deren Schnittpunkten mit der ebenen C_n schon b in O' zusammenfallen, welche also der C_n ausserdem nur noch a-mal begegnen kann; und diese a Punkte sind die Bilder der a Schnittpunkte unserer Erzeugenden erster Art mit der Raum-C_n. Jeder Curve auf der F_2 kommen so zwei charakteristische Zahlen a, b zu; *sie kann in ihrem Verhalten zu den beiden Schaaren von Erzeugenden durch das Symbol* $[a, b]$ *charakterisirt werden, wobei die Summe* $a + b$ *gleich der Ordnung der Raumcurve ist und letztere nicht durch den Projectionspunkt gehen soll.* Ist die Ordnung n gegeben, so haben wir also folgende verschiedene Möglichkeiten:

$$a = 0, \qquad b = n$$
$$a = 1, \qquad b = n - 1$$
$$a = 2, \qquad b = n - 2$$
$$\cdot \qquad\qquad \cdot$$
$$\cdot \qquad\qquad \cdot$$
$$\cdot \qquad\qquad \cdot$$
$$a = n - 1, \quad b = 1$$
$$a = n, \qquad b = 0.$$

Hierbei ist zu bemerken, dass der erste und letzte Fall nicht zu einer eigentlichen Raumcurve Veranlassung geben, denn eine ebene Curve, welche einen n-fachen Punkt z. B. in O hat, zerfällt in n durch O gehende Gerade; die entsprechende Raumcurve n^{ter} Ordnung zerfällt also in n Erzeugende des Systems zweiter Art. Alle anderen aufgeführten Fälle aber geben wirkliche, nicht zerfallende Raumcurven, denn man kann ihre ebenen Bilder als nicht zerfallende Curven angeben. Auf der F_2 giebt es also $n - 1$ verschiedene Klassen von Raumcurven n^{ter} Ordnung; diese Klassen sind einander paarweise zugeordnet, indem immer die r^{te} Klasse von der $(n - r + 1)^{\text{ten}}$ nicht wesentlich verschieden ist, vielmehr die eine aus der anderen durch Vertauschung der beiden Erzeugenden-Schaaren entsteht. Bei geradem n bleibt eine Klasse übrig, charakterisirt durch das Symbol $\left[\frac{n}{2},\ \frac{n}{2}\right]$, welcher keine andere in der genannten Weise zugeordnet ist. *Auf einer Fläche zweiter Ordnung giebt es bei ungeradem n demnach* $\frac{n-1}{2}$ *wirklich verschiedene Gattungen (Species) von Raumcurven* n^{ter} *Ordnung und* $\frac{n}{2}$ *verschiedene Gattungen bei geradem n.*

Für $n = 1$ haben wir die beiden Systeme $[0, 1]$ und $[1, 0)$, offenbar die beiden Schaaren von Erzeugenden selbst. Diese Schaaren sind in der eben gefundenen Anzahl $\frac{n-1}{2}$ nicht enthalten, denn die beiden Fälle $a = 0$, $b = n$ und $a = n$, $b = 0$ sollen bei der Zählung ausgeschlossen sein.

Die Annahme $n = 2$ gibt nur die eine Schaar $[1, 1]$. Es sind dies die ebenen Schnitte der Fläche; in der That schneidet jeder auf ihr liegende Kegelschnitt jede Erzeugende einmal. Gehen wir zur Bildebene über, so entspricht dem ebenen Schnitte nach unseren allgemeinen Erörterungen eine C_2, welche durch O und O' je einmal hindurchgeht. Solcher Kegelschnitte mit zwei festen Punkten gibt es in der Ebene E noch dreifach unendlich viele, da erst fünf Punkte eine Curve zweiter Ordnung bestimmen, und auf der F_2 ist ein ebener Schnitt ebenfalls von drei Parametern abhängig. Unter den Kegelschnitten durch O und O' kommen insbesondere solche vor, die in ein Linienpaar zerfallen, entweder geht dann eine Linie des Paares durch jeden der beiden festen Punkte, und der entsprechende ebene Schnitt berührt die F_2; oder eine Linie des Paares fällt mit der Geraden G zusammen, während die andere ganz beliebig in E liegen kann. Die letztere ist dann offenbar das Bild eines auf der F_2 gelegenen Kegelschnittes, dessen Ebene durch A selbst hindurchgeht. Da nunmehr der Punkt A auf der abzubildenden Curve liegt, und da derselbe durch alle Punkte von G abgebildet wird, so ist es natürlich, dass die Linie G als Theil der Bildcurve aufgefasst werden muss.

Aus der ebenen Geometrie wissen wir (Bd. I, p. 146), dass die Gesammtheit aller Kreise einer Ebene sich analytisch ebenso verhält, wie die Gesammtheit aller Kegelschnitte mit zwei festen Punkten; diese festen Punkte sind für die Kreise imaginär, es sind die sogenannten unendlich fernen imaginären Kreispunkte. Die Lösung jeder Aufgabe über die Bestimmung von Kreisen in der Ebene bedingt die Lösung einer entsprechenden Aufgabe für Kegelschnitte mit zwei gemeinsamen Punkten; und diese wiederum gibt uns nach der eben erörterten Abbildungstheorie die Lösung einer Aufgabe über Kegelschnitte auf der F_2. Die Theorie der ebenen Schnitte einer Fläche zweiter Ordnung ist daher nicht wesentlich verschieden von der Theorie der Kreise in einer Ebene*). Wenn man z. B. in der Ebene das Problem gelöst hat, einen Kreis zu construiren, welcher drei gegebene Kreise berührt (vgl. Bd. 1, p. 158 ff.), so kann man mittelst leichter Uebertragungen auf einer F_2 die Construction eines ebenen Schnittes angeben, welcher drei gegebene, ebene Schnitte der Fläche berührt. Ebenso lässt sich das Malfatti'sche Problem, welches drei Kreise zu bestimmen lehrt, die sich unter einander berühren, und von denen jeder einen von drei gegebenen Kreisen tangirt, aus der Ebene auf die Fläche zweiter Ordnung übertragen.

Für $n = 3$ ergeben sich die beiden Curvenschaaren [1, 2] und [2, 1]. Jede Curve der ersten Schaar schneidet jede Erzeugende erster Art in einem Punkte, jede Erzeugende zweiter Art in zwei Punkten, ihr ebenes Bild geht einmal durch O und zweimal durch O', ist also eine durch O gehende, ebene Curve dritter Ordnung, welche in O' einen Doppelpunkt hat. Umgekehrt verhalten sich die Curven der anderen Schaar zu den Erzeugenden. Beide Gattungen von Curven sind sonst nicht wesentlich von einander verschieden, ihre Eigenschaften sind uns aus früheren Untersuchungen bekannt (vgl. p. 237 ff.).

Der Fall $n = 4$ führt zu neuen Resultaten. Wir haben die drei Curvengattungen

$$[1, 3], \quad [2, 2], \quad [3, 1],$$

---

*) Wenn die F_2 insbesondere eine Kugel ist und wenn die Bildebene zur Tangentenebene von A parallel gewählt wird, so fallen die Punkte O und O' direct in die imaginären Kreispunkte der Bildebene; es entsteht so die unten noch näher zu besprechende *stereographische Projection der Kugel*. Durch Verallgemeinerung der letzteren wurde umgekehrt Chasles zur Abbildung der allgemeinen F_2 geführt: Gergonne's Annales de math. t. 18 et 19 und Aperçu historique p. 219, Anmerkung (1837). Die analytische Abbildung der F_2 mittelst der Parameter ihrer beiden Erzeugenden-Schaaren erkannte Plücker, Crelle's Journal Bd. 34 (1847). Das Studium der allgemeinen Raumcurven auf der F_2 gaben gleichzeitig (1861) Cayley (Philosophical Magazine) und Chasles (Comptes rendus, t. 53), entwickelten auch die unten abgeleiteten analytischen Formeln. — Die Uebertragung des Malfatti'schen Problems auf die ebenen Schnitte der F_2 hat Cayley genauer verfolgt: Philosophical Transactions 1852 (vgl. Clebsch, Crelle's Journal, Bd. 53), das entsprechende Problem für ebene Schnitte der Kugel Schellbach, Crelle's Journal, Bd. 45.

von denen die dritte sich von der ersten nur durch ihr Verhalten gegenüber den beiden Erzeugenden-Systemen unterscheidet. Die Curven [2, 2] sind die schon früher von uns betrachteten Schnitt-curven der gegebenen F_2 mit einer anderen Fläche zweiter Ordnung, denn diese andere Fläche wird von jeder geraden Linie, also auch von *jeder* Erzeugenden unserer F_2 in zwei Punkten getroffen. Ebenso gilt allgemein der Satz, dass *als vollständiger Durchschnitt der vorgelegten F_2 mit einer gewissen Fläche m^{ter} Ordnung stets eine Curve $2m^{ter}$ Ordnung von der Gattung $[m, m]$ erhalten wird.* Den Curven [2, 2], welche als *Curven vierter Ordnung erster Species* bezeichnet werden, stehen die Curven [1, 3], resp. [3, 1] als *Curven vierter Ordnung zweiter Species*)* gegenüber. Die Bilder jener ersten Species sind Curven vierter Ordnung mit je einem Doppelpunkte in O und O', die Bilder der zweiten Species dagegen Curven vierter Ordnung mit einem dreifachen Punkte in O oder O' und einem einfachen Punkte bez. in O' oder O^{**}).

Liegt allgemein eine Curve $[a, b]$ vor, wo $a > b$, so kann dieselbe zu einer Curve $2a^{ter}$ Ordnung von der Gattung $[a, a]$ ergänzt werden durch Hinzunahme von $a - b$ Erzeugenden desjenigen Systems, dessen Gerade a-mal von der Curve getroffen werden. *Eine Curve $[a, b]$, wo $a > b$, gibt daher zusammen mit $a - b$ Erzeugenden den vollständigen Durchschnitt der vorliegenden F_2 mit einer Fläche a^{ter} Ordnung.* Insbesondere bildet eine Curve vierter Ordnung zweiter Species zusammen mit zwei Erzeugenden die vollständige Schnitt-curve der F_2 mit einer Fläche dritter Ordnung.

Fragen wir noch, *wie sich vorstehende Betrachtungen modificiren, wenn die abzubildenden Raumcurven durch den Projectionspunkt selbst hindurchgehen.* Für den Fall $n = 2$ haben wir die Antwort bereits gegeben: von dem Kegelschnitte im Bilde sonderte sich die Gerade G einfach ab; Analoges tritt im Allgemeinen ein. Der Richtung, in welcher die Raumcurve durch A geht, entspricht ein bestimmter Punkt der Fundamental-Geraden G; durch ihn muss die Bildcurve hindurchgehen. Ist nun die Raumcurve durch das Symbol $[a, b]$ charakterisirt, wo $a + b = n$, so wird die Erzeugende AO ausser in A nur noch $(a - 1)$ mal von ihr getroffen, und die Erzeugende AO'

---

*) Vgl. oben die erste Note zu p. 207.

**) Man folgert hieraus, dass die Coordinaten der Punkte einer C_4 zweiter Species sich als rationale Functionen eines Parameters darstellen lassen, während für die erste Species elliptische Functionen nöthig sind (vgl. Bd. I, p. 883 und 903). Das genauere Studium dieser Raumcurven bleibt einem späteren Abschnitte des vorliegenden Werkes vorbehalten.

nur noch $(b-1)$mal. Dem entsprechend geht die ebene Bildcurve $(a-1)$mal durch O und $(b-1)$ mal durch O', sie trifft also die Linie G im Ganzen in $(a-1)+(b-1)+1=n-1$ Punkten, d. h. sie ist von der Ordnung $n-1$. Die Erniedrigung der Ordnung um eine Einheit erklärt sich dadurch, dass sich vom Bilde die Fundamental-Gerade G abgesondert hat; ebenso wird sich diese Gerade k-mal absondern, wenn die Raumcurve k-mal durch A geht, und so kommen wir zu folgendem Satze: *Einer Raumcurve n^{ter} Ordnung vom Typus $[a, b]$, welche in A einen k-fachen Punkt hat, entspricht im Bilde eine ebene Curve $(n-k)^{\text{ter}}$ Ordnung, welche $(a-k)$ mal durch O und $(b-k)$ mal durch O' geht und die Linie G ausserdem noch in k Punkten trifft.* Von den letzteren werden mehrere zusammenfallen, wenn von den Zweigen des k-fachen Punktes der Raumcurve sich mehrere berühren; weitere Besonderheiten in den vielfachen Punkten O und O' werden eintreten, wenn die Schnittpunkte der Raumcurve mit den Erzeugenden AO und AO' nicht sämmtlich von einander verschieden sind; die k-einfachen Schnittpunkte der Bildcurve mit G werden sich theilweise mit O oder O' vereinigen, wenn die beiden durch A gehenden Erzeugenden in diesem Punkte von den k Zweigen der Raumcurve theilweise berührt werden. Auf diese als Grenzfälle zu behandelnden Besonderheiten gehen wir hier nicht näher ein.

Wir wenden uns jetzt zur analytischen Darstellung der besprochenen Verhältnisse. Zwei Kanten des Coordinaten-Tetraeders sollen mit den Erzeugenden AO und AO' zusammenfallen, zwei andere Kanten mit den beiden anderen durch O bez. O' gehenden Erzeugenden, welche sich noch in B treffen mögen. Dann kann die Gleichung der gegebenen F_2 auf die Form

$$(1) \qquad\qquad x_1 x_4 - x_2 x_3 = 0$$

gebracht werden (vgl. p. 147). Hierbei sei $x_1 = 0$ die Ebene AOO', $x_2 = 0$ die Ebene AOB, $x_3 = 0$ die Ebene $AO'B$, $x_4 = 0$ die Ebene BOO'. Die Coordinaten eines beliebigen Punktes der Bildebene seien ξ_1, ξ_2, ξ_3 und die Seiten des Coordinatendreiecks identisch mit den Linien, in welchen die Bildebene von den Ebenen $x_1 = 0$, $x_2 = 0$, $x_3 = 0$ geschnitten wird. Verbinden wir nun den Punkt $0, 0, 0, 1$ (d. h. A) mit einem Punkte x der F_2, so sind die Coordinaten eines beliebigen Punktes der Verbindungslinie durch $\varkappa x_1$, $\varkappa x_2$, $\varkappa x_3$, $\varkappa x_4 + \lambda$ gegeben, und wenn

$$\alpha_1 x_1 + \alpha_2 x_2 + \alpha_3 x_3 + \alpha_4 x_4 = 0$$

die Gleichung der Bildebene ist, so wird durch die Bedingung

$$\varkappa(\alpha_1 x_1 + \alpha_2 x_2 + \alpha_3 x_3 + \alpha_4 x_4) + \lambda = 0$$

der Durchstossungspunkt des von A ausgehenden Strahles mit dieser Ebene bestimmt. Die bei der Definition der ξ_i eingehenden willkürlichen Constanten können wir uns so gewählt denken, dass die Coordinaten ξ_i proportional sind zu den räumlichen Coordinaten x_i desselben Punktes, dass also $\xi_1 = \varkappa x_1,\ \xi_2 = \varkappa x_2,\ \xi_3 = \varkappa x_3$. Durch Einsetzen dieser Werthe ergiebt sich dann x_4 aus der Gleichung (1): $\varkappa x_4 = \dfrac{\xi_2 \xi_3}{\xi_1}$. *Einem Punkte x der Fläche wird also ein Punkt ξ der Bildebene durch die Formeln*

$$(2) \qquad \begin{aligned} \varrho\, x_1 &= \xi_1{}^2, & \varrho\, x_2 &= \xi_1 \xi_2, \\ \varrho\, x_3 &= \xi_1 \xi_3, & \varrho\, x_4 &= \xi_2 \xi_3 \end{aligned}$$

zugeordnet.

Für $\xi_1 = 0$ verschwinden x_1, x_2 und x_3 gleichzeitig; dadurch ist der Punkt A als Fundamentalpunkt der Abbildung gekennzeichnet; ihm entsprechen alle Punkte der Geraden $\xi_1 = 0$. Sind ξ_1 und ξ_2 gleichzeitig Null, so verschwinden alle x_i, der entsprechende Punkt der Fläche wird also unbestimmt. Nähern wir uns aber dem Punkte O auf der Linie $\xi_1 - \varkappa \xi_2 = 0$, so wird zunächst

$$\varrho\, x_1 = \varkappa^2 \xi_2{}^2, \quad \varrho\, x_2 = \varkappa \xi_2{}^2, \quad \varrho\, x_3 = \varkappa \xi_2 \xi_3, \quad \varrho\, x_4 = \xi_2 \xi_3 \,.$$

Auf den rechten Seiten können wir einen Factor ξ_2 streichen, und lassen wir dann ξ_1 und ξ_2 verschwinden, so kommt

$$x_1 = 0, \quad x_2 = 0, \quad x_3 - \varkappa x_4 = 0;$$

d. h. dem Punkte O entsprechen alle Punkte der Erzeugenden $x_1 = 0$, $x_2 = 0$, und zwar so, dass man einen bestimmten durch $\varkappa$ charakterisirten Punkt der Erzeugenden erhält, wenn man auf einer bestimmten Linie $\xi_1 - \varkappa \xi_2 = 0$ an O herantritt. Dem letzteren Strahle des durch O bestimmten Büschels entspricht die Schnittlinie der beiden Ebenen

$$x_1 - \varkappa x_2 = 0 \quad \text{und} \quad x_3 - \varkappa x_4 = 0,$$

also in der That eine Erzeugende der Fläche. Analog verhält es sich mit den Strahlen des Büschels $\xi_1 - \varkappa \xi_3 = 0$. Ein beliebiger durch die Gleichung

$$u_1 x_1 + u_2 x_2 + u_3 x_3 + u_4 x_4 = 0$$

dargestellter ebener Schnitt der F_2 ergiebt als Gleichung der Bildcurve

$$u_1 \xi_1{}^2 + u_2 \xi_1 \xi_2 + u_3 \xi_1 \xi_3 + u_4 \xi_2 \xi_3 = 0,$$

also einen Kegelschnitt durch die Fundamentalpunkte O und O', wie es nach den obigen Erörterungen sich zeigen muss.

Indem wir jetzt zur Betrachtung höherer Curven übergehen, werde ξ, η, ζ statt ξ_1, ξ_2, ξ_3 geschrieben, so dass die Abbildungsformeln übergehen in

$$(3) \qquad \varrho x_1 = \xi^2, \quad \varrho x_2 = \xi\eta, \quad \varrho x_3 = \xi\zeta, \quad \varrho x_4 = \eta\zeta.$$

Zunächst haben wir die Gleichung einer ebenen Curve aufzustellen, welche in O einen a-fachen, in O' einen b-fachen Punkt hat, wobei $a + b = n$ sein soll, wenn n die Ordnung der Curve bezeichnet. Die Gleichung der Curve ist jedenfalls von der Form

$$(4) \qquad \sum c_{\alpha\beta\gamma}\,\xi^\alpha\eta^\beta\zeta^\gamma = 0,$$

wo sich die Summation auf alle Indices α, β, γ bezieht, die der Bedingung $\alpha + \beta + \gamma = n = a + b$ genügen. Soll nun in O ein a-facher Punkt vorhanden sein, so müssen die Terme niedrigster Dimension in ξ, η mindestens von der Ordnung a sein, d. h. wir haben

$$\alpha + \beta \geq a, \quad \text{und ebenso} \quad \alpha + \gamma \geq b.$$

In der Gleichung eines Kegelschnittes müssen also z. B. die Glieder mit η^2 und ζ^2 fehlen. Das Bild einer Raumcurve dritter Ordnung geht einmal durch den einen, zweimal durch den anderen Fundamentalpunkt; wir haben etwa $a = 1$, $b = 2$ zu nehmen; es müssen demnach die Glieder mit $\xi\eta^2$, η^3, $\eta^2\zeta$ und ζ^3 ausfallen.

Wir betrachten zuerst den Fall $a = b$. Dann ist

$$\alpha + \beta + \gamma = n = 2a$$

und die Gleichung unserer Curve wird

$$\sum c_{\alpha\beta\gamma}\,\xi^{2a-\beta-\gamma}\eta^\beta\zeta^\gamma = 0.$$

Die linke Seite lässt sich nun mittelst (3) auf eine ganze Function der x_i zurückführen. Ist nämlich $\beta \geq \gamma$, so kann man das allgemeine Glied der Curvengleichung in der Form

$$\xi^{2a-\beta-\gamma}\eta^{\beta-\gamma}\eta^\gamma\zeta^\gamma = \xi^{2a-2\beta}\cdot\xi^{\beta-\gamma}\cdot\eta^{\beta-\gamma}\cdot\eta^\gamma\zeta^\gamma = x_1^{a-\beta}x_2^{\beta-\gamma}x_4^{\gamma}$$

schreiben; ist aber $\gamma \geq \beta$, so erscheint dasselbe Glied in der Form

$$x_1^{a-\gamma}x_3^{\gamma-\beta}x_4^{\beta}.$$

In jedem Falle haben wir eine Fläche a^{ter} Ordnung vor uns, die auf unserer F_2 diejenige Curve $[a, a]$ ausschneidet, deren Bild mit der durch (4) dargestellten ebenen Curve zusammenfällt. *Hiermit ist die Umkehrung eines oben ausgesprochenen Satzes (p. 421) bewiesen, nämlich dass jede ebene Curve, welche die Fundamentalgerade G nur in den Fundamentalpunkten und in jedem gleich oft trifft, als Bild einer Raumcurve aufzufassen ist, die sich als vollständiger Durchschnitt der F_2 mit einer anderen Fläche darstellt.*

Nehmen wir z. B. $a = b = 1$, so ist die allgemeinste Gleichung eines Kegelschnittes durch O und O':

$$a_1 \xi^2 + a_2 \xi \eta + a_3 \xi \zeta + a_4 \eta \zeta = 0,$$

und hieraus entsteht nach (4) $a_1 x_1 + a_2 x_2 + a_3 x_3 + a_4 x_4 = 0$, d. h. die Gleichung einer beliebigen Ebene. Sei zweitens $a = b = 2$, so wird die Gleichung einer ebenen Curve vierter Ordnung, welche in O und O' je einen Doppelpunkt hat:

$$a_1 \xi^4 + a_2 \xi^3 \eta + a_3 \xi^3 \zeta + a_4 \xi^2 \eta^2 + a_5 \xi^2 \eta \zeta + a_6 \xi^2 \zeta^2 + a_7 \xi \eta^2 \zeta \\ + a_8 \xi \eta \zeta^2 + a_9 \eta^2 \zeta^2 = 0,$$

und hieraus entsteht die Fläche

$$a_1 x_1^2 + a_2 x_1 x_2 + a_3 x_1 x_3 + a_4 x_2^2 + a_5 x_2 x_3 + a_6 x_3^2 + a_7 x_2 x_4 \\ + a_8 x_3 x_4 + a_9 x_4^2 = 0.$$

Diese Fläche zweiter Ordnung ist aber nicht vollständig bestimmt, denn das Glied $\xi^2 \eta \zeta$ kann ebensowohl durch $x_2 x_3$ als durch $x_1 x_4$ ersetzt werden. Es gibt also unendlich viele Flächen zweiter Ordnung, welche die gegebene F_2 in derselben, durch unsere gegebene ebene Curve abgebildeten Raumcurve vierter Ordnung schneiden, wie es nach unseren früheren Erörterungen sein muss (p. 207). Eine ähnliche Unbestimmtheit bei Einführung der x_i macht sich auch für höhere Curven in allen Gliedern geltend, in denen $\beta = \gamma$ ist.

Dass eine Curve $[a, b]$, bei der $a > b$ ist, durch $a - b$ Erzeugende derselben Art zu einem vollständigen Schnitte der F_2 mit einer F_a ergänzt wird, ergibt sich jetzt auch unmittelbar aus vorstehenden analytischen Entwickelungen. Es mag noch bemerkt werden, dass es *keine Fläche von niedrigerer als der a^{ten} Ordnung gibt, welche durch die Curve $[a, b]$ hindurchgeht*. Unsere Curve nämlich schneidet jede Erzeugende der einen Art a-mal; dasselbe muss also auch jede Fläche thun, auf der diese Curve liegt; jede solche Fläche ist folglich mindestens von der a^{ten} Ordnung. Die hinzugefügten Linien durch O oder O' werden ausser in diesen Punkten von der ebenen Curve noch in $a + b - b = a$ Punkten getroffen; die ihnen entsprechenden Erzeugenden sind also Sehnen der Raumcurve, welche der letzteren in a Punkten begegnen, die somit in keiner ausgezeichneten Beziehung zur Raumcurve stehen. Erinnert sei hier an die Beispiele der allgemeinen Raumcurve dritter Ordnung $[2, 1]$ oder $[1, 2]$, an die Raumcurve vierter Ordnung zweiter Species $[3, 1]$ oder $[1, 3]$. Von Raumcurven fünfter Ordnung gibt es auf der F_2 zwei Arten; die eine $[1, 4]$ ist der theilweise Schnitt mit einer F_4 und wird durch drei Erzeugende zu einem vollständigen Schnitte ergänzt, die andere $[2, 3]$ ist der theilweise Durchschnitt mit einer

F_3 und wird durch eine Erzeugende zu einem vollständigen Durchschnitte ergänzt.

Diese Betrachtungen zeigen, von wie grosser Wichtigkeit die ebene Abbildung der F_2 für das Studium der auf ihr liegenden Curven ist, ebenso für das Studium der Raumcurven überhaupt, denn für letzteres ist die Projection der Curve von einem Punkte aus auf eine Ebene immer das wichtigste Hilfsmittel der Untersuchung. Die Projectionen derselben Curve von verschiedenen Punkten aus geben gleichzeitig unendlich viele verschiedene Curven als ebene Bilder, die alle algebraisch eindeutig auf einander bezogen sind. Für manche Veränderungen, welche eine ebene Curve bei eindeutiger Transformation erleidet, gewährt so die Betrachtung derselben als Bild einer Raumcurve die einfachste und anschaulichste Erklärung*). Ebenso erhält man eindeutige Transformationen der ganzen Ebene, indem man die gegebene F_2 von verschiedenen Punkten aus auf die Ebene abbildet, d. h. indem man den Punkt A auf der F_2 alle möglichen Lagen annehmen lässt. Die verschiedenen Abbildungen können sonach aus einander durch Cremona'sche Transformationen**) abgeleitet werden, und zwar, wie wir zeigen wollen, durch quadratische Transformationen.

Die Abbildung vom Punkte A aus gab uns ein Bild I mit den Fundamentalpunkten O und O'; ebenso gibt die Abbildung von B aus ein Bild II mit den Fundamentalpunkten Q und Q', wobei Q' der Schnittpunkt von BO', Q derjenige von BO mit der Bildebene sei. Der Punkt P, in welchem letztere von der Linie AB getroffen wird, erscheint gleichzeitig in I als Bild von B und in II als Bild von A. Einer geraden Linie in I entspricht auf der F_2 ein durch A zu legender ebener Schnitt; dieser wird von B aus als Kegelschnitt abgebildet, welcher durch die Fundamentalpunkte Q, Q' und durch P (als Bild von A) hindurch geht. *Den geraden Linien in I entsprechen also Kegelschnitte mit drei festen Punkten (Q, Q', P) in II, und ebenso den geraden Linien in II Kegelschnitte in I, welche durch drei feste Punkte (O, O', P) hindurchgehen.* Hierdurch ist aber bekanntlich die einfachste Cremona'sche Transformation charakterisirt und damit unsere Behauptung erwiesen.

Es ist leicht, dieses Resultat analytisch zu bestätigen. Der Einfachheit halber denken wir uns die Bildebene durch O und O' hin-

---

*) Vgl. z. B. Halphen, Comptes rendus, 15. mars 1875.
**) Vgl. Bd. I, p. 474 ff.

durchgelegt; dann fällt Q mit O und Q' mit O' zusammen, und die F_2 wird von B aus durch die Formeln

$$\sigma x_1 = \eta_2 \eta_3, \quad \sigma x_2 = \eta_1 \eta_2, \quad \sigma x_3 = \eta_1 \eta_3, \quad \sigma x_4 = \eta_1^2$$

abgebildet. Der Vergleich mit (2) führt sofort zu den Relationen

$$(5) \qquad \mu \xi_1 = \eta_2 \eta_3, \quad \mu \xi_2 = \eta_2 \eta_1, \quad \mu \xi_3 = \eta_3 \eta_1,$$

durch welche die eindeutige quadratische Transformation dargestellt ist.

Als Anwendung unserer Untersuchung betrachten wir *die stereographische Projection der Kugel,* d. h. die Projection der Kugel von einem ihrer Punkte aus auf eine Ebene, welche der Tangentenebene dieses Punktes parallel ist. Den Projectionspunkt A bezeichnet man in diesem Falle als den Pol der Abbildung. Da die Bildebene der Tangentenebene des Poles parallel sein soll, so fällt die Linie G mit der unendlich fernen Geraden der Bildebene zusammen, und die Punkte O, O' sind die imaginären Kreispunkte dieser Ebene. Jeder ebene Schnitt der F_2 bildete sich als Kegelschnitt durch die Fundamentalpunkte ab; *jeder ebene Schnitt der Kugel gibt daher bei der stereographischen Projection einen Kreis.* Was entspricht nun dem Mittelpunkte M eines solchen Kreises? Bekanntlich kann M als Schnittpunkt der beiden Tangenten definirt werden, welche den Kreis in O und O' berühren; die beiden Ebenen, welche durch diese Tangenten und durch den Pol A gelegt werden können, sind erstens Tangentenebenen der Kugel, denn sie gehen durch zwei Erzeugende (AO und AO') hindurch, sie sind zweitens auch Tangentenebenen des betrachteten Schnittes, denn sie berühren die Projection des letzteren auf die Bildebene. Alle Tangentenebenen aber, welche die Kugel in ihren Schnittpunkten mit einer Ebene berühren, enthalten den Pol dieser Ebene; somit haben wir den Satz: *Die Verbindungslinie des Projectionspunktes A mit dem Pole einer die Kugel schneidenden Ebene trifft die Bildebene in dem Mittelpunkte desjenigen Kreises, durch welchen dieser ebene Schnitt abgebildet wird**). Dass vermöge unserer Abbildung jedem Probleme der Kreistheorie ein anderes entspricht, welches sich auf die ebenen Schnitte der Kugel bezieht, braucht kaum noch einmal bemerkt zu werden (p. 420).

Als wesentliche Eigenschaft der Abbildung heben wir hervor,

---

*) Derselbe ist von Chasles gefunden und von Hachette in seine Eléments de géométrie à trois dimensions (1817) aufgenommen; vgl. Aperçu historique, a. a. O.

dass sie *conform* ist, d. h. dass *entsprechende Richtungen auf der Kugel und in der Bildebene gleiche Winkel einschliessen*[*]). Beim Beweise bedienen wir uns der Definition des Winkels durch ein Doppelverhältniss (vgl. p. 191 ff.). Alle Erzeugenden der Kugel treffen den imaginären Kugelkreis; die beiden in einer Tangentenebene der Kugel enthaltenen Erzeugenden sind also identisch mit den beiden vom Berührungspunkte nach den imaginären Kreispunkten der Ebene gehenden Geraden. Im Bilde entsprechen ihnen zwei Linien durch O bez. O', d. h. durch die imaginären Kreispunkte der Bildebene. Der Winkel zweier vom Berührungspunkte der Tangentenebene ausgehenden Richtungen ist durch das Doppelverhältniss bestimmt, welches sie mit den beiden genannten Erzeugenden bilden; die entsprechenden vier Linien der Ebene ergeben bei der Projection vier Linien, welche dasselbe Doppelverhältniss, also auch, da zwei von ihnen nach den imaginären Kreispunkten laufen, denselben Winkel bestimmen, w. z. b. w.

Um die Abbildung analytisch darzustellen, sei die Kugel durch die Gleichung

$$x^2 + y^2 + z^2 = r^2$$

gegeben. Die Punkte derselben projiciren wir vom Punkte $0, 0, r$ aus auf die Ebene $z = 0$. Dem Punkte $\xi, \eta, 0$ der letzteren wird dann, wie man leicht findet, ein Punkt x, y, z der Kugel durch die Formeln

$$(6) \qquad x = \frac{2 r^2 \xi}{\xi^2 + \eta^2 + r^2}, \qquad y = \frac{2 r^2 \eta}{\xi^2 + \eta^2 + r^2}, \qquad z = r\, \frac{\xi^2 + \eta^2 - r^2}{\xi^2 + \eta^2 + r^2}$$

zugeordnet. Man sieht sofort, dass einem beliebigen ebenen Schnitte ein Kreis entspricht. Bilden wir dieselbe Kugel vom Punkte $0, 0, -r$ aus auf dieselbe Ebene $z = 0$ ab, so entstehen dieselben Formeln, nur ist das Vorzeichen von z geändert. Sei also ξ', η' der dem Punkte x, y, z bei der neuen Abbildung zugeordnete Punkt, so ergibt sich durch Vergleichung der beiderseitigen Werthe von z

---

[*]) Diese Eigenschaft wurde von Hooke und Moivre entdeckt, vgl. Halley, Philosophical Transactions, t. 19, 1696. — Die stereographische Projection war schon Hipparch und Ptolemäus bekannt; vgl. Klügel's math. Wörterbuch und für die spätere Entwickelung der Theorie Chasles' Aperçu historique, p. 219 u. 235 ff. — Das Princip der conformen Abbildung ward weiter ausgebildet von Lambert (Beiträge zum Gebrauche der Mathematik, Bd. 3), Lagrange (Mémoires de l'académie de Berlin, 1779), Euler (Acta Petropol. 1777) und Gauss (1822, Gesammelte Werke, Bd. 4).

$$(\xi^2 + \eta^2)(\xi'^2 + \eta'^2) = r^4,$$

und weiter durch Vergleichung der Werthe von x, y:

$$(7) \qquad \frac{\xi'}{r^2} = \frac{\xi}{\xi^2 + \eta^2}, \qquad \frac{\eta'}{r^2} = \frac{\eta}{\xi^2 + \eta^2}.$$

Durch diese Formeln ist, wie oben durch die Gleichungen (5), eine Cremona'sche Transformation zweiten Grades dargestellt, deren drei Fundamentalpunkte sich im Anfangspunkte und in den beiden imaginären Kreispunkten befinden[*]). Die Verbindungslinie je zweier entsprechenden Punkte geht durch den Anfangspunkt, und das Product ihrer Entfernungen vom letzteren ist constant, so zwar, dass jeder Punkt des Kreises vom Radius r sich selbst entspricht. Diese Verwandtschaft ist auch sonst unter dem Namen der Transformation durch reciproke Radienvectoren vielfach studirt und wird besonders in der Theorie der complexen Functionen häufig angewandt. Führen wir die imaginäre Einheit i ein, so ergibt sich aus obigen Formeln

$$(8) \qquad \frac{\xi + i\eta}{r} = \frac{r}{\xi' - i\eta'}.$$

Setzen wir also $\zeta = r(\xi + i\eta)$, $\zeta' = r(\xi' - i\eta')$, so wird einfach $\zeta = \zeta'^{-1}$, d. h. wir kommen zu der wichtigsten Transformation einer complexen Variabeln.

Zu ähnlichen Umformungen gibt eine beliebige Verlegung des Projectionspunktes auf der Kugel Veranlassung. Verbinden wir den Punkt ξ, η der Bildebene mit einem beliebigen Punkte x_0, y_0, z_0 der Kugel, so durchstösst diese Verbindungslinie die Kugel in einem weiteren Punkte x', y', z', wenn

---

[*]) Vgl. Bd. I, p. 476. Diese Verwandtschaft kommt schon in einer verloren gegangenen Schrift des Apollonius vor, über deren Inhalt Pappus einige Nachrichten gibt (Bd. 2, p. 663 ff. in der Ausgabe von Hultsch), und die von R. Simson wieder hergestellt wurde (Apollonii Pergaei locorum planorum libri II restituti, Glasgow 1749). Sie ward weiter untersucht von W. Thomson (1845) und Liouville (in des letztern Journal, t. 10 und 12, vgl. Thomson, Reprint of papers on electrostatics p. 144 ff.), umfassender von Möbius (1855, Gesammelte Werke, Bd. 2). — Peaucellier construirte einen Mechanismus, vermöge dessen ein Punkt eine Gerade durchläuft, während ein anderer den ihr entsprechenden Kreis beschreibt: Nouvelles Annales, 1864; verschiedene Constructionen der Art und die zugehörigen Litteraturangaben hat Kempe zusammengestellt: How to draw a straight line, London 1877. Es mag bemerkt werden, dass von allen derartigen Mechanismen der ursprüngliche Peaucellier'sche als der einfachste bezeichnet werden muss, denn die scheinbar einfacheren, welche von Kempe erwähnt werden, benutzen drei in gerader Linie liegende gegebene Punkte, setzen also die Aufgabe, eine gerade Linie zu ziehen (oder wenigstens Punkte derselben zu finden), bereits als gelöst voraus.

$$x'(1 + \lambda) = \xi + \lambda x_0, \quad y'(1 + \lambda) = \eta + \lambda y_0, \quad z'(1 + \lambda) = \lambda z_0,$$
$$2\lambda(r^2 - \xi x_0 - \eta y_0) = \xi^2 + \eta^2 - r^2.$$

Drücken wir ξ, η mittelst der Gleichungen

$$\frac{\xi}{r} = \frac{x}{r - z}, \quad \frac{\eta}{r} = \frac{y}{r - z}, \quad \frac{r + z}{r - z} = \frac{\xi^2 + \eta^2}{r^2},$$

die sich aus (6) ergeben, durch x, y, z aus, so *wird die Beziehung zwischen zwei Punkten x, y, z und x', y', z', welche bei der Abbildung mittelst der Pole 0, 0, r, bez. x_0, y_0, z_0 denselben Bildpunkt ξ, η, 0 liefern, durch folgende Gleichungen vermittelt:*

$$(9) \quad \begin{aligned} Nx' &= r(r - z)(x - x_0) - y(xy_0 - yx_0), \\ Ny' &= r(r - z)(y - y_0) - x(yx_0 - xy_0), \\ Nz' &= z_0(r - z)z, \\ Nr &= (r - z)(r^2 - xx_0 - yy_0). \end{aligned}$$

Die Transformation ist also nicht linear; jedem ebenen Schnitte $ux' + vy' + wz' + \lambda = 0$ ist eine Raumcurve vierter Ordnung zugeordnet, die in x_0, y_0, z_0 einen (isolirten) Doppelpunkt hat. Projiciren wir zwei so zusammengehörige Punkte der Kugel von demselben Pole 0, 0, r aus auf die Ebene $z = 0$ und sei demgemäss ξ', η' der Bildpunkt von x', y', z', so erhalten wir in der Bildebene aus (9) die Transformation:

$$\begin{aligned} M\xi' &= -[(\xi^2 + \eta^2 + r^2)x_0 + 2(\xi y_0 - \eta x_0)\eta - 2\xi r^2], \\ M\eta' &= -[(\xi^2 + \eta^2 + r^2)y_0 + 2(\eta x_0 - \xi y_0)\xi - 2\eta r^2], \\ Mr &= (\xi^2 + \eta^2)(r - z_0) + r^2(r + z_0) - 2r(\xi x_0 + \eta y_0). \end{aligned}$$

Durch dieselbe ist einer beliebigen geraden Linie ein Kegelschnitt zugeordnet, und man bestätigt leicht, dass alle diese Curven durch den Punkt ξ_0, η_0 hindurchgehen, welcher vermöge (6) dem neuen Projectionspunkte x_0, y_0, z_0 entspricht. Führen wir die Coordinaten desselben ein, so wird einfach

$$\begin{aligned} M'\xi' &= (\xi_0^2 + \eta_0^2 + r^2)\xi - (\xi^2 + \eta^2 + r^2)\xi_0 - 2\eta(\xi\eta_0 - \eta\xi_0), \\ M'\eta' &= (\xi_0^2 + \eta_0^2 + r^2)\eta - (\xi^2 + \eta^2 + r^2)\eta_0 - 2\xi(\eta\xi_0 - \xi\eta_0), \\ M' &= (\xi - \xi_0)^2 + (\eta - \eta_0)^2. \end{aligned}$$

Die Verbindungslinie von ξ', η' mit dem Pole 0, 0, 1 trifft die Kugel in einem Punkte, der vom neuen Pole x_0, y_0, z_0 aus nach ξ, η projicirt wird*).

---

*) Projicirt man die Kugel (oder eine beliebige F_2) von einem Punkte ausserhalb derselben auf eine Ebene, so entsprechen jedem Punkte der letzteren zwei Punkte der F_2, welche für denjenigen Kegelschnitt, in dem der vom Pro-

Wegen des allgemeinen Studiums der Grenzfälle ist es von Interesse, auch die *ebene Abbildung des Kegels* kurz zu betrachten. Projicirt man den Kegel von einem seiner Punkte aus, so entsprechen dem Projectionspunkte A alle Punkte einer Geraden G in der Bildebene; der durch A gehenden Erzeugenden entspricht ein Punkt O der Linie G, und alle ebenen Schnitte bilden sich als Kegelschnitte ab, welche G in O berühren; *die beiden bei Abbildung der allgemeinen F_2 auftretenden Fundamentalpunkte sind also in einen zusammengefallen.* Lassen wir einen ebenen Schnitt sich der Kegelspitze nähern, so zieht sein Bild sich nach O zusammen; Bild der Kegelspitze sind also die verschiedenen Eingänge in O, welche nicht die Richtung von G haben. Die Seiten des Kegels werden durch den Strahlbüschel mit dem Centrum O abgebildet. Schneidet also das Bild einer Raumcurve die Gerade G ausserhalb O, so geht die Raumcurve durch A; schneidet es in O, ohne G zu berühren, so geht sie durch die Kegelspitze; berührt die Bildcurve G in O, so schneidet die Raumcurve irgendwo die durch A gehende Erzeugende des Kegels, steht also zur letzteren in keiner besonderen Beziehung. Da wir bei der Betrachtung einer Raumcurve auf dem Kegel immer annehmen können, sie gehe nicht durch A, so brauchen wir im Bilde nur Curven n^{ter} Ordnung zu untersuchen, welche a Zweige in O haben, die G berühren, und b Zweige, die G schneiden, wo $n = 2a + b$, Curven, welche dann durch das Symbol $[a, b]$ bezeichnet sein mögen. Ihnen entsprechen Raumcurven derselben Ordnung, welche in der Kegelspitze einen wirklichen b-fachen Punkt haben. Die einfachsten Fälle sind folgende:

$[1, 0]$, ein ebener Schnitt des Kegels,

$[0, 1]$, eine Erzeugende des Kegels,

jectionspunkte ausgehende Tangentenkegel die Bildebene trifft, zusammenfallen. Ein beliebiger ebener Schnitt schneidet die Berührungscurve dieses Tangentenkegels in zwei Punkten; der auf ihm stehende Projectionskegel berührt daher den Tangentenkegel in zwei Geraden, und *jedem ebenen Schnitte der F_2 entspricht in der Bildebene ein Kegelschnitt, der das Bild des erwähnten Berührungskegelschnittes zweimal berührt.* Bei der Kugel ist andererseits jeder ebene Schnitt durch die stereographische Projection auf einen Kreis abgebildet; *aus jedem Satze über Kreise kann so ein anderer über Kegelschnitte abgeleitet werden, die einen festen Kegelschnitt doppelt berühren.* Vgl. hierüber P o n c e l e t, traité des propriétés projectives, Nr. 610 und C h a s l e s, Aperçu historique, p. 222 u. 372 (Note XXVIII). — Die so entstehende Verallgemeinerung der Kreistheorie ist dieselbe, welche durch die nicht-euklidische Geometrie gegeben wird, wie sich aus den unten folgenden Untersuchungen von selbst ergibt, vgl. K l e i n, Vergleichende Betrachtungen über neuere geometrische Forschungen, Erlangen 1872, p. 27 und 46.

[1, 1], eine C_3, die einmal durch die Spitze geht,

[1, 2], eine C_4 mit Doppelpunkt in der Spitze,

[2, 0], eine C_4, welche nicht durch die Spitze geht,

[1, 3], eine C_5 mit dreifachem Punkte in der Spitze,

[2, 1], eine C_5, die einfach durch die Spitze geht.

Ist $\xi = 0$ die Gleichung der Linie G im Bilde, so sind alle Kegelschnitte, welche G in einem Punkte O berühren, in der Form $a\xi\zeta + b\xi^2 + c\xi\eta + d\eta^2 = 0$ darstellbar. Die Abbildung wird also durch die Gleichungen

$$\varrho x_1 = \xi\zeta, \quad \varrho x_2 = \xi^2, \quad \varrho x_3 = \xi\eta, \quad \varrho x_4 = \eta^2$$

vermittelt. Die Gleichung des Kegels ist $x_2 x_4 - x_3^2 = 0$, und der Projectionspunkt hat die Coordinaten $x_1 = 0$, $x_2 = 0$, $x_3 = 0$.

Dritte Abtheilung.

Die Grundbegriffe der projectivischen und metrischen Geometrie.

I. Die Grundlagen der projectivischen Geometrie.

Wir haben immer die „projectivischen" Eigenschaften der räumlichen Figuren den „metrischen" gegenüber gestellt, und unsere Aufmerksamkeit vorwiegend den ersteren zugewandt, demgemäss uns auch meistens der homogenen Coordinaten bedient (vgl. p. 96). Gleichwohl beruhte sowohl die Definition dieser homogenen Coordinaten als die Definition des für jene projectivischen (durch Collineationen nicht zerstörbaren) Eigenschaften fundamentalen Doppelverhältnisses wesentlich auf metrischen Begriffen. Es drängt sich daher die Frage auf, *ob nicht die sogenannte projectivische Geometrie in der Weise begründet werden könne, dass von den metrischen Begriffen der Entfernung und des Winkels und von den mit ihnen zusammenhängenden Sätzen der Elementargeometrie über Congruenz, Aehnlichkeit etc. beim Aufbaue des geometrischen Lehrgebäudes kein Gebrauch gemacht wird.* Ein solcher Aufbau erweist sich in der That als ausführbar; und diese Thatsache ist um so wichtiger, als sie zeigt, dass die projectivische Geometrie ihrem Inhalte nach unabhängig davon besteht, ob man das sogenannte Parallelenaxiom Euclid's annimmt oder nicht, während alle metrischen Sätze dieses oder eines äquivalenten Axioms nicht entbehren können, wie wir weiterhin noch sehen werden. Die ganze Geometrie zerfällt hiernach in zwei Theile: der eine (einfachere) ist unabhängig vom Parallelenaxiome und umfasst die sogenannte projectivische Geometrie; der andere stützt sich auf das Parallelenaxiom, nimmt also etwas Neues hinzu, ist demgemäss als der complicirtere zu bezeichnen, wenn derselbe auch in Folge des in der Geometrie üblichen Lehrganges, der mit Recht an die naheliegenden Begriffe von Entfernung und Winkel vorläufig anknüpft, zunächst als der einfachere erscheint.

Unsere Pflicht ist es, jenen ersten Theil nunmehr direct zu begründen*). Natürlich bedürfen wir dazu gewisser Voraussetzungen, auf Grund deren überhaupt erst mathematische Schlüsse möglich sind, deren Begründung aber nicht mehr zur Aufgabe der Mathematik gehört. Wir sprechen dieselben nicht erst für die Ebene, sondern sogleich für den dreidimensionalen Raum aus; denn es ist das gesteckte Ziel nur unter Zuhülfenahme räumlicher Constructionen, nicht allein durch Constructionen auf der Geraden oder in der Ebene zu erreichen. Die zu machenden Voraussetzungen sind die folgenden:

Es existirt im dreidimensionalen Raume ein System von unendlich vielen Flächen, welchen folgende Eigenschaften zukommen:

1) Die Durchschnittscurve, welche zwei Flächen des Systems gemein haben können (d. i. die Gesammtheit ihrer gemeinsamen Punkte), gehört allen Flächen an, die zwei Punkte der Curve enthalten. Diese Curven nennen wir gerade Linien oder Gerade.

2) Durch drei beliebig angenommene Punkte (die nicht auf einer Geraden liegen) lässt sich eine und nur eine Fläche des Systems hindurchlegen. Diese Flächen nennen wir Ebenen.

Hieraus folgt sofort, dass eine gerade Linie durch zwei Punkte bestimmt ist, und dass jede Gerade, welche mit einer Ebene zwei Punkte gemein hat, ganz in dieser Ebene liegt. In einer gegebenen Ebene können wir also Constructionen ausführen. Die einfachste ebene Figur, welche zu Betrachtungen der projectivischen Geometrie Veranlassung gab, war die des vollständigen Vierseits. Wenn wir früher bewiesen (Bd. I, p. 56 ff.), dass bei demselben gewisse harmonische Punktgruppen vorkommen, und dass man mittelst desselben auf die einfachste Weise den vierten harmonischen Punkt zu drei gegebenen Punkten construiren kann, so dient uns jetzt, wo wir den Begriff des Doppelverhältnisses nicht als bekannt voraussetzen, diese Figur umgekehrt dazu, um (nach v. Staudt's Vorgange) die harmonische Lage zu definiren, und weiter mittelst dieser Lagenbeziehung die Punkte einer Geraden (resp. die Geraden eines Büschels) auf die Reihe der Zahlen (von $-\infty$ bis $+\infty$) zu beziehen, um dadurch weiterhin den Uebergang zur Einführung der Coordinaten der analytischen Geometrie zu gewinnen.

---

*) Die Unabhängigkeit der projectivischen Geometrie vom Parallelenaxiome folgt indirect daraus, dass sie für die unten zu besprechende nicht-Euclidische Geometrie unverändert gültig bleibt. — Dass sie aber auch *direct* begründet werden kann, bemerkte Klein, indem er zeigte, dass bei gewissen Untersuchungen v. Staudt's das Parallelenaxiom nur beiläufig benutzt wird; vgl. Math. Annalen, Bd. 4, p. 623 f. (1871) und Bd. 6, p. 132 ff. (1873).

Zunächst ordnen wir allen *positiven ganzen Zahlen* Punkte einer gegebenen Geraden zu, indem wir drei beliebige Punkte A, B, C der letzteren fest geben und mittelst derselben folgende Constructionen ausführen. Ausserhalb der Geraden nehmen wir zwei willkürliche Punkte O und O' beliebig an, aber so, dass ihre Verbindungslinie durch C geht. Die Punkte A, B, C mögen in der Reihenfolge liegen, welche durch das Alphabet angegeben ist. Dem Punkte A ordnen wir die Zahl 0, dem Punkte B die Zahl 1 zu. Die Punkte B und C mögen mit O, A mit O' verbunden werden. Die Linie AO' schneide dann OB in Q (vgl. Fig. 24); es werde Q mit C, O' mit B verbunden; beide Linien mögen sich in Q_1 begegnen; die Verbindungslinie von O mit Q_1 trifft dann die ge-

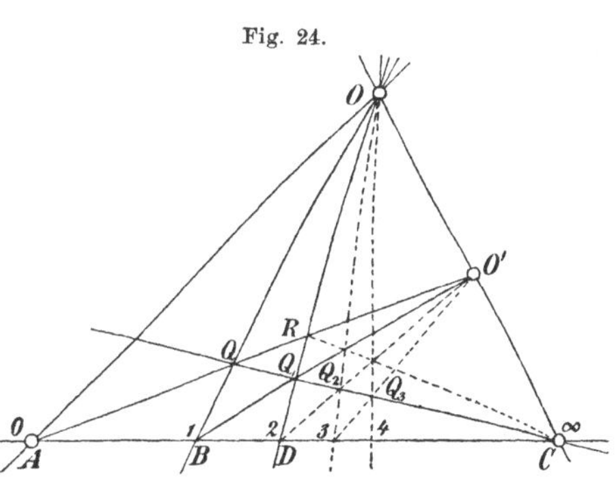

gebene Gerade in einem Punkte D, welcher also durch die Punkte A, B, C, O und O' eindeutig bestimmt ist. Die Punkte A, B, D bezeichnen wir jetzt bez. durch die Zahlen 0, 1, 2; für C bestimmen wir aus sogleich ersichtlichen Gründen das Zeichen ∞. Die zu ihm führende, soeben näher angegebene Construction kann kurz durch das Schema

$$(1) \qquad \left.\begin{array}{c} 1 - 0 \\ 0 - 0' \end{array}\right\} Q, \qquad \left.\begin{array}{c} \infty - Q \\ 1 - 0' \end{array}\right\} Q_1, \qquad \left.\begin{array}{c} 0 - Q_1 \\ 0 - \infty \end{array}\right\} 2$$

in leicht verständlicher Weise dargestellt werden. Auf demselben Wege, der uns von 0, 1, ∞ zu 2 führte, gelangen wir von 1, 2, ∞ mittelst der entsprechenden, durch das Schema

$$(2) \qquad \left.\begin{array}{c} 2 - 0 \\ 1 - 0' \end{array}\right\} Q_1, \qquad \left.\begin{array}{c} \infty - Q_1 \\ 2 - 0' \end{array}\right\} Q_2, \qquad \left.\begin{array}{c} 0 - Q_2 \\ 0 - \infty \end{array}\right\} 3$$

dargestellten Construction auf der gegebenen Geraden zu einem neuen Punkte 3, von dort mittelst der Construction

$$(3) \qquad \left.\begin{array}{c} 3 - 0 \\ 2 - 0' \end{array}\right\} Q_2, \qquad \left.\begin{array}{c} \infty - Q_2 \\ 3 - 0' \end{array}\right\} Q_3, \qquad \left.\begin{array}{c} 0 - Q_3 \\ 0 - \infty \end{array}\right\} 4$$

zum Punkte 4, u. s. f. *Wir bezeichnen den Punkt 2 als den vierten harmonischen Punkt von 0 in Bezug auf 1 und ∞, den Punkt 3 als den vierten harmonischen Punkt von 1 in Bezug auf 2 und ∞, all-*

gemein i als den vierten harmonischen von $i-2$ in Bezug auf $i-1$ und ∞. Hierbei sind die Punkte $i-1$ und ∞ nicht symmetrisch benutzt, da ja ∞ auf der Linie $O\text{-}O'$ liegen soll, welche durch unsere Construction ausgezeichnet wurde. Dass dennoch Symmetrie stattfindet, wird sich später ergeben; dass die Beziehung zwischen den Punkten i und $i-2$ in gewissem Sinne eine umkehrbare (*involutorische*) ist, kann indessen sogleich in folgender Weise erkannt werden. Um den vierten harmonischen Punkt von 2 in Bezug auf 1 und ∞ zu construiren, haben wir in (1) nur 0 durch 2 zu ersetzen und statt Q, Q_1 die dann aus der Figur zu entnehmenden Buchstaben einzusetzen; vertauschen wir ausserdem noch O mit O', so ergibt sich:

$$(4) \qquad \left.\begin{array}{c} 1-O' \\ 2-O \end{array}\right\} Q_1, \qquad \left.\begin{array}{c} \infty - Q_1 \\ 1-O \end{array}\right\} Q, \qquad \left.\begin{array}{c} O'-Q \\ 0-\infty \end{array}\right\} 0.$$

Nach Vertauschung von O mit O' gelangt man daher durch dieselbe Construction von 2 zu 0 zurück, durch welche man vor dieser Vertauschung von 0 zu 2 gelangt war.

Unsere Construction lässt unmittelbar erkennen, wie sich die successive zu construirenden Punkte 0, 1, 2, 3, ... nach ∞ zu immer mehr verdichten; man kann dies genauer leicht durch dieselbe Schlussweise erkennen, welche sogleich dazu dienen wird, die Verdichtung einer durch fortgesetzte „Zweitheilung" sich ergebenden Punktreihe in der Nähe von 0 nachzuweisen. *Jeder positiven ganzen Zahl ist hiernach ein bestimmter Punkt der gegebenen Geraden zugeordnet,* und zwar ein Punkt zwischen A und C. Um Gleiches für die rationalen Zahlen zu erreichen, gehen wir von solchen Brüchen aus, deren Nenner eine Potenz von 2 ist. Wir wählen die Zahl $\frac{1}{2}$ so, dass man von ihr zu 1 durch dieselbe Construction gelangt, welche uns von 1 zu 2 führte.

Die Umkehrung der letzteren verlangt nach Fig. 24 durch O und O' je eine Linie zu legen, welche bez. die Geraden $0\text{-}O'$ und $2\text{-}O$ in Punkten Q und Q_1 schneiden, deren Verbindungslinie durch C geht. Ersetzen wir hierin 2 durch 1, so wäre der Punkt $\frac{1}{2}$ definirt, und in entsprechender Weise könnte ein Punkt $\frac{3}{2}$ zwischen 1 und 2 eingeschaltet werden. Es würde sich aber fragen, ob nun $\frac{1}{2}$ ebenso wie früher 1 als Ausgangspunkt benutzt werden darf, d. h. ob der Punkt $\frac{4}{2}$ dann auch wirklich auf 2, $\frac{6}{2}$ auf 3 fallen würde,

u. s. f. Es fehlt uns ferner noch ein Mittel, um den Punkt $\frac{1}{2}$ nicht nur zu definiren, sondern auch wirklich zu construiren.

Die Lücke lässt sich ausfüllen durch Zuhülfenahme derjenigen collinearen Beziehung zweier Ebenen auf einander, welche wir unter dem Namen der „Centralperspective" studirten*). Ohne irgend welche analytische Hülfsmittel kann man eine solche Verwandtschaft mittelst einer *räumlichen* Construction und unter alleiniger Benutzung der von uns aufgestellten Voraussetzungen herstellen. Man braucht nur zwei sich schneidende Ebenen Punkt für Punkt derartig auf einander zu beziehen, dass die Verbindungslinie je zweier einander entsprechenden Punkte durch einen ausserhalb beider Ebenen gelegenen, fest gewählten Punkt π geht. Offenbar entspricht dann jeder Punkt der Schnittlinie (der *Collineationsaxe*) sich selbst; jeder geraden Linie der einen Ebene, welche die Collineationsaxe schneidet, entspricht eine gerade Linie der anderen Ebene, und beide begegnen einander in demselben Punkte der Collineationsaxe. Ist der Punkt π nicht gegeben, so wird die Verwandtschaft hiernach festgelegt, indem man einem beliebigen Punkte A der ersten Ebene einen beliebigen Punkt A' der zweiten zuordnet; einem ebenfalls beliebig gewählten Punkte B der ersten Ebene kann dann noch ein solcher Punkt B' entsprechend gesetzt werden, dessen Verbindungslinie mit A' die Collineationsaxe in ihrem Schnittpunkte mit A - B trifft (wir können annehmen, dass dieser Schnittpunkt wirklich existire). Ist B' demgemäss gewählt, so ist Alles bestimmt, indem sich π als Schnittpunkt der Linien A - A' und B - B' ergibt. Insbesondere können wir die beiden Ebenen als sehr dicht über einander liegend betrachten (wie es auch bei den erwähnten früheren Untersuchungen geschah), so dass die Punkte einer und derselben Ebene auf einander bezogen erscheinen. Einander zugeordnete Gerade schneiden sich dann immer auf einer festen Geraden der Ebene, der Collineationsaxe; auch die Linien A - B und A' - B' schneiden sich also auf dieser Axe. Lassen wir jetzt A mit A' zusammenfallen, so kann demnach B noch willkürlich gewählt werden, während B' auf der Linie A - B liegen muss.

Um mit dem Früheren in Zusammenhang zu bleiben, ersetzen wir die Buchstaben A, B, B' durch O, O', O'' und construiren**)

---

*) Vgl. Bd. I, p. 254 ff., besonders p. 258.

**) Es könnte sein, dass die Linie AP von der Linie O - C nirgends getroffen wird; doch kann man dies durch passende Wahl von O' stets vermeiden; man den Punkt O'' im Anschlusse an Fig. 24, in welcher die Linie A - C als Collineationsaxe zu denken ist, gemäss dem Schema

$$(4\,\mathrm{a}) \qquad \left.\begin{array}{c} O' \text{-} D \\ O \text{-} B \end{array}\right\} P, \qquad \left.\begin{array}{c} A \text{-} P \\ O \text{-} C \end{array}\right\} O'' \quad \text{(vgl. Fig. 25)}.$$

Fig. 25.

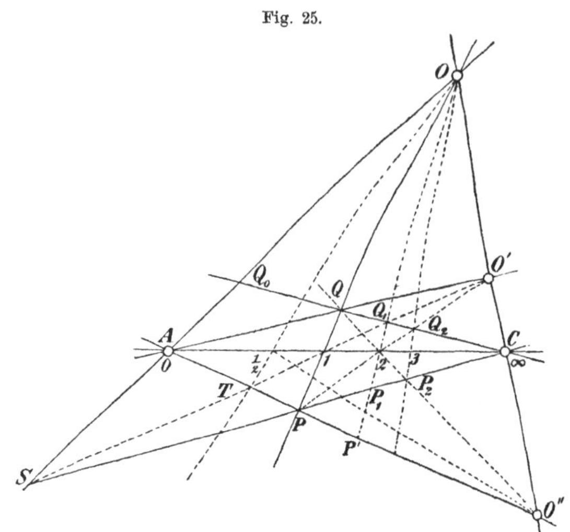

Offenbar entspricht dann dem Punkte Q der ersten Ebene der Punkt P der zweiten, dem Punkte Q_1 der ersten der Punkt P_1 der zweiten gemäss den Constructionen

$$\left.\begin{array}{c} A \text{-} O' \\ B \text{-} O \end{array}\right\} Q, \qquad \left.\begin{array}{c} A \text{-} O'' \\ B \text{-} O \end{array}\right\} P; \qquad \left.\begin{array}{c} C \text{-} Q \\ O \text{-} D \end{array}\right\} Q_1, \qquad \left.\begin{array}{c} C \text{-} P \\ O \text{-} D \end{array}\right\} P_1.$$

Da nun Q_1 auf B - O' liegt, so geht B - O'' durch P_1, hieraus aber folgt, dass der Punkt D auch durch die Construction

$$\left.\begin{array}{c} A \text{-} O'' \\ B \text{-} O \end{array}\right\} P, \qquad \left.\begin{array}{c} P \text{-} C \\ B \text{-} O'' \end{array}\right\} P_1, \qquad \left.\begin{array}{c} O P_1 \\ A B \end{array}\right\} D$$

gefunden wird, welche sich von der Construction (1) nur dadurch unterscheidet, dass O', Q, Q_1 bez. durch die ihnen entsprechenden Punkte O'', P, P_1 ersetzt sind. *Der Punkt D (d. i. 2) bleibt daher ungeändert, wenn in der früheren Construction O' mit O'' vertauscht wird.* Ferner sehen wir, dass die Construction von D jetzt einfacher nach dem Schema

---

braucht nämlich nur O'' beliebig ausserhalb O - C zu wählen und findet dann durch Umkehrung der Construction den zugehörigen Punkt O' zwischen O und C.

$$(5) \qquad \left.\begin{array}{c} A\text{-}O'' \\ B\text{-}O \end{array}\right\} P, \qquad \left.\begin{array}{c} P\text{-}O' \\ A\text{-}B \end{array}\right\} D$$

ausgeführt werden kann; zu demselben Punkte D muss folglich auch das entsprechende Schema

$$\left.\begin{array}{c} A\text{-}O' \\ B\text{-}O \end{array}\right\} Q, \qquad \left.\begin{array}{c} Q\text{-}O'' \\ A\text{-}B \end{array}\right\} D$$

führen, d. h. die Linie $O''\text{-}D$ geht durch Q hindurch. Der Linie $O'\text{-}P$ der ersten Ebene entspricht sonach die Linie $O''\text{-}Q$ der zweiten, und umgekehrt; dem Punkte P der zweiten Ebene ist also der Punkt Q der ersten zugeordnet, und ebenso gilt der Satz, dass *die Beziehung zwischen den Punkten*

$$O', \; Q, \; Q_1, \; Q_2, \; \ldots$$

einerseits, und

$$O'', \; P, \; P_1, \; P_2, \; \ldots$$

andererseits eine wechselseitige ist. Die Linie $O'\text{-}D$ geht natürlich auch durch Q_2, die Linie $O\text{-}3$ durch P_2 (Schnittpunkt von $O''\text{-}D$ mit $P\text{-}C$) die Linie $O''\text{-}3$ durch Q_1, die Linie $O'\text{-}B$ durch den Schnittpunkt S von $A\text{-}O$ und $C\text{-}P$. Es ergibt sich ferner, dass der Punkt 2 (d. i. D) auch durch die Construction

$$\left.\begin{array}{c} A\text{-}O \\ B\text{-}O' \end{array}\right\} S, \qquad \left.\begin{array}{c} C\text{-}S \\ B\text{-}O \end{array}\right\} P, \qquad \left.\begin{array}{c} P\text{-}O' \\ A\text{-}B \end{array}\right\} D$$

gewonnen wird, welche aus (1) durch Vertauschung von O mit O' entsteht. *Die Beziehung zwischen den Punkten 0 und 2 in Bezug auf die Punkte 1 und ∞ ist daher eine wechselseitige; sie ist unabhängig davon, in welcher Reihenfolge die Punkte 0, O' bei der Construction benutzt werden. Es ist somit (nach obiger Definition) nicht nur 2 der vierte harmonische Punkt von 0 in Bezug auf 1 und ∞, sondern auch 0 der vierte harmonische von 2 in Bezug auf dieselben Punkte*).*

---

*) Dass die Lage des Punktes D von der Wahl der Punkte O und O' überhaupt unabhängig ist, wird sich erst weiter unten ergeben. — Es wird dies Resultat sonst meist direct durch Zuhülfenahme einer räumlichen Construction gewonnen (vgl. v. Staudt, Geometrie der Lage, Nürnberg 1847 und dazu Klein, Math. Annalen Bd. 6, p. 138). Auch wir mussten oben die Möglichkeit der perspectivischen Verwandtschaft durch eine Betrachtung aus der Geometrie des Raumes erweisen; und eine solche lässt sich bei derartigen Untersuchungen, wie Klein gezeigt hat (a. a. O. p. 135 f.) nicht vermeiden. — Man könnte versuchen, die lineare Verwandtschaft durch die Möbius'schen Netzconstructionen (vgl. die Note zu Bd. I, p. 354) direct zu vermitteln; doch bleibt dann die Schwierigkeit bestehen, zu beweisen, dass zwei verschiedene Constructionen, die

Nunmehr ist aus Fig. 25 sofort ersichtlich, wie der Punkt $\frac{1}{2}$ zu construiren ist. Es ergibt sich nämlich 1 aus 0 und 2 durch die Construction

$$\left.\begin{array}{l} O' \text{ - } 2 \\ A \text{ - } O'' \end{array}\right\} P, \qquad \left.\begin{array}{l} P \text{ - } O \\ A \text{ - } C \end{array}\right\} 1 \, .$$

Der Punkt $\frac{1}{2}$ wird also durch die Construction

$$\left.\begin{array}{l} O' \text{ - } 1 \\ A \text{ - } O'' \end{array}\right\} T, \qquad \left.\begin{array}{l} T \text{ - } O \\ A \text{ - } C \end{array}\right\} \tfrac{1}{2}$$

gefunden werden. Bemerken wir nun, dass die Punkte 2, 3, 4, … nach (5) successive durch die Constructionen

$$(6) \quad \left.\begin{array}{l} 0 \text{ - } O'' \\ 1 \text{ - } 0 \end{array}\right\} P, \quad \left.\begin{array}{l} P \text{ - } O' \\ 0 \text{ - } 1 \end{array}\right\} 2; \quad \left.\begin{array}{l} 1 \text{ - } O'' \\ 2 \text{ - } 0 \end{array}\right\} P_1, \quad \left.\begin{array}{l} P_1 \text{ - } O' \\ 1 \text{ - } 2 \end{array}\right\} 3;$$

$$\left.\begin{array}{l} 2 \text{ - } O'' \\ 3 \text{ - } 0 \end{array}\right\} P_2, \quad \left.\begin{array}{l} P_2 \text{ - } O' \\ 2 \text{ - } 3 \end{array}\right\} 4; \; \dots$$

gewonnen werden, so ergibt sich in ganz gleicher Weise aus $\frac{1}{2}$ die Reihe von Punkten 1, $\frac{3}{2}$, 2, …

$$\left.\begin{array}{l} 0 \text{ - } O'' \\ \tfrac{1}{2} \text{ - } 0 \end{array}\right\} T, \quad \left.\begin{array}{l} T \text{ - } O' \\ 0 \text{ - } \tfrac{1}{2} \end{array}\right\} 1; \quad \left.\begin{array}{l} \tfrac{1}{2} \text{ - } O'' \\ 1 \text{ - } 0 \end{array}\right\} T_1, \quad \left.\begin{array}{l} T_1 \text{ - } O' \\ \tfrac{1}{2} \text{ - } 1 \end{array}\right\} \tfrac{3}{2}; \; \dots$$

Statt zu beweisen, dass eine nochmalige Wiederholung der angegebenen Operation genau auf den Punkt 2 führt, zeigen wir (um die Figur nicht durch neue Linien zu verwirren), dass man von 2 zu 4 mittelst derselben Construction gelangt, die von 1 zu 2 führte, die also nach (5) durch das Schema

$$\left.\begin{array}{l} 0 \text{ - } O'' \\ 2 \text{ - } 0 \end{array}\right\} P' \qquad \left.\begin{array}{l} P' \text{ - } O' \\ 0 \text{ - } 1 \end{array}\right\} 4$$

dargestellt wird. Es ist nur nachzuweisen, dass die Linie $O' \text{ - } P_2$, welche nach (6) den Punkt 4 definirt, auch durch P' hindurchgeht. Nun ist auf der Linie $P \text{ - } C$ der Punkt P der vierte harmonische von P_2 in Bezug auf P_1 und C, denn er wird durch die zu (6) analoge Operation

---

in der einen Ebene zu demselben Punkte führen, in der anderen Ebene die gleiche Eigenschaft haben; Möbius (Gesammelte Werke, Bd. I, p. 237 ff.) setzt bei seiner Darstellung die Sätze über Doppelverhältnisse bereits als bekannt voraus; vgl. Hankel, Die Elemente der projectivischen Geometrie, Leipzig 1875, p. 251 f.

$$\left.\begin{array}{c} P_2 - O'' \\ P_1 - O \end{array}\right\} D, \qquad \left.\begin{array}{c} D - O' \\ P_2 - P_1 \end{array}\right\} P$$

erhalten; dann aber ist nach Obigem auch P_2 der vierte harmonische zu P in Bezug auf P_1 und C; d. h. die Construction:

$$\left.\begin{array}{c} P - O'' \\ P_1 - O \end{array}\right\} P', \qquad \left.\begin{array}{c} P' - O' \\ P - P_1 \end{array}\right\} P_2$$

muss zu dem Punkte P_2 zurückführen, q. e. d.

Wie die Punkte $\frac{1}{4}$, $\frac{3}{4}$, $\frac{5}{4}$, $\ldots$, $\frac{1}{8}$, $\frac{3}{8}$, $\frac{5}{8}$, $\frac{7}{8}$, $\frac{9}{8}$, $\ldots$ durch analoge Constructionen gefunden werden, wie sich allgemein alle Punkte $\frac{n}{2^m}$ ergeben, bedarf nicht noch näherer Erörterung. *Jeder positiven rationalen Zahl, deren Nenner gleich einer Potenz von 2 ist, haben wir hiermit einen bestimmten Punkt der Geraden $A - C$ zugeordnet;* und die betreffenden Punkte folgen in demselben Sinne auf einander, wie die ihnen zugeordneten Zahlen. Nennen wir ξ die einem bestimmten Punkte der Geraden $A - C$ zugeordnete Zahl, und untersuchen wir, wie sich diese Zahl ändert, wenn der Null- und Einheitspunkt (d. h. A und B) in ihrer Lage geändert werden. Der Nullpunkt werde an die Stelle $\xi = q$, der Einheitspunkt an die Stelle $\xi = q + 1$ verlegt; es sei ξ' die neue Zahl, welche dadurch dem Punkte ξ zugeordnet wird (der neue *Parameter*, die neue *Coordinate* dieses Punktes); unter q werde eine der ausgezeichneten rationalen Zahlen verstanden. Die vorstehenden Erörterungen und Constructionen ergeben dann sofort, dass

$$(7) \qquad\qquad \xi = \xi' + q$$

zu setzen ist. Verlegen wir andererseits den Einheitspunkt von B nach D, so wird, wie wir sehen, 2 nach 4, ebenso $\frac{1}{2}$ nach 1 verlegt, u. s. f.; allgemein aber würde ξ zu ersetzen sein durch $\frac{1}{2}\xi$. Legen wir den neuen Einheitspunkt an die Stelle p, wo p eine der obigen rationalen Zahlen ist, so haben wir den neuen Parameter gleich $\frac{\xi}{p}$ zu setzen. *Eine gleichzeitige Verlegung des Null- und des Einheitspunktes führt daher zu der allgemeinen Formel der Coordinatentransformation:*

$$(8) \qquad\qquad \xi = p\xi' + q\,.$$

Dieselbe bezieht sich aber nur auf diejenigen rationalen Werthe von ξ und ξ', welche sich (ebenso wie p und q) durch Multiplication mit einer Potenz von 2 in ganze Zahlen verwandeln lassen. Der Punkt ∞ wird durch die Transformation (8) nicht geändert; die Punkte O, O', O'' sind bei den entsprechenden constructiven Operationen stets in gleicher Weise zu benutzen.

Zu beachten ist, dass für $\xi < q$ sich aus (7) negative Werthe von ξ' ergeben, während wir bisher nur positive Werthe des Parameters in Betracht zogen. So folgt aus $\xi = q - 1$ für ξ' der Werth -1, und dieser Punkt $\xi' = -1$ wird aus $\xi' = 0$, $\xi' = \infty$ und $\xi' = +1$ durch dieselbe Construction gewonnen, welche von $\xi = i$, $\xi = \infty$, $\xi = i + 1$ zu $\xi = i - 1$ zurückführt. Wie diese Construction hier von dem Punkte $\xi' = 0$ nach links hin bis zu $\xi' = -q$ fortgesetzt werden muss, um die Parameter ξ' für alle Punkte ξ zwischen A und C zu ergeben, so hätten wir auch schon ursprünglich unsere Construction über A (d. h. $\xi = 0$) hinaus nach links hin fortsetzen können; den sich ergebenden Punkten müssen dann negative Werthe von ξ beigelegt werden, damit die Gleichung (7) und weiterhin auch (8) für alle links von C (d. h. $\xi = \infty$) gelegenen Punkte unserer Geraden anwendbar bleibt. Die Punkte -1, -2, ... werden demnach durch die Constructionen

$$\left.\begin{array}{l} 1 - O'' \\ 0 - O \end{array}\right\} Q_{-1}, \quad \left.\begin{array}{l} Q_{-1} - O' \\ 1 - 0 \end{array}\right\} -1; \quad \left.\begin{array}{l} 0 - O'' \\ 1 - 0 \end{array}\right\} Q_{-2}, \quad \left.\begin{array}{l} Q_{-2} - O' \\ 1 - 0 \end{array}\right\} -2; \quad \ldots$$

successive gewonnen. Fraglich bleibt es aber, ob diese Constructionen beliebig weit fortgesetzt werden dürfen. Es hängt dies offenbar davon ab, ob alle durch O' zu ziehenden Hülfslinien die gegebene Gerade A - C wirklich schneiden, oder nicht. Hier sind folgende Fälle möglich:

1) Während der Schnittpunkt der durch O' gehenden Hülfslinie mit A - C nach links fortrückt, nähert sich diese Hülfslinie allmählich einer bestimmten Grenzlage, und die dieser Grenzlage selbst entsprechende Linie schneidet A - C nicht mehr (die über die Grenzlage hinaus liegenden Geraden des durch O' bestimmten Strahlbüschels kommen für uns zunächst nicht in Betracht).

2) *Alle* durch O' gehenden Hülfslinien schneiden die gegebene Gerade A - C*).

Machen wir nun *die weitere Hypothese, dass es möglich sei, eine*

---

*) Man vermeidet es, schon jetzt diese beiden Alternativen in Betracht zu ziehen, wenn man (mit Klein) alle Construction zunächst auf ein abgegrenztes endliches Gebiet beschränkt.

gerade Linie durch vollständige Umdrehung um einen ihrer Punkte mit sich selbst in Richtung und Lage zur Deckung zu bringen, so ist im *zweiten* Falle auch jeder negativen ganzen Zahl ein Punkt der Linie A-C zugeordnet, und zwar werden sehr grossen · negativen Zahlen Punkte in der Nachbarschaft von C, aber auf der rechten Seite dieses Punktes entsprechen, wie die folgende Ueberlegung noch genauer zeigen wird. Im *ersten* Falle dagegen kann die Construction nur so lange fortgesetzt werden, bis man zu einer negativen Zahl kommt, von welcher aus man bei weiterer Fortsetzung zu einer durch O' gehenden Linie geführt werden würde, welche A-C nicht mehr trifft. Gleichwohl kann man auch dann für eine Reihe anderer negativer Zahlen zugehörige Punkte der gegebenen Geraden finden. Wir wissen nämlich, dass die Punkte -1 und $+1$ „harmonisch“ liegen zu 0 und ∞, ebenso 0 und 2 in Bezug auf 1 und ∞, ferner 0 und 4 in Bezug auf 2 und ∞, u. s. f.; also auch 2 und -2 in Bezug auf 0 und ∞, wie eine Verlegung der Grundpunkte unserer Coordinatenbestimmung nach (8) leicht erkennen lässt; allgemein sind $-n$ und $+n$ harmonisch zu 0 und ∞. *Wir*

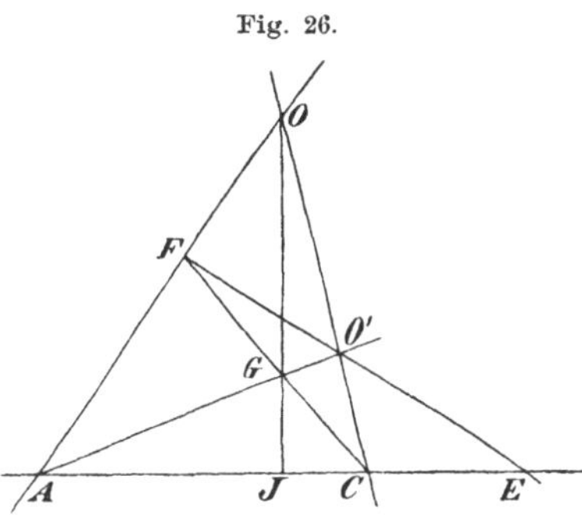
Fig. 26.

können also den Punkt $-n$ als denjenigen definiren, welcher zu $+n$ harmonisch liegt in Bezug auf 0 und ∞; und diese Definition lässt sich auch noch auf solche Punkte anwenden, die durch die früheren successiven Constructionen nicht erreicht werden würden, nämlich auf alle Punkte der gegebenen Geraden, welche sich rechts vom Punkte ∞ befinden. Um sich hiervon zu überzeugen, nehme man auf der gegebenen Geraden rechts vom Punkte C einen Punkt E beliebig an und mache die Construction (Fig. 26)

$$\left.\begin{array}{c} E\text{-}O' \\ A\text{-}O \end{array}\right\} F, \qquad \left.\begin{array}{c} F\text{-}C \\ A\text{-}O' \end{array}\right\} G, \qquad \left.\begin{array}{c} G\text{-}O \\ A\text{-}C \end{array}\right\} I.$$

Bewegt sich E auf C zu, so thut I dasselbe; entfernt sich E von C nach rechts, so bewegt sich I (als vierter harmonischer Punkt von E in Bezug auf 0 und ∞) auf den Punkt A zu. Wir können den Punkt E sich so weit entfernen lassen, als seine Verbindungslinie mit O' existirt. Diese Verbindungslinie wird sich bei ihrer Drehung um O' einer bestimmten Grenzlage nähern, wie es nach unserer Annahme bei der Drehung im entgegengesetzten Sinne schon besprochen wurde; und nur bis zur Erreichung dieser Grenzlage ist die verlangte Construction ausführbar. Die auf der rechten Seite von C so vorhandene Grenzlage kann insbesondere mit der auf der linken Seite oben gefundenen ·(resp. gemäss unserer Hypothese vorausgesetzten) identisch sein, indem die eine Gerade nur als Verlängerung der anderen erscheint. In diesem Falle würden wir auf das Euclidische Parallelenaxiom geführt werden, indem beide Gerade zusammen dann die *eine Parallele* zu A - C bilden, die man durch O' ziehen kann. Da wir uns aber von diesem Parallelenaxiome unabhängig halten wollen, so müssen wir vorläufig beide Grenzlagen als von einander verschieden voraussetzen. Dieselben trennen in dem Strahlbüschel mit dem Mittelpunkte O' diejenigen Linien, welche die Gerade A - C (resp. deren Verlängerungen) schneiden, von denjenigen, welche diese Gerade nicht schneiden.

Da sich die von einander abhängigen Punkte E und I immer in entgegengesetztem Sinne bewegen, so folgt, dass die dem Punkte E entsprechende negative (ganze) Zahl, *welche der dem Punkte I zugehörigen absolut gleich sein soll,* ihrem absoluten Werthe nach abnimmt, wenn sich E von C entfernt, während dem Punkte C in der Grenze der Werth $-\infty$ beizulegen ist. *Es gibt also zwei ganze positive Zahlen m' und m'', wobei $m'' > m'$ sei, der Art, dass den Zahlen von 0 bis $-m'$ Punkte unserer Geraden A - C auf der linken Seite von A und den Zahlen von $-m''$ bis $-\infty$ Punkte auf der rechten Seite von C entsprechen, während den negativen ganzen Zahlen $-n$, welche der Bedingung $m' < n < m''$ genügen, überhaupt keine Punkte unserer Geraden zugeordnet sind.* Construiren wir auch solche Punkte, die den rationalen Zahlen mit Nennern der Form 2^μ zugehören, so können wir uns über die Punkte $-m'$ und $-m''$ hinaus von A bez. C entfernen, aber doch niemals die Punkte $-(m'+1)$ oder $-(m''+1)$ erreichen.

Es ist leicht, für den Strahlbüschel die entsprechenden Ueberlegungen anzustellen und so (unter Zuhülfenahme zweier dem Büschel nicht angehörigen Strahlen O und O') allen ganzen positiven und negativen Zahlen bestimmte Strahlen des Büschels zuzuordnen. Statt die entsprechenden Ueberlegungen selbstständig durchzuführen, beschränken wir uns darauf, den Strahlbüschel mit dem Mittelpunkte O' zu betrachten (vgl. oben Fig. 25). *Den ganzen Zahlen n, welche der Bedingung $-m' \leqq n < \infty$ oder $-\infty < n \leqq -m''$ genügen, ordnen wir diejenigen Strahlen des Büschels zu, welche durch ihre Schnittpunkte mit der Geraden A - B nach Obigem bestimmt werden.* Auf die Zahlen n zwischen $-m'$ und $-m''$ lässt sich diese Zuordnung dann durch folgende Ueberlegung ausdehnen. Wir wissen, dass die Punkte Q, Q_1, Q_2, ... der Geraden Q-C zu einander und zu C in derselben Beziehung stehen, wie die Punkte 1, 2, 3, ... der Linie A-C (d. h. bez. in derselben Weise mittelst der Hülfspunkte O und O' zu construiren sind); wir hätten auch die Punkte der Geraden Q-C statt derjenigen der Geraden A-C benutzen dürfen, um den ganzen Zahlen n gewisse Strahlen des Büschels mit dem Mittelpunkte O' zuzuordnen. Ebenso können wir die Linie Q-C ersetzen durch die Gerade R-C, welche zu Q-C in derselben Beziehung steht, in der Q-C zu A-C stand, u. s. f. Schliesslich werden wir eine solche durch C gehende Linie L-C wählen dürfen, welche die beiden durch O' gehenden Geraden schneidet, die wir oben als Grenzlagen der Linien O-E einführten, und welche in dem von O' getragenen Büschel die Treffgeraden der Linie A-C von den übrigen Linien des Büschels scheiden. Diese Gerade L-C schneidet dann auch alle zwischen jenen beiden Grenzlagen liegenden Linien des Strahlbüschels, d. h. alle, welche von der Linie A-C nicht geschnitten werden. *Indem wir nun auf L-C statt auf A-C unsere obigen Constructionen fortsetzen, ordnen wir auch den Zahlen n zwischen* $-m'$ *und* $-m''$ *bestimmte Strahlen des von O' getragenen Büschels zu.* Im Strahlbüschel ist somit die Beziehung der positiven und negativen ganzen Zahlen (und der rationalen Zahlen mit Nennern von der Form 2^μ) eine ausnahmslose. Die vorstehende Ueberlegung zeigt dies für die *erste* unserer beiden obigen Hypothesen (p. 442), für die *andere* bedarf es keines besonderen Beweises.

Um auch *beliebigen rationalen Zahlen* Punkte unserer Geraden A-C zuzuordnen, bemerken wir, dass jede solche Zahl p, die sich nicht durch Multiplication mit einer Potenz von 2 in eine ganze Zahl verwandeln lässt, vollständig bestimmt ist, wenn man für *jede* ganze positive Zahl μ eine ganze Zahl α_μ finden kann, für die

$$\frac{\alpha_\mu}{2^\mu} < p < \frac{\alpha_\mu + 1}{2^\mu}.$$

Setzt man nämlich

$$\alpha_0 = \beta_0, \quad \frac{\alpha_1}{2} = \beta_0 + \frac{\beta_1}{2}, \quad \frac{\alpha_2}{2^2} = \beta_0 + \frac{\beta_1}{2} + \frac{\beta_2}{2^2}, \quad \ldots,$$

so ist dann nothwendig $\beta_1 < 2$, $\beta_2 < 2$; die Zahl p wird folglich durch die convergente Reihe

$$(9) \qquad \beta_0 + \frac{\beta_1}{2} + \frac{\beta_2}{2^2} + \frac{\beta_3}{2^3} + \cdots$$

in eindeutiger Weise dargestellt, genau so, wie die Zahl p als eine nach fallenden Potenzen von 10 fortschreitende Reihe erscheint, wenn man sie in einen Decimalbruch verwandelt. Wir behaupten nun, dass die den rationalen Zahlen hiermit zugeordneten Punkte stetig (besser „überall dicht") auf einander folgen (wie ja auch die rationalen Zahlen eine überall dichte Mannigfaltigkeit bilden), d. h. dass man mittelst unserer Construction in jedes noch so kleine vorgegebene Intervall hineingelangen kann. Wir brauchen dies nur für irgend ein Intervall, z. B. das Intervall A - M zu beweisen, wo M einen beliebigen Punkt zwischen 0 und $\frac{1}{2}$ bezeichnet; durch Verlegung des Anfangspunktes und des Einheitspunktes können wir dann das Intervall an eine beliebige andere Stelle der Strecke A - C überführen. Es genügt aber zu zeigen, dass, wenn das Intervall A - M gegeben ist, ein Punkt $2^{-\mu}$ bei passender Wahl von μ in das Innere des Intervalls A - M fallen muss. Ist M selbt einer der durch Wiederholung unserer Construction gefundenen Punkte, so ist das Behauptete evident. Möglich wäre es aber, dass die successive gefundenen Punkte $2^{-\nu}$, $2^{-\nu-1}$, $2^{-\nu-2}$, ... sich nicht an der Stelle A, sondern an einer anderen (eben mit M bezeichneten Stelle) verdichten, und diese Möglichkeit ist allein zu untersuchen. M selbst gehört dann nicht zu den Punkten $2^{-\mu}$, aber in unmittelbarer Nähe von M, und zwar zwischen M und 1 liegen sicher solche Punkte. Es sei nun N der vierte harmonische Punkt von 0 in Bezug auf M und C, so dass N zwischen M und 1 liegt. Zwischen M und N gibt es dann sicher einen Punkt $2^{-\nu}$. Dann ist $2^{-\nu-1}$ der vierte harmonische von 1 in Bezug auf $2^{-\nu}$ und ∞; und dieser Punkt befindet sich dann sicher, da $2^{-\nu}$ links von N liegt, auf der linken Seite von M, d. h. im Intervalle A - M, q. e. d.*).

Der Uebergang zu irrationalen Zahlen ist nun äusserst einfach. Auch jede irrationale Zahl kann durch eine convergente Reihe von der Form (9) dargestellt werden; ihr ist also genau wie eben der allgemeinen rationalen Zahl ein bestimmter Punkt unserer Geraden A - C zugeordnet, welchem man sich durch eine unendliche Folge von ausführbaren Operationen mehr und mehr nähert. Wir müssen uns nur gewöhnen, einen Punkt, welcher derartig als Grenzlage eines anderen in bestimmter Weise bewegten Punktes erscheint, als wirklich erreicht zu betrachten, wie man es ja auch bei Construction irrationaler (incommensurabler) Strecken in der elementaren Mathe-

***

*) In dieser Weise wird der Beweis von **Killing** a. a. O. geführt; derselbe ist analog dem von **Lüroth** und **Zeuthen** gegebenen Beweise (vgl. **Klein**, Math. Annalen, Bd. 7, p. 535 und Bd. 17, p. 52) für die *stetige* Erfüllung der Geraden durch successive harmonische Constructionen.

matik thun muss. Ein Unterschied gegenüber der Construction rationaler Zahlen wird sich allerdings insofern geltend machen, als wir später lernen werden, die den rationalen Zahlen zugeordneten Punkte direct mit dem Lineal zu construiren, ohne dabei eines Grenzprocesses zu bedürfen; die directe Construction irrationaler Zahlen gelingt dagegen nur (und dann nur in einzelnen Fällen), wenn man andere Hülfsmittel (z. B. den Zirkel, d. h. einen fertig gezeichneten Kreis) zu Hülfe nimmt.

Auch die Construction irrationaler Zahlen wird man in das negative Gebiet, d. h. über A hinaus nach links, über C hinaus nach rechts fortsetzen können. Auf beiden Seiten werden sich dabei gewisse Zahlen (die rational oder irrational sein können) ergeben, denen keine Punkte der Geraden entsprechen: $- M_1$ für die linke, $- M_2$ für die rechte Seite; und zwar derartig, dass jeder Zahl, welche zwischen $- M_1$ und $- M_2$ liegt, kein Punkt der Geraden entspricht, jeder anderen Zahl dagegen, und sei dieselbe noch so wenig von $- M_1$ oder $- M_2$ verschieden, ein bestimmter construirbarer Punkt zugehört. Dieses gilt für die erste unserer beiden Hypothesen (p. 442), für die zweite existirt eine solche Beschränkung der brauchbaren Zahlenwerthe nicht.

Wenn hiernach feststeht, dass *jeder rationalen oder irrationalen, positiven oder negativen Zahl (eventuell unter Ausschliessung der Zahlen zwischen* $- M_1$ *und* $- M_2$*) ein bestimmter Punkt der Geraden zugeordnet werden kann*, so entsteht umgekehrt die Frage, ob jedem Punkte der Geraden auch eine bestimmte Zahl entspricht. Diese Frage ist identisch mit der anderen, ob es überhaupt möglich sei, das Continuum der Punkte einer Geraden durch die Mannigfaltigkeit aller reellen Zahlen erschöpfend darzustellen; wir werden also mit dieser Frage an die Grenzen unserer Erkenntniss geführt, und es erscheint zweifelhaft, ob sie überhaupt zu beantworten ist. Mit einer geraden Linie verbinden wir den Begriff der stetigen Ausdehnung, und diesen Begriff zerstören wir durch unsere Beziehung ihrer Punkte auf die Zahlenreihe; denn diese Beziehung beginnt nothwendig mit der Wahl einer bestimmten Einheit, und durch Einschachteln neuer Punkte, d. h. durch allmähliche Verkleinerung der gewählten Einheit suchen wir nachträglich die einmal gestörte Stetigkeit wieder herzustellen, was stets ein unbefriedigendes Resultat ergeben muss. Wir zwingen so das Stetige, als welches ein geometrisches Gebilde seinem Wesen nach erscheint, in die Fessel des Discreten, der Zahl. Die Folgen dieses Zwanges werden sich in jedem Augenblicke bemerkbar machen; wir gehen ihnen aus dem Wege, indem wir uns entschliessen, nur solche Punkte der Geraden als existirend zu betrachten, die sich

diesem Zwange fügen; und dieser Entschluss ist jedenfalls für die
analytische Geometrie berechtigt, denn jeder in ihr vorkommende
Punkt ist durch irgend ein zahlenmässig ausdrückbares Gesetz definirt, kann demnach in obiger Weise auf eine Zahl bezogen und dann
auch construirt werden*).

Dass sich im Strahlbüschel für jede rationale oder irrationale
Zahl ein ihr entsprechender Strahl finden lässt, bedarf nach Obigem
kaum der Erwähnung. Ebensowenig braucht ausgeführt zu werden,
dass sich die Formeln (7) und (8) auf irrationale Zahlen anwenden
lassen.

II. Die analytische Geometrie.

Wir haben jetzt alle Hülfsmittel bereit, um die analytische Geometrie unabhängig von unseren metrischen Vorstellungen (d. h. unabhängig vom Parallelenaxiome) zu begründen. Wie wir jedem durch
O' gehenden Strahle den Parameter des Punktes zugeordnet hatten,
in dem er die Linie A-C schneidet, so ordnen wir auch jedem
durch O gehenden Strahle als Parameter die seinem Schnittpunkte
mit A-C beigelegte Zahl zu. Es sei so x der bewegliche Parameter eines durch O gehenden Strahles, y derjenige eines durch O'
gehenden. *Als Coordinaten eines beliebigen Punktes der Ebene definiren
wir die Parameter x, y der beiden Geraden, welche den Punkt mit O
bez. O' verbinden.*

Es ist dann offenbar $x =$ const. die Gleichung einer Geraden
durch O, $y =$ const. diejenige einer Geraden durch O', $x - y = 0$
die Gleichung der Linie A-C. Betrachten wir ferner die Gerade
A-O''. Die Punkte A, P, P', O'' auf ihr stehen zu einander
und zu den Punkten O, O' in derselben Beziehung, wie die Punkte

---

*) Einen anderen Weg, die Arithmetik der Geometrie dienstbar zu machen,
scheint es nicht zu geben. Euclid's berühmte Behandlung des Irrationalen
beruht (insoweit es darauf ankommt, die Unabhängigkeit der Construction von
der gewählten Längeneinheit zu zeigen) auf den Vorstellungen der Aehnlichkeits-
lehre; letztere 'setzt das Parallelenaxiom voraus; dieser Weg ist also für uns
nicht brauchbar; vgl. darüber Möbius, Barycentrischer Calcul, Schluss des
2. Capitels (Gesammelte Werke, Bd. 1, p. 176), ferner Hankel: Theorie der complexen Zahlensysteme, Leipzig 1867, p. 59 f. und: Zur Geschichte der Mathematik, Leipzig 1874, p. 403 f. — Die im Texte berührten begrifflichen Schwierigkeiten sind besonders eingehend von P. du Bois-Reymond erörtert: Die
allgemeine Functionentheorie, Tübingen 1882; es sei ferner auf die Werke von
Thomae (Elementare Theorie der analytischen Functionen, Halle 1880) und
Lipschitz (Lehrbuch der Analysis, Bonn 1877) verwiesen.

A, B, D, C der Geraden A - C, denn nach Fig. 25 wird P' durch die Construction

$$\left.\begin{array}{l} A \text{ - } O' \\ P \text{ - } O \end{array}\right\} Q, \qquad \left.\begin{array}{l} Q \text{ - } O'' \\ P \text{ - } O' \end{array}\right\} D \text{ (d. i. 2)}, \qquad \left.\begin{array}{l} D \text{ - } O \\ A \text{ - } P \end{array}\right\} P'$$

gewonnen. Dieselben Punkte A, B, D, C von O' aus auf A - O'' projicirt, liefern die Punkte A, T, P, O'', welche zu einander und zu O, O' wiederum in derselben Beziehung stehen. Ebenso ist es mit der Projection der übrigen Punkte 3, 4, ..., $\frac{1}{2}$, $\frac{1}{4}$, ... von A - C aus auf A - O''. Die x-Coordinate der Punkte von A - O'' gibt also auf dieser Linie dieselbe Parameterbestimmung, wie auf der Linie A - C; dabei liegt der Punkt $x = 0$ in A, der Punkt $x = 1$ in P. Gleiches gilt für die y-Coordinate derselben Punkte; nur liegt der Punkt $y = 1$ an der Stelle $x = \frac{1}{2}$, $y = 2$ an der Stelle $x = 1$, u. s. f., während die Nullpunkte beider Parameterbestimmungen zusammenfallen. Nach (8) besteht daher auf A - O'' allgemein die Relation

(10) $$y - 2x = 0,$$

und *dies ist die Gleichung der Linie A - O''.* Durch Verlegung des Nullpunktes von A in irgend einen andern Punkt der Linie A - C, was nach (7) durch eine lineare Transformation von x und y geschieht, lässt sich dieser Schluss auf alle durch O'' gehenden geraden Linien übertragen. *Die Gleichung der Verbindungslinie von O'' mit irgend einem Punkte q der Geraden A - C ist daher*

(11) $$y - 2x + q = 0.$$

In derselben Weise lassen sich successive alle Strahlbüschel darstellen, deren Centren auf der Linie O - O' liegen, und somit alle Geraden der Ebene, wenigstens soweit sie die Linie O - O' schneiden. Für Gerade, welche diese Linie nicht schneiden, gelten die folgenden Betrachtungen vorläufig nicht.

Ebenso wie auf der Linie A - B der Punkt D (d. i. 2) mit Hülfe von O, O' aus A, B, C construirt wurde, lässt sich auf der Linie O - O' der Punkt O'' mit Hülfe von D, B aus O', O, C ableiten. In der That bestätigt Fig. 25 sofort die Richtigkeit der Construction (vgl. oben p. 435)

(12) $$\left.\begin{array}{l} O' \text{ - } B \\ O \text{ - } D \end{array}\right\} Q_1, \qquad \left.\begin{array}{l} Q_1 \text{ - } C \\ O \text{ - } B \end{array}\right\} Q, \qquad \left.\begin{array}{l} Q \text{ - } D \\ O \text{ - } O' \end{array}\right\} O''.$$

Wenn wir also auf A - B den Punkten A, B, C, D resp. die

Parameter 0, 1, ∞, 2 zuordneten, so müssen wir ebenso auf O-O' den Punkten O', O, C, O'' dieselben Zahlen 0, 1, ∞, 2 entsprechen lassen. Aber zu dem Punkte O'' gelangen wir ebenfalls durch die Construction:

$$(13) \qquad \left. \begin{array}{c} O'\text{-}S \\ C\text{-}A \end{array} \right\} B, \qquad \left. \begin{array}{c} B\text{-}O \\ C\text{-}S \end{array} \right\} P, \qquad \left. \begin{array}{c} P\text{-}A \\ O\text{-}O' \end{array} \right\} O''.$$

Den Uebergang von der Linie A-B zur Linie O-O' können wir also auch dadurch bewerkstelligen, dass wir die Punkte

$$A,\ B,\ C,\ O,\ O',\ D$$

resp. ersetzen durch

$$O',\ C,\ O,\ A,\ S,\ O''.$$

Demgemäss wollen wir festsetzen, *dass den Punkten O', C, O, O'' bez. die Zahlen 0, 1, ∞, 2 als Parameter beigelegt werden.*

Oben wurden unsere Constructionen durch Einführung des Punktes O'' vereinfacht, der als vierter harmonischer von O' in Bezug auf C und O definirt war. Suchen wir nun den vierten harmonischen Punkt von S in Bezug auf O und A, so ergibt sich derselbe aus (13) mittelst der angegebenen Vertauschungen, d. h. durch die Construction

$$\left. \begin{array}{c} S\text{-}O'' \\ A\text{-}C \end{array} \right\} -1, \qquad \left. \begin{array}{c} O'\text{-}(-1) \\ A\text{-}O \end{array} \right\} Q_0.$$

Der Punkt Q_0 kann daher bei den weiteren Constructionen ebenso benutzt werden, wie früher der Punkt O''. Auf eine nähere Erörterung brauchen wir nicht einzugehen.

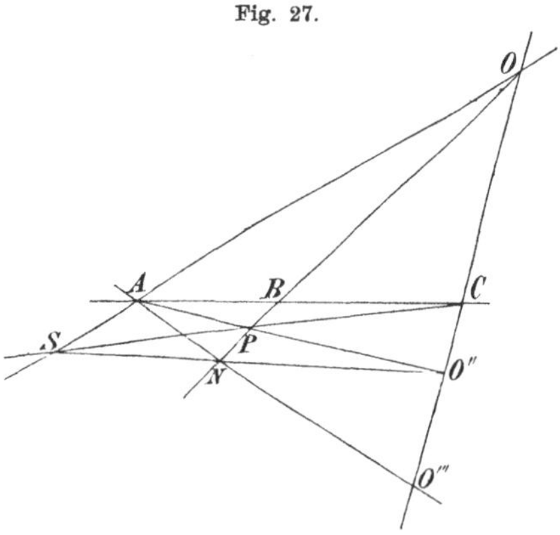

Nun leiteten wir die Gleichung (11) aus (10) ab, indem wir uns die Linie A-C durch A-O'' ersetzt dachten. Ebenso können wir weiter gehen, d. h. die Linie A-O'' durch eine Linie A-O''' ersetzt denken, wenn O''' zu O'', C, O in derselben Beziehung steht, wie O'' zu C, O', O; wobei dann der Punkt O''' durch die Construction

Fig. 27.

$$\left. \begin{array}{c} C\text{-}S \\ O''\text{-}A \end{array} \right\} P, \qquad \left. \begin{array}{c} P\text{-}O \\ O''\text{-}S \end{array} \right\} N, \qquad \left. \begin{array}{c} N\text{-}A \\ O\text{-}O' \end{array} \right\} O'''$$

definirt ist (vgl. Fig. 27) und diesem Punkte der Parameter 3 beigelegt werden muss. Die Gleichung der Linie A-O''' ist hiernach

$y - 3x = 0$; und die Gleichung irgend einer Linie durch den Punkt O''':

$$y - 3x + q = 0.$$

Diese Gerade schneidet die Linie A - C im Punkte $\frac{q}{2}$. Fahren wir so fort und construiren auf O - O' die Reihe der ganzen Zahlen, so ist allgemein die Gleichung einer durch den Punkt n von O - O' gehenden Geraden

$$(14) \qquad y - nx + q = 0.$$

Dies gilt zunächst für alle ganzzahligen positiven Werthe von n, kann aber leicht auf die negativen Zahlen n (denen Punkte zwischen O' und C entsprechen) übertragen werden. Endlich lassen sich auch für gebrochene Zahlen mit einem Nenner der Form 2^μ die entsprechenden Ueberlegungen anstellen und letztere vermöge der Darstellung (9) auf beliebige rationale oder irrationale Zahlen ausdehnen. Die Gleichung (14) stellt also allgemein eine Gerade dar, *welche die Linie O - C im Punkte n und die Linie A - C im Punkte $\frac{q}{n-1}$ schneidet.*

Man erkennt hieraus, dass, wenn sich der Punkt x, y auf einer geraden Linie bewegt und sich dabei der Geraden O - O' nähert, die Coordinaten x und y zwar einzeln unendlich gross werden, dass aber ihr Verhältniss $y : x$ endlich bleibt und zwar gleich dem Parameter des Punktes wird, in welchem die betreffende Gerade der Linie O - O' begegnet.

Nachdem so die gerade Linie durch eine *lineare* Gleichung dargestellt ist, lassen sich unsere früheren Untersuchungen, soweit dieselben nur auf dem linearen Charakter der Gleichung beruhten, unter Benutzung unserer neuen Coordinaten durchführen. Wir deuten hier nur kurz den betreffenden Gedankengang an. Sind

$$R \equiv ax + by + c = 0, \quad S \equiv a'x + b'y + c' = 0$$

die Gleichungen zweier von einander verschiedenen Geraden*), welche sich schneiden, so ist der durch sie bestimmte Strahlbüschel in der Gleichung

$$(15) \qquad R + \lambda S = 0$$

dargestellt. Insbesondere kann der Mittelpunkt des Büschels auf der Linie O - O' liegen; dann ist in (15) nach Division mit einem

---

*) Wir können nicht R und S als zwei beliebige lineare Ausdrücke definiren, denn es ist nicht gezeigt, dass jede lineare Gleichung in x und y auch eine gerade Linie darstellt. Wir werden später sehen, dass diese Umkehrung nur bei unserer zweiten Hypothese (p. 442) richtig ist.

passenden Factor nur das constante Glied von dem Parameter λ abhängig, wie die zu (14) führenden Ueberlegungen sofort zeigen, d. h. in R sind die Factoren von x und y resp. zu den entsprechenden Factoren in S proportional. Schneiden sich (bei unserer ersten Hypothese) die Linien $R = 0$ und $S = 0$ nicht, so wollen wir gleichwohl die Gesammtheit der durch (15) dargestellten Geraden als einen Strahlbüschel bezeichnen.

Unsere nächste Aufgabe wäre jetzt, die geometrische Bedeutung des in (15) auftretenden Parameters λ zu erörtern. Wir schicken zu dem Zwecke einige allgemeine Betrachtungen voraus. Sind zwei Strahlen $R + \lambda_1 S = 0$ und $R + \lambda_2 S = 0$ gegeben, so nennen wir $\frac{\lambda_2}{\lambda_1}$ das *Doppelverhältniss der vier Strahlen* $R = 0$, $S = 0$, $R + \lambda_1 S = 0$, $R + \lambda_2 S = 0$. Statt der Strahlen $R = 0$, $S = 0$ kann man in bekannter Weise zwei beliebige Strahlen mit den Parametern λ_3, λ_4 einführen (vgl. Bd. I, p. 37); wir *nennen dann allgemein den Ausdruck*

$$(16) \qquad (\lambda_1,\ \lambda_2,\ \lambda_3,\ \lambda_4) = \frac{\lambda_3 - \lambda_2}{\lambda_3 - \lambda_1} \cdot \frac{\lambda_4 - \lambda_1}{\lambda_4 - \lambda_2}$$

das Doppelverhältniss der vier Strahlen

$$R + \lambda_i S = 0, \quad \text{für } i = 1,\ 2,\ 3,\ 4.$$

Dasselbe ist eindeutig bestimmt, sobald ausser den vier Parametern die Anordnung angegeben ist, in welcher diese Parameter zu benutzen sind. Der Werth des Doppelverhältnisses hängt von der Lage der vier Strahlen des Büschels gegen einander ab, *vielleicht aber auch noch von anderen Punkten (z. B. O und O') und Linien der Ebene, die bei Definition unserer Coordinaten x, y benutzt wurden.* Dass ausschliesslich die gegenseitige Lage der vier Büschelstrahlen für den Werth ihres Doppelverhältnisses entscheidend ist, werden die folgenden Ueberlegungen zeigen.

In entsprechender Weise lässt sich das Doppelverhältniss von vier Punkten einer Geraden analytisch definiren. Wir bringen die Gleichung einer Geraden auf die Form

$$(17) \qquad\qquad u x + v y + 1 = 0$$

und nennen dann u, v ihre Coordinaten. Geht die Linie durch den Anfangspunkt $x = 0$, $y = 0$, so ist nur das Verhältniss derselben bestimmt. Denken wir x, y constant, u und v dagegen als veränderlich, so ist (17) *die Gleichung des Punktes x, y in Liniencoordinaten.* Sind nun P, Q zwei lineare Ausdrücke in u, v, und $P = 0$, $Q = 0$ die Gleichungen zweier Punkte, so ist jeder Punkt der Verbindungslinie durch eine Gleichung der Form

(18) $$P + \lambda Q = 0$$

darstellbar. Sind vier Punkte, entsprechend den Werthen λ_1, λ_2, λ_3, λ_4 von λ, gegeben, so *nennen wir den Ausdruck (16) das Doppelverhältniss dieser vier Punkte.* Eine leichte Rechnung (vgl. Bd. I, p. 44) zeigt sofort, dass *das Doppelverhältniss von vier Strahlen eines Büschels gleich ist dem Doppelverhältnisse, welches durch ihre Schnittpunkte mit einer beliebigen Geraden bestimmt wird.*

Die ausgezeichneten Werthe des Doppelverhältnisses sind ebenso wie bei unserer früheren Darstellung zu discutiren (Bd. I, p. 38 ff.). Hervorgehoben werde hier nur der Fall der harmonischen Lage, bei welcher die Werthe -1, $\frac{1}{2}$ oder 2 auftreten. Insbesondere sind die Strahlen $R = 0$, $S = 0$ harmonisch zu den Strahlen $R + S = 0$ und $R - S = 0$. Mit Hülfe dieser Bemerkung lässt sich die Figur des vollständigen Vierseits behandeln, und es ergibt sich so als wichtiges Resultat, dass die *Construction des vierten harmonischen Punktes vollständig unabhängig ist von der Wahl der dabei zu ziehenden Hülfslinien.* Solche Vierseitsconstructionen waren es aber auch, die uns oben von den Punkten A, B, C zu D (d. h. von 0, 1, ∞ zu 2) führten, und dann weiter die Punkte 3, 4, ... finden lehrten. Alle diese Constructionen sind daher von der Wahl der Punkte O, O' vollkommen unabhängig; *wie man diese Hülfspunkte auch wählen möge, man wird durch Ausführung der früheren Constructionen immer zu demselben Punkte D geführt.* Die harmonische Lage von vier Punkten auf einer Reihe gibt also eine Beziehung zwischen diesen Punkten, die in keiner Weise durch irgend welche ausserhalb der Geraden gelegenen Elemente (Punkte oder Gerade) vermittelt wird. Entsprechendes gilt für vier harmonische Strahlen eines Büschels.

Kehren wir zu den Strahlen des Büschels (15) zurück und bilden das Doppelverhältniss

(18) $$(1,\ \lambda,\ 0,\ \infty) = \lambda,$$

so erkennen wir, dass der Parameter λ des beweglichen Strahles aufzufassen ist als das Doppelverhältniss, welches dieser Strahl zusammen mit den „Grundstrahlen" $R = 0$, $S = 0$ und dem „Einheitsstrahle" $R + S = 0$ bestimmt. Auch dieses Doppelverhältniss wird sich uns als eine *allein* durch die gegenseitige Lage der vier Strahlen bestimmte Zahl ergeben.

Vermöge unserer wiederholten Vierseitsconstructionen („harmonischen Constructionen") ordneten wir früher (p. 436 ff.) jedem Punkte der Geraden A-C eine Zahl x zu, die vollkommen bestimmt war, wenn die Punkte A, B, C auf der Geraden beliebig angenommen, und diesen Punkten bez. die Werthe 0, 1, ∞ zugetheilt waren. Suchen wir nun das Doppelverhältniss zu bilden, welches durch vier Punkte x_1, x_2, x_3, x_4 bestimmt wird. Zu dem Zwecke haben wir die Gleichungen dieser Punkte aufzustellen. Da für alle Punkte von A - C die Gleichung $x - y = 0$ erfüllt war, so sind diese vier Gleichungen in der Form

$$P_i \equiv (u + v)x_i + 1 = 0 \quad \text{für} \quad i = 1, 2, 3, 4$$

enthalten, und man kann zwei Werthe λ_1, λ_2 so bestimmen, dass die Gleichungen $P_3 = 0$, $P_4 = 0$ bez. mit den Gleichungen

$$P_1 + \lambda_1 P_2 = 0, \quad P_1 + \lambda_2 P_2 = 0$$

äquivalent sind. Es ergibt sich:

$$x_3 = \frac{x_1 + \lambda_1 x_2}{1 + \lambda_1}, \quad x_4 = \frac{x_1 + \lambda_2 x_2}{1 + \lambda_2}.$$

Das Doppelverhältniss der vier Punkte wird also gleich

$$(19) \qquad \frac{\lambda_2}{\lambda_1} = \frac{x_3 - x_2}{x_3 - x_1} \cdot \frac{x_4 - x_1}{x_4 - x_2} = (x_1, \ x_2, \ x_3, \ x_4);$$

man berechnet es demnach aus den obigen Parametern x_i der Punkte auf A - C genau so, wie es Formel (16) angab. Insbesondere folgt hieraus gemäss (18): *Die durch unsere früheren Constructionen den Punkten der Geraden A - C beigelegten Parameter x sind die Doppelverhältnisse, welche diese Punkte mit den drei festen Punkten A, B, C bei richtiger Anordnung bilden.* Es wurde schon hervorgehoben, dass diese Parameter ausschliesslich von der gegenseitigen Lage der vier Punkte abhängen. Da nun A - C eine ganz beliebig gewählte Gerade war, und da die Punkte A, B, C auf ihr ebenfalls beliebig gewählt waren, so *ist allgemein das Doppelverhältniss von vier Punkten einer Geraden eine allein durch die gegenseitige Lage dieser Punkte bestimmte Zahl*)*, deren Berechnung möglich ist, ohne dass von den

---

*) Dem entsprechend bezeichnet v. Staudt (in seinen Beiträgen zur Geometrie der Lage, I, p. 15) den „Inbegriff von vier Elementen A, B, C, D eines und desselben Elementargebildes, mit Rücksicht auf die Ordnung, in der dieselben angeschrieben werden, und mit Rücksicht auf das Elementargebilde (d. i. Punktreihe, Strahlbüschel oder Ebenenbüschel) selbst" als einen *Wurf* und findet für diesen abstracten (ohne metrische Hülfsmittel) definirten Wurf nachträglich dieselben Rechnungs- und Constructionssätze, welche uns aus der Theorie des Doppelverhältnisses bekannt sind; vgl. oben p. 116 ff. — Wir haben es vorgezogen, durch specielle Constructionen jedem Elemente zuerst eine Zahl (die dann auch ein Doppelverhältniss, ein *Wurf*, ist) zuzuordnen, und dann den allgemeinen Begriff des Doppelverhältnisses analytisch einzuführen. Es ist dies um so empfehlenswerther, als die gemachten Constructionen doch nöthig werden würden, um die *Gleichung* einer beliebigen geraden Linie aufzustellen. — Indem

Begriffen des Abstandes oder des Winkels Gebrauch gemacht werden müsste.

Auch die beiden Coordinaten x, y eines beliebigen Punktes $\varPi$ der Ebene lassen sich jetzt als Doppelverhältnisse deuten. Es war x das Doppelverhältniss, welches von dem Strahle O-$\varPi$ mit den Strahlen O-A, O-B und O-C gebildet wird, ebenso y das entsprechende von den Strahlen O'-$\varPi$, O'-A, O'-B, O'-C gebildete Doppelverhältniss. Da C auf der Verbindungslinie von O mit O' liegt und da B die Coordinaten $x = y = 1$ hatte, können wir dies in folgender Weise aussprechen*):

Die Coordinaten x, y eines Punktes $\varPi$ werden durch ein willkürlich zu wählendes „Coordinatendreieck" $A\,O\,O'$ und einen ebenfalls willkürlich wählbaren „Einheitspunkt" B festgelegt; und zwar ist x das Doppelverhältniss der von O nach A, O', B, $\varPi$ gehenden Strahlen, y dasjenige der von O' nach A, O, B, $\varPi$ zu ziehenden Linien (bei passender Anordnung der Punkte).

Hierbei erscheinen zwei Ecken des Coordinatendreiecks $A\,O\,O'$ vor der dritten ausgezeichnet; um völlige Symmetrie herzustellen, führen wir *homogene Coordinaten* ein. Die Gleichungen der vier Strahlen, welche A mit O, O' B, $\varPi$ verbinden, sind nämlich in Variabeln X, Y:

$$X = 0, \quad Y = 0, \quad Y - X = 0, \quad xY - yX = 0;$$

ihr Doppelverhältniss ist folglich gleich $\frac{y}{x}$. Nennen wir also x_1, x_2, x_3 drei Zahlen, die der Proportion

$$x_1 : x_2 : x_3 = x : y : 1$$

wir gleichzeitig die Projectivität analytisch (durch die Forderung der Gleichheit entsprechender Doppelverhältnisse) definiren, vermeiden wir die Schwierigkeit, die sich bei der v. Staudt'schen Definition (wonach sie dadurch bedingt ist, dass *je* vier harmonischen Elementen wiederum harmonische Elemente entsprechen) nach Klein ergeben, und die man nach den Entwicklungen von Lüroth, Zeuthen (vgl. p. 446) und Darboux (Math. Annalen Bd. 17) zu beseitigen hat; vgl. für letztere Frage auch de Paolis, Memorie della reale Accademia dei Lincei (Classe fisiche, matem. e natur.), Serie 3ª, vol. 9, 1880/81.

*) Die Definition der Coordinaten durch Doppelverhältnisse ist von Fiedler gegeben: Vierteljahrsschrift der naturforschenden Gesellschaft in Zürich, Bd. 15, 1871; vgl. auch Lüroth: Math. Annalen, Bd. 8, p. 211. — Klein (ib. Bd. 6, p. 142) weist darauf hin, dass man von Fiedler's Definition der Coordinaten ausgehen müsse, um die analytische Geometrie rein projectivisch zu begründen; das a. a. O. ebenfalls zu Hülfe genommene abstracte Rechnen mit v. Staudt's Würfen (vgl. oben p. 116) kann aber nach den Entwicklungen des Textes vermieden werden, wenngleich dasselbe zur Construction aller Punkte mit rationalen Coordinaten sich nachträglich als nützlich erweisen wird.

genügen, so sind die Doppelverhältnisse der drei von den Ecken des Coordinatendreiecks aus zu construirenden Strahlenquadrupel durch die Quotienten aus je zweien dieser Zahlen symmetrisch dargestellt. Die Einführung dieser homogenen Coordinaten empfiehlt sich überdies dadurch, dass nun auch die Gerade O - O' durch eine lineare Gleichung, nämlich $x_3 = 0$, dargestellt werden kann, und dass jetzt die Gleichung eines Strahlbüschels, dessen Centrum auf O - O' liegt (vgl. p. 451 f.), in der Form

$$u_1 x_1 + u_2 x_2 + u_3 x_3 + \lambda x_3 = 0$$

erscheint.

Bisher konnten wir nur solche gerade Linien durch Gleichungen darstellen, welche die bei unserer Coordinatenbestimmung zu ziehenden Hülfslinien schneiden; um auch andere Gerade in den Kreis der Betrachtung zu ziehen, leiten wir die Formeln der Coordinatentransformation ab. Da die Coordinaten durch Doppelverhältnisse definirt sind, unterliegt dies keinen Schwierigkeiten. Es mögen drei gerade Linien, deren Gleichungen in der Form

$$ax + by + c = 0, \quad a'x + b'y + c' = 0, \quad a''x + b''y + c'' = 0$$

bereits bekannt sind, ausgewählt werden; die erste werde an Stelle der Linie $x = 0$, die zweite an Stelle der Linie $y = 0$ benutzt, die dritte möge diejenigen Punkte liefern, für welche die neuen Coordinaten ξ, η beide unendlich gross werden. Es seien ferner x_0, y_0 die Coordinaten des neuen (an Stelle von B) zu benutzenden Einheitspunktes. Die erste und dritte der gegebenen Geraden bestimmen einen Strahlbüschel; der durch einen beliebigen Punkt x, y desselben gehende Strahl hängt von einem Parameter λ ab, welcher der Gleichung

$$ax + by + c + \lambda(a''x + b''y + c'') = 0$$

genügt. Der Parameter λ_0 des durch x_0, y_0 gehenden Strahles in demselben Büschel bestimmt sich aus der Gleichung

$$ax_0 + by_0 + c + \lambda_0(a''x_0 + b''y_0 + c'') = 0.$$

Die *neue Coordinate* ξ ist definirt als das Doppelverhältniss der vier Strahlen λ_0, λ, 0, ∞; also wird:

$$\xi = \frac{\lambda}{\lambda_0} = \frac{ax + by + c}{a''x + b''y + c''} \cdot \frac{a''x_0 + b''y_0 + c''}{ax_0 + by_0 + c},$$

und ebenso findet man:

$$\eta = \frac{a'x + b'y + c'}{a''x + b''y + c''} \cdot \frac{a''x_0 + b''y_0 + c''}{a'x_0 + b'y_0 + c'}.$$

Es werden sonach ξ und η gleich allgemeinen linearen Functionen von x und y mit gemeinsamem Nenner; *die Formeln der Coordinaten-*

transformation sind daher dieselben, wie sie früher aufgestellt wurden; und dies gilt auch für homogene Coordinaten.

Betrachten wir jetzt eine Linie L, deren Gleichung durch unsere bisherigen Untersuchungen noch nicht erhalten werden kann, weil sie eine der zu benutzenden Hülfslinien nicht schneidet. Wir legen dann das neue Coordinatendreieck so, dass die Gleichung der Linie L in den neuen Coordinaten sich in der früheren Weise ergibt. Die eben aufgestellten Formeln der Coordinatentransformation erlauben uns, zu den ursprünglichen Veränderlichen x, y zurückzukehren; und die alsdann sich ergebende lineare Gleichung soll als diejenige der Geraden L bezeichnet werden. *Jede Gerade der Ebene wird daher durch eine lineare Gleichung dargestellt.*

Nach Erreichung dieses Resultates können wir *alle* früheren Untersuchungen und Constructionen, welche nur auf dem linearen Charakter der zur Behandlung der Geraden dienenden Gleichungen beruhen, auch jetzt als gültig in Anspruch nehmen. Insbesondere gilt dies von denjenigen Constructionen, die wir früher zur Auffindung der Summe oder des Productes zweier Doppelverhältnisse ausführten. Lassen wir z. B. in Aufgabe 5, p. 116 die Punkte μ und ν zusammenfallen, so ist die gegebene Involution durch ihre beiden Doppelpunkte (λ_2 und $\mu = \nu$) bestimmt, und σ erscheint einfach als vierter harmonischer Punkt von λ_1 in Bezug auf diese Doppelpunkte. Lassen wir also λ_1 mit A in Fig. 24 (p. 435), λ_2 mit B, $\mu = \nu$ mit C zusammenfallen, so wird σ mit D identisch. Setzen wir demgemäss in (5), p. 116

$$\lambda_1 = 0, \quad \lambda_2 = 1, \quad \mu = \nu = \infty,$$

so geht diese Gleichung über in

$$\frac{\sigma}{\sigma - 1} = 1 + 1 = 2;$$

es wird also in der That $\sigma = 2$. Um weiter vom Punkte 2 zum Punkte 3 zu gelangen, haben wir nur $\mu = 1$, $\nu = 2$ zu nehmen und $\lambda_1 = 0$, $\lambda_2 = \infty$; die Gleichung (5) gibt dann in der That

$$\sigma = 1 + 2 = 3.$$

Allerdings ward in Fig. 14, p. 117, der Punkt σ nicht als vierter harmonischer von 1 in Bezug auf 2 und ∞ gefunden; aber da hier 2 zu 0 und ∞ in Bezug auf 1 harmonisch liegt, so gibt die Forderung der harmonischen Lage:

$$(1, \sigma, 2, \infty) = \frac{2 - \sigma}{2 - 1} = -1$$

hier ebenfalls $\sigma = 3$. Unsere frühere Construction führt daher ohne

Benutzung des Punktes 0 zu demselben Punkte 3, wie die in Fig. 24 ausgeführte. Diese in Fig. 14 dargestellte Construction erlaubt uns aber allgemein die Summe $\mu + \nu$ zu construiren, d. h. *auf unserer Geraden AC aus den Punkten μ und ν direct den Punkt $\mu + \nu$ allein durch Ziehen von geraden Linien abzuleiten;* denn machen wir $\lambda_1 = 0$, $\lambda_2 = \infty$, so geht die Gleichung (5), p. 116 über in

$$\sigma = \mu + \nu.$$

Während also in der Arithmetik die Summe zweier ganzen Zahlen nur durch successives Hinzufügen der Einheit gewonnen werden kann, sind wir mittelst einfacher harmonischer Constructionen in der Lage, diese Summe zu finden, ohne von den Zwischenpunkten $\mu + 1$, $\mu + 2, \ldots \mu + \nu - 1$ Gebrauch zu machen.

Durch diese Ueberlegung wird nachträglich die Aufgabe, auf der Linie A - C den einer gegebenen Zahl zugeordneten Punkt zu finden, ausserordentlich vereinfacht. Eine noch wichtigere Erleichterung kann durch Benutzung von Aufgabe 6, p. 117 erzielt werden. Dieselbe gestattet, aus den Punkten μ und ν direct den Punkt $\mu \cdot \nu$ zu construiren, denn für $\lambda_1 = 0$, $\lambda_2 = \infty$, $\lambda_3 = 1$ geht die frühere Gleichung (6) über in $\mu \cdot \nu = \pi$. Durch Umkehrung dieser Operation gelangt man also dazu, den Punkt $\dfrac{\pi}{\mu}$ aus π und μ zu finden, und so allgemein *alle Punkte der Linie A - C, denen rationale Zahlen als Parameter zugeordnet sind, in einfachster Weise zu construiren.* Während früher alle rationalen Zahlen, deren Nenner nicht gleich einer Potenz von 2 war, nur näherungsweise (durch eine unendliche Zahl von Operationen) gefunden werden konnten, bleibt ein solches Verfahren, das der Darstellung einer Zahl in der Form (9) entspricht, nunmehr ausschliesslich für irrationale Parameterwerthe vorbehalten.

Es unterliegt nunmehr keinen Schwierigkeiten, auch die analytische Geometrie des Raumes auf rein projectivischer Grundlage aufzubauen. In einer beliebig angenommenen Ebene legen wir zunächst in der besprochenen Weise mit Hülfe eines Fundamentaldreiecks $A O O'$ jedem Punkte zwei Coordinaten x, y bei, so dass x auf A - O, y auf A - O' verschwindet, während auf O - O' beide Coordinaten unendlich gross werden. Ausserhalb dieser Ebene nehmen wir einen Punkt Ω beliebig an und ordnen den Punkten der Linie A - Ω mittelst fortgesetzter harmonischer Constructionen Parameter z in der Weise zu, dass $z = 0$ den Punkt A, $z = \infty$ den Punkt Ω liefert,

während $z = 1$ beliebig auf A - Ω gewählt werden darf*). Zu den
räumlichen Coordinaten gelangen wir durch folgende Festsetzung: es
sei die z-Coordinate eines Punktes P der Parameter desjenigen
Punktes von A - Ω, in dem diese Linie von der Ebene POO' getroffen wird, die x- und y-Coordinaten desselben Punktes P seien
die Coordinaten desjenigen Punktes, in welchem die Ebene AOO'
von der Linie Ω - P geschnitten wird. Es ist so offenbar $x =$ const.
die Gleichung einer Ebene durch die Axe O - Ω, $y =$ const. die
Gleichung einer Ebene durch die Axe O' - Ω, endlich $z =$ const.
diejenige einer Ebene durch die Axe O - O'. Allgemeiner ist die
Gleichung einer Ebene durch den Punkt Ω stets von der Form
$ax + by + c = 0$. Um die Gleichung einer beliebigen Ebene abzuleiten, führen wir den Begriff des Doppelverhältnisses für vier
Ebenen eines Büschels ein.

Als *Doppelverhältniss von vier Ebenen eines Büschels* definiren wir
das Doppelverhältniss der vier Punkte, welche sie auf irgend einer
nicht von der Axe des Büschels getroffenen Geraden ausschneiden.
Dass dieses Doppelverhältniss von der Wahl dieser Geraden (die
mit L bezeichnet werde) unabhängig ist, sieht man leicht ein. Sei
L' irgend eine Gerade, welche L schneidet, dann bilden die Verbindungslinien der auf L ausgeschnittenen Punkte mit den entsprechenden auf L' ausgeschnittenen Punkten vier Strahlen eines
ebenen Strahlbüschels, dessen Scheitel auf der Büschelaxe liegt.
Den vier Punkten auf L' kommt daher auch dasselbe Doppelverhältniss zu, wie denen auf L. Um zu beweisen, dass auch auf
einer Linie L'', welche von L nicht getroffen wird, vier Punkte mit
demselben Doppelverhältnisse durch unsere Ebenen bestimmt werden,
braucht man demnach nur eine Hülfslinie L' einzuschalten, welche
aus den gemeinsamen Treffgeraden der Linien L *und* L' so aus-
zusuchen ist, dass sie auch jede der vier Ebenen schneidet. Unter
Benutzung des hiermit erklärten Doppelverhältnisses von vier Ebenen
ist es nunmehr gestattet, Ebenenbüschel projectivisch auf einander
und auf Punktreihen oder Strahlbüschel zu beziehen. Insbesondere
kann aus der Eindeutigkeit solcher Beziehungen und aus der Abhängigkeit derselben von drei Parametern leicht geschlossen werden,
dass *zwei projectivische Ebenenbüschel, deren Axen sich schneiden, und
deren gemeinsame Ebene sich selbst zugeordnet ist, als Ort der Schnitt-*

---

*) Ebenso konnten früher die Punkte $x = 1$, $y = 1$ bez. auf den Linien
A - O' und A - O beliebig gewählt werden, nämlich in Q und S; der Einheitspunkt B, von dem wir ausgingen, bestimmt sich dann als Schnittpunkt von
O - Q mit O' - S.

linien entsprechender Ebenen eine dem Büschel nicht angehörige Ebene ergeben.

Dieser Satz soll uns dazu dienen, zunächst die Gleichung einer Ebene aufzustellen, welche durch eine Ecke des „Coordinatentetraëders" $A\,O\,O'\,\Omega$ hindurchgeht. Es ist $x - \lambda = 0$ die Gleichung des Ebenenbüschels mit der Axe O-Ω, $z - \mu = 0$ diejenige des Büschels mit der Axe O-O'; ihnen ist die Ebene $\Omega\,O\,O'$ (d. h. $\lambda = \infty$, $\mu = \infty$) gemeinsam, die projectivische Beziehung wird daher durch eine Gleichung der Form $a\lambda + b\mu + c = 0$ vermittelt; und so ergibt sich $ax + bz + c = 0$ als Gleichung einer Ebene durch O; umgekehrt ist jede den Punkt O enthaltende Ebene in dieser Form darstellbar, wie man leicht beweist. So haben wir allgemein

die Gleichung einer Ebene durch Ω in der Form: $ax + by + c = 0$,

„   „   „   „   „ O „ „   „ : $ax + bz + c = 0$,

„   „   „   „   „ O' „ „   „ : $ay + bz + c = 0$,

„   „   „   „   „ A „ „   „ : $ax + by + cz = 0$.

Sei jetzt eine beliebige Ebene E gegeben; durch A und Ω legen wir Gerade, die sich in einem Punkte P von E schneiden. Den beiden Ebenenbüscheln mit den Axen P-A und P-Ω ist die Ebene $PA\Omega$, deren Gleichung $\alpha x + \beta y = 0$ sei, gemeinsam. Die Gleichungen dieser Büschel dürfen daher in den Formen

$$ax + by + c + \lambda(\alpha x + \beta y) = 0,$$
$$a'x + b'y + c'z + \mu(\alpha x + \beta y) = 0$$

vorausgesetzt werden. Wir können beide Büschel so projectivisch auf einander beziehen, dass sie die gegebene Ebene E als ihren perspectivischen Durchschnitt erzeugen; dabei müssen die Werthe $\lambda = \infty$ und $\mu = \infty$ einander zugeordnet sein, und folglich ist eine solche Beziehung in der Gestalt $A\lambda + B\mu + C = 0$ anzunehmen. Die Elimination von λ, μ führt so zu einer linearen Gleichung

$$(20) \qquad u_1 x + u_2 y + u_3 z + u_4 = 0.$$

Eine beliebige Ebene wird daher durch eine lineare Gleichung in den Coordinaten x, y, z dargestellt[*]).

---

[*]) In anderer, weniger einfacher Weise leitet Fiedler die Gleichung der Ebene in den durch Doppelverhältnisse definirten Coordinaten ab; er erhält sie direct als Relation zwischen Doppelverhältnissen, indem auch die Ebenencoordinaten zuvor als Doppelverhältnisse definirt werden (Die darstellende Geometrie, dritter Theil, p. 119 ff., Leipzig 1888).

Bei unserer Coordinatenbestimmung ist das Tetraëder $A\Omega OO'$ nicht symmetrisch benutzt worden; die in der Ebene $\Omega OO'$ gelegenen Kanten waren vielmehr ausgezeichnet. Wollte man in gleicher Weise andere Kanten des Tetraëders auszeichnen, so würden nur die Quotienten $\frac{x}{y}$, $\frac{y}{z}$, $\frac{z}{x}$ oder deren reciproke Werthe als den Grössen x, y, z gleichberechtigte Coordinaten auftreten, wodurch wieder die Benutzung homogener Coordinaten x_1, x_2, x_3, x_4 nahe gelegt wird. Die Einführung eines neuen Tetraëders geschieht durch lineare Gleichungen mit gemeinsamem Nenner. In derselben Weise, wie für die ebene Geometrie, gelangt man zu diesen Transformationsformeln durch die Bemerkung, dass sich x, y, z als Doppelverhältnisse auffassen lassen. Zu dem Zwecke muss man ausser den vier Ecken des Tetraëders einen fünften Punkt, der in keiner Ebene des Tetraëders liegt, als *Einheitspunkt* auszeichnen. Es ist dies derjenige Punkt, für welchen $x = y = z = 1$ wird; er befindet sich bei unserer Coordinatenbestimmung in dem Schnittpunkte der Ebene $z = 1$ mit der Geraden $\Omega \text{-} B$, wenn B wieder den Einheitspunkt der Ebene AOO' bezeichnet. *Offenbar ist dann z. B. x das Doppelverhältniss der vier Ebenen des Büschels mit der Axe $\Omega \text{-} O$, welche man durch die Ecken A und O' des Tetraëders, durch den Punkt x, y, z und durch den Einheitspunkt legen kann* (bei richtiger Anordnung der vier Ebenen). In analoger Weise sind y, z und die soeben erwähnten Quotienten zu interpretiren. Dass auch die Verhältnisse der homogenen *Ebenencoordinaten* u_1, u_2, u_3, u_4 sich in der dualistisch entsprechenden Weise durch Doppelverhältnisse darstellen lassen, bedarf kaum der Erwähnung.

Mit Aufstellung der Gleichung (20) ist das Hauptziel unserer Untersuchungen über die Grundlagen der projectivischen Geometrie erreicht. Auf Grund unserer Entwicklungen kann der weitere Aufbau der analytischen Geometrie des Raumes ganz in der bekannten Weise geschehen.

III. Die Einführung metrischer Begriffe in die Geometrie der Ebene. Die hyperbolische Geometrie.

Wenn wir im Vorstehenden die Begriffe der Entfernung und des Winkels sorgfältig vermieden, um die sogenannte projectivische Geometrie der Ebene selbstständig zu begründen, so tritt nunmehr die Frage an uns heran, ob es nicht möglich ist, die zunächst ausgeschlossenen Begriffe und Probleme der metrischen Geometrie von dem bereits gewonnenen Standpunkte aus in den Kreis der Betrachtung zu ziehen, die Frage also, welche Function der eingeführten projectivischen Punktcoordinaten wir als Ausdruck für die Entfernung zweier Punkte, welche Function der Liniencoordinaten in der Ebene wir als Winkel zweier Geraden anzusehen haben? In der Elementargeometrie wird der Begriff der Bewegung als ein fundamentaler, nicht weiter erklärbarer beim Messen der Strecken und Winkel zu Grunde gelegt; zwei Strecken heissen einander gleich, wenn die eine mit der anderen durch eine Verschiebung in der Ebene zur Deckung gebracht werden kann; zwei Winkel heissen einander gleich, wenn die Schenkel des einen sich mit denjenigen des anderen durch Bewegung*) zur Deckung bringen lassen. Wie aber soll dieser Bewegungsbegriff mittelst unserer bisherigen Hülfsmittel analytisch zum Ausdrucke kommen? Offenbar begründet jede Bewegung eine bestimmte Zuordnung zwischen den Punkten zweier (einander congruenten) Figuren; die Coordinaten der Punkte der einen Figur werden als gewisse Functionen der Coordinaten der Punkte der anderen zu betrachten sein; und diese Functionen näher zu bestimmen, dazu muss uns irgend eine mit dem Begriffe der Bewegung nothwendig verknüpfte Vorstellung, d. h. irgend eine für die Bewegung charakteristische Eigenschaft der gesuchten Functionen dienen. Diese Eigenschaft kann man z. B. darin finden, dass *alle Bewegungen eine Gruppe bilden* (p. 373), d. h. dass die durch zwei nach einander ausgeführte Bewegungen erzielte Ortsveränderung auch durch eine einzige Bewegung erreicht werden kann**), ferner darin, dass jede Bewegung sich aus stetig auf einander folgenden unendlich kleinen Bewegungen zusammensetzt, dass es demgemäss nahe liegt, die Regeln der Infinitesimalrechnung bei analytischer Einführung der gesuchten Functionen zur Anwendung zu bringen***). Wir schlagen im Folgenden einen

---

*) Es ist nicht erlaubt, das Wort „Bewegung" oder „Ortsveränderung" durch den Zusatz „starre" oder „congruente" zu erläutern; denn ob eine Ortsveränderung als congruent bezeichnet werden darf oder nicht, kann nur durch Aufeinanderlegen der betr. Figuren, d. h. wieder durch eine „Bewegung" entschieden werden. — Für die im Texte benutzte Definition der Gleichheit vgl. Euclid's Elemente lib. I unter den Κοιναὶ ἔννοιαι.

**) Hiervon geht Lie in seinen Untersuchungen über die Axiome der Geometrie aus; dieselben sind bisher nur andeutungsweise veröffentlicht: Berichte über die Verhandlungen der königl. sächs. Gesellschaft der Wissenschaften, math.-phys. Classe, Bd. 38, p. 337, Leipzig 1886; vgl. auch Poincaré, Bulletin de la Société mathématique, t. 15, 1887.

***) Da eine stetige Function nicht nothwendig Differentialquotienten besitzt (vgl. das von Weierstrass angegebene und von P. du Bois-Reymond veröffentlichte erste Beispiel einer solchen Function in Bd. 79 von Crelle's Journal, p. 29 ff.), steht die Anwendbarkeit dieser Regeln nicht ohne weiteres fest.

anderen Weg ein, indem wir, von den einfachsten Fällen zu den complicirteren aufsteigend, successive diejenigen Voraussetzungen einführen, welche schliesslich zur Definition der Entfernung und des Winkels führen.

Zuerst betrachten wir die *Verschiebung eines Punktes in einer Geraden*, und die ihr dualistisch gegenüber stehende *Drehung einer Geraden um einen Punkt*, d. h. in einem ebenen Strahlbüschel. Wir müssen dabei unterscheiden, ob wir die erste oder die zweite unserer beiden obigen Hypothesen (p. 442) zu Grunde legen wollen. Wie wir von dem einen unendlich fernen Punkte einer Geraden zu sprechen gewohnt sind, so können wir — und die vorhergehenden Untersuchungen werden dies hinreichend rechtfertigen — jene beiden Hypothesen kürzer in folgender Weise formuliren:

1) die gerade Linie hat zwei unendlich ferne Punkte,

2) die gerade Linie hat keinen unendlich fernen Punkt.

Zwischen beide Fälle stellt sich als Grenzfall derjenige, bei welchem die beiden unendlich fernen Punkte zusammenfallen, und der auf das Euclid'sche Parallelenaxiom führt. Auf denselben kommen wir später eingehend zurück.

Erstens möge also die in sich zu verschiebende Gerade zwei unendlich ferne Punkte besitzen. Bestimmen wir die Punkte der Geraden in der obigen Weise durch einen Parameter x (p. 435 ff.), wobei die den Werthen $x = 0$, $x = 1$ und $x = \infty$ zugeordneten Punkte willkürlich angenommen werden dürfen, so gibt es zwei bestimmte Zahlen Λ_1, Λ_2, welche negativ sind, wenn die Punkte $x = 0$ und $x = 1$ vom Punkte $x = \infty$ nicht getrennt werden, positiv im entgegengesetzten Falle, und welchen die Eigenschaft zukommt, dass z. B. im ersteren Falle nur den positiven Werthen von x und den negativen Werthen von x, soweit dieselben nicht zwischen Λ_1 und Λ_2 liegen, wirklich Punkte der Geraden entsprechen, während die Werthe Λ_1, Λ_2 den Grenzübergang vermitteln und so als „den beiden unendlich fernen Punkten der Geraden zugehörig" in Anspruch genommen werden dürfen. Durch eine Bewegung der Geraden in sich wird nun *jeder* Punkt derselben in einen bestimmten anderen Punkt übergeführt; *jedem* reellen Werthe von x, welcher nicht zu den zwischen Λ_1 und Λ_2 liegenden ausgeschlossenen Werthen gehört, entspricht ein anderer Werth von x, der ebenfalls nicht zu diesen ausgeschlossenen Werthen gehört; ein Werth von x aber, welchem kein Punkt der Geraden zugehört, muss bei einer Bewegung in einen ebensolchen Werth transformirt werden. Hieraus folgt, dass die Grenzwerthe Λ_1 und Λ_2 sich selbst zugeordnet werden müssen, d. h.

dass *die beiden unendlich fernen Punkte der Geraden bei einer Verschiebung derselben in sich fest bleiben.*

Eine solche Verschiebung ist vollkommen bestimmt, wenn für irgend einen Punkt der Geraden seine neue Lage gegeben wird. Die entsprechende Transformation hängt daher nur noch von *einem* Parameter a ab und kann in der Form

$$\xi = \varphi(x, a)$$

angesetzt werden. Nun sollen den Werthen $x = \Lambda_1$, Λ_2 bez. die Werthe $\xi = \Lambda_1$, Λ_2 entsprechen. Es empfiehlt sich daher mittelst der Formeln

$$\Xi = \frac{\xi - \Lambda_1}{\xi - \Lambda_2}, \quad X = \frac{x - \Lambda_1}{x - \Lambda_2}$$

neue Variable Ξ, X einzuführen; wir haben damit die Coordinatengrundpunkte 0 und ∞ in die beiden unendlich entfernten Punkte der Geraden verlegt; man überzeugt sich in der That leicht, dass eine solche Verlegung ebenso durch lineare Gleichungen dargestellt wird, wie jede andere Coordinatentransformation. Wir können nunmehr die Bewegung als durch eine Gleichung der Form

$$(1) \qquad \Xi = X \cdot \psi(X, \lambda)$$

gegeben annehmen, wo λ den die „Grösse" der Bewegung messenden Parameter bedeutet, so dass für $\lambda = 0$ die Function ψ gleich Eins wird. Eine Bewegung ist ein rein geometrischer Vorgang, sie kann, wie sogleich noch näher erörtert werden soll, in keiner Weise von der Wahl der Coordinatengrundpunkte abhängen; die sie darstellende Gleichung darf demnach durch Coordinatentransformation nicht beeinflusst werden. Sollen die Punkte 0 und ∞ an den gewählten Stellen bleiben, so kann eine Coordinatentransformation nur durch Verlegung des Einheitspunktes, d. h. durch Multiplication der Variabeln X und Ξ mit einer und derselben Zahl ϱ bewirkt werden. Dadurch aber würde (1) übergehen in

$$\Xi = X \cdot \psi(\varrho X, \lambda).$$

Da diese Gleichung nun nicht von ϱ abhängen darf, muss ψ auch von X unabhängig sein, und wir können statt $\psi(\lambda)$ einen neuen Parameter μ einführen. Kehren wir zu den ursprünglichen Variabeln zurück, so ist also *eine Bewegung durch die Transformation*

$$(2) \qquad \frac{\xi - \Lambda_1}{\xi - \Lambda_2} \cdot \frac{x - \Lambda_2}{x - \Lambda_1} = \mu$$

dargestellt, wobei Λ_1, Λ_2 die Coordinaten der beiden unendlich fernen Punkte bedeuten, während μ der die Grösse der Bewegung messende Parameter ist.

Was bedeutet es aber, wenn wir die Bewegung soeben als unabhängig von der Lage des Einheitspunktes in Anspruch nahmen? Es ist damit zunächst ausgesagt, dass der Punkt ϱX in $\varrho \Xi$ übergeht, sobald der Punkt X in Ξ übergeführt wird. Nun wird $X\varrho$ aus X in bekannter Weise durch blosses Ziehen von geraden Linien innerhalb einer die gegebene Gerade enthaltenden Ebene gewonnen, ebenso $\varrho\Xi$ aus Ξ durch die entsprechenden Constructionen (p. 441). Diese Constructionen, welche nur durch das Schneiden von Linien und Verbinden von Punkten bewerkstelligt wurden, dürfen also durch eine Bewegung nicht wesentlich beeinflusst werden, wenn man nicht nur die Bewegung einer geraden Linie in sich, sondern gleichzeitig die einer ganzen Ebene in sich betrachtet. *Für eine solche also machen wir die Festsetzung, dass bei ihr jede gerade Linie wiederum in eine gerade Linie übergehe, und sich schneidende Linien wieder in sich schneidende Linien übergeführt werden.* Daraus folgt dann von selbst, dass unsere von X in ϱX führende Construction ebenso von Ξ zu $\varrho\Xi$ hinleitet, dass also die Formel (1) in der That von der Wahl des Einheitspunktes, d. h. von ϱ, unabhängig sein muss.

Als Maass der Bewegungsgrösse ist uns durch die Erfahrung der Begriff der Entfernung gegeben. Dieselbe ist dadurch charakterisirt, dass die Entfernung 1 - 2 zweier Punkte 1 und 2, die durch einen dritten Punkt 3 getrennt werden, gleich ist der Summe der Entfernungen 1 - 3 und 3 - 2. Diese wesentliche Eigenschaft kommt unserem Parameter μ nicht zu, denn führen wir mittelst einer zweiten Bewegung den Punkt ξ nach ξ' über, so ist

$$\frac{\xi' - \Lambda_1}{\xi' - \Lambda_2} \cdot \frac{\xi - \Lambda_2}{\xi - \Lambda_1} = \mu'.$$

Wird also die Entfernung x - ξ durch μ, die Entfernung ξ - ξ' durch μ' gemessen, so ist

$$\frac{\xi' - \Lambda_1}{\xi' - \Lambda_2} \cdot \frac{x - \Lambda_2}{x - \Lambda_1} = \mu \cdot \mu'$$

das Maass der Entfernung x - ξ'. Um ferner vom Producte zur Summe überzugehen, brauchen wir nur noch $\mu = e^r$, $r = \log\mu$ zu setzen. Statt der Zahl e hätten wir auch irgend eine andere Zahl als Basis der Potenz wählen dürfen; allgemein setzen wir daher $r = k \log \mu$, wo k eine willkürliche Constante bezeichnet. *Die Entfernung r zweier Punkte x und ξ ist hiernach durch die Gleichung*

$$(3) \qquad r = k \log \frac{\xi - \Lambda_1}{\xi - \Lambda_2} \cdot \frac{x - \Lambda_2}{x - \Lambda_1}$$

dargestellt. Die Vertauschung von Λ_1 und Λ_2 ändert das Vorzeichen von r; die Entfernung ist daher erst vollkommen bestimmt, wenn über die Richtung, in der sie zu messen ist, bestimmt verfügt wird. Willkürlich bleibt auch, welche Entfernung man gleich der Einheit setzen will; die Längeneinheit hängt davon ab, wie k gewählt wird. In Worten können wir den Inhalt von (2) dahin aussprechen, dass *die Entfernung zweier Punkte x und ξ gleich ist dem Producte einer willkürlichen Constanten in den Logarithmus des Doppelverhältnisses, welches diese Punkte mit den beiden unendlich fernen Punkten ihrer Verbindungslinie bestimmen.* Dieses Resultat erinnert sofort an die Art und Weise, wie früher der Winkel zweier Geraden mittelst der von seinem Scheitel nach den imaginären Kreispunkten gehenden Strahlen definirt wurde; der so angedeutete Zusammenhang mit der Geometrie im Strahlbüschel tritt im Folgenden noch mehr hervor.

Stellen wir noch das Doppelverhältniss von vier Punkten x, y, ξ, η in seiner Abhängigkeit von den gegenseitigen Entfernungen dieser Punkte dar! Es sei

$$r \text{ die Entfernung der Punkte } x \text{ und } \xi,$$
$$r'\ ,,\qquad ,,\qquad ,,\qquad ,,\quad x\ ,,\ \eta,$$
$$\varrho\ ,,\qquad ,,\qquad ,,\qquad ,,\quad y\ ,,\ \xi,$$
$$\varrho'\ ,,\qquad ,,\qquad ,,\qquad ,,\quad y\ ,,\ \eta.$$

Dann erhält man aus (3)

$$e^{\frac{r}{k}} - 1 = \frac{(\Lambda_2 - \Lambda_1)\,(x - \xi)}{(x - \Lambda_1)\,(\xi - \Lambda_2)}$$

und analoge Formeln für die anderen Entfernungen; also folgt:

$$\frac{x - \xi}{x - \eta} \cdot \frac{y - \eta}{y - \xi} = \frac{e^{\frac{r}{k}} - 1}{e^{\frac{r'}{k}} - 1} \cdot \frac{e^{\frac{\varrho'}{k}} - 1}{e^{\frac{\varrho}{k}} - 1} = \frac{e^{\frac{r}{2k}} - e^{-\frac{r}{2k}}}{e^{\frac{r'}{2k}} - e^{-\frac{r'}{2k}}} \cdot \frac{e^{\frac{\varrho}{2k}} - e^{-\frac{\varrho}{2k}}}{e^{\frac{\varrho'}{2k}}} \cdot \frac{e^{\frac{r-r'}{2k}}}{e^{\frac{\varrho-\varrho}{2k}}}.$$

Macht man nun passende Bestimmungen über den Sinn, in welchem die Entfernungen von den Punkten ξ, η aus gemessen werden sollen, so ist offenbar $r - r'$ gleich der Entfernung der Punkte ξ und η, und $\varrho - \varrho'$ gleich dieser selben Entfernung. Somit lässt sich unsere letzte Gleichung in der Form schreiben:

$$(4) \qquad \frac{x - \xi}{x - \eta} \cdot \frac{y - \eta}{y - \xi} = \frac{\sin \frac{ir}{2k}}{\sin \frac{ir'}{2k}} \cdot \frac{\sin \frac{i\varrho'}{2k}}{\sin \frac{i\varrho}{2k}},$$

worin $i = \sqrt{-1}$. Diese Formel ist mit unserem früheren Resultate, wonach (vgl. p. 31)

$$(5) \qquad \frac{x-\xi}{x-\eta} \cdot \frac{y-\eta}{y-\xi} = \frac{r}{r'} \cdot \frac{\varrho'}{\varrho}$$

nicht in Einklang, geht aber für $k = \infty$ in die letztere über. Man könnte hieraus schliessen wollen, dass es überflüssig sei, bei unserer Annahme von der Existenz *zweier* unendlich fernen Punkte zu beharren und auf Grund dieser Annahme noch weitere Entwicklungen durchzuführen. Gleichwohl sind diese weiteren Entwicklungen von höchster principieller Wichtigkeit; es ist eben eine sehr beachtenswerthe Thatsache, dass man von einer Hypothese aus, deren Consequenzen mit unserer geometrischen Anschauung in völligem Widerspruche stehen, doch ein in sich widerspruchsfreies System von Schlüssen, eine in sich folgerichtige Geometrie aufzubauen vermag. Die Bedeutung dieser Thatsache werden wir am Schlusse unserer Untersuchungen näher beleuchten.

Wie schon gezeigt wurde, ist die erwähnte Geometrie von der gewöhnlichen, unter Benutzung des Parallelenaxioms (d. h. unter Voraussetzung *eines* unendlich fernen Punktes auf der Geraden) entwickelten nicht verschieden, in so weit es sich um rein projectivische Eigenschaften der Figuren handelt. Sobald aber metrische Begriffe eingeführt werden sollen, so tritt der Unterschied deutlich hervor, wie wir an dem Beispiele der Gleichung (4) zuerst gesehen haben. Da uns über die unendlich fernen Punkte einer Geraden die Wahl zwischen zwei Hypothesen blieb, so haben wir auch zwei verschiedene abstracte Geometrieen der gemeinten Art zu unterscheiden, nämlich*):

---

*) Diese Bezeichnung ist von Klein eingeführt; sie entspricht dem Umstande, dass man eine Involution als hyperbolisch, elliptisch oder parabolisch bezeichnet, je nachdem die Doppelelemente reell, imaginär oder zusammenfallend sind. Die hyperbolische Geometrie wird auch nach ihrem ersten Begründer als Lobatcheffsky'sche Geometrie bezeichnet. Mit Hülfe elementarer Methoden hat Lobatcheffsky die Möglichkeit der hyperbolischen Geometrie 1826 erkannt und die Hauptsätze der Trigonometrie und der analytischen Geometrie entwickelt (im Kazaner Boten von 1829 und 1830; Gelehrte Schriften der Universität Kazan 1836—38; Géométrie imaginaire, Crelle's Journal Bd. 17; Geometrische Untersuchungen zur Theorie der Parallellinien, Berlin 1840; Pangéométrie ou Précis de géométrie fondée sur une théorie générale des parallèles, Kazan 1855 und Giornale di Matematiche vol. 5). In gleicher Richtung bewegen sich die Arbeiten von Johann Bolyai, enthalten in einem Appendix zu dem Werke seines Vaters Wolfgang Bolyai: Tentamen juventutem studiosam in elementa matheseos . . . introducendi, t. 1, Maros-Vásárhely 1832. Schon seit 1792 hatte Gauss, mit welchem Bolyai in Verbindung stand, ähnliche Ueberlegungen angestellt; vgl. den Briefwechsel zwischen Gauss uud Schumacher, Bd. 2, p. 268—271, Altona 1860 (Briefe von 1831) u. Bd. 5, p. 247. — Neu bearbeitet wurde

1) *die hyperbolische Geometrie*, bei welcher vorausgesetzt wird, dass jeder Geraden zwei unendlich ferne Punkte zukommen;

2) *die elliptische Geometrie*, bei welcher auf keiner geraden Linie ein unendlich ferner Punkt liegen soll.

Beide Fälle zusammenfassend spricht man von einer *absoluten* oder *nicht-Euclidischen Geometrie*, welcher dann die auf dem gewöhnlichen Parallelenaxiome beruhende als *Euclidische* oder *parabolische* gegenübergestellt wird. Die folgenden Betrachtungen beziehen sich zunächst auf die hyperbolische Geometrie.

Wollen wir dieselbe für ebene Figuren darstellen, so ist unsere nächste Aufgabe, die Bewegungen der Ebene analytisch zu definiren. Wir nehmen dieselben als in der Form einer Transformation

$$\xi = \varphi(x, y), \quad \eta = \psi(x, y)$$

gegeben an; und *wir machen die Festsetzung, dass vermöge derselben jede gerade Linie wieder in eine gerade Linie übergeführt werden soll* (vgl. p. 465). Aus einem Strahlbüschel wird dann auch wieder ein Strahlbüschel. Insbesondere gehe so der Büschel $\xi - \lambda = 0$ über in den Büschel

$$u_1 x + v_1 y + w_1 - \mu (u_3 x + v_3 y + w_3) = 0,$$

und zwar so, dass die Strahlen $\mu = 0$ und $\lambda = 0$, $\mu = \infty$ und $\lambda = \infty$ bez. einander entsprechen. Sobald λ constant ist, nimmt auch μ einen constanten Werth an; wenn λ sich ändert, variirt auch μ. Es ist daher λ eine Function von μ und wir können setzen:

$$\xi = \Phi \left(\frac{u_1 x + v_1 y + w_1}{u_3 x + v_3 y + w_3} \right) = \Phi (\mu).$$

Da nun das Doppelverhältniss von vier Strahlen eines Büschels durch

---

die Bolyai'sche Schrift von Frischauf, Elemente der absoluten Geometrie, Leipzig 1876 (man findet hier auch einige weitere Litteraturangaben). — Mittelst der Methoden der analytischen Geometrie behandelt Flye S^{te}. Marie die hyperbolische Geometrie: Etudes analytiques sur la théorie des parallèles, Paris 1871. — Die Möglichkeit der elliptischen Geometrie erkannte zuerst Riemann, ausgehend von dem Ausdrucke für das Quadrat des Linienelements: Ueber die Hypothesen, welche der Geometrie zu Grunde liegen, Abhandlungen der K. Gesellschaft der Wissenschaften zu Göttingen, Bd. 13, 1867 (diese aus dem Jahre 1854 stammende Arbeit wurde nach des Verfassers Tode veröffentlicht). Andere Arbeiten von v. Helmholtz, Cayley, Klein haben wir später Gelegenheit zu erwähnen. — Wie Beltrami bemerkt hat (Rendiconti della R. Accademia dei Lincei, classe di scienze morali, storiche e filologiche, 17. März 1889) hat schon 1733 Hieronymus Saccheri einen erfolgreichen Versuch zur Begründung der nicht-Euclidischen Geometrie gemacht, war aber in seinen weiteren Schlüssen nicht immer correct.

Ziehen von geraden Linien (durch harmonische Constructionen, vgl. p. 454) vollständig definirt werden kann, da ferner gerade Linien wieder in gerade Linien übergehen, die zur Definition des Doppelverhältnisses dienenden Constructionen also nicht wesentlich durch Bewegungen modificirt werden, so haben vier Strahlen des Büschels $\xi - \lambda = 0$ dasselbe Doppelverhältniss, wie vier Strahlen des ihm entsprechenden Büschels, d. h. zwischen λ und μ besteht eine lineare Relation. Damit nun die Werthe 0 und ∞ sich selbst zugeordnet bleiben, kann μ sich von λ nur um einen constanten Factor unterscheiden. Lassen wir letzteren in die Coëfficienten u_1, v_1, w_1 eingehen, so wird demnach die Function $\Phi(\mu)$ durch μ selbst zu ersetzen sein. Analoges gilt für den Strahlbüschel $\eta - \lambda = 0$; und so *erhalten wir schliesslich zur Darstellung der Bewegung eine Collineation*:

$$\xi = \frac{u_1 x + v_1 y + w_1}{u_3 x + v_3 y + w_3}, \qquad \eta = \frac{u_2 x + v_2 y + w_2}{u_3 x + v_3 y + w_3}.$$

Aber nicht jede Collineation stellt eine Bewegung dar. Wir haben also zu fragen, wie die Coëfficienten der rechten Seiten durch die übrigen für eine Bewegung charakteristischen Forderungen in ihrer Veränderlichkeit beschränkt werden. Diese übrigen Forderungen beziehen sich auf die unendlich fernen Punkte der Ebene. Da es auf jeder der doppelt unendlich vielen Geraden zwei solche Punkte geben soll, und da durch jeden unendlich fernen Punkt einfach unendlich viele Gerade hindurchgehen, so gibt es in der Ebene einfach unendlich viele „unendlich ferne Punkte"; und da bei continuirlicher Bewegung einer Geraden ein unendlich ferner Punkt immer in einen ebensolchen übergehen muss, so reihen sich die unendlich fernen Punkte stetig an einander, d. h. *zwischen ihren Coordinaten x, y besteht eine Gleichung, sie bilden „die unendlich ferne Curve der Ebene"*.

Diese Curve muss bei allen zur Darstellung von Bewegungen brauchbaren Collineationen in sich übergehen; alle Curven der Art aber sind uns bereits bekannt*). Sieht man von der geraden Linie ab, so werden sie alle von einer beliebigen Geraden in mindestens zwei Punkten getroffen; die einfachste unter ihnen ist die Curve zweiter Ordnung; sie ist auch die für uns allein brauchbare. Bei einer Verschiebung einer Geraden in sich bleiben nämlich zwei und nur zwei Punkte (die unendlich fernen) fest; dadurch ist zunächst nicht ausgeschlossen, dass solche Werthe der Variabeln x, denen keine Punkte der Geraden entsprechen (p. 463), fest bleiben oder sich

---

*) Vgl. Bd. I, p. 996 ff.

unter einander vertauschen. Die fragliche Transformation aber ist eine lineare; und eine solche ist auf der Geraden nicht mehr möglich, wenn drei Werthe der Variabeln ungeändert bleiben sollen; es kann sich also nur noch darum handeln, dass bei den Bewegungen ein System von Werthen x (reellen oder imaginären), denen keine Punkte entsprechen, bei den Bewegungen unter sich vertauscht werden. Solche Vertauschungen würden dann aber nur eine discrete Mannigfaltigkeit (bei einer endlichen Anzahl von unter einander zu vertauschenden Werthen von x nur eine endliche Zahl) von Bewegungen zulassen; es würde nicht möglich sein, durch beliebige *stetige* Aenderung eines Parameters eine Bewegung zu erzeugen, was unseren Voraussetzungen widersprechen würde (p. 464). *Die unendlich ferne Curve der Ebene ist daher von der zweiten Ordnung.*

In unseren projectivisch definirten Coordinaten $\xi = x_1 : x_3$ und und $\eta = x_2 : x_3$ (p. 455) sei nun

$$(6) \qquad \Omega_{xx} = \Sigma \Sigma a_{ik} x_i x_k = 0$$

die Gleichung der unendlich fernen Curve. Dann ist die Entfernung zweier Punkte x, y (d. h. x_1, x_2, x_3 und y_1, y_2, y_3) nach (3) definirt als $k \log \alpha$, wenn α das von den Punkten x, y und den Schnittpunkten ihrer Verbindungslinie mit (6) bestimmte Doppelverhältniss bedeutet, also (vgl. Bd. I, p. 74 und 148):

$$(7) \qquad r = k \log \frac{\Omega_{xy} + \sqrt{\Omega_{xy}^2 - \Omega_{xx}\Omega_{yy}}}{\Omega_{xy} - \sqrt{\Omega_{xy}^2 - \Omega_{xx}\Omega_{yy}}},$$

worin

$$\Omega_{xy} = \frac{1}{2} \sum \frac{\partial \Omega_{xx}}{\partial x_i} y_i \,.$$

Hieraus ergibt sich die *Gleichung eines Kreises mit dem Radius r und dem Mittelpunkte y* in der Form:

$$\left(e^{\frac{r}{k}} + 1\right)^2 \Omega_{xx}\Omega_{yy} - 4 e^{\frac{r}{k}} \Omega_{xy}^2 = 0,$$

oder:

$$(8) \qquad \Omega_{xx}\Omega_{yy} - \left(\cos \frac{r}{2ki}\right)^2 \Omega_{xy}^2 = 0,$$

wo wieder i die imaginäre Einheit bedeutet. Hieraus finden wir weiter

$$(9) \qquad \cos \frac{r}{2ki} = \frac{\Omega_{xy}}{\sqrt{\Omega_{xx}\Omega_{yy}}}, \quad \sin \frac{r}{2ki} = \sqrt{\frac{\Omega_{xx}\Omega_{yy} - \Omega_{xy}^2}{\Omega_{xx}\Omega_{yy}}} \,.$$

Die letzte Formel kann benutzt werden, um das Bogenelement ds, d. h. die Entfernung zweier unendlich benachbarten Punkte von einander, zu berechnen. Zu dem Zwecke haben wir $y_i = x_i + dx_i$ zu nehmen und den Sinus des unendlich klein werdenden Arguments durch dieses Argument selbst zu ersetzen. *Für das Quadrat des Bogenelements finden wir so:*

$$(10) \qquad \frac{ds^2}{4k^2} = \frac{\Omega^2_{x,\,dx} - \Omega_{xx}\Omega_{dx,\,dx}}{\Omega^2_{xx}},$$

ein Ausdruck, mit dem wir uns sogleich noch weiter beschäftigen werden.

Der in (7) gefundene Werth von r ist nur reell, wenn

$$\Omega^2_{xy} - \Omega_{xx}\,\Omega_{yy}$$

positiv ist, d. h. wenn der unendlich ferne Kegelschnitt von der Linie x - y in zwei rellen Punkten geschnitten wird; und diese Bedingung ist bei unseren Voraussetzungen für jede gerade Linie erfüllt. Nun theilt ein Kegelschnitt die Ebene in zwei Theile: jede Gerade, welche in den einen Theil eintritt, schneidet die Curve in zwei reellen Punkten, gleichzeitig sind die von irgend einem Punkte dieses Theiles an den Kegelschnitt zu legenden Tangenten imaginär; von jedem Punkte des anderen Theiles dagegen kann man zwei reelle Tangenten an den Kegelschnitt legen, und dieser Theil der Ebene wird sowohl von geraden Linien durchsetzt, die den Kegelschnitt in reellen Punkten treffen, als von solchen, deren Schnittpunkte imaginär sind. Algebraisch lässt sich dies dahin aussprechen, dass es zwei Gruppen von Wertehpaaren ξ, η gibt; diese Gruppen werden von einander durch diejenigen Wertehpaare ξ, η getrennt, welche der Gleichung (6) genügen. *Irgend* zwei verschiedene Wertehpaare der einen Gruppe ξ, η und ξ', η' gestatten unendlich viele Paare nach dem Schema

$$\frac{\xi + \lambda\eta}{1 + \lambda}, \quad \frac{\xi' + \lambda\eta'}{1 + \lambda}$$

zu bilden, unter denen sich für zwei reelle Werthe von λ zwei der Gleichung (6) genügende Paare finden; und für dieselbe Gruppe ist die in (7) auftretende Quadratwurzel stets reell. *Nur die Werthepaare dieser Gruppe können als Coordinaten von Punkten unserer Ebene aufgefasst werden*; den Werthepaaren der anderen Gruppe entsprechen keine Punkte der Ebene, während die unendlich fernen Punkte der Ebene den Grenzübergang vermitteln. Um gewisse algebraische Operationen und Schlüsse kurz kennzeichnen zu können, wird es sich oft empfehlen, auch die Werthepaare der zweiten Gruppe kurz als Punkte zu bezeichnen; wir wollen aber dann von *„idealen Punkten"* sprechen*), im Gegensatze zu den wirklichen Punkten, deren Coordinaten der ersten Gruppe angehören. Es ist dies in ganz demselben Sinne gestattet, wie man sich gewöhnt hat, in der Euclidischen Geometrie von einer unendlich fernen Geraden der Ebene zu sprechen. Soll z. B. die Gleichung des Kreises (8) so transformirt werden, dass nur die Quadrate der homogenen Variabeln vorkommen, so müssen wir bekanntlich ein Polardreieck als Fundamentaldreieck einführen. Von den Seiten eines solchen schneidet aber eine den Kegelschnitt nicht; die eine Ecke des Polardreiecks ist also in den Mittelpunkt des Kreises zu verlegen, die beiden andern Ecken (O und O') liegen dann in dem Gebiete der idealen Punkte; die zur Coordinatenbestimmung dienenden Strahlbüschel $x =$ const. und $y =$ const. haben ideale Mittelpunkte. Gleichwohl können wir sie ganz so, wie Strahlbüschel mit realem Mittelpunkte benutzen, denn ihre perspectivische oder projectivische Beziehung auf Punktreihen wird analytisch in der gleichen Weise vermittelt. Durch passende Wahl des Einheitspunktes und des Coordinatendreiecks kann daher die Gleichung des Kreises auf die Form

$$(11) \qquad x^2 + y^2 + \left(\sin \frac{r}{2\,i\,k} \right)^2 = 0$$

gebracht werden, wobei 0, 0 die Coordinaten des Mittelpunktes sind.

Man sieht sofort, dass jeder solche Kreis den unendlich fernen Kegelschnitt in zwei imaginären Punkten berührt, nämlich in seinen Schnittpunkten mit der idealen Linie $\Omega_{xy} = 0$ (der Polare des Mittelpunktes). Insbesondere kann der Mittelpunkt unendlich weit rücken; dann wird die Linie $\Omega_{xy} = 0$ zur (idealen) Tangente des unendlich fernen Kegelschnittes, und jene beiden imaginären Berührungspunkte fallen in den reellen unendlich fernen Mittelpunkt zusammen. Als einfachste Gleichung der so entstehenden *Grenzcurve**) kann man die folgende wählen (vgl. Bd. I, p. 1000):

$$(12) \qquad y^2 - 2\,x - \left(\cos \frac{r}{2\,i\,k} \right)^2 = 0 .$$

Ein Kreis mit unendlich grossem Radius ist also von einer geraden Linie verschieden.

Jeder Kreis kann durch gewisse Bewegungen (Drehungen um seinen Mittelpunkt) in sich übergeführt werden. In der That kennen

---

*) Vgl. Klein, Math. Annalen, Bd. VI, p. 131.

**) Flye Ste. Marie benutzt a. a. O. solche Grenzcurven zur Definition der Coordinaten. Dadurch wird es erklärlich, dass bei ihm z. B. die Gleichung einer geraden Linie nicht linear in den Coordinaten ist.

wir bereits die algebraische Darstellung aller möglichen Bewegungen ebener Figuren durch unsere früheren Untersuchungen über die lineare Transformation eines Kegelschnittes in sich. Darnach haben wir analytisch nur zu unterscheiden, ob zwei getrennte oder zwei zusammenfallende Punkte des unendlich fernen Kegelschnittes fest. bleiben sollen. Im ersten Falle kann die Bewegung, falls dieser Kegelschnitt in der Form $2X_1X_2 + X_3{}^2 = 0$ gegeben ist, durch die Gleichung (vgl. p. 384)

$$(13) \qquad X_1 = \alpha\, \Xi_1, \quad X_2 = \alpha^{-1}\Xi_2, \quad X_3 = \Xi_3$$

dargestellt werden. Aber für unsere jetzige Anschauungsweise ist noch weiter zu beachten, ob der „Mittelpunkt" zu den wirklichen oder zu den idealen Punkten gehört. Nur im ersteren Falle haben wir eine Drehung um den Mittelpunkt, und jeder Kreis der Schaar $2X_1X_2 + \lambda X_3{}^2 = 0$ geht gleichzeitig in sich über. Die fest bleibende Gerade $X_3 = 0$ ist hier eine ideale Linie, und sie schneidet den unendlich fernen Kegelschnitt in zwei imaginären Punkten; deshalb muss man $X_1 = (x + iy)X_3$, $X_2 = (x - iy)X_3$ setzen, um die Kreisgleichung in der Form (11) zu gewinnen. Ist aber der Mittelpunkt ideal, so sind die Schnittpunkte von $X_3 = 0$ mit dem unendlich fernen Kegelschnitte reell und die Linie $X_3 = 0$ bleibt fest; die Bewegung besteht also in einer Verschiebung dieser Linie in sich. Alle nicht auf ihr liegenden Punkte bewegen sich dabei nicht etwa ebenfalls auf Geraden, sondern auf den Kegelschnitten des Systems $2X_1X_2 + \lambda X_3{}^2 = 0$, welche die unendlich ferne Curve in zwei reellen Punkten berühren. Rückt der Mittelpunkt auf letztere Curve, so haben wir eine Drehung um einen unendlich fernen Punkt, bei der sich alle Punkte auf Curven der Form (12) bewegen. *Es geht hieraus hervor, dass jede Bewegung der Ebene in sich mit einer Drehung um einen wirklichen, bez. einen unendlich fernen Punkt oder mit einer Verschiebung längs einer Geraden äquivalent ist.* Die Drehung um einen unendlich fernen Punkt kann dabei auch als Verschiebung nach einer idealen Geraden (Tangente des unendlich fernen Kegelschnittes) aufgefasst werden.

Bei einer solchen Verschiebung bleibt nach Obigem die Entfernung je zweier auf der Geraden gelegenen Punkte constant. Aber *es bleibt auch ganz allgemein bei jeder Bewegung die Entfernung je zweier Punkte ungeändert*, denn vermöge einer Bewegungstransformation, die den Punkt x in ξ, y in η überführt, wird der Definition nach $\Omega_{xx} = \Omega_{\xi\xi}$, also auch $\Omega_{xy} = \Omega_{\xi\eta}$, woraus das Behauptete hervorgeht. Das Princip der Dualität lehrt sofort, dass für je zwei Gerade eine entsprechende Function der Liniencoordinaten ungeändert bleibt. Dieselbe gibt ein Maass für den *Winkel zweier sich schneidenden Geraden u und v.* Ist $\Psi_{uu} = 0$ die Gleichung der Curve $\Omega_{xx} = 0$ in Liniencoordinaten u_i, so haben wir ihren Winkel φ durch die Gleichung[*])

$$(14) \qquad \varphi = ik' \log \frac{\Psi_{uv} + \sqrt{\Psi_{uv}^2 - \Psi_{uu}\Psi_{vv}}}{\Psi_{uv} - \sqrt{\Psi_{uv}^2 - \Psi_{uu}\Psi_{vv}}}$$

zu definiren, in der ik' eine rein imaginäre Constante bedeutet. Letztere ist hier imaginär zu wählen, weil für die nicht idealen geraden Linien der Ausdruck unter dem Wurzelzeichen negativ ausfällt. Was hier und an einigen früheren Stellen unter einer *idealen Geraden* verstanden wird, ist leicht ersichtlich. Wir nennen so die Gesammtheit aller idealen Punkte (p. 471 f.), deren Coordinaten einer linearen Gleichung genügen, falls diese Gleichung durch keinen wirklichen Punkt befriedigt wird. Jede wirkliche gerade Linie enthält theils wirkliche, theils ideale Punkte; durch einen wirklichen Punkt gehen nur wirkliche gerade Linien, durch einen idealen Punkt aber sowohl wirkliche als ideale Gerade. Für je zwei wirkliche Gerade u, v ist der Ausdruck auf der rechten Seite von (14) reell, weil die von ihrem Schnittpunkte an den Kegelschnitt $\Psi_{uu} = 0$ zu legenden Tangenten imaginär sind, der unter dem Wurzelzeichen stehende

---

*) Lässt man den Kegelschnitt $\Psi_{uu} = 0$ in ein Punktepaar zerfallen und wählt als solches die beiden imaginären Kreispunkte der Ebene, so ist der hier gegebene Ausdruck für $k' = 1$ identisch mit dem Winkel der beiden Geraden in der gewöhnlichen Geometrie; und so wird es begreiflich, dass dem Ausdrucke (14) dieselben charakteristischen Eigenschaften wie dem gewöhnlichen Winkel zukommen. Analoges wird für den dualistisch entsprechenden Ausdruck (7) gelten. Auf diese Weise ergibt sich eine Verallgemeinerung der gewöhnlichen metrischen Geometrie, die von Cayley zuerst aufgestellt wurde: A sixth Memoir upon Quantics, Philosophical Transactions, Januar 1859; vgl. auch die Darstellung in Fiedler's Elementen der neueren Geometrie und der Algebra der binären Formen, Leipzig 1862, sowie in dessen Bearbeitung von Salmon's Theorie der Kegelschnitte. Cayley hob auch den Zusammenhang mit der sphärischen Geometrie hervor, auf welchen man durch die angeführte Verallgemeinerung des Distanzbegriffes geführt wird, und der sich uns in den trigonometrischen Formeln noch weiter geltend machen wird. Die Identität dieser Cayley'schen Verallgemeinerung der Metrik und der nicht-Euclidischen Geometrie wurde von Klein erkannt und im Einzelnen begründet (Math. Annalen, Bd. 4, 1871, vgl. auch Bd. 6); die projectivische Maassbestimmung mittelst eines festen Kegelschnittes wird als etwas Gegebenes angesehen, und die aus ihr sich ergebenden Folgerungen werden mit den Resultaten von Lobatcheffsky, Bolyai, Riemann u. a. verglichen (vgl. Bd. I, p. 150); doch wird auch gelegentlich auf den im Texte befolgten Gedankengang hingewiesen (a. a. O. Bd. 6, p. 128).

Ausdruck also einen negativen Werth hat. — Eine leichte Umformung ergibt

$$(14\,a) \qquad \cos\frac{\varphi}{2k'} = \frac{\Psi_{uv}}{\sqrt{\Psi_{uu}\,\Psi_{vv}}}, \qquad \sin\frac{\varphi}{2k'} = \sqrt{\frac{\Psi_{uu}\,\Psi_{vv} - \Psi_{uv}^2}{\Psi_{uu}\,\Psi_{vv}}}.$$

Auch der Winkel zweier Geraden bleibt bei beliebiger Bewegung ungeändert.

Die Constante k' bleibt vollkommen willkürlich; ihr Werth wird bestimmt, wenn wir irgend einen bestimmten Winkel als Einheit zu Grunde legen. Wir sind gewohnt, den Winkel durch den Bogen des ihm concentrischen Kreises vom Radius Eins zu messen; der ganze Umfang ergibt sich dann gleich 2π, wenn π die bekannte Ludolph'sche Zahl bezeichnet; und so wird die Grösse des Winkels in der Regel in Bruchtheilen von 2π angegeben. Um hier etwas Analoges zu versuchen, berechnen wir den Umfang des Kreises (11), wobei $\sin\frac{r}{2ki} = iR$ gesetzt werden möge. Unter Benutzung nicht homogener rechtwinkliger Coordinaten wird nach (11) $xdx + ydy = 0$, also aus (10):

$$\frac{ds^2}{4k^2} = dx^2 + dy^2.$$

Mit Hülfe der Gleichung $x^2 + y^2 + 1 = 1 + R^2$ erhält man hieraus für den Kreisbogen s:

$$(15) \qquad \frac{s}{2k} = R\int\frac{dx}{\sqrt{R^2 - x^2}} = R\arcsin\frac{x}{R} + \text{const.}$$

Die Gleichung der Verbindungslinie des Anfangspunktes mit dem Punkte x, y ist in homogenen Coordinaten $x_1 y - x_2 x = 0$; um den von ihr mit der Linie $x_1 = 0$ (d. i. der Y-Axe) gebildeten Winkel φ zu berechnen, haben wir also in (14a) $\Psi_{uu} = u_1^2 + u_2^2 + u_3^2$ und $u_1 = y$, $u_2 = -x$, $u_3 = 0$, $v_1 = 1$, $v_2 = 0$, $v_3 = 0$ zu setzen und finden so

$$(16) \qquad \sin\frac{\varphi}{2k'} = \frac{x}{R};$$

die rechte Seite von (15) ist daher gleich $\frac{R\varphi}{2k'} + \text{const.}$ Durchläuft nun x alle Werthe von R bis $-R$ und zurück von $-R$ bis R, so ist bekanntlich der Werth des auf der linken Seite von (15) auftretenden Integrals gleich 2π; für den Umfang S unseres Kreises ergibt sich daher

$$(17) \qquad \frac{S}{2k} = R2\pi = \left(e^{\frac{r}{2k}} - e^{-\frac{r}{2k}}\right)\pi.*)$$

---

*) Diese von Bolyai und Lobatcheffsky aufgestellte Formel findet

Die Grösse des Winkels, welcher einem vollen Umgange auf der Kreisperipherie entspricht, ist nach (16) gleich $4k'\pi$ zu setzen; denn wenn der Winkel um diese Grösse wächst, muss die Coordinate x ihren früheren Werth wieder annehmen. Benutzt man diese Bemerkung, so folgt aus (15) unter Berücksichtigung von (16) wiederum die Gleichung (17). Es ergibt sich also keine Relation zwischen k und k'; beide Grössen können zur Festlegung der Einheiten für Entfernung, bez. Winkel willkürlich gewählt werden.

Gemäss dem dualistischen Charakter unserer Formeln kann man ebenso von einem „*Winkelelemente*" oder „*Drehungselemente*" sprechen, wie von einem Bogenelemente. Als Winkelelement hätte man den unendlich kleinen Winkel $d\varepsilon$ zu bezeichnen, den zwei Linien u und $u + du$ mit einander einschliessen. Aus der zweiten Gleichung (14a) ergibt sich:

$$(18) \qquad \left(\frac{d\varepsilon}{2k'}\right)^2 = \frac{\Psi_{uu}\Psi_{du\,du} - \Psi^2_{u\,du}}{\Psi^2_{uu}}.$$

Fasst man die Linien u und $u + du$ als einander benachbarte Tangenten einer gegebenen Curve auf, so nennt man das Differential $d\varepsilon$ den *Contingenzwinkel der Curve*. Es ist dann u die Verbindungslinie von x mit $x + dx$, also $u_i = (xdx)_i$ und $du_i = (xd^2x)_i$. Setzen wir symbolisch $\Psi_{uu} = u_\alpha{}^2 = u_\beta{}^2$, so kommt:

$$\Psi_{uu}\Psi_{du\,du} - \Psi^2_{u\,du} = (\alpha x\,dx)^2(\beta x\,d^2x)^2 - (\alpha x\,dx)(\alpha x\,d^2x)(\beta x\,dx)(\beta x\,d^2x)$$

$$= (\alpha\beta x)(\alpha x\,dx)(\beta x\,d^2x)(x\,dx\,d^2x)$$

$$= \frac{1}{2}(\alpha\beta x)^2(x\,dx\,d^2x)^2.$$

Gehen wir von der Punktgleichung $\Omega_{xx} = 0$ aus und nehmen $\Omega_{xx} = a_x{}^2 = b_x{}^2$, so ist $u_\alpha{}^2 = (abu)^2$ zu setzen, und wir haben

$$(\alpha\beta x)^2 = (a_\beta b_x - b_\beta a_x)^2 = 2a_\beta{}^2 \cdot b_x{}^2 - 2a_\beta b_\beta a_x b_x = \frac{4}{3}a_\beta{}^2 \cdot b_x{}^2.\text{*)}$$

Nun ist $a_\alpha{}^2 = a_\beta{}^2 = (abc)^2 = 6A$, wenn $A = \Sigma \pm a_{11}a_{22}a_{33}$ die Discriminante des Kegelschnittes $\Omega_{xx} = a_x{}^2 = 0$ bezeichnet; also

---

sich auch bei Gauss a. a. O. — Sie zeigt, dass die Frage nach der Möglichkeit der Rectification des Kreises durch Constructionen mittelst des Zirkels und Lineals für die nicht-Euclidische Geometrie durch den vom Herausgeber erbrachten Beweis für die Transscendenz der Zahl π (Math. Annalen, Bd. 20, 1882, vgl. auch Weierstrass, Sitzungsberichte der Berliner Academie 1885) noch nicht erledigt ist.

*) Der Term $a_\beta b_\beta a_x b_x$ ist nämlich gleich der in Bd. I, p. 294 berechneten Bildung P_{11}.

wird $(\alpha\beta x)^2 = 8A\Omega_{xx}$. Setzen wir auch im Nenner der rechten Seite von (18) $u_i = (x\,dx)_i$, so erhalten wir

$$\Psi_{uu} = (a_x b_{dx} - a_{dx} b_x)^2 = 2(\Omega_{xx}\Omega_{dx\,dx} - \Omega^2_{x\,dx}).$$

Der Contingenzwinkel bestimmt sich hiernach aus der Gleichung:

$$(19) \qquad \left(\frac{d\varepsilon}{2k'}\right)^2 = \frac{A \cdot \Omega_{xx} \cdot (\Sigma \pm x_1\,dx_2\,d^2x_3)^2}{(\Omega_{xx}\Omega_{dx\,dx} - \Omega^2_{x\,dx})^2}.\,{}^*)$$

Das Verhältniss von $d\varepsilon$ zu ds gibt ein Maass für die „Krümmung" der Curve im Punkte x, d. h. für die Grösse der durch $d\varepsilon$ gemessenen Drehung der Tangente, wenn x auf der Curve um ds fortschreitet. Es wird:

$$(20) \qquad \left(\frac{d\varepsilon}{ds}\right)^2 = \left(\frac{k'}{k}\right)^2 \cdot \frac{A \cdot (\Sigma \pm x_1\,dx_2\,d^2x_3)^2 \cdot \Omega^3_{xx}}{[\Omega_{xx}\Omega_{dx\,dx} - \Omega^2_{x\,dx}]^3}.$$

Gebrauchen wir rechtwinklige Coordinaten, setzen $\Omega_{xx} = x^2 + y^2 - 1$, ferner $x_3 = 1$, $dx_3 = 0$ und sehen y als Function von x an (so dass auch $d^2y = 0$), so kommt insbesondere

$$\left(\frac{d\varepsilon}{ds}\right)^2 = \left(\frac{k'}{k}\right)^2 \frac{(d^2y)^2 \cdot (x^2 + y^2 - 1)^3}{[(x\,dx + y\,dy)^2 - (x^2 + y^2 - 1)(dx^2 + dy^2)]^3}.$$

Wenn man mit den Differentialen homogener Coordinaten rechnet, muss man die letzteren bekanntlich in irgend einer Weise absolut festgelegt denken, indem man zwischen ihnen eine nicht homogene identische Gleichung annimmt. Am einfachsten geschieht dies durch eine lineare Gleichung (vgl. p. 95), z. B. durch die Forderung $x_3 = 1$; man kann aber auch andere Gleichungen benutzen, nur geht dann der Vortheil der eindeutigen Bestimmtheit verloren. Für die Formeln, bei denen das Bogenelement vorkommt, empfiehlt es sich festzusetzen, dass Ω_{xx} gleich einer Constanten sei. Um den Coordinaten eine erst später zu erörternde einfache metrische Bedeutung zu geben, ist es ferner vortheilhaft, Ω_{xx} in der Form $x_1{}^2 + x_2{}^2 - 4k^2x_3{}^2$ vorauszusetzen und *die absoluten Werthe der x_i durch die Identität*

$$(21) \qquad \Omega_{xx} \equiv x_1{}^2 + x_2{}^2 - 4k^2x_3{}^2 = -4k^2$$

---

*) Die rechte Seite ist stets positiv, da Ω_{xx} für alle wirklichen Punkte ein constantes Vorzeichen hat, und da sich A bei linearer Transformation der Coordinaten nur um das Quadrat der Substitutionsdeterminante ändert (Bd. I, p. 131 und oben p. 211). Man kann die Gleichung $\Omega_{xx} = 0$ in der Form $x_1{}^2 + x_2{}^2 - x_3{}^2 = 0$ annehmen, wenn $x_1 = 0$, $x_2 = 0$ die Coordinaten eines wirklichen Punktes sind; dann wird $A\Omega_{xx}$ für diesen Punkt positiv; folglich gilt dasselbe für *alle* wirklichen Punkte.

*zu definiren***). Von der hierdurch eingeführten Zweideutigkeit kann man sich ein Bild machen, indem man die Grössen x_1, x_2, x_3 als gewöhnliche rechtwinklige Coordinaten im Raume interpretirt. In (21) haben wir dann die Gleichung eines zweischaligen Rotationshyperboloids vor uns (p. 174). Die Verhältnisse $x_1 : x_3$ und $x_2 : x_3$ bestimmen eine durch den Anfangspunkt gehende gerade Linie; jedem Punkte unserer Ebene entspricht eine solche Gerade; insbesondere sind den unendlich fernen Punkten der Ebene die Erzeugenden des zu (21) gehörigen Asymptotenkegels zugeordnet; den idealen Punkten entsprechen diejenigen Geraden des Bündels, welche die Fläche (21) in imaginären Punkten treffen. Die übrigen Geraden des Bündels schneiden die Fläche in je *zwei* reellen Punkten; somit *sind jedem Punkte unserer Ebene zwei Punkte des Hyperboloids zugeordnet***). Jeder geraden Linie der Ebene entspricht eine Ebene durch den Anfangspunkt, also ein Diametralschnitt des Hyperboloids, u. s. f.

Aus (21) erhalten wir durch Differentiation

$$\Omega_{xdx} \equiv x_1 dx_1 + x_2 dx_2 - 4k^2 x_3 dx_3 = 0;$$

ferner ist $A = -4k^2$. Unsere früheren Formeln für das Linienelement, den Contingenzwinkel und die Krümmung einer Curve werden daher:

$$(10\,\mathrm{a}) \qquad ds^2 = dx_1{}^2 + dx_2{}^2 - 4k^2\, dx_3{}^2,\text{***})$$

---

*) In (21) muss rechts eine negative Constante gewählt werden, damit die von x an den Kegelschnitt zu legenden Tangenten imaginär werden; nur für die idealen Punkte ist $\Omega_{x\,x}$ positiv.

**) Vgl. Killing, a. a. O. p. 260 und Poincaré, Bulletin de la Société mathématique, t. 15, p. 205, 1887. — Das Hyperboloid ist so zweideutig auf die Ebene abgebildet; dadurch entsteht nach einer früheren Bemerkung (p. 431) eine Verallgemeinerung der Kreistheorie, von der man jetzt einsieht, dass sie mit der durch die nicht-Euclidische Geometrie bedingten Verallgemeinerung zusammenfällt.

***) Hierin ist nach (21) x_3 noch als Function von x_1 und x_2 anzusehen; wir werden erst später die Elimination von dx_3 wirklich ausführen und dadurch zu der von Riemann als für die nicht-Euclidische Geometrie charakteristischen Form des Bogenelementes gelangen. — Wie nämlich nach Gauss die Theorie der Curven auf einer Fläche im Wesentlichen von der Art und Weise abhängt, wie sich auf ihr das Bogenelement durch zwei Parameter ausdrückt, so ist nach Riemann (vgl. oben p. 467 f.) der Ausdruck für das Quadrat des Bogenelementes durch die Coordinate (deren Definition dabei unbestimmt gelassen wird) charakteristisch für die Metrik in der betreffenden Mannigfaltigkeit. Eine quadratische Function der Differentiale führt insbesondere zu den drei von uns zu behandelnden Geometrien; complicirtere Ausdrücke für ds^2 werden zwar als möglich erwähnt, aber die aus ihnen zu ziehenden Folgerungen nicht weiter verfolgt.

$$(19\,\mathrm{a}) \qquad \left(\frac{d\,\varepsilon}{2\,k'}\right)^2 = \frac{(\Sigma \pm x_1\, dx_2\, d^2 x_3)^2}{(-\,4\,k^2\, dx_3{}^2 + dx_1{}^2 + dx_2{}^2)^2}\,,$$

$$(20\,\mathrm{a}) \qquad \left(\frac{d\,\varepsilon}{d\,s}\right)^2 = \frac{4\,(\Sigma \pm x_1\, dx_2\, d^2 x_3)^2}{[-\,4\,k^2\, dx_3{}^2 + dx_1{}^2 + dx_2{}^2]^3}\cdot k'^{\,2}.$$

Die in (21) gemachte Festsetzung ist z. B. nützlich, um einzusehen, wie in der hyperbolischen Geometrie der geraden Linie die Eigenschaft erhalten bleibt, dass sie die kürzeste Linie ist, durch welche man irgend zwei ihrer Punkte mit einander verbinden kann. Die Aufgabe, diese kürzeste Linie zu bestimmen, führt nach den Regeln der Variationsrechnung zu der Forderung:

$$(22) \qquad \delta \int_{x^{(1)}}^{x^{(2)}} ds = 0,$$

wenn ds durch (10a) gegeben wird, und wenn zwischen den drei Variabeln die Identität (21) besteht. Sei mit S der Werth des in (22) auftretenden Integrals bezeichnet, so ist

$$\delta S = -\int\left(\delta x_1\, d\,\frac{dx_1}{ds} + \delta x_2\, d\,\frac{dx_2}{ds} - 4\,k^2\,\delta x_3\, d\,\frac{dx_3}{ds}\right),$$

da die Variationen δx_i an den beiden festen Endpunkten $x^{(1)}$ und $x^{(2)}$ verschwinden. Nehmen wir (21) hinzu, so ergeben sich die beiden Bedingungsgleichungen:

$$\delta x_1\, d\,\frac{dx_1}{ds} + \delta x_2\, d\,\frac{dx_2}{ds} - 4\,k^2\,\delta x_3\, d\,\frac{dx_3}{ds} = 0,$$

$$x_1\,\delta x_1 + x_2\,\delta x_2 - 4\,k^2\, x_3\,\delta x_3 = 0.$$

Beide Gleichungen sollen für alle Werthe von δx_1, δx_2, δx_3 bestehen, d. h. es muss sein

$$(23) \qquad \frac{d\,\dfrac{dx_1}{ds}}{x_1} = \frac{d\,\dfrac{dx_2}{ds}}{x_2} = \frac{d\,\dfrac{dx_3}{ds}}{x_3}.$$

Hierin haben wir nur eine einzige Bedingung gefunden, da von den Differentialen noch die beiden Identitäten

$$x_1\, dx_1 + x_2\, dx_2 - 4\,k^2\, x_3\, dx_3 = 0,$$

$$\frac{dx_1}{ds}\, d\,\frac{dx_1}{ds} + \frac{dx_2}{ds}\, d\,\frac{dx_2}{ds} - 4\,k^2\,\frac{dx_3}{ds}\, d\,\frac{dx_3}{ds} = 0$$

erfüllt werden müssen. Interpretiren wir x_1, x_2, x_3 als gewöhnliche rechtwinklige Coordinaten eines Punktes auf dem Hyperboloide (21), so ist auf dieser Fläche eine Curve definirt, deren Schmiegungsebene durch die Gleichung

$$\begin{vmatrix} x_1 & x_2 & x_3 & 1 \\ dx_1 & dx_2 & dx_3 & 0 \\ d^2x_1 & d^2x_2 & d^2x_3 & 0 \\ X_1 & X_2 & X_3 & 1 \end{vmatrix} = 0$$

in den Variabeln X_i dargestellt wird. In Folge von (23) kann man die dritte Horizontalreihe der Determinante durch x_1, x_2, x_3, 0 ersetzen; die Gleichung ist daher für $X_i = 0$ identisch erfüllt, d. h. die Schmiegungsebene geht durch den Mittelpunkt des Hyperboloids. Diesen ebenen Diametralschnitten entsprechen aber die geraden Linien der hyperbolischen Geometrie. *Letztere sind daher in der That gleichzeitig kürzeste Linien.*

IV. Die trigonometrischen Formeln der hyperbolischen Geometrie.

Nach der Aufstellung analytischer Ausdrücke für die Grundbegriffe der Entfernung und des Winkels kommt es darauf an, bei einer gegebenen Figur die verschiedenen Strecken und Winkel in ihrer gegenseitigen Abhängigkeit zu untersuchen. Für die Euclidische Geometrie werden die dazu nöthigen Mittel in der Trigonometrie entwickelt; sehen wir also, wie sich entsprechende Betrachtungen für die hyperbolische Geometrie anstellen lassen!

Zunächst drücken wir die „rechtwinkligen Coordinaten" x, y eines Punktes P durch seine Entfernung von den Coordinatenaxen $x = 0$ und $y = 0$ aus. Es sei also p die Entfernung von der Axe $x = 0$, d. h. die Länge des von P aus auf diese Axe gefällten Lothes, q die Länge des von P aus auf die Linie $y = 0$ gefällten Lothes. Zu Grunde gelegt wird (und dadurch sind für uns die *rechtwinkligen* Coordinaten definirt) ein Polardreieck des Fundamentalkegelschnittes, so dass

$$\Omega_{xx} = [x^2 + y^2 - 4k^2]\, x_3{}^2 .$$

Das von P auf die Linie $x = 0$ gefällte Loth ist die Verbindungslinie von P mit dem Pole dieser Linie in Bezug auf den Fundamentalkegelschnitt (dessen Coordinaten $y = 0$, $x_3 = 0$ sind); der Fusspunkt des Lothes hat also die Coordinaten 0 und y, und seine Entfernung von P, d. i. die Strecke p, ergiebt sich aus (9):

$$(25) \qquad \sin \frac{p}{2ki} = \frac{x}{\sqrt{x^2 + y^2 - 4k^2}};$$

ebenso wird q und die Entfernung r des Punktes P vom Anfangspunkte berechnet; wir finden:

$$(25\,\mathrm{a}) \quad \sin \frac{q}{2ki} = \frac{y}{\sqrt{x^2 + y^2 - 4k^2}}, \quad \sin \frac{r}{2ki} = \frac{\sqrt{x^2 + y^2}}{\sqrt{x^2 + y^2 - 4k^2}} .$$

Es besteht hiernach die Identität

$$(26) \qquad \left(\sin \frac{p}{2ki}\right)^2 + \left(\sin \frac{q}{2ki}\right)^2 - \left(\sin \frac{r}{2ki}\right)^2 = 0.$$

Definiren wir also drei Variable ξ, η, ζ durch die Gleichungen

$$(27) \qquad \xi = 2ik \sin \frac{p}{2ki}, \quad \eta = 2ik \sin \frac{q}{2ki}, \quad \zeta = \cos \frac{r}{2ki},$$

so besteht zwischen ihnen die Relation

$$(28) \qquad \xi^2 + \eta^2 - 4k^2\zeta^2 = -4k^2.$$

Der Vergleich mit (21) lehrt sofort, dass *die Grössen ξ, η, ζ nichts anderes sind, als die in ihren absoluten Werthen gemäss obiger Festsetzung fixirten homogenen Coordinaten des Punktes P*).

Zu den *trigonometrischen Formeln für das Dreieck* (zunächst das rechtwinklige) gelangen wir durch unsere frühere Untersuchung über die Transformation eines Kegelschnittes in sich. Ist die Gleichung des letzteren $2X_1 X_2 - X_3{}^2 = 0$, so wird eine solche Transformation durch die Formeln

$$(29) \qquad \Xi_1 = \alpha^{-1} X_1, \quad \Xi_2 = \alpha X_2, \quad \Xi_3 = X_3$$

dargestellt; sie repräsentirt eine Drehung um den Punkt $X_1 = 0$, $X_2 = 0$, wenn die beiden fest bleibenden Punkte des Kegelschnittes imaginär sind. Um dies zum Ausdrucke zu bringen und gleichzeitig den Kegelschnitt in die obige Form zu transformiren, setzen wir:

$$\frac{\Xi_1}{\Xi_3} = \frac{\xi + i\eta}{k\sqrt{2}}, \quad \frac{\Xi_2}{\Xi_3} = \frac{\xi - i\eta}{k\sqrt{2}}, \quad \frac{X_1}{X_3} = \frac{x + iy}{k\sqrt{2}}, \quad \frac{X_2}{X_3} = \frac{x - iy}{k\sqrt{2}}.$$

Die Formeln (29) nehmen dann folgende Gestalt an:

$$(30) \qquad \begin{aligned} 2x &= (\alpha + \alpha^{-1})\xi + i(\alpha - \alpha^{-1})\eta, \\ 2y &= -i(\alpha - \alpha^{-1})\xi + (\alpha + \alpha^{-1})\eta. \end{aligned}$$

Der Strahl $X_1 + \lambda X_2 = 0$ geht in den Strahl $X_1 + \alpha^2 \lambda X_2 = 0$ über; das Quadrat des Parameters α ist daher gleich dem Doppelverhältnisse, welches irgend ein durch den Anfangspunkt gehender Strahl mit dem ihm zugeordneten Strahle und mit den beiden vom Anfangspunkte an den unendlich fernen Kegelschnitt gehenden Tangenten bildet**). *Es ist folglich α^2 ein Maass des Winkels φ, um*

----

*) Diese Coordinaten legt Killing a. a. O. zu Grunde, indem er sich dabei auf die von Weierstrass in seinen Vorlesungen gemachten Angaben stützt. Bei ξ und η tritt in (27) auf den rechten Seiten der Factor k hinzu, damit sich für $k = \infty$ die gewöhnlichen rechtwinkligen Coordinaten ξ, η, 1 ergeben. Aus (26) ergibt sich für $k = \infty$ der Pythagoräische Lehrsatz.

**) Vgl. Bd. I, p. 199.

welchen ein durch den Anfangspunkt gehender Strahl vermöge der in (30) dargestellten Rotation um diesen Anfangspunkt gedreht wird; und nach (14) können wir

$$\varphi = 2ik' \log \alpha$$

setzen. Führen wir noch die Abstände p, q des Punktes P (d. i. x, y) von den Coordinatenaxen nach (25) und (25a) ein und ebenso seine Entfernungen π, $\varkappa$ von den Axen $\xi = 0$, $\eta = 0$, so gehen wegen

$$x^2 + y^2 - 4k^2 = \xi^2 + \eta^2 - 4k^2$$

die Gleichungen (30) über in

$$(31) \quad \begin{aligned} \sin \frac{p}{2ki} &= \cos \frac{\varphi}{2k'} \sin \frac{\pi}{2ki} + \sin \frac{\varphi}{2k'i} \sin \frac{\varkappa}{2ki}, \\ \sin \frac{q}{2ki} &= -\sin \frac{\varphi}{2k'} \sin \frac{\pi}{2ki} + \cos \frac{\varphi}{2k'} \sin \frac{\varkappa}{2ki}. \end{aligned}$$

Nehmen wir insbesondere $q = 0$, d. h. lassen den Punkt P auf die X-Axe rücken, so wird p gleich dem Abstande dieses Punktes vom Anfangspunkte; die Elimination von $\varkappa$ bez. π führt dann zu den Gleichungen

$$(32) \quad \sin \frac{\pi}{2ki} = \sin \frac{p}{2ki} \sin \frac{\varphi}{2k'}, \quad \sin \frac{\varkappa}{2ki} = \sin \frac{p}{2ki} \sin \frac{\varphi}{2k'},$$

welche sich auf ein rechtwinkliges Dreieck mit den Katheten π, $\varkappa$ und der Hypothenuse p beziehen, während φ den der Kathete $\varkappa$ gegenüberliegenden Winkel bezeichnet (vgl. Fig. 28). Ziehen wir durch P eine beliebige Gerade, welche die Ξ-Axe in N trifft und dort mit ihr den Winkel ψ bildet, sei ferner mit p' die Entfernung P-N bezeichnet, so haben wir ebenso

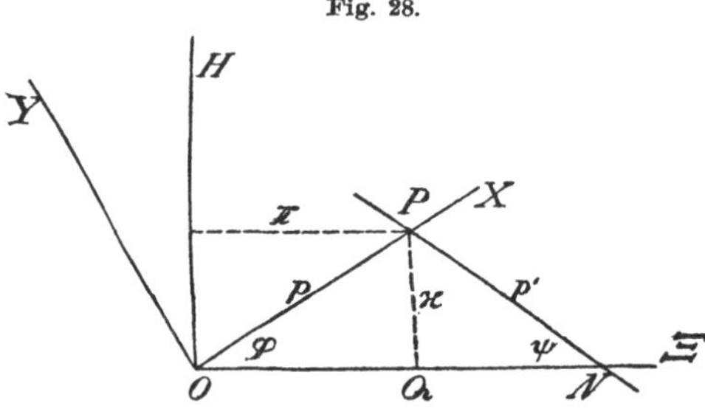

$$\sin \frac{\varkappa}{2ki} = \sin \frac{p'}{2ki} \sin \frac{\psi}{2k'},$$

also durch Elimination von $\varkappa$:

$$\sin \frac{p'}{2ki} : \sin \frac{p}{2ki} = \sin \frac{\varphi}{2k'} : \sin \frac{\psi}{2k'}.$$

Dieses Resultat bezieht sich auf die Seiten und Winkel des beliebig gestalteten Dreiecks OPN. *Sind daher in der üblichen Weise a, b, c*

die Längen der Seiten eines Dreiecks und α, β, γ die Grössen der ihnen bez. gegenüber liegenden Winkel, so folgt:

$$(33) \qquad \sin \frac{a}{2ki} : \sin \frac{b}{2ki} : \sin \frac{c}{2ki} = \sin \frac{\alpha}{2k'} : \sin \frac{\beta}{2k'} : \sin \frac{\gamma}{2k'}.$$

Aus diesem Fundamentalsatze (dem sogenannten *Sinussatze*) lassen sich alle anderen Formeln der Trigonometrie ableiten.

Zur Aufstellung des zweiten Hauptsatzes (des „*Cosinussatzes*") gehen wir auf das rechtwinklige Dreieck OPQ (vgl. Fig. 28) zurück. Es werde mit δ die Länge der Seite OQ bezeichnet, welche in der hyperbolischen Geometrie nicht mit π identisch ist*). Nach (9) resp. (25a) haben wir

$$(34) \qquad \cos \frac{\varkappa}{2ki} = \sqrt{\frac{\xi^2 - 4k^2}{\xi^2 + \eta^2 - 4k^2}}, \quad \cos \frac{\delta}{2ki} = \sqrt{\frac{-4k^2}{\xi^2 - 4k^2}},$$
$$\cos \frac{\varrho}{2ki} = \sqrt{\frac{-4k^2}{\xi^2 + \eta^2 - 4k^2}};$$

also folgt:

$$(35) \qquad \cos \frac{\varrho}{2ki} = \cos \frac{\delta}{2ki} \cos \frac{\varkappa}{2ki},$$

wobei ϱ dieselbe Strecke bezeichnet, die früher p genannt wurde. Nehmen wir nun ein beliebiges Dreieck mit den Seiten a, b, c und den Winkeln α, β, γ als gegeben an, und werde die Grundlinie c durch die Höhe $\varkappa$ in die beiden Theile c' und c'' getheilt, so haben wir nach (35):

$$\cos \frac{a}{2ki} = \cos \frac{\varkappa}{2ki} \cos \frac{c'}{2ki}$$
$$= \cos \frac{\varkappa}{2ki} \left(\cos \frac{c}{2ki} \cos \frac{c''}{2ki} + \sin \frac{c}{2ki} \sin \frac{c''}{2ki} \right)$$
$$= \cos \frac{b}{2ki} \cos \frac{c}{2ki} + \cos \frac{\varkappa}{2ki} \sin \frac{c}{2ki} \sin \frac{c''}{2ki}.$$

Ferner lehren die Gleichungen (34), (25) und (32), dass

$$(36) \qquad \cos \frac{\varkappa}{2ki} \sin \frac{\delta}{2ki} = \sin \frac{\pi}{2ki} = \sin \frac{p}{2ki} \sin \frac{\varphi}{2k'}.$$

---

*) Man kann auch die Grössen $\varkappa$ und δ, d. h. Ordinate und Abscisse, als „Coordinaten" der analytischen Geometrie benutzen; so thut es Frischauf: Absolute Geometrie nach Bolyai, p. 60, Leipzig 1872. Mittelst der angegebenen Formeln findet man dann die Gleichung der Geraden $a\xi + b\eta + c = 0$ in der complicirteren Form:

$$2kai \sin \frac{\delta}{2ki} + 2kbi \operatorname{tang} \frac{\varkappa}{2ki} + c \cos \frac{\delta}{2ki} = 0.$$

Noch andere Grössen führt Flye Ste.-Marie a. a. O. als Coordinaten ein (vgl. oben p. 472).

Für unseren Fall haben wir δ durch c'', p durch b, φ durch α zu ersetzen. Wir finden somit die folgende zweite wichtige Formel[*])

$$(37) \qquad \cos\frac{a}{2ki} = \cos\frac{b}{2ki} \cdot \cos\frac{c}{2ki} + \cos\frac{\alpha}{2k'} \cdot \sin\frac{a}{2ki} \cdot \sin\frac{b}{2ki}.$$

Eine dritte Fundamentalformel der Trigonometrie ergibt sich in folgender Weise. In dem eben benutzten Dreiecke mit der Grundlinie c und der Höhe $\varkappa$ ist nach (35):

$$(38) \qquad \cos\frac{a}{2ki} = \cos\frac{\varkappa}{2ki} \cos\frac{c'}{2ki}.$$

Multipliciren wir beiderseits mit $\sin^2\frac{c'}{2ki}$, und ersetzen das rechts entstehende Product durch den ihm gleichen Ausdruck

$$\cos\frac{c'}{2ki}\left(\cos\frac{\varkappa}{2ki} - \cos\frac{a}{2ki}\cos\frac{c'}{2ki}\right),$$

beachten ferner, dass nach (37) die hier auftretende Klammer gleich

$$\sin\frac{a}{2ki}\sin\frac{c'}{2ki}\cos\frac{\beta}{2k'}$$

gesetzt werden darf, so ergibt sich

$$(39) \qquad \cos\frac{\beta}{2k'} \cdot \operatorname{tang}\frac{a}{2ki} = \operatorname{tang}\frac{c'}{2ki},$$

eine Gleichung, mittelst welcher bei einem rechtwinkligen Dreiecke der Cosinus eines Winkels durch die Hypothenuse und die anliegende Kathete ausgedrückt wird. Berechnen wir ferner nach dem Sinussatze den Winkel β durch die Seite a und die Höhe $\varkappa$, so folgt:

$$\operatorname{tang}\frac{\beta}{2k'} \cos\frac{a}{2ki} \operatorname{tang}\frac{c'}{2ki} = \sin\frac{\varkappa}{2ki},$$

und die Anwendung von (38) gibt endlich die für jedes rechtwinklige Dreieck anwendbare Relation:

$$(40) \qquad \operatorname{tang}\frac{\beta}{2k'} \cdot \sin\frac{c'}{2ki} = \operatorname{tang}\frac{\varkappa}{2ki}.$$

Es ist ferner

$$\cos\frac{\varkappa}{2ki} = \cos\frac{c''}{2ki}\cos\frac{b}{2ki} + \sin\frac{c''}{2ki}\sin\frac{b}{2ki}\cos\frac{\alpha}{2k'},$$

also nach (38):

$$\cos\frac{\varkappa}{2ki}\sin\frac{c''}{2ki} = \sin\frac{b}{2ki}\cos\frac{\alpha}{2k'}.$$

---

[*]) Man bemerkt sofort, dass die gewonnenen Formeln (die schon von Bolyai entwickelt waren) mit deren der sphärischen Geometrie in Uebereinstimmung zu bringen sind, wenn man nur k rein imaginär nimmt; der Grund hierfür wird unten bei Behandlung der elliptischen Geometrie hervortreten.

Verwenden wir endlich noch die Gleichungen

$$\cos \frac{\varkappa}{2ki} \cos \frac{c''}{2ki} = \cos \frac{b}{2ki}, \qquad \sin \frac{\varkappa}{2ki} = \sin \frac{b}{2ki} \sin \frac{\alpha}{2k'},$$

so erhalten wir aus (40):

$$(41) \quad \operatorname{tang} \frac{\beta}{2k'} \left(\sin \frac{c}{2ki} - \operatorname{tang} \frac{b}{2ki} \cos \frac{c}{2ki} \cos \frac{\alpha}{2k'} \right) = \operatorname{tang} \frac{b}{2ki} \sin \frac{\alpha}{2k'}.$$

Dies ist die gesuchte dritte fundamentale Relation zwischen den Seiten und Winkeln eines Dreiecks. Multipliciren wir beiderseits mit $\cos \frac{b}{2ki}$, so erscheint sie in der Form

$$(42) \qquad \sin \frac{c}{2ki} \cos \frac{b}{2ki} - \cos \frac{c}{2ki} \sin \frac{b}{2ki} \cos \frac{\alpha}{2k'}$$

$$= \sin \frac{b}{2ki} \sin \frac{\alpha}{2k'} \cot \frac{\beta}{2k'} = \sin \frac{a}{2ki} \sin \frac{\alpha}{2k'} \cos \frac{\beta}{2k'},$$

in welcher eine gewisse Analogie mit (37) hervortritt. Mittelst des Sinussatzes findet man hieraus:

$$\sin \frac{\gamma}{2k'} \cos \frac{b}{2ki} = \sin \frac{\alpha}{2k'} \cos \frac{\beta}{2k'} + \cos \frac{c}{2ki} \cos \frac{\alpha}{2k'} \sin \frac{\beta}{2k'}.$$

Hierin vertauschen wir b mit c und β mit γ, multipliciren die neue Gleichung mit $\cos \frac{\alpha}{2k'}$ und addiren sie zur vorstehenden Gleichung; nach Division mit $\sin \frac{\alpha}{2k'}$ ergibt sich dann:

$$(43) \qquad \cos \frac{\beta}{2k'} + \cos \frac{\alpha}{2k'} \cos \frac{\gamma}{2k'} = \sin \frac{\alpha}{2k'} \sin \frac{\gamma}{2k'} \cos \frac{b}{2ki}.$$

Diese Gleichung steht der Gleichung (37) *dualistisch gegenüber;* sie wird aus ihr bis auf ein Vorzeichen durch Vertauschung der Winkel mit den Seiten und der Grösse k' mit ik gewonnen. Dass eine solche Relation (43) bestehen musste, war nach dem Principe der Dualität vorauszusehen; da aber in den entsprechenden Formeln der analytischen Geometrie Quadratwurzeln vorkommen, war eine neue Ableitung zur Bestimmung der Vorzeichen nothwendig[*]).

In entsprechender Weise kann man die übrigen Formeln in ihre dualistischen Gegenbilder übertragen; es genügt aber in dieser Beziehung zu bemerken, dass *die Relationen* (33) *und* (41) *zu sich selbst dualistisch sind.* Bei der ersteren ist dieses evident; für (41)

---

[*]) In der sphärischen Trigonometrie beweist man die entsprechenden Gleichungen mittelst des sogenannten „Polardreiecks“, was für uns nicht erlaubt ist. Für die Ableitung des Textes vgl. Killing a. a. O. p. 11.

erkennt man es, indem man c mit a, γ mit α vertauscht, und die Gleichung in der Form schreibt:

$$(44) \quad \operatorname{tang} \frac{b}{2ki}\left(\sin \frac{\gamma}{2k'} + \operatorname{tang} \frac{\beta}{2k'} \cos \frac{\gamma}{2k'} \cos \frac{a}{2ki}\right) = \operatorname{tang} \frac{\beta}{2k'} \sin \frac{a}{2ki}.$$

Für das Folgende ist es nützlich, noch einige Gleichungen als Consequenzen der vorhergehenden abzuleiten, in denen die halbe Summe s der Seiten und die halbe Summe σ der Winkel vorkommt. Berechnet man aus (37) die Werthe von $1 - \cos \frac{\alpha}{2k'}$ und $1 + \cos \frac{\alpha}{2k'}$, so ergibt sich:

$$(45) \quad \sin^2 \frac{\alpha}{4k'} = \frac{\sin \frac{s-b}{2ki} \sin \frac{s-c}{2ki}}{\sin \frac{b}{2ki} \sin \frac{c}{2ki}}, \qquad \cos^2 \frac{\alpha}{4k'} = \frac{\sin \frac{s}{2ki} \sin \frac{s-a}{2ki}}{\sin \frac{b}{2ki} \sin \frac{c}{2ki}};$$

und ebenso findet man aus (43):

$$(46) \quad \sin^2 \frac{b}{4ki} = \frac{-\cos \frac{\sigma}{2k'} \cos \frac{\sigma-\beta}{2k'}}{\sin \frac{\gamma}{2k'} \sin \frac{\alpha}{2k'}}, \qquad \cos^2 \frac{b}{4ki} = \frac{\cos \frac{\sigma-\gamma}{2k'} \cos \frac{\sigma-\alpha}{2k'}}{\sin \frac{\gamma}{2k'} \sin \frac{\alpha}{2k'}},$$

worin

$$(47) \qquad 2s = a + b + c, \quad 2\sigma = \alpha + \beta + \gamma.$$

Nach (33) bestehen die Identitäten

$$
\begin{aligned}
\sin \frac{\alpha}{2k'} \sin \frac{b}{2ki} \sin \frac{c}{2ki} &= \sin \frac{\beta}{2k'} \sin \frac{c}{2ki} \sin \frac{a}{2ki} \\
&= \sin \frac{\gamma}{2k'} \sin \frac{a}{2ki} \sin \frac{b}{2ki}, \\
\sin \frac{a}{2ki} \sin \frac{\beta}{2k'} \sin \frac{\gamma}{2k'} &= \sin \frac{b}{2ki} \sin \frac{\gamma}{2k'} \sin \frac{\alpha}{2k'} \\
&= \sin \frac{c}{2ki} \sin \frac{\alpha}{2k'} \sin \frac{\beta}{2k'}.
\end{aligned}
$$

(48)

Bezeichnen wir den gemeinsamen Werth der ersten drei Producte mit d, denjenigen der anderen drei Producte mit δ, so ist hiernach

$$(49) \quad \delta \sin \frac{a}{2ki} \sin \frac{b}{2ki} \sin \frac{c}{2ki} = d^2, \quad d \sin \frac{\alpha}{2k'} \sin \frac{\beta}{2k'} \sin \frac{\gamma}{2k'} = \delta^2.$$

Aus der ersten Gleichung (48) erhalten wir mittelst (37):

$$d^2 = \sin^2 \frac{b}{2ki} \sin^2 \frac{c}{2ki} \sin^2 \frac{\alpha}{2k'} = 1 - A^2 - B^2 - C^2 + 2ABC,$$

wenn zur Abkürzung $A = \cos \frac{a}{2ki}$, u. s. f., oder wegen (9):

$$(50) \quad d^2 = \begin{vmatrix} 1 & C & B \\ C & 1 & A \\ B & A & 1 \end{vmatrix} = \begin{vmatrix} \Omega_{xx} & \Omega_{xy} & \Omega_{xz} \\ \Omega_{yx} & \Omega_{yy} & \Omega_{yz} \\ \Omega_{zx} & \Omega_{zy} & \Omega_{zz} \end{vmatrix} \frac{1}{\Omega_{xx}\Omega_{yy}\Omega_{zz}},$$

wobei x die zu a, y die zu b, z die zu c gegenüberliegende Ecke bezeichnet. Nun ist symbolisch

$$\Sigma \pm \Omega_{xx}\Omega_{yy}\Omega_{zz} = a_x b_y c_z \Sigma \pm a_x b_y c_z = (abc)\, a_x b_y c_z (xyz)$$

$$= \frac{1}{6}(abc)^2 (xyz)^2 = A(xyz)^2,$$

wenn jetzt A die Determinante $\Sigma \pm a_{11}a_{22}a_{33}$ unseres Fundamental-kegelschnittes bedeutet. Es wird daher auch

$$(51) \qquad d^2 \Omega_{xx}\Omega_{yy}\Omega_{zz} = A(xyz)^2.$$

Ebenso ergibt sich, wenn mit u_i, v_i, w_i die Coordinaten der Seiten des Dreiecks bezeichnet werden:

$$\delta^2 = \left[1 - \cos^2\frac{\alpha}{2k'} - \cos^2\frac{\beta}{2k'} - \cos^2\frac{\gamma}{2k'} - 2\cos\frac{a}{2k'}\cos\frac{\beta}{2k'}\cos\frac{\gamma}{2k'} \right]$$

$$(52)$$

$$= \frac{1}{\Phi_{uu}\Phi_{vv}\Phi_{ww}} \cdot \begin{vmatrix} \Phi_{uu} & \Phi_{uv} & \Phi_{uw} \\ \Phi_{vu} & \Phi_{vv} & \Phi_{vw} \\ \Phi_{wu} & \Phi_{wv} & \Phi_{ww} \end{vmatrix} = \frac{A^2(uvw)^2}{\Phi_{uu}\Phi_{vv}\Phi_{ww}},$$

wenn $\Phi_{uu} = \frac{1}{2}(abu)^2$ gesetzt wird, so dass die Determinante von Φ_{uu} gleich dem Quadrate von A wird. Um auch in d und δ die Summe der Seiten, bez. die Summe der Winkel einzuführen, beachten wir, dass nach (48):

$$d^2 = 4\sin^2\frac{b}{2ki}\sin^2\frac{c}{2ki}\sin^2\frac{\alpha}{4k'}\cos^2\frac{\alpha}{4k'};$$

hieraus finden wir durch Anwendung von (45):

$$(53) \qquad d^2 = 4\sin\frac{s}{2ki}\sin\frac{s-a}{2ki}\sin\frac{s-b}{2ki}\sin\frac{s-c}{2ki},$$

und analog:

$$(54) \qquad \delta^2 = -4\cos\frac{\sigma}{2k'}\cos\frac{\sigma-a}{2k'}\cos\frac{\sigma-b}{2k'}\cos\frac{\sigma-c}{2k'},$$

worin δ^2 mittelst (49) auf d^2 zurückgeführt werden kann. Aus der zweiten Gleichung (45) und den beiden ihr analog zu bildenden Gleichungen finden wir ferner:

$$\cos^2\frac{\alpha}{4k'}\cos^2\frac{\beta}{4k'}\cos^2\frac{\gamma}{4k'} = \frac{\sin\frac{s}{2ki}\sin\frac{(s-a)}{2ki}\sin\frac{(s-b)}{2ki}\sin\frac{(s-c)}{2ki}}{\sin^2\frac{a}{2ki}\sin^2\frac{b}{2ki}\sin^2\frac{c}{2ki}}.$$

Die halbe Summe s der Dreiecksseiten berechnet sich daher nach (53), (49), (51) und (52) durch die folgende Formel aus den Coordinaten der Dreiecksseiten und Dreiecksecken:

$$(55) \qquad \sin^2 \frac{s}{2ki} = \frac{4d^2}{\delta^2} \cos^2 \frac{\alpha}{4k'} \cos^2 \frac{\beta}{4k'} \cos^2 \frac{\gamma}{4k'},$$

und entsprechend haben wir:

$$(56) \qquad \cos^2 \frac{\sigma}{2k'} = -\frac{4\delta^2}{d^2} \sin^2 \frac{a}{2ki} \sin^2 \frac{b}{2ki} \sin^2 \frac{c}{2ki}.$$

Weitere Umformungen ergeben sich durch Combination der ersten Gleichung (45), bez. der zweiten Gleichung (46) mit den Relationen (53), (54) und (49). *Wir finden so für die halbe Summe s der Seiten und die halbe Summe σ der Winkel die Formeln*[*]):

$$(57) \qquad \cos^2 \frac{\sigma}{2k'} = \frac{d^2}{16 \cos^2 \dfrac{a}{4ki} \cos^2 \dfrac{b}{4ki} \cos^2 \dfrac{c}{4ki}} = \frac{A\,(xyz)^2}{16\,D_{xy}\,D_{yz}\,D_{zx}},$$

wo z. B. $D_{xy} = \Omega_{xy} + \sqrt{\Omega_{xx}\Omega_{yy}}$, und

$$(58) \qquad \sin^2 \frac{s}{2ki} = \frac{\delta^2}{16 \sin^2 \dfrac{\alpha}{4k'} \sin^2 \dfrac{\beta}{4k'} \sin^2 \dfrac{\gamma}{4k'}} = \frac{A^2(uvw)^2}{16\,\Delta_{uv}\Delta_{vw}\Delta_{wu}},$$

wo z. B. $\Delta_{uv} = \sqrt{\Phi_{uu}\Phi_{vv}} - \Phi_{uv}$.

In den Gleichungen (48) ist der Satz ausgesprochen, dass *das Product des Sinus der mit $2ik$ dividirten Grundlinie eines Dreiecks in den Sinus der zugehörigen, mit $2ik$ dividirten Höhe für alle drei Seiten des Dreiecks denselben Werth hat.* Dieses Resultat kann ohne vorstehende Betrachtungen direct auf rein algebraischem Wege gewonnen werden. Es seien x, y, z die Ecken des Dreiecks, w_i die Coordinaten der Linie x-y, ζ der Fusspunkt der zu der Grundlinie w gehörigen Höhe h, τ der Pol der Linie w in Bezug auf den unendlich fernen Kegelschnitt $a_x{}^2 \equiv b_x{}^2 \equiv c_x{}^2 \equiv \Omega_{xx} = 0$. Dann haben wir

$$\zeta_i = \varkappa z_i + \lambda \tau_i = \varkappa z_i + \lambda (abw)(ab)_i.$$

Nun ist $(xy\zeta) = 0$; also das Verhältniss $\varkappa : \lambda$ bestimmt sich aus der Gleichung

$$0 = \varkappa(xyz) + \lambda(abw)(a_x b_y - b_x a_y) \equiv \varkappa(xyz) + \lambda(a_x b_y - b_x a_y)^2.$$

Hieraus ergibt sich:

$$\varrho\,\zeta_i = (a_x b_y - b_x a_y)^2 z_i - (xyz) \cdot (abw)(ab)_i c_z.$$

Also wird:

$$\varrho\,\Omega_{z\zeta} = \varrho\,c_z c_\zeta = (a_x b_y - b_x a_y)^2 c_z{}^2 - (xyz)(abw)(abc)c_z$$

$$= (a_x b_y - b_x a_y)^2 c_z{}^2 - \frac{1}{3}(xyz)(abc)^2$$

$$= 2\,\Omega_{zz}(\Omega_{xx}\Omega_{yy} - \Omega_{xy}^2) - 2A(xyz)^2,$$

$$\varrho^2 \Omega_{\zeta\zeta} = \varrho^2 c_\zeta^2 = (a_x b_y - b_x a_y)^2 c_z c_\zeta - (xyz)(abw)(abc)c_\zeta$$
$$= 2(\Omega_{xx}\Omega_{yy} - \Omega_{xy}^2)\Omega_{z\zeta},$$

$$\varrho^2(\Omega_{zz}\Omega_{\zeta\zeta} - \Omega_{z\zeta}^2) = 4A(xyz)^2[\Omega_{zz}(\Omega_{xx}\Omega_{yy} - \Omega_{xy}^2) - A(xyz)^2].$$

Nach (9) bestimmt sich die Höhe h als gegenseitige Entfernung der Punkte z und ζ durch die Gleichung

$$\sin\frac{h}{2ki} = \frac{\sqrt{\Omega_{zz}\Omega_{\zeta\zeta} - \Omega_{z\zeta}^2}}{\sqrt{\Omega_{zz}\Omega_{\zeta\zeta}}} = \frac{(xyz)\sqrt{A}}{\sqrt{\Omega_{zz}}\sqrt{\Omega_{xx}\Omega_{yy} - \Omega_{xy}^2}}.$$

Berechnet man ferner die Länge g der Grundlinie als gegenseitige Entfernung der Punkte x und y, so ergibt sich das Resultat:

$$(59) \qquad \sin\frac{h}{2ki} \cdot \sin\frac{g}{2ki} = \frac{(xyz)\sqrt{A}}{\sqrt{\Omega_{xx}\Omega_{yy}\Omega_{zz}}}.$$

Das auf der linken Seite stehende Product hat daher in der That für alle drei Grundlinien einen und denselben Werth*).

Neben die Begriffe des Winkels und der Entfernung stellt sich uns in der Ebene als dritter metrischer Fundamentalbegriff derjenige des *Flächeninhalts einer geschlossenen Figur*. Wir führen in der Euclidischen Geometrie die zugehörige Maassfunction auf diejenige der Entfernung zurück, indem wir angeben, wie viele Quadrate von gegebener Seitenlänge sich in ein gegebenes Flächenstück so legen lassen, dass sie dasselbe ganz ausfüllen. Da nur für eine beschränkte Klasse von Figuren sich ein solches Hineinlegen von Quadraten wirklich ausführen lässt, so wird man in bekannter Weise dazu geführt, die Seiten der Quadrate unendlich klein werden zu lassen und dann den Flächeninhalt durch ein Doppelintegral zu berechnen. Legt man die Seiten der unendlich kleinen Quadrate alle parallel zu den beiden Coordinatenaxen, so wird dieses Integral einfach gleich $\iint dx\,dy$, ausgedehnt über das Innere des Flächenstückes; es ist eben $dx\,dy$ der Inhalt eines unendlich kleinen Quadrats mit den einander gleichen Seiten dx und dy, und das Doppelintegral gibt den Grenzwerth der Summe aller dieser Quadrate an. Wählt man andere zu einander orthogonale Curvensysteme, z. B. die confocalen Ellipsen und Hyperbeln, so wird die Ebene durch diese ebenso in unendlich kleine Quadrate getheilt; der Inhalt eines solchen Quadrats ist $ds\,ds'$, wenn ds und

---

*) Die Gleichung (59) zeigt eine gewisse Analogie mit der Formel für den Flächeninhalt eines Dreiecks in der Euclidischen Geometrie; man darf aber nicht die rechte Seite (wie es Stahl in dem auf p. 401 erwähnten Aufsatze thut) als Ausdruck für den Sinus des Flächeninhalts in Anspruch nehmen, wie aus dem Folgenden hervorgeht; vgl. unten Gleichung (72).

ds' die Bogenelemente zweier solcher sich orthogonal schneidenden Curven bedeuten, und der Flächeninhalt F daher:

$$(60) \qquad\qquad F = \iint ds\, ds',$$

das Doppelintegral wieder ausgedehnt über alle Flächenelemente $ds\, ds'$ im Innern des gegebenen, beliebig begrenzten Flächenstückes.

In der nicht-Euclidischen Geometrie bleibt uns nur diese letztere allgemeine Definition des Flächeninhalts. Construiren wir nämlich auch hier alle Linien, welche auf einer Coordinatenaxe senkrecht stehen und ebenso alle Geraden, welche auf einer zu ihr rechtwinkligen Axe orthogonal sind, so bildet doch nicht irgend eine Gerade des einen Systems mit irgend einer Geraden des anderen Systems einen rechten Winkel; es gibt also nicht ein zweifach orthogonales System von Geraden, durch welches die Ebene in unendlich kleine Quadrate getheilt werden könnte. Die Existenz von orthogonalen, nicht geradlinigen Curvensystemen ist uns bereits bekannt; alle Kegelschnitte, welche die gemeinsamen Tangenten einer beliebigen Curve zweiter Klasse und des unendlich fernen Kegelschnittes berühren, bilden ein zweifach orthogonales System im Sinne der nicht-Euclidischen Geometrie, wie unsere früheren Betrachtungen über „verallgemeinerte" elliptische Coordinaten lehren (vgl. p. 289 ff.). Als Flächeninhalt eines Flächenstückes definiren wir *den Grenzwerth der Summe aller krummlinig begrenzten Quadrate, deren Seiten von den Curven eines zweifach orthogonalen Systems gebildet werden, und die das Innere des Flächenstücks ausfüllen; den Flächeninhalt eines solchen Quadrats aber setzen wir gleich dem Producte seiner Seitenlänge, so dass die Gleichung (60) für uns gültig bleibt.* Dass der Werth des entstehenden Doppelintegrales, falls letzteres überhaupt einen Sinn hat, unabhängig davon ist, welches orthogonale Curvensystem man der Berechnung zu Grunde legt, lehrt die Theorie der bestimmten Integrale*).

Das einfachste System der verlangten Art wird gebildet von den um einen Punkt beschriebenen Kreisen und den durch den Punkt gehenden Strahlen, also geliefert durch das System der Polarcoordinaten r, φ, welche mit unseren früheren rechtwinkligen Coordinaten (27) zusammenhängen. Dabei ist r die Länge der Verbindungslinie des Punktes r, φ mit dem Anfangspunkte und φ der Winkel dieser Verbindungslinie gegen die Axe $\eta = 0$. Nach (27) und (32) haben wir also

---

*) Vgl. z. B. Thomae, Einleitung in die Theorie der bestimmten Integrale, Halle 1875, p. 33.

$$\xi = 2ik\sin\frac{r}{2ki}\cos\frac{\varphi}{2k'}, \qquad \eta = 2ik\sin\frac{r}{2ki}\sin\frac{\varphi}{2k'},$$

(61)
$$\zeta = \cos\frac{r}{2ki},$$

wobei die Identität (28) erfüllt bleibt. Für das Bogenelement ds finden wir hieraus:

(62)
$$\begin{aligned} ds^2 &= d\xi^2 + d\eta^2 - 4k^2 d\zeta^2 \\ &= dr^2 - \frac{k^2}{k'^2}\sin^2\frac{r}{2ki}\,d\varphi^2. \end{aligned}$$

Auf einem Kreise haben wir $dr = 0$, auf einem Radiusvector $d\varphi = 0$ zu nehmen; also geht (60) über in

(63)
$$F = \frac{ik}{k'}\int\!\!\int\sin\frac{r}{2ki}\,dr\,d\varphi.$$

Unmittelbar ergibt sich hieraus der Flächeninhalt eines Kreises mit dem Radius R; derselbe ist nämlich gleich

(64)
$$\frac{ik}{k'}\int_0^{2\pi} d\varphi\int_0^R \sin\frac{r}{2ki}\,dr = \frac{2\pi k^2}{k'}\left(\cos\frac{R}{2ki} - 1\right). *)$$

Um den Inhalt eines Dreiecks zu berechnen, dessen Seiten mit a, b, c, dessen Winkel mit α, β, γ bezeichnet seien, legen wir die Seite c desselben in die Axe $\eta = 0$, und zwar so, dass ihr Schnittpunkt mit a in den Anfangspunkt fällt. Die dritte Seite (b) des Dreiecks werde ihrer Lage nach durch die Gleichung

(65)
$$u\xi + v\eta + \zeta = 0$$

in den durch (61) definirten Coordinaten dargestellt; dann gibt (63):

$$F = \frac{2k^2}{k'}\int_0^\beta d\varphi\int_1^Z d\zeta,$$

wobei nach (61) und (65):

$$Z = \frac{\pm\, 2ik\left(u\cos\dfrac{\varphi}{2k'} + v\sin\dfrac{\varphi}{2k'}\right)}{\sqrt{1 - 4k^2\left(u\cos\dfrac{\varphi}{2k'} + v\sin\dfrac{\varphi}{2k'}\right)^2}}.$$

Wir haben sonach zunächst:

(66)
$$F = \frac{2k^2}{k'}\left(\int_0^\beta Z\,d\varphi - \beta\right).$$

---

*) Für das Problem der Quadratur des Kreises gilt also eine analoge Bemerkung, wie sie oben bei der Rectification gemacht wurde (p. 475 f.).

Um Z nach φ zu integriren, setzen wir

$$u \cos \frac{\varphi}{2k'} + v \sin \frac{\varphi}{2k'} = \sqrt{u^2 + v^2} \sin \frac{\varphi + \omega}{2k'}, \quad t = \sin^2 \frac{\varphi + \omega}{2k'};$$

dann wird:

$$\int_0^\beta Z\, d\varphi = \pm\, 2ik \sqrt{u^2 + v^2} \int_0^\beta \frac{\sin\left(\frac{\varphi + \omega}{2k'}\right) d\varphi}{\sqrt{1 - 4k^2 \sin^2\left(\frac{\varphi + w}{2k'}\right) \cdot (u^2 + v^2)}}$$

$$(67)$$

$$= \pm\, 2ikk' \sqrt{u^2 + v^2} \int_0^{\sin^2(\beta + \omega)} \frac{dt}{\sqrt{(1 - t)\left[1 - 4k^2(u^2 + v^2)t\right]}}.$$

Das hier zunächst unbestimmt gelassene Vorzeichen ist jetzt so zu wählen, dass die Elemente des Integrals sämmtlich positiv werden. Wir setzen in (65) die Werthe (61) ein und finden für $\eta = 0$ (d. h. $\varphi = 0$ und $r = c$):

$$2kiu = -\operatorname{cotang} \frac{c}{2ki},$$

ebenso für $\varphi = \beta$, $r = a$:

$$2ki\left(u \cos \frac{\beta}{2k'} + v \sin \frac{\beta}{2k'}\right) = -\operatorname{cotang} \frac{a}{2ki},$$

also unter Benutzung von (42):

$$2ki \cdot v \sin \frac{\beta}{2k'} \sin \frac{c}{2ki} \sin \frac{a}{2ki} = \sin \frac{a}{2ki} \cos \frac{c}{2ki} \cos \frac{\beta}{2k'} - \cos \frac{a}{2ki} \sin \frac{c}{2ki}$$

$$= -\sin \frac{a}{2ki} \sin \frac{\beta}{2k'} \operatorname{cotang} \frac{\alpha}{2ki};$$

und durch Einsetzen dieser Werthe:

$$2ki\sqrt{u^2 + v^2} \cos \frac{\varphi + \omega}{2k'} = 2ki\left(v \cos \frac{\varphi}{2k'} - u \sin \frac{\varphi}{2k'}\right)$$

$$= \frac{\sin \frac{\varphi}{2k'} \sin \frac{\alpha}{2k'} \cos \frac{c}{2ki} - \cos \frac{\varphi}{2k'} \cos \frac{\alpha}{2k'}}{\sin \frac{c}{2ki} \sin \frac{\alpha}{2k'}}.$$

Bezeichnen wir nun mit ϱ die Länge des unter dem Winkel φ gegen die Axe $\eta = 0$ nach einem Punkte der Linie (65) vom Anfangspunkte aus gezogenen Radiusvectors und mit ψ den Winkel dieses Radiusvectors mit der Linie (65), und zwar denjenigen Winkel, welcher in dem Dreiecke mit den Seiten ϱ, c und dem Winkel φ der Seite c gegenüber liegt, so ist der Zähler des letzten Ausdrucks nach (43) gleich $\cos \frac{\psi}{2k}$; also:

$$(68) \qquad \sqrt{u^2 + v^2}\,\cos\frac{\varphi + \omega}{2k'} = \frac{\cos\dfrac{\psi}{2k'}}{2ki\sin\dfrac{c}{2ki}\sin\dfrac{\alpha}{2k'}} = \frac{\operatorname{cotang}\dfrac{\psi}{2k'}}{2ki\sin\dfrac{\varrho}{2ki}}.$$

Ebenso finden wir:

$$2ki\sqrt{u^2 + v^2}\,\sin\frac{\varphi + \omega}{2k'} = 2ki\left(v\sin\frac{\varphi}{2k'} + u\cos\frac{\varphi}{2k'}\right)$$

$$(69) \qquad = -\frac{\sin\dfrac{\varphi}{2k'}\cos\dfrac{\alpha}{2k'} + \cos\dfrac{\varphi}{2k'}\sin\dfrac{\alpha}{2k'}\cos\dfrac{c}{2ki}}{\sin\dfrac{c}{2ki}\sin\dfrac{\alpha}{2k'}}$$

$$= -\frac{\sin\dfrac{\psi}{2k'}\cos\dfrac{\varrho}{2ki}}{\sin\dfrac{c}{2ki}\sin\dfrac{\alpha}{2k'}} = -\operatorname{cotang}\frac{\varrho}{2ki},$$

und hieraus:

$$(70) \qquad +\sqrt{1 - 4k^2(u^2 + v^2)\sin^2\frac{\varphi + \omega}{2k'}} = \left(\sin\frac{\varrho}{2ki}\right)^{-1}.$$

Das Einsetzen der Werthe (69) und (70) in (67) lehrt, dass das untere Vorzeichen zu wählen ist. Die unbestimmte Ausführung des auf die Variable t transformirten Integrals ergibt dann:

$$\int Z\,d\varphi = -ik'\log\left[8k^2(u^2 + v^2)\sin^2\frac{\varphi + \omega}{2k'} - 1 - 4k^2(u^2 + v^2)\right.$$

$$\left. + 4k\sqrt{u^2 + v^2}\cos\frac{\varphi + \omega}{2k'}\sqrt{1 - 4k^2(u^2 + v^2)\sin^2\frac{\varphi + \omega}{2k'}}\right]$$

$$= -k' - ik'\log\left[\sqrt{1 - 4k^2(u^2 + v^2)\sin^2\frac{\varphi + \omega}{2k'}}\right.$$

$$\left. - 2k\sqrt{u^2 + v^2}\cos\frac{\varphi + \omega}{2k'}\right]^2.$$

Führen wir auch hier die Grössen ψ und ϱ mittelst (68) und (70) ein und berechnen den reellen und imaginären Theil des Logarithmus einzeln, so folgt weiter:

$$\frac{1}{k'}\int Z\,d\varphi = -1 + i\log\left(\sin\frac{\varrho}{2ki}\sin\frac{\psi}{2k'}\right) + 2\operatorname{arctang}\left(\operatorname{cotang}\frac{\psi}{2k'}\right)$$

$$= -1 + i\log\left(\sin\frac{\varrho}{2ki}\sin\frac{\psi}{2k'}\right) + \pi - \frac{\psi}{k'}.$$

Für die obere Grenze $\varphi = \beta$ ist $\varrho = a$, $\psi = \gamma$, und für $\varphi = 0$ ist $\varrho = c$, $\psi = 2k'\pi - \alpha$; ferner haben wir nach dem Sinussatze:

$$\sin\frac{\varrho}{2ki}\sin\frac{\psi}{2k'} = \sin\frac{c}{2ki}\sin\frac{\alpha}{2k'} = \sin\frac{c}{2ki}\sin\frac{\pi - \alpha}{2k'};$$

also wird allgemein:

$$\frac{1}{k'}\int_0^\varphi Z\,d\varphi = 2\pi - \frac{\psi + \alpha}{k'}.$$

Nehmen wir die obere Grenze endlich gleich β, so gibt uns (66) *den Flächeninhalt eines Dreiecks mit den Winkeln α, β, γ in der Form:*

$$(71) \qquad F = 4k^2\left(\pi - \frac{\alpha + \beta + \gamma}{2k'}\right).$$

Da der Flächeninhalt nothwendig durch eine positive Zahl gemessen wird, so folgt hieraus das wichtige Resultat:

In der hyperbolischen Geometrie ist die Summe der Winkel eines geradlinigen Dreiecks kleiner als zwei Rechte (d. h. kleiner als $2\pi k'$); diese Summe nimmt ab bei wachsendem Flächeninhalte[*]).

Es ist jetzt leicht, F als Function der Coordinaten der Ecken des Dreiecks zu berechnen; die Gleichung (57) ergibt unmittelbar:

$$(72) \quad F = 8k^2 \arcsin \frac{(xyz)\sqrt{A}}{4\sqrt{D_{xy}D_{yz}D_{zx}}} = 8k^2 \arcsin \frac{d}{4\cos\dfrac{a}{4ki}\cos\dfrac{b}{4ki}\cos\dfrac{c}{4ki}}.$$

Nach (48)' haben wir ferner

$$F = 8k^2 \arcsin\left(\frac{\sin\dfrac{\gamma}{2k'}}{\cos\dfrac{c}{2ki}}\sin\frac{a}{4ki}\sin\frac{b}{4ki}\right).$$

Lassen wir nun die drei Seiten des Dreiecks unendlich klein werden und bezeichnen mit ds, ds' die unendlich kleinen Längen a, b, so finden wir das Flächenelement mit den Seiten ds, ds' und dem eingeschlossenen Winkel γ gleich

$$\frac{1}{2}\,ds\,ds'\sin\frac{\gamma}{2k'},$$

eine Formel, welche uns die Berechnung von Flächeninhalten auszuführen lehrt, wenn nicht-orthogonale Curvensysteme benutzt werden, und welche mit der entsprechenden in der Euclidischen Geometrie übereinstimmt.

V. Die metrischen Grundbegriffe für die hyperbolische Geometrie des Raumes.

Wenn wir nunmehr zur Geometrie des Raumes in unseren Untersuchungen zurückkehren, so brauchen wir nicht alle Aufgaben mit gleicher Ausführlichkeit wie in der Ebene zu behandeln, da sich manche Ueberlegungen nach leicht ersichtlichen Analogien auf den Raum ausdehnen lassen. Nur wo die gerade Linie und deren Coordinaten in Betracht kommen, haben wir wesentlich neue Ansätze zu machen. Die homogenen Coordinaten sind schon früher unabhängig

---

[*]) Vgl. Lobatcheffsky, Bolyai, Gauss, Riemann, a. a. O.

von metrischen Begriffen eingeführt worden (p. 458 f.) und können daher unbedenklich benutzt werden.

Neu präcisiren müssen wir den Begriff der Bewegungen im Raume. *Unter einer Bewegung verstehen wir eine Transformation, vermöge deren jeder Punkt des Raumes wiederum in einen Punkt des Raumes, jede Ebene wiederum in eine Ebene, und zwar eine beliebige Ebene in jede andere Ebene übergeführt werden kann.* Hiermit ist die betreffende Transformation als eine lineare ganz so charakterisirt, wie dies für eine Variable weniger in der Ebene geschah (p. 468); um aber die Bewegungen aus der Gesammtheit der Collineationen auszuscheiden, betrachten wir wieder die unendlich fernen Punkte. Jeder solche Punkt muss wieder in einen unendlich fernen Punkt übergehen; in jeder Ebene bilden diese Punkte einen Kegelschnitt (d. h. genügen einer homogenen Gleichung zweiter Ordnung zwischen den Coordinaten); die von ihnen erfüllte zweifach unendliche Mannigfaltigkeit muss daher im Raume auch durch eine Gleichung zweiter Ordnung dargestellt werden, und zwar durch eine solche mit nicht verschwindender Determinante, denn andernfalls würden die durch die Spitze des unendlich fernen Kegels gehenden Ebenen nicht mit einer beliebigen anderen Ebene zur Deckung gebracht werden können. Es fragt sich jetzt nur noch, ob die unendlich ferne Fläche eine geradlinige ist oder nicht, denn alle anderen Besonderheiten der Flächen zweiter Ordnung in der Euclidischen Geometrie sind metrischer Natur, d. h. beruhen auf Beziehungen zur unendlich fernen Ebene, bez. zum imaginären Kugelkreise. Gäbe es aber auf der Fläche eine gerade Linie, so würden in jeder durch dieselbe hindurchgehenden Ebene die unendlich fernen Punkte ein Linienpaar erfüllen, und eine solche Ebene würde nicht mit einer beliebigen Ebene durch Bewegung zur Deckung gebracht werden können*). *Die unendlich fernen*

---

*) Auch mittelst der Annahme, dass die Fundamentalfläche reelle Gerade besitze, lässt sich natürlich eine in sich consequente Geometrie aufbauen; doch müsste man dann die Annahme aufgeben, dass eine jede Ebene durch Drehung um eine in ihr liegende Gerade mit sich selbst zur Deckung gebracht werden könne. Es würde ferner zu unterscheiden sein zwischen solchen Geraden, welche die Fläche in zwei reellen, und solchen, welche sie in zwei imaginären Punkten treffen. Eine Gerade der ersten Art würde nie mit einer Geraden der zweiten Art durch Bewegung zur Deckung gebracht werden können. Jede Gerade der ersten Art schickt auch zwei reelle Tangentenebenen an die Fläche; und diese Ebenen würden mit jeder anderen Ebene desselben Büschels einen unendlich grossen Winkel bilden. Mittelst der Methoden der projectivischen Geometrie sind weitere Sätze der Art leicht abzuleiten. Vgl. Klein, Math. Annalen, Bd. 6, p. 127 f. und Poincaré, a. a. O.

Punkte erfüllen sonach eine reelle nicht geradlinige Fläche zweiter Ordnung; und die Bewegungen werden durch diejenigen linearen Transformationen des Raumes gegeben, welche diese Fläche in sich überführen. Sei $\Omega_{xx} = 0$ die Gleichung derselben in den vier homogenen Coordinaten x_i, so ist offenbar die Entfernung r zweier Punkte x und y durch die Gleichung (7) oder (9), p. 470, das Bogenelement ds durch (10) gegeben, wenn wir jetzt überall unter Ω_{xx} eine homogene Function zweiten Grades von vier Variabeln, unter Ω_{xy} die zugehörige Polarenbildung verstehen; in (8) haben wir die *Gleichung der Kugel* vor uns.

Durch unsere früheren Untersuchungen über die Transformation einer Fläche zweiter Ordnung in sich (p. 356 ff.) sind uns alle möglichen Arten von Bewegungen bekannt; auszuscheiden haben wir nur diejenigen Fälle, in denen mit einem imaginären Elemente nicht gleichzeitig das conjugirt imaginäre fest bleiben kann. Da ferner alle Bewegungen eine Gruppe bilden sollen, so kommen nur die *eigentlichen* Transformationen in Betracht*). Es bleiben dann folgende Fälle:

1) *Nr. 1, p. 361, die allgemeinste Art der Ortsveränderung.* Alle Punkte bewegen sich auf Flächen zweiter Ordnung, welche die unendlich ferne Fläche in zwei Paaren einander conjugirt imaginärer Erzeugenden schneiden, d. h. in zwei reellen Punkten berühren. Um reelle Variable einzuführen, setzen wir in den früheren Gleichungen

$$X_1 = x_1 + 2kx_4, \quad X_2 = x_2 + ix_3, \quad \lambda + \lambda_1 = (\lambda - \lambda_1)e^a,$$
$$X_4 = x_1 - 2kx_4, \quad X_3 = x_2 - ix_3, \quad \lambda + \lambda_3 = (\lambda - \lambda_3)e^{ai},$$

und erhalten dadurch die Gleichung der unendlich fernen Fläche in der Form

$$(1) \qquad\qquad x_1^2 + x_2^2 + x_3^2 - 4k^2x_4^2 = 0,$$

die Bewegung dargestellt durch die Gleichungen:

$$(2) \quad
\begin{aligned}
x_2 &= \quad\;\; \xi_2\cos\alpha + \xi_3\sin\alpha, & x_1 &= \xi_1\cos\frac{a}{i} + 2ki\xi_4\sin\frac{a}{i}, \\
x_3 &= -\xi_2\sin\alpha + \xi_3\cos\alpha, & 2kx_4 &= i\xi_1\sin\frac{a}{i} + 2k\xi_4\cos\frac{a}{i},
\end{aligned}$$

Nun findet man e^a als Ausdruck für das Doppelverhältniss, welches zwei einander entsprechende Punkte der festen Axe $x_2 = 0$, $x_3 = 0$ und die Schnittpunkte dieser Axe mit der unendlich fernen Fläche bestimmen; daher ist a gleich der mit $2k$ multiplicirten Entfernung

---

*) Man überzeugt sich leicht, dass die **uneigentlichen** Transformationen den Spiegelungen der Euclidischen Geometrie in gleicher Weise zur Seite stehen, wie die eigentlichen den Bewegungen.

dieser beiden Punkte von einander. Ebenso ergibt sich das von zwei einander zugeordneten Ebenen des Büschels $x_2 + \lambda x_3 = 0$ und von den beiden an die Fläche (1) durch die Büschelaxe zu legenden Ebenen bestimmte Doppelverhältniss gleich $e^{\alpha i}$. In Analogie mit den Festsetzungen für die ebene Geometrie *wollen wir nun den mit ik'* *multiplicirten Logarithmus dieses Doppelverhältnisses wieder als Winkel* *der beiden Ebenen definiren*, so dass dieser Winkel durch Gleichung (14), p. 474 dargestellt wird, wenn $\Psi_{uu} = 0$ die Gleichung der unendlich fernen Fläche in Ebenencoordinaten bedeutet. Wir können dann sagen, dass die Bewegung aus einer Verschiebung längs einer gewissen Axe um die Grösse $2ka$ und in einer gleichzeitigen Drehung von der Grösse $2k'\alpha$ um dieselbe Axe besteht, dass es sich also um eine *Schraubenbewegung* handelt. Wir können uns die Ueberführung der Punkte aus einer Lage in die andere durch successive unendlich kleine Schraubenbewegungen bewerkstelligt denken; und dabei hat sich jeder Punkt auf einer Curve zu bewegen, deren Punkte sich nach den Gleichungen (65), p. 318 vermöge unserer Substitution mittelst der Formeln

$$(3) \quad \begin{aligned} x_2 &= \quad \gamma_2 \cos n\alpha + \gamma_3 \sin n\alpha, \qquad x_1 = \gamma_1 \cos \frac{na}{i} + 2ki\gamma_4 \sin \frac{na}{i}, \\ x_3 &= -\gamma_2 \sin n\alpha + \gamma_3 \cos n\alpha, \qquad 2kx_4 = i\gamma_1 \sin \frac{na}{i} + 2k\gamma_4 \cos \frac{na}{i} \end{aligned}$$

durch einen Parameter n ausdrücken lassen. Die γ_i sind hier die Coordinaten eines beliebigen Punktes, durch den die Curve (für $\alpha = 0$, $a = 0$) hindurchgehen soll.

Die eingeführte Definition des Winkels ist unmittelbar nur auf sich schneidende Ebenen anwendbar, insofern man durch den Winkel die Grösse einer Drehung messen will; die analytische Formel bleibt aber auch für sich nicht schneidende Ebenen anwendbar. Führen wir auch im Raume den Begriff der *idealen* Punkte, Ebenen und Geraden ein (p. 471 f.), so gehört die Schnittlinie zweier sich in Wirklichkeit nicht schneidenden Ebenen zu den idealen Geraden, und ihr Winkel wird bestimmt durch das Doppelverhältniss, welches sie zusammen mit den beiden durch ihre ideale Schnittlinie gehenden (ebenfalls idealen) Tangentialebenen der unendlich fernen Fläche bilden. *Ist die ideale Schnittlinie insbesondere eine Tangente dieser* *Fläche, so wird der Winkel der Ebenen gleich Null. Der Winkel ist* *dagegen ein rechter, wenn die beiden Ebenen einander in Bezug auf* *die Fläche (1) conjugirt sind.*

Das zur Messung des Winkels dienende Doppelverhältniss ist offenbar gleich dem Doppelverhältnisse der vier Strahlen, in denen die vier Ebenen von irgend einer Ebene geschnitten werden, welche die conjugirte Polare der gemeinsamen Schnittlinie jener vier Ebenen enthält; *der Winkel zweier Ebenen ist daher gleich dem Winkel zweier geraden Linien, in denen diese Ebenen von irgend einer dritten zu beiden senkrechten Ebene geschnitten werden,* vorausgesetzt natürlich, dass zur Definition des Ebenen- und des Geraden-Winkels dieselbe Constante k' benutzt wird. Das Doppelverhältniss der vier Ebenen ist auch gleich dem Doppelverhältnisse ihrer vier Schnittpunkte mit der conjugirten Polare ihrer gemeinsamen Axe, von denen zwei (als Berührungspunkte zweier Ebenen) auf der unendlich fernen Fläche liegen. Ist also die Schnittlinie zweier Ebenen ideal und nicht eine Tangente der Fläche, so haben beide Ebenen eine gemeinschaftliche Normale, und die Länge dieser Normale (Entfernung ihrer beiden Fusspunkte von einander) dient zur Charakterisirung der gegenseitigen Lage beider Ebenen; ist diese Länge gleich l und bezeichnet φ die gegenseitige Neigung der sich nicht schneidenden Ebenen, so haben wir nämlich:

$$\frac{l}{k} = \frac{\varphi}{ik'} = \log \alpha,$$

wo α das betreffende Doppelverhältniss bezeichnet. Diese Formel zeigt, dass *die Neigung zweier sich nicht schneidenden Ebenen nothwendig eine rein imaginäre Zahl ist.* Letzteres wird in der That dadurch bedingt, dass die beiden benutzten Tangentialebenen der unendlich fernen Fläche reell sind, während sie bei zwei sich schneidenden Ebenen imaginär waren.

Wir hätten jetzt noch die Neigung einer geraden Linie gegen eine Ebene und die Entfernung eines Punktes von einer Geraden zu bestimmen; beide Aufgaben werden sich von selbst erledigen, wenn wir weiterhin die Frage nach der kürzesten Entfernung zweier Geraden von einander ins Auge fassen.

2) Nr. 3, p. 363. Im vorigen Falle ist $a = 0$; die Bewegung besteht also in einer *Rotation um die Axe* $x_2 = 0$, $x_3 = 0$.

3) Nr. 3, p. 363. Im ersten Falle ist $\alpha = 0$; die Bewegung besteht in einer *Verschiebung längs der Axe* $x_2 = 0$, $x_3 = 0$; dieselbe ist äquivalent mit einer Rotation um die ideale Axe $x_1 = 0$, $x_4 = 0$.

4) Nr. 4, p. 363. *Die ideale Axe der Rotation ist eine Tangente der unendlich fernen Fläche.* Wird die Gleichung dieser Fläche in der Form

$$(4) \qquad\qquad X_1 X_4 + X_2 X_3 = 0$$

vorausgesetzt, so lautete die Transformation:

$$(5) \quad X_1 = \Xi_1 + \Lambda(\Xi_2 + \Xi_3) - \Lambda^2\Xi_4, \quad X_4 = \Xi_4,$$
$$X_2 = \Xi_2 - \Lambda\Xi_4, \qquad\qquad X_3 = \Xi_3 - \Lambda\Xi_4.$$

Hierin setzen wir:

$$(6) \quad X_1 = x_1 + 2kx_4, \quad X_2 = x_2 + ix_3,$$
$$X_4 = x_1 - 2kx_4, \quad X_3 = x_2 - ix_3;$$

dann geht (4) wieder in (1) über, und es wird eine reelle Bewegung durch die Gleichungen

$$(7) \quad \begin{aligned} 2x_1 &= (2 - \Lambda^2)\,\xi_1 + 2\Lambda\xi_2 + 2k\Lambda^2\,\xi_4, \\ x_2 &= \quad\ -\Lambda\xi_1 + \xi_2 + 2k\Lambda\xi_4, \quad x_3 = \xi_3, \\ 4kx_4 &= \quad\ -\Lambda^2\xi_1 + 2\Lambda\xi_2 + 2k(2 + \Lambda^2)\xi_4 \end{aligned}$$

dargestellt. Daher bleibt jeder Punkt der idealen Axe $x_2 = 0$, $x_1 - 2kx_4 = 0$ fest, und jede Ebene des Büschels $x_3 + \lambda(x_1 - 2kx_4) = 0$ wird in sich übergeführt. Jeder Punkt bewegt sich daher auf einem Kegelschnitte, der die Axe des erwähnten Büschels im unendlich fernen Punkte $x_2 = 0$, $x_3 = 0$, $x_1 - 2kx_4 = 0$ berührt. Jeder solche Kegelschnitt geht mit dem unendlich fernen Kegelschnitte seiner Ebene daselbst eine Berührung dritter Ordnung ein, ist also eine *Grenzcurve*; es wird nämlich auch jede Fläche des Büschels

$$(8) \quad x_1^2 + x_2^2 + x_3^2 - 4k^2x_4^2 + \mu(x_1 - 2kx_4)^2 = 0$$

in sich übergeführt, und alle diese Flächen berühren sich längs der beiden imaginären unendlich fernen Geraden, in denen die Ebene $x_1 - 2kx_4 = 0$ von den Ebenen $x_2 \pm ix_3 = 0$ geschnitten wird. Eine Fläche, welche die unendlich ferne Fläche so in zwei je doppelt zählenden Erzeugenden schneidet, nennen wir eine *Grenzfläche;* sie entsteht aus der Kugelfläche, d. h. aus einer Fläche, welche die unendlich ferne Fläche längs eines Kegelschnittes berührt, wenn der Mittelpunkt der Kugel auf die unendlich ferne Fläche rückt, und somit der Berührungskegelschnitt in ein Linienpaar ausartet. Die Gleichung der *Kugel* ist wieder durch (8), p. 470 gegeben, wenn dort Ω_{xx} die linke Seite der Gleichung der unendlich fernen Fläche bedeutet. Da alle Grenzflächen der Schaar (8) durch unsere Bewegung in sich übergehen, so haben die Punkte jeder Fläche von irgend einer anderen Fläche der Schaar constanten Abstand. In der That, es sei X ein Punkt der Fläche (8), geschrieben in den ursprünglichen Coordinaten X_i, d. h. der Fläche

$$X_1 X_4 + X_2 X_3 + \mu X_4^2 = 0,$$

und es sei Y ein Punkt der entsprechenden Fläche mit dem Parameter μ', so ergibt sich ihre Entfernung S aus der Gleichung

$$\cos\frac{S}{2ki} = \frac{X_1 Y_4 + X_4 Y_1 + X_2 Y_3 + X_3 Y_2}{2\sqrt{\mu\mu'}\,X_4 Y_4}.$$

Steht nun die Verbindungslinie X-Y senkrecht auf beiden Flächen, d. h. geht sie durch den Punkt $X_2 = 0$, $X_3 = 0$, $X_4 = 0$, so ist

$$Y_1 = X_1(1 + \lambda), \quad Y_2 = X_2, \quad Y_3 = X_3, \quad X_4 = Y_4,$$

und mit Hülfe der Gleichung der zweiten Fläche finden wir

$$\cos \frac{S}{2ki} = - \frac{\mu + \mu'}{2 \sqrt{\mu \cdot \mu'}},$$

also in der That S nur abhängig von μ und μ'.

Von Interesse ist es, die *Geometrie auf einer Grenzfläche* noch näher zu verfolgen. Zunächst berechnen wir die Länge des Bogens, welchen der Punkt X bei der Bewegung (5) beschreibt. Das Bogenelement ergibt sich durch Betrachtung einer unendlich kleinen Bewegung, welche durch die Formeln

$$dX_1 = d\Lambda(X_2 + X_3) - 2\Lambda d\Lambda X_4, \quad dX_4 = 0,$$
$$dX_2 = - d\Lambda X_4, \qquad\qquad\qquad dX_3 = - d\Lambda X_4$$

gegeben wird. Das Linienelement ist dann nach (10), p. 471:

$$\frac{ds}{2k} = \frac{d\Lambda}{\sqrt{\mu}},$$

wenn der Bogen auf der Grenzfläche mit dem Parameter μ gemessen wird. Den Punkt X führen wir mittelst einer zweiten Bewegung in Y über, wobei

$$(9) \qquad \begin{aligned} Y_1 &= X_1 + i\mathsf{M}(X_2 - X_3) - \mathsf{M}^2 X_4, \quad Y_4 = X_4, \\ Y_2 &= X_2 + i\mathsf{M} X_4, \qquad\qquad\qquad Y_3 = X_3 - i\mathsf{M} X_4. \end{aligned}$$

Obgleich hier die imaginäre Einheit i eingeht, haben wir doch eine reelle Bewegung, denn mittelst (6) ergibt sich die entsprechende reelle Transformation

$$\begin{aligned} 2y_1 &= (2 - \mathsf{M}^2)x_1 - 2\mathsf{M} x_2 + 2k\mathsf{M}^2 x_4, \\ y_2 &= x_2, \qquad y_3 = - \mathsf{M} x_1 + x_3 + 2k\mathsf{M} x_4, \\ 4ky_4 &= - \mathsf{M}^2 x_1 - 2\mathsf{M} x_3 + 2k(2 + \mathsf{M}^2)x_4. \end{aligned}$$

Bei dieser Bewegung bleibt jeder Punkt der idealen Axe $x_3 = 0$, $x_1 - 2kx_4 = 0$ fest, sie geschieht also senkrecht zu der Bewegung (7): Alle Grenzcurven, welche bei der neuen Bewegung in sich übergehen, werden rechtwinklig geschnitten von allen Grenzcurven, die in gleicher Beziehung zu der früheren Bewegung stehen. Die Zusammensetzung beider Bewegungen führt zu den Formeln:

$$(10) \qquad \begin{aligned} Y_1 &= \Xi_1 + (\Lambda + i\mathsf{M})\Xi_2 + (\Lambda - i\mathsf{M})\Xi_3 - (\Lambda^2 + \mathsf{M}^2)\Xi_4, \\ Y_2 &= \Xi_2 - (\Lambda - i\mathsf{M})\Xi_4, \\ Y_3 &= \Xi_3 - (\Lambda + i\mathsf{M})\Xi_4, \quad Y_4 = \Xi_4. \end{aligned}$$

Nehmen wir Λ und M gleichzeitig unendlich klein, so geht Y in $\Xi + d\Xi$ über, und es wird

$$d\Xi_1 = (d\Lambda + i\,d\mathsf{M})\Xi_2 + (d\Lambda - i\,d\mathsf{M})\Xi_3 - 2(\mathsf{M}\,d\mathsf{M} + \Lambda\,d\Lambda)\Xi_4,$$

$$d\Xi_2 = -(d\Lambda - i\,d\mathsf{M})\Xi_4,$$

$$d\Xi_3 = -(d\Lambda + i\,d\mathsf{M})\Xi_4, \quad d\Xi_4 = 0.$$

Für die Entfernung ds der beiden unendlich benachbarten Punkte auf der Fläche (8) gewinnen wir jetzt die Gleichung

$$(11) \qquad \frac{ds^2}{4\,k^2} = \frac{d\Lambda^2 + d\mathsf{M}^2}{\mu}.$$

Das Bogenelement auf der Grenzfläche drückt sich sonach durch die Parameter der beiden zu einander orthogonalen Schaaren von Grenzcurven genau ebenso aus, wie in der ebenen Euclidischen Geometrie durch die rechtwinkligen Coordinaten. Hieraus können wir sofort folgern, dass in der nicht-Euclidischen Geometrie auf der Grenzfläche alle metrischen Sätze der gewöhnlichen Euclidischen Geometrie Gültigkeit haben, wenn man nur die geraden Linien der Euclidischen Ebene durch die Grenzcurven unserer Grenzfläche ersetzt. Es wird dies recht deutlich bei Betrachtung des Ebenenbündels, dessen Scheitel im unendlich fernen Mittelpunkte der Grenzfläche liegt; die metrische Geometrie in diesem Ebenenbündel ist nämlich das genaue dualistische Gegenbild der Euklidischen Geometrie der Ebene. Es entsprechen sich

im Ebenenbündel:	auf der Ebene:
Ebene des Bündels,	Gerade Linie der Ebene,
Strahl des Bündels,	Punkt der Ebene,
Unendlich ferne Ebene des Bündels ($X_4 = 0$),	Unendlich ferne Gerade der Ebene,
Die beiden imaginären Erzeugenden, in denen die unendlich ferne Fläche von der Ebene $X_4 = 0$ geschnitten wird,	Die beiden imaginären Kreispunkte der Euclidischen Ebene,
Der Winkel zweier Ebenen.	Der Winkel zweier Geraden.

Der Winkel zweier Ebenen im Sinne der nicht-Euclidischen Geometrie war definirt durch das Doppelverhältniss, welches sie mit den beiden durch ihre Schnittlinie gehenden Tangentialebenen der Fläche (4) bestimmen; die letzteren Ebenen gehen aber in unserem Bündel stets durch die genannten beiden imaginären Erzeugenden hindurch, so dass ihnen in der That die Verbindungslinien des Scheitels eines Winkels mit den imaginären Kreispunkten dualistisch gegenüberstehen.

Der Entfernung zweier Punkte in der Euclidischen Geometrie entspricht die gegenseitige Neigung zweier Geraden in unserem Bündel. Die in der Ebene dieser beiden Geraden gelegenen Tangenten der Fläche (8) fallen jetzt in die Schnittlinie der Ebene mit der Ebene $X_4 = 0$ zusammen; in Folge dessen wird das zur Berechnung des Winkels dienende Doppelverhältniss gleich Eins, der Logarithmus desselben und somit der Winkel selbst gleich Null. Zwei Linien also, die sich auf der unendlich fernen Fläche schneiden, schliessen den Winkel Null ein; solche Linien können wir als einander parallel bezeichnen. Gleichwohl ergibt sich für das gegenseitige Verhältniss der Neigungen zweier zu derselben dritten Linie parallelen Geraden gegen diese dritte Linie ein bestimmter endlicher Werth. *So können wir in einem Bündel von Parallellinien die gegenseitige Neigung zweier Geraden durch eine bestimmte, von Null verschiedene Zahl messen, sobald wir als Einheit die Neigung zweier willkürlich aber fest gewählten Geraden eingeführt haben.* Doch hat diese Messung der Neigung nur innerhalb eines und desselben Bündels von Parallelen eine Bedeutung.

Um dies analytisch näher zu verfolgen, bedienen wir uns des durch (6) eingeführten Coordinatentetraëders. Es wird dann durch eine lineare homogene Gleichung in den Ebenencoordinaten u_2, u_3, u_4 eine durch die Ecke $u_1 = 0$ gehende Gerade dargestellt, durch eine solche Gleichung in den Liniencoordinaten p_{12}, p_{13}, p_{14} eine demselben Bündel angehörige Ebene gegeben.

Da $p_{ik} + \lambda p'_{ik}$ die Coordinaten einer Linie des durch p und p' bestimmten Büschels sind (vgl. p. 65), vorausgesetzt, dass p und p' sich treffen, so bestimmt sich der Winkel φ von p und p' aus der Gleichung

$$(12) \qquad \sin \frac{\varphi}{2k'} = \frac{\sqrt{\Phi_{pp'}^2 - \Phi_{pp}\Phi_{p'p'}}}{\sqrt{\Phi_{pp}\Phi_{p'p'}}},$$

wo $\Phi_{pp} = 0$ die Gleichung der unendlich fernen Fläche in Liniencoordinaten bedeutet. Ist $u_\alpha^2 = 0$ die symbolische Gleichung derselben Fläche in Ebenencoordinaten, so können wir setzen (vgl. p. 142 und 198):

$$\Phi_{pp} = (\alpha\beta xy)^2 = (\gamma\delta xy)^2,$$

wobei x, y zwei Punkte der Linie p bezeichnen. Ist insbesondere x der Schnittpunkt beider Geraden und $p'_{ik} = x_i y'_k - x_k y'_i$, so wird

$$\Phi_{pp'}^2 - \Phi_{pp}\Phi_{p'p'} = (\alpha\beta xy)(\alpha\beta xy')\cdot(\gamma\delta xy)(\gamma\delta xy') - (\alpha\beta xy)^2(\gamma\delta xy')^2$$
$$= (\alpha\beta xy)(\gamma\delta xy')[(\alpha\beta xy')(\gamma\delta xy) - (\alpha\beta xy)(\gamma\delta xy')].$$

Die eckige Klammer auf der rechten Seite ist nach bekannten Identitäten gleich

$$(\alpha y x y')(\gamma \delta x \beta) + (y \beta x y')(\gamma \delta x \alpha) = (\beta \gamma \delta x) u_\alpha - (\alpha \gamma \delta x) u_\beta,$$

wobei u die Ebene der Punkte x, y, y' bezeichnet. Da sich die beiden Glieder der rechten Seite bis auf das Vorzeichen nur durch Vertauschung von α und β unterscheiden, so wird, wenn Π zur Abkürzung den Ausdruck $\Phi_{pp'}^2 - \Phi_{pp}\Phi_{p'p'}$ bezeichnet:

$$\Pi = 2(\alpha\beta xy)(\gamma \delta x y')(\beta\gamma\delta x) u_\alpha.$$

Die rechte Seite formen wir mittelst der Identität

$$(\alpha\beta xy)(\gamma\delta xy') = (\gamma\delta x\beta)(\alpha y' xy) + (\gamma\beta xy')(\alpha\delta xy) + (\beta\delta xy')(\alpha\gamma xy)$$

um, und berücksichtigen die Vertauschbarkeit von γ und δ, so ergibt sich

$$\Pi = -2(\beta\gamma\delta x)^2 u_\alpha^2 + 4(\beta\gamma\delta x)(\gamma\beta xy')(\alpha\delta xy)u_\alpha.$$

Wegen der Vertauschbarkeit von β und δ ist das zweite Glied der rechten Seite wieder gleich 2Π, also wird schliesslich

$$\Pi = 2(\beta\gamma\delta x)^2 u_\alpha^2.$$

Hierin ist ausgesprochen, dass der Zähler der rechten Seite von (12), wie es eben behauptet wurde, verschwindet, sobald der Scheitel x des Strahlbüschels auf der unendlich fernen Fläche liegt. Da nun für kleine Argumente der Sinus durch das Argument selbst ersetzt werden kann, so wird in diesem Falle

$$(13) \qquad \frac{\varphi}{2k'} = \frac{\sqrt{2(\beta\gamma\delta x)^2 u_\alpha^2}}{\sqrt{(\alpha\beta xy)^2 (\gamma\delta xy')^2}}.$$

In dem Verhältnisse der Neigungen zweier Linien p' und p'' gegen p hebt sich der verschwindende Factor $(\beta\gamma\delta x)^2$ des Zählers heraus, und das Verhältniss erhält einen endlichen Werth.

Gehen wir jetzt zu den in (6) eingeführten speciellen Coordinaten zurück, so können wir setzen

$$u_\alpha^2 = u_2^2 + u_3^2, \quad \tfrac{1}{2}(\alpha\beta xy)^2 = p_{14}^2, \quad \tfrac{1}{2}(\alpha\beta xy')^2 = p_{14}'^2,$$

$$u_2 = p_{13}p_{14}' - p_{14}p_{13}', \quad u_3 = p_{12}p_{14}' - p_{14}p_{12}'.$$

Da ferner $p_{14} = p_{14}' = 1$ angenommen werden darf, so wird die Neigung der unserem Bündel angehörigen Geraden p und p' proportional zu

$$(14) \qquad \sqrt{(p_{13} - p_{13}')^2 + (p_{12} - p_{12}')^2},$$

also durch dieselbe Formel gemessen, wie die Entfernung zweier Punkte in der Euclidischen Ebene. Wenden wir aber die Variabeln X_i und entsprechend P_{ik} an, so ist der Ausdruck (14) zu ersetzen durch $\sqrt{(P_{12} - P_{12}')(P_{13} - P_{13}')}$. Fasst man P als Verbindungslinie eines durch (10) dargestellten Punktes Y unserer Grenzfläche mit dem Scheitel unseres Bündels auf, steht P' in derselben Beziehung zu einem Punkte Y', dem nach (10) die Parameter Λ' und M' zukommen, so wird diese letztere Quadratwurzel proportional zu

$$\sqrt{(\Lambda - \Lambda')^2 + (\mathsf{M} - \mathsf{M}')^2},$$

also auch proportional zu dem Ausdrucke für die auf der Grenzfläche gemessene Entfernung zweier Punkte, wie er sich aus dem in (11) berechneten Bogenelemente ergeben würde. Wir sehen hieraus, dass die beiden auf der Grenzfläche gelegenen, unendlich fernen imaginären Erzeugenden auf dieser Fläche in der That dieselbe Rolle spielen, wie die imaginären Kreispunkte in der Ebene; man hat nur die Grössen Λ und M an Stelle der rechtwinkligen Cartesischen Coordinaten zu benutzen. Insbesondere stellt eine lineare Gleichung in Λ, M eine Grenzcurve dar; durch zwei beliebige Punkte der Fläche geht also nur *eine* solche Curve. Zu einer beliebigen Curve dieser Art kann man durch einen gegebenen Punkt nur eine Parallele ziehen, nämlich diejenige Grenzcurve, von welcher die gegebene im unendlich fernen Punkte berührt wird. Die Gleichung $\Lambda + i\mathsf{M} = 0$ stellt nach (10) den Schnitt der Fläche mit der Ebene $Y_3 \Xi_4 - Y_4 \Xi_3$ dar, also die eine der beiden ausgezeichneten imaginären Erzeugenden selbst. So gelten für das System der Grenzcurven nach den aufgestellten Formeln dieselben metrischen Sätze, wie für das System der geraden Linien in der Euclidischen Geometrie*).

Wir haben daher kein Mittel, durch Betrachtung von nur ebenen Figuren zu entscheiden, ob wir es mit einer Euclidischen Ebene oder mit einer nicht-Euclidischen Grenzfläche zu thun haben. Erst durch das Hinausgehen in den Raum bemerken wir den Unterschied, denn das Bogenelement ist nach (11) für jede Parallelfläche zur Grenzfläche ein anderes, in der Euclidischen Geometrie aber dasselbe für alle zu einer Ebene parallelen Ebenen. Dass wir in der gewöhnlichen ebenen Geometrie von einer unendlich fernen Geraden, auf der Grenzfläche aber nur von einem unendlich fernen Punkte sprechen, ist kein wesentlicher Unterschied. Die Einführung der sogenannten unendlich fernen geraden Linie hatte ja nur den Zweck, allen Sätzen der projectivischen Geometrie ausnahmslose Gültigkeit beizulegen. Verzichtet man hierauf, so ist es sehr wohl gestattet, in der Ebene nur einen unendlich fernen Punkt vorauszusetzen, durch den dann

---

*) Vgl. Bolyai und Frischauf a. a. O.

alle geraden Linien hindurchgehen; und so geschieht es in der That in der Theorie der complexen Functionen und des logarithmischen Potentials. Der Satz z. B., dass durch jeden Punkt einfach unendlich viele gerade Linien hindurchgehen, erleidet dann eine Ausnahme für den unendlich fernen Punkt; der Satz, dass zwei Punkte eine gerade Linie bestimmen, würde dann nicht mehr gelten, wenn einer dieser Punkte in das Unendliche rückt. Andererseits ist hervorzuheben, dass *man, wenn die hyperbolische Geometrie zu Grunde gelegt wird, auf der Grenzfläche eine geometrische Darstellung der complexen Variabeln* $\Lambda + i\mathrm{M}$ *zur Verfügung haben würde, die den Anforderungen der Functionentheorie und der projectivischen Geometrie gleichmässig genügt.*

Den in (12) für die Neigung zweier sich schneidenden Geraden aufgestellten Ausdruck könnten wir, in Uebereinstimmung mit der gewöhnlichen Geometrie, zur Definition *der gegenseitigen Neigung zweier beliebigen Geraden* benutzen und nachträglich geometrisch deuten. Wir ziehen es vor, vom *Begriffe der kürzesten Entfernung zweier Geraden* ausgehend, denjenigen der Neigung neu zu entwickeln.

Es sei p die Verbindungslinie der Punkte x, y und p' diejenige der Punkte x', y'; ferner bedeute r die Entfernung eines beliebigen Punktes $\lambda x + \mu y$ der ersten Linie von einem Punkte $\lambda' x' + \mu' y'$ der zweiten. Dann haben wir

$$(15)\quad \cos\frac{r}{2ki} = \frac{\lambda\lambda'\Omega_{xx'} + \mu\lambda'\Omega_{yx'} + \lambda\mu'\Omega_{xy'} + \mu\mu'\Omega_{yy'}}{\sqrt{\lambda^2\Omega_{xx} + 2\lambda\mu\,\Omega_{xy} + \mu^2\Omega_{yy}}\;\sqrt{\lambda'^2\Omega_{x'x'} + 2\lambda'\mu'\,\Omega_{x'y'} + \mu'^2\Omega_{y'y'}}}.$$

Die absoluten Werthe der vorkommenden Verhältnisszahlen können wir uns so bestimmt denken, dass die beiden Quadratwurzeln des Nenners gleich einer und derselben gegebenen Constante C werden, so dass:

$$(16)\quad \lambda^2\Omega_{xx} + 2\lambda\mu\Omega_{xy} + \mu^2\Omega_{yy} = \lambda'^2\Omega_{x'x'} + 2\lambda'\mu'\Omega_{x'y'} + \mu'^2\Omega_{yy} = C^2.$$

Soll nun r einem Maximum oder Minimum entsprechen, so ist dazu nach der Theorie der relativen Maxima und Minima die Erfüllung folgender Gleichungen nothwendig:

$$(17)\quad
\begin{aligned}
\lambda'\Omega_{xx'} + \mu'\Omega_{xy'} + M(\lambda\,\Omega_{xx} + \mu\,\Omega_{xy}) &= 0,\\
\lambda'\Omega_{yx'} + \mu'\Omega_{yy'} + M(\lambda\,\Omega_{xy} + \mu\,\Omega_{yy}) &= 0,\\
\lambda\,\Omega_{xx'} + \mu\,\Omega_{yx'} + N(\lambda'\Omega_{x'x'} + \mu'\Omega_{x'y'}) &= 0,\\
\lambda\,\Omega_{xy'} + \mu\,\Omega_{yy'} + N(\lambda'\Omega_{x'y'} + \mu'\Omega_{y'y'}) &= 0.
\end{aligned}$$

Multipliciren wir die erste Gleichung mit λ, die zweite mit μ und addiren die entstehenden Producte, multipliciren wir ebenso die dritte mit λ', die vierte mit μ', und addiren, so ergibt sich

$$(18) \qquad M \cdot C = N \cdot C = C \cdot \cos \frac{r}{2\,ki}.$$

Für die Grösse $M = N$ finden wir aus (17) durch Elimination von $\lambda,\ \mu,\ \lambda',\ \mu'$ die Bedingungsgleichung

$$\begin{vmatrix} M\Omega_{xx} & M\Omega_{xy} & \Omega_{xx'} & \Omega_{xy'} \\ M\Omega_{xy} & M\Omega_{yy} & \Omega_{yx'} & \Omega_{yy'} \\ \Omega_{xx'} & \Omega_{yx'} & M\Omega_{x'x'} & M\Omega_{x'y'} \\ \Omega_{xy'} & \Omega_{yy'} & M\Omega_{y'x'} & M\Omega_{y'y'} \end{vmatrix} = 0.$$

Die links stehende Determinante ist von der Form

$$M^4 R + M^2 S + T,$$

wo sich die Coefficienten am einfachsten mittelst der symbolischen Methoden berechnen lassen. Sei zur Abkürzung

$$(ab)_{xy} = a_x b_y - a_y b_x,$$

so finden wir

$$R = a_x b_y (ab)_{xy} c_{x'} d_{y'} (cd)_{x'y'} = \frac{1}{4}\,(ab)^2_{xy}(cd)^2_{x'y'} = \frac{1}{4}\,\Phi_{pp}\Phi_{p'p'},$$

$$T = a_x b_y (ab)_{x'y'} c_{x'} d_{y'} (cd)_{xy} = \frac{1}{4}\,\Phi^2_{pp'},$$

$$S = \frac{1}{4}\,(ab)_{xy}(cd)_{x'y'}\,[(ab)_{xx'}(cd)_{y'y} + (ab)_{xy'}(cd)_{x'y}$$
$$\qquad + (ab)_{yx'}(cd)_{xy'} + (ab)_{yy'}(cd)_{x'y'}]$$
$$= \frac{1}{4}\,(ab)_{xy}(cd)_{x'y'}\,[(abcd)(xyx'y') - (ab)_{x'y'}(cd)_{xy} - (ab)_{xy}(cd)_{x'y'}]$$
$$= \frac{1}{4}\,[A\,(xyx'y')^2 - \Phi^2_{pp'} - \Phi_{pp}\Phi_{p'p'}].$$

Unsere Gleichung für M wird so schliesslich:

$$(19) \quad (M^2 - 1)^2 \Phi_{pp}\Phi_{p'p'} + (M^2 - 1)[A(xyx'y')^2 + \Phi_{pp}\Phi_{p'p'} - \Phi^2_{pp'}]$$
$$\qquad\qquad + A(xyx'y')^2 = 0.$$

Werden die Wurzeln*) mit M_1 und M_2 bezeichnet, die zugehörigen Werthe von r mit r_1 und r_2, so haben wir unter Berücksichtigung von (18)

$$M_1^2 M_2^2 = \cos^2 \frac{r_1}{2\,ki}\cos^2\frac{r_2}{2\,ki} = \frac{\Phi^2_{pp'}}{\Phi_{pp}\Phi_{p'p'}},$$

$$(20)$$

$$(1 - M_1^2)(1 - M_2^2) = \sin^2\frac{r_1}{2\,ki}\sin^2\frac{r_2}{2\,ki} = \frac{(xyx'y')^2 A}{\Phi_{pp}\Phi_{p'p'}} = \frac{(p,p')^2 A}{\Phi_{pp}\Phi_{p'p'}}.$$

---

*) Unter Benutzung rechtwinkliger Coordinaten (vgl. oben p. 481) wird bei Killing (a. a. O. p. 60) in analoger Weise obige Hülfsgleichung für M in Determinantenform aufgestellt, aber nicht auf die einfachen Formen (19), (20) und (21) reducirt.

Der erstere Ausdruck entspricht genau demjenigen, welcher in der Euclidischen Geometrie als *Quadrat des Cosinus der gegenseitigen Neigung beider Geraden* auftritt, der andere demjenigen, welcher gewöhnlich *als Quadrat des Momentes* bezeichnet wird. Die Elimination von M aus den beiden ersten Gleichungen (17) ergibt:

$$(\lambda' a_x{}^2 + \mu' a_x a_{y'})(\lambda b_x b_y + \mu b_y{}^2)$$
$$- (\lambda' a_y a_{x'} + \mu' a_y a_{y'})(\lambda b_x{}^2 + \mu b_x b_y) = 0;$$

die linke Seite ist aber identisch mit

$$\frac{1}{2}(ab)_{xy}[\lambda\lambda'(ab)_{xx'} + \lambda\mu'(ab)_{xy'} + \lambda'\mu(ab)_{yx'} + \mu\mu'(ab)_{yy'}]$$
$$= (ab)_{xy}(ab)_{\lambda x + \mu y,\ \lambda'x' + \mu'y'} = \Phi_{p\pi},$$

wo π die Verbindungslinie des Punktes $\lambda x + \mu y$ mit dem Punkte $\lambda' x' + \mu' y'$ bezeichnet. Das Verschwinden von $\Phi_{p\pi}$ sagt also nach dem Obigen aus, dass die Linie r_1 (das ist die kürzeste Entfernung) auf den gegebenen Linien p und p' senkrecht steht; dasselbe lässt sich ebenso von der Linie r_2 beweisen. *Wir haben daher durch vorstehende Rechnung gleichzeitig zwei gerade Linien bestimmt, welche zu den beiden gegebenen Geraden rechtwinklig sind und beide schneiden.* Es sind dieses offenbar keine anderen Linien, als die beiden gemeinschaftlichen Transversalen der Geraden p, p' und ihrer conjugirten Polaren in Bezug auf die unendlich ferne Fläche; oder es sind, wie wir kurz sagen können, im Sinne der hyperbolischen Geometrie die beiden Hauptaxen derjenigen Congruenz, welche durch die speciellen Complexe mit den Axen p und p' bestimmt werden („verallgemeinerte" Hauptaxen in unserer früheren Bezeichnung, vgl. p. 348). *Beide Hauptaxen sind auch einander in Bezug auf die Fläche* (1) *polarconjugirt; die eine von ihnen gehört daher zu den idealen Linien* und kommt für unsere Fragestellung nicht in Betracht.

Nun wird die ideale Strecke r_2 gemessen durch das Doppelverhältniss, welches ihre beiden Endpunkte und die Schnittpunkte ihrer Verlängerungen mit der Fläche (1) bestimmen. Dieses Doppelverhältniss ist nach der Polarentheorie gleich demjenigen der beiden durch r_1 gehenden Tangentialebenen der Fläche (1) und derjenigen Ebenen, welche man durch das gemeinsame Loth r_1 rechtwinklig zu den beiden Linien p, p' legen kann. Wird der Winkel der beiden letzteren Ebenen mit φ_1 bezeichnet, und derjenige der beiden entsprechenden durch r_2 zu legenden Ebenen mit φ_2, so haben wir;

$$(20\mathrm{a}) \qquad \frac{r_1}{2ki} = \frac{\varphi_2}{2k'}, \quad \frac{r_2}{2ki} = \frac{\varphi_1}{2k'}.$$

Unter Ausschliessung aller idealen Elemente bestimmen sich daher *kürzeste Entfernung r_1 und Neigung φ_1 zweier Geraden p und p' aus den Gleichungen*:

$$(21)\qquad \begin{aligned} \sin\frac{r_1}{2ki}\sin\frac{\varphi_1}{2k'} &= \frac{(p,\,p')\,\sqrt{A}}{\sqrt{\Phi_{pp}\Phi_{p'p'}}}, \\[2mm] \cos\frac{r_1}{2ki}\cos\frac{\varphi_1}{2k'} &= \frac{\Phi_{pp'}}{\sqrt{\Phi_{pp}\Phi_{p'p'}}}. \end{aligned}$$

Schneiden sich die beiden Linien, so wird r_1 gleich Null (während die *Richtung* des gemeinsamen Lothes vollkommen bestimmt bleibt), und wir kommen für φ_1 auf die in (12) ausgesprochene Definition zurück. Wie die zweite Gleichung (21) lehrt, *sind zwei gerade Linien zu einander senkrecht, wenn $\Phi_{pp'}$ verschwindet, d. h. wenn die conjugirte (ideale) Polare der einen in Bezug auf die unendlich ferne Fläche von der anderen geschnitten wird.*

Soll die gegenseitige Neigung φ_1 gleich Null werden, so muss nach der ersten Gleichung (21) $(p,\,p')$ verschwinden; wenn nun r_1 von Null verschieden sein soll, d. h. wenn die Geraden sich im Endlichen nicht schneiden sollen, so muss das durch die Forderung $(p,\,p') = 0$ bedingte Schneiden derselben in einem idealen Punkte stattfinden. *Die gegenseitige Neigung zweier in einer Ebene gelegenen Geraden, welche sich nicht schneiden, müssen wir daher gleich Null annehmen.* Ihre gegenseitige Lage wird dann durch die Länge ihres gemeinsamen Lothes r_1 gemessen, wie es die zweite Gleichung (21) in Uebereinstimmung mit (12) näher angibt; in der That haben wir auch schon früher hervorgehoben (p. 498), dass der Winkel zweier solchen Geraden rein imaginär werden würde. In dem Grenzfalle, wo der Schnittpunkt auf der unendlich fernen Fläche liegt, verschwinden φ_1 und r_1 gleichzeitig; neben der Bedingung $(p,\,p') = 0$ ist auch die Gleichung

$$(22)\qquad \Phi_{pp}\Phi_{p'p'} - \Phi_{pp'}^2 = 0$$

erfüllt; diesen Fall haben wir bereits eingehend besprochen (p. 502 f.).

Es bleibt noch die Frage zu untersuchen, *wann die beiden Wurzeln der Gleichung* (19) *zusammenfallen*. Als Bedingung dafür finden wir:

$$(23)\qquad \begin{aligned} &[A(p,\,p')^2 - \Phi_{pp'}^2 - \Phi_{pp}\Phi_{p'p'}]^2 - 4\,\Phi_{pp}\Phi_{p'p'}\Phi_{pp'}^2 \\ ={}& A^2(p,\,p')^4 + \Phi_{pp'}^4 + \Phi_{pp}^2\Phi_{p'p'}^2 - 2A(p,\,p')^2\Phi_{pp'}^2 \\ &- 2A(p,\,p')^2\Phi_{pp}\Phi_{p'p'} - 2\Phi_{pp}\Phi_{p'p'}\Phi_{pp'}^2 \\ ={}& [A(p,\,p')^2 + \Phi_{pp'}^2 - \Phi_{pp}\Phi_{p'p'} - 2\sqrt{A}\,(p,\,p')\Phi_{pp'}] \\ &\quad [A(p,\,p')^2 + \Phi_{pp'}^2 - \Phi_{pp}\Phi_{p'p'} + 2\sqrt{A}\,(p,\,p')\Phi_{pp'}] = 0. \end{aligned}$$

Die Zerspaltung der linken Seite in zwei Factoren entspricht dem Umstande, dass bei Bildung der Gleichung $\cos\left(\frac{r_1}{2ki} - \frac{r_2}{2ki}\right) = 1$ aus (20) auf der rechten Seite das Vorzeichen von $\sqrt{A}$ unbestimmt bleibt. Nennen wir nun P_1, P_1', O_1, O_1', Π_1, Π_1' die Schnittpunkte der Linie r_1 (bez. deren Verlängerung) mit den Geraden p, p', der unendlich fernen Fläche und den Polaren π, π' jener Linien in Bezug auf diese Fläche, so sind P_1 und Π_1, P_1' und Π_1' zwei Punktepaare einer Involution, deren Doppelelemente in O_1 und O_1' liegen. Legen wir also auf der Geraden r_1 den Punkten O_1 und O_1' die Parameterwerthe 0 und ∞ bei, während die Parameter der übrigen Punkte gleichzeitig durch die angegebenen Werthe bezeichnet sein mögen, so besteht die Doppelverhältniss-Relation

$$(P_1,\ P_1',\ O_1,\ O_1') = \frac{P_1}{P_1'} = (\Pi_1,\ \Pi_1',\ O_1,\ O_1') = \frac{\Pi_1}{\Pi_1'} = e^{\frac{r_1}{k_i}}$$

und entsprechend auf r_2

$$(P_2,\ P_2',\ O_2,\ O_2') = \frac{P_2}{P_2'} = (\Pi_2,\ \Pi_2',\ O_2,\ O_2') = \frac{\Pi_2}{\Pi_2'} = e^{\frac{r_2}{k}}.$$

Soll also $r_1 = r_2$ werden, so haben wir

$$\frac{P_1}{P_1'} = \frac{P_2}{P_2'} = \frac{\Pi_1}{\Pi_1'} = \frac{\Pi_2}{\Pi_2'};$$

wegen der erwähnten involutorischen Beziehungen ist ferner

$$\frac{P_1}{\Pi_1} = \frac{P_1'}{\Pi_1'} = -1 = \frac{P_2}{\Pi_2} = \frac{P_2'}{\Pi_2'}.$$

Hieraus geht die Relation

$$(24) \qquad (P_1,\ P_1',\ \Pi_1,\ \Pi_1') = (P_2,\ P_2',\ \Pi_2,\ \Pi_2')$$

hervor; die beiden Linien r_1 und r_2 werden daher von den Geraden p, p' und π, π' in Punktquadrupeln von gleichem Doppelverhältnisse geschnitten; dann aber sind diese letzteren Linien Erzeugende einer und derselben Fläche zweiter Ordnung; die Linien r_1 und r_2 gehören zu der anderen Schaar von Erzeugenden, und *jede* Gerade der letzteren Schaar wird in Punkten desselben Doppelverhältnisses getroffen. *Das Zusammenfallen der beiden Wurzeln von (19), d. h. das Bestehen der Gleichung (23) sagt also aus, dass die Geraden p und p' unendlich viele gemeinsame Lothe zulassen; die letzteren sind dann alle von gleicher Länge und bilden die eine Schaar von Erzeugenden einer Fläche zweiter Ordnung.* Für reelle Punkte kann die Bedingung $r_1 = r_2$ in der hyperbolischen Geometrie allerdings nie erfüllt werden, wie aus (20 a) sofort erhellt.

Sind nicht zwei gerade Linien, sondern ein Punkt und eine Gerade gegeben, so entsteht die Frage nach der kürzesten Entfernung dieses Punktes ξ von der Geraden p; dieselbe wird sogleich durch die ersten beiden Gleichungen (17) beantwortet, wenn wir in ihnen $\lambda'x' + \mu'y'$ durch ξ ersetzen. Es ergibt sich also wieder, dass die Richtung der kürzesten Entfernung senkrecht zur Linie p steht. Zur Berechnung der Entfernung lösen wir die genannten Gleichungen nach λ, μ auf und finden unter Benutzung der symbolischen Beziehungsweise

$$M\lambda(a_x^2 b_y^2 - a_x a_y b_x b_y) = a_\xi a_y b_x b_y - a_\xi a_x b_y^2$$

$$M\mu(a_x^2 b_y^2 - a_x a_y b_x b_y) = a_\xi a_x b_x b_y - a_\xi a_y b_x^2,$$

oder nach einfachen Umformungen:

$$M\lambda\Phi_{pp} = -(ab)_{xy}(ab)_{\xi y}$$

$$M\mu\Phi_{pp} = (ab)_{xy}(ab)_{\xi x},$$

wo wieder $\Phi_{pp} = (a_x b_y - b_x a_y)^2 = (ab)_{xy}^2$ gesetzt ist. Andererseits ist nach (15) und (16)

$$M = \cos\frac{r}{2ki} = \frac{\lambda\Omega_{x\xi} + \mu\Omega_{y\xi}}{\Omega_{\xi\xi}},$$

also wird jetzt

$$M^2 = -\frac{(ab)_{xy}c_\xi[(ab)_{\xi y}c_x - (ab)_{\xi x}c_y]}{\Phi_{pp}\Omega_{\xi\xi}}.$$

Wir finden somit nach einigen weiteren Umformungen *die Entfernung r des Punktes ξ von der Verbindungslinie der Punkte x, y* aus der Formel:

$$(25) \qquad \sin^2\frac{r}{2ki} = 1 - M^2 = \frac{(ab)_{xy}c_\xi \Sigma \pm a_x b_y c_\xi}{\Phi_{pp}\,\Omega_{\xi\xi}}$$

$$= \frac{[\Sigma \pm a_x b_y c_\xi]^2}{6(ab)_{xy}^2 c_\xi^2} = \frac{(abcu)^2}{6\Phi_{pp}\cdot\Omega_{\xi\xi}},$$

wenn $u_i = (xy\xi)_i$. Der Ort aller Punkte ξ, welche von der Linie x-y die constante Entfernung r haben, ist demnach die Fläche

$$(26) \qquad \frac{1}{3}(\Sigma \pm a_x b_y c_\xi)^2 - \sin^2\frac{r}{2ki}(a_x b_y - b_x a_y)^2 c_\xi^2 = 0.$$

Für $r = \infty$ ergiebt sich die unendlich ferne Fläche $c_\xi^2 = 0$, für $r = 0$ die Fläche $(\Sigma \pm a_x b_y c_\xi)^2 = 0$; die letztere zerfällt daher in die beiden imaginären Tangentialebenen, welche die unendlich ferne Fläche durch die Linie p schickt[*]); ihre einzigen reellen Punkte sind

---

[*]) Die Zerfällung der linken Seite in ihre linearen Factoren liefert eine Methode zur algebraischen Bestimmung aller Erzeugenden der Fläche $a_x^2 = 0$.

eben diejenigen der Geraden p. Hieraus folgt, dass alle Flächen der Schaar (26) die unendlich ferne Fläche in denjenigen vier Erzeugenden schneiden, welche gleichzeitig in den genannten Tangentialebenen liegen. Dass dies so sein muss, hätten wir auch daraus erkennen können, dass die Entfernung durch eine Bewegung nicht geändert werden kann, und dass bei einer Bewegung, welche die Linie p in sich überführt, alle Punkte des Raumes sich auf Flächen bewegen, von denen die unendlich ferne Fläche in vier Erzeugenden geschnitten wird (vgl. p. 361).

Da die unendlich ferne Fläche keine reellen Erzeugenden enthält, befinden sich auch auf keiner der Flächen (26) reelle gerade Linien. Andererseits muss jede solche Fläche alle geraden Linien enthalten, deren Punkte von der Linie p die constante Entfernung r haben, deren Coordinaten $p'_{ik} = x_i' y_k' - y_i' x_k'$ also der Gleichung (23) genügen. Folglich können diese letzteren Linien nicht reell sein, es sei denn, dass gleichzeitig die Bedingungen

$$(p, p') = 0 \quad \text{und} \quad \Phi_{pp}\Phi_{p'p'} - \Phi_{pp'}^2 = 0$$

erfüllt sind, in welchem Falle sich die beiden Geraden auf der unendlich fernen Fläche schneiden (vgl. p. 503 und 508).

Das zur Definition der Neigung und der kürzesten Entfernung zweier Geraden dienende Doppelverhältniss, d. h. der Ausdruck

$$\frac{\Phi_{pp'} + \sqrt{\Phi_{pp'}^2 - \Phi_{pp}\Phi_{p'p'}}}{\Phi_{pp'} - \sqrt{\Phi_{pp'}^2 - \Phi_{pp}\Phi_{p'p'}}},$$

kann noch in anderer Weise geometrisch gedeutet werden; dasselbe ist in der That nichts anderes als das aus den beiden Wurzeln der Gleichung

$$(27) \qquad \Phi_{pp} + 2\lambda\Phi_{pp'} + \lambda^2\Phi_{p'p'} = 0$$

zu bildende Doppelverhältniss. Diese Gleichung sagt aus, dass der lineare Complex, dessen Gleichung in Veränderlichen π_{lm} in der Form $\Sigma(p_{ik} + \lambda p_{ik})\pi_{lm} = 0$ oder $(p + \lambda p', \pi) = 0$ gegeben ist, mit dem ihm in Bezug auf die unendlich ferne Fläche polar-conjugirten Complexe in Involution liege (vgl. p. 348). In einer linearen Schaar von Complexen, deren Gleichung in der angegebenen Weise von dem Parameter λ abhängt, gibt es nach (27) im Allgemeinen zwei Complexe, die zu ihren polar-conjugirten involutorisch liegen; jedem von ihnen ist in einer beliebigen Ebene ein Punkt zugeordnet; die Verbindungslinie beider Punkte enthält auch die Schnittpunkte der Ebene mit p und p'. Das Doppelverhältniss dieser vier Punkte ist gleich dem Quotienten der Wurzeln obiger Gleichung (vgl. p. 67). *Der mit* *einer Constanten multiplicirte Logarithmus dieses Doppelverhältnisses gibt daher wieder ein Maass für die in der zweiten Gleichung (21) aufgestellte metrische Function**). In entsprechender Weise lässt sich das durch die erste Gleichung (21) gegebene „Moment" definiren, denn es ist

$$(p,\, p')A = \Phi_{p'\pi} = \Phi_{p\,\pi'}.$$

Insbesondere können die beiden Wurzeln von (27) zusammenfallen, was durch die Gleichung (22) bedingt wird. Alsdann können die beiden Gleichungen

$$(p,\, \pi) + \lambda(p',\, \pi) = 0,\quad (p,\, \pi') + \lambda(p',\, \pi') = 0$$

für einen gewissen Werth von λ gleichzeitig erfüllt werden; d. h. die *Linien π und π' gehören einem und demselben linearen Complexe derjenigen linearen Schaar an, deren Leitlinien mit p und p' zusammenfallen.* Bezeichnen wir nun mit E_1, E_1', E_1, E_1' die Ebenen, welche den Punkten P_1, P_1', Π_1, Π_1' durch unsere Fundamentalfläche als Polarebenen zugeordnet werden, und welche sich also in r_2 schneiden, so ist:

$$(P_1,\, P_1',\, \Pi_1,\, \Pi_1') \,\overline{\wedge}\, (E_1,\, E_1',\, \mathsf{E}_1,\, \mathsf{E}_1'),$$

und ebenso: $\quad(P_2,\, P_2',\, \Pi_2,\, \Pi_2') \,\overline{\wedge}\, (E_2,\, E_2',\, \mathsf{E}_2,\, \mathsf{E}_2').$

Andererseits ordnet der erwähnte lineare Complex, dem π und π' zugleich angehören, dem Punkte P_1 die (p' enthaltende) Ebene E_2', dem Punkte P_1' die Ebene E_2, dem Punkte Π_1 die Ebene E_2 (welche π enthält), dem Punkte Π_1' die Ebene E_2' zu; es ist also auch:

$$(P_1,\, P_1',\, \Pi_1,\, \Pi_1') \,\overline{\wedge}\, (\mathsf{E}_2',\, \mathsf{E}_2,\, E_2,\, E_2'),$$

folglich auch: $\quad(P_1,\, P_1',\, \Pi_1,\, \Pi_1') \,\overline{\wedge}\, (\Pi_2',\, \Pi_2,\, P_2,\, P_2').$

In Folge von (22) liegen daher die vier Geraden $P_1\text{-}\Pi_2'$, $P_1'\text{-}\Pi_2$, $\Pi_1\text{-}P_2$, $\Pi_1'\text{-}P_2'$ auf einer und derselben Fläche zweiter Ordnung, ebenso die Geraden $P_2\text{-}\Pi_1'$, $P_2'\text{-}\Pi_1$, $\Pi_2\text{-}P_1$, $\Pi_2'\text{-}P_1'$. Beide Flächen sind einander in Bezug auf die unendlich ferne Fläche polar conjugirt.

Durch die vorstehenden Entwickelungen wird es hinreichend deutlich geworden sein, dass eine enge Beziehung zwischen den metrischen Theorien der hyperbolischen Geometrie und jenen früheren Untersuchungen besteht, bei welchen eine beliebige, nicht kegelförmige

---

*) In der zuletzt besprochenen Weise wurden Neigung und Moment vom Herausgeber definirt (Math. Annalen Bd. 7, p. 63). Gleichzeitig haben sich d'Ovidio, bei dem sich auch die Gleichungen (21) finden (1873 und für n Dimensionen 1877, vgl. Math. Annalen Bd. 12), und Clifford (Proceedings of the London Math. Society, vol. 4, p. 381, 1873) mit der Theorie der Geraden im Raume beschäftigt, später Newcomb (Crelle's Journal Bd. 83); die beiden letzteren in wesentlich anderem Sinne.

Fläche zweiter Ordnung als „Fundamentalfläche" zu Grunde gelegt wurde. *Wir haben diese Fundamentalfläche nur unendlich fern, reell und nicht geradlinig zu denken, um die früheren Resultate direct im Sinne der hyperbolischen Geometrie verwerthen zu können.* Die „verallgemeinerte Normale" einer Fläche ist dann identisch mit der Flächennormale, wie sie unsere nicht-Euclidische Geometrie liefert. Die „verallgemeinerten Krümmungslinien" und die „verallgemeinerten geodätischen Linien" (vgl. p. 291 ff.) sind dann eben die Krümmungslinien und geodätischen Linien der hyperbolischen Geometrie. Den verschiedenen Lagen einer Fläche zweiter Ordnung gegen die Fundamentalfläche, wie wir sie bei Bestimmung der erwähnten Curven früher zu unterscheiden hatten (vgl. p. 299 ff. und 323 ff.), entsprechen jetzt ebenso viele verschiedene Lagen der Fläche gegen die unendlich ferne Fläche, d. h. ebenso viele gestaltlich verschiedene Typen von Flächen und insbesondere von Kegeln zweiter Ordnung, und für jeden Typus eine charakteristische Gleichungsform in rechtwinkligen Coordinaten. Zur vollständigen Bestimmung dieser Typen erübrigt daher nur noch eine Unterscheidung der reellen von den imaginären Bildungen; doch ist es nicht nöthig, darauf näher einzugehen.

Dagegen möge eine andere Bemerkung hier Platz finden. Die Punkte des Raumes erscheinen als eine „Mannigfaltigkeit" von drei Dimensionen, insofern drei Bestimmungsstücke nöthig sind, um einen Punkt festzulegen; die Punkte einer Ebene erfüllen eine Mannigfaltigkeit von zwei Dimensionen, welche aus derjenigen der Raumpunkte durch eine lineare Gleichung zwischen den drei Coordinaten herausgehoben wird; in den Punkten einer Geraden endlich haben wir eine Mannigfaltigkeit von einer Dimension, die durch zwei lineare Gleichungen bestimmt wird. In ähnlicher Weise kann man versuchen, unseren Raum als Theil einer höheren Mannigfaltigkeit zu betrachten, aus welcher die Gesammtheit der Raumpunkte durch eine lineare Gleichung ausgeschnitten wird. Macht man die Annahme, dass in einer solchen vierdimensionalen Mannigfaltigkeit analoge projectivische und metrische Gesetze gelten, wie in unserem Raume, d. h. Gesetze, zu denen man durch Hinzunahme einer vierten Variabeln in ähnlicher Weise gelangt, wie man von der Geometrie der Ebene durch Hinzunahme einer dritten Veränderlichen zur Geometrie des Raumes aufsteigt, so begegnet die mathematische Behandlung eines Raumes von vier Dimensionen keinerlei Schwierigkeiten; man muss sich nur nicht verleiten lassen, aus der Möglichkeit einer solchen rein formalen Verallgemeinerung analytischer Begriffe und Gleichungen auf die thatsächliche Existenz einer vierten Dimension zu schliessen. Selbstverständlich kann man so auch zu mehr als vier Dimensionen fortschreiten, und es hat immerhin ein gewisses Interesse, zu verfolgen, in welcher Richtung sich dann unsere bekannten geometrischen Sätze verallgemeinern. Ueberdies gehört das Studium beliebig hoher Zahlenmannigfaltigkeiten und der Functionen von beliebig vielen Veränderlichen zu den Aufgaben der reinen Mathematik, und dieses Studium wird wesentlich erleichtert, wenn man durch die gebrauchten Bezeichnungen und Ausdrücke stets an die entsprechenden Vorgänge im dreidimensionalen Raume erinnert wird. Schon hierdurch dürfte der Ausbau der Geometrie eines Raumes von n Dimensionen hinreichend gerechtfertigt sein*); es kommt noch hinzu, dass naturgemäss jeder geometrische Satz des wirklichen Raumes aus den ihm entsprechenden mehrdimensionalen Verallgemeinerungen selbst wieder neues Licht empfängt, zumal wenn man seine analytische Fassung berücksichtigt.

Die metrische Geometrie eines Raumes von vier Dimensionen wird insbesondere von einer „Fundamentalfläche" zweiter Ordnung ausgehen, deren Gleichung in der Form

$$(28) \qquad x_1{}^2 + x_2{}^2 + x_3{}^2 + x_4{}^2 - 4k^2 x_5{}^2 = 0$$

vorausgesetzt werden darf; die „Ebene" $x_4 = 0$ würde dann etwa alle Punkte unseres Raumes in sich enthalten. So würde man zu der Verallgemeinerung der nicht-Euclidischen, insbesondere der hyperbolischen Geometrie gelangen. Die erweiterte Euclidische Geometrie dagegen würde zur Begründung der Metrik ein Fundamentalgebilde erfordern, welches durch die beiden Gleichungen

$$(29) \qquad x_5 = 0 , \quad x_1{}^2 + x_2{}^2 + x_3{}^2 + x_4{}^2 = 0$$

dargestellt wird, welches also einer (dreidimensionalen) Fläche mit verschwindender Determinante (einem Kegel) dualistisch gegenübersteht. Wie wir eben nachwiesen, dass in der hyperbolischen Geometrie auf einer „Grenzfläche" dieselben Sätze gültig sind, wie in der Euclidischen Ebene, so gewinnt man für vier Dimensionen offenbar das Resultat, dass auf einer Grenzfläche, d. h. einer solchen, von der die Fläche (28) in einem Punkte möglichst innig berührt wird, dieselben metrischen Sätze Geltung haben, zu denen man in der Ebene mittelst des durch (29) gegebenen Fundamentalgebildes gelangen würde. Bringt man (28) auf die Form

---

*) Derselbe ist besonders durch Grassmann (Die lineale Ausdehnungslehre, Leipzig 1844) und Riemann (a. a. O.) in Angriff genommen und seitdem in mannigfacher Weise weitergeführt.

$$X_1^2 + X_2^2 + 2 X_3 X_4 - 4k^2 X_5^2 = 0,$$

so kann die Gleichung einer Grenzfläche in der Gestalt

$$X_1^2 + X_2^2 + 2 X_3 X_4 - 4k^2 X_5^2 + \nu X_4^2 = 0$$

geschrieben werden. Der Kegel

$$X_1^2 + X_2^2 - 4k^2 X_5^2 = 0$$

tritt dann an Stelle des bei unseren früheren Betrachtungen (p. 501) ausgezeichneten Linienpaares. *Wollte man also unseren Raum als Theil eines Raumes von vier Dimensionen auffassen, so hätten wir hiernach kein Mittel zu entscheiden, ob in letzterem die auf der Annahme von (29) zu begründende Euclidische Geometrie gilt, und unser Raum durch eine lineare Gleichung bestimmt wird, oder ob in der vierdimensionalen Mannigfaltigkeit die auf (28) beruhende hyperbolische Geometrie anwendbar ist, und unser Raum eine Grenzfläche des vierdimensionalen Raumes darstellt.*

VI. Die elliptische Geometrie.

Zweitens machen wir jetzt die Hypothese, dass *eine gerade Linie keine unendlich fernen Punkte besitze*, d. h. dass jede gerade Linie von jeder mit ihr in einer Ebene liegenden Geraden wirklich geschnitten werde.

Zur analytischen Definition der Bewegungen gelangen wir wieder durch die Forderung, es solle jede Ebene des Raumes wiederum in eine Ebene übergeführt werden. Ganz wie früher (vgl. p. 468 f.) folgern wir, dass jede Bewegung sich durch lineare Gleichungen zwischen den projectivischen Coordinaten (vgl. p. 448 ff.) darstellen lassen muss; und es kommt wieder nur darauf an, aus der Gesammtheit aller Collineationen die ausgezeichnete Gruppe der Bewegungen auszuscheiden.

Insbesondere werden die Verschiebungen einer Geraden in sich durch lineare Transformationen des die Punkte der Geraden darstellenden Parameters gegeben sein. Unter diesen Verschiebungen gibt es in der elliptischen Geometrie eine ausgezeichnete. Da nämlich die gerade Linie sich nicht ins Unendliche erstrecken kann, so muss sie in sich zurücklaufen; hat man also einen Punkt P durch eine Bewegung nach P' übergeführt, so muss es möglich sein, P' durch eine in *demselben* Sinne ausgeführte Bewegung nach P zurückzubringen; und man kann nun verlangen, die erste Bewegung ihrer Grösse nach so zu bestimmen, dass die zweite Bewegung in einer Wiederholung der ersten besteht, wo dann durch die erste P nach

P' und gleichzeitig P' nach P übergeführt wird, und durch die zweite P sowohl wie P' ihre frühere Lage wiedererlangen. Die einzige lineare Transformation des binären Gebiets aber, welche bei zweimaliger Wiederholung jeden Punkt mit sich selbst zur Deckung bringt, ist die Involution. Da ferner bei einer Bewegung kein Punkt der Geraden fest bleibt, so ist *hierdurch auf jeder Geraden eine bestimmte ausgezeichnete Involution mit imaginären Doppelelementen definirt.*

Ferner setzen wir fest, dass das Resultat zweier successiven Verschiebungen unabhängig sei von der Reihenfolge, in welcher diese Verschiebungen ausgeführt werden, dass wenigstens jede beliebige Verschiebung mit der eben erwähnten ausgezeichneten Verschiebung vertauscht werden könne, ohne das Resultat zu beeinflussen. Bringen wir nun durch jene ausgezeichnete Bewegung zuerst P nach P' und P' nach P, dann durch eine beliebige andere Verschiebung P aus seiner neuen Lage nach P'', zugleich P' aus seiner neuen Lage nach P'''; dann muss bei umgekehrter Reihenfolge P zuerst nach P''' und gleichzeitig P' nach P'' geführt werden, und dann vermöge unserer involutorischen Bewegung P''' nach P'', P'' nach P''' gebracht werden, d. h. die Punkte P'' und P''' bilden ebenfalls ein Paar unserer ausgezeichneten Involution. *Jede Verschiebung einer Geraden in sich ist daher äquivalent mit einer linearen Verwandtschaft, bei welcher eine bestimmte auf der Geraden gegebene Involution mit imaginären Doppelelementen in sich transformirt wird.* Eine solche Involution kann aber nach von Staudt's Theorie des Imaginären (vgl. p. 106), welche bei unseren jetzigen Voraussetzungen unverändert fortbesteht, bei der analytischen Behandlung durch ihre imaginären Doppelelemente vollkommen ersetzt werden; *wir können demnach auch sagen, dass bei jeder Verschiebung einer Geraden in sich zwei bestimmte, einander conjugirte, imaginäre Punkte fest bleiben.* Analytisch ist somit die Verschiebung wieder durch Gleichung (2), p. 464 dargestellt, wenn jetzt Λ_1, Λ_2 zwei conjugirt-imaginäre Grössen bezeichnen; man muss nur auch μ als eine complexe Zahl, und zwar als eine solche mit dem absoluten Betrage Eins annehmen. In der That, setzen wir

$$\Lambda_1 = \Lambda' + i\Lambda'', \quad \Lambda_2 = \Lambda' - i\Lambda'', \quad \mu = \mu' + i\mu'',$$

so erhält man durch Trennung des Reellen und Imaginären aus der angeführten Gleichung (2):

$$[(\xi - \Lambda')(x - \Lambda') + \Lambda''^2](1 - \mu') - \Lambda''(\xi - x)\mu'' = 0,$$
$$[(\xi - \Lambda')(x - \Lambda') + \Lambda''^2]\mu'' \qquad - \Lambda''(\xi - x)(1 + \mu') = 0;$$

und diese beiden Gleichungen sind immer und nur dann mit einander verträglich, wenn $\mu'^2 + \mu''^2 = 1$ ist. Um wieder zu einem Maasse für die Grösse der Bewegung, und somit für die **Entfernung** zweier Punkte zu kommen, haben wir also μ gleich e hoch einer rein imaginären Zahl zu setzen; nach Gleichung (3), p. 465 wird dann die Entfernung r zweier Punkte x und ξ:

$$(3\,\mathrm{a}) \qquad r = ik \log \frac{\xi - \Lambda' - i\Lambda''}{\xi - \Lambda' + i\Lambda''} \cdot \frac{x - \Lambda' + i\Lambda''}{x - \Lambda - i\Lambda''},$$

eine Gleichung, welche sich von der früheren nur dadurch unterscheidet, dass k durch ik ersetzt ist.

Wir werden daher alle in der hyperbolischen Geometrie gemachten Schlüsse und Formeln auf die elliptische übertragen können, wenn wir von zwei conjugirt imaginären statt von zwei reellen unendlich fernen Punkten einer Geraden sprechen und überall ik an Stelle von k schreiben. Wir geben deshalb im Folgenden die wichtigsten Formeln (bezeichnet mit den entsprechenden Nummern), ohne die Beweise zu wiederholen.

Um zur Behandlung der ebenen Geometrie zu gelangen, müssen wir noch folgende Festsetzung machen: *Vermöge einer Bewegung der Ebene in sich soll die ausgezeichnete Involution jeder Geraden in die entsprechend ausgezeichnete Involution einer anderen Geraden übergehen,* d. h. die imaginären unendlich fernen Punkte der einen werden mit den imaginären unendlich fernen Punkten der anderen zur Deckung gebracht. Hieraus folgt, dass ein gewisser imaginärer Kegelschnitt

$$(6\,\mathrm{a}) \qquad \Omega_{xx} = 0,$$

der im Folgenden kurz als „Fundamentalkegelschnitt" bezeichnet werden soll, bei jeder Bewegung in sich übergeht; und die Entfernung r zweier Punkte x und y wird:

$$(7\,\mathrm{a}) \qquad r = ik \log \frac{\Omega_{xy} + \sqrt{\Omega_{xy}^2 - \Omega_{xx}\Omega_{yy}}}{\Omega_{xy} - \sqrt{\Omega_{xy}^2 - \Omega_{xx}\Omega_{yy}}}.$$

Die Gleichung eines Kreises mit dem Radius r und dem Mittelpunkte y ist demnach:

$$(8\,\mathrm{a}) \qquad \Omega_{xx}\Omega_{yy} - \left(\cos \frac{r}{2k}\right)^2 \Omega_{xy}^2 = 0.$$

Die Formel für das Bogenelement wird:

$$(10\,\mathrm{a}) \qquad \frac{ds^2}{4k^2} = \frac{\Omega_{xx}\Omega_{dx,\,dx} - \Omega_{x,\,dx}^2}{\Omega_{xx}^2}.$$

Der Kreis erscheint wieder als Kegelschnitt, welcher den Fundamentalkegelschnitt in zwei imaginären Punkten berührt. Die imaginären Tangenten des letzteren in den Berührungspunkten schneiden sich im „Mittelpunkte" des Kreises. Die Verbindungslinie der Berührungspunkte ist reell; in der hyperbolischen Geometrie gehörte sie zu den „idealen" Geraden der Ebene; von solchen kann hier aber keine Rede sein, denn jedem reellen Werthe der Coordinaten entspricht auch ein wirklicher Punkt. Führen wir also den Kreis durch eine Drehung um seinen Mittelpunkt in sich über, so wird gleichzeitig die zugehörige Berührungssehne (Polare des Mittelpunktes in Bezug auf den Fundamentalkegelschnitt) in sich fortbewegt. *Jede Bewegung der Ebene kann somit gleichzeitig als Drehung um einen festen Punkt und als Verschiebung nach einer festen Geraden aufgefasst werden.* Grenzcurven, d. i. Kreise mit unendlich fernem Mittelpunkte, kommen in der elliptischen Geometrie nicht vor, da es keine unendlich fernen Punkte gibt.

Sucht man ein Maass für die Grösse der Drehung, so wird man wieder auf den Begriff des Winkels zweier Geraden u, v geführt; derselbe ist durch Gleichung (14), p. 474 gegeben, worin k' wieder eine reelle willkürliche Constante bedeutet.

Für den Umfang S eines Kreises vom Radius r finden wir

$$(17\,\mathrm{a}) \qquad\qquad \frac{S}{2k} = 2\pi \sin \frac{r}{2k}\,.$$

Durch Einführung rechtwinkliger Coordinaten kann man insbesondere die Gleichung des Fundamentalkegelschnittes auf die Form

$$(21\,\mathrm{a}) \qquad\qquad x_1^2 + x_2^2 + 4k^2 x_3^2 = 4k^2$$

bringen. Jedem Punkte der Ebene entsprechen damit, wenn x_1, x_2, x_3 als gewöhnliche Coordinaten im Raume gedeutet werden, *zwei* auf demselben Durchmesser gelegene Punkte eines gewissen Rotationsellipsoides. Auf das von den Durchmessern gebildete Strahlenbündel ist die Ebene aber *eindeutig* abgebildet; den Punkten des Fundamentalkegelschnittes entsprechen die Erzeugenden des vom Mittelpunkte ausgehenden imaginären Asymptotenkegels.

Für metrische Rechnungen besonders brauchbar sind die homogenen Coordinaten ξ, η, ζ, welche sich durch die Abstände p, q, r des Punktes von den Axen $\eta = 0$, $\xi = 0$ und vom Anfangspunkte in folgender Weise darstellen lassen.

$$(27\,\mathrm{a}) \qquad \xi = 2k \sin \frac{p}{2k}, \quad \eta = 2k \sin \frac{q}{2k}, \quad \zeta = \cos \frac{r}{2k};$$

zwischen ihnen besteht dann die Identität

$$(28\,\mathrm{a}) \qquad\qquad \xi^2 + \eta^2 + 4k^2 \zeta^2 - 4k^2 = 0\,.$$

Zu den Grundformeln der Trigonometrie führt wieder die Betrachtung der Bewegungen unseres ebenen Punktsystems, d. h. die Untersuchung der linearen Transformationen des Fundamentalkegelschnittes in sich. Wir stellen hier nur die Hauptformeln zusammen, und zwar für ein Dreieck mit den Seiten a, b, c und den Winkeln α, β, γ:

$$(33\,\mathrm{a}) \qquad \sin\frac{a}{2k} : \sin\frac{b}{2k} : \sin\frac{c}{2k} = \sin\frac{\alpha}{2k'} : \sin\frac{\beta}{2k'} : \sin\frac{\gamma}{2k'},$$

$$(37\,\mathrm{a}) \qquad \cos\frac{a}{2k} = \cos\frac{b}{2k}\cos\frac{c}{2k} + \cos\frac{\alpha}{2k'}\sin\frac{a}{2k}\sin\frac{b}{2k},$$

$$(41\,\mathrm{a}) \qquad \operatorname{tang}\frac{\beta}{2k'}\left(\sin\frac{c}{2k} - \operatorname{tang}\frac{b}{2k}\cos\frac{c}{2k}\cos\frac{\alpha}{2k'}\right) = \operatorname{tang}\frac{b}{2k}\sin\frac{\alpha}{2k'}.$$

Die Einführung von Polarcoordinaten r, φ geschieht mittelst der Formeln:

$$(61\,\mathrm{a}) \qquad \xi = 2k\sin\frac{r}{2k}\cos\frac{\varphi}{2k'}, \quad \eta = 2k\sin\frac{r}{2k}\sin\frac{\varphi}{2k'},$$
$$\zeta = \cos\frac{r}{2k}.$$

Von denselben kann man z. B. wieder Gebrauch machen zur Berechnung des Flächeninhaltes F eines Dreiecks mit den Winkeln α, β, γ; man findet dann

$$(71\,\mathrm{a}) \qquad F = 4k^2\left(\frac{\alpha + \beta + \gamma}{2k'} - \pi\right).$$

Der Inhalt wird stets durch eine positive Zahl gemessen*); *in der elliptischen Geometrie ist daher die Summe der Winkel eines Dreiecks grösser als $2k'\pi$**)*, entsprechend dem analogen Satze für das sphärische Dreieck.

Steigen wir von der Ebene zum Raume auf, so tritt an die Stelle des imaginären Fundamentalkegelschnittes eine imaginäre Fundamentalfläche zweiter Ordnung, wenigstens vorausgesetzt, dass man wieder festsetzt, jede Ebene werde durch eine Bewegung stets wieder in eine Ebene übergeführt, und die ausgezeichnete Involution einer jeden Geraden gehe in die entsprechend ausgezeichnete Involution der neuen Geraden über. Die Bewegungen sind analytisch dargestellt durch die reellen linearen Transformationen der Fundamentalfläche in sich; aus unseren früheren Untersuchungen entnimmt man sofort, dass hier folgende Fälle zu unterscheiden sind:

1) *Nr. 1, p. 361. Die allgemeinste Art der Bewegung.* Bringt man die Gleichung der Fundamentalfläche auf die Form

---

*) Bei Figuren, deren Umfang sich selbst durchsetzt, kann es unter Umständen nützlich sein, dem Flächeninhalte einzelner Theile das negative Zeichen zu geben; vgl. Möbius, Gesammelte Werke, Bd. 2, p. 188 ff. und Gauss, Disquisitiones generales circa superficies curvas, art. 6 (Werke, Bd. 4).

**) Vgl. Riemann, a. a. O. (Gesammelte Werke, p. 265).

$$(1\,\text{b}) \qquad x_1^2 + x_2^2 + x_3^2 + 4k^2 x_4^2 = 0,$$

so ist die Bewegung durch folgende Formeln dargestellt

$$(2\,\text{b}) \qquad
\begin{aligned}
x_2 &= \quad \xi_2 \cos\alpha + \xi_3 \sin\alpha, & x_1 &= \quad \xi_1 \cos a + 2k\xi_4 \sin a,\\
x_3 &= -\,\xi_2 \sin\alpha + \xi_3 \cos\alpha, & 2k x_4 &= -\,\xi_1 \sin a + 2k\xi_4 \cos a.
\end{aligned}$$

Jeder Punkt bleibt hierbei auf derjenigen Fläche des Büschels

$$(A) \qquad x_2^2 + x_3^2 - \lambda^2 (x_1^2 + 4k^2 x_4^2) = 0,$$

welche durch ihn hindurchgeht, und beschreibt auf ihr eine *projectivische Schraubenlinie*, dargestellt durch die Gleichungen:

$$(3\,\text{b}) \qquad
\begin{aligned}
x_2 &= \quad \gamma_2 \cos n\alpha + \gamma_3 \sin n\alpha, & x_1 &= \quad \gamma_1 \cos na + 2k\gamma_4 \sin na,\\
x_3 &= -\,\gamma_2 \sin n\alpha + \gamma_3 \cos n\alpha, & 2k x_4 &= -\,\gamma_1 \sin na + 2k\gamma_4 \cos na,
\end{aligned}$$

wobei n einen Parameter und die γ_i die Coordinaten eines beliebigen Punktes der Curve bedeuten. Die Bewegung kann als Schraubenbewegung sowohl um die Axe $x_2 = 0$, $x_3 = 0$, als um die Axe $x_1 = 0$, $x_4 = 0$ aufgefasst werden. Von keiner dieser beiden Axen werden die Flächen des angegebenen Büschels reell geschnitten. Bemerkenswerth ist, dass *diese Flächen reelle Erzeugende besitzen;* die eine Schaar wird z. B. durch die Ebenen des Büschels

$$(B) \qquad (x_2 - \lambda x_1) + \mu(x_3 - 2\lambda k x_4) = 0$$

ausgeschnitten.

2) *Nr. 3, p. 363.* Im vorigen Falle ist $\alpha = 0$ zu nehmen. Die Bewegung besteht in einer Verschiebung längs der Axe $x_2 = 0$, $x_3 = 0$, bei welcher sich alle Punkte auf Kegelschnitten, die den Fundamentalkegelschnitt ihrer Ebene je in zwei imaginären Punkten berühren, d. h. *auf Kreisen*, bewegen. Die Mittelpunkte dieser Kreise liegen auf der Axe $x_1 = 0$, $x_4 = 0$. Die Bewegung kann auch, da hier von idealen Geraden keine Rede ist, als Drehung um die letztere Axe aufgefasst werden.

3) *Nr. 5, p. 364.* Im ersten Falle ist $\alpha = a$ zu nehmen. Auf der Fundamentalfläche wird jede Erzeugende der einen imaginären Schaar in sich übergeführt. Die Punkte des Raumes bewegen sich wieder auf den Flächen des Büschels (A), auf denen es reelle Erzeugende gibt. Dass auf *jeder* dieser Flächen von den Erzeugenden der einen Art jede für sich ungeändert bleibt, erkennt man am Einfachsten durch Einführung der fest bleibenden imaginären Ebenen, die sich in den reellen Erzeugenden schneiden. Die Fläche (A) nämlich wird auch erzeugt durch die Schnitte entsprechender Ebenen aus den beiden imaginären Büscheln

$$x_2 + i x_3 + \nu\lambda(x_1 + 2ik x_4) = 0,$$
$$\lambda(x_1 - 2ik x_4) + \nu(x_2 - i x_3) = 0,$$

in denen (für $\alpha = a$) jede einzelne Ebene ungeändert bleibt. Alle Punkte einer und derselben Fläche (A) haben gleichen Abstand von jeder der beiden Axen der Bewegung, da sie gleichzeitig mit diesen in sich bewegt werden. In der elliptischen Geometrie kann man daher reelle Gerade angeben, deren Punkte von einer gegebenen Geraden eine constante Entfernung haben*); dieselben liegen aber nicht mit der letzteren in einer Ebene, sondern bilden eine gewisse Fläche zweiter Ordnung (vgl. p. 510 f.).

Bewegungen auf Grenzflächen kommen in der elliptischen Geometrie nicht in Betracht.

Die nähere Untersuchung der Rotationen um einen Punkt, d. h. der Bewegungen einer Kugel in sich, würde zu den Formeln der sphärischen Trigonometrie hinführen, bei welcher eine gerade Linie in der Ebene ersetzt wird durch einen grössten Kreis (d. i. einen Diametralschnitt) auf der Kugel. Der Winkel zweier grössten Kreise ist gleich dem von ihren Ebenen eingeschlossenen Winkel, wird also gemessen durch das Doppelverhältnis dieser Ebenen und der beiden, durch ihre Axe gehenden, imaginären Tangentialebenen der Fundamentalfläche. Die letzteren berühren auch den vom Kugelmittelpunkte aus an die Fundamentalfläche zu legenden imaginären Tangentenkegel. Die metrische Geometrie in dem durch den Kugelmittelpunkt bestimmten Ebenenbündel steht also der elliptischen Geometrie der Ebene vollkommen dualistisch gegenüber; dem imaginären Fundamentalkegelschnitte der Ebene entspricht der soeben erwähnte imaginäre Tangentenkegel, überhaupt einem Punkte der Ebene ein Strahl des Bündels, einer geraden Linie der Ebene eine Ebene des Bündels. Die Entfernung zweier Punkte auf der Kugel, d. i. der zwischen ihnen liegende Bogen des durch sie bestimmten grössten Kreises, wird nach Gleichung (15) und (16), p. 475 gemessen durch den Winkel der beiden Radien, welche die Punkte mit dem Mittelpunkte verbinden; und zwar ist

$$\frac{s}{2k} = R \arcsin\left(\sin \frac{\varphi}{2k'}\right) = \frac{\varphi}{2k'} \cdot \sin \frac{r}{2k},$$

wenn s die Länge des Bogens, r den Radius der Kugel, φ den zugehörigen Winkel bedeutet. Nun geht bei der besprochenen dualistischen Uebertragung die Entfernung zweier Punkte, berechnet

---

*) Clifford, welcher die reelle Existenz solcher Geraden-Systeme in der elliptischen Geometrie zuerst hervorhob (a. a. O. vgl. oben p. 371), bezeichnet sie deshalb als Systeme von Parallellinien.

nach den Gesetzen der ebenen elliptischen Geometrie, über in den Winkel zweier Strahlen unseres Bündels. Die Seiten und Winkel eines ebenen Dreiecks geben die Ebenen und Kanten einer dreiseitigen Ecke. *Zwischen den Winkeln dreier Diametralebenen unserer Kugel und den Neigungen ihrer drei Schnittlinien bestehen daher genau dieselben Relationen, wie in der elliptischen Geometrie zwischen den Seiten und Winkeln eines Dreiecks;* nur mit dem Unterschiede, dass jetzt in den betreffenden Gleichungen die beiden willkürlichen Constanten k und k' einander gleich (nämlich $= k'$) zu nehmen sind, denn wir haben die Neigung zweier Geraden und den Winkel zweier Ebenen mit einander direct vergleichbar gemacht durch die Festsetzung, dass der Winkel zweier sich schneidenden Geraden gleich sein soll dem Winkel zweier Ebenen, die zur gemeinschaftlichen Ebene der beiden Geraden senkrecht stehen (p. 498).

Den Winkel zweier Strahlen fanden wir soeben proportional zu dem zugehörigen Kreisbogen auf der Kugel; ferner sind die oben mitgetheilten Formeln (33a), (37a), (41a) der elliptischen Trigonometrie identisch mit den entsprechenden Formeln der gewöhnlichen sphärischen Trigonometrie, wenn $2k' = 1$ und $2k$ gleich dem Radius der Kugel genommen wird. *In der elliptischen Geometrie gelten daher für das sphärische Dreieck Formeln von ganz demselben Charakter, wie in der elementaren sphärischen Trigonometrie;* und zwar bleiben die Formeln (33a), (37a), (41a) bestehen, wenn man in ihnen nur unter a, b, c die Seiten des sphärischen Dreiecks, unter α, β, γ die zugehörigen Winkel versteht, und wenn $2k$ ersetzt wird durch $2k \sin \frac{r}{2k}$. Durch blosse Messung geodätischer Dreiecke auf der Kugel, etwa auf der Erdoberfläche, kann daher ein Unterschied zwischen der Euclidischen und der elliptischen Geometrie nicht festgestellt werden; wohl aber muss sich dieser Unterschied beim Verlassen der Kugel, d. h. bei Constructionen im freien Raume, wie sie die Astronomie auszuführen hat, geltend machen.

Für zwei sich nicht schneidende gerade Linien drücken sich Neigung und kürzester Abstand wieder gemäss den Gleichungen (21), p. 508 aus, wenn in ihnen $2k$ an Stelle von $2ki$ geschrieben wird. Es ist aber hervorzuheben, *dass es jetzt zwei gerade Linien gibt, welche zu zwei gegebenen Geraden senkrecht stehen,* denn jeder der beiden Lösungen der entsprechenden algebraischen Aufgabe entspricht jetzt, da ideale Gerade nicht in Betracht kommen, eine wirkliche Linie des Raumes. Dabei wird die auf der einen von ihnen gemessene kürzeste Entfernung multiplicirt mit $\frac{k}{k'}$ direct gleich der Neigung der beiden gegebenen Geraden.

Um eine Unterscheidung zwischen Neigung und kürzester Entfernung zu ermöglichen, können wir etwa festsetzen, dass *als Maass der Neigung von den beiden in* (21) *vorkommenden Grössen*

$$r_1\left(=\frac{k}{k'}\,\varphi_2\right) \quad \text{und} \quad r_2\left(=\frac{k}{k'}\,\varphi_1\right)$$

die grössere benutzt werden soll; möge dieselbe mit r_2 bezeichnet werden, so ist für zwei sich schneidende Linien dann stets die kürzeste Entfernung r_1 gleich Null, die Neigung aber (wenn nicht beide Linien zusammenfallen) von Null verschieden. Nur in dem Falle, wo beide Wurzeln von (19) zusammenfallen, können wir zwischen Neigung und kürzester Entfernung nicht unterscheiden; dass dieser früher näher besprochene (p. 509) Fall in der elliptischen Geometrie für reelle Geraden eintreten kann, zeigt die bereits hervorgehobene Möglichkeit einer Bewegung, bei der alle Punkte des Raumes auf geraden Linien fortschreiten (p. 520 f.). Die Bedingung (22) dagegen kann in der elliptischen Geometrie nicht durch reelle Gerade erfüllt werden; denn setzen wir $\Omega_{xx} = x_1{}^2 + x_2{}^2 + x_3{}^2 + x_4{}^2$, so wird

$$\Phi_{pp} = 2\Sigma p_{ik}^2;$$

in bekannter Weise kann daher auch die linke Seite von (22) als Summe von Quadraten dargestellt werden.

Unsere Untersuchungen haben gezeigt, wie bestimmte Voraussetzungen über die Natur derjenigen analytischen Transformationen, die wir als Bewegungen bezeichnen, auf bestimmte Vorstellungen über das Verhalten der unendlich fernen Raumpunkte hinführen, wenn man von den Grundbegriffen der projectivischen Geometrie ausgeht. Durch die getroffenen Festsetzungen über das unendlich Ferne war in jedem Falle (nämlich der hyperbolischen, der elliptischen und der parabolischen Geometrie) auch eine eigenthümliche Gestaltung der metrischen Geometrie gegeben. Umgekehrt kann man natürlich von irgend einem metrischen Satze, der in den verschiedenen Geometrieen verschieden lautet, ausgehen, um dann von ihm auf das Verhalten der unendlich fernen Punkte und damit auf alles Andere zu schliessen, so z. B. von dem Satze über die Summe der Winkel eines geradlinigen Dreiecks (vgl. p. 494 und 519). In diesem Sinne charakteristisch für jede der drei Geometrieen ist auch der analytische Ausdruck für das Quadrat des Bogenelementes ds, wie von Riemann zuerst bemerkt worden ist*). Um die von uns gefundenen Werthe (p. 471 und 517) mit dem Riemann'schen Werthe in Uebereinstimmung zu bringen, müssen wir noch eine Transformation vornehmen. Bei Einführung rechtwinkliger Coordinaten war in der hyperbolischen Geometrie (vgl. p. 478)

$$ds^2 = dx_1{}^2 + dx_2{}^2 + dx_3{}^2 - 4k^2 dx_4{}^2,$$

wobei

$$\Omega_{xx} = x_1{}^2 + x_2{}^2 + x_3{}^2 - 4k^2 x_4{}^2 = -4k^2$$

angenommen wurde. Wir setzen nun

$$x = \frac{2x_1}{1+x_4}, \quad y = \frac{2x_2}{1+x_4}, \quad z = \frac{2x_3}{1+x_4};$$

dann wird

$$(x_4 + 1)(x^2 + y^2 + z^2) = 16k^2 (x_4 - 1)$$

und:

$$dx^2 + dy^2 + dz^2 = \frac{4\,ds^2}{(1+x_4)^2};$$

also**):

$$\text{(C)} \qquad ds^2 = \frac{dx^2 + dy^2 + dz^2}{\left[1 - \dfrac{1}{16k^2}(x^2 + y^2 + z^2) \right]^2}.$$

Dieses ist der von Riemann ohne Beweis mitgetheilte Ausdruck.

Besonders bemerkenswerth ist die Art und Weise, wie nach Gleichung (C) die Grösse k in das Bogenelement ds eingeht; es hängt dies für die Ebene auf's Engste mit dem von Gauss eingeführten Begriffe des Krümmungsmaasses einer Fläche zusammen. Denkt man

---

*) In dem bereits oben (p. 468) erwähnten Aufsatze, welcher 1854 der philosophischen Facultät zu Göttingen vorgetragen wurde, stellt sich Riemann die Aufgabe, auf Grund verschiedener Annahmen über das Bogenelement die verschiedenen Möglichkeiten für die Entwicklung der Metrik zu erörtern und fügte so der schon früher bekannten hyperbolischen Geometrie die elliptische hinzu, jede gleichzeitig durch das zugehörige Krümmungsmaass charakterisirend, wie es im Texte sogleich noch erörtert werden soll.

**) Die benutzte Substitution ist von Killing (a. a. O. p. 231) angegeben; sie ist in den Untersuchungen von Beltrami implicite enthalten (Annali di matematica, Serie II, t. 2, 1868). Die von Letzterem zu Grunde gelegte Formel

$$\tau^2 ds^2 = 4k^2(d\xi^2 + d\eta^2 + d\zeta^2 + d\tau^2)$$

ergibt sich mittelst der Substitution

$$x_1 = \frac{2k\xi}{\tau}, \quad x_2 = \frac{2k\eta}{\tau}, \quad x_3 = \frac{2k\zeta}{\tau}, \quad x_4 = \frac{1}{\tau},$$

wobei dann $\xi^2 + \eta^2 + \zeta^2 + \tau^2 = 1$ wird. Auch für gewisse Untersuchungen der Functionentheorie sind die Vorstellungen der nicht-Euclidischen Geometrie von Nutzen gewesen, insbesondere die Formeln für das Linien- und Flächenelement in der Ebene; vgl. Poincaré, Acta mathematica, Bd. 1, p. 202, 1882.

sich im Euclidischen Raume die Coordinaten ξ, η, ζ eines Punktes der gegebenen Oberfläche als Functionen zweier Parameter u, v dargestellt, so wird

$$ds^2 = d\xi^2 + d\eta^2 + d\zeta^2 = E\,du^2 + 2F\,du\,dv + G\,dv^2,$$

wo E, F, G bekannte Functionen von u und v sind. Das „Krümmungsmaass" K der Fläche leitet sich aus diesen Functionen durch gewisse Differentiationsprocesse ab und hat die Eigenschaft, sich bei beliebigen Transformationen der Variabeln u, v nicht zu ändern; es ist also eine „absolute Invariante" gegenüber allen Coordinatentransformationen auf der Fläche. Durch die Gleichung $u = $ Const. und $v = $ Const. werden auf der Fläche zwei Curvensysteme bestimmt; dieselben sind zu einander rechtwinklig*), wenn F verschwindet; in diesem Falle hat man nach Gauss**)

$$4K(EG - F^2)^2 = E\left[\frac{\partial E}{\partial v}\frac{\partial G}{\partial v} + \left(\frac{\partial G}{\partial u}\right)^2\right]$$
$$+ G\left[\frac{\partial E}{\partial u}\frac{\partial G}{\partial u} + \left(\frac{\partial E}{\partial v}\right)^2\right]$$
$$- 2(EG - F^2)\left(\frac{\partial^2 E}{\partial v^2} + \frac{\partial^2 G}{\partial u^2}\right).$$

Wenden wir dies auf den in (C) gegebenen Werth von ds^2 an, indem wir uns auf die xy-Ebene beschränken, also z und dz gleich Null nehmen, so ist u durch x, v durch y zu ersetzen; es wird

$$E = G = \frac{4k^2}{4k^2 - (x^2 + y^2)},$$

und man findet

(D) $$K = -\frac{1}{4k^2}.$$

Für die hyperbolische Geometrie der Ebene wird daher derselbe Ausdruck des Linienelementes benutzt, wie für die Euklidische Geometrie auf einer Fläche von constantem, negativem Krümmungsmaasse. Aehnliches gilt für den Raum, wenn man den Begriff des Krümmungsmaasses mit Riemann auf Mannigfaltigkeiten von mehreren Dimensionen erweitert***); die hyperbolische Geometrie des Raumes deckt sich

---

*) Ein Beispiel geben die elliptischen Coordinaten auf den Mittelpunktsflächen zweiter Ordnung; vgl. oben p. 289 ff.

**) Disquisitiones generales circa superficies curvas, Abhandlungen der Göttinger Gesellschaft der Wissenschaften, Bd. 6, 1828, art. 7 ff. (Werke, Bd. 4).

***) Für die Theorie dieses allgemeineren Krümmungsmaasses sei auf die Arbeiten von Christoffel, Lipschitz, Kronecker, Schering, Beez, C. Jordan verwiesen (vgl. Killing a. a. O.), ferner auf die Noten Dedekind's zu Riemann's Ges. Werken, und Schur, Math. Annalen Bd. 27, 1886.

dann im Wesentlichen mit der metrischen Euclidischen Geometrie auf einem dreidimensionalen Gebilde, welches als in einem Raume von vier Dimensionen liegend zu betrachten ist (vgl. p. 513 f.).

Für die elliptische Geometrie gelten dieselben Betrachtungen und Rechnungen; es ist nur $-k^2$ durch k^2 zu ersetzen. *Das Bogenelement der elliptischen Ebene ist daher dasselbe, wie das Bogenelement der Euclidischen Geometrie auf einer Fläche von constantem, positivem Krümmungsmaasse.* Als einfachste Fläche dieser Art können wir die Kugel vom Radius $2k$ zu Grunde legen; die kürzesten Linien auf ihr müssen zu denselben metrischen Relationen Veranlassung geben, wie die geraden Linien in der Ebene der elliptischen Geometrie; denn nach Beltrami lassen sich auf jeder Fläche von constantem Krümmungsmaasse die kürzesten Linien durch lineare Gleichungen darstellen. So wird es verständlich, dass für die elliptische Geometrie dieselben trigonometrischen Formeln gelten, wie für die gewöhnliche sphärische Trigonometrie auf einer Kugel vom Radius $2k$. Es ist nur zu beachten, dass die Grösse $2k$ für die Kugel eine wesentliche Bedeutung hat, nachdem im Euclidischen Raume die Einheit des Längenmaasses festgelegt ist. Kugeln von verschiedenem Radius sind eben wesentlich verschieden; man darf hieraus aber nicht schliessen, dass es nun so viele verschiedene elliptische Geometrieen gibt, als man der Constanten k verschiedene Werthe beilegen kann. In der That ist schon früher hervorgehoben, dass sie ganz willkürlich gewählt werden darf, und die folgenden Ueberlegungen werden dieses noch näher zeigen.

Ersetzen wir in (C) wieder k^2 durch $-k^2$, so gilt dieselbe Formel für das in entsprechender Weise transformirte Linienelement der hyperbolischen Geometrie. Die letztere findet daher, insofern man sich auf die Ebene beschränkt, ihre anschauliche Interpretation auf einer Fläche von negativem, constantem Krümmungsmaasse; und zwar sind dabei die geraden Linien der hyperbolischen Ebene zu ersetzen durch die geodätischen Linien der Fläche constanten Krümmungsmaasses. Aehnliches gilt für den Raum*), wenn man den Begriff des Krümmungsmaasses auf mehrere Dimensionen ausdehnt.

Von den Sätzen der ebenen elliptischen Geometrie können wir uns auch ein anschauliches Bild machen, wenn wir die *Geometrie in der unendlich fernen Ebene unseres Euclidischen Raumes* näher ins Auge fassen. In der That liegt ja in dieser Ebene der sogenannte

---

*) Im Anschlusse an Riemann ist dies von Beltrami näher durchgeführt (a. a. O.). Die Trigonometrie auf den Flächen constanter Krümmung entwickelte schon Minding (1839, Crelle's Journal Bd. 18, 19, 20).

imaginäre Kugelkreis, welcher unsere gewöhnliche Metrik vermittelt.
Der Winkel zweier Geraden wird in bekannter Weise durch Vermittlung des Kugelkreises auf den Logarithmus eines Doppelverhältnisses zurückgeführt, er ist eben gleich dem Winkel irgend zweier
durch diese unendlich fernen Geraden hindurchgehenden Ebenen.
Irgend zwei gerade Linien der unendlich fernen Ebene schneiden sich
wirklich; denn in ihr noch von unendlich fernen Punkten zu reden,
hat keine Bedeutung; und sie schneiden sich nur in *einem* Punkte,
obgleich sie in sich zurücklaufen und somit als geschlossene Curven
zu behandeln sind. Sich hiervon ein Bild zu machen, ist unserer
Anschauung gänzlich unmöglich, denn zwei in der Euclidischen
Ebene gezogene, geschlossene Curven schneiden sich stets in einer
geraden Anzahl von Punkten; um so nützlicher ist es, sich das Ge-
sagte noch in anderer Weise zu vergegenwärtigen. Die Punkte der
unendlich fernen Ebene können wir uns mit einem beliebigen Punkte
des Raumes verbunden denken; wir construiren uns damit das dualistische Gegenbild der unendlich fernen Ebene: den Punkten der
Ebene entsprechen die Strahlen eines Bündels, dem imaginären Kugelkreise ein imaginärer Kegel, den unendlich fernen geraden Linien
die aus den Strahlen jenes Bündels zu bildenden Ebenen (ebenen
Strahlbüschel). Dass sich zwei Ebenen nur in *einer* geraden Linie
schneiden, entspricht genau der Thatsache, dass sich zwei gerade
Linien der elliptischen Ebene nur einmal begegnen; die von uns gemachten Voraussetzungen enthalten daher keinen inneren logischen
Widerspruch, obgleich sich derartige Verhältnisse unserem Vor-
stellungsvermögen entziehen.

Bemerkenswerth ist auch, dass *die elliptische Ebene durch eine
gerade Linie nicht in zwei getrennte Gebiete zerlegt wird;* die beiden
Seiten einer geraden Linie kann man nicht von einander unterscheiden; ein Punkt auf der einen Seite befindet sich gleichzeitig
auch auf der anderen, d. h. man kann von jedem Punkte der Ebene
zu jedem anderen gelangen, ohne dabei eine beliebig vorgegebene
Gerade zu überschreiten*). Deutlich wird dies wieder in unserem
Strahlenbündel; eine gerade Linie liegt gleichzeitig auf jeder der

---

*) Von Möbius (Gesammelte Werke, Nachlass, Bd. 2, p. 519) sind im
Euclidischen Raume Flächen angegeben, die *nur eine Seite* haben, d. h. bei
denen man durch continuirlichen Uebergang von der oberen zur unteren Seite
gelangen kann (sogenannte *Doppelflächen*, vgl. auch Klein, Math. Annalen,
Bd. 6, p. 578 und Bd. 7, p. 549). Da sich die elliptische Ebene ebenso verhält,
kann man die elliptische Geometrie auch mit derjenigen auf einer Doppelfläche
vergleichen, wie es Newcomb ausgeführt hat: Crelle's Journal, Bd. 83, 1877.

beiden Seiten einer Ebene. *Zwei* Ebenen des Bündels aber theilen die Gesammtheit der Bündelstrahlen in zwei von einander völlig getrennte Systeme; zwei gerade Linien der elliptischen Ebene schliessen daher einen Raum ein, d. h. theilen die Ebene derartig in zwei Gebiete, dass man von einem Punkte des einen nicht zu einem Punkte des anderen Gebietes gelangen kann, ohne eine der beiden Geraden zu überschreiten*).

Es liegt nahe, statt der Strahlen eines Bündels die Punkte einer concentrischen Kugel zu betrachten, statt der Ebenen des Bündels die grössten Kreise der Kugel. Zwischen den Strahlen und Ebenen des Bündels gelten die Formeln der für die elliptische Ebene entwickelten Trigonometrie (vgl. oben p. 519); dieselben übertragen sich vermittelst des auf dem imaginären Kugelkreise stehenden Kegels auf die gewöhnliche sphärische Geometrie; so sehen wir von Neuem ein, dass jene trigonometrischen Formeln mit denjenigen der gewöhnlichen sphärischen Trigonometrie im Wesentlichen identisch sein müssen (p. 522). *Man darf deshalb aber nicht die elliptische Geometrie der Ebene als geradezu identisch mit der sphärischen Geometrie betrachten wollen;* die Beziehung ist eben eine *zwei*deutige: Jedem Strahle unseres Bündels entsprechen zwei Punkte der Kugel; zwei grösste Kreise der letzteren schneiden sich daher in *zwei* Punkten, während den entsprechenden Ebenen thatsächlich nur *ein* Strahl gemeinsam ist**). Gleichgültig ist es bei dieser Abbildung, wie

---

*) Setzt man daher fest, dass zwei gerade Linien keinen Raum einschliessen sollen, so ist von den drei möglichen Geometrieen die elliptische ausgeschieden. Dasselbe wird erreicht durch die Forderung, dass sich die Ebene ins Unendliche ausdehnen soll, oder auch (wie der Text zeigt) durch die Festsetzung, dass man in der Ebene bei jeder geraden Linie zwei verschiedene Seiten unterscheiden kann.

**) Hierauf hat Klein besonders hingewiesen (Math. Annalen Bd. 6, p. 125). Es ist dies um so mehr zu beachten, als man aus der Existenz zweier Schnittpunkte von zwei grössten Kreisen hat schliessen wollen [so thut es Beltrami a. a. O., ferner Erdmann (Die Axiome der Geometrie, Leipzig 1877, p. 83 f.), v. Helmholtz (Ueber den Ursprung und die Bedeutung der geometrischen Axiome, 1870; Vorträge und Reden, Bd. 2, Braunschweig 1884, p. 19), Poincaré, a. a. O. p. 204], dass die Annahme eines nicht ins Unendliche ausgedehnten (sondern gleichsam in sich zurücklaufenden) Raumes unverträglich sei mit der Annahme nur eines Schnittpunktes zweier geraden Linien. — Den Unterschied zwischen *Unendlichkeit* und *Unbegrenztheit* des Raumes hat Riemann (a. a. O.) hervorgehoben. Der hyperbolische und parabolische Raum sind sowohl unendlich als unbegrenzt, der elliptische Raum ist nur unbegrenzt.

gross der Radius der Kugel gewählt wird. Für die Geometrie im Strahlenbündel hat dieser Radius keine Bedeutung; so bestätigt sich von Neuem, dass die obige Grösse $2k$ vollkommen willkürlich bleibt, dass man also nicht von einem in absoluten Zahlen angebbaren Krümmungsmaasse der elliptischen Ebene sprechen kann. Der Gebrauch des Wortes „Krümmungsmaass" deutet nur darauf hin, dass man aus dem für ds^2 aufgestellten Ausdrucke einen constanten, allein von $2k$ abhängigen Werth erhält, wenn man nach den Regeln der gewöhnlichen metrischen Geometrie das oben definirte Gauss'sche Krümmungsmaass berechnet (p. 525). Also nur durch einen Vergleich der elliptischen (oder hyperbolischen) Geometrie mit der gewöhnlichen Euclidischen findet die Einführung jenes Wortes seine Berechtigung.

Allerdings werden wir auch ohne Benutzung der Flächentheorie die Grösse $-\dfrac{1}{4k^2}$ als „Maass der Abweichung" der nicht-Euclidischen von der Euclidischen Geometrie kennen lernen, aber immer handelt es sich um eine relative, nicht um eine absolute Bedeutung der Grösse, welche wir als Krümmungsmaass bezeichneten.

VII. Die Grundlagen der parabolischen oder Euclidischen Geometrie.

Es bleibt uns noch der bisher ausgeschlossene Grenzfall zu betrachten, in welchem die Determinante der Fundamentalfläche zweiter Ordnung verschwindet. Je nachdem man von Punkt- oder von Ebenencoordinaten ausgeht, artet die Fläche dann in einen Kegel oder in einen Kegelschnitt aus. Das Auftreten eines reellen Kegels oder reellen Kegelschnittes schliessen wir aus denselben Gründen aus, die uns veranlassten, die Fundamentalfläche stets als eine nicht geradlinige vorauszusetzen. Ist die letztere ein imaginärer Kegel, so kommt dem Raume nur ein unendlich ferner Punkt zu, die Spitze des Kegels; es würde dann gerade Linien geben, welche durch diesen Punkt hindurchgehen, und andere, die den Punkt nicht enthalten; es würde also nicht jede Linie des Raumes in jede andere durch Bewegung übergeführt werden können, und wir würden eine unserer wesentlichsten Forderungen fallen lassen müssen. Es soll deshalb nur der Fall weiter berücksichtigt werden, wo die unendlich ferne Fläche in einen imaginären Kegelschnitt ausartet, die Punkte der Fläche also gleichzeitig die Ebene dieses Kegelschnittes doppelt erfüllen. Diese Ebene wird dann offenbar zur unendlich fernen Ebene, jener Kegelschnitt zum imaginären Kugelkreise der **Euclidischen Geometrie**.

Um den Grenzübergang analytisch zu verfolgen, müssen wir von der Ebenencoordinatengleichung der Fundamentalfläche ausgehen, denn nur so können wir die Ausartung in einen Kegelschnitt bewerkstelligen. Es sei also

$$(1) \qquad \sum \sum A_{ik} u_i u_k \equiv u_\alpha{}^2 \equiv u_\beta{}^2 \equiv u_\gamma{}^2 = 0$$

die Gleichung der Fundamentalfläche, und

$$\Psi_{xx} \equiv \sum \sum A_{ik} x_i x_k = 0$$

die zugehörige Gleichung in Punktcoordinaten, so stellt letztere die doppelt zählende unendlich ferne Ebene dar (vgl. p. 198). Die gegenseitige Entfernung r zweier Punkte x, y bestimmt sich durch die Formel

$$(2) \qquad \sin^2 \frac{r}{2ki} = \frac{\Psi_{xx}\Psi_{yy} - \Psi_{xy}^2}{\Psi_{xx}\Psi_{yy}}.$$

Hier verschwindet der Zähler der rechten Seite identisch; denn sind ω_i die Coordinaten der unendlich fernen Ebene, so wird

$$\Psi_{xx} = \omega_x{}^2, \quad \Psi_{yy} = \omega_y{}^2, \quad \Psi_{xy} = \omega_x \omega_y.$$

Eine nähere Ueberlegung zeigt aber, dass sich auf der rechten Seite ein verschwindender, von x, y unabhängiger Factor absondern lässt; ersetzen wir also den unendlich klein werdenden Sinus der linken Seite durch sein Argument, so *wird sich für das Verhältniss zweier Entfernungen doch ein endlicher Werth ergeben*[*]); und lassen wir die willkürliche Constante k in passender Weise unendlich gross werden, so erhalten wir auch für die Entfernung selbst einen endlichen Ausdruck. Es braucht kaum daran erinnert zu werden, dass eine ganz analoge Betrachtung früher bei den sogenannten Grenzflächen angestellt wurde (vgl. p. 502 f.).

Die entsprechenden Rechnungen werden am einfachsten mit Hülfe der symbolischen Methode ausgeführt. Es ist z. B.

$$- \mathsf{A}_{12} = \begin{vmatrix} A_{21} & A_{23} & A_{24} \\ A_{31} & A_{33} & A_{34} \\ A_{41} & A_{43} & A_{44} \end{vmatrix} = \alpha_2 \beta_3 \gamma_4 \begin{vmatrix} \alpha_1 & \alpha_3 & \alpha_4 \\ \beta_1 & \beta_3 & \beta_4 \\ \gamma_1 & \gamma_3 & \gamma_4 \end{vmatrix},$$

---

[*]) So ist es zu verstehen, wenn **Gauss** a. a. O. sagt, dass es in der nicht-Euclidischen Geometrie im Gegensatze zur Euclidischen etwas absolut grosses gebe.

und wegen der Vertauschbarkeit von α mit β und γ ergibt sich die rechte Seite gleich

$$\frac{1}{6} \sum \pm \, \alpha_2 \beta_3 \gamma_4 \sum \pm \, \alpha_1 \beta_3 \gamma_4 \, .$$

In analoger Weise berechnen sich die übrigen Unterdeterminanten A_{ik}, und schliesslich findet man

$$\Psi_{xx} = - \frac{1}{6} (\alpha \beta \gamma x)^2 \, .$$

Sind die Symbole α', β', γ' mit α, β, γ gleichwerthig, so geht also unsere Formel für r über in

$$- \frac{r^2}{4 k^2} = \frac{(\alpha \beta \gamma x)^2 (\alpha' \beta' \gamma' y)^2 - (\alpha \beta \gamma x)(\alpha \beta \gamma y)(\alpha' \beta' \gamma' x)(\alpha' \beta' \gamma' y)}{(\alpha \beta \gamma x)^2 (\alpha' \beta' \gamma' y)^2} \, .$$

Der Zähler der rechten Seite ist auch gleich

$$\frac{1}{2} \Big[(\alpha \beta \gamma x)(\alpha' \beta' \gamma' y) - (\alpha \beta \gamma y)(\alpha' \beta' \gamma' x) \Big]^2 ,$$

und zur weiteren Umformung bedienen wir uns der leicht zu bestätigenden Identität

$$(\alpha \beta x y)(\alpha' \beta' \gamma' \gamma) - (\alpha \gamma x y)(\alpha' \beta' \gamma' \beta) - (\gamma \beta x y)(\alpha' \beta' \gamma' \alpha)$$
$$= (\alpha \beta x \gamma)(\alpha' \beta' \gamma' y) - (\alpha \beta \gamma y)(\alpha' \beta' \gamma' x) \, .$$

Erheben wir beide Seiten derselben zum Quadrate, so erhalten wir rechts den gesuchten Ausdruck; links ergibt sich eine Summe von sechs Termen, von denen drei, nämlich

$$(\alpha \beta x y)^2 (\alpha' \beta' \gamma' \gamma)^2, \quad (\alpha \gamma x y)^2 (\alpha' \beta' \gamma' \beta)^2 \quad \text{und} \quad (\gamma \beta x y)(\alpha' \beta' \gamma' \alpha)^2,$$

einander gleich sind, während von den drei übrigen einer, nämlich

$$2 (\alpha \gamma x y)(\gamma \beta x y)(\alpha' \beta' \gamma' \beta)(\alpha' \beta' \gamma' \alpha),$$

identisch Null ist, weil er durch Vertauschung von α mit β sein Vorzeichen ändert, die beiden anderen sich gegenseitig aufheben. Wir finden so

$$\frac{r^2}{4 k^2} = - \frac{1}{6} \frac{(\alpha \beta x y)^2 (\alpha' \beta' \gamma' \gamma)^2}{(\alpha \beta \gamma x)^2 (\alpha' \beta' \gamma' y)^2} ,$$

wobei die rechte Seite positiv ist, da der Determinante einer reellen Fläche stets das negative Zeichen zukommt. Es ist ferner die Determinante der Fläche

$$\mathsf{A} = \sum \pm \, A_{11} A_{22} A_{33} A_{44} = \alpha_1 \beta_2 \gamma_3 \delta_4 (\alpha \beta \gamma \delta),$$

also auch wegen der Vertauschbarkeit der Symbole gleich

$$\frac{1}{24} (\alpha \beta \gamma \delta)^2 = \frac{1}{24} (\alpha' \beta' \gamma' \gamma)^2 \, .$$

Vom Zähler haben wir somit in der That den verschwindenden

Factor A abgesondert. Lassen wir nun k unendlich wachsen, so kann $-16Ak^2$ gleich einer neuen positiven Constanten C^2 gesetzt werden, so dass*):

$$(3) \qquad \frac{r^2}{C^2} = \frac{(\alpha\beta xy)^2}{(\alpha\beta\gamma x)^2(\alpha'\beta'\gamma'y)^2}.$$

Hier findet sich im Zähler die linke Seite der Gleichung des unendlich fernen Kegelschnittes in Liniencoordinaten, und im Nenner das Product $\omega_x^2\omega_y^2$, wenn mit ω wieder die unendlich ferne Ebene bezeichnet wird. Machen wir also die letztere zur Ebene $x_4 = 0$ und lassen ihre Schnittlinien mit den drei anderen Coordinatenebenen ein Polardreieck in Bezug auf den Fundamentalkegelschnitt

$$u_1^2 + u_2^2 + u_3^2 = 0$$

bilden, so wird

$$(4) \qquad \frac{r^2}{c^2} = \frac{p_{14}^2 + p_{24}^2 + p_{34}^2}{x_4^2\, y_4^2},$$

wo c eine Constante bedeutet. Wählen wir dieselbe gleich Eins und setzen

$$x_1 = xx_4, \quad x_2 = yx_4, \quad x_3 = zx_4, \quad y_1 = x_0y_4, \quad y_2 = y_0y_4, \quad y_3 = z_0y_4,$$

so entsteht endlich die fundamentale Formel der Euclidischen Geometrie

$$(5) \qquad r^2 = (x - x_0)^2 + (y - y_0)^2 + (z - z_0)^2.$$

Hierin sind x, y, z rein projectivisch definirte Bestimmungsstücke; man erkennt aber sofort ihre Uebereinstimmung mit den gewöhnlichen Cartesischen Coordinaten. Die Ebenen $x = 0$, $y = 0$, $z = 0$ nämlich sind zu einander rechtwinklig, weil ihre Schnittlinien mit der Ebene $x_4 = 0$ ein Polardreieck in Bezug auf den Fundamentalkegelschnitt bilden; die Variabeln sind auch in der gewöhnlichen Weise metrisch definirt, weil z. B. nach (5) x die Entfernung des Punktes x, y, z vom Punkte x, 0, 0 angibt.

Die „specielle Maassbestimmung" der parabolischen Geometrie kann zu der allgemeineren der elliptischen oder hyperbolischen auf bemerkenswerthe Weise in Beziehung gebracht werden. Denken wir uns eine allgemeine Maassbestimmung (etwa für die hyperbolische Geometrie) gegeben, und benutzen die imaginäre Schnittcurve der Fundamentalfläche mit der Polarebene eines Punktes y zur Einführung einer parabolischen Maassbestimmung. *Dann stimmen die, von allen durch den Punkt y gehenden Strahlen und Ebenen eingeschlossenen, Winkel in beiden Maassbestimmungen überein;* denn sie werden beiderseits in

---

*) Für die ebene Geometrie wird der entsprechende Grenzübergang bei Cayley a. a. O. gemacht, Philosophical Transactions, 1859.

gleicher Weise durch den von y ausgehenden Tangentenkegel definirt. Für alle in unmittelbarer Nähe an y vorbeigehenden Geraden und Ebenen werden daher die Winkel der einen Maassbestimmung von denen der anderen nur sehr wenig abweichen. Analoges gilt für die Entfernung eines beliebigen Punktes vom Punkte y. Es möge letzterer die Coordinaten 0, 0, 0, 1 haben, und es werde $\Omega_{xx} = x^2 + y^2 + z^2 - a^2$ gesetzt; ferner sei r die Entfernung des Punktes x, y, z vom Punkte 0, 0, 0 in der allgemeinen und ϱ dieselbe Entfernung in der speciellen Maassbestimmung; dann können wir setzen:

$$\varrho^2 = x^2 + y^2 + z^2,$$

$$r = 2ki \operatorname{arctang} \sqrt{1 - \frac{\Omega_{xx}\Omega_{yy}}{\Omega_{xy}^2}} = 2ki \operatorname{arctang} \frac{\varrho}{a}$$

$$= 2ki \frac{\varrho}{a} - \frac{2ki}{3} \frac{\varrho^3}{a^3} + \frac{2ki}{5} \frac{\varrho^5}{a^5} - \cdots$$

Als *Abweichung der „im Punkte y tangirenden" speciellen Maassbestimmung von der allgemeinen* können wir den negativen Quotienten des zweiten Gliedes der Reihe, dividirt durch die dritte Potenz des ersten Gliedes definiren. *Diese Abweichung ist dann gleich* $-\frac{1}{4k^2}$, *also gleich dem oben angeführten Krümmungsmaasse.* So kommt man zum Begriffe des letzteren, ohne dabei von den Gauss'schen Sätzen über krumme Oberflächen Gebrauch zu machen*).

Gleichzeitig zeigt diese Betrachtung, dass *in der nicht-Euclidischen Geometrie für unendlich kleine Figuren, d. h. in unmittelbarer Nähe eines beliebigen Punktes die Sätze der Euclidischen Geometrie Gültigkeit behalten**).* Da es ferner gleichgültig ist, ob man die Entfernungen unendlich klein, oder k unendlich gross werden lässt, so erkennen wir auch, dass *für* $k = \infty$ *die Sätze der nicht-Euclidischen in diejenigen der Euclidischen Geometrie übergehen müssen.*

Wenn wir so einerseits durch Grenzübergang zu den bekannten Grundformeln der Euclidischen Geometrie gelangten, so bleibt uns

---

*) Vgl. Klein, Math. Annalen, Bd. 4, p. 595.

**) Umgekehrt kann man (vgl. Flye Ste Marie und Killing) die Gültigkeit der parabolischen Geometrie für unendlich kleine Figuren direct (ohne Hülfe des Parallelenaxioms) nachweisen, und dann für endliche Figuren die allgemeine Maassbestimmung vermöge eines gewissen Integrationsverfahrens einführen, bei dem man von den trigonometrischen Beziehungen für unendlich kleine Dreiecke ausgeht.

andererseits die Frage zu behandeln, in wie weit sich diese Formeln als nothwendige Consequenzen unserer früheren Voraussetzungen ergeben, wenn wir in diesen nur die beiden Annahmen über die Existenz *zweier* (reellen oder imaginären) Strahlen in jedem Büschel, die eine gegebene Gerade im Unendlichen treffen (vgl. p. 442 und 463), durch die andere Annahme ersetzen, dass *beide Grenzstrahlen in jedem Strahlbüschel zusammenfallen sollen.* Dann wird bei unseren früheren harmonischen Constructionen, die dazu führten, den Punkten einer Geraden bestimmte Zahlen zuzuordnen, jetzt $\Lambda_1 = \Lambda_2$; *jeder positiven oder negativen reellen Zahl, mit alleiniger Ausnahme von Λ_1, entspricht dann ein Punkt der Geraden,* d. h. jeder geraden Linie ist ein einziger unendlich ferner Punkt zuzuweisen. Sollen bei den Bewegungen einer Ebene in sich gerade Linien in gerade Linien übergeführt werden, so sind die Bewegungen wieder durch lineare Gleichungen zwischen den projectivischen Coordinaten dargestellt. Die Gesammtheit der unendlich fernen Punkte wird wieder durch eine Gleichung gegeben sein, die bei allen Bewegungen ungeändert bleibt: die Gleichung der unendlich fernen Curve. Da dieselbe mit jeder Geraden nur einen Punkt gemein haben soll, so ist sie von der ersten Ordnung. *So kommen wir hier zum Begriffe der unendlich fernen Geraden.* Sie bleibt noch bei sechsfach unendlich vielen Bewegungen der Ebene in sich ungeändert, während in unserer Vorstellung eine solche Bewegung nur von drei Constanten abhängt, indem eine Figur noch einfach unendlich viele Lagen annehmen kann, wenn ein Punkt festgehalten wird. Die Betrachtung der unendlich fernen Punkte *ist* also zur Festlegung der metrischen Fundamentalbegriffe nicht ausreichend. In der hyperbolischen und elliptischen Geometrie genügte es, für die Entfernung zweier Punkte einen analytischen Ausdruck aufzustellen; der Begriff des Winkels und das analytische Maass desselben ergaben sich dann von selbst (vgl. p. 474 und 518). *Hier müssen wir noch weitere Voraussetzungen über das Verhalten der Strahlen eines Büschels bei den Bewegungen hinzufügen,* um die letzteren vollkommen zu definiren und dadurch alle metrischen Grundbegriffe festzulegen.

Wie wir in der elliptischen Geometrie auf jeder Geraden eine „ausgezeichnete" Involution derartig bestimmten, dass diese Involution bei jeder Bewegung in sich übergeführt wird, so construiren wir jetzt im Strahlbüschel eine entsprechende Involution auf Grund ganz analoger Ueberlegungen. Jeder Strahl u des Büschels kann durch Drehung um den Scheitel mit sich selbst zur Deckung gebracht werden. Insbesondere wird man einen Strahl v so auswählen können, dass v in u durch dieselbe Drehung übergeführt wird, welche u in die Lage von v bringt. Da die hierdurch bedingte Verwandtschaft eine umkehrbare ist, und da jede Bewegung durch lineare Gleichungen vermittelt wird, so bilden die Strahlenpaare u, v eines jeden Büschels eine Involution; und *diese Involution darf durch keine Drehung des Büschels um seinen Scheitel geändert werden*, wenn anders das Resultat zweier successiven Drehungen unabhängig von ihrer Reihenfolge sein soll*). Die zur Darstellung der Drehung dienende Formel hängt dann nur von *einem* Parameter ab, der als Maass für die Grösse der Drehung gelten kann, wenn man eine Function desselben so definirt, dass sich die entsprechenden Maasse bei ber Zusammensetzung von Bewegungen addiren. Das Maass für die Grösse der Drehung, welche einen Strahl u mit v zur Deckung bringt, nennen wir den *Winkel beider Strahlen* und finden in bekannter Weise:

$$(1) \quad \frac{\varphi}{2k'} = \frac{i}{2} \log \frac{u - \Lambda'}{v - \Lambda'} \cdot \frac{v - \Lambda''}{u - \Lambda''}$$

$$= \text{arc cos} \frac{uv - \frac{1}{2}(\Lambda' + \Lambda'')(u + v) + \Lambda'\Lambda''}{\sqrt{(u - \Lambda')(u - \Lambda'')(v - \Lambda')(v - \Lambda'')}}.$$

Hierin bedeutet k' eine beliebig wählbare reelle Constante, i die imaginäre Einheit, und Λ', Λ'' sind die beiden einander conjugirt imaginären Parameter der zu jener ausgezeichneten Involution gehörigen Doppelstrahlen. Bilden also u, v ein Paar dieser Involution, so wird $\varphi = \pm 2k'\frac{\pi}{2}$; *der entsprechende Winkel werde als ein rechter bezeichnet.* Die Constante $2k'$ wählt man in der Regel gleich der Einheit.

Jeder Punkt der Ebene bestimmt so als Scheitel eines Strahlbüschels in letzterem zwei imaginäre Strahlen, die bei jeder Drehung um den Punkt fest bleiben. Zur näheren Definition der Bewegung setzen wir weiter fest, dass die beiden von einem Punkte ausgehenden imaginären Strahlen übergehen in die entsprechenden Strahlen, welche von dem neuen Punkte ausgehen, d. h. dass *ein rechter Winkel wieder in einen rechten Winkel übergeht.* Die doppelt unendlich vielen imaginären Linienpaare werden eine Schaar von einfach unendlich vielen imaginären Curven umhüllen, von denen zwei durch jeden reellen Punkt gehen. Bei einer Bewegung wird entweder jede Curve dieser Schaar in sich übergeführt, oder die Curven der Schaar vertauschen sich unter einander. Lassen wir nun eine dieser imaginären Geraden

---

*) Vgl. die entsprechenden Ueberlegungen oben auf p. 516.

sich so bewegen, dass sie die von ihr berührte Curve C umhüllt, so wird die conjugirt imaginäre Gerade stets die conjugirt imaginäre Curve C' berühren; und der reelle Schnittpunkt beider wird eine reelle Curve Γ beschreiben. Es müsste also ein einfach unendliches System von ausgezeichneten Curven Γ geben, von denen eine durch jeden Punkt geht. Bei einer Drehung um den Punkt P müssten nun die beiden durch ihn gehenden Curven C und C' je für sich fest bleiben, da jede von ihnen durch ihre Tangente in P vollkommen bestimmt ist; also würde auch die durch P gehende Curve Γ nur in sich transformirt werden können; es blieben dann zwei imaginäre und eine reelle Gerade des von P getragenen Strahlbüschels fest, und somit würde keine Gerade dieses Büschels bei der Drehung bewegt werden, d. h. es würde keine Drehung um P möglich sein. Die Curven Γ können sonach nicht existiren; und es ist unmöglich, die doppelt unendlich vielen imaginären Linien in Systeme von je einfach unendlich vielen Tangenten anzuordnen. Es bleibt somit nur die Möglichkeit, dass sie sämmtlich eine und dieselbe Curve berühren, welche bei allen Bewegungen in sich übergeht. Diese Curve muss dann von der zweiten Klasse sein, da sie durch jeden Punkt zwei und nur zwei Tangenten schickt. Sie kann ferner keinen reellen Punkt enthalten, denn für einen solchen würden die beiden Tangenten zusammenfallen; in ihm als Scheitel würde man also keine rechten Winkel construiren können, was der Annahme widerspricht, dass jeder Strahlbüschel durch Bewegung in jeden anderen übergeführt werden kann. Ausser dieser Curve soll auch die unendlich ferne Gerade bei allen Bewegungen fest bleiben (p. 534); dann gilt aber das Gleiche für ihren Pol in Bezug auf unseren imaginären Kegelschnitt; und dieser Pol müsste bei allen Bewegungen ungeändert bleiben, was wieder unseren Voraussetzungen entgegen ist. Es kann sich daher nur um eine Curve zweiter Klasse mit verschwindender Determinante handeln, d. h. um ein Punktepaar, dessen Axe mit der unendlich fernen Geraden der Ebene zufammenfallen muss. *So kommen wir hier zur Einführung der imaginären Kreispunkte der Euclidischen Geometrie.*

Führen wir projectivische Coordinaten x, y ein, welche auf der unendlich fernen Geraden unendlich gross werden, und mit Hülfe deren die Gleichung der imaginären Kreispunkte in der Form $u^2 + v^2 = 0$ (in Liniencoordinaten) erscheint, so sind die Bewegungen durch Gleichungen der Form

$$(2) \qquad \begin{aligned} \xi &= m(x\cos\varphi + y\sin\varphi) + \alpha, \\ \eta &= m(-x\sin\varphi + y\cos\varphi) + \beta \end{aligned}$$

darstellbar. Zwischen den vier hier vorkommenden Parametern m, φ, α, β muss aber noch eine Relation bestehen, da unserer Annahme nach eine Bewegung der Ebene in sich nur von drei Constanten abhängen kann (p. 534). Die fehlende Determination gewinnen wir durch die Festsetzung, dass *bei einer vollständigen Umdrehung der Ebene um einen festen Punkt P (d. h. einer solchen, bei der jede Gerade durch P nach Lage und Richtung mit sich selbst zur Deckung kommt) jeder Punkt der Ebene in seine ursprüngliche Lage zurückkehre.* Setzen wir

$$\xi' = \xi + i\eta, \quad \eta' = \xi - i\eta, \quad x' = x + iy, \quad y' = x - iy,$$
$$\alpha' = \alpha + i\beta, \quad \beta' = \alpha - i\beta,$$

so gehen die Gleichungen (2) über in:

$$\xi' = me^{-i\varphi}x' + \alpha', \quad \eta' = me^{i\varphi}y' + \beta',$$

oder in homogenen Coordinaten

$$(3) \qquad \varrho\,\xi_1 = \alpha_1 x_1, \quad \varrho\,\xi_2 = \alpha_2 x_2, \quad \varrho\,x_3 = \alpha_3 \xi_3,$$

wobei

$$\xi_1 = \xi_3(\xi' - a), \quad \xi_2 = \xi_3(\eta' - b), \quad \alpha_1 = me^{-i\varphi}, \quad \alpha_2 = me^{i\varphi}, \quad \alpha_3 = 1,$$
$$x_1 = x_3(x' - a), \quad x_2 = x_3(y' - b), \quad a(1 - me^{-i\varphi}) = \alpha',$$
$$b(1 - me^{i\varphi}) = \beta'.$$

Bei allen Bewegungen, die aus (3) durch Wiederholungen entstehen, bleibt der Punkt ξ auf der Curve*)

$$(4) \qquad x_1^{\log\frac{\alpha_2}{\alpha_3}}\, x_2^{\log\frac{\alpha_3}{\alpha_1}}\, x_3^{\log\frac{\alpha_1}{\alpha_2}} = \text{Const.},$$

welche im Allgemeinen transscendent ist. Ausser den beiden Kreispunkten bleibt nach (3) auch der Punkt $x_1 = 0$, $x_2 = 0$ fest; die Bewegung besteht daher in einer Drehung um ihn; und wir können $\alpha = 0$, $\beta = 0$ annehmen. Kehren wir dann zu den ursprünglichen Variabeln zurück, so geht die Gleichung (4) über in:

$$r^{2i\varphi}\,e^{2i\omega\log m} = C,$$

wobei $x = r\cos\omega$, $y = r\sin\omega$ gesetzt ist. Hierin sind m und φ gegebene Constante, r und ω Veränderliche; sei zur Abkürzung $\log m = -\varphi\cdot\gamma$, so kommt

$$(5) \qquad r = C'\cdot e^{\gamma\omega}.$$

Ist γ von Null verschieden, so wächst r unbeschränkt mit wachsendem ω; die Curve läuft daher nicht in sich zurück, sondern windet sich als Spirale um den Punkt $x = 0$, $y = 0$. Nur wenn $\gamma = 0$, also $m = 1$ ist, tritt eine Ausnahme ein. Die Curve (5) stellt dann den Kegelschnitt $x^2 + y^2 = c^2$ dar. *Soll also bei der Drehung der Ebene*

---

*) Vgl. Bd. I, p. 992.

um einen Punkt jeder andere Punkt (es genügt dies von einem anderen Punkte vorauszusetzen) eine geschlossene Curve beschreiben, so ist die letztere ein Kegelschnitt, der durch die soeben definirten imaginären Kreispunkte hindurchgeht. Jeden Kegelschnitt dieser Art nennen wir einen *Kreis*: Die Constante c, welche für alle Punkte desselben Kreises einen festen Werth hat, nennen wir die *Entfernung des beweglichen Punktes vom Mittelpunkte des Kreises.* Letzterer ist als fester Drehpunkt oder auch als Pol der unendlich fernen Geraden in Bezug auf den Kreis definirt. Dass dem so eingeführten Ausdrucke für die Entfernung die charakteristische additive Eigenschaft, welche sich in der leicht verständlichen Gleichung

$$(6) \qquad P_1 \text{-} P_2 + P_2 \text{-} P_3 = P_1 \text{-} P_3$$

ausspricht, zukommt, braucht nicht weiter ausgeführt zu werden; denn wir befinden uns nunmehr in dem bekannten Gebiete der gewöhnlichen analytischen Geometrie.

Da wir den Begriff der Entfernung durch die Forderung einführten, dass jeder Punkt bei einer Rotationsbewegung der Ebene eine geschlossene Curve beschreibe, so bleibt der gewonnene Ausdruck unverändert bei einer solchen Rotation, weiter aber, wie man leicht nachweist, bei jeder *beliebigen* Bewegung. Man braucht zu dem Zwecke sich nur der Formeln (2) zu bedienen, in denen nunmehr $m = 1$ zu wählen ist. Umgekehrt könnte man die Existenz einer Function der Coordinaten zweier Punkte voraussetzen, welche durch Bewegungen nicht geändert wird, dieselbe durch Forderung der in (6) ausgesprochenen additiven Eigenschaft näher determiniren und als *Entfernung* einführen*); dann muss ebenfalls besonders postulirt werden, dass der Kreis als Ort der Punkte, welche von einem festen Punkte gleiche Entfernung haben, nothwendig eine in sich zurücklaufende Curve sei.

Wie sich die vorstehenden Erörterungen auf den Raum ausdehnen lassen, wird einer näheren Ausführung nicht mehr bedürfen.

Bei allen unseren analytischen Ansätzen wurde·vorausgesetzt, dass bei einer Bewegung der unendlich ferne Punkt der Geraden sich ebenfalls bewegt; diese Voraussetzung war berechtigt, weil wir unsern Ausgangspunkt von den projectivischen Coordinaten nahmen, und beim Gebrauche derselben Punkte mit sehr verschiedenen Coordinaten unendlich weit liegen können (sowohl in der parabolischen, wie in der hyperbolischen Geometrie). Man könnte aber auch an-

---

*) In dieser Weise verfährt v. Helmholtz. Vgl. den folgenden Abschnitt.

nehmen, dass der unendlich ferne Punkt einer Geraden bei jeder Bewegung derselben in Ruhe bleibt, dass also alle geraden Linien des Raumes durch einen und denselben unendlich fernen Punkt hindurchgehen. Diese Annahme enthält in der That in sich keinen Widerspruch; sie liegt der gewöhnlichen Darstellung der Werthe einer complexen Grösse $x + iy$ durch Punkte einer Ebene zu Grunde*), und ebenso der üblichen Behandlungsweise der Potentialtheorie im Raume. Die Sätze der projectivischen Geometrie sind dann aber nicht mehr ausnahmslos gültig; sie bleiben indessen für endliche Figuren anwendbar. Ueberdies gab uns die Geometrie auf einer „Grenzfläche" der hyperbolischen Geometrie (p. 500) eine deutliche Vorstellung davon, wie die Behandlung der Geometrie im vorliegenden Falle durchzuführen wäre**); die Benutzung der Grenzfläche bietet ausserdem den Vortheil, dass alle Sätze auf ihr wieder rein projectivischen Charakter haben. In anderer Weise erhält man ein Bild der so entstehenden Geometrie, indem man die Ebene als stereographisches Bild einer Kugelfläche auffasst (vgl. p. 427); dem einen unendlich fernen Punkte der Ebene entspricht dann der Projectionspunkt (Pol) auf der Kugel; den geraden Linien der Ebene sind die durch den Pol gehenden ebenen Schnitte der Kugel zugeordnet, also in der That Curven, welche sich sämmtlich im Unendlichen (d. h. im Pole) schneiden***). Aber während sich die Euclidische me-

---

*) Vgl. oben die Anmerkung zu p. 105.

**) Wie in der Ebene die Benutzung zweier Einheiten (1 und $\sqrt{-1} = i$) zur analytischen Behandlung besonders nützlich ist, so würde sich im Raume für diese Art Geometrie die Benutzung dreier von einander unabhängigen Einheiten empfehlen, wie sie Grassmann eingeführt hat (Die lineale Ausdehnungslehre, Leipzig 1844), und wie man sie nach Hamilton in der Quaternionentheorie benutzt. — Hierauf scheint sich eine Bemerkung von Riemann in art. 1 des dritten Theiles seiner mehrfach erwähnten Abhandlung zu beziehen (Ges. Werke, p. 265). Die betreffende Geometrie würde auf einer dreidimensionalen, im Raume von vier Dimensionen gelegenen Grenzfläche ihre Interpretation finden.

***) Will man den Grundsatz der projectivischen Geometrie, dass sich je zwei gerade Linien nur in einem Punkte begegnen können, aufgeben, so wird man noch andere Möglichkeiten als die drei von uns näher studirten auffinden können. Nimmt man dann zunächst an, dass sich ein Gebiet des Raumes abgrenzen lasse, in dem je zwei dasselbe durchsetzende Gerade sich höchstens einmal schneiden, lässt es aber unbestimmt, ob sie sich ausserhalb dieses Gebietes noch einmal begegnen, so kommt man nach Killing zu dem Schlusse, dass ein solches Begegnen in der That entweder noch einmal oder niemals stattfinden kann. In letzterem Falle hat man unsere drei Geometrieen (elliptische, hyperbolische, parabolische). Im ersteren Falle ist jedem Punkte ein zweiter derart zugeordnet, dass jede Gerade durch den ersten Punkt auch den zweiten

trische Geometrie von der Ebene auf jene Grenzfläche *vollständig* überträgt (p. 504), ist dies bekanntlich bei Benutzung der Kugel nicht der Fall, denn bei der stereographischen Projection bleiben nur die Winkel, nicht auch die Entfernungen ungeändert.

VIII. Die Definitionen, Postulate und Axiome bei Euclid.

Nach Vollendung unserer Untersuchungen über die directe Begründung der projectivischen Geometrie und über die Einführung der metrischen Begriffe der „Entfernung“ und des „Winkels“, ist es an der Zeit, einen Rückblick auf die hierbei gemachten Voraussetzungen zu werfen und die nach und nach eingeführten Festsetzungen übersichtlich zusammenzustellen, um völlige Klarheit darüber zu verschaffen, auf welchen Grundlagen das errichtete Gebäude ruht.

1) Für die *projectivische Geometrie* setzten wir die Existenz eines Systems von Flächen und Curven voraus, wie es auf p. 434 näher angegeben wurde; dieselben sollten die Eigenschaft haben, dass je zwei Punkte eine dieser Curven (geraden Linien), je drei Punkte (die nicht auf derselben Geraden liegen) eine dieser Flächen bestimmen. Die verschiedenen Möglichkeiten in Betreff der unendlich fernen Punkte der geraden Linien waren zwar zu berücksichtigen, ergaben aber in den Resultaten zunächst keine wesentlichen Unterschiede.

2) Ferner wurde festgesetzt, dass jeder Strahl durch Drehung um einen seiner Punkte nach Lage und Richtung mit sich selbst zur Deckung gebracht werden könne*).

3) Eine *Bewegung* wurde als eine Transformation definirt, bei der jeder Punkt wieder in einen Punkt, jede gerade Linie wieder in eine gerade Linie übergeht; und es sollte möglich sein, jeden Punkt

---

enthält; die geraden Linien verhalten sich also wie die grössten Kreise auf der Kugel; die betreffende (a. a. O. als Riemann'sche bezeichnete) Geometrie ist identisch mit der gewöhnlichen sphärischen Geometrie, erscheint also als zweideutige Abbildung unserer elliptischen Geometrie (vgl. oben p. 528). Ob Riemann bei seinen Untersuchungen diese letztere oder das erwähnte zweideutige Bild derselben im Auge hatte, wird sich kaum entscheiden lassen, da er in seiner (nur als Fragment aufzufassenden) Abhandlung keine genaueren Angaben über die Bedeutung seiner Coordinaten oder über die Schnittpunkte zweier Geraden macht.

*) Doch wurde bemerkt, dass auch die entgegengesetzte Annahme, wonach bei der Drehung gewisse nicht überschreitbare Grenzlagen vorkommen, dem Ausbaue einer in sich consequenten Geometrie nicht hinderlich ist; vgl. die Note zu p. 495.

in jeden anderen überzuführen, so dass kein Punkt und keine Gerade vor den übrigen ausgezeichnet ist. Ferner sollte die Bewegung (wie für den parabolischen Raum hinzuzufügen war) in gewisser Weise von drei Parametern abhängen, so dass ein Punktsystem noch um eine gerade Linie drehbar ist, wenn zwei Punkte festgehalten werden. Passende Functionen dieser Parameter dienten zur Einführung der Begriffe von Entfernung und Winkel (vgl. p. 465, 495, 536).

4) In der *hyperbolischen Geometrie* wurde angenommen, dass jeder geraden Linie zwei „unendlich ferne Punkte" zukommen. Damit waren die „Bewegungen" als Transformationen, welche die unendlich fernen Punkte in sich überführen, vollkommen bestimmt und weiterhin alle metrischen Begriffe festgelegt (p. 463, 469).

5) Um für die *elliptische Geometrie* dasselbe zu erreichen, nahmen wir an, dass die geraden Linien sich nicht ins Unendliche erstrecken, und wurden dadurch zu der weiteren Forderung geführt, dass es auf jeder Geraden eine gewisse Involution gibt, deren Punktepaare sich bei jeder Bewegung der Geraden in sich nur unter einander vertauschen. Auch alle derartige auf verschiedenen Geraden gelegenen Involutionen sollten in ihrer Gesammtheit durch die Bewegungen nicht geändert werden (p. 468, 516).

6) Für die *parabolische Geometrie* legten wir jeder Geraden nur einen unendlich fernen Punkt bei; hier konnten wir dann die Bewegungen nur vollständig definiren, wenn wir ausserdem in jedem Strahlbüschel die Existenz einer Strahleninvolution voraussetzten, welche bei einer Drehung des Büschels um sein Centrum nicht geändert werden soll, und welche bei beliebigen Bewegungen immer in die entsprechenden Involutionen anderer Strahlbüschel übergeht. Endlich musste auch gefordert werden, dass jeder Punkt der Ebene bei Drehung der letzteren um einen festen Punkt eine geschlossene Curve beschreibe (p. 534, 537).

Seit mehr als zwei Jahrtausenden haben die am Anfange von Euclid's Elementen zusammengestellten Definitionen, Postulate und Axiome die sichere Grundlage aller geometrischen Forschung gebildet. Es drängt sich daher die Frage auf, wie unsere Voraussetzungen sich zu denjenigen Euclid's stellen; um sie beantworten zu können, sei es gestattet, die wichtigsten Sätze aus der Einleitung zu Euclid's Werke ($\sigma\tau\sigma\iota\chi\varepsilon\tilde{\iota}\alpha$) hier zusammenzustellen*) und einzelne derselben näher zu besprechen.

---

*) Wir legen dabei den Text der von Heiberg besorgten Ausgabe (Leipzig, bei B. G. Teubner, 1883) zu Grunde.

῞Οϱοι.	Definitiones.
I. Σημεῖόν ἐστιν, οὗ μέϱος οὐϑέν.	Punctum est, cuius pars nulla est.
II. Γϱαμμὴ δὲ μῆκος ἀπλατές.	Linea autem sine latitudine longitudo.
III. Γϱαμμῆς δὲ πέϱατα σημεῖα.	Lineae autem extrema puncta.
IV. Εὐϑεῖα γϱαμμή ἐστιν, ἥ τις ἐξ ἴσου τοῖς ἐφ’ ἑαυτῆς σημείοις κεῖται.	Recta linea est, quaecumque ex aequo punctis in ea sitis iacet.
V. Ἐπιφάνεια δέ ἐστιν, ὃ μῆκος καὶ πλάτος μόνον ἔχει.	Superficies autem est, quod longitudinem et latitudinem solum habet.
VI. Ἐπιφανείας δὲ πέϱατα γϱαμμαί.	Superficiei autem extrema lineae sunt.
VII. Ἐπίπεδος ἐπιφάνειά ἐστιν, ἥτις ἐξ ἴσου ταῖς ἐφ’ ἑαυτῆς εὐϑείαις κεῖται.	Plana superficies est, quaecunque ex aequo rectis in ea sitis iacet.

Der Inhalt dieser Sätze bildet die Voraussetzung für die Möglichkeit jeder geometrischen Forschung; er ist deshalb bei unserer obigen Zusammenstellung nicht weiter hervorgehoben. Die drei ersten Sätze zusammen mit dem fünften und sechsten sagen aus, dass wir dem Raume drei Dimensionen beizulegen haben, und geben gleichzeitig Definitionen von Punkt, Curve und Fläche. Der vierte Satz gibt die Definition der geraden Linie und muss noch besprochen werden. Die Worte ἐξ ἴσου ... κεῖται sollen offenbar ausdrücken, dass die gerade Linie sich gegen alle ihre Punkte gleich verhält. Da nun über den Begriff der Gleichheit bei Euclid nach Satz IV der κοιναὶ ἔννοιαι (vgl. unten) durch Bewegung entschieden wird, so können wir dies „gleiche Verhalten“ dahin näher erklären, dass eine Gerade beliebig in sich verschoben (wie auch der Kreis) und um sich gedreht werden kann. Da der Satz, dass zwei Punkte eine Gerade bestimmen, weiterhin bei Euclid nirgends bewiesen, dagegen im ersten Postulate bereits vorausgesetzt wird, müssen wir annehmen, dass das „gleiche Verhalten“ der Geraden gegen *alle* ihre Punkte eben in der Möglichkeit ihrer Bestimmung durch *irgend* zwei ihrer Punkte seinen unmittelbaren Ausdruck finden soll. In diesem Sinne handeln wir in Uebereinstimmung mit Euclid, wenn wir eine *gerade* Linie als eine Curve definiren, welche durch zwei Punkte vollständig bestimmt ist, die Existenz solcher Curven aber nicht weiter beweisen, sondern als irgendwie gegeben (z. B. der Erfahrung entnommen) denken. Nimmt man insbesondere den zweiten Punkt unendlich benachbart zum ersten, so kann man eine gerade Linie auch durch einen Punkt und eine von ihm ausgehende „Richtung“ bestimmen. Umgekehrt wird oft die Gerade als Ort eines in „gleicher Richtung“ fortschreitenden Punktes definirt; in der That ist es an sich gleichgültig, ob man den Begriff der Geraden oder den der Richtung als nicht weiter erklärbar annehmen will*). In letzterem Falle ist man genöthigt, eine Richtung als durch zwei getrennte Punkte völlig bestimmt vorauszusetzen, und kommt so zu unserem Grundsatze, dass zwei Punkte eine Gerade festlegen, zurück.

Ebenso involvirt der siebente Satz unsere Annahme über die Existenz eines Systems von Flächen, deren jede durch drei Punkte bestimmt wird**).

VIII. Ἐπίπεδος δὲ γωνία ἐστὶν ἡ ἐν ἐπιπέδῳ δύο γραμμῶν ἁπταμένων ἀλλήλων καὶ μὴ ἐπ’ εὐθείας κειμένων πρὸς ἀλλήλας τῶν γραμμῶν κλίσις.

Planus autem angulus est duabus lineis in plano se tangentibus nec in eadem recta positis alterius lineae ad alteram inclinatio.

IX. Ὅταν δὲ αἱ περιέχουσαι τὴν γωνίαν γραμμαὶ εὐθεῖαι ὦσιν, εὐθύγραμμος καλεῖται ἡ γωνία.

Ubi uero lineae angulum continentes rectae sunt, rectilineus adpellatur angulus.

Die hier gegebene Definition des Winkels überrascht zunächst durch ihre Unvollständigkeit, denn das Wort „Neigung“ ist ebenso-

---

*) So thut es z. B. Baltzer in seinen Elementen der Mathematik, 5. Aufl. Bd. 2, p. 3, Leipzig 1878 und Wundt, Logik, Bd. 1, p. 451, Stuttgart 1880; vgl. auch Thiele, Grundriss der Logik und Metaphysik, Halle 1878, p. 116. — Man muss sich dann nur hüten, die Gleichheit der Richtung zweier sich (auch in ihren Verlängerungen) nicht schneidenden Geraden ohne weiteres als gegeben anzunehmen. — Dagegen erscheint es unthunlich, eine Gerade als kürzesten Weg zwischen zwei Punkten zu definiren (wie es z. B. Mehler thut: Hauptsätze der Elementar-Mathematik, 16. Auflage, Berlin 1889, p. 1); denn um eine Entfernung zu messen, muss vorher eine Curve vorhanden sein, längs welcher gemessen werden soll. Das Messen einer Curve aber wird nur durch das Ziehen von Sehnen nach den Begriffen der Integralrechnung verständlich.

**) Auch dieser Satz wird bei Euclid nirgends explicite hervorgehoben, sollte also offenbar in der siebenten Definition enthalten sein. Baltzer erwähnt allerdings, dass Euclid im ersten Satze des elften Buches mit Hülfe jener Definition ausdrücklich beweise, dass eine Gerade, welche zwei Punkte mit einer Ebene gemein habe, ganz in dieser liege. Thatsächlich wird aber von Euclid nur bewiesen, dass eine Gerade, welche eine endliche Strecke mit einer Ebene gemein hat, ganz in die Ebene fallen muss, ebenso in XI, 2, dass ein Dreieck, von dem ein endliches Stück sich in einer gewissen Ebene befindet, ganz in dieser Ebene liegt.

wenig an sich verständlich wie das Wort „Winkel". Vollständig brauchbar wird die Definition erst, wenn man hinzufügt:

1) Die Neigung zweier Geraden soll gleich derjenigen zweier anderen genannt werden, wenn sich die letzteren mit den ersteren durch Bewegung zur Deckung bringen lassen.

2) Sie soll grösser sein, als die der beiden anderen, wenn sie sich so mit dem „Scheitel" und einem „Schenkel" auf einander legen lassen, dass der von letzterem begrenzte Theil der Ebene (wie weit die gegebenen Geraden auch verlängert werden) in dem von ersterem begrenzten Theile enthalten ist.

Es ist dies um so auffälliger, weil sofort bei der *Definition* der spitzen und stumpfen Winkel von den noch nicht erklärten Begriffen „grösser" und „kleiner" Gebrauch gemacht wird, und da Euclid sonst bei Einführung derselben mit grosser Sorgfalt verfährt (z. B. bei den Definitionen zum dritten Buche). Vielleicht aber sollte diese Lücke durch die (in den *κοιναὶ ἔννοιαι*) nachfolgenden Erklärungen von „grösser" und „kleiner" als nachträglich ausgefüllt gelten.

Da über die Grösse der Neigung nur durch Aufeinanderlegen der betreffenden Flächentheile (Felder) entschieden werden kann, ist es empfehlenswerth, diese Theile der Ebene selbst als Winkel zu definiren*). Für unsere obige Darstellung kam eine besondere Definition des Winkels zweier Geraden nicht mehr in Betracht, da wir direct zu einem analytischen Ausdrucke für das Maass des Winkels geführt wurden. Man hätte sich nur nachträglich (was leicht geschieht) zu überzeugen, dass die angegebenen Bedingungen durch unseren analytischen Ausdruck für die Vergleichung der Winkel nach ihrer Grösse erfüllt sind.

X. Ὅταν δὲ εὐθεῖα ἐπ᾽ εὐθεῖαν σταθεῖσα τὰς ἐφεξῆς γωνίας ἴσας ἀλλήλαις ποιῇ, ὀρθὴ ἑκατέρα τῶν ἴσων γωνιῶν ἐστι, καὶ ἡ ἐφεστηκυῖα εὐθεῖα κάθετος καλεῖται, ἐφ᾽ ἣν ἐφέστηκεν.

Ubi uero recta super rectam lineam erecta angulos deinceps positos inter se aequales efficit, rectus est uterque angulus aequalis, et recta linea erecta perpendicularis adpellatur ad eam, super quam erecta est.

---

*) So geschieht es bei Baltzer und Mehler a. a. O., doch werden die unter 1) und 2) gestellten Forderungen nicht vollständig angeführt. Die Vergleichung der Winkel auf das Vergleichen von Kreisbögen gleich zu Anfang zurückzuführen, kann von didaktischem Vortheile sein, ist aber an sich nicht gerechtfertigt, da eigentlich verschiedene Sätze der Kreistheorie vorausgehen müssten; Grade und Minuten können auch ohne Hülfe eines Kreisbogens (als Theile der Ebene) eingeführt werden. Ueberhaupt ist die Einführung von Zahlen

XI. Ἀμβλεῖα γωνία ἐστὶν ἡ μεί- | Obtusus angulus est, qui maior
ζων ὀρθῆς. | est recto.

XII. Ὀξεῖα δὲ ἡ ἐλάσσων ὀρθῆς. | Acutus uero, qui minor est recto.

Die hier gegebene Definition des rechten Winkels ist genau mit
der von uns aufgestellten identisch (p. 534 f.). Wir ordneten jedem
Strahle eines Büschels einen zweiten so zu, dass dieselbe Bewegung,
welche den ersten mit dem zweiten Strahle zur Deckung bringt,
auch umgekehrt den zweiten in den ersten überführt. Je zwei solche
Strahlen bilden einen rechten Winkel; je zwei neben einander liegende
rechte Winkel sind einander gleich, da sie durch die angegebene Bewegung mit einander zur Deckung gebracht werden können. Die
Eindeutigkeit der Zuordnung ist, wie hier nachträglich hervorgehoben
werden möge, dadurch bedingt, dass die Bewegungen jedenfalls durch
lineare Transformationen dargestellt werden.

XIII. Ὅρος ἐστίν, ὅ τινός ἐστι | Terminus est, quod alicuius rei
πέρας. | extremum est.

XIV. Σχῆμά ἐστι τὸ ὑπό τινος ἤ | Figura est, quod aliquo uel ali-
τινων ὅρων περιεχόμενον. | quibus terminis comprehenditur.

XV. Κύκλος ἐστὶ σχῆμα ἐπίπεδον | Circulus est figura plana una li-
ὑπὸ μιᾶς γραμμῆς περιεχόμενον, | nea comprehensa, ad quam quae
πρὸς ἣν ἀφ᾽ ἑνὸς σημείου τῶν | ab uno puncto intra figuram
ἐντὸς τοῦ σχήματος κειμένων | posito educuntur rectae, omnes
πᾶσαι αἱ προςπίπτουσαι εὐθεῖαι | aequales sunt.
ἴσαι ἀλλήλαις εἰσίν.

Durch die Worte ὑπὸ μιᾶς γραμμῆς περιεχόμενον ist hier der
Kreis ausdrücklich als eine geschlossene Figur ohne Beweis voraus-
gesetzt*), ganz wie wir es früher thun mussten, um dadurch zum
Begriffe der Entfernung zu gelangen (p. 537 f.).

---

in die reine Geometrie nicht nothwendig, wenn auch oft bequem; sie widerspricht dem Geiste der antiken Geometrie, welcher die uns so geläufige Auffassung der Strecken und Winkel als Zahlengrössen fern lag.

*) Die Nothwendigkeit, dies ausdrücklich hervorzuheben, ist von v. Helm-
holtz a. a. O. besonders betont und als sonst stillschweigend vorausgesetzt
bezeichnet (Ges. Werke, Bd. 2, p. 624). Jedenfalls kann man indessen Euclid's
Worte in gleichem Sinne deuten. Während wir durch die Annahme, der Kreis
sei eine geschlossene Figur, zum Begriffe der Entfernung, d. h. zur Aufstellung
einer bei allen Bewegungen ungeändert bleibenden Function der Coordinaten
zweier Punkte gelangten, geht v. Helmholtz umgekehrt von der Voraussetzung
aus, dass eine solche Function existire und sucht dieselbe zu bestimmen. Er
kommt zu dem Schlusse, dass sich ein Punkt bei der Drehung um einen festen
Punkt dann auf einer Spirale bewegen muss. Es kann dies nach Gleichung (5),

Es folgen jetzt bei Euclid die Definitionen des Centrums, des Durchmessers, des Halbkreises, der geradlinigen Figuren (Dreiecke, Vielecke), des gleichschenkligen und gleichseitigen Dreiecks, des rechtwinkligen Dreiecks, des Quadrats, Rechtecks, Rhomboids etc. Dann werden die Parallelen durch folgende Definition eingeführt:

XXIII. *Παράλληλοί εἰσιν εὐϑεῖαι, αἵτινες ἐν τῷ αὐτῷ ἐπιπέδῳ οὖσαι καὶ ἐκβαλλόμεναι εἰς ἄπειρον ἐφ' ἑκάτερα τὰ μέρη ἐπὶ μηδέτερα συμπίπτουσιν ἀλλήλαις.* | Parallelae sunt lineae, quae in eodem plano positae et in utramque partem productae in infinitum in neutra parte concurrunt.

Gegen diese Definition paralleler Linien ist oft eingewandt, dass sie in negativer Form erscheint; es dürfte indessen schwer sein,

---

p. 537 nur eine logarithmische Spirale sein; zwischen den Constanten C', γ derselben muss noch eine Relation, etwa $C' = f(\gamma)$, bestehen, da die Drehung um einen Punkt nur von einem Parameter abhängen soll (p. 534 u. 541); die Gleichung der Spirale wird dann

$$r = f(\gamma)\, e^{\gamma \omega}$$

und nach einer vollständigen Umdrehung wird

$$r_1 = f(\gamma)\, e^{\gamma \omega + 2\gamma \pi}.$$

Die Grösse γ, oder eine passend gewählte Function von γ müssen wir als Entfernung des Punktes $x(= r \cos\omega)$, $y(= r \sin\omega)$ vom Anfangspunkte einführen. Dass beide Gleichungen für denselben Werth von γ bestehen, ist sehr wohl möglich; die Annahme der blossen Existenz einer ungeändert bleibenden Relation zwischen den Coordinaten genügt also noch nicht, um die Euclidische Geometrie zu begründen. Unsere Annahme nämlich, dass jede Gerade bei Bewegung wieder in eine Gerade übergeführt werde, macht v. Helmholtz implicite ebenfalls, indem er die gerade Linie als die „kürzeste Linie" definirt (Populäre Vorträge, Bd. 2, p. 15) und andererseits als Entfernung die der Annahme nach bei den Bewegungen ungeändert bleibende Function bezeichnet. Seine Untersuchungen müssen daher mit den unsrigen in den Resultaten übereinstimmen. Das von Lie (a. a. O., vgl. oben p. 462) dagegen erhobene Bedenken, dass es nicht ohne Weiteres erlaubt sei, die unendlich kleinen Bewegungen durch lineare Functionen darzustellen, fällt fort, wenn man mit uns davon ausgeht, dass eine gerade Linie wieder in eine solche übergeführt werden soll. Lie hält es überdies für wahrscheinlich, dass die Forderung in Betreff der *geschlossenen* Kreisfigur sich als Folge der übrigen von v. Helmholtz aufgestellten Postulate ergebe. Nach den Untersuchungen des Textes würde dies nur bei der elliptischen und hyperbolischen Geometrie, nicht aber bei der parabolischen richtig sein. Misslich bleibt bei den Untersuchungen von Riemann und v. Helmholtz (wenigstens wenn man dieselben nicht blos auf eine abstracte Zahlenmannigfaltigkeit, sondern auf den Raum beziehen will), dass die angewandten Coordinaten in keiner Weise geometrisch definirt sind (vgl. oben die dritte Note zu p. 539).

eine für die zu ziehenden Folgerungen gleich bequeme positive Form zu finden.

Αἰτήματα.	Postulata.
I. Ἡιτήσθω ἀπὸ παντὸς σημείου ἐπὶ πᾶν σημεῖον εὐθεῖαν γραμμὴν ἀγαγεῖν.	Postuletur, ut a quouis puncto ad quoduis punctum recta linea ducatur.
II. Καὶ πεπερασμένην εὐθεῖαν κατὰ τὸ συνεχὲς ἐπ᾽ εὐθείας ἐκβαλεῖν.	Et ut recta linea terminata in directum educatur in continuum.
III. Καὶ παντὶ κέντρῳ καὶ διαστήματι κύκλον γράφεσθαι.	Et ut quouis centro radioque circulus describatur.

Das erste Postulat kann aufgestellt werden, nachdem die eindeutige Bestimmtheit einer Geraden durch zwei Punkte bereits erkannt ist; dieselbe fanden wir in der vierten Definition implicite ausgesprochen. Das zweite Postulat kann mit Hülfe des dritten auf das erste zurückgeführt werden*), erscheint also als überflüssig. In der That kann man mit Hülfe des Zirkels, ausgehend von einem Punkte einer gegebenen Strecke, leicht einen in ihrer Verlängerung liegenden Punkt construiren (z. B. nach dem Satze, dass der Radius sich im Halbkreise dreimal abtragen lässt); die Verbindungslinie des letzteren Punktes mit dem ersteren kann sodann nach dem ersten Postulate gezogen werden und gibt die verlangte Verlängerung. Zu bemerken ist aber andererseits, dass nach Euclid's Auffassung bei Definition der Geraden zunächst nur an endliche Strecken zu denken ist, denn nach def. XIV ist jede Figur innerhalb endlicher Grenzen enthalten. Die Möglichkeit, eine Strecke über ihre ursprünglichen Grenzen hinaus zu verlängern, muss deshalb besonders postulirt werden. So aufgefasst, ist demnach Euclid's zweites Postulat nicht zu vermeiden.

IV. Καὶ πάσας τὰς ὀρθὰς γωνίας ἴσας ἀλλήλαις εἶναι.	Et omnes rectos angulos inter se aequales esse.

Dieses Postulat entspricht genau unserer Forderung, dass in jedem Strahlbüschel eine ausgezeichnete Involution von Strahlenpaaren angegeben werden könne, welche bei allen Drehungen ungeändert bleibt, und dass die so ausgezeichneten Involutionen in verschiedenen Strahlbüscheln bei allen Bewegungen in einander übergehen (p. 535). Die Forderung der Gleichheit aller rechten

---

*) Hierauf hat Kempe in der auf p. 429 citirten Schrift (p. 47 f.) aufmerksam gemacht.

Winkel sagt eben aus, dass jeder rechte Winkel bei einer Bewegung wieder in einen rechten Winkel übergehen soll. Es ist dies nach unseren Entwicklungen ein nicht weiter beweisbarer Satz, der zusammen mit dem anderen, dass der Kreis eine geschlossene Curve sei (p. 537 und 545), die als „Bewegungen" zu bezeichnenden Ortsveränderungen vor anderen Operationen der Art (z. B. Projectionen) auszeichnet. Diese Eigenschaften der Bewegungen müssen hervorgehoben werden, da die ganze Lehre von der Congruenz und Gleichheit der Figuren auf dem Begriffe der Bewegung beruht, wie wir sogleich noch näher ausführen werden (vgl. unten p. 556 f.)

Gleichwohl findet man oft die Gleichheit der rechten Winkel dadurch bewiesen*), dass man den rechten Winkel als die Hälfte des gestreckten Winkels definirt, dass alle gestreckten Winkel einander gleich seien, da jede Gerade mit jeder anderen zur Deckung gebracht werden kann, dass folglich auch die Hälften der gestreckten Winkel einander gleich sein müssen. Hierbei ist aber implicite vorausgesetzt, dass die zu einer Geraden senkrechten Linien bei Ueberführung dieser Geraden in eine neue Lage eben in die zu der neuen Geraden rechtwinkligen Linien übergehen. Andererseits hat man das vierte Postulat durch die Forderung zu ersetzen gesucht, dass gleiche Constructionen an verschiedenen Orten des Raumes und nach verschiedenen Richtungen ausgeführt, einander congruente Figuren ergeben**), oder dass der Raum eine „in sich congruente" (dreifach ausgedehnte) Mannigfaltigkeit sei***). Eine solche allgemeine Festsetzung hat natürlich auch den speciellen Satz von der Gleichheit aller rechten Winkel zur Folge; aber man begeht durch Aufstellung dieser Forderung denselben Fehler, als wenn man etwa ein gleichschenkliges Dreieck als ein solches definiren wollte, in dem zwei gleiche Seiten und zwei gleiche Winkel vorkommen, während doch der eine Theil

---

*) So auch bei Baltzer, Mehler a. a. O., Killing a. a. O., p. 1. Auf den Begriff des gestreckten (flachen) Winkels kommen wir sofort noch zurück.

**) Vgl. Grassmann: Die lineale Ausdehnungslehre, Leipzig 1844 (p. 35 ff. in dem zweiten Abdrucke von 1878), und Hoüel: Essai critique sur les principes fondamentaux de la géométrie élémentaire, Paris 1867 (vgl. Erdmann, a. a. O. p. 64).

***) Vgl. v. Helmholtz a. a. O.; Erdmann a. a. O.; Wundt a. a. O. p. 522; Thiele, a. a. O. p. 126. Das vierte Postulat kann als vollkommen gleichwerthig mit dem Riemann'schen Satze angesehen werden, dass dem Raume ein constantes Krümmungsmaass zukommt; das fünfte Postulat gibt dann diesem Krümmungsmaasse den Werth Null; und die Annahme, dass der Kreis eine geschlossene Figur sei, scheidet die Bewegungen von den (allein beim Krümmungsmaasse Null möglichen) Aehnlichkeitstransformationen.

dieser Aussage eine Folge des anderen ist. Ebenso folgt aus der Euclidischen Forderung über die Gleichheit aller rechten Winkel, dass überhaupt jeder Winkel bei jeder Bewegung ungeändert bleibt, wie unsere Erörterungen über die Grundlagen der parabolischen Geometrie hinreichend klar gelegt haben werden. Aus dem vierten Postulate und der fünfzehnten Definition geht also die Gleichheit aller in gleicher Weise an verschiedenen Orten des Raumes construirten Figuren als nothwendige Folge hervor; und es ist überflüssig, sie noch besonders zu statuiren, es ist unlogisch, die einfacheren Grundsätze Euclid's durch umfassendere Folgesätze zu ersetzen.

Die letzten Bemerkungen beziehen sich nur auf die parabolische Geometrie. *In gleicher Weise hätten wir aber auch in der hyperbolischen und elliptischen Geometrie von Euclid's viertem Postulate ausgehen können,* d. h. von der Annahme, dass in allen Strahlbüscheln gewisse ausgezeichnete Involutionen vorkommen, die durch Bewegungen nicht geändert werden. *Wir würden dann gefunden haben, dass die (imaginären) Doppelstrahlen dieser Involutionen eine Curve zweiter Klasse umhüllen müssen; und je nachdem wir die Punkte derselben als reell oder imaginär vorausgesetzt hätten, würden wir zu der einen oder anderen Geometrie geführt sein;* und zwar hätte sich der Begriff der Entfernung und der Bewegnng ohne Einführung neuer Festsetzungen entwickeln lassen, wie wir früher umgekehrt von der Entfernung ausgingen und dann von selbst zu einem Maasse für den Winkel gelangten (p. 474 und 518). Das Zerfallen der Curve zweiter Klasse führt (wie oben p. 530 f.) zur parabolischen Geometrie zurück.

V. *Καὶ ἐὰν εἰς δύο εὐθείας εὐθεῖα ἐμπίπτουσα τὰς ἐντὸς καὶ ἐπὶ τὰ αὐτὰ μέρη γωνίας δύο ὀρθῶν ἐλάσσονας ποιῇ, ἐκβαλλομένας τὰς δύο εὐθείας ἐπ' ἄπειρον συμπίπτειν, ἐφ' ἃ μέρη εἰσὶν αἱ τῶν δύο ὀρθῶν ἐλάσσονες**).	Et, si in duas lineas rectas recta incidens angulos interiores et ad eandem partem duobus rectis minores effecerit, rectas illas in infinitum productas concurrere ad eandem partem, in qua sint anguli duobus rectis minores.

---

*) Dieses und das vorhergehende Postulat sind in der ersten griechischen Ausgabe von Euclid's Elementen (Basel, 1533, bei Hervagius) unter die sogleich im Texte zu besprechenden Axiome gestellt; dieser Irrthum ist in fast alle späteren Uebersetzungen und Ausgaben übergegangen (auch in die von Gregory besorgte Gesammtausgabe der Werke Euclid's, Oxford 1703), bis Peyrard in seinen 1814—18 herausgegebenen Oeuvres d'Euclide die richtige Ordnung aus

Dieses Postulat ist vollständig äquivalent mit der Annahme, dass die zuletzt erwähnte Curve zweiter Classe in ein Punktepaar ausarte, dass somit jeder Geraden nur *ein* unendlich ferner Punkt zukomme, oder dass die unendlich fernen Punkte eine gerade Linie bilden. Es ist aber nothwendig, den Inhalt des Satzes noch im Einzelnen zu betrachten. Dass nämlich zwei Gerade, welche mit einer dritten zwei innere Winkel bilden, deren Summe kleiner als zwei Rechte ist, sich stets schneiden, gilt nicht nur in der parabolischen, sondern auch in der elliptischen Geometrie; nur in der hyperbolischen Geometrie kann es auch vorkommen, dass sie sich nicht treffen. Letztere ist also durch vorliegendes Postulat ausgeschlossen; aber auch die elliptische Geometrie ist mit dem Wortlaute desselben nicht verträglich; denn wir haben gesehen, dass in ihr die Ebene durch eine Gerade nicht in zwei getrennte Felder zerlegt wird (p. 527). In den Worten ἐφ' ἃ μέρη εἰσὶν ist aber eine solche Zerlegung vorausgesetzt. Es bleibt sonach nur die parabolische Geometrie möglich. Allerdings könnte man auch annehmen, dass die elliptische Geometrie bereits durch die dreiundzwanzigste Definition (d. i. durch Zulassung sich nicht schneidender Geraden) ausgeschlossen sei. Fasst man die Definition der Parallellinien so auf, dass sie die Existenz solcher Linien voraussetzt, so wäre der letzte Relativsatz des fünften Postulates (ἐφ' ἃ ... ἐλάσσονες) überflüssig.

Selbstverständlich kann das fünfte Postulat in mannigfacher Weise durch andere äquivalente Forderungen ersetzt werden, z. B. durch die Annahme, dass eine Gerade nur einen unendlich fernen Punkt habe, d. h. dass sich zu einer gegebenen Geraden nur eine Parallele durch einen gegebenen Punkt ziehen lasse*), oder dass die

---

den Handschriften wiederherstellte. So kommt es, dass das fünfte Postulat meistens als das elfte Axiom citirt wird. Die Handschriften beruhen meistens auf einer von Theon (ca. 360 n. Chr.) veranstalteten Ausgabe; nur eine (von Peyrard zuerst benutzte) vaticanische Handschrift geht auf die Zeit vor Theon zurück (da sie die Zusätze des letzteren nicht enthält) und ist deshalb besonders wichtig. Vgl. Hankel (Zur Geschichte der Mathematik, Leipzig 1874, p. 388) und Heiberg (p. 174 ff. in der oben p. 164 citirten Schrift).

*) Vgl. Baltzer und Mehler, a. a. O. p. 13, bez. p. 6. In beiden Werken wird ohne Bezugnahme auf dieses Postulat der Satz bewiesen, dass zwei Gerade, welche mit einer dritten Geraden Gegenwinkel bilden, die einander gleich sind, sich nicht schneiden. Der gegebene Beweis macht aber stillschweigend von der Annahme Gebrauch, dass die Ebene durch die dritte Gerade in zwei getrennte Felder zerlegt werde, was bei der elliptischen Geometrie nicht stattfindet (vgl. oben p. 527); es müsste also irgend ein Postulat vorhergehen, durch welches die Möglichkeiten dieser Geometrie ausgeschlossen werden. — Es sei hier be-

Summe der Winkel eines Dreiecks gleich zwei Rechten sei*), oder dass in der Ebene ähnliche Figuren möglich seien**). *Doch kann es in keiner Weise vermieden werden, irgend eine äquivalente Festsetzung ausdrücklich zu machen.* Wir müssen dies um so mehr hervorheben, als man lange geglaubt hat, den Inhalt dieses Postulates aus den übrigen Definitionen, Postulaten und Axiomen ableiten zu können, und als eine unzählige Reihe von Versuchen gemacht worden ist***),

---

merkt, dass auch dem Begriffe des flachen Winkels das Postulat von der Theilung der Ebene in zwei getrennte Gebiete vorausgehen sollte; denn als Winkel wird der zwischen zwei Schenkeln liegende Theil der Ebene bezeichnet. In der elliptischen Geometrie aber theilen die Schenkel des flachen Winkels eben kein Gebiet der Ebene ab. Damit wird auch der übliche Beweis für die Gleichheit aller rechten Winkel hinfällig (vgl. p. 547 f.). Der (dem Euclid unbekannte) Begriff des flachen Winkels wird am besten ganz vermieden; er ist nur ein Grenzbegriff, und man kann nicht a priori wissen, ob beim Grenzübergange die Eigenschaften des Winkels erhalten bleiben.

*) Und zwar gilt dies für jedes Dreieck, wenn es für irgend ein bestimmtes Dreieck als gültig angenommen wird; vgl. Legendre, Mémoires de l'académie des sciences, 1833, und Gauss, a. a. O.

**) Vgl. Clifford in dessen Lectures and Essays. Es braucht auch hier die Existenz einer zu einer gegebenen Figur ähnlichen Figur nur in einem ganz bestimmten Falle vorausgesetzt werden; für alle anderen Fälle ergibt sie sich dann von selbst. — Bei der Nichtexistenz ähnlicher Figuren wird es in der nicht-Euclidischen Geometrie·unmöglich, Constructionen in der Ebene auszuführen, deren Gestalt von der Längeneinheit unabhängig wäre; gleichwohl bleibt die Anwendung der Arithmetik auf die Geometrie gültig; vgl. oben die Note zu p. 448. — Will man in der nicht-Euclidischen Geometrie eine gegebene Figur verkleinern, so hat man eine collineare Umformung anzuwenden, die den unendlich fernen Kegelschnitt der einen Ebene in einen gewissen eigentlichen Kegelschnitt der anderen Ebene überführt.

***) Schon Proklus († 485 n. Chr.) hielt das fünfte Postulat nur für eine Umkehrung des 17. Satzes im ersten Buche (vgl. p. 191 f. in der Ausgabe von Friedlein, Leipzig 1873); auf demselben Standpunkte steht M. Cantor in seiner Geschichte der Mathematik, Bd. 1, p. 238, Leipzig 1880. Es ist hier nicht der Ort, eine Uebersicht über die grosse Reihe unrichtiger Beweise zu geben, so lehrreich eine Kritik derselben im Einzelnen für die richtige Auffassung der Grundlagen der Geometrie auch sein mag. Noch heute stehen die meisten elementaren Lehrbücher der Geometrie bei Erörterung der Grundlage dieser Wissenschaft an Klarheit und Präcision hinter Euclid zurück; mit geringer Einschränkung gelten daher noch heute die Worte von Gauss aus dem Jahre 1816 (Göttinger gelehrte Anzeigen), nach denen wir nicht sagen können, dass wir im Wesentlichen irgend weiter gekommen wären, als Euclides vor zweitausend Jahren. Nur gelang es Legendre a. a. O. zu zeigen, dass die Summe der Winkel im Dreiecke nicht grösser sein kann als zwei Rechte, wenn sich die geraden Linien ins Unendliche verlängern lassen; dann aber brachte die nicht-Euclidische Geometrie neue Einsicht in die streitigen Fragen.

dasselbe durch Erbringung eines strengen Beweises aus der Reihe der Postulate auszuscheiden und unter die Lehrsätze einzureihen. Da alle diese Versuche fehlschlugen, so lag es nahe, einen anderen Weg einzuschlagen und auf Grund einer dem fünften Postulate widersprechenden, mit den übrigen Voraussetzungen aber verträglichen Annahme ein geometrisches Lehrgebäude aufzubauen; führten die dann gemachten Schlüsse zu Resultaten, welche unter sich oder mit den gemachten Voraussetzungen nicht in Uebereinstimmung sind, so war indirect ein Beweis dafür erbracht, dass das fünfte Postulat Euclid's eine nothwendige Folge seiner übrigen Definitionen, Postulate und Axiome sei. In derartiger Gedankenverbindung ist wohl der Ursprung der sogenannten nicht-Euclidischen Geometrie bei Lobatcheffsky, Bolyai und Gauss zu suchen. Dieser neue Weg nun leitete zu einer überraschenden und lange nicht hinreichend gewürdigten Entdeckung; man fand nicht nur keinen Widerspruch, sondern es erstand ein in sich consequentes Lehrgebäude, das zwar mit den meisten uns geläufigen geometrischen Vorstellungen nicht zu vereinigen war, das aber doch mittelst unbestreitbar richtiger Schlüsse aus den gemachten Voraussetzungen emporwuchs. Hiernach schien die Frage, *ob das fünfte Postulat eine mathematische Folge der übrigen bei Euclid aufgeführten Definitionen, Postulate und Axiome sei,* entschieden verneint werden zu müssen. Aber es blieb immer noch der Einwand übrig, ob bei weiter fortgesetztem Ausbaue der nicht-Euclidischen Geometrie sich nicht doch irgendwo ein Widerspruch ergeben könne. Dass man auf einen solchen nicht gestossen war, konnte nicht als Beweis dafür gelten (wie wohl oft ausgesprochen ist), dass derselbe nicht existirte. Doch auch dieser Einwand liess sich beseitigen, nachdem man mit Riemann und Beltrami die neue Geometrie in Beziehung zu den Flächen constanten Krümmungsmaasses gebracht hatte, wie sie sich in der gewöhnlichen (parabolischen) Geometrie darbieten, oder zu der projectivischen Geometrie, wie sie sich nach Klein mittelst rein linearer Constructionen ohne Benutzung des Parallelenaxioms entwickeln lässt. Jedem Satze der nicht-Euclidischen Geometrie entspricht eindeutig ein Satz über Flächen constanten Krümmungsmaasses in der parabolischen Geometrie, und andererseits ein rein projectivischer Satz über Beziehungen einer Figur zu einem Kegelschnitte, der auch in der Euclidischen Geometrie seine Gültigkeit behält. Sollte nun irgend ein Satz der elliptischen oder hyperbolischen Geometrie jemals zu einer logischen Unmöglichkeit führen, so müssten auch die entsprechenden Sätze der Euclidischen Geometrie (für Oberflächen constanten Krümmungs-

maasses oder für die projectivische Geometrie) denselben Widerspruch
in sich tragen; es wäre daher auch das Euclidische fünfte Postulat mit seinen übrigen Annahmen unvereinbar, und es würde überhaupt jede geometrische Forschung unmöglich werden. Wäre also
das fünfte Postulat eine nothwendige logische Folge der übrigen Annahmen und Grundsätze, so würde es zu unrichtigen Folgerungen
Veranlassung geben, müsste also selbst falsch sein; es müssten also
auch die übrigen Euclidischen Voraussetzungen mit einander unverträglich sein. *Sicher ist hiernach das fünfte Postulat keine mathematische (logische) Folge der übrigen Definitionen, Postulate und
Axiome.*

Das so gewonnene Resultat ist von eminenter Wichtigkeit, nicht
nur weil es die definitive Antwort auf eine seit Jahrhunderten auf-
geworfene Frage gibt, sondern besonders weil diese Frage sich auf
die Grundlagen aller geometrischen Forschung bezieht. Die Geometrie
ist dadurch der reinen Mathematik so nahe verwandt, dass sie (im
Gegensatze zu allen anderen Wissenschaften) im Stande ist, ihr
ganzes Lehrgebäude aus einer kleinen, bestimmt und unzweideutig
angebbaren Anzahl unbewiesener Voraussetzungen durch rein logische Operationen abzuleiten*). Aber die zu machenden Voraussetzungen sollen nicht nur hinreichend, sondern auch nothwendig
sein; und darüber wird man sich in Betreff des fünften Postulates
auf keinem anderen Wege als durch das Studium der nicht-Euclidischen Geometrie Rechenschaft geben können**). Ganz abgesehen
von dem hohen Interesse, welches die Möglichkeit einer solchen
Geometrie stets erweckt hat und erwecken wird, muss Jeder den
unschätzbaren Dienst anerkennen, den uns der Ausbau jener Geometrie für die Erkenntniss des inneren Zusammenhanges der Euclidischen Axiome geboten hat. Nur wer sich nicht die Mühe nimmt,
in die nicht-Euclidische Geometrie tiefer einzudringen, kann sich

---

*) Der hohe Werth anschaulicher Hülfsmittel für Forschung und Unter-
richt soll hiermit natürlich nicht in Frage gestellt werden.

**) Man könnte versuchen, auch die anderen Postulate Euclid's in gleicher
Weise, wie das fünfte zu eliminiren. Bei Aufgabe des vierten Axiomes indessen,
das mit der Annahme eines constanten Krümmungsmaasses äquivalent ist, würde
die freie Beweglichkeit der Figuren ohne Formveränderung aufgehoben werden;
es würde also ein wesentliches Hülfsmittel geometrischer Forschung hinfällig
werden, wenn auch die Gültigkeit der (unabhängig von den Bewegungen bestehenden) projectivischen Geometrie dadurch noch nicht beeinflusst werden
könnte. Das erste Postulat, nach dem die gerade Linie durch *irgend zwei* ihrer
Punkte eindeutig bestimmt sein muss, kann dagegen aufgehoben werden, wie
das Beispiel der sphärischen Geometrie lehrt; vgl. oben die dritte Note zu p. 539.

dazu versteigen, sie als müssiges Gedankenspiel oder als mystische
Bizarrerie zu bespötteln*).

Ueberdies ist es oft für geometrische Untersuchungen, insbesondere für solche, bei denen ein Kegelschnitt oder eine Fläche zweiter
Ordnung in sich transformirt oder sonst ausgezeichnet wird, förderlich, diese Curve oder Fläche zur Begründung einer „allgemeinen
projectivischen Maassbestimmung" zu benutzen. Wir haben uns
davon schon bei Bestimmung gewisser Curven auf den Flächen
zweiter Ordnung überzeugt (p. 291 ff.), und wir werden Gelegenheit
haben, andere Fälle der Art kennen zu lernen.

Wenn wir uns in den letzten Erörterungen auf Verhältnisse der
ebenen Geometrie beschränkt haben, so geschah dies zur Abkürzung
der Darstellung; für den Raum gelten selbstverständlich ganz analoge Betrachtungen**).

*Κοιναὶ ἔννοιαι****). [Ἀξιώματα.]	Communes animi conceptiones.
I. *Τὰ τῷ αὐτῷ ἴσα καὶ ἀλλήλοις ἐστὶν ἴσα.*	Quae eidem aequalia sunt, etiam inter se aequalia sunt.
II. *Καὶ ἐὰν ἴσοις ἴσα προστεθῇ, τὰ ὅλα ἐστὶν ἴσα.*	Et, si aequalibus aequalia adduntur, tota aequalia sunt.
III. *Καὶ ἐὰν ἀπὸ ἴσων ἴσα ἀφαιρεθῇ, τὰ καταλειπόμενά ἐστιν ἴσα.*	Et, si ab aequalibus aequalia subtrahuntur, reliqua sunt aequalia.
IV. *Καὶ τὰ ἐφαρμόζοντα ἐπ' ἀλλήλα ἴσα ἀλλήλοις ἐστίν.*	Et quae inter se congruunt, aequalia sunt.
V. *Καὶ τὸ ὅλον τοῦ μέρους μεῖζόν ἐστιν.*	Et totum parte maius est.

Diese Axiome werden (mit Ausnahme des vierten) in der Regel

---

*) Besonders Lotze und Dühring haben sich in so absprechender Weise
ausgesprochen; vgl. darüber Erdmann, a. a. O. p. 85 und p. 89 ff.; Loria: Die
hauptsächlichsten Theorien der Geometrie, deutsch von Schütte, Leipzig 1888,
p. 106.

**) Als sechstes Postulat findet sich in einigen Handschriften (auch in der
auf p. 550 erwähnten, von Peyrard benutzten) das folgende: *Καὶ δύο εὐθείας
χωρίον μὴ περιέχειν*; in anderen Handschriften wird es als letztes Axiom aufgeführt, so auch in den älteren Ausgaben der Elemente. Schon Proklus
(a. a. O. p. 184 und 196) verwirft dasselbe als nicht von Euclid herrührend;
auch Martianus-Capella (ca. 470 n. Chr.) kennt es weder als Postulat noch
als Axiom. Vgl. darüber Heiberg, a. a. O. p. 207 f.

***) Das Wort *Ἀξιώματα* wird nur von Proklus gebraucht; es findet sich
nicht in den Handschriften.

als reine Grössenaxiome aufgefasst*), die aus der Arithmetik in die
Geometrie hinübergenommen sind. In gewissem Sinne ist das auch
richtig. Gleichwohl ist ihre Stellung für die Auffassung des Alter-
thums doch eine ganz andere, weit allgemeinere. Nichts würde ver-
kehrter sein, als beim Ausspruche derselben zunächst an Zahlen und
an Addition und Subtraction von Zahlen zu denken; sie sind vielmehr rein geometrischer Natur, sie sollen auf alle in der Geometrie
vorkommenden Figuren (vgl. def. XIV), insbesondere auch auf Strecken
und Winkel, angewandt werden, ohne dass dabei an das Messen
dieser Figuren durch irgend welche Zahlen gedacht wäre. Diese
Axiome sollen sowohl für commensurable als für incommensurable
Grössen Geltung haben, werden also für ein viel weiteres Gebiet in
Anspruch genommen, als jenes, für das in der antiken Mathematik
die Grundsätze der Arithmetik anwendbar waren. Dem Alterthume
war der Begriff des Irrationalen ausschliesslich in seiner geometrischen Fassung geläufig; an das Operiren mit abstracten irrationalen
Zahlen**) dachte man nicht. *Für das Alterthum war daher die
Aufstellung der Grössenaxiome am Eingange der Geometrie von ausserordentlich viel grösserer Bedeutung als für uns,* da wir gewohnt sind,
jede geometrische Operation in Gedanken mit der entsprechenden
arithmetischen zu verbinden.

Das dritte Axiom könnte man versucht sein, als eine Folge des
zweiten anzusehen; die Ableitung des einen aus dem anderen gelingt
aber nur mit Hülfe der Annahme, dass „Gleiches zu Ungleichem
hinzugefügt Ungleiches ergibt“. Diese letztere Aussage ist daher dem
Axiome III äquivalent***).

---

*) Vgl. Erdmann, a. a. O. p. 12, p. 112 Anmerk., p. 162 ff.; Killing,
a. a. O. p. 1; Wundt, a. a. O., p. 448.

**) Vgl. Lib. X, propos. 7 in Euclid's Elementen. — Auch in den elemen-
taren Lehrbüchern der Geometrie sollten daher die Grössenaxiome nicht aus
der Arithmetik entlehnt, sondern selbstständig aufgestellt werden; denn der Gebrauch incommensurabler Grössen geht in der Regel dem der irrationalen
Zahlen voraus.

***) In allen Handschriften finden sich noch folgende drei Axiome: *Καὶ ἐὰν
ἀνίσοις ισα προστέθῃ, τὰ ὅλα ἐστὶν ἄνισα. Καὶ τὰ τοῦ αὐτοῦ διπλάσια ἄνισα
ἀλλήλοις ἐστίν. Καὶ τὰ τοῦ αὐτοῦ ἡμίση ἴσα ἀλλήλοις ἐστίν.* Dieselben werden
aber schon von Proklus verworfen. Das erste von ihnen ist identisch mit dem
im Texte zuletzt als äquivalent zu III erwähnten. — Grassmann will alle
Axiome durch das eine ersetzen, dass *gleiche Operationen, mit gleichen Grössen
vorgenommen, gleiche Resultate ergeben.* Da aber alle anderen Operationen sich
auf die Addition und deren Umkehrung zurückführen lassen, so ist dies nicht
empfehlenswerth (vgl. p. 548 ff.).

Aber noch in ganz anderer Richtung ist den Axiomen eine Bedeutung, und zwar in rein geometrischem Sinne beizulegen. Wir hatten oben vermisst (p. 543 f.), dass bei Definition des Winkels nicht die Bedingung für die Gleichheit zweier Winkel hinzugefügt war; die früher gelassene Lücke wird hier ausgefüllt, die Definition der Gleichheit aber für beliebige Figuren, also nicht nur für Winkel und Strecken, sondern auch für den Flächeninhalt gegeben. Wir können die drei ersten Axiome kurz in folgender Weise übersetzen: „Zwei Figuren sollen einander gleich heissen,

I) wenn von beiden bekannt ist, dass sie einer dritten Figur gleich sind,

II) wenn man zu beiden einander gleiche Stücke derartig hinzusetzen kann, dass die so erweiterten Figuren einander gleich sind,

III) wenn man durch Hinwegnahme gleicher Stücke erreichen kann, dass die restirenden Figuren einander gleich sind".

Wie aber hat man zu entscheiden, ob zwei Stücke einander gleich sind? Darüber gibt uns das **vierte Axiom** Aufschluss, indem es aussagt:

IV) Zwei Figuren nennen wir einander gleich, wenn die eine mit der anderen zur Deckung gebracht werden kann.

Hiermit ist deutlich ausgesprochen, dass *der Begriff der Bewegung unerlässlich ist für die Vergleichung verschiedener Figuren hinsichtlich ihrer Grösse*, worauf wir im Vorstehenden schon wiederholt Bezug nahmen; welche Ortsveränderungen dabei als Bewegungen zu betrachten sind, wurde uns durch die Definition XV*) und das Postulat IV näher bezeichnet.

Um die Bedingungen zur Vergleichung zweier Figuren zu vervollständigen, bleibt noch übrig zu entscheiden, welche im Falle der Ungleichheit als die grössere zu bezeichnen ist. Deshalb wird im letzten Axiome bestimmt:

V. Von zwei Figuren soll diejenige die grössere heissen, von der die andere ein Theil ist, oder (wie wir nach den vorher-

---

*) Durch propositio II, lib. I führt **Euclid** in der That alle Bewegungen der Ebene in sich auf Kreisbewegungen (Drehungen um feste Punkte) zurück. Während **Legendre** und **Bolyai** den Begriff der Bewegung in den Elementen der Geometrie zu vermeiden suchten, weist v. **Helmholtz** (a. a. O.) nachdrücklich auf die Unentbehrlichkeit dieses Begriffes hin und stellt sich so auf gleichen Boden mit **Euclid**. Dass wir des letzteren Axiom IV in der That richtig interpretirten, beweist besonders die Construction von $\dot{\epsilon}\pi\dot{\iota}$ mit dem Accusativ ($\dot{\epsilon}\pi$' $\dot{\alpha}\lambda\lambda\dot{\eta}\lambda\alpha\varsigma$).

gehenden Axiomen sagen können) von der man noch Stücke hinwegnehmen muss, um die übrig bleibende Figur mit der anderen Figur (eventuell Stück für Stück nach passender Zerschneidung beider) zur Deckung bringen zu können.

Es ist hiermit nicht nur die früher empfundene Lücke (wo bei den Winkeln die Worte „grösser" und „kleiner" in def. XI und XII schon angewandt waren) ausgefüllt, sondern auch für Strecken und Flächeninhalte alles Nöthige gesagt. Letzteres ist besonders wichtig; denn die genannten Axiome enthalten implicite geradezu die sonst bei Euclid fehlende Definition des Flächeninhaltes, die wir so aussprechen:

1) einer (allseitig umgrenzten) Figur kommt ein bestimmter *Flächeninhalt* zu;
2) zwei Figuren haben gleichen Flächeninhalt, wenn sie (eventuell Stück für Stück) zur Deckung gebracht werden können;
3) die eine Figur nennen wir grösser als die andere, wenn die letztere in der ersteren enthalten ist (eventuell nach Zerschneidung beider Figuren und Vergleichung der einzelnen Stücke).

Nur wenn man den Inhalt der Axiome so auffasst, kommen die Sätze über „Flächengleichheit" (propos. 25 ff. lib. I) zu vollständiger Klarheit[*]).

Für unsere obige Behandlung der metrischen Sätze war es nicht nöthig, die Grössenaxiome in Erinnerung zu bringen, da wir von vorneherein durch Einführung der Coordinaten alle vorkommenden Beziehungen auf solche der Arithmetik zurückführen konnten.

Abgesehen von den Definitionen, die wir nicht ausdrücklich erwähnt hatten, und den Grössenaxiomen, die für uns entbehrlich waren, haben wir nachgewiesen, dass *sich der Inhalt aller Voraussetzungen Euclid's auch in den von uns gemachten Annahmen wiederfindet, wenn auch oft in ganz anderer Fassung. Dies gilt auch um-*

---

[*]) Ohne unsere Auffassung der Axiome würden diese Sätze in der That ebenso in der Luft schweben, wie bei Baltzer (a. a. O. p. 61) und Mehler (a. a. O. p. 20) der Satz von der Gleichheit des Flächeninhaltes zweier Dreiecke, wenn das Wort „Flächeninhalt" zuvor nicht definirt ist. — Hier und im Vorhergehenden sind diese beiden elementaren Lehrbücher wiederholt zur Vergleichung herangezogen, da sie sehr weit verbreitet sind, und da es nicht möglich ist, hier auf die überaus zahlreichen anderen Werke einzugehen. In beiden Büchern kommen die Grössenaxiome nicht vor (bei Baltzer nur in der Arithmetik). — Erdmann bezeichnet unser letztes Axiom ausdrücklich als eine späte Folge der drei ersten, ebenso Killing.

gekehrt. Nämlich nur die eine Annahme, dass die Drehung der Ebene in sich um einen Punkt noch von einem Parameter abhängt (p. 534), haben wir bei Euclid nicht ausdrücklich erwähnt gefunden; sie kommt aber doch darin zum Ausdrucke, dass bei dieser Drehung jeder Punkt der Ebene eine Curve (einen Kreis) beschreiben soll. Wir stehen daher im Wesentlichen noch heute auf demselben Standpunkte wie Euclid; und wir müssen immer von Neuem den Scharfsinn bewundern, mit dem es schon im Alterthume möglich war, aus der Fülle der geometrischen Anschauungsformen diejenigen einfachsten Gesetze zu abstrahieren, welche *nothwendig und hinreichend* waren, um aus ihnen alle Eigenschaften geometrischer Figuren rein logisch zu construiren; wir müssen dies um so mehr, als erst die neueren analytischen Untersuchungsmethoden zu der im Alterthume bereits erreichten Klarheit über die Beziehungen zwischen den Postulaten und Axiomen zurückgeführt haben.

IX. Die endlichen Gruppen von Bewegungen in der elliptischen Geometrie.

Als charakteristisch für die elliptische Geometrie der Ebene sei noch die Existenz solcher Gruppen von Bewegungen hervorgehoben, vermöge deren ein beliebiger Punkt der Ebene, wenn er nicht fest bleibt, nur in eine endliche Anzahl verschiedener Lagen übergeführt werden kann. Das Studium dieser Gruppen wird uns gleichzeitig ein Beispiel dafür geben, wie die Vorstellungen der nicht-Euclidischen Geometrie (d. i. die Benutzung einer allgemeinen projectivischen Maassbestimmung) für manche Untersuchungen von Vortheil sind (vgl. p. 554).

Die einfachste derartige Gruppe liefern die Drehungen der Ebene um einen festen Punkt, wenn die Grösse der Drehungen rationale Bruchtheile einer ganzen Umdrehung betragen. Hierbei kehrt jeder Punkt in seine ursprüngliche Lage zurück, nachdem dieselbe Drehung eine gewisse endliche Zahl von Wiederholungen erfahren hat. Da nun jede Bewegung der Ebene in sich mit einer Rotation um einen gewissen Punkt identisch ist, so kommt die Frage nach Aufsuchung aller solcher endlichen „Gruppen" von Bewegungen (pag. 372) darauf hinaus, ein endliches System von Punkten in der Ebene derartig zu bestimmen, dass ein beliebiger Punkt der Ebene durch Ausführung gewisser Drehungen um die Punkte dieses Systemes stets nur mit einer endlichen Anzahl von anderen Punkten zur Deckung kommt, wie oft man auch die betreffenden Drehungen wiederholen möge.

Die Grösse jeder Drehung muss natürlich wieder ein rationaler Bruchtheil einer ganzen Umdrehung, d. h. gleich $\frac{\varepsilon\,\pi}{k'}$ sein, wo ε eine rationale Zahl ist, und die Constante k' die frühere Bedeutung hat. Ferner dürfen sich sämmtliche Punkte des erwähnten Systemes bei den fraglichen Rotationen nur unter einander vertauschen; die zur Gruppe gehörigen Rotationen um alle Punkte, mit welchen ein Punkt des Systemes zur Deckung kommt, müssen daher einander gleich sein. Unsere Aufgabe reducirt sich also darauf, *Systeme von Punkten zu bestimmen, welche durch gewisse Rotationen gleicher Grösse, die man um diese Punkte in beliebiger Reihenfolge ausführt, in sich übergehen.* Die Gruppe selbst kann sich auf verschiedene Punktsysteme dieser Art beziehen, wobei dann allen Punkten desselben Systemes gleiche Rotationen um sie zugehören, die Gruppe selbst aber nicht nothwendig nur einander (der Grösse nach) gleiche Bewegungen enthält.

Die Lösung der Aufgabe gestaltet sich sehr einfach, wenn wir die Punkte der Ebene in mehrfach bemerkter Weise durch die Strahlen eines Bündels ersetzen, so dass den Punkten unseres imaginären Fundamentalkegelschnittes die vom Mittelpunkte des Bündels nach dem imaginären Kugelkreise laufenden Strahlen entsprechen. Die Drehungen um feste Punkte der elliptischen Ebene ergeben dann gewöhnliche Rotationen um feste Axen des Bündels. Von den letzteren gehen wir über zur Betrachtung ihrer Schnittpunkte mit einer beliebigen concentrischen Kugel. Auf dieser haben wir also solche Systeme von Punktepaaren zu suchen, welche durch Drehungen von gleicher Grösse um die Verbindungslinie zusammengehöriger Punkte in sich übergehen. Es ist sofort klar, dass die Punkte eines solchen Systemes die Ecken eines regulären Körpers bilden müssen; und in der That kann jeder reguläre Körper durch gewisse Rotationen um die Verbindungslinien gegenüberliegender Ecken mit sich selbst zur Deckung gebracht werden. *Die Anzahl der möglichen endlichen Gruppen von Bewegungen eines ebenen Punktsystemes in der elliptischen Geometrie ist hiernach durch die Anzahl der regulären Körper bestimmt*[*]). Hinzu treten nur die bereits erwähnten Drehungen um eine feste Axe, die von einer beliebig wählbaren rationalen Zahl ε abhängen. Die Benutzung der Kugel bei dieser Ueberlegung sollte nur die Zurückführung der Aufgabe auf ein bekanntes Problem schnell übersehen lassen; sie ist an sich nicht wesentlich, denn es kommt uns nicht

---

[*]) Vgl. Klein: Sitzungsberichte der Erlanger physikalisch-medicinischen Gesellschaft, 1874 und Math. Annalen Bd. 9.

auf die Ecken und Flächen, sondern nur auf die Axen der regulären Körper an.

Die Aufstellung der diesen Gruppen von Bewegungen entsprechenden linearen Transformationen des Fundamentalkegelschnittes in sich gestaltet sich besonders einfach, wenn wir uns die Coordinaten der Punkte des Kegelschnittes als ganze Functionen zweiten Grades eines Parameters gegeben denken. Einer beliebigen linearen Transformation dieses Parameters entspricht dann offenbar eine lineare Transformation der Ebene, welche den Kegelschnitt ungeändert lässt. Da ferner eine Transformation der letzteren Art (p. 383 f.) in der Form $\varrho y_i = \alpha_i x_i$, wobei $\alpha_1 \alpha_2 = \alpha_3{}^2$, angenommen werden darf (denn Bewegungen auf Grenzcurven kommen für die elliptische Geometrie nicht in Betracht), und da die Parameterdarstellung des Kegelschnittes in die Form

$$(1) \qquad \sigma x_1 = \lambda_1{}^2, \quad \sigma x_2 = \lambda_2{}^2, \quad \sigma x_3 = -\lambda_1 \lambda_2$$

gebracht werden kann, so führt die angegebene lineare Transformation der x_i auf die lineare Transformation $\mu = \dfrac{\alpha_3}{\alpha_1} \lambda$ des Parameters $\lambda = \dfrac{\lambda_2}{\lambda_1}$. *Die Gruppen unserer Bewegungen stehen daher in Beziehung zu gewissen Gruppen von linearen Transformationen einer einzigen Variabeln.* Die letzteren lassen sich durch folgende Ueberlegung näher kennzeichnen.

Betrachten wir zuerst die Drehungen der Kugel um einen einzelnen Durchmesser, also in der elliptischen Geometrie Drehungen der Ebene um einen Punkt P. Der Einfachheit halber setzen wir die willkürliche Constante $2k'$ gleich 1; der die Drehung messende Winkel ist dann gleich $\dfrac{2\pi}{n}$ zu setzen, wenn n eine ganze Zahl bezeichnet; denn der Fall, wo n eine gebrochene Zahl darstellt, kann immer auf diesen einfacheren zurückgeführt werden. Zur Veranschaulichung der Bewegungsgruppe brauchen wir durch P nur n Strahlen zu ziehen, von denen je zwei auf einander folgende den Winkel $\dfrac{2\pi}{n}$ einschliessen. Hierbei ist jeder Strahl von P aus nur in einer Richtung gezogen zu denken, soll also nicht über P hinaus nach der anderen Richtung fortgesetzt werden. Die n Strahlen vertauschen sich unter einander bei den Bewegungen der Gruppe und zwar in cyclischer Reihenfolge. Gleichzeitig vertauschen sich also auch unter einander ihre Schnittpunkte mit dem imaginären Fundamentalkegelschnitte; dieselben repräsentiren uns auf dem Kegelschnitte eine binäre Form $2n^{\text{ter}}$ Ordnung, welche durch unsere Transformationen in sich übergeführt wird. Auf jedem Strahle liegen zwei einander conjugirte, imaginäre Grundpunkte der binären Form; dadurch, dass ihrer Verbindungslinie ein bestimmter „Sinn" beigelegt wurde, sind sie von einander getrennt (vgl. p. 109 f.). Die erwähnte binäre Form zerfällt also in zwei einander conjugirte, imaginäre Formen n^{ter} Ordnung, deren jede durch gewisse lineare Transformationen der binären Variabeln nicht geändert wird. *Die Verschwindungspunkte jeder Form bilden offenbar ein cyclisch-projectivisches Punktsystem*).*

Die Punkte eines solchen können bei Benutzung der binären homogenen Variabeln x_1, x_2 durch die Gleichung $x_1{}^n + x_2{}^n = 0$ dargestellt werden; sie gehen dann in sich über durch die Transformationen

$$(2) \qquad \frac{\lambda_1}{\lambda_2} = e^{\frac{2r\pi i}{n}} \frac{x_1}{x_2}, \qquad (r = 0, 1, 2, \ldots, n-1).$$

Betrachten wir $f = x_1{}^n + x_2{}^n = a_x{}^n$ als Grundform, so wird

$$(3) \qquad \begin{aligned} H &= (ab)^2 a_x^{n-2} b_x^{n-2} = 2 x_1^{n-2} x_2^{n-2}, \text{**)} \\ T &= (f, H)_1 = x_1^{n-3} x_2^{n-3}\left(x_1^n - x_2^n\right). \end{aligned}$$

Mit f gehen also auch H und T in sich über; ebenso jede Covariante zweiten Grades in den Coëfficienten von f, denn es ist

$$(4) \qquad (ab)^{2i} a_x^{n-2i} b_x^{n-2i} = 2 x_1^{n-2i} x_2^{n-2i}.$$

Liegt die Form f gegeben vor, so sind hiernach die Nullpunkte von H durch Lösung einer quadratischen Gleichung leicht zu bestimmen, und durch Einführung derselben als Coordinatengrundpunkte wird die Gleichung $f = 0$ in eine Kreistheilungsgleichung transformirt.

Die Substitutionen (2) bilden für sich eine Gruppe, erschöpfen aber nicht alle Transformationen, bei denen f ungeändert bleibt. Man darf vielmehr auch x_1 mit x_2 vertauschen. Es ergeben sich so die weiteren Gleichungen

$$(5) \qquad \frac{\lambda_1}{\lambda_2} = e^{\frac{2r\pi i}{n}} \frac{x_2}{x_1}, \qquad (r = 0, 1, \ldots, n-1).$$

Die von den Gleichungen (2) und (5) zusammen gebildete Gruppe

---

*) Vgl. Bd. I, p. 201.

**) Die Darstellbarkeit von H in dieser Form ist nach Wedekind (Studien im binären Werthgebiete, Karlsruhe 1876) bei ungeradem n für die Kreistheilungsgleichung charakteristisch, während bei geradem n die Grundform auch Potenz einer quadratischen Form sein kann. Für die Fälle $n = 5$ und $n = 6$ vgl. Clebsch's Theorie der binären Formen p. 373 f. und p. 445 f.

von $2n$ Substitutionen bezeichnet man (veranlasst durch die später zu besprechende Darstellung auf der Kugel) als *Diëdergruppe*, die Gruppe (2) allein als *cyclische Gruppe*. *Die zugehörigen ternären Substitutionen sind nach* (1) *bez.*

$$(6) \quad \varrho y_1 = e^{\frac{2r\pi i}{n}} x_1, \quad \varrho y_2 = e^{\frac{-2r\pi i}{n}} x_2, \quad \varrho y_3 = x_3, \qquad r = 0, 1, 2, \ldots n-1$$

$$\varrho y_1 = e^{\frac{2r\pi i}{n}} x_2, \quad \varrho y_2 = e^{\frac{-2r\pi i}{n}} x_1, \quad \varrho y_3 = x_3.$$

Bei den Transformationen der zweiten Art bleiben auf der Linie $x_3 = 0$ die beiden Punkte mit den Coordinaten

$$\frac{x_1}{x_2} = \pm\, e^{\frac{2r\pi i}{n}}$$

ungeändert; bei der zugehörigen binären Substitution bleibt ein Punkt von f und der zugehörige von T fest. Jeder Punkt des binären Gebietes geht in $2n$ Punkte über, die nur dann theilweise zusammenfallen, wenn es sich um die Grundpunkte von f, H, T handelt. Hieraus geht hervor, wie bei Besprechung analoger Fälle später gezeigt werden wird, dass sich jede Covariante von f als ganze Function von f, H, T darstellen lässt. *Je $2n$ so zusammengehörige Punkte lassen sich als Wurzeln einer Gleichung*

$$(7) \qquad (x_1{}^n + x_2{}^n)^2 + \mu (x_1 x_2)^n = 0$$

auffassen; für $\mu = -4$ finden wir insbesondere je doppelt zählend die Punkte von $T = 0$, für welche H nicht gleichzeitig verschwindet.

Für $n = 3$ erhalten wir den einfachsten in Betracht kommenden Fall. *Als Grundform f ergibt sich die allgemeine cubische Form,* deren Covariantensystem in der That mit H und T geschlossen ist. Bemerkenswerth sind noch die Formeln, die sich bei Verlegung der drei Nullpunkte von f in die Stellen 0, 1, ∞ ergeben. Es wird dann

$$f = 3x_1{}^2 x_2 - 3x_1 x_2{}^2, \quad H = -2(x_1{}^2 + x_2{}^2 - x_1 x_2),$$
$$T = -(2x_1 - x_2)(2x_2 - x_1)(x_1 + x_2).$$

An Stelle von (7) erhalten wir ein System von Formen sechster Ordnung $f^2 + \mu H^3$ oder wegen der zwischen f, H und T bestehenden Identität: $f^2 + \nu T^2$. Die Nullpunkte einer jeden solchen Form werden durch eine cubische Gleichung bestimmt; die Form zerfällt sofort in die beiden Factoren $f + \sqrt{\nu}\, T$ und $f - \sqrt{\nu}\, T$, also in zwei zusammengehörige cubische Formen des bekannten Systems $kf + lT$[*]).

---

[*]) Vgl. Bd. I, p. 224 ff. — Die Covariante T wurde bei den cubischen Formen früher mit Q bezeichnet.

Wegen der erwähnten Identität kann dasselbe System von Formen sechster Ordnung in der Gestalt $T^2 + \varrho H^3$ angenommen werden; und setzen wir

$$\alpha = \frac{\varkappa_1}{\varkappa_2}, \qquad \varrho = 3\,\frac{j^2}{i^3},$$

so geht die Gleichung (7) für $n = 3$ über in:

$$(8) \qquad i^3(1 + \alpha)^2(2 - \alpha)^2(1 - 2\alpha)^2 - 24j^2(1 - \alpha + \alpha^2)^3 = 0,$$

also in die bekannte Gleichung, welche die sechs Werthe des zu einer biquadratischen Form mit den Invarianten i und j gehörigen Doppelverhältnisses bestimmt*). Die harmonische Lage ist durch die Punkte von $T = 0$, die äquianharmonische durch diejenigen von $H = 0$ dargestellt, während für $f = 0$ die Discriminante der betreffenden biquadratischen Form verschwindet. *Da die sechs zusammengehörigen Werthe des Doppelverhältnisses α in bekannter Weise aus einem derselben hervorgehen, so können wir auch die Gruppe der linearen Transformationen, durch welche alle Gleichungen (8) in sich übergeführt werden, sofort angeben**)*: Die Gruppe (2) wird dargestellt durch die Formeln:

$$\alpha' = \alpha,$$

$\alpha' = \dfrac{1}{1 - \alpha}$, wobei ε und ε^{-1} fest bleiben, während sich $0, 1, \infty$

und $\dfrac{1}{2}, 2, -1$ cyclisch vertauschen;

$\alpha' = \dfrac{\alpha - 1}{\alpha}$, wobei dieselben Punkte fest bleiben, während nun $0,$

$\infty, 1$ und $2, \dfrac{1}{2}, -1$ sich cyclisch vertauschen.

Hierbei sind mit ε und ε^{-1} die Nullpunkte von H bezeichnet. Die mit (2) zusammen die Diëdergruppe bildenden Gleichungen (5) werden hier

$\alpha' = \dfrac{1}{\alpha}$; es bleiben fest 1 und -1; es vertauschen sich 2 mit

$\dfrac{1}{2}, 0$ mit ∞, ε mit ε^{-1};

$\alpha' = 1 - \alpha$; es bleiben fest $\dfrac{1}{2}$ und ∞; es vertauschen sich -1

mit $2, 0$ mit 1, ε mit ε^{-1};

---

*) Vgl. Bd. I, p. 239.

**) Vgl. Klein, Vorlesungen über das Ikosaëder, p. 44 und Math. Annalen Bd. 14, p. 151. Dieselbe Gruppe gibt bekanntlich in der Theorie der linearen Transformation eines elliptischen Integrals erster Gattung die sechs zusammengehörigen Werthe des Legendre'schen Moduls k^2.

$\alpha' = \dfrac{\alpha}{\alpha - 1}$; es bleiben fest 0 und 2, es vertauschen sich 1 mit ∞, $\dfrac{1}{2}$ mit -1, ε mit ε^{-1}.

Während die Lösung der Gleichung (8) in der Theorie der biquadratischen Formen mittelst der Substitution $\dfrac{p}{q} = \left(\dfrac{\alpha - 1}{\alpha + 1}\right)^2$ auf diejenige einer cubischen Gleichung zurückgeführt wird, deren Wurzeln sich durch diejenigen der cubischen Resolvente $m^3 - \dfrac{i}{2} m - \dfrac{j}{3} = 0$ rational ausdrücken, kann jetzt umgekehrt die Gleichung (8) direct gelöst werden und somit als Resolvente der betreffenden biquadratischen Gleichung dienen. Die Discriminante R von f ergibt sich hier gleich 6; somit ist nach der Theorie der cubischen Formen

$$H^3 = -2T^2 - 6f^2;$$

folglich geht (8) über in

$$(i^3 - 6j^2)T^2 - 18j^2 f^2 = 0,$$

zerfällt also direct in zwei cubische Gleichungen*).

Im Falle $n = 4$ gibt uns (7) eine Schaar von Formen achter Ordnung, deren jede in zwei biquadratische Factoren zerfällt; und alle diese Formen vierter Ordnung gehören derselben linearen Schaar mit gemeinsamer Covariante T von der sechsten Ordnung an. Wir haben

$$(9) \quad f = \varkappa_1^4 + \varkappa_2^4, \quad H = 2\varkappa_1^2 \varkappa_2^2, \quad T = \varkappa_1 \varkappa_2 (\varkappa_1^2 - \varkappa_2^2)(\varkappa_1^2 + \varkappa_2^2).$$

Im Allgemeinen gehören je acht Punkte der Ebene zusammen. Die Ebene wird durch vier von einem Punkte P ausgehende Strahlen in vier Felder getheilt; jedes Feld wieder durch die Polare von P in Bezug auf den Fundamentalkegelschnitt in zwei Theile. So entstehen acht Felder, in deren jedem sich einer der acht Punkte befindet. Diese Theilung in Felder geschieht durch reelle Gerade, wenn man den Kegelschnitt (etwa den Kugelkreis in der unendlich fernen Ebene) imaginär voraussetzt; bringt man ihn in die Form

$$X_1^2 + X_2^2 + X_3^2 = 0,$$

so entstehen aus (6) reelle Transformationsformeln für die elliptische

---

*) Die Frage, durch welche Invarianteneigenschaft eine in die Gestalt (8) transformirbare Gleichung sechsten Grades $a_\varkappa^6 = 0$ charakterisirt ist, beantwortet sich nach Clebsch (Theorie der binären algebraischen Formen p. 443) dahin, dass die biquadratische Covariante $i_\varkappa^4 = (ab)^4 a_\varkappa^2 b_\varkappa^2$ zu dem Quadrate der Covariante $l = (ai)^4 a_\varkappa^2$ proportional sein muss. Durch Einführung der linearen Factoren von l wird dann die Form sechster Ordnung eine quadratische Function zweier Cuben; diese linearen Factoren sind eben die Variablen $\varkappa_1$, $\varkappa_2$ des Textes.

Ebene. Die Punkte von $T = 0$ befinden sich auf den Seiten des von den Linien $x_1 + x_2 = 0$, $x_1 - x_2 = 0$, $x_3 = 0$ gebildeten Polardreiecks, d. h. auf den Linien $X_1 = 0$, $X_2 = 0$, $X_3 = 0$ des neuen Coordinatensystemes. Die Punkte von $f = 0$ liegen auf den Linien $X_1 + X_2 = 0$ und $X_1 - X_2 = 0$, welche zu $X_1 = 0$ und $X_2 = 0$ harmonisch liegen und auch in Bezug auf den Kegelschnitt einander conjugirt sind, d. h. welche den von $X_1 = 0$ und $X_2 = 0$ gebildeten Winkel halbiren. Die erste Transformation (6) besteht in einer Drehung um den Punkt $X_1 = 0$, $X_2 = 0$ von der Grösse

$$0, \frac{\pi}{2}, \pi \text{ oder } \frac{3\pi}{2}.$$

In den Variabeln X_i erhalten wir die entsprechenden Umformungen, indem wir X_1, X_2, X_3 bez. ersetzen durch

$$(10) \quad \begin{array}{rrr} X_1, & X_2, & X_3, \\ -X_2, & X_1, & X_3, \\ -X_1, & -X_2, & X_3, \\ X_2, & -X_1, & X_3. \end{array}$$

Während bei den wirklichen Bewegungen jede der beiden vom Punkte $X_1 = 0$, $X_2 = 0$ an den Fundamentalkegelschnitt gelegten Tangenten fest bleibt, vertauschen sich bei der zweiten Klasse von Transformationen (6) diese Tangenten unter einander. *Die entsprechenden, durch das Schema*

$$\begin{array}{rrr} X_1, & -X_2, & X_3, \\ X_2, & X_1, & X_3, \\ -X_1, & X_2, & X_3, \\ -X_2, & X_1, & X_3 \end{array}$$

dargestellten ternären Umformungen geben daher keine Bewegungen; wir haben es hier vielmehr mit uneigentlichen Transformationen des Fundamentalkegelschnittes in sich zu thun, welche den symmetrischen Spiegelungen der gewöhnlichen parabolischen Geometrie zu vergleichen sind (vgl. p. 385 und 371), und welche für sich keine Gruppe bilden. *Eine ähnliche Bemerkung ist für alle Transformationen der Diëdergruppe anwendbar*, während uns die im Folgenden noch zu untersuchenden Gruppen wirkliche Bewegungen der ebenen elliptischen Geometrie darstellen.

Bei den allgemeinen Gruppen hatten wir in der Ebene gewisse Systeme von Punkten, welche sich bei den um sie auszuführenden Rotationen unter einander vertauschen. Dann bleibt aber auch die Gesammtheit ihrer Verbindungslinien ungeändert; und die Gesammtheit ihrer Schnittpunkte mit dem Fundamentalkegelschnitte liefert wieder eine binäre Form, welche durch die betreffenden Substitutionen in sich übergeführt wird; das Gleiche gilt von den Polaren der Punkte in Bezug auf den Fundamentalkegelschnitt, und von ihren Schnittpunkten mit letzterem. Zu der einfachsten Figur in der elliptischen Ebene gibt das reguläre Octaëder Veranlassung; den drei zu einander rechtwinkligen Axen desselben entsprechen in der Ebene drei Punkte, die ein Polardreieck in Bezug auf den Fundamentalkegelschnitt bilden, wie wir dies soeben schon bei der Darstellung der Covariante sechster Ordnung einer binären biquadratischen Form kennen gelernt haben. Durch ihre drei Verbindungslinien wird also die elliptische Ebene in vier Dreiecke zerlegt, in deren jedem jeder Winkel gleich $\frac{\pi}{2}$ ist (im Sinne der elliptischen Geometrie). Bei einer Viertelumdrehung um irgend einen dieser Punkte vertauschen sich dieselben unter einander. Ihre Verbindungslinien schneiden auf dem Kegelschnitte sechs Punkte aus und liefern uns so eine binäre Form sechster Ordnung, welche bei den entsprechenden linearen binären Substitutionen ungeändert bleibt. Und zwar ist die Anzahl der auszuführenden Drehungen (wenn man die identische Substitution mitrechnet) für jede Ecke des Dreiecks gleich vier; es kommen also zunächst zehn Drehungen in Betracht.

Um die entsprechenden algebraischen Transformationen aufzustellen, behandeln wir allgemein die Aufgabe, *die durch die Gleichungen (26), p. 382 dargestellte lineare Transformation eines Kegelschnittes in sich so zu bestimmen, dass sie eine Drehung von gegebener Grösse darstellt.* Es seien

$$(11) \qquad a_x{}^2 = 0 \quad \text{und} \quad (abu)^2 = u_\alpha{}^2 = 0$$

die Gleichungen des Fundamentalkegelschnittes in Punkt- und Linien-Coordinaten; dann lauten jene Gleichungen

$$(12) \qquad \begin{aligned} x_i &= \frac{1}{2}\varkappa\, u_\alpha\alpha_i + \lambda(uw)_i, \\ \xi_i &= \frac{1}{2}\varkappa\, u_\alpha\alpha_i - \lambda(uw)_i, \end{aligned}$$

worin mit w die bei der Drehung festbleiben sollende Linie bezeichnet ist, d. h. die Polare des Drehpunktes in Bezug auf den Fundamentalkegelschnitt. Zur Bestimmung der Entfernung r zwischen den einander zugeordneten Punkten x und ξ machen wir die folgenden Hülfsrechnungen. Es ist

$$a_x a_\xi = \frac{1}{4}\,\varkappa^2 a_\alpha a_\beta u_\alpha u_\beta - \lambda^2 (auw)^2,$$

$$a_x^2 = \frac{1}{4}\,\varkappa^2 a_\alpha a_\beta u_\alpha u_\beta + \varkappa\lambda (auw) a_\beta u_\beta + \lambda^2 (auw)^2,$$

und hierin:

$$a_\alpha a_\beta u_\alpha u_\beta = (abc)(ubc)(ade)(ude)$$

$$= \frac{1}{3}\,(abc)(ude)[(ade)(ubc) - (bde)(uac) - (cde)(uba)]$$

$$= \frac{1}{3}\,(abc)^2 (ude)^2 = 4A \cdot F,$$

wenn wieder

$$A = \frac{1}{6}\,(abc)^2, \qquad F = \frac{1}{2}\,(abu)^2$$

gesetzt wird. Ferner ist

$$a_\beta u_\beta (auw) = (abc)(ubc)(auw)$$

$$= \frac{1}{3}\,(abc)[(abc)(uaw) - (uac)(buw) - (uba)(cuw)] = 0.$$

Da sonach das Glied mit $\varkappa\lambda$ herausfällt, wird $a_x^2 = a_\xi^2$ und

$$\cos\frac{r}{2k} = \frac{a_x a_\xi}{\sqrt{a_x^2 \cdot b_\xi^2}} = \frac{\varkappa^2 A \cdot F - \lambda^2 (auw)^2}{\varkappa^2 A \cdot F + \lambda^2 (auw)^2}.$$

Liegt insbesondere x auf der festen Geraden w, und nehmen wir der Einfachheit halber $2k = 2k' = 1$, so misst r gleichzeitig den Drehungswinkel; *sollen demnach die Gleichungen* (12) *eine Drehung um den Winkel η darstellen, so muss das Verhältniss von $\varkappa$ zu λ durch die Gleichung*

$$(13) \qquad\qquad \frac{\varkappa^2}{\lambda^2} = \frac{(auw)^2}{A \cdot F(u)}\,\mathrm{cotg}^2\frac{\eta}{2}$$

bestimmt werden, worin u eine beliebige durch den festen Drehpunkt gehende Gerade bezeichnet. Letzteres folgt aus der Bedingung $w_x = 0$, denn aus derselben ergibt sich nach (12), da $\varkappa$ im Allgemeinen nicht verschwinden kann, $u_\alpha w_\alpha = 0$; und hierin ist die über die Lage von u gestellte Bedingung ausgesprochen. Welche Linie u des betreffenden Strahlbüschels aber gewählt wird, ist gleichgiltig; in der That haben wir

$$(auw)^2 (bcv)^2 - (avw)^2 (bcu)^2$$

$$= [(auw)(bcv) + (avw)(bcu)][(vuw)(bca) + (auw)(bcv)],$$

und man sieht leicht, dass die rechte Seite vermöge der Bedingungen $u_\alpha w_\alpha = 0$ und $v_\alpha w_\alpha = 0$ identisch verschwindet.

Für unseren Fall haben wir nun für w successive die drei Seiten eines Polardreiecks in Bezug auf den Kegelschnitt zu wählen und jedesmal $\eta = \frac{\pi}{2}$, π, $\frac{3\pi}{2}$ oder 2π zu nehmen. Machen wir noch das

Polardreieck zum Coordinatendreiecke und betrachten die Drehung von der Grösse $\frac{\pi}{2}$ um die Ecke $x_1 = 0$, $x_2 = 0$, so wird

$$a_x{}^2 = x_1{}^2 + x_2{}^2 + x_3{}^2, \quad A = 1, \quad F = u_1{}^2 + u_2{}^2, \quad (auw)^2 = u_1{}^2 + u_2{}^2,$$

also $\varkappa^2 = \lambda^2$, und aus den Gleichungen (2) erhalten wir

$$(14) \qquad \xi_1 = \pm\, x_2, \quad \xi_2 = \mp\, x_1, \quad \xi_3 = x_3.$$

Soll das obere Vorzeichen einer Drehung um $+\frac{\pi}{2}$ entsprechen, so gibt das untere eine solche um $-\frac{\pi}{2}$ oder um $+\frac{3\pi}{2}$. Durch die vier Rotationen um die betrachtete Ecke geht daher der Punkt x über in

$$(14\,\mathrm{a}) \qquad
\begin{array}{rrrl}
x_1, & x_2, & x_3 & \text{bei einer Drehung um } 2\pi, \\
-x_2, & x_1, & x_3 & \text{,, \quad ,, \quad ,, \quad ,, } \frac{3\pi}{2}, \\
-x_1, & -x_2, & x_3 & \text{,, \quad ,, \quad ,, \quad ,, } \pi, \\
x_2, & -x_1, & x_3 & \text{,, \quad ,, \quad ,, \quad ,, } \frac{\pi}{2}.
\end{array}$$

Dieselben Substitutionen hatten wir schon in (10) gefunden. Den Drehungen um die beiden anderen Ecken 1, 0, 0 und 0, 1, 0 entsprechen bez. in gleicher Weise die Schemata

$$(14\,\mathrm{b}) \qquad
\begin{array}{rrr}
x_1, & x_2, & x_3, \\
x_1, & x_3, & -x_2, \\
x_1, & -x_2, & -x_3, \\
x_1, & -x_3, & x_2;
\end{array}
\qquad\qquad
\begin{array}{rrr}
x_1, & x_2, & x_3, \\
-x_3, & x_2, & x_1, \\
-x_1, & x_2, & -x_3, \\
x_3, & x_2, & -x_1.
\end{array}$$

Während im Allgemeinen sonach ein Punkt x zehn verschiedene Lagen annehmen kann, gibt es offenbar ausgezeichnete Punkte, für welche die Anzahl der verschiedenen Lagen eine geringere ist; es sind dies diejenigen, deren Coordinaten einander absolut gleich sind, oder für welche eine der drei Coordinaten verschwindet, während die anderen beiden dem absoluten Werthe nach übereinstimmen.

Erstens haben wir also die vier Punkte

$$(15) \qquad
\begin{array}{rrr}
1, & 1, & 1, \\
-1, & +1, & +1, \\
+1, & -1, & +1, \\
+1, & +1, & -1
\end{array}$$

zu betrachten. Dieselben sind die Ecken eines vollständigen Vierecks, dessen Nebenecken unser Polardreieck bilden (vgl. Bd. I, p. 56). Sie werden aber nicht nur durch die bisher betrachteten Bewegungen, sondern auch durch gewisse Drehungen um irgend einen von ihnen selbst unter einander vertauscht. In jedem schneiden sich drei der sechs Verbindungslinien; die Grösse der Drehung wird daher $\frac{2\pi}{3}$, $\frac{4\pi}{3}$ oder $\frac{6\pi}{3} = 2\pi$ betragen müssen. Im ersten Falle wird $\operatorname{cotg}^2 \frac{\eta}{2} = \frac{1}{3}$; und, wählen wir den Punkt 1, 1, 1 als fest bleibend, so haben wir für unsere kanonische Form $w_1 = w_2 = w_3 = 1$ zu nehmen, $u_3 = 0$, $u_2 = -u_1$, also $F = 2$, $(awu)^2 = 6$ und hieraus nach (13): $\varkappa^2 = \lambda^2$. Die zugehörige Transformation ist folglich

$$(16) \qquad \xi_1 = x_3, \quad \xi_2 = x_1, \quad \xi_3 = x_2;$$

sie besteht also einfach in einer gewissen Vertauschung der Coordinaten. In entsprechender Weise berechnen sich die Rotationen um die drei anderen Punkte; man findet:

$$(17) \qquad \begin{aligned} \xi_1 &= -x_2, & \xi_2 &= x_3, & \xi_3 &= -x_1, \\ \xi_1 &= -x_2, & \xi_2 &= -x_3, & \xi_3 &= x_1, \\ \xi_1 &= x_2, & \xi_2 &= -x_3, & \xi_3 &= -x_1. \end{aligned}$$

Die Drehungen von der Grösse $\frac{4\pi}{3}$ dagegen ergeben:

$$(17\,a) \qquad \begin{aligned} \xi_1 &= x_2, & \xi_2 &= x_3, & \xi_3 &= x_1, \\ \xi_1 &= -x_3, & \xi_2 &= -x_1, & \xi_3 &= x_2, \\ \xi_1 &= x_3, & \xi_2 &= -x_1, & \xi_3 &= x_2, \\ \xi_1 &= x_3, & \xi_2 &= x_1, & \xi_3 &= -x_2. \end{aligned}$$

Sowohl die Ecken des Polardreiecks als die Punkte (15) werden durch Drehungen von der Grösse π um jeden der sechs Punkte

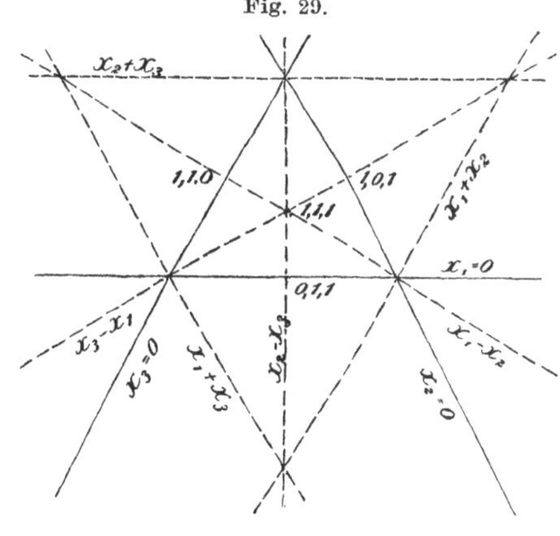

$$(18) \qquad \begin{aligned} 1,& \quad 1, & 0&; \\ 1,& -1, & 0&; \\ 1,& \quad 0, & 1&; \\ 1,& \quad 0, & -1&; \\ 0,& \quad 1, & 1&; \\ 0,& \quad 1, & -1& \end{aligned}$$

in sich übergeführt; es sind dieses diejenigen Schnittpunkte des Polardreiecks mit den Seiten des vollständigen Vierecks, welche nicht in die Ecken des Dreiecks fallen (vgl. Fig. 29, in welcher die drei Punkte, 1, -1, 0; 1, 0, -1; 0, 1, -1 auf der unendlich fernen Geraden $x_1 + x_2 + x_3 = 0$

liegen). Hier wird nach (13) $\varkappa = 0$, und wir finden z. B. für eine Drehung um den Punkt $x_1 = x_2 = 1$, $x_3 = 0$

$$(19) \qquad \xi_1 = x_2, \quad \xi_2 = x_1, \quad \xi_3 = -x_3.$$

Ebenso berechnen sich die zugehörigen Transformationen. Statt aber in jedem einzelnen Falle die ersten drei Gleichungen (12) nach den u_i aufzulösen und die gefundenen Werthe in die letzten Gleichungen (12) einzusetzen, empfiehlt es sich, die Elimination der u_i zuvor allgemein auszuführen; zu dem Zwecke haben wir die Gleichungen (11), p. 358 zu benutzen, nachdem in ihnen die vierreihige Determinante Δ durch die entsprechende dreireihige ersetzt ist, deren Werth in Gleichung (28), p. 383 angegeben ist. Wir finden so z. B.

$$\Delta \xi_1 = 2\varkappa \left[(\Delta_{11}A_{11} + \Delta_{12}A_{12} + \Delta_{13}A_{13})x_1 \right.$$
$$+ (\Delta_{21}A_{11} + \Delta_{22}A_{12} + \Delta_{23}A_{13})x_2$$
$$\left. + (\Delta_{31}A_{11} + \Delta_{32}A_{12} + \Delta_{33}A_{13})x_3 \right] - \Delta x_1,$$

und hierin ist

$$\Delta_{11} = \varkappa^2 (A_{22}A_{33} - A_{23}^2) + \lambda^2 w_1^2 = \varkappa^2 A a_{11} + \lambda^2 w_1^2,$$
$$\Delta_{12} = \varkappa^2 A a_{12} + \varkappa\lambda (A_{13}w_1 + A_{23}w_2 + A_{33}w_3) + \lambda^2 w_1 w_2,$$
$$\Delta_{21} = \varkappa^2 A a_{12} - \varkappa\lambda (A_{13}w_1 + A_{23}w_2 + A_{33}w_3) + \lambda^2 w_1 w_2,$$

u. s. f. Das Einsetzen dieser Werthe ergibt

$$\Delta \xi_1 = 2\varkappa^3 A x_1 - \tfrac{1}{2}\varkappa^2 \lambda (\alpha\beta x) w_\alpha \beta_1 + \varkappa\lambda^2 w_x w_\alpha \alpha_1 - \Delta x_1,$$

und unter Berücksichtigung des Werthes von Δ, wenn wieder

$$F(u) = \tfrac{1}{2}(abu)^2 = \tfrac{1}{2}u_\alpha^2 = \tfrac{1}{2}u_\beta^2$$

gesetzt wird:

$$\left(\varkappa^2 A^2 + \tfrac{1}{2}\lambda^2 w_\alpha^2\right) u_\xi = \varkappa^2 A^2 u_x - \tfrac{1}{2}\varkappa\lambda(\alpha\beta x) w_\alpha u_\beta$$
$$+ \lambda^2 \left(w_\alpha u_\alpha w_x - \tfrac{1}{2}w_\alpha^2 u_x\right).$$

Hierin ist

$$(\alpha\beta x) w_\alpha u_\beta = (a_\beta b_x - b_\beta a_x)(abw)u_\beta = 2(abw) a_\beta b_x u_\beta$$
$$= \tfrac{2}{3}(acd) b_x [(abw)(ucd) - (cbw)(uad) - (dbw)(uca)]$$
$$= \tfrac{2}{3}(acd)^2 (ubw) b_x = 4A(ubw) b_x.$$

Die allgemeinste eigentliche ternäre lineare Transformation, welche der Bedingung $a_x^2 = a_\xi^2$ genügt, lautet daher:

$$(20) \qquad \left(\varkappa^2 A^2 + \tfrac{1}{2}\lambda^2 w_\alpha^2\right) \xi_i = \left(\varkappa^2 A^2 - \tfrac{1}{2}\lambda^2 w_\alpha^2\right) x_i$$
$$- 2\varkappa\lambda A(bw)_i b_x + \lambda^2 w_\alpha \alpha_i w_x.$$

Gehen wir auf die schon in (14) benutzte kanonische Form zurück, so haben wir zur Aufstellung der zuletzt besprochenen Bewegungen für die w_i nur die in (18) angegebenen Werthe zu wählen und finden so folgendes System von Transformationen, unter denen (19) wieder einbegriffen ist:

$$(21)\quad
\begin{aligned}
&\xi_1 = x_2, \quad \xi_2 = x_1, \quad \xi_3 = -x_3 \quad \text{für eine Drehung um } 1, 1, 0,\\
&\xi_1 = x_3, \quad \xi_2 = -x_2, \quad \xi_3 = x_1 \quad\text{,, \quad ,, \quad ,, \quad ,, } 1, 0, 1,\\
&\xi_1 = -x_1, \quad \xi_2 = x_3, \quad \xi_3 = x_2 \quad\text{,, \quad ,, \quad ,, \quad ,, } 0, 1, 1,\\
&\xi_1 = -x_2, \quad \xi_2 = -x_1, \quad \xi_3 = -x_3 \quad\text{,, \quad ,, \quad ,, \quad ,, } 1, -1, 0,\\
&\xi_1 = -x_3, \quad \xi_2 = -x_2, \quad \xi_3 = -x_1 \quad\text{,, \quad ,, \quad ,, \quad ,, } 1, 0, -1,\\
&\xi_1 = -x_1, \quad \xi_2 = -x_3, \quad \xi_3 = -x_2 \quad\text{,, \quad ,, \quad ,, \quad ,, } 0, 1, -1.
\end{aligned}$$

Nach den obigen Erörterungen (p. 565 f.) stellen die sechs Schnittpunkte unseres Polardreiecks mit dem Kegelschnitte *eine binäre Form sechster Ordnung dar, welche durch eine Gruppe von binären linearen Transformationen in sich übergeführt wird;* und zwar ist die Ordnung der Gruppe gleich der Anzahl der von uns in (14a), (14b), (16), (17), (17a) und (21) aufgestellten Transformationen, d. h. gleich 24. Gleichzeitig geht aber auch diejenige Form achter Ordnung in sich über, welche durch die Berührungspunkte der von den Punkten (15) an den Fundamentalkegelschnitt zu legenden Tangenten repräsentirt wird, endlich auch eine Form zwölfter Ordnung, dargestellt durch die Punkte, in welchen der Fundamentalkegelschnitt die Polaren der Punkte (18) schneidet. Betrachten wir nun die zuerst erwähnte Form sechster Ordnung als Grundform f, so muss auch jede Covariante von f durch dieselben 24 Transformationen in sich übergeführt werden; die Formen achter und zwölfter Ordnung sind daher Covarianten von f; ihr Bildungsgesetz werden wir sofort näher kennen lernen. Um binäre Variable einzuführen, haben wir x_1, x_2, x_3 gleich solchen quadratischen Functionen von $\varkappa_1$, $\varkappa_2$ zu setzen, dass die Summe ihrer Quadrate identisch Null ist, also z. B.

$$(22)\qquad x_1 = \varkappa_1{}^2 + \varkappa_2{}^2, \quad x_2 = i(\varkappa_1{}^2 - \varkappa_2{}^2), \quad x_3 = 2i\varkappa_1\varkappa_2.$$

Die Schnittpunkte unseres Coordinatendreiecks mit dem Kegelschnitte

$$(23)\qquad x_1{}^2 + x_2{}^2 + x_3{}^2 = 0$$

geben gleichzeitig die Form f, also haben wir in Uebereinstimmung mit dem Ausdrucke für T in (9)

$$(24)\qquad f = a_\varkappa{}^6 = 6\varkappa_1\varkappa_2(\varkappa_1{}^4 - \varkappa_2{}^4)$$

zu setzen. Dieselbe verschwindet für die Werthe

$$0, \infty, 1, -1, i, -i$$

des Verhältnisses $x_1 : x_2$. Durch eine Schlussweise, die wir im Folgenden (beim Ikosaëder) nochmals anwenden und dann genauer erörtern werden, ergibt sich weiter, dass *die Hesse'sche Covariante H von f in den acht Punkten verschwindet, welche auf (23) durch die Linien mit den Coordinaten (15) ausgeschnitten werden, und dass die Functionaldeterminante T von f und H die in gleicher Weise durch (18) bestimmten Punkte zu Nullpunkten hat.* Wir bestätigen dies direct durch Berechnung von H und T; es wird:

$$(25) \quad \begin{aligned} H = (ab)^2 a_x^4 b_x^4 &= -2\left(x_1^8 + x_2^8 + 14 x_1^4 x_2^4\right) \\ &= -2\left(x_1^4 + 2\sqrt{-3}\, x_1^2 x_2^2 + x_2^4\right) \\ &\quad \times \left(x_1^4 - 2\sqrt{-3}\, x_1^2 x_2^2 + x_2^4\right), \end{aligned}$$

worin weiter

$$\begin{aligned} &x_1^4 \pm 2\sqrt{-3}\, x_1^2 x_2^2 + x_2^4 \\ &= x_2^4 \left(\frac{x_1}{x_2} - \frac{1 \mp \sqrt{3}}{1-i}\right)\left(\frac{x_1}{x_2} + \frac{1 \mp \sqrt{3}}{1-i}\right)\left(\frac{x_1}{x_2} - \frac{1 \pm \sqrt{3}}{1+i}\right)\left(\frac{x_1}{x_2} + \frac{1 \pm \sqrt{3}}{1+i}\right); \end{aligned}$$

und zwar entsprechen den Punkten (15) in der dortigen Reihenfolge die folgenden Werthepaare von $x_1 : x_2$:

$$\frac{1-\sqrt{3}}{i-1},\ \frac{1+\sqrt{3}}{i-1};\ -\frac{1-\sqrt{3}}{i+1},\ -\frac{1+\sqrt{3}}{i+1};\ \frac{1+\sqrt{3}}{i+1},\ \frac{1-\sqrt{3}}{i+1};$$

$$-\frac{1-\sqrt{3}}{i-1},\ -\frac{1+\sqrt{3}}{i-1}.$$

Für die Functionaldeterminante (erste Ueberschiebung) von H und f finden wir

$$(26) \quad \begin{aligned} T = (ab)^2 (ca) a_x^3 b_x^4 c_x^5 &= -2\left(x_1^{12} - 33 x_1^8 x_2^4 - 33 x_1^4 x_2^8 + x_2^{12}\right) \\ &= -2i\left(x_1^4 + x_2^4\right)\left(x_1^4 + x_2^4 + 6 x_1^2 x_2^2\right)\left(x_1^4 + x_2^4 - 6 x_1^2 x_2^2\right). \end{aligned}$$

Die Nullpunkte von T sind demnach durch folgende Parameterwerthe bestimmt, und zwar so, wie die zugehörigen ternären Coordinaten in (18) paarweise unter einander stehen:

$$\begin{aligned} &\pm(1+i), \quad -i(1 \pm \sqrt{2}), \quad -(1 \pm \sqrt{2}), \\ &\pm(1-i), \quad i(1 \pm \sqrt{2}), \quad (1 \pm \sqrt{2}). \end{aligned}$$

Zwischen f, H, T besteht, wie man leicht bestätigt, die Identität:

$$(27) \quad 6T^2 + 3H^3 + 2f^4 = 0.$$

Auf der linken Seite ist jedes Glied von der 24. Ordnung in x_1, x_2; aber scheinbar ist das letzte Glied von niedrigerem Grade in den Coëfficienten von f, als die beiden anderen. Es erklärt sich dies daraus, dass bei unserer kanonischen Form nur Zahlenfactoren vorkommen; hieraus geht andererseits hervor, dass f keine absolute Invariante, also nur *eine* Invariante besitzt. Dieselbe muss vom zweiten Grade sein, damit (27) in den Coëfficienten homogen wird. Da nun $A = (ab)^6 = 12$ wird, so lautet die Identität allgemeiner:

$$(28) \qquad 36\, T^2 + 18\, H^3 + A f^4 = 0 \;{}^*).$$

Mittelst der Substitution (22) und der entsprechenden

$$\xi_1 = \lambda_1{}^2 + \lambda_2{}^2, \quad \xi_2 = i(\lambda_1{}^2 - \lambda_2{}^2), \quad \xi_3 = 2 i \lambda_1 \lambda_2$$

finden wir aus den übrigen ternären Collineationen (Gruppen von Bewegungen) leicht *diejenigen binären linearen Transformationen, durch welche die Formen f, H und T gleichzeitig in sich übergeführt werden.* Gemäss den Formeln (16) und (17) ist nämlich der Quotient $\lambda = \lambda_1 : \lambda_2$ bez. zu ersetzen durch

$$(29) \qquad -\,i\frac{\varkappa - 1}{\varkappa + 1}, \quad -\frac{\varkappa + i}{\varkappa - i}, \quad \frac{\varkappa - i}{\varkappa + i}, \quad \frac{\varkappa + i}{\varkappa - i},$$

wo $\varkappa = \varkappa_1 : \varkappa_2$, und gemäss den Formeln (17a) bez. durch

$$(30) \qquad -\frac{\varkappa - i}{\varkappa + i}, \quad i\frac{\varkappa - 1}{\varkappa + 1}, \quad i\frac{\varkappa + 1}{\varkappa - 1}, \quad -\,i\frac{\varkappa + 1}{\varkappa - 1};$$

und zwar in der früheren Reihenfolge. Ebenso geben die Transformationen (21) zu binären Substitutionen Veranlassung, die entstehen, indem λ bez. ersetzt wird durch

$$(31) \qquad -\,i\varkappa, \quad -\,i\frac{\varkappa - i}{\varkappa + i}, \quad -\frac{\varkappa - 1}{\varkappa + 1}, \quad i\varkappa, \quad i\frac{\varkappa + i}{\varkappa - i}, \quad \frac{\varkappa + 1}{\varkappa - 1}.$$

Die in (14a) und (14b) aufgestellten Collineationen ergeben endlich für λ folgende Werthe (wobei die identische Substitution nur einmal berücksichtigt ist):

$$(32) \qquad \begin{aligned} &\varkappa, \quad \frac{i}{\varkappa}, \quad -\varkappa, \quad -\frac{i}{\varkappa}; \quad -\frac{\varkappa + 1}{\varkappa - 1}, \quad -\frac{1}{\varkappa}, \quad \frac{\varkappa - 1}{\varkappa + 1}; \\[2mm] &\qquad i\frac{\varkappa - i}{\varkappa + i}, \quad \frac{1}{\varkappa}, \quad -\,i\frac{\varkappa + i}{\varkappa - i}. \end{aligned}$$

---

*) Allgemeiner lautet diese Identität:

$$2\, T^2 = -\frac{1}{18}\, A f^4 + \frac{1}{3}\, p f^3 + \frac{1}{2}\, i H f^2 - H^3,$$

wo $i = i_\varkappa^4 = (ab)^4 a_\varkappa^2 b_\varkappa^2$, $p = (ai)^2 a_\varkappa^4 i_\varkappa^2$; vgl. Clebsch, Theorie der binären algebraischen Formen, p. 450. Die Gleichung (28) entsteht, wenn die Covariante i identisch verschwindet; und hierdurch ist auch eine Form f der im Texte untersuchten Art (d. i. die Covariante sechster Ordnung von unendlich vielen biquadratischen Formen, wie sogleich gezeigt werden wird) vollkommen charakterisirt. Diese Formen sechster Ordnung wurden von Clebsch und Gordan eingehend studirt (Annali di matematica, Serie II, t. 1, 1867); vgl. auch Clebsch a. a. O. und Crelle's Journal Bd. 67, sowie Klein a. a. O.

Man sieht, dass alle diese 24 Transformationen in dem Schema*)

$$(33) \qquad i^k \varkappa, \quad \frac{i^k}{\varkappa}, \quad i^k \frac{\varkappa+1}{\varkappa-1}, \quad i^k \frac{\varkappa-1}{\varkappa+1}, \quad i^k \frac{\varkappa+i}{\varkappa-i}, \quad i^k \frac{\varkappa-i}{\varkappa+i}$$

zusammengefasst werden können, wenn k jedesmal die Werthe 0, 1, 2, 3 durchläuft.

Durch die hiermit festgelegten besonderen Beziehungen der Wurzeln unserer drei Gleichungen zu einander ist natürlich die Auflösung der letzteren sehr vereinfacht. Wenn eine binäre Form f vorliegt, von der wir wissen, dass sie durch die aufgestellten Substitutionen in sich übergeht, so besteht zwischen ihr, ihrer Invariante A und ihren Covarianten H und T die Relation (28), und ihre Wurzeln zerfallen nach (24) in drei Paare, entsprechend den drei Seiten unseres Polardreiecks. Da nun nach (25) und (26) f, H und T keinen Factor gemein haben, so müssen wegen (28) die beiden Ausdrücke

$$T + \frac{1}{6} f^2 \sqrt{-A}, \quad T - \frac{1}{6} f^2 \sqrt{-A}$$

vollständige Cuben biquadratischer Formen u, v sein; die letzteren denken wir uns so bestimmt, dass

$$T + \frac{1}{6} f^2 \sqrt{-A} = 2u^3, \quad T - \frac{1}{6} f^2 \sqrt{-A} = 2v^3, \quad H = -2uv$$

wird. Dann folgt

$$\frac{1}{6} f^2 \sqrt{-A} = u^3 - v^3 = (u - v)(u - \varepsilon v)(u - \varepsilon^2 v),$$

wenn $\varepsilon^2 + \varepsilon + 1 = 0$ ist. Die Formen $u - v$, $u - \varepsilon v$, $u - \varepsilon^2 v$ sind daher die Quadrate von den drei quadratischen Factoren von f; *die Form f zerfällt also (abgesehen von einem constanten Factor) in die drei quadratischen Factoren, welche man aus dem Ausdrucke*

$$\sqrt{\sqrt[3]{T + \frac{1}{6} f^2 \sqrt{-A}} - \varepsilon \sqrt[3]{T - \frac{1}{6} f^2 \sqrt{-A}}}$$

bilden kann, indem man für ε die drei dritten Wurzeln der Einheit setzt. Aus den Wurzeln von $f = 0$ ergeben sich dann leicht diejenigen von $H = 0$ und $T = 0$.

Aus Vorstehendem geht bereits der enge Zusammenhang hervor,

---

*) Vgl. Klein, Vorlesungen über das Ikosaëder, p. 43. — Diese Transformationen sind nach Abel (Crelle's Journal Bd. 3, 1828, Oeuvres complètes, nouvelle édition, t. 2, p. 459) für die lineare Transformation des elliptischen Integrals erster Gattung von Wichtigkeit; vgl. z. B. den Schluss von Thomae's Abriss einer Theorie der complexen Functionen (Halle 1873), oder Briot et Bouquet, théorie des fonctions elliptiques (Paris 1875), p. 611 ff.

in welchem die Theorie unserer besonderen Form sechster Ordnung f mit der Theorie der allgemeinen Formen vierter Ordnung steht; *in der That kann f nach (24) als Covariante T_ψ einer biquadratischen Form ψ und somit unendlich vieler Formen $k\psi + lH_\psi$ angesehen werden*).* Die Lösung von $f = 0$ kann demnach auch dadurch geschehen, dass man die cubische Resolvente einer dieser Formen vierter Ordnung bildet und durch deren Lösung f in seine drei quadratischen Factoren zerspaltet. Die Formen vierter Ordnung selbst findet man durch folgendes Verfahren. Sei

$$\psi = \psi_k{}^4 = \psi_k{}'^4 = \psi_k{}''^4$$

und

$$H_\psi = (\psi\psi')^2\psi_x{}^2\psi_x{}'^2 = h_x{}^4, \quad t_x{}^6 = (\psi\psi')^2(\psi''\psi)\psi_x\psi_x{}'^2\psi_x{}''^3,$$

so ist identisch:

$$\psi_x{}^4 h_\lambda{}^4 - \psi_\lambda{}^4 h_x{}^4 = 4(\varkappa\lambda)t_x{}^3 t_\lambda{}^3,$$

wie man mit Hülfe bekannter Identitäten oder an der kanonischen Form leicht nachweist. Hier steht, wenn $\lambda_1 : \lambda_2$ als Parameter aufgefasst wird, links die allgemeinste lineare Combination von ψ und H_ψ; auf der rechten Seite können wir f statt T_ψ einsetzen, und dieselbe wird dadurch gleich $4m(\varkappa\lambda)\,a_x{}^3 a_\lambda{}^3$, wenn m einen constanten Factor bezeichnet. Nun ist die Covariante T der Form vierter Ordnung

$$4m(\varkappa\lambda)t_x{}^3 t_\lambda{}^3 = c[\psi_x{}^4 h_\lambda{}^4 - \psi_\lambda{}^4 h_x{}^4]$$

gleich**)

$$c^3 \cdot T_\psi \cdot \Omega(h_\lambda{}^4, \; -\psi_\lambda{}^4) = -2c^3 T_\psi \cdot [t_\lambda{}^6]^2,$$

also gleich T_ψ, wenn

$$-2c^3[t_\lambda{}^6]^2 = -2c^3[f(\lambda)]^2 = 1$$

gesetzt wird. *Die zu f gehörige allgemeinste biquadratische Form ist also:*

$$(34) \qquad \psi(\varkappa) = \frac{4(\varkappa\lambda) \cdot a_x{}^3 a_\lambda{}^3}{\sqrt[3]{-2f^2(\lambda)}},$$

wobei $\lambda_1 : \lambda_2$ einen willkürlichen Parameter bezeichnet.

In der bei (24) zu Grunde gelegten kanonischen Form haben wir bekanntlich

$$\psi = K(\varkappa_1{}^4 + \varkappa_2{}^4) + 6L\varkappa_1{}^2\varkappa_2{}^2,$$

wo K, L Constante bedeuten. Diese Form geht vermöge der Substitutionen

$$\lambda = \varkappa, \quad \lambda = -\varkappa, \quad \lambda = \frac{1}{\varkappa}, \quad \lambda = -\frac{1}{\varkappa},$$

---

welche in unserer Gruppe von 24 Collineationen enthalten sind, und welche selbst eine der oben besprochenen Diëdergruppen (p. 561 f.) bilden, in sich über. Die anderen 20 Transformationen führen dagegen ψ in andere Formen vierter Ordnung ψ_1, ψ_2, ψ_3, ψ_4, ψ_5 über, die natürlich alle zu f in derselben Beziehung stehen, und denen derselbe Zahlenwerth ihrer absoluten Invariante zukommt, da sie durch lineare Umformungen aus einander entstehen. In der That gibt es in dem Systeme immer sechs Formen mit derselben absoluten Invariante*). Ersetzen wir $x = \frac{x_1}{x_2}$ durch $\pm i\lambda$ oder $\pm \frac{i}{\lambda}$, so geht ψ über in

$$\psi_1 = K(\lambda_1{}^4 + \lambda_2{}^4) - 6L\lambda_1{}^2\lambda_2{}^2;$$

wird dagegen x durch $\pm \frac{\lambda-1}{\lambda+1}$ oder $\pm \frac{\lambda+1}{\lambda-1}$ ersetzt, so kommt:

$$\psi_2 = 2(K + 3L)(\lambda_1{}^4 + \lambda_2{}^4) + 12(K - L)\lambda_1{}^2\lambda_2{}^2,$$

ebenso erhalten wir

$$\psi_3 = 2(K - 3L)(\lambda_1{}^4 + \lambda_2{}^4) + 12(K + L)\lambda_1{}^2\lambda_2{}^2,$$
$$\psi_4 = 2(K + 3L)(\lambda_1{}^4 + \lambda_2{}^4) - 12(K - L)\lambda_1{}^2\lambda_2{}^2,$$
$$\psi_5 = 2(K - 3L)(\lambda_1{}^4 + \lambda_2{}^4) - 12(K + L)\lambda_1{}^2\lambda_2{}^2,$$

bez. bei den Substitutionen

$$\pm i\frac{x-1}{x+1} \quad \text{oder} \quad \pm i\frac{x+1}{x-1}, \quad \pm \frac{x-i}{x+i} \quad \text{oder} \quad \pm \frac{x+i}{x-i},$$
$$\pm i\frac{x-i}{x+i} \quad \text{oder} \quad \pm i\frac{x+i}{x-i}.$$

Die sechs Formen ψ zusammen geben sonach ein System von 24 Punkten, die sich bei den Substitutionen unserer Gruppen unter einander vertauschen. Wie leicht einzusehen, muss daher eine Gleichung der Form

$$(35) \qquad \psi\psi_1\psi_2\psi_3\psi_4\psi_5 = \mathsf{K}f^4 + \Lambda H^3$$

bestehen. Für $K = 0$, $K + 3L = 0$ oder $K - 3L = 0$ ergibt sich die Form f^4; in jedem der drei Fälle werden zwei der sechs Formen ψ zu vollständigen Quadraten. Für $L = 0$, $L = + K$ oder $L = - K$ werden jedesmal zwei der Formen ψ einander gleich und stellen ein harmonisches Punktequadrupel dar; die linke Seite von (35) wird ein vollständiges Quadrat, und zwar proportional zu T^2, wodurch die Uebereinstimmung mit (27) hergestellt wird. *Die zwölf Punkte von $T = 0$ zerfallen also in drei Quadrupel mit harmonischem Doppelverhältnisse und mit gemeinsamer Covariante sechster Ordnung f.*

---

*) Vgl. Bd. I, p. 246.

Zweimal drei Formen ψ werden mit einander identisch für $K = \pm L \sqrt{-3}$. Dann ist die linke Seite von (35) ein vollständiger Cubus, d. h. $K = 0$. *Die acht Punkte von $H = 0$ zerfallen also in zwei Quadrupel mit äquianharmonischem Doppelverhältnisse und mit gemeinsamer Covariante sechster Ordnung f.* Letzteres geht auch direct aus (25) hervor.

Die harmonische Form $x_1^4 + x_2^4$ hat die Eigenschaft, nicht nur bei den Substitutionen $\pm \lambda$, $\pm \lambda^{-1}$, sondern auch bei den Substitutionen $\pm i\lambda$, $\pm i\lambda^{-1}$ in sich überzugehen; auch letztere bilden für sich eine Gruppe, welche indessen mit der Diëdergruppe für $n = 4$ identisch ist, uns also nichts Neues bietet. Anders ist es mit den beiden äquianharmonischen Formen; eine derselben, z. B.

$$x_1^4 + x_2^4 + 2\sqrt{-3}\, x_1^2 x_2^2$$

geht sowohl durch die Substitution $\pm \varkappa$, $\pm \varkappa^{-1}$, als durch die Substitutionen

$$\pm \frac{\varkappa - 1}{\varkappa + 1}, \quad \pm \frac{\varkappa + 1}{\varkappa - 1} \quad \text{und} \quad \pm i\frac{\varkappa - i}{\varkappa + i}, \quad \pm i\frac{\varkappa + i}{\varkappa - i}$$

in sich über. Diese 12 Substitutionen bilden ebenfalls für sich eine Gruppe und zwar keine der bisher betrachteten. *Für jede binäre biquadratische Form mit äquianharmonischem Doppelverhältnisse* (d. h. *mit verschwindender Invariante i*) *existirt daher eine für sie charakteristische Gruppe von 12 linearen Substitutionen, durch welche sie in sich übergeführt wird.* Gleichzeitig wird natürlich ihre Hesse'sche Covariante in sich transformirt; letztere hat somit ebenfalls ein äquianharmonisches Doppelverhältniss; sie ergänzt die gegebene Form vierter Ordnung zu einer solchen Form achter Ordnung H, wie sie uns als Covariante von f begegnete.

Gehen wir zu der Darstellung auf der Kugelfläche (bez. im Ebenenbündel) zurück, so entspricht der Zerlegung von H in zwei äquianharmonische Quadrupel von Punkten die Vertheilung der acht Ecken des Würfels auf die Ecken von zwei regulären Tetraëdern, welche auch nur auf zwei Weisen geschehen kann. Um dieselbe auszuführen, ziehe man von einer Ecke des Würfels aus in jeder der drei in ihr zusammenstossenden Seitenflächen die Diagonale; die Endpunkte dieser Diagonalen ergänzen die erste Ecke zu einem regulären Tetraëder, die anderen vier Ecken bilden das zweite Tetraëder *So ist auch dem bisher nicht benutzten einfachsten regulären Körper eine binäre Form und eine Gruppe von Transformationen zugeordnet. Die letztere finden wir durch das Schema*

$$(36) \quad \pm \varkappa, \quad \pm \varkappa^{-1}, \quad \pm \frac{\varkappa - 1}{\varkappa + 1}, \quad \pm \frac{\varkappa + 1}{\varkappa - 1}, \quad \pm i\frac{\varkappa - i}{\varkappa + i}, \quad \pm i\frac{\varkappa + i}{\varkappa - i}$$

dargestellt. Die zugehörige ternäre Gruppe, welche also auch eine *neue Gruppe von Bewegungen in der elliptischen Ebene darstellt*, ist nach dem Obigen leicht zusammenzustellen; in ihr sind die neuen Variabeln ξ_i bez. gleich folgenden Ausdrücken zu setzen (dabei sind die beiden sich in (36) nur durch das Vorzeichen unterscheidenden Transformationen neben einander gestellt):

$$(37) \quad \begin{array}{lll@{\qquad}lll@{\qquad}l}
x_1, & x_2, & x_3; & -x_1, & -x_2, & x_3, & \text{vgl. (14a) u. (14b),} \\
-x_1, & x_2, & -x_3; & x_1, & -x_2, & -x_3, & \text{„ (14b),} \\
x_1, & -x_3, & x_2; & -x_1, & x_3, & x_2, & \text{„ (14b) u. (21),} \\
-x_1, & -x_3, & -x_2; & x_1, & x_3, & -x_2, & \text{„ (21) „ (14b),} \\
-x_3, & x_2, & x_1; & x_3, & -x_2, & x_1, & \text{„ (14b) „ (21),} \\
x_3, & x_2, & -x_1; & -x_3, & -x_2, & -x_1, & \text{„ (14b) „ (21).}
\end{array}$$

Bei unseren Betrachtungen in der Ebene kam diese Gruppe nicht unmittelbar zur Geltung, weil durch die vier Punkte (15), an die wir anknüpften, uns gleichzeitig die *beiden* biquadratischen Factoren von H dargestellt werden. Um sie von einander zu trennen, müssen wir in jedem der vier Punkte die beiden von ihm ausgehenden imaginären Tangenten des Fundamentalkegelschnittes dadurch unterscheiden, dass wir den durch ihn gehenden Strahlen einen bestimmten Sinn beilegen. Wird demgemäss in den vier Punkten (15) bez. durch die drei Strahlen

$$\begin{array}{llll@{\quad}ccc}
x_2 - x_3 = 0, & x_3 - x_1 = 0, & x_1 - x_2 = 0 & \text{in} & 1, & 1, & 1, \\
x_2 - x_3 = 0, & x_3 + x_1 = 0, & x_1 + x_2 = 0 & \text{„} & -1, & 1, & 1, \\
x_2 + x_3 = 0, & x_3 - x_1 = 0, & x_1 + x_2 = 0 & \text{„} & 1, & -1, & 1, \\
x_2 + x_3 = 0, & x_3 + x_1 = 0, & x_1 - x_2 = 0 & \text{„} & 1, & 1, & -1
\end{array}$$

der Sinn für die entsprechenden Strahlbüschel festgelegt, so ist damit die eine biquadratische Form dargestellt; in der That überzeugt man sich leicht, dass dieser Sinn durch die Substitutionen (37) nicht afficirt wird.

X. Fortsetzung. — Die Ikosaëdergruppe und das zehnfach Brianchon'sche Sechseck.

Es bleiben jetzt nur noch diejenigen regulären Punkt-Anordnungen in der elliptischen Ebene zu untersuchen, denen auf der Kugel die Ecken des Ikosaëders und des Pentagon-Dodekaëders entsprechen. Dass es keine anderen regulären Punktsysteme in der Ebene gibt, kann direct durch eine Betrachtung bewiesen werden, welche der in der Elementargeometrie bei den regulären Körpern üblichen genau analog ist, und auf die wir deshalb nicht näher eingehen. Dass es ausser den bereits behandelten Figuren, welche dem Octaëder entsprachen, nur noch die dem Ikosaëder entsprechende Configuration gibt, bei der die elliptische Ebene in lauter congruente *Dreiecke* getheilt wird, zeigt überdies der folgende Ansatz.

Einem der Punkte des regulären Systemes geben wir die Coordinaten 0, 0, 1; einen zweiten wählen wir auf der Axe $x_1 = 0$ in der Entfernung ϑ vom ersten, so dass ihm die Coordinaten 0, $\sin\vartheta$, $\cos\vartheta$ zukommen (vgl. p. 519). Eine wiederholte Drehung von der Grösse ε um den Punkt 0, 0, 1 führt diesen zweiten Punkt nach den Gleichungen (20), in denen $w_1 = w_2 = 0$, $w_3 = 1$, $\varkappa = \cos\frac{\varepsilon}{2}$, $\lambda = \sin\frac{\varepsilon}{2}$ zu nehmen ist, und die sich wieder auf die kanonische Form (23) beziehen mögen, successive über in die Punkte

$$-\sin\vartheta\,\sin\varepsilon, \qquad \sin\vartheta\,\cos\varepsilon, \qquad \cos\vartheta,$$
$$-\sin\vartheta\,\sin 2\varepsilon, \qquad \sin\vartheta\,\cos 2\varepsilon, \qquad \cos\vartheta,$$
$$-\sin\vartheta\,\sin 3\varepsilon, \qquad \sin\vartheta\,\cos 3\varepsilon, \qquad \cos\vartheta,$$

und s. f. Soll sich nur eine endliche Anzahl von Punkten ergeben, so muss $\varepsilon = \frac{2\pi}{n}$ sein, wo n eine ganze Zahl bezeichnet. Wir haben dann die n Punkte mit den Coordinaten

(1) $-\sin\vartheta\,\sin\nu\varepsilon,\ \sin\vartheta\,\cos\nu\varepsilon,\ \cos\vartheta$ für $\nu = 0, 1, 2, \ldots n-1$.

Eine Rotation von der Grösse η um den Punkt w_1, w_2, w_3 führt nach (13) und (20) bei unserer Wahl des Coordinatensystemes zu den Formeln

(2) $F(w)\xi_i = x_i F(w)\cos\eta - (xw)_i \sin\eta\sqrt{F(w)} + (1-\cos\eta)w_i w_x$,

wo
$$F(w) = w_1{}^2 + w_2{}^2 + w_3{}^2.$$

Machen wir hierin $\eta = \varepsilon$, so geht der Punkt (1), in Folge einer Drehung um unseren zweiten Punkt, über in den Punkt mit den Coordinaten

$$\xi_1 = -\sin\vartheta\,(-\sin\varepsilon\,\cos\nu\varepsilon - \cos\vartheta\,\sin\nu\varepsilon + \cos\varepsilon\,\cos\vartheta\,\sin\nu\varepsilon),$$
$$\xi_2 = \sin\vartheta\,(\sin\varepsilon\,\sin\nu\varepsilon - \cos\vartheta\,\cos\nu\varepsilon + \cos\varepsilon\,\cos\vartheta\,\cos\nu\varepsilon),$$
$$\xi_3 = \cos\vartheta.$$

Soll dieser Punkt mit dem durch die Zahl $\nu-1$ oder $\nu+1$ charakterisirten Punkte (1) zusammenfallen, so ergibt sich die Bedingungsgleichung

(3) $$\cos\vartheta\cos\varepsilon - \cos\varepsilon - \cos\vartheta = 0,$$

welche nichts Anderes aussagt, als dass der Punkt 0, 0, 1 mit irgend zwei aufeinander folgenden Punkten der Reihe (1) ein gleichseitiges Dreieck bildet, wie man mittelst der oben abgeleiteten trigonometrischen Formeln leicht bestätigt (p. 519). Es wird dann in der That

$$\xi_1 = -\sin\vartheta\sin(\nu-1)\varepsilon, \quad \xi_2 = \sin\vartheta\cos(\nu-1)\varepsilon, \quad \xi_3 = \cos\vartheta.$$

Machen wir aber in (2) $\eta = 2\varepsilon$, so werden die Coordinaten des neuen Punktes unter Berücksichtigung von (3) gleich

$$\sin 2\varepsilon\sin\vartheta, \quad -2(1+\cos\varepsilon)\cos\varepsilon\cos\vartheta, \quad -(1+4\cos\varepsilon+4\cos\vartheta).$$

Soll derselbe mit einem der $n+1$ Punkte (1) zusammenfallen, so sind die folgenden drei Gleichungen zu befriedigen:

(4)
$$\begin{aligned}
\mp\sin\mu\varepsilon &= \sin 2\varepsilon\\
\pm\cos\mu\varepsilon &= -2(1+\cos\varepsilon)\cos\varepsilon,\\
\pm\cos\vartheta &= -1-4\cos\vartheta-4\cos\varepsilon.
\end{aligned}$$

Die doppelten Vorzeichen der linken Seiten sind deshalb zu wählen, weil bei unseren homogenen Coordinaten immer ein Factor willkürlich bleibt, dieser Factor aber sich wegen der Relation

$$x_1^2 + x_2^2 + x_3^2 = \xi_1^2 + \xi_2^2 + \xi_3^2$$

von der Einheit höchstens durch das Vorzeichen unterscheiden kann. Wählen wir zunächst in allen drei Gleichungen das untere Zeichen, so folgt aus der dritten $\cos^2\varepsilon = \frac{1}{4}$. Die Annahme $\cos\varepsilon = \frac{1}{2}$ würde wegen der zweiten Gleichung (4) nicht auf einen reellen Werth von ε führen; es muss also $\cos\varepsilon = -\frac{1}{2}$ oder $\varepsilon = \frac{2\pi}{3}$ gesetzt werden. In Uebereinstimmung mit der zweiten Gleichung (4), wo μ gleich 2 zu nehmen ist, wird dann $\cos 2\varepsilon = -\frac{1}{2}$ und die erste Gleichung (4) ist ebenfalls befriedigt. Wir sind auf das System derselben vier Punkte geführt, denen bei unserer früheren Betrachtung die unter (15) angegebenen Coordinaten zukamen.

Das obere Zeichen in der dritten Gleichung (4) führt dagegen vermöge (3) zu der Relation

$$4\cos^2\varepsilon + 2\cos\varepsilon - 1 = 0, \quad \text{also} \quad \cos\varepsilon = \frac{\sqrt{5}-1}{4},$$

oder $\varepsilon = \frac{2\pi}{5}$. Aus (3) finden wir weiter $\cos\vartheta = -\frac{1}{\sqrt{5}}$; die beiden ersten Gleichungen (4) sind dann von selbst befriedigt, wenn $\mu = -1$ gewählt wird. *Wir haben ein System von sechs Punkten vor uns, die sich bei einer Gruppe von* $6 \cdot 4 + 1 = 25$ *Drehungen nur unter einander vertauschen.* Die 15 Verbindungslinien dieser sechs Punkte schneiden sich in 105 Punkten, von denen 60 zu je 10 in die sechs Punkte selbst hineinfallen. Von den übrigen 45 lässt sich zeigen, dass sie sich in zwei Gruppen zu 10 und zu 15 Punkten vertheilen, von denen erstere je einfach, letztere je dreifach als Schnittpunkte der fünfzehn Verbindungslinien zählen. Als Gleichung der Verbindungslinie zweier durch die Zahlen μ, ν charakterisirten Punkte des Systemes (1) finden wir

$$x_1 \cos \vartheta (\cos \mu \varepsilon - \cos \nu \varepsilon) + x_2 \cos \vartheta (\sin \mu \varepsilon - \sin \nu \varepsilon)$$
$$- x_3 \sin \vartheta \sin (\mu - \nu) \varepsilon = 0,$$

oder

$$(5) \quad x_1 \cos \vartheta \sin \frac{\mu + \nu}{2} \varepsilon - x_2 \cos \vartheta \cos \frac{\mu + \nu}{2} \varepsilon + x_3 \sin \vartheta \cos \frac{\mu - \nu}{2} \varepsilon = 0.$$

Eine analoge Gleichung stellt die Verbindungslinie der Punkte μ' und ν' dar; und als Coordinaten des Schnittpunktes beider Linien erhalten wir, wenn $\mu' = \mu + s$, $\nu' = \nu + s$ gesetzt wird,

$$x_1 = - \sin \vartheta \cos \frac{\mu - \nu}{2} \varepsilon \sin \frac{\mu + \nu + s}{2} \varepsilon,$$

$$(6) \qquad x_2 = \sin \vartheta \cos \frac{\mu - \nu}{2} \varepsilon \cos \frac{\mu + \nu + s}{2} \varepsilon,$$

$$x_3 = \cos \vartheta \cos \frac{s}{2}.$$

Dieser Punkt liegt offenbar auf der Geraden

$$(7) \qquad x_1 \cos \frac{\mu + \nu + s}{2} \varepsilon + x_2 \sin \frac{\mu + \nu + s}{2} \varepsilon = 0,$$

d. h. auf der Verbindungslinie des Punktes $0, 0, 1$ mit dem Punkte $\frac{\mu + \nu + s}{2}$ des Systemes (1), wenn $\mu + \nu + s$ gleich einer geraden Zahl ist. Wählen wir erstens $s = 1$, so ergeben sich folgende fünf Tripel von Verbindungslinien, welche sich in dem Punkte (6), wo die betreffenden Werthe von μ und ν einzusetzen sind, schneiden:

	μ	ν	μ'	ν'	$\frac{\mu + \nu + 1}{2}$
	0	3	1	4	2
(8)	1	4	2	5 (0)	3
	2	5 (0)	3	6 (1)	4
	3	6 (1)	4	7 (2)	5 (0)
	4	7 (2)	5 (0)	8 (3)	6 (1)

Die Zahlen der letzten Horizontalreihe der Tabelle sagen z. B. aus, dass die Verbindungslinie der Punkte 4 und 2 von der Verbindungslinie der Punkte 0 und 3 in einem Punkte getroffen wird, durch den auch die Verbindungslinie des Punktes 0, 0, 1 mit dem Punkte 1 hindurchgeht. Machen wir zweitens $s = 2$, so kommen wir zu der folgenden analogen Tabelle:

(9)

μ	ν	μ'	ν'	$\dfrac{\mu + \nu + 2}{2}$
0	4	2	6 (1)	3
1	5 (0)	3	7 (2)	4
2	6 (1)	4	8 (3)	5 (0)
3	7 (2)	5 (0) 9 (4)		6 (1)
4	8 (3)	6 (1) 10 (0)		7 (2)

Grössere Werthe von s führen nicht zu neuen Linientripeln. Hierin ist eine besondere Eigenschaft des von unseren sechs Punkten (1) gebildeten Sechsecks ausgesprochen, denn die Diagonalen eines beliebigen Sechsecks schneiden sich nicht in der angegebenen Weise zu dreien in einem Punkte; wohl aber kommt diese Eigenschaft nach dem Brianchon'schen Satze (Bd. I, p. 50) jedem Sechsseite zu, dessen Seiten einen und denselben Kegelschnitt berühren. Von unseren fünfzehn Verbindungslinien werden daher zehn Kegelschnitte berührt (und jeder von sechs Linien); man kann das Sechseck daher auch als ein zehnfach Brianchon'sches bezeichnen*). Je drei neben einander stehende Linien der Tabelle (8) schneiden sich in einem Punkte mit den Coordinaten

$$(10) \quad - \sin \vartheta \sin 3\varepsilon \sin \nu\varepsilon, \quad \sin \vartheta \sin 3\varepsilon \cos \nu\varepsilon, \quad \cos \vartheta \sin \varepsilon,$$

wo ν bez. gleich 2, 3, 4, 0, 1 zu nehmen ist. Für die Tabelle (9) ergeben sich ebenso die fünf Schnittpunkte

$$(11) \quad - \sin \vartheta \sin 4\varepsilon \sin \nu\varepsilon, \quad \sin \vartheta \sin 4\varepsilon \cos \nu\varepsilon, \quad 2\cos \vartheta \sin \frac{\varepsilon}{2} \sin 2\varepsilon.$$

In (10) und (11) haben wir die Coordinaten der erwähnten zehn Brianchon'schen Punkte.

---

*) Auf diese Sechsecke wurde Clebsch bei seinen Untersuchungen über die Gleichung fünften Grades geführt, Math. Annalen Bd. 4, p. 336 (1871); vgl. auch Klein, Vorlesungen über das Ikosaëder, p. 216. — Wie man aus dem Texte ersieht, erhält man ein solches besonderes Sechseck aus dem Ikosaëder, indem man letzteres von seinem Mittelpunkte aus auf die unendlich ferne Ebene projicirt; vgl. Klein, Math. Annalen, Bd. 12, p. 530.

Von den noch **fehlenden fünfzehn** Schnittpunkten ergeben sich zehn, indem wir die Geraden (5) mit den Linien (7) zum Schnitte bringen; ihre Coordinaten sind daher, wenn $2\lambda = \mu + v + s$ gesetzt wird:

$$x_1 = -\sin\vartheta \sin\lambda\varepsilon \cos\frac{\mu - v}{2}\varepsilon,$$

(12)

$$x_2 = \sin\vartheta \cos\lambda\varepsilon \cos\frac{\mu - v}{2}\varepsilon,$$

$$x_3 = \cos\vartheta \cos\left(\frac{\mu + v}{2} - \lambda\right)\varepsilon.$$

Sollen diese Punkte nicht mit den Punkten (6) identisch sein, so muss

$$\lambda = \frac{\mu + v}{2} \quad \text{oder} \quad = \frac{\mu + v + 5}{2}$$

genommen werden, je nachdem $\mu + v$ gerade oder ungerade ist. Wir erhalten so für μ, v, λ die aus folgender Tabelle zu entnehmenden Werthe:

		I	II	III	IV	V	VI	VII	VIII	IX	X
(13)	μ	0	0	0	0	1	1	1	2	2	3
	v	1	2	3	4	2	3	4	3	4	4
	λ	3	1	4	2	4	2	0	0	3	1

Es ist nun sehr bemerkenswerth, dass die Werthe (12) proportional sind zu den Coordinaten einer gewissen Linie (5), d. h. zu den Grössen

(14) $\cos\vartheta \sin\dfrac{\mu' + v'}{2}\varepsilon, \quad -\cos\vartheta\cos\dfrac{\mu' + v'}{2}\varepsilon, \quad \sin\vartheta\cos\dfrac{\mu' - v'}{2}\varepsilon.$

Um dies zu erkennen, hat man die Relationen

$$\sin\vartheta = -2\cos\vartheta = \frac{2}{\sqrt{5}}, \quad \cos\frac{\varepsilon}{2}\cos\frac{3\varepsilon}{2} = -\frac{1}{4} = \cos\varepsilon\cos 2\varepsilon$$

zu benutzen und findet die Zahlen μ', v' aus den Gleichungen:

$$\mu' + v' = 2\lambda,$$
$$\mu' - v' = 2, \text{ wenn } \mu - v = \pm 4$$
$$= 3, \quad \text{\textquotedbl} \quad \mu - v = \pm 1$$
$$= 4, \quad \text{\textquotedbl} \quad \mu - v = \pm 2$$
$$= 1, \quad \text{\textquotedbl} \quad \mu - v = \pm 3.$$

Schliesslich kommt·man so für μ', v' zu der Tabelle:

		I′	II′	III′	IV′	V′	VI′	VII′	VIII′	IX′	X′
(15)	μ'	2	3	2	3	3	4	3	4	0	0
	v'	4	5	1	1	0	0	2	1	1	2
	λ	3	1	4	2	4	2	0	0	3	1

Wir sehen, dass die Beziehung eine wechselseitige ist: dem Punkte I entspricht die Linie I′ mit den Coordinaten (12), welcher dieselben Zahlen zukommen, wie dem Punkte IX; und umgekehrt, der Punkt I ist durch dieselben Zahlen charakterisirt, wie die Linie IX′.

Die letzten fünf einfachen Schnittpunkte werden auf einer Linie (5) durch die Gerade mit den Coordinaten (14) ausgeschnitten, wenn zwischen μ, ν und μ', ν' dieselben Beziehungen gelten, wie sie in obigen Tabellen zum Ausdrucke kommen; und die Coordinaten dieser Punkte ergeben sich proportional zu $\cos\lambda\varepsilon$, $\sin\lambda\varepsilon$, 0, wobei die Zahl λ aus der Tabelle (13) zu entnehmen ist. Die hervorgehobene Wechselbeziehung bedingt es, dass so nur fünf, nicht zehn Punkte gefunden werden. Sind die Coordinaten eines Punktes identisch mit denen einer Geraden, so ist jener der Pol dieser in Bezug auf den Fundamentalkegelschnitt; somit ergibt sich der Satz: *Die fünfzehn Verbindungslinien unserer sechs Punkte sind ihren fünfzehn einfachen Schnittpunkten so zugeordnet, dass jeder Schnittpunkt Pol einer gewissen Verbindungslinie ist.* Hieraus folgt dann weiter, dass die fünfzehn einfachen Schnittpunkte zu je fünf auf sechs geraden Linien liegen, den Polaren unserer ursprünglichen sechs Punkte; ferner dass dieselben fünfzehn Schnittpunkte zu dreien auf zehn geraden Linien liegen, den Polaren der oben bestimmten zehn dreifachen Schnittpunkte (8) und (9); jene sechs Polaren bilden ein zehnfach Pascal'sches Sechseck, u. s. w. *Wir sehen, dass die vollständige Figur unseres zehnfach Brianchon'schen Sechsecks sich selbst in Bezug auf den Fundamentalkegelschnitt polar-conjugirt ist.*

Durch eine leichte Rechnung überzeugt man sich, dass in jedem der fünfzehn einfachen Schnittpunkte die beiden durch ihn hindurchgehenden Verbindungslinien sich rechtwinklig schneiden, und dass je zwei der drei durch einen der zehn dreifachen Schnittpunkte gehenden Verbindungslinien sich unter einem Winkel von $\frac{2\pi}{3}$ begegnen. Hieraus lässt sich vermuthen, dass unsere ganze Figur auch durch gewisse Drehungen von der Grösse $\frac{\pi}{2}$ und $\frac{2\pi}{3}$ in sich übergeführt werde. Es lässt sich dies in der That durch Aufstellung der entsprechenden Transformationen mittelst der allgemeinen Gleichungen (2) bestätigen; doch unterlassen wir es, jetzt darauf einzugehen, da wir im Folgenden neue Coordinaten einzuführen haben, mit deren Hülfe sich die betreffenden Rechnungen übersichtlicher gestalten, wie es ja meistens einfacher ist, mit der Exponentialfunction statt mit den trigonometrischen Functionen zu operiren.

Mittelst der Substitution

$$(16) \qquad x = x_2 + ix_1, \quad y = x_2 - ix_1, \quad z = -x_3$$

führen wir neue Veränderliche x, y, z ein; die Gleichung des Fundamentalkegelschnittes wird dann

$$(17) \qquad xy + z^2 = 0.$$

Die neuen Coordinaten der Punkte (1) finden wir nach Unterdrückung eines gemeinschaftlichen Factors gleich

$$(18) \qquad \delta^{-\nu}, \quad \delta^{\nu}, \quad \frac{1}{2}, \quad \text{wo } \delta = e^{\frac{2\pi i}{5}},$$

und wo $\nu = 0, 1, 2, 3, 4$ zu nehmen ist; unser erster Punkt behält die Coordinaten 0, 0, 1. Für die zusammengehörigen zehn Punkte (6) hat man die Relation

$$\frac{\delta^3 + \delta}{\delta^4 + 1} = -\frac{\delta^4 + \delta^2 + 1}{\delta^4 + 1} = -1 - \frac{1}{2\cos 2\varepsilon} = -1 + 2\cos\varepsilon = \frac{\sqrt{5} - 3}{2}$$

zu benutzen, wenn $\mu - \nu$ entsprechend der Tabelle (8) gleich ± 3 ist; dagegen die Relation

$$\frac{\delta^2 + \delta}{\delta^3 + 1} = -1 + \frac{1}{2\cos\frac{3}{2}\varepsilon} = -1 - 2\cos\frac{\varepsilon}{2} = -\frac{3 + \sqrt{5}}{2},$$

wo $\mu - \nu = \pm 4$ entsprechend der Tabelle (9). So ergeben sich die Coordinaten

$$(19) \qquad \delta^{-\nu}, \quad \delta^{\nu}, \quad -\frac{3 \pm \sqrt{5}}{4},$$

wo das obere Zeichen für die Punkte der zweiten, das untere für diejenigen der ersten Tabelle Gültigkeit hat.

Mittelst derselben Hülfsgleichungen finden wir die neuen Coordinaten der zehn Punkte (12) gleich

$$(20) \qquad \delta^{-\lambda}, \quad \delta^{\lambda}, \quad \frac{1 \pm \sqrt{5}}{2}.$$

Hierin sind für λ dieselben Zahlen einzusetzen wie in der Tabelle (13), und das obere Vorzeichen gilt für die Punkte I, IV, V, VIII, X, das untere für die Punkte II, III, VI, VII, IX. Diese zehn Punkte bilden zusammen mit den fünf Punkten

$$(21) \qquad \delta^{-\lambda}, \quad -\delta^{\lambda}, \quad 0$$

die fünfzehn einfachen Schnittpunkte der fünfzehn Verbindungslinien unserer sechs Ausgangspunkte. Letztere Linien sind die Polaren jener Punkte in Bezug auf den Kegelschnitt (17); die Gleichungen der fünfzehn Verbindungslinien werden daher*):

$$(22) \qquad \begin{aligned} \delta^\lambda x + \delta^{-\lambda} y + (1 \pm \sqrt{5})\, z &= 0, \\ \delta^\lambda x - \delta^{-\lambda} y &= 0, \end{aligned}$$

wobei die Zuordnungen zwischen Pol und Polare in obiger Weise durch die Tabellen (13) und (15) vermittelt werden.

Unseren Gruppen von 6, 10 und 15 Punkten entsprechen nach Obigem (p. 565 f.) binäre Formen der Ordnungen 12, 20 und 30, welche durch die aufgestellten Transformationen in sich übergeführt werden; sie werden auf dem Kegelschnitte (17) ausgeschnitten durch die Polaren der betreffenden Punkte. Insbesondere wird die Form zwölfter Ordnung, die mit f bezeichnet sein möge, ausgeschnitten durch die Polaren der Punkte (18) und durch die Linie $z = 0$. Führen wir daher mittelst der Gleichungen

$$(23) \qquad x = \xi_1^2, \quad y = -\xi_2^2, \quad z = \xi_1 \xi_2$$

binäre Variable ξ_1, ξ_2 ein, so liefert die Gleichung $z = 0$ zunächst die linearen Factoren ξ_1 und ξ_2 von f. Um die übrigen Factoren zu finden, haben wir die Substitution (23) in den Gleichungen

$$(24) \qquad \delta^\lambda x + \delta^{-\lambda} y + z = 0$$

zu machen, und finden dadurch die übrigen Wurzeln $\dfrac{\xi_1}{\xi_2}$ von $f = 0$ gleich $(\delta + \delta^4)\delta^\lambda$, $(\delta^2 + \delta^3)\delta^\lambda$, wo

$$\delta + \delta^4 = \frac{-1 + \sqrt{5}}{2}, \quad \delta^2 + \delta^3 = \frac{2}{1 - \sqrt{5}}.$$

Wir können daher setzen

$$(25) \qquad f = \xi_1 \xi_2 (\xi_1^{10} + 11\,\xi_1^5 \xi_2^5 - \xi_2^{10}).$$

Gleichzeitig mit f muss auch jede Covariante von f in sich transformirt werden. Sei nun $f = a_\xi^{12} = b_\xi^{12}$, so wird die Hesse'sche Determinante $H = (ab)^2 a_\xi^{10} b_\xi^{10}$, und die Functionaldeterminante von H und f ist:

$$T = (ab)^2 (ca)\, a_\xi^9 b_\xi^{10} c_\xi^{11}.$$

Die Ausrechnung ergibt

$$(26) \quad \begin{aligned} 12^2 H &= -(\xi_1^{20} + \xi_2^{20}) + 228(\xi_1^{15}\xi_2^5 - \xi_1^5\xi_2^{15}) - 494\,\xi_1^{10}\xi_2^{10}, \\ 12\,T &= (\xi_1^{30} + \xi_2^{30}) + 522(\xi_1^{25}\xi_2^5 - \xi_1^5\xi_2^{25}) - 1005(\xi_1^{20}\xi_2^{10} + \xi_1^{10}\xi_2^{20}), \end{aligned}$$

wobei die Relation

---

*) Hier und im Folgenden hat man x, y, z bez. durch A_1, A_2, A_0 zu ersetzen, um die von Klein mitgetheilten Formeln zu erhalten (vgl. Math. Annalen Bd. 12, p. 529 ff.).

$$(27) \qquad T^2 = 12f^5 - 12^4 H^3$$

identisch erfüllt ist. Wir behaupten nun, *dass die Nullpunkte von H auf dem Kegelschnitte (17) durch die Polaren der zehn Punkte (19), und die Nullpunkte von T durch die Polaren der zusammengehörigen fünfzehn Punkte (20) und (21) ausgeschnitten werden.* Die 20 bez. 30 Verschwindungspunkte der Covarianten H und T bleiben jedenfalls in ihrer Gesammtheit bei unseren 60 Substitutionen ungeändert. Bei den letzteren ordnen sich alle Punkte der Ebene im Allgemeinen zu je 60 zusammen, indem jedes der 60 Dreiecke, in welche die Ebene durch die fünfzehn Verbindungslinien unserer sechs Ausgangspunkte getheilt wird, einen solchen Punkt enthält*). Die Zahl der zusammengehörigen 60 Punkte sinkt dann und nur dann herab (und zwar bez. auf 12, 20, 30), wenn wir es mit den Eckpunkten jener Dreiecke zu thun haben. Ein Aggregat von Punkten, welches bei den 60 Drehungen ungeändert bleibt, muss eine Zusammenfassung solcher einzelnen Punktgruppen sein. Die Anzahl der Punkte, die es umfasst, lässt sich also in der Form $60\alpha + 12\beta + 20\gamma + 30\delta$ ansetzen, wo α, β, γ, δ ganze Zahlen sind. Soll diese Anzahl nun, wie im Falle $H = 0$, gleich 20, oder, wie im Falle $T = 0$, gleich 30 sein, so ergibt sich nur eine Möglichkeit für die Bestimmung von α, β, γ, δ, nämlich im ersten Falle $\alpha = \beta = \delta = 0$, $\gamma = 1$, und im zweiten Falle $\alpha = \beta = \gamma = 0$, $\delta = 1$. Damit ist unsere Behauptung bewiesen.

Dasselbe hätten wir direct nachweisen können durch Berechnung der Parameter ξ_1, ξ_2, welche nach (23) zu den Schnittpunkten der Polaren der Punkte (19), (20), (21) gehören. Die benutzte Schlussweise führt indessen schneller zum Ziele und ist überhaupt für Probleme unserer Art charakteristisch. Sie lässt überdies erkennen, dass jede Covariante von f eine ganze Function von f, H und T sein muss, ferner, dass jede Covariante von niedrigerer als der zwölften Ordnung identisch verschwinden muss**). Um nun in den Coordi-

---

*) Ein zehnfach Brianchon'sches Sechseck wird z. B. von den fünf Ecken eines gewöhnlichen regulären Fünfecks zusammen mit dem Mittelpunkte desselben gebildet. Die entsprechende Figur ist ganz besonders geeignet, alle von uns dargelegten Gruppirungen zu veranschaulichen. Um die 60 Dreiecke zu erhalten, muss man die durch die unendlich ferne Gerade getheilten Stücke der Ebene als zusammengehörige betrachten. Die unendlich ferne Gerade selbst ist Polare des Mittelpunktes und enthält fünf von den fünfzehn einfachen Schnittpunkten der fünfzehn Verbindungslinien.

**) Auf binäre Formen dieser Eigenschaft (Primformen) wurde Fuchs bei seinen Untersuchungen über lineare Differentialgleichungen zweiter Ordnung mit

naten x, y, z unsere 60 fundamentalen Transformationen wirklich aufzustellen, gehen wir von den allgemeinen Formeln (13), p. 567 und (20), p. 570, aus. Die Drehungen von der Periode 5 um den Punkt 0, 0, 1 ergeben sich, wenn wir $w_1 = w_2 = 0$, $w_3 = 1$, $u_3 = 0$, $\eta = \mu\varepsilon = \dfrac{2\,\mu\,\pi}{5}$ setzen; dann wird $A = -\dfrac{1}{4}$,

$$F(u) = -u_1 u_2 - \frac{1}{4} u_3{}^2, \quad \frac{\varkappa^2}{\lambda^2} = -4\,\mathrm{cotg}^2\frac{\mu\varepsilon}{2} = 4\left(\frac{\delta^\mu + 1}{\delta^\mu - 1}\right)^2,$$

und die Formeln (20) geben

$$(28) \qquad\qquad x' = \delta^\mu x, \quad y' = \delta^{-\mu} y, \quad z' = z,$$

wenn mit x', y', z' die neuen Coordinaten bezeichnet werden. Complicirter gestalten sich die Rechnungen für die Rotationen um die anderen fünf Punkte. Soll der Punkt mit den Coordinaten (10) fest bleiben, so haben wir zu setzen

$$w_1 = \delta^\nu, \quad w_2 = \delta^{-\nu}, \quad w_3 = 1, \quad u_1 = -\delta^\mu, \quad u_2 = \delta^{-\mu}, \quad u_3 = 0,$$

und erhalten aus (13), p. 567:

$$\frac{\varkappa^2}{\lambda^2} = 4 \cdot 5 \cdot \left(\frac{\delta^\mu + 1}{\delta^\mu - 1}\right)^2.$$

Ferner wird

$$(bw)_1\, b_x = \frac{1}{2}\, x - \delta^{-\nu} z, \quad (bw)_2\, b_x = z\delta^\nu - \frac{1}{2}\, y,$$

$$(bw)_3\, b_x = \frac{1}{2}\, y\delta^\nu - \frac{1}{2}\, x\delta^{-\nu}, \quad w_\alpha w_1 = -\delta^{-\nu}, \quad w_\alpha w_2 = -\delta^\nu,$$

$$w_\alpha w_3 = -\frac{1}{2}, \quad w_\alpha{}^2 = -\frac{5}{2}.$$

---

algebraischen Integralen geführt (Crelle's Journal, Bd. 81 und 85, 1876 und 78). Gordan hat gezeigt, dass die fragliche Eigenschaft zur Charakterisirung der binären Formen, welche in obiger Weise zum Tetraëder, Octaëder und Ikosaëder gehören, gerade ausreicht (Math. Annalen, Bd. 12, 1876). Durch andere Betrachtungen war Schwarz zu diesen binären Formen, insbesondere ihren kanonischen Darstellungen und zu den zugehörigen Gruppen von Transformationen geführt (Crelle's Journal Bd. 75, 1873). Im Zusammenhange mit der Invariantentheorie hat Klein die von uns betrachteten Formen und Bewegungen eingehend untersucht (Math. Annalen Bd. 9 und 12, 1875 und 77); derselbe zeigt insbesondere, dass jede Form zwölfter Ordnung, deren Covariante $i = (ab)^4 a_\xi^8 b_\xi^8$ verschwindet, während die Discriminante nicht Null ist, auf die Form (25) transformirt werden kann. Wedekind erweiterte diesen Satz dahin, dass es ausser unseren Formen vierter, sechster, zwölfter Ordnung überhaupt keine anderen binären Formen gibt, deren vierte Ueberschiebung über sich selbst verschwindet, es sei denn, dass eine mehrfache Wurzel auftritt (Studien im binären Werthgebiet, Habilitationsschrift, Karlsruhe 1876). Ueber andere Arbeiten von Brioschi, Cayley, Halphen, sowie für die auf p. 587 benutzte Schlussweise, vgl. Klein's mehrfach erwähntes Werk.

Führt man noch $\sqrt{5}$ mittelst der Relationen

$$1 - \sqrt{5} = - 2(\delta + \delta^4), \quad 1 + \sqrt{5} = - 2(\delta^2 + \delta^3)$$

auf die Grösse δ zurück, so ergeben sich schliesslich folgende *Formeln für die Drehung von der Grösse $\mu\varepsilon$ um den Punkt* (18)

$$5\delta^\mu x' = \varDelta_1^2 x - \delta^{-2\nu}(\delta^\mu - 1)^2 y + 2\delta^{-\nu}\varDelta_1(\delta^\mu - 1)z,$$

$$(29) \; 5\delta^\mu y' = - \delta^{2\nu}(\delta^\mu - 1)^2 x + \varDelta_2^2 y + 2\delta^\nu \varDelta_2(\delta^\mu - 1)z,$$

$$5\delta^\mu z' = \delta^\nu \varDelta_1(\delta^\mu - 1)x + \delta^{-\nu}\varDelta_2(\delta^\mu - 1)y + (2\delta^{2\mu} + \delta^\mu + 2)z;$$

hierin ist zur Abkürzung

$$\varDelta_1 = \delta^{2\mu}(\delta^2 + \delta^3) - \delta - \delta^4, \quad \varDelta_2 = \delta^\mu(\delta + \delta^4) - \delta^2 - \delta^3$$

gesetzt. Um zu erkennen, wie die Schnittpunkte der Linie $z = 0$ mit dem Kegelschnitte successive mit den **Polaren** der Punkte (10) zur Deckung kommen, bedient man sich passend der in Folge der Relation $\delta^4 + \delta^3 + \delta^2 + \delta + 1 = 0$ bestehenden Identität

$$(30) \qquad 2\delta^{2\mu} + \delta^\mu + 2 = \delta^{2\mu}(\delta^\mu - 1)^2 (\delta^\mu + 1),$$

welche nur für $\mu = 0$ nicht anwendbar ist. Im Falle $\mu = 0$ führen die Gleichungen (29) zur identischen Substitution zurück.

Versuchen wir jetzt, auch eine Drehung von der Grösse π um den Punkt (21) formal darzustellen! Aus (13), p. 567, erhalten wir $\varkappa = 0$, und somit geben die Gleichungen (20), p. 570:

$$(31) \qquad x' = - \delta^{-2\nu}y, \quad y' = - \delta^{2\nu}x, \quad z' = - z.$$

Die Transformation entsteht also einfach aus (28), indem man x mit y vertauscht. **Nun kann durch eine Substitution (29) jeder Punkt (21)** mit irgend einem anderen der fünfzehn zusammengehörigen Punkte zur Deckung gebracht werden; wir erhalten daher die zehn noch fehlenden Drehungen von der Grösse π, oder wenigstens einige von ihnen, indem wir in den Gleichungen (29) x' mit y' vertauschen. Dadurch entstehen aber zwanzig neue Transformationen, und wir wissen zunächst nicht, welche von ihnen die von uns gesuchten sind; die übrigen gehören dann jedenfalls zu den zwanzig Drehungen von der Periode 3. Es fehlen dann immer noch zehn von den 60 Transformationen des zehnfach Brianchon'schen Sechsecks in sich. Die Beantwortung der noch offenen Fragen ergibt sich sehr leicht nach vorheriger Umformung der Gleichungen (29).

Für $\mu = 1, 2, 3, 4$ nämlich nimmt die obige Grösse $\varDelta_1$ bez. folgende Werthe an

$$\delta(\delta^2 - 1), \quad 1 - \delta, \quad 1 - \delta^4, \quad \delta^2(1 - \delta^2),$$

während der Grösse $\varDelta_2$ bez. die Werthe

$$1 - \delta^3, \quad \delta(1 - \delta), \quad \delta^3(\delta - 1), \quad 1 - \delta^2$$

zukommen. Benutzt man ferner noch die Relation (30) und führt die Rechnung für die Werthe 1, 2, 3, 4 von μ einzeln durch, so lässt sich das Resultat in folgenden Relationen zusammenfassen; es ist

$$(32) \quad \begin{aligned} \varrho x' \delta^\varkappa &= (\delta^2 + \delta^3)\delta^\lambda x + (\delta + \delta^4)\delta^{-\lambda}y + 2z, \\ \varrho y' \delta^{-\varkappa} &= (\delta + \delta^4)\delta^\lambda x + (\delta^2 + \delta^3)\delta^{-\lambda}y + 2z, \\ \varrho z' &= \delta^\lambda x + \delta^{-\lambda}y + z, \end{aligned}$$

wenn die Zahlen $\varkappa$, λ durch folgende Bedingungen bestimmt werden:

$$(33) \quad \begin{aligned} \varkappa &\equiv \nu - \mu, \quad \lambda \equiv \nu + \mu \,(\text{mod. } 5) \text{ für } \mu = 2 \text{ oder } 3, \\ \varkappa &\equiv \nu + \mu, \quad \lambda \equiv \nu - \mu \,(\text{mod. } 5) \text{ für } \mu = 1 \text{ oder } 4; \end{aligned}$$

wenn ferner:

$$\varrho = \frac{-5\delta}{(\delta-1)^2(\delta+1)} \text{ für } \mu = 2, 3; \quad \varrho = \frac{5\delta}{(\delta-1)^2(\delta+1)} \text{ für } \mu = 1, 4.$$

Die Gleichungen (32) *sind mit* (29) *vollkommen äquivalent, so lange* μ *nicht durch 5 theilbar ist.* Ist aber $\mu \equiv 0$ (mod. 5), so stellen die Gleichungen (29) die identische Transformation, die Gleichungen (32) dagegen eine neue Transformation dar, welche ebenfalls, wie man leicht erkennt, unsere 6 Ausgangspunkte nur untereinander vertauscht; es wird dies dadurch erklärlich, dass für $\mu \equiv 0$ (mod. 5) die benutzte Gleichung (30) nicht mehr anwendbar ist. In den Gleichungen (32) können daher für $\varkappa$, λ alle Werthe 0, 1, 2, 3, 4 eingesetzt werden; wir haben dann 25 Gleichungen gewonnen, aus denen wir 25 andere durch Vertauschung von x' mit y', d. h. durch Combination einer Substitution (32) mit einer Drehung von der Grösse π erhalten. Die so gewonnenen neuen 25 Transformationen lauten*):

$$(34) \quad \begin{aligned} \varrho x' \delta^\varkappa &= (\delta + \delta^4)\delta^\lambda x + (\delta^2 + \delta^3)\delta^{-\lambda}y + 2z, \\ \varrho y' \delta^{-\varkappa} &= (\delta^2 + \delta^3)\delta^\lambda x + (\delta + \delta^4)\delta^{-\lambda}y + 2z, \\ \varrho z' &= \delta^\lambda x + \delta^{-\lambda}y + z. \end{aligned}$$

Die 50 Gleichungen (32) *und* (34) *geben uns zusammen mit den 5 Gleichungen* (28) *und den 5 Gleichungen* (31) *die ganze Gruppe der 60 Bewegungen, welche das* B r i a n c h o n'*sche Sechseck in sich überführt.* Es bleibt uns nur noch zu erörtern, durch welche von ihnen die Drehungen von der Periode 2, durch welche diejenigen von der Periode 3 dargestellt werden.

Nun überzeugt man sich leicht, dass jedes Mal, wenn $\varkappa$ gleich λ gewählt wird, je zwei der zehn zusammengehörigen Punkte (20) festbleiben, und zwar die Punkte

---

*) Die Formeln (32) und (34) werden von K l e i n a. a. O. (ohne Hinzufügung einer genaueren Discussion) mitgetheilt.

$$\delta^{-\varkappa}, \quad \delta^{\varkappa}, \quad \frac{1 \pm \sqrt{5}}{2},$$

wenn in (32) und (34) λ durch $\varkappa$ ersetzt wird. In der That bleibt ja bei einer Drehung von der Grösse π nicht nur der Drehpunkt fest, sondern auch jeder Punkt seiner Polare in Bezug auf den Fundamentalkegelschnitt; man hat es mit einer perspectivischen Collineation zu thun. *Die Drehungen von der Grösse π sind daher, abgesehen von den fünf Gleichungen (31), durch fünf Gleichungen (32) und durch fünf Gleichungen (34) für $\varkappa = \lambda$ dargestellt; die übrigen Gleichungen (34) liefern folglich die noch fehlenden 20 Drehungen von der Periode 3 um die zehn Punkte (19).*

Die vorstehenden Betrachtungen zeigen gleichzeitig, dass jede Drehung von der Periode 5, combinirt mit einer gewissen Drehung von der Periode 2 (z. B. Vertauschung von x und y oder von x' und y') mit einer Drehung von der Periode 3 äquivalent ist, und umgekehrt, dass dagegen jede Rotation von der Grösse π zusammen mit gewissen anderen Rotationen derselben Grösse wiederum eine Drehung von der Periode 2 liefert[*]).

Welche Punkte bei den einzelnen Substitutionen fest bleiben, bestimmt sich am einfachsten dadurch, dass man zu den entsprechenden linearen Transformationen der durch (23) eingeführten Veränderlichen ξ_1, ξ_2 übergeht und mittelst derselben die festbleibenden Punktepaare auf dem Fundamentalkegelschnitte bestimmt; der dritte unverändert bleibende Punkt ist als Pol der Verbindungslinie dieser beiden leicht zu finden. Da die Gleichungen $x' = 0$ und $y' = 0$ Tangenten des Kegelschnittes darstellen, so müssen die rechten Seiten der ersten beiden Gleichungen (32) vermöge der Substitution (23) zu vollständigen Quadraten werden, und da $z' = 0$ die zugehörige Berührungssehne liefert, indem die Gleichung $x'y' + z'^2 = 0$ erfüllt wird, enthält die rechte Seite der dritten Gleichung (32) die beiden linearen Factoren, deren Quadrate in x', y' vorkommen; dadurch wird es bedingt, dass $\frac{x'}{z'}$ und $\frac{y'}{z'}$ lineare Functionen von ξ_1, ξ_2 werden. In der That haben wir

$$(\delta^2+\delta^3)\delta^\lambda\xi_1{}^2-(\delta+\delta^4)\delta^{-\lambda}\xi_2{}^2+2\xi_1\xi_2=(\delta^2+\delta^3)\delta^\lambda[\xi_1-(\delta+\delta^4)\delta^{-\lambda}\xi_2]^2,$$

$$(\delta+\delta^4)\delta^\lambda\xi_1{}^2-(\delta^2+\delta^3)\delta^{-\lambda}\xi_2{}^2+2\xi_1\xi_2=(\delta+\delta^4)\delta_1^\lambda[\xi_1-(\delta^2+\delta^3)\xi_2]^2,$$

$$\delta^\lambda\xi_1{}^2-\delta^{-\lambda}\xi_2{}^2+\xi_1\xi_2=\delta^\lambda[\xi_1-(\delta+\delta^4)\delta^{-\lambda}\xi_2][\xi_1-(\delta^2+\delta^3)\xi_2];$$

---

[*]) Man verfolgt die Angaben des Textes leicht genauer an einem Modelle des Ikosaëders, wie wir weiterhin noch erwähnen werden (vgl. unten Abschnitt XII). Näheres über die Zusammensetzung verschiedener Substitutionen findet man bei Schwarz a. a. O. und Klein (Vorlesungen über das Ikosaëder p. 24 ff.).

und hieraus erhalten wir *die den Gleichungen (32) entsprechenden binären Transformationen:*

$$(35) \qquad \frac{\xi_1{}'}{\xi_2{}'} = \delta^{-\varkappa} \frac{(\delta^2 + \delta^3)\,\xi_1 + \delta^{-\lambda}\,\xi_2}{\xi_1 - (\delta^2 + \delta^3)\,\delta^{-\lambda}\,\xi_2}.$$

In analoger Weise ergeben sich *die den Gleichungen (34) äquivalenten binären Substitutionen:*

$$(36) \qquad \frac{\xi_1{}'}{\xi_2{}'} = \delta^{-\varkappa} \frac{(\delta + \delta^4)\,\xi_1 + \delta^{-\lambda}\,\xi_2}{\xi_1 - (\delta + \delta^4)\,\delta^{-\lambda}\,\xi_2}.$$

Hierzu haben wir noch die aus (28) und (31) fliessenden Gleichungen

$$(37) \qquad \frac{\xi_1{}'}{\xi_2{}'} = \delta^{\mu}\,\frac{\xi_1}{\xi_2}, \quad \frac{\xi_1{}'}{\xi_2{}'} = -\,\delta^{-2\nu}\,\frac{\xi_2}{\xi_1}$$

hinzuzufügen, um in (35), (36) und (37) *alle 60 binären linearen Substitutionen* zu erhalten, welche die in (25) und (26) aufgestellten binären Formen f, H, T in sich überführen[*]).

Wir haben uns bei den endlichen Gruppen von Bewegungen länger aufgehalten, nicht nur, weil sie an sich hohes Interesse bieten, sondern auch besonders, weil sie mit mannigfachen anderen Untersuchungen in Beziehung stehen, nämlich nach Vorstehendem

1) mit der Theorie der gewöhnlichen regulären Körper und der Frage nach den endlichen Gruppen von Rotationen um einen Punkt in der gewöhnlichen Euclidischen Geometrie des Raumes;

2) mit der Theorie derjenigen binären algebraischen Formen, welche durch eine endliche Gruppe von linearen Substitutionen in sich übergehen, und mit der Frage nach diesen endlichen Gruppen selbst;

ausserdem aber auch, wie wir jetzt sehen werden,

3) mit der Frage nach den endlichen Gruppen von Bewegungen, im gewöhnlichen Sinne;

4) mit der Auflösung der algebraischen Gleichungen fünften Grades durch elliptische Modulfunctionen.

In der That ist das Studium der Gruppen von Bewegungen identisch mit dem Studium derjenigen linearen Transformationen des

---

[*]) Ohne Benutzung der von Klein zu Hülfe genommenen geometrischen Betrachtungen hat Gordan alle endlichen Gruppen von binären linearen Transformationen rein algebraisch bestimmt (Math. Annalen Bd. 12, p. 23 ff., 1877); vgl. auch Halphen, Crelle's Journal, Bd. 84 (1878) und Atti della Reale Accademia di Napoli, 1880, sowie Fuchs a. a. O.; ferner für weitere Litteraturangaben Klein, a. a O. p. 136.

Raumes, welche den imaginären Kugelkreïs ungeändert lassen; in der unendlich fernen Ebene hat man es daher wieder mit den von uns eingehend studirten Gruppen von Transformationen eines imaginären Kegelschnittes in sich zu thun*).

Was nun *die endlichen Gruppen von Bewegungen im elliptischen Raume* angeht, so sind dieselben durch die Aufstellung aller endlichen Gruppen linearer Transformationen im binären Gebiete mitbestimmt**). Wir haben nämlich gesehen (vgl. p. 371), dass sich alle Bewegungen in der nicht-Euclidischen Geometrie aus solchen linearen Transformationen der Fundamentalfläche in sich zusammensetzen lassen, bei denen das eine oder das andere System von Erzeugenden völlig ungeändert bleibt. Da sich die Erzeugenden jedes Systems rational durch einen Parameter darstellen lassen, sind die Transformationen dieser Art, welche sich auf dasselbe System von Erzeugenden beziehen, geradezu durch die linearen Transformationen des binären Gebietes dargestellt; weil ferner bei jeder Transformation das andere System nicht afficirt wird, sind die beiderlei Transformationen mit einander vertauschbar. Man wird sonach alle endlichen Gruppen von Bewegungen erhalten, indem man jede endliche Gruppe, welche aus den Transformationen der einen Art zu bilden ist, combinirt mit allen, aus den Transformationen der anderen Art zusammensetzbaren, endlichen Gruppen.

XI. Das zehnfach Brianchon'sche Sechseck und die Auflösung der Gleichungen fünften Grades.

In Rücksicht auf das allgemeine Interesse, welches die von Hermite und Kronecker zuerst bewerkstelligte Auflösung der Gleichungen fünften Grades erregt, sei es gestattet, auf den Zusammenhang derselben mit unseren obigen Betrachtungen noch näher hinzuweisen.

---

*) Vgl. die Note zu p. 372. Die Gruppen von Bewegungen im gewöhnlichen Raume stehen in engem Zusammenhange mit den regulären Gebietstheilungen des Raumes und dadurch mit der Theorie der Krystallsysteme; vgl. Sohncke: Entwickelung einer Theorie der Krystallstructur, Leipzig 1879, ferner Minnigerode: Untersuchungen über die Symmetrieverhältnisse der Krystalle, Nachrichten der K. Ges. d. Wissenschaften zu Göttingen 1884, 1885 und 1887; endlich Schönflies ebd. 1888.

**) Vgl. Klein, Math. Annalen, Bd. 9, p. 188.

Unter den fünfzehn Verbindungslinien unserer sechs Ausgangspunkte kann man sechs so auswählen, dass sie, in gewisser Weise zu Paaren geordnet, die Ecken des Sechsecks durch ihre Schnittpunkte gerade definiren; und die Gleichungen solcher sechs Linien lassen sich durch Combination von nur drei linearen Ausdrücken aufstellen. Bezeichnen wir nämlich kurz mit v den durch (18) definirten Punkt, so erhalten wir z. B. die Gleichungen der drei durch den Punkt δ^3, δ^2, $-\dfrac{3+\sqrt{5}}{4}$ gehenden Linien 0 - 3, 1 - 4, und der Verbindungslinie von 0, 0, 1 mit 2 bez. durch Nullsetzen der drei Ausdrücke

$$(38) \quad \begin{aligned} P' &= x + y - 2z(\delta + \delta^4), \quad Q' = \delta^4 x + \delta y - 2z(\delta + \delta^4), \\ A' &= \delta^2 x - \delta^{-2} y; \end{aligned}$$

hierbei ist $P' - Q' = (\delta - 1)\delta^2 A'$. Ebenso sind die Linien 1 - 3, 0 - 2 und die Verbindungslinie von 4 mit dem Punkte 0, 0, 1 durch die Gleichungen $R' = 0$, $S' = 0$, $B' = 0$ dargestellt, wenn

$$(39) \quad \begin{aligned} R' &= \delta^2 x + \delta^3 y - 2z(\delta + \delta^4), \quad S' = \delta x + \delta^4 y - 2z(\delta + \delta^4), \\ B' &= \delta^4 x - \delta^{-4} y. \end{aligned}$$

Diese drei Linien schneiden sich ebenfalls in einem der 10 Punkte (19); und die Gleichung der Verbindungslinie des letzteren mit dem gemeinschaftlichen Punkte der Geraden $P' = 0$, $Q' = 0$, $A' = 0$ ergibt sich, wenn man in der Gleichung $R' - \lambda S' = 0$ den Parameter λ so bestimmt, dass sie erfüllt wird für

$$x = \delta^3, \quad y = \delta^2, \quad z = -\frac{3+\sqrt{5}}{4}.$$

Nach einigen Umformungen erhält man die Gleichung dieser Verbindungslinie in der Form $M = 0$, wenn

$$(40) \quad \begin{aligned} M = {}& x(\delta - 2\delta^3 + 1) + y(\delta^4 - 2\delta^2 + 1) \\ & - 2z(\delta + \delta^4 - \delta^2 - \delta^3)(1 - \delta - \delta^4). \end{aligned}$$

Nach Einführung von M werden die Gleichungen von $R' = 0$ und $S' = 0$ bez.

$$M + (\delta - 1)\delta^2(2 - \delta^2 - \delta^3)B' = 0,$$
$$M + (\delta - 1)\delta^2 \sqrt{5}\, B' = 0,$$

wobei $\sqrt{5} = \delta + \delta^4 - \delta^2 - \delta^3$. Setzen wir also

$$B = (\delta - 1)\delta^2(2 - \delta^2 - \delta^3)B', \quad m = \frac{1+\sqrt{5}}{2},$$

so erscheinen die Gleichungen der Linien (39) in der Form

$$(41) \quad B + M = 0, \quad B + mM = 0, \quad B = 0.$$

In analoger Weise ergeben sich die Gleichungen der Linien (38), nämlich:

$$(42) \qquad A + M = 0, \quad A + mM = 0, \quad A = 0,$$

wenn

$$A = (\delta - 1)\delta^2(2 - \delta^2 - \delta^3)A',$$

während M und m ebenso wie vorhin definirt sind. So erhalten wir*) den Punkt $0, 0, 1$ durch den Schnitt d. Linien $A = 0$ u. $B = 0$,

„ „ 0 „ „ „ „ „ $A + M = 0$ „ $B + mM = 0$,

„ „ 1 „ „ „ „ „ $A + mM = 0$ „ $B + M = 0$,

„ „ 2 „ „ „ „ „ $A = 0$ „ $B + mM = 0$,

„ „ 3 „ „ „ „ „ $A + M = 0$ „ $B + M = 0$,

„ „ 4 „ „ „ „ „ $A + mM = 0$ „ $B = 0$.

Sind die Ecken unseres Sechsecks nicht einzeln, sondern nur in ihrer Gesammtheit gegeben, so kommt es darauf an, sie von einander zu trennen; und *dies geschieht durch Lösung derjenigen Gleichung sechsten Grades, welche die Verbindungslinien eines beliebigen Punktes der Ebene mit den sechs Ecken bestimmt.* Dieser Gleichung kommen, wie wir zeigen wollen, jene besonderen Eigenschaften zu, die unser Interesse in Anspruch nehmen; *sie hat nämlich eine Resolvente fünften Grades und ist durch elliptische Modulfunctionen lösbar, wodurch dann umgekehrt die Auflösung der Gleichungen fünften Grades vermittelt wird.* Andererseits wird hierdurch auch die Bestimmung der Wurzeln einer jeden Gleichung zwölften Grades gegeben, welche durch eine Gruppe von linearen Transformationen in sich übergeführt wird, denn diese Wurzeln werden auf dem Fundamentalkegelschnitte durch seine Schnittpunkte mit den Polaren obiger sechs Ecken dargestellt.

Eliminirt man aus einem der sechs Paare von Gleichungen, die wir mittelst der linearen Ausdrücke (41) und (42) bildeten, und aus der Gleichung $ux + vy + wz + 1 = 0$ die Veränderlichen x, y, z, so erhält man die Gleichung einer der sechs Ecken. Die so entstehenden Gleichungen haben die Form

$$U = 0, \quad U + mV + W = 0, \quad U + V + mW = 0,$$
$$U + mV = 0, \quad U + V + W = 0, \quad U + mW = 0.$$

---

*) Diese Darstellung ist eine einfache Folge der besonderen, im zehnfach Brianchon'schen Sechsecke vorliegenden Configuration von Punkten; man kann zu ihr gelangen (und so geschieht es bei Clebsch, a. a. O.), ohne die Coordinaten der sechs Ecken und die Gleichungen ihrer Verbindungslinien explicite aufzustellen.

Setzt man hierin endlich

$$u = u_0 + \lambda u_1, \quad v = v_0 + \lambda v_1, \quad w = w_0 + \lambda w_1,$$

so entstehen Gleichungen für die sechs Parameter λ derjenigen Strahlen, welche den Schnittpunkt der Geraden u_0, v_0 und u_1, v_1 mit den Ecken des Sechsecks verbinden. Bezeichnen wir sie der Reihe nach mit λ_1, λ_2, λ_3, λ_4, λ_5, λ_6 und mit U_i, V_i, W_i das, was aus U, V, W entsteht, wenn man u, v bez. durch u_i, v_i ersetzt, so haben wir die Gleichungen:

$$
\begin{aligned}
(U_0 + \lambda_1 U_1) &&&&= 0,\\
(U_0 + \lambda_2 U_1) &+ m(V_0 + \lambda_2 V_1) &+& \;\;(W_0 + \lambda_2 W_1) &= 0,\\
(U_0 + \lambda_3 U_1) &+ \;\;(V_0 + \lambda_3 V_1) &+& m(W_0 + \lambda_3 W_1) &= 0,\\
(U_0 + \lambda_4 U_1) &+ m(V_0 + \lambda_4 V_1) &&&= 0,\\
(U_0 + \lambda_5 U_1) &+ \;\;(V_0 + \lambda_5 V_1) &+& \;\;(W_0 + \lambda_5 W_1) &= 0,\\
(U_0 + \lambda_6 U_1) &&+& m\,(W_0 + \lambda_6 W_1) &= 0.
\end{aligned}
$$

Eliminirt man aus diesen Gleichungen die sechs Grössen U_0, V_0, W_0, U_1, V_1, W_1, so erhält man eine Beziehung zwischen den λ, deren Gültigkeit unabhängig davon ist, von welchem Punkte der Ebene aus man die sechs Strahlen gezogen hat. Diese Beziehung wird

$$
\begin{vmatrix}
1 & \lambda_1 & 0 & 0 & 0 & 0 \\
1 & \lambda_2 & m & m\lambda_2 & 1 & \lambda_2 \\
1 & \lambda_3 & 1 & \lambda_3 & m & m\lambda_3 \\
1 & \lambda_4 & m & m\lambda_4 & 0 & 0 \\
1 & \lambda_5 & 1 & \lambda_5 & 1 & \lambda_5 \\
1 & \lambda_6 & 0 & 0 & m & m\lambda_6
\end{vmatrix} = 0.
$$

Da $m^2 - m - 1 = 0$ ist, so findet man leicht, dass die letzte Gleichung sich in folgende umsetzen lässt:

$$
\begin{aligned}
(43)\quad & \lambda_4\lambda_6\lambda_2 + \lambda_4\lambda_6\lambda_3 + \lambda_4\lambda_5\lambda_2 + \lambda_6\lambda_5\lambda_3 + \lambda_4\lambda_5\lambda_1 \\
& + \lambda_6\lambda_5\lambda_1 + \lambda_4\lambda_3\lambda_1 + \lambda_6\lambda_2\lambda_1 + \lambda_2\lambda_3\lambda_1 + \lambda_5\lambda_2\lambda_3 \\
& - \lambda_4\lambda_6\lambda_5 - \lambda_4\lambda_6\lambda_1 - \lambda_4\lambda_5\lambda_3 - \lambda_6\lambda_5\lambda_2 - \lambda_4\lambda_2\lambda_3 \\
& - \lambda_6\lambda_2\lambda_3 - \lambda_4\lambda_2\lambda_1 - \lambda_6\lambda_3\lambda_1 - \lambda_5\lambda_2\lambda_1 - \lambda_5\lambda_3\lambda_1 = 0.
\end{aligned}
$$

Der Ausdruck links ist die einfachste Combination der Wurzeln λ, welche die Eigenschaft hat, durch Vertauschung derselben nur sechs Paare von gleichen und entgegengesetzten Werthen anzunehmen. Von ihr hat Joubert*) gezeigt, dass das Product der sechs Werthe,

---

*) Vgl. Comptes rendus, 1867.

welche der Ausdruck für positive Permutationen der Wurzeln annimmt, sich durch eine Invariante der Form sechster Ordnung

$$F = (x_1 - \lambda_1 x_2)(x_1 - \lambda_2 x_2)(x_1 - \lambda_3 x_2)(x_1 - \lambda_4 x_2)(x_1 - \lambda_5 x_2)(x_1 - \lambda_6 x_2)$$

ausdrückt, was hier ohne Beweis mitgetheilt werden möge. Setzen
wir nämlich symbolisch

$$F = a_x^6 = b_x^6 = \cdots$$

und bilden die Covarianten und Invarianten

$$A = (ab)^6, \quad i = (ab)^4 a_x^2 b_x^2 = i_x^4,$$
$$B = (ii')^4, \quad \Gamma = (ii')^2(i'i'')^2(i''i)^2,$$

so wird das Verschwinden eines der Ausdrücke, welche aus (43)
mittelst der erwähnten Permutationen zu bilden sind, durch das Verschwinden der Invariante

$$(44) \qquad\qquad 125\,\Gamma - 75AB - 6A^3$$

angezeigt. Demnach haben wir folgenden, für unser Sechseck
charakteristischen Satz:

*Alle Systeme von sechs Strahlen, welche von Punkten der Ebene
nach den Ecken eines zehnfach Brianchon'schen Sechsecks gezogen
werden können, haben die Eigenschaft, dass für die durch sie repräsen-
tirten Formen sechster Ordnung die Invariante (44) verschwindet.*

Die den sechs Strahlen entsprechende Gleichung sechsten Grades
besitzt im vorliegenden Falle eine Resolvente sechsten Grades, welche
infolge der Gleichung (43) eine Wurzel Null hat und sich demnach
auf eine Gleichung fünften Grades reducirt. *Umgekehrt ist die Lösung
der letzteren auf die Bestimmung der sechs Grössen λ zurückgeführt;
und diese wieder geschieht mittelst der elliptischen Functionen;* denn es
lassen sich durch Lösung quadratischer und cubischer Hülfsgleichungen
unendlich viele Punkte der Ebene bestimmen (wie wir sogleich sehen
werden), für welche die von ihnen ausgehenden sechs Strahlen eine
binäre Form F mit verschwindender Invariante A, also auch, wegen
(44), mit verschwindendem Γ repräsentiren, und andererseits hat
Gordan*) gezeigt, dass jede Gleichung sechsten Grades, deren Invarianten A und Γ Null sind, durch eine lineare Transformation, zu
deren Auffindung die Lösung einer Gleichung vierten Grades nöthig
wird, in die Modulargleichung der Transformation fünfter Ordnung

---

*) Vgl. Annali di matematica, serie II, t. 2, sowie Clebsch, Theorie der
binären algebraischen Formen, p. 458.

der elliptischen Functionen übergeführt werden kann, d. h. in eine Gleichung, deren Lösung als bekannt angenommen werden darf*).

Wir gehen jetzt dazu über, die besprochenen Verhältnisse an unserem Coordinatensysteme näher zu erörtern. Die Gleichung der sechs Fundamentalpunkte ist

$$w \left(u + v + \tfrac{1}{2} w \right) \prod_{\nu=1}^{\nu=4} \left(u \delta^{-\nu} + v \delta^{\nu} + \tfrac{1}{2} w \right) = 0,$$

oder, wie man durch Ausführung der Multiplicationen leicht bestätigt,

$$(45) \qquad \Omega_0{}^3 - \Omega_1 = 0,$$

wo

$$(46) \qquad \begin{aligned} \Omega_0 &= uv + \tfrac{1}{4} w^2, \\ \Omega_1 &= u^3 v^3 - \tfrac{1}{2} u^2 v^2 w^2 + \tfrac{1}{2} uvw^4 - \tfrac{1}{2} (u^5 + v^5) w. \end{aligned}$$

Aus der linken Seite von (45) erhalten wir die obige binäre Form F mittelst der Substitution

$$(46\,a) \quad u = \varkappa_1 u_0 + \varkappa_2 u_1, \quad v = \varkappa_1 v_0 + \varkappa_2 v_1, \quad w = \varkappa_1 w_0 + \varkappa_2 w_1.$$

Um nun den Ort der Punkte zu finden, für welche die Invariante A verschwindet, berechnen wir dieselbe nicht direct aus den Coëfficienten von F, sondern schlagen einen indirecten Weg ein, bei dem wir zugleich eine Resolvente fünften Grades von $F = 0$ kennen lernen werden. Es ist nämlich besonders bemerkenswerth, dass *die Existenz einer solchen Resolvente aus unserer Figur des zehnfach Brianchon-schen Sechsecks ganz von selbst hervorgeht;* und hierin liegt der wesentliche Vortheil unserer geometrischen Betrachtung. Gehen wir von irgend einem der fünfzehn einfachen Schnittpunkte (20) und (21) aus, so werden die beiden sich in ihm unter rechtem Winkel begegnenden Geraden von der Polare des Punktes zu einem Dreiecke ergänzt, welches Polardreieck in Bezug auf den Fundamentalkegelschnitt (17) ist, und auf dessen Seiten sich je zwei unserer sechs Ausgangspunkte befinden. *Aus den fünfzehn Verbindungslinien kann man fünf solcher Dreiecke bilden, und der Aufsuchung derselben entspricht die Lösung der erwähnten Resolvente fünften Grades**).*

---

*) In vorstehender Weise hat Clebsch (Math. Annalen, Bd. 4, 1871) die Auflösung der Gleichungen fünften Grades mit der Figur des zehnfach Brianchon'schen Sechsecks in Verbindung gebracht.

**) In dieser Weise hat Clebsch die Existenz der Resolvente fünften Grades zuerst geometrisch gedeutet (a. a. O.); nur bildet er diese Dreiecke nicht

Die Gleichungen dieser fünf Dreiecke findet man mit Hülfe der obigen Tabellen (13) und (14) und der Gleichungen (22) leicht in folgender Gestalt:

$$(\delta^\lambda x - \delta^{-\lambda} y)\left[(1 + \sqrt{5})z + \delta^\lambda x + \delta^{-\lambda} y\right]\left[(1 - \sqrt{5})z + \delta^\lambda x + \delta^{-\lambda} y\right] = 0$$

für $\lambda = 0, 1, 2, 3, 4$; und nach Auflösung der Klammern erscheinen sie in der Form $y_\nu = 0$, wenn

$$(47) \qquad y_\nu = \delta^\nu P_1 + \delta^{2\nu} P_2 + \delta^{3\nu} P_3 + \delta^{4\nu} P_4$$

gesetzt wird (für $\nu = 0, 1, 2, 3, 4$), und wenn weiter:

$$P_1 = -x(4z^2 - xy), \quad P_2 = 2zx^2 - y^3,$$
$$P_3 = -2zy^2 + x^3, \quad P_4 = y(4z^2 - xy).$$

Die Gleichungen $y_\nu = 0$ stellen fünf Curven dritter Ordnung dar, auf welchen die Ecken unseres Sechsecks sich befinden; da aber durch sechs Punkte nur eine dreifach unendliche lineare Schaar solcher Curven hindurchgeht, so muss zwischen den Ausdrücken (47) eine lineare Relation bestehen; und in der That findet man leicht

$$(48) \qquad y_1 + y_2 + y_3 + y_4 + y_5 = 0.$$

Ferner muss zwischen je vier dieser Ausdrücke, da dieselben ganze homogene Functionen dritten Grades in x, y, z sind, eine Identität dritten Grades bestehen; in der That ist identisch

$$(49) \qquad y_1^3 + y_2^3 + y_3^3 + y_4^3 + y_5^3 = 0.$$

Die Relationen (48) und (49) lehren uns bereits zwei symmetrische Functionen der y_ν kennen, wodurch die Aufstellung einer von den Grössen (47) befriedigten Gleichung fünften Grades erleichtert wird. Die Berechnung der fehlenden symmetrischen Functionen führt zu dem Resultate

$$(50) \qquad y^5 + 10 X_1 y^3 + 5(9 X_1^2 - X_0 X_2)y - D = 0,$$

worin*):

---

unmittelbar an unserer ebenen Figur, sondern auf einer gewissen Fläche dritter Ordnung, deren eindeutige Abbildung durch das von uns studirte besondere Sechseck wesentlich vermittelt wird. Ueberträgt man unsere Figur dualistisch auf ein Ebenenbündel, so treten beim Ikosaëder fünf Tripel von ausgezeichneten Ebenen auf, deren Existenz Klein seinerseits bemerkte, und zur Interpretation der Resolvente fünften Grades benutzte. — Geht man von dem regulären Fünfecke aus (vgl. oben die Note zu p. 587), so geht eine Seite eines jeden der fünf Dreiecke durch den Mittelpunkt des Fünfecks; die anderen beiden stehen zu ihr senkrecht.

*) Diese Ausdrücke wurden von Brioschi berechnet, Annali di matematica, Serie 1, 1858.

$$X_0 = z^2 + xy,$$
$$X_1 = 8z^4 xy - 2z^2 x^2 y^2 + x^3 y^3 - z(x^5 + y^5),$$
$$X_2 = 320 z^6 x^2 y^2 - 160 z^4 x^3 y^3 + 20 z^2 x^4 y^4 + 6 x^5 y^5$$
$$\qquad - 4z(x^5 + y^5)(32 z^4 - 20 z^2 xy + 5 x^2 y^2) + x^{10} + y^{10},$$
$$D = (x^5 - y^5)(x^5 y^5 - 100 x^4 y^4 z^2 + 1200 x^3 y^3 z^4$$
$$\qquad - 3840 x^2 y^2 z^6 + 3840 xy z^8 - 1024 z^{10})$$
$$\qquad + z(x^{10} - y^{10})(10 x^2 y^2 - 160 xy z^2 + 352 z^4) + (x^{15} - y^{15}).$$

(51)

Man bemerkt, dass die Ausdrücke X_0, X_1 aus Ω_0, Ω_1 entstehen, wenn man unter x, y, z den Pol der Linie u, v, w in Bezug auf den Fundamentalkegelschnitt versteht. Die Gesammtheit der fünf Dreiecke, d. h. unserer fünfzehn Verbindungslinien, ist durch die Gleichung $D = 0$ dargestellt. *Eine Wurzel der Gleichung* (50), *gleich Null gesetzt, gibt die Gleichung eines der fünf Dreiecke.*

Diese Dreiecke stehen zu den Ecken unseres Sechsecks in einer durch lineare Transformationen unzerstörbaren Beziehung. Die symmetrischen Functionen der y_ν sind daher nothwendig Covarianten der linken Seite von (45) und gehen bei den sechzig Transformationen unserer Gruppe in sich über. Jede solche Covariante muss den Kegelschnitt $X_0 = 0$ in Punkten schneiden, welche auf dem Kegelschnitte binäre Covarianten unserer Form zwölfter Ordnung f darstellen. Die letztere hat nun keine von f verschiedene Covariante zwölfter Ordnung; jede für uns in Betracht kommende ternäre Covariante sechster Ordnung unterscheidet sich daher von

$$(52) \qquad 10 X_1 = -\frac{1}{2}\left(y_1^2 + y_2^2 + y_3^2 + y_4^2 + y_5^2\right)$$

nur um Glieder, welche den Factor X_0 enthalten. Fragen wir andererseits nach solchen Punkten, deren Verbindungslinien mit den Ecken des Sechsecks binäre Formen F mit verschwindender Invariante A darstellen, d. h. nach Punkten, von welchen an die Curve (45) sechs Tangenten mit verschwindender Invariante A gelegt werden können, so lässt sich der Ort dieser Punkte nach dem bekannten Uebertragungsprincipe*) leicht darstellen. Sei nämlich symbolisch

$$\Omega_0{}^3 - \Omega_1 = u_\alpha{}^6 = u_\beta{}^6,$$

so ist unmittelbar

$$(53) \qquad\qquad (\alpha\beta x)^6 = 0$$

die Gleichung der gesuchten Curve in homogenen Coordinaten x_1, x_2, x_3. Diese Curve ist also von der sechsten Ordnung, und die

---

*) Vgl. Bd. I, p. 275 ff.

linke Seite ihrer Gleichung demnach von X_1 höchstens um Glieder
verschieden, die den Factor X_0 enthalten, und zwar muss man haben
$$(54) \qquad (\alpha\beta x)^6 = k X_1 + l X_0{}^3,$$
wenn unter k, l Constante verstanden werden. Nun lässt sich die
linke Seite von (53) auch als simultane Invariante der linearen Formen u_x, u_A, u_B, ... darstellen, wenn $u_A = 0$, $u_B = 0$, ... die Gleichungen der sechs Ecken sind. Folglich ist $(\alpha\beta x)^6$ gleich einer
Summe von Producten aus je sechs Factoren vom Typus (ABx) und
aus anderen Factoren, welche x nicht enthalten. Diese Summe enthält nothwendig jede der Reihen A, B, ... zur zweiten Dimension;
irgend eine der Reihen kommt also in jedem Producte zweimal mit
den x_i in einer Determinante vereinigt vor. Setzen wir also die x_i
z. B. gleich den A_i, so verschwindet $(\alpha\beta x)^6$ von der zweiten Ordnung.
Die Curve (53) *hat daher in jeder unserer sechs Ecken einen Doppelpunkt;* dieselbe Eigenschaft kommt der Curve $X_1 = 0$ zu, und folglich ist in (54) $l = 0$ zu nehmen, d. h. *der Ausdruck X_1 ist bis auf
einen Zahlenfactor gleich der Invariante* A *derjenigen binären Form F,
welche aus* (45) *durch die Substitution* (46a) *hervorgeht.*

Um nun Punkte der Curve $X_1 = 0$ zu finden, haben wir Werth-
systeme y_ν zu suchen, welche den Gleichungen (48), (49) genügen und
gleichzeitig den Ausdruck (52), d. h. $\Sigma y_\nu{}^2$, zum Verschwinden bringen.
Eliminiren wir mittelst (48) etwa y_5, so haben wir einen Punkt derjenigen Raumcurve zu suchen, in welcher sich die Flächen zweiter,
bez. dritter Ordnung $\Sigma y_\nu{}^2 = 0$ und $\Sigma y_\nu{}^3 = 0$ schneiden. Vermöge
einer quadratischen Gleichung werden unendlich viele Erzeugende
der Fläche zweiter Ordnung gegeben, und auf jeder findet man dann
drei Punkte jener Raumcurve durch Lösung einer cubischen Gleichung.
Jedem Punkte y unserer Fläche dritter Ordnung entspricht*) vermöge (47) ein Punkt x, y, z; denn ein solcher Punkt wird durch
drei lineare Gleichungen zwischen den y_ν dargestellt, und diese geben
in unserer Ebene drei Curven dritter Ordnung, welchen ausser den
sechs Ausgangspunkten noch ein Punkt gemeinsam ist. Die Bestimmung des letzteren geschieht also durch rationale Operationen.
*Hiermit haben wir gezeigt, dass es in der That möglich ist, durch Auf-
lösung von nur quadratischen und cubischen Gleichungen unendlich viele
Punkte der Curve* A $= 0$ *oder* $X_1 = 0$ *zu finden. Diese Betrachtung
besteht unabhängig davon, dass bei ihr die Wurzeln unserer Hülfsgleichung* (50) *benutzt wurden.* Sind nämlich die sechs Ausgangs-

---

*) Das genauere Studium der besonderen Fläche dritter Ordnung, deren
eindeutige Abbildung auf die Ebene hier vorkommt, wird uns in einem späteren
Theile des vorliegenden Werkes beschäftigen (vgl. Clebsch, a. a. O.).

punkte nur in ihrer Gesammtheit durch eine Gleichung $u_a{}^6 = 0$ gegeben, so lege man durch sie **vier beliebige Curven dritter Ordnung** $\eta_1 = 0$, $\eta_2 = 0$, $\eta_3 = 0$, $\eta_4 = 0$ hindurch; es kann dies durch rationale Operationen geschehen, weil dabei nur symmetrische Functionen der Coordinaten der sechs Punkte benutzt werden. Die η_i sind dann lineare homogene Functionen der y_ν; zwischen ihnen besteht also eine Identität zweiten und eine solche dritten Grades, d. h. wir haben wieder die Schnittcurve einer Fläche zweiter, und einer Fläche dritter Ordnung vor uns; und diese Curve wird durch die Functionen η_i eindeutig auf unsere Ebene abgebildet.

Auch die Aufstellung der Gleichung fünften Grades (50) *erweist sich bei näherer Betrachtung als unabhängig von der benutzten kanonischen Form.* Der Ausdruck X_1 ist nach (54) bereits bis auf einen constanten Factor bekannt; ebenso D, denn die Curve $D = 0$ stellt unsere 15 Verbindungslinien dar, ergibt sich also als Ort der Punkte, von welchen man zwei zusammenfallende Tangenten an die Curve $u_\alpha{}^6 = 0$ legen kann; man hat zu dem Zwecke die Discriminante der obigen binären Form F zu bilden und die symbolischen Factoren vom Typus (ab) nach dem bekannten Uebertragungsprincipe in solche vom Typus $(\alpha\beta x)$ zu verwandeln. X_2 endlich bestimmt sich aus D, X_0, X_1 vermöge der Identität

$$(55) \qquad \begin{aligned} D^2 = & - 1728\,X_1{}^5 + 720\,X_0 X_1{}^3 X_2 - 80\,X_0{}^2 X_1 X_2{}^2 \\ & + 64\,X_0{}^3(5X_1{}^2 - X_0 X_2) + X_2{}^3, \end{aligned}$$

deren Richtigkeit man mittelst der Gleichungen (51) nachweist. Die Bestimmung der constanten Factoren ergibt sich in folgender Weise. Man bringe zuerst die gegebene Gleichung $u_a{}^6 = 0$ auf die Form (45), wodurch Ω_0 und Ω_1 gefunden werden; man setze hierin u, v, w gleich den Coordinaten der Polare des Punktes x, y, z in Bezug auf $X_0 = 0$, dann geht Ω_0 in X_0, Ω_1 in X_1 über. Setzen wir ferner x, y, z gleich solchen quadratischen Functionen von $\varkappa_1$, $\varkappa_2$, dass die Gleichung $X_0 = 0$ identisch erfüllt wird, so geht X_1 in unsere binäre Form zwölfter Ordnung $-f$ über, gleichzeitig X_2 in deren Hesse'sche Determinante $-144H$ und D in die Covariante $12\,T$. Da nun die Bildungsgesetze von H, T aus f allgemein bekannt sind, so unterliegt auch die vollständige Berechnung von X_2 und D keinen Schwierigkeiten. Die angegebene Identität (55) liefert dann natürlich die in (27) gefundene Relation zwischen f, H, T. Die Berechnung von X_2 kann in einfacherer Weise geschehen, indem man die Gleichung der zwölf Tangenten aufstellt, die von den Punkten $u_a{}^6 = 0$ an den Kegelschnitt zu legen sind. Wir kommen darauf sogleich noch zurück.

Die Zusammenfassung unserer letzten Betrachtungen ergibt Folgendes: Die Auflösung der Gleichung sechsten Grades, welche aus (45) durch die Substitution (46a) hervorgeht, kann dadurch geschehen, dass man den Schnittpunkt der Linien u_0, v_0, w_0 und u_1, v_1, w_1 auf die Curve $X_1 = 0$ legt (wozu nur algebraisch lösbare Gleichungen nöthig sind) und dann gemäss der Theorie der elliptischen Functionen verfährt. Damit ist auch gleichzeitig die Gleichung fünften Grades (50) gelöst. *Umgekehrt kann also die Lösung jeder Gleichung fünften Grades, in welcher die vierte und zweite Potenz der Unbekannten nicht vorkommt, durch elliptische Functionen bewerkstelligt werden.* Die allgemeine Gleichung fünften Grades ist zuvor in diese specielle Form überzuführen, und dies kann durch eine nicht lineare Transformation geschehen, bei der auch nur algebraisch lösbare Gleichungen zur Anwendung kommen[*]).

Es bleibt uns nur noch übrig, unsere aus (45) zu bildende Gleichung sechsten Grades mit anderen Resolventen desselben Grades in Verbindung zu bringen, die bei den Gleichungen fünften Grades aufgestellt zu werden pflegen. Eine Wurzel unserer Gleichung war

$$\varkappa = \frac{\varkappa_1}{\varkappa_2} = - \frac{u_1 x + v_1 y + w_1 z}{u_0 x + v_0 y + w_0 z},$$

wenn x, y, z die Coordinaten einer Ecke unseres Sechsecks bedeuten. Zunächst kann man eine wesentliche Vereinfachung dadurch erreichen, dass man die beiden Linien u_0, v_0, w_0 zu Tangenten des Kegelschnittes $\Omega_0 = 0$ macht, was die Lösung einer Hülfsgleichung zweiten Grades erfordert. Zu einer anderen Resolvente sechsten Grades gelangen wir durch Verbindung des Schnittpunktes beider Strahlen mit den Berührungspunkten x', y', z' und x'', y'', z'' der beiden von der Ecke x, y, z ausgehenden Tangenten. Sind λ', λ'' die Parameter dieser Verbindungslinien, so ist

$$\lambda' = - \frac{u_1 x' + v_1 y' + w_1 z'}{u_0 x' + v_0 y' + w_0 z'}, \qquad \lambda'' = - \frac{u_1 x'' + v_1 y'' + w_1 z''}{u_0 x'' + v_0 y'' + w_0 z''}.$$

Das Product $\lambda = \lambda' \lambda''$ genügt natürlich wiederum einer Gleichung

---

[*]) Es geschieht dieses in bekannter Weise durch eine sogenannte Tschirnhausen'sche Transformation. — Man kann die Frage aufwerfen, ob nicht in ähnlicher Weise auch höhere Gleichungen durch transscendente Functionen lösbar seien. Nach den Untersuchungen des Herausgebers (Göttinger Nachrichten 1884) ist eine solche Lösung in der That mittelst hyperelliptischer Functionen möglich, wobei die Periodicitätsmoduln als Integrale linearer Differentialgleichungen mit rationalen Coëfficienten und mit bekannten singulären Punkten nach den Methoden von Riemann und Fuchs aufzufinden sind.

sechsten Grades, die man allgemein aufstellen kann. Die Gleichung $\Omega_0 = 0$ lässt sich auf die Form

$$(ux' + vy' + wz')(ux'' + vy'' + wz'') + (ux + vy + wz)^2 = 0$$

transformiren. Verstehen wir also insbesondere unter u_0, v_0, w_0 und u_1, v_1, w_1 wieder Tangenten von $\Omega_0 = 0$, so wird

$$(56) \qquad \lambda = \left(\frac{u_1 x + v_1 y + w_1 z}{u_0 x + v_0 y + w_0 z}\right)^2 = \varkappa^2.$$

Es ist nun sehr bemerkenswerth, dass sich für den Zähler und Nenner von λ *einzeln* eine Gleichung sechsten Grades aufstellen lässt, deren Coëfficienten in übersichtlicher Weise zu bilden sind, und zwar für ganz beliebige Werthe von u, v, w. Die Wurzeln dieser Gleichung sollen also durch die Ausdrücke

$$\mu_\infty = \frac{w^2}{4}, \qquad \mu_\nu = \left(\delta^{-\nu} u + \delta^\nu v + \frac{1}{2} w\right)^2$$

(wo $\nu = 0, 1, 2, 3, 4$) gegeben werden. Führen wir noch, um mit den gebräuchlichen Formeln in Uebereinstimmung zu bleiben, statt der Linie u, v, w ihren Pol x, y, z ein, d. h. ersetzen wir u, v, $\frac{1}{2} w$ bez. durch y, x, z, so haben wir für die sechs Grössen

$$(57) \qquad \Lambda_\infty = 5z^2, \qquad \Lambda_\nu = (\delta^\nu x + \delta^{-\nu} y + z)^2$$

durch Bildung der symmetrischen Functionen eine Gleichung sechsten Grades aufzustellen; und die Ausführung der Rechnung führt zu dem Resultate

$$(58) \qquad \begin{aligned} (\Lambda - X_0)^6 &- 4 X_0 (\Lambda - X_0)^5 + 10 X_1 (\Lambda - X_0)^3 - X_2 (\Lambda - X_0) \\ &+ 5 X_1{}^2 - X_0 X_2 = 0, \end{aligned}$$

in welchem wiederum die in (51) definirten Ausdrücke X_0, X_1, X_2 vorkommen. Für $\Lambda = 0$ geht die linke Seite über in $(X_0{}^3 - X_1)^2 = 0$, stellt also nach (45) die Gesammtheit der je doppelt gezählten Polaren unserer sechs Ecken dar; in der That ist auch durch eine Gleichung $\sqrt{\Lambda_\nu} = 0$ eine von diesen sechs Polaren gegeben. Gleichungen sechsten Grades, deren Wurzeln sich gemäss (57) durch drei willkürliche Grössen x, y, z ausdrücken lassen, werden als Jacobi'sche Gleichungen bezeichnet, weil Jacobi auf dieselben in der Multiplicatortheorie der elliptischen Functionen geführt wurde. Dass jede Gleichung (58) durch elliptische Functionen lösbar ist, geht bereits aus unseren vorhergehenden Untersuchungen hervor, denn die Bestimmung der sechs erwähnten Polaren hängt auch nur von unserer früheren, aus (45) abzuleitenden Gleichung sechsten Grades ab*).

---

*) Nach Brioschi führt die Annahme $X_1 = 0$ im wesentlichen direct auf die Multiplicatorgleichung, die Annahme $X_0 = 0$ dagegen auf die Modular-

Die genaue Aufstellung der den Zusammenhang vermittelnden Formeln können wir hier unterlassen. Es sei nur darauf hingewiesen, dass die Gleichung (50) natürlich auch für (58) als Resolvente zu betrachten ist; *handelt es sich nun um Auflösung einer gegebenen Gleichung fünften Grades von der Form* (50), *so gewährt die Benutzung von* (58) *den grossen Vortheil, dass die Coëfficienten der letzteren in besonders einfacher Weise von denjenigen der ersteren abhängen.*

Die durch die Annahme $X_0 = 0$ zu erreichende Vereinfachung entspricht dem Umstande, dass man die Linie u, v, w in unserer früheren Betrachtung zur Tangente des Kegelschnittes $\Omega_0 = 0$ macht.

Wir benutzen endlich die Gleichung (58), um *eine vom Coordinatensysteme unabhängige Regel zur Berechnung des Ausdruckes X_2 anzugeben.* Die Verschwindungspunkte der binären Form f liegen nach Obigem in den 12 Schnittpunkten der Curve $(\alpha\beta x)^6 = 0$ (oder $X_1 = 0$) mit dem Kegelschnitte $a_x{}^2 = 0$ (oder $X_0 = 0$); die Gesammtheit der Tangenten des letzteren in ihnen ergibt sich also durch Elimination der x_i aus den drei Gleichungen

$$(\alpha\beta x)^6 = 0, \quad a_x{}^2 = 0, \quad a_x a_y = 0.$$

Das Resultat der Elimination kann in der Form $L = 0$ als bekannt betrachtet werden*). Andererseits ist $xy = 0$ die Gleichung eines Paares zusammengehöriger Tangenten, oder, wenn wir die Wurzeln von (58) benutzen: $\Lambda_\infty - 5X_0 = 0$. Daher erhält man für unser specielles Coordinatensystem die Gleichung $L = 0$, indem man in (58) $\Lambda = 5X_0$ einträgt. Auf diese Weise kommt**)

$$(59) \qquad X_1{}^2 - X_0 X_2 + 128 X_0{}^3 X_1 = 0.$$

Der durch die angegebene Elimination gefundene Ausdruck L ist

gleichung der elliptischen Functionen; derselbe hat seine früheren Untersuchungen über Gleichungen fünften Grades in Bd. 13 der Math. Annalen zusammenfassend dargestellt. Auf den Fall $X_0 = 0$ beziehen sich die ursprünglichen Untersuchungen von Kronecker (Brief an Hermite, Comptes rendus, 1858 und Monatsberichte der Berliner Akademie, 1861). In beiden Fällen erhält man aus (50) besondere Gleichungen fünften Grades, deren Auflösung auf (58) zurückgeführt ist. Hermite war von der noch einfacheren Gleichung

$$t^5 - t - a = 0$$

(der sog. Jerrard'schen oder Bring'schen Form) ausgegangen, welche stets durch eine Tschirnhausen'sche Transformation mit Hülfe von auflösbaren Gleichungen erreichbar ist; vgl. Comptes rendus, 1858. Nähere Literaturangaben findet man bei Klein a. a. O.

   *) Clebsch hat eine allgemeine Methode zur Ausführung solcher Eliminationen gegeben: Crelle's Journal, Bd. 58, 1860.

   **) Vgl. Klein, Math. Annalen, Bd. 12, p. 535.

also bis auf einen Factor mit der linken Seite von (59) identisch. Da nun X_0 und X_1 bereits bekannt waren, kann hieraus X_2 linear berechnet werden.

XII. Die Darstellung der binären Formen auf der Kugelfläche.

Bei unseren Betrachtungen über die endlichen Gruppen von Bewegungen in der elliptischen Geometrie haben wir wiederholt von der Darstellung binärer algebraischer Formen durch die Punkte eines Kegelschnittes Gebrauch gemacht. Fiel der letztere mit dem imaginären Kugelkreise der Euclidischen Geometrie zusammen, so war es vortheilhaft, statt des Kegelschnittes den Kegel zu benutzen, dessen Spitze in einem beliebigen Punkte M liegt, und dessen Seiten den imaginären Kugelkreis treffen. Jeder Punkt P der unendlich fernen Ebene wird dann ersetzt durch seine Verbindungslinie L mit M. Durch P wurden uns zwei Punkte des binären Werthgebietes (also eine binäre quadratische Form) dargestellt: die Schnittpunkte der Polare von P in Bezug auf den imaginären Kugelkreis mit letzterem*). Ebenso stellt uns jeder Strahl L des Bündels mit dem Mittelpunkte M eine binäre quadratische Form dar. Nichts liegt näher, als die beiden Nullpunkte dieser Form dadurch von einander zu trennen, dass man den Strahl L mit einer um das Centrum M beschriebenen Kugel zum Durchschnitte bringt und dem einen Nullpunkte jener Form den einen Schnittpunkt, dem anderen Nullpunkte den anderen Schnittpunkt von L mit der Kugel zuordnet. *Jedem reellen oder imaginären Punkte des binären Werthgebietes entspricht so ein bestimmter, reeller Punkt der Kugel.* Jeder linearen Transformation der binären Variabeln, welche durch eine reelle Collineation in der unendlich fernen Ebene dargestellt wird, entsprach eine Rotation um eine bestimmte Linie L des Bündels; die Schnittpunkte der Rotationsaxe L geben dann die beiden sich selbst zugeordneten Punkte des binären Gebietes. Je zwei solche Punkte repräsentiren zwei einander conjugirt imaginäre Punkte des imaginären Kugelkreises, deshalb aber nicht zwei einander conjugirt imaginäre Werthe der binären Variabeln; denn gebraucht man für den Kugelkreis $x^2 + y^2 + z^2 = 0$ z. B. die schon in (22), p. 571 benutzte Parameterdarstellung

$$(1) \qquad \varrho x = x_1^2 + x_2^2, \quad \varrho y = i(x_1^2 - x_2^2), \quad \varrho z = 2 i x_1 x_2,$$

---

*) Dieses Verfahren entspricht genau dualistisch demjenigen, welches man nach Sturm und Klein (vgl. oben p. 107) anwendet, um die imaginären Tangenten eines Kegelschnittes durch reelle Punkte der doppelt überdeckten Ebene darzustellen.

so werden die Parameter von je zwei einander diametral gegenüberliegenden Kugelpunkten durch eine Gleichung der Form

$$(2) \qquad w_1(\varkappa_1{}^2 + \varkappa_2{}^2) + i w_2(\varkappa_1{}^2 - \varkappa_2{}^2) + 2 i w_3 \varkappa_1 \varkappa_2 = 0$$

vermittelt, in der w_1, w_2, w_3 reelle Constante bedeuten.

Zwei Punktepaare, welche durch zwei einander in Bezug auf den
imaginären Kugelkreis conjugirte (kurz „*absolut conjugirte*") Gerade
in der unendlich fernen Ebene bestimmt werden, geben vier Punkte
mit harmonischem Doppelverhältnisse. Die entsprechenden Kugel-
durchmesser gehen also durch zwei „absolut conjugirte" unendlich
ferne Pole, stehen somit zu einander senkrecht (p. 183). *Jedes durch
einen Durchmesser auf der Kugel bestimmte Punktepaar liegt harmonisch
zu allen in gleicher Weise definirten Punktepaaren, deren Durchmesser
(„Axen") zu ersterem senkrecht stehen.* Gehen wir insbesondere von
der Parameterdarstellung (1) aus, so geben die Werthepaare 1, i
und 1, $-i$ von $\varkappa_1$, $\varkappa_2$ zwei Punkte auf einem Durchmesser der Kugel;
zu diesem stehen alle Durchmesser senkrecht, für welche $w_1 = 0$ ist;
die zugehörigen Punktepaare sind also nach (2):

$$\frac{\varkappa_1}{\varkappa_2} = -\frac{w_3}{w_2} \pm \frac{\sqrt{w_2{}^2 + w_3{}^2}}{w_2}.$$

Denselben kommen reelle Parameterwerthe zu. Den reellen Werthen
von $\varkappa_1 : \varkappa_2$ entsprechen daher Punkte eines grössten Kreises; ebenso
erkennt man, dass den rein imaginären Werthen die Punkte eines
zu diesem rechtwinkligen grössten Kreises zugeordnet sind. Schon
dieses erinnert an die bei der stereographischen Projection der Kugel
eintretenden Verhältnisse, wenn man die Punkte der Bildebene in
der bekannten Weise zur Darstellung der complexen Variabeln $\varkappa_1 : \varkappa_2$
benutzt. Dass die Beziehung unserer Kugelpunkte zu den Werthen
von $\varkappa_1 : \varkappa_2$ in der That keine andere ist, als wie sie durch die stereographische Projection vermittelt wird, lehrt die folgende Betrachtung.

Es werde $\varkappa_1 : \varkappa_2 = \xi + i\eta$ gesetzt, wo ξ und η reelle Werthe
bezeichnen sollen, und es sei x', y', z' der zu x, y, z conjugirt imaginäre Punkt der unendlich fernen Ebene; dann geben die Gleichungen (1):

$$\begin{aligned}
\sigma x &= (\xi + i\eta)^2 + 1, & \sigma x' &= (\xi - i\eta)^2 + 1, \\
\sigma y &= i[(\xi + i\eta)^2 - 1], & \sigma y' &= -i[(\xi - i\eta)^2 - 1], \\
\sigma z &= 2i(\xi + i\eta), & \sigma z' &= -2i(\xi - i\eta).
\end{aligned}$$

Die Coordinaten w der Verbindungslinie sind reell und werden:

$$\begin{aligned}
\mu w_1 &= 4i\eta(\xi^2 + \eta^2 + 1), \\
\mu w_2 &= 4i\xi(\xi^2 + \eta^2 + 1), \\
\mu w_3 &= 2i[(\xi^2 + \eta^2)^2 - 1].
\end{aligned}$$

Die Linie w schneidet den imaginären Kugelkreis in zwei Punkten; und letztere werden auf der Kugel durch denjenigen Durchmesser ausgeschnitten, dessen unendlich ferner Punkt mit dem absoluten Pole von w zusammenfällt. *Auf der Kugel*

$$(3) \qquad X^2 + Y^2 + Z^2 = r^2$$

entsprechen daher dem Werthe $\xi + i\eta$ *von* $x_1 : x_2$ *die beiden Punkte:*

$$(4) \quad \pm X = \frac{2r\xi}{\xi^2 + \eta^2 + 1}, \quad \pm Y = \frac{2r\eta}{\xi^2 + \eta^2 + 1}, \quad \pm Z = \frac{\xi^2 + \eta^2 - 1}{\xi^2 + \eta^2 + 1}\, r.$$

Durch unsere Beziehung der Kugel auf die unendlich ferne Ebene ist dieselbe also gleichzeitig stereographisch auf diejenige Ebene abgebildet, welche nach Argand und Gauss zur Darstellung der complexen Variabeln $\xi + i\eta = x_1 : x_2$ *dient.* In der That sind die Gleichungen (4) mit den früher für jene Projection aufgestellten Gleichungen (6), p. 428 im Wesentlichen identisch. Für irgend einen Punkt ξ, η kann man das in (4) nicht bestimmte Vorzeichen willkürlich annehmen; dann ist es für alle anderen vollkommen bestimmt.

Wir haben mehrfach gesehen, dass den linearen Transformationen der Variabeln $\xi + i\eta$, soweit sie durch reelle Collineationen der unendlich fernen Ebene und des Kugelkreises in ihr zur Darstellung kommen, Drehungen der Kugel um ihre Durchmesser, also räumliche lineare Transformationen der Kugel in sich entsprechen. Während wir schon wiederholt den Uebergang von der ternären zur binären Substitution an Beispielen gemacht haben (vgl. p. 573, 577 f., 591), soll derselbe jetzt im Anschlusse an die Parameterdarstellung (2) allgemein angegeben werden. Bleibt in der unendlich fernen Ebene die Gerade w und ihr absoluter Pol fest, so lautet die betreffende Transformation zwischen den Variabeln ξ_1, ξ_2, ξ_3 und x_1, x_2, x_3 (vgl. p. 570):

$$(5) \qquad D\xi_i = \varDelta x_i - 2\varkappa\lambda(xw)_i + 2\lambda^2 w_i w_x,$$

wo

$$D = \varkappa^2 + \lambda^2(w_1^2 + w_2^2 + w_3^2), \quad \varDelta = \varkappa^2 - \lambda^2(w_1^2 + w_2^2 + w_3^2).$$

Sei nun in (1) x, y, z durch x_1, x_2, x_3 ersetzt und ebenso für die ξ_i:

$$\varrho'\xi_1 = \lambda_1^2 + \lambda_2^2, \quad \varrho'\xi_2 = i(\lambda_1^2 - \lambda_2^2), \quad \varrho'\xi_3 = 2i\lambda_1\lambda_2,$$

so ergibt sich aus der ersten Gleichung (5):

$$\mu(\lambda_1^2 + \lambda_2^2) = \varkappa_1^2[(\varkappa - i\lambda w_3)^2 + \lambda^2(w_1 + iw_2)^2]$$
$$+ \varkappa_2^2[(\varkappa + i\lambda w_3)^2 + \lambda^2(w_1 - iw_2)^2]$$
$$+ 4i\varkappa_1\varkappa_2\lambda(\varkappa w_2 + \lambda w_3 w_1)$$
$$= (-i\alpha\varkappa_1 + \beta\varkappa_2)(i\gamma\varkappa_1 + \delta\varkappa_2),$$

wenn:

$$\alpha = \varkappa + \lambda(iw_1 - w_2 - iw_3), \quad \gamma = \varkappa + \lambda(-iw_1 + w_2 - iw_3),$$
$$\beta = \varkappa + \lambda(iw_1 + w_2 + iw_3), \quad \delta = \varkappa + \lambda(-iw_1 - w_2 + iw_3).$$

Ebenso findet man aus der zweiten und dritten Gleichung (5):

$$\mu(\lambda_1 + i\lambda_2)^2 = (\alpha\varkappa_1 + i\beta\varkappa_2)^2 = -(-i\alpha\varkappa_1 + \beta\varkappa_2)^2,$$

somit

$$\frac{\lambda_1 - i\lambda_2}{\lambda_1 + i\lambda_2} = \frac{i\gamma\varkappa_1 + \delta\varkappa_2}{i\alpha\varkappa_1 - \beta\varkappa_2},$$

und durch Auflösung:

$$(6) \qquad \frac{\lambda_1}{\lambda_2} = i\,\frac{i(\alpha + \gamma)\varkappa_1 + (\delta - \beta)\varkappa_2}{i(\alpha - \gamma)\varkappa_1 - (\delta + \beta)\varkappa_2} = \frac{(\varkappa - i\lambda w_3)\varkappa_1 - \lambda(w_1 - iw_2)\varkappa_2}{\lambda(w_1 + iw_2)\varkappa_1 + (\varkappa + i\lambda w_3)\varkappa_2}.$$

*Wendet man für die Punkte des imaginären Kugelkreises die Parameterdarstellung (2) an, so entspricht einer Rotation um die Axe w_1, w_2, w_3 die durch (6) dargestellte lineare Transformation des Parameters $\varkappa_1 : \varkappa_2$**). Die Grösse der Rotation ist dabei durch das Verhältniss $\varkappa : \lambda$ gemäss Gleichung (13), p. 567 bestimmt.

Auch den imaginären Collineationen der unendlich fernen Ebene, welche den Kugelkreis in sich überführen, entsprechen lineare Transformationen des Parameters $\varkappa_1 : \varkappa_2$. Bei ihnen ist die fest bleibende unendlich ferne Gerade w imaginär; die soeben durchgeführte Rechnung bleibt gültig, also auch die Formel (6), wenn man in ihr nur für w_1, w_2, w_3 complexe Zahlen einsetzt. Ein reeller Punkt der unendlich fernen Ebene wird jetzt in einen imaginären Punkt übergeführt; die beiden zusammengehörigen, auf der Kugel einander diametral gegenüberliegenden Punkte werden also in zwei nicht mehr auf demselben Durchmesser befindliche Punkte der Kugel transformirt. Um den analytischen Charakter der entsprechenden räumlichen Transformation zu erkennen, benutzen wir die in (4) aufgestellte stereographische Projection. Die Eigenschaften einer beliebigen linearen Umformung der complexen Variabeln $\zeta = \xi + i\eta = \frac{\varkappa_1}{\varkappa_2}$ sind aus der Functionentheorie hinreichend bekannt**) und sollen hier nur kurz erwähnt werden. Vermöge der Substitution

$$\zeta'' = c\,\frac{\zeta - \zeta_0}{\zeta - \zeta_1},$$

in welcher ζ_0, ζ_1 beliebige complexe Zahlen, c eine reelle Constante bedeutet, geht das System der concentrischen Kreise um den Anfangs-

---

*) Die Gleichung (6) ist im Wesentlichen identisch mit einer von Cayley (Math. Annalen, Bd. 15) aufgestellten Relation; vgl. Klein, Vorlesungen über das Ikosaëder, p. 34.

**) Vgl. unten Abschnitt XIII, sowie die Literaturangaben auf p. 429.

punkt $\zeta'' = 0$ über in eine lineare Schaar von Kreisen mit gemeinsamer Chordale*), welche zwei Kreise (Grenzcurven) vom Radius Null mit den Mittelpunkten ξ_0 und ξ_1 enthält. Der Punkt ξ_0 entspricht dem Anfangspunkte $\zeta'' = 0$, der Punkt ξ_1 dem Punkte $\zeta'' = \infty$. Bei einer durch die Gleichung

$$\zeta' = e^{\varphi i}\, \zeta''$$

dargestellten Drehung gehen die erwähnten concentrischen Kreise in sich über; die entsprechende Transformation

$$(7) \qquad \zeta' = c \cdot e^{\varphi i}\, \frac{\zeta - \xi_0}{\zeta - \xi_1}$$

führt also alle Kreise der linearen Schaar mit gemeinsamer Chordale je in sich über. Alle diese Kreise werden von den durch die festen Punkte ξ_0 und ξ_1 gehenden Kreisen orthogonal geschnitten, und letztere werden bei der Transformation unter einander vertauscht. Diesem zweiten Kreisbüschel entspricht aber nach (4) auf der Kugel eine Schaar von Kreisen, welche durch die festen, zu ξ_0 und ξ_1 gehörigen Kugelpunkte P_0 und P_1 hindurchgehen; und da die Winkel bei der stereographischen Projection erhalten bleiben, so entsprechen jener ersten ebenen Kreisschaar mit gemeinsamer Chordale auf der Kugel ebenfalls Kreise, welche die durch P_0 und P_1 hindurchgehenden Kreise orthogonal schneiden und sich um diese Punkte in ähnlicher Weise herumlegen, wie jene ebenen Kreise um ξ_0 und ξ_1. Ihre Ebenen gehören einem und demselben Büschel an, und die Axe des letzteren fällt mit der conjugirten Polare von $P_0 \cdot P_1$ in Bezug auf die Kugel zusammen. *Bei der gesuchten räumlichen Collineation (welche die Kugel ungeändert lässt) geht also jede Ebene dieses Büschels in sich über*, und die Ebenen des conjugirten Büschels drehen sich um die Axe des letzteren. Wir erkennen hieraus, dass es sich um diejenige uns bekannte Collineation der Kugel in sich handeln muss, bei welcher der betreffende lineare Complex in einen speciellen ausgeartet ist (vgl. Nr. 3, p. 363). Bei einer solchen bleiben in der That vier Punkte der Kugel fest, nämlich unsere Punkte P_0 und P_1 und die Schnittpunkte der conjugirten Polare von $P_0 \cdot P_1$ mit der Kugel. Letztere sind imaginär und kommen deshalb für uns nicht weiter in Betracht.

Der allgemeinen linearen Transformation der complexen Variabeln $\xi + i\eta$ *(des Parameters, durch welchen die Punkte des imaginären Kugelkreises dargestellt werden) entspricht hiernach auf der Kugel eine solche*

---

*) Vgl. Bd. I, p. 151.

Beziehung zwischen ihren Punkten, wie sie durch eine lineare Transformation der Kugel in sich vermittelt wird; und zwar kommen hierbei nur solche räumliche Collineationen in Betracht, bei denen der zugehörige lineare Complex in einen speciellen ausartet).*

Ist die Transformation von $x_1 : x_2 = \xi + i\eta$ wieder durch (6) gegeben, wo jetzt unter w_1, w_2, w_3 complexe Zahlen zu verstehen sind, so haben wir zur Bestimmung der entsprechenden räumlichen Collineation die beiden Punkte des imaginären Kugelkreises zu suchen, welche sich selbst entsprechen, d. h. diejenige quadratische Gleichung zu lösen, welche aus (6) für $x_1 : x_2 = \lambda_1 : \lambda_2$ hervorgeht. Aus (4) erhalten wir dann die beiden festbleibenden Kugelpunkte; ihre Verbindungslinie ist die Axe des für die Collineation charakteristischen speciellen Complexes. Die gesuchte Collineation des Raumes ist somit bis auf eine leicht zu bestimmende Constante ($\varkappa : \lambda$ in unserer früheren Bezeichnungsweise) vollständig bekannt (vgl. p. 363).

Die gewonnenen Resultate und die daran zu knüpfenden weiteren Untersuchungen lassen sich kürzer und übersichtlicher aussprechen, wenn man die Kugelfläche als „Fundamentalfläche" für eine allgemeine (nicht-Euclidische) Maassbestimmung einführt. Die Transformation der Kugel in sich stellt dann „im verallgemeinerten Sinne" eine Bewegung des Raumes dar. Wir können also sagen, dass *jeder linearen Umformung der Variabeln* $\xi + i\eta$ *eine Bewegung des Raumes entspreche, und zwar eine Rotation um eine gewisse Axe.* Ist letztere insbesondere ein Durchmesser der Kugel, so fällt die verallgemeinerte Bewegung mit einer wirklichen Rotation zusammen. Durch eine solche Bewegung können beliebige drei Kugelpunkte in beliebige drei andere Punkte der Kugel übergeführt werden.

Insbesondere kann jedes Punktepaar mit jedem anderen Punktepaare zur Deckung gebracht werden. Dadurch sind wir in den Stand

---

*) Dass der linearen Transformation complexer Variabeln eine lineare Transformation der Kugel in sich zur Seite steht, ist von Riemann in seiner 1867 von Hattendorf herausgegebenen Abhandlung über die Fläche vom kleinsten Inhalte bei gegebener Begrenzung (Gesammelte Werke, p. 291 f.) bemerkt worden; vgl. auch Klein, Math. Annalen, Bd. 5, p. 265, sowie: Vorlesungen über das Ikosaëder, p. 32 ff.; hier wird des Zusammenhanges mit der Quaternionentheorie gedacht (vgl. Stephanos, Math. Annalen, Bd. 22). — Die Darstellung der complexen Variabeln $\xi + i\eta$ auf der Kugelfläche für Zwecke der Functionentheorie ist von Riemann in seinen Vorlesungen eingeführt worden (vgl. das Vorwort zu C. Neumann's Vorlesungen über Riemann's Theorie der Abel'schen Integrale, Leipzig 1865). Derselbe Gedanke findet sich gelegentlich bei Möbius in seiner Theorie der Kreisverwandtschaft (vgl. oben p. 429).

gesetzt, allgemein alle Punktepaare P_0 - P_1 zu construiren, die zu einem gegebenen Paare harmonisch liegen. Wenn nämlich die Linie P_0 - P_1 zunächst mit einem Durchmesser der Kugel zusammenfällt, so liegen die Endpunkte aller zu ihm rechtwinkligen Durchmesser harmonisch zu P_0 - P_1. Bei einer linearen Transformation, welche P_0 und P_1 fest lässt, dreht sich die zu P_0 - P_1 senkrechte Diametralebene um die conjugirte Polare von P_0 - P_1 in Bezug auf die Kugelfläche. Da nun Doppelverhältnisse bei solchen Transformationen ungeändert bleiben, so liegt auch jedes Punktepaar zu P_0. und P_1 harmonisch, dessen Axe die Linie P_0 - P_1 und die conjugirte Polare dieser Linie in Bezug auf die Kugelfläche gleichzeitig trifft, d. h. in verallgemeinertem Sinne zu P_0 - P_1 senkrecht steht (p. 291 u. 508). Mittelst einer neuen linearen Substitution bringen wir P_0 und P_1 in eine beliebige Lage auf der Kugelfläche und gelangen so zu dem Resultate, dass *die Axen aller zu P_0 und P_1 harmonischen Punktepaare in verallgemeinertem Sinne zu P_0 - P_1 senkrecht stehen.* Umgekehrt findet man demnach die *Doppelelemente einer durch zwei Punktepaare definirten Involution,* indem man (in verallgemeinertem Sinne) die gemeinsame Normale der Axen beider Punktepaare construirt und mit der Kugel zum Schnitte bringt. Allerdings gibt es zwei solche gemeinsame Normalen (p. 507); aber von diesen schneidet nur eine die Kugel in reellen Punkten, nur diese eine ist daher für uns zu berücksichtigen.

Wenn wir so die Punkte $\varkappa_1 : \varkappa_2 = 0$ und $\varkappa_1 : \varkappa_2 = \infty$ (d. h. $\varkappa_1 = 0$ und $\varkappa_2 = 0$), welche bei unserer früheren Betrachtung einander diametral gegenüber lagen, durch lineare Transformation an beliebige Stellen der Kugel (bez. des imaginären Kugelkreises) verlegen, so ersehen wir, dass der Ort der reellen Parameterwerthe stets ein durch die Punkte 0 und ∞ hindurchgehender Kreis ist, und dass die Punkte mit rein imaginären Parameterwerthen stets einen dazu senkrechten Kreis erfüllen. Die zweite Ebene geht hiernach durch den Pol der ersten in Bezug auf die Kugel; sie muss auch die Punkte 0 und ∞ enthalten, und ist dadurch bestimmt. Es folgt unmittelbar, dass *je vier Punkte der Kugel, deren Parameter $\varkappa_1 : \varkappa_2 = \xi + i\eta$ ein reelles Doppelverhältniss bilden, auf einem Kreise liegen,* und umgekehrt, dass *vier Punkte desselben ebenen Schnittes stets ein reelles Doppelverhältniss bestimmen.*

In der unendlich fernen Ebene heissen je zwei Gerade zu einander senkrecht, wenn sie einander in Bezug auf den imaginären Kugelkreis polar conjugirt sind; sie schneiden den letzteren in zwei zu einander harmonischen Punktepaaren. Bei unserer Darstellung der Punkte des imaginären Kugelkreises durch die reellen Punkte einer Kugel *gehen daher je zwei zu einander senkrechte Gerade der unendlich fernen Ebene über in zu einander (in verallgemeinertem Sinne) senkrechte und sich schneidende Gerade des Raumes.* Drei sich in demselben Punkte schneidende Gerade der Ebene bestimmen drei Punktepaare einer Involution; *drei demselben Büschel zugehörige Gerade der unendlich fernen Ebene gehen folglich über in drei gerade Linien des Raumes mit gemeinsamer Normalen.* Eine bemerkenswerthe Anwendung hiervon erlaubt uns der Pascal'sche Satz zu machen. Nach demselben liegen die Schnittpunkte der Gegenseiten eines in den Kegelschnitt eingeschriebenen Sechsecks auf einer Geraden (Pascalschen Linie); die Polaren dieser Schnittpunkte gehen also durch einen Punkt; die Polaren sind in der unendlich fernen Ebene (im Sinne der elliptischen Geometrie) die gemeinsamen Perpendikel (vgl. p. 508) der Gegenseiten. Die Uebertragung auf den Raum führt also zu folgendem Satze:

Die drei gemeinsamen Normalen der drei Paare von Gegenseiten eines in die Kugel eingeschriebenen Sechsecks werden von einer und derselben vierten Linie senkrecht geschnitten).*

Eine andere Anwendung des von uns erörterten Uebertragungsprincipes lässt sich in folgender Weise machen. Wie in der parabolischen, so gilt auch in der elliptischen und hyperbolischen Geometrie der Satz, dass *die drei Höhenlothe eines Dreiecks sich in einem Punkte schneiden.* Ist nämlich $u_\alpha^2 = 0$ die Gleichung des Fundamentalkegelschnittes in Liniencoordinaten, und seien u_i, v_i, w_i bez. die Coordinaten der drei Seiten des Dreiecks, so sind, wie man leicht nachweist, die Gleichungen der drei Höhenlothe:

$$v_x w_\alpha u_\alpha - w_x v_\alpha u_\alpha = 0, \quad w_x u_\alpha v_\alpha - u_x w_\alpha v_\alpha = 0,$$
$$u_x v_\alpha w_\alpha - v_x u_\alpha w_\alpha = 0,$$

und aus ihrer Form erhellt die Richtigkeit des Satzes sofort. Die

---

*) Dieser Satz, sowie der im Texte mitgetheilte Beweis desselben sind von Klein gegeben; vgl. oben p. 147. — Der Satz bleibt gültig, wenn die Kugel durch irgend eine andere Fläche zweiter Ordnung ersetzt wird. Ist letztere geradlinig, so tritt eine gewisse Unbestimmtheit ein, da zwei Gerade zwei gemeinsame Normalen zulassen; nur durch Beschränkung auf das Innere der nicht geradlinig vorausgesetzten reellen Fläche wird die Construction zu einer eindeutigen gemacht. Nach Wedekind (Beiträge zur geometrischen Interpretation binärer Formen, Inauguraldissertation, Erlangen 1875) benutzt man den Kleinschen Satz zur Construction der sich selbst entsprechenden Elemente, wenn auf der Kugel durch drei Paare einander entsprechender Elemente eine lineare Transformation von $\xi + i\eta$ bestimmt ist.

Uebertragung auf die Kugel führt hier zu folgendem Resultate: *Wird die Kugel von drei Geraden u, v, w getroffen, und sind P_{vw}, P_{wu}, P_{uv} (in verallgemeinertem Sinne) die gemeinsamen Lothe von je zweien von ihnen, und ist $h_{vw}^{(u)}$ die gemeinsame Normale von u und P_{vw}, entsprechend $h_{wu}^{(v)}$ diejenige von v und P_{wu}, $h_{uv}^{(w)}$ diejenige von w und P_{uv}, so haben die drei Geraden $h_{vw}^{(u)}$, $h_{wu}^{(v)}$, $h_{uv}^{(w)}$ eine gemeinsame Normale.*

Die bisherigen Betrachtungen bezogen sich auf die Darstellung der Beziehungen zwischen mehreren quadratischen binären Formen. Aber auch für höhere Formen ist die Benutzung der von uns entwickelten Hülfsmittel vortheilhaft, insbesondere für Formen mit linearen Transformationen in sich, wie sie uns durch die Ecken der regulären Körper auf der Kugel repräsentirt wurden. Da uns die wichtigsten Eigenschaften dieser Formen bereits bekannt sind (vgl. p. 561—587), so genügt hier eine kurze Zusammenstellung.

1) *Cubische Formen*).* Die drei Nullpunkte der cubischen Form f kann man sich durch drei äquidistante Punkte eines grössten Kreises darstellen. Fasst man letzteren als Aequator auf, so liegen die beiden Nullpunkte der Hesse'schen Covariante Δ in den beiden Polen. Die Transformationen **der cyclischen Gruppe**, welche f in sich überführen, bestehen in den Drehungen der Kugel um ihre Axe (Verbindungslinie der Pole), wobei jede Drehung von der Grösse $\frac{2\pi}{3}$, $\frac{4\pi}{3}$ oder 2π sein muss. Die Covariante Q wird durch diejenigen drei Punkte repräsentirt, welche den Grundpunkten von f diametral gegenüberliegen. Gleichzeitig geht jede Form $Q^2 + \lambda f^2$ in sich über; haben die Punkte $f = 0$ die geographische Länge 0^0, 120^0, 240^0, so sind die geographische Breite α und die Länge β der sechs Punkte $Q^2 + \lambda f^2$ in folgendem Schema enthalten:

$$
\begin{array}{c|c|c|c|c|c}
\alpha & \alpha & \alpha & -\,\alpha & -\,\alpha & -\,\alpha\,, \\
\beta & \beta + 120^0 & \beta + 240^0 & -\,\beta & 120^0 - \beta & 240^0 - \beta\,,
\end{array}
$$

wobei α und β beliebige Winkel bedeuten. Für $\alpha = 0$ und $\beta = 0$ erhalten wir f selbst; für $\alpha = 0$, $\beta = 180^0$ ergeben sich (je doppelt

---

*) Vgl. den Schluss von Klein's Schrift: Vergleichende Betrachtungen über neuere geometrische Forschungen, Erlangen 1872. — In der complexen Ebene hatte schon Beltrami die Theorie der quadratischen und cubischen Formen näher studirt: Accademia di Bologna, 1870. — Den im Folgenden betonten Zusammenhang der Theorie der Gruppen und gewisser binärer Formen mit den regulären Körpern bemerkte Klein; vgl. dessen mehrfach erwähnte Arbeiten.

zählend) die Nullpunkte von Q. Führen wir eine Drehung von 180° um einen Durchmesser der Kugel aus, der durch einen Nullpunkt von f geht, so bleibt auch der diametral gegenüberliegende Punkt von $Q = 0$ fest; die beiden Punkte $\Delta = 0$ vertauschen sich unter einander, ebenso die beiden anderen Nullpunkte von f und die beiden anderen Nullpunkte von Q. Diese Drehungen von der Grösse π geben zusammen mit jenen Rotationen um die Axe die Diëdergruppe für den Fall $n = 3$ (p. 562 f.).

Vermöge einer linearen Transformation der binären Veränderlichen kann man die drei Punkte von $f = 0$ an drei beliebige Stellen der Kugel verlegen. Da dasselbe durch eine Collineation der Kugel in sich erreicht wird, so ist leicht zu sehen, wie man dann die Punkte $\Delta = 0$ findet. Man suche diejenige ternäre Collineation, welche die Schnittlinie der Kugel mit der Ebene der drei Punkte $f = 0$ in sich überführt, und bei der sich diese drei Punkte unter einander vertauschen. Es bleibt dann im Innern des in sich transformirten ebenen Schnittes ein Punkt M fest; in ihm errichte man auf der Ebene (im verallgemeinerten Sinne) die Senkrechte, d. h. man verbinde M mit dem Pole der Ebene in Bezug auf die Kugel; diese Verbindungslinie trifft die Kugel in den beiden Nullpunkten von Δ. Die Punkte $Q = 0$ sind diejenigen, in denen die Kugel von den Verbindungslinien des Punktes M mit den Punkten $f = 0$ zum zweiten Male getroffen wird.

2) *Die biquadratischen Formen mit harmonischem Doppelverhältnisse.* Die Nullpunkte kann man durch vier äquidistante Punkte des Aequators darstellen. In der That gehen sie dann durch vier Drehungen der Kugel um ihre Axe $\left(\text{bez. von der Grösse } \frac{\pi}{2},\ \pi,\ \frac{3\pi}{2},\ 2\pi\right)$ in sich über. Dasselbe wird erreicht durch Drehungen von der Grösse π um diejenigen beiden Durchmesser des Aequators, welche zu den Seiten des von den vier Punkten $f = 0$ gebildeten Quadrates senkrecht stehen. Diese letzteren Durchmesser schneiden die Kugel in zwei Punktepaaren, welche zusammen mit den beiden Polen die Covariante T darstellen; in den beiden Polen liegen nach (9), p. 564 gleichzeitig die Nullpunkte der Hesse'schen Covariante H. Die Drehungen um die Pole geben uns die cyklische Gruppe, die Drehungen um die anderen Axen von $T = 0$ ergänzen diese Gruppe zur Diëdergruppe für $n = 4$.

Die Tangente des Aequators in einem der vier Punkte $f = 0$ und seine Verbindungslinien mit den anderen drei Punkten bilden offenbar ein Linienquadrupel mit harmonischem Doppelverhältnisse.

Um daher die Darstellung unserer Form f unabhängig vom Coordinatensysteme zu machen, braucht man nur auf irgend einem ebenen Schnitte der Kugel vier Punkte so zu wählen, dass sie ein harmonisches Doppelverhältniss bestimmen. Die Punkte von $T = 0$ werden dann auf der Kugel durch drei Axen ausgeschnitten, die in verallgemeinertem Sinne auf einander senkrecht stehen, und durch denselben (als einzige im Innern der Kugel gelegene Nebenecke des von den vier Punkten $f = 0$ bestimmten vollständigen Vierecks leicht zu bestimmenden) Punkt in der gewählten Ebene hindurchgehen.

3) *Die allgemeine Diëderform* n^{ter} *Ordnung* (p. 561). Sie wird durch n äquidistante Punkte des Aequators dargestellt. Als Nebenaxen bezeichnen wir die vom Mittelpunkte auf die Seiten des gegebenen n-Ecks gefällten Lothe. Ist n ungerade, so enthält jedes Loth einen Punkt von $f = 0$ und einen solchen von $T = 0$; ist n gerade, so liegen auf jeder Nebenaxe zwei Punkte von $T = 0$. Die cyklische Gruppe enthält die n Drehungen um die beiden Pole (Punkte $H = 0$); treten die Drehungen (Umklappungen) um die Nebenaxen hinzu, so haben wir die Diëdergruppe.

4) *Die biquadratische Form mit äquianharmonischem Doppelverhältnisse* (*Tetraëderform*). Die Covariante sechster Ordnung werde wieder durch die drei Axen eines rechtwinkligen Axenkreuzes bestimmt, dessen Scheitel im Mittelpunkte der Kugel liegt. Die drei Ebenen, in deren jeder zwei der Axen liegen, theilen die Kugel in acht Octanten. Man wähle vier Octanten so aus, dass je zwei derselben nur in einem Punkte zusammenstossen, was auf zwei Weisen geschehen kann. *Die vier Mittelpunkte dieser vier Octanten bilden dann ein reguläres Tetraëder; sie stellen eine biquadratische Form mit äquianharmonischem Doppelverhältnisse dar*, weil das Tetraëder durch zwölf Drehungen in sich übergeht. In der That bleibt jeder Eckpunkt bei drei Drehungen ungeändert, nämlich bei der identischen Drehung und bei zwei Drehungen von der Periode 3 (vgl. p. 577 f.). Die Mittelpunkte der vier anderen Octanten bilden die conjugirt imaginäre biquadratische Form und gleichzeitig die Hesse'sche Covariante der Grundform.

5) *Die Octaëderform.* Sie ist Covariante von unendlich vielen Formen vierter Ordnung, also wieder durch das erwähnte rechtwinklige Axenkreuz bestimmt. Die Mittelpunkte der acht Kugeloctanten bilden einen Würfel und zerfallen in zwei reguläre Tetraëder. Die auf die Kanten des Octaëders gefällten Lothe treffen die Kugel in zwölf Punkten; von diesen liegen vier in jeder der drei „Hauptebenen" und bilden ein Quadrat, stellen also eine biquadratische Form

mit harmonischem Doppelverhältnisse dar. Die Drehungen der Gruppe bestehen erstens aus den zwölf Drehungen der Tetraëdergruppe, dann aus sechs Drehungen von der Grösse $\pm\dfrac{\pi}{2}$ um die drei Octaëder-diagonalen, endlich aus sechs Drehungen von der Grösse π um die sechs Diagonalen der erwähnten drei Quadrate. Die zugehörigen 24 räumlichen Collineationen sind direct in den Formeln (14a), (14b), (16), (17), (17a), (21), p. 568 ff. enthalten, wenn wir x_1, x_2, x_3 als rechtwinklige Coordinaten auffassen, und wenn

$$x_1{}^2 + x_2{}^2 + x_3{}^2 = \text{const.}$$

die Gleichung der Kugel ist. Die 24 Punkte, in welche ein Punkt der Kugel durch sie übergeführt wird, zerfallen in sechs Quadrupel von gleichem Doppelverhältnisse; jedes dieser Quadrupel hat die sechs Ecken des Octaëders zur Covariante (vgl. p. 576). Gehen wir vom Punkte x, y, z aus, so bildet er mit den Punkten

$$\begin{array}{rrr} x, & -y, & -z, \\ -x, & y, & -z, \\ -x, & -y, & z \end{array}$$

zusammen ein solches Quadrupel.

Man bemerkt, dass die Verbindungslinie je zweier Punkte des Quadrupels eine Axe des Octaëders rechtwinklig schneidet, und dass die Verbindungslinie der beiden anderen Punkte dieselbe Axe schneidet. Die beiden anderen Axen schneiden diese selbe dritte Axe in der Mitte zwischen jenen beiden Schnittpunkten und sind die Winkel-halbirenden für die Projectionen jener beiden Verbindungslinien auf ihre Ebene. *Sind also irgend vier nicht in einer Ebene liegende Punkte der Kugel als Repräsentanten einer biquadratischen Form gegeben, so findet man die zugehörige Covariante T in folgender Weise**). Man verbinde die vier Punkte paarweise und construire (in verallgemeiner-tem Sinne) das gemeinsame Perpendikel der beiden Verbindungs-linien; dies kann auf drei Weisen geschehen, da sich vier Punkte auf drei Weisen in Paare theilen lassen; die drei so erhaltenen Perpendikel gehen dann durch einen Punkt; auf jedem ist dieser Punkt der eine Doppelpunkt derjenigen Involution, welche durch die Schnittpunkte des Perpendikels mit der Kugel und mit den beiden zu ihm senkrecht stehenden Verbindungslinien bestimmt

---

*) Statt der Kugel kann man eine beliebige geschlossene Fläche zweiter Ordnung benutzen; für die Theorie des Doppelverhältnisses und der biquadra-tischen Form auf einer solchen Fläche vgl. Wedekind, Math. Annalen, Bd. 17.

wird. Sind zwei quadratische Formen statt einer biquadratischen gegeben, so ist *eine* Theilung der vier Punkte in Paare ausgezeichnet, also auch das eine Perpendikel von den beiden anderen zu trennen; dasselbe liefert die Doppelelemente der durch die beiden Punktepaare bestimmten Involution (vgl. p. 612). Die beiden anderen Perpendikel geben die Doppelelemente derjenigen beiden Involutionen, welche durch kreuzweises Verbinden der Punkte beider Paare erhalten werden; sie sollen, um im Folgenden die Ausdrucksweise abzukürzen, als *Axen der beiden Nebeninvolutionen bezeichnet werden.*

Unter Benutzung dieses Begriffes erlaubt der Satz, nach welchem die Winkelhalbirenden eines Dreiecks sich in einem Punkte schneiden, eine ähnliche Uebertragung auf den Raum, wie sie mit dem Satze vom gemeinschaftlichen Schnittpunkte der Höhenlothe möglich war (vgl. p. 613 f.). Zunächst bemerken wir, dass *dieser Satz in der nicht-Euclidischen Geometrie ebenso gilt, wie in der Euclidischen Geometrie.* Das Dreieck werde zum Coordinatendreiecke gewählt; die Gleichung des Fundamentalkegelschnittes in Liniencoordinaten u_i sei

$$\sum \sum A_{ik} u_i u_k = 0.$$

Die beiden Geraden, welche die von den Seiten $x_1 = 0$ und $x_2 = 0$ gebildeten Winkel halbiren, liegen (ganz wie in der parabolischen Geometrie, vgl. p. 532 f.) gleichzeitig harmonisch zu diesen Seiten und zu den durch die Ecke gehenden Tangenten des Fundamentalkegelschnittes. Die Gleichungen der letzteren sind $x_1 + \lambda' x_2 = 0$ und $x_1 + \lambda'' x_2 = 0$, wenn mit λ' und λ'' die Wurzeln der quadratischen Gleichung (vgl. p. 196)

$$A_{11} + 2 A_{12} \lambda + A_{22} \lambda^2 = 0$$

bezeichnet werden. Wir erhalten daher die Gleichung der fraglichen Winkelhalbirenden, indem wir die Functionaldeterminante der beiden binären Formen

$$2 x_1 x_2 \quad \text{und} \quad A_{22} x_1{}^2 - 2 A_{12} x_1 x_2 + A_{11} x_2{}^2$$

gleich Null setzen*). Diese Functionaldeterminante ergibt sich bis auf einen Zahlenfactor gleich $A_{22} x_1{}^2 - A_{11} x_2{}^2$; sie kann sofort in zwei lineare Factoren, die linken Seiten der gesuchten Gleichungen, gespalten werden. *Die Gleichungen der sechs Winkelhalbirenden des Dreiecks sind daher:*

---

*) Vgl. Bd. I, p. 216.

$$x_1 \sqrt{A_{22}} - x_2 \sqrt{A_{11}} = 0, \quad x_1 \sqrt{A_{22}} + x_2 \sqrt{A_{11}} = 0,$$
$$x_2 \sqrt{A_{33}} - x_3 \sqrt{A_{22}} = 0, \quad x_2 \sqrt{A_{33}} + x_3 \sqrt{A_{22}} = 0,$$
$$x_3 \sqrt{A_{11}} - x_1 \sqrt{A_{33}} = 0, \quad x_3 \sqrt{A_{11}} + x_1 \sqrt{A_{33}} = 0.$$

Es gehen also in der That erstens die drei links stehenden Linien durch einen Punkt, dann aber auch jede links stehende und die zwei nicht neben ihr rechts stehenden Geraden. Da nun bei unserer Uebertragungsmethode rechtwinklige Linien übergehen in rechtwinklige sich schneidende Linien des Raumes (p. 613), so ergibt sich folgender Satz der Raumgeometrie:

Sind auf der Kugel drei Punktepaare gegeben und construirt man zu je zweien derselben die (zu einander rechtwinkligen und sich sowie die Axe der Hauptinvolution schneidenden) Axen der beiden, soeben definirten Nebeninvolutionen, so ergeben sich sechs Gerade; aus diesen kann man viermal drei so auswählen, dass sie ein gemeinsames Perpendikel besitzen.

6) *Die Ikosaëder- und Dodekaëderformen* (vgl. p. 578 ff.). Den sechs Diagonalen des Ikosaëders entsprechen die sechs Ecken des zehnfach Brianchon'schen Sechsecks in der unendlich fernen Ebene. Die Drehungen der Kugel um diese Diagonalen, bei denen die Ecken des Ikosaëders sich unter einander vertauschen, geben die Bewegungen von der Periode 5 in der elliptischen Ebene. Die 15 Lothe, welche man vom Mittelpunkte der Kugel auf die Kanten des Ikosaëders fällen kann, treffen die unendlich ferne Ebene in den 15 einfachen Schnittpunkten der Diagonalen des erwähnten Sechsecks; zu ihnen gehören die Drehungen von der Periode 2. Die Verbindungslinien des Kugelmittelpunktes mit den Mittelpunkten der 20 Seitenflächen endlich geben die zehn dreifachen Schnittpunkte der Diagonalen des ebenen Sechsecks; um diese Verbindungslinien sind die Rotationen von der Priode 3 auszuführen. Dieselben Linien treffen die Kugel in 20 Punkten, welche als Ecken eines regulären Pentagon-Dodekaëders aufzufassen sind, und welche gleichzeitig die Hesse'sche Covariante H der durch die Ecken des Ikosaëders gegebenen Grundform zwölfter Ordnung f repräsentiren*). Die Covariante T wird durch die 30 Punkte dargestellt, in denen die Kugel von den

---

*) Es sei noch hervorgehoben, dass auch Möbius die von den regulären Körpern auf der Kugel bestimmten regelmässigen Punktsysteme analytisch studirt und durch Construction der mittelst stereographischer Projection erhaltenen Figuren erläutert hat. Vgl. den von Reinhardt bearbeiteten Nachlass: Gesammelte Werke, Bd. 2, Leipzig 1886, p. 653 ff.

in angegebener Weise auf die 30 Kanten gefällten Lothen getroffen wird. Es ist leicht, die Vertheilung dieser 30 Punkte $T = 0$ auf die Ecken von fünf regulären Octaëdern an einem Modelle des Ikosaëders genauer zu verfolgen. Die Auffindung der fünf Octaëder geschieht mittelst unserer obigen Resolvente fünften Grades (p. 599).

Die endlichen Gruppen von Bewegungen in der elliptischen Ebene zeigten sich uns abhängig von gewissen Gruppen binärer Substitutionen. Da wir aber nur reelle Bewegungen im Auge hatten, bleibt es zweifelhaft, ob nicht noch andere endliche Gruppen existiren. Die von uns besprochenen Gruppen waren dadurch ausgezeichnet, dass ihnen bei der Darstellung der binären Formen auf der Kugelfläche Drehungen der Kugel (im verallgemeinerten Sinne) um einen und denselben festen Punkt entsprachen. Nahmen wir den letzteren im Mittelpunkte der Kugel an, so hatten wir es mit gewöhnlichen Rotationen um diesen Punkt zu thun, auf welche wir durch Uebertragung der in der unendlich fernen Ebene gültigen elliptischen Geometrie auf den Strahlenbündel direct geführt wurden (p. 609). *Es bleibt demnach nur die Frage zu erörtern, ob nicht eine Gruppe auch aus (in verallgemeinertem Sinne zu verstehenden) Drehungen der Kugel um gewisse Axen gebildet werden kann, die sich im Raume nicht schneiden.* Dass es solche Gruppen nicht gibt, beweist man durch folgende Ueberlegungen*).

Bei einer Rotation bleibt jeder Punkt der Axe fest. Soll also die Combination zweier Rotationen wieder eine Rotation ergeben, so müssen Punkte existiren, welche aus der neuen Lage, in die sie durch die erste Transformation versetzt werden, vermöge der zweiten Drehung in ihre ursprüngliche Lage zurückgeführt werden. Da sich aber jeder Punkt bei einer Rotation auf einem Kreise bewegt, auf dessen Ebene die Axe (in verallgemeinertem Sinne) im Mittelpunkte senkrecht steht, so sind die Axen der beiden fraglichen Rotationen zwei Perpendikel, welche in den Mittelpunkten zweier sich in zwei Punkten schneidenden Kreise senkrecht zu ihren Ebenen errichtet werden. *Zwei solche Axen aber müssen sich schneiden.* Man beweist dies hier, wo es sich um verallgemeinerte Maassbestimmung handelt, in ganz ähnlicher Weise durch Symmetriegründe, wie man es bei gewöhnlicher Maassbestimmung thun würde. Der Schnittpunkt kann nun entweder innerhalb oder ausserhalb der Kugel liegen. Wäre

---

*) Vgl. Klein (Math. Annalen, Bd. 9, p, 186 f.), dessen Beweis im Texte mit einigen vereinfachenden Aenderungen wiedergegeben ist., sowie die Note zu p. 592.

letzteres der Fall, so würde der vom Schnittpunkte um die Kugel
zu legende Tangentenkegel (sowie dessen Berührungscurve) fest
bleiben müssen. Dieser Kegel aber ist ein Rotationskegel in ge-
wöhnlichem Sinne; jede lineare Transformation, welche ihn und die
Kugel (folglich auch den imaginären Kugelkreis) gleichzeitig in sich
überführt, ist identisch mit einer gewöhnlichen Rotation um die Axe
des Rotationskegels. Alle Rotationen der Gruppe würden also aus
Drehungen um *dieselbe* Axe bestehen; sie würden dann eine Gruppe
bilden, wenn sie alle durch Wiederholung einer und derselben
Drehung erzeugt werden können; und solche Gruppen haben wir in
der That früher betrachtet (p. 560 f.).

Sollen jetzt mehrere Rotationen durch Combination zu einer
endlichen Gruppe Anlass geben, so werden ihre Axen, da sie sich
gegenseitig im Innern der Kugel schneiden müssen, entweder einen
und denselben im Innern gelegenen Punkt gemein haben, oder alle
in einer Ebene liegen. In letzterem Falle müssten die gleichzeitigen
Rotationen um die (in Bezug auf die Kugel) conjugirten Polaren
dieser Axen ebenfalls eine Gruppe bilden; diese conjugirten Polaren
aber schneiden sich alle *ausserhalb* der Kugel in dem Pole der den
Axen gemeinsamen Ebene; aus den Drehungen um sie eine Gruppe
zu bilden, ist nach den soeben gemachten Erörterungen nicht möglich, es sei denn, dass alle Axen zusammenfallen. Gruppen von (verallgemeinerten) Bewegungen der Kugel in sich entstehen also *nur*,
wenn alle Axen sich in einem und demselben Punkte im Innern
der Kugel (den man dann zum Mittelpunkte machen kann) schneiden.
Hieraus geht hervor, dass *es ausser den von uns bereits studirten keine
anderen Gruppen von linearen Transformationen der binären Veränderlichen geben kann.*

XIII. Die Darstellung der Werthe einer complexen Variabeln durch die Punkte der Ebene.

Bei verschiedenen Gelegenheiten haben wir von der Repräsentation der Werthe einer complexen Veränderlichen $x + iy$ durch die
Punkte einer Ebene, wie sie nach Argand und Gauss allgemein
üblich ist, Gebrauch gemacht (vgl. p. 105, 429, 608). Diese Darstellung beruht wesentlich auf der Benutzung rechtwinkliger Carte-
sischer Coordinaten, d. h. auf metrischen Begriffen der gewöhnlichen Geometrie; sie liegt deshalb zunächst ausserhalb des Rahmens
der von uns stets in den Vordergrund gestellten Betrachtungsweise,
und wir füllen eine wesentliche Lücke aus, wenn wir im Folgenden

zeigen, dass *jene Darstellung durch Vermittlung der imaginären Kreispunkte mit der von Staudt'schen Repräsentation des Imaginären in völlige Uebereinstimmung gebracht werden kann.*

Betrachten wir sämmtliche Strahlen eines Büschels mit imaginärem Scheitel! Jeder Strahl wird nach von Staudt durch einen reellen Punkt repräsentirt (seinen reellen Träger) und eine in diesem Punkte gegebene Involution mit zugehörigem „Sinne". Diese Involution und dieser Sinn sind für alle Punkte der Ebene dadurch bestimmt, dass zur Definition des imaginären Büschelscheitels eine gerade Linie als sein reeller Träger und auf ihr eine gewisse Involution mit gewissem Sinne gegeben sein müssen (vgl. p. 109 ff.). Jedem Punkte der Ebene entspricht hiernach eine gewisse complexe Zahl: der Parameter des imaginären Strahles unseres Büschels, welcher durch den Punkt hindurchgeht. Die Parameter der Strahlen sind in Folge der bekannten Constructionen (p. 447) vollkommen bestimmt, wenn man dreien beliebigen Strahlen (d. i. reellen Punkten der Ebene) die Parameterwerthe 0, 1, ∞ willkürlich beigelegt hat. Auch das Doppelverhältniss von vier Strahlen des imaginären Büschels hat einen völlig bestimmten Werth (p. 454); wir wollen dem entsprechend kurz von einem Doppelverhältnisse der vier reellen Träger sprechen; *in diesem Sinne ist je vier Punkten der Ebene eine bestimmte Zahl als ihr Doppelverhältniss beizulegen.*

Wir fragen zuerst nach dem Orte eines Punktes λ_4, der mit drei gegebenen Punkten λ_1, λ_2, λ_3 ein reelles Doppelverhältniss bilden soll. Das imaginäre Centrum unseres Strahlbüschels werde mit P bezeichnet, der conjugirt imaginäre Punkt mit P'. Ist das Doppelverhältniss $P(\lambda_1, \lambda_2, \lambda_3, \lambda_4)$ reell, so ändert es sich nicht, wenn P mit P' vertauscht wird; wir haben also

$$P(\lambda_1,\ \lambda_2,\ \lambda_3,\ \lambda_4) \barwedge P'(\lambda_1,\ \lambda_2,\ \lambda_3,\ \lambda_4),$$

d. h. λ_4 *liegt auf demjenigen reellen Kegelschnitte, welcher durch die Punkte* λ_1, λ_2, λ_3, P, P' *hindurchgeht.* Derselbe reducirt sich insbesondere auf eine gerade Linie, wenn die Punkte λ_1, λ_2, λ_3 auf einer geraden Linie liegen. Das reelle Doppelverhältniss ist offenbar identisch mit demjenigen, welches durch die vier Verbindungslinien eines beliebigen fünften Punktes des Kegelschnittes mit λ_1, λ_2, λ_3, λ_4 bestimmt wird. Wählt man nun die Strahlen 0, 1, ∞ so aus, dass ihre reellen Träger in einer Geraden liegen, so folgt, dass *alle Punkte mit reellem Parameter eine gerade Linie erfüllen.* Insbesondere erreicht man dieses, indem man dem reellen Träger von P den Parameterwerth ∞ beilegt; dann liegen auch die Punkte 0, $i\ (= \sqrt{-1})$, ∞ und folglich alle Punkte mit rein imaginärem Parameter in gerader Linie. Wir specialisiren die Betrachtung nur scheinbar, indem wir jenen reellen Träger von P und P' zur unendlich fernen Geraden der Ebene machen, die Punkte P und P' ferner in die imaginären Kreispunkte gelegt denken, denn es ist hinlänglich bekannt, wie alle Sätze über Kreise auf Kegelschnitte mit zwei gemeinsamen imaginären Schnittpunkten übertragen werden können; wir haben dadurch den Vortheil, dass sich die folgenden Betrachtungen wesentlich kürzer und präciser fassen lassen. Unsere bisherigen Resultate lauten dann:

Sind die Punkte 0 und 1 in der Ebene beliebig gewählt, so entspricht jedem Punkte der Ebene eine bestimmte complexe Zahl als Parameter eines durch den einen imaginären Kreispunkt gehenden Strahles. Dieser Strahl selbst wird durch die Involution der rechten Winkel, deren Scheitel in seinem reellen Punkte liegt, und einen beigegebenen Sinn definirt. Der gewählte Sinn muss natürlich bei allen derartigen Involutionen derselbe sein*).

Vier Punkte (d. h. die vier imaginären Strahlen, deren reelle Träger sie sind) bilden ein reelles Doppelverhältniss, sobald sie auf einem Kreise oder in einer Geraden liegen, und umgekehrt.

Schon diese Sätze sind mit den entsprechenden der gewöhnlichen Darstellung von $x + iy$ in der „complexen Ebene" identisch. Um die völlige Uebereinstimmung zu erkennen, müssen wir noch die Lage des Punktes $i\,(=\sqrt{-1})$ näher feststellen. Da jeder Parameter im Strahlbüschel durch ein Doppelverhältniss definirt ist, so führt uns dazu direct eine früher für reelle Strahlbüschel gelöste Aufgabe, die in Gleichung (7), p. 118 zum Ausdrucke kam, wenn wir nur die entsprechenden Constructionen nach der von Staudt'schen Methode auf imaginäre Strahlen übertragen. Die erwähnte Gleichung lautete

$$\left(\frac{\lambda_3 - \lambda_2}{\lambda_3 - \lambda_1} \cdot \frac{\mu - \lambda_1}{\mu - \lambda_2}\right)^2 = \frac{\lambda_3 - \lambda_2}{\lambda_3 - \lambda_1} \cdot \frac{\pi - \lambda_1}{\pi - \lambda_2} = -1.$$

Setzen wir hierin $\lambda_1 = 0$, $\lambda_2 = \infty$, $\lambda_3 = 1$, folglich $\pi = -1$, so geht sie über in: $\mu^2 = -1$. Der früher construirte Punkt μ entspricht also in der That dem jetzt gesuchten Strahle i unseres imaginären Büschels. Wir übertragen, wie in Fig. 16, zunächst die Punkte $0, 1, \infty, -1$ auf einen Kegelschnitt, und als solchen wählen wir den um den Punkt 0 mit dem Radius 1 beschriebenen Kreis.

---

*) Auch sonst macht sich bei Constructionen in der complexen Ebene die Nothwendigkeit fühlbar, dieser Ebene einen bestimmten Sinn beizulegen, vgl. Wedekind, a. a. O. p. 13 und Math. Annalen, Bd. 9, p. 209.

Auf ihn projiciren wir die erwähnten vier Punkte vom imaginären Kreispunkte P aus. Die Linie 0-P ist dann Asymptote des Kreises; dem Strahle 0 unseres Büschels entspricht also auf dem Kreise der Punkt P; dem Strahle 1 entspricht auf dem Kreise der Punkt 1, dem Strahle -1 der Punkt -1, dem Strahle ∞ der Punkt P'. Wir haben jetzt die Linien λ_1-λ_2 und λ_3-π zu ziehen, wenn unter $\lambda_1, \lambda_2, \lambda_3, \pi$ die entsprechenden Punkte des Kreises verstanden werden, und von ihrem Schnittpunkte M Tangenten an den Kreis zu legen. Die erstere Linie ist durch die Gerade P'-∞ gegeben, fällt also mit der unendlich fernen Geraden zusammen, die andere ist der Ort aller Punkte mit reellem Parameter. Durch den unendlich fernen Punkt der letzteren, d. h. zu ihr parallel, haben wir an den Kreis Tangenten zu ziehen; die Berührungspunkte, verbunden mit P, geben die Strahlen i und $-i$ unseres Büschels, sind also selbst die gesuchten reellen Punkte dieser Strahlen. *Die Punkte i und $-i$ liegen hiernach in der Entfernung 1 vom Anfangspunkte auf einer zur „reellen Axe" senkrechten Geraden.* Dieselbe ist gleichzeitig der Ort aller Punkte mit rein imaginärem Parameter. Hiermit ist die Uebereinstimmung unserer Darstellung von $x + iy$ mit der in der Functionentheorie üblichen für die beiden „Axen" nachgewiesen, denn z. B. der reelle Werth x ist das Doppelverhältniss der Strahlen $0, 1, x, \infty$, also auch der zu ihnen perspectivisch liegenden Punkte $0, 1, x, \infty$; folglich ist x die Entfernung*) des Punktes x vom „Anfangspunkte" 0.

Auch für die übrigen Punkte der Ebene wird die Uebereinstimmung sofort deutlich, wenn wir die Aufgabe behandeln, *die Summe σ zweier beliebigen Punkte μ und ν in der Ebene zu construiren.* Diese Aufgabe ist bekanntlich (p. 458) als besonderer Fall in einer früher behandelten enthalten. In der That geht die Gleichung (5), p. 116 durch die Substitution $\lambda_1 = 0$, $\lambda_2 = \infty$, $\lambda_3 = 1$ über in

$$\sigma = \mu + \nu.$$

Es bildet daher σ zusammen mit λ_1 ein Paar der durch das Paar μ, ν und das Doppelelement λ_2 bestimmten Involution; d. h. σ ist der vierte harmonische Punkt von λ_1 in Bezug auf λ_2' und ∞, wenn mit λ_2' das zweite Doppelelement der Involution bezeichnet wird. Dabei ist λ_2' als vierter harmonischer Punkt von ∞ in Bezug auf μ und ν leicht zu construiren. Da nämlich die vier durch P gehenden Strahlen $\mu, \nu, \lambda_2', \infty$ ein reelles Doppelverhältniss $(= -1)$ bilden sollen, liegen nach Obigem ihre reellen Punkte in gerader Linie; das Doppelverhältniss dieser Punkte auf der Geraden ist ebenfalls

---

*) Vgl. Bd. I, p. 150.

gleich — 1, und da einer von ihnen der unendlich fernen Geraden angehört, halbirt der zugehörige (λ_2') die Verbindungslinie des Paares μ, ν. Mittelst derselben Schlüsse ergibt sich, dass σ auf der Geraden $\lambda_1 \cdot \lambda_2'$ liegen muss (wobei $\lambda_1 = 0$), und zwar so, dass λ_2' sich in der Mitte zwischen λ_1 und σ befindet. Wir haben also die Strecke $\mu \cdot \nu$ zu halbiren, den Halbirungspunkt λ_2' mit 0 zu verbinden und diese Strecke über λ_2' hinaus um sich selbst zu verlängern; der so gefundene Punkt ist der gesuchte σ.

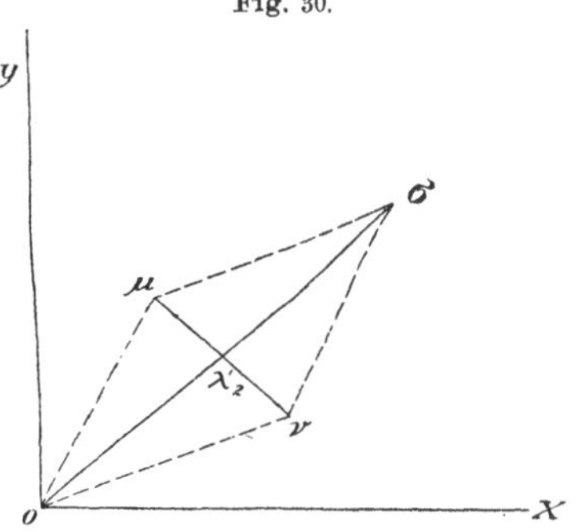

Fig. 30.

Dasselbe wird auch durch die bekannte Parallelogramm-Construction der Functionentheorie erreicht (vgl. Fig. 30), womit der Beweis für die behauptete Uebereinstimmung erbracht ist. Das gewonnene Resultat darf um so mehr Interesse beanspruchen, als bei der von uns durchgeführten Darstellung der Werthe $x + iy$ durch die Punkte der Ebene jener Widerspruch fortfällt, der sich sonst zwischen der Behandlung unendlich ferner Punkte in der Geometrie und in der Functionentheorie geltend macht (vgl. p. 504 f.). Wenn man in der letzteren der Ebene nur einen unendlich fernen Punkt beilegt, so finden wir dafür jetzt eine Erklärung in dem Umstande, dass jeder Geraden unseres imaginären Strahlbüschels, also auch der einzigen reellen (d. i. der unendlich fernen) Geraden nur *ein* Parameterwerth zukommt.

Die harmonische Lage von vier Punkten, von der wir soeben Gebrauch machten, insbesondere die durch sie bedingte Involution beanspruchen zunächst unsere Aufmerksamkeit. Nach unseren bisherigen Bemerkungen *liegen je vier harmonische Punkte der Ebene auf einem Kreise, und die Verbindungslinien der Paare sind einander in Bezug auf den Kreis conjugirte Polaren. Sind daher die Doppelelemente einer Involution beliebig gegeben, so kann man alle Punktepaare derselben in folgender Weise construiren.* Durch die Doppelelemente Q und Q' lege man einen beliebigen Kreis und construire den Pol R der Sehne $Q \cdot Q'$ (Schnittpunkt der Tangenten des Kreises in den Endpunkten der Sehne); jede Gerade durch R, welche den Kreis trifft, schneidet auf ihm ein Punktepaar der gesuchten Involution aus; indem man durch Q, Q' alle möglichen Kreise legt, findet man so alle Punktepaare der Involution.

Umgekehrt bietet sich uns die Aufgabe, *die Doppelelemente einer durch zwei Paare 1, 1' und 2, 2' bestimmten Involution zu construiren.*

Wir behaupten zunächst, dass auch die Ecken 3, 3′ des von den beiden gegebenen Paaren bestimmten vollständigen Vierseits der durch diese Paare bestimmten Involution angehören[*]). Zum Beweise betrachten wir alle Kegelschnitte, welche die Seiten des Vierseits berühren; die Tangentenpaare, welche an sie von einem beliebigen Punkte aus gelegt werden können, bilden eine Involution, insbesondere also auch die von dem imaginären Kreispunkte P ausgehenden Paare. Unter diesen sind aber die Verbindungslinien von P mit den Punkten 1, 1′ und 2, 2′ enthalten, sowie auch diejenigen mit 3, 3′; diese drei Paare von Verbindungslinien gehören also derselben Involution an, folglich auch ihre reellen Punkte, w. z. b. w. Dasselbe gilt von den reellen Punkten irgend zweier zusammengehörigen Strahlen der benutzten Involution; diese reellen Punkte sind als Schnittpunkte mit den conjugirt imaginären Tangenten keine anderen als die Brennpunkte der betreffenden Kegelschnitte[**]). *In der complexen Ebene gehören daher die Paare von Brennpunkten aller Kegelschnitte mit vier gemeinsamen reellen Tangenten zu derselben Involution, welche durch irgend zwei der drei vorkommenden Punktepaare bestimmt wird.*

Auf diese Weise erhält man aber nicht alle Paare der Involution; denn in der Schaar gibt es nur einfach unendlich viele reelle Brennpunkte, die eine Curve erfüllen. Die letztere ist leicht zu bestimmen. Seien $F = 0$ und $\Phi = 0$ die Gleichungen der beiden Punktepaare 1, 1′ und 2, 2′ in Liniencoordinaten u, v, so sind alle Kegelschnitte unserer linearen Schaar in der Form $F + \lambda\Phi = 0$ darstellbar; *ihre Brennpunkte sind also die in dem Gewebe*

$$(1) \qquad F + \lambda\Phi + \mu(u^2 + v^2) = 0$$

vorkommenden unendlich vielen Punktepaare. Von allen diesen Punktepaaren aber wissen wir, dass *sie eine Curve dritter Ordnung erfüllen:* die Hermite'sche Curve des Gewebes, und dass die Punkte jedes Paares auf dieser Curve ein „Polepaar“ bilden[***]), da die Curve gleichzeitig die Jacobi'sche Curve des dem Gewebe conjugirten Netzes ist. Die Axen der Kegelschnitte umhüllen die Jacobi'sche Curve des Gewebes und die Hermite'sche Curve des conjugirten Netzes. Aus dem Gewebe kann man unendlich viele lineare Kegelschnittschaaren herausgreifen; sie führen alle zu derselben Curve dritter Ordnung als dem Orte ihrer Brennpunkte. Da von der Curve drei

---

*) Vgl. Möbius, Gesammelte Werke, Bd. 2, p. 227 (1853).
**) Vgl. Bd. I, p. 161.
***) Vgl. Bd. I, p. 520 f. und 527 ff.

Polepaare, nämlich 1 - 1', 2 - 2' und *P* - *P'* gegeben sind, so kann die Construction beliebig vieler Punkte der Curve nach der Schröter'schen Methode erfolgen*).

In jeder dem Gewebe (1) angehörigen linearen Schaar befindet sich *eine* Curve, von der die unendlich ferne Gerade berührt wird, also *eine* Parabel. Der eine Brennpunkt derselben liegt unendlich weit, der andere (im Endlichen gelegene) werde mit *C* bezeichnet. In der Strahleninvolution mit dem Centrum *P* gibt es nur einen Strahl, welcher die unendlich ferne Gerade zu einem Paare der Involution ergänzt. Es ist daher *C* der reelle Punkt dieses Strahles und *gemeinsamer Brennpunkt aller in dem Gewebe* (1) *vorkommenden Parabeln.* Da der Punkt *C* auch nur durch *einen* anderen Punkt zu einem Punktepaare des Gewebes (1) ergänzt werden kann, so folgt, dass die erwähnten Parabeln eine gemeinsame Axe haben, dass sie also ein „confocales System" bilden**).

Zur Construction von *C* gelangen wir durch folgende Ueberlegungen. Durch die Involution wird jedem Punkte der Ebene ver

Fig. 31.

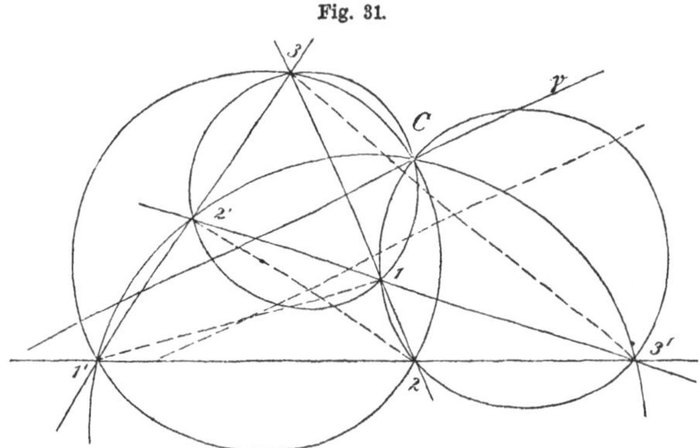

möge einer *linearen* binären Transformation ein anderer Punkt derselben Ebene zugeordnet. Das Doppelverhältniss von vier Punkten

---

*) Vgl. Bd. I, p. 529, 541, 902. Der Ort der Brennpunkte einer Kegelschnittschaar ward von Salmon bestimmt: Analytische Geometrie der Kegelschnitte, Aufgabe 7 und 8 in art. 310 der zweiten Auflage von Fiedler's Bearbeitung; dieser Ort ist von Schröter und Durège in Bd. 5 der Math. Annalen eingehend studirt.

**) Wie bei dem Systeme confocaler Ellipsen und Hyperbeln gehen durch jeden Punkt der Ebene zwei Curven des Systems, die sich rechtwinklig durchschneiden. Man erhält die Gleichung eines solchen Systems leicht durch dualistische Uebertragung aus Bd, I, p. 136, wenn man bedenkt, dass von den vier gemeinsamen Tangenten aller confocalen Parabeln zwei in die unendlich ferne

wird also bei dieser Zuordnung nicht geändert. Ist das Doppelverhältniss von vier Punkten reell, so ist auch das Doppelverhältniss der entsprechenden Punkte reell, d. h. *Punkte, welche auf einer Geraden oder auf einem Kreise liegen, gehen in ebensolche Punkte über.* In unserem durch die Paare 1 - 1' und 2 - 2' bestimmten vollständigen Vierseite liegen die Punkte 1', 2, 3', ∞ in gerader Linie, folglich die zugeordneten Punkte 1, 2', 3, C auf einem Kreise (vgl. Fig. 31), da 1, 2', 3 nicht Punkte derselben Geraden sind; ebenso ergibt sich, dass die Punkte 1, 2, 3', C, ferner 1', 2, 3, C und 1', 2', 3' C je auf einem Kreise liegen. Wir erhalten so beiläufig den Satz: *Die vier Kreise, welche sich um die vier von den Seiten eines Vierseits gebildeten Dreiecke beschreiben lassen, schneiden sich in einem gemeinschaftlichen Punkte.* Dieser gemeinschaftliche Punkt ist der Brennpunkt C unserer Parabeln; der Brennpunkt also wird durch Vermittelung jener Kreise gefunden. Die durch F gehende Axe des confocalen Parabelsystems (in Fig. 31 mit γ bezeichnet) enthält den unendlich fernen Mittelpunkt (Pol der unendlich fernen Geraden) aller unserer Parabeln, sie ist also parallel zu derjenigen Geraden, welche als Ort der Mittelpunkte aller Kegelschnitte, die das Vierseit berühren, die Strecken 1 - 1', 2 - 2' und 3 - 3' gleichzeitig halbirt.

Bisher betrachteten wir nur eine gewisse einfach unendliche Reihe von Punktepaaren unserer Involution, welche sich auf einer bestimmten Curve dritter Ordnung zu Polepaaren anordneten. Um *alle* Punktepaare der Involution zu erhalten, müssen wir uns einfach unendlich viele derartige Curven construirt denken. Zu allen diesen Curven muss der Punkt C in derselben Beziehung stehen. Sei nun 4 - 4' ein nicht auf der bisher untersuchten Hermite'schen Curve gelegenes Paar der Involution, so muss man von 1 - 1' und 4 - 4' aus zu demselben Punkte C durch die entsprechenden Constructionen gelangen; die Linie γ aber wird jetzt eine andere Lage annehmen. Umgekehrt können wir durch C eine beliebige Gerade ziehen und sie als Axe eines Systems confocaler Parabeln benutzen. Der unendlich ferne Punkt dieser Axe liefert uns zusammen mit C ein Polepaar auf einer Curve dritter Ordnung, die durch ein weiteres Polepaar (etwa 1 - 1') vollkommen bestimmt ist (da ausserdem die Kreispunkte P und P' ein Polepaar bilden müssen). *Alle anderen Pole*

Gerade zusammengefallen sind, während die beiden anderen den Brennpunkt mit den imaginären Kreispunkten verbinden. Die Gleichung einer solchen Schaar ergibt sich auch für $y = 0$ aus (44), p. 304 in Variabeln x und z. Möbius bezeichnet C als den Centralpunkt der Involution.

paare desselben Systems auf dieser Curve gehören dann offenbar eben-
falls zu den Punktepaaren unserer Involution. In dem imaginären
Strahlbüschel, das von P ausgeht, ist nur ein Strahl, der mit dem
durch C gehenden ein Paar bildet; dieser Strahl aber ist reell, wird
also durch *jeden* seiner (unendlich fernen) Punkte dargestellt; und
deshalb kann C mit *jedem* Punkte der unendlich fernen Geraden zusammen ein Polepaar der erwähnten Art bilden. Sei nun $F = 0$
die Gleichung des Paares 1 - 1′, und $U = 0$ die Gleichung des
Punktes C, so ist die Gleichung des Polepaares, dessen einer Punkt
mit C zusammenfällt, von der Form $U(u + vv) = 0$. Alle mit
diesen beiden Paaren **auf** derselben Curve dritter Ordnung liegenden
Polepaare sind die in dem Gewebe*)

$$(2) \qquad F + \lambda\, U(u + vv) + \mu(u^2 + v^2) = 0,$$

dessen Gleichung analog zu (1) gebildet ist, vorkommenden, in
Punktepaare zerfallenden Kegelschnitte. *Die doppelt unendlichen*
vielen Punktepaare der Involution werden daher von denjenigen Paaren
gebildet, welche als Curven zweiter Klasse in dem dreifach unendlichen
linearen Systeme von Kegelschnitten enthalten sind, das durch die
Gleichung

$$(3) \qquad kF + l\,Uu + m\,Uv + n(u^2 + v^2) = 0$$

dargestellt wird, wenn k, l, m, n *variable Parameter bedeuten.* Die
Punktepaare der Involution sind gleichzeitig die reellen Brennpunktepaare aller Kegelschnitte der viergliedrigen Schaar (3).

Die Involution enthält zwei reelle Doppelelemente; an zwei
Stellen der Ebene muss es also vorkommen, dass die Brennpunkte
eines Paares zusammenfallen, d. h. dass die entsprechenden Kegelschnitte in Kreise übergehen. Um diese Stellen zu bestimmen, betrachten wir den Büschel von Curven zweiter Ordnung, dessen Curven
sämmtlich zu allen Kegelschnitten des Systems (3) conjugirt (mit
ihnen in vereinigter Lage) sind**). Jeder der vier Basispunkte dieses
Büschels stellt, doppelt gezählt, eine Curve zweiter Klasse dar, die
zu allen Kegelschnitten des Büschels conjugirt ist; denn ein Doppelpunkt muss auf der Curve zweiter Ordnung liegen, um die Forderung
der „vereinigten Lage" zu erfüllen***). In dem Kegelschnittsysteme (3)

---

*) Man überzeugt sich leicht, dass das allgemeinste Gewebe, in dem die
imaginären Kreispunkte vorkommen, durch eine Gleichung der Form (2) dargestellt wird.

**) Vgl. Bd. I, p. 385, wo $n = 2$, $r = 3$ zu nehmen ist.

***) Vgl. Bd. I, p. 525. — Es sei hier bemerkt, dass man (nach dem Vor-
gange von Reye) zwei zu einander conjugirte (oder in einer vereinigten Lage
befindliche) Kegelschnitte auch als zu einander *apolar* bezeichnet.

kommen daher **vier doppelt zählende Punkte** vor: die gemeinsamen Schnittpunkte der Kegelschnitte des conjugirten Büschels. Hiernach müssten auch vier Brennpunktepaare, d. i. Paare unserer Involution, in Doppelpunkte ausarten; da die Involution aber nur zwei Doppelelemente besitzt, so sind von diesen vier Punkten stets zwei imaginär. *Der zu (3) conjugirte Büschel hat daher zwei imaginäre und zwei reelle Basispunkte; die letzteren stellen in der complexen Ebene die Doppelelemente der durch 1 - 1′ und 2 - 2′ gegebenen Involution dar.*

Es muss jetzt nur noch angegeben werden, wie man diese Doppelelemente constructiv bestimmt. Für alle Kegelschnitte des erwähnten Büschels bildet der Punkt C mit jedem Punkte der unendlich fernen Geraden ein Paar conjugirter Pole; die unendlich ferne Gerade ist daher die Polare des Punktes C, d. h. C ist der gemeinsame Mittelpunkt aller Kegelschnitte des Büschels*). Da ferner auch die imaginären Kreispunkte ein conjugirtes Polepaar bilden sollen, so *bestehen alle Kegelschnitte des Büschels aus concentrischen gleichseitigen Hyperbeln* (d. i. Hyperbeln mit zu einander rechtwinkligen Asymptoten). Näher definirt werden sie dadurch, dass sie alle ein in der Ebene beliebig gegebenes Punktepaar 1 - 1′ zu conjugirten Polen haben sollen. Dieses Punktepaar stellt also die Doppelelemente derjenigen Involution dar, welche von den Hyperbeln des Büschels auf der Verbindungslinie von 1 mit 1′ ausgeschnitten wird. Letztere Verbindungslinie wird daher in den Punkten 1, 1′ von je einer Hyperbel des Büschels berührt**), die leicht zu construiren ist. Die in 1 berührende Hyperbel z. B. muss auch, da sie ihren Mittelpunkt in C hat, durch den auf der Linie 1 - C gelegenen Punkt I gehen, der von C in entgegengesetzter Richtung ebenso weit entfernt ist, wie der Punkt 1. Da die beiden Tangenten in den Endpunkten eines Durchmessers einander parallel sein müssen, so ist auch die Tangente der Hyperbel in I bekannt, ferner der zu beiden parallele conjugirte Durchmesser. Die beiden Winkelhalbirenden der conjugirten Durchmesser liefern dann sofort die Asymptoten der Hyperbel***). *Wir kennen also vier Tangenten und deren Berührungspunkte für die gesuchte Hyperbel*, so dass wir jetzt beliebig viele Punkte derselben linear constuiren können. Ebenso wird die zweite Hyperbel, von der die Gerade 1 - 1′ in 1′ berührt wird, näher be-

---

*) Gleichzeitig ist C der „Mittelpunkt" aller in Betracht kommenden Curven dritter Ordnung. Ueber solche Curven mit Mittelpunkt vgl. **Küpper**, Schlömilch's Zeitschrift, Bd. 10 und 14.

**) Vgl. Bd. I, p. 134 f.

***) Vgl. Bd. I, p. 81 f. und 92 ff.

stimmt; *von den vier Schnittpunkten beider sind zwei reell und liefern in der complexen Ebene die Doppelelemente der gegebenen Involution.*

Die Auffindung der letzteren hängt von einer quadratischen Gleichung ab; die biquadratische Gleichung, welche die vier Basispunkte des Büschels von Hyperbeln bestimmt, muss sich daher auf zwei quadratische reduciren. In der That ist auch das eine in dem Büschel enthaltene reelle Linienpaar bekannt; somit ist nur die eine der beiden Hyperbeln mit den Linien dieses Paares zum Durchschnitte zu bringen; die Construction der zweiten Hyperbel ist nicht nothwendig. In der That muss ja jenes Linienpaar gleichzeitig zu den beiden Verbindungslinien von C mit den imaginären Kreispunkten und zu denjenigen mit 1 und 1′ harmonisch liegen; es ist also durch die beiden Winkelhalbirenden dieser letzteren Linien gegeben. Von der gegenseitigen Lage der gleichseitigen Hyperbeln macht man sich leicht ein Bild, wenn man bedenkt, dass die Gleichung des Büschels in der Form

$$x^2 - 1 - y^2 + 2\lambda xy = 0$$

geschrieben werden kann. Dabei haben die vier gemeinsamen Punkte die Coordinaten

$$x = \pm 1, \; y = 0 \quad \text{und} \quad x = 0, \; y = \pm i.$$

Das reelle Linienpaar ist $xy = 0$*).

Die nunmehr bekannten Doppelelemente der Involution mögen mit Q und Q' bezeichnet werden. Jedes Punktepaar auf ihrer Verbindungslinie, das zu beiden harmonisch liegt, gehört dann ebenfalls der Involution an. Schlagen wir ferner um die Strecke Q - Q' als Durchmesser einen Kreis, so schneidet jede auf Q - Q' senkrechte Linie diesen Kreis in einem Paare der Involution. *Dieser Kreis bildet mit der Linie Q - Q' zusammen eine der unendlich vielen Curven dritter Ordnung, deren Polepaare unsere Involution darstellen.* In der That wird man durch die bekannte Vierseitsconstruction (p. 627) von zwei der erwähnten Punktepaaren, die nicht beide auf Q - Q' liegen, stets zu einem dritten Paare geführt (vgl. Fig. 32). Je vier Linien eines solchen Vierseits werden von zwei Kreisen berührt, deren Mittelpunkte in Q und Q' liegen. Die Brennpunktepaare aller Kegelschnitte, welche dieselben vier Geraden berühren, liegen auf der er-

---

*) Demselben Hyperbeln-Systeme begegnet man bei der durch die Transformation $\zeta = z + z^{-1}$ vermittelten conformen Abbildung; vgl. z. B. Tafel XIV in Holzmüller's Einführung in die Theorie der isogonalen Verwandtschaften, Leipzig 1882.

wähnten zerfallenden Curve dritter Ordnung*). Zu jedem solchen
Paare gehören unendlich viele, einander confocale Kegelschnitte des
Systems (3); insbesondere erhält man so *alle reellen Kreise, welche*

Fig. 32.

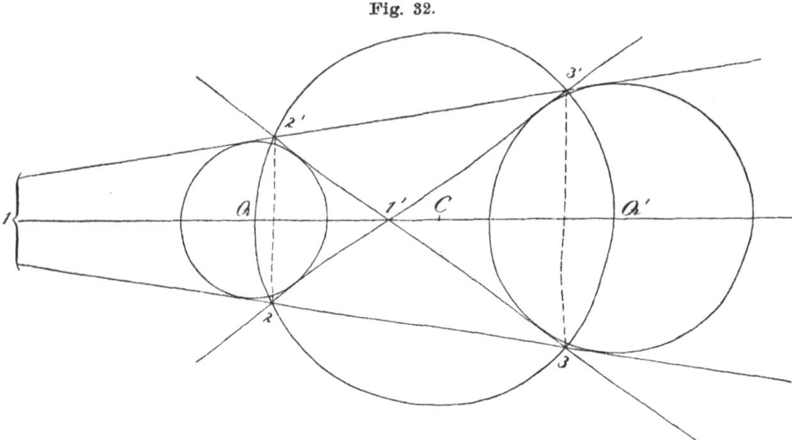

*in dem dreifach unendlichen Systeme (3) von Curven zweiter Klasse
vorkommen: die Systeme concentrischer Kreise um die Punkte Q und Q'.*

Dass in der That nur eine einzige Gleichung zweiten Grades
zur Bestimmung der Doppelelemente einer Involution nöthig ist,
wird auch geometrisch vollkommen deutlich, wenn man nach von
Staudt's Theorie des Imaginären diese Construction in der com-
plexen Ebene ausführt. Es seien die beiden Paare μ - ν und λ_1 - λ_2
in der Ebene gegeben. Durch die fünf Punkte μ, ν, λ_1, λ_2 und den
imaginären Kreispunkt P denken wir uns einen (imaginären) Kegelschnitt gelegt. An ihn haben wir von dem Schnittpunkte N der
Linien μ - ν und λ_1 - λ_2 die beiden Tangenten zu legen; ihre Berührungspunkte liegen auf der reellen Polare von N in Bezug auf
den Kegelschnitt. Die reellen Punkte der Verbindungslinien von P
mit diesen Berührungspunkten sind die *gesuchten Doppelelemente der
Involution.* Die vollkommene Durchführung der verlangten Constructionen mit Hülfe der früher entwickelten Methoden (p. 110 ff.)
bietet keinerlei Schwierigkeiten und dürfte auch nicht umständ-
licher sein, als die Bestimmung der Doppelelemente durch die vorhin
benutzten gleichseitigen Hyperbeln.

---

*) Diese ausgeartete Curve wird von Durège a. a. O. als Ort der Brenn-
punkte einer Kegelschnittschaar betrachtet.

In dieser Weise lässt sich jede der früher im reellen oder imaginären Strahlbüschel ausgeführten Constructionen auf die complexe Ebene übertragen, wenn auch durch solche Uebertragung nicht immer die einfachsten Constructionen gewonnen werden. Eine grosse Erleichterung für die complexe Ebene wird dadurch erreicht, dass man die Punkte 0, 1, ∞ zunächst bei der Construction auszeichnet und erst nachträglich durch beliebige Punkte der Ebene ersetzt. Es möge dies im Folgenden an einigen Beispielen erläutert werden.

1) *Aufgabe 5, p. 116. Es soll ein Punkt σ gefunden werden, welcher zusammen mit einem gegebenen Punkte λ_1 ein Paar einer Involution bildet, die bestimmt ist durch ein anderes Paar μ, ν und einen ihrer reellen Doppelpunkte λ_2.*

Für $\lambda_1 = 0$, $\lambda_2 = \infty$, $\lambda_3 = 1$ wurde $\sigma = \mu + \nu$; und durch Uebertragung der von Staudt'schen Construction fanden wir oben die gebräuchliche Construction der Summe zweier complexen Zahlen (vgl. Fig. 30, p. 625). Legen wir jetzt λ_1, λ_2, λ_3 an beliebige Stellen der Ebene, so haben wir einfach folgende Regel zur Auffindung von σ: Man lege einen Kreis K_1 durch μ, ν und λ_2, einen Kreis K_2 durch λ_1 und μ, so dass er den Kreis K_1 in μ rechtwinklig schneidet, ebenso durch λ_1 und ν einen Kreis K_3, welcher mit K_1 in ν einen rechten Winkel bildet. *Der zweite Schnittpunkt von K_2 und K_3 ist der gesuchte Punkt σ.* In der That liegen auch in Fig. 30 die Punkte 0, μ, σ und 0, ν, σ je auf einem Kreise, welcher von der Geraden μ-ν orthogonal geschnitten wird. Diese Gerade aber geht bei Verlegung des Punktes ∞ (durch lineare Transformation) in einen Kreis über.

Man kann auch zuerst das zweite Doppelelement $\lambda_2{}'$ aufsuchen. Zu dem Zwecke zieht man in λ_2 die Tangente von K_1, bringt dieselbe in M mit der Linie μ-ν zum Schnitte und legt von M aus die zweite Tangente an K_1; ihr Berührungspunkt ist $\lambda_2{}'$. Man braucht nur noch den Kreis K_2 mit einem durch λ_1, λ_2 und $\lambda_2{}'$ gelegten Kreise K_4 zum Schnitte zu bringen, um σ zu finden.

2) *Aufgabe 6, p. 117. Es soll ein Punkt π gefunden werden, welcher einen gegebenen Punkt λ_3 zu einem Paare einer Involution ergänzt, die durch zwei gegebene Paare μ, ν und λ_1, λ_2 definirt ist.*

Für $\lambda_3 = \infty$ wurde die Aufgabe im Vorstehenden von uns behandelt; wir haben jetzt nur in Fig. 31 das Paar 1-$1'$ durch μ-ν, das Paar 2-$2'$ durch λ_1-λ_2 zu ersetzen. Der Punkt C ist dann identisch mit dem von uns gesuchten Punkte π. Legen wir nun λ_3 an eine beliebige Stelle der Ebene, so gehen die Geraden der Fig. 31 in Kreise über, und wir erhalten folgende Construction: Man lege einen Kreis K_1 durch μ, λ_1, λ_3,

   „   „ K_2 „ ν, λ_2, λ_3,

   „   „ K_3 „ ν, λ_1, λ_3,

   „   „ K_4 „ μ, λ_2, λ_3,

   „   „ K_5 „ ν, λ_2 und den zweiten Schnittpunkt (λ_4') von K_3 mit K_4,

   „   „ K_6 „ μ, λ_2 und den zweiten Schnittpunkt (λ_4) von K_1 mit K_2;

die beiden Kreise K_5 und K_6 treffen sich in dem gesuchten Punkte π; und durch denselben Punkt gehen die beiden Kreise hindurch, auf denen bez. die Punkte μ, λ_1, λ_4' und ν, λ_1, λ_4 gelegen sind.

Lassen wir jetzt insbesondere $\lambda_1 = 0$, $\lambda_2 = \infty$, $\lambda_3 = 1$ werden, so geht die oben erwähnte (p. 623), für unsere Aufgabe charakteristische Gleichung über in:

$$\mu \cdot \nu = \pi.$$

Unsere Construction löst also in diesem Falle die Aufgabe, das Product zweier complexen Zahlen constructiv zu bestimmen).* Man hat zu dem Zwecke einen Kreis K_1 durch μ, 0 und 1 zu legen (vgl. Fig. 33), den Punkt ν mit 1 durch eine Gerade K_2 zu verbinden, welche K_1 in λ_4 trifft, sodann den Kreis K_3 durch ν, 0 und 1 zu legen und mit der Verbindungslinie K_4 der Punkte μ und 1 in λ_4' zum Schnitte zu bringen, endlich den gesuchten Schnittpunkt π der Geraden ν-λ_4' und μ-λ_4 zu bestimmen. Der Punkt π liegt dann sowohl mit den Punkten μ, λ_1 $(= 0)$, λ_4', als mit den Punkten ν, λ_1, λ_4 auf je einem (in Fig. 33

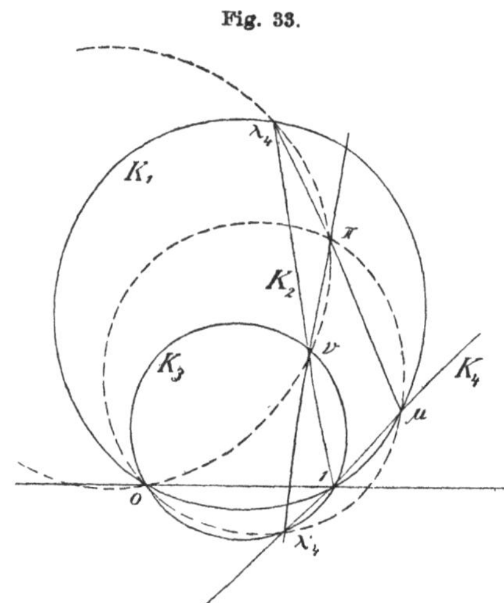

---

*) Diese Aufgabe wird sonst durch Vermittlung gewisser ähnlicher Dreiecke gelöst; vgl. z. B. Holzmüller, a. a. O. p. 11. Das Dreieck 0 - 1 - μ wird durch eine Aehnlichkeitstransformation in die neue Lage 0 - ν - π übergeführt. Wird $\mu = \nu$, so erhält man successive alle Punkte μ^2, μ^3, ... Dass alle diese Punkte auf einer logarithmischen Spirale liegen, ist eine Consequenz des Satzes, dass sich bei einer Aehnlichkeitstransformation alle Punkte auf logarithmischen Spiralen bewegen (vgl. oben die Note zu p. 545).

punktirten) Kreise. Ist μ reell, so geht K_1 in eine gerade Linie über; sind μ und ν reell, so hat man die frühere von Staudt'sche Construction anzuwenden.

Für $\mu = \nu$ wird die Construction unbrauchbar. Die dann entstehende Aufgabe, das Quadrat $\mu^2 = \pi$ einer gegebenen Zahl zu construiren, wird offenbar in der folgenden Weise gelöst. Man verlängere die Strecke $0 \cdot \mu$ über 0 hinaus um sich selbst; dadurch findet man den Punkt μ', der mit μ zusammen die Doppelelemente der Involution bildet. Durch μ, μ' und 1 lege man einen Kreis und construire dessen Tangenten in μ und μ'; dieselben mögen sich in M schneiden; die Gerade $M \cdot 1$ schneidet dann auf dem Kreise den gesuchten Punkt μ^2 aus.

Die umgekehrte Aufgabe, aus einer gegebenen Zahl π zu der Zahl $\pm \sqrt{\pi}$ durch Construction zu gelangen, führt zu der schon behandelten (p. 630) zurück, die Doppelelemente einer durch zwei Paare ($0 \cdot \infty$ und $\pi \cdot \lambda_3$) bestimmten Involution aufzusuchen.

3) *Es soll ein Punkt ν gemäss der Gleichung* (8), *p. 119 construirt werden.* Die Aufgabe ist in der Umkehrung der vorhergehenden enthalten. Für den Fall $\lambda_1 = 0$, $\lambda_2 = \infty$, $\lambda_3 = 1$ gibt sie die oben besprochene Construction des Punktes i (p. 623 f.) Die Verallgemeinerung der letzteren durch Verlegung des unendlich fernen Punktes führt also zur *Construction der Doppelelemente einer Involution, welche durch zwei Punktepaare eines und desselben Kreises definirt wird, falls diese Paare zu einander harmonisch liegen.* Auf dem Kreise K mögen λ_1 und λ_2 harmonisch zu λ_3 und λ_4 liegen; dann lege man durch λ_3 und λ_4 einen Kreis K_1, welcher K in beiden Punkten rechtwinklig schneidet, ebenso einen zweiten Kreis K_2 durch λ_1 und λ_2, der ebenfalls K unter rechtem Winkel begegnet. Die beiden Schnittpunkte von K_1 und K_2 sind die gesuchten Doppelelemente.

Nächst der harmonischen Lage von vier Punkten ist die *äquianharmonische Lage* in Betracht zu ziehen. Da dieselbe in bekannter Weise bei den binären cubischen Formen zur Anwendung kommt, so können wir auf die Theorie der letzteren verweisen*), welche auf der Kugel schon hinreichend besprochen wurde (p. 614). Nimmt man insbesondere die drei Grundpunkte auf dem durch sie zu legenden Kreise äquidistant an, so wird die Covariante Q durch die drei diametral gegenüberliegenden Punkte dargestellt, und die Hesse'sche Covariante durch den unendlich fernen Punkt und den Mittelpunkt

---

*) Vgl. Beltrami und Wedekind a. a. O.

des Kreises. Bringt man dann den unendlich fernen Punkt durch lineare Transformation in eine beliebige Lage, so bildet er zusammen mit dem **anderen Punkte der Hesse'schen Covariante die beiden „Grenzpunkte"** eines Systems von Kreisen, die sich in zwei imaginären Punkten schneiden (vgl. p. 610), und auf deren jedem unendlich viele Formen dritter Ordnung liegen, welche alle dieselbe Hesse'sche Covariante besitzen.

Bei der geometrischen Definition des allgemeinen complexen Doppelverhältnisses $\alpha + i\beta$ von vier Punkten legten wir früher Gewicht darauf, dass man stets vier reelle Punkte construiren kann, deren Doppelverhältniss gleich einem Vielfachen von α, und vier andere, deren Doppelverhältniss gleich einem Vielfachen von β ist (p. 123 ff.). In der complexen Ebene dagegen, wo das Doppelverhältniss von vier auf einem Kreise befindlichen Punkten stets direct durch dasjenige von vier reellen Strahlen dargestellt wird (p. 623), können wir uns darauf beschränken, *einen vierten Punkt anzugeben, der mit dreien der gegebenen Punkte auf einem Kreise liegt und mit ihnen das Doppelverhältniss* 2α, *sowie einen andern, der mit ihnen in gleicher Weise das Doppelverhältniss* 2β *bestimmt.* Seien λ_1, λ_2, λ_3, λ_4 die gegebenen Punkte, so denken wir uns durch lineare Transformation λ_1, λ_2, λ_3 bez. an die Stellen 0, 1, ∞ gebracht; dann geht λ_4 in $\alpha + i\beta$ über. Mit Hülfe des Punktes $\alpha - i\beta$ construiren wir nach 1) die Summe $(\alpha + i\beta) + (\alpha - i\beta)$, d. h. den Punkt 2α. Sodann projiciren wir von einem Punkte M des durch λ_1, λ_2, λ_3 gelegten Kreises die Punkte 0, 1, 2α, ∞ auf diesen Kreis; dann lässt sich durch M in bekannter Weise ein Strahl $M \cdot \mu$ so construiren, dass die Relation

$$M(0, \infty, 1, 2\alpha) \,\overline{\wedge}\, M(\lambda_1, \lambda_2, \lambda_3, \mu)$$

besteht; *der Schnittpunkt* μ *dieses Strahles mit dem Kreise ist der gesuchte Punkt, welcher mit* λ_1, λ_2, λ_3 *zusammen das Doppelverhältniss* 2α *bestimmt;* ebenso ergibt sich durch Benutzung der Subtraction ein Punkt, der mit λ_1, λ_2, λ_3 ein Quadrupel vom Doppelverhältnisse 2β bildet[*]. Wenig complicirter wäre es, Punkte zu construiren, die mit dreien der gegebenen zusammen die Doppelverhältnisse α bez. β ergeben.

Wenn es unser Zweck war, in den letzten Untersuchungen zu

---

[*] Wedekind definirt a. a. O. ein complexes Doppelverhältniss mit Hülfe der Winkel, unter welchen die durch je drei der vier Punkte zu legenden Kreise sich gegenseitig schneiden.

zeigen, wie die Vorstellungen der allgemeinen projectivischen (Cayley'schen) Maassbestimmung, also auch der nicht-Euclidischen
Geometrie für mannigfache Probleme von Vortheil sind, ganz unabhängig davon, welchen Dienst diese Vorstellungen bei Prüfung
der Grundlagen der Geometrie bieten, so muss hervorgehoben werden,
dass unsere Betrachtung über die Darstellung der complexen Werthe
$x + iy$ in der Ebene nicht mehr zu diesen Problemen zu zählen ist.
Wir glaubten nur, auf dieselbe eingehen zu sollen, da wir ihrer
wiederholt bedurften, und da es nothwendig schien, den Zusammenhang mit der von Staudt'schen Theorie, welche sonst der projectivischen Denkweise näher liegt, klar zu legen und an Beispielen näher
zu verfolgen. In der Mathematik ist es an sich erlaubt, sich eines
jeden Hülfsmittels zu bedienen, das zum vorgesteckten Ziele führt.
Dem methodischen Gedankengange zu Liebe verschmäht man oft das
eine, bevorzugt das andere, auch wenn letzteres für den Augenblick
weniger handlich erscheint. Wenn man sich aber entschliesst, die
verschiedenen Methoden und Hülfsmittel, wie sie sich gerade darbieten, zu benutzen, so ist es stets ausserordentlich lehrreich, sich
bei jedem Schritte doch des Zusammenhanges dieser Methoden unter
einander bewusst zu bleiben; und aus diesem Grunde durften wir nochmals länger bei der Theorie imaginärer Elemente verweilen.

Index.

Cl_1 = Complex 1ten Grades; C_n = Curve n^{ter} Ordnung;
F_n = Fläche n^{ter} Ordnung.

Verbesserungen und Zusätze.

Seite 3, Zeile 1 der Note. Lies Appendix statt V.

„   8 „   „   „ „Recherches sur les" statt „Traité des"; wenigstens trägt ein in der Königsberger Bibliothek vorhandenes
Werk diesen Titel, während Chasles a. a. O. „Traité des" citirt.

Seite 9, Zeile 9—7 v. u. In diesen drei Gleichungen sind die Buchstaben ξ, η, ζ
bez. zu ersetzen durch x, y, z; ebenso in den beiden folgenden
Gleichungen.

„ 17, „   9 v. u. Lies λ, μ, ν statt α, β, γ.

„   6 v. u.   „ in der ersten Gleichung (45) $(y - y_0) \cos \alpha$ statt
$(z - z_0) \cos \alpha$.

„   1 v. u. Lies bez. μ, ν statt λ, μ.

„ 31, „   8 v. o.   „ „die" statt „der".

„ 13 v. u.   „ $\dfrac{q'}{q}$ statt $\dfrac{q}{q'}$.

„ 37, „   9 v. o.   „ μ „ λ.

„ 38, „ 10 v. o.   „ zweiten statt ersten.

„ 13 v. o.   „ ersten   „ zweiten; ebenso S. 38, Zeile 1 v. u.
und S. 39, Zeile 4 v. o. auf der rechten Halbseite.

„ 44, „   3 v. u. In der Determinante lies x_2, y_2, z_2 statt z_1, z_2, z_3.

„ 45, „   5 v. o. Lies linear unabhängige statt unabhängige.

„   7 v. o.   „ (3) statt (4).

„ 48, „   7, 9, 10 v. o. und Zeile 13 und 11 v. u. ist der Nenner m zu
ersetzen durch $\dfrac{m}{\mu}$.

„ 12 v. o. Lies Y-Z-Ebene statt X-Y-Ebene.

„ 15 und 16 v. o. sind mit einander zu vertauschen.

„ 15—24 ist a durch c zu ersetzen.

„   6 v. u. Lies ihre statt die ihrer.

„ 49, „   5 v. u.   „ xq „ zq.

„ 51, „   1 v. o.   „ (11)   „ (9).

„   4 v. o.   „ cr „ $c\varrho$.

„   7, 13, 15 v. o. Lies (14a) statt (15).

„ 53, „   5 v. u. Lies solcher Betrachtungen statt der Gleichungen (16).

„ 54, „   1 v. o. Die Worte „des Complexes" sind zu streichen.

„ 54 und 55. Ueberall sind die Vorzeichen der Grössen a, b, c zu ändern.

„ 57, Zeile 10 v. o. Lies $-\dfrac{\gamma x'}{c}$ statt $\dfrac{\gamma x'}{c}$.

In Fig. 10 steht der Buchstabe φ fälschlich am Punkte B statt am Punkte A; φ soll den Winkel DAC bezeichnen.

Seite 57, Zeile 4 v. u. Lies $-\dfrac{1}{\delta}$ statt δ.

     „   1 v. u.   „ DAC „ DBC.

„   59,   „   10 v. o.   „ μ^{-1} „ μ.

„   60,   „   11 v. o.   „ $- \tan \dfrac{\vartheta}{2}$ statt $- \cot \dfrac{\vartheta}{2}$.

„   61,   „   2 v. o. und 12 und 11 v. u. Das Vorzeichen von l ist zu ändern.

     „   6 und 5 v. u. ∞ und 0 sind zu vertauschen.

     „   9 v. u. Es ist zu bemerken, dass hier und im Folgenden (wie in der Anmerkung) der Einfachheit halber $\vartheta = \dfrac{\pi}{2}$ angenommen worden ist.

    In der Note sind $x + y$ und $x - y$ zu vertauschen.

„   62,   „   „   „   Zeile 7 v. u. Lies Octanten statt Quadranten. Für die Theorie des Cylindroids vgl. ferner Mannheim, Comptes rendus, März 1888.

„   67, Zeile 3 v. o. Lies $\lambda\alpha'$ statt $\lambda\alpha$.

     „   9 v. u. Unter den beiden Quadratwurzelzeichen ist das Vorzeichen zu ändern.

„   76,   „   2 v. u. und S. 77, Zeile 2 und 4 v. o. Die Zeichen $\pm$ sind zu streichen.

„   77,   „   8 v. o. Lies (6) und (6)* statt (4) und (4)*.

„   79. In den Gleichungen (17) und (17)* sind die Vorzeichen der Grössen a, b, c überall zu ändern.

„   81, Zeile 10 v. u. Lies a_i, b_i, c_i, d_i statt a_i, b_i, c_i.

„   82,   „   3 v. o.   „   (23) statt (22).

„   83,   „   2 v. o.   „ $\Sigma l_i' d_i u_i$ statt $\Sigma l_i' d_i x_i$.

„   84,   „   6 v. o. Der Factor μ ist zu streichen.

     „   7 v. o. und S. 85, Zeile 8 v. u. Der Ausdruck unter dem Wurzelzeichen muss lauten:

$$\left(b_i c_k - c_i b_k\right)^2 + \left(c_i a_k - a_i c_k\right)^2 + \left(a_i b_k - b_i a_k\right)^2.$$

„   88,   „   11 v. o. Lies (23)* statt (23).

     „   5 v. u.   „   (23)   „   (23)*.

„   89,   „   13 v. u.   „ d statt p.

„   90,   „   1 v. o.   „ $ud + \cos\alpha$ statt ud.

      „ $vd + \cos\beta$ „ vd.

     „   2 v. o.   „ $wd + \cos\gamma$ „ wd.

     „   4 v. o.   „   1 statt $-$ 1.

     „   5 v. o.   „   „folgt aus (19) für $d = \infty$" statt „folgt aus (19)".

     „   7 u. 8 v. o. Die Worte „eine Proportion ... bleibt" sind zu streichen.

     „   15 v. o. Lies „$x_i = 0$ mit $x_k = 0$" statt „$x_i = 0$".

     „   1 v. u.   „ $v p_{ik}$ statt $r p_{ik}$.

„   91,   „   1 v. o. Die hier eingeführten, völlig willkürlichen Grössen C_{ik}' hängen mit dem C_{ik} nicht in derselben Weise zusammen, wie die auf S. 84 mit C_{ik}' bezeichneten Constanten.

Seite 91, Zeile 14 v. o. Lies (23)* statt (24).

„ 93, „ 10, 11, 12, 14, 15. Die oberen Indices i, k der Grössen A sind durch l, m zu ersetzen.

„ 94. In den Gleichungen (51) und (52) sind die Buchstaben p und π mit einander zu vertauschen. In (52) sind ausserdem die Indices i, k bez. zu ersetzen durch l, m.

„ 94, Zeile 13 v. u. Lies „der Ebene" statt „$x_1 = 0$", und γ statt α.

„ „ 12 v. u. „ „der Ebene" „ „$x_2 = 0$", „ α „ β.

„ „ 11 v. u. „ „der Ebene" „ „$x_3 = 0$", „ β „ γ.

„ 95, „ 14 v. o. Die Zahl 3 ist aus jedem der drei Nenner in den Zähler zu stellen.

„ 96, „ 9 v. u. Lies 196 statt 117.

„ „ 8 v. u. „ 80 „ 83.

„ 100, „ 18 v. o. „ des „ der.

„ 103, „ 4 v. o. „ q_{12}' „ q_{12}.

„ 114, „ 9 bis 11. Die Worte „welche von M ... liefert, die" sind zu ersetzen durch: „deren Punktepaare ihre Verbindungslinien durch einen festen Punkt M' senden. Der Berührungspunkt einer der beiden von M' ausgehenden imaginären Tangenten des Kegelschnittes ist der gesuchte zweite Schnittpunkt von α. Auf der Polare von M' liefern also die Paare conjugirter Pole diejenige Involution, welche" ...

„ 123, „ 9 v. o. Der Punkt π bestimmt den absoluten Betrag des Doppelverhältnisses; statt dessen benutzt man besser (um Eindeutigkeit herzustellen) die auch leicht zu construirenden Differenzen der einander conjugirt imaginären Doppelverhältnisse.

„ 135. In den Gleichungen (12) lies „$\frac{1}{2} \frac{\partial a_{xx}}{\partial x_i} = a_x a_i$" statt „$\frac{1}{2} \frac{\partial a_{xx}}{\partial x_i} a_x a_i$" für $i = 1, 2, 3, 4$.

„ 142, Zeile 7 v. u. Lies $\frac{1}{2}\left(a_x b_y - a_y b_x\right)^2$ statt $\frac{1}{2}(a\,b\,x\,y)^2$. Gemäss den Formeln $\mu p_{ik} = q_m = u_l v_m - v_l u_m$ ist derselbe Ausdruk weiter gleich $\dfrac{1}{2\,\mu^2}\,(a\,b\,u\,v)^2$.

„ 164. Näheres über die Kenntnisse der antiken Geometer in der analytischen Geometrie findet man in dem Werke von Zeuthen: Die Lehre von den Kegelschnitten im Alterthume, übersetzt von Fischer-Benzon; Kopenhagen 1886.

„ 168. Die für das Hauptaxenproblem gemachten Literaturangaben mögen durch den Hinweis auf eine Arbeit von Lipschitz vervollständigt werden: Abhandlungen der Berliner Akademie, 1873.

„ 194, Zeile 3 v. u. Die Asymptotenkegel sind dann „gleichseitige"; vgl. Joachimsthal, Crelle's Journal, Bd. 56, 1859.

„ 195. Es sei noch auf Bd. 2, p. 249 der Aufgabensammlung von Magnus verwiesen.

„ 238. Für die Theorie der Curven dritter Ordnung mögen hier noch zwei Aufsätze von Hurwitz in Bd. 20 und 30 der Math. Annalen erwähnt werden.

„ 253, Zeile 9 v. u. Lies Polartetraëder statt Polardreieck.

Seite 336. Vor Nr. 15 ist noch der Fall zu erwähnen, dass die Bedingungen von Nr. 13 und Nr. 14 gleichzeitig erfüllt sind, dass also *die Spitze des Kegels auf dem imaginären Kugelkreise liegt, und zugleich die eine unendlich ferne Erzeugende den Kugelkreis in der Spitze berührt.* Hier werden die den früheren entsprechenden Gleichungen:

$$(14) \qquad 0 = 2x_1 x_3 + x_4{}^2 + \lambda x_1{}^2;$$

$$(15) \qquad x_4 = 0, \qquad 2x_1 x_2 + x_3{}^2 = 0.$$

$$\begin{vmatrix} x_3 + \lambda_1 x_1 & 0 & x_1 & x_4 \\ dx_3 + \lambda_1 dx_1 & 0 & dx_1 & dx_4 \\ x_2 & x_1 & x_3 & 0 \\ dx_2 & dx_1 & dx_3 & 0 \end{vmatrix} \quad \begin{vmatrix} 0 & x_3 + \lambda_1 x_1 & x_1 & 0 \\ x_1 & x_2 & x_3 & x_4 \\ dx_1 & dx_2 & dx_3 & dx_4 \\ d^2 x_1 & d^2 x_2 & d^2 x_3 & d^2 x_4 \end{vmatrix} = 0.$$

$$x_1{}^2 \cdot \left[\lambda_1 dx_1{}^2 + 2 dx_1 dx_3 + dx_4{}^2 \right] = C \left[(2x_1 x_2 + x_3{}^2)(2 dx_1 dx_2 + dx_3{}^2) \right.$$
$$\left. - (x_1 dx_2 + x_2 dx_1 + x_3 dx_3)^2 \right].$$

Da alle Erzeugende den Kugelkreis treffen, ist die Einführung orthogonaler krummliniger Coordinaten nicht möglich (vgl. Nr. 14 und Nr. 18). Wir setzen

$$\sigma x_1{}^2 = 1, \quad \sigma(x_3{}^2 + 2x_1 x_2) = \lambda_2, \quad \sigma(x_4{}^2 + 2x_1 x_3) = -\lambda_1, \quad \sigma x_4{}^2 = \lambda_3.$$

Dann wird:

$$\lambda_1 dx_1{}^2 + dx_4{}^2 + 2 dx_1 dx_3 = \tfrac{1}{4} x_4{}^2 \left(\frac{d\lambda_3}{\lambda_3} \right)^2,$$

$$\frac{d\sigma}{\sigma} (x_3{}^2 + 2x_1 x_2) + 2(x_3 dx_3 + x_1 dx_2 + x_2 dx_1) = x_1{}^2 d\lambda_2,$$

$$\left(\frac{d\sigma}{\sigma} \right)^2 (x_3{}^2 + 2x_1 x_2) + 4 \frac{d\sigma}{\sigma} (x_3 dx_3 + x_1 dx_2 + x_2 dx_1) + 4(dx_1 dx_2 + dx_3{}^2)$$
$$= 4 x_3{}^2 \left(\frac{d\lambda_3}{\lambda_1 + \lambda_3} \right)^2.$$

Die vorletzte Gleichung quadrirt und von der (mit $x_3{}^2 + 2x_1 x_2$ multiplicirten) letzten abgezogen, ergibt:

$$(x_3{}^2 + 2x_1 x_2)(dx_3{}^2 + 2 dx_1 dx_2) - (x_3 dx_3 + x_1 dx_2 + x_2 dx_1)^2$$
$$= 4 x_3{}^2 (x_3{}^2 + 2x_1 x_2) \frac{d\lambda_3{}^2}{(\lambda_1 + \lambda_3)^2} - x_1{}^4 d\lambda_2{}^2 = x_1{}^4 (\lambda_2 d\lambda_3{}^2 - d\lambda_2{}^2).$$

Die aufgestellte erste Integralgleichung wird daher:

$$(25) \qquad \frac{d\lambda_3{}^2}{\lambda_3} = \tfrac{1}{4} C \left[\lambda_2 d\lambda_3{}^2 - d\lambda_2{}^2 \right].$$

Für $C = \infty$ findet man unendlich viele algebraische Curven. In der zuletzt aufgestellten Gleichung sind die Variabeln nicht getrennt. Zur Integration kann eine schon früher (Nr. 11, p. 319) benutzte Methode dienen; dieselbe ist anwendbar, da es möglich ist, den gegebenen Kegel (in dessen Gleichung (14) kurz $\lambda = 0$ gewählt werden darf) und den imaginären Kugelkreis gleichzeitig linear in sich zu transformiren; es geschieht dies durch die Collineation:

$$(26) \qquad \begin{aligned} x_1 &= \alpha_1 y_1, & x_3 &= \alpha_3 y_3, \\ x_2 &= \alpha_2 y_2 + \beta y_4, & x_4 &= \alpha_4 y_4, \end{aligned}$$

wobei

$$\alpha_1 \alpha_2 = \alpha_3{}^2, \quad \alpha_1 \alpha_3 = \alpha_4{}^2.$$

Durch dieselbe Collineation müssen die geodätischen Linien in sich übergeführt werden. Durch das schon auf p. 320 angewandte Verfahren finden wir daher *die Parameterdarstellung dieser Curven* in der Form

$$(27) \quad \begin{aligned} y_1 &= \delta_1 \alpha_1{}^n, & y_3 &= \delta_3 \alpha_3{}^n, \\ y_2 &= (\delta_2 + \delta_4 \beta_n') \alpha_2{}^n, & y_4 &= \delta_4 \alpha_4{}^n, \end{aligned}$$

wobei die Bedingung $\delta_1 \delta_3 + \delta_4{}^2 = 0$ erfüllt sein muss, damit die Curve auf dem Kegel $2x_1 x_3 + x_4{}^2$ liegt. Zwischen den α_i bestehen die angegebenen Relationen, und es ist

$$\beta' = \frac{\beta}{\alpha_2} \quad \text{oder} \quad \beta' = \frac{\log \alpha_2 - \log \alpha_4}{\alpha_2 - \alpha_4},$$

je nachdem $\alpha_2 = \alpha_4$ oder α_2 von α_4 verschieden ist; n bezeichnet den Parameter. Hiermit ist umgekehrt die zwischen λ_2 und λ_3 aufgestellte Differentialgleichung (25) integrirt.

Seite 338. Die soeben (in dem vorhergehenden „Zusatze") angewandte Schlussweise ist auch für Nr. 17 brauchbar. Der imaginäre Kugelkreis $2x_1 x_2 + x_3{}^2 = 0$ in der Ebene $x_4 = 0$ und der parabolische Cylinder $2x_1 x_4 + x_2{}^2 = 0$ gehen durch die Substitution

$$(28) \quad \begin{aligned} x_1 &= \alpha_1 y_1, & x_3 &= \alpha_3 y_3 + \beta y_4, \\ x_2 &= \alpha_2 y_2, & x_4 &= \alpha_4 y_4 \end{aligned}$$

gleichzeitig in sich über, wenn $\alpha_3{}^2 = \alpha_1 \alpha_2$, $\alpha_2{}^2 = \alpha_1 \alpha_4$. Die Parameterdarstellung der geodätischen Linien ist daher:

$$29) \quad \begin{aligned} y_1 &= \delta_1 \alpha_1{}^n, & y_3 &= (\delta_3 + \delta_4 \beta_n') \alpha_3{}^n, \\ y_2 &= \delta_2 \alpha_2{}^n, & y_4 &= \delta_4 \alpha_4{}^n, \end{aligned}$$

wenn $\delta_2{}^2 + 2\delta_1 \delta_4 = 0$.

Die Substitution (28) ist auch für Nr. 18 anwendbar, wenn die Gleichungen des Kugelkreises in der Form $x_4 = 0$, $x_2{}^2 + 2x_1 x_3 = 0$, und die Gleichung des Kegels in der Form $x_2{}^2 + 2x_1 x_4 = 0$ angenommen werden; es müssen jetzt die Relationen

$$\alpha_1 \alpha_3 = \alpha_2{}^2 = \alpha_1 \alpha_4$$

erfüllt sein. Für die geodätischen Linien findet man wieder (29), worin jetzt $\delta_2{}^2 + 2\delta_1 \delta_4 = 0$ sein muss.

Seite 340. Gleiches gilt für Nr. 19. Es seien $x_4 = 0$, $x_1{}^2 + 2x_2 x_3 = 0$ die Gleichungen des Kugelkreises und $2x_1 x_4 + x_2{}^2 = 0$ die Gleichung des Kegels, so gelten die Formeln (28) und (29), falls jetzt

$$\alpha_1{}^2 = \alpha_2 \alpha_3, \quad \alpha_2{}^2 = \alpha_1 \alpha_4, \quad \delta_2{}^2 + 2\delta_1 \delta_4 = 0.$$

„ 347, Zeile 1 v. u. Lies α_{ik} statt a_{ik}.

„ 348, „ 1 v. o. Bei der Bildung von $\Phi_{\alpha\alpha}$ aus Φ_{pp} sind im letzteren Ausdrucke die Coëfficienten der Producte $p_{hl} p_{ik}$ genau in der auf p. 347 angegebenen Form zu belassen; man darf den Ausdruck Φ_{pp} nicht vorher durch Hinzufügen des mit einer beliebigen Constanten multiplicirten, identisch verschwindenden Ausdruckes P umgeformt haben.

Seite 372. In Betreff der Untersuchungen Lie's über Differentialgleichungen sei auf sein ausführliches Werk verwiesen: Theorie der Transformationsgruppen, herausgegeben von Engel, Leipzig 1888 und 90.

„ 379. Die in Nr. 6 erwähnte Transformation ist dieselbe, welche oben in den Zusätzen zu p. 338 und 340 benutzt wurde. Man hat, um dies zu erkennen, die absoluten Werthe der α_i so zu wählen, dass der Factor, um welchen sich die linke Seite der Gleichung des Kugelkreises bei der Substitution (28) ändert, jetzt gleich der Einheit wird.

„ 384. Weiter durchgeführt ist die in der Anmerkung erwähnte Verallgemeinerung dynamischer Probleme von Killing, Crelle's Journal, Bd. 98, 1885.

„ 391, Anmerkung. Lies 17. August statt 7. August.

„ 404, Zeile 1 der Anmerkung. Lies gegenseitige statt gegenwärtige.

„ 439. Die in der Anmerkung erwähnte räumliche Construction wird deshalb besser vermieden, weil dieselbe voraussetzt, dass ein dabei zu benutzender Schnittpunkt von drei Ebenen immer wirklich (in endlicher Entfernung) existiert. — Im Uebrigen ist die im Texte gegebene Beziehung der Strahlen eines Büschels und weiterhin der Punkte einer Ebene auf gewisse Zahlen (Coordinaten) nicht wesentlich verschieden (wie ich nachträglich erfahre) von derjenigen, welche Klein neuerdings in einer demnächst erscheinenden Abhandlung dargestellt hat.

„ 439, Zeile 2—16. Die Worte „zu demselben .... C-P" sind zu streichen; denn der hier gemachte Schluss ist nicht correct, und von der behaupteten Wechselseitigkeit wird für das Folgende kein Gebrauch gemacht. Dass der Punkt 2 auch durch die in Zeile 18 angegebene Construction gefunden wird, ist schon eine einfache Folge der Thatsache, dass zwischen den Punkten $B (= 1)$, $D (= 2)$, 3 dieselbe Beziehung besteht wie zwischen den Punkten A, B, D, dass folglich in Betreff der Punkte S, P, P_1 dasselbe gelten muss, wie für die Punkte P, P_1, P_2. In der Construction (12), p. 449 sind dann die Punkte B, D, Q_1, Q bez. zu ersetzen durch D, B, P, P_1.

„ 446, Zeile 15 v. u. Lies ∞ statt 1.

„ 14 „ „ $2^{-\nu}$ „ $2^{-\nu-1}$, und 0 statt 1.

„ 13 „ „ $2^{-\nu-1}$ statt $2^{-\nu}$ „ letzterer statt dieser.

„ 467. Nähere Angaben über die Beziehungen von Bolyai zu Gauss findet man in Schering's Festrede zur hundertjährigen Gedächtnissfeier von Gauss' Geburtstage, Göttinger Abhandlungen, 1877.

„ 507, Zeile 12 v. o. Lies „besagt, wie wir sogleich sehen werden" statt „sagt also nach dem Obigen aus".

„ 521, Anmerkung. Mit solchen Geraden-Systemen hat sich Klein näher beschäftigt; vgl. die im Zusatze zu p. 439 soeben erwähnte Arbeit.

„ 539. Ueber das in der dritten Anmerkung berührte, von Killing behandelte Problem gibt die in den vorhergehenden Zusätzen erwähnte Arbeit von Klein näheren Aufschluss.

„ 555, Zeile 2 der dritten Anmerkung. Lies ἴσα statt ἄνισα.

„ 592, Anmerkung. Lies „Mémoires présentés par divers savants, t. 28 (1880—83), ferner C. Jordan, Crelle's Journal" statt „Crelle's Journal".

Graefe, Dr. **Friedrich** (Professor an der techn. Hochschule zu Darmstadt), Aufgaben und Lehrsätze aus der analytischen Geometrie des Punktes, der geraden Linie, des Kreises und
der Kegelschnitte. Für Studierende an Universitäten und technischen Hochschulen bearbeitet. [IV u. 136 S.] gr. 8. 1885.
geh. n. ℳ 2.40.

———— Auflösungen und Beweise der „Aufgaben und Lehrsätze aus der analytischen Geometrie des Punktes, der
geraden Linie, des Kreises und der Kegelschnitte". Für
Studierende an Universitäten und technischen Hochschulen. [IV u.
259 S.] gr. 8. 1886. geh. n. ℳ 4.80.

———— Vorlesungen über die Theorie der Quaternionen
mit Anwendung auf die allgemeine Theorie der Flächen und der
Linien doppelter Krümmung. [IV u. 164 S. mit Figuren im Text.]
gr. 8. 1883. geh. n. ℳ 3.60.

———— Aufgaben und Lehrsätze aus der analytischen
Geometrie des Raumes, insbesondere der Flächen zweiten Grades.
Für Studirende an Universitäten und technischen Hochschulen. [XIV
u. 127 S.] gr. 8. 1888. geh. n. ℳ 3.—

———— Auflösungen und Beweise „der Aufgaben und Lehrsätze aus der analytischen Geometrie des Raumes". gr. 8.
1890. geh.

Hesse, Dr. **Otto**, weil. Professor am königl. Polytechnikum zu München,
sieben Vorlesungen aus der analytischen Geometrie der
Kegelschnitte. Fortsetzung der Vorlesungen aus der analytischen
Geometrie der geraden Linie, des Punktes und des Kreises. [Separat-
ausgabe aus der Zeitschrift für Mathematik und Physik.] [52 S.]
gr. 8. 1874. geh. n. ℳ 1.60.
[Vergriffen.]

———— Vorlesungen aus der analytischen Geometrie der geraden Linie, des Punktes und des Kreises in der Ebene. Dritte
Auflage, revidiert von Dr. S. Gundelfinger, Professor am Grofs-
herzoglichen Polytechnikum zu Darmstadt. [VIII u. 230 S.] gr. 8.
1881. geh. n. ℳ 5.20.

———— Vorlesungen über analytische Geometrie des Raumes,
insbesondere über Oberflächen zweiter Ordnung. Revidirt und
mit Zusätzen versehen von Dr. S. Gundelfinger. Dritte Auflage.
[XVI u. 546 S.] gr. 8. 1876. geh. n. ℳ 13.—

———— vier Vorlesungen aus der analytischen Geometrie. Sepa-
ratabdruck aus der Zeitschrift f. Mathematik u. Physik. [57 S.]
gr. 8. 1866. geh. n. ℳ 1.60.
[Vergriffen.]

Hochheim, Dr. **Adolf**, Professor, Aufgaben aus der analytischen
Geometrie der Ebene. Heft I. Die gerade Linie, der Punkt,
der Kreis. gr. 8. 1882. geh. in 2 Abteilungen: A. Aufgaben.
[79 S.] n. ℳ 1.50. B. Auflösungen. [102 S.] n. ℳ 1.50.

Joachimsthal, **F.**, Anwendung der Differential- und Integralrechnung auf die allgemeine Theorie der Flächen und der Linien
doppelter Krümmung. Dritte vermehrte Auflage, bearbeitet von
L. Natani. Mit zahlreichen Figuren im Text. [X u. 308 S.]
gr. 8. 1890. geh. n. ℳ 6.—